EMIL FISCHER
GESAMMELTE WERKE

HERAUSGEGEBEN VON M. BERGMANN

UNTERSUCHUNGEN ÜBER TRIPHENYLMETHANFARBSTOFFE HYDRAZINE UND INDOLE

BERLIN
VERLAG VON JULIUS SPRINGER
1924

UNTERSUCHUNGEN ÜBER TRIPHENYLMETHANFARBSTOFFE HYDRAZINE UND INDOLE

VON

EMIL FISCHER

HERAUSGEGEBEN VON M. BERGMANN

BERLIN
VERLAG VON JULIUS SPRINGER
1924

ISBN 978-3-642-51917-8   ISBN 978-3-642-51979-6 (eBook)
DOI 10.1007/978-3-642-51979-6

ALLE RECHTE, INSBESONDERE DAS DER ÜBERSETZUNG
IN FREMDE SPRACHEN, VORBEHALTEN.

COPYRIGHT 1924 BY JULIUS SPRINGER IN BERLIN.

SOFTCOVER REPRINT OF THE HARDCOVER 1ST EDITION 1924

Vorwort.

Dieser vorletzte Band der gesammelten Werke enthält die gemeinsam mit Otto Fischer angestellten Untersuchungen über Triphenylmethanfarbstoffe, eingeleitet mit Emil Fischers Dissertation über das Fluoresceïn und Phtaleïn-Orcin. Den größeren Teil des Bandes füllen aber 96 Abhandlungen über Hydrazine und Indole, in ihrer Gesamtheit ein Monumentalwerk wie die Arbeiten auf dem Gebiet der Kohlenhydrate, Proteine und Purine.

Hier sind auch die Dissertationen von E. Renouf über Dimethylhydrazin (Nr. 32) und von G. Elsinghorst über halogensubstituierte Hydrazine (Nr. 44) abgedruckt, die bisher in keiner chemischen Schrift erschienen sind. Abhandlung 99 von R. Stahel, die als kurzer Auszug schon im Band Kohlenhydrate I aufgenommen war, ist im Zusammenhang der Hydrazine nochmals im vollständigen Wortlaut wiedergegeben, um die gesammelten Werke als Literaturquelle vollständig zu gestalten.

Der nächste und letzte Band der gesammelten Werke ist im Druck schon recht weit fortgeschritten und wird in kurzer Zeit erscheinen. Er umfaßt neben Experimentalarbeiten aus verschiedenen weniger umfangreichen Gebieten Vorträge und Abhandlungen allgemeineren Inhalts und eine Reihe von Nekrologen.

Dresden, im Februar 1924.

M. Bergmann.

Inhaltsverzeichnis.

A. = Liebigs Annalen der Chemie; B. = Berichte der Deutschen Chemischen Gesellschaft.
Die Zahlen der Literaturangaben bedeuten Bandnummer und Seitenzahl.

I. Triphenylmethanfarbstoffe.

1. Emil Fischer, Über Fluorescëin und Phtalëin-Orcin. Inaugural-Dissertation 1
2. Emil Fischer und Otto Fischer, Zur Kenntnis des Rosanilins. B. 9, 891   29
3. Emil Fischer und Otto Fischer, Zur Kenntnis des Rosanilins. B. 11, 195   39
4. Emil Fischer und Otto Fischer, Über das Aurin. B. 11, 473 46
5. Emil Fischer und Otto Fischer, Zur Kenntnis des Rosanilins. B. 11, 612   47
6. Emil Fischer und Otto Fischer, Zur Kenntnis des Rosanilins. B. 11, 1079   49
7. Emil Fischer und Otto Fischer, Zur Kenntnis des Triphenylmethans. B. 11, 1598 53
8. Emil Fischer und Otto Fischer, Über Triphenylmethan und Rosanilin. A. 194, 242 55
9. Emil Fischer und Otto Fischer, Über einige Farbstoffe der Rosanilingruppe. B. 11, 2095 97
10. Emil Fischer und Otto Fischer, Bemerkungen zu der Abhandlung des Herrn O. Doebner: „Zur Kenntnis des Malachitgrüns". B. 12, 791   102
11. Emil Fischer und Otto Fischer, Über Farbstoffe der Rosanilingruppe. B. 12, 796 107
12. Emil Fischer und Otto Fischer, Über Farbstoffe der Rosanilingruppe. B. 12, 2344 115
13. Emil Fischer und Otto Fischer, Zur Kenntnis des Rosanilins. B. 13, 2204   125
14. Emil Fischer und Otto Fischer, Darstellung des Triphenylmethans. B. 14, 1942 130
15. Emil Fischer und Philipp Wagner, Über Rosindole. B. 20, 815 . . . 132
16. Emil Fischer und Walter L. Jennings, Über die Constitution des Hydrocyanrosanilins und des Fuchsins. B. 26, 2221 136
17. Emil Fischer und Otto Fischer, Über einige Derivate des Triphenylmethans. B. 37, 3355 141

II. Hydrazine und Indole.

18. Emil Fischer, Über aromatische Hydrazinverbindungen. B. 8, 589 . . 147
19. Emil Fischer, Über aromatische Hydrazinverbindungen. (Zweite Mittheilung.) B. 8, 1005 153
20. Emil Fischer, Über aromatische Hydrazinverbindungen. (Dritte Mittheilung.) B. 8, 1641 160

21. Emil Fischer, Über aromatische Hydrazinverbindungen. (Vierte Mittheilung.) B. 9, 880 163
22. Emil Fischer, Über aromatische Hydrazinverbindungen. (Fünfte Mittheilung.) B. 9, 1841 175
23. Emil Fischer, Über aromatische Hydrazinverbindungen. (Sechste Mittheilung.) B. 10, 1331 181
24. Emil Fischer, Über die Hydrazinverbindungen der Fettreihe. I. B. 8, 1587 189
25. Emil Fischer, Über die Hydrazinverbindungen der Fettreihe. II. B. 9, 111 192
26. Emil Fischer, Über die Hydrazinverbindungen der Fettreihe. III. B. 11, 2206 197
27. Wilhelm Erhardt und Emil Fischer, Über die Äthylderivate des Phenylhydrazins. B. 11, 613 203
28. Emil Fischer, Über die Hydrazinverbindungen. (Erste Abhandlung.) A. 190, 67 205
29. Emil Fischer, Über die Hydrazinverbindungen. (Zweite Abhandlung.) A. 199, 281 286
30. Emil Fischer, Über Orthohydrazinbenzoesäure. B. 13, 679 322
31. Emil Fischer, Über Orthohydrazinzimmtsäure. B. 14, 478 326
32. Edward Renouf, Über das Dimethyl-Hydrazin. Inaugural-Dissertation 330
33. Emil Fischer, Über die Hydrazinverbindungen. (Dritte Abhandlung.) A. 212, 316 348
34. Emil Fischer und Hans Kuźel, Über die Hydrazine der Zimmtsäure. A. 221, 261 364
35. Ludwig Knorr, Über das Piperylhydrazin. A. 221, 297 389
36. Hermann Reisenegger, Über die Hydrazinverbindungen des Phenols und Anisols. A. 221, 314 401
37. Heinrich Gevekoht, Darstellung der drei isomeren Nitroacetophenone. B. 15, 2084 407
38. Heinrich Gevekoht, Darstellung der drei Nitroacetophenone. A. 221, 323 410
39. Ludwig Knorr, Über Piperylhydrazin. B. 15, 859 419
40. Emil Fischer und Hans Kuźel, Über Chinazolverbindungen. B. 16, 652 422
41. Hermann Reisenegger, Über die Verbindungen der Hydrazine mit den Ketonen. B. 16, 661 427
42. Emil Fischer und Hans Kuźel, Über Aethyl-Hydrocarbazostyril. B. 16, 1449 431
43. Emil Fischer und Friedrich Jourdan, Über die Hydrazine der Brenztraubensäure. B. 16, 2241 437
44. Gerhard Elsinghorst, Über Halogensubstituierte Hydrazine. Inaugural-Dissertation 442
45. Emil Fischer und Otto Hess, Synthese von Indolderivaten. B. 17, 559 454
46. Emil Fischer, Phenylhydrazin als Reagens auf Aldehyde und Ketone. B. 17, 572 463
47. Emil Fischer, Constitution der Hydrazine. B. 17, 2841 471
48. Emil Fischer und J. Tafel, Über die Hydrazine der Zimmtsäure. (Zweite Abhandlung.) A. 227, 303 476
49. Alfred Elbers, Über einige Verbindungen der Hydrazine mit Keton- und Aldehydsäuren. A. 227, 340 502
50. Otto Antrick, Über Benzylindol. A. 227, 360 514
51. S. Hegel, Über einige Indolderivate. A. 232, 214 518
52. Max Pickel, Über einige Verbindungen des Phenylhydrazins. A. 232, 228 523
53. Otto Hess, Einwirkung von Bromacetophenon auf Phenylhydrazin. A. 232, 234 527

54. Emil Fischer, Über Naphtylhydrazine. A. 232, 236 530
55. Emil Fischer, Synthese von Indolderivaten. B. 19, 1563 535
56. Emil Fischer, Synthese von Indolderivaten. A. 236, 116 542
57. Emil Fischer, Indole aus Phenylhydrazin. A. 236, 126 550
58. Jos. Degen, Indole aus Methylphenylhydrazin. A. 236, 151 568
59. Anton Roder, Indole aus Metahydrazinbenzoesäure. A. 236, 164 . . . 577
60. Adolf Schlieper, Indole aus β-Nyphtylhydrazin. A. 236, 174 584
61. Carl Bülow, Über einige Verbindungen des Phenylhydrazins. A. 236, 194 592
62. Emil Fischer, Notizen über die Hydrazine. A. 236, 198 595
63. Emil Fischer, Über einige Reactionen der Indole. B. 19, 2988 . . . 597
64. Emil Fischer und Albert Steche, Methylirung der Indole. B. 20, 818 . 600
65. Emil Fischer und Oskar Knoevenagel, Über die Verbindungen des Phenylhydrazins mit Acroleïn, Mesityloxyd und Allylbromid. A. 239, 194 603
66. Richard Arheidt, Über Diphenylendihydrazin. A. 239, 206 611
67. A. Pfülf, Über Hydrazinbenzolsulfosäuren. A. 239, 215 618
68. A. Pfülf, Über einige Indole. A. 239, 220 622
69. Julius Raschen, Indole aus den·Tolylhydrazinen. A. 239, 223 . . . 625
70. Adolf Schlieper, Indole aus α-Naphtylhydrazin. A. 239, 229 629
71. Max Wenzig, Derivate der drei Methylindole. A. 239, 239 636
72. Emil Fischer, Notizen über die Hydrazine. A. 239, 248 642
73. Emil Fischer und Albert Steche, Methylirung der Indole. II. B. 20, 2199 646
74. Emil Fischer und Albert Steche, Verwandlung der Indole in Hydrochinoline. A. 242, 348 649
75. Albert Steche, Über einige Derivate des β-Naphtindols. A. 242, 367 . 662
76. Emil Fischer, Über das Methylketol. A. 242, 372 666
77. Philipp Wagner, Azo- und Amidoderivate des Methylketols. A. 242, 383 675
78. Emil Fischer, Über die Hydrazone. B. 21, 984 679
79. Emil Fischer und Theodor Schmitt, Über Pr-2-Phenylindol. B. 21, 1071 683
80. Gustav v. Brüning, Über Methylhydrazin. B. 21, 1809 689
81. Emil Fischer und Theodor Schmitt, Über Pr-3-Phenylindol. B. 21, 1811 691
82. Julius Culmann, Über die Einwirkung secundärer, aromatischer Amine und Hydrazine auf Bromacetophenon. B. 21, 2595 693
83. H. Laubmann, Über die Verbindungen des Phenylhydrazins mit einigen Ketonalkoholen. A. 243, 244 696
84. Oscar Nastvogel, Über die Verbindungen der Dibrombrenztraubensäure mit den Hydrazinen. A. 248, 85 699
85. Albert Neufeld, Über die Halogenderivate des Phenylhydrazins. A. 248, 93 704
86. Otto Rudolph, Über einige Phenylhydrazone. A. 248, 99 709
87. Bruno Trenkler, Über einige Indole. A. 248, 106 713
88. Harold G. Colmann, Derivate des Pr-1ⁿ-Methylindols. A. 248, 114 . . 719
89. Emil Fischer, Über das Trinitrohydrazobenzol. A. 253, 1 726
90. Gustav v. Brüning, Über das Methylhydrazin. A. 253, 5 729
91. Karl Kohlrausch, Einwirkung von Methylphenylhydrazin auf Dialdehyde und Diketone. A. 253, 15 736
92. Friedrich Hauff, Über einige Derivate des β-Nyphtylhydrazins. A. 253, 24 743
93. Walter H. Ince, Über einige phenylirte Indole. A. 253, 35 751
94. Friedrich Ach, Über das Anhydrid der Phenylhydrazonlävulinsäure. A. 253, 44 758
95. Emil Fischer und Friedrich Ach, Notizen über die Phenylhydrazone. A. 253, 57 767
96. Emil Fischer, Über einige Reactionen des Phenylhydrazins und Hydroxylamins. B. 22, 1930 773

Inhaltsverzeichnis.

97. **Emil Fischer und Jacob Meyer**, Methylirung der Indole. B. 23, 2628 . 779
98. **Julius Culmann**, Über Tetraphenyltetracarbazon. A. 258, 235 785
99. **R. Stahel**, Über einige Derivate des Diphenylhydrazins und Methylphenylhydrazin. A. 258, 242 791
100. **G. Heller**, Einwirkung von Kohlenoxysulfid, Phosgen und Chlorkohlensäureester auf Phenylhydrazin. A. 263, 269 797
101. **Edward Chaplin**, Über einige Hydrazide der Camphersäure. B. 25, 2565 807
102. **Rudolph Brunck**, Über Thiënylindol, α-Naphtylindol und einige Bromderivate der Indole. A. 272, 201 810
103. **B. Thieme**, Über einige Salze und Derivate des Phenylhydrazins. A. 272, 209 816
104. **Paul Meyer**, Bromirung des Phenylhydrazins. A. 272, 214 820
105. **L. Michaelis**, Bromiren der aromatischen Hydrazine und Amine. B. 26, 2190 825
106. **Emil Fischer und Franz Müller**, Über die Einwirkung von Cyanwasserstoff auf Phenylhydrazin. B. 27, 185 832
107. **Hermann Müller**, Über p-Hydrazinodiphenyl. B. 27, 3105 835
108. **Emil Fischer und Hugo Hütz**, Über eine neue Bildungsweise von Indolderivaten. B. 28, 585 838
109. **Emil Fischer**, Über das Azophenylaethyl und das Acetaldehydphenylhydrazon. B. 29, 793 841
110. **Emil Fischer**, Über das Phenyloxyindol und die Nitrosobenzoesäure. B. 29, 2062 847
111. **Emil Fischer**, Über die Phenylhydrazone der Aldehyde. B. 30, 1240 . 850
112. **Emil Fischer und Otto Seuffert**, Über das Indazol. B. 34, 795 . . . 854
113. **Emil Fischer und Richard Blochmann**, Über einige neue Indazolderivate. B. 35, 2315 859
114. **Emil Fischer und Carl Kaas**, Einwirkung von Hippurylchlorid auf α-Methylindol. B. 39, 1276 864
115. **Emil Fischer**, Zur Geschichte der Diazohydrazide. B. 43, 3500 . . . 867

Sachregister 869

1. Über Fluorescëin und Phtalëin-Orcin.

Inaugural-Dissertation zur Erlangung der Doctorwürde der philosophischen Facultät der Universität Strassburg, vorgelegt von Emil Fischer aus Euskirchen (Preuss.)
Bonn, Druck von P. Meusser 1874.

Die natürlichen im Thier- und Pflanzenkörper vorkommenden Farbstoffe haben seit den ersten Anfängen der organischen Chemie das Interesse der Chemiker in hohem Masse beansprucht. Einerseits war es die technische Bedeutung dieser Substanzen, die zu einem Studium derselben aufforderte, andererseits aber auch das wissenschaftliche Interesse, welches sich an ihre chemische Kenntniss, an ihre Entstehung und ihre Beziehungen zum pflanzlichen und thierischen Organismus knüpfte.

Dass die Bemühungen zahlreicher Forscher in dieser Richtung lange Zeit nur zu sehr unvollkommenen Resultaten führten, findet seinen Grund in der complicirten Zusammensetzung jener Körper, sowie in dem damals für solche Untersuchungen ungenügenden Ausbau der organischen Chemie. Erst mit der Entwickelung unserer Kenntniss von der aromatischen Reihe mehrten sich rasch die Beziehungen jener Farbstoffe zu bisher bekannten Körpern, indem es gelang, aus vielen derselben durch geeignete Reactionen Zersetzungsproducte zu erhalten, deren Constitution von anderer Seite aufgeklärt war.

Die Entdeckung der Anilinfarben und ihre technische Ausbeutung absorbirte allerdings längere Zeit die Hauptkräfte der Farbchemie und beeinträchtigte dadurch die weitere Forschung in jenem Gebiete wesentlich; mit dem Abbau dieser sich so rasch und glänzend entwikkelnden Industriebranche indess wandte sich das Interesse der Chemiker, angeregt durch die ausserordentlichen Erfolge der Technik und Wissenschaft, wieder in erhöhtem Massstabe den natürlichen Farbstoffen zu. Die auf analytischem Wege bis dahin gewonnenen Thatsachen gaben bald Veranlassung zu dem Streben, in synthetischer Weise in dem Studium jener Körper weiter vorzudringen, was auch rasch zu ungeahnten Resultaten führte. Mit der Synthese des Indigo's[1], mit der künstlichen Darstellung des Alizarins[2] war das Problem, natürliche

---

[1] A. Emmerling und C. Engler, Berichte d. D. Chem. Gesellsch. III, 885.
[2] C. Graebe und C. Liebermann, Berichte d. D. Chem. Gesellsch. II, 14, 332.

Farbstoffe künstlich zu bereiten, gelöst, und zugleich die Hoffnung begründet, in ähnlicher Weise zu jener grossen Klasse von Farbstoffen zu gelangen, die in den verschiedenen Farbhölzern enthalten sind und in der Technik eine so ausgedehnte Verwendung finden.

Der erste und wichtigste Schritt hierzu ist seitdem geschehen durch die Entdeckung der Phenolfarbstoffe durch Herrn Prof. A. Baeyer[1]).

Die eigenthümliche Reaction, denen dieselben ihre Entstehung verdanken, wurde zuerst bei dem durch Einwirkung von Phtalsäureanhydrid auf Pyrogallussäure entstehenden Galleïn beobachtet und hat sich im Laufe der Untersuchung nicht nur für alle Phenole, sondern auch für eine ganze Anzahl von Säuren der aromatischen- und Fettreihe als gültig erwiesen. Sie beruht einfach auf Wasserentziehung und dadurch eintretender Condensation, welche die Verkettung mehrerer Phenole durch ein aus der betreffenden Säure herstammendes Radical veranlasst, und führt so durch eine der schönsten Synthesen zu einer fast unbegrenzten Anzahl von Körpern, die durch ihre Beziehungen zu einer grossen Klasse von natürlichen Farbstoffen ein besonderes Interesse haben. Einerseits gehören nämlich mehrere Glieder der durch jene Reaction entstehenden Körpergruppe selbst zu den Farbstoffen, andererseits werden die meisten derselben durch Einwirkung von Schwefelsäure und andere Agentien in solche übergeführt, die sämmtlich mit dem Verhalten der verschiedenen Holzfarbstoffe die grösste Aehnlichkeit besitzen; ferner ist es für die bis jetzt bestuntersuchten Farbhölzer nachgewiesen, dass sie bei gewissen Zersetzungen, durch schmelzendes Kali, durch trokne Destillation oder Salpetersäure Phenole liefern und mithin Abkömmlinge derselben sein müssen; endlich ist die obige Reaction im Grunde eine so einfache und den Bedingungen im pflanzlichen Organismus hinreichend angepasste, dass eine ähnliche Entstehung der Holzfarbstoffe im Pflanzenkörper grosse Wahrscheinlichkeit hat, jedenfalls aber ein inniger Zusammenhang der letzteren mit den Phenolfarbstoffen kaum einem Zweifel unterliegen kann.

Die Synthese der verschiedenen Farbhölzer ist damit in nicht zu weite Ferne gerückt und wird kaum noch Schwierigkeiten bieten, wenn es auf analytischem Wege gelingt, ihre Generatoren vollständig zu ergründen.

Die Versuche in dieser Richtung sind allerdings bis jetzt auf bedeutende Schwierigkeiten gestossen; die in den Holzfarbstoffen vorhandenen Phenole lassen sich zwar ziemlich leicht durch Schmelzen mit Kali, durch Behandeln mit HNO_3 etc. nachweisen; die Natur der

---

[1]) Berichte d. D. Chem. Gesellsch. IV, 457. 555. 658.

dieselben verkettenden Bindesubstanz dagegen ist bis jetzt für keinen jener Farbstoffe constatirt worden.

Es scheint desshalb einstweilen mehr Aussicht vorhanden zu sein, durch ein eingehendes Studium der synthetisch erhaltenen Phenolfarbstoffe und ihrer Beziehungen zu den natürlichen, über die Natur der letzteren grössere Aufklärung zu erhalten und so ihre Synthese anzubahnen.

Zu diesem Zweck eignen sich vorläufig am Besten die durch Einwirkung von Phtalsäureanhydrid auf Phenole entstehenden sog. Phtaleïne, welche durch Beständigkeit und Krystallisationsfähigkeit vor allen anderen Gliedern der Gruppe ausgezeichnet sind, und ich übernahm desshalb auf Veranlassung von Herrn Prof. Baeyer die Untersuchung des Phtaleïn-Orcins und Phtaleïn-Resorcins, deren Resultate ich in Nachfolgendem mittheile.

Fluorescëin oder Phtaleïn - Resorcin.

Diese schon von Herrn Prof. Baeyer[1]) beschriebene Substanz wurde zuerst erhalten durch Erhitzen von Resorcin und Phtalsäureanhydrid auf 195°.

Nachdem sich bei der Untersuchung der übrigen Phtaleïne, des Phenols, Hydrochinons etc. gezeigt, dass ihre Bildung sich meist glatter und rascher unter dem Einflusse wasserentziehender Mittel, namentlich conc. Schwefelsäure, vollzieht, lag es nahe, dieselben Versuche mit Fluorescëin zu wiederholen.

Beim ersten Versuch wurde Resorcin (2 Mol.) mit Phtalsäureanhydrid (1 Mol.) und dem gleichen Gewicht concentr. Schwefelsäure auf 130° erhitzt. Die lebhafte Entwicklung von schwefliger Säure zeigte indess das Unterlaufen von secundären Reactionen an, in Folge deren die erhaltene Schmelze mit ziemlich grossen Mengen von Oxidationsproducten verunreinigt war; es wurde dadurch die Anwendung einer niedrigeren Temperatur angezeigt und desshalb ein neuer Versuch bei 100° angestellt. Dieselben Mengen von Resorcin, Phtalsäureanhydrid und Schwefelsäure wurden auf dem Wasserbade digerirt. Sobald die Masse geschmolzen, giebt sich der Beginn der Reaction durch das Eintreten einer dunkelrothen Färbung zu erkennen. Nach 5—6stündigem Erhitzen wird die Masse dickflüssig und die Reaction ist beendet. Die nach dem Erkalten fest gewordene, dunkelrothe Schmelze wurde zunächst, um unzersetztes Resorcin und Schwefelsäure zu entfernen, mit kaltem Wasser ausgewaschen, da bei Anwendung von heissem das Product sich zu verharzen schien, und zur weiteren Reinigung aus Holz-

---

[1]) Berichte d. D. Chem. Gesellsch. IV, 558. 662.

geist umkrystallisirt. Beim langsamen Verdunsten der Lösung bei Wintertemperatur erhält man schöne, prismatisch ausgebildete Krystalle, die meist sternförmig zusammengewachsen sind und eine gelbrothe Farbe besitzen. Dieselben wurden anfangs für reines Fluorescëin gehalten; indess zeigte die Substanz in jeder Beziehung so merkwürdige und von den früheren Beobachtungen abweichende Eigenschaften, ausserdem führten die Analysen zu so unverständlichen Resultaten, dass eine qualitative Untersuchung dadurch veranlasst wurde, die die Anwesenheit von Schwefel in der Verbindung nachwies. Weiterhin wurde der Körper als eine Verbindung von Fluorescëin mit Schwefelsäure erkannt, die unten näher beschrieben ist. Die Bildung dieser Verbindung durch Einwirkung von Schwefelsäure auf Fluorescëin, welche zwar ziemlich leicht in letzteres umgewandelt werden kann, aber doch die Reindarstellung desselben sehr erschwert, lässt die obige Darstellungsweise, welche bei den übrigen Phtalëinen glatter geht, für das Fluorescëin gegenüber der von Herrn Prof. Baeyer angegebenen als unvortheilhaft erscheinen, und es wurde desshalb nach der letzteren Methode ausschliesslich zur Darstellung im Grösseren verfahren.

1 Mol. frisch geschmolzenes Phtalsäureanhydrid wird mit 2 Mol. destillirtem Resorcin sorgfältig gemengt im Oelbad auf 195—200° erhitzt. Nach etwa $1/2$ Stunde tritt die Reaction unter Aufschäumen der Masse und Entweichen von Wasserdämpfen ein. Man setzt das Erhitzen fort, bis alle Gasentwickelung aufhört und die Masse ganz fest geworden ist, was bei kleineren Mengen schon nach 2—3, bei Mengen von 100 Gr. nach 6—8 Stunden der Fall ist. Die erhaltene dunkelrothe Schmelze wird fein zerrieben und längere Zeit mit Wasser ausgekocht, um unzersetztes Resorcin und Phtalsäureanhydrid zu entfernen. Das abfiltrirte und getrocknete Product stellt je nach der Reinheit ein ziegel- oder dunkelrothes Pulver vor; bei Darstellung von kleineren Mengen wurde stets eine hellere und wesentliche reinere Masse erhalten, wesshalb es sich empfiehlt, nicht mehr als 10—20 Gr. auf einmal zu verschmelzen.

Durch Auflösen des Rohproducts in Holzgeist und langsames Verdunsten der Lösung erhält man das Fluorescëin in hellgelben, prismatischen Krystallen; aus der concentrirten Lösung in Holzgeist oder Alkohol setzt es sich in dunkelrothen Krusten oder als feinkörniges Pulver ab. Durch Umkrystallisiren ist es indess kaum von den hartnäckig anhaftenden Verunreinigungen zu trennen, und es wurde desshalb die Reinigung der Substanz auf indirecte Weise bewerkstelligt, durch Ueberführung in die unten beschriebene Acetylverbindung. Letztere lässt sich vermöge ihrer grossen Krystallisationsfähigkeit leicht reinigen; da sie zudem unter dem Einflusse von Alkalien in ihre Generatoren zerfällt, so wurde aus der reinen, durch die Analyse controllirten Acetylverbindung leicht Fluorescëin im reinen Zustand erhalten durch Kochen mit alkoholischer Kalilauge, bis Alles gelöst ist, und Ansäuern der dunkelrothen, alkalischen Lösung mit Essigsäure, wobei sich das Fluorescëin in hellgelben Flocken abscheidet. Der abfiltrirte, sorgfältig mit Wasser gewaschene Niederschlag wurde aus Alkohol umkrystallisirt, bei 130° getrocknet und analysirt.

0,226 gr. gab 0,5968 CO_2 und 0,0774 H_2O
$C_{20}H_{12}O_5$. Ber. C 72,29, H 3,61.
Gef. ,, 72,02, ,, 3,81.

Die Analyse der jedenfalls reinen Substanz bestätigt also vollständig die von Herrn Prof. Baeyer früher aufgestellte Formel des Fluorescëins. Es entsteht dasselbe analog dem von Herrn Grimm dargestellten isomeren Phtalëin-Hydrochinon[1]) durch Vereinigung von 1 Mol. Phtalsäureanhydrid mit 2 Mol. Resorcin unter Austritt von 2 H_2O.

$$C_8H_4O_3 + 2\,C_6H_6O_2 = C_{20}H_{12}O_5 + 2\,H_2O.$$

Dieser Vorgang lässt sich nach allen bis jetzt bekannten Thatsachen nur so deuten, dass das an 2 C gebundene O-Atom des Phtalsäureanhydrids mit 2 H aus dem Benzolkerne je eines Resorcins unter Condensation H_2O bildet, während zu gleicher Zeit 2 von den 4 OH-Gruppen der beiden Recorcine unter Anhydridbildung H_2O abgeben; es würde demnach dem Fluorescëin folgende Structurformel zukommen:

$$C_6H_4\!\!<\!\!{}^{CO}_{CO}\!\!>\!\!{}^{C_6H_3\cdot(OH)}_{C_6H_3\cdot(OH)}\!\!>\!\!O$$

welche Ansicht sich denn auch durch Untersuchung seiner Derivate vollständig bestätigt hat. Das Fluorescëin stellt im trocknen Zustand ein scharlachrothes, krystallinisches Pulver vor. Es ist weder flüchtig noch ohne Zersetzung schmelzbar; beim Erhitzen bleibt es bis etwa 280° unverändert; über 290° fängt es an, sich stark zu bräunen und zersetzt sich schliesslich vollständig unter Entweichen von Wasser und einer geringen Menge brauner, aromatischer Dämpfe, während der grösste Theil als glänzende Kohle zurückbleibt. In den meisten Lösungsmitteln ist es schwer löslich; in kaltem Wasser unlöslich, in heissem nur wenig; Zusatz von Säuren erhöht die Löslichkeit beträchtlich. Die besten Lösungsmittel sind Alkohol, Holzgeist und Aceton, worin es sich namentlich beim längern Kochen in ziemlicher Menge löst; aus den heiss concentrirten Lösungen scheidet es sich beim längern Stehen in rothen Krusten ab, beim langsamen Verdunsten krystallisirt es aus Holzgeist in hellgelben, kleinen, meist sternförmig vereinten Prismen. Aether, Benzol, Toluol, Chloroform lösen es kaum.

---

[1]) Berichte d. D. Chem. Gesellsch. VI, 506.

Mit Alkalien und Ammoniak bildet es Verbindungen, die sich in Wasser und Alkohol ausserordentlich leicht, weniger in concentr. Alkali, mit dunkelrother Farbe lösen. Diese Lösungen, vorzüglich die ammoniakalische, zeigen beim Verdünnen eine prachtvoll grüne Fluorescenz, die so intensiv ist, dass die allergeringsten Mengen von Fluorescëin dadurch mit Sicherheit nachzuweisen sind, und welche die Ueberführung des Resorcins in Fluorescëin jedenfalls als das genaueste und bequemste Erkennungsmittel für Ersteres erscheinen lässt. Es genügt zur Prüfung auf Resorcin, eine geringe Menge der zu untersuchenden, trocknen Substanz mit etwas Phtalsäureanhydrid und concentr. Schwefelsäure einige Minuten auf 130° zu erwärmen. Nach dem Verdünnen mit Wasser und Neutralisiren mit Ammoniak lässt die characteristische Fluorescenz keinen Zweifel über das Vorhandensein von Resorcin. Selbst die Anwesenheit anderer Phenole (Phenol, Hydrochinon, Orcin, Pyrogallussäure, Naptol), so weit deren Verhalten zu Phtalsäureanhydrid bis jetzt untersucht ist, beeinträchtigt die Reaction kaum. Bei grösseren Mengen von Resorcin genügt auch hier Erhitzen mit Schwefelsäure, da die nebenbei entstehenden Phtaleïne der übrigen Phenole meist keine oder nur sehr geringe Fluorescenz zeigen. Handelt es sich aber um den Nachweis von Spuren von Resorcin, so ist es vorzuziehen, die Ueberführung in Fluorescëin durch blosses Erhitzen mit Phtalsäureanhydrid auf 195° zu bewerkstelligen. Da die Bildung der übrigen Phtaleïne, mit Ausnahme des Galleïns, ohne Schwefelsäure bei dieser Temperatur nicht stattfindet, so erhält man auf Zusatz von Wasser und Ammoniak eine farblose Lösung, in der die Fluorescenz zur vollen Geltung kommt. Einige Versuche, die darüber angestellt wurden, ergaben, dass bei Gemengen von 1 Th. Resorcin auf 100 Th. Phenol oder Orcin 0,1 Gr. genügt, um nach $^1/_2$ stündigem Erhitzen auf 195° und Zusatz von verdünntem Ammoniak durch die noch sehr intensive Fluorescenz die Anwesenheit von Resorcin mit Sicherheit zu constatiren.

Versuche, die Alkaliverbindungen des Fluorescëins zu isoliren, führten zu keinem Resultat. Eine Lösung von Fluorescëin in Kalicarbonat zur Trockne verdampft und mit absolutem Alkohol aufgenommen, hinterliess über Schwefelsäure verdunstet einen amorphen, dunkelrothen Rückstand, der kalihaltig war, aber in keine zur Analyse geeignete Form gebracht werden konnte.

Verhalten des Fluorescëins gegen verschiedene Reagentien.

Das Fluorescëin trägt im Allgemeinen den Character eines sehr beständigen Körpers. Von nicht zu starken Oxidationsmitteln, verdünnter Salpetersäure, Ferricyankalium etc., wird es selbst in der Wärme nicht angegriffen; auch concentr. Salpetersäure bleibt in der Kälte ohne Wirkung; rauchende dagegen zersetzt das Fluorescëin schon in der Kälte langsam unter starker Erwärmung der Lösung; die Producte der Einwirkung sind unten beschrieben.

Chlor wirkt auf Fluorescëin im trocknen Zustand nicht ein; in verdünnter alkalischer Lösung dagegen wird dasselbe sehr bald verändert; es scheidet sich ein flockiger, gelber Niederschlag ab, der sich in Alkalien mit gelbrother Farbe, aber ohne Fluorescenz, löst; in Alkohol, Aceton ist er leicht löslich, konnte aber noch nicht krystallisirt erhalten werden.

Rauchende HJ wirkt selbst bei 250° nicht auf Fluorescëin ein, ebensowenig PCl_3 bei Siedetemperatur.

Schmelzendes Aetzkali zersetzt dasselbe erst bei sehr hoher Temperatur; die entstehenden Producte sind unten beschrieben.

Ausserordentlich leicht dagegen wird Fluorescëin in alkalischer Lösung durch Reductionsmittel verändert. Eine Lösung in verdünnter Natronlauge wird von Zinkstaub schon langsam in der Kälte, rascher beim Erhitzen unter Entfärbung der Flüssigkeit reducirt. Der dabei entstehende Körper bildet sich jedenfalls analog den sog. Phtalinen der übrigen Phenole durch Aufnahme von Wasserstoff, ist aber weit unbeständiger als jene. Beim Stehen an der Luft schon färbt sich die alkalische Flüssigkeit roth unter Rückbildung von Fluorescëin; augenblicklich erfolgt diese Umwandlung beim Ansäuern; unter Gasentwicklung fallen gelbe Flocken von Fluorescëin aus; es ist drum nicht möglich, den Körper zu isoliren.

Diacetylfluorescëin.

Zur Bestätigung der oben aufgestellten Constitutionsformel des Fluorescëins war zunächst die Anzahl der OH-Gruppen in demselben zu constatiren. Zu diesem Zwecke diente die Ueberführung in die Acetylverbindung. Am besten erhält man letztere durch Einwirkung von Essigsäureanhydrid: Fluorescëin (Rohproduct) wird mit dem 3—4 fachen Gewicht von Essigsäureanhydrid am Rückflusskühler auf 140° erhitzt, so dass die Flüssigkeit in gelindem Sieden bleibt. Sobald Alles gelöst ist und eine herausgenommene Probe mit Alkohol versetzt gelbe Krystalle abscheidet, die in verdünntem NH_3 unlöslich sind, ist die Reaction beendet. Man giesst den Kolbeninhalt in eine Schale und versetzt mit überschüssigem Alkohol, um das Essigsäureanhydrid in Essigäther überzuführen. Sehr bald scheidet sich die Acetylverbindung in gelben Blättchen ab; nach eintägigem Stehen ist die reine Verbindung fast vollständig auskrystallisirt, während ein großer Theil der Verunreinigungen in Lösung bleibt. Nach Entfernung der Mutterlauge wird der

Rückstand mehrmals mit wenig Alkohol ausgekocht und schliesslich aus Aceton umkrystallisirt.

Man löst hierbei am Besten heiss in möglichst trockenem Aceton, dampft auf ein geringes Volumen ein und läßt auskrystallisiren.

Die durch Wiederholung des Verfahrens erhaltenen, ganz farblosen Krystalle wurden bei 130° getrocknet und analysirt.

0,2825 Gr. Substanz gab 0,7157 CO_2 und 0,0986 H_2O
$C_{24}H_{16}O_7$. Ber. C 69,2, H 3,87.
Gef. ,, 69,09, ,, 3,88.

Es sind also 2 Acetylgruppen an Stelle von H in das Molekül eingetreten, und da die Substanz in Alkalien unlöslich ist, so enthält das Fluorescëin nur 2 OH-Gruppen.

Das Diacetylfluorescëin ist in Alkohol und Holzgeist schwer löslich und krystallisirt aus der heissen Lösung beim Erkalten fast vollständig in feinen, weissen Nadeln aus. In heissem Aceton ist es leicht löslich, unlöslich in Aether, Benzol, Chloroform.

Von Alkalien, worin es unlöslich ist, wird es beim Kochen zerlegt, langsam in wässriger, rasch in alkoholischer Lösung; es zerfällt dabei in seine Generatoren, Essigsäure und Fluorescëin, welches letztere sich im überschüssigen Alkali auflöst und durch Ausfällen mit Essigsäure leicht im reinen Zustande erhalten wird.

Dieselbe Zersetzung erleidet die Verbindung durch concentr. Schwefelsäure schon in der Kälte; ebenso wirken concentr. Salz- und Salpetersäure in der Wärme.

Der Schmelzpunkt liegt bei 200° (uncorr.); beim weiteren Erhitzen tritt Verkohlung ein.

Dibenzoylfluorescëin.

Da Acetylchlorid nicht in so glatter Weise wie Essigsäureanhydrid auf Fluorescëin einwirkt, sondern die Bildung von harzartigen Producten veranlasst, so wurde zum Nachweis, ob überhaupt Säurechloride bei den Phtalëinen anders wirken, ein Versuch mit Fluorescëin und Benzoylchlorid gemacht. Hier verläuft allerdings auch die Reaction in zwei Phasen.

Beim Erhitzen von Fluorescëin mit dem 4fachen Gewicht von Benzoylchlorid auf 100—110° tritt bald lebhafte HCl-Entwicklung ein unter Auflösung des Fluorescëins. Die rothbraune Flüssigkeit erstarrt beim Erkalten; nach dem Auskochen mit Wasser wird die Masse gelb; da dieselbe aus allen Lösungsmitteln mit gelber Farbe auskrystallisirte, während die Acetylverbindung farblos ist, so lag offenbar ein Zwischenproduct vor, welches aber noch nicht im reinen Zustande erhalten wurde. Es wurde deshalb bei einem zweiten Versuche die Temperatur bis 140°

gesteigert. Nach 1 stündigem Erhitzen ist die Reaction beendet. Zur Zersetzung von überschüssigem Benzoylchlorid und Entfernung von Benzoësäure wurde die dunkelbraune Masse wiederholt mit Wasser ausgekocht. Man erhält ein grauweisses, krystallinisches Pulver, das ebenso wie die Acetylverbindung gereinigt wird, zunächst durch Auskochen mit wenig Alkohol und späteres Umkrystallisiren aus Aceton. Die resultirenden, farblosen Krystalle wurden bei 130° getrocknet und analysirt.

0,2288 g gaben 0,632 CO_2 und 0,0764 H_2O.

$C_{20}H_{10}O_5(C_6H_5CO)_2$.   Ber. C 75,4, H 3,73.
                                Gef. ,, 75,33, ,, 3,71.

Es treten hier also ebenfalls 2 Säureradicale an Stelle von H in den beiden OH-Gruppen des Fluorescëins.

Das Dibenzoylfluorescëin zeigt ein der Acetylverbindung vollkommen analoges Verhalten. In Alkohol, Holzgeist, Aether ist es schwer löslich, leicht in heissem Aceton. Von Alkalien wird es beim Kochen namentlich in alkoholischer Lösung zersetzt; ebenso von concentr. Schwefelsäure. Der Schmelzpunkt liegt bei 215° (uncorr.); beim weitern Erhitzen verkohlt es.

Ebenso wie durch Säureradicale, können die H-Atome in den Hydroxylen des Fluorescëins durch Alkoholradicale ersetzt werden. Durch Erhitzen von 1 Mol. Fluorescëin mit 2 Mol. Kali (mehr Kali ist nachtheilig) etwas Alkohol und der entsprechenden Menge Methyl-, Aethyl- und Amyljodid im zugeschmolzenen Rohre auf 100—110° wurden die betreffenden Verbindungen erhalten. Dieselben sind indess sehr unbeständig; von Alkalien und Säuren werden sie schon in der Kälte zersetzt; in Alkohol, Aceton und Holzgeist sind sie sehr leicht löslich und krystallisiren schwierig.

Die Methylverbindung erhält man beim langsamen Verdunsten der alkoholischen Lösung in gelben, verfilzten Nadeln.

Es wurde bis jetzt keiner der Körper im reinen Zustande erhalten.

Einwirkung von Schwefelsäure auf Fluorescëin.

Concentr. Schwefelsäure löst das Fluorescëin schon langsam in der Kälte, rascher beim gelinden Erwärmen mit dunkelrother Farbe. Durch Zusatz von Wasser werden gelbe Flocken ausgeschieden von anscheinend unverändertem Fluorescëin; dieselben sind jedoch theilweise eine Verbindung von Fluorescëin mit Schwefelsäure. Letztere wurde, wie oben erwähnt, im krystallisirten Zustande erhalten aus dem mit Schwefelsäure bei 100° dargestellten Fluorescëin. Löst man das mit kaltem Wasser gewaschene Rohproduct in Holzgeist und lässt bei möglichst niedriger Temperatur verdunsten, so erhält man sehr schön prismatisch ausgebildete Krystalle von der Farbe des chromsauren Kalis. Dieselben sind aber ziemlich unbeständig; an trockener Luft halten sie sich unverändert, an feuchter werden sie rasch unter Wasseraufnahme trübe. Ebenso werden sie beim weiteren Umkrystallisiren aus Holzgeist leicht zersetzt; man erhält immer nur den kleineren Theil wieder im krystallisirten Zustande, und bei einigermassen raschem Verdunsten hinterbleibt stets eine dunkelbraune, schmierige Masse.

Die 2 mal umkrystallisirte Substanz wurde bei 130° getrocknet und analysirt.

0,3847 g gaben 0,2209 $BaSO_4$.

$C_{20}H_{12}O_5 + SO_3$. Ber. S 7,77. Gef. S 7,88.

Diese Zusammensetzung würde zunächst einer Monosulfosäure des Fluorescëins entsprechen; indess spricht das ganze Verhalten des Körpers gegen diese Annahme. Derselbe zerfällt schon theilweise mit kaltem Wasser, rascher beim Erhitzen in Fluorescëin und Schwefelsäure; durch Alkalien wird er augenblicklich zersetzt.

Für keine Monosulfosäure der aromatischen Reihe ist bis jetzt eine solche Unbeständigkeit constatirt.

Weitere Möglichkeiten in Betreff der Constitution dieses Körpers liegen noch zwei vor. Entweder bildet die Schwefelsäure mit einer OH-Gruppe des Fluorescëins unter Austritt von Wasser einen Schwefelsäureäther, oder es lagert sich Schwefelsäureanhydrid an die CO-Gruppen des Phtalsäurerestes an. Letzterer Fall würde eine Analogie finden in der von H. J. Grabowski[1]) beobachteten Verbindung, die durch Einwirkung von Schwefelsäure auf Chloral entsteht. Zwei Chloral vereinigen sich mit 1 H_2SO_4 unter Austritt von 1 H_2O zu einem krystallisirenden Körper, der ebenso unbeständig ist, wie obige Verbindung. Beim Fluorescëin würde durch Anlagerung von SO_3 an die beiden CO-Gruppen ein ganz analoger Körper entstehen.

Für die Annahme der ersteren Formel hingegen spricht das Verhalten der Verbindung gegen Essigsäureanhydrid; mit demselben auf 140° erhitzt liefert sie unter Elimination der Schwefelsäure dieselbe Acetylverbindung, wie das Fluorescëin selbst, die an ihren sämmtlichen Eigenschaften, Schmelzpunkt (gef. 200°) etc. als solche erkannt wurde. Merkwürdiger Weise erhält man bei einer nur 10° höheren Temperatur keine Spur der Acetylverbindung; es scheint alsdann die umgekehrte Reaction stattzufinden, so dass die Essigsäure durch die in Freiheit gesetzte Schwefelsäure wieder abgespalten wird.

Leider habe ich bisher zu wenig Material für eine speciellere Untersuchung dieses eigenthümlichen Körpers in Betreff seiner Constitution

---

[1]) Berichte d. D. Chem. Gesellsch. VI, 225. 1070.

gehabt, da derselbe im krystallisirten Zustande nur bei starkem Froste erhalten werden konnte. Jedenfalls aber steht er in naher Beziehung zu der unten beschriebenen Verbindung von Phtalëin-Orcin mit Salzsäure.

Gegen Wärme ist die Verbindung ziemlich beständig; bei 130° lässt sie sich unverändert trocknen; zwischen 140—150° schmilzt sie, scheinbar ohne Zersetzung.

Beim Erhitzen mit einem Ueberschusse von concentr. Schwefelsäure wird das Fluorescëin, abgesehen von der Bildung obiger Substanz, erst bei sehr hoher Temperatur verändert. Selbst beim Aufkochen der Schwefelsäure wird es bei kurzer Dauer der Einwirkung kaum angegriffen. Erhält man aber längere Zeit im Sieden, so fällt nach Zusatz von Wasser ein Zersetzungsproduct in dunkelrothen Flocken aus, die beim Trocknen eine fast schwarze Farbe annehmen. Dieser Körper löst sich in verdünnten Alkalien, mit schön grünblauer Farbe; in Wasser ist er ziemlich leicht löslich mit rother Farbe, die beim Verdünnen prachtvoll rothviolett wird. In alkalischer Lösung wird er von Zinkstaub ausserordentlich leicht schon in der Kälte reducirt, wobei die Lösung roth wird. Säuren fällen daraus gelbe Flocken, die aber ebenso unbeständig sind wie das Reductionsproduct des Fluorescëins. Beim Erhitzen verkohlt er ohne sichtbare Veränderung. Mit Baryt giebt er weder in wässriger, noch in alkalischer Lösung einen Lack.

Einwirkung von PCl_5 auf Fluorescëin.

Die Ersetzung einer an C gebundenen OH-Gruppe durch Chlor, die sich bei den Alkoholen der Fettreihe meist leicht durch Einwirkung von PCl_3 oder PCl_5 bewerkstelligen lässt, hat bei den Phenolen grössere Schwierigkeiten, veranlasst durch die Bildung von Phosphorsäureäther. Das Phenol selbst liefert mit PCl_5 neben wenig Chlorbenzol grösstentheils Phosphorsäurephenol. Für die Bihydroxyl-Derivate des Benzols ist dieselbe Reaction noch wenig studirt, verläuft aber nach eigenen Versuchen beim Resorcin in derselben Weise unter Entstehung einer Phosphorsäureverbindung. Der Eintritt sog. electro-negativer Atomgruppen ändert jedoch das Verhalten der OH-Gruppen in dieser Richtung wesentlich; die Pikrinsäure z. B. wird mit Leichtigkeit durch PCl_5 ohne Nebenproducte in das Pikrylchlorid übergeführt.

Es war zu erwarten, dass beim Fluorescëin durch den Eintritt der CO-Gruppen in das Resorcin, so wie durch die Anhydridbildung zweier Hydroxyle, die Ersetzung der beiden anderen durch Chlor ebenfalls erleichtert werden würde, was sich denn auch durch den Versuch vollständig bestätigte.

1 Mol. Fluorescëin mit 2 Mol. PCl_5 sorgfältig gemengt wirken beim Erhitzen schon bei 70° energisch auf einander ein unter Aufschäumen

der Masse und Entwicklung von Salzsäure. Um die Reaction zu Ende zu führen, ist es vortheilhaft 1—2 St. auf 100° zu erhitzen, so lange noch HCl entweicht. Die resultirende, dunkelrothe Masse wird mit Wasser mehrmals ausgekocht, um alle Phosphorverbindungen zu entfernen. Eine geringe Menge unzersetztes Fluorescëin beseitigt man leicht durch Digestion mit verdünnter Natronlauge und Filtriren. Das so erhaltene, grauweisse Product besteht zum grössten Theil aus der gesuchten Verbindung. Zur Reinigung kocht man zunächst wiederholt mit Alkohol aus, der die Nebenproducte leicht mit dunkelrother Farbe löst, und krystallisirt zuletzt aus Toluol um. Man löst dabei zweckmässig heiss in Toluol und versetzt mit dem 1—2fachen Vol. Alkohol; letzterer befördert die Ausscheidung der Substanz wesentlich, und hält zugleich die Verunreinigungen leichter in Lösung. Durch Wiederholung der Operation erhält man bald eine ganz farblose Krystallisation. Die Analyse der bei 130° getrockneten Substanz führte zu der Formel $C_{20}H_{10}O_3Cl_2$.

0,51 g gaben 0,3983 AgCl. — 0,3214 g gaben 0,7659 CO_2 und 0,0839 H_2O.
Ber. Cl 19,24, C 65,04, H 2,71
Gef. ,, 19,32, ,, 64,99, ,, 2,9.

Es sind demnach die beiden OH-Gruppen im Fluorescëin durch Cl ersetzt und kommt der Substanz die Structurformel

$$C_6H_4\begin{matrix}CO\\CO\end{matrix}\begin{matrix}C_6H_3Cl\\C_6H_3Cl\end{matrix}O$$

zu, wonach sie als Dichlorphtalëin-Phenol-Anhydrid zu bezeichnen wäre.

In Uebereinstimmung mit dieser Auffassung steht das ganze Verhalten des Körpers. Seine Unlöslichkeit in Alkalien beweist das Nichtvorhandensein von Hydroxylen. Seine unten erwähnte Umwandlung in Fluorescëin zeigt, dass eine tiefer gehende Zersetzung nicht stattgefunden hat.

Die Substanz ist in Wasser unlöslich, in Alkohol, Aether, Aceton, Essigsäure schwer löslich, und krystallisirt daraus in mikroskopischen Prismen. Leicht löst sie sich in heissem Benzol, Toluol, Chloroform und krystallisirt daraus beim Erkalten in kleinen Prismen, die meist zu kugeligen Aggregaten vereinigt sind.

Sie schmilzt bei 252° (uncorr.) und erstarrt beim Erkalten krystallinisch; beim weiteren Erhitzen zersetzt sie sich unter Verkohlung.

Um das Verhalten der beiden Cl-Atome in der Verbindung näher zu characterisiren, wurden verschiedene Versuche gemacht, dieselben wieder durch Hydroxyle zu ersetzen; sie ergaben, dass hier, wie überhaupt im Benzolkerne, die Bindung des Chlor's eine sehr feste ist, aber doch dem Verhalten des Chlor's im Chlorbenzol und Chlorphenol gegenüber bedeutend gelockert erscheint, jedenfalls auch durch das Vorhandensein des Phtalsäurerestes.

Von wässriger oder alkoholischer Kalilauge wird der Körper allerdings nicht angegriffen; ebensowenig führte Schmelzen mit Kali zum Ziel; die Einwirkung tritt hier erst ein bei einer Temperatur, wo die Zersetzung gleich eine tiefer gehende ist und wahrscheinlich in Abspaltung von Phtalsäure besteht; in der grünlichen Schmelze war keine Spur von Fluorescëin nachzuweisen. Dagegen wirkt Kalkmilch unter Druck in der gewünschten Weise. Mit überschüssigem Kalk und wenig Wasser im zugeschmolzenen Rohre mehrere Stunden auf 230° erhitzt, war die ganze Masse glatt in Fluorescëin verwandelt; unter 200° findet keine Einwirkung Statt. Auch blosses Schmelzen mit Kalk- oder Barythydrat genügt, um die Reaction wenigstens theilweise auszuführen; nur lässt sich in diesem Falle die Temperatur schlecht reguliren.

Concentr. Schwefelsäure löst das Dichlorphtalëin-Phenol-Anhydrid schon in der Kälte langsam mit gelbrother Farbe, rascher beim Erwärmen, ohne es zu verändern; erst bei Siedehitze tritt eine tiefer gehende Zersetzung ein; durch Wasser werden jetzt dunkelrothe Flocken gefällt, die sich in Aether leicht mit weinrother Farbe lösen.

Von concentr. Salpetersäure wird es in der Kälte nicht angegriffen; in der Wärme löst es sich langsam mit gelber Farbe; beim Erkalten scheiden sich gelbe Krystalle ab, die durch den Schmelzpunkt als eine andere Substanz erkannt wurden. Da die Ersetzung der beiden OH-Gruppen im Fluorescëin durch Chlor sich verhältnissmässig leicht bewerkstelligen lässt, so lag die Vermuthung nahe, dass bei weiterer Einwirkung von PCl_5 sich das aus 2 Hydroxylen der Resorcinreste herstammende, nur an Kohlenstoff gebundene O-Atom auch durch Cl vertreten lassen werde. Man würde auf diese Weise zum Phtalëin-Bichlorbenzol gelangen, das durch Reduction zu der Verbindung

$$C_6H_4{\diagdown}^{CO-C_6H_5}_{CO-C_6H_5},$$

der Muttersubstanz aller Phtalëine, führen müsste. Die Versuche in dieser Richtung blieben jedoch ohne Resultat. Durch Erhitzen von Fluorescëin mit einem Ueberschuss von PCl_5 auf 145° wurde ein Product erhalten, welches zum grössten Theil aus Dichlorphtalëin-Phenol-Anhydrid bestand, gemengt mit einem chlorreicheren Körper; die Analyse ergab 23,5% Cl, während die Formel $C_{20}H_{10}O_2Cl_4$ 33,2% verlangt. Letzterer konnte nicht isolirt werden, auch schien er nur ein durch die Dissociation des PCl_5 gebildetes Substitutionsproduct zu sein. Ebensowenig führte die Anwendung von höherer Temperatur zum Ziel. Dichlorphtalëin-Phenol-Anhydrid mit überschüssigem PCl_5 unter Zusatz von PCl$_3$ zur Vermeidung der Dissociation mehrere Stunden auf 180° erhitzt, lieferte ein Product, welches nur 21,7% Cl enthielt.

Nicht besser gelang es beim Fluorescëin selbst durch Einwirkung von HJ das doppelt gebundene O-Atom von einem C abzuspalten und in die Hydroxylgruppe überzuführen.

Es scheint darnach die Bindung des betreffenden O eine so feste und für den Mechanismus des Moleküls so wesentliche zu sein, dass ihre Sprengung immer mit einer gänzlichen Spaltung des Letzteren, wie es z. B. beim Schmelzen mit Kali der Fall, verbunden ist.

Andererseits spricht aber auch gerade die Beständigkeit des Fluorescëins und seiner Derivate in dieser Richtung sehr für die oben angenommene Bindung jenes O-Atoms und für die oben aufgestellte Structurformel des Fluorescëins, die dasselbe nach der einen Seite des Moleküls hin als ein Phenolanhydrid darstellt. Es tritt damit das Fluorescëin in dieser Hinsicht in vollständige Analogie mit dem bisher einzig dastehenden Anhydrid eines Phenols, dem von H. C. Graebe dargestellten Diphenyläther, einer bekanntlich durch ihre Beständigkeit gegen Reductions- und Oxidationsmittel so ausgezeichneten Substanz.

Reduction des Dichlorphtalëin-Phenol-Anhydrids.

In der Absicht, in dem Dichlorphtalëin-Phenol-Anhydrid das Chlor durch Wasserstoff zu ersetzen, wurde dasselbe mit Na-Amalgam in verdünnter, alkoholischer Lösung behandelt. Die Einwirkung findet wegen der Unlöslichkeit der Substanz nur sehr langsam Statt. Nach längerem Stehen enthielt die Flüssigkeit in geringer Menge einen in Alkalien löslichen Körper, der indess noch Cl-haltig war und wahrscheinlich identisch ist mit der unten beschriebenen, durch Einwirkung von HJ entstehenden Substanz. Ebensowenig gelang es durch rauchende HJ das Chlor zu entfernen, selbst nicht bei 180—200°, während bei noch höheren Temperaturen eine Verharzung der Masse eintrat. Dagegen wirkt HJ in anderem Sinne reducirend; es entsteht durch Aufnahme von 2 Wasserstoff ein in Alkalien löslicher Körper. Zur Darstellung desselben erhitzt man Dichlorphtalëin-Phenol-Anhydrid mit einem Ueberschusse von rauchender HJ 5—6 Stunden lang auf 150°. Der Röhreninhalt wird mit Wasser mehrmals ausgekocht bis zur Entfernung aller HJ und die erhaltene, grauweisse Masse durch Umkrystallisiren aus Alkohol gereinigt.

Die Analyse der bei 120° getrockneten Substanz führt zu der Formel $C_{20}H_{12}O_3Cl_2$.

0,3626 g Substanz gaben 0,8577 CO_2 und 0,1111 H_2O.

Ber. C 64,69, H 3,23.
Gef. ,, 64,71, ,, 3,4.

Der Körper ist in verdünnten, wässrigen Alkalien leicht löslich, unlöslich in concentrirten. Diese Löslichkeit beweist das Vorhandensein von OH-Gruppen; die Anzahl derselben konnte bis jetzt noch nicht constatirt werden. Für ihre Entstehung liegen zwei Möglichkeiten vor: einmal kann das doppelt gebundene O-Atom der beiden Resorcinreste von einem derselben abgespalten und zu der OH-Gruppe reducirt werden; diese Annahme hat jedoch nach der oben angeführten Beständigkeit des Fluorescëins gegen HJ sehr wenig Wahrscheinlichkeit; andererseits kann die Reduction an den CO-Gruppen stattfinden, etwa in folgender Weise:

$$C_6H_4{<}{{CO}\atop{CO}}{>}{{C_6H_3Cl}\atop{C_6H_3Cl}}{>}O + H_2 = C_6H_4{<}{{C\cdot OH}\atop{C\cdot OH}}{>}{{C_6H_3Cl}\atop{C_6H_3Cl}}{>}O$$

Letztere Ansicht findet ihre Stütze in der Constitution des unten beschriebenen Phtalin-Orcins, für welches die Reduction beider CO-Gruppen nachgewiesen wurde. Es würde darnach die Substanz ein Abkömmling des nur in alkalischer Lösung bekannten Fluorescins sein und könnte als Dichlorphtalin-Phenol-Anhydrid bezeichnet werden.

Sie löst sich in Alkohol, Aceton, heisser Essigsäure leicht und krystallisirt daraus in kleinen, rhomboederähnlichen Blättchen.

Der Schmelzpunkt liegt bei 229—230°; beim weiteren Erhitzen tritt Verkohlung ein. Zur Feststellung der Anzahl von OH-Gruppen wurde die Substanz mit Essigsäureanhydrid in der Siedehitze behandelt, welches indessen nicht einzuwirken oder doch nur eine sehr unbeständige Verbindung zu bilden scheint; mit Wasser gefällt und aus Alkohol umkrystallisirt erwies sich die Substanz durch den Schmelzpunkt als unverändert. Dagegen erhält man durch Erhitzen mit PCl_5 auf 120° einen in Alkalien unlöslichen Körper, der aber noch nicht näher untersucht wurde.

Tetranitrofluorescëin.

Rauchende Salpetersäure im Ueberschuss auf Fluorescëin gegossen wirkt schon in der Kälte unter heftiger Reaction und Erwärmung der Masse ein. Das Fluorescëin löst sich vollständig. Sobald die Einwirkung nachliess, wurde die Reaction durch gelindes Erwärmen unterstützt und zuletzt der grösste Theil der Salpetersäure abgedampft. Aus der concentrirten Lösung scheidet sich eine aus schwach gelben Nadeln bestehende Krystallmasse ab; auf Zusatz von Wasser fällt auch der Rest des gebildeten Productes in weissen Flocken aus. Der abfiltrirte Niederschlag wurde bis zur Entfernung aller Salpetersäure mit kaltem Wasser ausgewaschen und weiter untersucht.

Eine Portion getrocknet und vorsichtig erhitzt, gab ein Sublimat von Phtalsäureanhydrid, das leicht an seiner characteristischen Krystallform, am Geruch und Schmelzpunkt (gef. 128°) erkannt wurde; der Rest verpuffte beim weiteren Erhitzen heftig; es lag offenbar ein Nitrokörper vor. Zur Entfernung des Phtalsäureanhydrids wurde die Masse zunächst mit Wasser ausgekocht und zur weiteren Reinigung aus Eisessig umkrystallisirt. Die Analyse der bei 140° getrockneten Substanz führt zu der Formel $C_{20}H_8O_5(NO_2)_4$.

0,2848 g gaben 0,4916 CO_2 und 0,0498 H_2O. — 0,4863 g gaben 45 ccm feuchtes Stickstoffgas bei 15,5° und 755 mm Barometerstand.

Ber. C 46,87, H 1,56, N 10,95, O 40,62.
Gef. ,, 47,07, ,, 1,93, ,, 10,76.

Das Tetranitrofluorescëin ist in heissem Eisessig ziemlich schwer löslich und krystallisirt daraus in schwach gelben, kurz prismatischen Krystallen; in Alkohol und Aceton schwer löslich mit gelbrother Farbe, die durch eine Spur Salpetersäure sofort rothviolett wird; in kaltem Wasser unlöslich, leichter in heissem mit rother Farbe; diese Lösung färbt Wolle intensiv und ächt rothgelb, die rothe Farbe der wässrigen Lösung geht durch eine Spur Salpetersäure in rothviolett über und verschwindet durch mehr Salpetersäure vollständig. In Alkalien löst es sich sehr leicht mit gelbrother Farbe, ohne jede Fluorescenz.

Durch Zinn- und Salzsäure wird es rasch reducirt; man erhält einen in Alkalien mit prachtvoll blauvioletter Farbe löslichen Körper; derselbe bildet sich auch durch Erwärmen der alkalischen Lösung mit Zinkstaub; nur geht hierbei die Einwirkung bald weiter unter Entfärbung der Flüssigkeit.

Der Schmelzpunkt lässt sich nicht bestimmen; bis 200° bleibt die Substanz unverändert, weiterhin färbt sie sich roth, schmilzt unter Zersetzung und verpufft schliesslich sehr heftig.

Die Einwirkung der Salpetersäure auf Fluorescëin besteht demnach jedenfalls zunächst nur in Bildung dieses Substitutionsproducts, das bei längerer Dauer der Reaction in Phtalsäure und wahrscheinlich Styphninsäure gespalten wird. In Folge dessen ist denn auch die Ausbeute an Tetranitrofluorescëin bei Anwendung von zu viel Salpetersäure und zu langem Erhitzen bedeutend geringer. Diese Abspaltung von Phtalsäure aus dem Fluorescëin steht zunächst in voller Analogie mit der von H. Prof. Baeyer[1]) beobachteten Zersetzung des Gallëin's durch Salpetersäure in Phtalsäure und Oxalsäure. Andererseits ist sie aber auch ein Beweis für die Beständigkeit des Phtalsäurerestes gegen substituirende Agentien und ein genügender Anhaltspunkt für die Stellung der Nitrogruppen in dieser Verbindung.

---

[1]) Berichte d. D. Chem. Gesellsch. IV, 663.

Hätte die Nitrirung theilweise im Phtalsäurereste stattgefunden, so müsste durch Abspaltung des letzteren eine Nitrophtalsäure entstehen, die aber nicht nachzuweisen war. Es ist dadurch die ohnehin schon wahrscheinliche Annahme gerechtfertigt, dass die Nitrogruppen sich in den Resorcinresten befinden, und zwar aus Gründen der Symmetrie auf beide gleich vertheilt.

Zersetzung des Fluoresceïns durch Kali.

Die Constitution des Fluoresceïns ist nach allen bis jetzt bekannten Thatsachen ausgedrückt durch die Formel:

$$C_6H_4\begin{matrix}CO\\CO\end{matrix}\begin{matrix}C_6H_3\cdot(OH)\\\\C_3H_6\cdot(OH)\end{matrix}>O$$

In diesem Schema ist nach der Bildungsweise sowohl die Stellung der beiden OH-Gruppen zu dem doppelt gebundenen O-Atom — sie bleibt dieselbe wie im Resorcin, — als auch die Stellung der beiden CO zu einander bekannt; unbekannt aber bleibt die Stellung der CO-Gruppen zu den Hydroxylen und ist auch bis jetzt von keinem Phtaleïn nachgewiesen. Diese Frage ist mit Sicherheit kaum anders als auf analytischem Wege zu lösen. Es lag die Möglichkeit vor, durch Schmelzen mit Kali Zersetzungsproducte zu erhalten, die in dieser Hinsicht Aufschluss geben konnten.

Wenn nämlich die Spaltung des Fluoresceïns durch Kali nicht unter Rückbildung seiner Generatoren, sondern in der Weise erfolgte, dass ein CO an dem Phtalsäureste, das andere an einem Resorcin stehen blieb, wie beistehendes Schema ausdrückt,

$$C_6H_4\begin{matrix}|CO\\|CO\end{matrix}\begin{matrix}C_6H_3\cdot(OH)\\\\C_6H_3\cdot(OH)\end{matrix}>O$$

so musste neben Benzoësäure und Resorcin eine Dioxybenzoësäure entstehen.

Der Versuch hat allerdings zu keinem entscheidenden Resultate geführt.

Fluoresceïn wurde mit dem vierfachen Gewicht Aetzkali geschmolzen. Es löst sich langsam mit dunkelrother Farbe, die beim stärkeren Erhitzen durch Violett in Blau und Grün übergeht; in diesem Stadium ist das Fluoresceïn noch nicht angegriffen. Bei wenig höherer Temperatur wird die Farbe plötzlich hellroth und die Masse fast fest; sie löst sich jetzt in Wasser ohne Fluorescenz und die Reaction ist beendet. Die Schmelze wurde mit Schwefelsäure angesäuert, mit Aether extrahirt und dieser abdestillirt. Der Rückstand wurde zur Isolirung des gebildeten Resorcins in wenig Wasser gelöst, mit Baryt neutralisirt, überschüssiger Baryt mit Kohlensäure gefällt und wieder mit Aether extrahirt. Der verdampfte ätherische Auszug gab bei der Destillation neben geringen Mengen nicht flüchtiger, schmieriger Producte zum grössten Theil Resorcin, das durch den Schmelzpunkt (gef. 100°) und die Ueberführung mittelst Phtalsäureanhydrids in Fluorescëin leicht nachzuweisen war. Der wässrige Rückstand, der alle Säuren als Barytsalze enthalten mußte, wurde wieder mit Schwefelsäure angesäuert und mit Aether extrahirt. Der abgedampfte Auszug erstarrte zu einer schmutzigen Krystallmasse. Aus heissem Wasser krystallisirte der grösste Theil beim Erkalten aus; durch Sublimation wurde die Verbindung rein erhalten und durch den characteristischen Geruch und Schmelzpunkt (gef. 120°) als Benzoësäure erkannt. Aus den Mutterlaugen war weiter Nichts zu isoliren.

Es sind demnach die Zersetzungsproducte des Fluorescëins durch Kali im Wesentlichen Resorcin und Benzoësäure und es verläuft die Reaction entweder einfach unter Rückbildung von Resorcin und Phtalsäure, die ihrerseits weiter in Benzoësäure und Kohlensäure zerfällt, oder es entsteht wirklich eine Dioxybenzoësäure, die aber bei der hohen Temperatur von dem Kali gleich weiter in CO_2 und Resorcin gespalten wird.

Die Versuche in dieser Richtung dürfen jedoch keineswegs als beendet angesehen werden; vielleicht gelingt es bei den Derivaten des Fluorescëins, etwa dem Dichlorphtalëin-Phenol-Anhydrid oder dessen Reductionsproduct entscheidendere Resultate zu erzielen, und damit eine vollständige Aufklärung über die Constitution dieser in so mancher Beziehung interessanten Körpergruppe zu geben.

Phtalëin-Orcin.

Orcin verbindet sich mit Phtalsäureanhydrid unter denselben Bedingungen und in derselben Weise, wie die übrigen Phenole, zu einem Phtalëin, das mit dem Phtalëin des Phenols und des Hydrochinons die grösste Aehnlichkeit zeigt. In geringer Menge bildet dasselbe sich schon beim blossen Erhitzen von Orcin und Phtalsäureanhydrid auf 210—220°; indess ist diese Temperatur wenig mehr geeignet, ein reines Product zu erhalten. Leichter erfolgt die Reaction unter dem Einflusse wasserentziehender Mittel, Zinkchlorid, Phosphorsäureanhydrid oder besser noch concentr. Schwefelsäure. Nach vielen Versuchen wird die beste Ausbeute erhalten durch Erhitzen von 3 Th. (1 Mol.) frisch geschmolzenem Phtalsäureanhydrid, 5 Th. (2 Mol.) destillirtem Orcin und 5 Th. concentr. Schwefelsäure auf 135°. Bei dieser Temperatur und der angegebenen Menge Schwefelsäure verläuft die Reaction rasch und ohne Entwicklung von schwefliger Säure, die eigenthümlicher Weise bei niederigeren Temperaturen, bei 120° und selbst auf dem Wasserbade immer in beträchtlicher Menge auftritt und die Bildung von Nebenproducten anzeigt. Nach zweistündigem Erhitzen ist der grösste Theil des Orcins in das Phtalëin übergeführt; man unterbricht zweckmässig die Operation, da die Schwefelsäure weiterhin secundäre Reactionen veranlasst. Die rothbraune Schmelze wird mit kaltem Wasser übergossen nach einiger Zeit körnig krystallinisch. Unzersetztes Orcin und den grössten Theil der Schwefelsäure entfernt man zunächst durch Waschen mit kaltem Wasser, löst dann den Rückstand in verdünnter Kalilauge, kocht einige Zeit und fällt durch Ansäuren mit Essigsäure das Phtalëin aus; nur auf diese Weise gelingt es, rasch und vollständig die Schwefelsäure zu entfernen, welche mit dem Phtalëin-Orcin eine ähnliche Verbindung eingeht, wie mit dem Fluorescëin und in Folge dessen demselben hartnäckig anhaftet. Der abfiltrirte Niederschlag wird beim weiteren Auskochen mit Wasser körnig krystallinisch und fast farblos; er besteht zum grössten Theil aus der reinen Verbindung und beträgt etwa 80% der theoretischen Ausbeute. Zur vollständigen Reinigung krystallisirt man aus Aceton um; man löst heiss in möglichst trocknem Aceton, concentrirt die Lösung durch Eindampfen und lässt längere Zeit stehen. In den rothbraunen Mutterlaugen bleiben die Verunreinigungen leicht zurück, während die reine Verbindung sich langsam meist in eigenthümlich garbenförmig zusammengehäuften Nadeln ausscheidet.

Auch durch Umkrystallisiren aus Eisessig lässt sich der Körper bei einiger Vorsicht reinigen und wird schliesslich in ganz farblosen, kleinen Prismen oder rhomboederähnlichen Krystallen erhalten.

Zur Analyse wurden die letzteren verwandt; dieselben mussten aber, um alle Essigsäure zu entfernen, bei 180° getrocknet werden und gaben dann Zahlen, die zu der Formel $C_{22}H_{16}O_5$ führen.

0,2088 g gaben 0,562 CO_2 und 0,0885 H_2O.

Ber. C 73,33, H 4,44.
Gef. ,, 73,4, ,, 4,7.

Es entsteht also das Phtalëin-Orcin nach demselben Schema, wie Fluorescëin:

$$C_8H_4O_3 + 2\, C_7H_8O_2 = C_{22}H_{16}O_5 + 2\, H_2O$$

und besitzt die Structurformel:

$$C_6H_4\!\!<\!\!{}^{CO}_{CO}\!\!>\!\!{}^{C_6H_2\cdot(OH)}_{C_6H_2\cdot(OH)}\!\!{}^{CH_3}_{CH_3}\!\!>\!\!O$$

In Wasser ist es unlöslich, leicht löslich in Alkohol, Holzgeist, Aceton und heisser Essigsäure; durch Wasser wird es daraus in weissen Flocken gefällt, die, sobald es ganz rein ist, beim Kochen nicht mehr zusammenballen, sondern körnig krystallinisch werden; in Aether, Benzol, Toluol unlöslich.

Verdünnte Alkalien und Ammoniak lösen es sehr leicht mit intensiv dunkelrother Farbe. Die Lösungen der reinen Substanz zeigen keine, die des Rohproducts eine nur schwache, dunkelgrüne Fluorescenz.

Der Schmelzpunkt lässt sich nicht bestimmen; von 230° an bräunt sich die Substanz und wird bei höherer Temperatur ganz zersetzt, wobei der grösste Theil als glänzende Kohle zurückbleibt. Mit Mineralsäuren geht das Phtalëin-Orcin eigenthümliche Verbindungen ein, die sämmtlich intensiv roth gefärbt sind; die Verbindung mit Salzsäure ist unten beschrieben; diese Körper sind in Wasser weit löslicher als das reine Phtalëin, wesshalb die Löslichkeit des letzteren in Wasser durch Zusatz von Säuren bedeutend erhöht wird.

Concentr. Schwefelsäure löst das Phtalëin-Orcin langsam in der Kälte mit rother Farbe, die beim Erwärmen dunkel wird. Ueber 200° tritt lebhafte Entwicklung von schwefliger Säure ein; erhitzt man bis zum Sieden, so fällt auf Zusatz von Wasser ein Zersetzungsproduct in dunkelrothen Flocken aus. Nach dem Abfiltriren und Trocknen hat der Körper eine ganz schwarze Farbe. Die Substanz gehört jedenfalls der Klasse von Farbstoffen an, die ihren bis jetzt allein untersuchten Vertreter in dem von Herrn Prof. Baeyer in derselben Weise aus dem Gallëin dargestellten Coerulëin[1] findet. Sie löst sich ebenso wie jenes in Ammoniak mit dunkelrother Farbe, wird aus dieser Lösung durch Baryt vollständig als schwarzer Lack gefällt und ist nicht flüchtig. In Alkohol, Aceton, Wasser ist sie schwer löslich und färbt, obschon sie mit Metallen unlösliche Verbindungen giebt, gebeizte Zeuge nur sehr schwach.

Essigsäureanhydrid wirkt auf Phtalëin-Orcin in derselben Weise, wie auf Fluorescëin unter Bildung von

Diacetylphtalëin-Orcin.

Zur Darstellung dieser Verbindung erhitzt man Phtalëin-Orcin mit dem 3—4 Gew. von Essigsäureanhydrid am Rückflusskühler auf 140°. Die Reaction ist in 1—2 Stunden beendet; zur Entfernung von überschüssigem Essigsäureanhydrid versetzt man mit Alkohol und dampft nach einiger Zeit den gebildeten Essigäther ab. Das erhaltene Product wurde zur weiteren Reinigung aus Alkohol umkrystallisirt,

---

[1] Berichte d. D. Chem. Gesellsch. IV, 556. 663.

die sich in seide-glänzenden, schwach bläulich schillernden Nadeln ausscheidende Substanz bei 80° getrocknet und analysirt.

0,1637 g gaben 0,4209 CO_2 und 0,0741 H_2O.

$C_{26}H_{20}O_7$. Ber. C 70,27, H 4,53.
Gef. ,, 70,12, ,, 5,0.

Es sind demnach 2 Acetylgruppen an Stelle von Wasserstoff in das Molekül eingetreten, und da die Substanz in Alkalien unlöslich ist, so ist damit auch für das Phtaleïn-Orcin die Existenz von nur zwei Hydroxylen nachgewiesen.

Der Körper zeigt vollkommene Analogie mit dem Diacetylfluoresceïn; ist in Alkalien unlöslich, wird aber durch Kochen schon in wässriger, rascher in alkoholischer Lösung in seine Generatoren zerlegt; ebenso wirken concentr. Säuren, namentlich Schwefelsäure.

In Alkohol, Holzgeist ist er schwer löslich, leichter in Aceton, unlöslich in Wasser, Aether, Benzol; schmilzt bei 219—220° (uncorr.) und zersetzt sich bei höherer Temperatur unter Verkohlung.

Monacetylphtaleïn-Orcin.

Eigenthümlich ist das Verhalten des Phtaleïn-Orcin's zu Eisessig; man kann dasselbe bei einiger Vorsicht daraus umkrystallisiren, und erhält es dabei in ganz farblosen, kurzen Prismen; wird es aber längere Zeit damit erhitzt, so färben sich die farblosen Krystalle plötzlich gelbroth und können auch durch fortgesetztes Umkrystallisiren nicht wieder farblos erhalten werden; die dabei entstehende Verbindung löst sich in Alkalien mit derselben Farbe, wie das reine Phtaleïn-Orcin, wird aber durch verdünnte Essigsäure wieder unverändert abgeschieden. Ehe der Grund dieser Erscheinung klar war, wurde die Reinigung des Phtaleïn-Orcin's dadurch ausserordentlich erschwert, indem einmal aus Essigsäure die reine, durch die Analyse controllirte Substanz, das andere Mal immer nur eine rothe, als Gemenge characterisirte Krystallmasse erhalten wurde. Bei weiterer Untersuchung zeigte sich, dass jene Umwandlung durch die Essigsäure selbst veranlasst wird. Durch Erhitzen des Phtaleïns mit Essigsäure im zugeschmolzenen Rohre auf 150° wurde die Verbindung in gelbrothen Krystallen und ziemlich rein erhalten. Die Analyse der bei 170° getrockneten Substanz führt zu der Formel $C_{22}H_{15}O_5(C_2H_3O)$.

Ber. C 71,64, H 4,47.
Gef. ,, 72,13, ,, 4,46.

Der zu hohe Kohlenstoffgehalt erklärt sich durch eine noch geringe Beimengung von unverändertem Phtaleïn.

Es wäre demnach die Substanz ein Monacetylphtaleïn-Orcin; mit dieser Annahme stimmen ihre Eigenschaften vollkommen überein; in

Alkalien ist sie löslich, da sie noch eine OH-Gruppe enthält; durch Säuren wird sie in der Kälte unverändert abgeschieden; erhitzt man sie aber längere Zeit mit Alkalien, so fallen auf Zusatz von Essigsäure farblose Flocken von regenerirtem Phtaleïn aus.

Beim gelinden Erwärmen mit conc. Schwefelsäure nimmt man den Geruch von Essigsäure wahr.

In ihren Löslichkeits-Verhältnissen und sonstigem Verhalten steht die Verbindung dem Phtaleïn sehr nahe; nur in Eisessig ist sie wesentlich schwerer löslich.

Die Bildung dieses Körpers lässt die Reinigung des Phtaleïn-Orcins durch Umkrystallisiren aus Essigsäure als unvortheilhaft erscheinen, da die weisse Farbe desselben das einzige Kriterium für seine Reinheit ist.

Verbindung des Phtaleïn-Orcins mit Salzsäure.

Wie es scheint, verbinden sich alle Phtaleïne mit concentr. Säuren zu eigenthümlichen, meist sehr unbeständigen Körpern, die jedoch bisher noch kaum untersucht sind. Für das Phtaleïn-Orcin sind diese Verbindungen sehr characteristisch, da sie sämmtlich eine intensiv dunkelrothe Farbe besitzen. Es lässt sich von ihnen die Salzsäure-Verbindung am leichtesten im reinen Zustande erhalten und wurde weiter untersucht. Schon in der Kälte färbt sich das weisse Phtaleïn mit Salzsäure roth; zur vollständigen Umwandlung erhitzt man aber zweckmässig die feingepulverte Substanz längere Zeit mit concentr. HCl, oder setzt noch besser zu einer alkoholischen Lösung derselben überschüssige Salzsäure, wodurch sich dieselbe dunkelroth färbt. Beim Abdampfen des Alkohols fällt die Verbindung in dunkelrothen Flocken aus. Dieselben wurden abfiltrirt, mit concentr. HCl ausgewaschen und im Vacuum über Schwefelsäure getrocknet. Sobald die Substanz innerhalb einiger Stunden nicht an Gewicht verlor, wurde sie analysirt.

0,3615 g gaben 0,1318 AgCl.

$C_{22}H_{16}O_5$ + HCl. Ber. Cl 8,95. Gef. Cl 9,0.

Die Bindung der Salzsäure in diesem Körper ist eine sehr lockere; beim Erwärmen entweicht dieselbe rasch unter Entfärbung der Substanz; langsam tritt diese Zersetzung schon bei gewöhnlicher Temperatur ein; eine 8 Tage im Vacuum gestandene Portion enthielt nur noch 8% Cl (0,296 g gab 0,0941 AgCl) und nach zweimonatlichem Stehen an der Luft, war fast alle Salzsäure entwichen. Leicht wird die Verbindung durch Wasser, namentlich beim Kochen zerlegt; dagegen scheint sie gegen andere Lösungsmittel beständig zu sein; sie löst sich in Alkohol, Holzgeist, Aceton äusserst leicht und scheidet sich beim Verdunsten der Lösung wieder in rothen Flocken ab.

Es liegt hier offenbar eine Verbindung vor, die durch einfache Anlagerung von Salzsäure an das Phtalëin-Orcin entsteht; ob diese eine atomistische oder nur molekulare ist und an welcher Stelle des Moleküls eventuell dieselbe stattfindet, kann zur Zeit nicht mit Sicherheit entschieden werden; jedenfalls aber steht der Körper in naher Beziehung mit der oben beschriebenen Verbindung von Fluorescëin mit Schwefelsäure.

Noch viel weniger lässt sich eine Vermuthung darüber aussprechen, in welchem Zusammenhang die auffallende Aenderung der Farbe mit der Anlagerung von Säuren steht, da Analogien derart bis jetzt kaum vorhanden sind.

Tetrabromphtalëin-Orcin.

Brom wirkt auf Phtalëin-Orcin in alkoholischer und essigsaurer Lösung substituirend, wobei das gebildete Bromderivat sich sofort als schweres, gelbes Pulver abscheidet.

Zur Darstellung der Tetrabrom-Verbindung eignet sich am Besten die essigsaure Lösung. Zu einer Lösung von reinem Phtalëin-Orcin in Eisessig wurde in der Siedehitze Brom im Ueberschuss zugegeben; es entweicht sofort viel HBr und es fällt momentan ein schweres, krystallinisches, gelbes Pulver aus; nach längerem Stehen hatte sich alles Phtalëin als Substitutionsproduct abgeschieden.

Das gelbe Pulver wurde nach Entfernung der Mutterlauge so lange mit Essigsäure ausgekocht, bis letztere sich nicht mehr färbte, wobei dasselbe beinahe farblos wird. Da die Substanz sich wegen ihrer Unlöslichkeit nicht umkrystallisiren liess, wurde sie direkt bei 140° getrocknet und analysirt.

0,337 g gaben 0,3757 AgBr.
$C_{22}H_{12}O_5Br_4$. Ber. Br 47,38. Gef. Br 47,44.

Analyse und sonstige Eigenschaften zeigen, dass der Körper durch einfache Substitution entstandenes Tetrabromphtalëin-Orcin ist.

In Alkalien löst er sich leicht mit fast schwarzer Farbe, die beim Verdünnen dunkelbraun wird; diese Lösung zeigt eine eigenthümliche, schwärzlich grüne Fluorescenz. In fast allen Lösungsmitteln, Alkohol, Aether, Benzol, Chloroform ist er kaum löslich; nur in einem Gemisch von Aceton und Schwefelkohlenstoff löst er sich in etwas erheblicher Menge und scheidet sich aus der concentr. Lösung in kleinen, körnigen Krystallen ab. Die Farbe ist eine schwach gelbliche und das specifische Gewicht ein sehr hohes. Beim Erhitzen verkohlt er.

In alkoholischer Lösung geht die substituirende Wirkung des Broms weiter unter Bildung von

Pentabromphtalëin-Orcin.

Zu einer Lösung von Phtalëin-Orcin in absolutem Alkohol wurde überschüssiges Brom in der Kälte zugegeben; die Flüssigkeit erwärmt sich stark und scheidet momentan ein schweres, gelbes Pulver ab; dasselbe wurde ebenfalls durch Auskochen mit Alkohol, so lang dieser sich noch färbte, gereinigt, getrocknet und analysirt.

0,4067 g Substanz gaben 0,512 AgBr.

$C_{22}H_{11}O_5Br_5$. Ber. Br 53,0. Gef. Br 53,57.

Die Substanz ist dem Tetrabromphtalëin-Orcin in jeder Hinsicht so ähnlich, dass sie nur durch die Analyse davon unterschieden werden kann.

Die auffallende Thatsache, dass die Bromirung hier in kalter, weingeistiger Lösung weiter geht, als in siedender, essigsaurer, ist ein neuer Beweis für die schon häufig gemachte Beobachtung, dass Essigsäure der substituirenden Wirkung des Brom's hindernd entgegentritt. Was die Stellung der Bromatome in diesen beiden Substitutionsproducten angeht, so sind folgende Schlüsse ziemlich berechtigt. Für das Tetranitrofluorescëin ist es nachgewiesen, dass die vier Nitrogruppen in den beiden Resorcinresten stehen, da dasselbe bei der weiteren Zersetzung mit Salpetersäure Phtalsäure und keine Nitrophtalsäure liefert. Diese Beständigkeit des Phtalsäurerestes gegen substituirende Agentien macht dieselbe Annahme für das Tetrabromphtalëin-Orcin wahrscheinlich. Für letzteren Fall liegen dann weiter 2 Möglichkeiten vor; entweder steht das Brom in den Methylgruppen oder in den Benzolkernen. Die Beständigkeit des Körpers gegen Alkalien, wovon er auch beim Kochen nicht verändert wird, spricht für die letztere Annahme, und es bleibt dann nur noch eine Möglichkeit, nämlich die gleichmässige Vertheilung der vier Br-Atome auf beide Orcinreste, da jeder derselben nur noch 2 H im Benzolkerne enthält.

Es wird demnach für das Tetrabromphtalëin-Orcin die Structurformel

$$C_6H_4\diagup\genfrac{}{}{0pt}{}{CO}{CO}\diagdown\genfrac{}{}{0pt}{}{C_6Br_2(OH)\diagup CH_3}{C_6Br_2(OH)\diagdown CH_3}\diagup O$$

die wahrscheinlichste bleiben.

In der Pentabromverbindung müsste dann weiter ein Wasserstoff im Phtalsäurereste substituirt sein.

Der experimentelle Beweis für diese Ansicht wird sich jedenfalls auch durch Zersetzung der Verbindungen mit Salpetersäure in der oben angedeuteten Weise liefern lassen, woran mich bisher der Mangel an Material verhindert hat.

Phtalin-Orcin.

Sämmtliche Phtaleïne werden in alkalischer Lösung durch Zinkstaub unter Entfärbung der Flüssigkeit reducirt. Von den dabei entstehenden und mit dem Namen „Phtaline" bezeichneten Körpern war bisher nur das Gallin und Phtalin-Phenol[1]) untersucht; das erste entsteht aus dem Galleïn durch Aufnahme von 6 H und hat die Zusammensetzung $C_{20}H_{18}O_7$, letzteres dagegen enthält nur 2 H mehr als das betreffende Phtaleïn.

Das Reductionsproduct des Fluoresceïn's ist wegen seiner Unbeständigkeit nicht zu isoliren; ebensowenig ist das Phtalin des Hydrochinons bekannt. Es schien von Interesse, auch das Verhalten der Phtaleïne der Bioxybenzole Reductionsmitteln gegenüber zu constatiren und es wurde desshalb das Phtalin-Orcin, das sich wegen seiner Beständigkeit hierzu besonders eignete, weiter untersucht.

Zur Darstellung desselben versetzt man eine Lösung von Phtaleïn-Orcin in verdünnter Natronlauge mit wenig Zinkstaub; schon in der Kälte tritt die Reaction ein und wird durch Erwärmen auf dem Wasserbade rasch zu Ende geführt unter gänzlicher Entfärbung der Flüssigkeit. Merkwürdiger Weise erfolgt diese Reduction bei Anwendung von Kalilauge nur sehr langsam und schwierig.

Die farblose Lösung lässt sich ohne Oxidation des gebildeten Phtalins an der Luft von dem überschüssigen Zinkstaub abfiltriren. Beim Ansäuren mit verdünnter Schwefelsäure oder Essigsäure fällt das Phtalin in weissen Flocken aus. Die Substanz ist in trockenem Zustande ziemlich beständig, wenn sie aus absolut reinem Phtaleïn dargestellt ist; selbst bei sehr geringen Mengen Verunreinigungen dagegen findet bald an der Luft theilweise Oxidation statt; rasch erfolgt diese auch bei der reinen Substanz beim Erhitzen.

Ein eigenthümliches Verhalten zeigt die Verbindung Säuren gegenüber. Im trocknen Zustande kann sie mit concentr. Salzsäure gekocht werden, ohne sich zu verändern, setzt man dagegen zu der alkalischen Lösung derselben in der Wärme concentr. Salzsäure, so findet sofort Oxidation statt und es fällt das regenerirte Phtaleïn in rothen Flocken aus. In verdünnter, kalter Lösung erfolgt diese Umwandlung beim Zusatz von Salzsäure nicht; ebensowenig durch schwächere Säuren, z. B. Essigsäure, in der Siedehitze.

---

[1]) A. Baeyer, Berichte d. D. Chem. Gesellsch. IV, 659, 663.

In Wasser ist das Phtalin-Orcin schwer löslich; ausserordentlich leicht dagegen in Alkohol, Holzgeist, Aceton und Essigsäure.

Es konnte bis jetzt nicht im krystallisirten und für die Analyse geeigneten Zustande erhalten werden; da ausserdem letztere bei dem hohen Molekulargewicht nur schwierig über den Mehr- oder Mindergehalt von zwei H entscheiden kann, so wurde die Zusammensetzung der Verbindung auf indirekte Weise durch Ueberführung in die gut krystallisirende und sehr beständige Acetylverbindung ermittelt, durch welche sich zugleich die Anzahl der OH-Gruppen constatiren liess.

Es wurde zu diesem Zweck im Vacuum getrocknetes Phtalin-Orcin mit dem 3fachen Gewicht von Essigsäureanhydrid am Rückflusskühler gekocht; die Substanz löst sich farblos und nach einstündigem Erhitzen ist die Reaction beendet. Beim Erkalten krystallisirt bereits ein Theil der Acetylverbindung aus; auf Zusatz von Alkohol scheidet sich beim längeren Stehen auch der Rest fast vollständig in farblosen Blättchen ab. Dieselben wurden von der Mutterlauge getrennt, mit heissem Alkohol mehrmals ausgewaschen und aus Benzol umkrystallisirt.

Man erhält so die Substanz leicht in farblosen, würfelähnlichen, kleinen Krystallen, die durch ihren constanten Schmelzpunkt etc. als rein characterisirt sind.

Die Analyse der bei 130° getrockneten Substanz führt zu der Formel $C_{22}H_{16}O_4(C_2H_3O)_2$.

0,2481 g gaben 0,6574 CO_2 und 0,109 H_2O.

Ber. C 72,55, H 5,11.
Gef. ,, 72,26, ,, 4,88.

Diese Formel resultirt auf einfache Weise aus der des Phtaleïn-Orcins, wenn man annimmt, dass dasselbe bei der Reduction 4 H aufnimmt und das entstandene Phtalin durch Einwirkung des Essigsäureanhydrids zunächst ein Molekül Wasser abgiebt und zugleich 2 H aus den beiden OH-Gruppen gegen Acetyl austauscht.

$$C_{22}H_{16}O_5 + 2 H_2 = C_{22}H_{20}O_5$$
$$C_{22}H_{20}O_5 + 3 (C_2H_3O)_2O = C_{22}H_{16}O_4(C_2H_3O)_2 + 4 C_2H_4O_2.$$

Die einfachste Erklärung für diese beiden Reactionen ist folgende.

Beim Phtaleïn-Orcin werden durch den nascirenden Wasserstoff die beiden CO-Gruppen unter Aufnahme von vier H in die Carbinolgruppe CH·OH übergeführt und es kommt dem Phtalin die Formel

$$C_6H_4\Big\langle{\begin{array}{l}CH\cdot OH\\CH\cdot OH\end{array}}\Big.{\begin{array}{l}C_6H_2(OH)\\ \\C_6H_2(OH)\end{array}}\Big\langle{\begin{array}{l}CH_3\\O\\CH_3\end{array}}$$

zu. Durch Einwirkung des Essigsäureanhydrids werden zunächst die beiden OH in den Orcinresten in die Gruppe $O \cdot C_2H_3O$ verwandelt und zu gleicher Zeit tritt zwischen den beiden anderen OH Anhydridbildung ein. Es entsteht dadurch der Körper:

$$C_6H_4\genfrac{}{}{0pt}{}{\diagup CH}{\diagdown CH}\!\!\!\!\!>\!\!O\genfrac{}{}{0pt}{}{-C_6H_2 \cdot O \cdot C_2H_3O \genfrac{}{}{0pt}{}{\diagup CH_3}{}}{-C_6H_2 \cdot O \cdot C_2H_3O \genfrac{}{}{0pt}{}{}{\diagdown CH_3}}\!\!\!\!>\!\!O$$

der als Diacetyl-Phtalin-Orcin-Anhydrid zu bezeichnen wäre.

Die Substanz ist in Alkohol, Aceton, Essigsäure schwer löslich, leicht in Benzol und Toluol, schmilzt bei 211° (uncorr.) und zersetzt sich beim stärkeren Erhitzen unter Verkohlung.

Durch Alkalien wird sie in alkoholischer Lösung beim Kochen leicht zerlegt in Essigsäure und Phtalin-Orcin, das seinerseits durch die bekannten Reactionen in Phtaleïn übergeführt wurde.

Bei einem Vergleiche des Fluoresceïns mit dem Phtaleïn-Orcin ergiebt sich trotz ihrer analogen, empirischen Zusammensetzung eine auffallende Verschiedenheit in ihrem physikalischen und chemischen Verhalten, die auf eine für die Theorie der Phtaleïne besonders interessante Verschiedenheit ihrer Constitution schliessen lässt.

Das Fluoresceïn entsteht mit Leichtigkeit schon beim blossen Erhitzen von Resorcin und Phtalsäureanhydrid, seine Hydroverbindung ist sehr unbeständig, sein Derivat, das Dichlorphtaleïn-Phenol-Anhydrid nimmt bei der Reduction nur 2 H auf, durch Einwirkung von PCl_5 tauscht es leicht seine Hydroxyle gegen Cl aus, vor Allem aber ist es durch seine physikalischen Eigenschaften und als Farbstoff vor den übrigen Phtaleïnen ausgezeichnet.

Das Phtaleïn-Orcin entsteht, analog den meisten, übrigen Phtaleïnen, erst unter dem Einflusse wasserentziehender Mittel, sein Phtalin ist beständig und entsteht durch Aufnahme von 4 H, mit PCl_5 behandelt liefert es kein Chlorderivat und endlich ist es kein Farbstoff.

Da in allen Phtaleïnen die aus der Phtalsäure herstammende Gruppe $C_6H_4C_2O_2$ als gleich constituirt angenommen werden darf und weiterhin im Resorcin und Orcin wegen ihres sonstigen, analogen, chemischen Verhaltens dieselbe relative Stellung der beiden Hydroxyle grosse Wahrscheinlichkeit hat, so bleibt als Ursache für die Verschiedenheit der Phtaleïne nur ein Punkt, die verschiedene Stellung der CO-Gruppen zu den Hydroxylen, zu berücksichtigen.

Mit der Erledigung dieser Frage beim Fluorescëin und Phtalëin-Orcin würde es zugleich gelingen, eine der interessantesten und wichtigsten Fragen für das Studium der Phenolfarbstoffe, der „Zusammenhang zwischen Farbe und chemischer Constitution" im Wesentlichen zum Abschluss zu bringen.

Zum Schluss erfülle ich die angenehme Pflicht, Herrn Prof. A. Baeyer, meinem hochverehrten Lehrer, meinen herzlichen Dank dafür auszusprechen, dass er mich auf dieses Gebiet hingewiesen und bei der Ausführung dieser Arbeit stets mit seinem freundlichen Rathe unterstützt hat.

---

2. Emil Fischer und Otto Fischer: Zur Kenntnis des Rosanilins.
Berichte der Deutschen Chemischen Gesellschaft **9**, 891 [1876].
(Eingegangen am 12. Juni; verlesen in der Sitzung von Hrn. Oppenheim.)

In ihrer schönen Abhandlung[1]) über Rosolsäure und deren Beziehungen zum Rosanilin zeigen Graebe und Caro auf Grund der Umwandlung des letzteren in die als Oxychinon charakterisirte Rosolsäure in überzeugender Weise, dass die bisher für das Rosanilin aufgestellten zahlreichen Strukturformeln unhaltbar sind und substituiren dafür die ihren experimentellen Resultaten angepasste Formel:

$$C_6H_3(NH_2)\begin{matrix}CH_2 \cdot C_6H_4NH \\ CH_2 \cdot C_6H_4NH\end{matrix}.$$

Dieselbe trägt hauptsächlich dem Umstande Rücksicht, dass bei der Rosolsäurebildung aller Stickstoff des Rosanilins eliminirt und durch sauerstoffhaltige Gruppen ersetzt wird, wobei eine Verbindung entsteht, aus deren sorgfältig studirtem Verhalten die Formel:

$$C_6H_3(OH)\begin{matrix}CH_2 \cdot C_6H_4O \\ CH_2 \cdot C_6H_4O\end{matrix}$$

hergeleitet wurde.

Auf den ersten Anschein hat diese Auffassung viel Gewinnendes, da sie die Beziehungen zwischen Rosanilin und Rosolsäure in leicht fasslicher Weise darstellt und nicht minder dem übrigen, zahlreichen, für erstere vorliegenden experimentellen Material Rücksicht trägt: weniger indessen genügt sie zur Erklärung der Reaction, worauf sie eigentlich gegründet ist, d. h. der Bildung einer Diazoverbindung und späteren Umwandlung derselben in Rosolsäure; es ist diese Schwierigkeit bereits von den Verfassern selbst betont, jedoch glaubten sie sich mit der Annahme begnügen zu können, dass die im Rosanilin enthaltenen Imidogruppen ähnlich den gewöhnlichen, aromatischen Aminen durch Einwirkung der salpetrigen Säure in Diazoverbindungen oder Körper, welche sich bei der Zersetzung mit Wasser diesen ähnlich verhalten, übergeführt werden.

So lange indessen diese Ansicht der experimentellen Anhaltspunkte entbehrte, konnten die daraus für die Constitution des Ros-

---
[1]) Liebigs Ann. d. Chem. **179**, 184.

anilins gefolgerten Schlüsse nicht als unbedingt massgebend angesehen werden.

Bei dem Studium der Hydrazinverbindungen des Rosanilins, welches wir vor längerer Zeit gemeinschaftlich in Erwartung interessanter Farbstoffe begonnen, wurden wir durch die abnormen Erscheinungen, welche die bei den gewöhnlichen, aromatischen Aminbasen so glatt verlaufende Hydrazinbildung hier zeigte, zuerst auf das eigenthümliche Verhalten der Diazoverbindungen dieser Gruppe aufmerksam und zur Aufklärung unserer Versuche gezwungen, eine ausführlichere Untersuchung dieser Körper zu unternehmen.

Die zunächst also nur für unsere speciellen Zwecke begonnene Arbeit führte jedoch gelegentlich bald zu Resultaten, welche im Anschluss an die Graebe-Caro'sche Untersuchung einen nicht unwesentlichen Beitrag zur Lösung der Rosanilinfrage zu liefern im Stande sind, indem es gelang, nicht nur die Natur und Bildungsweise jener Diazoverbindungen festzustellen, sondern auch den der Rosanilingruppe höchst wahrscheinlich zu Grunde liegenden Kohlenwasserstoff zu gewinnen.

Bei dem Interesse, welches besonders die Kenntnis des letzteren für die Aufklärung der Rosanilinconstitution und damit für die ganze aromatische Farbstoffchemie darbot, hielten wir uns zur Fortsetzung der allerdings aus den Grenzen ihres ursprünglichen Zweckes herausgerückten Untersuchung verpflichtet; da dieselbe indessen in ihrer naturgemässen Entwicklung auf der erst kürzlich publicirten Untersuchung von Graebe und Caro basiren musste und im Wesentlichen eine Fortsetzung der dort niedergelegten Versuche zu werden schien, so glaubten wir uns hierzu nicht berechtigt, bevor wir diese Herren mit Rücksicht auf die bereits erlangten Resultate um ihre Einwilligung ersucht. Nachdem uns letztere jedoch vor einiger Zeit von Seiten Herrn Caro's in liebenswürdigster Weise zu Theil geworden, zögern wir nicht länger, die inzwischen zu einem gewissen Abschluss gelangten Ergebnisse der Untersuchung der Gesellschaft vorzulegen.

Die aus derselben für die Constitution des Rosanilins, Leucanilins und Hydrocyanrosanilins, auf deren Studium die Arbeit bis jetzt beschränkt blieb, hervorgehenden Schlüsse können wir kurz dahin zusammenfassen, dass sämmtliche drei Körper Triamidoverbindungen von der Formel

$$C_{20}H_{13}(NH_2)_3, \quad C_{20}H_{15}(NH_2)_3, \quad C_{20}H_{14}(CN)(NH_2)_3$$

sind, und dass dem Leucanilin ein Kohlenwasserstoff $C_{20}H_{18}$ zu Grunde liegt, welcher aus der Diazoverbindung gewonnen und näher untersucht wurde.

Den Beweis für die Richtigkeit des ersten Punktes fanden wir in der Zusammensetzung und Constitution der Diazoderivate dieser Körper. Die Diazoverbindung des Rosanilins wurde zuerst genauer untersucht von Caro und Wanklyn[1]), welche nachwiesen, dass zu ihrer Bildung 3 Aeq. KNO_2 auf 1 Aeq. Rosanilin erforderlich sind, und bei der Zersetzung mit Wasser 6 Aeq. Stickstoff in Gasform eliminirt werden; sie stellten auf Grund dieser Thatsachen für das Diazorosanilin, wie wir die Verbindung nennen wollen, die Formel $C_{20}H_{10}N_6$ auf. In der späteren Abhandlung von Graebe und Caro fand diese Formel jedoch wenig Berücksichtigung, offenbar weil die Bildung einer derartig zusammengesetzten Verbindung für die Motivirung der dort aufgestellten Formeln des Rosanilins und der Rosolsäure die Annahme complicirterer Reactionen nöthig machte.

Da damit die Natur des Diazorosanilins anscheinend wieder in Zweifel gestellt war, hielten wir eine neue analytische Untersuchung, welche bisher wahrscheinlich an der Schwierigkeit, ein zur Analyse geeignetes Produkt zu gewinnen, scheiterte, für wünschenswerth.

Nach manchen vergeblichen Versuchen, die gewöhnlichen Salze und Derivate der Verbindung im krystallisirten Zustand zu gewinnen, fanden wir endlich und allein in dem Golddoppelsalz ein wohl charakterisirtes und hinreichend beständiges Produkt, dessen Analyse die Feststellung der Formel ermöglichte.

Dasselbe wird als hellgelber, flockig-krystallinischer Niederschlag erhalten, wenn man das nach der Griess'schen Methode dargestellte Diazorosanilinchlorid in wässriger Lösung zu einer mit Salzsäure versetzten Lösung von überschüssigem Goldchlorid zugiebt.

Es lässt sich ohne Zersetzung mit Wasser, Alkohol und Aether auswaschen und hat im Vacuum getrocknet die Formel:

$$C_{20}H_{13}N_6Cl_3 + 3\,AuCl_3 + H_2O.$$

Ber. Au 43,08,   C 17,49,   H 1,09,   N 6,12, Cl 31,05, O 1,17.
Gef. „ 43,0, 43,1, „ 17,66, 17,85, „ 1,3, 1,11, „ 6,27, „ 30,94.

Dass das eine in der Verbindung enthaltene Mol. Wasser nicht etwa von Bedeutung für die Constitution derselben ist, sondern vielmehr die Rolle von Krystallwasser spielt, wird wahrscheinlich durch die Beobachtung, dass die hellgelbe Substanz sich beim längeren Aufbewahren im Vacuum oberflächlich bräunt, an feuchter Luft jedoch ihre ursprüngliche Farbe wieder annimmt; eine directe Bestimmung desselben durch Wärmezufuhr war bei der Unbeständigkeit dieser Körper natürlich nicht auszuführen.

Das Salz zeigt ausser der Zusammensetzung auch in seinem übrigen Verhalten vollständige Analogie mit der entsprechenden Verbindung

---

[1]) Proceed. Royal Society 15, 210.

des Diazobenzols; beim Erhitzen verpufft es; beim Kochen mit Wasser zersetzt es sich leicht, wobei aller Stickstoff, der nach der Griess'schen Methode bestimmt wurde, in Gasform eliminirt wird.

Ber. N 6,12. Gef. N 6,0.

Unter den schmutzigen, zum Theil in Kali löslichen Reactionsprodukten war Rosolsäure nicht nachzuweisen; dieselbe wird offenbar in *stat. nasc.* durch das Goldchlorid oxydirt, worauf auch der beträchtliche Gehalt der wässrigen Lösung an Au_2Cl_2 hinweist.

Aehnliche, wenngleich weniger scharfe Resultate ergab die Analyse des Platindoppelsalzes, dessen Existenz bereits von A. W. Hofmann[1]) kurz erwähnt, und welches in derselben Weise wie das Goldsalz dargestellt wurde.

Die gefundenen Werthe entsprechen annähernd der Formel

$$(C_{20}H_{13}N_6Cl_3)_2 + 3\,PtCl_4 + 8\,H_2O.$$

Ber. Pt 28,91, C 23,42, H 2,04, N 8,2, Cl 31,18, O 6,25.
Gef. ,, 28,8, ,, 24,8, ,, 2,23, ,, 8,2, ,, 32,3.

Beim Kochen mit Wasser entweicht ebenfalls aller Stickstoff in Gasform (Ber. N 8,2; Gef. N 8,0) und der Rückstand enthält reichliche Mengen Rosolsäure, welche von dem $PtCl_4$ nicht verändert zu werden scheint.

Von den zahlreichen, übrigen Derivaten, welche das Diazorosanilin mit den verschiedensten Agentien, mit Anilin, Diäthylamin, Ammoniak, Brom und HBr, Phenylhydrazin etc. liefert, war keins zu weiterer Untersuchung einladend; ausserdem glaubten wir mit den vorliegenden, analytischen Daten die empirische Formel der Verbindung hinreichend festgestellt zu haben, welche m. m. mit der von Caro und Wanklyn seiner Zeit gegebenen identisch ist. Die vollständige Analogie derselben mit dem Diazobenzol, wobei nur die anscheinend abnormen Erscheinungen bei der Rosolsäurebildung eine Ausnahme machen und unten weitere Berücksichtigung finden sollen, berechtigt ferner dazu, ihr eine der modernen Anschauung über die Diazokörper angepasste Constitution zuzuschreiben und für das Chlorid die Formel $C_{20}H_{13}(N_2Cl)_3$ aufzustellen.

Die Entstehung einer derart constituirten Diazoverbindung aus dem Rosanilin machte nach Allem, was wir bisher über die Bildung von Diazokörpern wissen, schon von vorn herein die Annahme von drei Amidogruppen in letzterem wahrscheinlich; da jedoch eine derartige Formel anderen von Graebe und Caro in ihrer Abhandlung betonten Schwierigkeiten begegnet und immerhin noch die Möglichkeit vorlag, dass bei complicirten Basen, wie das Rosanilin ist, auch eine

---

[1]) Proceed. Royal Society 12, 13.

Imidogruppe durch molekulare Umlagerung zur Bildung einer Diazogruppe befähigt sei, so haben wir die Entscheidung der Frage auf anderem Wege versucht und es ist uns besonders durch die Untersuchung der Diazoverbindung des Hydrocyanrosanilins gelungen, so weit dies überhaupt möglich ist, den directen Beweis beizubringen, dass das Rosanilin ein Triamin von der Formel $C_{20}H_{13}(NH_2)_3$ ist.

Das Hydrocyanrosanilin, diese von H. Müller[1]) entdeckte, eigenthümliche Verbindung, entsteht analog dem Leucanilin durch Addition von Cyanwasserstoffsäure zu dem Rosanilin und ist durch sein Verhalten als eine selbstständige Base von der Formel $C_{20}H_{20}(CN)N_3$ charakterisirt.

Für seine Bildung liegen zwei Möglichkeiten vor; entweder entsteht es durch Anlagerung der Elemente der Blausäure an die stickstoffhaltigen Gruppen des Rosanilins oder an den Kohlenwasserstoffrest. Im ersten Falle, welcher die Richtigkeit der Graebe-Caro'schen Formel mit 2 Imidogruppen beweisen würde, muss die Verbindung 2 Amid- und eine mit CN verbundene Imidogruppe enthalten; im anderen Falle, welcher ohne molekulare Umlagerung nur dann eintreten kann, wenn das Rosanilin 3 Amidogruppen und einen ungesättigten Kohlenwasserstoffrest enthält, wird das Hydrocyanrosanilin ebenfalls ein Triamin sein müssen.

Die Untersuchung der Diazoverbindung hat zu Gunsten der letzteren Ansicht entschieden.

Dieselbe wurde durch Einleiten von salpetriger Säure in die salzsaure Lösung der Base dargestellt und als Golddoppelsalz analysirt. Die gefundenen Werte entsprechen der Formel $C_{20}H_{14}(CN)N_6Cl_3 + 3AuCl_3$.

Ber. Au 42,79,   C 18,25,   H 1,01,   N 7,1,   Cl 30,85.
Gef. ,, 42,7, 42,55, ,, 18,7, 19,1, ,, 1,36, 1,46, ,, 7,33, ,, 30,44.

Beim Kochen mit Wasser werden 6 Atome Stickstoff in Gasform ausgeschieden.

Ber. N 6,08.   Gef. N 6,0.

Bei der Zersetzung des schwefelsauren Salzes mit Wasser erhält man ein hellgelb bis braun gefärbtes, in Kali lösliches Produkt, welches zum grössten Theile aus der von Graebe und Caro beschriebenen Hydrocyanrosolsäure besteht; die Bildung der letzteren ist der Umwandlung des Rosanilins in Rosolsäure vollständig analog.

Aus diesen Daten folgt für das Hydrocyanrosanilin, dass es ein Triamin von der Formel $C_{20}H_{14}(CN)(NH_2)_3$ ist und aus dem Rosanilin durch Anlagerung von Blausäure an den Kohlenwassercomplex entsteht; verläuft letztere Reaction endlich ohne molekulare Umlagerung, zu deren Annahme vorläufig kein Grund vorhanden ist, so muss das Rosanilin

---
[1]) Zeitschr. f. Chem. **1866**, 2.

selbst drei Amidogruppen enthalten und es gewinnt damit die Formel $C_{20}H_{13}(NH_2)_3$ einen Grad von Wahrscheinlichkeit, wie er bei Beweisführungen dieser Art selten besser erreicht wird.

Die Einwürfe, welche gegen diese Ansicht etwa noch geltend gemacht werden können, beschränken sich auf folgende zwei Punkte; einmal scheint unsere Formel keine genügend einfache Erklärung für die Umwandlung des Rosanilins in die Rosolsäure zu geben, wenn für letztere die von Graebe und Caro aufgestellte Formel beibehalten wird: besonders aber steht sie mit den von A. W. Hofmann aus der Untersuchung der methylirten Rosanilinderivate gefolgerten Schlüssen in Widerspruch.

Der erste Einwurf kann nach unseren Versuchen nicht sowohl gegen die Formel des Rosanilins, als vielmehr die der Diazoverbindung gerichtet sein; der normale Verlauf der Reaction, welcher von dieser zur Rosolsäure führt, würde für letztere die Annahme einer Formel mit drei OH-Gruppen bedingen; Graebe und Caro verwarfen dieselbe, weil es ihnen nicht gelang, ein Triacetylderivat darzustellen; ob dieser Umstand indessen allein genügt, die chinonartige Natur der Rosolsäure, wie sie in der Formel $C_{20}H_{15}(OH)(O_2)$ ausgedrückt ist, als bewiesen anzusehen, scheint uns zweifelhaft. Es liegen ebenso viele gewichtige Gründe für die Annahme von drei OH-Gruppen vor. Abgesehen von der Bildung der Rosolsäure selbst würde sich besonders noch die Umwandlung derselben in die von Graebe und Caro beschriebene Hydrocyanrosolsäure, welche die CN-Gruppe an Kohlenstoff gebunden enthält, weit einfacher und ohne molekulare Umlagerung erklären, wenn man in der Rosolsäure ebenso wie im Rosanilin einen ungesättigten Kohlenwasserstoffrest annimmt.

Betrachtet man aber die Graebe-Caro'sche Rosolsäureformel für bewiesen, so sind wir allerdings genöthigt, bei der Zersetzung des Diazorosanilins durch Wasser eine molekulare Umlagerung anzunehmen, in der Weise, dass die Bildung der Chinongruppe durch Wanderung der H-Atome von den Hydroxylen nach dem ungesättigten Kohlenwasserstoffrest stattfindet; immerhin hat auch diese Ansicht noch vor der Graebe-Caro'schen den Vorzug der Einfachheit, da letztere sowohl für die Bildung einer Diazoverbindung, als deren späteren Umwandlung in Rosolsäure eine derartige Annahme nothwendig macht.

Was den zweiten Punkt, die Ergebnisse der Untersuchungen von A. W. Hofmann und Hofmann und Girard[1]) über die methylirten Rosaniline betrifft, woraus ersterer zu dem Schlusse kommt, dass im Rosanilin nur 3 durch Alkoholradicale ersetzbare, d. h. dem Ammoniak-

---

[1]) Berichte d. D. Chem. Gesellsch. **2**, 440.

typus angehörige Wasserstoffatome enthalten seien, so ist bereits von Graebe und Caro zur Motivirung ihrer Formel darauf aufmerksam gemacht, dass sich aus diesen Resultaten ebenso gut die Existenz eines tetramethylirten Rosanilins herleiten lässt.

Wir sind nicht in der Lage, in gleicher Weise eine Formel mit 3 Amidogruppen zu begründen, glauben jedoch dem hieraus erwachsenden Einwurfe in anderer Weise entgegentreten zu können durch die Behauptung, dass der Eintritt der Ammoniumbildung bei complicirteren Aminen die bereits erfolgte Ersetzung aller an Stickstoff gebundenen H-Atome durch Alkoholradicale keineswegs genügend beweist.

Wir stützten uns dabei hauptsächlich auf die von dem Einen von uns in der vorhergehenden Mittheilung erwähnte Beobachtung, dass bei den aromatischen Hydrazinbasen Ammoniumbildung bereits erfolgt, wenn von den 3 H-Atomen der Hydrazingruppe nur eins durch Aethyl ersetzt ist. Wie bereits an der betreffenden Stelle weiter betont wurde, wird es dadurch auch für die gewöhnlichen, aromatischen Polyamine wahrscheinlich, dass in der einen Amingruppe nach Ersetzung aller H-Atome durch Alkoholradicale die Anlagerung von Allyljodüren erfolgen kann, bevor eine andere Amingruppe überhaupt angegriffen wird und für das Rosanilin speciell lassen sich von diesem Gesichtspunkte aus bei der Annahme, dass vier Wasserstoffe durch Methyl vertreten sind, alle von Hofmann und Hofmann und Girard beschriebenen Derivate mit der Formel $C_{20}H_{13}(NH_2)_3$ vereinigen.

Auffallend blieb bei der Annahme dieser Formel endlich noch der Umstand, dass es bisher nicht gelang, aus dem Diazorosanilin durch Zersetzen mit Alkohol den Kohlenwasserstoff $C_{20}H_{16}$ zu gewinnen. Graebe und Caro haben sich bereits vergebens bemüht, sowohl vom Rosanilin als der Rosolsäure ausgehend, dieses Ziel zu erreichen; ihre Versuche wurden mit demselben negativen Erfolge von uns wiederholt; es scheint derselbe bei der Umwandlung der Diazoverbindung in stat. nasc. in einfachere Körper zu zerfallen.

Mit besserem Erfolge haben wir unsere Versuche auf das Leucanilin ausgedehnt, da es hier in der That gelang, aus der Diazoverbindung auf dem gewöhnlichen Wege einen Kohlenwasserstoff $C_{20}H_{18}$ zu gewinnen, dessen Bildungsweise und Zusammensetzung dazu berechtigen, ihn als die Muttersubstanz der Rosanilingruppe anzusprechen.

Ueber die Diazoverbindung des Leucanilins sind nur einige kurze Angaben von A. W. Hofmann[1]) und von Caro und Wanklyn[2]) vorhanden. Ersterer erhielt beim Einleiten von HNO_2 in die salpetersaure Lösung der Verbindung eine Base, deren Platinsalz explosiv

---
[1]) Proc. Royal Society 12, 13.
[2]) Proc. Royal Society 15, 210.

war; letztere gewannen beim Kochen der mit HNO_2 behandelten Lösung einen Körper, den sie wegen seines Verhaltens zu Ferricyankalium für Leucorosolsäure hielten.

Wir haben die Verbindung isolirt und genauer untersucht.

Sie wird im Kleinen am besten durch Einleiten von HNO_2 in die salzsaure Lösung der Base erhalten, wobei die Farbe der Flüssigkeit durch Dunkelgrün in Hellroth übergeht; durch Zusatz von Alkohol und Aether wird das Chlorid als hellgelbe klebrige Masse ausgefällt: seine Zusammensetzung wurde durch Analyse des Golddoppelsalzes ermittelt.

Dasselbe hat die Formel $C_{20}H_{15}N_6Cl_3 + 3\,AuCl_3 + H_2O$.

Ber. Au 43,01, C 17,47, H 1,24, N 6,1, Cl 31,01, O 1,16.
Gef. ,, 42,96, ,, 17,36, ,, 1,38, ,, 6,31, ,, 30,81.

Das Diazoleucanilinchlorid löst sich in Wasser mit charakteristisch grünblauer Farbe, beim Kochen zersetzt es sich leicht, wobei ein schmutzigbrauner, voluminöser Niederschlag entsteht, der nur zum Theil in Kali löslich ist.

Zur Darstellung des oben erwähnten Kohlenwasserstoffs eignet sich die einmal abgeschiedene Diazoverbindung nicht mehr; in Alkohol schwer löslich, setzt sie sich beim Erwärmen damit an den Gefässwänden an und verharzt zum grössten Theil.

Mit Vortheil brachten wir dagegen eine kürzlich von Liebermann und Scheiding[1]) angegebene Methode hier mit kleinen Abänderungen in Anwendung, welche darin besteht, die Lösung der Basen in conc. Schwefelsäure mit HNO_2 zu behandeln und die so entstandenen Diazoverbindungen direct mit Alkohol zu zersetzen.

Das von uns bei einer grösseren Operation eingeschlagene Verfahren ist folgendes:

300 Gr. Leucanilin, erhalten durch Reduction einer salzsauren Fuchsinlösung mit Zinkstaub, wurden in 1500 Gr. conc. Schwefelsäure gelöst, diese Lösung in Portionen von 40 Gr. mit HNO_2 behandelt, und nachdem der Ueberschuss der letzteren durch einen kräftigen Luftstrom verdrängt war, in je 250 Gr. siedenden Alkohols langsam eingetragen. Die vereinigten Flüssigkeitsmengen wurden nach Neutralisation der Schwefelsäure auf $1/4$ ihres Volumens eingedampft, mit Wasser stark verdünnt und das ausgeschiedene Oel mit Aether extrahirt; nach Verdampfen des letzteren blieb ein dunkelbrauner, öliger Rückstand, der durch Schütteln mit Natronlauge von Sulfosäuren und phenolartigen Körpern befreit wurde: bei der Destillation des abermals durch Aether extrahirten Produktes ging der grösste Theil weit oberhalb der Thermometergrenze über und

---

[1]) Berichte d. D. Chem. Gesellsch. **8**, 1108.

lieferte 85 Gr. Destillat, während in der Retorte nur ein geringer, verkohlender Rückstand blieb. Nach der vollständigen Entwässerung mit Natrium und zweiter Rectification erhielten wir 55 Gr. eines hellgelben, schweren Oeles von schwach blauer Fluorescenz, welches selbst in einer Kältemischung nur zu einer salbenartigen Masse erstarrte und erst beim längeren Stehen kleine, körnige Krystalle absetzte. Trotzdem besteht der grösste Theil des Produktes aus einem festen, gut charakterisirten Kohlenwasserstoff, welchen man von den geringen, die Krystallisation vollständig verhindernden, öligen Beimengungen am besten durch Umkrystallisiren aus Methylalkohol trennt.

Beim Erkalten einer heiss gesättigten Lösung in Holzgeist scheidet sich der grösste Theil des Produktes als farbloses, schweres Oel ab, welches meist erst nach einigen Tagen krystallinisch erstarrt: die eingedampften Mutterlaugen krystallisiren theilweise erst nach monatelangem Stehen; durch mehrmalige Wiederholung der Operation wurde der feste Kohlenwasserstoff allerdings mit nicht unbeträchtlichem Verluste in farblosen, zu kugligen Aggregaten vereinigten, kleinen Prismen erhalten, deren Analyse die zu erwartende Formel $C_{20}H_{18}$ bestätigt.

Ber. C 93,0, H 7,0.
Gef. ,, 92,7, ,, 7,05.

Die Verbindung ist in Aether, Benzol, Ligroin leicht löslich, schwer in kaltem Alkohol und Holzgeist, schmilzt bei 58° und siedet vollständig unzersetzt weit über 360°; ihre Krystallisationsfähigkeit ist eine nur geringe; selbst bei der ganz reinen Substanz bedarf es zuweilen tagelangen Stehens, um die als Oel aus einem Lösungsmittel ausgeschiedene Masse zum Erstarren zu bringen.

Mit rauchender Salpetersäure und mit Brom in Eisessiglösung behandelt, liefert sie feste, schlecht krystallisirende Nitro- und Bromderivate. Durch Oxydation mit Chromsäure oder mit K_2CrO_4 und H_2SO_4 wird sie in ein Keton $C_{20}H_{16}O$ verwandelt, welches aus heissem Ligroin in farblosen, zu Warzen vereinigten Blättchen krystallisirt, bei 143° erweicht und bei 148—149° vollständig schmilzt.

$C_{20}H_{16}O$. Ber. C 88,24, H 5,9.
Gef. ,, 88,27, ,, 6,23.

Durch weitere Oxydation scheint dasselbe vollständig zersetzt zu werden; wenigstens ist es uns bisher trotz vieler Versuche unter den verschiedensten Bedingungen nicht gelungen, ein sauerstoffreicheres Keton zu erhalten; neben obiger Verbindung konnten nur verschwindend kleine Mengen einer Säure constatirt werden, während bei einem grossen Ueberschuss der Oxydationsmittel die reichliche Entwicklung von Kohlensäure auf vollständige Verbrennung des Produktes schliessen liess.

Was die Constitution des Kohlenwasserstoffs selbst betrifft, so sind unsere Versuche vorläufig nicht geeignet, darüber Aufklärung zu geben.

Derselbe ist nach Schmelzpunkt, Zusammensetzung des Ketons und sonstigen physikalischen Eigenschaften wesentlich verschieden von allen bisher bekannten, synthetisch erhaltenen Kohlenwasserstoffen $C_{20}H_{18}$, den beiden Zincke'schen Dibenzylbenzolen[1]) und dem von Hemilian[2]) dargestellten Diphenyltolylmethan.

Nach den von Graebe und Caro l. c. über die Constitution des Leucanilins entwickelten Betrachtungen stand zu erwarten, dass derselbe ein Dibenzylbenzol sei, und es wäre immerhin noch möglich, dass er, als verschieden von den Zincke'schen Körpern, das fehlende dritte Isomere derselben ist; wir halten jedoch die Aufstellung einer derartigen Formel für verfrüht, bevor es gelungen ist, ein Keton mit zwei Sauerstoffen zu gewinnen.

Die weitere Untersuchung des Kohlenwasserstoffs behalten wir uns vor.

---

[1]) Berichte d. D. Chem. Gesellsch. **6**, 119.
[2]) Berichte d. D. Chem. Gesellsch. **7**, 1203.

3. Emil Fischer und Otto Fischer: Zur Kenntniss des Rosanilins.

Berichte der Deutschen Chemischen Gesellschaft **11**, 195 [1878].

(Vorgetragen in der Sitzung von Hrn. C. Liebermann.)

Vor längerer Zeit[1]) haben wir mitgetheilt, dass aus dem Leukanilin durch Zersetzung der Diazoverbindung mit Alkohol ein bei 58° schmelzender Kohlenwasserstoff entsteht, dessen weitere Untersuchung Aufklärung über die Natur des Rosanilins versprach. Zahlreiche Versuche, diesen Körper synthetisch darzustellen, blieben erfolglos, und es schien bei der Schwierigkeit, grössere Mengen desselben aus Rosanilin zu gewinnen, noch weniger Aussicht vorhanden, auf analytischem Wege seine Constitution klarzulegen. Inzwischen ist es uns im Anschluss an die früheren Versuche auf andere Weise gelungen, die Rosanilinfrage zu einem befriedigenden, wenn auch allen Erwartungen widersprechenden Abschluss zu bringen.

Da der beschriebene Kohlenwasserstoff aus dem gewöhnlichen Fuchsin des Handels dargestellt wurde, dieses Produkt aber, nach den Untersuchungen von Rosenstiehl[2]) als ein Gemenge von mehreren Isomeren zu betrachten war, so glaubten wir vor Allem zur Prüfung unserer Resultate den Nachweis führen zu müssen, dass auch die reinen, aus Anilin und den verschiedenen Toluidinen gewonnenen Farbstoffe in gleicher Weise behandelt, denselben Kohlenwasserstoff liefern. Zu diesem Zwecke haben wir zunächst ein aus reinem Paratoluidin und Anilin dargestelltes und sorgfältig gereinigtes Produkt untersucht. Der hier aus der Leukoverbindung nach der beschriebenen Methode erhaltene Kohlenwasserstoff zeigte jedoch gegen Erwarten vollständige Verschiedenheit von dem ersteren. Derselbe schmilzt bei 93°, hat die Formel $C_{19}H_{16}$

Ber. C 93,44, H 6,56.
Gef. ,, 93,31, ,, 6,77

und ist identisch mit dem von Kekulé und Franchimont[3]) entdeckten und später von Hemilian[4]) ausführlicher untersuchten

---

[1]) Berichte d. D. Chem. Gesellsch. **9**, 891. (S. *29*.)
[2]) Jahresbericht **1869**, 693. — Berichte d. D. Chem. Gesellsch. **9**, 441.
[3]) Berichte d. D. Chem. Gesellsch. **5**, 906.
[4]) Hemilian, Berichte d. D. Chem. Gesellsch. **7**, 1293.

Triphenylmethan. Für das durch Oxydation mit Chromsäure daraus entstehende Triphenylcarbinol fanden wir den Schmelzpunkt 159° (Hemilian 157°) und bei der Analyse die der Formel $C_{19}H_{16}O$ entsprechenden Zahlen.

Ber. C 87,68, H 6,15.
Gef. ,, 87,52, ,, 6,27.

Diese mit der allgemein angenommenen Hofmann'schen Rosanilinformel in Widerspruch stehenden Resultate würden berechtigte Zweifel an dem normalen Verlauf der Griess'schen Reactionen bei den Diazoverbindungen des Rosanilins und den daraus von uns gefolgerten Schlüssen veranlassen müssen, wenn es uns nicht zugleich gelungen wäre, durch die umgekehrte Reaction, durch Ueberführung des Triphenylmethans in Leukanilin und Rosanilin den directen Beweis für die nahen genetischen Beziehungen beider Körper zu einander zu liefern. Der Kohlenwasserstoff wird durch rauch. Salpetersäure in ein Gemenge von verschiedenen Nitrokörpern verwandelt, von welchen eins bereits von Hemilian l. c. als Trinitrotriphenylmethan beschrieben ist. Letzteres entspricht dem aus Paratoluidin und Anilin entstehenden, von uns verarbeiteten Rosanilin, welches wir der Kürze halber als „Pararosanilin" bezeichnen wollen. Dasselbe wird am besten durch allmäliges Eintragen des Kohlenwasserstoffs in gut gekühlte, rauch. HNO_3 dargestellt; durch Fällen mit Wasser erhält man einen schwach gelbgefärbten, flockigen Niederschlag, der beim Auskochen mit wenig Eisessig den reinen Nitrokörper als gelbliche, körnige Krystallmasse zurücklässt. Durch die Analyse eines aus Benzol umkrystallisirten Productes haben wir die Hemilian'sche Formel bestätigt gefunden.

Ber. C 60,1, H 3,4.
Gef. ,, 59,9, ,, 3,8.

Der Schmelzpunkt unseres Präparates lag bei 206—207° (Hemilian giebt 203° an). Zur Ueberführung in die Amidoverbindung wird der Nitrokörper in Eisessig heiss gelöst und mit Zinkstaub behandelt, bis die anfänglich eintretende rothe Farbe der Lösung verschwunden ist; aus dem mit Wasser verdünntem Filtrat fällt Ammoniak die Base in fast farblosen Flocken. Das durch Umkrystallisiren aus heisser, ziemlich conc. HCl gereinigte Hydrochlorat hat die Zusammensetzung

$$C_{19}H_{13}(NH_2HCl)_3.$$
Ber. Cl 26,7. Gef. Cl 26,6.

Die Base selbst ist identisch mit dem Leukanilin, aus welchem wir umgekehrt Triphenylmethan erhielten, vorausgesetzt, dass hier nicht eine feinere, auf Stellungsdifferenz beruhende und der Beobachtung schwer zugängliche Isomerie statt hat. Beide Producte zeigten in prägnanter Weise das von Hrn. A. W. Hofmann beschriebene charakteristische Verhalten des Leukanilins. Durch Oxydation haben wir beide in Rosanilin übergeführt. Am besten gelingt nach unserer Erfahrung diese Umwandlung beim kurzen Erhitzen der freien Basen mit einer syrupdicken Arsensäurelösung auf 130—140°. Für kleinere Proben bedient man sich auch zweckmässig des salzsauren Leukanilins, welches beim vorsichtigen Erhitzen auf ca. 150—160° theilweise in Fuchsin übergeht.

Ganz in derselben Weise haben wir ferner aus dem früher beschriebenen, bei 58° schmelzenden Kohlenwasserstoff ein hiervon verschiedenes Rosanilin dargestellt. Die geringe uns noch zur Verfügung stehende Menge dieses Körpers gestattete zwar eine vollständige Reinigung und Analyse der schlecht krystallisirenden Zwischenprodukte nicht. Immerhin aber ist dieser Versuch im Zusammenhange mit den übrigen Resultaten der Untersuchung geeignet, Aufschluss über seine Constitution zu geben. Da derselbe nach den früheren Analysen wahrscheinlich die Formel $C_{20}H_{18}$ [1]) hat, so liegt es nahe, ihn als ein Methylderivat des Triphenylmethans d. h. als ein Tolyldiphenylmethan aufzufassen. Die Richtigkeit dieser Ansicht wird bestätigt durch eine sorgfältigere Untersuchung seiner Oxydationsprodukte. Das früher erwähnte, angebliche Keton von der Zusammensetzung $C_{20}H_{16}O$ hat nach einer zweiten, mit reinerer Substanz ausgeführten Analyse die Formel $C_{20}H_{18}O$ [2])

Ber. C 87,59, H 6,56.
Gef. ,, 87,67, ,, 6,52

und ist offenbar nichts anderes, als ein dem Triphenylcarbinol entsprechendes Tolyldiphenylcarbinol. Verschiedene von diesem Gesichtspunkte aus unternommene Versuche, den Kohlenwasserstoff synthetisch nach bekannten Methoden darzustellen, blieben, wie bereits erwähnt, erfolglos, führten aber zur Auffindung eines damit isomeren, noch nicht bekannten Tolyldiphenylmethans, welches wir hier kurz beschreiben wollen. Dasselbe entsteht einerseits aus Benzhydrol und Toluol, anderseits aus Tolylphenylcarbinol und Benzol beim Erhitzen mit P_2O_5. Erstere Reaction ist bereits von Hemilian (l. c.) studirt worden. Das von demselben beschriebene, ölige Rohprodukt besteht wahrscheinlich aus zwei Isomeren, von denen wir eins isolirt haben. Dasselbe scheidet sich beim längeren Stehen des Oeles in der Kälte krystallinisch ab und wird durch Abpressen zwischen Fliesspapier und wiederholtes Um-

---

[1]) Die Wahl zwischen dieser und der Formel $C_{21}H_{20}$, welche bei dem augenblicklichen Stande der Rosanilinfrage ebenfalls denkbar ist, wird durch die Analyse allein mit Sicherheit nicht entschieden.
[2]) Oder möglicherweise $C_{21}H_{20}O$.

krystallisiren aus Holzgeist unter Anwendung von Thierkohle in farblosen, feinen Prismen vom Schmelzpunkt 71° erhalten.

$C_{20}H_{18}$. Ber. C 93,02, H 6,98.
   Gef. ,, 93,12, ,, 7,1.

Hiermit identisch ist der aus Tolylphenylcarbinol entstehende Kohlenwasserstoff, wodurch die Stellung der Methylgruppe bekannt wird. Da das Tolylphenylketon, aus welchem wir das Carbinol mit Natriumamalgam darstellten, nach Kollarits und Merz (Berichte d. D. Chem. Gesellsch. 6, 536) ein Parakörper ist, so folgt aus der Synthese dasselbe für das vorliegende Tolyldiphenylmethan. Von Interesse für die weitere Discussion der Rosanilinfrage dürfte die Beobachtung sein, dass dieser Kohlenwasserstoff durch Nitrirung und Amidirung ebenfalls in eine dem Leukanilin sehr ähnliche Base übergeführt werden kann.

Die vorliegenden experimentellen Resultate führen im Zusammenhange mit unseren früheren Untersuchungen über die Diazoverbindungen des Rosanilins betreffs des Rosanilins selbst zu folgenden Schlüssen:

1) Aus Anilin und den verschiedenen Toluidinen können nicht allein isomere, sondern auch homologe Rosaniline entstehen. Das einfachste Rosanilin hat die Formel $C_{19}H_{17}N_3$ und wird erhalten durch Oxydation eines Gemenges von Paratoluidin und Anilin[1]); der aus Orthotoluidin und Anilin entstehende Farbstoff, welcher den grössten Theil des gewöhnlichen käuflichen Fuchsins bildet, scheint im Wesentlichen das nächst höhere Homologe zu sein und die bisher angenommene, von A. W. Hofmann aufgestellte Formel $C_{20}H_{19}N_3$ zu haben.

2) Die Muttersubstanz der Rosanilingruppe ist das Triphenylmethan und die verschiedenen Leukaniline sind Triamidoderivate dieses Kohlenwasserstoffs oder seiner Homologen. Eines der Letzteren ist der bei 58° schmelzende, aus käuflichem Fuchsin erhaltene Körper.

Auf Grund dieser durch das Experiment hinreichend bewiesener Thatsachen dürfte es nicht zu gewagt erscheinen, auch für das Rosanilin selbst und seine übrigen Derivate rationelle Formeln herzuleiten. Das einfachste Leukanilin, welches wir hier allein besprechen wollen, ist ein Triamidoderivat des Triphenylmethans.

$$\begin{pmatrix} C_6H_5 \\ C_6H_5 \\ C_6H_5 \end{pmatrix} CH$$

---

[1]) Ob bei dieser Reaction kleinere Mengen von homologen Rosanilinen gleichzeitig entstehen, müssen wir dahin gestellt sein lassen, da die Analyse darüber nicht entscheiden kann und der aus der Diazoverbindung erhaltene Rohkohlenwasserstoff neben Triphenylmethan noch eine geringe Quantität öliger Kohlenwasserstoffe enthielt.

Für das entsprechende, um 2 H ärmere Rosanilin folgt hieraus nach unseren früheren Versuchen über die Diazoverbindungen dieser Farbstoffe die Formel $C_{19}H_{11}(NH_2)_3$, wonach dasselbe als ein Abkömmling des Kohlenwasserstoffs $C_{19}H_{14}$ aufzufassen ist. Alle Thatsachen sprechen nun weiter dafür, dass dieser Kohlenwasserstoff nichts anderes ist, als der bereits von Hemilian aus Triphenylmethan erhaltene Körper, für welchen derselbe die rationelle Formel

$$\begin{matrix} C_6H_4 \\ C_6H_5 \\ C_6H_5 \end{matrix} \!\!> C$$

(Diphenylphenylenmethan) aufstellt. Wir halten uns deshalb schon jetzt für berechtigt, die Constitution des Pararosanilins durch das Schema $(NH_2) \cdot C_6H_3 = C = (C_6H_4NH_2)_2$ zu interpretiren, werden jedoch nicht ermangeln, diese Ansicht noch weiter durch den Versuch, den Kohlenwasserstoff $C_{19}H_{14}$ direct in Rosanilin überzuführen, zu prüfen. Die in dieser Formel angenommene Phenylengruppe erscheint allerdings auf den ersten Blick als gewagte Hypothese, da man eine ähnliche Atomgruppirung bei den Abkömmlingen des Benzols zur Zeit nicht kennt, dieselbe sogar vor längerer Zeit von Kekulé (Lehrbuch III, 5) aus theoretischen Gründen für unmöglich erklärt worden ist. Dass dieselbe jedoch mit den allgemeinen Prinzipien des Atomverkettungsgesetzes nicht in Widerspruch steht, liegt auf der Hand und für das Rosanilin speziell finden wir nur in dieser Annahme eine ungezwungene Erklärung seiner typischen Reactionen. Hierhin sind vor Allem die Bildung und Zusammensetzung seiner Diazoverbindung, die leichte Umwandlung in Leukanilin und die Anlagerung von CNH bei der Bildung des Hydrocyanrosanilins zu rechnen.

Dieselben Betrachtungen gelten natürlich auch für die Homologen des Pararosanilins.

Was die Entstehung dieser Farbstoffe bei dem fabrikmässigem Verfahren betrifft, so erklärt sich dieselbe nach unserer Formel nicht minder leicht, als bei Annahme einer der früheren über die Constitution derselben geäusserten Ansichten. Aus Paratoluidin und Anilin erfolgt die Farbstoffbildung vorzüglich in der Weise, dass die CH_3-Gruppe von einem Molekül Toluidin unter dem Einflusse des Oxydationsmittels in 2 Mol. Anilin eingreift nach der Gleichung:

$$C_6H_4{}^{CH_3}_{NH_2} + 2\,C_6H_5NH_2 + 3\,O = 3\,H_2O + NH_2C_6H_3 = C = (C_6H_4NH_2)_2.$$

Beim Orthotoluidin dagegen scheint die Methylgruppe vorzugsweise in 1 Mol. Anilin und 1 Mol. Toluidin einzugreifen und dadurch ein Rosanilin $C_{20}H_{19}N_3$ zu entstehen. Das verschiedene Verhalten beider Toluidine ist vielleicht auf den Umstand zurückzuführen, dass die Methylgruppe bei der Condensation mit den beiden andern Benzolkernen zur Amidogruppe in die Parastellung tritt.

Die ausführliche Discussion unserer Formel verschieben wir bis zur Beschaffung von weiterem experimentellem Material und wollen hier nur noch kurz die Consequenzen andeuten, welche sich aus den vorstehenden Betrachtungen für die Constitution der mit dem Rosanilin so nahe verwandten Rosolsäuren ergeben. Genauer untersucht sind die von Graebe und Caro (Liebigs Ann. d. Chem. **179**, 184) beschriebene Verbindung $C_{20}H_{16}O_3$ und das von Schorlemmer und Dale (Liebigs Ann. d. Chem. **166**, 279) bearbeitete Aurin.

Erstere ist aus Rosanilin und zwar, wie wir vermuthen, aus einem gewöhnlichen Fuchsin, welches zum grössten Theil nach der Formel $C_{20}H_{19}N_3$ zusammengesetzt ist, dargestellt. Die Graebe-Caro'sche Verbindung halten wir demgemäss, soweit dieselbe überhaupt als ein einheitliches Produkt betrachtet werden kann, für die Trioxyverbindung des Kohlenwasserstoffs $C_{20}H_{16}$, für welche die Wahl bleibt zwischen den Formeln:

$$(OH)C_6H_3 \mathrel{\text{\textemdash}} C \begin{smallmatrix} C_6H_4OH \\ C_7H_6OH \end{smallmatrix}$$

oder

$$(OH)C_7H_5 \mathrel{\text{\textemdash}} C \mathrel{\text{\textemdash}} (C_6H_4OH)_2 .$$

Das ganze Verhalten der Verbindung lässt sich mit dieser Anschauung leicht in Einklang bringen; ihre Entstehung aus dem Diazorosanilin erscheint danach als ganz normale Reaction, die Bildung der Leuko- und Hydrocyanrosolsäure wird leicht verständlich und selbst der Umstand, dass die Rosolsäure beim Erhitzen mit Essigsäureanhydrid auf 150—200° keine Triacetylverbindung liefert, worauf Graebe und Caro den Beweis für ihre Chinonformel gründen, lässt sich nach unserer Ansicht ebenso gut auf die Unbeständigkeit der Phenylenbindung zurückführen. Auch für die bisher wenig berücksichtigte und nach den früheren Anschauungen schwer verständliche Zersetzung der Rosolsäure (Graebe und Caro l. c.) und des Rosanilins (Liebermann, Berichte d. D. Chem. Gesellsch. **5**, 144) durch Wasser bei höherer Temperatur, wobei eine farblose, phenolartige Verbindung entsteht, giebt unsere Formel eine einfache Erklärung, wenn man annimmt, dass durch blosse Wasseraddition eine Sprengung der Phenylenbindung erfolgt und dadurch ein nichtgefärbtes Derivat des Tolyldiphenylcarbinols entsteht.

Dieselben Schlüsse gelten im Wesentlichen auch für das Aurin, dessen nahe Beziehung zum Rosanilin durch die letzte Mittheilung von Dale und Schorlemmer (Berichte d. D. Chem. Gesellsch. **10**, 1016) hinreichend nachgewiesen ist. Bezüglich der empirischen Formel desselben glauben wir darum der Ansicht der Herren Dale und Schorlemmer aus theoretischen Gründen nicht beipflichten zu können. Die Entstehung einer Tolylverbindung aus Phenol und Oxalsäure hat wenig Wahrscheinlichkeit; viel einfacher gestaltet sich die Bildung des Aurins, wenn man demselben die Formel $C_{19}H_{14}O_3$ statt $C_{20}H_{14}O_3$ beilegt und dasselbe als Abkömmling des Triphenylmethans und zwar als die dem einfachsten Rosanilin entsprechende Trioxyverbindung auffasst. Die Reaction lässt sich dann auf zwei leicht verständliche Vorgänge zurückführen. Entweder wirkt die aus der Oxalsäure entstehende CO_2 in statu nascendi farbstoffbildend, indem dieselbe nach Art der Baeyer'schen Synthesen mit 3 Mol. Phenol unter Austritt von 2 Mol. H_2O zusammentritt nach der Gleichung:

$$CO_2 + 3\,C_6H_5OH = 2\,H_2O + C_{19}H_{14}O_3,$$

oder es wirkt das CO in der von Liebermann und Schwarzer (Berichte d. D. Chem. Gesellsch. 9, 800) angenommenen Weise, zuerst Salicylaldehyd bildend, der sich weiter mit 2 Phenolen zu Leukorosolsäure condensirt, die ihrerseits durch die Schwefelsäure oder vielleicht auch durch ein zweites Mol. Aldehyd oxydirt wird. Die Analysen von Schorlemmer und Dale, aus welchen dieselben die Formel $C_{20}H_{14}O_3$ herleiten, weichen von den für die Formel $C_{19}H_{14}O_3$ berechneten Zahlen nicht so sehr ab, als dass man nicht die Differenz durch eine geringe Verunreinigung der Substanz erklären kann, und die für das Leukoaurin gefundenen Werthe stimmen mit unserer Formel ebenso gut überein, als mit der von Schorlemmer und Dale angenommenen. Wir stellen dieselben hier zusammen:

	Berechnet für		Gefunden von S. u. D. bei 2 Analysen	
	$C_{19}H_{16}O_3$	$C_{20}H_{16}O_3$		
C	78,08	78,94 pCt.	78,38	78,24 pCt.
H	5,5	5,26	5,8	5,72

Die Richtigkeit unserer Ansicht ist leicht durch den Versuch zu prüfen. Das aus Aurin entstehende Leukanilin muss bei der Zersetzung der Diazoverbindung Triphenylmethan geben. Durch dieselbe Betrachtung kommen wir ferner zu dem Schluss, dass das aus Oxalsäure und Diphenylamin entstehende Blau ein Derivat des Triphenylmethans von der Formel $C_6H_5NHC_6H_3 = C = (C_6H_4NHC_6H_5)_2$ ist.

Die wichtigsten hier angedeuteten theoretischen Schlussfolgerungen werden wir experimentell verfolgen und behalten die ausführliche Beschreibung unserer Versuche und eine damit verbundene, eingehendere Besprechung der weitläufigen Rosanilinliteratur einer späteren Abhandlung in Liebigs Ann. d. Chem. vor.

4. Emil Fischer und Otto Fischer: Ueber das Aurin.

Berichte der Deutschen Chemischen Gesellschaft **11**, 473 [1878]

(Eingegangen am 14. März.)

Vor Kurzem[1]) haben wir im Anschluss an die Untersuchung über das Rosanilin die Ansicht geäussert, dass das Aurin ein Abkömmling des Triphenylmethans von der Formel $C_{19}H_{14}O_3$ sei, und zugleich die Absicht ausgesprochen, diese Frage durch Ueberführung des Aurin-Rosanilins in den correspondirenden Kohlenwasserstoff experimentell zu entscheiden.

Der seitdem ausgeführte Versuch hat in der That das erwartete Resultat ergeben.

Das aus reinem Aurin nach der Angabe von Dale und Schorlemmer dargestellte Leucanilin lieferte bei der Zersetzung der Diazoverbindung mit Alkohol einen Rohkohlenwasserstoff, aus welchem wir trotz der geringen von uns verarbeiteten Menge reines Triphenylmethan gewonnen haben. Letzteres wurde durch den Schmelzpunkt und Ueberführung in Triphenylcarbinol identificirt.

Selbstverständlich gilt unsere Formel $C_{19}H_{14}O_3$ nur für den aus reinem Phenol und Oxalsäure entstehenden Farbstoff, welcher von den HH. Dale und Schorlemmer[2]) als „Aurin" beschrieben worden ist.

---

[1]) Berichte d. D. Chem. Gesellsch. **11**, 195. (S. *39*.)
[2]) Liebigs Ann. d. Chem. **166**, 279.

5. Emil Fischer und Otto Fischer: Zur Kenntnis des Rosanilins.
Berichte der Deutschen Chemischen Gesellschaft **11**, 612 [1878].
(Eingegangen am 28. März.)

Die in der letzten Mittheilung[1]) für das Pararosanilin aufgestellte Constitutionsformel

$$NH_2 \cdot C_6H_3 = C = (C_6H_4 \cdot NH_2)_2$$

war vorzüglich auf die Existenz und glatte Bildungsweise des von Hemilian[2]) beschriebenen Kohlenwasserstoffs $C_{19}H_{14}$ (Diphenylphenylenmethan) basirt, dessen directe Ueberführung in Rosanilin jedoch erst als der entscheidende Beweis für die Richtigkeit unserer Ansicht gelten konnte.

Wir haben seitdem die Versuche von Hrn. Hemilian mit grösseren Mengen Materials wiederholt und seine Angaben nur zum Theil bestätigt gefunden. Die Zersetzung des Triphenylmethanchlorids, welches aus Triphenylcarbinol und überschüssigem PCl_5 dargestellt und entweder nach der Vorschrift von Hemilian oder besser durch einmaliges Umkrystallisiren aus trocknem Ligroin von den Phosphorverbindungen getrennt wurde, ist keineswegs ein glatter Process; dieselbe erfolgt erst bei einer über 250° liegenden Temperatur. Unter starker Salzsäureentwicklung destillirt den Angaben von Hemilian entsprechend, ein fast farbloses, in der Vorlage erstarrendes Oel und in der Retorte bleibt eine beträchtliche Menge nicht flüchtiger, verkohlender Substanzen.

Das Destillat ist kein einheitliches Produkt, sondern ein Gemenge von Triphenylmethan und einem Kohlenwasserstoff $C_{19}H_{14}$. Die Trennung beider Körper gelingt am Besten durch Auskochen der gepulverten Masse mit kleinen Mengen Alkohols, wobei das Triphenylmethan leicht und vollständig in Lösung geht; durch schliessliches mehrmaliges Umkrystallisiren des Rückstandes aus viel Alkohol wird die Verbindung $C_{19}H_{14}$ in farblosen, feinen Nadeln vom Schmelzpunkt 145—146° erhalten.

Ber. C 94,2, H 5,8.
Gef. ,, 94,05, ,, 5,96.

---

[1]) Berichte d. D. Chem. Gesellsch. **11**, 199. (*S. 43.*)
[2]) Berichte d. D. Chem. Gesellsch. **7**, 1208.

Das von Hemilian beschriebene, bei 138° schmelzende Produkt ist wahrscheinlich ein Gemenge derselben mit Triphenylmethan, dessen Entfernung durch Umkrystallisiren aus Eisessig schwer gelingt.

Der so gereinigte Kohlenwasserstoff zeigt den Schmelzpunkt und die Eigenschaften des kürzlich von Hemilian aus Fluorenalkohol dargestellten Diphenylenphenylmethans und ist höchst wahrscheinlich mit demselben identisch.

Beide Körper liefern bei der Nitrirung mit rauchender Salpetersäure und nachfolgender Amidirung mit Zinkstaub und Eisessig kein Leucanilin. Obschon diese negativen Resultate wenig geeignet sind, neue Gesichtspunkte für die Discussion der Rosanilinformel zu gewinnen, so sehen wir uns doch zu dieser Mittheilung veranlasst, da damit die wesentlichste Stütze für unsere Phenylenformel gefallen ist und zugleich die Constitution des Pararosanilins, obschon die Structur seiner Leucoverbindung mit hinreichender Schärfe erkannt ist, wieder als eine offene Frage betrachtet werden muss.

6. Emil Fischer und Otto Fischer: Zur Kenntnis des Rosanilins[1]).

Berichte der Deutschen Chemischen Gesellschaft **11**, 1079 [1878].

(Vorgetragen in der Sitzung von Hrn. C. Liebermann.)

Nachdem die von uns früher über die Constitution des Rosanilins geäusserte Ansicht durch die in der letzten Mittheilung[2]) beschriebenen Versuche sehr an Wahrscheinlichkeit verloren, schien eine eingehendere Untersuchung der Nitroderivate des Triphenylmethans und ihrer Beziehungen zum Rosanilin der geeignete Weg, um über die Natur des letzteren weitere Aufklärung zu erhalten. Auf diese Weise ist es uns denn auch in der That gelungen, die Rosanilinfrage durch einen entscheidenden Versuch zum Abschluss zu bringen.

Wenn die naheliegende Vermuthung, dass bei der Rosanilinbildung die Methangruppe des Triphenylmethans betheiligt sei, richtig war, so musste das dem Triamidotriphenylmethan (Leucanilin) entsprechende Carbinol durch wasserentziehende Mittel in Rosanilin übergeführt werden können.

Die directe Darstellung eines derartigen Products aus Triphenylcarbinol scheiterte nun allerdings an der Beständigkeit des letzteren gegen conc. Salpetersäure, wovon es in der Kälte kaum angegriffen wird; mit der grössten Leichtigkeit gelingt es dagegen, das von Hemilian beschriebene Trinitrotriphenylmethan durch Oxydation in das entsprechende Carbinol überzuführen. Man löst zu dem Zwecke den reinen Nitrokörper in der 50fachen Menge heissen Eisessigs, und versetzt die auf etwa 50° abgekühlte Lösung mit einem Ueberschuss von Chromsäure. Durch Wasserzusatz wird das Carbinol in weissen krystallinischen Flocken ausgefällt und durch einmaliges Umkrystallisiren aus Benzol in fast farblosen Krystallen vom Schmelzpunkt 171—172° erhalten. Die Analyse gab die für die Formel $C_{19}H_{12} \cdot (NO_2)_3 \cdot OH$ berechneten Zahlen.

Ber. C 57,72, H 3,3, N 10,63.
Gef. ,, 57,9, ,, 3,4, ,, 10,46.

---

[1]) Vorgetragen in der letzten Sitzung der Bayr. Academie von Hrn. A. Baeyer.
[2]) Berichte d. D. Chem. Gesellsch. **11**, 612. (S. 47.)

Bei vorsichtiger Reduction dieses Productes in saurer Lösung erhält man nun keineswegs das zu erwartende Amidocarbinol, sondern es bildet sich direct ein Salz des Pararosanilins. Es gewährt einen überraschenden Anblick, wenn die kalte, sehr verdünnte Lösung des Nitrokörpers in Eisessig mit geringen Mengen Zinkstaub versetzt wird, wobei die Flüssigkeit momentan die intensive, prachtvolle Farbe der reinen Rosaniline annimmt; erst bei Zusatz von überschüssigem Reductionsmittel oder beim Erwärmen erfolgt dann Entfärbung der Lösung und Bildung von Leucanilin.

Der Versuch eignet sich in vorzüglicher Weise zu einem Vorlesungsexperiment.

Zugleich ist damit der unzweideutige Beweis geliefert, dass das Rosanilin nichts anderes ist, als Triamidotriphenylcarbinol oder ein inneres Anhydrid desselben. Bei der Leichtigkeit, mit der diese Wasserabspaltung aus dem Carbinol in saurer Lösung erfolgt, kann es ferner kaum zweifelhaft sein, wenn man von der auch aus anderen Gründen wenig wahrscheinlichen Phenylenformel absieht, dass hier eine ähnliche intramoleculare Condensation vorliegt, wie man sie bei den Orthoderivaten des Benzols mehrfach beobachtet hat und wie sie namentlich durch die Oxindolsynthese[1]) neuerdings von A. Baeyer auch für die Körper der Indigogruppe nachgewiesen wurde.

Das Pararosanilin würde nach dieser Ansicht die Formel

$$NH_2 \cdot C_6H_4 \diagdown \quad \diagup NH$$
$$\qquad\qquad\quad C \quad |$$
$$NH_2 \cdot C_6H_4 \diagup \quad \diagdown C_6H_4$$

erhalten.

Das säureähnliche Verhalten, welches die Carbinolgruppe einer Amidogruppe gegenüber hier zeigt, kann nicht auffallend sein, da dasselbe bereits durch die von Hemilian beschriebenen Eigenschaften des leicht zersetzbaren Chlorids hinreichend nachgewiesen ist.

Ebensowenig kann die Zusammensetzung des Diazorosanilins, aus dessen Analysen wir früher die Triamidoformel des Rosanilins gefolgert haben, als ernster Einwand gegen die Richtigkeit obiger Formel geltend gemacht werden, da sich diese Schwierigkeit durch die nicht unwahrscheinliche Annahme beseitigen lässt, dass bei seiner Bildung Wasseraddition stattfindet und mithin eine Tridiazoverbindung des Triphenylcarbinols entsteht. In der That zeigen unsere Analysen der Golddoppelsalze alle einen Gehalt von 1 Mol. H_2O, welches wir früher als Krystallwasser betrachtet haben. Dasselbe Resultat haben neue Analysen der Diazoverbindung aus reinem Pararosanilin ergeben.

---

[1]) Berichte d. D. Chem. Gesellsch. **11**, 582.

Was die Umwandlung von Rosanilin in Leucanilin betrifft, so muss dieselbe nach obiger Formel durch Sprengung der Stickstoff-Kohlenstoffbindung stattfinden. Diese leichte Reducirbarkeit der oxydirten Methangruppe haben wir gelegentlich auch bei einem anderen Versuche beobachtet, welcher zur Gewinnung eines Aethyltriphenylmethans angestellt wurde. Bringt man nämlich reines Triphenylmethanchlorid in kalter, verdünnter Benzollösung mit Zinkäthyl zusammen, so erfolgt momentan lebhafte Gasentwicklung und die Rückbildung von Triphenylmethan. Zur weiteren Stütze unserer Formel haben wir ferner das Verhalten der aus Bittermandelöl und Dimethylanilin entstehenden Base $C_{23}H_{26}N_2$ [1]), welche unzweifelhaft ein Triphenylmethanabkömmling ist, gegen Oxydationsmittel eingehender untersucht, wobei ein der Rosanilingruppe angehörender, grüner Farbstoff entsteht. Unter der Voraussetzung, dass auch hier eine Condensation zwischen der Methan- und einer Amidogruppe stattfinde, musste sich die Abspaltung von Methyl aus der letzteren experimentell nachweisen lassen. Durch vorsichtig geleitete Oxydation gelang es denn auch mit Leichtigkeit, die Bildung von beträchtlichen Mengen Ameisenaldehyds bei dieser Reaction zu constatiren. Schüttelt man die kaltgehaltene, schwach schwefelsaure Lösung der Base, mit gepulvertem, krystallisirtem Braunstein, so tritt sofort unter gleichzeitiger Bildung des grünen Farbstoffes der intensive Geruch des Ameisenaldehyds auf. Um letzteren zu identificiren, wurde die vom Braunstein abfiltrirte Lösung mit Wasserdämpfen destillirt und aus dem Destillat durch Behandlung mit Schwefelwasserstoff und Salzsäure der schön krystallisirende Formylsulfaldehyd (Schmp. 215°) dargestellt.

Dieser Versuch, welcher eine auffallende Unbeständigkeit einzelner Methylgruppen in den Amidoderivaten des Triphenylmethans selbst gegen die schwächsten Oxydationsmittel beweist, scheint zugleich neues Licht auf die Entstehung von Rosanilinfarbstoffen aus Dimethylanilin zu werfen. Jedenfalls gewinnt dadurch die Vermuthung von Graebe und Caro[2]), dass hierbei zunächst Methylaldehyd entstehe, der durch nachfolgende Condensation die Verkettung mehrerer Methylaniline bewirke, grosse Wahrscheinlichkeit. Es wäre dann die Entstehung des Methylvioletts ein der Aurinbildung ganz analoger Process und es lässt sich daraus weiter mit ziemlicher Sicherheit der Schluss ziehen, dass jene Farbstoffe eben so wie das Aurin Abkömmlinge des Triphenylmethans und nicht des Homologen $C_{20}H_{18}$ sind. Eine weitere Consequenz obiger Rosanilinformel ist die Ansicht, dass im Hydrocyanrosanilin das Cyan mit dem Methankohlenstoff in Bindung steht, da nur auf diese

---

[1]) O. Fischer, Berichte d. D. Chem. Gesellsch. **10**, 1624.
[2]) Liebigs Ann. d. Chem. **179**, 188.

Weise die Bildung der von uns beschriebenen Tridiazoverbindung[1]) verständlich wird. Zur experimentellen Prüfung dieser Schlussfolgerung haben wir die Untersuchung der aus dem Hydrocyanpararosanilin entstehenden Diazoverbindung, welche ein in Alkohol schwer lösliches, gut krystallisirendes Chlorid bildet, wieder aufgenommen. Beim Kochen mit Alkohol zersetzt sich dieselbe unter Stickstoff- und Aldehydentwicklung und es entsteht neben einer in Kali ohne Farbe löslichen stickstofffreien Säure eine indifferente, stickstoffhaltige Substanz, welche vielleicht das gesuchte Cyanid des Triphenylmethans ist und mit deren Studium wir noch beschäftigt sind. Die Ergebnisse der vorliegenden Untersuchung und die darauf basirten theoretischen Schlussfolgerungen stehen, wie wir zum Schluss noch hervorheben zu müssen glauben, in vollständiger, erfreulicher Uebereinstimmung mit den Resultaten und Ansichten, zu welchen die HH. Graebe und Caro durch eine neuere Untersuchung der Rosolsäuren gelangt sind und welche sie privatim uns mitzutheilen die Güte hatten.

---

[1]) Berichte d. D. Chem. Gesellsch. **9**, 896. (*S. 33.*)

7. Emil Fischer und Otto Fischer: Zur Kenntnis des Triphenylmethans.

Berichte der Deutschen Chemischen Gesellschaft **11**, 1598 [1878].

(Eingegangen am 10. August.)

Bei weiterer Verfolgung unserer Studien über die Rosanilingruppe waren besonders die Zersetzungsproducte der Diazoverbindung des Hydrocyanrosanilins mit Alkohol von hervorragendem Interesse.

Nach dem jetzigen Stande der Rosanilinfrage muss das Cyan mit dem Methankohlenstoff des Triphenylmethans in Verbindung stehen. Bei normalem Verlauf der Reaction konnte daher durch Zersetzung des Tridiazohydrocyanrosanilins entweder das Cyanid oder das isomere Isocyanderivat des Triphenylmethans entstehen.

Es ist daher vor Allem wünschenswerth, diese Körper aus Triphenylmethan selbst darzustellen.

In der That ist es uns bisher auch gelungen, sowohl das Triphenylmethancyanid, als auch die diesem entsprechende Triphenylessigsäure zu erhalten.

Den Ausgangspunkt zur Erlangung dieser Körper bildet das Triphenylmethanchlorid. Man erhitzt zu diesem Zwecke letzteres mit überschüssigem Quecksilbercyanid längere Zeit auf etwa 170—180°, zieht die Reactionsmasse mit Benzol aus, fällt geringe Mengen schmieriger Nebenproducte mit etwas Ligroin und krystallisirt die nach dem Abdestilliren des Benzols und Ligroins bleibende Masse aus wenig Eisessig um. Man erhält so das Cyanid beinahe quantitativ in prachtvollen, farblosen, prismatischen Krystallen, die bei 137° schmelzen.

Das Triphenylmethancyanid oder Triphenylacetonitril

Ber. N 5,2. Gef. N 5,0

destillirt unzersetzt und ist ein sehr beständiger Körper. Man kann dasselbe mehrere Stunden auf 170° mit rauchender Salzsäure erhitzen, ohne dass es sich verändert.

Die Verseifung machte wegen dieser Beständigkeit anfangs einige Schwierigkeiten. Mit alkoholischer Kalilauge erhält man daraus neben kleinen Mengen Triphenylessigsäure der Hauptmenge nach einen neuen, stickstoffhaltigen, indifferenten Körper, in kleinen, weissen Nadeln krystallisirend, dessen Untersuchung jedoch noch nicht abgeschlossen ist.

Am besten gelingt die Umwandlung in Triphenylessigsäure, wenn man das Cyanid in Eisessiglösung mit rauchender Salzsäure einen Tag lang auf 200—210° erhitzt. Aber selbst bei Anwendung dieser hohen Temperatur gelingt die Verseifung nur theilweise.

Die so erhaltene Triphenylessigsäure ist ein sehr schön krystallisirender Körper. Namentlich aus Eisessig wird sie in schönen, farblosen, anscheinend rhomboedrischen Krystallen erhalten, während sie aus Alkohol in kleinen, weissen Nadeln krystallisirt.

Die Analyse gab die für Triphenylessigsäure berechneten Werthe

    Ber. C 83,3, H 5,5.
    Gef. ,, 83,1, ,, 5,7.

Die Triphenylessigsäure ladet nach mancher Seite hin zu eingehendem Studium ein und wollen wir uns durch diese Mittheilung die weitere Untersuchung dieser Körper reserviren.

8. Emil Fischer und Otto Fischer: Über Triphenylmethan und Rosanilin [1]).

Liebigs Annalen der Chemie **194**, 242 [1878].

(Eingelaufen den 16. September 1878.)

Nachdem die von uns im Jahre 1876 begonnene Untersuchung über die Natur des Rosanilins durch die vor Kurzem mitgetheilten Resultate im Wesentlichen zum Abschluss gekommen ist, scheint es uns nunmehr geboten, die experimentellen Details derselben hier nochmals im Zusammenhang darzustellen, um bei dieser Gelegenheit als Ergänzung der früheren fragmentarischen Notizen die Tragweite der gewonnenen Resultate für die Kenntniss der zahlreichen, mit dem Rosanilin nahe verwandten Farbstoffe eingehender zu besprechen.

Wenn schon unsere Versuche keiner der verschiedenen über die Constitution des Farbstoffs geäusserten Ansichten bestätigt haben und theilweise von ganz neuen Gesichtspunkten ausgehen mussten, so bilden dieselben doch bis zu einem gewissen Grade nur den Schlussstein zu jener langen Reihe von experimentellen und speculativen Untersuchungen, welche das seit nunmehr 20 Jahren in grossen Massen hergestellte Handelsproduct zum Gegenstande hatten. Da der Antheil, welchen diese verschiedenen Arbeiten an der Lösung der gestellten Frage haben, sich heute leichter als früher abschätzen lässt, so wird man es nicht überflüssig finden, wenn wir hier den eigenen Versuchen eine kurze historische Uebersicht über die zwar meist schon allgemeiner bekannten früheren Untersuchungen des Rosanilins, soweit sie ein theoretisches Interesse beanspruchen dürfen, vorausschicken.

Die wissenschaftliche Geschichte des Rosanilins beginnt bekanntlich mit den ausgedehnten Untersuchungen von A. W. Hofmann, welche für die Theorie und Technik gleich wichtige Resultate zur Folge hatten. Hofmann stellte für den ihm zu Gebote stehenden Farbstoff durch die Analyse zahlreicher Salze die Formel $C_{20}H_{19}N_3$ fest, erklärte seine Bildungsweise aus Anilin und Toluidin durch das Schema:

$$C_6H_5NH_2 + 2\,C_7H_7NH_2 + 3\,O = C_{20}H_{19}N_3 + 3\,H_2O,$$

---

[1]) Berichte d. D. Chem. Gesellsch. **9**, 891 (S. 29); **11**, 195, 473, 612, 1079, 1598. (SS. *39, 46, 47, 49, 53*.)

fand für die freie Base die Zusammensetzung $C_{20}H_{19}N_3$, H_2O und beobachtete die Umwandlung derselben durch reducirende Agentien in die Leucoverbindung $C_{20}H_{21}N_3$. Durch die etwas später ausgeführte Untersuchung der Phenyl-, Aethyl- und Methylderivate gelangte er dann weiter zu einer bestimmten Anschauung über die Constitution des Farbstoffs, welcher von ihm als ein Triamin mit drei durch Alkoholradicale vertretbaren Wasserstoffatomen von der Formel:

$$\left.\begin{array}{l}C_7H_6\\C_7H_6\\C_6H_4\\H_3\end{array}\right\}N_3$$

betrachtet wird.

Eine schärfere Definirung im Sinne der heutigen Theorie erhielt diese Formel durch Kekulé[1]), welcher die Atomverkettung des Rosanilins durch das Schema:

$$\begin{array}{c}C_6H_4\!\!-\!\!NH\!\!-\!\!C_6H_3\cdot CH_3\\ \diagdown\quad\quad\diagup\\ NH\quad\quad NH\\ \diagdown\quad\diagup\\ C_6H_3\cdot CH_3\end{array}$$

interpretirt, gleichzeitig jedoch schon in vorsichtiger Weise die Möglichkeit andeutet, dass die Verkettung der verschiedenen Benzolkerne durch die Methylgruppen der Toluidinreste bewerkstelligt werde.

Ob die Kekulé'sche Formel oder die von Baumhauer[2]) vorgeschlagene unwesentliche Modification derselben allgemeinere Anerkennung gefunden hat, lässt sich schwer entscheiden. A. W. Hofmann und seine Mitarbeiter sind jedenfalls anderer Meinung gewesen; sie neigen viel mehr, wie diess aus verschiedenen Notizen[3]) hervorgeht, zu der Ansicht, dass das Rosanilin in die Klasse der Azofarbstoffe gehöre, mithin eine aus zwei Atomen bestehende Stickstoffkette enthalte. Aehnliche Anschauungen finden wir in den Constitutionsformeln, welche Liebermann[4]) für Rosanilin und Rosolsäure gelegentlich einer experimentellen Untersuchung über die Spaltung des ersteren durch Wasser bei höherer Temperatur aufgestellt hat. Bei allen diesen Speculationen hatte man jedoch beinahe geflissentlich zwei typische Reactionen des Rosanilins ausser Acht gelassen, entweder weil man ihre Bedeutung unterschätzte, oder dieselben für die Folgerung bestimmter Schlüsse zu complicirt hielt. Es sind dieß die von

---

[1]) Lehrbuch III, 672.
[2]) Berichte d. D. Chem. Gesellsch. **4**, 547.
[3]) Hofmann und Geyger, Berichte d. D. Chem. Gesellsch. **5**, 472. — Vgl. auch Wichelhaus und v. Dechend, daselbst **8**, 1615, und Nietzky, daselbst **10**, 667.
[4]) Berichte d. D. Chem. Gesellsch. **5**, 146.

H. Müller[1]) 1866 entdeckte Bildung des Hydrocyanrosanilins und ganz besonders das Verhalten des Farbstoffs gegen salpetrige Säure. Ueber die letztere Reaction sind die ersten Angaben ebenfalls von A. W. Hofmann[2]) gemacht, welcher dabei eine neue, nicht weiter untersuchte Base erhielt, deren Platindoppelsalz explosiv war. Etwas später beobachteten Paraf und Dale[3]) bei demselben Vorgang die Bildung eines der Rosolsäure sehr ähnlichen Farbstoffs, nutzten diese Entdeckung jedoch mehr für technische Zwecke, als für theoretische Schlussfolgerungen aus; dasselbe gilt von den fast gleichzeitigen Versuchen Vogel's[4]), welcher das unter dem Namen „Zinalin" bekannte Handelsproduct auf diesem Wege darstellte.

Die Bedeutung der Reaction für die Lösung der Rosanilinfrage zuerst richtig erkannt zu haben ist das Verdienst von H. Caro. Gestützt auf die Untersuchungen von P. Griess gelang es ihm in Gemeinschaft mit Wanklyn[5]), die von Hofmann erwähnte Base als eine gewöhnliche Diazoverbindung zu charakterisiren, für welche auf indirectem Wege die den damaligen Anschauungen über die Natur der Diazokörper angepaßte Formel $C_{20}H_{10}N_6$ ermittelt wurde. Beim Kochen mit Wasser lieferte die Verbindung eine Rosolsäure von der Formel $C_{20}H_{16}O_3$, welche mit dem von Kolbe und Schmitt aus Phenol und Oxalsäure dargestellten Farbstoff identisch zu sein schien.

Im Anschluss an diese Arbeit zeigte dann Caro[6]) noch durch eine Reihe von Versuchen über die Bildung von Rosolsäure aus Phenol und Kresol, dass dieselbe der Rosanilindarstellung vollkommen analog sei, indem man in beiden Fällen entweder gleichzeitig ein Derivat des Benzols und des Toluols verarbeiten, oder bei Anwendung eines reinen Benzolderivats eine Verbindung aus der Klasse der Fettkörper zusetzen müsse, welche letztere den sonst aus dem Toluol herstammenden, zur Verkettung der verschiedenen Benzolcomplexe nöthigen Kohlenstoff liefern könne.

Die durch ihre experimentellen Resultate zweifellos erwiesenen nahen Beziehungen zwischen Rosanilin und Rosolsäure glauben Caro und Wanklyn durch folgende Formeln ausdrücken zu können:

$$C_2 \begin{cases} N \cdot C_6H_5 \cdot H \\ N \cdot C_6H_5 \cdot H \\ N \cdot C_6H_5 \cdot H \\ H \end{cases} \qquad C_2 \begin{cases} O \cdot C_6H_5 \\ O \cdot C_6H_5 \\ O \cdot C_6H_5 \\ H \end{cases}$$

Rosanilin. Rosolsäure.

---

[1]) Zeitschrift für Chemie **1866**, 2.
[2]) Proceedings Royal Society **12**, 13.
[3]) Berichte d. D. Chem. Gesellsch. **10**, 1016.
[4]) Entwickelung der Anilinindustrie. Leipzig 1866.
[5]) Caro und Wanklyn, Proceedings Royal Society **15**, 210; und Zeitschrift für Chemie **1866**, 511.
[6]) Zeitschrift für Chemie **1866**, 563.

Wie man sieht, wird in diesen Formeln bereits dem Kohlenstoff, welcher aus den Methylgruppen des Toluidins herstammt, eine wichtige Rolle für die Bildung des Rosanilins zugeschrieben; dagegen lässt man die Verkettung desselben mit den verschiedenen Benzolresten noch immer durch den Stickstoff der Amidogruppen erfolgen; eine Annahme, welche offenbar den Resultaten der Hofmann'schen Untersuchungen über die Zahl der typischen Wasserstoffatome Genüge leisten soll.

Kühner ist in dem letzten Punkte bald nachher Zulkowsky[1]) gewesen, welcher im Gegensatz zu jener allgemein verbreiteten Ansicht im Rosanilin drei Amidogruppen annimmt und dasselbe eben so wie die Rosolsäure, das Violanilin und Mauvanilin als Abkömmlinge eines aus drei Benzolresten bestehenden Kohlenwasserstoffs $C_{18}H_{14}$ auffasst. Die Hypothese von Zulkowsky, obschon sie in einer Beziehung der Wahrheit näher kam, als alle früheren Speculationen, führte jedoch eben so wie die später von ihm gegebenen Modificationen[2]) derselben zu Consequenzen, welche mit den beobachteten Thatsachen in directem Widerspruch standen und fanden deshalb, zumal man gegen solche rein speculative Untersuchungen mit Recht misstrauisch geworden war, keine weitere Verbreitung.

In dieselbe Zeit fällt die in der Folge so wichtige Entdeckung verschiedener Rosaniline von Rosenstiehl[3]). Durch die Combination von Anilin mit reinem Ortho- und Paratoluidin erhielt derselbe verschiedene Producte, welche er als isomere Verbindungen von der Formel $C_{20}H_{19}N_3$ betrachtet.

Da seine Resultate jedoch mit den herrschenden Ansichten über die Constitution des Farbstoffs nicht in Widerspruch standen, so begnügte sich Rosenstiehl auch in der Folge[4]) mit der Sicherstellung der empirischen Beobachtung, ohne daraus weitere theoretische Schlüsse zu ziehen.

Ein Wendepunkt in der Geschichte des Rosanilins erfolgte erst mit der neueren schönen Untersuchung von Caro und Graebe[5]) über die Rosolsäure und deren Beziehungen zum Rosanilin. In überzeugender Weise wird hier der Nachweis geliefert, dass beide Farbstoffe die correspondirenden Abkömmlinge eines 20 Atome Kohlenstoff enthaltenden Kohlenwasserstoffcomplexes sein müssen. Aus dem charakteristischen Verhalten der Rosolsäure gegen schwefligsaure Alkalien, Essigsäureanhydrid, Reductionsmittel u. s. w. wird dann weiter der Schluss gezogen,

---

[1]) Sitzungsberichte der Wiener Academie **1869**.
[2]) Berichte d. D. Chem. Gesellsch. **9**, 1073.
[3]) Jahresbericht für **1869**, 693.
[4]) Berichte d. D. Chem. Gesellsch. **9**, 441.
[5]) Liebigs Ann. d. Chem. **179**, 184.

dass dieselbe in die Klasse der Chinone gehöre und dieser Ansicht in bestimmter Weise durch Aufstellung der Formel:

$$(OH)C_6H_3 \begin{Bmatrix} CH_2 \cdot C_6H_4O \\ CH_2 \cdot C_6H_4O \end{Bmatrix}$$

Ausdruck gegeben.

Das Rosanilin erhielt die entsprechende Formel:

$$(NH_2)C_6H_3 \begin{Bmatrix} CH_2 \cdot C_6H_4NH \\ CH_2 \cdot C_6H_4NH \end{Bmatrix}.$$

Diese Auffassung stellte die Beziehungen beider Farbstoffe zu einander in übersichtlicher Weise dar und schien auch von dem übrigen Verhalten derselben in einfacher Weise Rechenschaft zu geben; weniger indessen genügte sie, was die Structur der sauerstoff- und stickstoffhaltigen Gruppen betrifft, zur Erklärung der Reaction, worauf sie eigentlich gegründet war, d. h. der Bildung einer Diazoverbindung aus dem Rosanilin und deren späteren Umwandlung in Rosolsäure.

Die Annahme, welche Graebe und Caro zur Hebung dieser von ihnen wohl erkannten Schwierigkeit machten, dass die im Rosanilin enthaltenen Imidogruppen ähnlich den gewöhnlichen Aminen durch salpetrige Säure in Diazogruppen umgewandelt werden könnten, war mit den über solche Verbindungen bekannten Thatsachen nicht in Uebereinstimmung und um so weniger geeignet, alle Bedenken gegen die darauf basirten Schlüsse zu beschwichtigen.

Zur Zeit als die betreffende Abhandlung erschien, hatten wir uns eben im Anschluss an ähnliche Arbeiten des Einen zu einer gemeinschaftlichen Untersuchung der Hydrazinverbindungen des Farbstoffs und seiner Derivate vereinigt und sahen uns bei dieser Gelegenheit wegen der abnormen Erscheinungen, welche die sonst so glatt verlaufende Hydrazinbildung hier zeigte, gezwungen zur Aufklärung unserer Versuche eine eingehendere Untersuchung jener Diazoverbindungen zu unternehmen.

Die zunächst also nur für unsere speciellen Zwecke begonnene Arbeit führte jedoch bald zu Resultaten, welche für die definitive Lösung der Rosanilinfrage ganz neue Gesichtspunkte zu bieten schienen, indem es gelang, aus dem Leukanilin eine Verbindung $C_{20}H_{18}$ zu gewinnen, welche als der dieser Gruppe zu Grunde liegende Kohlenwasserstoff betrachtet werden musste.

Das hervorragende Interesse, welches mit der genaueren Kenntniss des letzteren verbunden war, veranlasste uns, im Einverständniss mit den Herren Caro und Graebe die allerdings aus den Grenzen ihres ursprünglichen Zweckes herausgerückte Untersuchung in derselben Richtung fortzusetzen und die ersten Resultate derselben vor zwei Jahren zu veröffentlichen.

Die daraus für die Constitution des Rosanilins, Leukanilins und Hydrocyanrosanilins, auf welche die Arbeit beschränkt blieb, hervorgehenden Schlüsse konnten wir damals dahin zusammenfassen, dass sämmtliche drei Körper Triamidoverbindungen seien und dass das Leukanilin als ein Derivat des aus der Diazoverbindung gewonnenen, näher beschriebenen Kohlenwasserstoffs $C_{20}H_{18}$ betrachtet werden müsse.

Die Aufklärung der Constitution des letzteren bildete den zweiten schwierigeren Theil der Aufgabe und gelang nach vielen vergeblichen und zeitraubenden Versuchen erst auf indirectem Wege, als wir zur Prüfung unserer früheren Resultate die nach den Angaben Rosenstiehl's aus den verschiedenen Toluidinen entstehenden, für isomer gehaltenen reinen Farbstoffe einer vergleichenden Prüfung unterzogen.

Das aus Paratoluidin und Anilin dargestellte Product lieferte uns hier bei gleicher Behandlung, wie es früher für das technische Fuchsin angegeben wurde, einen Kohlenwasserstoff, welcher total verschieden von dem ersten war und als identisch mit dem längst bekannten Triphenylmethan erkannt wurde, woraus dann für den zweiten Kohlenwasserstoff die seitdem durch das Experiment bestätigte Formel eines Tolyldiphenylmethans gefolgert wurde.

Mit diesem Versuche, dessen Tragweite durch die umgekehrte Ueberführung des Triphenylmethans und seines Homologen in zwei verschiedene Rosaniline ausser Zweifel gestellt wurde, war die Existenz homologer Farbstoffe von der Formel $C_{19}H_{17}N_3$ und $C_{20}H_{19}N_3$ bewiesen und die Constitution der verschiedenen Leukaniline und Leukorosolsäuren aufgeklärt.

Bezüglich des Rosanilins selbst wurden wir jedoch durch verschiedene Gründe, besonders durch die Angaben von Hemilian über einen aus Triphenylmethan entstehenden Kohlenwasserstoff $(C_6H_5)_2 = C = C_6H_4$ zu einer Hypothese geführt, welche kurze Zeit darauf schon wieder aufgegeben werden musste, weil wir die zu ihrer Stütze dienenden Versuche Hemilian's theilweise nicht bestätigt fanden.

Bei der fortgesetzten Untersuchung der Triphenylmethanabkömmlinge gelang es uns dann schliesslich, in der directen Bildung des Farbstoffs aus dem Trinitrotriphenylcarbinol den letzten entscheidenden Versuch[1]) zu finden, wodurch das Pararosanilin in seinen Salzen als das innere Anhydrid des Triamidotriphenylcarbinols erkannt wurde und damit zugleich die Frage nach seiner Constitution zum definitiven Abschluss kam.

---

[1]) Berichte d. D. Chem. Gesellsch. **11**, 1079. (*S. 49.*)

Gleichzeitig mit uns gelangten Graebe und Caro[1]) durch nochmalige Discussion der bereits bekannten Thatsachen bezüglich des letzten Punktes genau zu denselben Anschauungen über die Natur der Rosaniline und Rosolsäuren und fanden in dem Verhalten der letzteren gegen Essigsäureanhydrid eine weitere, allerdings nicht direct entscheidende Bestätigung ihrer Ansicht.

In dem nachfolgenden experimentellen Theile dieser Abhandlung haben wir zuerst den Kohlenwasserstoff der Rosanilingruppe, das Triphenylmethan und alle einfacheren schon bekannten oder von uns erst dargestellten Derivate desselben ausführlich besprochen; die zweite Hälfte enthält die Untersuchung über die verschiedenen Rosaniline und den Schluss bilden theoretische Auseinandersetzungen über die Constitution dieser Basen und ihrer Farbstoffabkömmlinge.

Triphenylmethan.

Entdeckt wurde das Triphenylmethan von Kekulé und Franchimont[2]) bei der Zersetzung von Benzalchlorid durch Quecksilberdiphenyl; ausser den wesentlichsten Eigenschaften der Substanz beschreiben dieselben von den Derivaten nur die durch Einwirkung von rauchender Schwefelsäure entstehende Trisulfosäure.

Ausführlicher wurde der Kohlenwasserstoff von Hemilian[3]) untersucht, welcher die von Schrank zuerst beobachtete Bildungsweise aus Benzhydrol und Benzol zu einer ergiebigen Darstellungsmethode ausbildete, die vorläufigen Angaben von Kekulé und Franchimont bezüglich der Nitroproducte durch Beschreibung des krystallisirten Trinitrotriphenylmethans ergänzte und besonders die merkwürdige Umwandlung der Verbindung durch Oxydation in das Triphenylcarbinol, sowie das eigenthümliche Verhalten des letzteren eingehend erforschte.

In neuerer Zeit haben Friedel und Crafts[4]) eine dritte interessante Bildungsweise des Kohlenwasserstoffs aus Chloroform und Benzol angegeben, welche durch ergiebige Ausbeute und Billigkeit der Materialien ausgezeichnet ist. Wir haben diese Methode verschiedentlich zur Darstellung grösserer Mengen benutzt und können deshalb die kurzen Angaben derselben durch Mittheilung einiger nicht unwesentlicher Details vervollständigen. Nach manchen Versuchen sind wir schliesslich bei folgendem Verfahren stehen geblieben.

---
[1]) Berichte d. D. Chem. Gesellsch. **11**, 1116.
[2]) Berichte d. D. Chem. Gesellsch. **5**, 906.
[3]) Berichte d. D. Chem. Gesellsch. **7**, 1203.
[4]) Compt. rend. **1877**, 1450.

Ein Gemenge von 200 Grm. Chloroform und 700 Grm. reinen trockenen Benzols wird bei Zimmertemperatur allmälig mit Aluminiumchlorid in der Weise versetzt, dass stets eine lebhafte Salzsäureentwickelung stattfindet; nach sechs bis acht Stunden ist es nöthig, die Reaction durch Erwärmen bis etwa 60° zu unterstützen und mit dem Zusatz von Aluminiumchlorid fortzufahren, bis die Salzsäureentwickelung beinahe aufhört, was nach ungefähr 30 Stunden der Fall ist. Die Flüssigkeit scheidet sich dabei in zwei Schichten, eine obere, schwach braun gefärbte, wesentlich aus Benzol bestehende und eine untere theerige Masse, welche die Aluminiumverbindungen und den grössten Theil des Triphenylmethans, wahrscheinlich in Verbindung mit Aluminiumchlorid enthält. Die ganze Masse wird ohne Weiteres unter Umschütteln in Wasser eingegossen, wobei man die Temperatur zweckmässig bis zum Siedepunkt des Benzols steigen lässt; die Benzolschicht scheidet sich alsdann rasch ab und kann von der wässerigen Lösung leicht getrennt werden. Dieselbe wird von einer nicht unbeträchtlichen Menge schwarzer harziger Flocken und dem noch anhaftenden Wasser durch Filtration befreit und nach Vereinigung mehrerer solcher Portionen direct aus einer Kupferblase destillirt.

Nach Entfernung des Benzols, dem kleinere Mengen von Toluol beigemengt zu sein scheinen, steigt das Thermometer rasch auf circa 200°, wo gewöhnlich eine plötzliche kurze Salzsäureentwickelung beginnt, die von der Zersetzung complicirter Chloride herzurühren scheint und um so grösser ist, je weniger die Reaction bei ungenügendem Zusatz von Aluminiumchlorid zu Ende geführt war. Die nach Beendigung der Salzsäureabspaltung von 200 bis 300° übergehende Fraction besteht grösstentheils aus Diphenylmethan, welches durch wiederholte Fractionirung leicht rein erhalten wird. Ueber 300° beginnt die Destillation des Triphenylmethans, welche ohne Thermometer fortgesetzt wird, bis die übergehende Masse dunkelbraun gefärbt ist; in der Retorte bleibt alsdann eine asphaltartige Masse, welche nicht weiter verwerthet wurde. Das rohe Triphenylmethan wird durch neue Destillation und Umkrystallisiren aus Alkohol gereinigt. Was die Ausbeute betrifft, so erhielten wir aus 700 Grm. Chloroform 200 Grm. reines Triphenylmethan und ungefähr 140 Grm. Diphenylmethan. Die Entstehung des letzteren, welche zum Theil die verhältnissmässig geringe Ausbeute an Triphenylmethan bedingt, ist insofern von Interesse, als sie einen Fingerzeig für die Aufklärung des complexen Verlaufs der Friedel-Crafts'schen Reaction in diesem speciellen Falle zu geben scheint. Wir haben es hier offenbar neben der normalen Abspaltung von Salzsäure aus dem Chloroform und verschiedenen Benzolen mit einer theilweisen Reduction der als Zwischenproducte auftretenden aromatischen Chloride zu thun. In welcher Weise diese Reduction erfolgt, bleibt vorderhand unentschieden, wenn auch die Vermuthung nahe liegt, dass dieselbe ebenfalls durch das so energisch wirkende Aluminiumchlorid bewirkt wird.

Eine ähnliche Beobachtung haben wir auch bei der Wiederholung der Versuche von Friedel und Crafts[1]) über die Einwirkung von Tetrachlorkohlenstoff auf Benzol bei Gegenwart von Al_2Cl_6, wobei Tetraphenylmethan entstehen soll, gemacht. Der von uns gewonnene feste Kohlenwasserstoff bestand zum grössten Theil aus Triphenylmethan, welches durch die Ueberführung in das Carbinol und in Rosanilin leicht zu identificiren ist. Die Isolirung des Tetraphenylmethans, dessen Eigenschaften nach der Beschreibung von Friedel und Crafts mit denen des Triphenylmethans fast zusammenfallen, ist uns dagegen nicht gelungen, da eine Trennungsmethode beider Kohlenwasserstoffe nicht bekannt ist.

Derivate des Triphenylmethans.

Trinitrotriphenylmethan. — Dasselbe entsteht durch Einwirkung von rauchender Salpetersäure auf den Kohlenwasserstoff und wurde, wie bereits erwähnt, in dieser Weise von Hemilian in kleinerer Menge dargestellt. Nach unserer Erfahrung ist die Ausbeute wesentlich durch die Concentration der Salpetersäure und die Temperatur beeinflusst. Am besten wird der feingepulverte reine Kohlenwasserstoff in einen grossen Ueberschuss von gutgekühlter Salpetersäure (vom spec. Gewicht 1,5) allmälig eingetragen; die Lösung erfolgt langsam und kann zum Ende durch gelindes Erwärmen beschleunigt werden. Aus der hellgelben Lösung wird durch Zusatz von Wasser das Nitroproduct in schwach gelben Flocken ausgefällt, abfiltrirt und getrocknet. Zur Isolirung des Trinitrotriphenylmethans benutzt man seine Schwerlöslichkeit in Eisessig. Beim Kochen mit kleinen Mengen dieses Lösungsmittels schmilzt der rohe Nitrokörper zunächst, löst sich dann zum Theil, während der Rest sich in ein feines krystallinisches Pulver verwandelt. Durch rasches Abfiltriren der heissen Lösung und Auswaschen mit kleinen Mengen Eisessig wird letzteres in fast reinem Zustande erhalten. Aus der Mutterlauge scheidet sich beim Erkalten zunächst noch ein Theil des krystallinischen Products ab; später erfolgt die Ausscheidung eines schweren gelben Oels, welches langsam erstarrt und aus einem Gemenge anderer, vielleicht isomerer Nitroproducte besteht, deren Trennung uns bisher nicht gelungen ist.

Zur vollständigen Reinigung wird das Trinitrotriphenylmethan aus heissem Eisessig oder Benzol umkrystallisirt. Durch die Analyse eines

---

[1]) Compt. rend. 1877, 1453.

so gewonnenen Products haben wir die Hemilian'sche Formel $C_{19}H_{13}(NO_2)_3$ bestätigt gefunden.

0,2103 Grm. gaben 0,4621 CO_2 und 0,0718 H_2O.
Ber. C 60,16, H 3,43.
Gef. ,, 59,9, ,, 3,8.

Der Schmelzpunkt liegt nach unserer Beobachtung bei 206 bis 207°, während Hemilian 203° angiebt. Die Verbindung ist in kaltem Eisessig und Benzol sehr schwer, in der Wärme leichter löslich. Durch Reduction am besten mit Zinkstaub und Eisessig wird dieselbe in eine Triamidobase verwandelt, welche identisch mit dem später ausführlich zu besprechenden Paraleukanilin ist. Betreffs der Stellung der Nitrogruppen beweist dieser Versuch, dass dieselbe gleichmässig auf die drei Phenylreste des Kohlenwasserstoffs vertheilt sind.

Trinitrotriphenylcarbinol, $C_{19}H_{12}(NO_2)_3 \cdot OH$. — Aehnlich dem Triphenylcarbinol wird diese Verbindung mit der grössten Leichtigkeit durch Oxydation des Trinitrotriphenylmethans erhalten. Man löst zu dem Zwecke das letztere in der fünfzigfachen Menge heissen Eisessigs und versetzt die auf etwa 50° abgekühlte Lösung mit einem Ueberschuss von Chromsäure; durch Wasserzusatz wird das Carbinol in weissen krystallinischen Flocken ausgefällt und durch einmaliges Umkrystallisiren aus heissem Benzol in fast farblosen Krystallen vom Schmelzpunkte 171 bis 172° erhalten.

Die Analyse der bei 120° getrockneten Substanz gab folgende Zahlen:

0,2262 Grm. gaben 0,4808 CO_2 und 0,0691 H_2O.
0,2416 ,, ,, 23 CC. Stickstoff bei 16° und 717 MM. Druck
$C_{19}H_{13}N_3O_7$. Ber. C 57,72, H 3,3, N 10,63, O 28,35.
Gef. ,, 57,9, ,, 3,4, ,, 10,46.

Die Verbindung ist schwer löslich in heissem Alkohol, Aether und Schwefelkohlenstoff, leichter wird sie von Benzol und Eisessig aufgenommen; aus der heissen concentrirten essigsauren Lösung scheidet sie sich beim Erkalten in kleinen, dem Triphenylcarbinol ähnlichen, flächenreichen, compacten Krystallen ab. Ueber den Schmelzpunkt erhitzt zersetzt sie sich mit schwacher Verpuffung.

Bei vorsichtiger Reduction des Products in essigsaurer Lösung erhält man, wie unten noch erörtert werden soll, direct ein Salz des Pararosanilins.

Auffallender Weise gelingt es nicht, denselben Nitrokörper direct aus dem Triphenylcarbinol zu gewinnen, da letzteres in der Kälte von Salpetersäure nicht angegriffen wird und in der Wärme Nitroderivate liefert, welche zum Rosanilin in keiner Beziehung stehen.

Wir erwähnen diesen negativen Versuch hier ausdrücklich, weil wir dadurch hauptsächlich veranlasst wurden, die so nahe liegende und später als richtig erkannte Vermuthung, dass das Rosanilin zum Leukanilin in demselben Verhältnisse stehe, wie das Triphenylcarbinol zum Kohlenwasserstoff, in den ersten Mittheilungen nicht bestimmter auszusprechen.

Triphenylmethanchlorid. — Bildung und Eigenschaften dieses Chlorids sind bereits von Hemilian[1]) beschrieben. Handelt es sich um die Darstellung eines ganz reinen Präparats, so ist es vortheilhafter, statt der Hemilian'schen Methode die Phosphorverbindungen durch Umkrystallisiren aus Ligroïn zu entfernen. Man löst zu diesem Zwecke das aus Triphenylcarbinol und überschüssigem PCl_5 dargestellte, in der Wärme flüssige Reactionsproduct in der 5- bis 6fachen Menge trockenen, leicht flüchtigen Ligroïns, filtrirt den ungelösten Fünffach-Chlorphosphor ab und verdampft die Lösung auf ein möglichst kleines Volumen. Beim Abkühlen in Eiswasser scheidet sich der grösste Theil des Chlorids in gut ausgebildeten Krystallen ab, welche rasch abfiltrirt und durch wiederholtes Pressen zwischen Fliesspapier von dem Rest des Phosphoroxychlorids befreit werden. Bei beschleunigter Operation vermeidet man ohne Mühe jede Zersetzung der Verbindung durch den Wasserdampf der Luft. Die von den Krystallen getrennte Mutterlauge wird zur Wiedergewinnung des Carbinols aus dem in Lösung gebliebenen Chlorid nach dem Verdampfen des Ligroïns mit Wasser versetzt.

Ein so bereitetes reines Chlorid diente zu den nachfolgend beschriebenen Operationen.

Zersetzung des Triphenylmethanchlorids durch Wärme. — Nach den älteren Angaben von Hemilian[2]) liefert das Triphenylmethanchlorid beim Erhitzen über 200° unter Salzsäureentwickelung einen Kohlenwasserstoff $C_{19}H_{14}$, welchen derselbe damals wegen des anscheinend glatten Verlaufs der Reaction für ein Diphenylphenylenmethan $(C_6H_5)_2 = C = C_6H_4$ halten zu müssen glaubte. Bei der Wiederholung dieses Versuchs mit grösseren Mengen Materials sind wir später zu theilweise anderen Resultaten gelangt. Die Zersetzung des Chlorids ist im Gegentheil eine recht complexe Reaction; dieselbe erfolgt erst bei einer über 250° liegenden Temperatur. Unter lebhafter Salzsäureentwickelung destillirt grösstentheils über 360° ein fast farbloses, in der Vorlage erstarrendes Oel, während in der Retorte eine beträchtliche Menge nichtflüchtiger Substanzen zurückbleibt. Das Destillat ist kein einheitliches Product, sondern ein Gemenge von Triphenylmethan und einem Kohlenwasserstoff $C_{19}H_{14}$. Die Trennung beider Körper

---
[1]) a. a. O.
[2]) a. a. O.

gelingt am besten durch Auskochen der gepulverten Masse mit Alkohol, wobei das Triphenylmethan leicht und vollständig in Lösung geht. Durch schliessliches Umkrystallisiren des Rückstands aus viel Alkohol wird die Verbindung $C_{19}H_{14}$ in farblosen feinen Nadeln vom Schmelzpunkte 145 bis 146° erhalten.

Die Analysen verschiedener Präparate gaben folgende Zahlen:

0,1832 Grm. gaben 0,6318 CO_2 und 0,0982 H_2O. — 0,1763 Grm. gaben 0,6067 CO_2 und 0,095 H_2O.

$C_{19}H_{14}$. Ber. C 94,2,   H 5,8.
            Gef. ,, 94,05, 93,86, ,, 5,96, 5,98.

Der so gereinigte Kohlenwasserstoff zeigte den Schmelzpunkt und die Eigenschaften des von Hemilian[1]) kurz vorher beschriebenen, aus Fluorenalkohol entstehenden Diphenylenphenylmethans:

$$\begin{matrix} C_6H_4 \\ | \\ C_6H_4 \end{matrix} \Big\rangle CH-C_6H_5$$

und wir äusserten auf Grund dieser Uebereinstimmung damals die Ansicht[2]), dass beide Producte identisch seien. Die Richtigkeit derselben wurde durch eine spätere ausführliche Untersuchung von Hemilian[3]) bestätigt.

Das Mengenverhältniss, in welchem beide Kohlenwasserstoffe bei dieser Reaction gleichzeitig entstehen, ist übrigens ein sehr wechselndes und hauptsächlich von der Reinheit des verwandten Chlorids abhängig. Bei Anwendung von ganz reinem Material entsteht fast nur Triphenylmethan; durch die Anwesenheit von Triphenylcarbinol wird die Ausbeute an Diphenylenphenylmethan wesentlich erhöht und bei einem besonderen Versuche, bei welchem absichtlich gleiche Mengen Chlorid und Carbinol verarbeitet wurden und wo neben Salzsäure eine beträchtliche Menge Wasser destillirte, bestand der feste Kohlenwasserstoff aus fast reinem Diphenylenphenylmethan.

Diese Beobachtung, welche auf einen noch complicirteren Verlauf der Reaction, als eine einfache moleculare Umlagerung hinweist, erklärt zugleich die Verschiedenheit unserer Angaben von denen Hemilian's, welcher offenbar ein carbinolhaltiges Chlorid verarbeitete und deshalb die Entstehung des Triphenylmethans übersah.

Zersetzung des Triphenylmethanchlorids durch Zinkäthyl. — Leichter und glatter, als bei der trockenen Destillation, erfolgt die Rückbildung des Triphenylmethans aus dem Chlorid bei Einwirkung von Zinkäthyl. Bringt man das letztere in kalter verdünnter Benzol-

---

[1]) Berichte d. D. Chem. Gesellsch. 11, 202.
[2]) Berichte d. D. Chem. Gesellsch. 11, 613. (S. 48.)
[3]) Berichte d. D. Chem. Gesellsch. 11, 837.

lösung mit überschüssigem Zinkäthyl zusammen, so findet momentan unter starker Erwärmung lebhafte Entwickelung eines brennbaren Gases statt und die Lösung enthält nach der Entfernung der Zinkverbindungen durch Zusatz von Wasser reines Triphenylmethan. Statt des erwarteten Austausches von Chlor gegen Aethyl erfolgt mithin auf Kosten des Zinkäthyls eine glatte Reduction der oxydirten Methangruppe. Eine ganz ähnliche Beobachtung hat Hemilian[1]) bei Versuchen zur Gewinnung von Tetraphenylmethan gemacht; beim Erhitzen von Triphenylcarbinol mit Benzol und P_2O_5 erhielt er statt desselben nur Diphenyl und regenerirtes Triphenylmethan.

Triphenylacetonitril. — Das Triphenylmethanchlorid reagirt mit Cyanmetallen in ähnlicher Weise wie die gewöhnlichen Alkoholjodide; es entsteht dabei eine Cyanverbindung, welche sich in ihrem Verhalten den Säurenitrilen anschliesst und die wir deshalb für ein Triphenylderivat des Acetonitrils von der Formel $(C_6H_5)_3C\text{-}C\equiv N$ halten.

Man gewinnt dieselbe in fast quantitativer Weise durch einstündiges Erhitzen von reinem Triphenylmethanchlorid mit einem Ueberschuss von getrocknetem Quecksilbercyanid auf 150 bis 170°. Die erkaltete und zerriebene Schmelze wird mit Benzol ausgekocht und die von den Quecksilberverbindungen abfiltrirte schwachbraune Lösung vorsichtig mit Ligroïn versetzt. Es scheidet sich hierbei der grösste Theil der Verunreinigungen in Form von schmutziggelb gefärbten Flocken ab. Aus dem farblosen Filtrate krystallisirt beim Eindampfen das Nitril in ziemlich reinem Zustande aus. Einmaliges Umkrystallisiren aus heissem Eisessig genügt, um die Substanz in gut ausgebildeten, farblosen, langen dreiseitigen Prismen zu gewinnen.

Zur Analyse wurde ein vorher geschmolzenes und bei 110° getrocknetes Präparat verwandt.

0,1816 Grm. gaben 8,4 CC. Stickstoff bei 18° und 720 MM. Druck.
$C_{20}H_{15}N$. Ber. N 5,2. Gef. N 5,0.

Die Verbindung schmilzt bei 127,5°, ist leicht löslich in heissem Benzol und Eisessig, schwer in Ligroïn und destillirt bei hoher Temperatur unzersetzt.

Gegen concentrirte Salpetersäure ist dieselbe ebenso beständig, wie das Triphenylcarbinol; erst beim Kochen entstehen Nitroproducte, bei deren Reduction keine Spur eines Rosanilinabkömmlings erhalten wurde.

Wir müssen es deshalb noch unentschieden lassen, ob diese Cyanverbindung die Muttersubstanz des später zu besprechenden Hydro-

---

[1]) Berichte d. D. Chem. Gesellsch. **7**, 1209.

cyanpararosanilins ist; eine Vermuthung, welche uns ursprünglich zur Darstellung des Products veranlasste.

Entscheidend für die Constitution der Verbindung ist neben der Synthese ihr Verhalten gegen Säuren und Alkalien; durch beide Agentien gelingt es theilweise wenigstens, eine Verseifung derselben herbeizuführen, als deren Producte Ammoniak und eine Säure $C_{20}H_{16}O_2$ beobachtet wurden.

Letztere glauben wir ihrer Zusammensetzung, Bildungsweise und Eigenschaften entsprechend als Triphenylessigsäure $(C_6H_5)_3=C$ —COOH betrachten zu dürfen.

Die Gewinnung des Products aus dem Cyanid bietet grössere praktische Schwierigkeiten, als man nach Analogie mit verwandten Substanzen erwarten konnte. Durch alkoholisches Kali wird das Triphenylacetonitril selbst bei längerem Kochen nur spurenweise verseift; statt dessen findet eine andere merkwürdige Veränderung statt. Die Substanz verwandelt sich allmälig vollständig in einen in farblosen Nadeln krystallisirenden, bei ungefähr 210° schmelzenden, indifferenten Körper, welcher nach der Analyse und seinem Verhalten zu schliessen ein polymeres Nitril zu sein scheint.

Leichter gelingt die Verseifung der Cyanverbindung beim mehrstündigen Erhitzen mit Eisessig und rauchender Salzsäure auf 200 bis 220°, obschon auch hier die Ausbeute zu wünschen übrig lässt. Das durch Wasserzusatz aus der essigsauren Lösung gefällte Gemenge von Säure und unverändertem Nitril wird mit Alkali ausgezogen, aus dem Filtrat die Säure abgeschieden und durch Umkrystallisiren aus heissem Eisessig gereinigt.

Zur Analyse wurde die Substanz bei 130° getrocknet.

0,1801 Grm. gaben 0,549 CO_2 und 0,0932 H_2O.

$C_{20}H_{16}O_2$. Ber. C 83,33, H 5,55.
Gef. ,, 83,18, ,, 5,74.

Die Verbindung ist in Alkohol, Holzgeist und Ligroïn ziemlich leicht löslich, etwas schwieriger in Eisessig; aus der heissen essigsauren Lösung scheidet sie sich in farblosen, flächenreichen, compacten Krystallen, oder bei kleineren Mengen in feinen, sechsseitigen Blättchen und Prismen ab. Der Schmelzpunkt lässt sich nicht genau bestimmen. Im Capillarrohr erhitzt beginnt die Säure gegen 230° zu erweichen und ist erst über 260° vollständig geschmolzen; hierbei findet Gasentwickelung statt, welche von einer partiellen Zersetzung der Substanz in Kohlensäure und Triphenylmethan herrührt; beim raschen Erhitzen über den Schmelzpunkt sublimirt ein Theil unzersetzt, während bei grösseren Mengen und langsam gesteigerter Temperatur die Rückbildung von Triphenylmethan überwiegt.

Von rauchender Salpetersäure wird die Säure in der Kälte nur langsam angegriffen; rascher erfolgt die Auflösung und Nitrirung durch ein Gemisch von gleichen Theilen concentrirter Salpetersäure und Schwefelsäure. Das durch Wasserzusatz in krystallinischen Flocken gefällte Nitroproduct ist in Alkalien mit braunrother Farbe löslich; diese Lösung trübt sich beim Kochen unter Entfärbung. Versetzt man die Lösung der Substanz in Eisessig mit Zinkstaub, so nimmt die Flüssigkeit in gelinder Wärme zuerst die Farbe der Rosanilinsalze an und verliert dieselbe bei fortgesetzter Reduction wieder.

Zur ausführlicheren Untersuchung dieser interessanten Reaction reichte unser Material nicht aus; wir beabsichtigen jedoch, dieselbe so bald als möglich weiter zu verfolgen.

Paratolyldiphenylmethan.

Von den Homologen des Triphenylmethans sind zur Zeit drei gut charakterisirte Verbindungen bekannt: zwei von uns dargestellte Monomethyl- und ein von Thörner und Zincke[1]) vor Kurzem beschriebenes Dimethylderivat, welche als Tolyldiphenylmethan resp. Ditolylphenylmethan bezeichnet wurden.

Das eine Tolyldiphenylmethan ist der dem technischen Rosanilin zu Grunde liegende Kohlenwasserstoff; seine Gewinnung wird später beschrieben werden.

Das als Paraverbindung bezeichnete Isomere erhielten wir synthetisch, analog der Triphenylmethanbildung einerseits aus Benzhydrol und Toluol, andererseits aus Tolylphenylcarbinol und Benzol beim Erhitzen mit Phosphorsäureanhydrid.

Erstere Reaction ist bereits von Hemilian[2]) untersucht worden. Das von demselben als Tolyldiphenylmethan beschriebene ölige Product ist ein Gemenge verschiedener, wahrscheinlich isomerer Kohlenwasserstoffe, von denen wir einen isolirt haben. Derselbe scheidet sich beim längeren Stehen des Oels in starker Winterkälte krystallinisch ab und wird durch rasches wiederholtes Abpressen der teigartigen Masse zwischen Fliesspapier und durch mehrmaliges Umkrystallisiren aus heissem Holzgeist unter Anwendung von Thierkohle in farblosen feinen Prismen vom Schmelzpunkte 71° erhalten.

Die Analyse der im Vacuum getrockneten Substanz gab folgende Zahlen:

0,1994 Grm. gaben 0,6812 CO_2 und 0,1277 H_2O.
$C_{20}H_{18}$. Ber. C 93,02, H 6,98.
Gef. ,, 93,12, ,, 7,12.

---

[1]) Berichte d. D. Chem. Gesellsch. 11, 70.
[2]) a. a. O.

Der Kohlenwasserstoff ist in heissem Alkohol, Holzgeist, Eisessig und Benzol leicht löslich, schwieriger in Ligroïn und destillirt unzersetzt über 360°. Gegen Oxydationsmittel verhält er sich ähnlich dem Triphenylmethan; zunächst bildet sich ein schlecht krystallisirendes (auch nicht analysirtes) Carbinol, welches bei fortgesetzter Oxydation in eine Säure umgewandelt wird; ob letztere mit der von Hemilian[1] beschriebenen, aus dem Rohkohlenwasserstoff gewonnenen Carbonsäure des Triphenylcarbinols identisch oder isomer ist, haben wir aus Mangel an Material nicht entscheiden können. Aus demselben Grund war es uns nicht möglich, die durch Einwirkung von rauchender Salpetersäure entstehenden Nitroproducte eingehender zu untersuchen.

Wir wollen jedoch kurz erwähnen, dass bei der Reduction derselben mit Eisessig und Zinkstaub ein Gemenge von Amidobasen erhalten wird, welche durch Oxydation ähnlich dem Leukanilin in roth- und blauviolette, jedoch vom Rosanilin verschiedene Farbstoffe umgewandelt werden.

Dasselbe Tolyldiphenylmethan wird, wie bereits erwähnt, aus Benzol und Tolylphenylcarbinol erhalten. Letzteres, welches bis jetzt nicht beschrieben wurde, entsteht aus dem von Kollarits und Merz[2] dargestellten Tolylphenylketon durch Reduction mit Natriumamalgam in alkoholischer Lösung unter denselben Bedingungen, wie sie von Linnemann für die Darstellung des Benzhydrols angegeben sind.

Zur Isolirung der reinen Verbindung wird das durch Wasser ausgefällte ölige Rohproduct mit Aether extrahirt und die nach dem Verdampfen des letzteren bleibende, allmälig erstarrende Masse mehrmals aus Ligroïn umkrystallisirt. Das Carbinol wird so in farblosen, seideglänzenden und meist concentrisch gruppirten Nadeln vom Schmelzpunkte 52 bis 53° erhalten.

0,1896 Grm. Substanz gaben 0,5917 CO_2 und 0,125 H_2O.

$C_{14}H_{14}O$. Ber. C 84,9, H 7,1.
Gef. ,, 85,1, ,, 7,3.

Wird dieses Product mit überschüssigem Benzol und P_2O_5 einige Stunden auf 130 bis 150° erhitzt und die Lösung nach Entfernung der Phosphorsäure durch Waschen mit Wasser fractionirt, so erhält man ein über 360° siedendes Oel, welches beim längeren Stehen in der Kälte theilweise krystallinisch erstarrt. Das feste Product in der oben angegebenen Weise gereinigt, zeigte den Schmelzpunkt und alle Eigenschaften des vorher beschriebenen Tolyldiphenylmethans. Diese zweite Bildungsweise des Kohlenwasserstoffs ist entscheidend für die Stellung der Methylgruppe.

---

[1] Berichte d. D. Chem. Gesellsch. **7**, 1210.
[2] Berichte d. D. Chem. Gesellsch. **6**, 536.

Da das als Ausgangspunkt dienende Tolylphenylketon nach Kollarits und Merz ein Parakörper ist, so folgt aus der Synthese das Gleiche für die vorliegende Verbindung.

Rosaniline.

Die erste Beobachtung verschiedener Rosaniline ist das Verdienst von Rosenstiehl[1]), welcher die aus Paratoluidin und dem von ihm entdeckten Orthotoluidin entstehenden Farbstoffe als isomere Verbindungen von der Formel $C_{20}H_{19}N_3$ bezeichnete und als Rosanilin resp. Pseudorosanilin unterschied. Den Beweis für diese Ansicht findet Rosenstiehl bei Gleichheit aller übrigen Eigenschaften in dem verschiedenen Verhalten beider Producte gegen concentrirte Jodwasserstoffsäure, wobei Anilin und Para- resp. Orthotoluidin und zwar in dem obiger Formel ungefähr entsprechenden Mengenverhältnisse entstehen soll. Durch das Zurückführen der verschiedenen Farbstoffe auf die ihnen zu Grunde liegenden Kohlenwasserstoffe wurde von uns später der Nachweis geführt, daß die allgemein angenommene Hofmannsche Formel $C_{20}H_{19}N_3$ nur dem einen der beiden Producte zukommt, während die andere, aus Paratoluidin entstehende Verbindung ein niederes Homologes von der Formel $C_{19}H_{17}N_3$ ist. Wir wurden durch diese Resultate zugleich veranlasst, die von Rosenstiehl gewählte Bezeichnung abzuändern.

Aus vorwiegend praktischen Rücksichten schlagen wir deshalb vor, für den aus Orthotoluidin erhältlichen Farbstoff, welcher den grössten Theil des bisherigen Handelsproducts ausmachte, den älteren Namen „Rosanilin" beizubehalten, dagegen die aus Paratoluidin gewonnene Verbindung als „Pararosanilin" zu unterscheiden und entsprechende Namen für alle Derivate beider Farbstoffe anzunehmen. Wenn schon diese Bezeichnungsweise gegen die Principien der üblichen, rationellen Nomenclatur verstösst, so bietet sie doch den grösseren Vortheil, dass alt eingebürgerte Namen, wie Rosanilin, Rosolsäure u. s. w. für dieselben Substanzen beibehalten werden und dadurch eine sonst unvermeidliche Verwirrung vermieden wird.

Pararosanilin.

Ueber die Darstellung und Eigenschaften des Farbstoffs haben wir den Rosenstiehl'schen Angaben nichts zuzufügen; dieselben fallen im Wesentlichen, abgesehen von einigen geringen Unterschieden in der Löslichkeit der Salze, mit dem von A. W. Hofmann u. A.

---

[1]) a. a. O.

beschriebenen Verhalten des gewöhnlichen Rosanilins zusammen. Nur für die empirische Zusammensetzung aller Derivate ist die Formel $C_{20}H_{19}N_3$ durch $C_{19}H_{17}N_3$ zu ersetzen. Wir haben es für überflüssig gehalten, dieselbe durch besondere analytische Versuche zu controliren, da die unten angeführten Analysen der Hydrocyan- und Leukoverbindung und die Synthese der letzteren aus Triphenylmethan entscheidend sind. Die einzige mit unserer Formel anscheinend in Widerspruch stehende Thatsache ist die Beobachtung von Rosenstiehl[1]), dass das Pararosanilin bei der Spaltung mit Jodwasserstoffsäure auf 1 Theil Anilin etwas mehr als 2 Theile Paratoluidin liefert, während man nach der Formel $C_{19}H_{17}N_3$ das gerade Gegentheil erwarten sollte. Der Verlauf jener Reaction ist indessen, nach den eigenen Angaben Rosenstiehls, ein so wenig glatter, dass die von ihm erhaltenen Resultate mehr das Spiel des Zufalls zu sein scheinen und jedenfalls für die Entscheidung der vorliegenden Frage nicht in Betracht kommen können.

Von den zahlreichen Derivaten des Pararosanilins haben wir geflissentlich nur diejenigen Producte experimentell untersucht, welche für die gestellte Frage nach der Constitution des Farbstoffs selbst ein besonderes Interesse zu bieten schienen; es gehören dahin vorzüglich die Diazoderivate des Rosanilins, seiner Leuko- und Hydrocyanverbindung.

Diazopararosanilin. — Die Einwirkung der salpetrigen Säure verläuft hier genau in der für das gewöhnliche Rosanilin später ausführlich besprochenen Weise; es entsteht dabei eine Tridiazoverbindung, deren Chlorid die Formel $C_{19}H_{13}ON_6Cl_3$ hat. Mit Goldchlorid verbindet sich dasselbe zu einem in Wasser schwer löslichen, aus gelben krystallinischen Flocken bestehenden Doppelsalz von der Formel $C_{19}H_{13}ON_6Cl_6 + 3\,AuCl_3$.

0,171 Grm. gaben 0,0736 Au.
Ber. Au 43,45. Gef. Au 43,04.

Beim Kochen des Chlorids mit Wasser entsteht Aurin. Auf diese Reaction, sowie die Constitution der Diazoverbindung werden wir später zurückkommen.

Complicirter ist die Zersetzung des Chlorids durch siedenden Alkohol; neben rosolsäureartigen Producten entsteht dabei unter Stickstoff- und Aldehydentwickelung eine indifferente, sauerstoffhaltige Substanz, welche bisher nicht im krystallisirten Zustande erhalten werden konnte.

---

[1]) Berichte d. D. Chem. Gesellsch. **9**, 442.

Paraleukanilin. — Die Reduction des Pararosanilins gelingt am leichtesten mittelst Zinkstaub und Salzsäure. Die concentrirte Lösung des Farbstoffs in überschüssiger Säure wird allmälig mit Zinkstaub versetzt, wobei die Flüssigkeit sich bis zum Kochen erhitzt, bis die Farbe der Lösung von Rothbraun durch Gelbbraun in Hellgelb übergegangen ist. Aus der vom Zinkstaub abgegossenen Mutterlauge wird das Leukanilin durch einen Ueberschuss von concentrirter Salzsäure als Hydrochlorat gefällt. Durch wiederholtes Auflösen in wenig heißem Wasser und Fällen mit Salzsäure erhält man leicht ein zinkfreies Präparat.

Das Salz krystallisirt aus heisser Salzsäure in farblosen feinen Tafeln, welche über Schwefelsäure getrocknet die Formel $C_{19}H_{19}N_3(HCl)_3 + H_2O$ haben.

0,256 Grm. verloren bei 100° im Wasserstoffstrom nach vierstündigem Erwärmen 0,0111 H_2O.

Ber. H_2O 4,32. Gef. H_2O 4,33.

0,244 Grm. der bei 100° getrockneten Substanz gaben 0,2636 AgCl.

Ber. Cl 26,7. Gef. Cl 26,7.

Dieselbe entspricht genau der von A. W. Hofmann für das gewöhnliche Leukanilin ermittelten Formel $C_{20}H_{21}N_3(HCl)_3 + H_2O$.

Durch Zersetzen des Hydrochlorats mit Ammoniak erhält man die freie Base als weissen flockigen Niederschlag, der in seinem Verhalten die grösste Aehnlichkeit mit dem Leukanilin zeigt.

Diazoparaleukanilin. — Aehnlich dem Rosanilin wird auch die Leukoverbindung durch salpetrige Säure in eine Tridiazoverbindung verwandelt.

Das Chlorid derselben lässt sich durch Alkohol und Aether aus der wässerigen Lösung isoliren, krystallisirt sehr schwer und ist durch die grünblaue Farbe seiner verdünnten Lösungen, welche durch Zusatz starker Säuren verschwindet, ausgezeichnet.

Seine Zusammensetzung wird durch die Formel $C_{19}H_{13}(N_2Cl)_3$ ausgedrückt, wie aus den später angeführten Analysen des gewöhnlichen Diazoleukanilins hervorgeht.

Beim Kochen mit Wasser und Alkohol erleidet die Verbindung die bekannten Zersetzungen der Diazokörper.

Ueberführung von Paraleukanilin in Triphenylmethan. — Während das Diazopararosanilin, wie bereits erwähnt, durch siedenden Alkohol in complicirte sauerstoffhaltige Producte umgewandelt wird, eine Thatsache, die später ihre Erklärung finden soll, lässt sich aus der Leukoverbindung auf diesem Wege unter den geeigneten Bedingungen ein Kohlenwasserstoff in erheblicher Menge gewinnen, welcher als identisch mit dem Triphenylmethan erkannt wurde.

Die aus Wasser abgeschiedene Diazoverbindung ist zu diesem Zwecke wegen ihrer Schwerlöslichkeit in Alkohol nicht mehr geeignet, weil sie beim Erwärmen an den Gefässwänden anhaftet und hier zum grössten Theile verharzt.

Mit Vortheil brachten wir dagegen eine von Liebermann und Scheiding[1]) angegebene Methode[2]) hier mit einigen Abänderungen in Anwendung, welche darin besteht, die Lösung der Basen in concentrirter Schwefelsäure mit salpetriger Säure zu behandeln und die so gebildete Diazoverbindung direct durch Alkohol zu zersetzen.

Das bei einer grösseren Operation von uns eingeschlagene Verfahren ist folgendes:

100 Grm. Paraleukanilin werden in 500 Grm. concentrirter Schwefelsäure gelöst und die Lösung in Portionen von je 40 Grm. nach Zusatz von etwa 5 Grm. Wasser in der Kälte mit gasförmiger salpetriger Säure behandelt, bis eine Probe nach dem Verdünnen mit Wasser auf Zusatz von Alkalien keine Base mehr abscheidet. Nachdem der Ueberschuss der salpetrigen Säure zweckmässig durch einen kräftigen feuchten Luftstrom verdrängt ist, wird die rothe Lösung in 250 Grm. siedenden Alkohols in kleinen Portionen und unter stetem Umschütteln eingetragen; jeder einfallende Tropfen bewirkt eine vorübergehende Blaufärbung des Alkohols; gleichzeitig scheidet sich ein Theil der Diazoverbindung als schwefelsaures Salz ab, wird indessen sehr bald unter starker Aldehyd- und Stickgasentwickelung wieder gelöst und zersetzt. Die sich dunkelroth färbende alkoholische Lösung darf bei richtig geleiteter Operation keine festen Producte abscheiden und nach dem Uebersättigen mit Alkalien nur wenig gefärbt erscheinen. Die vereinigten Flüssigkeitsmengen wurden weiter zur Abstumpfung der Schwefelsäure mit der berechneten Menge sehr concentrirter Kalilauge versetzt, von dem ausgeschiedenen K_2SO_4 heiss abfiltrirt, auf $1/4$ ihres Volumens eingedampft und das durch Wasserzusatz ausgeschiedene Oel mit Aether extrahirt. Beim Verdampfen des letzteren blieb ein dunkelbrauner öliger Rückstand, welcher durch Schütteln mit Natronlauge von Sulfosäuren und phenolartigen Körpern befreit wurde. Bei der Destillation des abermals mit Aether aufgenommenen Products wurden etwa 20 Grm. eines bei ungefähr

---

[1]) Berichte d. D. Chem. Gesellsch. **7**, 1108.

[2]) Die Methode hat vor der gewöhnlichen manche Vorzüge: einmal umgeht sie die häufig sehr lästige Isolirung der schwefelsauren Diazokörper, ferner sind letztere in concentrirter Schwefelsäure beständiger als in wässeriger Lösung, so dass ihre Darstellung in dieser Weise weniger Vorsicht erheischt, und endlich scheint die Schwefelsäure noch eine nicht unwesentliche Rolle bei dem Zersetzungsprocess selbst als wasserentziehendes Mittel zu spielen; ein mehr oder weniger grosser Verlust an Kohlenwasserstoff wird allerdings durch Bildung von Sulfosäuren stets herbeigeführt.

360° siedenden und in der Vorlage grösstentheils erstarrenden Kohlenwasserstoffs erhalten. Durch Umkrystallisiren aus heissem Alkohol gereinigt zeigte derselbe den Schmelzpunkt des Triphenylmethans (gefunden 93°).

Die Analyse gab die für die Formel $C_{19}H_{16}$ berechneten Werthe:

0,2129 Grm. gaben 0,7284 CO_2 und 0,1299 H_2O.
Ber. C 93,44, H 6,56.
Gef. ,, 93,31, ,, 6,77.

Ebenso zeigte das Product gegen Oxydationsmittel das von Hemilian beobachtete charakteristische Verhalten des Triphenylmethans. Für das daraus gewonnene Carbinol fanden wir den Schmelzpunkt 159° und bei der Analyse die der Formel $C_{19}H_{16}O$ entsprechenden Zahlen:

1. 0,1664 Grm. gaben 0,534 CO_2 und 0,0941 H_2O. — 2. 0,1867 Grm. gaben 0,5977 CO_2 und 0,109 H_2O.
Ber. C 87,68, H 6,15.
Gef. ,, 87,52, 87,3, ,, 6,27, 6,48.

Neben dem Triphenylmethan war kein zweiter ähnlicher Kohlenwasserstoff nachzuweisen. Die in dem Rohproducte enthaltene geringe Menge öliger Substanzen scheint vorzüglich von der Zersetzung complicirterer stickstoffhaltiger Verbindungen, wie sie so leicht aus den Diazokörpern entstehen, herzurühren.

Durch dieses Resultat erhielt die Frage nach der Formel und Constitution des Paraleukanilins ihre definitive Beantwortung. Die daraus gefolgerte Ansicht, dass die Base ein Triamidoderivat des Triphenylmethans sei, wird durch den umgekehrten Versuch, durch die Ueberführung des Kohlenwasserstoffs in Leukanilin, über allen Zweifel erhoben.

Ueberführung des Triphenylmethans in Paraleukanilin und Pararosanilin.

Das dem Paraleukanilin entsprechende Trinitroderivat ist oben beschrieben. Zur Umwandlung in die Base wird dasselbe in heissem Eisessig gelöst und Zinkstaub eingetragen, bis die anfänglich eintretende rothe Farbe der Flüssigkeit verschwunden ist. Aus dem mit Wasser verdünnten Filtrat fällt Ammoniak die Base in farblosen Flocken. Ihre Zusammensetzung haben wir durch die Analyse des salzsauren Salzes festgestellt. Dasselbe scheidet sich aus heisser, ziemlich concentrirter Salzsäure in farblosen feinen Blättchen ab und hat bei 100° getrocknet die Formel $C_{19}H_{19}N_3$, $(HCl)_3$.

0,2828 Grm. Substanz gaben 0,3034 AgCl.
Ber. Cl 26,7. Gef. Cl 26,6.

Die Base selbst ist identisch mit Paraleukanilin, wie ein genauer Vergleich der physikalischen und chemischen Eigenschaften ergab. Beide Producte zeigten in prägnanter Weise das von A. W. Hofmann beschriebene charakteristische Verhalten des Leukanilins. Durch Oxydation haben wir beide in Rosanilin übergeführt. Diese Umwandlung erfordert jedoch, wie wir hier zu beobachten Gelegenheit hatten, grössere Vorsicht, als man nach den Angaben von Hofmann vermuthen sollte. In wässeriger Lösung werden die Leukanilinsalze von den meisten Oxydationsmitteln, Chromsäure, Chlor und Bromwasser, Chlorkalk, Eisenchlorid, Braunstein u. s. w., in ganz anderer Weise verändert. Es entstehen dabei nur Spuren von Fuchsin.

Weit leichter gelingt die Rosanilinbildung beim kurzen Erhitzen der freien Base mit einer syrupdicken Arsensäurelösung auf 130 bis 140°, obgleich auch hier eine nicht unbeträchtliche Menge blauvioletter Farbstoffe gleichzeitig entsteht. Für kleinere Proben bedient man sich am zweckmässigsten des salzsauren Leukanilins, welches beim vorsichtigen Erhitzen auf circa 150 bis 160° theilweise in Fuchsin übergeht. Die letzte Reaction ist so empfindlich und sicher zutreffend, dass man dieselbe mit Vortheil zum Nachweis des Triphenylmethans benutzen kann. Es genügt, einige Milligramm des Kohlenwasserstoffs in kalter rauchender Salpetersäure zu lösen, den durch Wasserzusatz abgeschiedenen Nitrokörper mit Zinkstaub und Eisessig zu reduciren und die aus dem Filtrat mit Ammoniak abgeschiedene Base auf dem Platinblech mit einigen Tropfen Salzsäure vorsichtig zu erhitzen, um sofort eine prächtige Fuchsinreaction zu erhalten. Durch die spectroscopische Untersuchung der in Alkohol gelösten Proben wird jede Verwechselung mit anderen rothen Farbstoffen vermieden.

Eine zweite Methode, Rosanilin aus dem Kohlenwasserstoff zu gewinnen, führt directer und in glatterer Weise zum Ziel, indem sie die intermediäre Bildung von Leukanilin umgeht. Man benutzt dabei statt des Trinitrotriphenylmethans das entsprechende früher erwähnte Trinitrotriphenylcarbinol als Ausgangsmaterial. Versetzt man die kalte, sehr verdünnte Lösung des Nitrokörpers in Eisessig oder in schwach angesäuertem Alkohol mit geringen Mengen Zinkstaub, so nimmt die Flüssigkeit fast momentan die intensive prachtvolle Farbe der reinen Rosanilinsalze an. Durch rasches Entfernen des Zinks und Fällen der Lösung mit Ammoniak lässt sich der Farbstoff isoliren. Erst bei Zusatz von überschüssigem Reductionsmittel oder beim Erwärmen erfolgt dann Entfärbung der Lösung unter Bildung von Leukanilin. Der Versuch gewährt einen überraschenden Anblick und eignet sich in vorzüglicher Weise zu einem Vorlesungsexperiment. Das Trinitrotriphenylmethan giebt unter denselben Umständen keine Farbenerscheinung.

Die Reaction, welche vom Trinitrocarbinol direct zu Salzen des Pararosanilins führt, verläuft offenbar in zwei Phasen. Zunächst findet die normale Reduction der drei Nitrogruppen statt, wobei eine Triamidobase von der Formel $C_{19}H_{12}(NH_2)_3OH$ entsteht, nach folgender Gleichung:

$$C_{19}H_{12}(NO_2)_3OH + 9\,H_2 = C_{19}H_{12}(NH_2)_3OH + 6\,H_2O.$$

Ein derartiges Product ist jedoch in saurer Lösung nicht beständig; es tritt ein Molecul Wasser aus und es bildet sich ein Salz der Base $C_{19}H_{17}N_3$.

Auf die weitere Interpretation des Vorganges werden wir später zurückkommen.

Hydrocyanpararosanilin. — Diese Verbindung wird nach der Vorschrift von Hugo Müller[1]) aus dem salzsauren Pararosanilin sofort in reinem Zustande erhalten. Die freie Base ist in heissem Alkohol schwer löslich und krystallisirt daraus in farblosen, meist viereckigen schiefen Prismen. Sie hat die Formel $C_{20}H_{18}N_4$.

0,1963 Grm. Substanz gaben 0,5485 CO_2 und 0,1061 H_2O.
$C_{20}H_{18}N_4$. Ber. C 76,43, H 5,73.
Gef. ,, 76,2, ,, 6,0.

Beim Erhitzen auf 160° färbt sie sich unter beginnender Zersetzung röthlich, ohne vorher zu schmelzen. Den Müller'schen Angaben über die Salze haben wir die Beobachtung zuzufügen, dass das Hydrochlorat beim Erhitzen auf 180 bis 190° ziemlich glatt in Salzsäure, Blausäure und Parafuchsin zerfällt, nach der Gleichung:

$$C_{20}H_{18}N_4(HCl)_3 = C_{19}H_{17}N_3(HCl) + 2\,HCl + HCN.$$

Die Reaction verläuft glatter als beim Leukanilin, wo neben der Salzsäureabspaltung eine gleichzeitige Oxydation durch den atmosphärischen Sauerstoff stattfinden muss.

Diazohydrocyanpararosanilin. — Bei der Einwirkung von salpetriger Säure auf Hydrocyanpararosanilin entsteht ebenfalls eine normale Tridiazoverbindung. Man erhält dieselbe durch Eintragen von salpetrigsaurem Kali oder durch Einleiten von gasförmiger salpetriger Säure in die saure Lösung der Base. Von den Salzen ist das Chlorid durch Krystallisationsfähigkeit ausgezeichnet. Dasselbe scheidet sich beim anhaltenden Einleiten von salpetriger Säure in die salzsaure alkoholische Lösung der Base in farblosen feinen Nadeln ab. Im Vacuum getrocknet scheint es die Formel $C_{20}H_{12}N_7Cl_3 + 2\,H_2O$ zu haben.

---

[1]) Zeitschrift für Chemie 1866, 2.

1. 0,268 Grm. Substanz gaben nach der Griess'schen Methode mit Wasser zersetzt 39,5 CC. N bei 6° und 717 MM. Druck. — 2. 0,129 Grm. Substanz gaben 20,2 CC. N bei 23° und 712 MM. Druck.

$C_{20}H_{12}N_7Cl_3 + 2H_2O$. Ber. 6 Atome Stickstoff 17,0. Gef. 16,8, 16,8.

Eine directe Bestimmung des Krystallwassers oder eine vollständige Elementaranalyse war wegen der grossen Explosivität der Substanz nicht auszuführen. Das Salz ist leicht löslich in Wasser. Beim Kochen damit tritt Stickstoffentwickelung ein und es scheiden sich schwach gelb gefärbte Kryställchen einer Phenolverbindung ab, welche identisch ist mit der aus Aurin nach der Methode von Graebe und Caro entstehenden Hydrocyanverbindung.

Der Vorgang entspricht der Gleichung:

$$C_{19}H_{12}(CN)(N_2Cl)_3 + 3H_2O = 3N_2 + C_{19}H_{12}(CN)(OH)_3 + 3HCl.$$

Weit complicirter ist die Zersetzung derselben Diazoverbindung durch siedenden Alkohol. Dieselbe erfolgt wegen der Schwerlöslichkeit des Chlorids nur allmälig. Die Flüssigkeit färbt sich braunroth und scheidet braune Flocken einer stickstoffhaltigen, nicht krystallisirenden Verbindung ab. Aus der Lösung fällt durch Zusatz von Wasser ein anderes Product in gelben harzigen Flocken aus, welches weder durch Destillation, noch durch Anwendung der verschiedensten Lösungsmittel im krystallisirten Zustande erhalten werden konnte. Die Verbindung ist gegen Säuren und Alkalien indifferent. Der beträchtliche Stickstoffgehalt führt zu der Vermuthung, dass dieselbe zum Theil aus der dem Hydrocyanrosanilin zu Grunde liegenden Verbindung $C_{19}H_{15}(CN)$ besteht, deren Entstehung bei dieser Reaction zu erwarten war und welche vielleicht nicht identisch, sondern nur isomer mit dem früher beschriebenen, gut krystallisirenden Triphenylacetonitril ist. Wir beabsichtigen, diese Verbindung genauer zu untersuchen.

Rosanilin.

Mit diesem Namen bezeichnen wir aus früher erörterten Gründen kurzweg den aus Orthotoluidin und Anilin entstehenden Farbstoff, welcher der Hauptbestandtheil des gewöhnlichen technischen Fuchsins ist. Im reinen Zustande scheint die Verbindung bisher nur von Rosenstiehl dargestellt worden zu sein. Alle übrigen Untersuchungen von den Arbeiten A. W. Hofmann's bis auf die Neuzeit sind offenbar mit einem Gemenge homologer Farbstoffe ausgeführt. Bei der Aehnlichkeit dieser Substanzen in allen Eigenschaften und Reactionen und beim Ueberwiegen des Rosanilins in dem Fabriksproducte können trotzdem die ausführlichen Angaben von Hofmann im Wesentlichen für das letztere als zutreffend betrachtet werden. Auch die von uns ausgeführten unten beschriebenen Versuche, welche sich auf die Diazoverbindungen des Farbstoffs und seiner Derivate beschränken, wurden mit einem derartigen, ziemlich reinen Handelsproducte ausgeführt. Wir haben es für überflüssig gehalten, dieselben mit einem eigens hergestellten reinen Präparate zu wiederholen, da eine kleine Beimengung von homologen Substanzen auf die Tragweite der gewonnenen Resultate nicht von Einfluss sein konnte.

Diazorosanilin. — Die Diazoverbindung des Rosanilins wurde zuerst von Caro und Wanklyn[1]) genauer untersucht, welche nachwiesen, dass zu ihrer Bildung drei Molecule salpetrigsaures Kali auf ein Molecul Rosanilin erforderlich sind und bei der Zersetzung mit Wasser 6 Atome Stickstoff in Gasform eliminirt werden. Sie stellten auf Grund dieser Thatsachen für die Verbindung, welche wir kurz als Diazorosanilin bezeichnen, die Formel $C_{20}H_{10}N_6$ auf. In der späteren Abhandlung von Graebe und Caro über Rosolsäure fand diese Formel jedoch wenig Berücksichtigung, offenbar weil die Bildung einer derartig zusammengesetzten Verbindung für die Motivirung der dort für Rosanilin und Rosolsäure aufgestellten Formeln die Annahme complicirterer Reactionen nöthig machte.

Die von uns wieder aufgenommene analytische Untersuchung, welche aus früher besprochenen Gründen unternommen wurde und der Ausgangspunkt dieser ganzen Arbeit war, hat die Resultate von Caro und Wanklyn im Wesentlichen bestätigt. Von allen Derivaten des Diazorosanilins fanden wir nur das Golddoppelsalz hinreichend beständig, um durch seine Analyse die Formel festzustellen. Dasselbe wird als hellgelber flockig-krystallinischer Niederschlag erhalten, wenn man das nach der Griess'schen Methode dargestellte Diazorosanilinchlorid in wässeriger Lösung zu einer mit Salzsäure versetzten Lösung von überschüssigem Goldchlorid zugiebt. Es lässt sich ohne Zersetzung mit Wasser, Alkohol und Aether auswaschen und hat im Vacuum getrocknet die Formel $C_{20}H_{13}N_6Cl_3$, $H_2O + 3 AuCl_3$.

1. 0,1468 Grm. Substanz gaben 0,0632 Au; — 0,2484 Grm. Substanz gaben 0,1609 CO_2 und 0,029 H_2O; — 0,2684 Grm. Substanz gaben 14,7 CC. N bei 11° C. und 712 MM. Druck; — 0,1904 Grm. Substanz gaben 0,2339 AgCl. — 2. 0,1517 Grm. Substanz gaben 0,0654 Au; — 0,2428 Grm. Substanz gaben 0,159 CO_2 und 0,0267 H_2O.

$C_{20}H_{15}ON_6Cl_3 + 3 AuCl_3$.
Ber. Au 43,08, C 17,49, H 1,09, N 6,12, Cl 31,05, N 1,17, zus. 100,00.
Gef. ,, 43,0, 43,1, ,, 17,66, 17,85, ,, 1,3, 1,11, ,, 6,27, ,, 30,94.

Das Salz zeigt ausser der Zusammensetzung auch in seinem übrigen Verhalten vollständige Analogie mit der entsprechenden Verbindung

---
[1]) Proceed. Royal Society 15, 210.

des Diazobenzols. Beim Erhitzen verpufft es; beim Kochen mit Wasser zersetzt es sich rasch, wobei aller Stickstoff, der nach der Griess'schen Methode bestimmt wurde, in Gasform entweicht.

0,4277 Grm. Substanz gaben beim Kochen mit Wasser 23 CC. N bei 9° und 702 MM. Druck.

Ber. N 6,12.   Gef. N 6,0.

In dem dunkel gefärbten, zum Theil in Kali löslichen Reactionsproducte war Rosolsäure nicht nachzuweisen. Dieselbe wird offenbar im statu nascendi durch das Goldchlorid oxydirt, worauf auch der beträchtliche Gehalt der wässerigen Lösung an Goldchlorür hinweist.

Aehnliche, wenngleich weniger scharfe Resultate ergab die Analyse des Platindoppelsalzes, dessen Existenz bereits von A. W. Hofmann[1]) kurz erwähnt und welches in derselben Weise wie das Goldsalz dargestellt wird. Die gefundenen Werthe entsprechen annähernd der Formel:

$$(C_{20}H_{13}N_6Cl_3, H_2O)_2 + 3\,PtCl_4 + 6\,H_2O.$$

1. 0,1557 Grm. gaben 0,0449 Pt; — 0,2426 Grm. gaben 17,5 CC. N bei 9° und 717 MM. Druck; — 0,2378 Grm. gaben 0,2162 CO_2 und 0,0474 H_2O. — 2. 0,2535 Grm. gaben 0,2286 CO_2 und 0,0477 H_2O; — 0,1656 Grm. gaben 0,0473 Pt; — 0,272 Grm. gaben 0,334 AgCl.

$(C_{20}H_{13}N_6Cl_3, H_2O)_2 + 3\,PtCl_4 + 6\,H_2O)$.

Ber. Pt 28,91,   C 23,42,   H 2,04,   N 8,2,   Cl 31,18,   O 6,25
Gef. ,, 28,8, 28,58, ,, 24,8, 24,5, ,, 2,23, 2,09, ,, 8,2, ,, 32,3, 30,6.

Beim Kochen mit Wasser entweicht ebenfalls aller Stickstoff in Gasform.

0,5990 Grm. Substanz gaben 42,5 CC. N bei 11° und 716 MM. Druck.

Ber. N 8,2.   Gef. N 8,0.

Der Rückstand enthält reichliche Mengen von Rosolsäure, welche von dem Platinchlorid nicht verändert zu werden scheint.

Die Entstehungsweise und Constitution des Diazorosanilins, welches nach den vorliegenden experimentellen Resultaten als eine normale Tridiazoverbindung angesehen werden muss, werden wir gleichzeitig mit seiner Umwandlung in Rosolsäure besprechen.

Diazohydrocyanrosanilin. — Diese Verbindung wird aus der von H. Müller beschriebenen Hydrocyanbase in der bekannten Weise erhalten. Wir haben dieselbe als Golddoppelsalz analysirt, welches als schwerer gelber flockiger Niederschlag aus der wässerigen Lösung erhalten wird. Die gefundenen Werthe führen zu der Formel $C_{20}H_{14}(CN)N_6Cl_3 + 3\,AuCl_3$.

---

[1]) Proceed. Royal Society 12, 13.

1. 0,1403 Grm. Substanz gaben 0,0597 Au; — 0,261 Grm. Substanz gaben 0,183 CO_2 und 0,0344 H_2O; — 0,3526 Grm. Substanz gaben 23 CC. N bei 10° und 713 MM. Druck; 0,239 Grm. Substanz gaben 0,2941 AgCl. — 2. 0,1506 Grm. Substanz gaben 0,0643 Au; — 0,2727 Grm. Substanz gaben 0,187 CO_2 und 0,0335 H_2O.

$C_{20}H_{14}(CN)N_6Cl_3 + 3\ AuCl_3$.

Ber. Au 42,79, C 18,25, H 1,01, N 7,1, Cl 30,85.
Gef. ,, 42,55, 42,7, ,, 19,1, 18,7, ,, 1,46, 1,36, ,, 7,33, ,, 30,44.

Beim Kochen mit Wasser werden nur 6 Atome Stickstoff in Gasform ausgeschieden.

0,4662 Grm. Substanz gaben 25 CC. N bei 12° und 714 MM. Druck.
Ber. für 6 At. N 6,08. Gef. N 6,0.

Die Verbindung ist mithin, wie aus dieser Reaction deutlich hervorgeht, ebenfalls eine Tridiazoverbindung, welche das siebente Atom Stickstoff offenbar noch in Form der Cyangruppe enthält. Bei der Zersetzung des schwefelsauren Salzes mit Wasser erhält man ein hellgelb bis braun gefärbtes, in Kali lösliches Product, welches zum grössten Theil aus der von Graebe und Caro[1]) beschriebenen Hydrocyanrosolsäure besteht.

Diazoleukanilin. — Ueber die Diazoverbindung des Leukanilins sind nur einige kurze Angaben von A. W. Hofmann[2]), sowie von Caro und Wanklyn gemacht. Ersterer erhielt beim Einleiten von salpetriger Säure in die salpetersaure Lösung der Verbindung eine Base, deren Platinsalz explosiv war; Letztere gewannen beim Kochen der mit salpetriger Säure behandelten Lösung einen Körper, den sie wegen seines Verhaltens zu Ferricyankalium für Leukorosolsäure hielten. Wir haben die Verbindung isolirt und genauer untersucht. Sie wird im Kleinen am besten durch Einleiten von salpetriger Säure in die salzsaure Lösung der Base erhalten, wobei die Farbe der Flüssigkeit durch Dunkelgrün in Hellroth übergeht. Durch Zusatz von Alkohol und Aether wird das Chlorid als hellgelbe klebrige Masse ausgefällt. Seine Zusammensetzung wurde durch die Analyse des schwerlöslichen Golddoppelsalzes ermittelt. Dasselbe hat im Vacuum getrocknet die Formel $C_{20}H_{15}N_6Cl_3 + 3\ AuCl_3 + H_2O$.

0,2533 Grm. Substanz gaben 0,1612 CO_2 und 0,0314 H_2O. — 0,3645 Grm. Substanz gaben 20,5 CC. N bei 9° und 709 MM. Druck. — 0,1457 Grm. Substanz gaben 0,0626 Au. — 0,2703 Grm. Substanz gaben 0,3343 AgCl.

Ber. Au 43,01, C 17,47, H 1,24, N 6,10, Cl 31,01, O 1,17.
Gef. ,, 42,96, ,, 17,36, ,, 1,38, ,, 6,31, ,, 30,81, ,, 1,17.

Die Verbindung zeigt in ihrem Verhalten, besonders auch beim Zersetzen mit Alkohol, die grösste Aehnlichkeit mit Diazoparaleukanilin.

---

[1]) a. a. O.
[2]) a. a. O.

Gewinnung von Tolyldiphenylmethan aus Leukanilin.

Die Ueberführung des Leukanilins in den zugehörigen Kohlenwasserstoff vermittelst der Diazoverbindung wird genau so ausgeführt, wie die Gewinnung von Triphenylmethan aus Paraleukanilin. Dagegen bietet die Reindarstellung des Kohlenwasserstoffs wegen seiner geringeren Krystallisationsfähigkeit grössere Schwierigkeiten. Das durch wiederholte Destillation über Natrium von geringen Mengen sauerstoff- und stickstoffhaltiger Substanzen gereinigte Rohproduct erstarrt selbst in einer Kältemischung nur zu einer salbenartigen Masse und setzt erst beim längeren Stehen in der Kälte kleine körnige Krystalle ab. Rascher gelingt die Isolirung des krystallinischen Productes durch Umkrystallisiren aus Holzgeist. Beim Erkalten einer heiss gesättigten Lösung des Rohproducts in Methylalkohol scheidet sich der grösste Theil als farbloses schweres Oel ab, welches beim Aufbewahren in kühlen Räumen nach einigen Tagen krystallinisch erstarrt. Die ausgeschiedene Masse wird zur Entfernung des ölig gebliebenen Antheils zwischen Fliesspapier gepresst und wiederholt aus Holzgeist umkrystallisirt. Es gelingt so, allerdings mit nicht unbeträchtlichem Verluste, den Kohlenwasserstoff in farblosen, zu kugeligen Aggregaten vereinigten Prismen von constantem Schmelzpunkte zu erhalten. Aus den eingedampften Mutterlaugen werden nach demselben Verfahren noch beträchtliche Mengen der reinen Substanz gewonnen.

Die Analyse eines im Vacuum getrockneten Präparats gab die für die Formel $C_{20}H_{18}$ berechneten Zahlen.

0,192 Grm. Substanz gaben 0,652 CO_2 und 0,1216 H_2O.
Ber. C 93,0, H 7,0.
Gef. ,, 92,7, ,, 7,05.

Die Verbindung ist in Aether, Benzol, Ligroïn leicht löslich, schwer in kaltem Alkohol und Holzgeist und siedet vollständig unzersetzt über 360°. Der Schmelzpunkt liegt nach neueren Bestimmungen nicht bei 58°, sondern bei 59 bis 59,5°. Die Krystallisationsfähigkeit des Kohlenwasserstoffs ist gering. Selbst bei der ganz reinen Substanz bedarf es zuweilen tagelangen Stehens, um die als Oel aus einem Lösungsmittel ausgeschiedene Masse zum Erstarren zu bringen. Diese Eigenschaft erschwert die Darstellung und verringert die Ausbeute in beträchtlicher Weise. Aus 55 Grm. Rohkohlenwasserstoff, welche aus 300 Grm. Leukanilin erhalten waren, wurden nicht mehr als 15 Grm. der reinen Substanz gewonnen.

Was die Constitution des Kohlenwasserstoffs betrifft, so lassen seine Beziehungen zum Rosanilin und besonders sein Verhalten gegen Oxydationsmittel keinen Zweifel darüber, dass derselbe ein Methylderivat des Triphenylmethans, mithin ein Isomeres des Paratolyldiphenylmethans ist.

Bei der Oxydation mit Chromsäure in Eisessig geht derselbe glatt in eine wohl charakterisirte indifferente Verbindung über, welche nach mehreren entscheidenden Analysen unzweifelhaft die Formel $C_{20}H_{18}O$ hat und offenbar nichts anderes als ein dem Triphenylcarbinol entsprechendes Tolyldiphenylcarbinol ist.

Zur Darstellung des letzteren versetzt man die nicht zu concentrirte Lösung des Kohlenwasserstoffs in Eisessig mit einem Ueberschuss von Chromsäure und erwärmt kurze Zeit auf dem Wasserbade. Auf Zusatz von Wasser fällt die Verbindung in farblosen krystallinischen Flocken aus und wird nach dem Trocknen aus Ligroïn umkrystallisirt. Die Analysen von zwei sorgfältig gereinigten und bei 100° getrockneten Präparaten gaben folgende Zahlen:

1. 0,1677 Grm. gaben 0,5391 CO_2 und 0,0983 H_2O. — 2. 0,169 Grm. gaben 0,5428 CO_2 und 0,1004 H_2O.

$C_{20}H_{18}O$.   Ber. C 87,59,   H 6,57.
            Gef. ,, 87,67, 87,59, ,, 6,52, 6,60.

Der Schmelzpunkt der sublimirten Substanz liegt bei 150°. Dieselbe krystallisirt aus Ligroïn meist in sechsseitigen Tafeln oder Prismen, ist leicht löslich in Aether, Benzol und Alkohol, schwieriger in Ligroïn und destillirt unzersetzt. Bei fortgesetzter Oxydation entsteht aus dem Carbinol eine krystallinische Säure, deren Menge zur Untersuchung nicht ausreichte.

Gegen rauchende Salpetersäure zeigt das Tolyldiphenylmethan genau dasselbe Verhalten, wie das Triphenylmethan. Es entsteht dabei ein Gemenge von Nitrokörpern, deren Trennung uns bei der geringen Menge von Kohlenwasserstoff nicht gelungen ist, von denen einer jedoch bei der Reduction mit Zinkstaub und Eisessig in der vorher beschriebenen Weise Leukanilin resp. Rosanilin liefert. Die Fuchsinprobe ist somit für das vorliegende Tolyldiphenylmethan ebenfalls eine höchst empfindliche Reaction. Vermittelst derselben wird der Kohlenwasserstoff leicht und sicher von den übrigen bisher bekannten Homologen des Triphenylmethans unterschieden, da weder das früher erwähnte Paratolyldiphenylmethan, noch das von Zincke und Thörner dargestellte Ditolylphenylmethan[1]) unter denselben Bedingungen nachweisbare Mengen von Rosanilin liefert.

Constitution der Rosaniline.

Pararosanilin. — Fassen wir die Resultate der vorliegenden Untersuchung, soweit sie für die Beurtheilung der Constitution des

---

[1]) Eine Probe dieses Kohlenwasserstoffs verdanken wir der Freundlichkeit des Herrn Zincke.

Pararosanilins von Bedeutung sind, kurz zusammen, so ist als sicher bewiesene Thatsache Folgendes hervorzuheben:

1) Das Paraleukanilin ist die Triamidoverbindung des Triphenylmethans, in welcher die Amidogruppen auf die drei Benzolreste gleichmässig vertheilt sind. Die Entstehung der Verbindung aus Trinitrotriphenylmethan einerseits und aus Paratoluidin und Anilin andererseits lassen hierüber keinen Zweifel.

2) Das Pararosanilin steht zu der Leukoverbindung in derselben Beziehung wie das Triphenylcarbinol zu dem Kohlenwasserstoff, wie die directe Bildung des Farbstoffes durch Reduction des Trinitrocarbinols beweist.

Die ausschliessliche Berücksichtigung der letzteren Reaction führt kurzweg zu der Ansicht, dass das Rosanilin ein Triamidoderivat des Triphenylcarbinols ist und aus dem Nitrokörper nach folgender Gleichung entsteht:

$$\begin{array}{l}NO_2 \cdot C_6H_4 \\ NO_2 \cdot C_6H_4\end{array}\!\!>\!\!C\!\!<\!\!\begin{array}{l}C_6H_4 \cdot NO_2 \\ OH\end{array} + 9\,H_2 = \begin{array}{l}NH_2 \cdot C_6H_4 \\ NH_2 \cdot C_6H_4\end{array}\!\!>\!\!C\!\!<\!\!\begin{array}{l}C_6H_4 \cdot NH_2 \\ OH\end{array} + 6\,H_2O.$$

Eine derartige Verbindung ist jedoch bei Gegenwart von Säuren nicht beständig, da das Rosanilin in seinen Salzen die Formel $C_{19}H_{17}N_3$ hat, welche sich von der ersteren durch einen Mindergehalt von H_2O unterscheidet.

Diese Wasserabspaltung aus dem Triamidotriphenylcarbinol kann ohne moleculare Umlagerung nur in zweierlei Weise erfolgen, indem der Kohlenstoff der Methangruppe entweder mit dem Kohlenstoff eines Benzolrestes, oder mit dem Stickstoff einer Amidogruppe in Bindung tritt. Je nachdem der eine oder andere Vorgang stattfindet, erhält das Pararosanilin die Constitutionsformel:

$$\begin{array}{l}NH_2 \cdot C_6H_4 \\ NH_2 \cdot C_6H_4\end{array}\!\!>\!\!C = C_6H_3 \cdot NH_2 \quad\text{oder}\quad \begin{array}{l}NH_2 \cdot C_6H_4 \\ NH_2 \cdot C_6H_4\end{array}\!\!>\!\!C\!\!<\!\!\begin{array}{l}C_6H_4 \\ | \\ NH\end{array}.$$

Die erste dieser Formeln wurde von uns in einer früheren Mittheilung aufgestellt, jedoch später wieder verlassen, nachdem die Möglichkeit einer derartigen Phenylenbindung durch den Nachweis der Nichtexistenz des von Hemilian beschriebenen entsprechenden Kohlenwasserstoffs:

$$\begin{array}{l}C_6H_5 \\ C_6H_5\end{array}\!\!>\!\!C = C_6H_4$$

höchst unwahrscheinlich geworden war.

Die directe Gewinnung des Farbstoffes aus dem Trinitrotriphenylcarbinol veranlasste uns später, der zweiten Formel den Vorzug zu geben. Der glatte Verlauf dieser Reaction, bei welcher die erwähnte

Wasserabspaltung sofort in der Kälte und bei Gegenwart schwacher Säuren eintritt, und noch mehr ihre Analogie mit bekannten Vorgängen bei einfacheren Derivaten des Benzols, vorzüglich mit der von Baeyer[1]) kurz vorher beschriebenen Bildung des Oxindols aus Orthonitrophenylessigsäure, schienen zwingende Gründe für die Annahme jener Stickstoff-Kohlenstoffbindung zu sein.

Gleichzeitig mit uns wurde dieselbe Rosanilinformel von Gräbe und Caro durch eine erneute Untersuchung der Rosolsäure als wahrscheinlich erkannt. In der That giebt dieselbe von allen Eigenschaften und Reactionen des Farbstoffes sowie seiner Derivate in einfacher Weise Rechenschaft.

Die Bildung des Leukanilins bei der Reduction erfolgt durch Sprengung der Kohlenstoff-Stickstoffbindung durch Anlagerung von 2 H nach der Gleichung:

$$\begin{matrix} NH_2 \cdot C_6H_4 \\ NH_2 \cdot C_6H_4 \end{matrix} \!\!> \!\!C\!\!<\!\! \begin{matrix} C_6H_4 \\ | \\ NH \end{matrix} + 2H = \begin{matrix} NH_2 \cdot C_6H_4 \\ NH_2 \cdot C_6H_4 \end{matrix} \!\!>\!\!C\!\!<\!\! \begin{matrix} C_6H_4 \cdot NH_2 \\ H \end{matrix}.$$

Diese leichte Rückbildung des Kohlenwasserstoffcomplexes aus den Derivaten des Carbinols haben wir, wie früher erwähnt, auch in zwei anderen Fällen, bei der Zersetzung des Chlorids durch Wärme und durch Zinkäthyl beobachtet.

In derselben Weise entsteht durch Anlagerung von HCN die Hydrocyanverbindung, wobei die Cyangruppe mit dem Methankohlenstoff in Bindung treten muss, da nur auf diese Weise die Bildung einer Tridiazoverbindung aus dem Hydrocyanrosanilin verständlich wird.

Ob das Cyan in der Verbindung in Form der Nitril- oder Isonitrilgruppe enthalten ist, wird durch die bisher bekannten Thatsachen nicht entschieden.

Eben so leicht wird unter gewissen Bedingungen die in saurer Lösung erfolgte Anhydridbildung durch Wasseraddition wieder aufgehoben. Die freie Base, welche die Zusammensetzung $C_{19}H_{17}N_3$, H_2O hat, ist offenbar das regenerirte Triamidotriphenylcarbinol

$$\begin{matrix} NH_2 \cdot C_6H_4 \\ NH_2 \cdot C_6H_4 \end{matrix}\!\!>\!\!C\!\!<\!\!\begin{matrix} C_6H_4 \cdot NH_2 \\ OH \end{matrix}.$$

Für diese Ansicht spricht nicht allein die von Gräbe und Caro betonte Farblosigkeit der Verbindung, sondern auch die von A. W. Hofmann gemachte Beobachtung, dass das eine Molecul H_2O sich nicht ohne Zersetzung der Substanz abspalten lässt.

In ähnlicher Weise erklären wir die Entstehung des Diazorosanilins, welches nach der Analyse des Golddoppelsalzes ebenfalls die Elemente

---

[1]) Berichte d. D. Chem. Gesellsch. **11**, 582.

des Wassers enthält und nach seinem übrigen Verhalten unzweifelhaft eine normale Diazoverbindung ist. Den beiden von Gräbe und Caro für die Verbindung angenommenen Formeln:

$$\begin{matrix} ClN_2 \cdot C_6H_4 \\ ClN_2 \cdot C_6H_4 \end{matrix} C \begin{matrix} C_6H_4 \\ | \\ N-NO \\ HCl \end{matrix} \quad \text{oder} \quad \begin{matrix} ClN_2 \cdot C_6H_4 \\ ClN_2 \cdot C_6H_4 \end{matrix} C \begin{matrix} C_6H_4 \\ | \\ Cl-N=NOH \end{matrix},$$

welche jeder Wahrscheinlichkeit entbehren, stellen wir deshalb die Formel

$$\begin{matrix} ClN_2 \cdot C_6H_4 \\ ClN_2 \cdot C_6H_4 \end{matrix} C \begin{matrix} C_6H_4 \cdot N_2Cl \\ OH \end{matrix}$$

entgegen. Die Umwandlung der Verbindung in Rosolsäure erscheint dann ebenfalls, wie wir unten zeigen werden, als ganz normale Reaction.

Eine weitere Consequenz dieser Formel ist die von uns gemachte Beobachtung, dass bei der Zersetzung mit Alkohol kein Kohlenwasserstoff gewonnen wird. Man sollte hier vielmehr die Bildung von Triphenylcarbinol erwarten. Statt dessen bilden sich jedoch unter dem Einfluss des Alkohols wahrscheinlich Aetherarten des letzteren, deren Isolirung mit grösseren Schwierigkeiten verbunden ist und welche einen Theil der von uns erhaltenen sauerstoffhaltigen Producte auszumachen scheinen.

Nach dieser Auffassung behalten dann auch die Schlüsse, welche wir aus der Untersuchung des Diazorosanilins in unserer ersten Mittheilung[1]) sowohl für diese Verbindung, als auch für das Rosanilin selbst gegenüber den Ansichten von Hofmann und Gräbe-Caro gefolgert haben, im Wesentlichen ihre Gültigkeit. Dieselben sind nur dahin zu modificiren, dass beide Verbindungen Derivate des Triphenylcarbinols und nicht eines Kohlenwasserstoffs $C_{19}H_{14}$ sind.

Was die Stellung der Amidogruppen im Rosanilin betrifft, welche jedenfalls für dessen färbende Eigenschaften eine der wesentlichsten Bedingungen ist, so sind wir durch unsere Versuche über die Nitroproducte des Triphenylmethans zu der Ueberzeugung gekommen, dass dieselbe für die verschiedenen Rosaniline und deren Derivate dieselbe bleibt, womit die Annahme isomerer Rosaniline ausgeschlossen wäre. Bezüglich dieses Punktes haben wir dann weiter zuerst[2]) die Vermuthung ausgesprochen, dass ein Theil der Amidogruppen zur Methangruppe sich in der Parastellung befinde. Dieselbe war auf die Beobachtung gegründet, dass das Paratoluidin bei der Farbstoffbildung nicht im Stande ist, in ein zweites Molecul Paratoluidin einzugreifen, wie diess bei der Orthoverbindung der Fall ist.

---
[1]) Berichte d. D. Chem. Gesellsch. **9**, 891. (*S. 29.*)
[2]) Berichte d. D. Chem. Gesellsch. **11**, 200. (*S. 44.*)

Die schönen Untersuchungen von Gräbe und Caro[1]) über die Spaltung der Rosolsäure mit Wasser haben seitdem für eine der Amidogruppen diese Stellung mit ziemlicher Sicherheit nachgewiesen und für die zweite wahrscheinlich gemacht. Für die dritte Amidogruppe würde alsdann die Orthostellung übrig bleiben, da die Bildung des Rosanilins aus Orthotoluidin sonst die Annahme einer molecularen Umlagerung nöthig machte.

Hinsichtlich des letzteren Punktes haben wir bereits früher[2]) darauf aufmerksam gemacht, dass die Wasserabspaltung aus dem Triamidotriphenylcarbinol höchst wahrscheinlich zwischen dieser in der Orthostellung befindlichen Amido- und der Carbinolgruppe stattfinde.

In der That kennt man eine derartige Anhydridbildung bisher nur bei den Orthoderivaten des Benzols, und von diesen ist es wieder besonders das Oxindol, dessen Synthese mit der Rosanilinbildung die allergrösste Aehnlichkeit hat.

Vergleicht man jedoch beide Vorgänge näher, so zeigt sich in anderer Beziehung eine charakteristische Verschiedenheit, welche für diese und ähnliche innere Condensationen bei den Benzolabkömmlingen zu theoretisch interessanten Schlüssen führt.

Abgesehen davon, dass im Rosanilin die Carbinolgruppe die sauren Eigenschaften des Carboxyls angenommen hat, was wohl dem eigenthümlichen Einfluss der drei Phenylcomplexe auf den Charakter des Methans zuzuschreiben ist, bemerkt man auch, dass beim Oxindol erst durch die längere kohlenstoffhaltige Seitenkette jene Anhydridbildung, welche bei der so nahe verwandten Anthranilsäure bekanntlich nicht eintritt, ermöglicht wird.

Dieser Beobachtung gegenüber liegt der Gedanke nahe, dass beim Rosanilin durch die gedrängte Gruppirung der drei Benzolreste um das eine Kohlenstoffatom des Methans eine gewisse Annäherung der einzelnen Atomcomplexe und speciell des Methankohlenstoffs an eine der Amidogruppen stattfinde und dadurch die in Rede stehende Verkettung derselben erleichtert werde.

Für zukünftige Speculationen über die räumliche Lagerung der Atome und Atomgruppen dürften derartige Beobachtungen eine genauere Berücksichtigung verdienen.

Rosanilin. — Die über die Constitution des Pararosanilins soeben entwickelte Ansicht ist jedenfalls auch für das Rosanilin im Wesentlichen zutreffend. Bei dem vollständig gleichen Verhalten beider Farbstoffe sowohl in ihren chemischen Umsetzungen als ihren physikalischen Eigenschaften ist es im höchsten Grade wahrscheinlich, dass auch die

---
[1]) Berichte d. D. Chem. Gesellsch. 11, 1348.
[2]) Berichte d. D. Chem. Gesellsch. 11, 1080. (S. 50.)

Stellung der Amidogruppen dieselbe bleibt. Lässt man diese Ansicht gelten, so wird damit zugleich die Stellung der Methylgruppe zum Methankohlenstoff bis zu einem gewissen Grade bestimmt.

Die Parastellung ist für letztere ausgeschlossen, weil der aus Leukanilin gewonnene Kohlenwasserstoff verschieden von Paratolyldiphenylmethan ist. Macht man nun weiter, ebenso wie beim Pararosanilin, die wahrscheinliche Annahme, dass die Methangruppe zur Amidogruppe dieses Benzolkerns in die Para- oder auch in die Orthostellung getreten ist, so bleibt für die Methylgruppe nur die Metastellung übrig. Wir werden versuchen, diese Schlussfolgerung durch Spaltung des Tolyldiphenylcarbinols zu prüfen.

Ueber die Natur der höheren Homologen des Rosanilins, als welche man wahrscheinlich die von Coupier[1]) und Rosenstiehl unter dem Namen Toluidin- und Xylidinroth beschriebenen Farbstoffe zu betrachten hat, sind wir vorläufig nicht im Stande, eine bestimmte Ansicht zu äussern, da selbst die empirische Zusammensetzung dieser Producte noch unbekannt ist. Zur Lösung dieser Frage scheint auch hier die Zurückführung der Leukoverbindung auf die zugehörigen Kohlenwasserstoffe der geeignetste Weg zu sein.

Bildungsweise der verschiedenen Rosaniline. — Die auf analytischem Wege gewonnene Aufklärung der Constitution der Rosaniline erlaubt es nunmehr, auch über die complicirten synthetischen Vorgänge, welche im Fabrikbetrieb zur Herstellung dieser Producte dienen, sich eine bestimmtere Ansicht zu bilden. Bei allen Processen, welche auf der Oxydation eines Gemenges von Anilin und Toluidin beruhen, findet offenbar zunächst die Oxydation der Methylgruppe eines Toluidins statt. Vielleicht bildet sich hierbei vorübergehend ein Amidobenzaldehyd, welches nach Art der Baeyer'schen Synthesen mit zwei Moleculen intacter Basis sich zu Leukanilin condensirt, welches dann sofort weiter in Rosanilin übergeht.

Die auffallende Thatsache, dass der Kohlenstoffcomplex des Toluidins bei diesem Process leichter als die Amidogruppe oxydirt wird, erklärt sich durch den Umstand, dass letztere durch die Anlagerung der zur Oxydation verwandten Säuren oder Salze durch die Bildung von Doppelverbindungen geschützt werden. Dieser Vortheil wird jedoch offenbar selbst bei der sorgfältigsten Ueberwachung der Fuchsinschmelze im Fabrikbetrieb nur theilweise erreicht.

Die Entstehung der zahlreichen Nebenproducte, des Violanilins, Mauvanilins und Chrysotoluidins, welche höchst wahrscheinlich zur Klasse der Azoverbindungen gehören, mithin zum Rosanilin in keinerlei

---

[1]) Bull. de la soc. ind. de Mulhouse **1866**.

Beziehung stehen, ist die Folge der gleichzeitig mit der Triphenylmethanbildung verlaufenden Oxydation der Amidogruppen.

Dass der letztere Prozess bei der Abwesenheit von Toluidin überwiegt, wie diess bei den Versuchen von Städeler[1]), von Wichelhaus und v. Dechend[2]) über die Einwirkung von Nitrobenzol auf Anilin und bei dem Verfahren von Coupier zur Herstellung von Violanilin (Coupier's Blau) der Fall ist, bedarf keiner weiteren Erörterung.

Wesentlich verschieden von den durch Oxydation eingeleiteten Synthesen ist die Reaction, durch welche A. W. Hofmann[3]) das Rosanilin entdeckte, die Einwirkung von Tetrachlorkohlenstoff auf Anilin. Die Verkettung der drei Aniline zu einem Triphenylmethanabkömmling erfolgt hier jedenfalls durch den Kohlenstoff des CCl_4 und führt unter Salzsäureabspaltung vermuthlich nach der Gleichung:

$$CCl_4 + 3\ C_6H_5NH_2 = \begin{matrix} C_6H_4NH_2 \\ C_6H_4NH_2 \end{matrix}\!\!>\!\!C\!\!<\!\!\begin{matrix} C_6H_4 \\ | \\ NH \end{matrix} + 4\ HCl,$$

zum Pararosanilin.

Die Gründe, welche für diese Ansicht sprechen, sind dieselben, durch welche wir zuerst veranlasst wurden, das Aurin und das Methylviolett als Derivate des Pararosanilins zu erklären.

Die Hofmann'sche Reaction erscheint somit als der Typus jener Synthesen, welche in neuerer Zeit zur industriellen Herstellung von Farbstoffabkömmlingen des Triphenylmethans aus aromatischen Chloriden und Amidobasen oder Phenolen benutzt werden.

Farbstoffderivate der Rosaniline. — Von den zahlreichen, für die Technik wichtigen Farbstoffabkömmlingen des Rosanilins wollen wir hier nur die bestuntersuchten Producte besprechen, um die experimentellen Resultate früherer Arbeiten mit unserer erweiterten Kenntniss über die Natur des Rosanilins selbst in Einklang zu bringen.

Alle Producte, welche aus technischem Fuchsin gewonnen werden, sind natürlich, wie dieses, ein Gemenge von Derivaten des Triphenylmethans und Tolyldiphenylmethans, von welchen das letztere jedoch in den meisten Fällen überwiegt.

Man kann deshalb die genaueren Angaben, welche über solche Producte früher gemacht sind, im Wesentlichen für die Abkömmlinge der Verbindung $C_{20}H_{19}N_3$ als gültig betrachten.

Hierhin sind vor Allem die Resultate der ausgedehnten Arbeiten von A. W. Hofmann über die Methyl-, Aethyl- und Phenylrosaniline zu zählen.

---

[1]) Journal für praktische Chemie **96**, 65.
[2]) Berichte d. D. Chem. Gesellsch. **8**, 1609.
[3]) Compt. rend. **47**, 492.

Dagegen hat man die Mehrzahl der nicht aus technischem Fuchsin hergestellten, verwandten Farbstoffe, wie wir unten zeigen werden, als Derivate des Pararosanilins zu betrachten.

Methylrosaniline. — Von den durch Einwirkung von CH_3J auf technisches Rosanilin entstehenden Farbstoffen sind genauer drei Verbindungen von Hofmann und Girard[1]) untersucht, für welche die Formeln:

$$C_{20}H_{16}(CH_3)_2N_3, CH_3J,$$
$$C_{20}H_{16}(CH_3)_3N_3, 2\ CH_3J,$$
$$C_{20}H_{16}(CH_3)_3N_3, 3\ CH_3J$$

aufgestellt wurden.

Gräbe und Caro[2]) haben bereits früher darauf hingewiesen, dass sich diese Producte eben so gut auf ein tetramethylirtes Rosanilin beziehen lassen. Wir halten diese Ansicht entschieden für richtiger, da sie nicht allein mit der jetzigen Rosanilinformel, sondern auch mit dem Verhalten dieser Verbindungen leichter in Einklang gebracht werden kann.

Die erste derselben unterscheidet sich nämlich von den eigentlichen Ammoniumverbindungen wesentlich durch ihre Unbeständigkeit gegen Alkalien. Es entsteht dabei allerdings eine sauerstoffhaltige Base, welche Hofmann und Girard als eine Ammoniumbase, Gräbe und Caro als krystallwasserhaltig betrachten.

Wir glauben diese Verbindung jetzt richtiger für das dem freien Rosanilin entsprechende Tetramethylderivat des Tolyldiphenylcarbinols $C_{20}H_{16}N_3(CH_3)_4(OH)$ halten zu dürfen. Eine derartige Verbindung würde auch nach der jetzigen Formel des Rosanilins zwei tertiäre Amingruppen enthalten müssen, so dass die successive Anlagerung von zwei Moleculen CH_3J, wodurch die beiden letzten, als Ammoniumverbindungen betrachteten Farbstoffe entstehen, leicht erklärlich ist. Alle diese Formeln gelten jedoch nur für den Fall, dass die empirische Zusammensetzung der Producte durch die Analysen von Hofmann und Girard sicher bestimmt ist. Dass diess jedoch nicht so ohne Weiteres angenommen werden darf, leuchtet ein, wenn man die Schwierigkeit der analytischen Untersuchung solch' complicirter Producte berücksichtigt. Die Differenzen zwischen den obigen Formeln und solchen, welche eine Methylgruppe mehr enthalten, betragen kaum mehr als ein halbes Procent für Kohlenstoff und Jod. Bedenkt man nun weiter, dass die von Hofmann und Girard analysirten Präparate noch eine wechselnde Beimengung eines Pararosanilinderivats enthalten haben, so könnte man sich versucht fühlen, die Formel $C_{20}H_{15}N_3(CH_3)_4$, HJ für das Jodviolett des Rosanilins in $C_{20}H_{14}N_3(CH_3)_5$, HJ umzuändern. Es würde dann beim Rosanilin ebenso wie bei den einfacheren Amido-

---

[1]) Berichte d. D. Chem. Gesellsch. **2**, 440.
[2]) Liebigs Ann. d. Chem. **179**, 189.

basen der Ammoniumbildung die Ersetzung aller typischen Wasserstoffatome vorausgehen.

Mit noch grösserer Wahrscheinlichkeit kann man dieselbe Annahme für das aus Dimethylanilin hergestellte Violett machen. Da das letztere zweifellos ein Derivat des Pararosanilins ist, wie diess als nothwendige Consequenz unserer Untersuchung über das Aurin schon früher hervorgehoben wurde, so führen schon die Analysen von Hofmann[1]) selbst zu der Pentamethylformel.

Mit dieser Ansicht lässt sich dann weiter auch die Bildungsweise des Farbstoffs leicht in Einklang bringen. Letzteren halten wir nämlich, etwas abweichend von Gräbe und Caro[2]), für einen der Aurinbildung ganz analogen Process.

Aus einem Theile des Dimethylanilins werden bei der Oxydation die Methylgruppen losgelöst, worauf auch die von Girard[3]) beobachtete Entstehung von Anilin hindeutet, und bewirken in der zweiten Phase der Reaction, nach vorhergegangener Oxydation, die Verkettung dreier anderer Molecule Dimethylanilin zu einer Triphenylmethangruppe. Es würde dabei zunächst also ein Hexamethylparaleukanilin entstehen, welches durch fortgesetzte Oxydation und Abspaltung einer Methylgruppe in Pentamethylpararosanilin übergeht. Dass der letztere Process bei den Amidoderivaten des Triphenylmethans leicht und glatt von Statten geht, haben wir bei der aus Bittermandelöl und Dimethylanilin entstehenden Base:

$$C_6H_5 \cdot CH \begin{subarray}{l} C_6H_4 \cdot N \begin{subarray}{l} CH_3 \\ CH_3 \end{subarray} \\ C_6H_4 \cdot N \begin{subarray}{l} CH_3 \\ CH_3 \end{subarray} \end{subarray}$$

beobachtet, welche schon bei der Einwirkung gelinde wirkender Oxydationsmittel einen Theil der Methylgruppen in Form von Ameisenaldehyd abspaltet.

Es entsteht dabei ein bereits als Handelsproduct bekannter grüner Farbstoff, der von dem Einen[4]) von uns zuerst erwähnt worden ist und später von uns[5]) als in die Klasse der Rosanilinfarbstoffe gehörig bezeichnet wurde. Unsere Ansicht, dass bei diesem Producte ebenfalls die für das Rosanilin charakteristische Bindung zwischen dem Kohlenstoff der Methangruppe und dem Stickstoff einer Amidogruppe stattfinde, ist von O. Döbner[6]) bezweifelt worden. Derselbe kommt durch seine Versuche zu dem Resultate, dass die durch Reduction des Farb-

---
[1]) Berichte d. D. Chem. Gesellsch. **6**, 352.
[2]) Berichte d. D. Chem. Gesellsch. **11**, 1120.
[3]) Wurtz, matières colorantes artific. Paris 1876, S. 86.
[4]) O. Fischer, Berichte d. D. Chem. Gesellsch. **10**, 1624.
[5]) E. Fischer und O. Fischer, Berichte d. D. Chem. Gesellsch. **11**, 1081. (*S. 51.*)
[6]) Berichte d. D. Chem. Gesellsch. **11**, 1236.

stoffs entstehende Leukoverbindung identisch mit der vorher erwähnten Base sei und schliesst daraus, dass der erstere ebenfalls vier Methylgruppen enthalte, mithin jene Kohlenstoff-Stickstoffbindung unmöglich sei. Statt dessen hält er eine Bindung zwischen dem Methankohlenstoff und einer Methylgruppe für wahrscheinlich und stellt für den Farbstoff die Constitutionsformel:

$$C_6H_5-C\begin{cases} C_6H_4\cdot N\begin{pmatrix}CH_3\\CH_3\end{pmatrix}\\ N-CH_3\\ C_6H_4\cdot |\\ CH_2 \end{cases}$$

auf. Abgesehen davon, dass diese Formel ohne jede Analogie dasteht und schon aus diesem Grunde wenig Wahrscheinlichkeit hat, können wir dieselbe um so weniger anerkennen, als die zu ihrer Begründung dienenden experimentellen Resultate uns noch zweifelhaft sind. Den Beweis für die Identität beider Basen findet Döbner in der Uebereinstimmung der Schmelzpunkte und der Zusammensetzung. Was den letzten Punkt betrifft, so kann die Analyse unmöglich darüber entscheiden, da die Differenzen zwischen zwei Formeln mit drei oder vier Methylgruppen nur einige Zehntel Procent für Wasserstoff und Stickstoff betragen. Bezüglich des Schmelzpunkts dagegen weichen unsere Beobachtungen von denen Döbner's wesentlich ab. Nach mehrfachen Beobachtungen schmilzt das Tetramethyldiamidotriphenylmethan bei 93 bis 94°, während wir für die aus dem Farbstoff erhaltene reine Base stets den Schmelzpunkt 102 bis 103° fanden (Döbner findet für beide 97 bis 98°). Derselbe Unterschied zeigte sich bei den Nitroderivaten beider Basen, wovon das erste bei 199 bis 200°, das andere bei 207° schmilzt. Wir sehen uns dadurch genöthigt, beide Verbindungen vorderhand für verschieden zu halten und glauben um so mehr an unserer früheren Ansicht festhalten zu müssen, dass die Constitution des aus Bittermandelöl und Dimethylanilin erhaltenen Farbstoffs der Formel:

$$(CH_3)_2N\cdot C_6H_4\diagdown C \diagup \begin{matrix}C_6H_5\\ \\ C_6H_4\diagdown N\cdot CH_3\end{matrix}$$

entspricht.

Was die von unseren Resultaten abweichenden Beobachtungen Döbner's betrifft, so wäre es immerhin möglich, wenn auch nicht wahrscheinlich, dass dieselben auf einer Verschiedenheit des aus Benzotrichlorid gewonnenen Malachitgrüns, welches wir nicht untersucht haben, von dem aus Tetramethyldiamidotriphenylmethan entstehenden Farbstoff beruhen.

Die Umwandlung des Methylvioletts in Methylgrün durch Methyljodid oder Nitrat erfolgt bekanntlich in derselben Weise, wie beim Hofmann'schen Violett. Das Methylgrün erhält also die Formel

$C_{19}H_{12}N_3(CH_3)_5$, CH_3Cl für das salzsaure Salz und ist mithin nicht identisch, sondern nur homolog mit dem Hauptbestandtheile des technischen sogenannten Jodgrüns, für welchen, wie vorher schon angedeutet wurde, die Formel $C_{20}H_{14}N_3(CH_3)_5$, CH_3Cl die grösste Wahrscheinlichkeit hat.

Auf diesem Unterschied in der Constitution beider Farbstoffe beruht offenbar auch die verschiedene Löslichkeit ihrer pikrinsauren Salze, welche den Technikern längst bekannt und für ihre Verwendung in der Färberei von Bedeutung ist.

Phenylirte Rosaniline. — Bezüglich der gewöhnlichen Phenylderivate haben wir den Hofmann'schen Angaben wenig Neues zuzufügen. Selbstverständlich sind auch hier die Abkömmlinge des Rosanilins von denen des Pararosanilins zu unterscheiden. In dem Triphenylblau sind nach der Bildungsweise zu schliessen die Phenylradicale gleichmässig auf die drei Stickstoffgruppen vertheilt, so dass der einfachsten Verbindung die Constitutionsformel:

$$C_6H_5 \cdot NH \cdot C_6H_4 \diagdown \diagup C_6H_4$$
$$ C \diagup$$
$$C_6H_5 \cdot NH \cdot C_6H_4 \diagup \diagdown N \cdot C_6H_5$$

zugeschrieben werden kann.

Mit noch grösserer Wahrscheinlichkeit lässt sich dieselbe Formel für das aus Diphenylamin und Oxalsäure oder C_2Cl_6 entstehende Blau aufstellen, da seine Bildung mit der des Aurins die grösste Aehnlichkeit zeigt. Als Methylderivate dieses Blaus sind dann weiter die Farbstoffe aufzufassen, welche Bardy durch Oxydation des Methyldiphenylamins erhielt.

Rosolsäuren.

Die Resultate der vorliegenden Untersuchung über die Natur des Rosanilins haben zugleich die Frage nach der Formel und Constitution der nahe verwandten Rosolsäuren ihrer definitiven Lösung zugeführt. Gestützt auf die Arbeiten von Gräbe und Caro[1] und von Dale und Schorlemmer[2] haben wir zuerst[3] die Ansicht ausgesprochen, dass Aurin und Rosolsäure die den beiden Rosanilinen entsprechenden Derivate des Triphenylmethans seien, wofür wir unmittelbar nachher[4] den experimentellen Beweis beibringen konnten.

Dieselbe Frage ist seitdem der Gegenstand verschiedener wichtiger Untersuchungen von anderer Seite gewesen. Wir haben um so lieber auf die weitere experimentelle Verfolgung unserer Versuche verzichtet und beschränken uns deshalb auch hier auf die Beschreibung unserer

---
[1] Liebigs Ann. d. Chem. **179**, 184.
[2] Liebigs Ann. d. Chem. **166**, 279.
[3] Berichte d. D. Chem. Gesellsch. **11**, 200. (S. 44.)
[4] Berichte d. D. Chem. Gesellsch. **11**, 473. (S. 46.)

ersten Resultate und der daraus zu folgernden nächstliegenden Consequenzen.

Für die Nomenclatur der beiden bis jetzt genauer untersuchten Farbstoffe scheint es uns ebenso wie beim Rosanilin zweckmässig, die einmal eingebürgerten Namen „Rosolsäure" für die Verbindung $C_{20}H_{16}O_3$ und „Aurin" für das niedere Homologe $C_{19}H_{14}O_3$ beizubehalten.

Aurin. — Ueber die empirische Zusammensetzung des Aurins sind die Ansichten weit mehr als beim Rosanilin auseinander gegangen. Von den verschiedenen für den Kolbe-Schmitt'schen Farbstoff aufgestellten Formeln scheint in neuerer Zeit nur die von Dale und Schorlemmer angenommene, $C_{20}H_{14}O_3$, allgemeiner anerkannt worden zu sein.

Durch die uns gelungene Ueberführung der Verbindung in Triphenylmethan wurde diese Frage schliesslich dahin entschieden, dass dieselbe nur 19 Atome Kohlenstoff enthalte und wir änderten deshalb die Formel $C_{20}H_{14}O_3$ in $C_{19}H_{14}O_3$ um. Die Umwandlung des Aurins in den Kohlenwasserstoff gelingt nur auf indirectem Wege. Wir benutzten dazu das Rosanilin, welches nach der Methode von Schorlemmer und Dale[1]) aus dem Farbstoff entsteht. Wird dieses durch Reductionsmittel in die Leukoverbindung verwandelt und die Diazoverbindung des letzteren in der früher beschriebenen Weise mit Alkohol zersetzt, so erhält man einen Kohlenwasserstoff, welcher zum grössten Theile aus Triphenylmethan besteht. Das Aurin-Rosanilin musste somit identisch mit dem Pararosanilin sein; eine Schlussfolgerung, welche durch eine spätere ausführlichere Untersuchung von Gräbe und Caro[2]) bestätigt wurde.

Die aus dem Diazopararosanilin entstehende Rosolsäure ist umgekehrt natürlich identisch mit Aurin.

Aus dieser Reaction folgt dann weiter bei Zugrundelegung unserer Rosanilinformel für das Aurin die von Gräbe und Caro auch aus anderen Gründen als wahrscheinlich erkannte Constitutionsformel:

$$\begin{matrix} (OH) \cdot C_6H_4 \\ (OH) \cdot C_6H_4 \end{matrix} C \begin{matrix} C_6H_4 \\ | \\ O \end{matrix}.$$

Wir sind nämlich, wie schon früher bemerkt wurde, abweichend von Gräbe und Caro, der Ansicht, dass das Diazopararosanilin eine normale Tridiazoverbindung des Triphenylcarbinols ist und dass seine Zersetzung mit Wasser der gewöhnlichen Phenolbildung aus Diazokörpern analog verläuft nach dem Schema:

$$\begin{matrix}(ClN_2) \cdot C_6H_4 \\ (ClN_2) \cdot C_6H_4\end{matrix} C \begin{matrix}C_6H_4(N_2Cl) \\ OH\end{matrix} + 3\,H_2O$$

$$= \begin{matrix}(OH) \cdot C_6H_4 \\ (OH) \cdot C_6H_4\end{matrix} C \begin{matrix}C_6H_4(OH) \\ OH\end{matrix} + 3\,N_2 + 3\,HCl.$$

---

[1]) Berichte d. D. Chem. Gesellsch. **10**, 1016.
[2]) Berichte d. D. Chem. Gesellsch. **11**, 1117.

Das so zunächst entstehende Trioxytriphenylcarbinol ist jedoch für sich nicht beständig, sondern geht wie das Rosanilin bei der Salzbildung durch Wasserabspaltung in das Anhydrid $C_{19}H_{14}O_3$ über.

Was die Entstehung des Aurins bei dem Verfahren von Kolbe und Schmitt betrifft, so haben wir früher dieselbe auf zwei verschiedene Vorgänge zurückgeführt, je nachdem man die aus der Oxalsäure entstehende Kohlensäure oder das Kohlenoxyd als das farbstoffbildende Product betrachtete.

Für den ersten Fall interpretirten wir die Reaction durch die Gleichung:
$$CO_2 + 3\,C_6H_5 \cdot OH = C_{19}H_{14}O_3 + 2\,H_2O.$$

Im anderen Falle nahmen wir mit Liebermann und Schwarzer[1]) die intermediäre Bildung von Salicylaldehyd an, der sich weiter mit zwei Moleculen Phenol zu Leukoaurin condensire, welch' letzteres schliesslich durch die oxydirende Wirkung der Schwefelsäure in Aurin übergehe.

Der erste Vorgang ist leicht verständlich und scheint in der That bei der Aurinbildung der überwiegende zu sein; dass der letztere Process gleichzeitig stattfindet, ist neuerdings um so weniger wahrscheinlich, als die früher behauptete Entstehung von Rosolsäure aus Salicylaldehyd und Phenol jetzt von Liebermann[2]) selbst in Zweifel gestellt wird.

Mit der Aufklärung der Constitution des Aurins erhalten von seinen Derivaten auch die bisher nur als Handelsproducte bekannten Verbindungen, welche beim Erhitzen mit Ammoniak und Anilin entstehen, neues Interesse. Das erste derselben, das Päolin, ist offenbar ein Zwischenproduct zwischen Aurin und Pararosanilin, entstanden durch Ersetzung einer oder mehrerer Hydroxylgruppen durch die Amidogruppe, während das Azulin den Uebergang zum Triphenylpararosanilin bildet.

Eine genauere analytische Untersuchung dieser Producte erscheint um so wünschenswerther, als der Wechsel der Farbe von der des Aurins zu der des Rosanilins mit dem successiven Eintritt der Stickstoffgruppen für die Farbstoffbildung in der Triphenylmethanreihe von hohem Interesse ist.

Rosolsäure, $C_{20}H_{16}O_3$. — Ueber diesen von Gräbe und Caro ausführlich untersuchten Farbstoff bleibt nach dem Vorhergehenden wenig zu sagen übrig. Derselbe ist wie das Rosanilin ein Derivat des früher beschriebenen Tolyldiphenylmethans und seine Bildung aus dem Rosanilin erfolgt selbstverständlich in der vorher für das Aurin erläuterten Weise.

Im Vorhergehenden sind fast alle genauer untersuchten Abkömmlinge des Triphenylmethans besprochen. Bei dem Interesse, welches

---
[1]) Berichte d. D. Chem. Gesellsch. **9**, 800.
[2]) Berichte d. D. Chem. Gesellsch. **11**, 1436.

ein Theil dieser Producte als werthvolle Farbstoffe besitzen, scheint es uns zweckmässig, zum Schluss die zahlreichen bisher bekannten synthetischen Methoden zusammenzustellen, welche zu Gliedern der Triphenylmethangruppe führen und deren Variation noch manche für die Industrie wichtige Resultate erwarten lässt.

I. Bildung des Kohlenwasserstoffs aus:

1. Benzalchlorid und Quecksilberdiphenyl (Kekulé und Franchimont).
2. Benzhydrol und Benzol mit P_2O_5 (Schrank; Hemilian).
3. Chloroform und Benzol mit Al_2Cl_6 (Friedel und Crafts).
4. Tetrachlorkohlenstoff und Benzol mit Al_2Cl_6 (Emil und Otto Fischer).

II. Bildung von Amidoderivaten:

1. Aus Anilin und C_2Cl_6 (Natanson).
2. Aus Anilin und CCl_4 (A. W. Hofmann).
3. Durch Oxydation von Anilin und Toluidin (Verguin).
4. Aus Anilin oder Toluidin und Nitrobenzol oder Nitrotoluol (Coupier).
5. Durch Oxydation von Methylanilin (Lauth; Bardy).
6. Durch Oxydation von Methyldiphenylamin (Bardy) und aus Diphenylamin und C_2Cl_6 (Girard und de Laire).
7. Aus Diphenylamin und Oxalsäure mit Schwefelsäure.
8. Aus Bittermandelöl und Dimethylanilin (O. Fischer).
9. Aus Benzalchlorid und Dimethylanilin (O. Fischer).
10. Aus Benzotrichlorid und Dimethylanilin (O. Döbner).
11. Aus Chloroform und Dimethylanilin (Hanimann)[1].

III. Bildung von Hydroxylderivaten aus:

1. Phenol und Oxalsäure (Kolbe und Schmitt).
2. Phenol und Cresol durch Oxydation (H. Caro).
3. Benzotrichlorid und Phenolen (Döbner und Stackmann).
4. Oxybenzophenonen und Phenol (Gräbe und Caro).
5. Phenolen und C_2Cl_6 (A. W. Hofmann).

München, chemisches Laboratorium der Kgl. Akademie der Wissenschaften.

---

[1] Vorausgesetzt, dass die von Hanimann beschriebene Verbindung (Berichte d. D. Chem. Gesellsch. **10**, 1235) die dort aufgestellte Formel hat.

9. Emil Fischer und Otto Fischer: Ueber einige Farbstoffe der Rosanilingruppe.

Berichte der Deutschen Chemischen Gesellschaft **11**, 2095 [1878].

(Eingegangen am 28. November.)

Im Anschluss an unsere Untersuchung über das Rosanilin haben wir[1]) vor einiger Zeit auch die Bildungsweise und Constitution eines grünen Farbstoffs besprochen, welcher durch Oxydation des aus Bittermandelöl und Dimethylanilin entstehenden Tetramethyldiamidotriphenylmethans erhalten wird. Die nahen Beziehungen desselben zum Rosanilin und die Beobachtung, dass bei dem Oxydationsprozess beträchtliche Mengen Ameisenaldehyd als Nebenprodukt entstehen, führten zu der Ansicht, dass hier ebenfalls die für das Rosanilin experimentell nachgewiesene Bindung zwischen einer Stickstoffgruppe und dem Methankohlenstoff des Triphenylmethans stattfinde, wie dies durch die Formel

$$\begin{array}{c} C_6H_5 \diagdown \quad \diagup C_6H_4 \\ C \\ (CH_3)_2NC_6H_4 \diagup \quad \diagdown NCH_3 \end{array}$$

veranschaulicht wird.

Die Richtigkeit dieser Schlussfolgerung ist bald nachher von Hrn. O. Doebner[2]) in Zweifel gestellt worden. Derselbe erhielt durch Reduction des aus Benzotrichlorid und Dimethylanilin dargestellten sog. Malachitgrüns, welches allem Anschein nach identisch mit dem oben erwähnten Farbstoff ist, eine Base, die er auf Grund seiner Analysen und Schmelzpunktsbestimmungen für identisch mit Tetramethyldiamidotriphenylmethan erklärt. Doebner schliesst daraus weiter, dass das Malachitgrün ebenfalls vier Methylgruppen enthalte und glaubt im Gegensatz zu unserer Ansicht die Constitution der Verbindung durch die Formel

$$\begin{array}{c} C_6H_5 \diagdown \quad \diagup C_6H_4 \cdot N \diagup CH_3 \\ C \text{———} \\ (CH_3)_2N \cdot C_6H_4 \diagup \qquad\qquad \diagdown CH_2 \end{array}$$

erklären zu können.

---
[1]) Berichte d. D. Chem. Gesellsch. **11**, 1081. (S. *51*.)
[2]) Berichte d. D. Chem. Gesellsch. **11**, 1240.

Wir haben bereits in unserer ausführlichen Abhandlung über Triphenylmethan und Rosanilin[1]) darauf hingewiesen, dass diese Formel durch die Beobachtungen des Hrn. Doebner nicht hinreichend begründet ist, da nach unseren Versuchen die aus dem grünen Farbstoff durch Reduction entstehende Base sich von dem Tetramethyldiamidotriphenylmethan durch den höheren Schmelzpunkt unterscheidet. Für das letztere fanden wir bei sorgfältig gereinigten Präparaten den Schmelzpunkt stets bei 93—94°; die andere Base zeigt im Aeusseren allerdings grosse Aehnlichkeit mit der ersten und schmilzt bei geringer Verunreinigung annähernd bei derselben Temperatur (gewöhnlich 97—98°). Bei fortgesetztem Umkrystallisiren steigt dagegen der Schmelzpunkt und bleibt bei 102—103° constant.

Wir glauben auf Grund dieser Resultate trotz der gegentheiligen Angaben von Doebner beide Verbindungen für verschieden halten zu dürfen und um so mehr unsere Ansicht über die Constitution des grünen Farbstoffs aufrechthalten zu müssen.

Eine neue Bestätigung derselben hat sich aus weiteren Versuchen über die Bildungsweise und Constitution des Methylvioletts ergeben.

Auf synthetischem Wege ist es uns nämlich gelungen, ein sechsfach methylirtes Triamidotriphenylmethan zu gewinnen, welches durch Oxydation ebenfalls unter Abspaltung von Ameisenaldehyd glatt in Methylviolett übergeführt werden kann.

Die farblose Methylbase entsteht bei der Einwirkung von Chloral und Chlorzink auf Dimethylanilin[2]). Bei derselben Reaction hat der Eine[3]) von uns vor Kurzem die Bildung einer Base vom Schmelzpunkt 188—190° beobachtet, welche das normale Condensationsproduct von der Formel

$$\begin{array}{l} C\equiv[C_6H_4N(CH_3)_2]_3 \\ | \\ CH=[C_6H_4N(CH_3)_2]_2 \end{array} + H_2O$$

zu sein scheint und bei der Oxydation einen blaugrünen Farbstoff liefert. Dieses Product bildet sich mit Vorliebe, wenn man ein Gemenge von Chloral und überschüssigem Dimethylanilin in der Kälte allmählich mit Chlorzink versetzt.

Ganz anders gestaltet sich der Process, wenn man geringere Mengen von Dimethylanilin, am besten 3 Mol. auf 1 Mol. Chloral (oder Chloralhydrat) in Anwendung bringt und bei höherer Temperatur arbeitet.

---

[1]) Liebigs Ann. d. Chem. 194, 296. (S. 92.)
[2]) Hr. Dr. H. Hasenkamp in Elberfeld machte uns die freundliche, private Mittheilung, dass er bei der für technische Zwecke unternommenen Wiederholung der Versuche von O. Fischer über die Einwirkung von Chloral auf Dimethylanilin diese Bildung des Methylvioletts ebenfalls beobachtet habe.
[3]) Berichte d. D. Chem. Gesellsch. 11, 951.

Es findet alsdann eine Spaltung des Chlorals, wahrscheinlich analog seiner Zersetzung durch Alkalien in Chloroform und Ameisensäure statt. Durch eines dieser Zersetzungsprodukte werden in der zweiten Phase der Reaction drei Moleküle Dimethylanilin zu einer Triphenylmethangruppe verbunden.

Am glattesten verläuft der Vorgang bei folgendem Verfahren. Ein Gemenge von 10 Th. Dimethylanilin und 4 Th. Chloral wird auf dem Wasserbade erwärmt und allmählich mit 2 Th. festen Chlorzinks versetzt; die Flüssigkeit färbt sich unter lebhafter Gasentwicklung gelbgrün und nimmt beim Erkalten eine teigartige Consistenz an. Dieselbe wird zur Entfernung des Zinks in verdünnter Schwefelsäure heiss gelöst, die Basen durch Ammoniak abgeschieden und mit Aether extrahirt. Beim Verdampfen des letzteren bleibt ein dunkelbrauner Rückstand, der durch Behandeln mit Wasserdämpfen vom überschüssigen Dimethylanilin befreit wird. Die in der Kälte krystallinisch erstarrende Masse ist ein wechselndes Gemenge der beiden vorher erwähnten Basen und verschiedener, harzartiger Substanzen. Zur Isolirung des Hexamethyltriamidotriphenylmethans kocht man das Produkt wiederholt mit absolutem Alkohol aus, wobei die Base in ziemlich reinem Zustande als weisses, krystallinisches Pulver zurückbleibt. Zur vollständigen Reinigung wird die Verbindung in Benzol gelöst, durch Kochen mit Thierkohle entfärbt und durch vorsichtigen Zusatz von Ligroin abgeschieden. Man erhält so farblose kleine Prismen vom Schmelzpunkte 250°. Die Analyse eines bei 140° getrockneten Präparats gab die für die Formel $C_{25}H_{31}N_3$ berechneten Zahlen:

Ber. C 80,4, H 8,3, N 11,2.
Gef. ,, 80,20, ,, 8,3, ,, 11,0.

Dass die Base in der That ein Triphenylmethanabkömmling von obiger Formel ist, geht deutlich aus ihrem Verhalten gegen Oxydationsmittel hervor. Versetzt man die kalte Lösung derselben in sehr verdünnte Schwefelsäure mit krystallisirtem Braunstein, so entsteht quantitativ reines Methylviolett, gleichzeitig macht sich der Geruch nach Ameisenaldehyd bemerkbar. Letzterer wurde durch Destillation der vom Braunstein abfiltrirten Lösung und durch Behandlung des Destillats mit Schwefelwasserstoff und Salzsäure in den krystallisirten Methylsulfaldehyd (Schmelzp. gef. 215°) übergeführt.

Die Menge des Aldehyds ist so bedeutend, dass man seine Entstehung unmöglich einer secundären Reaction zuschreiben kann. Dieselbe entspricht nach einer ungefähren Schätzung ziemlich derjenigen Menge, welche bei Abspaltung von einer Methylgruppe aus dem Hexamethyltriamidotriphenylmethan entstehen müsste.

Da das Methylviolett nun aus früher erörterten Gründen als ein Pentamethylderivat des Pararosanilins von der Formel

$$\begin{array}{c}(CH_3)_2N\cdot C_6H_4\diagdown \quad \diagup C_6H_4 \\ \qquad\qquad C \mid \\ (CH_3)_2N\cdot C_6H_4\diagup \quad \diagdown N\cdot (CH_3)\end{array}$$

betrachtet werden muss, so erklärt sich die oben erwähnte neue Bildung desselben einfach durch die Gleichung

$$\begin{array}{c}(CH_3)_2\cdot N\cdot C_6H_4\diagdown \quad \diagup C_6H_4N-CH_3 \\ \qquad\qquad C \mid \\ (CH_3)_2\cdot NC_6H_4\diagup \quad \diagdown H \qquad CH_3 + O_2\end{array} = \begin{array}{c}(CH_3)_2\cdot N\cdot C_6H_4\diagdown \quad \diagup C_6H_4 \\ \qquad\qquad C \mid \\ (CH_3)_2NC_6H_4\diagup \quad \diagdown N(CH_3)\end{array} + H_2O + CH_2O\,.$$

Vergleicht man ferner diesen Vorgang mit der Bildung des Malachitgrüns aus Tetramethyldiamidotriphenylmethan, so wird man bei der vollständigen Analogie beider Processe kaum daran zweifeln können, dass die letztere Reaction ebenfalls nach dem entsprechenden Schema

$$\begin{array}{c}C_6H_5\diagdown \quad \diagup C_6H_4\cdot N-CH_3 \\ \qquad C \mid \\ (CH_3)_2N\cdot C_6H_4\diagup \quad \diagdown H \qquad CH_3 + O_2\end{array} = \begin{array}{c}C_6H_5\diagdown \quad \diagup C_6H_4 \\ \qquad C \mid \\ (CH_3)_2N\cdot C_6H_4\diagup \quad \diagdown N(CH_3)\end{array} + H_2O + CH_2O$$

verläuft.

Bei der Reduction des Malachitgrüns müsste demnach ein Trimethyldiamidotriphenylmethan entstehen. Die von Doebner und von uns ausgeführten Analysen der im reinen Zustande bei 102—103° schmelzenden Base stehen mit dieser Formel eben so gut wie mit der kohlenstoffreicheren $C_{23}H_{26}N_2$ in Uebereinstimmung.

Ebenso wird das Reductionsproduct des Methylvioletts nur fünf Methylgruppen enthalten können, und es scheint in der That, dass der von Hrn. A. W. Hofmann[1]) bereits dargestellte Körper, soweit sich aus der kurzen Beschreibung ersehen lässt, verschieden von dem oben erwähnten Hexamethylparaleukanilin ist. Wir beabsichtigen, beide Verbindungen noch direct mit einander zu vergleichen.

Die vorliegende Bildungsweise des Methylvioletts scheint uns ein wesentlicher Beitrag für die Aufklärung der complicirten Reaction zu sein, durch welche derselbe Farbstoff aus dem Dimethylanilin entsteht. Wir haben nämlich früher[2]) die Ansicht geäussert dass bei diesem Oxydationsprocess zunächst aus einem Theile des Dimethylanilins die Methylgruppen losgelöst werden und nach vorhergegangener Oxydation vielleicht zu Ameisenaldehyd oder Ameisensäure mit drei weiteren Molekülen Dimethylanilin nach Art der Baeyer'schen Synthesen zu

---

[1]) Berichte d. D. Chem. Gesellsch. **6**, 361.
[2]) Berichte d. D. Chem. Gesellsch. **11**, 1081 (*S. 51*) und Liebigs Ann. d. Chem. **194**, 295. (*S. 91.*)

Hexamethyltriamidotriphenylmethan zusammentreten. Letzteres sollte dann bei fortgesetzter Oxydation unter nachmaliger Abspaltung einer Methylgruppe in den violetten Farbstoff umgewandelt werden.

Durch die Resultate der vorliegenden Untersuchung hat diese Interpretation sehr an Wahrscheinlichkeit gewonnen. Es erübrigte nur noch, die Loslösung von Methylgruppen direct aus dem Dimethylanilin experimentell nachzuweisen. Dies gelingt mit der grössten Leichtigkeit bei der Oxydation der Base mit Braunstein und Schwefelsäure, wobei sofort beträchtliche Mengen Ameisenaldehyds gebildet werden.

Versetzt man eine Lösung von Dimethylanilin in verdünnter Schwefelsäure mit Braunstein, so findet schon bei einer Temperatur von 30—40° die Bildung violetter Farbstoffe statt, und bei der Destillation der vom Braunstein abfiltrirten Flüssigkeit erhält man eine verdünnte Lösung von Ameisenaldehyd. Die Menge des letzteren ist begreiflicherweise ziemlich gering, da wohl der grösste Theil sofort zur Bildung von Condensationsproducten verbraucht wird.

10. Emil Fischer und Otto Fischer: Bemerkungen zu der Abhandlung des Hrn. O. Doebner „Zur Kenntniss des Malachitgrüns"[1]).

Berichte der Deutschen Chemischen Gesellschaft 12, 791 [1879].

(Eingegangen am 1. Mai.)

In unserer Abhandlung über Triphenylmethan und Rosanilin haben wir beiläufig auch unsere Ansicht über einen von O. Fischer entdeckten grünen Farbstoff entwickelt, welcher durch Oxydation der aus Bittermandelöl und Dimethylanilin erhaltenen Leukobase $C_{23}H_{26}N_2$ entsteht und den wir für identisch mit dem später von O. Doebner aus Benzotrichlorid und Dimethylanilin erhaltenen sog. Malachitgrün hielten.

Eine Bestätigung dieser Ansicht glaubten wir etwas später[2]) in einer neuen Bildungsweise des Methylvioletts aus einer farblosen als Hexamethylparaleukanilin betrachteten Base gefunden zu haben, weil die Farbstoffbildung in diesem letzteren Falle der Oxydation der ersten Base anscheinend ganz analog verlief.

Unsere rein sachliche Erörterung dieser Frage ist vor Kurzem von Hrn. Doebner einer in ihrem persönlichen Theile ganz ungerechtfertigten Kritik unterzogen worden, welche uns zu einer nochmaligen ausführlicheren Discussion desselben Gegenstandes nöthigt.

Es scheint uns dabei zweckmässig, zwei wesentlich von einander verschiedene Fragen getrennt zu erörtern. Die erste derselben ist eine persönliche und hat die Priorität der Entdeckung des sog. Malachitgrüns zum Gegenstande; die zweite betrifft die Constitution dieses Farbstoffs und wird erst in der nachfolgenden, sachlichen Notiz besprochen werden.

Was den ersten Punkt angeht, so citirt Hr. Doebner den darauf bezüglichen, von ihm beanstandeten Passus unserer Abhandlung theilweise wörtlich und knüpft daran folgende Bemerkung:

„Diese Darstellung ist in der That geeignet, bei jedem in der betreffenden Literatur nicht genau Orientirten den Eindruck hervorzurufen, als hätten die HH. Fischer schon vor dem Erscheinen meiner Abhandlung über das Malachitgrün einen vollkommen definirten Farb-

---

[1]) Berichte d. D. Chem. Gesellsch. 11, 2274.
[2]) Berichte d. D. Chem. Gesellsch. 11, 2095. (S. 97.)

stoff durch Oxydation der Base aus Bittermandelöl dargestellt und eingehend untersucht und als sei dessen Identität mit Malachitgrün ausser allem Zweifel. Es würde sich gegen den Gang der Beweisführung Nichts einwenden lassen, wenn die Voraussetzungen Thatsachen wären. In Wirklichkeit verhält sich indess, wie man sich bei einer genauen Durchsicht der Literatur überzeugen kann, die Sache anders.

Hr. O. Fischer hat allerdings beobachtet, dass die durch Einwirkung von Bittermandelöl auf Dimethylanilin dargestellte Base bei der Oxydation eine grüne Farbenreaction giebt, und später wurde von den HH. E. und O. Fischer das gleichzeitige Auftreten von Ameisenaldehyd beobachtet. Indess ist dieses Produkt keineswegs als ein greifbares chemisches Individuum definirt, geschweige denn analysirt worden. Es liegen ferner keinerlei Versuche vor, durch welche die Voraussetzung von dessen Identität mit dem analytisch wohl charakterisirten Malachitgrün aus Benzotrichlorid irgendwie begründet wäre. Wenn daher die HH. Fischer von einem als Handelsprodukt bekannten Farbstoff sprechen so können sie doch wohl nur den durch Einwirkung von Benzotrichlorid auf Dimethylanilin dargestellten Farbstoff, der allerdings Handelsprodukt ist, meinen, nicht aber jenes Oxydationsprodukt der Base aus Bittermandelöl."

Zum Beweise, wie wenig diese Darstellung dem wirklichen Sachverhalt entspricht, genügt es zum Teil schon, einen Satz aus unserer ersten Abhandlung[1]) hier nochmals anzuführen, welcher sich unmittelbar an den obigen Passus anschliesst, aber trotzdem von Hrn. Doebner vollständig ignorirt wird. Derselbe lautet: „Was die von unseren Resultaten abweichenden Beobachtungen Doebner's betrifft, so wäre es immerhin möglich, wenn auch nicht wahrscheinlich, dass dieselben auf einer Verschiedenheit des aus Benzotrichlorid gewonnenen Malachitgrüns, welches wir nicht untersucht haben, von dem aus Tetramethyldiamidotriphenylmethan entstehenden Farbstoff beruhen."

Mit diesen Worten ist im Zusammenhang mit der vorhergehenden Auseinandersetzung nach unserer Ansicht klar und unzweideutig gesagt, dass wir damals aus der Leukobase ein als chemisches Individuum definirtes Produkt gewonnen haben müssen, dass diese Verbindung bei der Reduction eine bei 102° schmelzende Leukobase liefert, und dass wir endlich unter dem als Handelsprodukt bekannten Farbstoff nur diesen Körper, nicht aber das aus Benzotrichlorid entstehende Malachitgrün meinen konnten.

Um weiteren derartigen Irrthümern vorzubeugen, scheint es uns zweckmässig, dem aus Bittermandelöl hergestellten Farbstoff einen besonderen Namen „Bittermandelölgrün" beizulegen, um damit die

---
[1]) Liebigs Ann. d. Chem. **194**, 298. (S. *92*.)

Verschiedenheit des Ursprungs, nicht aber zugleich eine wirkliche Verschiedenheit von dem Doebner'schen Malachitgrün zu bezeichnen.

Die Identität beider Farbstoffe ist uns seit dem Erscheinen der ersten Abhandlung des Hrn. Doebner kaum zweifelhaft gewesen, da die Eigenschaften des Bittermandelgrüns vollständig mit der dort gegebenen Beschreibung des Malachitgrüns übereinstimmten und die Analogie der verschiedenen Darstellungsmethoden beider Produkte ungezwungen zu derselben Ansicht führte.

Trotzdem haben wir diese Identität selbst dann nur als wahrscheinlich hingestellt, nachdem es uns gelungen war, durch Reduction des Bittermandelölgrüns eine Leukobase zu gewinnen, welche in ihren physikalischen Eigenschaften, Krystallform und Schmelzpunkt (102°) mit der von Hrn. Doebner aus Malachitgrün erhaltenen Leukobase grosse Aehnlichkeit zeigte. In der späteren Abhandlung giebt Hr. Doebner den früher bei 97—98° gefundenen Schmelzpunkt seiner Leukobase ebenfalls bei 101° und trotz dieser übereinstimmenden Resultate behauptet er gleichzeitig, dass keinerlei Versuche vorlägen, durch welche die Voraussetzung von der Identität des Malachit- und Bittermandelölgrüns begründet wäre.

Zu dieser Behauptung und der erwähnten auffallend irrthümlichen Auffassung unserer Darstellung gelangte Hr. Doebner zum Theil offenbar durch seine eigenen Versuche über die Oxydation des Tetramethyldiamidotriphenylmethans. Er findet, dass dieser Process ein keineswegs glatter sei, dass dabei ähnlich wie bei der Oxydation des Leukanilins eine Reihe verschiedener, unbeständiger Produkte gebildet werden und dass hier von der Entstehung eines „Farbstoffs von bestimmter Constitution" kaum die Rede sein könne.

Wir müssen diese Beobachtungen jedoch als sehr oberflächliche bezeichnen.

Die Farbstoffbildung gelingt unter den von uns früher angegebenen Bedingungen bei der Oxydation der Leukobase in verdünnter, schwach schwefelsauren Lösung mit Braunstein bei einiger Uebung sehr leicht und wir haben nicht allein selbst wiederholt kleinere Mengen des Farbstoffs in dieser Weise dargestellt und isolirt, sondern auch seit längerer Zeit die Gewissheit erlangt, dass ein ähnliches Verfahren für die fabriksmässige Herstellung des Produkts dient.

In engem Zusammenhang mit dieser Frage nach der Existenz des Bittermandelölgrüns steht der zweite, von Hrn. Doebner gegen uns indirect erhobene Vorwurf, dass wir, ohne je einen wirklichen Farbstoff unter Händen gehabt zu haben, in der oben citirten Abhandlung durch theoretische Speculationen über ein nicht „greifbares" Produkt ihm die wissenschaftliche Entdeckung und Bearbeitung eines technisch wichtigen Farbstoffs hätten streitig machen wollen. Zur weiteren

Widerlegung dieser Beschuldigung wird es genügen, die von Hrn. Doebner selbst gegebene geschichtliche Darstellung durch einige wesentliche Zusätze zu vervollständigen.

Im Anschluss an seine Untersuchungen über das Phtaleïn und Saliceïn des Dimethylanilins, welche die ersten aus dieser Base direct darstellbaren grünen Farbstoffe waren, hat der Eine[1]) von uns im Juli 1877 die Beobachtung gemacht, dass aus Bittermandelöl und Dimethylanilin bei Gegenwart von Chlorzink eine farblose Base von der Formel $C_{23}H_{26}N_2$ entsteht, deren „Salze sich besonders in alkoholischer Lösung rasch zu schön blaugrünen Farbstoffen oxydiren".

Für eine erfolgreiche technische Verwerthung dieser Produkte, welche alle Eigenschaften eines guten, auf der Faser fixirbaren Farbstoffs besassen, schien bei dem damaligen hohen Preise des Bittermandelöls wenig Aussicht vorhanden zu sein. Die wissenschaftliche Untersuchung derselben erlitt durch die gemeinschaftliche Rosanilinarbeit eine längere Unterbrechung.

Im December desselben Jahres fanden wir, dass das Rosanilin und die ihm verwandten Farbstoffe Derivate des Triphenylmethans seien. Es gehörte nicht viel Combinationsgabe dazu, um den Zusammenhang jener grünen Farbstoffe mit dem Rosanilin zu erkennen und wir haben desshalb bald nachher gemeinschaftlich die Untersuchung derselben wieder aufgenommen. Eine darauf bezügliche Bemerkung findet sich in der Notiz von O. Fischer[2]) „Ueber Condensationsprodukte tertiärer, aromatischer Basen" vom 1. Mai 1878, wo ausdrücklich die färbenden Eigenschaften dieser Produkte, welche nur als verschiedene Salze derselben Farbbase betrachtet werden konnten, nochmals erwähnt werden und auf ihre Beziehungen zum Rosanilin in unzweideutiger Weise hingewiesen wird.

Unmittelbar nachher[3]) gelangten wir durch die entscheidenden Versuche über die Constitution des Rosanilins zu der auch später von uns vertretenen Ansicht über die Natur des Bittermandelölgrüns.

Inzwischen war am 29. März die Patentanmeldung über das Doebner'sche Verfahren zur Herstellung des Malachitgrüns erfolgt. Dieselbe kam viel später zu unserer Kenntniss und enthielt Nichts, was unsere Versuche und Ansichten über das Bittermandelölgrün irgendwie beeinflussen konnte.

Erst nach dem Erscheinen der vorher erwähnten Notizen über das Bittermandelölgrün erfolgte dann die erste wissenschaftliche Publication des Hrn. Doebner[4]) über das Malachitgrün, in welcher derselbe

---
[1]) Berichte d. D. Chem. Gesellsch. 10, 1625.
[2]) Berichte d. D. Chem. Gesellsch. 11, 950.
[3]) Berichte d. D. Chem. Gesellsch. 11, 1081. (S. 51.)
[4]) Berichte d. D. Chem. Gesellsch. 11, 1236.

allerdings die erste Analyse des Produktes mittheilte und sein Verhalten gegen reducirende Agentien beschrieb. Schon in dieser Abhandlung bemüht sich Hr. Doebner, die Existenz des Bittermandelölgrüns möglichst in Zweifel zu ziehen; er spricht nur von grünen Produkten und ignorirt unsere Aeusserungen über den Zusammenhang dieses Farbstoffs mit der Rosanilingruppe vollständig. Wenn wir nun in unserer späteren Abhandlung, nachdem wir mit dem Bittermandelölgrün die für das Malachitgrün beschriebene Reduction zur Leukobase ausgeführt hatten, uns für die Identität beider Produkte erklärten und gleichzeitig die Ignorirung unserer früheren Aeusserungen über die Natur des Bittermandelölgrüns und seine Beziehungen zum Rosanilin nur als eine Bezweiflung unserer Ansichten bezeichneten, so kann Hr. Doebner daraus doch unmöglich das Recht herleiten, unsere Darstellung für eine Entstellung der Thatsachen zu erklären.

Ebenso verhält es sich mit unserer Bemerkung über die fabriksmässige Herstellung des Bittermandelölgrüns. Wir haben damit Hrn. Doebner nicht das Verdienst streitig machen wollen, durch seine Entdeckung die erste Anregung zur industriellen Verwerthung dieses Farbstoffs gegeben zu haben. Da jedoch sein Verfahren durch Patent geschützt war, so durfte es nicht Wunder nehmen, dass sich das Interesse der Farbenchemiker sofort in erhöhtem Maasse der älteren, publicirten Methode zuwandte. Die Schwierigkeiten der fabriksmässigen Gewinnung von Bittermandelöl waren viel geringer, als man Anfangs geglaubt; die Condensation desselben mit Dimethylanilin verläuft sehr glatt[1]) und die spätere Oxydation der Leukobase liefert eine befriedigende Ausbeute an Farbstoff. Kurz, die Bemühungen der Techniker waren bald so erfolgreich, dass wir bereits Anfangs September vorigen Jahres von einer Farbenfabrik grössere Mengen des Bittermandelölgrüns als Chlorzinkdoppelsalz beziehen konnten. Wir waren also wohl berechtigt, in unserer späteren Abhandlung von einer industriellen Herstellung dieses Farbstoffs zu reden.

Wir können dieser Bemerkung jetzt die uns von der Direction der Badischen Anilin- und Sodafabrik zugegangene freundliche Mittheilung beifügen, dass die ersten Versuche zur Verwerthung des Bittermandelölgrüns im März vorigen Jahres, also noch vor der Patentanmeldung über das Malachitgrün dort angestellt wurden, dass die technische Darstellungsmethode des Produktes bereits Ende April festgestellt war und dass der als „Victoriagrün" von dieser Fabrik in den Handel gebrachte Farbstoff ausschliesslich nach dem Bittermandelölverfahren gewonnen wird.

---

[1]) Die frühere Vorschrift zur Darstellung des Tetramethyltriamidotriphenylmethans ist dahin zu modificiren, daß man besser die Masse sofort auf 100^0 erwärmt.

11. Emil Fischer und Otto Fischer: Ueber Farbstoffe der Rosanilingruppe.

Berichte der Deutschen Chemischen Gesellschaft **12**, 796 [1879].

(Eingegangen am 1. Mai.)

Bittermandelölgrün.

Die Oxydation der aus Bittermandelöl gewonnenen Leukobase gelingt nach unseren Versuchen leicht, wenn man die verdünnte, schwach schwefelsaure Lösung derselben mit feinvertheiltem Braunstein oder Manganoxyd in der Kälte behandelt. Ein grösserer Ueberschuss von Säure und Oxydationsmittel ist dabei zu vermeiden, weil der gebildete Farbstoff alsdann weitere Veränderungen erleidet. Aus der tiefgrünen, vom Braunstein getrennten Lösung kann man bei kleineren Operationen den Farbstoff nach Zusatz von Salmiak durch Ammoniak fällen und mit Aether extrahiren. Zur Reinigung der Base eignet sich das in kaltem Wasser schwer lösliche, krystallisirende Chlorzinkdoppelsalz. Dasselbe bildet im reinen Zustande prachtvoll glänzende, grüne Blättchen. Aus demselben wird die freie Base durch Zersetzen mit Ammoniak in fast farblosen Flocken erhalten, welche aus Alkohol in farblosen häufig zu kugeligen Aggregaten vereinigten Prismen krystallisiren.

Von den Salzen derselben haben wir nachträglich noch das Pikrat analysirt. Die gefundenen Werte kommen den von Doebner für das Pikrat des Malachitgrüns gegebenen Zahlen sehr nahe.

Gef. C 62,04, H 5,05.
Doebner findet ,, 62,23, 62,55, ,, 5,07, 5,32.

Das Salz krystallisirt aus heissem Benzol ebenso wie die entsprechende Verbindung des Malachitgrüns in goldglänzenden Nadeln.

Dieselbe Uebereinstimmung beobachtet man bei den übrigen Salzen beider Basen. In den färbenden Eigenschaften derselben ist kein wesentlicher Unterschied zu bemerken und da endlich auch die Reductionsprodukte beider Farbstoffe in Bezug auf Schmelzpunkt und Krystallform nicht verschieden sind, so scheinen uns Gründe genug für die Annahme ihrer Identität vorhanden zu sein.

Mit beiden Produkten ist schließlich noch ein dritter Farbstoff höchst wahrscheinlich identisch, welcher nach einer Methode erhalten wird, die als eine Combination der beiden anderen betrachtet werden kann. Es ist das grüne Produkt, welches aus Benzoylchlorid und Dimethylanilin bei Gegenwart von Chlorzink entsteht und ebenfalls von O. Fischer[1]) zuerst erwähnt worden ist.

Fügt man zu einem Gemenge von 1 Th. Chlorbenzoyl und 2 Th. Dimethylanilin in offenen Gefässen etwa die halbe Gewichtsmenge Chlorzink, so färbt sich das Gemisch unter Erwärmung bald schön blaugrün. Nachdem die erste Einwirkung vorbei ist, erwärmt man die Masse unter häufigem Umrühren bei Luftzutritt auf dem Wasserbade, bis der Geruch des Benzoylchlorids verschwunden ist. Das Reactionsproduct enthält verschiedene Körper in wechselnder Menge, von denen der eine farblos und identisch mit dem von O. Fischer[2]) aus Benzoesäure, Dimethylanilin und Phosphorsäureanhydrid erhaltenen Produkte ist. (Schmelzpunkt 38—39°.)

Der gleichzeitig gebildete Farbstoff zeigt alle Eigenschaften des Bittermandelölgrüns und liefert bei der Reduction ebenfalls eine bei 102° schmelzende Leukobase:

Gef. C 83,4, H 7,8.

Die bei diesem Verfahren erzielte Ausbeute ist wesentlich bedingt durch den oxydirenden Einfluss des atmosphärischen Sauerstoffs. Bei Ausschluss des letzteren bildet sich nämlich statt des Farbstoffs grösstentheils die demselben entsprechende Leukobase. Es findet alsdann wahrscheinlich in Folge complicirter Reactionen zugleich eine Reduction des Benzoylchlorids zu Bittermandelöl statt.

Wir halten den Farbstoff für identisch mit Bittermandelöl- und Malachitgrün und es wären somit drei Methoden für die Synthese dieses Produktes bekannt; zwei derselben haben bereits technische Bedeutung erlangt, die dritte ist von besonderem theoretischen Interesse, weil sie es gestatte, die verschiedensten Substitutionsproducte des Farbstoffs aus den verschiedenen substituirten Benzoesäuren resp. deren Chloriden herzustellen.

Reduction des Bittermandelölgrüns.

Bei der Reduction des Farbstoffs mit Zink und Salzsäure erhielten wir früher eine Leukobase, welche nach dem Umkrystallisiren aus Alkohol feine, seidenglänzende Nädelchen vom Schmelzpunkt 102° bildeten. Dieselbe zeigte in ihren Reactionen allerdings grosse Aehn-

---

[1]) Berichte d. D. Chem. Gesellsch. **11**, 952.
[2]) Berichte d. D. Chem. Gesellsch. **10**, 958.

lichkeit mit Tetramethyldiamidotriphenylmethan unterschied sich von demselben jedoch durch die Krystallform und den höheren Schmelzpunkt. Bei der gleichen Behandlung des Malachitgrüns erhielt Hr. Doebner eine Leukobase, deren Schmelzpunkt er zuerst bei 97—98° und später bei 101° angibt. Er erklärte dieselbe für identisch mit Tetramethyldiamidotriphenylmethan, weil dieses ebenfalls bei 101° und nicht bei 93—94° schmelze. Diese Beobachtungen des Hrn. Doebner sind ebenso richtig, aber auch ebenso unvollständig, wie die unserigen. Die aus Bittermandelöl und Dimethylanilin erhaltene Leukobase zeigt nämlich, wie wir neuerdings gefunden haben, mehrere physikalisch verschiedene Modificationen, von denen die eine in Blättchen mit dem Schmelzpunkt 93—94°, die andere in Nädelchen mit dem Schmelzpunkt 102° krystallisirt. Beide Modificationen liessen sich durch variirte Krystallisationsversuche bei Anwendung von verschiedenen Lösungsmitteln, Temperatur u. s. w. theilweise in einander überführen.

Um jedoch volle Gewissheit darüber zu erlangen, dass hier in der That eine physikalische Isomerie derselben chemischen Verbindung vorliegt, haben wir Hrn. O. Lehmann[1]) in Mühlhausen, der sich speciell mit diesen Erscheinungen beschäftigt hat, veranlasst, verschiedene Proben der aus Bittermandelöl und durch Reduction des Farbstoffs erhaltenen Leukobase vermittelst seiner vorzüglichen mikroskopischen Untersuchungsmethode mit einander zu vergleichen. Derselbe theilte uns mit, ,,dass sämmtliche Proben übereinstimmend, ja nach den Bedingungen in drei verschiedenen physikalisch isomeren Modificationen auftreten. Die eine derselben bildet nadelförmige, zu Büscheln vereinigte Krystalle vom Schmelzpunkt 102°, welche dem monosymmetrischen oder asymmetrischen Systeme angehören; die zweite Form bildet blätterförmige, häufig zu Zwillingen verwachsene Krystalle des asymmetrischen Systems vom Schmelzpunkt 93—94°. Ausser diesen beiden existirt noch eine dritte Modification in feinstrahligen Sphaerokrystallen, deren Schmelzpunkt noch niedriger liegt, indessen bisher nicht genau bestimmt werden konnte. Krystalle aller drei Modifikationen erhält man, wenn die geschmolzene Substanz bei einer Temperatur von 70—80° langsam erstarrt. Die erste Modification wird am leichtesten durch Umkrystallisiren aus Benzol, die zweite durch Umkrystallisiren aus Alkohol im reinen Zustande erhalten. Häufig erhält man ein Gemenge beider, dessen Schmelzpunkt zwischen 95—99° schwankt.

Wir können nach diesen Resultaten die Identität der aus Bittermandelöl- und Malachitgrün entstehenden Leukobase mit dem Tetra-

---
[1]) Vgl. O. Lehmann, Inauguraldissertation ,,Ueber physikalische Isomerie". Leipzig 1877.

methyldiamidotriphenylmethan und die aus dieser Thatsache von Hrn. Doebner für die empirische Formel des Malachitgrüns gefolgerten Schlüsse nicht länger in Zweifel stellen. Nichts destoweniger glauben wir hier eine Reihe von Beobachtungen bei verwandten Farbstoffen derselben Gruppe anführen zu müssen, die mit dieser Schlussfolgerung im Widerspruch zu stehen scheinen und viel leichter mit unserer früheren Anschauung über die Constitution des Bittermandelölgrüns in Einklang zu bringen sind. Hierhin gehört vor Allem die von uns vor einiger Zeit beschriebene Bildungsweise des Methylvioletts aus einer Leukobase, die nach der Synthese als ein hexamethylirtes Paraleukanilin zu betrachten ist. Die Umwandlung desselben in Violett erfolgt genau unter denselben Bedingungen und Erscheinungen wie die Bildung des Bittermandelölgrüns. Nur erfordert die Operation weniger Vorsicht, weil das Violett gegen überschüssiges Oxydationsmittel beständiger als das Grün ist. In Folge dessen ist die Ausbeute an Farbstoff fast quantitativ. Derselbe ist identisch mit dem gewöhnlichen, aus reinem Dimethylanilin dargestellten Methylviolett. Beide Farbstoffe zeigen in ihrem gesammten Verhalten keinen Unterschied. Dasselbe gilt von den daraus durch Reduction entstehenden, unten beschriebenen Leukobasen.

Das Methylviolett hat nun nach den Analysen von A. W. Hofmann höchst wahrscheinlich die Formel $C_{24}H_{27}N_3, H_2O$. Da dasselbe ferner durch directe Methylirung des Pararosanilins entsteht, so hat die Annahme einer Bindung zwischen dem Methankohlenstoff und einer Stickstoffgruppe, wie dies in der Constitutionsformel

$$(CH_3)_2C_6H_4-C\begin{matrix}C_6H_4N(CH_3)_2\\C_6H_4\\|\\N(CH_3)\end{matrix}$$

der Fall ist, einen hohen Grad von Wahrscheinlichkeit. Das Reductionsproduct des Methylvioletts müsste also verschieden sein vom Hexamethylparaleukanilin. Dies scheint nun nach unseren Versuchen in der That der Fall zu sein. Wir haben die bereits von A. W. Hofmann[1]) beschriebene Base sowohl aus einem sehr reinen Methylviolett des Handels (Krystallviolett B der Firma **Bindschedler & Busch** in Basel), als auch aus dem durch Oxydation des Hexamethylparaleukanilins entstehenden Farbstoff dargestellt. Beide Produkte krystallisiren aus Alkohol in feinen, farblosen Blättchen und schmelzen übereinstimmend bei 163—165°.

---

[1]) Berichte d. D. Chem. Gesellsch. **6**, 361.

Die Analyse gab folgende mit den von A. W. Hofmann gefundenen Zahlen übereinstimmende Werthe:

$C_{24}H_{29}N_3$.   Ber. C 80,2, H 8,08.
   Gef. ,, 80,07, ,, 8,3.

Dieselben entscheiden jedoch hier ebenfalls nicht über einen Mehr- oder Mindergehalt an Methyl. Die Base unterscheidet sich durch den Schmelzpunkt, die grössere Löslichkeit in Alkohol und ihre grössere Unbeständigkeit gegen oxydirende Agentien sehr beträchtlich vom Hexamethylparaleukanilin (Schmelzpunkt 250°). Eine Umwandlung beider Basen in einander haben wir bisher nicht beobachten können, so dass die Annahme einer physikalischen Isomerie hier vor der Hand wenig Wahrscheinlichkeit hat.

Alle diese Beobachtungen führen übereinstimmend zu der Ansicht, dass die Bildung des Methylvioletts aus Hexamethylparaleukanilin in der That unter Abspaltung von einer Methylgruppe nach der von uns früher gegebenen Reactionsgleichung erfolgt.

Wenn nun das Bittermandelölgrün trotz seiner analogen Entstehungsweise vier Methylgruppen enthält und nach der von Doebner für das Malachitgrün als wahrscheinlich aufgestellten Formel constituirt wäre, so wären beide Farbstoffe offenbar als Repräsentanten zweier prinzipiell verschiedenen Körperklassen zu betrachten. Dass dem jedoch nicht so ist, glauben wir aus einem anderen Versuche schliessen zu dürfen, wodurch der Zusammenhang zwischen der grünen und violetten Reihe bei den Triphenylmethanfarbstoffen aufgeklärt wird. Auf synthetischem Wege ist es uns nämlich gelungen, aus Paranitrobenzoesäure und Dimethylanilin einen grünen Farbstoff zu gewinnen, den wir als Mononitrobittermandelölgrün betrachten und der bei vorsichtiger Reduction einen wahrscheinlich der Rosanilinreihe angehörenden violetten Farbstoff liefert.

Paranitrobittermandelölgrün.

Zur Darstellung dieser Substanz versetzt man ein Gemenge von 1 Mol. reinem krystallisirten Paranitrobenzoylchlorid und 2 Mol. Dimethylanilin mit der halben Gewichtsmenge Chlorzinks und erwärmt unter Umrühren auf dem Wasserbade, bis die sich bald grünfärbende Masse eine zähflüssige Consistenz angenommen hat. Das in der Kälte erstarrende Reactionsproduct wird mit ziemlich concentrirter Salzsäure ausgekocht und nach dem Erkalten die regenerirte Nitrobenzoesäure und andere nichtbasische Producte abfiltrirt. Das Filtrat wird mit Natronlauge übersättigt und das abgeschiedene, dunkelgefärbte Oel mit Aether extrahirt. Letzterer wird verdampft und der Rückstand durch Destillation mit Wasserdampf von Dimethylanilin befreit. Es bleibt dann eine dunkelgefärbte, halbfeste Masse, welche beim Auskochen mit kleinen Mengen Alkohol den Farbstoff als dunkelgelbes, krystallinisches Pulver zurücklässt. Durch Umkrystallisiren aus viel heissem Alkohol erhält man die Verbindung in feinen goldglänzenden, gelben Prismen.

Die Analysen der im Vacuum getrockneten Substanz zeigen, dass dieselben ebensowenig wie das freie Rosanilin sauerstoffhaltig ist, entscheiden jedoch nicht mit Sicherheit über die Zusammensetzung derselben.

$C_{23}H_{23}N_3O_2 + H_2O$ Ber. C 70,6 H 6,4 N 10,7
$C_{23}H_{21}N_3O_2 + C_2H_6O$. Ber. „ 71,1 „ 6,67 „ 10,37
Gef. „ 71,2 71,1 „ 6,7 6,8 „ 10,6

Wie man sieht, stimmen die Zahlen am Besten zu der letzteren Formel. Wir haben jedoch den Alkohol nicht direct nachweisen können. Die Substanz verliert beim Trocknen bis zu 140° nicht an Gewicht, bei höherer Temperatur tritt tiefergehende Zersetzung ein, wobei der intensive Geruch des Ameisenaldehyds sich bemerkbar macht. Möglicherweise ist die Verbindung ein dem Rosanilinhydrat entsprechender Aethyläther. Die Verbindung löst sich in verdünnten Mineralsäuren mit schön grüner Farbe, welche bei Zusatz von concentrirten Säuren in dunkelgelb übergeht. Durch Wasserzusatz werden die Salze theilweise unter Abscheidung der Base zersetzt. Die Lösung in Essigsäure oder verdünnten Mineralsäuren färben Wolle und Seide prachtvoll grün.

Das pikrinsaure Salz bildet feine, mikroskopische Nädelchen und ist sehr schwer in Benzol, etwas leichter in siedendem Alkohol löslich. Die Analysen desselben haben noch keine entscheidenden Zahlen gegeben. Die Verbindung unterscheidet sich vom Bittermandelölgrün hauptsächlich nur durch ihre geringere Löslichkeit, durch die gelbe Farbe der freien Base und ihre geringere Basicität. Im Uebrigen zeigt sie mit demselben die grösste Aehnlichkeit. Besonders charakteristisch ist ihr Verhalten gegen Reductionsmittel. Behandelt man die schwach angesäuerte Lösung derselben in verdünntem Alkohol vorsichtig mit Zinkstaub, so geht die anfangs grüne Farbe durch blauviolett in ein prachtvolles Rothviolett über. Der so gebildete Farbstoff färbt Wolle und Seide in ähnlicher Weise wie die violetten Abkömmlinge des Rosanilins. Bei weiterer Reduction geht derselbe in eine Leukobase über, welche bei der Oxydation sich wieder mit der grössten Leichtigkeit in Violett verwandelt. Wir haben diese Base aus Mangel an Material noch nicht genauer untersuchen können, glauben jedoch, dass dieselbe ein methylirtes Leukanilin ist. Die Umwandlung des grünen Nitrofarbstoffs in Violett ist der Bildung des Rosanilins aus Trinitrotriphenylcarbinol ganz analog. Zuerst findet offenbar die Reduction der Nitro- zur Amidogruppe statt mit dem gleichzeitigen, auffallenden Wechsel der Farbe, und erst bei fortgesetzter Einwirkung des Zinkstaubs erfolgt die Reduction des Farbstoffs zur Leukobase. Wir glauben aus diesem Versuche den Schluss ziehen zu dürfen, dass auch im Methylviolett die dritte in der Parastellung befindliche Amidogruppe allein die Verschiedenheit der Farbe vom Bittermandelölgrün bedingt. Dieser so auffallende Einfluss der dritten Amidogruppe auf die Farbennuance ist jedoch wesentlich von der Stellung derselben abhängig, wie uns weitere Versuche über das isomere Metanitrobittermandelölgrün gezeigt haben.

Metanitrobittermandelölgrün.

Dieser Farbstoff wird nach derselben Methode wie das Bittermandelölgrün durch Oxydation des aus Metanitrobenzaldehyd und Dimethylanilin entstehenden Nitrotetramethyldiamidotriphenylmethans erhalten. Die Condensation zwischen Nitrobenzaldehyd aus Dimethylanilin mit Chlorzink verläuft bei Anwendung von Wasserbadtemperatur sehr glatt. Das Nitrotetramethyldiamidotriphenylmethan besitzt ein ausgezeichnetes Krystallisationsvermögen. Aus Alkohol scheidet es sich in gelben Prismen ab, aus Benzol meistens in concentrisch gruppirten, goldgelben Nadeln. Es ist ziemlich schwer löslich in Aether, Alkohol und Ligroin, leicht in Benzol.

Der Körper löst sich in Säuren zu farblosen Salzen. Der Schmelzpunkt liegt bei 152°.

$C_{23}H_{25}(NO_2)N_2$. Ber. N 11,2. Gef. N 11,06.

Der durch Oxydation aus dem Nitrotetramethyldiamidotriphenylmethan erhaltene Farbstoff zeigt mit Paranitrobittermandelölgrün sowohl in seinen färbenden Eigenschaften, als dem Verhalten seiner Salze die grösste Aehnlichkeit. Die freie Base, welche schwierig krystallisirt, haben wir noch nicht im reinen Zustand erhalten, dagegen zeigt das Pikrat, dass der Farbstoff ebenfalls in die Reihe des Bittermandelölgrüns gehört.

Dasselbe krystallisirt aus Alkohol oder Benzol in kleinen, grünen, häufig zu kugeligen Aggregaten vereinigten Nadeln.

$C_{29}H_{26}N_6O_9$. Ber. C 57,7, H 4,3.
Gef. ,, 57,3, ,, 4,3.

Wird dieser Farbstoff in gleicher Weise wie die Paraverbindung reducirt, so beobachtet man keine Spur einer violetten Färbung, die grüne Farbe der Lösung verschwindet allmählich unter Bildung einer krystallisirenden Leukobase. Letztere liefert bei der Oxydation immer wieder einen grünen Farbstoff, der in der Nuance nicht wesentlich verschieden vom Bittermandelölgrün ist.

Genau dasselbe Verhalten zeigt das aus dem oben erwähnten Nitrotetramethyldiamidotriphenylmethan durch Reduction mit Zink und Salzsäure entstehende Tetramethyltriamidotriphenylmethan,

$$NH_2C_6H_4C \begin{matrix} H \\ \cdots C_6H_4N \\ C_6H_4N \end{matrix} \begin{matrix} CH_3 \\ CH_3 \\ CH_3 \\ CH_3 \end{matrix}$$

Diese Base krystallisirt in ähnlichen Formen wie Tetramethyldiamidotriphenylmethan. Die Krystalle bilden meist zu kugeligen Aggregaten vereinigte, farblose Nädelchen. Am leichtesten rein wird die Base durch Umkrystallisiren aus Ligroin erhalten. Der Schmelzpunkt liegt bei 130°.

Ber. C 80,0, H 7,8.
Gef. ,, 80,1, ,, 8,02.

Auch bei Behandlung dieser Leukobase mit Jodmethyl gelangt man keineswegs in die Reihe des Rosanilins. Beim Erhitzen derselben mit Methyljodid und Methylalkohol auf 115—120° entsteht als Endproduct eine Ammoniumverbindung, welche dem von A. W. Hofmann entdeckten, fertig methylirten Paraleukanilin entspricht, von demselben aber total verschieden ist. Das Jodid krystallisirt ausserordentlich schwer und ist in Wasser sehr leicht löslich. Zur Analyse diente deshalb das schwerlösliche Platindoppelsalz, welches aus dem Jodid durch Behandlung mit Chlorsilber und Fällen mit Platinchlorid aus wässeriger Lösung als krystallinisches, braungelbes Pulver erhalten wird. Die Analyse stimmt ziemlich gut zu der Formel eines neunfach methylirten Triamidotriphenylmethans.

$2 C_{19}H_{13}[N(CH_3)_3Cl]_3 + 3 PtCl_4$.   Ber. Pt 28,6,   Cl 30,94.
Gef. ,, 28,34, 28,22, ,, 30,78.

Erhitzt man das trockne Jodid einige Zeit an der Luft, so entweicht Jodmethyl und es bildet sich wiederum ein grüner Farbstoff.

Behandelt man in gleicher Weise das fertig methylirte Leukanilin, welches wir aus reinem Pararosanilin nach der Methode von A. W. Hofmann dargestellt und welches wohl ebenfalls als ein neunfach methylirtes Derivat der Triamidobase betrachtet werden muss, so erhält man immer nur Methylviolett als einzigen Farbstoff.

Man sieht daraus, wie sehr die Farbstoffbildung in der Triphenylmethanreihe von der Stellung einzelner Amidogruppen abhängig ist.

Wir beabsichtigen in gleicher Weise das Orthonitroderivat des Bittermandelölgrüns aus Orthonitrobenzoesäure darzustellen und sein Verhalten gegen Reductionsmittel zu untersuchen.

12. Emil Fischer und Otto Fischer: Ueber Farbstoffe der Rosanilingruppe.

Berichte der Deutschen Chemischen Gesellschaft **12**, 2344 [1879].

(Eingegangen am 24. December.)

In unserer letzten Mittheilung[1]) haben wir einen aus Paranitrobenzoylchlorid und Dimethylanilin entstehenden, grünen Farbstoff beschrieben, den wir als Paranitroderivat des Bittermandelöl- odef Malachitgrüns auffassten und dessen Verhalten gegen Reductionsmittel Aufschluss über den Zusammenhang zwischen der grünen und der violetten Reihe der Triphenylmethanfarbstoffe zu geben schien.

Bei der Behandlung mit Zinkstaub und Essigsäure liefert derselbe einen violetten Farbstoff, welcher mit den violetten Abkömmlingen des Rosanilins die grösste Aehnlichkeit zeigt und ebenso wie jene bei weiterer Reduction in eine Leukobase umgewandelt wird. Letztere hielten wir für ein methylirtes Leukanilin. Diese Vermuthung hat sich bei weiterer Untersuchung der Verbindung bestätigt. Mit gelinde oxydirenden Agentien behandelt, geht dieselbe in einen violettrothen Farbstoff über, der in der Nüance zwischen dem Rosanilin und dem Methylviolett steht, und beim Erhitzen mit Jodmethyl liefert sie als Endproduct eine Ammoniumbase, welche identisch ist mit der aus Paraleukanilin auf gleichem Wege erhaltenen Verbindung.

Das Endproduct der Methylirung von gewöhnlichem Leukanilin ist von A. W. Hofmann und Girard als octomethylirtes Leukanilin[2]) mit der Formel, $C_{20}H_{16}(CH_3)_5(CH_3J)_3$, für das Jodid beschrieben worden. Wir glauben, dass diese Verbindung nach dem heutigen Stande unserer Kenntnisse als ein neunfach methylirtes Product zu betrachten ist, dass mithin dem entsprechenden Derivat des Paraleukanilins die Formel, $C_{19}H_{13}(CH_3)_6$, $(CH_3J)_3$, zukommt.

Letztere Verbindung haben wir durch Erhitzen von reinem Paraleukanilin mit Jodmethyl und Methylalkohol nach der Vorschrift von

---

[1]) Berichte d. D. Chem. Gesellsch. **12**, 800. (*S. 111.*)
[2]) Berichte d. D. Chem. Gesellsch. **2**, 448. — Wir setzen hierbei voraus, dass Hr. A. W. Hofmann bei seinen Untersuchungen stets das Rosanilin $C_{20}H_{19}N_3$, H_2O verwandt hat.

Hofmann und Girard dargestellt. Dieselbe krystallisirt aus warmem Wasser in farblosen Nadeln und zeigt genau das Verhalten des Homologen. Die Analysen verschiedener Präparate haben allerdings keine scharfen Zahlen ergeben.

Der Jodgehalt schwankte zwischen 47,3 und 45,5 pCt.,
Gef. 47,3, 46,54, 46,5, 46,7, 45,5,

während die Rechnung für obige Formel 47,7 pCt. ergiebt. Diese Differenzen rühren jedenfalls von der leichten Zersetzlichkeit der Substanz her, welche schon bei niedriger Temperatur eine kleine Menge Jod, wahrscheinlich als Jodmethyl, verliert. Immerhin aber sprechen die erhaltenen Zahlen mehr für die Formel mit 9 Methyl als für die Octomethylverbindung, welche 48,7 pCt. verlangt.

Dasselbe gilt von der Analyse des Platindoppelsalzes, welches durch Fällen des Chlorids mit Platinchlorid als hellgelber, krystallinischer Niederschlag erhalten wird.

$2\ C_{19}H_{13}[N(CH_3)_3Cl]_3 + 3\ PtCl_4$. Ber. Pt 28,63. Gef. Pt 28,25.

Beim Erhitzen verliert das Jodid ebenso wie sein Homologon Jodmethyl und verwandelt sich bei Luftzutritt theilweise in Methylviolett.

Genau dieselben Eigenschaften zeigt nun auch das Produkt, welches aus der Leukobase des Paranitrobittermandelölgrüns durch Erhitzen mit Jodmethyl und Methylalkohol auf 100—110° erhalten wird. Die Analyse der Platinverbindung gab folgende Zahlen:

Ber. Pt 28,63. Gef. Pt 28,32.

Beide Ammoniumjodide färben sich beim raschen Erhitzen im Capillarrohr schwach blau und schmelzen übereinstimmend bei ungefähr 185° unter starker Gasentwickelung zu einer dunkelblauvioletten Flüssigkeit.

Wir halten auf Grund dieser Versuche beide Ammoniumkörper für identisch und glauben dadurch den Beweis geliefert zu haben, dass die relative Stellung der drei Stickstoffgruppen in dem grünen Nitrofarbstoff dieselbe ist, wie im Pararosanilin. Die Eigenschaften des Nitrofarbstoffs und die Analogie seiner Bildung machen es ferner im höchsten Grade unwahrscheinlich, dass die beiden Amidogruppen sich hier in derselben Stellung befinden, wie im Malachitgrün und dass überhaupt in der Constitution beider Farbstoffe kein principieller Unterschied besteht. Die directe Ueberführung desselben durch gemässigte Reduction in ein violett gefärbtes, methylirtes Rosanilinderivat beweist ferner, dass die ganze Klasse der vom Bittermandelölgrün derivirenden Farbstoffe dem Rosanilin analog constituirt ist. Diese Schlussfolgerung bestätigt im Wesentlichen die von uns zuerst über die Natur des Bittermandelölgrüns geäusserte Ansicht, welcher wir später durch Aufstellung der Formel

$$\begin{array}{c} C_6H_5 \diagdown \quad \diagup C_6H_4 \\ C \\ (CH_3)_2N \cdot C_6H_4 \diagup \quad \diagdown N \cdot CH_3 \end{array}$$

in bestimmter Weise Ausdruck gaben.

Durch die Untersuchungen von O. Doebner[1]), deren Resultate von uns[2]) bestätigt wurden, ist jedoch seitdem der Nachweis geliefert worden, dass das identische Malachitgrün vier Methylgruppen enthält, wodurch eine Modification unserer Ansicht nöthig wird.

Die Formulirung der dem Malachitgrün entsprechenden freien, farblosen Base, $C_{23}H_{24}N_2$, H_2O, bietet keine Schwierigkeiten. Bei Zugrundelegung unserer Formel für das freie Rosanilin

$$[(NH_2)C_6H_4]_3 \equiv C \cdot OH,$$

gelangt man für die Grünbase zu dem Schema

$$C_6H_5 - C \diagup\!\!\!\diagdown \begin{array}{l} C_6H_4 \cdot N(CH_3)_2 \\ C_6H_4 \cdot N(CH_3)_2 \end{array}$$
$$OH$$

welches eine nothwendige Consequenz unserer Ansicht über die Constitution der freien Violettbasen[3]) ist und welche bereits vor Kurzem von O. Doebner[4]) und O. Fischer[5]) aufgestellt und analytisch begründet wurde.

Weniger treffend ist bisher die zweite Frage, in welcher Weise aus einem derartig constituirten Carbinol die sauerstofffreien Salze des Farbstoffs durch Wasseraustritt entstehen, beantwortet worden.

Hr. Doebner hält an der Ansicht fest, dass die Anhydridbildung zwischen der Carbinol- und einer Methylgruppe erfolge.

Wir haben die von ihm aufgestellte Formel[6])

$$C_6H_5 - C \diagup\!\!\!\diagdown \begin{array}{l} C_6H_4 N(CH_3)_2 \\ C_6H_4 N \diagup\!\!\!\diagdown \begin{array}{l} CH_3 \\ CH_2 \end{array} \end{array}$$

früher für sehr unwahrscheinlich erklärt, weil dieselbe der Analogie des Grüns mit dem Rosanilin keine Rücksicht trägt und wir können dieses Urtheil jetzt auf Grund aller thatsächlichen Beobachtungen nur in noch

---

[1]) Berichte d. D. Chem. Gesellsch. **11**, 2274.
[2]) Berichte d. D. Chem. Gesellsch. **12**, 798. (*S. 109.*)
[3]) Ann. Chem. Pharm. **194**, 294. (*S. 91.*)
[4]) Berichte d. D. Chem. Gesellsch. **12**, 1468.
[5]) Berichte d. D. Chem. Gesellsch. **12**, 1686.
[6]) Berichte d. D. Chem. Gesellsch. **11**, 1240 und **12**, 1468.

bestimmterer Weise wiederholen. Eine zweite, kürzlich von O. Fischer aufgestellte Formel[1])

$$(CH_3)_2N \cdot C_6H_4 \diagdown C \diagup\diagdown_{N \diagup\diagdown CH_2}^{C_6H_4 \diagdown CH_3}$$

bringt das Grün in nähere Beziehung zum Rosanilin, weil darin ebenfalls eine Bildung zwischen dem Methankohlenstoff und dem Stickstoff einer Amidogruppe vorhanden ist. Dieselbe verliert indessen an Wahrscheinlichkeit durch die Annahme der an Stickstoff gebundenen Methylengruppe, für welche zur Zeit kein Analogiefall bekannt ist. Wir glauben diese Schwierigkeiten durch eine naheliegende, aber bisher nicht direct ausgesprochene Hypothese über die Salzbildung bei den Amidoderivaten des Triphenylcarbinols beseitigen zu können, welche im Wesentlichen nur eine Präcisirung unserer Rosanilinformel ist. Bei dem Rosanilin erfolgt unter dem Einfluss von Säuren eine Wasserabspaltung zwischen der Carbinol- und einer Amidogruppe, wie wir dies durch das Schema

$$\begin{array}{c} NH_2 \cdot C_6H_4 \diagdown \quad \diagup C_6H_4 \\ C \\ NH_2 \cdot C_6H_4 \diagup \quad \diagdown NH \end{array}$$

ausgedrückt haben.

Diese Formel gilt jedoch, wie schon früher hervorgehoben wurde, nur für die Salze des Rosanilins. Im freien Zustande ist jene Atomgruppe nicht beständig, sondern verwandelt sich durch Aufnahme von Wasser wieder in Triamidotriphenylcarbinol. Die Säure ist hiernach offenbar bei der Anhydridbildung direct betheiligt; ihre Wirkung erklärt sich am einfachsten durch die Annahme, dass dieselbe sich an diejenige Amidogruppe anlagert, welche mit dem Methankohlenstoff in Bindung tritt. Die Bildung des Fuchsins aus der Rosanilinbase würde nach dieser Anschauung in zwei Phasen verlaufen. Durch Anlagerung von Salzsäure an eine Amidogruppe entsteht zunächst ein Salz des Triamidotriphenylcarbinols, welches jedoch alsbald zerfällt, indem zwischen der Carbinol- und Ammoniumgruppe Anhydridbildung erfolgt. Der Vorgang wird durch folgendes Schema veranschaulicht:

$$C_{19}H_{19}N_3O + HCl = \begin{array}{c} NH_2 \cdot C_6H_4 \diagdown \quad \diagup C_6H_4 - NH_2 \cdot HCl \\ C \\ NH_2 \cdot C_6H_4 \diagup \quad \diagdown OH \end{array}$$

$$= \begin{array}{c} NH_2C_6H_4 \diagdown \quad \diagup C_6H_4 \\ C \vdots H \\ NH_2C_6H_4 \diagup \quad \diagdown N{<}^H_{Cl} \end{array} + H_2O.$$

---

[1]) Berichte d. D. Chem. Gesellsch. **12**, 1688.

Bei der Zersetzung des Salzes durch Alkalien würde mit der Abspaltung der Salzsäure gleichzeitig die Sprengung der Stickstoff-Kohlenstoffbindung durch Wasseraufnahme und die Rückbildung des Triamidotriphenylcarbinols erfolgen.

Ueberträgt man diese Anschauung auf das Bittermandelölgrün, so erhält man für die Bildung des Chlorids aus der freien Base das Schema:

$$\begin{array}{c} C_6H_5 \diagdown \quad \diagup C_6H_4N(CH_3)_2 \cdot HCl \\ C \\ (CH_3)_2NC_6H_4 \diagup \quad \diagdown OH \end{array}$$

$$\begin{array}{c} C_6H_5 \diagdown \quad \diagup C_6H_4 \\ C \quad \diagdown CH_3 + H_2O \; . \\ (CH_3)_2N \cdot C_6H_4 \diagup \quad N \diagdown CH_3 \\ \quad\quad\quad\quad\quad\quad\quad Cl \end{array}$$

Dass bei der Farbstoffbildung aus den Amidoderivaten des Triphenylcarbinols in der That 2 Vorgänge nacheinander stattfinden, lässt sich hier experimentell direct beweisen. Die Base des Bittermandelölgrüns löst sich in verdünnten Säuren in der Kälte fast farblos auf und erst beim Erwärmen oder längerem Aufbewahren dieser Lösungen erfolgt dann die Bildung der grünen Salze. In noch auffallenderer Weise beobachtet man dieselbe Erscheinung bei dem Paranitroderivat. Versetzt man die verdünnte, kalte, alkoholische Lösung derselben vorsichtig mit Salzsäure oder Essigsäure so bleibt dieselbe fast farblos und färbt die Faser nicht an. Beim Erwärmen tritt dagegen bald die intensive Farbe der grünen Salze auf und die Lösung besitzt jetzt stark färbende Eigenschaften.

Nur in einem Punkte scheint obige Formel dem thatsächlichen Verhalten der Grünbase nicht zu entsprechen. Nach der Formulirung der Atomgruppe

$$\begin{array}{c} \diagdown \quad \diagup C_6H_4 \\ C \quad \diagdown CH_3 \\ \diagup \quad N \diagdown CH_3 \\ \quad\quad\quad Cl \end{array}$$

welche wir als die farbbildende betrachten, gehört das Chlorid in die Klasse der sogenannten quartären Ammoniumverbindungen, mit welchen der Farbstoff in Wirklichkeit nicht die geringste Aehnlichkeit zeigt. Die quartären Ammoniumchloride unterscheiden sich bekanntlich von den Salzen des Ammoniaks und der Aminbasen trotz der heute angenommenen analogen Constitution durch ihre Beständigkeit gegen Alkalien. Das Chlor wird erst durch Silberoxyd entfernt und es entstehen alsdann die bei den Aminbasen nicht beständigen Hydroxyde, welche durchgehends in Wasser leicht löslich sind. Alle diese Eigenschaften fehlen dem Bittermandelölgrün vollständig. Aus der Lösung des Chlorids wird die freie Base bereits durch Ammoniak in der Kälte gefällt, da dieselbe ebenso wie das Rosanilin in Wasser fast unlöslich ist. Dies abweichende Verhalten des Farbstoffs erklärt sich auch bei Annahme obiger Formel ungezwungen durch die eigenartige Natur des mit dem Stickstoff verbundenen Triphenylcarbinolrestes. Derselbe ist kein gewöhnliches Alkoholradikal, sondern zeigt vielmehr, wie schon verschiedentlich von uns betont wurde, den Charakter eines Säureradikals. Die Bindung mit dem Stickstoff wird mit der grössten Leichtigkeit durch Wasseraddition gesprengt, wie das Verhalten der Rosanilinsalze gegen Alkalien und namentlich gegen salpetrige Säure beweist. Die saure Natur des Carbinolrestes veranlasst nun auch in dem Chlorid der Grünbase die Unbeständigkeit der Ammoniumgruppe. Durch Alkalien wird das Chlor mit der grössten Leichtigkeit abgespalten, es entsteht jedoch nicht das entsprechende Hydroxyd, sondern es wird gleichzeitig durch Sprengung der Stickstoff-Kohlenstoffbindung die Carbinolgruppe regenerirt und die Ammoniumgruppe in eine tertiäre Amingruppe zurückverwandelt. Die Spaltung des Chlorids durch Alkalien ist nur der umgekehrte Process der Salzbildung aus der freien Base. Sie erfolgt nach dem Schema:

$$\underset{(CH_3)_2N \cdot C_6H_4}{\overset{C_6H_5}{\diagdown}} C \underset{Cl}{\overset{C_6H_4}{\diagup}} N \cdot (CH_3)_2 + H_2O$$

$$\underset{(CH_3)_2N \cdot C_6H_4}{\overset{C_6H_5}{\diagdown}} C \underset{OH}{\overset{C_6H_4N \cdot (CH_3)_2}{\diagup}} + HCl.$$

Diese Betrachtungsweise hat den Vortheil, dass sie die Analogie von Bittermandelölgrün und Rosanilin bezüglich der farbbildenden Gruppe, welche thatsächlich vorhanden ist, scharf hervortreten lässt. Als Kernpunkt derselben ist die Annahme von fünfwerthigem Stickstoff und der Stickstoff-Kohlenstoffbindung in der chromogenen Atomgruppe hervorzuheben. Sobald diese beiden Bedingungen nicht erfüllt sind, verschwindet die Farbe. Alle bisher in reinem Zustande dargestellten Basen dieser Klasse, welche die regenerirte Carbinolgruppe enthalten, sind bekanntlich farblos. Dieselben unterscheiden sich dadurch wesentlich von der sonst nahe verwandten, aber gefärbten Rosolsäure, in welcher die sauerstoffhaltige chromogene Gruppe

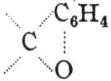

bei der Salzbildung nicht betheiligt ist und vielleicht in Folge dessen weder von Alkalien noch Säuren unter gewöhnlichen Bedingungen verändert wird.

Wendet man diese Auffassung des Fuchsins auch auf die übrigen Derivate des Rosanilins an, so erhält man für das Methylviolett und sein Chlorid, welches nach den Analysen von A. W. Hofmann und nach unseren Versuchen[1]) über seine Leukoverbindung wahrscheinlich fünf Methylgruppen enthält, die beiden Formeln

1)
$$(CH_3)_2 \cdot N \cdot C_6H_4 \diagdown \diagup C_6H_4 \cdot NH(CH_3)$$
$$C$$
$$(CH_3)_2 \cdot N \cdot C_6H_4 \diagup \diagdown OH$$

2)
$$(CH_3)_2 \cdot N \cdot C_6H_4 \diagdown \diagup C_6H_4$$
$$C \quad CH_3$$
$$(CH_3)_2 \cdot N \cdot C_6H_4 \diagup \diagdown N{-}H$$
$$Cl$$

Demselben müsste in seinen Eigenschaften ein zweiter methylreicherer Farbstoff sehr nahe stehen, welcher dem Bittermandelölgrün entsprechen würde.

Diese Verbindung wird sich voraussichtlich gewinnen lassen durch gemässigte Oxydation des sog. Hexamethylleukanilins[2]), welches bei energischer Oxydation unter Abspaltung von einer Methylgruppe Methylviolett liefert. In ähnlicher Weise wird man vielleicht durch stärker wirkende Oxydationsmittel aus dem Tetramethyldiamidotriphenylmethan eine Grünbase mit nur drei Methylgruppen von der Formel

$$C_6H_5 \diagdown \diagup C_6H_4{-}N{\diagup}^{CH_3}_{H}$$
$$C$$
$$(CH_3)_2NC_6H_4 \diagup \diagdown OH$$

welche wir früher irrthümlich dem Bittermandelölgrün zugeschrieben haben, erhalten können. Wir sind mit derartigen Versuchen bereits beschäftigt.

Etwas verschieden von den vorher besprochenen Farbstoffen ist das sogenannte Methylgrün. Das Chlorid desselben enthält nach den Analysen von A. W. Hofmann[3]) ein Chlormethyl mehr als das entsprechende Violettsalz. Dieses zweite Molekül Chlormethyl lagert sich höchst wahrscheinlich an eine der beiden tertiären Amidogruppen des Violettsalzes an, wie dies durch die Formel

$$CH_3Cl \cdot (CH_3)_2 \cdot N \cdot C_6H_4 \diagdown \diagup C_6H_4$$
$$C \quad CH_3$$
$$(CH_3)_2 \cdot N \cdot C_6H_4 \diagup \diagdown N{-}H$$
$$Cl$$

---

[1]) Berichte d. D. Chem. Gesellsch. **12**, 800. (*S. 111.*)
[2]) Berichte d. D. Chem. Gesellsch. **11**, 2095. (*S. 97.*)
[3]) Berichte d. D. Chem. Gesellsch. **6**, 363.

veranschaulicht wird. Nach dieser Auffassung würde das Methylgrün neben der unveränderten, chromogenen Gruppe des Violetts noch eine gewöhnliche, quartäre Ammoniumgruppe enthalten, eine Annahme, welche mit allen Angaben von Hofmann und Girard[1]) über das sog. Jodgrün und mit unseren eigenen Beobachtungen in völligem Einklang steht.

Versetzt man eine Lösung des reinen Methylgrünchlorids in Wasser mit verdünntem Kali oder Ammoniak, so verschwindet die grüne Farbe sofort und geht in ein bräunliches Roth über. Ist der Farbstoff frei von Violett, so bleibt die Lösung vollständig klar, während unter denselben Umständen Rosanilin, Violett und Bittermandelölgrün sofort gefällt werden.

Auf Zusatz von conc. Alkali scheidet sich dagegen, wie Hofmann und Girard auch für das Jodid angeben, eine harzige, bräunlich gefärbte Masse ab, welche in reinem Wasser leicht löslich ist, die Faser nicht färbt und mit Salzsäure das ursprüngliche Chlorid des Grüns regenerirt. Diese harzige Masse ist keineswegs die freie Base, sondern besteht zum grössten Theil aus einem Chlorid. Selbst beim wiederholten Auflösen in Wasser und Ausfällen mit concentrirter, chlorfreier Natronlauge zeigt das abgeschiedene Produkt noch einen beträchtlichen Chlorgehalt. Sehr leicht lässt sich dagegen das Halogen mit Silberoxyd entfernen. Man erhält so die chlorfreie Base des Methylgrüns, welche zum Unterschied von Rosanilin und Violett ebenfalls in reinem Wasser sehr leicht löslich ist und daraus erst durch sehr concentrirtes Alkali als farblose, harzige Masse gefällt wird. Durch Salzsäure wird dieselbe in das ursprüngliche Chlorid zurückverwandelt. Hierbei beobachtet man dieselbe auffallende Erscheinung, wie bei der Salzbildung des Bittermandelölgrüns; die verdünnte, wässerige Lösung der Base bleibt in der Kälte bei vorsichtigem Zusatz von Essig- oder Salzsäure fast farblos, nimmt dagegen beim Erwärmen plötzlich die intensive Farbe des Methylgrüns an. Dieses merkwürdige Verhalten des Methylgrünchlorids erklärt obige Formel in einfacher Weise. Durch Alkali wird zunächst ähnlich wie beim Violett das Chlor der farbbildenden Gruppe als Salzsäure abgespalten und die Carbinolgruppe regenerirt, während die quartäre Ammoniumgruppe unverändert bleibt. Es entsteht dadurch das nicht gefärbte Chlormethylat der freien Violettbase von der Formel:

$$(CH_3)_2N \cdot C_6H_4 \diagdown \qquad \diagup C_6H_4 \cdot N\begin{matrix}CH_3\\H\end{matrix}$$
$$\qquad\qquad\qquad C$$
$$OH \cdot (CH_3)_3N \cdot C_6H_4 \diagup \qquad \diagdown OH$$

---

[1]) Berichte d. D. Chem. Gesellsch. **2**, 442 ff.

Der letzte Vorgang findet nach den Beobachtungen von Hofmann und Girard auch bei andauernder Behandlung des Jodids mit starker Natronlauge statt. Die Eigenschaften dieser Körper sind leider nicht derart, dass man die theoretischen Schlussfolgerungen analytisch controliren könnte.

Nicht minder charakteristisch ist das Verhalten des Methylgrüns gegen reducirende Agentien. Die wässerige Lösung des Chlorids wird durch Zinkstaub und Essigsäure rasch entfärbt und scheidet dann auf Zusatz von conc. Alkali ein farbloses, harziges Produkt ab, welches sich in Wasser und verdünnten Säuren farblos löst und bei der Behandlung mit Branntwein und verdünnter Schwefelsäure wieder Methylgrün liefert. Die Wirkung des Reductionsmittels beschränkt sich offenbar ebenso wie die der Alkalien auf die Veränderung der chromogenen Gruppe, während die quartäre Ammoniumgruppe intact bleibt.

Nach den vorliegenden Betrachtungen ist die farbbildende Gruppe in sämmtlichen basischen Abkömmlingen des Triphenylcarbinols im Wesentlichen gleich constituirt. Auf den Mehr- oder Mindergehalt von Methyl ist dabei keine Rücksicht genommen.

Es liegt demgegenüber die Frage sehr nahe, durch welche Verschiedenheit der Constitution dann die auffallende Verschiedenheit der Farbe von Methylviolett und Methylgrün veranlasst wird.

Die Reduction des Paranitrobittermandelölgrüns scheint uns auch über diesen Punkt Aufschluss zu geben. Die Farbe des Nitrokörpers ist nicht wesentlich verschieden von der des Bittermandelölgrüns, sie ist nur etwas lebhafter und durch einen Stich ins Gelbe ausgezeichnet. Die Nitrogruppe hat mithin keinen besondern Einfluss auf die Nuance. Sobald dieselbe aber durch die Amidogruppe ersetzt wird, findet der Umschlag der Farbe von Grün in Rothviolett statt. Man kann hiernach nicht zweifelhaft darüber sein, dass die beiden methylirten Amidogruppen des Bittermandelölgrüns die Träger der grünen Farbe sind, dass dieselben jedoch in Combination mit der dritten, in der Parastellung befindlichen Amidogruppe eine rothe Nuance erzeugen. Wird die letztere entfernt oder ihr Einfluss auf die Farbbildung aufgehoben, so muss das Grün der beiden andern Amidogruppen wieder zum Vorschein gelangen. Dies scheint uns nun beim Methylgrün durch die Umwandlung der dritten Amido- in eine quartäre Ammoniumgruppe bewirkt zu werden. Letztere würde ebenso wie die Nitrogruppe auf die Farbe ohne Einfluss sein und nur die grössere Löslichkeit des Farbstoffs in Wasser veranlassen.

Grössere Schwierigkeiten bietet der theoretischen Behandlung das letzte violett gefärbte Methylderivat des Rosanilins, das von Hofmann und Girard[1]) zuerst beschriebene und von Hofmann[2]) genauer untersuchte sogenannte Trijodmethylat des Trimethylrosanilins. Dasselbe enthält ein Jodmethyl mehr als das Jodid des Methylgrüns, und man könnte sich dasselbe einfach durch Anlagerung von ein Jodmethyl in die letzte tertiäre Amidogruppe des Grüns entstanden denken. Die Eigenschaften des Farbstoffs stehen jedoch mit dieser Annahme durchaus nicht im Einklang. Derselbe ist, ganz verschieden von dem Grün, in Wasser unlöslich; beim Erhitzen verliert derselbe Jodmethyl, liefert dabei aber kein Grün, sondern direkt Methylviolett. Noch leichter findet diese Umwandlung durch Einwirkung von Pikrinsäure auf das in Alkohol gelöste Salz statt, wobei nach Hofmann ausschliesslich das Pikrat des gewöhnlichen Methylvioletts entsteht. Dieselbe Abspaltung von zwei Methyl erfolgt endlich bei der Reduction des Farbstoffs sowohl durch Schwefelammonium (A. W. Hofmann), als auch nach unsern Versuchen durch Zinkstaub und Essigsäure.

Alle diese Eigenschaften unterscheiden den Farbstoff total von dem Methylgrün, zu welchem er in keiner näheren Beziehung steht. Derselbe scheint uns vielmehr ein eigenthümliches Additionsprodukt von Methylviolett und zwei Jodmethyl zu sein, in welchem vielleicht die chromogene Gruppe das Jodmethyl in ähnlicher Weise fixirt, wie die Jodide der gewöhnlichen quartären Ammoniumbasen[3]) vier Atome Jod aufnehmen.

---

[1]) Berichte d. D. Chem. Gesellsch. **2**, 446.
[2]) Berichte d. D. Chem. Gesellsch. **7**, 364.
[3]) Weltzin, Ann. Chem. Pharm. **91**, 33.

13. Emil Fischer und Otto Fischer: Zur Kenntnis des Rosanilins.
Berichte der Deutschen Chemischen Gesellschaft **13**, 2204 [1880].

(Eingegangen am 2. December.)

Für die vollständige Aufklärung der Constitution des Pararosanilins und seiner Homologen handelt es sich bei dem jetzigen Stande unserer Kenntnisse vorzugsweise um die Erledigung von zwei Punkten, welche in den früheren Mittheilungen weniger berücksichtigt wurden: erstens die relative Stellung der drei Amidogruppen zum Methankohlenstoff, zweitens die Existenz isomerer Rosaniline von der Formel $C_{20}H_{21}N_3O$.

In unserer ausführlichen Abhandlung über Triphenylmethan und Rosanilin[1]) haben wir, gestützt auf die Nitrirungsversuche beim Triphenylmethan, die Vermuthung ausgesprochen, dass die Stellung der Amidogruppen in allen Rosanilinen dieselbe sei, dass mithin verschiedene Rosaniline der Formel $C_{20}H_{21}N_3O$ nicht existiren. Diese Schlussfolgerung stand in scheinbarem Widerspruch mit den älteren Untersuchungen von Hrn. Rosenstiehl, welcher ausser dem Pararosanilin zwei isomere Farbstoffe von der Formel $C_{20}H_{21}N_3O$ beschreibt. Der eine derselben soll aus reinem Orthotoluidin und Anilin entstehen. Die Rosenstiehl'schen Abhandlungen enthielten jedoch keine einzige experimentelle Thatsache, wodurch die Verschiedenheit dieser Rosaniline bewiesen worden wäre, dagegen liessen sich alle Beobachtungen Rosenstiehl's — die Spaltungsversuche mit Jodwasserstoff nicht ausgenommen — sehr gut mit der Annahme vereinigen, dass das sog. α-, β- (Ortho-, Para-) Rosanilin nur ein Gemenge der beiden anderen sei. Wir haben uns in Folge dessen in unserer Abhandlung nur mit dem Pararosanilin und einem homologen Farbstoff, $C_{20}H_{21}N_3O$, beschäftigt, welcher den Hauptbestandtheil des gewöhnlichen, technischen Fuchsins bildet und welchen wir für das sog. Ortho- (Pseudo-) Rosanilin hielten. Dieser Punkt unserer Abhandlung ist später von Hrn. Rosenstiehl[2]) zum Gegenstande der Discussion gemacht worden. Trotz der erweiterten

---
[1]) Ann. Chem. Pharm. **194**, 242. (S. 55.)
[2]) Bull. de la soc. chim. de Paris **1879**, 13.

Kenntnis über die Constitution dieser Farbstoffe hält er die Existenz von zwei isomeren Rosanilinen, $C_{20}H_{21}N_3O$, durch seine früheren Versuche für bewiesen, von welchen wir nur das eine, im käuflichen Fuchsin enthaltene, das Paraorthorosanilin, untersucht und berücksichtigt hätten. Zur definitiven Entscheidung dieses streitigen Punktes schien es uns nöthig, in Vervollständigung der früheren Versuche, den nach Rosenstiehl aus Orthotoluidin und Anilin entstehenden Farbstoff rein darzustellen und nach unserer Methode mit dem Bestandtheil des technischen Fuchsins zu vergleichen. Bei dieser Untersuchung sind wir zu dem eigenthümlichen Resultate gelangt, dass das sog. Orthorosanilin nicht existirt. Für die betreffenden Versuche bedurften wir zunächst eines reinen Orthotoluidins, dessen Herstellung im grösseren Maassstabe mit nicht geringen experimentellen Schwierigkeiten verbunden ist. Das zuerst von uns verwandte Präparat war aus der käuflichen Base nach dem bekannten Verfahren von Rosenstiehl-Bindschedler gereinigt. Dasselbe lieferte bei der Schmelze mit Arsensäure bei vorläufigen Versuchen ausserordentlich wenig Rosanilin. Misstrauisch gegen dieses auffällige Resultat wandten wir uns im Frühjahr 1879 an Hrn. Caro mit der Bitte, das von uns gereinigte Orthotoluidin mit Benutzung der Fabrikserfahrungen auf seine Fähigkeit, Fuchsin zu bilden, zu prüfen. Hr. Caro kam unserem Wunsche mit grösster Bereitwilligkeit entgegen und theilte uns nach kurzer Zeit das Ergebnis seiner mit grosser Sorgfalt ausgeführten Versuche mit. Nach denselben war die Menge des erhaltenen Fuchsins sehr gering. Dieselbe betrug bei Anwendung von 1 Mol. Toluidin auf 2 Mol. Anilin 2 pCt., bei Anwendung von 2 Mol. Toluidin auf 1 Mol. Anilin 4 pCt. der theoretischen Ausbeute. Der uns übersandte Farbstoff besass die Zusammensetzung $C_{20}H_{21}N_3O$, lieferte bei der Zersetzung der Diazoverbindung den Kohlenwasserstoff $C_{20}H_{18}$ (Schmelzp. 59°) und war von dem gewöhnlichen Handelsrosanilin nicht zu unterscheiden. Die geringe Ausbeute an Farbstoff legte die Vermuthung nahe, dass derselbe seine Entstehung nicht dem Orthotoluidin, sondern nur einer kleinen Beimengung von Paratoluidin verdanke. In der That liess sich in der angewandten Base durch Umkrystallisiren der Acetverbindung etwas Paratoluidin nachweisen. Wir haben daraufhin das Orthotoluidin durch vielfaches Umkrystallisiren der Acetverbindung weiter gereingt und so schliesslich eine Base erhalten, welche sowohl für sich, wie in Combination mit Anilin bei der Arsensäureschmelze unter den verschiedensten Bedingungen nur äusserst geringe Spuren (höchstens $^1/_4$ pCt.) Fuchsin, dagegen beträchtliche Mengen von gelben und rothen Azofarbstoffen liefert. Hiernach dürfte es wohl kaum zweifelhaft sein, dass das reine Orthotoluidin mit Anilin allein nicht im Stande ist, Fuchsin zu bilden[1]). Beim Rosanilinprocess kann es daher nur das Paratoluidin sein, dessen Methylgruppe die Verkettung von drei Benzolen zu einer Triphenylmethangruppe veranlasst. Wendet man ein Gemenge von Paratoluidin und reinem Anilin an, so entsteht Pararosanilin nach der Gleichung:

$$C_6H_4{<}^{CH_3}_{NH_2} + 2\,C_6H_5NH_2 + 3\,O = C_{19}H_{19}N_3O + 2\,H_2O$$

Paratoluidin Anilin Pararosanilin

Dass hierbei nicht gleichzeitig ein homologes Rosanilin $C_{20}H_{21}N_3O$ durch Combination von 2 Molekülen Paratoluidin und 1 Molekül Anilin entsteht, wird durch die nachfolgende Betrachtung über die Stellung der Amidogruppen leicht verständlich. Wird dagegen Paratoluidin in Combination mit Anilin und Orthotoluidin verarbeitet, wie dies bei der fabrikmässigen Darstellung gewöhnlich der Fall ist, so bildet sich vorzugsweise das Rosanilin $C_{20}H_{21}N_3O$ nach folgendem Schema:

$$1\,C_6H_4{<}^{CH_3}_{NH_2} + 1\,C_6H_4{<}^{CH_3}_{NH_2} + C_6H_5NH_2 + 3\,O = C_{20}H_{21}N_3O + 2\,H_2O.$$

Paratoluidin Orthotoluidin Anilin

Ob unter diesen Bedingungen gleichzeitig kleinere Mengen von Pararosanilin oder auch einer homologen Verbindung $C_{21}H_{23}N_3O$ entstehen, haben wir nicht entscheiden können, da bis jetzt keine einzige Methode bekannt ist, sämmtliche in dem Handelsprodukt enthaltenen Farbstoffe neben einander zu erkennen. Jedenfalls verdient in dieser Beziehung hervorgehoben zu werden, dass der aus der Leukoverbindung gewonnene rohe Kohlenwasserstoff neben der Verbindung $C_{20}H_{18}$ noch beträchtliche Mengen öliger Produkte enthielt, welche wir nicht krystallisirt erhielten.

Der Nachweis der Nichtexistenz des sogenannten Orthorosanilins ist von besonderem Interesse für die Stellungsfrage der drei Amidogruppen, weil damit der wesentlichste Grund für die früher gemachte Annahme einer Orthostellung wegfällt. Durch die Auffindung neuer Thatsachen sind wir vielmehr jetzt im Stande, den Beweis für die Parastellung aller drei Amidogruppen zu führen. Die bisher von verschiedener Seite für die Lösung dieser Frage benutzten Thatsachen sind zum geringsten Theil von entscheidender Bedeutung.

---

[1]) Hr. Rosenstiehl machte uns vor kurzem die freundliche private Mittheilung, dass er, ohne Kenntnis von unserer Arbeit zu haben, seine früheren Versuche über die Bildung von Rosanilin aus Orthotoluidin wieder aufgenommen habe und dabei zu Resultaten gelangt sei, welche mit den unsrigen völlige Uebereinstimmung zeigen.

Betrachten wir zunächst das Pararosanilin, so ist darin mit Sicherheit nur für eine Amidogruppe die Parastellung durch die Synthese nachgewiesen.

Weitere Anhaltspunkte für die Lösung dieser Frage liefert die von Graebe und Caro beobachtete Spaltung des Aurins in Phenol und Dioxybenzophenon[1]). Für letzteres ist bereits von Städel und Gail[2]) die Parastellung einer Hydroxylgruppe durch die Spaltung in Phenol und Paraoxybenzoesäure nachgewiesen. Dass dieselbe Stellung auch dem zweiten Hydroxyl zukommt, beweist eine neue Synthese des Dioxybenzophenons aus Anisaldehyd, welche Hr. Magnus Boesler[3]) auf unsere Veranlassung ausgeführt hat und demnächst beschreiben wird.

Da die Spaltung des Aurins in Dioxybenzophenon unter Bedingungen erfolgt, bei welchen die Wanderung einer Hydroxylgruppe sehr unwahrscheinlich ist, so wäre durch diese Resultate für zwei Amidogruppen des Rosanilins die Parastellung bewiesen.

Die Stellung der dritten Amidogruppe endlich ergiebt sich aus den Beziehungen des Rosanilins zu dem aus Bittermandelöl und Anilin entstehenden Diamidotriphenylmethan. Diese Base liefert, mit salpetriger Säure behandelt, das von Doebner[4]) beschriebene Dioxytriphenylmethan, welches bei der Spaltung mit Alkalien gleichfalls Dioxybenzophenon giebt, und enthält somit beide Amidogruppen ebenfalls in der Parastellung.

Ein Paranitroderivat des Diamidotriphenylmethans erhält man durch Condensation von Paranitrobenzaldehyd mit Anilin und da diese Nitroverbindung bei der Reduktion Leukanilin[5]) liefert, so muss auch die dritte Amidogruppe des Rosanilins die Parastellung besitzen.

Dieser Beweis gilt zunächst streng genommen nur für das Pararosanilin. Bei der grossen Aehnlichkeit, welche dieser Farbstoff mit dem homologen $C_{20}H_{19}N_3O$ zeigt, dürfte indess hier die Annahme einer gleichen Stellung der Amidogruppen in hohem Grade wahrscheinlich sein, woraus denn für die aus dem Ortholuidin herstammende Methylgruppe ohne weiteres mit Bezug auf den Methankohlenstoff die Metastellung folgen würde.

---

[1]) Berichte d. D. Chem. Gesellsch. **11**, 1348.
[2]) Berichte d. D. Chem. Gesellsch. **11**, 746. — Ann. Chem. Pharm. **194**.
[3]) Hr. Boesler hat das aus Anisaldehyd durch Cyankalium entstehende Anisoin $(CH_3O) \cdot C_6H_4CH \cdot OH—CO \cdot C_6H_4(OCH_3)$ nach bekannten Reaktionen in Dimethyldioxybenzophenon übergeführt. Diese Verbindung ist identisch mit dem Methyläther, welcher durch Einwirkung von Jodmethyl und Alkali auf Dioxybenzophenon entsteht.
[4]) Berichte d. D. Chem. Gesellsch. **12**, 1462.
[5]) O. Fischer u. Ph. Greiff, Berichte d. D. Chem. Gesellsch. **13**, 669.

Wir stellen auf Grund dieser Betrachtungen für beide Farbbasen folgende Formeln auf:

Pararosanilin   Rosanilin

14. Emil Fischer und Otto Fischer: Darstellung des Triphenylmethans.

Berichte der Deutschen Chemischen Gesellschaft **14**, 1942 [1881].

(Eingegangen am 16. August.)

Vor Kurzem beschrieb Hr. H. Schwarz (Berichte d. D. Chem. Gesellsch. **14**, 1516) ein angeblich neues Verfahren zur Darstellung von Triphenylmethan aus Chloroform und Benzol mit Hülfe von Aluminiumchlorid, hat dabei jedoch übersehen, dass dasselbe längst bekannt ist.

Die Methode wurde vor 4 Jahren von den HH. Friedel und Crafts[1]) als ein treffendes Beispiel für die allgemeine Anwendbarkeit ihrer schönen Synthesen angegeben.

Wir haben dieselbe bald nachher zur Darstellung grösserer Mengen des Kohlenwasserstoffs benutzt und unsere Erfahrungen ausführlich mitgetheilt[2]), weil das Triphenylmethan durch die Beziehungen zum Rosanilin inzwischen ein grösseres Interesse erhalten hatte.

Unsere Angaben, welche nur als Ergänzung der kurzen Mittheilung von Friedel und Crafts dienen sollten, sind in jeder Beziehung zweckmässiger und vollständiger, als die Beobachtungen des Hr. Schwarz, welcher z. B. die Bildung des Diphenylmethans ganz übersehen hat.

Die einzige neue, aber ziemlich nebensächliche Thatsache, welche Hr. Schwarz festgestellt hat, ist die Entstehung von kleinen Mengen Tetraphenyläthylen.

Die nachfolgende Beschreibung der Triphenylmethanderivate bringt ebenfalls fast nur bekannte Dinge, jedoch zum Theil in einer Form dargestellt, dass man ohne genauere Kenntniss der Literatur dieselben leicht für neue Beobachtungen des Hrn. Schwarz halten könnte.

Dies gilt von der Verbindung des Triphenylmethans mit Benzol, welche von Kekulé und Frachimont[3]) ausführlich genug beschrieben ist, ferner von der Umwandlung des Bromids durch Wasser in Carbinol,

---

[1]) Compt. rend. **1877**, 1450. — Jahresbericht **1877**, 321.
[2]) Ann. Chem. Pharm. **194**, 252. (S. 62.) — Jahresbericht **1878**, 478. — Richter, Lehrbuch der organischen Chemie **1880**, 705.
[3]) Berichte d. D. Chem. Gesellsch. **5**, 907.

wodurch Hemilian[1]) das letztere zuerst erhielt und endlich von der Krystallform des Carbinols, welche vor Hrn. Rumpf an dem Präparate von Hemilian zuerst von Hintze[2]) untersucht und neuerdings von P. Groth[3]) nochmals genauer bestimmt wurde.

Den aus dem Bromid durch trockene Destillation entstehenden Kohlenwasserstoff $C_{19}H_{14}$ betrachtet Hr. Schwarz noch immer als ein Diphenylphenylenmethan

$$C\!\!<\!\!\begin{array}{l}C_6H_4\\C_6H_5\\C_6H_5\end{array}$$

obschon seine Identität[4]) mit dem aus Fluorenalkohol entstehenden Diphenylphenylenmethan

$$CH\!\!<\!\!\begin{array}{l}C_6H_5\\C_6H_4\\ \,|\\C_6H_4\end{array}$$

längst bekannt ist. Zu berichtigen ist ferner noch die Angabe des Hrn. Schwarz für den Siedepunkt des Triphenylmethans 330°. Derselbe liegt nach Kekulé[5]) bei ungefähr 355°, was mit unseren Beobachtungen in Einklang steht. Genauer sind noch die Angaben von Crafts[6]), welcher mit seinem neuen Luftthermometer den Siedepunkt des sogenannten Tetraphenylmethans 1—2° unter dem Siedepunkt des Quecksilbers fand.

Da das Tetraphenylmethan inzwischen als identisch mit dem Triphenylmethan erkannt worden ist, so gilt die Bestimmung von Crafts für das letztere selbst.

Was endlich die Darstellung des Triphenylcarbinols betrifft, für welche Hr. Schwarz die Zersetzung des Bromids mit Eisessig besonders empfiehlt, so wird dieselbe nach unseren Erfahrungen am bequemsten durch direkte Oxydation mit Chromsäure ausgeführt.

Man löst den Kohlenwasserstoff in der fünffachen Menge Eisessig und fügt unter Erwärmen auf dem Wasserbade allmählich einen Ueberschuss von Chromsäure zu, bis eine mit Wasser gefällte Probe sofort Krystalle abscheidet, welche beim Kochen nicht mehr schmelzen.

Die Oxydation ist bei Mengen von 10—15 g im Laufe von 1 bis $1^1/_2$ Stunden beendet. Durch Fällen mit Wasser erhält man 85—90 pCt. fast reines Carbinol.

---

[1]) Berichte d. D. Chem. Gesellsch. **7**, 1206.
[2]) Berichte d. D. Chem. Gesellsch. **7**, 1207.
[3]) Zeitschr. f. Krystallographie **5**, 5 [1881].
[4]) E. und O. Fischer, Berichte d. D. Chem. Gesellsch. **11**, 613. — W. Hemilian, Berichte d. D. Chem. Gesellsch. **11**, 837.
[5]) A. a. O.
[6]) Ann. de Chim. et Phys. **14**, 409 ff. — Jahresbericht **1878**, 67.

15. Emil Fischer und Philipp Wagner: Ueber Rosindole.

Berichte der Deutschen Chemischen Gesellschaft **20**, 815 [1887].

(Eingegangen am 17. März 1886.)

Erhitzt man Methylketol mit Benzoylchlorid unter Zusatz von Chlorzink auf dem Wasserbade, so entsteht als Hauptproduct ein rother Farbstoff, der grosse Aehnlichkeit mit dem Fuchsin zeigt. Derselbe ist das salzsaure Salz einer rothgefärbten Base $C_{25}H_{20}N_2$ und entsteht nach der Gleichung:

$$2\,C_9H_9N + C_7H_5OCl = C_{25}H_{20}N_2 \cdot HCl + H_2O.$$

Bei der Behandlung mit Reductionsmitteln nimmt derselbe zwei Wasserstoffatome auf und verwandelt sich in das farblose Benzylidenmethylketol, welches direct aus Methylketol und Bittermandelöl[1] entsteht. Umgekehrt kann das letztere durch Oxydation leicht in den Farbstoff verwandelt werden.

Aehnlich verhalten sich die Bittermandelölderivate des Skatols und Pr-1^n-Methylindols. Diese Farbstoffe stehen höchst wahrscheinlich in naher Beziehung zu den Triphenylmethanabkömmlingen; wir nennen sie Rosindole.

Der einfachste Körper dieser Art muss aus dem Indol entstehen und wird die Zusammensetzung $C_{23}H_{16}N_2$ haben. Ein Dimethylderivat desselben ist der Farbstoff aus Methylketol.

Dimethylrosindol.

Erhitzt man gleiche Theile Benzoylchlorid und Methylketol unter Zusatz von wenig Chlorzink auf dem Wasserbad, so färbt sich das Gemisch rasch dunkelviolett und nach 10—15 Minuten findet eine lebhafte Reaction statt.

Nach zwei Stunden ist die Masse zäh und gleicht einer Fuchsinschmelze.

Das Product wird jetzt längere Zeit mit Wasserdampf behandelt, um das überschüssige Benzoylchlorid zu zerstören, und dann wiederholt zur Lösung des Farbstoffes mit Wasser ausgekocht.

---

[1] E. Fischer, Berichte d. D. Chem. Gesellsch. **19**, 2988. (*S. 598.*)

Dabei bleibt ein unlöslicher Rückstand, welcher grösstentheils aus dem später beschriebenen Benzoylmethylketol besteht. Aus der wässerigen Lösung scheidet sich der Farbstoff beim Erkalten in kleinen kantharidengrünen dem Fuchsin sehr ähnlichen Kryställchen ab. Der Rest lässt sich aus der Mutterlauge durch Kochsalz fällen. Versetzt man seine heisse wässerige Lösung mit Alkali oder Ammoniak, so scheidet sich die Farbbase als gelbrother flockiger Niederschlag ab, welcher beim Kochen dunkler und körnig-krystallinisch wird. Derselbe wurde filtrirt und in heissem Alkohol gelöst; in der Kälte schieden sich gelbrothe prismatische Kryställchen ab. Denselben ist öfter eine kleine Menge von Benzoylmethylketol beigemengt, welches durch Auskochen mit kleinen Mengen Alkohol entfernt wird. Die wiederholt aus heissem Alkohol umkrystallisirte und bei 150° C. getrocknete Base gab Zahlen, welche auf die Formel $C_{25}H_{20}N_2$ stimmen.

Ber. C 86,21, H 5,75, N 8,04.
Gef. ,, 85,94, ,, 5,77, ,, 8,02.

Wurde das Präparat im Vacuum oder bei 100° C. getrocknet, so gab die Analyse 0,5—1 pCt. Kohlenstoff zu wenig.

Die Base scheint demnach hartnäckig Wasser oder Alkohol zurückzuhalten.

Aus den Salzen durch Alkali in der Kälte gefällt, ist die Base amorph und hellgelb gefärbt; sie löst sich in diesem Zustand sehr leicht in Aether und Alkohol. Durch längeres Kochen mit Wasser oder beim Stehen der alkoholischen Lösung geht sie in den krystallisirten Zustand über, ist dann feurigroth gefärbt und löst sich nun in Aether sehr schwer und auch viel schwerer in Alkohol. Beim Erhitzen auf 250° C. ändert sie Farbe, sintert zusammen und schmilzt vollständig gegen 270° C. zu einer dunklen Flüssigkeit.

Mit Säuren bildet sie beständige, in Wasser und Alkohol lösliche Salze, welche Seide und Wolle schön roth färben.

Das Hydrochlorat ist selbst in heissem Wasser ziemlich schwer löslich, sein Chlorgehalt entspricht der Formel: $C_{25}H_{20}N_2 \cdot HCl$.

Ber. Cl 9,3. Gef. Cl 9,0.

Bemerkenswerth ist das Verhalten der Base gegen Alkali. Von wässerigen Alkalien wird sie gar nicht gelöst; versetzt man aber ihre gelbrothe Lösung in Alkohol mit Natron oder Kali, so färbt sich dieselbe ebenso wie auf Zusatz von Säuren prächtig fuchsinroth; auf Zusatz von Wasser verschwindet diese Färbung und der Farbstoff fällt aus.

Die Base scheint demnach mit Alkali unbeständige Salze zu bilden, welche schon durch Wasser zerlegt werden.

Versetzt man die alkoholische Lösung der Base in der Wärme mit Zinkstaub und Ammoniak, so wird sie bald entfärbt. Beim Eindampfen des Filtrats scheiden sich farblose feine Blättchen ab, welche aus Aceton umkrystallisirt den Schmelzpunkt 247—248° und alle sonstigen Eigenschaften des früher beschriebenen Benzylidenmethylketols zeigen.

Diese Verwandlung entspricht durchaus der Bildung des Leukanilins aus dem Rosanilin; umgekehrt kann man auch hier die Leukoverbindung leicht in die Farbbase verwandeln.

Löst man Benzylidenmethylketol in heissem Eisessig, fügt Eisenchlorid hinzu und kocht, so nimmt die Flüssigkeit alsbald die schöne Farbe des Rosindols an und beim Verdünnen mit Wasser scheidet sich das Hydrochlorat ab.

Als Nebenproduct bei der Bereitung des Dimethylrosindols entsteht das

Benzoylmethylketol.

Dasselbe bleibt beim Auskochen der Schmelze mit Wasser ungelöst und wird durch mehrmaliges Umkrystallisiren aus heissem Alkohol in farblosen, glänzenden Blättchen erhalten; dieselben schmelzen bei 82° und haben die Formel $C_6H_5 \cdot CO \cdot C_9H_8N$.

Ber. C 81,70, H 5,53, N 5,96.
Gef. ,, 81,90, ,, 5,64, ,, 6,16.

Sie löst sich in Aether und Alkohol ziemlich schwer und in heissem Wasser nur sehr wenig. Aus der alkoholischen Lösung fällt sie durch Zusatz von Wasser als amorpher flockiger Niederschlag, der in Aether leicht löslich, aber beim Kochen mit Wasser in die krystallinische Modification übergeht.

In dem Methylketol ist der Wasserstoff Pr 3 des Indolringes besonders leicht substituirbar; dort greift die salpetrige Säure ein; an dieser Stelle tritt auch Diazobenzol in das Molekül, wofür der Beweis in einer späteren Mittheilung geliefert werden soll.

Dasselbe ist höchst wahrscheinlich der Fall bei der Wirkung des Bittermandelöls und Benzoylchlorids; dem Benzylidenmethylketol wurde aus diesem Grunde schon in der früheren Notiz die Formel:

$$C_6H_5 \cdot CH \underset{\underset{CH_3 \cdot \overset{..}{C} \cdot NH}{}}{\overset{\overset{CH_3 \cdot \overset{..}{C} \cdot NH}{}}{\Big\langle \begin{matrix} C \cdot C_6H_4 \\ C \cdot C_6H_4 \end{matrix}}}$$

gegeben.

Aus der Aehnlichkeit des Rosindols mit den Triphenylmethanfarbstoffen darf man wohl weiter schliessen, dass dasselbe ein Anhydrid des Carbinols

$$C_6H_5C\underset{OH}{<}\genfrac{}{}{0pt}{}{C_9H_8N}{C_9H_8N}$$

ist und vielleicht die Formel

$$C_6H_5 \cdot \underset{\underline{\quad\quad}}{C} \cdot <\genfrac{}{}{0pt}{}{C_9H_8N}{C_9H_7N}$$

hat. Die Base würde nach dieser Auffassung das Analogon der Rosolsäure sein.

Aehnliche Farbstoffe entstehen durch Oxydation aus der Verbindung des Bittermandelöls mit Pr-1^n-Methylindol und Skatol.

Die Reaction lässt sich unzweifelhaft in mannigfaltigster Weise variiren und es ist nicht unmöglich, dass auf diesem Wege technisch brauchbare Farbstoffe erhalten werden.

16. Emil Fischer und Walter L. Jennings: Ueber die Constitution des Hydrocyanrosanilins und des Fuchsins.

Berichte der Deutschen Chemischen Gesellschaft **26**, 2221 [1893].

(Vorgetragen in der Sitzung vom 24. Juli von E. Fischer.)

Nach den Beobachtungen von E. und O. Fischer ist das Hydrocyanpararosanilin als die Triamidoverbindung eines Cyantriphenylmethans aufzufassen[1]). Aber der Versuch, das letztere mit Hülfe der Diazoverbindung zu gewinnen, misslang ihnen und die Structur des Cyanids blieb unbekannt[2]).

Durch die vortreffliche Methode von Sandmeyer-Gattermann, welche die Ausführung der Griess'schen Reactionen so sehr erleichtert, ist es uns gelungen, diese Lücke auszufüllen und den Beweis zu liefern, dass das Hydrocyanpararosanilin ein Abkömmling des Triphenylacetonitrils ist.

Die Base hat also die Structur

$$(NH_2 \cdot C_6H_4)_3 \,|\, C \cdot CN.$$

Dieses Resultat bietet einen neuen Gesichtspunkt für die in letzter Zeit wieder lebhafter gewordene Discussion der Fuchsinformel.

Im Gegensatz zu allen Chemikern, welche sich früher mit dem Farbstoff beschäftigten und ihn als Salz betrachteten, hat Hr. Rosenstiehl demselben die Formel eines

Triamidotriphenylmethylchlorids, $(NH_2 \cdot C_6H_4)_3 \,|\, C \cdot Cl$,

gegeben und sich vor Kurzem auch bemüht, den experimentellen Beweis dafür zu liefern[3]).

Wäre dieselbe richtig, so müsste bei der grossen Aehnlichkeit, welche gleich constituirte Chlor- und Cyanverbindungen zeigen, eine solche Uebereinstimmung auch zwischen dem Hydrocyanrosanilin und dem Fuchsin bestehen.

In Wirklichkeit trifft aber gerade das Gegentheil zu.

---

[1]) Liebigs Ann. d. Chem. **194**, 275. (S. 77.)
[2]) Liebigs Ann. d. Chem. **194**, 275. (S. 77.)
[3]) Bull. soc. chim. [3] **9**, 117.

Das Fuchsin ist gefärbt, in Wasser löslich, durch Basen leicht zersetzbar und trägt alle Merkmale eines Salzes[1]).

Im Gegensatze dazu ist die Hydrocyanverbindung farblos, in Wasser unlöslich, gegen Alkalien ganz beständig und das vollkommene Analogon des Leukanilins.

Die Rosenstiehl'sche Formel giebt für diese Unterschiede ebenso wenig eine Erklärung, wie für die Beziehungen des Fuchsins zur Rosolsäure und die Hoffnung ihres Urhebers, dass sie wegen ihrer scheinbaren Einfachheit zur allgemeineren Anerkennung gelangen werde, muss an der Macht der entgegenstehenden Thatsachen scheitern.

Anders steht es mit den Formeln

$(NH_2 \cdot C_6H_4)_2 : C = C_6H_4 = NH \cdot HCl$ und $(HO \cdot C_6H_4) : C = C_6H_4 = O$.

Fuchsin — Rosaulsäure

welche Hr. R. Nietzki in seiner Chemie der organischen Farbstoffe 1889 S. 88 angedeutet hat.

Dieselben erklären alle thatsächlichen Beobachtungen ebenso gut wie die älteren Formeln

$(NH_2 \cdot C_6H_4 \cdot)_2 : C \cdot C_6H_4 \cdot NH \cdot HCl$ und $(HO \cdot C_6H_4)_2 : C \cdot C_6H_4 \cdot O$.

Aber sie sind auch offenbar nichts Anderes, als eine Uebersetzung der letzteren im Sinne der veränderten Chinonformel.

Wer das Chinon nicht mehr als Peroxyd, $O \cdot C_6H_4 \cdot O$, sondern als Diketon, $O : C_6H_4 : O$, betrachtet, der wird consequenter Weise auch geneigt sein, die gleiche Aenderung der Formulirung bei jenen Farbstoffen eintreten zu lassen.

Denn dass die letzteren sowohl in den äusseren Eigenschaften wie in manchen Metamorphosen grosse Aehnlichkeit mit den Chinonen besitzen, ist vor langer Zeit von Graebe und Caro[2]) deutlich genug ausgesprochen worden. Nur vorübergehend wurde diese Analogie zweifelhaft, als man auf Grund mangelhafter Beobachtungen annahm, dass eine von den 3 Amidogruppen des Rosanilins zum Methankohlenstoff in der Orthostellung sich befinde und dass diese bei der Bildung der chromogenen Gruppe der Rosanilinsalze betheiligt sei.

Nachdem aber durch genauere Versuche für sämmtliche NH_2-gruppen die Parastellung nachgewiesen war[3]), stand dem Vergleich des Fuchsins und der Rosolsäure mit dem Chinon kein Hinderniss

---

[1]) Vgl. auch Miolati, Berichte d. D. Chem. Gesellsch. **26**, 1788.
[2]) Liebigs Ann. d. Chem. **179**, 184.
[3]) E. und O. Fischer, Berichte d. D. Chem. Gesellsch. **13**, 2204. (*S. 125.*)

mehr im Wege, zumal in den Structurformeln diese Aehnlichkeit deutlich ausgedrückt war.

Nichtsdestoweniger anerkennen wir gerne das Verdienst des Hrn. Nietzki, nochmals darauf hingewiesen und hierdurch die Anregung zu so hübschen Versuchen, wie diejenigen des Hrn. Friedländer über das Phenolphtaleïn[1]), gegeben zu haben.

Den wichtigsten Einwand gegen die ältere Formel des Fuchsins, welcher natürlich auch die obige Modification treffen würde, glaubt Hr. Rosenstiehl in der Beobachtung, dass die primären Salze des Rosanilins noch 3 Moleküle Säure binden können, gefunden zu haben.

Er übersieht aber dabei, dass das Fuchsin eine ungesättigte Verbindung ist, wie die Bildung des Leukanilins und Hydrocyanrosanilins beweist, und dass bei solchen Substanzen Halogenwasserstoff auch noch in anderer Weise als durch Vermittlung basischer Gruppen angelagert werden kann.

Da man insbesondere weiss, dass das Chinon leicht Salzsäure addirt, so scheint durch die Beobachtung des Hrn. Rosenstiehl die Analogie mit dem Fuchsin nicht verringert, sondern eher noch vergrössert.

Wie die Salze des Rosanilins mit 4 Mol. Säure constituirt sind, ist vorläufig nicht sicher festzustellen; von den verschiedenen Formeln, welche sich aus der Fuchsinformel herleiten lassen, ist übrigens die von Rosenstiehl gewählte $(HCl \cdot NH_2 \cdot C_6H_4)_3 \vdots C \cdot Cl$ nicht einmal die wahrscheinlichste, weil die Verbindung dann dem Hydrochlorat des Hydrocyanrosanilins, welches ganz farblos ist, ähnlicher sein müsste.

Im Gegensatze zum Fuchsin wurde die Diazoverbindung des Rosanilins von E. und O. Fischer als einfaches Derivat des Triphenylcarbinols betrachtet. Sie gaben dem Chlorid die Formel $(ClN_2 \cdot C_6H_4)_3 \vdots C \cdot OH$, aber es gelang ihnen ebenfalls nicht, dieselbe durch Verwandlung des Diazokörpers in Triphenylcarbinol zu beweisen.

Wir haben auch diesen Versuch mit besserem Erfolge wiederholt.

Triphenylacetonitril aus Hydrocyanpararosanilin[2]).

20 g Base wurden in 40 g rauchender Salzsäure vom spec. Gew. 1,19 (etwas mehr als 6 Mol. HCl entsprechend) und 400 g absolutem Alkohol gelöst und nach starkem Abkühlen durch langsamen Zusatz einer concentrirten wässrigen Lösung von Natriumnitrit (3 Mol.) diazotirt.

---

[1]) Berichte d. D. Chem. Gesellsch. 26, 172.
[2]) Das zu diesen Versuchen dienende Pararosanilin verdanken wir der Liberalität der Badischen Anilin- und Sodafabrik zu Ludwigshafen.

Die Mischung blieb etwa 1 Stunde in der Kälte stehen, wobei die anfangs rothe Farbe in Gelbbraun umschlug, und wurde dann mit fein vertheiltem Kupfer versetzt, welches nach der Vorschrift von Gattermann[1]) bereitet und durch sorgfältiges Waschen mit Säuren vom Zink ganz befreit war.

Sofort begann die Entwicklung von Stickstoff. Als dieselbe nach etwa 1 Stunde beendet war, wurde die filtrirte gelbgrüne Lösung auf dem Wasserbade zuletzt unter Zusatz von Wasser zur Verjagung des Alkohols verdampft, das abgeschiedene Oel mit Aether aufgenommen und diese Lösung wiederholt mit verdünnter Salzsäure sorgfältig geschüttelt, um alle Kupferverbindungen daraus zu entfernen.

Beim Abdampfen des Aethers bleibt ein gelbbraunes zähes Oel, welches das Triphenylacetonitril gelöst enthält. Um das letztere zu isoliren, löst man zunächst in Benzol, fällt mit Ligroïn und wiederholt diese Operation mehrmals. Lässt man dann die Lösung des Oels in Benzol, nachdem Ligroïn bis zur beginnenden Trübung zugefügt ist, verdunsten, so scheidet sich das Nitril in gelben Krystallen aus.

Dieselben werden durch Aufstreichen auf Thon und Waschen mit Ligroïn möglichst vom anhaftenden Oel befreit und schliesslich durch mehrmaliges Umkrystallisiren aus wenig heissem Eisessig gereinigt.

$C_{20}H_{15}N$.   Ber. C 89,2, H 5,6, N 5,2.
          Gef. ,, 89,3, ,, 5,9, ,, 5,4.

Das Präparat schmolz bei 127° und zeigte auch in den übrigen Eigenschaften so vollkommene Uebereinstimmung mit einer aus Triphenylmethylbromid und Quecksilbercyanid dargestellten Probe von Triphenylacetonitril, dass an der Identität kein Zweifel sein kann.

Die Ausbeute ist allerdings ziemlich gering; sie betrug nur 10 pCt. des angewandten Hydrocyanrosanilins.

Aber ein erheblicher Theil des Nitrils bleibt bei der umständlichen Reinigung in den Mutterlaugen und der Ersatz der Diazogruppen durch Wasserstoff ist bekanntlich sehr selten ein glatt verlaufender Process.

Das Oel, welches neben dem festen Nitril entsteht, enthält nach der Analyse fast ebenso viel Stickstoff wie dieses, aber weniger Kohlenstoff; es scheint demnach sauerstoffhaltig zu sein.

Triphenylcarbinol aus Pararosanilin.

20 g fein gepulvertes Parafuchsin wurden mit 500 cc absolutem Alkohol und 30 g Salzsäure vom spec. Gew. 1,19 (5 Mol.) gekocht, bis sie grösstentheils gelöst waren.

---

[1]) Berichte d. D. Chem. Gesellsch. **23**, 1218.

Die gut gekühlte Flüssigkeit wurde dann allmählich mit einer concentrirten wässrigen Lösung von Natriumnitrit (3 Mol.) versetzt. Sie färbt sich erst blau, dann grün und schliesslich rothbraun.

Dann ist die Diazotirung beendet. Gleichzeitig aber hat sich in Folge eines unbekannten secundären Vorgangs ein dunkler Niederschlag gebildet. Man fügt nun 2—3 g fein vertheiltes Kupfer in der Kälte zu. Die Reaction verläuft in derselben Weise wie im vorigen Falle und das Product derselben wird ebenso isolirt. Es bildet ein dunkles dickes Oel. Löst man dasselbe in Benzol und versetzt mit Ligroïn, so fällt zunächst ein dunkles Harz aus und das Filtrat liefert beim Verdunsten braunrothe von Oel durchtränkte Krystalle. Dieselben werden auf porösen Thon gebracht und mit Ligroïn gewaschen. Die Ausbeute betrug nur 5 pCt. des angewandten Fuchsins.

Zur Analyse wurde das Präparat zweimal aus warmem Methylalkohol umkrystallisirt.

Ber. C 87,7, H 6,1.
Gef. ,, 87,4, ,, 6,1.

Dasselbe besass den Schmelzpunkt 159—160° und die übrigen Eigenschaften des Triphenylcarbinols.

17. Emil Fischer und Otto Fischer: Ueber einige Derivate des Triphenylmethans.

Berichte der Deutschen Chemischen Gesellschaft **37**, 3355 [1904].

(Eingegangen am 11. August 1904.)

Mehrere Beobachtungen, die wir in unserer Abhandlung über Triphenylmethan und Rosanilin[1]) vor 26 Jahren mittheilten, sind in neuerer Zeit Gegenstand der Discussion geworden und veranlassen uns zu einer Ergänzung unserer früheren Angaben.

Trinitro-triphenylcarbinol.

Für seine Bereitung haben wir früher die Oxydation des Trinitrotriphenylmethans in Eisessig mit überschüssiger Chromsäure bei etwa 50° empfohlen und für das Product den Schmelzpunkt 171—172° angegeben. Vor kurzem fand der Eine von uns[2]) für das durch Oxydation mit Sauerstoff in alkalischer Lösung hergestellte Präparat den Schmelzpunkt 188—189°. Bald nachher erschien eine Mittheilung von Gomberg[3]), in welcher der Schmelzpunkt nach mehrmaligem Umkrystallisiren ebenfalls zu 189° angegeben wurde und in der ferner für die Oxydation mit Chromsäure die höhere Temperatur von 100° empfohlen wird.

Bei der Wiederholung unserer früheren Versuche hat sich Folgendes ergeben: Löst man reines, aus Benzol krystallisirtes Trinitrotriphenylmethan genau nach unserer Vorschrift in 50 Theilen heissem Eisessig, kühlt auf 50° ab und fügt einen Ueberschuss von Chromsäure zu (wir verwandten die dem Nitrokörper gleiche Menge Chromtrioxyd), so tritt Oxydation sehr bald ein, wovon man sich leicht durch Schütteln einer abgekühlten Probe mit Zinkstaub durch die starke Farbstoffbildung überzeugen kann; aber die Reaction geht sehr langsam weiter und ist auch nach vielen Stunden nicht beendet. Wir kamen dadurch auf die Vermuthung, dass bei dem alten Versuch die geringere Reinheit der Reagentien von Einfluss gewesen sein könnte, und erinnerten uns, dass

---

[1]) Liebigs Ann. d. Chem. **194**, 242. (S. 55.)
[2]) O. Fischer und G. Schmidt, Zeitschr. f. Farben- u. Textil-Chemie **3**, 1—4. — Chem. Centralbl. **1904**, I, 460.
[3]) Berichte d. D. Chem. Gesellsch. **37**, 1639 [1904].

die damals käufliche Chromsäure in der Regel Schwefelsäure enthielt. In der That lässt sich durch Zusatz von etwas Schwefelsäure die in Frage stehende Reaction sehr beschleunigen.

Löst man z. B. 2 g Trinitrotriphenylmethan in 120 ccm heissem Eisessig, kühlt auf 50° ab, fügt dann im Laufe von 10—15 Min. 2 g Chromsäure zu, die in einigen Tropfen Wasser und 20 ccm Eisessig, unter Zusatz von 0,2 g Schwefelsäure gelöst sind, so bemerkt man fast sofort den Eintritt der Reaction, und diese ist nach zweistündigem Erhitzen auf 50° beendet, denn es lässt sich jetzt durch vorsichtiges Lösen des mit Wasser ausgefällten Rohproductes in Eisessig kein unverändertes Trinitrotriphenylmethan mehr nachweisen; zudem zeigte das Product nach dem Umkrystallisiren aus Eisessig oder Benzol genau die Zusammensetzung des Carbinols.

0,1871 g Sbst.: 0,3960 g CO_2, 0,0570 g H_2O. — 0,1198 g Sbst.: 11,4 ccm N (23°, 762 mm).

$C_{19}H_{13}O_7N_3$. Ber. C 57,7, H 3,3, N 10,6.
Gef. ,, 57,7 ,, 3,4, ,, 10,7.

Auch die Ausbeute lässt wenig zu wünschen übrig, denn die Menge des Rohproductes betrug 90 pCt. des angewandten Trinitrotriphenylmethans, und die Verluste beim Umkrystallisiren sind relativ gering. Man kann also nach unserer alten Angabe, in der allerdings die Dauer des Erhitzens nicht angegeben ist, das Carbinol recht gut erhalten. Trotzdem stimmen wir gern dem Vorschlag von Gomberg zu unter Anwendung von reiner Chromsäure die Operation bei 100° auszuführen. Bezüglich des Schmelzpunktes ist Folgendes zu bemerken: Bei wiederholtem Umkrystallisiren des Productes aus Benzol oder Eisessig steigt er auf 188—189° (uncorr.), ganz in Uebereinstimmung mit den neueren Angaben von Otto Fischer und G. Schmidt, sowie von Gomberg. Begnügt man sich aber mit einmaligem Umkrystallisiren, z. B. aus Benzol, wie wir dies früher gethan, so ist er erheblich niedriger, und verwendet man Methylalkohol als Lösungsmittel, so bekommt man häufig Präparate, deren Schmelzpunkt schon zwischen 165° und 170° liegt und die bei der Analyse auf Carbinol gut stimmende Werthe geben. Bei mehrmaligem Umlösen aus Methylalkohol oder Essigester + Ligroïn hängt es nur vom Zufall ab, ob der Schmelzpunkt sich innerhalb dieses Intervalls hält oder ob er allmählich in die Höhe geht. Man könnte denken, dass die Erscheinung durch eine kleine Verunreinigung bedingt ist, die auf das Resultat der Analyse keinen Einfluss hat. Wir halten es aber für viel wahrscheinlicher, dass es sich hier um Dimorphie handelt, wie sie schon bei anderen Körpern der Triphenylmethanreihe, z. B. von uns bei dem Tetramethyldiamidotriphenylmethan[1]), beobachtet worden ist.

---

[1]) Berichte d. D. Chem. Gesellsch. 12, 796 [1879]. (S. 107.)

Für Dimorphie spricht namentlich auch die krystallographische Untersuchung, welche Hr. Prof. Lenk auszuführen die Güte hatte; die genaueren Daten werden an anderer Stelle veröffentlicht.

Es ergab sich, dass das bei 189° schmelzende, aus Eisessig krystallisirte Carbinol **monoklin** ist. Die Auslöschungsschiefe beträgt 18°, Achsenebene ∥ ∞ P ∞, geneigte Dispersion. Die niedrig schmelzende Modification wird bei dem Verfahren von O. Fischer und Schmidt zuweilen ausschliesslich erhalten, wenn man nämlich die Oxydation durch Luft unter Eiskühlung vornimmt, die abgehobene Benzolschicht nach dem Ausschütteln des Alkohols mit Wasser (siehe loc. cit.) rasch verdunstet, den Rückstand in kaltem Essigester löst und die Krystallisation durch Zusatz von Ligroïn befördert. Durch langsames Auskrystallisiren wurden so schöne irisirende Krystalle gewonnen, welche scharf bei 167° schmolzen und als **rhombisch** erkannt wurden. Die Krystalle verloren bei 100° nach 4-stündigem Trocknen nichts an Gewicht, gaben gute Analysenzahlen und lieferten bei der Reduction p-Leukanilin, das aus Benzol in Blättchen vom Schmp. 207° anschoss. Interessant ist, dass diese Krystalle vom Schmp. 167° nach mehrtägigem Stehen trüb werden, als wenn sie verwitterten, jedoch trat dabei kein Gewichtsverlust ein, wohl aber eine Erhöhung des Schmelzpunktes um 4—5°, sodass also das Phänomen darauf zurückzuführen ist, dass die rhombische Modification nach und nach in die monokline übergeht. Dies geht durch Umkrystallisiren aus Benzol ebenfalls nach und nach vor sich, aus Holzgeist erst nach 6—7-maligem Umkrystallisiren, aus Eisessig sofort. Die umgekehrte Verwandlung der hochschmelzenden Form in die niedrig schmelzende ist allerdings bisher nicht gelungen.

Tolyl-diphenyl-methan aus Leukanilin.

Aus der Leukoverbindung des käuflichen Fuchsins erhielten wir über die Diazoverbindung vor 26 Jahren einen Kohlenwasserstoff vom Schmp. 59—59,5°, den wir wegen der Aehnlichkeit mit dem Triphenylmethan als Tolyldiphenylmethan bezeichneten. Aus der von uns später für das gewöhnliche Rosanilin aufgestellten Structurformel[1]):

$$\underset{\substack{H\\H_2N\diagup\!\diagdown H\ H\diagup\!\diagdown NH_2\\ \ \ \ \ \ \ \ \ \ \ OH\\ H\diagdown\!\diagup\diagdown\underset{|}{C}\diagup\!\diagdown CH_3\\ H\ \ \ \ H\\ H\diagup\!\diagdown H\\ H\diagdown\!\diagup H\\ NH_2}}{}$$

---

[1]) Berichte d. D. Chem. Gesellsch. **13**, 2207 [1880]. (*S. 129.*)

war ferner zu schliessen, dass das obige Tolyldiphenylmethan als Metaverbindung aufzufassen sei. Allerdings hatte einige Jahre später Hemilian[1]) synthetisch das *m*-Tolyldiphenylmethan dargestellt und für verschieden von unserem Präparat erklärt. Dass dieser Schluss nicht gerechtfertigt war, ist kürzlich von den HHrn. Bistrzycki und Gyr[2]) durch eine Discussion der damals vorliegenden Beobachtungen gezeigt worden. Ferner gewannen sie aus dem synthetischen *m*-Tolyldiphenylcarbinol durch Reduction einen Kohlenwasserstoff vom Schmp. 60,5 bis 61,5°, also nur 1—1,5° höher als der bei unserem Präparate beobachtete. Sie neigen deshalb zu der Ansicht, dass die beiden Körper identisch sind. Dagegen erhielten sie bei der Oxydation dasselbe Carbinol vom Schmp. 67—68°, das für die Bereitung des Kohlenwasserstoffs gedient hatte, während wir ein bei 150° schmelzendes Product beobachtet hatten. Diese Differenz bedurfte also der Aufklärung. Wir haben deshalb unsere alten Versuche wiederholt, d. h. aus der Leukoverbindung des gewöhnlichen käuflichen Fuchsins den Kohlenwasserstoff bereitet.

100 g Leukanilin (aus Diamantfuchsin des Handels gewonnen und durch Ueberführung in das salzsaure Salz gereinigt) wurden genau in der früher beschriebenen Weise in den Kohlenwasserstoff übergeführt. Damit während der Operation eine Oxydation möglichst ausgeschlossen war, wurde auf die Entfernung der nitrosen Gase durch einen Luftstrom besondere Sorgfalt verwandt. Der Rohkohlenwasserstoff (ca. 5 g) erstarrte in einer Kältemischung nach Einimpfen einer Spur des Metatolyldiphenylmethans, welches wir der Güte des Hrn. Bistrzycki verdanken, ziemlich rasch zu einem Brei von Krystallen, die, aus Methylalkohol umgelöst, im Hauptantheil weisse Wärzchen vom Schmp. 60—61° ergaben, während aus der Mutterlauge in geringer Menge Kryställchen erhalten wurden, die sich durch ihren Schmelzpunkt von 62—67° als ein Gemisch erwiesen (0,1 g). Während der Hauptantheil (2,5 g) bei der Oxydation das Carbinol vom Schmp. 68—69° lieferte (ca. 1 g), gab der höher schmelzende Kohlenwasserstoff daneben auch wieder in sehr geringer Menge das früher beschriebene Carbinol vom Schmp. 150°. Dieses löste sich in concentrirter Schwefelsäure schön orangegelb, dürfte also wirklich ein Carbinol sein, vielleicht, wie Bistrzycki annimmt, ein Fluorenderivat.

Da nach dieser Beobachtung das hoch schmelzende Carbinol sehr wahrscheinlich das Derivat eines dem Tolyldiphenylmethan in wechselnden Mengen beigemengten anderen Kohlenwasserstoffs war, so lag die Vermuthung nahe, dass die Bildung des Letzteren durch die Wirkung

---

[1]) Berichte d. D. Chem. Gesellsch. **16**, 2368 [1883].
[2]) Berichte d. D. Chem. Gesellsch. **37**, 1245 [1904].

der starken Schwefelsäure und der überschüssigen nitrosen Gase bei der Zersetzung der Diazoverbindung veranlasst werde.

In der That verläuft die Verwandlung des Leukanilins in Tolyldiphenylmethan glatter bei folgender Abänderung des Verfahrens, durch die jeder Ueberschuss von salpetriger und auch allzu starker Schwefelsäure vermieden werden.

30 g Leukanilin wurden in möglichst wenig (160 ccm) 10-procentiger Schwefelsäure gelöst, dann 200 ccm 50-procentiger Schwefelsäure zugesetzt und diese in Eis gut gekühlte Lösung nach und nach unter stetem Rühren mit 3 Mol.-Gew. gepulvertem Natriumnitrit in kleinen Antheilen versetzt. Nach etwa $1\frac{1}{2}$-stündigem Rühren wurde in die 5-fache Menge absolutem Alkohol gegossen und nun durch langsames Erhitzen die Diazoverbindung zersetzt. Nach dem Abdestilliren des Alkohols wurde direct ausgeäthert, die Aetherlösung mehrere Male mit verdünnter Kalilauge ausgeschüttelt, wobei rothe Farbstoffe beseitigt wurden, dann der noch stark braun gefärbte Aetherauszug längere Zeit mit Thierkohle behandelt und endlich zuerst über festem Aetzkali und zuletzt über metallischem Natrium getrocknet. Hierdurch werden nicht unbeträchtliche Mengen Harz entfernt. Der nach dem Abdestilliren des Aethers bleibende Rückstand wurde aus einer kleinen Retorte übergetrieben, wobei über 5 g zwischen 350—360° übergehendes Destillat gewonnen wurden. Dieses lieferte nach der oben angegebenen Behandlung mit Methylalkohol und Kälte 4 g vollkommen reines m-Tolyl-diphenyl-methan vom Schmp. 61—62°. Die Ausbeute an dem Kohlenwasserstoff $C_{20}H_{18}$ ist also bei diesem Verfahren 3 Mal so gross als bei dem früheren. Es wurde hierbei kein höher schmelzender Kohlenwasserstoff gefunden. 3 g dieses Productes wurden nach den Angaben von Bistrzycki und Gyr der Oxydation mit Chromsäure unterworfen und ergaben ca. 1,5 g des bei 67—68° schmelzenden Carbinols, das beim Abscheiden durch freiwilliges Verdunsten des Benzols in dicken, sechsseitigen Krystallen erhalten wurde. Die Ausbeute an Carbinol ist also keine sehr befriedigende, dies rührt daher, dass neben dem Carbinol ein mit Wasserdampf abtreibbares Oel gebildet wird, dessen Menge ungefähr $\frac{1}{3}$ des angewandten Kohlenwasserstoffs betrug. Dieses Oel riecht stark nach Benzophenon und ist sehr wahrscheinlich m-Tolyl-phenyl-keton. Es ging zwischen 310—320° über, wurde in der Kältemischung nur zähe, nicht fest, auch nicht, als man einen Splitter eines Benzophenonkrystalls einimpfte[1]).

---

[1]) Bei dieser Gelegenheit wurde auch nochmals Triphenylmethan (12 g) der Oxydation mit 16 g Chromsäure und 100 ccm Eisessig bei 100° unterworfen. Aus dem Oxydationsgemisch trieb Wasser nicht weniger als 3 g reines Benzophenon ab, während ca. 7 g Triphenylcarbinol erhalten wurden.

Diese Versuche beweisen, dass unser alter Kohlenwasserstoff aus Rosanilin identisch mit dem auf verschiedenen Wegen gewonnenen *m*-Tolyldiphenylmethan ist. Dagegen ist sehr wahrscheinlich der von uns als Tolyldiphenylcarbinol früher beschriebene Körper aus einem anderen, vielleicht an Wasserstoff ärmeren Kohlenwasserstoff entstanden. Da wir vor 26 Jahren mehrere Male Leukanilin in grösseren Portionen in den zugehörigen Kohlenwasserstoff verwandelt haben, dürfte der abweichende Befund so zu erklären sein, dass wir für die Oxydation ein Präparat verwandt haben, das bereits unter dem Einfluss der concentrirten Schwefelsäure und der nicht völlig entfernten nitrosen Gase stark verändert war und grössere Mengen jenes Nebenproductes enthielt. In kälterer Jahreszeit wollen wir die Versuche nochmals wiederholen und hoffen, dann auch diese Frage entscheiden zu können. Wir stimmen aber schon jetzt der Ansicht von Bistrzycki und Gyr zu, dass das von ihnen und gleichzeitig von Acree[1]) synthetisch bereitete *m*-Tolyldiphenylcarbinol vom Schmp. 67—68° der Stammkörper des gewöhnlichen Rosanilins ist.

---

[1]) Berichte d. D. Chem. Gesellsch. **37**, 990 [1904].

18. Emil Fischer: Ueber aromatische Hydrazinverbindungen.
Berichte der Deutschen Chemischen Gesellschaft 8, 589 [1875].
(Vorgetragen in der Sitzung von Hrn. Liebermann.)

Eine der Umwandlung des Azobenzols in Hydrazobenzol entsprechende Reduction der Diazokörper ist bis jetzt nicht gelungen, die in dieser Beziehung publicirten Versuche beschränken sich meines Wissens auf die Reduction des Diazobenzolimids und analoger Körper; bei welchen als Endprodukte der Reaction Anilin und Ammoniak erhalten wurden.

Da aber gerade jene einfachen Reductionskörper als erste, aromatische Substitutionsprodukte der Gruppe NH_2-NH_2, von welchen bisher nur die Hydrazokörper bekannt waren, für die Theorie der Stickstoffverbindungen ein besonderes Interesse bieten, so habe ich die Versuche in dieser Richtung wieder aufgenommen und bin dabei zu einer Klasse von gut charakterisirten Basen gekommen, deren Salze sich von denen der Diazokörper durch einen Mehrgehalt von 4 H unterscheiden und für die ich den Namen „Hydrazinverbindungen" in Vorschlag bringe. Als Ausgangspunkt für die Gewinnung dieser Substanzen dienen die Verbindungen der Diazokörper mit schwefligsauren Alkalien.

Ueber diese Reaction liegen zwei verschiedene Angaben vor von R. Schmitt und L. Glutz[1]) und von Strecker und Pet. Roemer[2]).

Erstere erhielten bei Einwirkung von saurem, schwefligsaurem Kali auf die Diazophenole gelb gefärbte Salze von der Formel

$$C_6H_4(OH)N_2SO_3K + H_2O.$$

Strecker und Roemer hingegen gelangten beim Diazobenzol durch dieselbe Reaction zu dem farblosen Salz

$$C_6H_5N_2H_2SO_3K + H_2O,$$

welches sich also von der ersten Klasse durch einen Mehrgehalt von 2 H unterscheidet.

---
[1]) Berichte d. D. Chem. Gesellsch. 2, 51.
[2]) Berichte d. D. Chem. Gesellsch. 4, 784. — Z. f. Ch. 1871, 483.

Bei einer Wiederholung der Versuche mit Diazobenzol zeigte sich, dass je nach den Bedingungen das eine oder andere der beiden Salze erhalten wird.

Trägt man Diazobenzolnitrat in eine kalt gehaltene Lösung von saurem oder besser neutralem schwefligsauren Kali ein, so erstarrt die sich rothgelb färbende Flüssigkeit bald zu einer Masse von Krystallen, welche die Zusammensetzung $C_6H_5N_2SO_3K$ haben; nimmt man dagegen einen Ueberschuss von saurem, schwefligsaurem Kali und erhitzt zuletzt einige Zeit auf dem Wasserbade, so geht die rothe Farbe der Lösung in schwachgelb über; beim Erkalten erhält man wenig gefärbte Krystalle des Salzes $C_6H_5N_2H_2SO_3K + H_2O$.

Deutlicher wird das Verhältniss der beiden Verbindungen zu einander durch folgende Reactionen.

Das erste, gelbe Salz gehört zur Klasse der Diazokörper; beim Erhitzen verpufft es; in siedender wässriger Lösung zersetzt es sich, wenn auch langsam, unter Bildung von Kohlenwasserstoffen; mit Benzoylchlorid giebt es neben viel harzartigen Produkten Benzoylphenoläther $C_6H_5O \cdot CO \cdot C_6H_5$ (Sp. gef. 65°); mit Phenol und concentrirter Schwefelsäure zeigt es in eclatanter Weise die Liebermann'sche Reaction, was ausser salpetrigsauren Salzen und Nitrosokörpern nur den Diazoverbindungen eigen ist; endlich geht es durch Einwirkung reducirender Agentien, am besten durch Zinkstaub und Essigsäure, in siedender wässriger Lösung, in das zweite, weisse Salz über.

Letzteres ist also offenbar ein weiteres Reductionsprodukt und demgemäss ist sein Verhalten; beim Erhitzen verglimmt es, zeigt die Liebermann'sche Reaction nicht, reducirt Silber- und Kupfersalze und lässt sich durch gemässigte Oxydation z. B. Kochen mit K_2CrO_4 in verdünnter, alkalischer Lösung wieder in das gelbe Salz umwandeln.

Besonders interessant ist sein Verhalten gegen Benzoylchlorid, wodurch es in glatter Weise in den Körper $C_6H_5N_2H(COC_6H_5)_2$, ein Benzoylderivat der Verbindung $C_6H_5N_2H_3$, des „Phenylhydrazins", übergeführt wird.

Zur Darstellung dieser Substanz erhitzt man 50 Th. des bei 100° getrockneten Strecker'schen Salzes, 70 Th. Benzoylchlorid und 80—90 Th. Chloroform als Verdünnungsmittel im Wasserbade am Rückflusskühler 1—2 Tage, bis keine HCl mehr entweicht. Nach Wegdampfen des Chloroform entfernt man überschüssiges Benzoylchlorid und anorganische Salze durch mehrmaliges Auskochen mit verdünnter Sodalösung, wobei die Anfangs flüssige Masse krystallinisch wird.

Das so erhaltene, grauweisse Produkt wird durch Umkrystallisiren aus siedendem Alkohol in farblosen, kleinen Prismen erhalten.

$C_{20}H_{16}N_2O_2$. Ber. C 75,95, H 5,06, N 8,8.
Gef. „ 75,8, 75,9, 75,85 „ 5,0, 4,84, 5,2, „ — 9,18, 9,07.

Die Reaction verläuft nach der Gleichung:

$$(C_6H_5N_2H_2SO_3K + H_2O) + 2 C_6H_5COCl = C_6H_5N_2H(COC_6H_5)_2$$
$$+ KHSO_4 + 2 HCl$$

und es ist die Substanz demnach ein Dibenzoylphenylhydrazin. Der Körper ist in heissem Alkohol ziemlich leicht, in kaltem schwer löslich. Bemerkenswerth ist sein Verhalten gegen Alkalien. Kochende Lösungen von Kali oder Natron nehmen ihn langsam, aber in bedeutender Menge auf; durch Säuren wird er unverändert abgeschieden. Diese Löslichkeit macht die Annahme wahrscheinlich, dass das am Stickstoff restirende Wasserstoffatom, durch den Eintritt der Benzoylgruppen die Eigenschaft erlangt, sich gegen Metall auszutauschen; indess ist es bisher nicht gelungen, Salze darzustellen.

In alkoholischer Lösung reducirt die Substanz ammoniakalische, alkoholische Silbernitratlösung. Schmelzpunkt 187—88° (uncorr.); bei weit höherer Temperatur tritt Zersetzung ein unter Gasentwicklung; die Destillationsprodukte bestehen z. Th. aus Benzoesäure, Bittermandelöl und Benzanilid, im Rückstand sind harzartige, verkohlende Substanzen.

Ueber die Stellung der Benzoylgruppen haben die bisherigen Versuche noch kein entscheidendes Resultat ergeben.

Durch mehrstündiges Erhitzen mit Salzsäure (sp. G. 1,19) im zugeschmolzenen Rohre auf 100° wird die Verbindung glatt gespalten in Benzoesäure und salzsaures Phenylhydrazin.

$$C_6H_5N_2H(COC_6H_5)_2 + HCl + 2 H_2O$$
$$= C_6H_5N_2H_3 \cdot HCl + 2 C_6H_5 \cdot CO_2H.$$

Zur Isolirung des letzteren wurde der schwach roth gefärbte Röhreninhalt stark mit Wasser verdünnt, von der Benzoesäure abfiltrirt und auf dem Wasserbade eingedampft, der Rückstand mit kaltem Wasser aufgenommen, mit Kali übersättigt und die freie Base mit Aether extrahirt; aus der ätherischen Lösung fällt beim Einleiten von HCl das Hydrochlorat krystallinisch aus und wird durch Umkrystallisiren aus heissem Alkohol in farblosen, seideglänzenden Blättchen erhalten.

Bei 100° getrocknet hat dasselbe die Zusammensetzung

$$C_6H_5N_2H_3 \cdot HCl.$$

Ber. C 49,8, H 6,2, N 19,3, Cl 24,7.
Gef. „ 49,77, „ 6,3, „ 18,6, „ 25,5, 25,4.

In Wasser und heissem Alkohol ist das Salz leicht löslich, schwer in kalter, concentrirter Salzsäure; beim vorsichtigen Erhitzen sublimirt es in weissen Blättchen.

Die freie Base erhält man durch Zersetzung des Salzes mit Kali und Extraction mit Aether; beim Verdunsten desselben bleibt sie als Oel zurück, welches nach längerer Zeit zu einer blättrigen, farblosen Krystallmasse erstarrt.

Charakteristisch ist ihr Verhalten zu reducirbaren Metallsalzen; Silberlösung wird sofort durch ihre wässrige Lösung geschwärzt; Fehling'sche Lösung wird von den geringsten Spuren derselben rasch reducirt unter starker Gasentwicklung; als Zersetzungsprodukte treten Kohlenwasserstoffe auf, die noch nicht untersucht sind.

Durch Chlorkalk wird sie leicht zersetzt, ohne die Farbenerscheinungen der Anilinreaction.

In saurer Lösung wird sie durch reducirende Agentien nicht verändert.

Jodmethyl und Schwefelkohlenstoff wirken schon in der Kälte unter bedeutender Wärmeentwicklung ein, wobei die Masse bald krystallinisch erstarrt; die betreffenden Produkte sind in Untersuchung.

Aus Diazotoluol erhält man durch Einwirkung von neutralem, schwefligsaurem Kali zunächst ein gelbes Salz, das durch Zinkstaub und Essigsäure leicht reducirt und in das der Strecker'schen Verbindung entsprechende, in weissen Blättchen krystallisirende Kalisalz umgewandelt wird.

Letzteres giebt mit Benzoylchlorid unter denselben Bedingungen wie in der Phenylreihe, das Dibenzoyltolylhydrazin[1]).

Ber. C 76,4, H 5,45, N 8,5.
Gef. ,, 76,47, ,, 5,45, ,, 8,6.

Schmelzpunkt 188° (uncorr.).

Durch Erhitzen mit Salzsäure entsteht daraus das salzsaure Tolylhydrazin, welches ein der Phenylverbindung ganz analoges Verhalten zeigt.

Die freie Base krystallisirt aus Aether in farblosen, glänzenden Blättchen.

Nachdem es in dieser Weise gelungen, die Existenz der Hydrazinverbindungen nachzuweisen, lag der Versuch nahe, mit Umgehung der Benzoylderivate direct von den weissen Kalisalzen, die man obiger Nomenclatur gemäss als ,,hydrazinsulfonsaure" Salze bezeichnen kann, zu den einfachen Verbindungen überzugehen.

In der That gelingt dies in der leichtesten Weise ebenfalls durch Zersetzung mit Salzsäure.

Setzt man zu der heissen wässrigen Lösung der betreffenden Salze etwa das halbe Volumen gewöhnlicher Salzsäure, so wird der Schwefel

---

[1]) Tolyl = $CH_3-C_6H_4$.

als Schwefelsäure abgeschieden und beim Erkalten erstarrt die ganze Masse durch Ausscheidung der in Salzsäure schwer löslichen salzsauren Hydrazinsalze; durch Abdampfen auf dem Wasserbade, Auflösen in Wasser, Extrahiren mit Aether, erhält man die freien Basen in quantitativer Weise. Die Reaction verläuft nach der Gleichung:

$$C_6H_5N_2H_2SO_3K + HCl + H_2O = C_6H_5N_2H_3 \cdot HCl + KHSO_4.$$

Diese einfache Bildungsweise der freien Hydrazinbasen ermöglicht es, sich dieselben in beliebiger Menge zu verschaffen; sie ist aber noch von besonderem Interesse insofern, als sie vollständige Aufklärung giebt über eine schon von Strecker und Roemer[1]) aus der Diazobenzolsulfosäure[2]) durch saures, schwefelsaures Kali dargestellte, eigenthümliche, bisher isolirt dastehende Verbindung, deren Entstehungsweise und Beziehungen zu den übrigen Hydrazinverbindungen von denselben jedoch zum Theil offenbar nicht erkannt wurden.

Dieselben behandelten die Diazobenzolsulfosäure, ebenso wie das Diazobenzol mit saurem, schwefligsaurem Kali, wobei die Reaction zunächst ganz in derselben Weise verläuft.

Da das so entstandene Kalisalz seiner Löslichkeit halber sich nicht isoliren liess, so wurde die Lösung mit Salzsäure zur Gewinnung der freien Säure eingedampft und nun aus dem Rückstande eine Verbindung von der Formel $C_6H_8N_2SO_3$ erhalten.

In der Meinung, das Kalisalz dieser Säure entstehe direct bei der Einwirkung des schwefligsauren Kalis auf die Diazobenzolsäure, stellten sie für diese Reaction die Gleichung

$$C_6H_4N_2SO_3 + 2\,HKSO_3 + 2\,H_2O = C_6H_8N_2SO_3 + 2\,KHSO_4$$

auf, wonach also letztere Säure einfach durch Aufnahme von 4 H aus der Diazoverbindung entsteht.

Nach obigen Thatsachen kann es jedoch kaum einem Zweifel unterliegen, dass die Reaction nicht in so einfacher Weise, sondern vielmehr in zwei oder sogar drei Phasen verläuft.

Durch Einwirkung des schwefligsauren Kalis entsteht wahrscheinlich zunächst, wie dies wenigstens die Farbenerscheinungen anzeigen, das gelbe Kalisalz einer Säure

$$C_6H_4{\genfrac{}{}{0pt}{}{SO_3H}{N_2SO_3H}},$$

welches dem gelben Salz aus Diazobenzol entsprechen würde; dieses geht durch weitere Reduction dann in die dem hydrazinsulfonsauren

---

[1]) Berichte d. D. Chem. Gesellsch. 4, 785. — Z. f. Ch. 1871, 483. — Roemer's Inauguraldissertation. Tübingen 1872.
[2]) Schmitt, Ann. Chem. Pharm. 44, 144.

Kali entsprechende Verbindung über; beide liessen sich wegen ihrer Löslichkeit nicht isoliren.

Beim Erhitzen mit Salzsäure endlich tritt die oben erwähnte Zersetzung der hydrazinsulfonsauren Salze ein; die am Stickstoff sitzende Sulfogruppe wird abgespalten und es resultirt die Verbindung

$$C_6H_4{\genfrac{}{}{0pt}{}{SO_3H}{N_2H_3}},$$

wie ihre Formel schon von Strecker und Roemer aufgestellt wurde; dieselbe ist offenbar nichts Anderes, als eine Sulfosäure des Hydrazins, in der jedoch die basischen Eigenschaften des letzteren durch den Eintritt der Sulfogruppe aufgehoben sind.

Ueber die Constitution der Hydrazinverbindungen, welche in so engem Zusammenhang mit der augenblicklich wieder in Discussion getretenen Constitution der Diazokörper steht und ebenso wie diese verschiedene Hypothesen zulässt, will ich mich einstweilen nicht weiter aussprechen, da die darauf bezüglichen Versuche noch nicht beendet sind. Mit dem weiteren Studium dieses Capitels bin ich beschäftigt.

19. Emil Fischer: Ueber aromatische Hydrazinverbindungen.
(Zweite Mittheilung.)
Berichte der Deutschen Chemischen Gesellschaft 8, 1005 [1875].
(Eingegangen am 26. Juli; verlesen in der Sitzung von Hrn. Oppenheim.)

Die in der ersten Mittheilung[1]) erwähnte Bildungsweise der aromatischen Hydrazinbasen durch Zersetzung ihrer sulfonsauren Salze mit Salzsäure führte zu einer Darstellungsmethode, welche durch Anwendung von salpetrigsaurem Kali das lästige Arbeiten mit salpetriger Säure umgeht, die Isolirung der sulfonsauren Salze überflüssig macht und so die Gewinnung der Hydrazinverbindungen in beliebiger Menge auf bequeme und wenig kostspielige Weise ermöglicht.

Zu einem durch Eis abgekühlten Gemisch von 20 Th. Anilin, 80 Th. Wasser und 50 Th. Salzsäure (spec. Gew. 1,19) werden 25 Th. käufliches KNO_2 langsam zugegeben und diese Flüssigkeit in eine abgekühlte Lösung von überschüssigem käuflichen Na_2SO_3 allmählich eingetragen, wobei ein grosser Theil des sich hierbei bildenden diazobenzolsulfonsauren Natrons in gelben, krystallinischen Flocken ausfällt.

Ist bei diesen Operationen für Abkühlung gesorgt, so kann man Mengen von 20—30 Gr. Anilin ohne besondere Vorsicht auf einmal verarbeiten.

Mehrere solcher Portionen werden jetzt vereinigt, mit HCl beinahe neutralisirt, mit Essigsäure schwach angesäuert, auf dem Wasserbade bis zur vollständigen Lösung erwärmt und mit Zinkstaub bis zur Entfärbung behandelt; die heiss abfiltrirte, farblose Lösung wird unter Zugabe von HCl bis zur Hälfte ihres Volumens eingeengt, mit etwa $1/4$ Volumen conc. HCl versetzt und weiter eingedampft. Sobald eine Probe beim Erkalten nicht mehr die festen Krystallkrusten des hydrazinsulfonsauren Natrons, sondern weiche, fettig anzufühlende Blättchen des salzsauren Phenylhydrazins abscheidet, welche nach Zusatz von Alkalien einen Fehling'sche Lösung reducirenden, ätherischen Auszug liefern, lässt man die Flüssigkeit erkalten; die ausgeschiedene Krystallmasse wird colirt, abgepresst und die Mutterlaugen weiter verdampft.

---
[1]) Berichte d. D. Chem. Gesellsch. 8, 589. (*S. 149.*)

Die vereinigten Krystallisationen werden in Wasser gelöst, mit Natronlauge übersättigt und mit Aether extrahirt. Beim Abdestilliren des letzteren bleibt ein öliger Rückstand, der mit kohlensaurem Kali getrocknet, bei der Destillation zum grössten Theil von 230—236° übergeht. Geringe Mengen von Ammoniak, die von der Zersetzung nicht flüchtiger Nebenproducte herzurühren scheinen, entfernt man leicht durch mehrstündiges Stehen im Vacuum über Schwefelsäure; eine zweite Rectification liefert jetzt ein von 231—235° übergehendes Destillat von fast reinem Phenylhydrazin.

Aus 900 Gr. Anilin wurden ohne besondere Sorgfalt 600 Gr. dieses Productes gewonnen.

Zur Analyse diente eine besondere von 233—234° siedende Fraction.

$C_6H_5 \cdot N_2H_3$.   Ber. C 66,67, H 7,41, N 25,93.
         Gef. ,, 66,67, ,, 7,65, ,, 25,9.

Das Phenylhydrazin ist bei Sommertemperatur ein schwach gelbes, öliges Liquidum von eigenthümlichem, schwach aromatischem Geruch; in einer Kältemischung erstarrt es rasch, ebenso beim längeren Stehen in kühlen Räumen; es bildet langfaserige, farblose, glasglänzende Krystalle. Schmelzp. 23—23,5° (uncorrigirt). In kaltem Wasser ist es ziemlich schwer löslich, leichter in heissem, unlöslich in concentrirten Alkalien; mit Alkohol, Aether, Chloroform, Benzol etc. mischt es sich in jedem Verhältniss. Vom Licht wird es nicht verändert, bei Luftzutritt färbt es sich durch oberflächliche Oxydation dunkelroth.

Seine Salze zeichnen sich durch Beständigkeit und Krystallisationsfähigkeit aus.

1) $C_6H_5 \cdot N_2H_3 \cdot HCl$ krystallisirt aus siedendem Alkohol in seideglänzenden Blättchen; in heissem Wasser sehr leicht, in kaltem schwerer löslich.

2) $C_6H_5 \cdot N_2H_3 \cdot C_6H_2(NO_2)_3 \cdot OH$ fällt beim Zusammenbringen einer ätherischen Hydrazin- mit einer ätherischen Pikrinsäurelösung in gelben Nadeln aus; in Alkohol leicht, in Wasser schwer löslich (N gef. 20,95, ber. 20,6).

3) $(C_6H_5 \cdot N_2H_3)_2H_2SO_4$ krystallisirt aus heissem, verdünntem Weingeist in farblosen, seideglänzenden Blättchen (S gef. 10,33, ber. 10,2). Seine wässrige Lösung reducirt Silbersalze sofort.

Gegen Reductionsmittel ist das Phenylhydrazin in saurer Lösung sehr beständig; von oxydirenden Agentien hingegen wird es meist unter heftiger Gasentwickelung vollständig zerstört; bei Anwendung von HNO_3 entstehen hierbei verschiedene Nitrosubstitutionsproducte des Benzols und Phenols.

Von concentrirten Alkalien wird es in der Wärme unter Bildung von Kohlenwasserstoffen zersetzt.

In seinem übrigen chemischen Verhalten, soweit dasselbe bis jetzt gegen Säurechloride, Schwefelkohlenstoff, Kohlensäure und salpetrige Säure constatirt werden konnte, manifestirt sich das Phenylhydrazin einerseits als Iminokörper, andererseits als Aminbase, woraus sich in Uebereinstimmung mit den analytischen Daten die rationélle Formel $C_6H_5 \cdot NH \cdot NH_2$, deren weitere Diskussion ich unten versuchen werde, mit ziemlicher Gewissheit ergiebt.

Verhalten des Phenylhydrazins zu Säurechloriden.

Durch Einwirkung von Benzoylchlorid auf phenylhydrazinsulfonsaures Kali wurde, wie bereits mitgetheilt[1]), ein Dibenzoylphenylhydrazin erhalten; dasselbe entsteht weit leichter aus der freien Base. Benzolsulfochlorid wirkt ebenfalls in energischer Weise auf die Base ein, wobei eine dem Benzolsulfamid analog zusammengesetzte Verbindung entsteht. Zur Darstellung derselben bringt man zu einer ätherischen Lösung von 2 Molekülen Phenylhydrazin allmählig 1 Molekül $C_6H_5 \cdot SO_2 \cdot Cl$; die sich ausscheidende Krystallmasse wird mit Aether gewaschen, dann zur Entfernung des salzsauren Salzes mehrmals mit Wasser ausgekocht und der Rückstand aus heissem Alkohol umkrystallisirt. Man erhält weisse verfilzte Nadeln von der Formel $C_6H_5 \cdot N_2H_2 \cdot SO_2 \cdot C_6H_5$.

Ber. C 58,06, H 4,84, N 11,3.
Gef. ,, 57,84, ,, 4,97, ,, 11,8.

Acetylchlorid, Phtalylchlorid, Essigsäureanhydrid wirken ebenfalls heftig auf die Hydrazinbasen ein.

Phenylhydrazin und CS_2.

Ein Gemisch von gleichen Molekülen CS_2 und $C_6H_5 \cdot N_2H_3$ erstarrt rasch unter bedeutender Wärmeentwickelung zu einer krystallinischen Masse; da jedoch in Folge der Temperaturerhöhung schon theilweise Zersetzung des Productes eintritt, so empfiehlt es sich, Aether oder überschüssigen Schwefelkohlenstoff als Verdünnungsmittel zuzusetzen; bei Anwendung von 3 Th. CS_2 auf 1 Th. Base verläuft die Reaction glatt; die sich abscheidende Krystallmasse kann nicht ohne Zersetzung umkrystallisirt werden; sie wurde deshalb zur Reinigung nur mit Aether sorgfältig gewaschen und im Vacuum einige Stunden getrocknet.

Die Analyse führte zu der Formel $(C_6H_5 \cdot N_2H_3)_2 CS_2$.

Ber. C 53,43, H 5,5, N 19,18.
Gef. ,, 53,27, ,, 5,4, ,, 19,0.

---

[1]) Berichte d. D. Chem. Gesellsch. 8, 590. (S. *148.*)

Die Substanz zersetzte sich schon bei gewöhnlicher Temperatur langsam unter Abgabe von H_2S; rasch erfolgt diese Umwandlung beim Erhitzen auf 90—100°, wobei ein aus Alkohol in farblosen Prismen krystallisirender Körper entsteht.

In alkoholischem Kali löst sie sich beim Erwärmen leicht, ohne Farbenerscheinung; Zusatz von Wasser verändert diese Lösung nicht; durch Säuren werden weisse Blättchen ausgefällt.

Bildungsweise und charakteristische Reactionen dieser Hydrazinverbindung sind im Wesentlichen denen des sulfocarbaminsauren Ammoniaks vollständig analog und machen die Annahme einer analogen Constitution für ersteres sehr wahrscheinlich.

Phenylhydrazin und CO_2.

Trockene CO_2 verbindet sich mit Phenylhydrazin zu einer weissen, krystallinischen Substanz; leichter und vollständiger vollzieht sich diese Umwandlung beim Einleiten von Kohlensäure in eine kalte Emulsion von 1 Th. Phenylhydrazin und 10 Th. Wasser; durch rasches Abfiltriren des Niederschlages, starkes Pressen zwischen Fliesspapier und Waschen mit Aether erhält man eine reinweisse krystallinische Masse, die nach raschem Trocknen im Vacuum bei der Analyse die der Formel $(C_6H_5 \cdot N_2H_3)_2CO_2$ entsprechenden Zahlen gab.

Ber. C 60,0   H 6,15,   N 21,54.
Gef. ,, 59,83, ,, 6,2,   ,, 21,73.

Der Körper ist in kaltem Wasser und Aether schwer löslich, leicht in Alkohol, konnte aber aus dieser Lösung nicht mehr isolirt werden; von Säuren und warmem Wasser wird er leicht zersetzt; an der Luft zieht er unter Zersetzung begierig Wasser an und zerfliesst zu einer rothbraun gefärbten, öligen Masse; mit CO_2 verflüchtigt er sich leicht, reducirt Fehling'sche Lösung augenblicklich und besitzt einen ziemlich intensiven, dem Phenylhydrazin ähnlichen Geruch.

In Betreff der Constitution dieser Verbindung kann die vollständige Analogie mit dem carbaminsauren Ammoniak in Bildungsweise und Eigenschaften auch wohl hier als genügender Anhaltspunkt gelten.

Einwirkung der salpetrigen Säure auf Phenylhydrazin.

Gasförmige, salpetrige Säure zersetzt die Hydrazinverbindungen selbst in verdünnter ätherischer Lösung und bei starker Abkühlung rasch unter Bildung von harzartigen, dunkel gefärbten Producten weit einfacher und glatter verläuft die Einwirkung des salpetrigsauren Kali's auf salzsaures Phenylhydrazin; bringt man zu einer abgekühlten Lösung von 1 Th. des Salzes in 10 Th. Wasser überschüssiges KNO_2, so wird die Flüssigkeit bald trübe und scheidet nach kurzer Zeit hellgelbe, krystallinische Flocken ab; dieselben werden rasch abfiltrirt, ausgewaschen, zwischen Fliesspapier gepresst, in warmem Aether gelöst und mit Ligroin ausgefällt. Die so erhaltenen, schwach gelben Blättchen haben im Vacuum getrocknet die Formel $C_6H_5N_2H_2 \cdot NO$.

Ber. C 52,55, H 5,1, N 30,65.
Gef. ,, 52,63, ,, 5,5, ,, 30,33.

Die Reaction verläuft nach der Gleichung:
$$C_6H_5 \cdot N_2H_3 \cdot HCl + KNO_2 = C_6H_5 \cdot N_2H_2 \cdot NO + KCl + H_2O.$$

Durch seine Reactionen ist der Körper als ein Nitrosoderivat des Phenylhydrazins charakterisirt; das Vorhandensein der Nitrosogruppe wurde durch Bildung der Liebermann'schen Farbstoffe beim Zusammenbringen mit conc. Schwefelsäure und Phenolen nachgewiesen. Beim Erhitzen tritt Zersetzung unter Entwicklung rother Dämpfe ein; oxydirende Agentien wirken ebenso; mit Zink und Schwefelsäure in alkoholischer Lösung behandelt, liefert die Substanz beträchtliche Mengen von Anilin. An der Luft auf Fliesspapier lässt sie sich längere Zeit ohne wesentliche Veränderung aufbewahren, während sie in verschlossenen Gefässen eigenthümlicher Weise bald in eine dunkelbraune, heftig riechende Flüssigkeit verwandelt wird. Bemerkenswert ist die physiologische Wirkung ihrer Dämpfe, welche der des Amylnitrits ähnlich ist, dieselbe an Intensivität aber weit übertrifft.

Von besonderem Interesse ist die Zersetzung des Phenylnitrosohydrazins in wässriger Lösung, wobei durch einfache Wasserabspaltung das von Griess[1]) aus dem Diazobenzolperbromid dargestellte Diazobenzolimid entsteht:
$$C_6H_5 \cdot N_2H_2 \cdot NO = C_6H_5 \cdot N_3 + H_2O.$$

Die Reaction tritt schon in der Kälte ein und veranlasst stets das Auftreten von Diazobenzolimid schon bei der Darstellung der Nitrosoverbindung; rascher vollzieht sich dieselbe in der Wärme; in letzterem Falle ist es jedoch nothwendig, die Flüssigkeit stark alkalisch zu machen, weil bei Anwendung von reinem Wasser aus noch unbekannten Ursachen secundäre Zersetzungen eintreten, welche die Bildung von Anilin und anderen harzigen Producten zur Folge haben.

Am zweckmässigsten erhitzt man das Phenylnitrosohydrazin mit dem zehnfachen Gewicht verdünnter Kalilauge langsam zum Kochen; es schmilzt zunächst und löst sich bei höherer Temperatur grösstentheils auf; diese Lösung trübt sich bald wieder durch Ausscheidung eines intensiv riechenden Oeles. Zur Reinigung wurde dasselbe mit Wasserdämpfen destillirt, mit Chlorcalcium getrocknet und nochmals im Vacuum destillirt.

---
[1]) Ann. Chem. Pharm. 137, 65.

Die Analyse ergab die dem Diazobenzolimid entsprechenden Zahlen.
Ber. C 60,5, H 4,2.
Gef. ,, 60,35, ,, 4,46.

Der Vergleich mit einem zur Controle nach der Methode von Griess dargestellten Producte ergab ausserdem eine vollkommene Uebereinstimmung der beiden Substanzen in ihrem chemischen und physikalischen Verhalten, so dass über ihre Identität kein Zweifel mehr sein kann.

Diese neue Bildungsweise des Diazobenzolimids eignet sich wegen der Glattheit aller Reactionen sehr gut zur Darstellung desselben; sie giebt ausserdem genügenden Aufschluss über die Constitution dieses eigenthümlichen Körpers.

Für das Phenylnitrosohydrazin lässt sich die rationelle Formel

$$\underset{\underset{NO}{|}}{C_6H_5 \cdot N} \cdot NH_2$$

leicht aus folgenden Gründen herleiten:

1) Die Reduction zu Anilin und die Verschiedenheit von den Baeyer'schen[1]) Nitroverbindungen in ihrem Verhalten gegen aromatische Basen, Phenole etc. beweisen genügend, dass die Nitrosogruppe am Stickstoff sitzt.

2) Durch die Untersuchungen von Heintz[2]), Geuther und Kreutzhage[3]) und Griess[4]) ist hinreichend constatirt, dass die salpetrige Säure nur mit einer Imidgruppe unter Bildung einer an Stickstoff gebundenen Nitrosogruppe in Reaction tritt.

Einfache Wasserabspaltung führt dann von obigem Schema in ungezwungener Weise zu der von Kekulé[5]) bereits als wahrscheinlich hingestellten Formel des Diazobenzolimids.

$$\underset{\underset{NO}{|}}{C_6H_5 \cdot N} \cdot NH_2 - H_2O = \underset{\underset{N}{\|}}{C_6H_5 \cdot N} \cdot N$$

Mit diesen Betrachtungen kann die Constitutionsfrage der Hydrazinverbindungen im Wesentlichen als abgeschlossen angesehen werden; es bleibt nur noch ein Punkt unentschieden, nämlich die Art der Bindung zwischen den beiden Stickstoffatomen des Phenylhydrazins. Diese Frage ist abhängig von der Anschauung über die Natur der Diazokörper.

Der älteren Kekulé'schen Auffassung des Diazobenzols als $C_6H_5-N=N-OH$ stellte Strecker[6]) bei Entdeckung der hydrazin-

---

[1]) Berichte d. D. Chem. Gesellsch. 8, 809, 963.
[2]) Ann. Chem. Pharm. 138, 316.
[3]) Ann. Chem. Pharm. 128, 151.
[4]) Berichte d. D. Chem. Gesellsch. 8, 218.
[5]) Kekulé, Lehrbuch III, 230.
[6]) Berichte d. D. Chem. Gesellsch. 4, 784.

sulfonsauren Salze, veranlasst durch die grosse Verschiedenheit der Azo- und Diazokörper, eine Hypothese entgegen, die dem Diazobenzol die Formel

$$C_6H_5 - N - OH$$
$$\|\|$$
$$N$$

zuschreibt.

Beiden Anschauungen entsprechend, lassen sich für das Phenylhydrazin ebenfalls die Formeln

$$C_6H_5 - NH - NH_2 \quad \text{und} \quad C_6H_5 - NH_2$$
$$\phantom{C_6H_5 - NH - NH_2 \quad \text{und} \quad C_6H_5 - }\|$$
$$\phantom{C_6H_5 - NH - NH_2 \quad \text{und} \quad C_6H_5 - }NH$$

aufstellen.

Ich habe bisher zur Entscheidung dieser Frage vergeblich nach einer anderen Synthese des Phenylhydrazins aus Anilin und Hydroxylaminabkömmlingen gesucht, hoffe jedoch durch das Studium der Methyl- und Aethylderivate der Hydrazinbasen, namentlich in Bezug auf ihr Verhalten gegen salpetrige Säure, zu bestimmten Resultaten zu gelangen.

20. Emil Fischer: Ueber aromatische Hydrazinverbindungen.
(Dritte Mittheilung.)
Berichte der Deutschen Chemischen Gesellschaft 8, 1641 [1875].

Die im vorigen Hefte dieser Berichte mitgetheilte Reaction, welche in der Fettreihe durch Reduction der Nitrosederivate der secundären Aminbasen zu den zweifach substituirten Hydrazinen führte, hat sich im Laufe der Untersuchung auch für die aromatische Gruppe als gültig erwiesen; aus dem Nitrosoaethylanilin wurde auf demselben Wege ein Monoäthylphenylhydrazin erhalten.

Das Gelingen der Operation erfordert jedoch ganz besonders günstige Bedingungen; fast ausschliesslich ist dasselbe von der Wahl des Reductionsmittels abhängig und es erklärt dieser Umstand die schon früher erwähnten, abweichenden Resultate anderer Forscher, deren in gleicher Richtung angestellte Versuche stets die Abspaltung der NO-Gruppe und Rückbildung der ursprünglichen Aminbase zur Folge hatten.

Das einzige Reagens, welches ich bisher für die Hydrazinbildung hier geeignet befunden habe, ist Zinkstaub in saurer Lösung. Bei Anwendung von Zinn, Zink, Magnesium u. s. w. und verschiedener Säuren in wässriger und alkoholischer Lösung tritt wohl ebenfalls leicht eine Reduction ein, man erhält indessen immer nur eine Base, welche alkalische Kupferlösung nicht verändert und höchst wahrscheinlich regenerirtes Aethylanilin ist; durch Zinkstaub und Schwefelsäure, Salzsäure oder Essigsäure hingegen gelingt bei einiger Vorsicht die beabsichtigte Reaction theilweise wenigstens unter allen Umständen; bei Anwendung von Zinkstaub und Essigsäure in alkoholischer Lösung verläuft sie fast quantitativ. Das Nitrosoäthylanilin wurde nach der Angabe von Griess durch Behandeln des salzsauren Aethylanilins mit salpetrigsaurem Kali dargestellt; wesentlich vereinfacht wurde diese Methode durch folgende Modification, welche die lästige Reindarstellung des Aethylanilins überflüssig macht.

Das durch Einwirkung von Jodäthyl auf Anilin erhaltene Gemenge von Anilinmono- und Diäthylanilinsalzen wird durch Abscheiden der Basen mittelst Kali, Extrahiren mit Aether und Schütteln des ätherischen

Auszugs mit verdünnter Salzsäure in die Hydrochlorate übergeführt und zu der so erhaltenen Lösung unter Abkühlen so lange salpetrigsaures Kali zugegeben, bis deutliche Gelbfärbung eintritt. Anilin wird unter diesen Umständen in Diazobenzolchlorid, Diäthylanilin in salzsaures Nitrosodiäthylanilin verwandelt, welche beide in Lösung bleiben; Monoäthylanilin dagegen liefert obige Nitrosoverbindung, welche sich sofort als gelbes Oel abscheidet; durch Extrahiren mit Aether, Verdampfen des letzteren und Destillation mit Wasserdämpfen erhält man den Körper rein.

Zur Ueberführung in die Hydrazinbase wurde das Nitrosoäthylanilin in alkoholischer Lösung mit überschüssigem Zinkstaub versetzt und in gelinder Wärme allmählig Eisessig so lange zugegeben, bis eine abfiltrirte Probe sich auf Zusatz von Wasser nicht mehr trübte; die filtrirte Flüssigkeit wurde nach Abdampfen des Alkohols mit Kali übersättigt und das ausgeschiedene Oel mit Aether extrahirt; beim Verdampfen des letzteren unter Zugabe von Salzsäure blieb ein braungefärbtes Salz als krystallinischer Rückstand, welcher sich unter Rücklassung der schmierigen Nebenprodukte zum grössten Theil in heissem Benzol löste. Diese Lösung setzte beim Erkalten glänzende, schwach bläulich gefärbte Krystallblättchen ab, welche durch nochmaliges Lösen in Chloroform und vorsichtiges Fällen durch reinen Aether weiss erhalten werden konnten, sich aber an Luft und Licht, namentlich in feuchtem Zustande, rasch wieder schwach bläulich färben.

Die Analyse des im Vacuum getrockneten Salzes ergab die der Formel $C_6H_5 \cdot N \cdot C_2H_5 \cdot NH_2 \cdot HCl$ entsprechenden Werthe.

Ber. C 55,65, H 7,54, N 16,23, Cl 20,58.
Gef. ,, 55,83, ,, 7,28, ,, 16,45.

Die Constitution des Aethylphenylhydrazins ergiebt sich aus seiner Bildungsweise und ist ausgedrückt durch die Formel:

$$C_6H_5 - N\underset{NH_2}{\overset{C_2H_5}{\diagup}}.$$

Die freie Base bildet ein ohne Zersetzung flüchtiges Oel; sie reducirt Fehling'sche Lösung erst in der Wärme, verhält sich also den zweifach substituirten Hydrazinen der Fettreihe vollständig analog.

Von besonderem Interesse ist diese Bildungsweise aromatischer Hydrazine für die Constitution der aus den Diazokörpern entstehenden Hydrazinbasen, für welche ich in einer früheren Mittheilung zwei verschiedene, aus der verschiedenen Anschauung über die Diazoverbindungen hergeleiteten Formeln als möglich hingestellt habe. Der wesentliche Unterschied beider Formeln liegt in der Frage, ob das mit dem Benzolkern in Bindung stehende Stickstoffatom als Imid- oder Amidgruppe aufzufassen ist.

Für die vorliegenden, äthylirten Hydrazine geht aus ihrer Synthese hervor, dass die noch intacte Amidgruppe nicht an Kohlenstoff gebunden ist.

Sollte es mithin gelingen, aus dem Phenylhydrazin durch Einführen von Aethyl einen mit obiger Base identischen Körper zu gewinnen, so wäre dadurch auch für dieses die Constitutionsfrage endgültig entschieden.

Die Einwirkung von Jod- oder Bromäthyl auf Phenylhydrazin ist nun allerdings eine so complexe Reaction, dass die Isolirung der zahlreichen Produkte grosse Schwierigkeiten bieten wird; immerhin aber glaube ich mich durch die vollständige Analogie dieser und jener Hydrazinverbindungen in ihren typischen Reactionen schon jetzt berechtigt, eine gleiche Constitution derselben annehmen und für das Phenylhydrazin die Formel $C_6H_5-NH-NH_2$ aufstellen zu dürfen.

21. Emil Fischer: Ueber aromatische Hydrazinverbindungen[1]).

(Vierte Mittheilung.)

Berichte der Deutschen Chemischen Gesellschaft **9**, 880 [1876].

(Eingegangen am 12. Juni; verl. in der Sitzung von Hrn. Oppenheim.)

Die weitere Untersuchung der aromatischen Hydrazine, welche hauptsächlich den Zweck verfolgte, den Umfang des Gebietes in allgemeinen Umrissen festzustellen, hat nicht nur die Gültigkeit der in der Phenylreihe beobachteten und bereits mitgetheilten Reactionen für eine grössere Anzahl von Homologen des Anilins festgestellt, sondern auch eine Reihe von neuen Thatsachen zu Tage gefördert, welche geeignet sind, diese Körperklasse genauer zu charakterisiren.

Zur speciellen Untersuchung wurde in der aromatischen Reihe das Phenylhydrazin gewählt, welches durch leichte Gewinnungsweise, Beständigkeit und Reactionsfähigkeit vor allen Gliedern der Gruppe ausgezeichnet ist; die hier successive gewonnenen Resultate wurden jedoch auf qualitativem Wege stets bei mehreren Homologen controlirt und in den meisten Fällen als allgemein gültig befunden.

Phenylhydrazin.

In einer früheren Mittheilung[2]) wurde für das Phenylhydrazin auf Grund der Analogie mit dem Diäthyl- und Aethylphenylhydrazin, deren Constitution aus ihrer Synthese direct gefolgert werden konnte, die Formel $C_6H_5 - NH - NH_2$ definitiv aufgestellt; nachdem dieselbe in der Kenntniss des durch dieselben typischen Reactionen charakterisirten Aethylhydrazins[3]) $C_2H_5 \cdot NH - NH_2$ eine weitere Bestätigung erfahren hatte, lag der Versuch nahe, den directen Beweis für ihre Richtigkeit durch eine entsprechende Synthese des Phenylhydrazins beizubringen. Derselbe scheiterte jedoch an der Schwierigkeit, in den

---
[1]) Die im letzten Heft des Journals für pract. Chemie erschienene Abhandlung des Hrn. Kolbe „Ueber die Hydrazine und ihre Verbindungen" enthält nichts Neues und ich sehe mich deshalb nicht veranlasst, auf dieselbe näher einzugehen.

[2]) Berichte d. D. Chem. Gesellsch. **8**, 1641. (*S. 160.*)

[3]) Berichte d. D. Chem. Gesellsch. **9**, 111. (*S. 192.*)

Mono- oder Diphenylharnstoff eine Nitrosogruppe einzuführen; ersterer wird von salpetriger Säure erst in der Wärme unter gleichzeitiger Gasentwickelung angegriffen, während letzterer von dem Reagens überhaupt nicht verändert zu werden scheint; beim Aethylphenylharnstoff endlich verläuft die Reaction allerdings in normaler Weise unter Bildung eines wohl charakterisirten Nitrosamins, welches durch Zinkstaub leicht in eine Hydrazinbase umgewandelt wird; die Spaltung der letzteren durch Salzsäure in Anilin und Aethylhydrazin zeigte indessen, dass die salpetrige Säure ausschliesslich mit der an Aethyl gebundenen, basischen Imidgruppe in Reaction getreten war: ich benutze diese Methode wegen des billigeren Ausgangsmaterials neuerdings an Stelle der früher angegebenen zur Darstellung grösserer Mengen Aethylhydrazins.

Dagegen gelang es gelegentlich, eine andere glatte Bildungsweise des Phenylhydrazins aufzufinden, welche insofern von Interesse ist, als sie auf der directen Ueberführung der Diazo- in die Hydrazingruppe beruht. Während die gewöhnlichen Salze des Diazobenzols, wie ich mich wiederholt überzeugte, durch Reductionsmittel schon in der Kälte unter Eliminirung der beiden Stickstoffatome gänzlich zersetzt werden, ist die stabilere Form der Diazogruppe in den Amiden des Diazobenzols zur Hydrazinbildung geeignet.

Diazoamidobenzol und das von Baeyer und Jaeger[1]) beschriebene Diazobenzoldiäthylamid werden in alkoholischer Lösung von Zinkstaub und Essigsäure unter bedeutender Wärmeentwickelung angegriffen; sie zerfallen dabei glatt in Phenylhydrazin, welches durch Analyse und alle typischen Reactionen identificirt wurde, und in Anilin resp. Diäthylamin.

Die Reaction erfolgt durch Addition von 4 H und Spaltung der Stickstoffatome für das Diazoamidobenzol nach dem Schema:

$$C_6H_5 \cdot NNH \cdot C_6H_5 + 4H = C_6H_5 \cdot NH - NH_2 + NH_2 \cdot C_6H_5.$$

Ein Zwischenprodukt, welches den hydrazinsulfonsauren Salzen entsprechen würde, von der Formel $C_6H_5 \cdot NH \cdot NH \cdot NH \cdot C_6H_5$ wurde nicht beobachtet.

Von den zahlreichen Umwandlungen, welche das Phenylhydrazin unter dem Einfluss der verschiedensten Agentien erfährt, wurden bisher genauer untersucht, die Einwirkung der salpetrigen Säure, des Schwefelkohlenstoffs, des Bromäthyls, verschiedener Säurechloride und die Bildung substituirter Harnstoffe.

Die Einwirkung der salpetrigen Säure

ist bereits Gegenstand einer früheren Mittheilung gewesen, der ich nur weniges zuzufügen habe. Die Bildung des dort beschriebenen, durch

---
[1]) Berichte d. D. Chem. Gesellsch. **8**, 148.

seine physiologischen Wirkungen ausgezeichneten Nitrosokörpers erfordert besonders günstige Bedingungen; sie erfolgt nur in neutraler, gut gekühlter Lösung, während bei höherer Temperatur und einem Ueberschuss von Säure die bereits erwähnte Spaltung desselben in Wasser und Diazobenzolimid schon im stat. nasc. eintritt: es gründet sich hierauf eine einfache, der Griess'schen Methode weit vorzuziehende Darstellungsweise dieser Verbindung, welche darin besteht, das in der früher beschriebenen Weise durch Zersetzung des hydrazinsulfonsauren Natrons mit Salzsäure erhaltene, rohe, salzsaure Phenylhydrazin in der zehnfachen Menge Wasser heiss zu lösen, auf Zimmertemperatur abzukühlen, und KNO_2 in Ueberschuss einzutragen. Das Diazobenzolimid scheidet sich sofort als dunkelbraun gefärbtes Oel ab; zur Vervollständigung der Reaction erhitzt man die Lösung am Rückflusskühler langsam zum Sieden, bis die nicht bedeutende Gasentwicklung beendet ist, extrahirt das abgeschiedene Oel mit Aether und reinigt den nach Abdampfen des letzteren bleibenden, öligen Rückstand durch 1 bis 2 malige Destillation mit Wasserdämpfen; man erhält so circa 50 pCt. des angewandten Anilins an Diazobenzolimid in Form eines schwach braun gefärbten Oeles.

Diese leichte Gewinnungsweise hat mich zu einer ausführlichen Untersuchung der interessanten Verbindung veranlasst.

Phenylhydrazin und Schwefelkohlenstoff.

Es ist bereits mitgetheilt, dass beide Körper unter starker Wärmeentwickelung die Verbindung $(C_6H_5 \cdot N_2H_3)_2CS_2$ liefern, welcher eine dem sulfocarbaminsauren Ammoniak analoge Constitution zugeschrieben wurde.

Diese Ansicht hat sich bestätigt, indem es gelang, den Körper zu spalten in Phenylhydrazin und die säureartige Verbindung

$$C_6H_5 \cdot N_2H_3 \cdot CS_2.$$

Das frisch bereitete Sulfonsalz löst sich in alkoholischem Kali leicht und ohne Farbenerscheinung; Schwefelsäure fällt aus der mit Wasser verdünnten Lösung weisse oder schwach bläulich gefärbte, glänzende Blättchen von der Formel $C_6H_5 \cdot N_2H_3 \cdot CS_2$.

Ber. C 45,65, H 4,35, S 34,78.
Gef. ,, 45,47, ,, 4,49, ,, 35,03.

Die Substanz trägt den Charakter einer Säure, löst sich in Alkalien leicht und ohne Zersetzung; mit Phenylhydrazin behandelt regenerirt sie obiges Salz; gut charakterisirte Metallverbindungen habe ich indessen nicht erhalten können; die Alkalisalze konnten ihrer Löslichkeit und Unbeständigkeit halber nicht isolirt werden und ein Bleisalz, welches durch Zusatz von Bleiessig zu einer verdünnten Lösung der Säure in Aceton als rothgelber Niederschlag erhalten wurde, ergab bei der Analyse einen Metallgehalt, der sich auf keine Formel berechnen liess.

Die Constitution der Verbindung glaube ich, gestützt auf die Analogie mit der Sulfocarbaminsäure, durch die Formel

$$C_6H_5 \cdot N_2H_2 \cdot CS \cdot SH$$

ausdrücken zu können; als Bezeichnung schlage ich den Namen Phenylsulfocarbazinsäure vor[1]). Die Substanz ist fast ebenso unbeständig, wie die freie Sulfocarbaminsäure; schon bei gewöhnlicher Temperatur fällt sie einem stetigen Zersetzungsprocess anheim; beim gelinden Erwärmen tritt reichliche Schwefelkohlenstoffentwickelung ein, nach deren Beendigung Schwefelwasserstoff auftritt, welcher zuletzt einem intensiven Ammoniakgeruch Platz macht. Als das Erhitzen auf diesem Punkte unterbrochen wurde, konnte aus dem schmutziggrünblauen, teigartigen Rückstande durch Umkrystallisiren aus heissem Alkohol ein Körper in farblosen, harten Prismen isolirt werden, welcher die Zusammensetzung $(C_6H_5N_2H_2)_2CS$ hat und identisch ist mit der unten näher beschriebenen Verbindung, welche durch Erhitzen des phenylsulfocarbazinsauren Phenylhydrazins direct erhalten wird. Seine Bildung erfolgt nach dem chronologischen Auftreten der übrigen Reactionsprodukte zu schliessen offenbar in der Weise, dass ein Theil der freien Sulfocarbazinsäure zerfällt in CS_2 und Phenylhydrazin, letzteres sich mit einem andern Theil noch intacter Säure verbindet und dieses Salz endlich unter H_2S-Abgabe die Verbindung $(C_6H_5N_2H_2)_2CS$ liefert.

Weit einfacher wird diese natürlich aus phenylsulfocarbazinsaurem Phenylhydrazin direct erhalten; letzteres wurde zu dem Zwecke im Oelbade längere Zeit auf 80—90° erhitzt, bis die momentan beginnende H_2D-Entwicklung beendet war und Ammoniakgeruch auftrat. Die Lösung des schmutzigblauen Reactionsproduktes in heissem Alkohol schied beim Erkalten farblose Prismen ab, welche durch Analyse und typische Reactionen als identisch mit obiger Verbindung erkannt wurden.

Ber. C 60,47, H 5,43, N 21,7, S 12,4.
Gef. ,, 60,5, ,, 5,74, ,, 22,05, ,, 12,1.

---

[1]) Die Nomenclatur der complicirteren Hydrazinverbindungen bietet einige Schwierigkeiten und ich sehe mich dadurch zu folgenden Vorschlägen veranlasst:

Für die Verbindung, welche durch Eintritt von Säureradicalen in die Hydrazingruppe entstehen, soll die bei den gewöhnlichen Aminen allgemein eingeführte Endung ,,Amid" durch ,,Azid" ersetzt werden: für die Harnstoffabkömmlinge der Hydrazine ergiebt sich daraus die Bezeichnung ,,Carbazid", ,,Sulfocarbazid" etc.; bei Harnstoffen und Säureamiden, welche gleichzeitig eine Amid- und Azidgruppe enthalten, wird dies durch Beifügung der Silbe ,,semi" ausgedrückt.

Der Nachteil der Inconsequenz, welche diese Bezeichnungsweise gegenüber den Namen Hydrazid, Carbohydrazid etc. hat, scheint mir durch den Vorzug der Kürze und des Wohlklangs reichlich aufgewogen zu werden.

Die Zusammensetzung der Substanz ist die eines Hydrazinsulfoharnstoffs; ihre Bildung ist der der gewöhnlichen, aromatischen Sulfocarbamide vollständig analog und ich will sie deshalb vorläufig als Diphenylsulfocarbazid bezeichnen: ob dieser Name indessen der richtige Ausdruck für ihre Constitution ist, muss einstweilen dahin gestellt bleiben, da die Substanz in einigen Reactionen grosse Verschiedenheit von dem gewöhnlichen Sulfoharnstoffen zeigt.

Zunächst ist ihre Unbeständigkeit auffallend, beim Erhitzen über 100° schmilzt sie nicht constant unter Gasentwickelung und Missfärbung; Umkrystallisiren aus heissem Alkohol ist stets mit theilweiser Zersetzung und beträchtlichem Verluste verbunden; in alkoholischer Lösung mit Bleioxyd behandelt wird sie nicht entschwefelt, besonders abnorm und interessant aber ist ihr Verhalten gegen Alkalien. In wässeriger oder alkoholischer Kalilauge löst sie sich beim gelinden Erwärmen leicht, wobei die Flüssigkeit eine intensiv rothe Farbe annimmt, beim Ansäuern scheidet diese Lösung nicht mehr die ursprüngliche Substanz, sondern einen Farbstoff in schwarzen Flocken ab.

Durch Auflösen in warmem Chloroform und Fällen mit Alkohol wurde derselbe in feinen, blauschwarzen, mikroskopischen Nadeln erhalten, deren verschiedene Analysen die der Formel $C_{13}H_{12}N_4S$ entsprechenden Werthe ergaben; diese Formel unterscheidet sich von der des Diphenylsulfocarbazids nur durch einen Mindergehalt von 2 H und ich lege auf dieselbe einstweilen keinen Werth, da die analytischen Differenzen sehr geringe sind und es mir nach der Bildungsweise des Farbstoffes wahrscheinlicher ist, dass derselbe nur isomer mit dem Diphenylsulfocarbazid und aus diesem durch einfache molekulare Umlagerung entsteht.

Die Verbindung trägt einen ausgesprochenen Farbstoffcharakter, löst sich in Alkalien mit intensiver Farbe und färbt Wolle und Seide dunkelroth. Die Lösung in Chloroform ist durch prachtvollen Dichroismus ausgezeichnet; die in dickeren Schichten dunkelrothe Farbe geht beim Verdünnen plötzlich in ein lebhaftes, höchst intensives Grün über; concentrirte Schwefelsäure löst den Körper mit schön blauer Farbe und ohne Veränderung; mit Brom in Chloroformlösung behandelt liefert er gut krystallisirende Substitutionsprodukte von prachtvoll metallischem Flächenreflex; in alkalischer Lösung wird er durch Zinkstaub leicht reducirt, wobei die Farbe durch rothviolett in weiss übergeht; diese Lösung färbt sich nach Entfernung des Zinkstaubs in Berührung mit Luft rasch wieder violett und scheidet nun auf Zusatz von Säuren einen zweiten Farbstoff in rothen, krystallinischen Flocken ab.

Diese kurzen Angaben werden schon genügend zu erkennen geben, dass hier eine neue grosse Klasse von Farbstoffen vorliegt, welche sich von allen bisher untersuchten dadurch wesentlich unterscheiden, dass sie reichliche Mengen von Schwefel enthalten, der eine nicht unbedeutende Rolle in der chromogenen Atomgruppe zu spielen scheint; dass dieselben etwa technische Bedeutung erlangen könnten, scheint mir trotz der leichten und wenig kostspieligen Gewinnungsweise unwahrscheinlich, da die Färbekraft der bisher untersuchten Produkte keine bedeutende ist, und die Farben selbst weder echt noch besonders schön sind.

Einwirkung von Bromäthyl auf Phenylhydrazin.

Ein Gemisch von gleichen Molekülen Phenylhydrazin und Jodäthyl erwärmt sich nach einiger Zeit von selbst und die Reaction wird bei grösseren Mengen so heftig, dass die ganze Masse unter explosionsartiger Gasentwickelung zersetzt wird.

Glatter verläuft die Einwirkung von Bromäthyl.

Beim Erhitzen eines Gemenges von gleichen Molekülen Basis und Bromäthyl am Rückflusskühler wird die Reaction ohne Gefahr in wenig Stunden zu Ende geführt, wobei die Lösung zu einem Magma von feinen, weissen, nadelförmigen Krystallen erstarrt. Das Reactionsprodukt löste sich vollständig in Wasser und lieferte mit Natronlauge zersetzt ein complicirtes Gemenge von flüchtigen, flüssigen Basen, für deren Trennung ich bisher keine Methode gefunden habe; das Oel kochte von 180—240°; constante Intervallen im Siedepunkt wurden nicht beobachtet und die Analysen der verschiedenen Fractionen führten zu keinem entscheidenden Resultate: ebensowenig wollten die bisher für derartige Basengemenge üblichen Trennungsmethoden durch Anwendung von Oxaläther, Acetylchlorid oder Benzoylchlorid hier verfangen und ich konnte nur durch Reactionen die Anwesenheit von reichlichen Mengen unverändertem Phenylhydrazin nachweisen.

Dagegen gelang es, aus dem wässrigen, durch Extraction mit Aether von den Basen befreiten alkalischen Rückstande einen Körper zu gewinnen, der als eigenthümliche Ammoniumverbindung ein besonderes Interesse verdient. Derselbe scheidet sich aus der nicht zu verdünnten, wässerigen Lösung beim Zusatz von concentrirter Natronlauge in feinen, weissen Nadeln ab; aus siedendem Alkohol umkrystallisirt wurde er in schönen, wasserhellen Prismen von der Formel

$$C_6H_5 \cdot N_2H_2(C_2H_5)(C_2H_5Br)$$

erhalten.

Ber. C 48,98, H 6,94, N 11,43, Br 32,65.
Gef. ,, 49,12, ,, 7,3, ,, 11,43, ,, 32,55.

Beim langsamen Verdunsten einer alkoholischen Lösung scheidet sich die Verbindung in glänzenden, gut ausgebildeten, rhombischen

Krystallen ab; die Ergebnisse der krystallographischen Bestimmung, welche Hr. Dr. Arzruni in Strassburg auszuführen die Güte hatte, sollen in einer späteren Abhandlung mitgetheilt werden. Die Substanz, welche ich als Phenyldiäthylhydrazoniumbromid bezeichnen will, zeigt in jeder Beziehung das charakteristische Verhalten der Ammoniumverbindungen, ist leicht löslich in Wasser und heissem Alkohol, wird von Alkalien nicht mehr verändert, dagegen durch Silbersalze und Silberoxyd leicht entbromt. Ihre Zusammensetzung ist von besonderem Interesse für die Frage der Ammoniumbildung.

Hr. A. W. Hofmann hat durch seine massgebenden Untersuchungen über die substituirten Amine bekanntlich nachgewiesen, dass bei den einfachen Basen des Ammoniaktypus die Bildung von sog. Ammoniumverbindungen erst eintritt, wenn alle typischen, d. h. mit Stickstoff verbundenen H-Atome durch Alkoholradicale ersetzt sind; man hat diesen Schluss später auch auf die complicirteren Di- und Triamine ausgedehnt und die Ammoniumbildung theilweise als Reaction benutzt, um in diesen Verbindungen die Zahl der typischen H-Atome zu ermitteln: so hat z. B. Hr. Hofmann selbst beim Rosanilin aus der Untersuchung der Ammoniumverbindungen den Schluss gezogen, dass in demselben drei mit Stickstoff verbundene H-Atome enthalten seien.

Die Zusammensetzung obiger Substanz beweist nun aber eklatant, dass bei den Hydrazinverbindungen die Bildung von Ammoniumkörpern bereits eintritt, wenn von den drei H-Atomen der Hydrazingruppe nur eins durch Aethyl vertreten wird.

Mit dem ersten fundamentalen Satze der Theorie der Ammoniumbildung, dass dieselbe nur bei tertiären Amingruppen eintreten könne, lässt sich diese Thatsache allerdings noch leicht in Uebereinstimmung bringen durch die nicht unwahrscheinliche Annahme, dass die Anlagerung von Bromäthyl in diesem Falle an die ursprüngliche Imidogruppe des Phenylhydrazins stattfindet, nachdem in derselben das letzte H-Atom vorher durch Aethyl ersetzt worden; in Betreff des zweiten Punktes dagegen scheint mir obiges Beispiel genügend zu beweisen, dass der aus dem Eintritt der Ammoniumbildung gefolgerte Schluss, alle H-Atome der Amingruppen seien bereits durch Alkoholradicale ersetzt, auch bei den complicirteren, gewöhnlichen Polyaminen besonders in der aromatischen Reihe nur mit grosser Vorsicht aufzunehmen ist, da hier ebenso gut wie bei den Hydrazinen die Möglichkeit vorliegt, dass die eine Amingruppe intact bleibt, während eine andere bereits Ammoniumbildung zeigt.

Für das Rosanilin speziell wenigstens wird diese Hypothese durch die in der nachfolgenden Abhandlung entwickelten Betrachtungen fast zur Gewissheit erhoben.

Einwirkung der Aldehyde auf Phenylhydrazin.

Benzaldehyd verbindet sich mit Phenylhydrazin unter starker Wärmeentwickelung und Austritt von Wasser zu einer weissen, krystallinischen Masse von der Formel $C_6H_5 \cdot N_2H \cdot CH \cdot C_6H_5$.

Ber. C 79,59, H 6,12, N 14,29.
Gef. ,, 79,48, ,, 6,47, ,, 14,5.

Aus heissem Alkohol krystallisirt die Verbindung in farblosen feinen Prismen, schmilzt bei 152,5°, destillirt unzersetzt und entsteht nach der Gleichung

$$C_6H_5 \cdot N_2H_3 + C_6H_5 \cdot COH = H_2O + C_6H_5 \cdot N_2H \cdot CH \cdot C_6H_5.$$

Acetaldehyd wirkt genau in derselben Weise auf Phenylhydrazin ein; unter Wasserabspaltung entsteht aus je einem Molekül der Agentien die Verbindung $C_6H_5 \cdot N_2H \cdot CH \cdot CH_3$.

Grössere Mengen derselben wurden durch langsames Zugeben von Aldehyd zu einer verdünnten, ätherischen Lösung der Base dargestellt; beim Verdampfen des Aethers blieb ein öliger Rückstand, der mit Wasser gewaschen allmählich erstarrte; durch Umkrystallisiren aus Ligroin wurde die Verbindung in feinen, glänzenden Blättchen erhalten.

Ber. C 71,64, H 7,46, N 20,9.
Gef. ,, 71,29, ,, 7,61, ,, 21,01.

Ein wesentlich verschiedenes Produkt entsteht aus Phenylhydrazin und Aldehyd bei Gegenwart starker Säuren; ein Gemenge der beiden ersten färbt sich auf Zusatz von conc. Salzsäure intensiv grün; Zusatz von Wasser fällt aus dieser Lösung eine gelbe, körnige Substanz von complicirter Zusammensetzung, welche durch ihre Löslichkeit in conc. Säuren als schwache Base charakterisirt ist und wahrscheinlich aus obiger Substanz durch weitere Aldehydcondensation entsteht.

Harnstoffabkömmlinge des Phenylhydrazins.

Isocyansäureäther liefert mit Phenylhydrazin des Aethylphenylsemicarbazid $C_6H_5 \cdot NH - NH \cdot CO \cdot NH \cdot C_2H_5$.

Ber. C 60,34, H 7,26, N 23,46.
Gef. ,, 60,54, ,, 7,33, ,, 23,24.

Bei Darstellung grösserer Mengen mindert man die Heftigkeit der Reaction zweckmässig durch Verdünnen der Ingredienzien mit Aether; aus heissem Alkohol krystallisirt die Verbindung in farblosen, glänzenden Blättchen; beim Verdunsten einer kalt gesättigten Lösung wird sie in gut ausgebildeten, sechsseitigen Tafeln erhalten.

Durch Erhitzen mit rauchender Salzsäure auf 100° wird sie glatt gespalten in Kohlensäure, Aethylamin und Phenylhydrazin; dieselbe Zersetzung erfolgt beim Kochen mit alkoholischer Kalilauge.

Interessant ist die Einwirkung der salpetrigen Säure, welche die Bildung eines wohl charakterisirten Nitrosoderivats zur Folge hat; am leichtesten wird dasselbe erhalten, wenn man die mit conc. Salzsäure versetzte, alkoholische Lösung des Aethylphenylcarbazids mit KNO_2 im Ueberschuss behandelt, die Lösung mit Wasser fällt und das in feinen, hellgelben Nadeln ausgeschiedene Nitrosamin durch rasches Coliren von der Mutterlauge trennt. Aus warmem Aceton umkrystallisirt, bildet es feingelbe, verfilzte Nadeln, deren Analyse zu der Formel $C_9H_{12}N_4O_3$ führte.

Ber. C 51,92, H 5,77, N 26,92.
Gef. ,, 51,92, ,, 6,08, ,, 26,72.

Die Verbindung ist durch ihr Verhalten zu Phenol und Schwefelsäure, womit sie die Liebermann'schen Farbstoffe liefert, als ein Nitrosokörper charakterisirt; sie ist wenig beständig; beim Aufbewahren in verschlossenen Gefässen zerfliesst sie unter theilweiser Zersetzung bereits bei 86°. In Alkalien löst sie sich in der Kälte leicht und ohne Zersetzung, spaltet sich dagegen beim Kochen glatt in Kohlensäure, Aethylamin und Diazobenzolimid; letztere Reaction giebt genügenden Aufschluss über die Constitution des Körpers und zwar auf Grund folgender Betrachtungen.

Wie in einer früheren Mittheilung erwähnt, wird das Phenylhydrazin durch HNO_2 in ein Nitrosoderivat von der Formel

$$C_6H_5 \cdot \underset{NO}{N} - NH_2$$

verwandelt, welches beim Erwärmen mit Alkalien sich spaltet in Wasser und Diazobenzolimid, woraus endlich für letzteres die Formel

$$C_6H_5 \cdot \underset{N}{N} - N$$

hergeleitet wurde.

Für obiges Nitrosoderivat des Aethylphenylsemicarbazids, dessen Spaltung im Diazobenzolimid und die übrigen Zersetzungsprodukte des Harnstoffs dieser Umwandlung des Nitrosophenylhydrazins jedenfalls analog ist, folgt daraus, dass die Nitrosogruppe ebenfalls mit dem Stickstoff der ursprünglichen Imidgruppe des Phenylhydrazins in Bindung steht, dass also die Constitution der Verbindung durch die Formel

$$\begin{array}{c} C_6H_5 \cdot N - NH \\ | \quad\quad\ | \\ NO \quad CO \\ | \\ NH \cdot C_2H_5 \end{array}$$

ausgedrückt werden kann.

Zahlreiche Versuche, von dieser Verbindung durch Reduction der NO-Gruppe zu einer Klasse von Basen mit drei unter einander gebundenen Stickstoffatomen zu gelangen, blieben erfolglos; als Reactionsprodukt wurde stets regenerirtes Aethylphenylsemicarbazid erhalten, und es scheint hier in der That die Abspaltung der an Stickstoff gebundenen Nitrosogruppe, welche man früher irrthümlicherWeise als charakteristisch für alle Nitrosamine gehalten, nicht vermieden werden zu können.

Aehnliche Beobachtungen wurden bei dem Harnstoff gemacht, welcher durch Einwirkung von cyansaurem Kali auf salzsaures Phenylhydrazin entsteht.

Derselbe hat die Formel

$$C_6H_5 \cdot NH - NH$$
$$|$$
$$CO$$
$$|$$
$$NH_2$$

Ber. C 55,63, H 5,96, N 27,81.
Gef. ,, 55,7, ,, 6,26, ,, 28,0,

krystallisirt aus heissem Wasser in farblosen Blättchen, wird durch Säuren und Alkalien in Kohlensäure, Ammoniak und Phenylhydrazin gespalten und liefert mit KNO_2 in salzsaurer Lösung behandelt ein in farblosen Blättchen krystallisirendes Nitrosoderivat, welches beim Kochen mit Alkalien in Diazobenzoimid, Ammoniak und Kohlensäure zerfällt und bei der Reduction mit Zinkstaub ebenfalls unter Abspaltung der NO-Gruppe in den Harnstoff zurückverwandelt wird.

Phenylhydrazin und Säurechloride.

Durch Einwirkung von 1 Molekül Acetylchlorid oder Essigsäureanhydrid auf 2 Mol. Phenylhydrazin entsteht ein Monacetylderivat, welches ich als Phenylacetazid bezeichnen werde; dasselbe krystallisirt aus heissem Wasser in seideglänzenden Blättchen, deren Analyse mit der Formel $C_6H_5 \cdot N_2H_2(C_2H_3O)$ übereinstimmt.

Ber. C 64,0, H 6,66, N 18,67.
Gef. ,, 64,3, ,, 6,78, ,, 18,6.

Dieselbe Verbindung entsteht beim längeren Kochen von 1 Th. Phenylhydrazin mit $1\frac{1}{2}-2$ Th. Eisessig; bei weiterem Erhitzen mit Essigsäureanhydrid liefert sie eine syrupartige Masse, welche wahrscheinlich ein Diacetylderivat enthält, dessen Isolirung bisher nicht gelang.

Oxaläther verwandelt das Phenylhydrazin beim Erhitzen auf 110 bis 120° in eine schwach gelbe, blätterige Krystallmasse von der Formel $(C_6H_5N_2H_2)_2(CO)_2$.

Ber. C 62,2, H 5,18, N 20,74.
Gef. ,, 61,83, ,, 5,24, ,, 20,44.

Pikrylchlorid wirkt in warmer alkoholischer Lösung momentan auf Phenylhydrazin ein; die Flüssigkeit färbt sich dunkelroth und scheidet einen reichlichen Niederschlag von rothen, glänzenden Blättchen ab, welche die Zusammensetzung $C_6H_5 \cdot N_2H_2 \cdot C_6H_2(NO_2)_3$ haben

Ber. C 45,14, H 2,82.
Gef. ,, 45,35, ,, 2,96

und wahrscheinlich ein Trinitrosoderivat des Hydrazobenzols sind.

Para-Tolylhydrazin.

Von den Homologen des Anilins wurde bisher nur das Paratoluidin als leicht zu beschaffendes Material in ausführlicher Weise hinsichtlich der Hydrazinbildung studirt: die Untersuchung, bei welcher ich von Hrn. A. Hock in liebenswürdiger Weise unterstützt wurde, lehrte die Gültigkeit und den normalen Verlauf aller in der Phenylreihe beobachteten Reactionen.

Das Paratolylhydrazin wurde genau nach der für die Phenylverbindung angegebenen Methode gewonnen; nur die Reinigung der Base durch Destillation erwies sich nicht als genügend und wurde durch Umkrystallisiren aus Aether ersetzt. Eine Lösung des als braunrothes Oel erhaltenen Rohproduktes in warmem Aether scheidet beim starken Abkühlen in einer Kältemischung die Base in feinen, weissen Blättchen ab, deren Analyse die der Formel $C_7H_7N_2H_3$ entsprechenden Werthe gab.

Ber. C 68,85, H 8,2, N 22,95.
Gef. ,, 68,63, ,, 8,4, ,, 22,63.

Die Substanz schmilzt bei 61°, siedet zwischen 240 und 244° unter geringer Zersetzung, löst sich leicht in Alkohol, Aether, Benzol, schwer in Wasser; aus nicht zu concentrirter ätherischer Lösung wurde sie beim langsamen Abkühlen in gut ausgebildeten, rhombischen, tafelartigen Krystallen erhalten; die Resultate der krystallographischen Bestimmung, welche Hr. Dr. Arzruni in Strassburg freundlichst übernommen hat, werde ich später mittheilen.

Von den Derivaten der Base wurden bisher dargestellt, und analysirt der durch Einwirkung von HNO_2 entstehende Nitrosokörper

$$C_7H_7N - NH_2 \atop | \atop NO \qquad \text{das Diazotoluolimid} \qquad C_7H_7N - N \atop | \atop N,$$

die Verbindung mit Schwefelkohlenstoff und der daraus entstehende Sulfoharnstoff.

In der Benzidinreihe wurden das diphenyldihydrazinsulfonsaure Kali $C_{12}H_8(N_2H_2SO_3K)_2 + 2H_2O$ und daraus durch Zersetzen mit Salzsäure das Diphenyldihydrazinhydrochlorat $C_{12}H_8(N_2H_3 \cdot HCl)_2$ gewonnen.

Bei den substituirten Anilinen, den Bromanilinen, Nitranilinen etc. gelingt die Darstellung der Hydrazinbasen nach qualitativen Vorversuchen ebenso leicht.

Grössere Schwierigkeiten zeigten sich bei der Amidobenzoesäure und den Amidophenolen; die Existenz der entsprechenden Hydrazine konnte auch hier durch die charakteristische und höchst empfindliche Kupferreaction ausser Zweifel gestellt werden; ihre Isolirung scheiterte indessen bisher an der verhältnismässig geringen Beständigkeit und der Löslichkeit in Säuren und Alkalien.

Noch complicirter ist die Hydrazinbildung beim Rosanilin; man erhält hier einen Farbstoff, der durch seine Löslichkeit in Säuren und Alkalien gewisse Analogie mit den Amidophenolen zeigt und dessen Untersuchung noch nicht abgeschlossen ist.

Diese kurzen Angaben werden genügen, um voraussehen zu lassen, dass die Bildung der Hydrazinbasen in der aromatischen Reihe bei allen Aminen, welche die Griess'schen Diazoverbindungen zu liefern im Stande sind, durchgeführt werden kann; es ist damit für die Synthese complicirterer Stickstoffverbindungen ein ungeheures Feld gewonnen, dessen Bearbeitung die Kräfte des Einzelnen bei Weitem übersteigt, und ich sehe mich dadurch genöthigt, das Studium dieser interessanten Körperklasse vorläufig auf die einfachen Repräsentanten zu beschränken.

22. Emil Fischer: Ueber aromatische Hydrazinverbindungen.
(Fünfte Mittheilung.)

Berichte der Deutschen Chemischen Gesellschaft 9, 1841 [1876].

(Eingegangen am 4. Dezember; verl. in der Sitzung von Hrn. Oppenheim.)

Durch die in einer früheren Mittheilung beschriebene Synthese des Aethylphenylhydrazins aus Aethylamin wurde gezeigt, dass die Reduction der den secundären Aminbasen entsprechenden Nitrosamine durch Zinkstaub und Essigsäure auch in der aromatischen Gruppe eine bequeme Methode zur Darstellung der zweifach substituirten Hydrazine ist.

Um die Allgemeinheit dieser Reaction weiter zu prüfen und um grössere Mengen einer von diesen in mancher Beziehung interessanten Basen zu gewinnen, habe ich das leicht zugängliche Diphenylamin in gleicher Weise untersucht, und so in der That ein Diphenylhydrazin $(C_6H_5)_2 \cdot N_2H_2$ erhalten, welches isomer mit dem Hydrazonbenzol ist, dessen Kenntniss mithin Gelegenheit zur Beleuchtung dieser Körperklasse eigenthümlichen Isomerieverhältnisse giebt.

Bildung und Eigenschaften des dem Diphenylamin entsprechenden Nitrosamins sind von O. Witt (Berichte d. D. Chem. Gesellsch. 8, 855) beschrieben.

Zur Darstellung grösserer Mengen wende ich statt der dort angegebenen Methoden folgendes Verfahren an, welches bei ergiebiger Ausbeute den Vorzug grösserer Bequemlichkeit hat.

Zu einer Lösung von 40 gr. käuflichem Diphenylamin in 200 gr. Alkohol und 30 gr. Salzsäure (v. sp. G. 1,19) werden unter guter Abkühlung allmälig 25 gr. KNO_2 (käufliches circa 90 pCt. Product) in concentrirter wässriger Lösung (1:1) zugegeben.

Die Flüssigkeit färbt sich Anfangs intensiv grün, gegen Ende der Operation meist dunkelbraun und scheidet neben Chlorkalium reichliche Mengen des Nitrosamins in blättrigen Krystallen ab; durch Zusatz von 30—40 gr. Wasser und starke Abkühlung wird auch der Rest des letzteren fast vollständig ausgefällt, während die öligen, dunkelgefärbten Nebenprodukte grösstentheils in Lösung bleiben.

Durch Abfiltriren und Auswaschen mit kleinen Mengen Alkohol erhält man eine hellgelbe Krystallmasse, welche nach Entfernung des beigemengten Chlorkaliums durch Waschen mit Wasser aus fast reinem Nitrosamin besteht; zur vollständigen Reinigung des Rohproduktes genügt einmaliges Umkrystallisiren aus heissem Ligroin, worin dasselbe in der Wärme sehr leicht, in der Kälte schwer löslich ist.

Die nach diesem Verfahren erzielte Ausbeute betrug durchschnittlich 85 pCt. der von der Theorie verlangten Menge.

Zur Umwandlung des Nitrosamins in die Hydrazinbase wird die Lösung desselben in der fünffachen Gewichtsmenge Alkohol mit überschüssigem Zinkstaub versetzt und allmälig Eisessig in kleinen Mengen zugegeben. Die Reaction tritt bald unter bedeutender Wärmeentwickelung ein und ist beendet, wenn eine abfiltrirte Probe auf Zusatz von concentrirter Salzsäure nicht mehr die dem Nitrosamin eigenthümliche, grünblaue Färbung zeigt.

Nach Entfernung des Zinkstaubs durch Filtration concentrirt man die Mutterlauge auf $^1/_4$ ihres Volumes, verdünnt mit der gleichen Menge Wasser und setzt unter Abkühlen einen grossen Ueberschuss rauchender Salzsäure zu.

Beim Erkalten scheidet sich das in concentrirter Salzsäure schwerlösliche Hydrochlorat der Hydrazinbase zum grössten Theil in feinen, schwach blau gefärbten Nadeln ab. Das Salz ist durch nicht unbeträchtliche Mengen Diphenylamin, dessen gleichzeitige Bildung bei der Reduction des Nitrosamins kaum vollständig vermieden werden kann, verunreinigt: dasselbe lässt sich jedoch leicht durch Auflösen des Rohproduktes in heisser, sehr verdünnter Salzsäure, wobei es als Oel zurückbleibt, entfernen.

Aus dem Filtrat wird die Hydrazinbase durch concentrirte Salzsäure fast vollständig wieder ausgefällt.

Die Analyse der so gereinigten und im Vacuum getrockneten Substanz ergab die der Formel $(C_6H_5)_2N_2H_2 \cdot HCl$ entsprechenden Werthe.

Ber. C 65,31, H 5,89, N 12,7.
Gef. ,, 65,35, ,, 6,06, ,, 12,73.

Die freie Base wird durch Zersetzen des reinen Hydrochlorats mit Natronlauge als schwach gelbes Oel erhalten, welches selbst in einer Kältemischung nicht erstarrt; sie ist sehr schwer löslich in Wasser; leicht in Aether, Alkohol, Benzol und Chloroform; gegen oxydirende Agentien, besonders gegen Fehling'sche Lösung zeigt sie grössere Beständigkeit, als die analogen Verbindungen der Fettreihe; bei der Destillation unter gewöhnlichem Druck ist sie nur theilweise unzersetzt flüchtig; ein anderer Theil zerfällt dabei in Ammoniak, Diphenylamin und nicht flüchtige, harzartige Produkte.

Von concentrirter Schwefelsäure wird sie beim gelinden Erwärmen ohne wesentliche Veränderung mit tiefblauer Farbe gelöst.

Das salpetersaure und schwefelsaure Salz $[(C_6H_5)_2N_2H_2]_2H_2SO_4$
Ber. S 6,87. Gef. S 7,0

krystallisirt aus heisser, schwach saurer Lösung in feinen, weissen Nadeln, welche an Licht und Luft rasch eine blaue Färbung annehmen.

Was die Constitution der Base betrifft, so ist man der Synthese nach wohl berechtigt, diese ebenso, wie es früher für die secundären Hydrazine der Fettreihe geschehen, als ein unsymmetrisches Disubstitutionsproduct der Atomgruppe $NH_2 — NH_2$, als ein diphenylirtes Hydrazin von der Formel $(C_6H_5)_2N — NH_2$ aufzufassen.

Diese Formel trägt nicht nur in allen Punkten den unten beschriebenen Reactionen der Base Rechnung, sie giebt auch in einfacher Weise Rechenschaft von den Beziehungen zu dem isomeren Hydrazobenzol.

Behält man nämlich für letzteres die seiner Bildung aus Azobenzol am besten entsprechende und heutzutage ziemlich allgemein anerkannte Formel $C_6H_5 \cdot NH — NH \cdot C_6H_5$ bei, so liegt es nahe, dasselbe ebenfalls als ein Derivat der Hydrazingruppe, in welchem die Phenylreste symmetrisch auf die beiden stickstoffhaltigen Gruppen vertheilt sind, aufzufassen und seine Beziehungen zu obiger Base dem Verhältniss der Aethylen- zu den Aethylidenverbindungen an die Seite zu stellen.

In wie weit diese Betrachtungsweise durch die experimentellen Thatsachen gerechtfertigt ist, wird am besten aus einer vergleichenden Zusammenstellung der meist total verschiedenen Reactionen beider Körper erhellen.

Das Diphenylhydrazin, wie die von mir dargestellte Base zum Unterschiede von dem Hydrazobenzol kurzweg benannt werden mag, bildet mit Mineralsäuren beständige Salze: eine molekulare Umlagerung zu Benzidin, wie sie als Hydrazobenzol durch diese Agentien so leicht erleidet, wurde in keinem Falle beobachtet.

Während letzteres unter dem Einflusse von Oxydationsmitteln mit der grössten Leichtigkeit in Azobenzol umgewandelt wird, liefert sein Isomeres unter ähnlichen Bedingungen meist unter lebhafter Gasentwickelung blau- oder rothviolette Farbstoffe von complicirter Zusammensetzung.

Bei der trocknen Destillation zerfällt das eine theilweise in Diphenylamin und Ammoniak, das andere vollständig in Anilin und Azobenzol.

Substitutionsproducte des Hydrazobenzols, entstanden durch Einführung von Alkohol- oder organischen Säureradicalen in die stickstoffhaltige Gruppe, sind zwar der Theorie nach möglich, indessen bisher wohl in Folge von experimentellen Schwierigkeiten nicht erhalten worden; bei dem Diphenylhydrazin gelingt die Darstellung solcher Produkte mit der grössten Leichtigkeit; durch Einwirkung von Benzoylchlorid auf die ätherische Lösung der Base wurde ein Monobenzoylderivat von der Formel $(C_6H_5)_2N_2H \cdot CO \cdot C_6H_5$,

Ber. C 79,16, H 5,56, N 9,72.
Gef. ,, 78,81, ,, 5,88, ,, 9,9,

erhalten; beim Zusammenbringen von 1 Mol. Base mit 1 Mol. Benzaldehyd bildet sich unter Wasserspaltung die Verbindung

$(C_6H_5)_2N_2 \cdot CH \cdot C_6H_5$,

Ber. C 83,82, H 5,88, N 10,3.
Gef. ,, 83,44, ,, 6,29, ,, 10,5,

in welcher also sämmtliche Wasserstoffatome der Hydrazingruppe durch Alkoholradicale versetzt sind.

Am auffallendsten und deutlichsten endlich wird die Isomerie beider Verbindungen durch ihr verschiedenes Verhalten zu salpetriger Säure illustrirt, welche nach allen bisher bekannten Thatsachen noch das sicherste und bequemste Mittel zur Untersuchung primärer, secundärer, tertiärer Amingruppen ist[1]).

Für das Hydrazobenzol ist bereits durch Versuche von A. Baeyer[2]) nachgewiesen, dass es von salpetriger Säure in einen Körper, welcher mit den gewöhnlichen Nitrosaminen die grösste Aehnlichkeit zeigt, umgewandelt wird, mithin sich den einfachen Imidbasen vollständig analog verhält. Bei dem Diphenylhydrazin blieb bei der Annahme obiger Structurformel die Bildung eines derartigen Productes ausgeschlossen; das Vorhandensein einer tertiären und einer primären Amingruppe liess vielmehr nach Analogie der aromatischen und fetten Aminbasen die Entstehung einer Verbindung erwarten, welche den Diazokörpern oder den Phenolen resp. Alkoholen entsprechen würde.

Der Versuch hat nun allerdings diese Erwartungen keineswegs gerechtfertigt, ohne indessen trotz der etwas auffälligen Resultate für die Richtigkeit der Formel $(C_6H_5)_2N - NH_2$ weniger entscheidend zu sein.

Behandelt man eine verdünnte, kaltgehaltene, saure Lösung der Base mit salpetrigsaurem Kali, so findet momentan unter gleichzeitiger Gasentwickelung die Ausscheidung eines schwach gelbgefärbten Oeles statt, welches bald krystallinisch erstarrt und nach dem Umkrystallisiren aus Ligroin durch Analyse, Schmelzpunkt etc. als identisch mit dem Diphenylnitrosamin erkannt wurde, das gleichzeitig gebildete Gas besteht aus reinem Stickoxydul; mit Luft gemengt giebt es keine rothen Dämpfe, entzündet einen glimmenden Span, wird von Wasser

---

[1]) Vgl. Heintz. Ann. Chem. Pharm. **138**, 316.
[2]) Berichte d. D. Chem. Gesellsch. **2**, 683.

vollständig absorbirt und zeigt mit Wasserstoff verpufft keine Volumveränderung.

Diphenylnitrosamin und Stickoxydul sind hiernach, bei vorsichtig geleiteter Operation wenigstens, die einzigen Producte der Reaction, welche in der empirischen Gleichung

$$(C_6H_5)_2 \cdot N_2H_2 + 2\,HNO_2 = (C_6H_5)_2N_2O + N_2O + 2\,H_2O$$

einen einfachen Ausdruck findet.

Grössere Schwierigkeiten bietet die weitere Interpretation dieses Processes, da die vorliegenden experimentellen Daten die Wahl zwischen zwei wesentlich verschiedenen Anschauungen lassen, deren Unterschied in der Frage liegt, ob die beiden Stickstoffatome des Stickoxyduls ausschliesslich aus der salpetrigen Säure oder theilweise aus der Hydrazingruppe herstammen; im einen Falle wird die Rückbildung des Nitrosamins aus der Hydrazinbase durch einfache Oxydation der NH_2- zur NO-Gruppe erfolgen, wobei 2 Mol. HNO_2 zwei O abgeben und dadurch zu N_2O reducirt werden; andererseits kann man aber auch annehmen, dass die Hydrazingruppe zunächst mit 1 Mol. HNO_2 in Reaction tritt, wobei neben Wasser und Stickoxydul nach der Gleichung:

$$(C_6H_5)_2N_2H_2 + HNO_2 = (C_6H_5)_2NH + N_2O + H_2O$$

Diphenylamin entsteht, welches letztere dann im status nasc. durch ein zweites Molekül HNO_2 in bekannter Weise in das Nitrosamin übergeführt wird.

Obschon es mir bisher nicht gelungen, die nach der letzteren Erklärung der Reaction wahrscheinliche intermediäre Bildung von Diphenylamin experimentell nachzuweisen und dadurch eine definitive Entscheidung der Frage zu geben, so glaube ich doch, aus anderen Gründen schon jetzt derselben den Vorzug geben zu dürfen. Besonders verdient hier die Thatsache hervorgehoben zu werden, dass die besprochene Reaction nur bei Anwendung von salpetriger Säure, dagegen durch kein anderes Oxydationsmittel gelingt, ein Umstand, welcher nachdrücklich gegen die erstere Interpretation spricht.

Nicht minder massgebend dürfte hier noch die ziemlich nahe liegende Analogie der Hydrazine mit dem Hydroxylamin sein, welche bekanntlich nach V. Meyer[1]) durch salpetrige Säure glatt in Wasser und Stickoxydul zerlegt wird, zumal wenn man berücksichtigt, dass das Diphenylhydrazin seiner Constitution nach durch blosse Aufnahme von Wasser unter Sprengung der Stickstoffkette in Diphenylamin und Hydroxylamin zerfallen könnte.

Ob die vorliegende zunächst nur für das Diphenylhydrazin untersuchte Reaction auf die bei den übrigen unsymmetrischen secundären

---

[1]) Annal. Chem. Pharm. **173**, 141.

Hydrazinen zutreffen wird, muss einstweilen dahingestellt bleiben; sollte es sich jedoch bestätigen, so wäre damit in der salpetrigen Säure ebenfalls ein bequemes Reagens zur Unterscheidung dieser Basen gefunden; die primären liefern leicht zersetzliche Nitroderivate, welche durch Wasserabspaltung in die dem Diazobenzolimid entsprechende Verbindungen übergehen, die secundären werden entweder in die correspondirenden Nitrosamine zurückverwandelt oder in stickstoffreichere Nitroderivate übergeführt.

Aehnlich werden sich voraussichtlich die tertiären Basen verhalten, bei den quaternären Verbindungen dagegen darf man mit ziemlicher Sicherheit erwarten, dass sie von dem Reagens entweder überhaupt nicht angegriffen oder in solche Körper verwandelt werden, welche dem von Baeyer und Caro entdeckten Nitrosodimethyl-Anilin[1]) analog constituirt sind.

---

[1]) Berichte d. D. Chem. Gesellsch. 7, 809.

23. Emil Fischer: Ueber aromatische Hydrazinverbindungen.
(Sechste Mittheilung.)
Berichte der Deutschen Chemischen Gesellschaft **10**, 1331 [1877].
(Eingegangen am 12. Juli.)

Die in einer früheren Mittheilung für das Phenylhydrazin aufgestellte Formel $C_6H_5 - NH - NH_2$ war aus der Analogie mit den secundären Hydrazinen der fetten und aromatischen Reihe als sehr wahrscheinlich hergeleitet, entbehrte jedoch bisher der exacten experimentellen Begründung.

Neuere Versuche über die genetischen Beziehungen des Phenylhydrazins zu dem Aethylphenylhydrazin gestatten die endgültige Entscheidung dieser für die Constitution der zahlreichen Abkömmlinge dieser Basen und insbesondere auch der nahe verwandten Diazokörper fundamentalen Frage. Wie ich früher angegeben[1]), entsteht durch Einwirkung von Bromäthyl auf Phenylhydrazin neben einem complicirten Gemenge von flüchtigen Basen eine in Wasser leicht lösliche, durch Kali nicht zersetzbare Ammoniumverbindung von der Formel $C_6H_5 \cdot N_2H_2 \cdot C_2H_5 \cdot C_2H_5Br$. Dieselbe Substanz bildet sich nun auch durch directe Anlagerung von C_2H_5Br an das aus Aethylanilin dargestellte Aethylphenylhydrazin; erhitzt man ein Gemenge gleicher Moleküle dieser Basis und Bromäthyl am Rückflusskühler, so erstarrt die Flüssigkeit allmählig zu einer in Wasser leicht löslichen Krystallmasse; auf Zusatz von concentrirter Natronlauge scheidet die wässrige Lösung neben einer geringen Menge öliger Basen die Ammoniumverbindung in feinen, weissen Nadeln ab; die Analyse, eine genaue Vergleichung mit dem aus Phenylhydrazin dargestellten Präparat und die von Hrn. Arzruni in Strassburg ausgeführte krystallographische Untersuchung ergaben die vollständige Identität beider Produkte.

Da nun das Aethylphenylhydrazin, welches aus Aethylanilin durch Einführung der NH_2-Gruppe an Stelle des letzten Ammoniakwasserstoffs entsteht, unzweifelhaft die Formel

$$\begin{matrix} C_6H_5 \\ C_2H_5 \end{matrix} \!\!\!\Big\rangle N - NH_2$$

---
[1]) Berichte d. D. Chem. Gesellsch. **9**, 885. (*S. 168.*)

hat, so muss in der Ammoniumverbindung derselbe Atomkörper in Verbindung mit C_2H_5Br angenommen werden und es folgt daraus weiter für das Phenylhydrazin, wenn man von der willkürlichen Annahme molekularer Umlagerungen absieht, die analoge Formel $C_2H_5-NH-NH_2$; bei Einwirkung von Bromäthyl wird zunächst das letzte H-Atom der Imidgruppe durch Aethyl ersetzt und das so entstandene Aethylphenylhydrazin geht durch weitere Anlagerung von C_2H_5Br in das obige Ammoniumbromid über.

Auf die Bedeutung dieser Schlüsse für die noch immer in Discussion befindliche Constitutionsfrage der Diazokörper werde ich später zurückkommen und gebe hier zunächst die aus der fortgesetzten Untersuchung des Phenylhydrazins hervorgegangenen Resultate.

Einwirkung von Furfurol.

Das Phenylhydrazin verbindet sich mit fast allen Aldehyden unter Wasserabspaltung zu indifferenten, gut krystallisirenden Körpern und zwar im Gegensatz zu den gewöhnlichen Aminbasen meist in der Weise, dass auf 1 Mol. Aldehyd nur 1 Mol. Basis in Reaction tritt.

Die betreffenden Verbindungen mit Acet- und Benzaldehyd sind bereits beschrieben; Furfurol reagirt in derselben Weise; es entsteht dabei ein in schwach gelb gefärbten Blättchen krystallisirender Körper von der Formel $C_{11}H_{10}N_2O$.

Ber. C 70,97, H 5,38, N 15,05.
Gef. ,, 70,78, ,, 5,83, ,, 14,96.

Derselbe bildet sich nach der Gleichung:

$$C_6H_5 \cdot N_2H_3 + C_5H_4O_2 = C_6H_5 \cdot N_2H \cdot C_5H_4O + H_2O.$$

Während das Furfurol mit Ammoniak, Anilin und voraussichtlich allen anderen Aminbasen complicirtere Verbindungen liefert, liegt hier der einfachste Fall der Aldehydcondensation vor; es scheint deshalb die weitere Untersuchung dieses Productes besonders geeignet, neue Gesichtspunkte für die Aufklärung der Constitution des Furfuramids, Furfurins u. s. w. zu gewinnen; ich werde indessen diesen Gegenstand einstweilen nicht weiter verfolgen, da Hr. R. Schiff die Bearbeitung dieser Körpergruppe bereits angekündigt hat.

Die Substanz schmilzt bei 96°, ist leicht löslich in Alkohol und Aether, sehr schwer in Ligroin und wird durch Kochen mit Säure in Furfurol und Hydrazinbase gespalten.

Phenylhydrazin und Cyangas.

Nach den Untersuchungen von A. W. Hofmann[1]) über das Cyananilin war die Bildung eines ähnlichen Productes aus Phenylhydrazin

---

[1]) Ann. Chem. Pharm. **66**, 129.

zu erwarten; in der Tat verbindet sich letzteres ausserordentlich leicht mit Cyangas, das Produkt zeigt indessen in Zusammensetzung und Reactionen manche Verschiedenheiten von dem Cyananilin. Am glattesten erfolgt die Bildung desselben, wenn man in eine kalt gehaltene Emulsion von 1 Th. Phenylhydrazin und 10 Th. Wasser einen mässigen Strom von Cyangas einleitet; die Basis verwandelt sich bald in eine gelbrote, krystallinische Masse, welche durch Umkrystallisiren aus heissem, verdünntem Alkohol unter Anwendung von Thierkohle in schönen, gelbgefärbten Blättchen erhalten wird. Die vollständige Reinigung der Substanz bietet einige Schwierigkeit, da die gelbe Farbe, obschon derselben nicht eigentümlich, den Krystallen hartnäckig anhaftet; mit nicht unbeträchtlichem Verluste gelang es mir erst durch wiederholtes Auflösen in reinem Aether und vorsichtiges Fällen mit Ligroin, ein nahezu farbloses Präparat zu gewinnen; die Analyse desselben ergab die der Formel $C_6H_5 \cdot N_2H_3(CN)_2$ entsprechenden Werte.

Ber. C 60,00, H 5,00, N 35,00.
Gef. ,, 59,94, ,, 5,4, ,, 34,97.

Der Körper entsteht also durch direkte Vereinigung von 1 Mol. Dicyan mit 1 Mol. der Base und kann als Dicyanphenylhydrazin bezeichnet werden.

Beim Erhitzen auf 160° fängt er an, sich zu bräunen und schmilzt sich langsam zersetzend zu einer dunkelgefärbten, öligen Flüssigkeit zusammen; es löst sich leicht in Alkohol und Aether, schwer in heissem Wasser; aus einem Gemisch von Aether und Ligroin wurde es beim langsamen Verdunsten in grossen glänzenden Krystallen mit stark gebogenen Flächen erhalten, welche nach der optischen Untersuchung des Hrn. Arzruni dem monosymmetrischen System angehören.

Salze der Verbindung mit Mineralsäuren habe ich bisher nicht erhalten; dass sie basische Eigenschaften besitzt, wird aber wahrscheinlich durch die Beobachtung, dass sie sich in warmer, verdünnter Salzsäure leicht löst und erst beim Neutralisiren mit Alkalien unverändert wieder abgeschieden wird. Die kalte wässerige Lösung gibt mit Fehling'scher Lösung eine blaugrüne Färbung und einen schmutzig grünen Niederschlag, welcher sich beim Kochen in gelbes Kupferoxydul verwandelt.

Beim längeren Kochen mit rauchender Salzsäure wird sie teilweise, beim Erhitzen mit Wasser auf 150° vollständig zersetzt, wobei ein aus heissem Wasser in feinen Nadeln krystallisirender Körper entsteht, mit dessen Untersuchung ich beschäftigt bin.

Einwirkung von Schwefel auf Phenylhydrazin.

Anilin liefert beim starken Erhitzen mit Schwefel nach den Angaben von Merz und Weith[1]) neben zahlreichen, complicirten, harzigen Produkten Thioanilin. Wesentlich verschieden in Betreff der Endprodukte und weit energischer verläuft dieselbe Reaction beim Phenylhydrazin.

Erhitzt man die Base mit Schwefelblumen, so erfolgt bereits bei 80° eine lebhafte Einwirkung; es entweichen Ströme von Schwefelwasserstoff und Ammoniak; durch allmählig bis 130° gesteigerte Hitze wird die Reaction mit der vollständigen Zerstörung des Hydrazins in Kurzem zu Ende geführt; als flüchtige Produkte derselben habe ich Schwefelwasserstoff, Ammoniak, Benzol und Stickstoff nachgewiesen; im Rückstand waren reichliche Mengen von Anilin (aus 20 Gr. Phenylhydrazin wurden 6 Gr. reines Anilin gewonnen) und kleinere Quantitäten von Thiophenol, Benzolsulfid und Benzolbisulfid.

Die Einwirkung des Schwefels beschränkt sich demnach bei den Hydrazinen im Wesentlichen auf die stickstoffhaltige Gruppe, wobei jedoch zwei ganz verschiedene Vorgänge zu unterscheiden sind.

Die Bildung des Anilins einerseits erfolgt offenbar durch Sprengung der Stickstoffkette, vielleicht nach dem Schema:

$$2 C_6H_5 - NH - NH_2 + S = 2 C_6H_5 \cdot NH_2 + H_2S + N_2,$$

während die Entstehung des Benzols und der verschiedenen Schwefelverbindungen vielmehr an die gewöhnlichen Reactionen der Diazokörper oxydirend erinnert; die Stickstoffgruppe wird unter dem oxydirenden Einflusse des Schwefels entweder vollständig als freier Stickstoff, oder teilweise als Ammoniak eliminirt und es erfolgt dafür der Eintritt von Wasserstoff oder schwefelhaltiger Gruppen in den Benzolkern.

Phenylhydrazin und Diazobenzol.

Bringt man salpetersaures oder schwefelsaures Diazobenzol mit salzsaurem oder auch freiem Phenylhydrazin in kalter, wässeriger Lösung zusammen, so trübt sich diese sofort durch Ausscheidung von Diazobenzolimid und die saure Lösung enthält eine entsprechende Menge Anilin; ich habe diese Beobachtung schon vor zwei Jahren gemacht, bisher aber nicht veröffentlicht, weil ich immer noch hoffte, durch eine passende Variation der Bedingungen eine dem Diazoamidobenzol entsprechende Hydrazinverbindung zu erhalten; letzteres ist mir nicht gelungen, und ich zweifle an der Existenzfähigkeit dieser Körper; inzwischen hat Hr. P. Griess[2]) dieselbe Reaction bei der von

---
[1]) Berichte d. D. Chem. Gesellsch. **4**, 384.
[2]) Berichte d. D. Chem. Gesellsch. **9**, 1659.

ihm dargestellten Hydrodiazobenzoesäure (oder Hydrazinbenzoesäure) ausgeführt und dabei weiter noch die interessante Tatsache festgestellt, dass bei der Einwirkung von Diazobenzolnitrat auf diese Base neben Diazobenzoesäureimid und Anilin auch Diazobenzolimid und Amidobenzoesäure entsteht; er führt die Entstehung aller dieser Substanzen auf die Bildung eines Zwischenprodukts $C_{13}H_{12}N_4O_2$ zurück, welches nichts anderes sein würde, als die dem Diazoamidobenzol analoge Verbindung der Hydrodiazobenzoesäure.

Ich will die Möglichkeit eines derartigen Verlaufs der Reaction nicht in Abrede stellen, möchte jedoch einer anderen Interpretation den Vorzug geben, weil sie den Eintritt der Reaction auch in saurer Lösung besser erklärt und die Bildung der ganz verschiedenen Produkte auf zwei verschiedene Vorgänge zurückführt.

Die Einwirkung der Diazobenzolsalze auf die Hydrazinbase hat einmal die grösste Ähnlichkeit mit der von mir früher beschriebenen Darstellung des Diazobenzolimids aus Phenylhydrazin und salpetriger Säure; man braucht also nur die nicht so unwahrscheinliche Annahme zu machen, dass das Diazobenzol unter diesen Bedingungen durch Wasseraufnahme in seine Generatoren, Anilin und HNO_2 zerfällt, welch' letztere auch in saurer Lösung das Phenylhydrazin in Diazobenzolimid verwandelt, um für die Entstehung des Diazobenzoesäureimids aus der Hydrazinbenzoesäure die Gleichungen:

$$C_6H_5 \cdot N_2 \cdot NO_3 + 2 H_2O = C_6H_5 \cdot NH_3NO_3 + HNO_2$$
$$C_7H_8N_2O_2 + HNO_2 = C_7H_5N_3O_2 + 2 H_2O$$

zu erhalten.

Für die gleichzeitige Bildung von Diazobenzolimid und Amidobenzoesäure ist dagegen eine Sprengung der Hydrazingruppe anzunehmen; diese kann ebenfalls durch Wasseraufnahme erfolgen, wobei das Phenylhydrazin z. B. Anilin und Hydroxylamin liefern würde.

$$C_6H_5 \cdot NH - NH_2 + H_2O = C_6H_5 \cdot NH_2 + H_3NO.$$

Letzteres müsste dann mit Diazobenzol das Imid bilden; dass dem in der Tat so ist, beweist folgender Versuch. Beim Vermischen kalter wässeriger Lösungen von schwefelsaurem Diazobenzol und salzsaurem Hydroxylamin tritt keine Reaction ein; trägt man aber dieses Gemisch, welches einen Ueberschuss des Hydroxylaminsalzes enthalten muss, in eine verdünnte, kalte Lösung von Na_2CO_3 ein, so erfolgt sofort die Ausscheidung von Diazobenzolimid und zwar in nahezu quantitativer Weise. $\quad C_6H_5 \cdot N_2NO_3 + H_3NO = C_6H_5 \cdot N_3 + HNO_3 + H_2O.$

Phenylhydrazin und Jod.

Beim Schütteln einer wässerigen, kalten Emulsion von Phenylhydrazin mit Jod wird dieses leicht und ohne Gasentwicklung gelöst und es scheidet sich Diazobenzolimid aus; der grösste Theil der Hydrazinbase geht hierbei als jodwasserstoffsaures Salz in Lösung; durch abwechselnden, vorsichtigen Zusatz von Kalilauge und Jod kann man jedoch die ganze Menge derselben in Reaction ziehen; als Endprodukte erzielte ich Diazobenzolimid, Anilin und geringe Mengen jodhaltiger, harziger Substanzen.

Der Vorgang erfolgt offenbar nach der empirischen Gleichung

$$2 C_6H_5 \cdot N_2H_3 + 2 J_2 = C_6H_5 \cdot N_3 + C_6H_5 \cdot NH_2 + 4 HJ$$

und zeigt, besonders was die Produkte betrifft, grosse Aehnlichkeit mit der vorher beschriebenen Reaction; es ist deshalb nicht unwahrscheinlich, dass sich aus der Hydrazinbase durch den oxydirenden Einfluss des Jods vorübergehend eine Diazoverbindung bildet, welche weiter in der bekannten Weise auf ein zweites Molekül des Phenylhydrazins reagirt.

Umwandlung des Hydrazins in Diazokörper.

Die Rückverwandlung dieser Basen in Diazokörper, welche durch die Entdeckung der primären Hydrazine der Fettreihe ein besonderes Interesse erhielt, scheiterte längere Zeit an der Schwierigkeit, aus denselben die hydrazinsulfonsauren Salze wieder zu gewinnen; nach vielen vergeblichen Versuchen fand ich schliesslich durch die Mitteilung von E. Baumann[1]) über die Synthese von Aether-Schwefelsäuren aufmerksam gemacht, in dem pyroschwefelsaurem Kali das geeignete Mittel zur Ausführung dieser Reaction. Erhitzt man ein Gemenge von 1 Mol. fein gepulvertem $K_2S_2O_7$ und 2 Mol. Phenylhydrazin auf $80°$, so erstarrt die breiige Masse vollständig und enthält neben schwefelsaurem Kali und schwefelsaurem Phenylhydrazin das phenylhydrazinsulfonsaure Kali.

Um letzteres zu isoliren, löst man die Schmelze in heissem Wasser und entfernt den grössten Teil der Schwefelsäure durch Bariumcarbonat; aus der heiss filtrirten Lösung fällt auf Zusatz von conc. Kalilauge die Hauptmenge des sulfonsauren Salzes krystallinisch aus; einmaliges Umkrystallisiren aus heissem Wasser genügt, um dasselbe rein zu erhalten. Analyse, Krystallform und alle Reactionen stimmten mit dem aus Diazobenzol erhaltenen Produkte überein.

Dieses Salz lässt sich nun, wie ich früher bereits kurz angegeben[2]), durch Oxydation mit der grössten Leichtigkeit in das gelbe diazosulfonsaure Kali überführen.

---

[1]) Berichte d. D. Chem. Gesellsch. **9**, 1715.
[2]) Berichte d. D. Chem. Gesellsch. **8**, 590. (*S. 148.*) In Folge eines Versehens wurde dort chromsaures Kali in alkalischer. statt in saurer Lösung als Oxydationsmittel angegeben.

Versetzt man die heisse, wässerige Lösung mit einem Ueberschuss von HgO oder $K_2Cr_2O_7$, so ist die Umwandlung eine vollständige und das gelbgefärbte Filtrat liefert beim Erkalten oder noch besser auf Zusatz von conc. Kalilauge eine reichliche Krystallisation des diazosulfonsauren Kalis; dieses Salz gehört aber unzweifelhaft noch zur Klasse der Diazokörper, wenn es sich auch von den meisten derselben durch Beständigkeit und in Folge dessen geringerer Reactionsfähigkeit unterscheidet.

Der glatte Verlauf dieser beiden Reactionen macht es sehr wahrscheinlich, dass ihre Verwertung in der Fettreihe zur Gewinnung der so lange vergeblich gesuchten Diazokörper aus dem Aethylhydrazin und seinen Homologen auf nicht zu grosse Schwierigkeiten stossen wird und ich habe zu diesem Zwecke die ausführliche Untersuchung dieser Basen bereits begonnen.

Ferner werden dadurch die Beziehungen der Hydrazine zu den Diazokörpern in einer Weise vervollständigt, dass es hier am Platze erscheint, die Consequenzen hervorzuheben, welche sich daraus für die Structurformel der letzteren ergeben.

Neben der älteren Kekulé'schen Anschauung über die Constitution dieser Verbindungen hat sich bisher die von Strecker bei Entdeckung der hydrazinsulfonsauren Salze für das Diazobenzolnitrat aufgestellte Formel

$$C_6H_5 - \overset{\|}{\underset{N}{N}} - NO_3$$

allgemeiner behauptet; dieselbe wurde von verschiedenen Chemikern, Erlenmeyer und Blomstrand u. A., zu besonderer Berücksichtigung empfohlen und findet sich in mehreren neuen Lehrbüchern als gleichberechtigt angeführt. Es lässt sich nun allerdings nicht leugnen, dass diese Formel, seitdem man gewohnt ist, mit fünfwertigem Stickstoff zu rechnen und die Salze der Aminbasen als Derivate desselben zu betrachten, für die Entstehung des Diazobenzols aus Anilinsalzen schematisch eine einfachere Erklärung gibt; dagegen stand sie von je her mit dem allerdings nur in vereinzelten Fällen beobachteten Uebergang von Diazokörpern in Azoverbindungen, in welchen allgemein die Gruppe $-N = N-$ angenommen wird, mehr oder weniger in Widerspruch. In neuerer Zeit ist aber gerade diese Reaction durch die Entdeckung der gemischten Azokörper[1] und durch die von Hrn. Griess[2] vor Kurzem beschriebene glatte Bildung von Azoverbindung aus Diazobenzol und tertiären, aromatischen Basen sehr verallgemeinert und damit die Wahrscheinlichkeit der Kekulé'schen Formel erhöht worden.

---

[1] V. Meyer und G. Ambühl, Berichte d. D. Chem. Gesellsch. 8, 751.
[2] Berichte d. D. Chem. Gesellsch. 10, 525.

Sollte man jedoch diesen einzelnen Grund, zumal da die Umwandlung des Diazobenzols in Azobenzol in einfacher Weise bisher nicht gelungen, für die Bevorzugung jener Anschauung nicht genügend halten, so müssen diese Bedenken schwinden angesichts der Resultate, welche die Untersuchung der aromatischen Hydrazine ergeben hat.

Für das Phenylhydrazin habe ich die Formel $C_6H_5 \cdot NH - NH_2$ aus einer Reihe von Tatsachen entwickelt, die keiner weiteren Erörterung bedürfen. Ein Körper von dieser Constitution ist nun durch vier glatte Uebergänge mit dem Diazobenzol verknüpft:

1.) Die Ueberführung des Diazobenzols durch das diazo- und hydrazinsulfonsaure Kali in Phenylhydrazin.

2.) Die Umwandlung dieser Base in das hydrazin- und diazosulfonsaure Kali.

3.) Die Bildung des Hydrazins durch Reduction von Diazoamidobenzol.

4.) Die Ueberführung von Diazobenzol einerseits und Phenylhydrazin andererseits in Diazobenzolimid

$$C_6H_5 - N - N$$
$$ | $$
$$ N $$

Für alle diese Reactionen würde die Strecker'sche Formel moleculare Umlagerungen und zwar die Umwandlung von fünfwertigem Stickstoff in dreiwertigen durch Wasserstoffzufuhr und von drei- in fünfwertigem durch Wasserstoffentziehung verlangen, eine Annahme, welche jeder Wahrscheinlichkeit entbehrt.

24. Emil Fischer: Ueber die Hydrazinverbindungen der Fettreihe*).

Berichte der Deutschen Chemischen Gesellschaft 8, 1587 [1875].

Aus dem Studium der aromatischen Hydrazine[1]), deren Beständigkeit und Reactionsfähigkeit theilweise überraschend ist, gewann ich bald die Ueberzeugung, dass analoge Körper in der Fettgruppe existenzfähig seien. Eine ähnliche Darstellung derselben, wie in der Benzolreihe, durch Reduction der Diazokörper blieb allerdings ausgeschlossen; dagegen war die Möglichkeit vorhanden, von den Nitrosoderivaten der secundären Aminbasen durch Reduction zu den zweifach substituirten, fetten Hydrazinen zu gelangen.

Von derartigen Nitrosoverbindungen, welche die NO-Gruppe an Stickstoff gebunden enthalten, sind bisher dargestellt in der Fettreihe das Nitrosobiäthylin[2]), die Nitrosodiglycolamidsäure[3]) und das Nitrosopiperidin[4]), in der aromatischen Reihe wurden ähnliche Körper beim Dibenzylamin[5]), Aethylanilin[6]) und Diphenylamin[7]) erhalten.

Reductionsversuche liegen nur bei den vier letztgenannten vor, durch welche nach den übereinstimmenden Angaben der Autoren in allen Fällen die Rückbildung der secundären Aminbasen unter Eliminirung der Nitrosogruppe constatirt wurde. Von der Ansicht ausgehend, durch eine Aenderung der Bedingungen einen anderen Verlauf der Reaction herbeiführen zu können, habe ich obige Versuche zunächst beim Nitrosobimethylin und -biäthylin wieder aufgenommen und bin dabei zu dem Resultat gekommen, dass hier die beabsichtigte Reduction der Nitroso- zur Amidogruppe in der That mit der grössten Leichtigkeit unter Bildung einer Hydrazinverbindung gelingt.

---

*) *Ein Bericht ähnlichen Inhalts ist in den Sitzungsb. d. kgl. bayr. Akad. d. Wissensch. 1875, S. 306, Sitzung d. mathem.-phys. Classe v. 4. Dez. 1875, erschienen.*

[1]) Berichte d. D. Chem. Gesellsch. **8**, 589, 1005. (S. *147* u. S. *153*.)
[2]) Geuther und Kreutzhage, Ann. Chem. Pharm. **128**, 151.
[3]) Heintz, Ann. Chem. Pharm. **138**, 300.
[4]) Wertheim, Ann. Chem. Pharm. **127**, 75.
[5]) Rhode, Ann. Chem. Pharm. **151**, 366.
[6]) P. Griess, Berichte d. D. Chem. Gesellsch. **7**, 218.
[7]) Witt, Berichte d. D. Chem. Gesellsch. **8**, 855.

In grösserem Maassstabe wurde die Operation vorläufig mit dem mir leichter zugänglichen Dimethylamin ausgeführt. Die Darstellung des Nitrosobimethylins bietet bei einer kleinen Modification der Methode von Geuther und Kreutzhage keine Schwierigkeiten.

Reines, nach Baeyer aus Nitrosodimethylanilin erhaltenes, salzsaures Dimethylamin, wurde mit überschüssigem, salpetrigsaurem Kali in sehr concentrirter, schwach angesäuerter, wässriger Lösung gelinde erwärmt. Bei 60—70° tritt die Reaction ein ohne Gasentwicklung; ein grosser Theil der Nitrosoverbindung sammelt sich als gelbes Oel auf der wässrigen Schicht und kann abgehoben werden; den in Lösung befindlichen Rest gewinnt man durch Destillation mit Wasserdämpfen und Abscheidung des Oeles aus dem Destillat durch Zusatz von festem, salpetrigsaurem Kali.

Durch Trocknen mit Chlorcalcium und Rectifikation erhält man das Nitrosobimethylin als schwach gelb gefärbtes Oel von eigenthümlichem, stechenden Geruch; eine ausführliche Beschreibung seiner Eigenschaften behalte ich einer späteren Mittheilung vor.

Die Reduction der Verbindung zur Hydrazinbase wurde in wässeriger Lösung durch Zinkstaub und Essigsäure unter Erwärmen am Rückflusskühler ausgeführt, bis der intensive Geruch des Nitrosokörpers verschwunden war. Eine Probe der klaren Lösung reducirte auf Zusatz von Kali in der Wärme Fehling'sche Lösung in bedeutender Menge, wodurch das Vorhandensein einer Hydrazinverbindung angezeigt war. Zur Isolirung derselben wurde die vom Zinkstaub abfiltrirte und mit Kali versetzte Flüssigkeit destillirt und die übergehenden Dämpfe in Salzsäure aufgefangen. Die ersten Fractionen enthielten geringe Mengen Ammoniak und Dimethylamin; die späteren waren frei davon; beim Verdampfen der sauren Lösung blieb ein Salz als schwach gelb gefärbter Sirup zurück, welches nach mehrmaligem Abdampfen mit Alkohol in der Kälte zu einer langfaserigen Krystallmasse erstarrte.

Zur Analyse war dasselbe wegen seiner hygroskopischen Eigenschaft nicht geeignet.

Die Zusammensetzung der Base wurde deshalb durch Untersuchung des Platindoppelsalzes, welches man durch Zusatz von überschüssigem $PtCl_4$ zu der alkoholischen Lösung des Hydrochlorats als hellgelben, krystallinischen Niederschlag erhält, festgestellt.

Die Analyse des im Vacuum getrockneten Salzes führte zu der erwarteten Formel $[(CH_3)_2N - NH_2 \cdot HCl]_2 + PtCl_4$.

Ber. Pt 37,09, N 10,52, Cl 40,0, C 9,01, H 3,38.
Gef. ,, 36,83, ,, 10,71, ,, 40,4, ,, 10,27, ,, 3,17.

Die Kohlenstoffbestimmung fiel zu hoch aus, veranlasst durch den bedeutenden Chlorgehalt der Substanz und die rasche Zersetzung derselben bei der Verbrennung; eine zweite Analyse konnte aus Mangel an Material noch nicht ausgeführt werden.

Das Platindoppelsalz ist durch sein Verhalten in alkalischer Lösung, wobei in der Wärme unter Gasentwicklung Abscheidung von metallischem Platin stattfindet, noch als Hydrazinverbindung charakterisirt. In Wasser löst es sich leicht, wenig in Alkohol, gar nicht in Aether.

Ueber die Constitution der Base, welche nach Bildungsweise und Analyse Dimethylhydrazin ist, kann kein Zweifel sein. Aus der Nitrosoverbindung entsteht sie nach dem Schema:

$$\mathrm{CH_3 \atop CH_3}\!\!>\!\!N - NO + 2\,H_2 = \mathrm{CH_3 \atop CH_3}\!\!>\!\!N - NH_2 + H_2O.$$

Physikalische Eigenschaften und chemisches Verhalten, soweit dies bis jetzt constatirt werden konnte, stehen in Uebereinstimmung mit dieser Auffassung; die freie Base bildet ein leicht flüchtiges Liquidum von ammoniakalischem Geruch und ist leicht löslich in Wasser, Alkohol und Aether; ihre Halogensalze sind unzersetzt flüchtig: gegen Fehlingsche Lösung zeigt sie das Verhalten der aromatischen Hydrazine und unterscheidet sich von diesen nur durch grössere Beständigkeit gegen Alkalien und oxydirende Agentien.

In der Aethylreihe wurden dieselben Erscheinungen beobachtet; das Diäthylhydrazin bildet ein farbloses Liquidum von ähnlichen Eigenschaften und Reactionen, wie die Methylverbindung.

Beim Nitrosoäthylanilin scheint die Hydrazinbildung weniger leicht zu gelingen; nach vorläufigen Versuchen wenigstens erhält man durch Zinn und Salzsäure, Zinkstaub und Essigsäure in alkoholischer Lösung, Eisessig und Magnesium immer nur eine Base, welche Fehlingsche Lösung nicht reducirt und dem äusseren Anschein nach regenerirtes Aethylanilin ist; eine weitere Untersuchung des Produktes erscheint jedoch wünschenswerth, da ich aus dem Phenylhydrazin durch Einwirkung von Bromäthyl ebenfalls Substitutionsprodukte erhalten habe, welche, obschon Hydrazinverbindungen, Kupferlösung nicht mehr reduciren und von den Aethylanilinen schwer zu unterscheiden sind.

Durch vorliegende Synthese der fetten Hydrazine, welche im Allgemeinen als eine glatte Reaction gelten kann, ist einerseits der Nachweis geführt, dass die an Stickstoff gebundene Nitrosogruppe derselben Reduction fähig ist, wie die am Kohlenstoff stehende, wodurch der bisher als characteristisch aufgestellte Unterschied dieser Verbindungen wegfällt, andererseits ist damit die Aussicht eröffnet, durch fortgesetzte Einführung von Alkoholradicalen, Behandlung mit salpetriger Säure etc. eine weitere Verkettung von Stickstoffatomen zu erreichen.

Zunächst beabsichtigte ich, die Gültigkeit der Reaction für eine grössere Zahl von Imidbasen zu constatiren.

25. Emil Fischer: Ueber die Hydrazinverbindungen der Fettreihe [1]).
(Zweite Mittheilung.)
Berichte der Deutschen Chemischen Gesellschaft **9**, 111 [1876].

(Eingegangen am 12. Januar; verlesen in d. Sitzung von Hrn. Oppenheim.)

Nachdem es gelungen, von den secundären Aminbasen zu den zweifach substituirten fetten Hydrazinen[2]) zu gelangen, gewann die Existenzfähigkeit der nur ein Alkoholradical enthaltenden Hydrazinbasen der Fettreihe grosse Wahrscheinlichkeit, während ihre Kenntniss durch die nahen Beziehungen zu den bisher vergebens angestrebten Diazokörpern, als deren Reductionsprodukte sie aufgefasst werden können, ein besonderes Interesse erhielt.

Durch Benutzung der Reaction, welche durch Reduction der NO- zur NH_2-Gruppe die Synthese des Dimethyl- und Diäthylhydrazins ermöglichte, ist es mir nun auf einigen Umwegen in der That gelungen, ein Glied dieser Körperklasse, das Monoäthylhydrazin

$$C_2H_5 \cdot NH - NH_2$$

zu erhalten.

Als Ausgangspunkt für die Gewinnung desselben diente der Diäthylharnstoff, welcher als secundäre Aminbase einerseits die Einführung einer Nitrosogruppe nach der gewöhnlichen Methode durch Einwirkung von salpetriger Säure gestatte und andererseits wegen seiner leichten Spaltbarkeit besonders geeignet erschien, eine spätere Entfernung und Ersetzung der Carbamidgruppe durch Wasserstoff zu ermöglichen.

Ueber die Einwirkung der salpetrigen Säure auf Diäthylharnstoff sind die älteren Angaben von Würtz, welcher bei dieser Reaction die Bildung von Stickstoff, Kohlenstoff und Aethylamin constatirte, neuerdings von v. Zotta[3]) wesentlich ergänzt und modificirt worden, unter Einhaltung günstigerer Bedingungen konnte letzterer die Spaltung des Harnstoffs vermeiden und erhielt bei der Einwirkung von salpetrigsaurem Kali auf eine kalt gehaltene, wässerige Lösung von salpetrig-

---
[1]) Der k. Akademie in München vorgelegt am 8. Januar 1876.
[2]) Berichte d. D. Chem. Gesellsch. **8**, 1587. (*S. 189.*)
[3]) Liebigs Ann. d. Chem. **179**, 101.

saurem Salz ein gelbes Oel, für welches er, zwar ohne Analyse der explosiven Substanz, aus den bei der Destillation entstehenden Zersetzungsprodukten die Formel

$$\begin{array}{c} C_2H_5 \cdot N \\ | \\ CO \quad > N(OH) \\ | \\ C_2H_5 \cdot N \end{array}$$

herleitet.

Bei Wiederholung der Versuche von v. Zotta habe ich die Angaben desselben, soweit sie Bildung, Eigenschaften und empirische Zusammensetzung dieser Substanz betreffen, vollständig bestätigt gefunden, dagegen führte das weitere Studium des Körpers zu einer wesentlich verschiedenen Auffassung seiner Constitution. Zur Darstellung der Verbindung habe ich verschiedene Methoden angewandt: durch Eintragen von KNO_2 in eine neutrale oder saure Lösung von salpetersaurem oder salzsaurem Diäthylharnstoff, sowie selbst beim Einleiten von überschüssiger, salpetriger Säure in die ätherische Lösung desselben, wurde, wie ich mich wiederholt überzeugte, stets dieselbe Substanz erhalten, letztere Methode lieferte das reinste Product, welches deshalb zur Feststellung der empirischen Formel analysirt wurde; nach Abdampfen des Aethers, der durch überschüssige salpetrige Säure tief grün gefärbt war, bei sehr gelinder Wärme, wurde das rückständige gelbe Oel mehrmals mit Wasser gewaschen, wieder in Aether gelöst, mit Chlorcalcium getrocknet, filtrirt und der Aether bei mässiger Temperatur verdampft. Der ölige Rückstand setzte beim längeren Stehen im Vacuum bei Wintertemperatur prachtvoll ausgebildete, anscheinend rhombische, wasserhelle Tafeln ab, welche bei etwa $5°$ schmelzen: indess gelang es nicht, die ganze Masse zum Erstarren zu bringen.

Die Analyse der so gereinigten Substanz, welche im Schiffchen und offenen, weiten Rohre ausgeführt werden musste, wobei trotz aller Vorsicht plötzliche Verpuffung kaum zu vermeiden ist, gab nur annähernd bestimmte Zahlen, welche indessen für die Formel $C_5H_{11}N_3O_2$ vollständig entscheidend sind.

Ber. C 41,38, H 7,55.
Gef. ,, 40,23, ,, 7,47.

Es ist damit die von v. Zotta gegebene empirische Formel bestätigt gegen die von ihm aufgestellte, oben angeführte, rationelle Formel, welche den Körper als einen Hydroxylaminabkömmling auffasst, scheinen mir jedoch manche Bedenken berechtigt zu sein.

Abgesehen davon, dass das gleichzeitige Eingreifen eines Moleküls HNO_2 in zwei Imidgruppen bei den zahlreichen Versuchen in dieser Richtung noch nie beobachtet wurde, entspricht auch eine derartige Formel den Eigenschaften und Reactionen der Substanz sehr wenig.

Das indifferente Verhalten derselben gegen Alkalien und Säuren, die langsame Zersetzung schon in der Kälte unter Entwickelung von Oxyden des Stickstoffs, die Bildung der Liebermann'schen Farbstoffe beim Zusammenbringen mit Phenol und Schwefelsäure (Reaction der Nitrosogruppe) und endlich die unten beschriebene Reduction der Verbindung durch Zinkstaub zu einer Hydrazinbase scheinen vielmehr genügender Beweis, dass dieselbe als ein einfaches Nitrosoderivat des Diäthylharnstoffs von der Formel

$$\begin{array}{c} C_2H_5 \cdot N - NO \\ | \\ CO \\ | \\ C_2H_5 \cdot NH \end{array}$$

aufzufassen ist.

Es bleibt dies jedenfalls einstweilen der einfachste Ausdruck für Entstehung und alle Eigenschaften der Substanz. Ihre Bildung erfolgt dann nach dem für die Nitrosoamine[1]) allgemeinen Schema:

$$\begin{array}{cc} C_2H_5NH + HNO_2 = H_2O + C_2H_5N - NO \\ | & | \\ CO & CO \\ | & | \\ C_2H_5NH & C_2H_5 - NH. \end{array}$$

Auffallend kann bei dieser Reaction allerdings der Umstand erscheinen, dass selbst bei Einwirkung von überschüssiger, salpetriger Säure immer nur eine Imidgruppe angegriffen wird, es erklärt sich dies jedoch einfach, wenn man mit Rücksicht auf das bis jetzt über jene Reaction vorliegende, experimentelle Material annimmt, dass die Nitrosaminbildung wesentlich abhängig resp. proportional ist der Basicität der Imidgruppe.

Dem einbasischen Diäthylamin entspricht das Diäthylnitrosamin; der ebenfalls nur einbasische Diäthylharnstoff liefert unter denselben Bedingungen nur ein Mononitrosoderivat, während bei solchen Imiden, deren basische Eigenschaften durch den Einfluss von Säureradicalen, ganz aufgehoben sind, die Bildung von Nitrosaminen nach den gewöhnlichen Methoden bisher nicht gelang.

Die Umwandlung des Diäthylnitrosaminharnstoffs in die entsprechende Hydrazinbase wurde nach der bereits mehrfach erwähnten Methode durch Zinkstaub und Essigsäure bewerkstelligt: zu der mit überschüssigem Zinkstaub versetzten, alkoholischen Lösung wird allmälig Eisessig unter gleichzeitiger Abkühlung zugegeben, wobei Erwärmung eintritt, welche indessen zweckmässig 20—25° nicht über-

---

[1]) Diese von Witt vorgeschlagene Bezeichnung für diejenigen Nitrosoverbindungen, welche die NO-Gruppe an Stickstoff gebunden enthalten, scheint mir sehr passend gewählt und wird zur Vereinfachung der Nomenclatur zweckmäßig allgemein angenommen.

steigt: die Reduction ist beendet, wenn eine filtrirte Probe der Flüssigkeit auf Zusatz von Salzsäure und Wasser nicht mehr getrübt wird.

Die vom Zinkstaub abfiltrirte Lösung wurde zur Entfernung des Alkohols auf dem Wasserbade eingedampft, dann mit concentrierter Kalilauge unter Abkühlen versetzt und die Hydrazinverbindung mit Aether mehrmals extrahirt: beim Verdampfen des letzteren blieb ein farbloser Sirup, der alle Eigenschaften einer zweifach substituirten Hydrazinbase zeigte, kalisch reagirte und Fehling'sche Lösung oder Platinchlorid in alkalischer Lösung erst in der Wärme reducirte; im krystallisirten Zustande wurde die Verbindung bisher nicht erhalten, lieferte indessen mit HCl und PtCl$_4$ gut charakterisirte Salze, welche zur Feststellung ihrer Formel dienten. Das Hydrochlorat scheidet sich theilweise schon beim Zusammenbringen der Base mit rauchender Salzsäure in sternförmig vereinigten Nadeln ab; zur Reindarstellung empfiehlt es sich jedoch mehr, die alkoholische Lösung der Base mit rauchender Salzsäure schwach anzusäuern und durch Aether das Salz auszufällen, welches in feinen, weissen Nadeln sofort auskrystallisirt.

Die Analyse der im Vacuum getrockneten Substanz führte zu der Formel

$$\begin{array}{c} C_2H_5 \cdot N － NH_2 \cdot HCl \\ | \\ CO \\ | \\ C_2H_5 \cdot NH \end{array}$$

Ber. C 35,82, H 8,36, N 25,08.
Gef. ,, 36,05, ,, 8,38, ,, 25,21.

Das Salz ist in Wasser und Alkohol leicht löslich, weniger in concentrirter Salzsäure, beim Erhitzen zersetzt es sich.

Die Platindoppelverbindungen erhält man in derselben Weise durch Zusatz von Aether zu einer mit überschüssigem Platinchlorid versetzten alkoholischen Lösung des Hydrochlorats in schönen, gelben Nadeln von der Zusammensetzung $(C_5H_{14}N_3OCl)_2 + PtCl_4$.

Ber. Pt 29,28. Gef. Pt 29,53.

Die freie Base, der Diäthylhydrazinharnstoff bildet, wie erwähnt, einen farblosen Syrup, ist leicht löslich in Wasser, Alkohol und Aether, wird beim Kochen mit Wasser nicht verändert, zersetzt sich aber beim stärkeren Erhitzen fast ohne Verkohlung. Alkalien zersetzen ihn in Wärme leicht, analog dem gewöhnlichen Carbamid in kohlensaurem Aethylamin und Aethylhydrazin, welches letztere jedoch theilweise bei der Reaction selbst zerstört zu werden scheint. Entschieden glatter lässt sich dieselbe Spaltung durch Erhitzen mit concentrirter Salzsäure bewerkstelligen, welche Methode zugleich eine bequeme Trennung der Hydrazinbase von dem gleichzeitig gebildeten Aethylamin gestattet.

Zu diesem Zwecke wurde 1 Theil Harnstoff mit 3—4 Theilen Salzsäure (von 1,19 spec. Gew.) einige Stunden im zugeschmolzenen Rohr auf dem Wasserbade erhitzt; die Röhre zeigte beim Oeffnen starken Druck; das entweichende Gas bestand fast aus reiner Kohlensäure; beim Erkalten erstarrte die Flüssigkeit zu einem Brei von feinen, weissen Nadeln des in concentrirter Salzsäure schwer löslichen salzsauren Aethylhydrazins; durch Abfiltriren und Auswaschen mit rauchender Salzsäure gelang es leicht, alles Aethylamin, welches im Filtrat nachgewiesen wurde, zu entfernen; das rückständige Salz wurde im Vacuum getrocknet und hat nach der Analyse die Zusammensetzung $C_2H_5 \cdot N_2H_3 \cdot (HCl)_2$.

Ber. C 18,05, H 7,54, Cl 53,38, N 21,05.
Gef. ,, 18,24, ,, 7,61, ,, 53,28, ,, 21,09.

Seine Bildung erfolgt nach der Gleichung:

$$\begin{array}{l} C_2H_5N-NH_2 \\ | \\ CO \\ | \\ C_2H_5NH \end{array} + H_2O + 3\,HCl = CO_2 + C_2H_5 \cdot NH_2 \cdot HCl + C_2H_5 \cdot NH-NH_2(HCl)_2$$

Das Aethylhydrazin hat demnach den Charakter einer zweisäurigen Base; die Bindung des zweiten Moleküls HCl ist jedoch nur eine sehr lockere; schon beim Erwärmen auf dem Wasserbade entweicht ein Theil derselben und es bleibt ein Salz als Syrup, welches durch weit geringere Krystallisationsfähigkeit, Zerfliesslichkeit etc. sehr an die durch gleiche, unerquickliche Eigenschaften ausgezeichneten einfachen Salze des Dimethyl- und Diäthylhydrazins erinnert und wahrscheinlich das neutrale Hydrochlorat vorstellt.

Die freie Base wurde bei dem geringen mir zu Gebote stehenden Material bisher noch nicht in reinem Zustande gewonnen; hinsichtlich ihrer Eigenschaften kann ich einstweilen nur erwähnen, dass sie unzersetzt flüchtig ist, sich in Wasser und Alkohol leicht löst, stark ammoniakalisch riecht und ihren typischen Reactionen vollständige Analogie mit dem Phenylhydrazin zeigt.

Für das weitere Studium der Hydrazinverbindungen beabsichtige ich zunächst, auch solche Imidbasen in den Kreis der Untersuchung zu ziehen, bei welchen zwei Wasserstoffatome durch Radicale vertreten sind, welche nach beendeter Nitrosirung und Reduction wieder durch Wasserstoff zersetzt werden können; es liegt die Möglichkeit vor, auf diesem Wege von dem Acediamin oder ähnlichen Verbindungen ausgehend zu dem freien Hydrazin $NH_2 - NH_2$ zu gelangen.

26. Emil Fischer: Ueber die Hydrazinverbindungen der Fettreihe.
Berichte der Deutschen Chemischen Gesellschaft **11**, 2206 [1878].
(Eingegangen am 10. December.)

Vor längere Zeit[1]) habe ich eine allgemeine Methode zur Darstellung der fetten Hydrazinbasen aus den entsprechenden Nitrosaminen beschrieben, ohne damals genauere Angaben über das Verhalten dieser Verbindungen machen zu können. Durch die Freundlichkeit des Hrn. A. Bannow bin ich vor Kurzem in den Besitz einer grösseren Menge von Diäthylnitrosamin gelangt und dadurch in der Lage gewesen, zunächst eine dieser Basen, das Diäthylhydrazin eingehender zu untersuchen.

Darstellung des Diäthylhydrazins.

Die Reduction des Nitrosamins wird in wässriger Lösung mit Zinkstaub und Essigsäure in der früher beschriebenen Weise ausgeführt. Die Reaction tritt bei gewöhnlicher Temperatur sehr bald ein und kann bei allmähligem Zusatz der Agentien leicht regulirt werden; zum Schluss muss dieselbe durch Erwärmen unterstützt werden, bis der intensive Geruch des Nitrosamins vollständig verschwunden ist.

Durch Destillation der vom Zinkstaub abfiltrirten und mit Kali übersättigten Flüssigkeit wird die freie Base in verdünnter, wässriger Lösung erhalten. Dieselbe ist jedoch, in dieser Weise dargestellt, stets von einer wechselnden Menge Ammoniak und Diäthylamin begleitet, deren gleichzeitige Bildung bei der Reduction des Nitrosamins nicht zu vermeiden ist. Die Entstehung dieser verschiedenen Produkte wird durch folgende Gleichungen veranschaulicht:

1. $(C_2H_5)_2N - NO + 2 H_2 = (C_2H_5)_2N - NH_2 + H_2O$
2. $(C_2H_5)_2N - NO + 3 H_2 = (C_2H_5)_2NH + NH_3 + H_2O$.

Zur Entfernung des Ammoniaks wird das Destillat mit Salzsäure neutralisirt und zur Syrupsconsistenz eingedampft; der Salmiak scheidet sich alsdann in der Kälte fast vollständig krystallinisch ab und kann von den zerfliesslichen Salzen der beiden Basen leicht getrennt werden. Aus dem Filtrat wird durch Zusatz von festem Aetzkali und geglühter

---
[1]) Berichte d. D. Chem. Gesellsch. **8**, 1587. (S. *189*.)

Pottasche ein Gemenge von Diäthylamin und Diäthylhydrazin als leichtes, fast farbloses Oel gewonnen. Zur Trennung beider Basen habe ich in Ermangelung einer bequemeren Methode ihr verschiedenes Verhalten gegen Jodäthyl benutzt. Das Hydrazin vereinigt sich direct mit einem Molekül C_2H_5J zu einer quaternären Ammoniumverbindung von der Formel $(C_2H_5)_2N_2H_2$, C_2H_5Br, welche ich als Triäthylazoniumjodid bezeichne, während das Diäthylamin bei vorsichtiger Operation zunächst Triäthylamin und erst in zweiter Linie Tetraäthylammonium liefert. Die Bildung des letzteren ist unbedingt zu vermeiden, da eine spätere Trennung desselben von der ersten Ammoniumverbindung nicht mehr gelingt. Man versetzt zu dem Zwecke etwa 10 g des Basengemenges mit der berechneten Menge Jodäthyl und erwärmt ganz gelinde am Rückflusskühler; sobald sich der Eintritt der Reaction durch starke Erwärmung der Flüssigkeit zu erkennen gibt, ist es nöthig, das Gefäss äusserlich zu kühlen und die Masse bald nachher mit Wasser zu versetzen. Das hierdurch abgeschiedene, unzersetzte Jodäthyl wird mit Aether extrahirt, und aus der wässrigen Lösung nach Zusatz von Kali die flüchtigen Basen durch Destillation entfernt. Die nicht flüchtige Azoniumverbindung fällt auf Zusatz von concentrirter Kalilauge zu der rückständigen Flüssigkeit als farbloses, bald erstarrendes Oel aus und wird durch Umkrystallisiren aus heissem Alkohol gereinigt.

Dieselbe bildet feine, weisse Nadeln von der Formel $(C_2H_5)_3N_2H_2J$,

Ber. N 11,47, J 52,06.
Gef. ,, 11,5, ,, 52,28,

ist leicht löslich in Wasser und heissem Alkohol und fast unlöslich in concentrirten Alkalien; mit Platinchlorid bildet sie ein schwer lösliches Doppelsalz. Durch Silberoxyd wird sie glatt in das alkalisch reagirende, in Wasser leicht lösliche Hydroxyd verwandelt. Letzteres zerfällt in der Wärme analog den gewöhnlichen Ammoniumhydroxyden in Wasser, Aethylen und Diäthylhydrazin. Diese Zersetzung erfolgt bereits langsam beim Kochen der verdünnten, wässrigen Lösung. Handelt es sich um die Darstellung grösserer Mengen der Hydrazinbase nach diesem Verfahren, so dampft man die wässrige Lösung des Hydroxyds im Oelbade ein und lässt die Temperatur des Bades zum Schluss auf 140—150° steigen. Durch Condensation der übergehenden Dämpfe erhält man eine wässrige Lösung des Hydrazins, welche mit Salzsäure eingedampft und schliesslich mit Kali zersetzt wird. Die als farbloses Oel abgeschiedene Base muss zur vollständigen Entwässerung wiederholt über Aetzkali getrocknet und destillirt werden.

Dieselbe bildet eine leicht bewegliche, ammoniakalisch riechende, farblose Flüssigkeit, ist leicht löslich in Wasser, Alkohol und Aether, schwer löslich in concentrirten Alkalien.

Der Siedepunkt scheint zwischen 74—78° zu liegen; genau habe ich denselben nicht bestimmen können, weil das in grösserer Menge dargestellte Präparat geringe Mengen Triäthylamin enthielt, welches aus dem neben der Azoniumverbindung gleichzeitig gebildeten Tetraäthylammonium entstanden war.

Ich werde den Versuch jedoch zu diesem Zwecke wiederholen.

Die Salze der Base mit den Mineralsäuren sind in Wasser und Alkohol sehr leicht löslich; das Hydrochlorat zerfliesst an feuchter Luft. Das pikrinsaure Salz ist in Wasser etwas schwieriger löslich und krystallisirt aus der warmen Lösung in feinen, gelben Nadeln; beim Kochen der wässrigen Lösung zersetzt es sich unter Stickstoffentwicklung.

Durch Einwirkung von cyansaurem Kali auf die neutralen Salze der Base entsteht ein Harnstoff von der Formel $(C_2H_5)_2N—NH \cdot CO \cdot NH_2$. Derselbe ist in Wasser leicht löslich, lässt sich aber aus der mit Kali stark übersättigten Lösung mit Aether extrahiren und krystallisirt in grossen, dünnen Tafeln; mit Platinchlorid bildet er ein aus Alkohol in feinen gelben Nadeln krystallisirendes Salz von der Formel

$$[(C_2H_5)_2N_2H \cdot CO \cdot NH_2]_2 PtCl_6.$$

Ber. Pt 29,23, N 12,46.
Gef. ,, 29,11, ,, 12,22.

Beim längeren Kochen mit Alkalien zerfällt er in Kohlensäure, Ammoniak und Diäthylhydrazin; salpetrige Säure verwandelt ihn in ein öliges, unbeständiges Nitrosoderivat.

Oxydation des Diäthylhydrazins.

Von Fehling'scher Lösung wird die Base ebenso wie die aromatischen, secundären Hydrazine erst in Wärme zersetzt; sie zerfällt dabei grösstentheils in Diäthylamin und Stickstoff nach der Gleichung:

$$2(C_2H_5)_2N—NH_2 + O = 2(C_2H_5)_2NH + H_2O + N_2.$$

Ein hiervon verschiedener Vorgang findet statt, wenn man energischer wirkende Oxydationsmittel in der Kälte anwendet. Es bildet sich alsdann eine in Wasser schwer lösliche, ölige Verbindung von der Formel $(C_2H_5)_4N_4$, welche ihrem ganzen Verhalten nach in die Klasse der Tetrazone gehört, und welche ich deshalb als Tetraäthyltetrazon bezeichne.

Zur Darstellung der Substanz versetzt man die kalte, wässrige Lösung des Hydrazins (am besten des Rohprodukts) allmählig mit gelbem Quecksilberoxyd, bis dieses nicht mehr reducirt wird. Die Flüssigkeit trübt sich durch Abscheidung eines Oeles, welches beim Umschütteln grösstentheils von der porösen Masse der Quecksilberverbindungen mechanisch aufgenommen wird. Die wässrige Lösung wird abfiltrirt und der Rückstand wiederholt mit kleinen Mengen

Alkohol ausgewaschen, wobei sich das Tetrazon löst und in dem wässrigen Filtrat wieder abscheidet. Dasselbe wird abgehoben und über Chlorcalcium getrocknet. So gereinigt bildet die Verbindung ein schwach gelbes Oel von eigenthümlichem, knoblauchartigem Geruch. Dieselbe erstarrt bei — 17° nicht und ist selbst in luftleerem Raume nicht flüchtig; im Capillarrohr auf 135—140° erhitzt zersetzt sie sich langsam unter Gasentwicklung; in grösserer Menge rasch auf höhere Temperatur erwärmt, verpufft sie schwach und zerfällt dabei in Stickstoff, Diäthylamin und eine stechend riechende, nicht näher untersuchte Substanz. Sie besitzt ausgesprochen basische Eigenschaften. Von verdünnten Säuren wird sie in der Kälte leicht gelöst und durch Alkalien unverändert wieder abgeschieden.

Das Platindoppelsalz scheidet sich aus nicht zu verdünnter, alkoholischer Lösung in goldgelben, langen Nadeln ab und hat die Zusammensetzung $[(C_2H_5)_4N_4]_2PtCl_6$.

Ber. Pt 26,06, N 14,81.
Gef. ,, 25,96, 25,7, ,, 14,8.

In Wasser löst sich das Salz in der Kälte unverändert; beim Kochen tritt dagegen Stickstoffentwicklung ein, und es entweicht genau die Hälfte des Stickstoffs in Gasform.

Ber. N 7,4. Gef. N 7,36.

Gleichzeitig entsteht Diäthylamin und Aldehyd.

Dieselbe Zersetzung erleidet das Tetrazon beim gelinden Erwärmen mit Mineralsäuren; nach beendeter Stickstoffentwicklung enthält die wässrige Lösung neben Diäthylamin wechselnde Mengen von Aldehyd und einer stechend riechenden, nicht näher untersuchten Substanz.

Die Entstehung der beiden letzten Produkte zeigt, dass die Zersetzung des Tetrazons unter den angegebenen Bedingungen ein ziemlich complicirter Vorgang ist; es steht diese Beobachtung in Einklang mit der oben für die Base angenommenen Formel $(C_2H_5)_4N_4$, welche ich besonders mit Rücksicht auf die Zusammensetzung der analogen, aromatischen Verbindungen[1]) hier aufgestellt habe.

---

[1]) Liebigs Ann. d. Chem. **190**, 170. (S. *276*.) Die dort für das Dimethyldiphenyltetrazon aus den Analysen hergeleitete Formel $\begin{pmatrix} C_6H_5 \\ CH_3 \end{pmatrix}_2 N_4$ habe ich nachträglich durch einen besonderen, quantitativ ausgeführten Oxydationsversuch bestätigt gefunden. Je nachdem nämlich die Verbindung die Formel $\begin{pmatrix} C_6H_5 \\ CH_3 \end{pmatrix}_2 N_4H_2$ oder $\begin{pmatrix} C_6H_5 \\ CH_3 \end{pmatrix}_2 N_4$ hat, erhält man für ihre Bildung aus Methylphenylhydrazin die Gleichung:

$$2 \begin{pmatrix} C_6H_5 \\ CH_3 \end{pmatrix} N_2H_2 + O = \begin{pmatrix} C_6H_5 \\ CH_3 \end{pmatrix}_2 N_4H_2 + H_2O$$

oder

Die Spaltung der Verbindung in Stickstoff und Diäthylamin erfordert nämlich bei Annahme dieser Formel die Zufuhr von zwei Atomen Wasserstoff:

$$(C_2H_5)_4N_4 + H_2 = 2\,(C_2H_5)_2NH + N_2.$$

Diese Reduction scheint nun auf Kosten einzelner Aethylgruppen, welche dabei Aldehyd und dessen Umwandlungsprodukte liefern, stattzufinden.

Das gesammte Verhalten des Tetraäthyltetrazons lässt sich am einfachsten durch die für die aromatischen Verbindungen ausführlich discutirte Formel

$$(C_2H_5)_2 \cdot N - N = N - N(C_2H_5)_2$$

erklären.

Die Substanz steht offenbar in naher Beziehung zu der kürzlich von Hrn. Zorn[1]) aus Nitrosylsilber und Jodäthyl erhaltenen, interessanten Stickstoffverbindung, für welche aus ihren Zersetzungen durch Wasser und Reductionsmittel die entsprechende Formel

$$C_2H_5 \cdot O - N = N - O \cdot C_2H_5$$

hergeleitet wird. Besonders die Spaltung der letztern durch Wasser ist der Zersetzung des Tetrazons durch Säuren vollständig analog; im ersten Falle entsteht Stickstoff, Aldehyd und Alkohol, im zweiten Stickstoff, Aldehyd und Diäthylamin.

Das Tetraäthyltetrazon fällt als starke Base viele Salze der schweren Metalle. Mit Quecksilberchlorid vereinigt es sich zu einer weissen, krystallinischen, schwer löslichen Masse von der Formel $(C_2H_5)_4N_4HgCl_2$.

Ber. Cl 16,03, N 12,64.
Gef. ,, 15,94, ,, 12,27.

Von Silbersalzen wird es sehr leicht oxydirt; schüttelt man eine kalte Emulsion der Base mit Silbernitrat, so erfolgt fast momentan Gasentwicklung und Bildung eines Silberspiegels. Von Silberoxyd wird dasselbe erst in der Wärme angegriffen. Mit Jod bildet das Tetrazon eine ölige, explosive Verbindung; dieselbe scheidet sich beim Schütteln einer Lösung von Jod in Jodkali mit kleinen Mengen der Base als dunkel gefärbtes Oel ab, welches schon beim gelinden Erwärmen auf Wasser verpufft.

$$2 \begin{pmatrix} C_6H_5 \\ CH_3 \end{pmatrix} N_2H_2 + 2\,O = \begin{pmatrix} C_6H_5 \\ CH_3 \end{pmatrix}_2 N_4 + 2\,H_2O.$$

Die Menge Quecksilberoxyd, welche bei dem zweiten Process reducirt wird, ist doppelt so groß als beim ersten. Dieselbe läßt sich nun direct bestimmen, indem man eine abgewogene Menge des Hydrazins mit überschüssigem HgO oxydirt und das gebildete Quecksilberoxydul als Calomel bestimmt. Der Versuch ist zu Gunsten der zweiten Gleichung entschieden.

[1]) Berichte d. D. Chem. Gesellsch. 11, 1630.

Diäthylhydrazin und salpetrige Säure.

Die Hydrazinbase wird durch salpetrige Säure in der Kälte vollständig zersetzt. Die Reactionsprodukte bestehen zum grössten Theil aus Stickoxydul und Diäthylamin. Nebenbei entsteht eine geringe Menge von Tetraäthyltetrazon. Dagegen wird selbst bei grossem Ueberschuss von salpetriger Säure in der Kälte keine Spur von Diäthylnitrosamin gebildet. Die Zersetzung des Hydrazins erfolgt also hauptsächlich nach der Gleichung

$$(C_2H_5)_2N - NH_2 + HNO_2 = (C_2H_5)_2NH + N_2O + H_2O.$$

Diese Beobachtung bestätigt mithin die früher über den Verlauf derselben Reaction bei den aromatischen Basen geäusserte Ansicht[1] vollkommen.

---

[1] Berichte d. D. Chem. Gesellsch. **9**, 1844. (*S. 179.*)

27. Wilh. Erhardt und **Emil Fischer**: **Ueber die Aethylderivate des Phenylhydrazins.**

(Vorläufige Mitteilung.)

Berichte der Deutschen Chemischen Gesellschaft **11**, 613 [1878].

(Eingegangen am 28. März.)

Das Phenylhydrazin liefert bei der Behandlung mit Bromäthyl, wie der Eine von uns bereits mitgeteilt[1]), neben einem Ammoniumkörper $C_6H_5 \cdot N_2H_2(C_2H_5)_2Br$ ein complicirtes Gemenge von flüchtigen Basen, deren Isolirung lange vergebens versucht wurde. Wir haben jetzt eine Trennungsmethode für einige dieser Produkte gefunden, welche auf dem verschiedenen Verhalten der verschieden substituirten Hydrazine gegen Oxydationsmittel, speciell gegen Quecksilberoxyd beruht. Die primären Basen werden durch dieses Agens unter Stickstoffentwicklung vollständig zersetzt. Die unsymmetrischen secundären liefern die indifferenten Tetrazonverbindungen[2]), während die symmetrischen secundären Basen in Azokörper umgewandelt werden und die tertiären unverändert bleiben.

Zur Isolirung der verschiedenen Punkte diente beim Phenylhydrazin folgendes Verfahren.

Das durch gelindes Erwärmen von gleichen Molekülen Basis und Bromäthyl erhaltene krystallisirte Gemenge von bromwasserstoffsauren Salzen wird in Wasser gelöst, mit Alkalien zersetzt und die abgeschiedenen Basen mit Aether extrahirt. Der beim Verdampfen des letzteren bleibende Rückstand wird zur Entfernung des unveränderten Phenylhydrazins mit conc. Salzsäure versetzt. Das Filtrat enthält die ganze Menge der äthylirten Basen, welche nach Zusatz von Alkalien wieder mit Aether extrahirt und in dieser Lösung direct mit einem Ueberschuss von gelbem Quecksilberoxyd behandelt werden. Da der grösste Theil des Phenylhydrazins vorher entfernt ist, so verläuft die Oxydation ruhig und fast ohne Gasentwickelung. Nachdem die von den Quecksilberverbindungen abfiltrirte, dunkelbraune Lösung zur Entfernung aller

---

[1]) Berichte d. D. Chem. Gesellsch. **9**, 885. (S. *168*.)
[2]) E. Fischer, Liebigs Ann. d. Chem. **190**, 166. (S. *273*.)

basischen Produkte mit verdünnter Salzsäure ausgeschüttelt ist, wobei neben einer geringen Menge von Anilin und Monoäthylanilin hauptsächlich eine noch nicht näher untersuchte tertiäre Hydrazinbase extrahirt wird, bleibt beim Verdampfen des Aethers ein dunkelgefärbter, öliger Rückstand, der nach einiger Zeit teilweise krystallinisch erstarrt.

Der feste Körper, welcher durch Abgiessen der Mutterlauge und mehrmaliges Umkrystallisiren aus heissem Alkohol leicht rein weiss erhalten wird, hat die Formel $C_{16}H_{20}N_4$,

Ber. C 71,64, H 7,46, N 20,9.
Gef. ,, 71,63, ,, 7,81, ,, 20,6,

und ist die dem ausführlicher beschriebenen Dimethyldiphenyltetrazon entsprechende Aethylverbindung. Das nicht krystallisirende, ölige Produkt wurde zur weiteren Reinigung mit Wasserdämpfen destillirt, wobei ein hellgelbes, intensiv nach Cyanphenyl riechendes Oel übergeht, welches zum grössten Teil aus dem seit längerer Zeit vergeblich gesuchten Azophenyläthyl $C_6H_5N - N \cdot C_2H_5$, einfachsten Repräsentanten der von den HH. V. Meyer und G. Ambühl[1]) entdeckten gemischten Azoverbindungen besteht.

Wir haben zwar die Substanz bei der uns zur Verfügung stehenden, hauptsächlich durch die schlechte Ausbeute bedingten geringen Menge nicht vollständig von den durch Zersetzung des Tetrazons bei der Destillation gleichzeitig entstehenden Kohlenwasserstoffen und isonitrilartigen Verbindungen trennen können, da dieselbe nicht krystallisirt und durch fractionirte Destillation schwer zu reinigen ist; indessen lässt ihr Verhalten keinen Zweifel an der Richtigkeit obiger Constitutionsformel.

Die Verbindung ist bei gewöhnlichem Druck unzersetzt flüchtig; gegen verdünnte Säuren verhält sie sich indifferent; von conc. Salzsäure wird sie in der Kälte leicht und ohne Veränderung gelöst, beim Erhitzen dagegen vollständig zersetzt. Mit Jod verbindet sie sich ausserordentlich leicht; versetzt man eine Lösung von Jod in Schwefelkohlenstoff mit einer ausreichenden Menge des Azokörpers, so wird dieselbe sofort entfärbt und es scheidet sich eine Verbindung beider Substanzen als schweres, dunkles, nicht krystallisirendes Oel ab.

Von Fehling'scher Lösung wird dieselbe auch in der Siedehitze nicht verändert, dagegen durch Reductionsmittel, Zinkstaub und Essigsäure oder Zinn und Salzsäure in alkoholischer Lösung glatt in eine Hydrazinbase, unzweifelhaft von der Formel $C_6H_5 \cdot NH - NH \cdot C_2H_5$ verwandelt; letztere destillirt unzersetzt, reducirt Fehling'sche Lösung in gelinder Wärme, bildet sehr leicht lösliche Salze und wird durch Quecksilberoxyd glatt in den Azokörper zurückverwandelt.

---

[1]) Berichte d. D. Chem. Gesellsch. 8, 751.

28. Emil Fischer: Ueber die Hydrazinverbindungen[1]).

(Erste Abhandlung.)

Liebigs Annalen der Chemie **190**, 67 [1878].

(Eingelaufen den 16. September 1877.)

Im Vergleich zu den zahlreichen allgemeinen Reactionen, welche für die Synthese organischer Verbindungen durch sogenannte Kohlenstoffverkettung seit längerer Zeit in Anwendung kommen und welche allein den in den letzten Jahrzehnten mit so glänzendem Erfolge betriebenen Ausbau der organischen Chemie ermöglichten, sind die Methoden für einen ähnlichen Aufbau complicirter Stickstoffgruppen ausserordentlich spärlich und dazu meist nur auf ein verhältnismässig kleines Gebiet beschränkt anwendbar.

Synthetisch erhaltene Verbindungen, in welchen man allgemein die Verkettung mehrerer Stickstoffatome anzunehmen pflegt, sind die Azo-, Hydrazo- und Diazokörper und die durch Wertheim und Geuther fast gleichzeitig entdeckten, neuerdings gewöhnlich als „Nitrosamine" bezeichneten Nitrosoderivate der secundären Aminbasen; die drei ersteren kennt man nur in der aromatischen Reihe; die Bildung der letzteren ist dagegen eine allgemeine, für die meisten Imidbasen gültige Reaction.

An diese Körper schliessen sich an die vereinzelt dastehenden und deshalb geringeres Interesse verdienenden Oxydationsproducte des Triamidophenols und Diamidonaphtols, das Diimidoamidophenol und das Diimidonaphtol, in welchen ebenfalls eine der Chinonbildung ähnliche intramoleculare Verkuppelung zweier Stickstoffatome angenommen wird und endlich die in neuerer Zeit entdeckten, ein fettes und ein aromatisches Radical enthaltenden gemischten Azoverbindungen[2]).

Von allen diesen Substanzen sind es nur die durch die schönen Untersuchungen von P. Griess nach den verschiedensten Richtungen

---

[1]) Vorläufige Mittheilungen. Berichte d. D. Chem. Gesellsch. **8**, 589, 1005, 1641 (*SS. 147, 153* u. *160*); **9**, 880, 1840 (*SS. 163* u. *175*); **10**, 1331 (*S. 181*).

[2]) V. Meyer und Ambühl, Berichte d. D. Chem. Gesellsch. **8**, 751.

eingehend erforschten Diazokörper, bei welchen die Stickstoffgruppe in einer Reihe merkwürdiger Reactionen eine hervorragende Rolle spielt. Abgesehen von den zahlreichen interessanten Zersetzungen, welche die Eliminirung der beiden Stickstoffatome zur Folge haben, kennt man hier insbesondere die Bildung der Diazoamidoverbindungen, der Perbromide, des Diazobenzolimids und endlich die Umwandlung in Azoverbindungen.

Beim Azo- und Hydrazobenzol gelang zwar die Ueberführung des einen in das andere durch Reduction und Oxydation, jede weitere tiefer gehende Veränderung der Stickstoffgruppe durch Einführung von Alkohol- und Säureradicalen oder anderer Atomgruppen scheiterte dagegen an der Unbeständigkeit des letzteren gegen alle energischer wirkenden Agentien. Dasselbe gilt von den Nitrosaminen, deren Kenntniss sich fast ausschliesslich auf die Angaben von Werthheim und Geuther beschränkte, dass Reductionsmittel und concentrirte Säuren die Abspaltung der Nitrosogruppe und die Rückbildung der ursprünglichen Aminbase veranlassen. Mit den Resultaten der Griess'schen Arbeiten schien also die Zahl der Reactionen, welche für den Aufbau complicirter Stickstoffgruppen in Anwendung kommen konnten, erschöpft und mit der Synthese der Diazoamidoverbindungen und des Diazobenzolimids war vorläufig die Grenze der Stickstoffcondensation erreicht. Seit einiger Zeit ist es mir nun gelungen, zunächst in der aromatischen Gruppe durch Reduction der Diazokörper und später durch gleiche Behandlung der Nitrosamine auch in der Fettreihe eine neue Klasse von stickstoffreicheren Basen zu gewinnen, welche ihrer Zusammensetzung und Constitution zufolge den vorher erwähnten Verbindungen sehr nahe stehen, sich von den meisten derselben jedoch theils durch Beständigkeit, theils durch grössere Reactionsfähigkeit in vortheilhafter Weise unterscheiden und dadurch ein neues werthvolles Ausgangsmaterial nicht allein für die Gewinnung zahlloser interessanter Substitutionsproducte, sondern auch für den weiteren Aufbau längerer Stickstoffketten geworden sind.

Die Synthese und das gesammte Verhalten dieser Basen führen übereinstimmend zu der Ansicht, dass sie sämmtlich die im Hydrazobenzol schon seit längerer Zeit allgemein angenommene Atomgruppe $= N - N =$ enthalten, deren vier freie Affinitäten durch Wasserstoff und Alkoholradicale in wechselndem Verhältniss gesättigt sind.

Es scheint deshalb gestattet und aus anderen Gründen zweckmässig, dieselben ähnlich der gebräuchlichen typischen Auffassung der gewöhnlichen Aminbasen als Abkömmlinge der einfachen Stickstoffwasserstoffverbindung $NH_2 - NH_2$ zu betrachten. Letztere ist zwar bis jetzt nicht dargestellt worden, wennschon manche Beobachtungen für ihre

Existenzfähigkeit sprechen; es wird diess jedoch jener Betrachtungsweise kaum zum Vorwurf gemacht werden können, solange man ein ähnliches Verfahren in anderen Körpergruppen, z. B. bei den Derivaten des eben so hypothetischen Nitroacetonitrils, für erlaubt hält; man wird vielmehr aus dem experimentellen Theile dieser Abhandlungen leicht die Ueberzeugung gewinnen, dass diese Auffassung besser, denn jede andere, die Classification jener Basen vereinfacht, ihre Beziehungen zu den Azo- und Diazoverbindungen scharf hervortreten lässt und selbst einen Vergleich mit den in manchen Reactionen sich ganz analog verhaltenden Aminbasen erleichtert; man wird es ferner gerechtfertigt finden, dass für diese Körperklasse, welche an Zahl der Verbindungen und an Mannigfaltigkeit der Erscheinungen kaum von einem anderen Kapitel der organischen Chemie übertroffen wird, ein besonderer Name „Hydrazine" gewählt wurde. Dieser Name hat zwar in der kurzen Zeit seiner Existenz mancherlei unmotivirte Anfechtung erfahren; ich glaube demgegenüber mich mit der fast selbstverständlichen Bemerkung begnügen zu können, dass derselbe zunächst an das älteste Glied dieser Gruppe, das Hydrazobenzol, erinnern soll und dass ferner die der Sylbe „Amin" angepasste Endung „Azin" es ermöglicht, die Nomenclatur der meisten Derivate der bei den Aminbasen allgemein gebräuchlichen nachzubilden.

Von den beiden bisher für die Darstellung der Hydrazine bekannten Methoden ist die Reduction der Diazokörper natürlich auf die aromatische Reihe beschränkt und liefert hier nur die primären Basen. Weit allgemeiner und als Synthese wichtiger ist die Reduction der Nitrosamine; sie ermöglicht die Gewinnung der secundären Basen in der fetten, aromatischen und Alkaloïdgruppe und führte weiter in der Fettreihe zur Entdeckung der durch ihre Beziehungen zu den noch unbekannten Diazoverbindungen doppelt interessanten primären Basen.

Die Untersuchung der Hydrazine hat namentlich durch die letztere Reaction einen solchen Umfang angenommen, dass ich mich genöthigt sah, dieselbe vorläufig in jeder Gruppe auf die einfachsten Repräsentanten zu beschränken; es wurde dazu in der aromatischen Reihe das Phenylhydrazin gewählt, welches durch leichte Gewinnungsweise, Beständigkeit und Schönheit der Derivate vor allen Gliedern der Gruppe ausgezeichnet ist; die hier gewonnenen und im Nachfolgenden ausführlich beschriebenen Resultate werden genügen, um das eigenthümliche Verhalten der primären Hydrazine in allgemeinen Umrissen zu beleuchten, sie werden voraussichtlich auch für die Darstellung und Bearbeitung der zahlreichen Homologen wenigstens in der aromatischen Reihe als Richtschnur dienen können.

Phenylhydrazin.

Bildungsweisen. — Das Phenylhydrazin entsteht durch Reduction des Diazobenzols; hierzu eignen sich jedoch die gewöhnlichen Salze des letzteren keineswegs, da selbst bei Einhaltung der günstigsten Bedingungen, niedriger Temperatur und Anwendung wenig energisch wirkender Reductionsmittel, wie Zinkstaub und Essigsäure, der grösste Theil derselben unter Stickstoffentwickelung zersetzt wird. Keine besseren Resultate gaben ähnliche Versuche beim Diazobenzolimid, welches in alkoholischer Lösung mit Zink und Schwefelsäure behandelt nach den Angaben von P. Griess[1]) in Anilin und Ammoniak gespalten wird.

Mit der grössten Leichtigkeit lässt sich dagegen die beabsichtigte Reduction bei den Verbindungen des Diazobenzols mit schwefligsauren Alkalien oder bei den Diazoamidokörpern, welche beide die Diazogruppe in weit beständigerer Form enthalten, ausführen.

Erstere Methode führte zur Entdeckung des Phenylhydrazins und ist für die Darstellung desselben vorzuziehen.

Verbindungen des Diazobenzols mit Alkalisulfiten.

Ueber die Einwirkung von schwefligsauren Alkalien auf Diazokörper sind die ersten Angaben von Schmitt und Glutz[2]) gemacht, welche aus Diazophenol und $KHSO_3$ ein gelbgefärbtes Salz von der Formel $C_6H_4(OH) \cdot N_2SO_3K + H_2O$ erhielten und zugleich die Vermuthung aussprachen, dass diese Reaction allen Diazokörpern eigenthümlich sei.

Zu anderen Resultaten gelangten Strecker und Römer[3]) später beim Diazobenzol; sie erhielten hier ein farbloses Salz von der Formel $C_6H_5 \cdot N_2H_2SO_3K + H_2O$, welches sich also durch einen Mehrgehalt von zwei Wasserstoffatomen von der ersten Klasse unterscheidet; sie beobachteten die reducirende Wirkung dieser Verbindung auf Silber-, Quecksilber- und Kupfersalze, fanden, dass beim Kochen mit Salpetersäure aller Schwefel als Schwefelsäure abgespalten wird und stellten auf Grund dieser Thatsachen für das Kalisalz die rationellen Formeln:

$$C_6H_5 \cdot N\!H \cdot SO_3K \;^{4)} \quad \text{oder} \quad C_6H_5 \cdot NH\!-\!NH \cdot SO_3K \;^{5)}$$
$$\|$$
$$NH$$

auf.

---
[1]) Liebigs Ann. d. Chem. **137**, 77.
[2]) Berichte d. D. Chem. Gesellsch. **2**, 51.
[3]) Berichte d. D. Chem. Gesellsch. **4**, 784. — Zeitschrift für Chemie **1871**, 483 und Römer's Inauguraldissertation, Tübingen 1872.
[4]) Strecker, a. a. O.
[5]) Römer, a. a. O.

Eine hiervon anscheinend ebenfalls wieder verschiedene Reaction beobachteten dieselben Chemiker bei der gleichen Behandlung der Diazobenzolsulfosäure. Da das hier entstehende Kalisalz wegen seiner Löslichkeit nicht isolirt werden konnte, so wurde die Lösung zur Gewinnung der freien Säure mit Salzsäure eingedampft und so in der That eine in Wasser schwer lösliche Verbindung von der Formel $C_6H_8N_2SO_3$ erhalten.

In der Meinung, das Kalisalz dieser Säure entstehe direct bei der Einwirkung des schwefligsauren Kalis auf die Diazoverbindung, erklärten sie den Vorgang durch die Gleichung:

$$C_6H_4 \cdot N_2 \cdot SO_3 + 2\,KHSO_3 + 2\,H_2O = C_6H_8N_2SO_3 + 2\,KHSO_4.$$

Das richtig erkannte verschiedene Verhalten dieser Säure und ihrer Salze von der vorigen Verbindung veranlasste sie weiter, für dieselbe die rationelle Formel

$$C_6H_4\!\!<\!\!{{SO_3H}\atop{N_2H_3}}$$

aufzustellen, deren Richtigkeit heute keinem Zweifel mehr unterliegen kann; der Körper ist nichts anderes, als die der Sulfanilsäure entsprechende Hydrazinverbindung und man wird ihn zweckmässig als **Hydrazinbenzolsulfosäure** bezeichnen.

Strecker und P. Römer gehört also unstreitig das Verdienst, die erste primäre aromatische Hydrazinverbindung entdeckt zu haben; die Entstehung derselben und ihre Beziehungen zu den von mir gewonnenen Basen wurden von denselben jedoch zum Theil, wie ich unten zeigen werde, nicht erkannt und es mag diess der Grund gewesen sein, warum sie es unterliessen, bei dem aus Diazobenzol erhaltenen Kalisalz dieselbe Reaction, d. h. die Zersetzung durch Salzsäure, welche ihnen das Phenylhydrazin geliefert haben würde, zu untersuchen.

Bei der Wiederholung der verschiedenen Versuche von Schmitt und Glutz einerseits und Strecker und Römer andererseits mit Diazobenzol zeigte sich zunächst, dass beide Angaben eben so richtig, wie unvollständig sind, indem je nach den Bedingungen ein Kalisalz der ersten oder der zweiten Klasse, gewöhnlich aber beide zusammen, erhalten werden.

Trägt man Diazobenzolnitrat in eine kalt gehaltene neutrale oder besser noch schwach alkalische Lösung von schwefligsaurem Kali ein, so erstarrt die sich gelbroth färbende Flüssigkeit bei genügender Concentration oder besser auf Zusatz von concentrirter Kalilauge bald zu einer Masse von gelben Krystallen, welche aus heissem Wasser mehrmals umkrystallisirt und im Vacuum über Schwefelsäure getrocknet die Formel $C_6H_5 \cdot N_2 \cdot SO_3K$ haben.

0,204 Grm. Substanz gaben 0,239 CO_2 und 0,046 H_2O.
$C_6H_5 \cdot N_2SO_3K$. Ber. C 32,13, H 2,23.
　　　　　　　　　Gef. ,, 31,95, ,, 2,5.

Wendet man dagegen saures schwefligsaures Kali an und lässt die Temperatur über 20—25° steigen, so geht die anfangs rothe Färbung der Lösung sehr bald in schwach Gelb über und es scheidet sich das von Strecker und Römer beschriebene Salz $C_6H_5 \cdot N_2H_2 \cdot SO_3K + H_2O$ durch eine geringe Menge des vorigen verunreinigt in schwach gelb gefärbten Blättchen ab.

Das erste Salz entsteht aus Diazobenzol nach der Gleichung:

$$C_6H_5 \cdot N_2 \cdot NO_3 + K_2SO_3 = C_6H_5 \cdot N_2 \cdot SO_3K + KNO_3$$

und gehört unzweifelhaft noch zur Klasse der Diazokörper, wenn es sich auch von den meisten derselben durch Beständigkeit unterscheidet; man kann dasselbe als diazobenzolsulfonsaures Kali bezeichnen. Beim Erhitzen verpufft es ziemlich heftig; beim längeren Kochen der wässrigen Lösung zersetzt es sich, wenn auch langsam, unter Bildung von dunkel gefärbten harzigen Producten; mit Brom in wässeriger Lösung behandelt liefert es ziemlich glatt Tribromphenol; gegen Phenol und concentrirte Schwefelsäure zeigt es in eclatanter Weise das Verhalten der Diazoverbindungen, welche ähnlich den salpetrigsauren Salzen und den leicht zersetzlichen Nitrosoderivaten hierbei die von C. Liebermann[1]) entdeckten Farbstoffe liefern; mit Benzoylchlorid behandelt giebt es neben complicirten harzigen Producten kleinere Mengen von Benzoylphenoläther; beim Kochen mit concentrirter Salzsäure wird ein Theil unter Entwickelung von schwefliger Säure und Stickstoff, ähnlich den gewöhnlichen Diazoverbindungen, zersetzt, während ein anderer Theil durch die frei werdende schweflige Säure zu Hydrazin reducirt wird; endlich geht es mit reducirenden Agentien, schwefliger Säure oder besser Zinkstaub und Essigsäure behandelt in das zweite weisse Salz über. Letzteres ist also nur ein Reductionsproduct des ersten und entsteht durch Addition von zwei Wasserstoffatomen nach der Gleichung:

$$C_6H_5 \cdot N_2 \cdot SO_3K + H_2 = C_6H_5 \cdot N_2H_2 \cdot SO_3K.$$

Die Ergebnisse der Analyse und sämmtliche Reactionen der Verbindung bestätigen diese Ansicht. Das Salz verglimmt beim Erhitzen; es zeigt die Liebermann'sche Reaction nicht, reducirt Gold-, Platin-, Silber-, Quecksilber- und Kupfersalze und lässt sich durch Oxydation,

---

[1]) Berichte d. D. Chem. Gesellsch. 7, 247; vgl. auch Baeyer und Caro, Berichte d. D. Chem. Gesellsch. 7, 966.

am besten in heisser wässeriger Lösung, durch gelbes Quecksilberoxyd oder saures chromsaures Kali in das gelbe Salz zurückverwandeln. Ich werde dasselbe künftighin als **phenylhydrazinsulfonsaures Kali** bezeichnen. Besonders interessant ist sein Verhalten gegen concentrirte Mineralsäuren; beim Kochen der wässerigen Lösung mit Salzsäure entsteht nicht, wie man erwarten sollte, die dem Kalisalze entsprechende, jedenfalls sehr unbeständige Sulfosäure, sondern die schwefelhaltige Gruppe wird vollständig in Form von Schwefelsäure abgespalten und es bildet sich das Hydrochlorat der Base $C_6H_5 \cdot N_2H_3$, des Phenylhydrazins. Der Vorgang wird durch folgende Gleichung veranschaulicht:

$$C_6H_5 \cdot N_2H_2 \cdot SO_3K + H_2O + HCl = C_6H_5 \cdot N_2H_3 \cdot HCl + KHSO_4.$$

Ganz dieselben Erscheinungen beobachtet man nun bei der Behandlung der Diazobenzolsulfosäure mit schwefligsauren Alkalien und ich trug deshalb kein Bedenken, schon in der ersten Mittheilung über die Hydrazine[1]) die Entstehung der Hydrazinbenzolsulfosäure abweichend von Strecker und Römer analog der Bildung des Phenylhydrazins zu interpretiren.

Die Richtigkeit meiner Ansicht, welche inzwischen von Herrn Kolbe[2]) ohne jeden ersichtlichen Grund bezweifelt worden ist, wird durch folgende Thatsachen bestätigt. Trägt man reine krystallisirte Diazosulfobenzolsäure[3]) in eine verdünnte, gut gekühlte Lösung von neutralem oder besser schwach alkalischem, schwefligsaurem Kali ein, so wird dieselbe rasch gelöst und die Flüssigkeit färbt sich intensiv roth; diese Farbe hält sich in der Kälte dauernd, verschwindet aber sofort beim Ansäuern oder gelindem Erwärmen und geht in Hellgelb über; die Flüssigkeit zeigt jetzt gegen reducirbare Metallsalze das charakteristische Verhalten der Hydrazinverbindungen; es erfolgt jedoch keine Ausscheidung des sulfonsauren Salzes. Diese Lösung kann nun ohne Veränderung zur Trockne verdampft werden; der Rückstand löst sich vollständig und leicht in kaltem Wasser und zeigt alle Eigenschaften der ersten Lösung; eben so wenig wird dieselbe durch concentrirte Salzsäure in der Kälte verändert; es erfolgt bei starker Concentration höchstens die Ausscheidung von Chlorkalium.

---

[1]) Berichte d. D. Chem. Gesellsch. **8**, 589. (S. *147*.)
[2]) Journal für praktische Chemie **13**, 322.
[3]) Man erhält dieselbe leichter, als nach der Methode von Schmitt, auf folgende Weise: Die in Wasser schwer lösliche Sulfanilsäure wird in mässig verdünnter Natronlauge gelöst, mit etwas mehr als der berechneten Menge salpetrigsauren Natrons versetzt und das Gemisch in überschüssige, kaltgehaltene, verdünnte Schwefelsäure eingetragen, wobei sich die Diazoverbindung sehr bald in weissen Krystallen abscheidet.

Erhitzt man aber die mit Salzsäure stark übersättigte Flüssigkeit zum Kochen, so beginnt in der Siedehitze plötzlich eine reichliche Krystallisation der in Wasser schwer löslichen, von Strecker und Römer beschriebenen Hydrazinbenzolsulfosäure. Letztere löst sich nun weiter wieder sehr leicht in ätzenden oder schwefligsauren Alkalien, wird aber auch aus sehr verdünnter kalter Lösung durch Säuren sofort krystallinisch abgeschieden. Ihre Praeexistenz in der noch nicht mit Salzsäure zersetzten Lösung ist dem gegenüber undenkbar und es kann nicht weiter zweifelhaft sein, dass sie entsprechend dem Phenylhydrazin aus dem diazo- und hydrazinsulfonsauren Salze entsteht.

Die verschiedenen Phasen dieses Vorganges werden durch folgende Gleichungen veranschaulicht:

1. $C_6H_4\begin{smallmatrix}N\\|\\SO_3\end{smallmatrix} + K_2SO_3 = C_6H_4\begin{smallmatrix}N_2 \cdot SO_3K\\SO_3K\end{smallmatrix}$;

2. $C_6H_4\begin{smallmatrix}N_2SO_3K\\SO_3K\end{smallmatrix} + K_2SO_3 + H_2O = C_6H_4\begin{smallmatrix}N_2H_2 \cdot SO_3K\\SO_3K\end{smallmatrix} + K_2SO_4$;

3. $C_6H_4\begin{smallmatrix}N_2H_2 \cdot SO_3K\\SO_3K\end{smallmatrix} + HCl + H_2O = C_6H_4\begin{smallmatrix}N_2H_3\\SO_3H\end{smallmatrix} + KCl + KHSO_4$.

Vollständig analog ist das Verhalten der ebenfalls von Schmitt beschriebenen Diazodibrombenzolsulfosäure, wovon ich mich durch qualitative Versuche leicht überzeugen konnte.

Bildung der Hydrazine aus Diazoamidoverbindungen.

Directer als vermittelst der sulfonsauren Salze erhält man das Phenylhydrazin durch Reduction der Amide des Diazobenzols.

Diazoamidobenzol oder das von Baeyer und Jäger beschriebene Diazobenzoldiäthylamid[1]) werden in kalter alkoholischer Lösung von Zinkstaub und Essigsäure unter bedeutender Wärmeentwicklung rasch angegriffen und zerfallen dabei glatt in Anilin resp. Diäthylamin und Phenylhydrazin; letzteres wurde als salzsaures Salz von den anderen Basen getrennt und durch die Analyse und alle übrigen Reactionen als identisch mit dem auf anderem Wege gewonnenen Präparate erkannt.

Die Reaction erfolgt durch Addition von vier Wasserstoffatomen und Spaltung der Stickstoffgruppe für das Diazoamidobenzol nach dem Schema:

$$C_6H_5 \cdot N \cdot N \cdot NH \cdot C_6H_5 + 2H_2 = C_6H_5 \cdot N_2H_3 + H_2N \cdot C_6H_5.$$

Ein Zwischenproduct, welches den hydrazinsulfosauren Salzen entsprechen würde, von der Formel $C_6H_5 \cdot NH \cdot NH \cdot NHC_6H_5$, wurde

---
[1]) Berichte d. D. Chem. Gesellsch. **8**, 148.

nicht beobachtet. Diese Bildungsweise der Hydrazine ist insofern von besonderem Interesse, als sie durch directe Umwandlung der Diazo- in die Hydrazingruppe ohne Zwischenproducte erfolgt; praktische Bedeutung hat dieselbe in der Phenylreihe nicht, da hier die andere Methode zur Darstellung vorzuziehen ist; bessere Dienste dagegen wird dieselbe voraussichtlich beim Naphtylamin, Orthophenylendiamin und anderen aromatischen Aminen, bei welchen die gewöhnlichen Diazo- salze entweder überhaupt nicht bekannt sind, oder doch nur weit schwie- riger, als die Diazoamidoverbindungen gewonnen werden, zur Herstellung der betreffenden Hydrazinbasen leisten.

Darstellung des Phenylhydrazins.

Zur Darstellung der Base empfiehlt sich folgendes Verfahren, welches durch Anwendung von salpetrigsauren Salzen das lästige Arbeiten mit gasförmiger salpetriger Säure umgeht, die Isolirung der Diazokörper und sulfonsauren Salze überflüssig macht und so die Gewinnung der primären aromatischen Hydrazine in beliebiger Menge und auf wenig kostspielige Weise ermöglicht.

20 Th. Anilin werden in 50 Th. Salzsäure (spec. Gew. 1,19) und 80 Th. Wasser gelöst und in der Kälte durch Zugabe der berechneten Menge salpetrigsauren Natrons[1]), welches in der doppelten Menge Wasser gelöst und mit Salzsäure schwach angesäuert ist, in Diazo- benzolchlorid verwandelt; diese Lösung wird sofort in eine kalt gesättigte und durch Eis gekühlte Lösung von überschüssigem käuflichem Na_2SO_3 allmälig unter stetem Umrühren eingetragen; der Gehalt des letzteren an schwefliger Säure ist vorher zu ermitteln, da der Werth des Handels- productes ein sehr schwankender ist; man wendet am besten 2 Mol. $Na_2 \cdot SO_3$ auf ein Mol. Anilin an, entsprechend der Gleichung

$$C_6H_5 \cdot N_2 \cdot Cl + 2 Na_2SO_3 + H_2O = C_6H_5 \cdot N_2H_2 \cdot SO_3Na + NaCl + Na_2SO_4.$$

Die Lösung färbt sich intensiv rothgelb und scheidet zum Schluss eine reichliche Menge des diazosulfonsauren Natrons ab. Eine Probe derselben darf unter keinen Umständen beim Erwärmen noch die Reactionen des Diazobenzols, Stickstoffentwicklung und Phenolbildung zeigen, sondern muss sich mit rein gelber Farbe klar lösen; im anderen Falle fehlt es an schwefligsaurem Alkali.

Ist bei diesen Operationen für gute Abkühlung gesorgt, so kann man 30—40 Grm. Anilin ohne jede Gefahr auf einmal verarbeiten.

---

[1]) Dasselbe kommt seit einiger Zeit in vorzüglicher Qualität und zu billigem Preise auf den Markt und ist aus beiden Gründen dem meist sehr schlechten käufl. salpetrigsauren Kali vorzuziehen; ich habe zu dieser und den nachfolgenden Operationen ein Product benutzt, welches 28 pC. N_2O_3 enthielt.

Mehrere solcher Portionen werden jetzt vereinigt, das ausgeschiedene sulfonsaure Salz durch gelindes Erwärmen auf dem Wasserbade grösstentheils gelöst und die Flüssigkeit mit Salzsäure vorsichtig neutralisirt; die hierbei frei werdende schweflige Säure genügt, um den grössten Theil des gelben Salzes in das weisse umzuwandeln; schliesslich säuert man mit Essigsäure an und versetzt die warme Lösung bis zur vollständigen Entfärbung mit Zinkstaub; das heisse Filtrat scheidet beim Erkalten die grösste Menge des hydrazinsulfonsauren Natrons ab; man lässt einen Theil der Lösung krystallisiren, vereinigt das ausgeschiedene Salz mit einem anderen Theile derselben, um eine möglichst starke Concentration zu erhalten, erwärmt zum Sieden und versetzt mit etwa $1/_3$ Volumen rauchender Salzsäure; die Flüssigkeit erstarrt sofort zu einer schwachbraun gefärbten Krystallmasse von salzsaurem Phenylhydrazin; nach dem Erkalten colirt man das ausgeschiedene Salz, vereinigt die Mutterlaugen mit den von der Krystallisation des sulfonsauren Salzes zurückgebliebenen und verdampft dieselben nach weiterem Zusatz von Salzsäure auf ein möglichst kleines Volumen. Man erhält so eine zweite reichliche Krystallisation des Hydrochlorats, welche mit der ersten vereinigt wird. Durch Zersetzen des rohen Salzes mit Natronlauge in concentrirter Lösung wird die Base als Oelschicht abgeschieden und kann grösstentheils abgehoben werden; den Rest gewinnt man durch Extraction mit Aether; die ersten stark salzsauren Mutterlaugen kann man mit Kalk neutralisiren und mit Aether extrahiren oder mit Wasserdämpfen destilliren; ihre Verarbeitung lohnt sich indessen bei der dadurch erzielten geringen Ausbeute und bei der Billigkeit der Materialien für Arbeiten im Laboratorium kaum.

Nach Verdampfen des Aethers wird das ölige dunkelgefärbte Rohproduct mit kohlensaurem Kali scharf getrocknet und in einer Retorte über freiem Feuer destillirt. Nach Entfernung der letzten Spuren Aether und Alkohol geht das Thermometer rasch auf 220° und steigt von da langsam bis 240°, bei welcher Temperatur der allergrösste Theil des Oels übergegangen ist und die Operation zweckmässig unterbrochen wird; bei der ersten Destillation entweichen beträchtliche Mengen Ammoniak, welche hauptsächlich das Schwanken des Siedepunkts veranlassen und von der Zersetzung complicirterer, in der Rohbase enthaltener Substanzen herrühren; als Rückstand bleibt in der Retorte eine geringe Menge nicht flüchtiger harziger Producte.

Das von dem Destillat absorbirte Ammoniak entfernt man am besten durch Aufbewahren desselben in flachen Gefässen neben concentrirter Schwefelsäure unter einer Vacuumglocke; die zweite Destillation liefert dann ein von 225—235° siedendes Product von fast reinem Phenylhydrazin.

Weitere Reinigung der Base durch Fractioniren ist nicht rathsam, da bei der Destillation grösserer Mengen stets geringe Ammoniakentwickelung stattfindet, welche das Schwanken des Siedepunkts bedingt.

Es wurde deshalb nur für die Analyse und die Bestimmung der physikalischen Constanten durch wiederholtes Fractioniren, Trocknen mit K_2CO_3 und Entfernen des Ammoniaks im Vacuum ein constant siedendes Präparat dargestellt. Für die Darstellung aller Derivate eignet sich das einmal destillirte Product eben so gut.

Die Ausbeute, welche nach diesem Verfahren erzielt wurde, lässt wenig zu wünschen übrig; zwei Kilo Anilin gaben 1600 Grm. Hydrazinbase, was circa 70 pC. der theoretischen Menge entspricht. Berücksichtigt man die bei derartigen Arbeiten im Laboratorium unvermeidlichen Verluste, so kann der Verlauf aller Reactionen ein nahezu quantitativer genannt werden.

Eigenschaften und Salze des Phenylhydrazins.

Die Zusammensetzung des Phenylhydrazins entspricht der Formel $C_6H_8N_2$, wie die Analyse[1]) eines constant bei 233 bis 234° siedenden Products zeigt.

0,2358 Grm. gaben 0,5765 CO_2 und 0,1624 H_2O. — 0,1618 Grm. gaben 37 CC. N bei 18° C. und 749 MM. Barometerstand.

Ber. C 66,67, H 7,41, N 25,92.
Gef. ,, 66,67, ,, 7,65, ,, 25,93.

Dieselbe Formel resultirt aus den Analysen der Salze.

Frisch destillirt ist es ein fast farbloses Oel von schwach aromatischem Geruch; in einer Kältemischung erstarrt es sofort, ebenso bei längerem Aufbewahren in kühlen Räumen und bildet dann tafelförmige, glasglänzende Krystalle vom Schmelzpunkt 23°[2]); vom Licht wird es nicht verändert, färbt sich aber an der Luft durch Oxydation bald roth bis dunkelbraun; der Siedepunkt liegt bei 750 MM. Druck zwischen 233 und 234°[2]). Das specifische Gewicht ist bei 21° 1,091, bezogen

---

[1]) Bezgl. der Analysen sei bemerkt, dass alle Verbrennungen wegen des hohen Stickstoffgehalts und der leichten Zersetzlichkeit mancher Producte im Bayonnetrohr und alle Stickstoffbestimmungen nach der Methode von Dumas ausgeführt wurden; die bei den letzteren zur Verdrängung der Luft nöthige CO_2 wurde nicht wie gewöhnlich aus Magnesit oder doppelt-kohlensaurem Natron, sondern aus einem Kohlensäureapparat entwickelt, vorher sorgfältig gewaschen und getrocknet und in ziemlich raschem Strom, aber nur kurze Zeit, durch die hinten zu einer Capillaren ausgezogene Verbrennungsröhre geleitet. — Diese Vorsichtsmassregeln sind nöthig, da manche der später beschriebenen Körper bereits durch wenig erwärmte CO_2 zersetzt oder in beträchtlicher Menge verflüchtigt werden, wodurch bedeutende Analysenfehler veranlasst werden können.

[2]) Alle Schmelz- und Siedepunkte sind mit einem Geissler'schen Normalthermometer bestimmt und uncorrigirt angegeben.

auf Wasser von gleicher Temperatur; es dreht die Ebene des polarisirten Lichts nicht. In kaltem Wasser ist es schwer löslich, etwas leichter in heissem, fast unlöslich in concentrirten Alkalien; mit Alkohol, Aether, Aceton, Chloroform, Benzol mischt es sich in jedem Verhältniss; schwieriger wird es von Ligroïn aufgenommen.

Mit Wasserdämpfen verflüchtigt es sich etwas schwieriger als Anilin.

Gegen Reductionsmittel ist das Phenylhydrazin und seine Salze sehr beständig; von oxydirenden Agentien wird es dagegen ausserordentlich leicht zerstört, wobei je nach den Bedingungen die verschiedensten Zersetzungsproducte auftreten; besonders charakteristisch ist sein Verhalten zu Fehling'scher Lösung. Die Reduction derselben erfolgt schon in der Kälte und in sehr verdünnter Lösung; gleichzeitig findet lebhafte Stickstoffentwickelung statt. Man kann diese Erscheinungen als empfindliche Reaction auf alle primären Hydrazine und indirect auch auf die Diazoverbindungen benutzen; handelt es sich um den Nachweis der letzteren in wässeriger Lösung, so versetzt man dieselbe mit $KHSO_3$ im Ueberschuss, erwärmt zum Sieden, neutralisirt mit Kalilauge und prüft mit Kupferlösung. Die in der Flüssigkeit etwa vorhandenen, aus den Diazoverbindungen entstandenen hydrazinsulfonsauren Salze bewirken alle ohne Ausnahme die sofortige Abscheidung von Kupferoxydul; ist das Vorhandensein von Hydroxylamin, welches bei der Reduction von salpetriger Säure leicht entstehen kann, zu befürchten, so hält man die alkalische Lösung zur Zerstörung desselben vorher einige Zeit im Sieden.

Das Phenylhydrazin ist eine einsäurige Base und liefert mit Mineralsäuren und einigen organischen Säuren beständige und gut krystallisirende Salze.

Das Hydrochlorat, $C_6H_5 \cdot N_2H_3 \cdot HCl$, wird durch Zersetzung der hydrazinsulfonsauren Salze oder durch Neutralisation der Base mit Salzsäure erhalten und bildet feine seideglänzende farblose Blättchen.

1. 0,1645 Grm. gaben 0,3002 CO_2 und 0,0922 H_2O; 0,2588 Grm. gaben 40 CC. Stickstoff bei 8° und 754 MM. Druck; 0,1923 Grm. gaben 0,1978 AgCl. — 2. 0,2297 Grm. gaben 0,2367 AgCl. — 3. 0,2198 Grm. des aus Diazoamidobenzol erhaltenen Präparates gaben 0,3995 CO_2 und 0,1285 H_2O.

$C_6H_5 \cdot N_2H_3 \cdot HCl$.
Ber. C 49,83,   H 6,23,   N 19,38,   Cl 24,56.
Gef. ,, 49,77, —, 49,57,   ,, 6,3, —, 6,5,   ,, 18,5,   ,, 25,5, 25,4.

Das Salz ist leicht löslich in heissem Wasser, etwas schwerer in kaltem und fast unlöslich in rauchender Salzsäure; aus heissem Alkohol krystallisirt es in feinen glänzenden Blättchen, beim vorsichtigen Erhitzen sublimirt es unzersetzt in derselben Form. Seine wässerige Lösung reducirt Gold-, Platin-, Silber- und Quecksilbersalze in der Kälte; durch concentrirte Salzsäure wird es aus der wässerigen Lösung ziemlich vollständig ausgefällt, worauf eine bequeme Trennungsmethode desselben von dem Anilin und vielen anderen Aminbasen beruht.

Alle Versuche, ein Salz des Phenylhydrazins mit 2 Mol. HCl zu gewinnen, blieben erfolglos; ein aus rauchender Salzsäure umkrystallisirtes Product, welches rasch abfiltrirt, mit rauchender HCl gewaschen und nur kurze Zeit in einer Chlorwasserstoffatmosphäre im Vacuum getrocknet war, enthielt die dem neutralen Salze entsprechende Chlormenge.

0,2022 Grm. gaben 0,1964 AgCl.

Ber. Cl 24,56.   Gef. Cl 24,04.

Die Base ist also nicht im Stande, wie das Aethylhydrazin[1]), bei gewöhnlicher Temperatur 2 Mol. Salzsäure zu binden und es geht daraus deutlich hervor, dass der herabmindernde Einfluss des Benzolrestes auf die Basicität der NH_2-Gruppe, welchen Thomsen für das Anilin gegenüber dem Aethylamin calorimetrisch nachgewiesen und bestimmt hat, sich nicht minder stark in der Hydrazingruppe geltend macht.

Das Sulfat, $(C_6H_5 \cdot N_2H_3)_2 H_2SO_4$, wird durch Neutralisation der Base mit verdünnter Schwefelsäure in feinen weissen Blättchen erhalten.

0,385 Grm. gaben 0,2895 $BaSO_4$.

Ber. S 10,2.   Gef. S 10,33.

Es ist leicht löslich in heissem Wasser, schwer in Alkohol, unlöslich in Aether; beim Erhitzen für sich oder mit concentrirter Schwefelsäure wird es erst bei hoher Temperatur unter Entwicklung von schwefliger Säure zersetzt.

Das Nitrat wird durch Neutralisation der Base mit mässig verdünnter, gut gekühlter Salpetersäure in weissen glänzenden Blättchen erhalten, welche in Wasser sehr leicht löslich sind.

Rauchende Salpetersäure zersetzt das Phenylhydrazin unter Feuererscheinung.

Das pikrinsaure Salz scheidet sich beim Zusammenbringen von Pikrinsäure und Phenylhydrazin in ätherischer Lösung sofort in feinen gelben Nadeln ab, welche im Vacuum getrocknet die Formel haben.

$$C_6H_5 \cdot N_2H_3 \cdot (OH)C_6H_2(NO_2)_3$$

0,2181 Grm. gaben 40 CC. Stickstoff bei 17,5° und 750 MM. Druck.

Ber. N 20,6.   Gef. N 20,95.

Dasselbe ist in Alkohol leicht, in Wasser schwer löslich; beim Erhitzen auf 100° zersetzt es sich bereits langsam unter Braunfärbung, bei höherer Temperatur verpufft es mit Feuererscheinung; beim Kochen seiner wässerigen oder alkoholischen Lösung tritt ebenfalls Zersetzung ein, indem die Hydrazinbase reducirend auf die Nitrogruppen der Pikrinsäure einwirkt.

---

[1]) Berichte d. D. Chem. Gesellsch. **9**, 115. (*S. 196.*)

Das neutrale Oxalat, $(C_6H_5 \cdot N_2H_3)_2H_2C_2O_4$, entsteht beim Neutralisiren von Oxalsäure mit einem Ueberschuss der Base in ätherischer Lösung; es krystallisirt aus heissem Wasser in farblosen Blättchen.

0,269 Grm. gaben 0,542 CO_2 und 0,1466 H_2O.

Ber. C 54,9, H 5,9.
Gef. ,, 54,96, ,, 6,06.

In heissem Wasser ziemlich leicht löslich, schwer in kaltem, fast unlöslich in Alkohol und Aether.

Constitution des Phenylhydrazins.

Das Phenylhydrazin hat die Formel $C_6H_8N_2$, ist also isomer mit den verschiedenen Phenylendiaminen, unterscheidet sich von denselben jedoch scharf durch sein gesammtes Verhalten; es entsteht durch Reduction des Diazobenzols und zwar, wenn man das Endresultat des Vorganges empirisch betrachtet, durch Zufuhr von vier Wasserstoffatomen; für das salpetersaure Salz nach der Gleichung:

$$C_6H_5 \cdot N_2 \cdot NO_3 + 2 H_2 = C_6H_5 \cdot N_2H_3 \cdot HNO_3.$$

Da diese Reaction als Synthese der Base zunächst der einzige Anhaltspunkt für die Beurtheilung ihrer Constitution war, so musste bei der Aufstellung einer rationellen Formel vor Allem den Anschauungen über die Natur der Diazoverbindungen Rechnung getragen werden. Zur Zeit, als das Phenylhydrazin entdeckt wurde, waren aber gerade über diesen Punkt die Ansichten noch sehr verschieden.

Neben der älteren und längere Zeit ziemlich allgemein angenommenen Kekulé'schen Diazobenzolformel $C_6H_5 - N = N - NO_3$ hatte sich die von Strecker aufgestellte Formel

$$C_6H_5 - \underset{\underset{N}{|||}}{N} - NO_3$$

eingebürgert und aus Mangel an entscheidenden Thatsachen als gleichberechtigt behauptet.

Ging man nun von der einen oder anderen Anschauungsweise aus, so gelangte man für die diazo- und hydrazinsulfonsauren Salze und endlich für das Phenylhydrazin selbst ebenfalls zu den nachfolgenden, wesentlich verschiedenen Formeln:

$C_6H_5 - N = N - SO_3K;$ $C_6H_5 - \underset{\underset{N}{|||}}{N} - SO_3K;$

$C_6H_5 - NH - NH - SO_3K;$ $C_6H_5 - \underset{\underset{NH}{||}}{NH} - SO_3K;$

$C_6H_5 - NH - NH_2;$ $C_6H_5 - \underset{\underset{NH}{||}}{NH_2}.$

Gerade der Umstand, dass Strecker bei der Entdeckung der hydrazinsulfonsauren Salze diese seine Ansicht geltend machte und auch sofort auf jene Verbindungen übertrug, war für mich Veranlassung, beim Phenylhydrazin ebenfalls die Wahl zwischen den vorstehenden beiden Formeln, deren erstere allerdings durch ihre Einfachheit weit mehr Gewinnendes hatte, bis zur Beschaffung des ausreichenden Beweismaterials unentschieden zu lassen.

Die Gewinnung der secundären Hydrazinbasen, deren Constitution leicht und sicher aus ihrer Synthese gefolgert werden konnte, und die Beobachtung, dass dieselben sich in vieler Beziehung dem Phenylhydrazin analog verhalten, bestimmte mich später, der Formel $C_6H_5 \cdot NH - NH_2$ den Vorzug zu geben.

Bei der Bedeutung, welche die endgültige Entscheidung dieser Frage für die Constitution nicht allein der zahlreichen primären aromatischen Hydrazine und ihrer Derivate, sondern in zweiter Linie auch der nahe verwandten Diazokörper hatte, schien es jedoch wünschenswerth, die Richtigkeit derselben durch weitere experimentelle Daten zu bestätigen.

Die Untersuchungen der genetischen Beziehungen des Phenylhydrazins zum Aethylphenylhydrazin haben diese in entscheidender Weise geliefert.

Das Phenylhydrazin giebt bei der Behandlung mit Bromaethyl, wie unten ausführlicher beschrieben wird, eine Ammoniumverbindung von der Formel $C_6H_5 \cdot N_2H_2 \cdot (C_2H_5) \cdot C_2H_5Br$. Dieselbe Substanz bildet sich nun auch durch directe Anlagerung von C_2H_5Br an das Aethylphenylhydrazin; da letzteres aus Aethylanilin durch Einführung der NH_2-Gruppe an Stelle des letzten Ammoniakwasserstoffs entsteht und mithin unzweifelhaft die Formel

$$\begin{matrix} C_6H_5 \\ C_2H_5 \end{matrix} \!\!> \!\! N - NH_2$$

hat, so muss in der Ammoniumverbindung dieselbe Atomgruppe angenommen werden und es folgt daraus weiter für das Phenylhydrazin, wenn man von der ganz willkürlichen Annahme molecularer Umlagerungen absieht, unzweideutig, dass es ebenfalls die Gruppe $= NH - NH_2$ enthält, woraus sich die Formel $C_6H_5 \cdot NH - NH_2$ von selbst ergiebt. Berücksichtigt man ferner, dass keine der im Nachfolgenden beschriebenen zahlreichen Reactionen und Derivate der Base mit dieser aus synthetischen Gründen hergeleiteten Formel in Widerspruch steht, dass vielmehr die meisten derselben sich als gewissermassen nothwendige Consequenzen derselben ergeben, so wird ihre Berechtigung keinem Zweifel mehr unterliegen.

Versucht man nun mit Zugrundelegung dieser Formel das im Nachfolgenden ausführlich beschriebene Verhalten der Base kurz zu charakterisiren und auf bekannte Verhältnisse zurückzuführen, so liegt ein Vergleich mit den gewöhnlichen Aminen einerseits und den Diazo- und Azokörpern andererseits am nächsten.

Auf die Basen des Ammoniaktypus bezogen erscheint das Phenylhydrazin auf der einen Seite des Moleculs als primäre, auf der anderen Seite als secundäre Base.

Das Vorhandensein der Imidgruppe geht besonders aus der eigenthümlichen Veränderung der Substanz durch salpetrige Säure und Bromäthyl deutlich hervor; in fast allen übrigen Reactionen, welche durch den basischen Charakter der Verbindung bedingt sind, kommt dagegen nur die Amidogruppe zur Geltung; sie scheint der Hauptsitz der Basicität zu sein; der Eintritt von Säureradicalen und Harnstoffresten findet ausschliesslich hier statt, wie diess in den meisten Fällen direct experimentell nachgewiesen werden konnte und dasselbe gilt höchst wahrscheinlich für die Anlagerung von Säuren bei der Salzbildung. Mit den Diazoverbindungen ist das Phenylhydrazin schon durch seine Synthese eng verknüpft; durch die Zufuhr von vier Wasserstoffatomen hat allerdings die Stickstoffgruppe den eigenthümlichen Charakter, welchen sie bei jenen zeigt, vollständig verloren; derselbe erscheint aber sofort wieder bei allen Zersetzungen, welche durch oxydirende Agentien eingeleitet werden. Durch die directe Umwandlung der Base in Diazobenzol und durch ihre Ueberführung in Derivate des Azobenzols werden diese Beziehungen noch in auffallender Weise vervollständigt.

Vom Anilin endlich, welches unter den Aminbasen dem Phenylhydrazin am nächsten steht, unterscheidet sich dasselbe vorzüglich durch seine grosse Unbeständigkeit gegen alle Oxydationsmittel; die Folge davon ist, dass die Darstellung der gewöhnlichen Substitutionsproducte, der Chlor-, Brom-, Jod- und Nitroderivate nach den dort gebräuchlichen Methoden hier nicht gelingt; letzteres kommt jedoch um so weniger in Betracht, als jene Verbindungen aus den betreffenden Derivaten des Anilins mit Leichtigkeit gewonnen werden können.

Diess sind im Allgemeinen die bemerkenswerthesten Eigenschaften des Phenylhydrazins, durch welche dasselbe in mehr oder weniger nahe Beziehungen zu bereits bekannten Körpern tritt; einige hiermit nicht in Zusammenhang stehende und den Hydrazinen, wie es scheint, besonders eigenthümliche Erscheinungen sollen erst in dem nachfolgenden experimentellen Theile speciell besprochen werden.

Einwirkung der salpetrigen Säure.

Beim Einleiten von gasförmiger salpetriger Säure in eine wässerige oder ätherische Lösung des Phenylhydrazins wird dieses auch in der Kälte sofort zersetzt und es bildet sich neben dunkelgefärbten harzigen Producten Diazobenzolimid. Weit glatter und in den verschiedenen Phasen leichter zu verfolgen ist dieselbe Reaction bei der Einwirkung von salpetrigsauren Salzen auf salzsaures Phenylhydrazin; bringt man zu einer gut gekühlten Lösung des letzteren in der zehnfachen Menge Wasser überschüssiges neutrales $NaNO_2$ in wässeriger Lösung, so wird die Flüssigkeit bald trübe, nimmt den betäubenden Geruch des Diazobenzolimids an und scheidet nach kurzer Zeit gelbbraune krystallinische Flocken ab; dieselben wurden rasch filtrirt, mit Wasser gewaschen, zwischen Fliesspapier gepresst, in warmem reinem Aether gelöst und mit Ligroïn gefällt. Die so erhaltenen, nur kurze Zeit im Vacuum getrockneten, schwach gelben Blättchen gaben bei der Analyse die der Formel $C_6H_5 \cdot N_2H_2 \cdot NO$ entsprechenden Werthe.

0,2706 Grm. gaben 0,5222 CO_2 und 0,1342 H_2O. — 0,1494 Grm. gaben 40 CC. Stickstoff bei 19° und 749 MM. Druck.

Ber. C 52,55, H 5,1, N 30,65, O 11,7.
Gef. ,, 52,63, ,, 5,5, ,, 30,33.

Die Bildung der Substanz wird veranschaulicht durch die Gleichung:

$C_6H_5 \cdot N_2H_3 \cdot HCl + NaNO_2 = C_6H_5 \cdot N_2H_2 \cdot NO + NaCl + H_2O$.

Die Verbindung zeigt in jeder Beziehung das Verhalten der Nitrosokörper. Mit Phenol und concentrirter Schwefelsäure liefert sie ebenso, wie alle Nitrosamine, die Liebermann'schen Farbstoffe; zu bemerken ist dabei jedoch, dass die blaue Farbe derselben auf Zusatz von Kali hier nicht sogleich, sondern erst beim Schütteln mit Luft erscheint; es rührt diess daher, dass gleichzeitig mit der Bildung der Farbstoffe eine Reduction derselben durch die Hydrazingruppe erfolgt, ähnlich wie es Liebermann bei der Behandlung mit Zinkstaub beobachtet hat.

Dasselbe gilt von den meisten Nitrosoderivaten der Hydrazinbasen.

Beim Erhitzen zersetzt sich die Substanz unter Entwickelung von rothen Dämpfen; oxydirende Agentien wirken ebenso; mit Zink und Schwefelsäure oder Zinkstaub und Essigsäure in alkoholischer Lösung reducirt liefert sie beträchtliche Mengen Anilin. An der Luft lässt sie sich besonders in fein gepulvertem Zustande und in dünnen Schichten mehrere Tage ohne wesentliche Veränderung aufbewahren, während sie in verschlossenen Gefässen eigenthümlicherweise in sehr kurzer Zeit, bei Sommertemperatur meist im Verlauf mehrerer Stunden, vollständig zersetzt und in eine dunkelbraune, heftig riechende Flüssigkeit verwandelt wird[1]). Bemerkenswerth ist die im hohen Grade giftige Wirkung ihrer Dämpfe, welche der des Amylnitrits ähnlich ist, dieselbe aber an Intensität weit übertrifft; schon in geringerer Menge eingeathmet erzeugen dieselben Blutandrang nach dem Kopfe, heftigen Kopfschmerz und Uebelkeit.

Die Constitution dieser eigenthümlichen Verbindung lässt sich mit genügender Sicherheit aus folgenden Thatsachen entwickeln.

Die Reduction zu Anilin und die Verschiedenheit von den aromatischen Nitrosokörpern[2]), welche die NO-Gruppe im Benzolkern enthalten, beweisen, dass dieselbe hier mit dem Stickstoff der Hydrazingruppe in Bindung getreten ist.

Nun kann es aber durch die Untersuchungen von W. Heintz[3]) u. A. für die gewöhnlichen Aminbasen als eine bewiesene Thatsache angesehen werden, dass die Bildung eines sogenannten Nitrosamins ausschliesslich bei Imidgruppen stattfindet; es wird dadurch ein Gleiches für die Hydrazine in hohem Grade wahrscheinlich und es folgt daraus bei Zugrundelegung der Hydrazinformel $R - NH - NH_2$ für diese Nitrosoverbindung die Constitutionsformel:

$$C_6H_5 - \underset{\underset{NO}{|}}{N} - NH_2$$

Ich will dieselbe als **Phenylnitrosohydrazin** bezeichnen.

Eine wichtige Bestätigung erfährt diese Ansicht durch die Beobachtung, dass die später beschriebenen secundären aromatischen Hydrazine, bei welchen das letzte Wasserstoffatom der NH-Gruppe durch Alkoholradicale ersetzt ist, von salpetriger Säure in einer hiervon total verschiedenen Weise zersetzt werden.

Von besonderem Interesse ist die Zersetzung des Phenylnitrosohydrazins durch verdünnte Alkalien, wobei es glatt in Wasser und das

---

[1]) Ein ähnliches Verhalten zeigen auch manche andere Nitrosoderivate der Hydrazine, wenngleich keine in so ausgezeichneter Weise, wie diese. Dieselbe Beobachtung hat V. Meyer (Liebigs Ann. d. Chem. **175**, 138) ferner bei den Nitrolsäuren gemacht und die Erscheinung durch die Annahme erklärt, dass die bei der spontanen Zersetzung eines kleinen Theils der Molecule entwickelte Wärmemenge die rapide Zersetzung der übrigen zur Folge habe. Für den vorliegenden Nitrosokörper kann ich mit Bestimmtheit behaupten, dass die in verschlossenen Gefässen so auffallend rasch verlaufende Zersetzung hauptsächlich durch die Zersetzungsproducte selbst, worunter sich die Oxyde des Stickstoffs befinden, bedingt ist. Dieselben wirken sehr rasch auf die noch unzersetzte Substanz ein; sobald sie dagegen an der Luft in Gasform entweichen können, wird ihr Einfluss verschwindend klein und der ganze Zersetzungsprozess selbst dadurch ein langsamer und zugleich continuirlicher.

[2]) Baeyer und Caro, Berichte d. D. Chem. Gesellsch. **7**, 809.

[3]) Liebigs Ann. d. Chem. **138**, 316.

von Griess[1]) entdeckte Diazobenzolimid zerfällt. Der Vorgang entspricht der Gleichung:

$$C_6H_5 \cdot N_2H_2 \cdot NO = C_6H_5 \cdot N_3 + H_2O.$$

Erwärmt man dasselbe gelinde mit verdünnter wässeriger Kalilauge, so schmilzt es zunächst und löst sich allmälig vollständig auf; beim stärkeren Erhitzen trübt sich die Flüssigkeit durch Ausscheidung von Diazobenzolimid. Zur Reinigung wurde letzteres mit Wasserdämpfen destillirt, mit Chlorcalcium getrocknet und nochmals im Vacuum auf dem Wasserbade destillirt; die Analyse des so erhaltenen fast farblosen Oels gab die der Formel $C_6H_5 \cdot N_3$ entsprechenden Werthe.

0,1105 Grm. gaben 0,2444 CO_2 und 0,0444 H_2O.
Ber. C 60,5, H 4,2.
Gef. ,, 60,35, ,, 4,46.

Der Vergleich mit einem nach der Methode von Griess aus Diazobenzolperbromid und Ammoniak dargestellten Präparate ergab ausserdem eine völlige Uebereinstimmung beider Producte im physikalischen und chemischen Verhalten, so dass über ihre Identität kein Zweifel herrschen kann.

Diese glatte Bildungsweise des Diazobenzolimids ist geeignet, Aufschluss über die Constitution des eigenthümlichen, für die Theorie der Stickstoffverbindungen höchst interessanten Körpers zu geben.

Die Wasserabspaltung findet bei dem Nitrosokörper unzweifelhaft zwischen der NO- und der NH_2-Gruppe statt, deren beide Stickstoffatome dadurch in doppelte Bindung treten und es resultirt daraus in ungezwungener Weise für das Imid die bereits von Kekulé[2]) als wahrscheinlich aufgestellte Formel

$$C_6H_5 - N - N$$
$$\diagdown \mathbin{/\mkern-6mu/}$$
$$N.$$

Ferner eignet sich diese Methode in etwas modificirter Weise sehr gut zur Darstellung des Diazobenzolimids, und ist, was Ausbeute und leichte Ausführbarkeit anbetrifft, jedenfalls der von Griess angegebenen vorzuziehen.

Die Bildung des Nitrosohydrazins erfolgt nur in neutraler und gut gekühlter Lösung; überschüssige Säure und höhere Temperatur bewirken seine sofortige Umwandlung in das Imid. Zur Gewinnung des letzteren verfährt man demzufolge bei Operationen in grösserem Massstabe folgendermassen.

---

[1]) Liebigs Ann. d. Chem. 137, 65.
[2]) Kekulé, Lehrbuch 3, 230.

Das durch Zersetzung der hydrazinsulfonsauren Salze mit Salzsäure erhaltene rohe Hydrochlorat wird in der fünfzehnfachen Menge Wasser gelöst, auf Zimmertemperatur abgekühlt und mit einem Ueberschuss von salpetrigsaurem Natron allmälig unter stetem Umrühren behandelt; das Diazobenzolimid scheidet sich sofort als dunkelgefärbtes Oel ab; zur Vervollständigung der Reaction erhitzt man die Lösung am Rückflusskühler langsam zum Sieden, bis die nicht bedeutende Gasentwicklung beendet ist, extrahirt mit Aether und reinigt den nach Verdampfen des letzteren bleibenden öligen Rückstand durch ein- bis zweimalige Destillation mit Wasserdämpfen. Die Ausbeute an reinem Diazobenzolimid betrug nach diesem Verfahren etwa 50 pC. des angewandten Anilin.

Einwirkung von Diazobenzol auf Phenylhydrazin.

Das Verhalten der gewöhnlichen primären und secundären Aminbasen gegen Diazobenzol, wodurch die sogenannten Amide des letzteren entstehen, liess die Bildung ähnlicher Producte aus den Hydrazinen der aromatischen Reihe erwarten.

Alle Versuche, die zur Gewinnung dieser Verbindungen unter mannigfach veränderten Bedingungen angestellt wurden, gaben jedoch nur negative Resultate, und es scheint, dass solche Körper entweder nicht existenzfähig sind, oder doch nur bei ganz besonders günstigen Verhältnissen entstehen können. Dafür erfolgt aber eine andere, höchst merkwürdige Reaction, welche für die primären Hydrazine nicht minder charakteristisch ist, als die Einwirkung der salpetrigen Säure.

Bringt man reines salpetersaures oder schwefelsaures Diazobenzol mit salzsaurem Phenylhydrazin in kalter wässeriger Lösung zusammen, so trübt sich diese sehr bald durch Ausscheidung von Diazobenzolimid und die Lösung enthält eine entsprechende Menge Anilin.

Dieselbe Reaction hat inzwischen P. Griess bei der von ihm dargestellten Hydrodiazobenzoësäure[1], welche man wohl besser, um eine unnöthige Verwirrung der Nomenclatur zu vermeiden, Hydrazinbenzoësäure nennen wird, beobachtet und dabei weiter noch die interessante Thatsache festgestellt, dass bei der Einwirkung von salpetersaurem Diazobenzol auf diese Base, neben Diazobenzoësäureimid und Anilin auch Diazobenzolimid und Amidobenzoësäure entsteht; er führt die Entstehung aller dieser Körper auf die Bildung eines Zwischenproducts $C_{13}H_{12}N_4O_2$ zurück, welches offenbar nichts anderes sein würde, als die dem Diazoamidobenzol entsprechende Verbindung der Hydrazinbenzoësäure. Diese einfache und summarische Erklärung

---

[1] Berichte d. D. Chem. Gesellsch. **9**, 1657.

hat auf den ersten Anschein viel Gewinnendes; berücksichtigt man indessen, dass die Isolirung eines derartigen Productes, wenn es überhaupt gebildet wird, nach den guten Eigenschaften der Diazoamidoverbindungen zu schliessen, nicht so schwierig sein dürfte, dass ferner die Bildung desselben in saurer Lösung kaum zu erwarten ist und dass endlich die Annahme von zwei so total verschiedenen Spaltungen einer unbekannten Verbindung immerhin etwas sehr Gewagtes hat, so verliert die Griess-sche Ansicht an Wahrscheinlichkeit.

Dem gegenüber dürfte nachfolgende Interpretation entschieden den Vorzug verdienen, weil sie von sicher bekannten Thatsachen ausgehend die Bildung der oben erwähnten verschiedenen Producte auf zwei verschiedene, leicht verständliche Vorgänge zurückführt.

Die Einwirkung der Diazobenzolsalze auf die Hydrazine hat einmal die grösste Aehnlichkeit mit der vorher beschriebenen Bildung von Diazobenzolimid aus Phenylhydrazin und salpetriger Säure; da das Diazobenzol aber aus Anilin und HNO_2 durch Wasserabspaltung entsteht, so ist eine Rückbildung der Generatoren durch Wasseraufnahme unter besonderen Verhältnissen leicht denkbar; die dabei entstehende HNO_2 würde aber sogleich auch in saurer Lösung die Hydrazinbase in das Imid verwandeln.

Man bekommt auf diese Weise für die Bildung des Diazobenzoësäureimids aus Hydrazinbenzoësäure und Diazobenzol die Gleichungen:

$$C_6H_5 \cdot N_2 \cdot NO_3 + 2 H_2O = C_6H_5 \cdot NH_2HNO_3 + HNO_2;$$
$$C_7H_8N_2O_2 + HNO_2 = C_7H_5N_3O_2 + 2 H_2O.$$

Für die gleichzeitige Entstehung von Amidobenzoësäure und Diazobenzolimid ist dagegen eine Sprengung der Hydrazingruppe und ein Transport von Stickstoff nach dem Diazobenzol anzunehmen; dies kann ebenfalls durch Wasseraufnahme erfolgen, wobei das Hydrazin die entsprechende Aminbase und Hydroxylamin liefern würde:

$$R \cdot NH - NH_2 + H_2O = R \cdot NH_2 + NH_3O.$$

Der letzte Vorgang ist zwar bis jetzt noch nicht in so einfacher Weise beobachtet worden; es sind aber Gründe genug vorhanden, besonders bei den secundären Hydrazinen, welche für die Möglichkeit einer derartigen Spaltung sprechen.

Das Hydroxylamin müsste dann in der zweiten Phase der Reaction sich mit Diazobenzol zu Diazobenzolimid und Wasser umsetzen nach dem Schema:

$$C_6H_5 \cdot N_2NO_3 + NH_3O = C_6H_5 \cdot N_3 + HNO_3 + H_2O.$$

Dass dem in der That so ist, beweist folgender Versuch.

Beim Vermischen kalter wässeriger Lösungen von schwefelsaurem Diazobenzol und salzsaurem Hydroxylamin tritt keine Reaction ein;

trägt man aber dieses Gemisch in eine verdünnte kalte Lösung von kohlensaurem Natron ein, so erfolgt sofort die Ausscheidung von Diazobenzolimid und zwar in nahezu quantitativer Weise.

Eine weitere Stütze für die Wahrscheinlichkeit der letzten Erklärung liefert der unten geführte Nachweis, dass auch das secundäre Methylphenylhydrazin von Diazobenzol in ähnlicher Weise zersetzt wird, wobei Diazobenzolimid und Methylanilin entsteht.

Umwandlung der Hydrazine in Diazokörper.

Die Rückverwandlung dieser Basen in Diazoverbindungen, welche für die Untersuchung der primären fetten Hydrazine ein besonderes Interesse hat, gelingt in der aromatischen Reihe fast eben so leicht, wie die umgekehrte Reaction. Man kann sich dazu der sulfonsauren Salze oder auch der gewöhnlichen Salze der Basen bedienen; erstere Methode ist allerdings weit glatter und leichter auszuführen, letztere dagegen um so interessanter, als sie die gewöhnlichen Salze der Diazokörper liefert.

Für die Gewinnung der hydrazinsulfonsauren Salze aus dem Phenylhydrazin, welche längere Zeit an dem Mangel einer geeigneten Methode für die Synthese solcher Verbindungen scheiterte, benutzte ich mit Vortheil das pyroschwefelsaure Kali. Erhitzt man ein Gemenge von 1 Mol. fein gepulvertem $K_2S_2O_7$ (dargestellt durch Erhitzen von $KHSO_4$) und 2 Mol. der Base auf 80°, so erstarrt die breiige Masse in Kurzem vollständig und enthält nun neben schwefelsaurem Kali und Hydrazin das phenylhydrazinsulfonsaure Kali.

Der Vorgang wird durch folgende Gleichung veranschaulicht:

$$4\, C_6H_5 \cdot N_2H_3 + 2\, K_2S_2O_7$$
$$= 2\, C_6H_5 \cdot N_2H_2 \cdot SO_3K + K_2SO_4 + (C_6H_5 \cdot N_2H_4)_2SO_4.$$

Um letzteres zu isoliren, löst man die Schmelze in heissem Wasser und entfernt den grössten Theil der Schwefelsäure mit $BaCO_3$, wodurch die in Lösung befindliche Base grösstentheils ölförmig abgeschieden wird; aus der heiss filtrirten Flüssigkeit fällt auf Zusatz von concentrirter Kalilauge die Hauptmenge des sulfonsauren Salzes krystallinisch aus; einmaliges Umkrystallisiren aus heissem Wasser genügt, um dasselbe vollständig rein zu erhalten.

Die Analyse gab dieselben Zahlen, wie bei dem aus Diazobenzol erhaltenen Präparate.

0,6574 Grm. lufttrockenes Salz verloren bei 120° 0,0486 H_2O.
$C_6H_5 \cdot N_2H_2 \cdot SO_3K + H_2O$. Ber. H_2O 7,37. Gef. H_2O 7,38.
0,2613 Grm. des bei 120° getrockneten Salzes gaben 0,10 K_2SO_4.
Ber. K 17,2. Gef. K 17,2.

Dieselbe Uebereinstimmung zeigte sich in Krystallform, Löslichkeitsverhältnissen und allen Reactionen beider Substanzen.

Dieses Salz lässt sich nun, wie ich oben bereits erwähnt, mit der grössten Leichtigkeit durch Oxydation in das gelbe diazosulfonsaure Kali überführen; versetzt man die heisse wässerige Lösung mit einem geringen Ueberschuss von gelbem Quecksilberoxyd oder saurem, chromsaurem Kali, so ist die Umwandlung sofort eine vollständige und das gelb gefärbte Filtrat giebt beim Erkalten oder noch besser auf Zusatz von concentrirter Kalilauge eine reichliche Krystallisation von diazosulfonsaurem Kali. Aus letzterem die gewöhnlichen Salze oder Derivate des Diazobenzols zu erhalten, ist nun allerdings bisher nicht gelungen: da aber das ganze Verhalten desselben keinen Zweifel darüber lässt, dass es selbst zur Klasse der Diazoverbindungen gehört, so kann vorstehende Reaction immerhin als eine glatte Umwandlung der Hydrazin- in die Diazogruppe gelten.

Weniger leicht ist die zweite Methode, die directe Oxydation der Hydrazinsalze auszuführen. Bringt man zu einer wässerigen kalten Lösung von salz- oder schwefelsaurem Phenylhydrazin allmälig gelbes Quecksilberoxyd, so erfolgt alsbald fast ohne Gasentwicklung, welche in alkalischer Lösung stets bedeutend ist, die Ausscheidung von Diazobenzolimid und die saure Flüssigkeit enthält eine entsprechende Menge Anilin; die Entstehung dieser Producte ist offenbar erst die Folge einer secundären Reaction; zunächst findet jedenfalls die Bildung von Diazobenzol statt, welches sich jedoch sofort mit überschüssigem Hydrazin in der bekannten Weise zu Diazobenzolimid und Anilin umsetzt. Durch eine passende Aenderung der Bedingungen kann man in der That den letzten Vorgang theilweise wenigstens verhindern und alsdann die Bildung von Diazobenzol direct nachweisen.

Giesst man die kalte wässerige Lösung von schwefelsaurem Phenylhydrazin allmälig und unter stetem Umrühren zu gelbem, mit Wasser aufgeschlämmtem Quecksilberoxyd und zwar so, dass letzteres stets im Ueberschuss vorhanden ist, so findet die Reaction desselben sofort statt; es scheidet sich nur wenig Diazobenzolimid ab und die filtrirte Lösung enthält eine beträchtliche Menge Diazobenzolsulfat; letzteres wurde allerdings bisher noch nicht in reinem Zustande aus der verdünnten und durch Quecksilbersalze verunreinigten Lösung gewonnen, sein Vorhandensein konnte jedoch durch die beim Erwärmen eintretende Stickstoffentwicklung und Phenolbildung ausser Zweifel gestellt werden.

Die Reaction verläuft für das schwefelsaure Salz nach der Gleichung:
$$(C_6H_5N_2H_4)_2 \cdot SO_4 + 4\,O = (C_6H_5 \cdot N_2)_2SO_4 + 4\,H_2O.$$

Durch diese beiden Reactionen werden die Beziehungen der Hydrazine zu den Diazoverbindungen in einer Weise vervollständigt, dass es hier am Platze erscheint, dieselben nochmals kurz zusammenzustellen und die Consequenzen hervorzuheben, welche sich daraus für die Structurformel der letzteren ergeben.

Constitution der Diazoverbindungen.

Die verschiedenen Anschauungen von Kekulé und Strecker über die Natur dieser Körper, welche sich allein bis in neuere Zeit allgemeiner behauptet haben, sind früher einander gegenübergestellt worden. Die Kekulé'sche Formel $C_6H_5 - N = N - OH$, obschon zum Theil auf das heutzutage sehr zweifelhafte Dogma von der constanten Trivalenz des Stickstoffes gegründet, hat unstreitig den Vorzug der Einfachheit, sie erklärt ausserdem die früher allerdings nur in vereinzelten Fällen beobachtete Umwandlung von Diazo- in Azokörper in ungezwungener Weise und scheint aus diesen Gründen auch von den meisten Chemikern dauernd bevorzugt worden zu sein. Dem gegenüber gab die Strecker'sche Formel

$$C_6H_5 - \underset{\underset{N}{|||}}{N} - OH ,$$

seitdem man gewohnt ist, mit fünfwerthigem Stickstoff zu rechnen und die Salze der Aminbasen als Derivate desselben zu betrachten, für die Bildung der Diazoverbindungen aus Anilinsalzen und salpetriger Säure schematisch eine einfachere Erklärung; dagegen machte sie für die Entstehung von Azokörpern aus Diazoverbindungen die Annahme einer molecularen Umlagerung nothwendig; in neuerer Zeit ist aber gerade diese Reaction durch die Entdeckung der gemischten Azokörper[1] und durch die von Griess[2] beobachtete Bildung von Azoverbindungen aus Diazobenzol und tertiären aromatischen Basen sehr verallgemeinert worden und hat dadurch an Bedeutung für die Entscheidung jener Frage gewonnen. Sollte man jedoch diesen einzelnen Grund, zumal da die Umwandlung des Diazobenzols in Azobenzol in einfacher Weise bisher nicht gelungen, für die Bevorzugung der Kekulé'schen Formel nicht genügend halten, so werden diese Bedenken doch schwinden müssen gegenüber den entscheidenden Resultaten, welche die vorstehende Untersuchung der aromatischen Hydrazine ergeben hat. Für das Phenylhydrazin ist die Formel $C_6H_5 \cdot NH - NH_2$ aus einer Reihe von Thatsachen entwickelt worden, die keiner weiteren Erörterung bedürfen. Dasselbe ist nun durch vier glatte Uebergänge mit dem Diazobenzol aufs engste verknüpft.

---

[1] V. Meyer und Ambühl, Berichte d. D. Chem. Gesellsch. **8**, 751.
[2] Berichte d. D. Chem. Gesellsch. **10**, 525.

1) Die Ueberführung des Diazobenzols durch das diazo- und phenylhydrazinsulfonsaure Kali in Phenylhydrazin,
2) die Umwandlung des letzteren in hydrazin- und diazosulfonsaures Kali,
3) die Bildung des Hydrazins durch Reduction der Diazoamidoverbindungen, und
4) endlich die Ueberführung von Diazobenzol einerseits und Phenylhydrazin andererseits in Diazobenzolimid

$$C_6H_5 \cdot N - N \diagdown \!\!\! \diagup N .$$

Dazu kommt noch die directe Umwandlung der Salze des Phenylhydrazins in Diazobenzolsalze und endlich die später beschriebene Bildung von Benzoyl- und Acetyldiazobenzol aus den entsprechenden Derivaten des Hydrazins. Für alle diese Reactionen würde die Strecker'sche Formel moleculare Umlagerungen, und zwar die Umwandlung von fünfwerthigem Stickstoff in dreiwerthigen durch Wasserstoffentziehung verlangen, eine Annahme, welche jeder Wahrscheinlichkeit entbehrt.

Oxydation des Phenylhydrazins in alkalischer Lösung.

Während aus Hydrazin bei Gegenwart von Mineralsäuren durch Oxydation in der Kälte ohne Gasentwickelung Diazobenzol oder dessen Umwandlungsproduct, das Diazobenzolimid, gebildet wird, ist dieselbe Reaction in alkalischer Lösung stets mit lebhafter Stickstoffentwicklung verbunden; genauer untersucht wurde nur die Zersetzung durch Fehling'sche Lösung, weil dieselbe als empfindliches Erkennungsmittel für diese Basen ein besonderes Interesse hat.

Schüttelt man eine kalte wässerige Emulsion des Phenylhydrazins mit einem Ueberschuss von Fehling'scher Lösung, so erfolgt sehr bald die Ausscheidung von Kupferoxydul und die Reaction ist bei nicht zu grossen Mengen im Verlauf einiger Minuten beendigt; als Producte derselben wurden Stickstoff, Anilin und Benzol nachgewiesen. Die Entstehung der beiden letzten lässt sich nur auf zwei verschiedene, gleichzeitig verlaufende Vorgänge zurückführen. Während das Anilin nur durch Sprengung der Hydrazingruppe entstehen kann, vielleicht nach der Gleichung:

$$2 C_6H_5 - NH - NH_2 + O = 2 C_6H_5 \cdot NH_2 + H_2O + N_2,$$

erinnert die Bildung des Benzols vielmehr an die Zersetzung der Diazokörper durch reducirende Agentien, wobei sämmtlicher Stickstoff in Gasform ausgeschieden wird und dafür der Eintritt von Wasserstoff in den Benzolrest erfolgt.

Phenylhydrazin und Bromäthyl.

Ein Gemisch von gleichen Moleculen Phenylhydrazin und Jodäthyl erwärmt sich nach einiger Zeit von selbst und die Reaction wird bei grösseren Mengen so heftig, dass die ganze Masse sich mit explosionsartiger Gasentwicklung zersetzt. Glatter verläuft die Einwirkung von Bromäthyl.

Die Reaction beginnt auch hier schon in der Kälte und wird durch zeitweises Einstellen des Gefässes in kaltes Wasser und schliesslich gelindes Erwärmen am Rückflusskühler ohne Gefahr zu Ende geführt; die Lösung erstarrt bei Anwendung von 1 Mol. Base und etwa $1^{1}/_{4}$ Mol. Bromäthyl (ein geringer Ueberschuss des letzteren ist vortheilhaft) vollständig zu einem Magma von feinen weissen nadelförmigen Krystallen, welche von der geringen Menge des überschüssigen C_2H_5Br durch Erwärmen auf dem Wasserbade leicht befreit werden. Das Product löst sich vollständig in Wasser und liefert mit Natronlauge zersetzt ein complicirtes Gemenge von flüssigen flüchtigen Basen, für deren Trennung bisher keine brauchbare Methode gefunden wurde. Das Oel ging bei der Destillation zwischen 180 und 240° über; constante Intervallen im Siedepunkte wurden nicht beobachtet und die Analyse der verschiedenen Fractionen gab keine entscheidenden Zahlen; eben so wenig führten die bisher für derartige Basengemenge üblichen Trennungsmethoden durch Oxaläther, Acetyl- und Benzoylchlorid oder salpetrige Säure hier zum Ziel. Durch Uebersättigen mit concentrirter Salzsäure konnte zwar der grösste Theil des unveränderten Phenylhydrazins als schwer lösliches Hydrochlorat entfernt werden; die Untersuchung der übrigen Producte wurde indessen vorläufig aufgeschoben, nachdem in der Reduction der Nitrosamine eine weit bequemere Methode zur Darstellung der secundären unsymmetrischen Hydrazine gefunden war; sie soll aber möglichst bald wieder aufgenommen werden, da bei dieser Reaction die gleichzeitige Bildung des dem Hydrazobenzol entsprechenden Aethylphenylhydrazins mit ziemlicher Gewissheit zu erwarten ist.

Weit leichter gelang es, aus der wässerigen, durch Extraction mit Aether von den flüchtigen Basen befreiten alkalischen Lösung einen Körper zu isoliren, der als eigenthümliche Ammoniumverbindung sowohl für die Theorie dieser Verbindungen, als auch für die Constitution des Phenylhydrazins von besonderer Bedeutung ist.

Derselbe scheidet sich aus der nicht zu verdünnten Lösung auf Zusatz von concentrirter Natronlauge in feinen weissen Nadeln ab; durch Filtriren, Abpressen zwischen Fliesspapier und Umkrystallisiren aus siedendem Alkohol erhält man ihn in wasserhellen kurzen Prismen, deren Analyse zu der Formel $C_6H_5 \cdot N_2H_2 \cdot C_2H_5 \cdot C_2H_5 \cdot Br$ führte.

0,2762 Grm. gaben 0,4978 CO_2 und 0,182 H_2O. — 0,4458 Grm. gaben 0,3411 AgBr. — 0,4012 Grm. gaben 40,5 CC. Stickstoff bei 20° und 752 MM. Druck.

Ber. C 48,98, H 6,94, N 11,43, Br 32,65.
Gef. ,, 49,12, ,, 7,3, ,, 11,43, ,, 32,55.

Beim langsamen Verdunsten einer alkoholischen Lösung scheidet sich die Verbindung in glänzenden, prachtvoll ausgebildeten, rhombischen Krystallen ab. Herr Dr. Arzruni[1]) hat die krystallographische Untersuchung derselben freundlichst übernommen und theilt darüber Folgendes mit:

„Krystallsystem: rhombisch.
a : b : c = 0,8219 : 1 : 0,8265.

Schöne wasserhelle, stark lichtbrechende Krystalle. Beobachtete Formen: $m = 110 = \infty P$, $d = 101 = P\bar{\infty}$, $c = 001 = OP$. m und d oft gleich gross entwickelt, c schmal und nach der Combinationskante $c\,d$ gestreift. Die Krystalle meistens lang nach der Axe b.

		Gemessen	Berechnet
(110)	(1̄10)	*78° 50'	—
(101)	(1̄01)	*90 19	—
(101)	(001)	45 11$^1/_2$	45° 9$^1/_2$
(101)	(110)	56 46	56 47

Ebene der optischen Axen parallel $010 = \infty P \bar{\infty}$, erste Mittellinie = Axe c.

2 H_a für Natrium — 91° 36'
2 H_o ,,   ,,   — 105° approximativ.
also 2 V_a ,,   ,,   — 84°   ,,

Dispersion der optischen Axen: $\varrho < v$. Doppelbrechung positiv, stark."

Die Substanz ist in Wasser sehr leicht löslich, sehr schwer in concentrirten Alkalien, unlöslich in Aether; beim Erhitzen auf 180° fängt sie an sich braun zu färben, gegen 193° erfolgt rasche Zersetzung, verbunden mit Gasentwickelung und Destillation einer gelben öligen Flüssigkeit; als Rückstand bleibt eine halb verkohlte Masse.

Sie zeigt in jeder Beziehung das charakteristische Verhalten der Ammoniumverbindungen und man könnte sie als Phenyldiäthylazoniumbromid[2]) bezeichnen; von Alkalien wird sie nicht verändert, dagegen

---

[1]) Vgl. Groth's Zeitschr. f. Krystall. u. Min. 1877, 388.

[2]) Bezüglich der Nomenclatur dieser und der nachfolgenden Verbindungen, welche einige Schwierigkeiten bietet, sehe ich mich zu folgenden Vorschlägen veranlasst.

Die bei den Basen des Ammoniaktypus allgemein gebräuchlichen Endungen Amin, Amid, Ammonium sollen einfach in Azin, Azid, Azonium für die betreffenden Derivate der Hydrazine umgewandelt werden. Für die Harnstoffabkömmlinge ergiebt sich daraus die Bezeichnung Carbazid, Sulfocarbazid; bei Harnstoffabkömm-

durch Silberoxyd und Silbersalze leicht entbromt; ersteres liefert das in Wasser leicht lösliche, alkalisch reagirende Hydroxyd. Beim Schütteln der wässerigen Lösung mit frisch gefälltem Chlorsilber wird das Brom rasch durch Chlor ersetzt und es entsteht das in Wasser ebenfalls sehr leicht lösliche Chlorid; dieses liefert mit Platinchlorid ein schwer lösliches, aus heissem Wasser in braungelben kleinen Krystallen anschiessendes Doppelsalz von der Formel: $[C_6H_5N_2H_2 \cdot (C_2H_5)_2Cl]_2PtCl_4$.

0,3774 Grm. gaben 0,1006 Pt.

Ber. Pt 26,62. Gef. Pt 26,66.

Fehling'sche Lösung wird von der Substanz auch in der Wärme nicht verändert, eben so wenig wird dieselbe durch weiteres Kochen mit Brom- oder Jodäthyl angegriffen; basische Eigenschaften scheint dieselbe nicht mehr zu besitzen, da Verbindungen mit Salzsäure oder Schwefelsäure nicht erhalten werden konnten.

Ihre Zusammensetzung und Verhalten sind von besonderem Interesse für die Frage der Ammoniumbildung.

Bekanntlich hat A. W. Hofmann durch seine schönen Untersuchungen über die substituirten Amine mit Sicherheit nachgewiesen, dass bei den Basen des Ammoniaktypus die Bildung von sogenannten Ammoniumverbindungen erst eintritt, wenn alle typischen, d. h. an Stickstoff gebundenen Wasserstoffatome durch Alkoholradicale ersetzt sind; man hat diesen Schluss später auch auf die complicirten Di- und Triamone ausgedehnt und die Ammoniumbildung theilweise als Reaction benutzt, um in diesen Verbindungen die Zahl der typischen Wasserstoffatome zu ermitteln.

Demzufolge war a priori ein gleiches Verhalten bei den Hydrazinen zu erwarten. Diese Ansicht hat sich jedoch nicht bestätigt; vielmehr beweist die Zusammensetzung obiger Substanz in eclatanter Weise, dass hier die Bildung von Ammoniumkörpern bereits eintritt, wenn von den drei Wasserstoffatomen der Hydrazingruppe nur eins durch Aethyl ersetzt ist und die Indifferenz derselben gegen Alkyljodüre zeigt ferner, dass mit der Anlagerung von $C_2H_5 \cdot Br$ der weiteren Einführung von Alkoholradicalen ein Ziel gesetzt ist.

Mit dem ersten fundamentalen Satze der Theorie der Ammoniumverbindungen, dass dieselbe nur bei tertiären Amingruppen eintreten könne, lässt sich die Existenz dieses Körpers nichts destoweniger leicht in Uebereinstimmung bringen durch die Annahme, dass die Anlagerung

---

lingen und Säureamiden, welche eine Amid- und Azidgruppe enthalten, wird diess durch Beifügung der Sylbe „semi" ausgedrückt. Der Nachtheil der Inconsequenz, welchen diese Bezeichnungsweise gegenüber der Endung „hydrazid" Carbohydrazid usw. hat, scheint mir durch den Vorzug der Kürze und des Wohlklangs reichlich aufgewogen zu werden.

von Bromäthyl hier an die ursprüngliche Imidogruppe des Phenylhydrazins stattfindet, nachdem das letzte Wasserstoffatom derselben vorher durch Aethyl ersetzt worden. Dass dem in der That so ist, geht fast mit voller Gewissheit aus der Bildung derselben Substanz bei der Einwirkung von Bromäthyl auf Aethylphenylhydrazin hervor.

Erhitzt man ein Gemisch beider Substanzen in äquivalenten Mengen längere Zeit am Rückflusskühler, so erstarrt die Flüssigkeit allmälig zu einer weissen, in Wasser leicht löslichen Krystallmasse, welche zum grossen Theil aus Phenyldiäthylazoniumbromid besteht; letzteres wurde wie oben beschrieben gereinigt. Die Verbindung zeigte in jeder Beziehung dasselbe Verhalten, wie das aus Phenylhydrazin gewonnene Präparat. Die Analyse gab dieselben Zahlen.

0,2477 Grm. gaben 25,5 CC. Stickstoff bei 10° und 717 MM. Druck. — 0,3793 Grm. nach der Methode von Volhard titrirt verbrauchten 15,5 CC. $^1/_{10}$ Normalsilberlösung.

Ber. N 11,43, Br 32,65.
Gef. ,, 11,64, ,, 32,7.

Und die von Herrn Dr. Arzruni freundlichst ausgeführte krystallographische Untersuchung endlich, welche mit der früheren scharf übereinstimmende Resultate gab, lässt keinen Zweifel über die Identität beider Producte. Da das Aethylphenylhydrazin die Constitution

$$\begin{matrix}C_6H_5\\C_2H_5\end{matrix}\!\!>\!\!N-NH_2$$

hat, so würde daraus für die Ammoniumverbindung bei der heute gebräuchlichen atomistischen Anschauungsweise die Formel:

$$\begin{matrix}C_6H_5\\(C_2H_5)_2\!=\\Br\end{matrix}\!\!>\!\!N-NH_2$$

resultiren.

Dagegen scheint mir die Zusammensetzung dieser Substanz und besonders noch ihre Indifferenz gegen Alkyljodüre ein deutlicher Beweis, dass der Eintritt der Ammoniumbildung sowohl bei Hydrazinen, als bei den gewöhnlichen Polyaminen nicht als absolut zuverlässiges Erkennungsmittel für die Zahl der an Stickstoff gebundenen Wasserstoffatome angesehen werden darf; der Schluss, der sich aus dieser Reaction mit Sicherheit ziehen lässt, ist vielmehr dahin zu modificiren, dass die Anlagerung von je einem Molecul Jodäthyl das Vorhandensein von je einer tertiären Amingruppe anzeigt, dass neben derselben aber noch beliebig viele intacte Imid- oder Amidgruppen vorhanden sein können.

Das Phenyldiäthylazoniumbromid ist übrigens nicht das erste, mit Sicherheit bekannte Beispiel, welches für die Richtigkeit dieser Ansicht spricht. Man weiss unter Anderem schon längst, dass das

Kreatinin[1]) direct ein Molecul $C_2H_5 \cdot Br$ fixirt und eine Ammoniumverbindung bildet, trotzdem dasselbe noch zwei intacte Imidgruppen enthält.

Auch die Schlüsse, welche A. W. Hofmann aus der Untersuchung der Ammoniumverbindungen des Rosanilins zieht, dass in demselben nur drei typische Wasserstoffatome enthalten sein, können heute nicht mehr als zutreffend angesehen werden, seitdem Caro und Wanklyn[2]) gezeigt, dass durch salpetrige Säure aller Stickstoff in Gasform ausgeschieden wird und später Otto Fischer und ich[3]) durch die Analysen der dabei zuerst entstehenden Diazoverbindung bestimmt nachgewiesen haben, dass dieselbe drei Diazogruppen enthält. Aehnliche Verhältnisse werden sich voraussichtlich auch bei den gewöhnlichen Polyaminen der aromatischen Reihe zeigen, deren bezügliche Untersuchung in mancher Beziehung interessante Resultate verspricht, aber bis jetzt kaum in Angriff genommen worden ist.

Harnstoffabkömmlinge des Phenylhydrazins.

Bezüglich der Harnstoffbildung zeigt das Phenylhydrazin die grösste Aehnlichkeit mit dem Ammoniak und den Aminbasen; alle Reactionen, die hier in Anwendung kommen, sind auch dort leicht auszuführen; dagegen wurden bei den Producten selbst manche auffallende und von dem Verhalten der gewöhnlichen Harnstoffe sehr abweichende Erscheinungen beobachtet. Der modificirende Einfluss der Hydrazingruppe kommt besonders bei der Einwirkung von salpetriger Säure und noch mehr bei der eigenthümlichen Zersetzung der Sulfoharnstoffe durch Alkalien zur Geltung.

Aethylphenylsemicarbazid.

Dieser Harnstoff entsteht durch directe Vereinigung von Phenylhydrazin und Isocyansäureäther; zur Darstellung grösserer Mengen bringt man gleiche Molecule der Agentien in nicht zu verdünnter ätherischer Lösung zusammen. Der grösste Theil des Harnstoffs scheidet sich bald krystallinisch ab; den Rest gewinnt man durch Abdampfen des Aethers. Durch einmaliges Umkrystallisiren aus heissem Alkohol wird der Körper in rein weissen Blättchen von der Formel erhalten.
$$C_6H_5 \cdot N_2H_2 \cdot CO \cdot NH \cdot C_2H_5$$

0,2587 Grm. gaben 0,574 CO_2 und 0,1707 H_2O. — 0,1785 Grm. gaben 36 CC. Stickstoff bei 6° und 717 MM. Druck.

Ber. C 60,34, H 7,26, N 23,46.
Gef. ,, 60,54, ,, 7,33, ,, 23,24.

---

[1]) Neubauer, Liebigs Ann. d. Chem. **137**, 288.
[2]) Proceed. Royal Society **15**, 210.
[3]) Berichte d. D. Chem. Gesellsch. **9**, 891. (S. *29*.)

Die Substanz ist in Wasser schwer löslich, ebenso in Aether, fast unlöslich in Alkalien; von heissem Alkohol wird sie ziemlich leicht aufgenommen, aus einer verdünnten alkoholischen Lösung wurde sie beim langsamen Verdunsten in gut ausgebildeten tafelförmigen Krystallen erhalten. Hr. Dr. Arzruni[1]) hat dieselben gemessen und theilt darüber Folgendes mit:

„Krystallsystem: monosymmetrisch.
a : b : c = 0,8268 : 1 : 1,1457.
$\beta = 61°\ 0'$.

Beobachtete Formen: $m = 110 = \infty P$, $c = 001 = OP$, $p = \bar{1}11 = +P$, $q = 011 = P\infty$. Weisse durchsichtige Krystalle, tafelartig nach 001.

	Gemessen	Berechnet
($\bar{1}11$) ($\bar{1}\bar{1}1$)	78° 21½′	77° 12′
(110) ($1\bar{1}0$)	*71 45	—
(110) (001)	*66 52	—
(001) ($\bar{1}11$)	77 37	78 12½
($\bar{1}11$) ($1\bar{1}0$)	34 36	34 4
(001) (011)	*45 0	—

Ebene der optischen Axen senkrecht zur Symmetrieebene; erste Mittellinie im spitzen Winkel β. Durch 001 gesehen ist das Axenbild ausserhalb des Gesichtsfeldes."

Die Substanz schmilzt bei 151° und zersetzt sich erst bei sehr hoher Temperatur unter starker Gasentwickelung, wobei nur eine geringe Menge Kohle zurückbleibt. In concentrirter Salzsäure löst sie sich leicht und bildet damit ein unbeständiges Salz. Bei längerem Erhitzen mit rauchender Salzsäure im zugeschmolzenen Rohr auf 100° wird sie glatt in Kohlensäure, Aethylamin und Phenylhydrazin gespalten, eben so durch längeres Kochen mit alkoholischem Kali. Die wässerige Lösung giebt mit Fehling'scher Lösung eine blauschwarze Färbung und einen eben so gefärbten flockigen Niederschlag; in verschlossenen Gefässen geht diese Farbe bald in Gelb über, wird jedoch beim Schütteln mit Luft wieder hergestellt, beim gelinden Erwärmen der Lösung erfolgt schliesslich vollständige Zersetzung und die Abscheidung von Kupferoxydul. Die dunklen Flocken sind wahrscheinlich eine Kupferverbindung des Harnstoffs; ihre Bildung ist für diesen eine ebenso empfindliche und charakteristische Reaction, wie die bekannte Biuretprobe.

Von besonderem Interesse ist die Veränderung der Substanz durch salpetrige Säure, wobei ein gut krystallisirendes und ziemlich beständiges Nitrosoderivat entsteht; am leichtesten wird dasselbe erhalten, wenn man die mit einem geringen Ueberschuss von rauchender Salz-

---

[1]) Vgl. Groth's Zeitschr. f. Krystall. u. Min. 1877, 387.

säure versetzte alkoholische Lösung des Harnstoffs in der Kälte mit $NaNO_2$ in sehr concentrirter wässeriger Lösung behandelt, nach beendeter Reaction mit Wasser fällt und das in feinen gelben Nadeln abgeschiedene Nitrosamin durch Coliren rasch von der Mutterlauge trennt. Etwa unveränderten Harnstoff, der übrigens nur bei Mangel an salpetriger Säure beigemengt sein kann, entfernt man leicht durch Auflösen des Products in verdünntem Alkali, Filtriren und Ausfällen mit Essigsäure. Einmaliges Umkrystallisiren aus warmem reinem Aceton liefert die reine Substanz in feinen gelben Nadeln, welche nur kurze Zeit im Vacuum getrocknet zur Analyse verwandt wurden. Die erhaltenen Zahlen führen zu der Formel $C_9H_{12}N_4O_2$.

0,1801 Grm. gaben 41,5 CC. Stickstoff bei 8° und 730 MM. Druck. — 0,2315 Grm. gaben 0,441 CO_2 und 0,1268 H_2O.

Ber. C 51,92, H 5,77, N 26,92.
Gef. ,, 51,96, ,, 6,08, ,, 26,72.

Die Reaction verläuft ganz analog der gewöhnlichen Nitrosaminbildung und die Substanz selbst zeigt in jeder Beziehung das Verhalten dieser Körper; man kann sie demzufolge als Aethylphenylnitrososemicarbazid bezeichnen.

Sie ist leicht löslich in Aceton, weniger in Alkohol, sehr schwer in Wasser, Chloroform, Benzol und Ligroïn; von warmem Eisessig wird sie leicht, jedoch unter theilweiser Zersetzung aufgenommen. Frisch bereitet schmilzt sie bei 86,5°, wobei schon geringe Gasentwicklung eintritt; beim Aufbewahren, besonders in verschlossenen Gefässen, färbt sie sich bald rothbraun und zerfliesst allmälig zu einer öligen, ziemlich intensiv riechenden Flüssigkeit; mit Phenol und Schwefelsäure giebt sie leicht die Liebermann'schen Farbstoffe.

Bemerkenswerth ist ihr Verhalten gegen verdünnte Alkalien; sie löst sich darin in der Kälte mit der grössten Leichtigkeit und wird durch Säuren unverändert wieder abgeschieden; durch den Eintritt der Nitrosogruppe und des Harnstoffrestes ist also die Basicität der Hydrazingruppe nicht allein vollständig aufgehoben, sondern in das gerade Gegentheil umgewandelt und die Verbindung zeigt ähnlich manchen complicirten Harnstoffabkömmlingen ausgeprägt saure Eigenschaften.

Beim Kochen der alkalischen Lösung findet dagegen Zersetzung statt und der Körper zerfällt glatt in Kohlensäure, Aethylamin und Diazobenzolimid nach dem Schema:

$$C_9H_{12}N_4O_2 = C_6H_5 \cdot N_3 + C_2H_5 \cdot NH_2 + CO_2.$$

Diese Reaction giebt genügenden Aufschluss über die Constitution dieser und der vorigen Verbindung und zwar auf Grund folgender Betrachtungen. Das aus dem Phenylhydrazin durch Einwirkung von

salpetriger Säure entstehende Nitrosoderivat hat unzweifelhaft die
Formel
$$C_6H_5 \cdot \underset{\underset{NO}{|}}{N} - NH_2$$
und liefert beim Kochen mit Alkalien Diazobenzolimid, woraus für
letzteres die Formel
$$C_6H_5 \cdot N - N \diagdown\!\!\!\!\diagup N$$
hergeleitet wurde; für das Aethylphenylnitrososemicarbazid, dessen
Spaltung in Diazobenzolimid und die übrigen Zersetzungsproducte des
Harnstoffs dieser Reaction offenbar analog ist, folgt daraus mit Gewissheit, dass die NO-Gruppe ebenfalls mit dem Stickstoff der ursprünglichen Imidgruppe des Phenlhydrazins in Bindung steht, dass mithin die Constitution der Verbindung durch die Formel
$$C_6H_5 - \underset{\underset{NO}{|}}{N} - NH \cdot CO \cdot NH - C_2H_5$$
ausgedrückt ist; für das Aethylphenylsemicarbazid ergiebt sich daraus weiter die entsprechende Formel $C_6H_5 \cdot NH - NH \cdot CO \cdot NH - C_2H_5$ und es ist endlich wohl kein zu weit gehender Schluss, wenn man auf Grund dieser Thatsachen auch bei allen übrigen Hydrazinharnstoffen, für welche der directe experimentelle Beweis nicht so leicht zu erbringen ist, den Harnstoffrest mit der ursprünglichen NH_2-Gruppe des Phenylhydrazins verbunden annimmt.

Zahlreiche Versuche, aus obigem Nitrosokörper durch Reduction mit Zinkstaub und Essigsäure eine Base mit drei unter einander verbundenen Stickstoffatomen zu gewinnen, waren erfolglos und es scheint hier in der That die Abspaltung der NO-Gruppe bei der Reduction, welche man früher irrthümlicher Weise als charakteristisch für die Nitrosamine angesehen hatte, nicht vermieden werden zu können.

Phenylsemicarbazid, $C_6H_5 - NH - NH \cdot CO \cdot NH_2$.

Diese Verbindung entsteht durch Einwirkung von cyansaurem Kali auf die neutralen Salze des Phenylhydrazins; zur Darstellung derselben bringt man äquivalente Mengen der Agentien in nicht zu verdünnter Lösung zusammen. In gelinder Wärme vollzieht sich die Reaction sehr rasch und der grösste Theil des Harnstoffs fällt als wenig gefärbte Krystallmasse aus; durch Umkrystallisiren aus heissem Wasser oder verdünntem Alkohol wird derselbe in rein weissen Blättchen von der Formel $C_7H_9N_3O$ erhalten.

0,2252 Grm. gaben 0,46 CO_2 und 0,127 H_2O. — 0,161 Grm. gaben 40,5 CC. Stickstoff bei 12° und 713 MM. Druck.
        Ber. C 55,63, H 5,96, N 27,81.
        Gef. ,, 55,7, ,, 6,26, ,, 28,0.

Die Substanz ist in heissem Wasser, Alkohol, Aceton und Holzgeist leicht löslich, schwer in kaltem Wasser, Aether, Benzol und Ligroïn. Der Schmelzpunkt liegt bei 170°. Beim Verdunsten der alkoholischen oder wässerigen Lösung scheidet sie sich in weissen Krystallaggregaten von wenig charakteristischer Form ab.

Ihr gesammtes Verhalten gleicht dem der vorigen Verbindung aufs Vollständigste. Durch rauchende Salzsäure wird sie in Kohlensäure, Phenylhydrazin und Ammoniak gespalten; sie reducirt Fehlingsche Lösung in gelinder Wärme und liefert in salzsaurer Lösung mit salpetrigsaurem Natron behandelt ein in farblosen Blättchen krystallisirendes Nitrosoderivat, welches beim Kochen mit Alkalien in Diazobenzolimid, Kohlensäure und Ammoniak zerfällt und bei der Reduction mit Zinkstaub ebenfalls unter Abspaltung der NO-Gruppe in den Harnstoff zurückverwandelt wird.

Phenylhydrazin und Schwefelkohlenstoff.

Während Ammoniak und die primären Amine der Fettreihe sich direct mit Schwefelkohlenstoff zu Salzen der Sulfocarbaminsäure oder ihrer Derivate vereinigen, sind ähnliche Verbindungen der aromatischen Aminbasen nicht bekannt; das Anilin wird bekanntlich von Schwefelkohlenstoff nur langsam angegriffen und liefert direct unter H_2S-Entwicklung das Sulfocarbanilid. Die primären Hydrazine der aromatischen Reihe zeigen im Gegensatz hierzu wieder ein den fetten Aminbasen ganz analoges Verhalten.

Phenylhydrazin und Schwefelkohlenstoff vereinigen sich in der Kälte schon unter starker Wärmeentwicklung zu der krystallinischen Verbindung $(C_6H_5N_2H_3)_2CS_2$, welche als phenylsulfocarbazinsaures Phenylhydrazin bezeichnet werden kann. Bei der Darstellung dieser leicht veränderlichen Substanz ist jede Temperaturerhöhung möglichst zu vermeiden; man verdünnt deshalb die Base vor dem Zusatz des Schwefelkohlenstoffs mit dem vierfachen Volumen Aether, oder wendet gleich von ersterem eine dieser Verdünnung entsprechende Menge an. Unter heftigem Aufkochen der Lösung findet sofort die Ausscheidung des festen Salzes statt; dasselbe wird durch Abfiltriren und Auswaschen mit Aether sogleich rein erhalten.

Die Analyse eines nur wenige Stunden im Vacuum getrockneten Präparates gab die der Formel $(C_6H_5 \cdot N_2H_3)_2CS_2$ entsprechenden Werthe.

0,2944 Grm. gaben 0,575 CO_2 und 0,1426 H_2O. — 0,2788 Grm. gaben 46,5 CC. Stickstoff bei 18,5° und 750 MM. Druck.

Ber. C 53,43, H 5,5, N 19,18.
Gef. ,, 53,27, ,, 5,4, ,, 19,0.

Die Substanz ist schwer löslich in Aether, Schwefelkohlenstoff, Chloroform und Ligroïn, leicht in warmem Aceton; diese Lösung giebt mit essigsaurem Blei einen weissen krystallinischen Niederschlag, welcher durch überschüssiges Bleisalz roth gefärbt wird und dessen Zusammensetzung nicht mit Sicherheit ermittelt wurde. Frisch bereitet schmilzt sie beim raschen Erhitzen im Capillarrohr zwischen 96 und 97° unter geringer Gasentwicklung zu einer schwachgelben Flüssigkeit; bei längerem Erhitzen wird sie dagegen schon bei weit niedrigerer Temperatur, ohne zu schmelzen, vollständig zersetzt. Aus Aether krystallisirt sie beim Verdunsten in feinen sechsseitigen Tafeln oder Prismen. Was die Constitution der Verbindung betrifft, so erscheint es aus verschiedenen Gründen, wenn auch nicht gerade bewiesen, so doch in hohem Grade wahrscheinlich, dass dieselbe durch die Formel $C_6H_5 - NH - NH - CS \cdot S \cdot H_4N_2 \cdot C_6H_5$ ausgedrückt ist.

Dass die Anlagerung des Schwefelkohlenstoffs an die Amidogruppe des Phenylhydrazins erfolgt, kann kaum noch zweifelhaft sein, nachdem dasselbe für die gewöhnlichen Harnstoffe direct nachgewiesen ist und die in der Formel angenommene Structur der schwefelhaltigen Gruppe ist nur eine nothwendige Consequenz der modernen Anschauung über die Constitution der sulfocarbaminsauren Salze.

Eine wichtige Bestätigung erhält diese Ansicht durch die Spaltung der Verbindung mittelst Säuren in Phenylhydrazin und die freie Phenylsulfocarbazinsäure $C_6H_5 - NH - NH \cdot CS \cdot SH$.

Das frisch bereitete und noch nicht zersetzte Salz löst sich in verdünntem wässerigen Kali leicht und ohne Farbenerscheinung; verdünnte Schwefelsäure fällt aus dieser Lösung die Säure in feinen glänzenden Blättchen, welche in reinem Zustand ganz farblos, bei der Darstellung grösserer Mengen aber stets durch Beimengung eines dunkeln Farbstoffs schwach grünlich gefärbt sind. Durch Abfiltriren, Abpressen, Anrühren mit möglichst wenig absolutem Alkohol und nochmalige Filtration erhält man dieselbe rein weiss. Die Analyse eines Products, welches ganz farblos war, sich in Kali ohne Farbe löste und nur einige Stunden im Vacuum getrocknet wurde, gab folgende Zahlen:

0,3072 Grm. gaben 0,5122 CO_2 und 0,124 H_2O. — 0,2092 Grm. gaben 0,5336 $BaSO_4$.

$C_6H_5N_2H_3 \cdot CS_2$. Ber. C 45,65, H 4,35, S 34,78.
Gef. ,, 45,47, ,, 4,49, ,, 35,03.

Die Verbindung hat ausgesprochen saure Eigenschaften; sie löst sich in Alkalien leicht und ohne Zersetzung; gut charakterisirte Metallderivate habe ich indessen nicht erhalten. Die Alkalisalze können wegen ihrer Löslichkeit und Unbeständigkeit nicht isolirt werden und ein Bleisalz, welches durch Zusatz von Bleiacetat zu einer Lösung der Säure in Aceton als röthlich gefärbter krystallinischer Niederschlag erhalten wurde, schien identisch mit der Bleiverbindung der vorigen Substanz zu sein und gab bei der Analyse Zahlen, aus denen sich keine wahrscheinliche Formel berechnen liess.

Sie ist leicht löslich in Aether, Aceton, Eisessig und Alkohol, zersetzt sich jedoch in diesen Lösungen ausserordentlich leicht; die nur einigermassen concentrirte ätherische Lösung scheidet schon nach einigen Minuten reichliche Mengen des vorigen Salzes ab und es lässt sich in derselben eine entsprechende Menge freien Schwefelkohlenstoffs nachweisen. Dieselbe Zersetzung erleidet die Säure, wenn auch weit langsamer, in trockenem Zustande schon bei gewöhnlicher Temperatur; rasch erfolgt dieselbe beim gelinden Erwärmen, wobei jedoch der Vorgang durch secundäre Zersetzungen des zuerst gebildeten phenylsulfocarbazinsauren Phenylhydrazins complicirter wird. Beim Erhitzen der freien Säure auf 40° erfolgt zunächst eine reichliche Destillation von Schwefelkohlenstoff; sobald diese beendigt, tritt der Geruch nach Schwefelwasserstoff auf, welcher beim stärkeren Erhitzen auf 80 bis 90° in Strömen entweicht; die Masse schmilzt dabei theilweise und färbt sich schmutziggrün; schliesslich wird der Schwefelwasserstoff durch Ammoniak verdrängt. Als das Erhitzen auf diesem Punkte unterbrochen wurde, konnte aus dem teigartigen schmutziggrünen Rückstande durch Umkrystallisiren aus heissem Alkohol ein Körper in farblosen kleinen Prismen isolirt werden, welcher die Zusammensetzung $(C_6H_5 \cdot N_2H_2)_2CS$ hat und mit der später beschriebenen, direct aus phenylsulfocarbazinsaurem Phenylhydrazin entstehenden Substanz identisch ist.

0,2608 Grm. gaben 0,5792 CO_2 und 0,135 H_2O.

Ber. C 60,47, H 5,42.
Gef. ,, 60,57, ,, 5,75.

Seine Bildung erfolgt, nach dem chronologischen Auftreten der übrigen Producte zu schliessen, offenbar in der Weise, dass aus zwei Moleculen der Säure durch Abspaltung von Schwefelkohlenstoff zunächst letzteres Salz entsteht, welches dann weiter durch Schwefelwasserstoffverlust in die Verbindung $(C_6H_5 \cdot N_2H_2)_2SC$ übergeht.

Weit leichter wird diese natürlich aus dem phenylsulfocarbazinsauren Phenylhydrazin direct gewonnen; da dieselbe die Zusammensetzung eines Sulfoharnstoffes hat und ferner durch dieselbe Reaction wie jene entsteht, so darf man ihr wohl eine ähnliche Constitution zuschreiben und einen entsprechenden Namen geben.

Diphenylsulfocarbazid.

Zur Darstellung grösserer Mengen wird das aus Phenylhydrazin und Schwefelkohlenstoff bereitete rohe Salz durch Abpressen und Trocknen an der Luft von Aether befreit, fein zerrieben und in nicht zu dicken Schichten im Oelbade auf 100 bis 110° erhitzt; die Masse schmilzt langsam, bläht sich auf und entwickelt reichliche Mengen von Schwefelwasserstoff; die gasförmigen Zersetzungsproducte entfernt man zweckmässig durch einen Kohlensäurestrom, befördert die Einwirkung der Wärme durch zeitweises Umrühren der teigartigen Masse und unterbricht die Operation, sobald der Schwefelwasserstoffgeruch durch Ammoniak verdrängt ist. Die bei diesem Verfahren nur wenig grünlich gefärbte Schmelze erstarrt beim Erkalten krystallinisch; dieselbe wird zerrieben und mit wenig absolutem Alkohol ausgezogen, wobei der grösste Theil der dunkel gefärbten Nebenproducte in Lösung geht; durch Umkrystallisiren des fast weissen Rückstandes aus viel heissem Alkohol, wobei jedoch längeres Kochen möglichst zu vermeiden ist, erhält man den Harnstoff vollständig rein in farblosen harten dreiseitigen Prismen.

Die Analyse gab folgende Zahlen:

0,2522 Grm. gaben 0,5595 CO_2 und 0,1302 H_2O. — 0,2132 Grm. gaben 42 CC. Stickstoff bei 23,5° und 757 MM. Druck. — 0,3094 Grm. gaben 0,272 $BaSO_4$.

$(C_6H_5 \cdot N_2H_2)_2 CS$. Ber. C 60,47, H 5,43, N 21,7, S 12,4.
Gef. ,, 60,5, ,, 5,74, ,, 22,05, ,, 12,1.

Die Substanz ist in Alkohol, Aceton, Chloroform, Benzol und Eisessig in der Kälte schwer löslich, leichter in der Wärme; hierbei findet jedoch je nach der Temperatur eine mehr oder weniger starke Zersetzung statt. Die Lösung in Eisessig färbt sich beim Kochen rasch grün bis dunkelroth, langsam erfolgt dieselbe Veränderung in heissem Alkohol, Benzol oder Chloroform; sie ist bedingt durch eigenthümliche Umwandlung des Sulfoharnstoffs in den unten beschriebenen Farbstoff. Am auffallendsten ist die Erscheinung bei einer Lösung in Anilin; letzteres nimmt die farblose Substanz beim Erwärmen mit tiefgrüner, in dickeren Schichten dunkelrother Farbe auf und beim Auflösen in verdünnter Salzsäure bleibt der Farbstoff in ziemlich reinem Zustande zurück.

Dieselbe Veränderung findet ferner, wenn auch in geringem Grade, beim blossen Erhitzen der trocknen Substanz statt; bei 130° beginnt dieselbe sich grün zu färben und schmilzt gegen 150° zu einer dunkelgrünen Flüssigkeit, welche bei stärkerem Erhitzen verkohlt.

Am glattesten endlich gelingt die Bildung des Farbstoffs bei der Behandlung des Diphenylsulfocarbazids mit verdünnten Alkalien. Dasselbe löst sich in alkoholischer oder wässeriger Kalilauge beim gelinden Erwärmen leicht, die Flüssigkeit nimmt eine dunkelrothe Farbe an und scheidet beim Ansäuern den Farbstoff in blauschwarzen Flocken ab.

Durch Abfiltriren, Auflösen im warmen Chloroform und Fällen mit Alkohol wird derselbe in blauschwarzen, mikroscopisch feinen Nadeln erhalten.

Die Analysen verschiedener Präparate gaben übereinstimmend Zahlen, aus welchen sich die Formel $C_{13}H_{12}N_4S$ berechnet.

Diese Formel unterscheidet sich von der des Diphenylsulfocarbazids nur durch einen Mindergehalt von zwei Wasserstoff und ich lege auf dieselbe einstweilen keinen besonderen Werth, da die analytischen Differenzen sehr geringe sind und die Bildungsweise des Farbstoffs, bei welcher die Bedingungen einer Oxydation kaum vorhanden sind, über den Verbleib dieser beiden Wasserstoffatome keinen genügenden Aufschluss giebt; es ist vielmehr wahrscheinlich, dass der Vorgang, welcher unter so verschiedenen Bedingungen erfolgt, auf eine moleculare Umlagerung des Diphenylsulfocarbazids zurückzuführen und der Körper selbst mit dem letzteren nur isomer ist. Es bedarf jedoch einer ausführlichen analytischen Untersuchung, welche einstweilen aufgeschoben wurde, weil sie ausserhalb des engeren Rahmens dieser Arbeit lag, um diese Frage endgültig zu entscheiden und ich beschränke mich deshalb hier auf die kurze Beschreibung der auffallendsten Eigenschaften und Reactionen der Verbindung.

Dieselbe löst sich in ätzenden und kohlensauren Alkalien mit dunkelrother Farbe; diese Lösung färbt Wolle und Seide roth, gebeizte Zeuge dagegen nur sehr schwach; beim Reiben wird sie stark electrisch, ist unlöslich in Wasser, schwer in Alkohol und Aether, leichter in Chloroform löslich.

Die Lösung in Chloroform ist ausgezeichnet durch einen prachtvollen Dichroïsmus; die in dickeren Schichten dunkelrothe Farbe geht beim Verdünnen in ein lebhaftes Grün über und ist so intensiv, dass man damit die geringsten Spuren des Farbstoffs nachweisen und seine Bildung ferner neben der Kupferprobe als empfindliche Reaction auf Phenylhydrazin benutzen kann.

Von concentrirter Schwefelsäure wird der Farbstoff in der Kälte ohne Veränderung mit schön blauer Farbe gelöst, beim Erhitzen aber vollständig zerstört; in Chloroformlösung mit Brom behandelt liefert er gut krystallisirende Substitutionsproducte von prachtvoll metallischem Flächenreflex. Die alkalische Lösung wird durch Zinkstaub schon in der Kälte rasch verändert, wobei die Farbe durch Rothviolett in Weiss übergeht. An der Luft oxydirt sich die filtrirte Lösung ausserordentlich rasch, nimmt wieder die prachtvoll rothviolette Farbe an und scheidet beim Absäuern einen neuen Farbstoff in rothen krystallinischen Flocken ab.

Kocht man dagegen die alkalische Lösung einige Zeit mit überschüssigem Zinkstaub, so findet eine tiefergehende Zersetzung statt und das farblose Filtrat oxydirt sich nicht mehr an der Luft.

Diese kurzen Angaben werden genügen, um erkennen zu lassen, dass hier eine neue grosse Klasse von Farbstoffen vorliegt, deren Bearbeitung manche interessante Aufschlüsse über die merkwürdigen zahlreichen Veränderungen der bei diesen Körpern besonders reactionsfähigen Stickstoffgruppe verspricht; im Allgemeinen erinnert das Verhalten derselben lebhaft an die Baeyer'schen Phenolfarbstoffe, oder noch mehr an die von Liebermann aus Phenol und salpetriger Säure dargestellten, bis jetzt wenig untersuchten stickstoffhaltigen Farbstoffe; von beiden unterscheiden sie sich jedoch wesentlich durch ihren bedeutenden Gehalt an Schwefel, der hier die Rolle des Sauerstoffs in der chromogenen Atomgruppe zu spielen scheint.

Für die Technik sind dieselben trotz ihrer leichten und wenig kostspieligen Gewinnungsweise von keiner Bedeutung, wenn es nicht gelingt, in den Derivaten oder bei den Homologen des Phenylhydrazins schönere und haltbarere Farbe zu gewinnen.

Diphenylsulfosemicarbazid, $C_6H_5 \cdot N_2H_2 \cdot CS \cdot NH \cdot C_6H_5$.

Die Untersuchung dieser aus Phenylhydrazin und Phenylsenföl entstehenden Verbindung schien geeignet, darüber Aufklärung zu geben, inwiefern die eigenthümliche, beim Diphenylsulfocarbazid beobachtete Farbstoffbildung von der Zahl der Hydrazingruppen abhängig ist.

Zur Darstellung derselben bringt man gleiche Molecule Basis und Senföl in nicht zu verdünnter alkoholischer Lösung zusammen; unter starker Wärmeentwickelung scheidet sich der Harnstoff sofort krystallinisch ab und wird durch einmaliges Umkrystallisiren aus heissem Alkohol in rein weissen farblosen Prismen erhalten.

Die Analyse der im Vacuum getrockneten Substanz gab folgende Zahlen:

0,2106 Grm. gaben 0,4965 CO_2 und 0,1075 H_2O. — 0,204 Grm. gaben 32 CC. Stickstoff bei 11,5° und 716 MM. Druck.

Ber. C 64,2, H 5,35, N 17,28.
Gef. ,, 64,3, ,, 5,67, ,, 17,57.

Dieselbe ist unlöslich in Wasser, schwer löslich in Aether, Schwefelkohlenstoff und Ligroïn, leichter in Aceton und in heissem Alkohol und Eisessig; aus den meisten Lösungsmitteln krystallisirt sie in feinen, häufig sternförmig gruppirten Prismen. Schmelzpunkt 177°; beim Reiben wird sie, wie die meisten Salze und Derivate des Phenylhydrazins, electrisch.

In verdünnten wässerigen Alkalien löst sie sich beim Erwärmen leicht, aber ohne Farbenerscheinung und wird beim Ansäuern wieder unverändert abgeschieden. Die Löslichkeit in Alkalien wird auch hier jedenfalls durch den sauermachenden Einfluss der Harnstoffgruppe veranlasst; die Beständigkeit des Körpers in dieser Lösung beweist dagegen, dass bei der vorher besprochenen Farbstoffbildung beide Hydrazingruppen des Diphenylsulfocarbazids betheiligt sind. Durch längeres Kochen mit concentrirter Salzsäure wird die Substanz ähnlich dem Sulfocarbanilid in ihre Generatoren, Phenylhydrazin und Phenylsenföl, gespalten.

Die heisse alkoholische Lösung reducirt Quecksilberoxyd sofort, färbt sich dabei dunkelroth und scheidet beim Erkalten krystallinische Flocken von derselben Farbe ab, welche nicht weiter untersucht wurden.

An die Harnstoffabkömmlinge des Phenylhydrazins schliessen sich noch einige Verbindungen der Base mit Kohlensäure und schwefliger Säure an, durch welche die Analogie derselben mit dem Ammoniak und den Aminbasen vervollständigt wird.

Phenylcarbazinsaures Phenylhydrazin.

Phenylhydrazin absorbirt trockene Kohlensäure sehr begierig und erstarrt zu einer weissen krystallinischen Masse; leichter noch wird die Verbindung erhalten, wenn man eine kalt gehaltene Emulsion von 1 Th. Basis und 10 Th. Wasser mit Kohlensäure sättigt; durch rasches Abfiltriren, Pressen zwischen Fliesspapier und Auswaschen mit Aether erhält man die Verbindung als rein weisse feine, weich anzufühlende Krystallmasse.

Die Analyse eines nur kurze Zeit im Vacuum getrockneten Präparates gab die der Formel $(C_6H_5 \cdot N_2H_3)_2 CO_2$ entsprechenden Werthe.

0,2384 Grm. gaben 0,523 CO_2 und 0,1332 H_2O. — 0,2264 Grm. gaben 43,7 CC. Stickstoff bei 19,5° und 746 MM. Druck[1]).

Ber. C 60,0 H 6,15, N 21,54.
Gef. „ 59,83, „ 6,2, „ 21,73.

Die Substanz ist in Wasser und Aether schwer löslich, leicht in Alkohol, konnte aber aus dieser Lösung nicht mehr isolirt werden; von Säuren und heissem Wasser wird sie leicht zersetzt. An der Luft zerfliesst sie unter Kohlensäureverlust zu einer öligen, rothbraun gefärbten Masse; mit Kohlensäure ist sie ziemlich leicht flüchtig, reducirt

---

[1]) Die Substanz ist mit Kohlensäure so flüchtig, dass ich bei der Stickstoffbestimmung erst bei Anwendung folgender Vorsichtsmassregeln die richtigen Zahlen erhielt. Die Substanz wurde mit gepulvertem Kupferoxyd in einem feinen Glasröhrchen sorgfältig gemischt, letzteres mit Kupferoxyd vollständig gefüllt und in die wie gewöhnlich beschickte Verbrennungsröhre eingeführt; nachdem die Luft durch einen raschen kalten Kohlensäurestrom verdrängt war, wurde die am hinteren Ende der Röhre befindliche Capillare abgeschmolzen, während das vordere Gasleitungsrohr unter Quecksilber tauchte, dann durch vorsichtiges Aufklopfen die in dem engen Röhrchen befindliche Substanz in die Verbrennungsröhre gebracht und wie gewöhnlich verbrannt.

Fehling'sche Lösung sofort und hat einen ziemlich intensiven, an Phenylhydrazin erinnernden Geruch.

Ihre Bildungsweise und alle Eigenschaften, welche vollständig dem Verhalten des carbaminsauren Ammoniaks entsprechen, machen für dieselbe die Strukturformel $C_6H_5 - NH - NH \cdot CO \cdot O \cdot H_4N_2 \cdot C_6H_5$ in hohem Grade wahrscheinlich.

Phenylhydrazin und schweflige Säure.

Schweflige Säure fällt aus der ätherischen Lösung der Base eine weisse krystallinische Masse, welche die Zusammensetzung $C_6H_5 \cdot N_2H_3 \cdot SO_2$ zu haben scheint; dieselbe verliert schon bei gewöhnlicher Temperatur schweflige Säure, ohne ihr Aussehen wesentlich zu verändern und geht dabei wahrscheinlich in die Verbindung $(C_6H_5 \cdot N_2H_3)_2SO_2$ über; ich muss jedoch bemerken, dass die Analysen weder für die eine, noch für die andere Formel scharf stimmende, sondern meist in der Mitte zwischen beiden liegende Zahlen gegeben haben und ich schliesse die Existenz beider Körper hauptsächlich aus dem Umstand, dass die entsprechenden Verbindungen beim Anilin bekannt und genauer untersucht sind.

Beide Substanzen sind ziemlich unbeständig; schon beim Kochen mit Wasser entweicht schweflige Säure und es bleibt die freie Base zurück; dieselbe Zersetzung erfolgt beim Zusatz von Säuren.

Amidartige Derivate des Phenylhydrazins.

Im Phenylhydrazin lassen sich zwei Wasserstoffatome successive mit Leichtigkeit durch Säureradicale ersetzen; für das dritte Wasserstoffatom der Hydrazingruppe ist dasselbe bisher nicht gelungen. Die hierbei entstehenden Verbindungen zeigen im Allgemeinen das Verhalten der gewöhnlichen Säureamide; der Eintritt des ersten Säureradicals scheint ausschliesslich in der Amidgruppe des Hydrazins stattzufinden, wie es für einige Verbindungen durch die Umwandlung in Azo- und Diazokörper direct nachgewiesen werden konnte; über die Stellung des zweiten liegt bisher keine entscheidende Thatsache vor.

Monobenzoylphenylhydrazin.

Die Darstellung dieses Körpers erfordert einige Vorsicht; es ist dabei jeder Ueberschuss von Benzoylchlorid und erhöhte Temperatur zu vermeiden, weil sonst stets ein Gemenge von Mono- und Dibenzoylderivat erhalten wird, deren Trennung schwierig ist; am besten bringt man zu einer gekühlten Lösung von 2 Mol. Basis in der fünffachen Menge Aether allmälig ein 1 Mol. Benzoylchlorid. Neben salzsaurem Hydrazin scheidet sich der grösste Theil des Benzoylderivats als feine weisse Krystallmasse ab; man filtrirt den Aether ab, um den etwaigen

Ueberschuss des einen oder anderen Reagens zu entfernen, beseitigt das salzsaure Salz durch Auskochen mit Wasser und krystallisirt den Rückstand zur vollständigen Reinigung einmal aus siedendem Alkohol um, wobei die Verbindung in feinen weissen Prismen erhalten wird.

Eine Stickstoffbestimmung gab für die bei 100° getrockneten Krystalle die von der Formel $C_6H_5 \cdot N_2H_2 \cdot COC_6H_5$ verlangten Zahlen.

0,2276 Grm. gaben 28,5 CC. Stickstoff bei 20° und 720 MM. Druck.

Ber. N 13,21. Gef. N 13,55.

Das Monobenzoylhydrazin ist in heissem Wasser und Aether schwer löslich, ziemlich leicht in heissem Alkohol, Aceton und Chloroform; es krystallisirt aus allen Lösungsmitteln in feinen weissen Prismen. Schmelzpunkt 168°; beim stärkeren Erhitzen tritt Zersetzung ein. Von verdünnter warmer Kalilauge wird die Substanz leicht gelöst und durch Säuren unverändert wieder abgeschieden. Beim längeren Erhitzen mit rauchender Salzsäure auf 100° im zugeschmolzenen Rohr wird sie vollständig in Phenylhydrazin und Benzoësäure gespalten. Von besonderem Interesse ist ihre Umwandlung durch oxydirende Agentien. Versetzt man eine Lösung derselben in Chloroform mit gelbem Quecksilberoxyd, so wird dieses momentan reducirt und die Flüssigkeit färbt sich dunkelroth; Gasentwickelung ist hierbei nicht zu bemerken. Beim Verdampfen des Chloroforms hinterlässt das Filtrat ein dunkelrothes Oel, welches noch nicht im krystallisirten Zustande erhalten wurde; da dasselbe ebensowenig durch Destillation gereinigt werden konnte, so musste von der Analyse Abstand genommen werden; indessen lässt das Verhalten der Substanz kaum einen Zweifel über ihre Natur. Sie ist leicht löslich in Alkohol, Aether und Chloroform, beim Erhitzen verpufft sie schwach, durch Kochen mit starken Säuren wird sie mit lebhafter Gasentwickelung vollständig zersetzt, ebenso beim längeren Kochen mit Wasser; sie verändert Fehling'sche Lösung ohne andere Oxydationsmittel nicht mehr und wird durch Reduction endlich, am besten durch Zinkstaub und Essigsäure in alkoholischer Lösung, ganz glatt in das Monobenzoylphenylhydrazin zurückverwandelt. Aus alledem geht deutlich hervor, dass die Verbindung zu letzterem in demselben Verhältniss steht, wie das diazosulfonsaure Kali zu dem weissen hydrazinsulfonsauren Salze; sie gehört, wie dieses, unzweifelhaft zur Klasse der Diazokörper und ist als ein Benzoylderivat des Diazobenzols aufzufassen.

Ihre Constitution wird mit Zugrundelegung der Kekulé'schen Diazobenzolformel durch das Schema $C_6H_5 \cdot N = N \cdot CO \cdot C_6H_5$ ausgedrückt und man wird sie passend als Benzoyldiazobenzol bezeichnen.

Wie man sieht, steht die Verbindung, sowohl was ihre Constitution als was ihr Verhalten betrifft, in der Mitte zwischen Azo- und Diazokörpern und bildet gewissermassen den Uebergang von den einen zu den anderen. Die Stickstoffgruppe ist wie in den Azoverbindungen beiderseitig an Kohlenstoff gebunden; die Leichtigkeit, mit welcher jedoch die Benzoylgruppe als Benzoësäure abgespalten wird, bedingt die verhältnissmässig geringe Beständigkeit der Substanz.

Die Versuche, das Benzoyldiazobenzol synthetisch aus Diazobenzolsalzen und Bittermandelöl darzustellen, waren erfolglos.

Die weitere Untersuchung dieses eigenthümlichen Körpers lässt manche interessante Resultate, besonders bezüglich seiner Zersetzungen erwarten; vielleicht gelingt es, ähnlich den bekannten Umwandlungen der Diazoverbindungen, die Stickstoffgruppe glatt zu eliminiren und an ihre Stelle Benzoyl in den Benzolrest einzuführen, wodurch eine allgemeine Methode zur Darstellung von Ketonen gewonnen wäre.

Dibenzoylphenylhydrazin.

Dasselbe entsteht sowohl beim Erhitzen der vorigen Verbindung mit überschüssigem Benzoylchlorid auf dem Wasserbade, als auch bei der Einwirkung desselben Reagens auf das phenylhydrazinsulfonsaure Kali. Letztere Methode, durch welche die Verbindung zuerst erhalten wurde, ist zur Darstellung am meisten geeignet, da sie die Isolirung der freien Base überflüssig macht und ausserdem eine bessere Ausbeute liefert als die andere Reaction, bei welcher die Hälfte des Hydrazins als salzsaures Salz der weiteren Einwirkung entzogen wird. Am glattesten gelingt die Operation nach folgendem Verfahren. 50 Th. des bei 100° getrockneten sulfonsauren Salzes werden mit 60 Th. Benzoylchlorid und 80 bis 90 Th. Chloroform als Verdünnungsmittel auf dem Wasserbade am Rückflusskühler erhitzt, bis die Salzsäureentwicklung beendet ist. Nach Verdampfen des Chloroforms entfernt man den geringen Ueberschuss von Benzoylchlorid und die anorganischen Salze durch Auskochen mit verdünnter Sodalösung, wobei die vorher teigartige Masse krystallinisch wird, und krystallisirt das gelb gefärbte Rohproduct aus heissem Alkohol um. Man erhält so das Dibenzoylphenylhydrazin leicht und fast quantitativ in feinen weissen Prismen.

Die Analyse der bei 100° getrockneten Krystalle gab folgende Zahlen:

1. 0,2482 Grm. gaben 0,691 CO_2 und 0,108 H_2O; 0,4804 Grm. gaben 37 CC. Stickstoff bei 9,5° und 756 MM. Druck. — 2. 0,2349 Grm. gaben 0,6533 CO_2 und 0,1105 H_2O; 0,4482 Grm. gaben 34,5 CC. Stickstoff bei 12,5° und 757 MM. Druck. — 3. 0,2421 Grm. gaben 0,6729 CO_2 und 0,1089 H_2O.

$C_6H_5 \cdot N_2H(CO \cdot C_6H_5)_2$.
Ber. C 75,95, H 5,06, N 8,8.
Gef. ,, 75,92, 75,85, 75,8, ,, 4,84, 5,2, 5,0, ,, 9,18, 9,07.

Der Vorgang wird durch folgende Gleichung veranschaulicht:

$(C_6H_5N_2H_2 \cdot SO_3K + H_2O) + 2\, C_6H_5 \cdot COCl$
$= C_6H_5 \cdot N_2H \cdot (COC_6H_5)_2 + KHSO_4 + 2\, HCl.$

Die Substanz ist in Wasser sehr schwer löslich, ziemlich leicht in heissem Alkohol; von verdünnten Alkalien wird sie beim Kochen langsam, aber in bedeutender Menge aufgenommen und durch Säuren unverändert wieder abgeschieden. In alkoholischer Lösung reducirt sie ammoniakalische Silberlösung sofort; beim Erhitzen mit rauchender Salzsäure im zugeschmolzenen Rohr auf 100° wird sie glatt in Benzoësäure und Hydrazin gespalten. Schmelzpunkt 177 bis 178°[1]); bei höherer Temperatur tritt Zersetzung ein; die Destillationsproducte bestehen zum Theil aus Benzoësäure, Bittermandelöl und Benzanilid und als Rückstand bleiben harzartige verkohlende Substanzen.

Monacetylphenylhydrazin.

Beim Vermischen von 1 Mol. Essigsäureanhydrid und 2 Mol. Phenylhydrazin findet starke Erwärmung statt, die Flüssigkeit färbt sich braun und erstarrt beim Erkalten langsam zu einer wenig gefärbten Krystallmasse; man löst das Product in heissem Wasser, filtrirt von einer geringen Menge harziger Producte ab und erhält beim Erkalten das Acetylhydrazin in feinen, fast farblosen Blättchen; durch Umkrystallisiren aus verdünntem Alkohol wird dasselbe ganz rein erhalten. Die Analyse gab die von der Formel:

$$C_6H_5 \cdot N_2H_2 \cdot CO \cdot CH_3$$

verlangten Werthe.

0,213 Grm. gaben 0,5022 CO_2 und 0,13 H_2O. — 0,217 Grm. gaben 35,3 CC. Stickstoff bei 7° und 717 MM. Druck.

Ber. C 64,0, H 6,66, N 18,67.
Gef. ,, 64,3, ,, 6,78, ,, 18,6.

Eben so leicht entsteht dieselbe Verbindung bei mehrstündigem Kochen der Base mit dem dreifachen Gewicht Eisessig; den Ueberschuss des letzteren entfernt man zum Schluss durch Destillation bis 160° und reinigt den Rückstand, wie vorher angegeben.

Das Monacetylhydrazin ist in kaltem Wasser und Aether schwer löslich, leicht in heissem Wasser, Alkohol, Chloroform und Benzol; aus den meisten Lösungsmitteln krystallisirt es in sechsseitigen, häufig tafelartig ausgebildeten feinen Prismen von lebhaftem Seidenglanze; es schmilzt bei 128,5° und destillirt bei höherer Temperatur grösstentheils unzersetzt; beim Kochen mit concentrirten Säuren wird es in

---

[1]) In den Berichten d. D. Chem. Gesellsch. 8, 591 (S. *149*) ist in Folge eines Druckfehlers 187° angegeben.

Essigsäure und Phenylhydrazin gespalten; seine wässerige Lösung reducirt Fehling'sche Lösung in gelinder Wärme sofort; in verdünnter schwefelsaurer Lösung mit salpetrigsaurem Natron behandelt liefert es ein unbeständiges Nitrosoderivat, welches in Alkalien löslich ist und durch Säuren unverändert wieder abgeschieden wird. Beim längeren Kochen mit Essigsäure-Anhydrid wird es in eine syrupartige Masse verwandelt, welche wahrscheinlich ein Diacetylderivat enthält, dessen Isolirung aber bisher nicht gelang.

Durch Oxydation mit Quecksilberoxyd in Chloroformlösung erleidet das Acetylphenylhydrazin eine ähnliche Umwandlung wie die Benzoylverbindung; die Flüssigkeit färbt sich dunkelroth und hinterlässt beim Verdampfen einen öligen Rückstand von stechendem Geruch. Derselbe ist leicht löslich in Alkohol und zersetzt sich schon beim Kochen dieser Lösung mit lebhafter Gasentwicklung. Die Substanz ist jedenfalls das dem Benzoyldiazobenzol entsprechende Acetyldiazobenzol $C_6H_5 \cdot N = N \cdot CO \cdot CH_3$. Ihre weitere Untersuchung bleibt vorbehalten.

Oxalyldiphenylhydrazin, $(C_6H_5 \cdot N_2H_2)_2(CO)_2$.

Erhitzt man ein Gemisch von 1 Mol. Oxaläther und 2 Mol. Phenylhydrazin im Oelbade auf 110°, so tritt bald ein lebhaftes Aufkochen der Flüssigkeit ein; es entweicht Alkohol und die Lösung erstarrt zu einer schwach gelb gefärbten, blätterigen Krystallmasse; dieselbe wurde mehrmals mit Alkohol ausgekocht, bei 100° getrocknet und analysirt.

0,2695 Grm. gaben 0,611 CO_2 und 0,1272 H_2O. — 0,2265 Grm. gaben 41 CC. Stickstoff bei 20,5° und 752 MM. Druck.

Ber. C 62,2, H 5,18, N 20,74.
Gef. ,, 61,83, ,, 5,24, ,, 20,44.

Der Körper fängt bei 260° an zu erweichen und schmilzt vollständig bei 277 bis 278°; bei höherer Temperatur destillirt er grösstentheils unzersetzt und das Destillat erstarrt beim Erkalten sofort krystallinisch; in den meisten Lösungsmitteln ist er schwer löslich; von concentrirter Schwefelsäure wird er in der Kälte unverändert mit rothvioletter Farbe gelöst und beim Kochen gänzlich zerstört.

Seine Bildungsweise und Zusammensetzung entsprechen dem Oxamid aufs vollständigste.

Phenylbenzolsulfazid, $C_6H_5 \cdot NH — NH \cdot SO_2 \cdot C_6H_5$.

Versetzt man eine ätherische Lösung von Phenylhydrazin mit der berechneten Menge Benzolsulfochlorid, so scheiden sich neben salzsaurem Salz feine weisse Nadeln dieser Verbindung ab; die abfiltrirte Krystallmasse wird zur Entfernung des Hydrochlorats mit Wasser ausgekocht und aus heissem Alkohol umkrystallisirt.

0,2715 Grm. gaben 0,5757 CO_2 und 0,1217 H_2O. — 0,3814 Grm. gaben 40 CC. Stickstoff bei 20,5° und 752 MM. Druck.

Ber. C 58,06, H 4,84, N 11,3.
Gef. ,, 57,84, ,, 4,97, ,, 11,8.

Die Substanz schmilzt bei 146° unter geringer Gasentwickelung. In Aether ist sie schwer löslich, etwas leichter in heissem Chloroform und Benzol, ziemlich leicht in heissem Alkohol. Bei der Oxydation mit Quecksilberoxyd wird sie in die Diazoverbindung $C_6H_5 \cdot N = N \cdot SO_2C_6H_5$ umgewandelt, welche inzwischen von W. Königs[1]) aus Diazobenzol und Benzolsulfinsäure erhalten und ausführlicher beschrieben worden ist.

Trinitrohydrazobenzol, $C_6H_5 \cdot NH - NH \cdot C_6H_2(NO_2)_3$.

Diese Verbindung entsteht analog dem Pikramid aus Phenylhydrazin und Pikrylchlorid. Versetzt man eine alkoholische Lösung von 1 Mol. des letzteren mit 2 Mol. der Base, so färbt sich dieselbe sofort dunkelroth und scheidet neben salzsaurem Phenylhydrazin rothe glänzende Blättchen ab, welche mit Wasser ausgekocht und aus siedendem Alkohol umkrystallisirt wurden.

Die Analyse gab die obiger Formel entsprechenden Zahlen:

0,3067 Grm. gaben 0,51 CO_2 und 0,0816 H_2O.

Ber. C 45,14, H 2,82.
Gef. ,, 45,35, ,, 2,96.

Das Trinitrohydrazobenzol schmilzt bei 181° unter Gasentwickelung und verpufft beim stärkeren Erhitzen mit Feuererscheinung; es ist schwer löslich in heissem Alkohol, Chloroform und Benzol und krystallisirt daraus beim Erkalten in glänzenden dunkelrothen Blättchen; von heissem Eisessig und Aceton wird es leichter gelöst und scheidet sich daraus langsam in dunkelrothen kurzen, meist zu kugeligen Aggregaten vereinigten Prismen ab.

Dass der Verbindung in der That obige Structurformel zukommt und dass sie ein unsymmetrisches Trinitroderivat des Hydrazobenzols ist, geht mit Sicherheit aus ihrem Verhalten zu Reductions- und Oxydationsmitteln hervor; von ersteren wird sie in Anilin und eine nicht weiter untersuchte aromatische Base gespalten, durch letztere wird sie glatt in Trinitroazobenzol, $C_6H_5 \cdot N = N \cdot C_6H_2(NO_2)_3$, umgewandelt.

Versetzt man die heisse alkoholische Lösung mit einem Ueberschuss von gelbem Quecksilberoxyd, so wird dieses sofort geschwärzt und das Filtrat scheidet beim Erkalten das Trinitroazobenzol in dunkelrothen feinen Prismen ab.

---

[1]) Berichte d. D. Chem. Gesellsch. **10**, 1531.

Eine Stickstoffbestimmung gab für die bei 100° getrocknete Substanz die von der Formel $C_{12}H_7N_5O_6$ verlangten Werthe.

0,1846 Grm. gaben 37,8 CC. Stickstoff bei 21° und 724 MM. Druck.
Ber. N 22,08.   Gef. N 22,2.

Von einer vollständigen Analyse wurde abgesehen, da die Differenzen mit den der vorigen Verbindung entsprechenden Zahlen zu gering sind, um über einen Mehr- oder Mindergehalt von zwei Wasserstoff zu entscheiden; indessen lässt die Bildungsweise und das gesammte Verhalten der Substanz keinen Zweifel über die Richtigkeit obiger Formel. Sie wird von den gewöhnlichen Oxydationsmitteln nicht weiter angegriffen, schmilzt constant bei 142°, also 39° niedriger als der Hydrazokörper, erstarrt beim Erkalten wieder krystallinisch und verpufft bei höherer Temperatur mit Feuererscheinung. Sie ist leicht löslich in Chloroform und Benzol, etwas schwerer in heissem Alkohol, woraus sie sich beim langsamen Erkalten in langen feinen rothen Prismen abscheidet.

Von Zinn und Salzsäure wird sie in alkoholischer Lösung leicht reducirt; es entsteht dabei Anilin und vielleicht, analog der Zersetzung des Chrysoïdins in Anilin und Triamidobenzol[1]), ein Tetraamidobenzol.

Aehnliche Verbindungen entstehen aus Phenylhydrazin und Dinitrochlorbenzol und es scheint diese Reaction eine allgemeine Methode zur Darstellung der verschiedensten Substitutionsproducte des Azo- und Hydrazobenzols zu sein.

Phenylhydrazin und Aldehyde.

Das Phenylhydrazin verbindet sich mit fast allen Aldehyden unter Wasserabspaltung zu indifferenten, gut krystallisirenden Körpern und zwar im Gegensatz zu den gewöhnlichen Aminbasen meist in der Weise, dass auf ein Molecul Aldehyd nur ein Molecul Basis in Reaction tritt; die Producte zeichnen sich zum Theil durch grosse Beständigkeit aus; andere werden dagegen schon durch Kochen mit Wasser oder beim längeren Liegen an der Luft vollständig zersetzt; alle werden beim Erhitzen mit rauchender Salzsäure in Phenylhydrazin und den betreffenden Aldehyd gespalten; genauer untersucht wurden die Verbindungen mit Bittermandelöl, Acetaldehyd und Furfurol.

Benzylidenphenylhydrazin.

Beim Zusammenbringen von Phenylhydrazin und Bittermandelöl erfolgt eine heftige Reaction, das Gemisch trübt sich sofort durch Wasserabscheidung und erstarrt in der Kälte zu einer wenig gefärbten Krystallmasse; bei der Darstellung grösserer Mengen ist es zweckmässig,

---

[1]) P. Griess, Berichte d. D. Chem. Gesellsch. **10**, 390. — O. Witt, Berichte d. D. Chem. Gesellsch. **10**, 654.

die Heftigkeit der Einwirkung durch Zusatz von etwa zwei Volumen Alkohol zu mässigen und gleiche Molecule der Reagentien anzuwenden; die ausgeschiedene Krystallmasse wird abfiltrirt und zur weiteren Reinigung aus absolutem Alkohol umkrystallisirt.

Die Analyse gab folgende Zahlen:

0,21 Grm. gaben 0,612 CO_2 und 0,1223 H_2O. — 0,2269 Grm. gaben 29 CC. Stickstoff bei 9° und 717 MM. Druck.

$C_{13}H_{12}N_2$.   Ber. C 79,59, H 6,12, N 14,29.
   Gef. ,, 79,48, ,, 6,47, ,, 14,5.

Die Reaction erfolgt nach der Gleichung:

$C_6H_5 \cdot N_2H_3 + C_6H_5 \cdot COH = C_6H_5 \cdot N_2H \cdot CH \cdot C_6H_5 + H_2O$.

Die Verbindung, welche ich ihrer Zusammensetzung und Bildungsweise gemäss als Benzylidenphenylhydrazin bezeichnet habe, schmilzt bei 152,5°, destillirt unzersetzt und ist leicht löslich in heissem Alkohol, Aceton und Benzol, schwer in Aether; sie reducirt Fehling'sche Lösung auch in der Wärme nicht. Beim längeren Kochen mit rauchender Salzsäure oder besser noch mit 30 procentiger Schwefelsäure wird sie langsam in Bittermandelöl und Hydrazinbase gespalten; im reinen Zustande ist sie ganz farblos, färbt sich aber an der Luft leicht rosaroth.

Aus einer verdünnten alkoholischen Lösung wurde sie beim langsamen Verdunsten in gut ausgebildeten prismatischen Krystallen erhalten, deren Bestimmung Herr Dr. Arzruni[1]) freundlichst übernommen hat; derselbe theilt darüber Folgendes mit:

,,Krystallsystem: monosymmetrisch.

a : b : c = 0,853 : 1 : 0,670.

$\beta = 87° 40\frac{1}{2}'$.

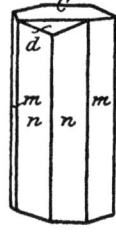

Langsäulige Krystalle von hellrosenrother Farbe. Beobachtete Formen: $m = 110 = \infty P$, $n = 210 = \infty P 2$, $c = 001 = 0 P$, $d = 101 = -P\infty$.

		Gemessen	Berechnet
(110)	(1$\bar{1}$0)	*80° 54'	—
(1$\bar{1}$0)	(001)	*88 14	—
(110)	(101)	61 11	61° 0'
(210)	(2$\bar{1}$0)	47 30 circa	47 17$\frac{1}{2}$'
(001)	(101)	*37 35	

Ebene der optischen Axen: Symmetrieebene. Durch eine Platte parallel $100 = \infty P \infty$ eine Axe im spitzen Axenwinkel β sichtbar.''

Aethylidenphenylhydrazin.

Zur Darstellung dieser Verbindung trägt man in eine ätherische Lösung der Base etwas mehr als die äquivalente Menge frisch destillirten

---

[1]) Vgl. Groth's Zeitschr. f. Krystall. u. Min. **1877**, 388.

Acetaldehyds ein, bis eine Probe Fehling'sche Lösung nicht mehr reducirt; der nach Abdampfen des Aethers bleibende ölige Rückstand erstarrt mit Wasser angerührt in der Kälte allmälig krystallinisch; man filtrirt, presst die Krystallmasse zur Entfernung der öligen Beimengungen zwischen Fliesspapier und krystallisirt den Rückstand aus Ligroïn um; der grösste Theil der gefärbten Verunreinigungen bleibt in der ersten Mutterlauge, hält aber auch beträchtliche Mengen der reinen Verbindung in Lösung, obschon dieselbe sonst in kaltem Ligroïn schwer löslich ist; durch mehrmalige Wiederholung der Operation gelingt es, ein vollständig farbloses Präparat zu gewinnen.

Die Analyse der im Vacuum getrockneten Substanz gab die für die Formel $C_6H_5 \cdot N_2H \cdot CH \cdot CH_3$ berechneten Zahlen:

0,2024 Grm. gaben 0,529 CO_2 und 0,1386 H_2O. — 0,1722 Grm. gaben 32 CC. Stickstoff bei 6° und 706 MM. Druck.

Ber. C 71,64, H 7,46, N 20,9.
Gef. ,, 71,29, ,, 7,61, ,, 21,01.

Dieselbe ist in Äther und Alkohol leicht löslich, zerfliesst an der Luft langsam zu einer rothbraun gefärbten Flüssigkeit und wird schon beim Kochen mit Wasser oder verdünnten Säuren in Aldehyd und Hydrazin gespalten.

Ein hiervon wesentlich verschiedenes Product entsteht, wenn man das Gemisch von Phenylhydrazin und Aldehyd direct mit concentrirter Salzsäure erwärmt; die Lösung färbt sich dunkelgrün und scheidet auf Zusatz von Wasser oder Kalilauge eine gelbe, körnig-krystallinische Masse von complicirter Zusammensetzung ab. Dieselbe zeigt schwach basische Eigenschaften; sie löst sich in concentrirten Säuren, wird jedoch schon durch Wasser unverändert wieder abgeschieden; sie scheint ein durch weitere Aldehydcondensation entstandenes, wahrscheinlich den von H. Schiff[1]) aus Anilin erhaltenen Basen ähnliches Hydrazinderivat zu sein, wurde jedoch nicht weiter untersucht.

Phenylfurfurazid.

Furfurol wirkt ganz in derselben Weise auf die Hydrazinbase, wie die gewöhnlichen Aldehyde; wendet man äquivalente Mengen der Agentien an, so erwärmt sich das Gemisch stark, trübt sich durch Wasserabscheidung und erstarrt beim Erkalten langsam zu einer gelb gefärbten Krystallmasse; zur weiteren Reinigung löst man dieselbe direct in Aether, trocknet mit Chlorcalcium und fällt mit Ligroïn.

Durch nochmalige Wiederholung dieser Operation erhält man die Verbindung schliesslich in schwach gelb gefärbten Blättchen von der Formel $C_6H_5 \cdot N_2H \cdot C_5H_4O$.

---
[1]) Ann. Chem. Pharm. Suppl. 3, 343.

0,219 Grm. gaben 0,5684 CO_2 und 0,115 H_2O. — 0,2082 Grm. gaben 28,8 CC. Stickstoff bei 18° und 712 MM. Druck.

Ber. C 70,97, H 5,38, N 15,05.
Gef. ,, 70 78, ,, 5,83, ,, 14,96.

Die Reaction verläuft nach der Gleichung:
$$C_6H_5 \cdot N_2H_3 + C_5H_4O_2 = C_6H_5 \cdot N_2H \cdot C_5H_4O + H_2O.$$

Während das Furfurol sich mit Ammoniak, Anilin und voraussichtlich allen übrigen Aminbasen in complicirteren Verhältnissen verbindet, liegt hier also der einfachste Fall der Aldehydcondensation vor, und es dürfte deshalb die weitere Untersuchung dieses Products vorzüglich geeignet sein, neue Gesichtspunkte für die Aufklärung der Constitution des Furfuramids und Furfurins zu gewinnen.

Die Substanz schmilzt bei 96° und zersetzt sich beim weiteren Erhitzen; sie ist leicht löslich in Alkohol und Äther, sehr schwer in Ligroïn und wird beim Kochen mit Salzsäure in Furfurol und Phenylhydrazin gespalten.

Einwirkung von Cyangas auf Phenylhydrazin.

Nach den Untersuchungen von A. W. Hofmann[1]) über das Cyananilin und seine Homologen war die Bildung eines ähnlichen Körpers aus Phenylhydrazin zu erwarten; in der That verbindet sich dieses ausserordentlich leicht mit gasförmigem Cyan; das hierbei entstehende Product zeigt jedoch in Zusammensetzung und Reactionen manche für die Kenntniss der Hydrazine interessante Verschiedenheiten von dem Cyananilin.

Beim Einleiten von Cyangas in die freie Base findet starke Erwärmung statt, dieselbe bräunt sich und erstarrt nach einiger Zeit grösstentheils zu einer dunkelbraunen Krystallmasse; die Reinigung der letzteren wird jedoch durch die verhältnissmässig grosse Menge der dunkelgefärbten Nebenproducte so erschwert, dass sich diese Methode zur Darstellung der Verbindung wenig eignet.

Noch schlechtere Resultate wurden bei dem Verfahren von Hofmann, bei der Behandlung der Base mit Cyan in alkoholischer Lösung erhalten; letztere färbt sich bald dunkelbraun, nimmt einen starken Geruch nach Blausäure an und giebt beim Fällen mit Wasser nur eine geringe Menge eines krystallinischen Körpers. Weit glatter verläuft dagegen die Reaction beim Einleiten von Cyangas in eine kalt gehaltene Emulsion von 1 Th. Phenylhydrazin und 10 Th. Wasser. Die Base verwandelt sich bald in eine gelbrothe krystallinische Masse; durch zeitweises starkes Umschütteln befördert man die Einwirkung des

---

[1]) Ann. Chem. Pharm. **66**, 129.

Reagens und unterbricht die Operation, sobald das Gas nicht weiter von der Flüssigkeit absorbirt wird. Die sofort von der Lösung getrennte und mit Wasser gut gewaschene Krystallmasse wird in etwa 20 procentigem Alkohol heiss gelöst und mit Thierkohle grösstentheils entfärbt. Das heisse Filtrat giebt beim Erkalten eine reichliche Krystallisation von schönen gelb gefärbten Blättchen; die vollständige Reinigung der Substanz ist mit besonderen Schwierigkeiten verbunden, da die gelbe Farbe, obschon derselben nicht eigenthümlich, den Krystallen hartnäckig anhaftet und ausserdem das häufige Umkrystallisiren, besonders aus heissen Lösungsmitteln, leicht eine theilweise Zersetzung zur Folge hat; mit nicht unbeträchtlichem Verluste gelang es erst durch wiederholtes Auflösen in Aether und Fällen mit Ligroïn, ein nahezu farbloses Präparat zu gewinnen.

Die Analyse der im Vacuum getrockneten Krystalle gab folgende Zahlen, aus welchen sich die Formel $C_6H_5 \cdot N_2H_3(CN)_2$ berechnet.

1. 0,2284 Grm. gaben 0,502 CO_2 und 0,1115 H_2O; 0,1748 Grm. gaben 55,7 CC. Stickstoff bei 17° und 719 MM. Druck. — 2. 0,2214 Grm. gaben 0,488 CO_2 (Wasserbestimmung verunglückte); 0,1711 Grm. gaben 54,7 CC. Stickstoff bei 18° und 712 MM. Druck.

Ber. C 60,0,   H 5,0,   N 35,0.
Gef. , 59,94, 60,1, ,, 5,4, ,, 34,97, 34,6.

Die Verbindung entsteht also durch directe Vereinigung von 1 Mol. Phenylhydrazin und 1 Mol. Dicyan und man wird sie demgemäss passend als Dicyanphenylhydrazin bezeichnen.

Sie ist leicht löslich in Alkohol und Aether, sehr schwer in kaltem Wasser und fast unlöslich in Ligroïn. Aus heissem Wasser krystallisirt sie in eigenthümlich gezackten, meist aus federartig gestalteten Aggregaten bestehenden Blättchen; von heissem Chloroform und Benzol wird sie in der Wärme leicht aufgenommen und krystallisirt daraus beim Erkalten in feinen glänzenden lanzettförmigen Blättchen; in derselben Form erhält man sie beim Fällen der ätherischen Lösung mit Ligroïn. Aus einer verdünnten, mit Chloroform und Ligroïn versetzten ätherischen Lösung wurde sie beim langsamen Verdunsten in grossen dunkelbraunen glänzenden Krystallen erhalten, über deren Beschaffenheit Herr Dr. Arzruni mir Folgendes mittheilt:

„Krystallsystem monosymmetrisch (nach der optischen Untersuchung). Genaue Messungen waren bei der starken Krümmung der Flächen nicht auszuführen; die Krystalle sind sehr wahrscheinlich Zwillinge nach einer zur Symmetrieebene senkrecht stehenden Fläche; sie sind gerade in dieser Richtung ausserordentlich leicht spaltbar. Durch die optische Untersuchung solcher dünnen Lamellen wurde das System festgestellt und ausserdem eine enorm starke Dispersion der Axen und Mittellinien für verschiedene Farben beobachtet."

Beim Erhitzen auf 160° fängt die Substanz an sich zu bräunen und schmilzt bei wenig höherer Temperatur zu einer dunkelgefärbten öligen Flüssigkeit; gleichzeitig findet geringe Gasentwickelung statt und es macht sich der Geruch nach Blausäure und Ammoniak bemerklich. Beim stärkeren Erhitzen entwickelt die geschmolzene Masse eine reichliche Menge brauner aromatischer Dämpfe und verwandelt sich grösstentheils in glänzende Kohle.

Krystallisirte Salze der Verbindung habe ich bisher nicht erhalten; dass sie aber basische Eigenschaften besitzt, wird wahrscheinlich durch die Beobachtung, dass sie in verdünnter Salzsäure leicht löslich ist und erst beim Neutralisiren mit Kali wieder unverändert abgeschieden wird.

Die kalte wässerige Lösung giebt mit Fehling'scher Lösung eine blaugrüne Färbung und einen schmutziggrünen Niederschlag; beim Erwärmen verschwinden beide und es wird Kupferoxydul abgeschieden. Ammoniakalische Silberlösung wird von der Verbindung sofort reducirt. Bemerkenswerth ist ihr Verhalten in alkalischer wässeriger Lösung; dieselbe absorbirt rasch Sauerstoff aus der Luft und färbt sich dunkelbraun. Gegen Säuren ist das Dicyanphenylhydrazin verhältnissmässig sehr beständig; nach vierstündigem Erhitzen mit rauchender Salzsäure im zugeschmolzenen Rohr auf 100° war nur ein kleiner Theil desselben zersetzt und es hatte sich eine geringe Menge salzsaures Phenylhydrazin abgeschieden. Vollständige Zersetzung erfolgt dagegen beim mehrstündigen Erhitzen mit Wasser auf 150°; es bildet sich dabei ein aus heissem Wasser in feinen weissen Nadeln krystallisirender Körper, welcher der weiteren Untersuchung bedarf. In hohem Grade merkwürdig ist endlich die Einwirkung der salpetrigen Säure. Versetzt man eine nicht zu verdünnte schwefelsaure kalte Lösung der Verbindung mit salpetrigsaurem Natron, so scheidet sich sofort ohne Gasentwickelung ein weisser, flockig krystallinischer Körper ab, der keine basischen Eigenschaften mehr besitzt und möglicherweise eine Nitrosoverbindung ist, sich von den gewöhnlichen Nitrosoderivaten der Hydrazine aber durch grosse Beständigkeit unterscheidet.

Was die Constitution des Dicyanphenylhydrazins betrifft, so kann die vorstehende unvollständige Untersuchung darüber mit Sicherheit nicht entscheiden; wohl aber lässt sich dieselbe mit einiger Wahrscheinlichkeit entwickeln, wenn man die für das Cyananilin bekannten Thatsachen hier mit berücksichtigt und die daraus sich ergebenden Analogieschlüsse für statthaft hält.

Nach den Untersuchungen von A. W. Hofmann kann es kaum zweifelhaft sein, dass in dem Cyananilin je eine der beiden untereinander verbundenen Cyangruppen in die Amidogruppe je eines Anilins eingreift; die Umwandlung der Verbindung in Oxanilid findet nur in dieser Annahme eine ungezwungene Erklärung und man pflegt auch auf Grund dieser Reaction schon seit längerer Zeit die Constitution derselben durch die Formel:

$$C_6H_5 \cdot NH - \underset{NH}{C} - \underset{NH}{C} - NH \cdot C_6H_5$$

auszudrücken. Construirt man sich nun in ähnlicher Weise die Formel des Dicyanphenylhydrazins, so gelangt man zu dem Ausdruck:

$$\begin{array}{c} C_6H_5 - N \text{------} C = NH \\ | \qquad\qquad | \\ NH - C = NH \end{array}.$$

Diese Formel hat unstreitig auf den ersten Anschein viel Gewinnendes und steht mit keiner der bisher beobachteten Reactionen in Widerspruch; andererseits aber scheint es doch geboten, dieselbe nur mit Vorsicht aufzunehmen, da hier eine Atomgruppirung, für welche zur Zeit kein einziges Beispiel bekannt ist, ein aus zwei Atomen Stickstoff und zwei Atomen Kohlenstoff bestehender geschlossener Ring, angenommen ist; ich möchte dieselbe deshalb auch nur als einen vorläufigen Versuch betrachtet wissen und verschiebe ihre weitere Diskussion, bis die experimentelle Untersuchung die entscheidenden Thatsachen an die Hand giebt.

Einwirkung von Schwefel auf Phenylhydrazin.

Während das Anilin nach der Angabe von Merz und Weith[1]) von Schwefel erst bei hoher Temperatur angegriffen wird und neben Schwefelwasserstoff und zahlreichen complicirteren harzartigen Producten geringe Mengen Thioanilin liefert, verläuft dieselbe Reaction beim Phenylhydrazin weit energischer und wesentlich verschieden in Betreff der Endproducte.

Erhitzt man die Base mit Schwefelblumen, so erfolgt bereits bei 80° eine lebhafte Einwirkung; es entweichen Ströme von Schwefelwasserstoff und Ammoniak; durch allmälig bis 130° gesteigerte Temperatur wird die Reaction mit der vollständigen Zerstörung des Hydrazins in Kurzem zu Ende geführt. Zur Trennung und Erkennung der zahlreichen Producte diente folgendes Verfahren. Die flüchtigen Producte wurden grösstentheils durch eine Kältemischung condensirt; das entweichende Gas bestand aus Stickstoff und wenig Ammoniak und Schwefelwasserstoff; in der Vorlage hatten sich grosse Mengen von Schwefelwasserstoff-Schwefelammonium als farblose Krystallmasse abgeschieden,

---

[1]) Berichte d. D. Chem. Gesellsch. 4, 384.

welche beim Auflösen in Wasser ein Oel zurückliessen, das durch Ueberführung in Anilin als Benzol erkannt wurde.

Der bei 130° nicht flüchtige Rückstand enthielt viel unveränderten Schwefel, welcher beim Auflösen in Aether grösstentheils zurückblieb; der ätherische Auszug wurde zur Isolirung von etwa vorhandenen Basen mit verdünnter Salzsäure ausgeschüttelt und die saure Lösung mit Alkalien übersättigt. Das abgeschiedene Oel bestand aus reinem Anilin und zwar wurden aus 20 Grm. Hydrazin 6 Grm. desselben erhalten; beim Abdampfen der ätherischen Lösung blieb jetzt ein öliger gelbgefärbter Rückstand von schwefelhaltigen Producten, welcher von 150° bis weit über 360° siedete. Die Fraction von 150° bis 200° enthielt beträchtliche Mengen Thiophenol, welches in das gut krystallisirende Mercaptid übergeführt wurde; der über 360° siedende Theil erstarrte in einer Kältemischung theilweise und die abgepressten und mit Ligroïn gewaschenen Krystalle zeigten den Schmelzpunkt des Benzoldisulfids (gefunden 59°), ihre Menge war sehr gering. Das von 200 bis 320° siedende Oel endlich enthielt hauptsächlich Benzolsulfid, welches durch chromsaures Kali und Schwefelsäure nach der Angabe von Stenhouse[1] in Sulfobenzid übergeführt und als solches identificirt wurde.

Stickstoff, Ammoniak, Schwefelwasserstoff, Benzol, Anilin, Benzolsulfhydrat, Benzolsulfid und Benzoldisulfid waren mithin die nachweisbaren Producte der Reaction.

Die Einwirkung des Schwefels beschränkt sich demnach bei den Hydrazinen im Wesentlichen auf die stickstoffhaltige Gruppe und zeigt grosse Aehnlichkeit mit der Zersetzung dieser Basen durch Oxydation in alkalischer Lösung; es finden dabei offenbar zwei wesentlich verschiedene Vorgänge statt.

Die Bildung des Anilins einerseits kann nur durch Sprengung der Stickstoffkette erfolgen, vielleicht nach der Gleichung:

$$2\,C_6H_5 - NH - NH_2 + S = 2\,C_6H_5 \cdot NH_2 + H_2S + N_2,$$

während die Entstehung des Benzols und der verschiedenen Schwefelverbindungen vielmehr an die gewöhnliche Reaction der Diazokörper erinnert. Die Stickstoffgruppe wird unter dem oxydirenden Einfluss des Schwefels entweder vollständig als freier Stickstoff, oder theilweise als Ammoniak eliminirt und es erfolgt dafür der Eintritt von Wasserstoff oder schwefelhaltiger Gruppen in den Benzolkernen.

Phenylhydrazin und Jod.

Die schon mehrfach erwähnte Unbeständigkeit der primären Hydrazine gegen oxydirende Agentien kommt nicht minder deutlich

---

[1] Ann. Chem. Pharm. **140**, 289.

in ihrem Verhalten gegen die Halogene Chlor, Brom und Jod zum Vorschein; anstatt hierbei ähnlich den gewöhnlichen aromatischen Basen Substitutionsproducte zu bilden, findet zunächst und ausschliesslich eine vollständige Zerstörung der Stickstoffgruppe statt und erst mit der Beendigung dieses Processes treten secundäre Reactionen zwischen den Zersetzungsproducten selbst und dem überschüssigen Halogen ein; bei Anwendung von Chlor und Brom ist der Vorgang wegen der Heftigkeit der Einwirkung schwer zu verfolgen; es findet dabei meist heftige Gasentwicklung und die Abscheidung dunkelgefärbter harziger Producte statt; ruhiger und einfacher verläuft die Zersetzung durch Jod.

Beim Schütteln einer wässerigen kalten Emulsion von Phenylhydrazin und Jod wird dieses leicht und ohne Gasentwickelung gelöst und es scheidet sich gleichzeitig Diazobenzolimid aus; der grösste Theil der Base geht hierbei als jodwasserstoffsaures Salz in Lösung; durch abwechselnden, vorsichtigen Zusatz von Kalilauge und Jod kann man jedoch die ganze Menge derselben in Reaction ziehen. Als Endproducte derselben wurden Diazobenzolimid, Anilin und geringe Mengen jodhaltiger, wahrscheinlich substituirter Aniline erhalten.

Der Vorgang wird empirisch durch die Gleichung:

$$2\,C_6H_5 \cdot N_2H_3 + 2\,J_2 = C_6H_5 \cdot N_3 + C_6H_5 \cdot NH_2 + 4\,HJ$$

veranschaulicht; seine weitere Interpretation bietet keine Schwierigkeiten, wenn man die Analogie desselben mit der Oxydation des Phenylhydrazins in saurer Lösung berücksichtigt; da im letzteren Falle unzweifelhaft zuerst Diazobenzol entsteht, welcher sich mit überschüssigem Hydrazin sofort zu Anilin und Diazobenzolimid umsetzt, so scheint dieselbe Annahme hier vollständig gerechtfertigt.

Secundäre aromatische Hydrazine.

Die im Vorigen entwickelte Theorie der Hydrazine, wonach dieselben als Derivate der Verbindung $NH_2 - NH_2$ aufzufassen sind, lässt für die zweifach substituirten, sogenannten secundären Basen die Existenz von zwei Isomeren voraussehen, je nachdem die beiden eintretenden Gruppen nur mit einem Stickstoffatom in Bindung treten, oder auf beide gleichmässig vertheilt sind; zur letzteren Klasse gehören die längst bekannten Hydrazoverbindungen, wenn man für dieselben die wohlbegründete Formel $R - NH - NH - R$ beibehält, zur ersteren die unsymmetrischen Basen von der Formel $R_2 - N - NH_2$.

Die gleichzeitige Bildung beider Isomeren war zu erwarten bei der Einwirkung von Alkylbromüren auf das Phenylhydrazin; die Isolirung derselben ist allerdings bis jetzt nicht gelungen; immerhin aber kann die Bildung der unsymmetrischen Basen bei dieser Reaction, wie die

Entstehung des Diäthylphenylazoniumbromids beweist, als zweifellos angesehen werden und die Gewinnung der isomeren Hydrazokörper wird voraussichtlich nur von der Auffindung einer brauchbaren Trennungsmethode abhängen.

Weit leichter und zudem als einziges Product werden die Basen von der Formel $R_2 = N - NH_2$ aus den Nitrosaminen der secundären Amine durch Reduction mit Zinkstaub und Essigsäure erhalten. Da diese Reaction eine ganz allgemeine und für die Synthese der Hydrazine von der grössten Wichtigkeit ist, da ferner durch sie die zuvor wenig beachteten Nitrosamine für den Aufbau complicirterer Stickstoffverbindungen eine hervorragende Bedeutung erhalten haben, so mögen hier, bevor ich zur Beschreibung der einzelnen Versuche übergehe, eine kurze historische Uebersicht über das bezüglich dieser Körper Bekannte und im Anschluss daran einige von mir seitdem gemachte, ergänzende Beobachtungen Platz finden.

Die Nitrosaminbildung wurde zuerst von Wertheim[1]) beim Piperidin und fast gleichzeitig von Geuther[2]) beim Diäthylamin entdeckt; beide fanden, dass diese Producte mit der grössten Leichtigkeit entweder durch gasförmige Salzsäure, oder Zinn und Salzsäure in die ursprüngliche Aminbase zurückverwandelt werden.

Die weitere Verallgemeinerung dieser Reaction ist das Verdienst von W. Heintz[3]); durch die Entdeckung der Nitrosodiglycolamidsäure und die Beobachtung, dass die Triglycolamidsäure nicht im Stande ist, ein ähnliches Product zu liefern, kam derselbe zu dem berechtigten Schlusse, dass die Bildung von Nitrosoderivaten nur bei Imidbasen stattfinde. Zur Stütze dieser Ansicht zeigte Heintz weiter, dass die von Geuther behauptete Entstehung von Diäthylnitrosamin aus Triäthylamin unrichtig ist und stellte in aller Schärfe das Gesetz auf, dass bei Einwirkung der salpetrigen Säure die primären Aminbasen in die betreffenden Alkohole verwandelt werden, die secundären dagegen Nitrosoderivate liefern, während die tertiären überhaupt nicht angegriffen werden. Dieses Gesetz ist zwar heutzutage in der aromatischen Reihe dahin zu modificiren, dass die primären Basen zunächst Diazoverbindungen und die tertiären die dem Nitrosodimethylanilin entsprechenden Verbindungen liefern; bezüglich der Nitrosamine speciell aber liegt bisher keine einzige mit Sicherheit bekannte Thatsache vor, welche dagegen spräche. Griess[4]) giebt zwar an, dass er aus Aethylanilin neben Aethylphenylnitrosamin geringe Mengen von salptersaurem

---

[1]) Ann. Chem. Pharm. 127, 75.
[2]) Ann. Chem. Pharm. 128, 151.
[3]) Ann. Chem. Pharm. 138, 300.
[4]) Berichte d. D. Chem. Gesellsch. 7, 218.

Diazobenzol erhalten habe, die Entstehung des letzteren ist jedoch unzweifelhaft auf eine geringe Verunreinigung des Aethylanilins mit Anilin zurückzuführen; bei einer Wiederholung des Versuchs mit ganz reinem, aus dem Nitrosamin dargestellten Aethylanilin habe ich keine Spur einer Diazoverbindung nachweisen können. Dasselbe gilt von einer noch zweifelhafteren Angabe von Limpricht[1]), dass die Methylanilinsulfosäure beim Behandeln mit salpetriger Säure eine Diazoverbindung gebe, für welche er die Formel:

$$C_6H_3 \begin{matrix} N(CH_3) \\ | \\ -N \\ | \\ SO_3 \end{matrix}$$

als wahrscheinlich aufstellt. Die Substanz ist wohl nichts anderes als die Diazoverbindung einer Anilinsulfosäure, deren Entstehung bei der gewöhnlichen Verunreinigung des Monomethylanilins mit Anilin leicht erklärlich ist.

Wenn somit die Ansicht von Heintz, dass die Nitrosaminbildung nur bei Imidosubstanzen eintrete, sich in vollem Umfange bestätigt hat, so gilt darum doch nicht der umgekehrte Schluss, dass jede Imidgruppe dasselbe Verhalten zeigen müsse. Hierauf hat Baeyer[2]) zuerst aufmerksam gemacht, indem er, durch vergebliche Versuche beim Succinimid und Isatin veranlasst, als zweite Bedingung für die Nitrosaminbildung die Basicität der Imidosubstanz erklärt. Auch die Baeyer'sche Ansicht hat bis heute ihre Geltung nicht verloren. O. Fischer[3]) hat zwar seitdem aus Acetanilid, Formanilid und Oxanilid Nitrosoderivate erhalten; es ist jedoch keineswegs als bewiesen anzusehen, dass diese Körper nicht noch schwach basische Eigenschaften besitzen, wenn auch beständige Salze derselben mit Säuren nicht bekannt sind; jedenfalls ist es sehr bezeichnend, dass die Nitrosoderivate derselben weit unbeständiger als die gewöhnlichen Nitrosamine sind und dass ferner das Benzanilid, welches bereits schwach saure Eigenschaften besitzt, nicht mehr im Stande ist, ein ähnliches Product zu bilden.

Dieselben Erfahrungen habe ich bei der Untersuchung einiger Nitrosoharnstoffe gemacht; es zeigte sich hier, dass der Eintritt der NO-Gruppe nicht nur abhängig, sondern geradezu proportional der Basicität der Imidosubstanz ist: Der einbasische Diäthylharnstoff[4]) nimmt nur eine Nitrosogruppe auf, unter Bildung eines vollständig indifferenten Products; dasselbe gilt von dem Aethylphenylharnstoff[5])

---

[1]) Berichte d. D. Chem. Gesellsch. 7, 1351.
[2]) Berichte d. D. Chem. Gesellsch. 8, 682.
[3]) Berichte d. D. Chem. Gesellsch. 9, 463 und 10, 959.
[4]) Berichte d. D. Chem. Gesellsch. 9, 111. (*S. 192.*)
[5]) Berichte d. D. Chem. Gesellsch. 9, 881. (*S. 164.*)

und den vorher beschriebenen Harnstoffderivaten des Phenylhydrazins, bei welchen die Nitrosogruppe ausschliesslich mit der basischen Imidgruppe des Aethylamins resp. des Hydrazins in Bindung tritt, während andererseits der indifferente Diphenylharnstoff[1]) unter denselben Verhältnissen von salpetriger Säure überhaupt nicht angegriffen wird.

Eben so wie die Leichtigkeit der Bildung steht dann auch die Beständigkeit der Nitrosamine in naher Beziehung zur Basicität der Imidgruppe; während die Derivate des Dimethyl- und Diäthylamins unzersetzt destilliren und durch concentrirte Schwefelsäure erst bei hoher Temperatur zersetzt werden, sind die entsprechenden Verbindungen des Methyl- und Aethylanilins und des Diphenylamins sowohl gegen Wärme als concentrirte Säuren weit unbeständiger und noch stärker tritt diess beim Nitrosoacetanilid und den von mir beschriebenen Nitrosoharnstoffen zum Vorschein. In directem Zusammenhang hiermit steht dann endlich auch die Leichtigkeit der Hydrazinbildung bei der Reduction mit Zinkstaub und Essigsäure. In der Fettreihe gelingt dieselbe bei vorsichtiger Operation leicht und in fast quantitativer Weise; beim Methylphenyl- und Diphenylnitrosamin wird gleichzeitig schon ein beträchtlicher Theil der Aminbase regenerirt und bei der Reduction des Nitrosoacetanilids usw. konnte O. Fischer keine Spur der so leicht zu erkennenden Hydrazinverbindungen nachweisen.

Die ausführliche Untersuchung der aus den Nitrosaminen entstehenden secundären Hydrazine habe ich ebenfalls in der aromatischen Reihe begonnen, weil dieselbe hier bei der leichten Beschaffung des Materials und den guten Eigenschaften der Producte geringere Schwierigkeiten als in jeder anderen Gruppe bietet und weil die hier gemachten Erfahrungen die allerdings interessantere, aber auch weit mühsamere Untersuchung der fetten Hydrazinbasen wesentlich erleichtern werden.

Zufällig im Besitze grösserer Mengen von Monomethylanilin wählte ich dazu das Methylphenylhydrazin und das wegen seiner Isomerie mit dem Hydrazobenzol doppelt interessante Diphenylhydrazin.

Methylphenylhydrazin.

Das Rohmaterial für die Darstellung dieser Base verdanke ich der Freundlichkeit der Herren Noelting und Monnet in Lyon, welche dasselbe in höchst zuvorkommender Weise speciell für meine Zwecke darstellen liessen; das mir überlassene Präparat war ein Gemenge von 25 pC. Mono- und 75 pC. Dimethylanilin. Zur Gewinnung des Nitrosamins benutzte ich die früher für das Aethylphenylnitrosamin angegebene

---

[1]) Berichte d. D. Chem. Gesellsch. **9**, 881. (*S. 164.*)

Methode[1]), welche darin besteht, das Gemenge von primären, secundären und tertiären aromatischen Basen in saurer Lösung mit salpetriger Säure zu behandeln; die ersteren liefern hierbei Diazokörper, letztere die dem Nitrosodimethylanilin entsprechenden Verbindungen, welche beide in Lösung bleiben, während das aus den secundären Basen entstehende Nitrosamin als Oel abgeschieden wird und mit Aether extrahirt werden kann.

Für Operationen in grösserem Massstabe hat sich folgendes Verfahren bewährt.

3 Kilo des oben erwähnten Rohmaterials wurden in 4 Kilo Salzsäure (spec. Gew. 1,19) und 10 Kilo Wasser gelöst und das Gemisch in 20 Portionen (bei einiger Vorsicht kann man noch grössere Mengen in Arbeit nehmen) mit salpetrigsaurem Natron behandelt; letzteres wird in concentrirter, mit Schwefelsäure neutralisirter, wässeriger Lösung angewandt und dem durch Eiswasser gekühlten Gemisch allmälig zugesetzt. Nach jedesmaligem Zusatz ist rasches und kräftiges Umschütteln der Flüssigkeit nöthig, um die frei werdende Säure sofort mit der secundären Base allenthalben in Berührung zu bringen, da andernfalls ein beträchtlicher Theil derselben zur Bildung von Nitrosodimethylanilin verbraucht wird.

Die Lösung färbt sich erst gelb, später dunkelbraun und scheidet das Nitrosamin als dunkelgefärbtes Oel ab. Sobald ein geringer Ueberschuss von $NaNO_2$ eingetragen und in Folge dessen die Ausscheidung des in kaltem Wasser schwer löslichen salzsauren Nitrosodimethylanilins stattfindet, ist unter den angegebenen Bedingungen die Umwandlung der Imidbase eine vollständige; man extrahirt alsdann die noch saure Lösung sofort mit Aether und erhält beim Verdampfen des letzteren das Nitrosamin in fast quantitativer Weise als dunkelgefärbtes Oel; die wässerige Mutterlauge kann zur Darstellung von Nitrosodimethylanilin verwandt werden.

Eine weitere Reinigung des Products, dessen Eigenschaften von P. Hepp[2]) näher beschrieben sind, ist zur Gewinnung des Hydrazins überflüssig.

Darstellung des Methylphenylhydrazins. — Die Reduction der Nitrosamine zu Hydrazinbasen ist, abgesehen von der bereits besprochenen Beständigkeit dieser Verbindungen selbst, hauptsächlich von der Wahl des Reductionsmittels, den Temperaturverhältnissen und dem Lösungsmittel abhängig. Die bei den Nitrokörpern allgemein gebräuchliche Reductionsmethode mit Zinn und Salzsäure bewirkt hier ausnahmslos die Rückbildung der ursprünglichen Aminbasen, wie

---
[1]) Berichte d. D. Chem. Gesellsch. 8, 1641. (S. 160.)
[2]) Berichte d. D. Chem. Gesellsch. 10, 329.

diess schon Wertheim beim Nitrosopiperidin und später Griess beim Nitrosoäthylanilin gezeigt haben; ebenso wirken in den meisten Fällen Zink und Schwefelsäure. Die Abspaltung der Nitrosogruppe ist übrigens hierbei nicht ausschliesslich auf Rechnung der Wirkung des nascirenden Wasserstoffs zu setzen; sie wird vielmehr, wie es scheint, zum grössten Theil durch die Säuren selbst veranlasst, wie man diess für die Salzsäure speciell aus den Versuchen von Geuther beim Diäthylnitrosamin weiss. Vermieden werden diese nachtheiligen Bedingungen bei Anwendung von Natriumamalgam oder Zinkstaub und Essigsäure; beide Agentien sind für die Gewinnung der Hydrazine geeignet, nur verdient das letztere bei grösseren Operationen wegen der leichteren Handhabung und grösseren Billigkeit den Vorzug. Die Reduction der in Wasser unlöslichen aromatischen Nitrosamine gelingt am besten in alkoholischer Lösung und die bei der Reaction leicht eintretende, bedeutende Temperaturerhöhung wird möglichst durch gute Kühlung der Gefässe und allmäligen Zusatz der Agentien vermieden.

Für die Darstellung grösserer Mengen Methylphenylhydrazin aus dem rohen Nitrosamin nach dieser Methode diente folgendes Verfahren.

30 Grm. Nitrosamin wurden mit 120 Grm. 50 procentiger Essigsäure vermischt, Alkohol bis zur vollständigen Lösung des ersteren zugesetzt und dieses Gemisch in 200 Grm. 90 procentigen, gut gekühlten Alkohols, in welchem 100—150 Grm. Zinkstaub suspendirt sind, allmälig und unter Umschütteln eingetragen; auf diese Weise kann man die Temperatur, welche 30° nicht übersteigen soll und am besten zwischen 10 und 20° gehalten wird, bequem reguliren und bringt ausserdem das Nitrosamin sofort unter die zur Hydrazinbildung geeignetsten Bedingungen, d. h. überschüssigem nascirendem Wasserstoff zusammen. Zinkstaub ist bei allen diesen Reductionen stets in grossem Ueberschuss anzuwenden, da in dem Handelsproduct immer nur ein verhältnissmässig geringer Theil in der feinvertheilten, besonders wirksamen, sog. molecularen Form vorhanden zu sein scheint. Nach Beendigung der Reaction werden mehrere solcher Portionen, die man zugleich verarbeitet hat, vereinigt, im Wasserbade erwärmt und heiss filtrirt. Wo keine Filterpresse zur Verfügung steht, colirt man zweckmässig zuerst die grösste Menge des Zinkstaubs, presst den Rückstand aus und entfernt die mit durchgetriebenen feineren Zinkstaubpartikelchen durch eine zweite Filtration durch Papier. Die so erhaltene klare alkoholische Lösung wird sofort in der Wärme mit ziemlich concentrirter Natronlauge übersättigt, wobei der grösste Theil des erst abgeschiedenen Zinkoxydhydrats wieder in Lösung geht und nun entweder in einem grösseren Dampfapparate mit Wasserdämpfen destillirt oder direct mit Aether extrahirt. Der ätherisch-alkoholische Auszug wird mit Schwefelsäure

angesäuert und verdampft; das Ansäuern ist nothwendig, weil sonst beträchtliche Mengen der Hydrazinbase sich mit den Alkoholdämpfen verflüchtigen. Der wässerige saure Rückstand liefert mit Natronlauge übersättigt letztere als dunkelgefärbtes Oel; dasselbe wird wieder mit Aether extrahirt, nach dem Abdampfen mit kohlensaurem Kali scharf getrocknet und über freiem Feuer destillirt, wobei man die von 190 bis 240° siedende Fraction besonders auffängt; bei der ersten Destillation werden, ebenso wie beim Phenylhydrazin, nicht unbeträchtliche Mengen Ammoniak entwickelt, welche man, wie dort angegeben, entfernt. Das so erhaltene erste Destillationsproduct besteht keineswegs, wie schon das Schwanken des Siedepunkts zeigt, aus reinem Hydrazin, sondern enthält bedeutende, unter Umständen bis zu 30 pC. ansteigende Mengen von Monomethylanilin, dessen gleichzeitige Bildung bei der Reduction des Nitrosamins leicht verständlich ist. Die Entfernung des letzteren durch fractionirte Destillation wurde trotz der bedeutenden Differenz der Siedepunkte für die reinen Basen vergeblich versucht; das von Ammoniak sorgfältig befreite und mit K_2CO_3 wiederholt getrocknete Gemenge destillirte stets zwischen 195 und 230°, ohne auch nur die geringste Neigung zu constantem Siedepunkte zu zeigen und selbst die empirische Zusammensetzung der einzelnen Fractionen war nicht so sehr verschieden.

Eine bessere und leicht auszuführende, wenn auch nicht quantitative Trennungsmethode beider Basen beruht auf der verschiedenen Löslichkeit der schwefelsauren Salze in Wasser und Alkohol; das Sulfat des Hydrazins krystallisirt verhältnissmässig leicht und ist in kaltem Alkohol schwer löslich. Zur Gewinnung desselben versetzt man die Rohbase mit der berechneten Menge 40 procentiger Schwefelsäure, kühlt das Gemisch auf 0° ab, verdünnt mit dem gleichen Volumen absoluten Alkohols und filtrirt die abgeschiedene Krystallmasse auf einer gut wirkenden Saugpumpe; der Rückstand wird mit Alkohol gewaschen und durch Pressen zwischen Fliesspapier möglichst von der Mutterlauge befreit; der allergrösste Theil des Monomethylanilins geht hierbei, allerdings mit nicht unbeträchtlichen Mengen des Hydrazins, in Lösung. Das durch Uebersättigen der Mutterlauge mit Natronlauge wiedergewonnene Basengemenge kann man zur Darstellung einzelner Derivate der Hydrazinbase benutzen, welche leichter von dem Monomethylanilin zu trennen sind. Zur vollständigen Reinigung wird das abgeschiedene schwefelsaure Salz einmal aus siedendem absolutem Alkohol umkrystallisirt und die beim Erkalten abgeschiedene feine weisse Krystallmasse filtrirt und bei 100° getrocknet. Durch Uebersättigen der wässerigen Lösung desselben mit concentrirten Alkalien erhält man die Base als fast farbloses Oel, welches nach dem Trocknen mit K_2CO_3 vollständig zwischen 220 und 225° destillirt. Eine zweite Rectification lieferte ein von 222 bis 224° constant siedendes Präparat, dessen Analyse die der Formel $C_6H_5 \cdot N_2H_2 \cdot (CH_3)$ entsprechenden Werthe ergab.

0,1928 Grm. gaben 0,487 CO_2 und 0,1497 H_2O.

Ber. C 68,85, H 8,2.
Gef. ,, 68,87, ,, 8,62.

Das Methylphenylhydrazin ist frisch destillirt ein farbloses, schwach aromatisch riechendes Oel, welches bei − 17° nicht erstarrt; an der Luft färbt es sich bald durch Oxydation roth bis dunkelbraun. Der Siedepunkt liegt bei 715 MM. Barometerstand zwischen 222 und 224°, mithin ungefähr 10° niedriger, als der des Phenylhydrazins; es ist diess um so auffallender, als bei den gewöhnlichen Aminbasen jedes neueintretende Alkoholradical eine entsprechende Erhöhung des Siedepunkts zur Folge hat. Die Hydrazine zeigen in dieser Beziehung also eine merkwürdige Aehnlichkeit mit den substituirten Harnstoffen, bei welchen ebenfalls, wie Michler[1]) speciell hervorgehoben hat, mit der Zahl der Alkoholradicale eine Erniedrigung des Siedepunktes eintritt.

Die Base ist in kaltem Wasser schwer löslich, etwas leichter in heissem, mit Alkohol, Aether, Chloroform, Benzol, Schwefelkohlenstoff mischt sie sich in jedem Verhältniss, schwieriger wird sie von kaltem Ligroïn aufgenommen, mit Wasserdämpfen ist sie ziemlich leicht flüchtig. Gegen oxydirende Agentien zeigt sie eine grössere Beständigkeit als das Phenylhydrazin und reducirt z. B. Fehling'sche Lösung erst in der Wärme; ähnlich verhalten sich alle unsymmetrischen secundären Hydrazine und man kann diese Reaction zur Unterscheidung von den primären Basen benutzen.

Das Methylphenylhydrazin ist eine einsäurige Base, wie die nachfolgende Analyse des Sulfats beweist; von ihren Salzen wurde nur dieses rein dargestellt und genauer untersucht; dasselbe bildet feine weisse glänzende Blättchen von der Formel $(C_6H_5 \cdot N_2H_2 \cdot CH_3)_2H_2SO_4$ und ist in Wasser sehr leicht, in kaltem Alkohol sehr schwer löslich.

0,3168 Grm. gaben 0,220 $BaSO_4$. — 0,2025 Grm. gaben 30,5 CC. Stickstoff bei 20° und 720 MM Druck.

Ber. S 9,36, N 16,37.
Gef. ,, 9,54, ,, 16,32.

Die übrigen Verbindungen der Base mit Salzsäure, Salpetersäure, Platinchlorid usw. sind in Wasser und Alkohol sehr leicht löslich und nur schwierig krystallisirt zu erhalten.

Ueber die Constitution der Base kann ihrer Synthese zufolge kein Zweifel herrschen; sie entsteht aus dem Nitrosamin, für welches die Formel

$$\begin{array}{c}C_6H_5 \\ CH_3\end{array}\!\!\!\!\diagdown\!\text{N}-\text{NO}$$

---

[1]) Berichte d. D. Chem. Gesellsch. **8**, 1665.

keiner weiteren Begründung bedarf, durch einfache Reduction der
NO- zur NH$_2$-Gruppe, woraus sich die Constitution

$$\begin{array}{c}C_6H_5\\CH_3\end{array}\!\!>\!\!N-NH_2$$

von selbst ergiebt. Keine der im Nachfolgenden beschriebenen Reactionen der Substanz steht mit dieser Anschauung in Widerspruch, vielmehr liessen sich die meisten als gewissermassen nothwendige Consequenzen derselben voraussehen.

Wie man aus der Formel selbst ersieht, ist die als Methylphenylhydrazin hier bezeichnete Base ein unsymmetrisches zweifach-substituirtes Derivat der Atomgruppe NH$_2$ — NH$_2$, oder, wenn man sie mit den gewöhnlichen Aminbasen vergleicht, die Combination einer tertiären und einer primären Amingruppe; von dem Phenylhydrazin unterscheidet sie sich nur durch die Veränderung, welche die Imidgruppe durch den Eintritt eines zweiten Alkoholradicals erfahren hat und auf diesen Umstand allein lässt sich denn auch in der That das theilweise so total verschiedene Verhalten beider Basen in ungezwungener Weise zurückführen. Alle Reactionen des Phenylhydrazin, bei welchen nur die Amidogruppe in Betracht kommt, lassen sich mit Leichtigkeit auch hier ausführen, dagegen wurde keine einzige beobachtet, bei welcher die Imidogruppe der ersteren als solche direct betheiligt ist.

Methylphenylhydrazin und Alkyljodüre.

Als tertiäre Base verbindet sich das Methylphenylhydrazin direct mit einem Molecul Brom- oder Jodäthyl zu gut krystallisirenden Körpern, welche in jeder Beziehung das Verhalten der Ammoniumverbindungen zeigen und dem bereits beschriebenen Diäthylphenylazoniumbromid entsprechen; dieselben sind vorläufig von untergeordnetem Interesse und wurden deshalb nicht weiter untersucht.

Einwirkung der salpetrigen Säure.

Das Phenylhydrazin giebt bei der Behandlung mit salpetriger Säure zunächst ein Nitrosoderivat C$_6$H$_5$ · N$_2$H$_2$ · NO, welches durch Wasserabspaltung ausserordentlich leicht in Diazobenzolimid übergeht; die Bildung eines ähnlichen Products aus dem secundären Methylphenylhydrazin blieb bei der Annahme obiger Structurformel, wenigstens wenn das Gesetz von Heintz auch hier noch volle Gültigkeit haben sollte, ausgeschlossen. Das Vorhandensein einer primären und einer tertiären Amingruppe liess vielmehr nach Analogie der aromatischen und fetten Aminbasen die Entstehung einer Verbindung voraussehen, welche den Diazokörpern oder Phenolen resp. Alkoholen entsprechen würde. Der Versuch hat nun allerdings diese Erwartung nicht bestätigt, sondern

es findet eine andere, sehr merkwürdige und für die Hydrazine in hohem Grade charakteristische Reaction statt, welche übrigens mit der Formel
$$\begin{matrix}C_6H_5\\CH_3\end{matrix}\!\!\!\!\diagdown\!\!N-NH_2$$
nicht minder leicht in Einklang gebracht werden kann.

Versetzt man die mit verdünnter Schwefelsäure angesäuerte Lösung der reinen Base mit salpetrigsaurem Natron, so erfolgt momentan die Abscheidung eines schwach gelb gefärbten Oeles und bei nicht zu verdünnten Lösungen gleichzeitig die Entwicklung eines durch geringe Mengen von Untersalpetersäure schwach gefärbten Gases; wird letzteres durch Waschen mit Kalilauge von den höheren Oxyden des Stickstoffs befreit, so besteht es aus reinem Stickoxydul; mit Luft gemengt giebt es keine rothen Dämpfe, entzündet einen glimmenden Spahn, wird von Wasser vollständig absorbirt und zeigt mit Wasserstoff verpufft keine Volumveränderung. Das erwähnte indifferente Oel ist ein reines Methylphenylnitrosamin, was durch die Liebermann'sche Reaction, den Geruch und die Umwandlung in das Hydrazin leicht festgestellt werden konnte.

Stickoxydul und Methylphenylnitrosamin sind hiernach, bei vorsichtig geleiteter Operation wenigstens, die einzigen nachweisbaren Producte der Reaction, welche in der empirischen Gleichung:
$$\begin{matrix}C_6H_5\\CH_3\end{matrix}\!\!\!\!\diagdown\!\!N_2H_2 + 2\,HNO_2 = \begin{matrix}C_6H_5\\CH_3\end{matrix}\!\!\!\!\diagdown\!\!N_2O + N_2O + 2\,H_2O$$
einen einfachen Ausdruck findet.

Versucht man nun mit Zugrundelegung obiger Structurformeln die weitere Interpretation dieses Vorganges, so liegt die Annahme am nächsten, dass derselbe die umgekehrte Reaction der Hydrazinbildung, d. h. auf eine einfache Oxydation der Amido- zur Nitrosogruppe zurückzuführen sei; zu diesem Zwecke würden 2 Mol. salpetriger Säure 2 At. Sauerstoff abgeben müssen und dadurch selbst zu Stickoxydul reducirt werden. So einfach diese Hypothese auf den ersten Anschein sein mag, so wenig steht sie mit anderen Thatsachen in Uebereinstimmung; zunächst würde es in hohem Grade auffallend, wenn nicht geradezu unverständlich bleiben, dass dieselbe Reaction durch kein einziges anderes Oxydationsmittel eingeleitet werden kann. Ferner liegt für die directe Oxydation einer NH_2- zur NO-Gruppe bisher kein mit Sicherheit bekannter Analogiefall vor; man weiss zwar durch die vereinzelt dastehenden Versuche von Glaser[1]), dass bei der Behandlung von Anilin mit übermangansaurem Kali geringe Mengen von Azobenzol entstehen und es wäre leicht denkbar, dass sich hierbei vorübergehend Nitrosobenzol

---
[1]) Ann. Chem. Pharm. **142**, 364.

bildet, welches nach den Angaben von Baeyer[1]) mit überschüssigem Anilin sofort Azobenzol liefern müsste; indessen ist diese Annahme doch so wenig sicher gestellt und ausserdem die Oxydation des Anilins selbst ein so wenig glatter Vorgang, dass man darin kaum eine Stütze für jene Interpretation finden kann. Aus diesen und anderen, später zu erörternden Gründen ist es im Gegentheil viel wahrscheinlicher, dass der Vorgang complicirter Natur ist und in verschiedenen Phasen, etwa in folgender Weise verläuft. Zunächst kann hier, ebenso wie es früher bei der Zersetzung des Phenylhydrazins durch Diazobenzolsalze angenommen wurde, unter dem Einfluss der salpetrigen Säure eine Sprengung der Hydrazingruppe etwa durch Wasseraufnahme erfolgen, wobei das Methylphenylhydrazin in Methylanilin und Hydroxylamin zerfallen würde nach der Gleichung:

$$\begin{matrix}C_6H_5\\CH_3\end{matrix}\!\!\!>\!\!N - NH_2 + H_2O = \begin{matrix}C_6H_5\\CH_3\end{matrix}\!\!\!>\!\!NH + H_3NO\,.$$

Beide Producte dieser Reaction sind aber bei Gegenwart von HNO_2 nicht existenzfähig; sie werden schon im stat. nasc. weiter verändert, wobei das erstere das entsprechende Nitrosamin und das andere, wie man aus den Versuchen von V. Meyer[2]) weiss, reines Stickoxydul liefert.

Alle Versuche zur Entscheidung dieser Frage, die intermediäre Bildung von Monomethylanilin nachzuweisen, waren bisher vergeblich, weil die Reaction nur in saurer Lösung eintritt und hier, wie es scheint, das Monomethylanilin leichter als das Hydrazin von salpetriger Säure angegriffen wird. Nichtsdestoweniger halte ich die letztere Erklärung einstweilen für die verständlichste und den Thatsachen am besten Rechnung tragende.

Ob die vorliegende, zunächst nur in der aromatischen Reihe untersuchte Reaction auch bei den übrigen secundären unsymmetrischen Basen der Fettgruppe usw. zutrifft, muss einstweilen dahingestellt bleiben; sollte es sich jedoch bestätigen, so würden daraus für die Hydrazine bezüglich ihres Verhaltens gegen salpetrige Säure ähnliche Gesetzmässigkeiten, wie bei den Aminbasen, zu folgern sein und es würde die letztere zugleich als bequemes Reagens zur Unterscheidung derselben dienen können. Die primären Basen liefern bekanntlich zunächst Nitrosokörper, welche durch Wasserabspaltung leicht in die dem Diazobenzolimid entsprechenden Verbindungen übergehen, die unsymmetrischen secundären werden in die correspondirenden Nitrosamine zurückverwandelt und die symmetrischen liefern ähnlich den primären stickstoffreichere, aber beständigere Nitrosoderivate.

---
[1]) Berichte d. D. Chem. Gesellsch. 7, 1638.
[2]) Ann. Chem. Pharm. 175, 141.

Ebenso werden sich voraussichtlich die tertiären Basen verhalten; bei den quaternären dagegen darf man mit ziemlicher Sicherheit erwarten, dass sie von dem Reagens entweder überhaupt nicht angegriffen, oder in solche Körper verwandelt werden, welche dem von Baeyer und Caro entdeckten Nitrosodimethylanilin analog constituirt sind.

Methylphenylhydrazin und Diazobenzol.

Eine kalte wässerige Emulsion der reinen Base wird bei Zusatz von reinem salpetersaurem Diazobenzol rasch verändert; es findet dabei stets auch in verdünnter und sehr gut gekühlter Lösung geringe Gasentwickelung statt; gleichzeitig tritt der Geruch von Diazobenzolimid auf. Um secundäre Zersetzungen des Diazobenzols möglichst zu vermeiden, war es nothwendig, einen Ueberschuss der Base in Anwendung zu bringen; die Reaction verläuft alsdann ausserordentlich rasch.

Zur Isolirung der verschiedenen Producte wurde die mit Alkali übersättigte Lösung mit Aether extrahirt und dieser Auszug mit verdünnter Schwefelsäure zur Entfernung aller basischen Producte ausgeschüttelt; beim Abdampfen des Aethers blieb alsdann ein dunkelgefärbter, öliger Rückstand, der zum grössten Theile aus Diazobenzolimid bestand; nach Entfernung des letzteren durch Destillation mit Wasserdämpfen erstarrte die Masse beim Erkalten krystallinisch. Dieselbe wurde mit Ligroïn gewaschen, wobei der grösste Theil der öligen Nebenproducte in Lösung ging und der krystallinische Rückstand aus Aether umkrystallisirt; die hierbei in farblosen Blättchen anschiessende Substanz wurde durch die Analyse und sämmtliche Reactionen als identisch mit der später beschriebenen, durch Oxydation mit Quecksilberoxyd aus dem Methylphenylhydrazin entstehenden Verbindung erkannt.

Die ätherischen Mutterlaugen hinterliessen beim Verdampfen eine stark dunkelgefärbte, halbfeste Masse, welche geringe Mengen der Verbindung von Diazobenzol mit Monomethylanilin zu enthalten schien, deren Isolirung aber nicht gelang.

Die wässerige schwefelsaure Lösung enthielt neben unverändertem Hydrazin nur Monomethylanilin; um letzteres mit Sicherheit nachzuweisen, wurde noch in einem besonderen Versuche ein Ueberschuss von Diazobenzol angewandt, um alle Hydrazinbase zu zersetzen; die schwefelsaure Lösung enthielt alsdann nur Methylanilin, welches leicht durch die bekannten Reactionen identificirt werden konnte.

Sieht man also von der Bildung des indifferenten krystallinischen Körpers ab, welcher jedenfalls durch die oxydirende Wirkung der Salpetersäure entstanden ist, so sind Diazobenzolimid und Monomethylanilin die wesentlichsten Producte der Reaction, welche durch die Gleichung:

$$\begin{pmatrix}C_6H_5\\CH_3\end{pmatrix} \cdot N - NH_2 + C_6H_5 \cdot N_2 \cdot NO_3 = \begin{pmatrix}C_6H_5\\CH_3\end{pmatrix} NH + C_6H_5 \cdot N_3 + HNO_3$$

veranschaulicht wird.

Die gleichzeitige Bildung eines dem Diazoamidobenzol ähnlichen Derivates der Hydrazinbase wurde hier eben so wenig, wie beim Phenylhydrazin, beobachtet; im Gegentheil hat der ganze Vorgang die grösste Aehnlichkeit mit dem dort beschriebenen und es spricht diese Uebereinstimmung nachdrücklich für die Annahme, dass hier wie dort eine Sprengung der Hydrazingruppe etwa in der früher angenommenen Weise durch Wasseraufnahme stattfindet.

Bis zu einem gewissen Grade entscheidend für diese Ansicht wird das Verhalten der tertiären Hydrazine gegen Diazobenzol sein, deren jedenfalls grössere Beständigkeit die Bildung der dem Diazoamidobenzol entsprechenden Verbindungen erwarten lässt.

Derivate des Methylphenylhydrazins.

Die Untersuchung der durch Einführung von Säureradicalen oder Harnstoffgruppen entstehenden Abkömmlinge des Methylphenylhydrazins, welche grösstentheils vorläufig nur ein untergeordnetes Interesse haben, wurde wegen der Kostbarkeit des Materials nicht in so ausgedehnter Weise unternommen, wie diess beim Phenylhydrazin geschehen ist; durch qualitative Versuche wurde indessen festgestellt, dass die meisten Reactionen, welche bei den gewöhnlichen Aminbasen für die Darstellung dieser Körper bekannt sind, auch hier in Anwendung kommen können. Benzylchlorid liefert ein leicht krystallisirendes Säureamid; mit Bittermandelöl verbindet sich die Base unter Wasserabspaltung zu einem beständigen gut charakterisirten Körper; Essigsäureanhydrid und Isocyansäureäther wirken energisch auf dieselbe ein; mit Schwefelkohlenstoff verbindet sie sich in der Kälte nicht, beim Erhitzen entweicht Schwefelwasserstoff und das Gemisch erstarrt krystallinisch.

Genauer untersucht wurden nur einige Harnstoffabkömmlinge, zu deren Darstellung man am besten das rohe, durch Reduction des Nitrosamins erhaltene Basengemenge benutzt, da ihre Reinigung leichter und mit geringerem Verluste als die Gewinnung der einen Base gelingt.

Methylphenylsemicarbazid $\genfrac{}{}{0pt}{}{C_6H_5}{CH_3}{>}N-NH-CO-NH_2$.

Diese Verbindung scheidet sich als dunkelbraunes, beim Erkalten allmälig krystallinisch erstarrendes Oel ab, wenn man eine schwach salzsaure concentrirte Lösung der Rohbase mit der äquivalenten Menge von reinem Kalciumcyanat versetzt.

Die abfiltrirte und zwischen Fliesspapier gepresste Krystallmasse wird zur weiteren Reinigung in möglichst wenig heissem Benzol gelöst; beim Erkalten krystallisirt ein Theil derselben aus, den Rest fällt man mit Aether, wobei die dunkelroth gefärbten Mutterlaugen einen nur geringen Theil des Harnstoffs zurückhalten. Durch Wiederholen der Operation erhält man den Harnstoff als blendend weisse, feine Krystallmasse. Zur Analyse wurde die Substanz bei 100° getrocknet.

0,2083 Grm. gaben 0,447 CO_2 und 0,1355 Grm. H_2O. — 0,1701 Grm. gaben 39,5 CC. Stickstoff bei 13° und 711 MM. Druck.

$C_8H_{11}N_3O$. Ber. C 58,18, H 6,66, N 25,46.
Gef. ,, 58,52, ,, 7,2, ,, 25,62.

Die Substanz ist in heissem Wasser ziemlich leicht löslich, weit schwieriger in kaltem Wasser, Aether und Ligroïn, sehr leicht aber in Alkohol und heissem Benzol. Von concentrirter warmer Salzsäure wird sie leicht aufgenommen und es scheidet sich beim Erkalten ein unbeständiges Hydrochlorat in feinen weissen Krystallen ab; beim längeren Erhitzen mit rauchender Salzsäure im zugeschmolzenen Rohr auf 100° wird sie in Ammoniak, Kohlensäure und Hydrazin gespalten; gleichzeitig färbt sich die Lösung in Folge einer geringen Zersetzung violettroth. Schmelzpunkt 133°.

Fehling'sche Lösung wird von der Verbindung auch in der Wärme nicht verändert; dagegen wirkt salpetersaures Silber beim Kochen noch oxydirend auf dieselbe. Bei der Behandlung mit salpetriger Säure wird sie ähnlich den Harnstoffabkömmlingen des Phenylhydrazins in ein stickstoffreicheres Nitrosoderivat verwandelt. Zur Darstellung des letzteren wird eine gut gekühlte und mit etwas mehr als der berechneten Menge rauchender Salzsäure versetzte alkoholische Lösung des Harnstoffs allmälig mit einem Ueberschuss von salpetrigsaurem Natron in sehr concentrirter wässeriger Lösung versetzt. Auf Zusatz von Wasser scheidet sich dann die Nitrosoverbindung in feinen goldglänzenden Blättchen ab, welche nach dem Abfiltriren und Waschen mit Wasser fast chemisch rein sind. Das zur Analyse verwandte Präparat war nochmals in Alkohol in gelinder Wärme gelöst und mit Wasser gefällt worden.

0,194 Grm. gaben 50,5 CC. Stickstoff bei 13° und 712 MM. Druck.

$C_8H_{10}N_4O_2$. Ber. N 28,86. Gef. N 28,8.

Die Verbindung ist unzweifelhaft ein Nitrosoderivat des Methylphenylsemicarbazids und ihre Constitution ist durch die Formel

$$\begin{matrix}C_6H_5\\ CH_3\end{matrix}\!\!>\!\!N-\underset{\underset{NO}{|}}{N}-CO\cdot NH_2$$

ausgedrückt. Mit Phenol und Schwefelsäure giebt sie die Liebermann'schen Farbstoffe. Sie schmilzt bei 77° unter geringer Gasentwickelung und verwandelt sich in ein dunkelgefärbtes Oel, welches nicht weiter untersucht wurde.

Alle Versuche, in dieser Verbindung die NO-Gruppe zu reduciren, um später durch Abspaltung der Harnstoffgruppe eine Base

$$\begin{matrix}C_6H_5\\ C_6H_3\end{matrix}\!\!>\!\!N-NH-NH_2$$

zu gewinnen, sind bisher ebenso wie bei den entsprechenden Verbindungen des Phenylhydrazins an der Unbeständigkeit der Substanz selbst gescheitert und es wurde als einziges Product der regenerirte Harnstoff erhalten; ich werde dieselben jedoch unter veränderten Bedingungen wieder aufnehmen.

Methyldiphenylsulfosemicarbazid,

$$\begin{matrix}C_6H_5\\ CH_3\end{matrix}\!\!>\!\!N-NH\cdot CS\cdot NH\cdot C_6H_5.$$

Beim Vermischen von 1 Mol. reinem Methylphenylhydrazin und 1 Mol. Phenylsenföl tritt starke Erwärmung ein und beim Erkalten erstarrt die Masse vollständig. Wendet man statt der reinen Base das Rohproduct an, so ist es besser, das Gemenge sofort mit dem 1 bis 2fachen Volumen Alkohol zu versetzen; nach einiger Zeit scheidet sich dann der Sulfoharnstoff grösstentheils in schönen, fast farblosen Krystallen ab; derselbe wird am besten aus siedendem Alkohol umkrystallisirt.

0,2267 Grm. gaben 34,5 CC. Stickstoff bei 14° und 709 MM. Druck.

$C_{14}H_{15}N_3S$. Ber. N 16,34. Gef. N 16,68.

Die Substanz ist in heissem Alkohol, Chloroform und Benzol leicht löslich, schwer in kaltem Alkohol und Aether. Schmelzpunkt 154°. In Chloroformlösung wird sie beim Kochen durch gelbes Quecksilberoxyd entschwefelt; die Producte der Reaction wurden nicht weiter untersucht.

Oxydation des Methylphenylhydrazins.

Nächst der Einwirkung der salpetrigen Säure ist das Verhalten gegen oxydirende Agentien wohl die empfindlichste und sicherste Reaction zur Unterscheidung der primären und secundären Hydrazinbasen. Es ist bereits erwähnt, dass das Methylphenylhydrazin von Fehling'scher

Lösung erst in der Wärme angegriffen wird und dass man diese Erscheinung zur Erkennung der Base neben Phenylhydrazin, welches schon in der Kälte vollständig zerstört wird, benutzen kann; noch auffallender kommt dieser Unterschied in den Zersetzungsproducten zum Vorschein. Die beim Phenylhydrazin beschriebene Bildung von Diazobenzol und dessen Derivaten oder von Benzol und Anilin wurde hier in keinem Falle beobachtet und es ist diess um so erklärlicher, als die dazu erforderliche Abspaltung der Methylgruppe unter dem Einfluss der hier verwandten Oxydationsmittel kaum zu erwarten war.

Erwärmt man die wässerige Lösung der Base mit einem Ueberschuss von Fehling'scher Lösung, so erfolgt eine starke Gasentwickelung und gleichzeitig die Abscheidung von Kupferoxydul; nach beendeter Einwirkung enthält die Lösung Monomethylanilin und das entweichende Gas besteht aus fast reinem Stickstoff.

Die Reaction entspricht der Bildung von Anilin aus Phenylhydrazin und wird durch die Gleichung:

$$2 \binom{C_6H_5}{CH_3} N_2H_2 + O = 2 \binom{C_6H_5}{CH_3} NH + H_2O + N_2$$

ausgedrückt. Ein hiervon total verschiedener Vorgang findet statt, wenn man energischer wirkende Oxydationsmittel anwendet und in der Kälte arbeitet. Die durch Zerstörung der Hydrazingruppe bedingte Stickstoffentwickelung kann hierbei ziemlich vollständig vermieden werden und es entsteht statt dessen durch Vereinigung von 2 Mol. der Base ein indifferenter Körper, welcher zu dieser in einem ähnlichem Verhältniss steht, wie die Azoverbindungen der aromatischen Gruppe zu den Aminbasen. Die Darstellung dieser interessanten Substanz gelingt am leichtesten bei Anwendung von gelbem Quecksilberoxyd. Versetzt man eine Lösung der Base (am besten des Rohproducts) in der 8fachen Menge Chloroform allmälig mit kleinen Mengen Quecksilberoxyd, so giebt sich der Eintritt der Reaction sehr bald durch Schwärzung des letzteren zu erkennen, gleichzeitig färbt sich die Lösung dunkelbraun; durch gute Abkühlung und fortwährendes Umschütteln wird die leicht eintretende Stickstoffentwickelung, welche Folge eines secundären Vorgangs ist, möglichst verhindert. Sobald ein Ueberschuss des Oxydationsmittels eingetragen und beim ruhigen Stehen keine Gasentwickelung mehr sichtbar ist, oder eine abfiltrirte Probe nach dem Verdampfen des Chloroforms Fehling'sche Lösung nicht mehr verändert, ist die Umwandlung der Hydrazinbase beendet. Die von den Quecksilberverbindungen abfiltrirte, dunkelbraune Lösung wird im Wasserbade möglichst stark eingedampft und der Rückstand mit Alkohol versetzt. Die hierdurch sofort abgeschiedene, dunkelbraune Krystallmasse wird durch Filtriren, Auswaschen mit Alkohol und

Pressen zwischen Fliesspapier möglichst von der Mutterlauge getrennt und durch Umkrystallisiren aus heissem Alkohol oder durch wiederholtes Lösen in Chloroform und Fällen mit Alkohol gereinigt. Die den Krystallen schliesslich noch anhaftende schwachgelbe Färbung lässt sich indessen auf diesem Wege kaum vollständig entfernen; leichter gelingt diess durch reducirende Agentien; versetzt man die heisse alkoholische Lösung mit etwas Zinkstaub und sehr wenig Eisessig, so wird dieselbe zunächst vollständig entfärbt und das Filtrat scheidet beim raschen Abkühlen die Substanz in ganz farblosen feinen Blättchen ab, während die Mutterlauge sich gewöhnlich in Folge einer geringen Zersetzung der in Lösung gebliebenen Masse durch die Essigsäure blauviolett färbt.

Durch weiteres Umkrystallisiren aus Alkohol werden dieselben leicht aschenfrei erhalten. Die Analyse verschiedener, so dargestellter und im Vacuum getrockneter Präparate, welche alle Zeichen der Reinheit trugen, führten übereinstimmend zu der Formel $C_7H_8N_2$.

1. 0,2145 Grm. gaben 0,548 CO_2 und 0,138 H_2O; — 0,0987 Grm. gaben 20,5 CC. Stickstoff bei 13° und 709 MM. Druck; — 0,1504 Grm. gaben 31,5 CC. Stickstoff bei 15° und 713 MM. Druck. — 2. 0,2349 Grm. gaben 0,6015 CO_2 und 0,1495 H_2O. — 3. 0,2117 Grm. gaben 0,543 CO_2 und 0,1342 H_2O; — 0,184 Grm. gaben 40,5 CC. Stickstoff bei 25° und 717 MM. Druck. — 4. 0,2202 Grm. gaben 0,566 CO_2 und 0,1377 H_2O.

$C_7H_8N_2$.
Ber. C 70,00, H 6,67, N 23,33.
Gef. ,, 69,67, 69,83, 69,96, 70,1, ,, 7,15, 7,07, 7,04, 6,94, ,, 22,9, 22,9, 23,13.

Die Differenzen zwischen den gefundenen und berechneten Zahlen für Wasserstoff können kaum in Betracht kommen, da sämmtliche Verbrennungen wegen der leichten Zersetzlichkeit der Substanz im Bayonnetrohr ausgeführt werden mussten, wobei bekanntlich, besonders bei Sommertemperatur, stets 0,3 bis 0,4 pC. H zu viel gefunden werden.

Die Substanz ist in Chloroform und Schwefelkohlenstoff leicht, in Aether und kaltem Alkohol schwer löslich. Sie schmilzt bei 133° zu einem unter Gasentwickelung sich rasch dunkelfärbenden Oel; bei grösseren Mengen dauert die Gasentwickelung auch nach der Entfernung der Flamme noch kurze Zeit an, worauf plötzliche, ziemlich heftige Verpuffung erfolgt und gleichzeitig ein intensiver Geruch nach Cyanphenyl auftritt.

Von oxydirenden oder gelinde reducirenden Agentien wird sie nicht weiter verändert, eben so wenig durch Kochen mit Wasser; um so unbeständiger ist sie gegen verdünnte Mineralsäuren und selbst etwas concentrirte Essigsäure. Versetzt man eine alkoholische Lösung derselben mit verdünnter Salz- oder Schwefelsäure, so färbt sich dieselbe tiefblau; dieselbe Farbenveränderung zeigt sich beim gelinden Erwärmen der festen Substanz mit verdünnten Säuren; zugleich wird dieselbe zersetzt und es entweicht genau die Hälfte des Stickstoffs in Gasform.

0,2597 Grm. Substanz gaben mit verdünnter Schwefelsäure gekocht 28,5 CC. Stickstoff bei 24° und 720 MM. Druck.

Ber. N 11,66. Gef. N 11,7.

Die rückständige saure Lösung bleibt hierbei zuerst schön blau, verliert jedoch beim längeren Kochen diese Farbe grösstentheils und enthält alsdann reichliche Mengen von Monomethylanilin. Diese Reaction, welche anscheinend glatt verläuft, steht mit der oben aus den Analysen hergeleiteten Formel nicht im Einklang, da die ausschliessliche Bildung von Monomethylanilin und Stickstoff die Zufuhr von 1 At. Wasserstoff verlangen würde, dessen Herkunft bei den hier gegebenen Bedingungen unverständlich bleibt:

$$C_7H_8N_2 + H = C_7H_9N + N.$$

Es würde dieselbe vielmehr für die wasserstoffreichere Formel $C_7H_9N_2$ sprechen, und ich habe aus diesem Grunde, zumal da die analytischen Differenzen nicht bedeutend sind, lange geschwankt, der einen oder anderen dieser Formeln den Vorzug zu geben.

Erst die Uebereinstimmung aller mit besonderer Sorgfalt ausgeführten Analysen von Präparaten, welche alle Charactere der Reinheit trugen, veranlasste mich, die erstere für die wahrscheinlichere zu halten und hier definitiv aufzustellen. Es führt diess natürlich weiter zu der Annahme, dass bei der Zersetzung mit Säuren secundäre Vorgänge stattfinden, welche die Bildung von Methylanilin ermöglichen; in welcher Weise das geschieht, bleibt zur Zeit unentschieden; die vorübergehende Blaufärbung der Substanz und der wässerigen Lösung, selbst nachdem bereits aller gasförmige Stickstoff ausgetrieben ist, mithin der Process beendet zu sein scheint, und der Umstand, dass neben Methylanilin stets geringe Mengen harziger, dunkelgefärbter Producte erhalten werden, deuten allerdings auf solche Nebenreactionen hin, zu deren Untersuchung mir jedoch bisher das Material fehlte; ausserdem ist auch zu erwarten, dass das wieder aufgenommene Studium der fetten Hydrazine, bei welchen die analytischen Differenzen für solche Producte weit grösser sind, diese Frage rascher und sicherer entscheiden wird.

Versucht man nun mit Zugrundelegung der augenblicklich wahrscheinlicheren empirischen Formel $C_7H_8N_2$ die Constitution der Verbindung aus den bekannten Thatsachen zu entwickeln, so gelangt man zu dem Schlusse, dass dieselbe nur nach Art der Azokörper aus zwei Moleculen der Hydrazinbase durch Stickstoffverkettung entstanden sein kann, mithin die Formel $C_7H_8N_2$ zu verdoppeln ist. Alle anderen

Möglichkeiten werden durch das gesammte Verhalten des Körpers ausgeschlossen; die Annahme, dass eine Verkettung zwischen dem Methyl und der Amidgruppe des Hydrazins durch Verlust von zwei Wasserstoffatomen eintrete, wird widerlegt durch die Beobachtung, dass auch das später beschriebene Diphenylhydrazin ein ähnliches Product liefert; eine Condensation zwischen dem Benzol und der Stickstoffgruppe dagegen würde für die Verbindung ganz andere, etwa dem Diimidonaphtol ähnliche Eigenschaften erwarten lassen und noch weniger lässt sich die Annahme einer Kohlenstoffverkettung zwischen dem Benzolkern und der Methylgruppe mit dem Verhalten der Substanz in Einklang bringen. Es bleibt mithin nur die der Constitution der Azokörper entsprechende Formel

$$\begin{matrix}C_6H_5\\CH_3\end{matrix}\rangle N-N=N-N\langle\begin{matrix}C_6H_5\\CH_3\end{matrix},$$

als bester Ausdruck der bekannten Thatsachen zu berücksichtigen. Dieselbe würde den indifferenten Charakter der Substanz, die bei der Zersetzung mit Säuren eintretende Stickstoffentwickelung und, wenn man will, auch die explosiven Eigenschaften derselben ungezwungen erklären. Für ihre Entstehung hätte man dann schliesslich noch ein Analogon in der von Glaser beobachteten Bildung von Azobenzol durch Oxydation des Anilins, wie aus folgenden Gleichungen ersichtlich wird:

$$2\,C_6H_5 \cdot NH_2 + 2\,O = C_6H_5 \cdot N = N \cdot C_6H_5 + 2\,H_2O;$$

$$2\,\begin{matrix}C_6H_5\\CH_3\end{matrix}\rangle N-NH_2 + 2\,O = \begin{matrix}C_6H_5\\CH_3\end{matrix}\rangle N-N=N-N\langle\begin{matrix}C_6H_5\\CH_3\end{matrix} + 2\,H_2O.$$

Sollte sich diese einstweilen bestbegründete Ansicht im Laufe der Untersuchung bestätigen; so haben wir in dieser Substanz den ersten Repräsentanten einer neuen Körperklasse mit einer aus vier Atomen bestehenden Stickstoffkette, für welche ich den Namen „Tetrazonverbindungen" vorschlage; die beschriebene Substanz würde hiernach die Bezeichnung „Dimethyldiphenyltetrazon" erhalten.

Auffallend könnte man es allerdings finden, dass ein Körper von dieser Constitution nicht ähnlich dem Azobenzol bei der Einwirkung von reducirenden Agentien zwei Wasserstoff fixirt und in die Verbindung

$$\begin{pmatrix}C_6H_5\\CH_3\end{pmatrix} = N-NH-NH-N = \begin{pmatrix}C_6H_5\\CH_3\end{pmatrix}$$

übergeht; dieser Einwurf wird jedoch hinfällig, wenn man andererseits die Beständigkeit desselben gegen Oxydationsmittel in Betracht zieht und ferner berücksichtigt, dass die Anwendung von energisch wirkenden Reductionsmitteln bei der leichten Zersetzlichkeit durch Säuren hier nicht zulässig ist.

Eine weitere Bestätigung enthält die obige Formel endlich noch durch die Zusammensetzungen und Eigenschaften des einzigen Derivats, welches ich bisher gewinnen konnte, einer Verbindung der Substanz mit Jod.

Man erhält dieselbe durch Zusatz von Jod zu einer kalt gehaltenen Lösung des Dimethyldiphenyltetrazons in Chloroform als schwarzen, aus mikroscopisch feinen Nadeln bestehenden Niederschlag; durch rasches Abfiltriren und Auswaschen mit Chloroform wird jeder Ueberschuss des einen oder anderen Reagens leicht entfernt. Das Product selbst ist höchst unbeständig und mit grosser Vorsicht zu behandeln; sobald die Masse trocken wird, tritt schon bei Zimmertemperatur plötzliche Verpuffung ein, wobei Joddämpfe in reichlicher Menge entweichen und eine blasige, halbverkohlte, aber noch jodhaltige Masse zurückbleibt. Von einer Analyse der Substanz nach der gewöhnlichen Methode musste unter diesen Umständen natürlich abgesehen werden; ihre Zusammensetzung konnte indessen auf indirectem Wege ermittelt werden, da dieselbe durch moleculares Silber glatt in den ursprünglichen Körper zurückverwandelt wird. Zu diesem Zwecke wurde eine unbestimmte, noch feuchte Menge eines aus ganz reinem Material frisch dargestellten Präparats in Schwefelkohlenstoff suspendirt und mit einem grossen Ueberschuss von reinem molecularen Silber bis zur Entfärbung der Lösung geschüttelt. Das Filtrat lieferte beim Verdampfen die ganze Menge des regenerirten Tetrazons als schwach grau gefärbte Krystallmasse; das rückständige Gemenge von Silber und Jodsilber wurde nach dem Trocknen mit Salpetersäure ausgezogen und das ungelöste Jodsilber wie gewöhnlich bestimmt.

Aus den so erhaltenen Zahlen berechnet sich annähernd die Formel $C_{14}H_{16}N_4J_4$.

Auf 0,511 Grm. regenerirtes Dimethyldiphenyltetrazon wurden 1,86 AgJ gefunden.

$C_{14}H_{16}N_4 + 4J$. Ber. J 67,9, Tetrazon 32,1.
    Gef. ,, 66,4,   ,,   33,6.

Die Substanz ist in Aether, Alkohol und Chloroform sehr schwer löslich, etwas leichter in Schwefelkohlenstoff mit dunkelbrauner Farbe. Leichter noch als durch Silber wird sie beim Schütteln mit verdünnten Alkalien zersetzt; hierbei entsteht ebenfalls theilweise Dimethyldiphenyltetrazon, während ein anderer Theil gleichzeitig in harzige Producte verwandelt wird.

Durch ihre grosse Unbeständigkeit und Explosivität erinnert die Verbindung lebhaft an den Jodstickstoff, bezüglich ihrer Zusammensetzung und Constitution dagegen dürfte sie mehr den Perjodiden des Tetraäthylammoniums[1]) und mancher Pflanzenalkaloïde zu vergleichen sein.

---
[1]) Weltzien, Ann. Chem. Pharm. **91**, 33.

Diphenylhydrazin.

Diese Base wird analog der vorher beschriebenen Verbindung aus dem Diphenylamin erhalten. Dieselbe ist isomer mit dem Hydrazobenzol, welches man ebenfalls, wie schon früher hervorgehoben wurde, als ein Derivat des Hydrazins $NH_2 - NH_2$ betrachten kann; ihre Kenntniss giebt mithin Gelegenheit, die dieser Körperklasse eigenthümlichen Isomerieverhältnisse an der Hand der Thatsachen eingehender zu besprechen.

Bildung und Eigenschaften des aus dem Diphenylamin entstehenden Nitrosamins sind von O. Witt[1]) ausführlich beschrieben.

Zur Darstellung grösserer Mengen wende ich statt der dort angegebenen Methoden folgendes Verfahren an, welches bei ergiebiger Ausbeute den Vorzug grösserer Bequemlichkeit hat.

Zu einer gut gekühlten Lösung von 40 Th. käuflichem Diphenylamin in 200 Th. Alkohol und 30 Th. Salzsäure (spec. Gewicht 1,19) werden allmälig 35 Th. salpetrigsaures Natron (28 pC. N_2O_3 enthaltend) in concentrirter wässeriger Lösung 2:3 unter gutem Umschütteln eingetragen. Die Flüssigkeit färbt sich Anfangs dunkelgrün, gegen Ende der Operation meist dunkelbraun und scheidet neben Chlornatrium reichliche Mengen des Nitrosamins in blätterigen Krystallen ab. Durch starke Abkühlung und vorsichtigen Zusatz von wenig Wasser wird auch der Rest des letzteren ziemlich vollständig ausgefällt, während die dunkelgefärbten, öligen, vorzüglich von Verunreinigungen des Diphenylamins herstammenden Nebenproducte grösstentheils in Lösung bleiben. Durch Abfiltriren und Auswaschen mit kleinen Mengen Alkohol erhält man eine hellgelbe Krystallmasse, welche nach Entfernung des beigemengten Kochsalzes durch Waschen mit Wasser aus fast reinem Nitrosamin besteht. Die alkoholischen Mutterlaugen scheiden auf Zusatz von Wasser ein dunkles Oel ab, welches nur geringe Mengen der reinen Verbindung enthält und dessen Verarbeitung sich nicht mehr lohnt.

Zur vollständigen Reinigung des Rohproductes genügt einmaliges Umkrystallisiren aus heissem Ligroïn (Siedepunkt 70 bis 100°), worin dasselbe in der Wärme ausserordentlich leicht, in der Kälte sehr schwer löslich ist.

Die nach diesem Verfahren erzielte Ausbeute betrug durchschnittlich 85 bis 90 pC. der von der Theorie verlangten Menge.

Zur Umwandlung in die Hydrazinbase wird die Lösung des Nitrosamins in der fünffachen Menge Alkohols mit überschüssigem Zinkstaub versetzt und allmälig Eisessig in kleinen Mengen zugegeben; die hierbei

---
[1]) Berichte d. D. Chem. Gesellsch. 8, 855.

alsbald eintretende bedeutende Temperaturerhöhung ist durch gute Kühlung des Gefässes und fortwährendes Umschütteln möglichst zu mässigen. Die Reaction ist beendet, wenn auf erneuten Zusatz von Eisessig keine merkbare Erwärmung mehr stattfindet und eine abfiltrirte Probe auf Zusatz von concentrirter Salzsäure nicht mehr die dem Nitrosamin eigenthümliche grünblaue Färbung zeigt. Die heiss vom Zinkstaub abfiltrirte Lösung wird auf $1/4$ ihres Volums eingedampft, mit der gleichen Menge Wasser verdünnt und mit einem grossen Ueberschuss von rauchender Salzsäure allmälig unter Abkühlung und Umrühren versetzt.

Beim Erkalten scheidet sich das in concentrirter Salzsäure schwer lösliche Hydrochlorat der Base zum grössten Theil in feinen, blau gefärbten Nadeln ab. Das Salz ist durch nicht unbeträchtliche Mengen Diphenylamin, dessen gleichzeitige Bildung bei der Reduction des Nitrosamins kaum vollständig vermieden werden kann, verunreinigt; dasselbe lässt sich jedoch leicht entfernen durch Umkrystallisiren des Rohproducts aus heisser, sehr verdünnter Salzsäure, wobei es grösstentheils als Oel zurückbleibt und abfiltrirt werden kann.

Aus dem Filtrat wird die Hydrazinbase durch concentrirte Salzsäure wieder ausgefällt; durch mehrmalige Wiederholung dieser Operation erhält man leicht und sicher ein diphenylaminfreies Präparat. Das so dargestellte Hydrochlorat ist stets schwach blau gefärbt, was von einer geringen Veränderung der Substanz durch die concentrirte Salzsäure herrührt. Durch einmaliges Umkrystallisiren aus heissem Alkohol wurde dasselbe in farblosen feinen Nadeln gewonnen, welche im Vacuum getrocknet bei der Analyse die von der Formel

$$(C_6H_5)_2N_2H_2 \cdot HCl$$

verlangten Zahlen gaben:

0,2017 Grm. gaben 0,4833 CO_2 und 0,110 H_2O. — 0,2311 Grm. gaben 27 CC. Stickstoff bei 17° und 714 MM. Druck.

  Ber. C 65,31, H 5,89, N 12,7.
  Gef. ,, 65,35, ,, 6,06, ,, 12,73.

Durch Zersetzung des reinen Hydrochlorats mit Natronlauge erhält man die freie Base als schwach gelbgefärbtes Oel, welches selbst in einer Kältemischung nicht erstarrt; bei —17° wird sie wohl dickflüssig, ohne indessen zu krystallisiren; es ist möglich, dass diese Erscheinung durch geringe Mengen schwer zu entfernender Verunreinigungen veranlasst wird; jedenfalls aber ist die geringe Krystallisationsfähigkeit der Substanz um so auffallender, als das Monophenylhydrazin und das isomere Hydrazobenzol gerade durch die gegentheilige Eigenschaft ausgezeichnet sind. Eben so wenig lässt sich die Base durch Destillation reinigen; bei gewöhnlichem Druck ist sie nur theilweise unzersetzt flüchtig, ein anderer Theil zerfällt dabei in Ammoniak, Diphenylamin und nicht flüchtige harzartige Producte. Von der Analyse der Substanz wurde deshalb abgesehen, zumal da die Formel $(C_6H_5)_2N_2H_2$ durch die Analysen der Salze hinreichend festgestellt ist.

Sie ist leicht löslich in Aether, Alkohol, Benzol und Chloroform, sehr schwer in Wasser; in Folge dieser Schwerlöslichkeit wird sie von Fehling'scher Lösung selbst beim Kochen kaum angegriffen, obschon sie gegen andere Oxydationsmittel nicht beständiger, als die übrigen secundären Hydrazine ist; an der Luft färbt sie sich bald durch Oxydation dunkelbraun. Von concentrirter Schwefelsäure wird sie ähnlich dem Nitrosamin beim gelinden Erwärmen ohne wesentliche Veränderung mit tiefblauer Farbe gelöst und beim Verdünnen mit Wasser grösstentheils als schwefelsaures Salz wieder abgeschieden. Das Diphenylhydrazin ist eben so wie das Phenyl- und Methylphenylhydrazin eine einsäurige Base; seine Salze sind jedoch weit unbeständiger, sie werden bereits durch Wasser theilweise zersetzt.

Das Hydrochlorat bildet feine weisse Nadeln und ist in kaltem Wasser und concentrirter Salzsäure sehr schwer löslich; eine kalt gesättigte Lösung in reinem Wasser zeigt beim gelinden Erwärmen eine auffallende Dissociationserscheinung: sie trübt sich durch Abscheiden der freien Base, welche bei höherer Temperatur jedoch wieder gelöst wird; in verdünnter Salzsäure ist das Salz ganz beständig.

Das Sulfat krystallisirt aus heisser verdünnter Schwefelsäure in feinen, meist blaugefärbten Nadeln und hat die Zusammensetzung

$$[(C_6H_5)_2N_2H_2]_2H_2SO_4.$$

0,2277 Grm gaben 0,116 $BaSO_4$.

Ber. S 6,87. Gef. S 7,0.

Es ist in heisser verdünnter Schwefelsäure ziemlich leicht, in der Kälte schwer löslich; von reinem Wasser wird es ebenfalls theilweise zersetzt.

Das salpetersaure Salz bildet gleichfalls feine, in kaltem Wasser schwer, in heissem etwas leichter lösliche Nadeln.

In dem Diphenylhydrazin lassen sich die beiden an Stickstoff gebundenen Wasserstoffatome mit Leichtigkeit durch Säure- oder Alkoholradicale ersetzen.

Monobenzoyldiphenylhydrazin.

Zur Darstellung dieser Verbindung fügt man allmälig 1 Mol. Benzoylchlorid zu einer Lösung von 2 Mol. Basis in der zehnfachen Menge Aether. Die alsbald sich abscheidende Krystallmasse wird abfiltrirt und zur Entfernung des Hydrochlorats mit schwach saurem Wasser ausgekocht; beim Umkrystallisiren des Rückstandes aus heissem Aceton scheidet sich das Benzoylderivat in feinen weissen glänzenden Nadeln ab.

Die Analyse der bei 100° getrockneten Substanz gab folgende Zahlen.

0,2324 Grm. gaben 21,5 CC. Stickstoff bei 21° und 714 MM. Druck. — 0,193 Grm. gaben 0,5577 CO_2 und 0,1024 H_2O.

$(C_6H_5)_2N_2H \cdot CO \cdot C_6H_5$. Ber. C 79,16, H 5,56, N 9,72.
Gef. ,, 78,81, ,, 5,88, ,, 9,9.

Die Verbindung ist in heissem Aceton und Chloroform ziemlich leicht löslich, schwerer in Alkohol und Aether. Schmelzpunkt 192°. Beim stärkeren Erhitzen tritt Zersetzung ein. Durch concentrirte Säuren wird sie langsam in Benzoesäure und Hydrazinbase gespalten.

Benzylidendiphenylhydrazin.

Beim Vermischen von gleichen Moleculen Bittermandelöl und Basis trübt sich die Lösung sofort durch Wasserabscheidung und erstarrt beim Erkalten zu einer gelb gefärbten Krystallmasse, welche durch Umkrystallisiren aus heissem Alkohol gereinigt wurde.

Die Analyse der im Vacuum getrockneten Substanz führte zu der Formel $(C_6H_5)_2 \cdot N_2 \cdot CH \cdot C_6H_5$.

0,1942 Grm. gaben 0,594 CO_2 und 0,110 H_2O. — 0,271 Grm. gaben 26,5 CC. Stickstoff bei 21° und 717 MM. Druck.

Ber. C 83,82, H 5,88, N 10,3.
Gef. ,, 83,44, ,, 6,29, ,, 10,5.

Das Benzylidendiphenylhydrazin bildet kleine, meist schwach gelb gefärbte Krystalle von wenig charakteristischer Form; es ist leicht löslich in Aether, Chloroform und Benzol, schwer in kaltem Wasser. Der Schmelzpunkt liegt bei 122°, mithin auffallenderweise 30° niedriger als der des Benzylidenmonophenylhydrazins.

Was die Constitution der Base betrifft, so ist man nach der Synthese wohl berechtigt, dieselbe eben so wie das Methylphenylhydrazin als ein unsymmetrisches Substitutionsproduct der Atomgruppe NH_2-NH_2, als ein diphenylirtes Hydrazin von der Formel $(C_6H_5)_2N - NH_2$ aufzufassen.

Diese Formel trägt nicht nur in allen Punkten dem Verhalten der Base Rechnung, sie giebt auch in einfacher Weise Rechenschaft von ihren Beziehungen zu dem isomeren Hydrazobenzol. Behält man nämlich für letzteres die seiner Bildung aus Azobenzol am besten entsprechende Formel $C_6H_5 - NH - NH - C_6H_5$ bei, so liegt es nahe, dasselbe ebenfalls als ein Derivat des Hydrazins, in welchem die beiden Phenylreste symmetrisch auf die beiden Stickstoffgruppen vertheilt sind, aufzufassen und seine Beziehungen zu obiger Base dem Verhältniss der Aethylen- zu den Aethylidenverbindungen an die Seite zu stellen. Man erkennt ferner aus den Formeln selbst, dass vorliegender Fall die einzige Art ist, welche die moderne Theorie für die substituirten Hydrazine bei Gleichartigkeit der substituirenden Gruppen voraussehen lässt.

In wie weit diese Betrachtungsweise aber durch die experimentellen Thatsachen gerechtfertigt ist, wird am besten aus einer vergleichenden Zusammenstellung der meist total verschiedenen Reactionen beider Körper ersichtlich werden.

Das Diphenylhydrazin, wie ich die beschriebene Base zum Unterschied vom Hydrazobenzol kurzweg benannt habe, bildet mit Mineralsäuren beständige Salze; eine moleculare Umlagerung zu Benzidin, wie sie sein Isomeres durch diese Agentien so leicht erleidet, wurde in keinem Falle beobachtet.

Bei der trockenen Destillation zerfällt das eine theilweise in Ammoniak und Diphenylamin, das andere vollständig in Anilin und Azobenzol.

Substitutionsproducte des Hydrazobenzols, entstanden durch Einführung von Alkohol- oder Säureradicalen in die stickstoffhaltige Gruppe, sind zwar der Theorie nach möglich, indessen bisher wohl in Folge von experimentellen Schwierigkeiten nicht erhalten worden; beim Diphenylhydrazin gelingt die Darstellung solcher Producte, wie oben gezeigt, mit der grössten Leichtigkeit.

Während das Hydrazobenzol durch Oxydationsmittel leicht und glatt in Azobenzol verwandelt wird, liefert sein Isomeres unter ähnlichen Bedingungen meist mit lebhafter Stickstoffentwickelung Diphenylamin, blauviolette Farbstoffe von complicirter Zusammensetzung und in geringerer Menge einen indifferenten stickstoffreicheren Körper, welcher dem Dimethyldiphenyltetrazon analog constituirt und unten näher beschrieben ist.

Am auffallendsten und deutlichsten endlich wird die Isomerie beider Verbindungen durch ihr verschiedenes Verhalten gegen salpetrige Säure illustrirt, welche nach allen bisher bekannten Thatsachen jedenfalls das sicherste und bequemste Mittel zur Unterscheidung von primären, secundären und tertiären Amingruppen ist.

Für das Hydrazobenzol ist bereits durch Versuche von Baeyer[1] nachgewiesen, dass es unter geeigneten Bedingungen durch salpetrige Säure in einen Körper, welcher mit den gewöhnlichen Nitrosaminen

---

[1] Berichte d. D. Chem. Gesellsch. 2, 683. Baeyer stellt dafür die Formel:

$$C_6H_5 - \underset{NO}{N} - \underset{NO}{N} - C_6H_5$$

auf, ohne dieselbe jedoch durch eine Analyse der sehr unbeständigen Verbindung begründen zu können. Die von mir seitdem gemachte Beobachtung, dass die

die grösste Aehnlichkeit zeigt, umgewandelt wird, mithin sich den Imidbasen oder Harnstoffabkömmlingen des Phenylhydrazins analog verhält.

In ganz anderem Sinne verläuft dieselbe Reaction beim Diphenylhydrazin, welches dabei ähnlich dem Methylphenylhydrazin glatt Stickoxydul und Diphenylnitrosamin liefert.

Beide Producte wurden durch die Analyse und sämmtliche Reactionen identificirt; ausser ihnen konnte kein drittes nachgewiesen werden:

$$(C_6H_5)_2N_2H_2 + 2\,HNO_2 + (C_6H_5)_2N_2O + N_2O + 2\,H_2O.$$

Bezüglich der weiteren Interpretation dieses Vorganges verweise ich auf die ausführliche Besprechung desselben beim Methylphenylhydrazin.

Oxydation des Diphenylhydrazins.

Die Zersetzung des Diphenylhydrazins durch Oxydationsmittel ist ebenso wie bei den vorher beschriebenen Hydrazinen verschieden, je nach der Wahl der Agentien, der Temperatur und der Concentration der Lösungen, sowohl was die Art der Producte, als ihre relativen Mengen betrifft. Von Fehling'scher Lösung wird die Base, wie bereits angegeben, auch in der Wärme nur sehr langsam angegriffen; rasch erfolgt ihre Zersetzung durch Quecksilberoxyd, Silberoxyd, Eisenchlorid usw. schon in der Kälte; bei höherer Temperatur zerfällt hierbei der grösste Theil der Base in Stickstoff und Diphenylamin vielleicht nach der Gleichung:

$$2\,(C_6H_5)_2 - N - NH_2 + O = 2\,(C_6H_5)_2\,NH + H_2O + N_2.$$

Gleichzeitig bildet sich eine mehr oder weniger grosse Menge eines blauvioletten, in Alkohol leicht löslichen, stickstoffhaltigen Farbstoffs, welcher nicht weiter untersucht wurde. Wird die Oxydation dagegen in der Kälte und in sehr verdünnter Lösung ausgeführt, so erhält man neben diesen Producten noch einen farblosen indifferenten Körper in wechselnder Menge, den ich wegen seiner Ähnlichkeit mit dem Dimethyldiphenyltetrazon als Tetraphenyltetrazon bezeichne. Die beste Ausbeute erhielt ich bei Anwendung von Eisenchlorid. Schüttelt man das Diphenylhydrazin mit einer sehr verdünnten, möglichst neutralen und gut gekühlten Lösung von Eisenchlorid, so färbt sich dieselbe bald

---

Hydrazinstoffe und der ebenfalls zwei Imidgruppen enthaltende Diäthylharnstoff alle nur eine Nitrosogruppe fixiren, macht die Formel:

$$C_6H_5 - \underset{NO}{N} - NH - C_6H_5$$

wahrscheinlicher.

blauviolett und erstarrt allmälig krystallinisch. Sobald die Masse vollständig fest geworden, ist die Reaction beendet; man filtrirt und wäscht das Rohproduct zuerst mit Wasser, später wiederholt mit Alkohol; hierbei gehen das gleichzeitig gebildete Diphenylamin und der Farbstoff in Lösung und es bleibt das in Alkohol schwer lösliche Tetrazon als wenig gefärbte Krystallmasse zurück; dasselbe wird zerrieben, nochmals mit kleinen Mengen Alkohol ausgekocht und schliesslich aus reinem, warmem Schwefelkohlenstoff mehrmals umkrystallisirt.

Die Analyse der so gereinigten und im Vacuum getrockneten farblosen Substanz gab die der Formel $C_{24}H_{20}N_4$ entsprechenden Werthe.

0,2131 Grm. gaben 29,5 CC. Stickstoff bei 14° und 717 MM. Druck. — 0,2171 Grm. gaben 0,627 CO_2 und 0,1142 H_2O.

$C_{24}H_{20}N_4$. Ber. C 79,12, H 5,5, N 15,38.
       Gef. ,, 78,76, ,, 5,85, ,, 15,35.

Die Substanz schmilzt bei 123° unter Gasentwickelung zu einer gelb gefärbten Flüssigkeit; hierbei entsteht neben nicht flüchtigen Producten Diphenylamin.

Sie ist in Aether, Alkohol, Chloroform und Ligroïn schwer löslich, ziemlich leicht aber in warmem Schwefelkohlenstoff.

Mit concentrirten Säuren übergossen färbt sie sich blau und wird langsam unter Zersetzung gelöst, beim Erhitzen verschwindet die blaue Farbe und geht in schmutzig Gelb über.

Was ihre Constitution betrifft, so dürfte die für das Dimethyldiphenyltetrazon entwickelte Ansicht auch hier massgebend sein; dieselbe wird höchst wahrscheinlich durch die Formel $(C_6H_5)_2 = N-N = N-N = (C_6H_5)_2$ richtig wiedergegeben.

29. Emil Fischer: Ueber die Hydrazinverbindungen.

(Zweite Abhandlung.)

Liebigs Annalen der Chemie **199**, 281 [1879].

(Eingelaufen den 11. October 1879.)

Hydrazine der Fettreihe[1]).

In der ersten ausführlichen Abhandlung[2]) über die aromatischen Hydrazine habe ich mich auf die Beschreibung der einfachsten Verbindungen beschränkt, weil es mir zweckmässig schien, zunächst an einem Beispiel das mannigfaltige eigenthümliche Verhalten dieser neuen Körperklasse in umfassender Weise darzustellen.

Von demselben Grundsatze geleitet habe ich die Bearbeitung der fetten Basen ebenfalls zunächst nur in einer Reihe, bei den Aethylderivaten begonnen und in ausgedehntem Massstabe durchgeführt.

Die hier gewonnenen und im Nachfolgenden beschriebenen Resultate lassen im Allgemeinen eine ausserordentlich grosse Aehnlichkeit in dem Verhalten der fetten und aromatischen Verbindungen bei den meisten typischen Reactionen erkennen; wesentliche Verschiedenheiten treten nur dort zu Tage, wo die stärkere Basicität der ersteren und die grössere Unbeständigkeit ihrer Stickstoffgruppe gegen oxydirende Agentien zur Geltung kommt. Ganz besonders ist in dieser Beziehung das Verhalten der primären Basen gegen Diazobenzol und salpetrige Säure hervorzuheben.

Die Unterschiede sind jedoch keineswegs so bedeutend, dass dadurch die früher beim Phenylhydrazin entwickelten theoretischen Anschauungen irgend welche Modification erfahren hätten. Vielmehr habe ich mich bei der Interpretation der experimentellen Ergebnisse hier meist mit dem einfachen Hinweis auf die betreffenden Stellen der ersten Abhandlung begnügen können.

Aus demselben Grunde schien es mir zweckmässig, bei der Bezeichnung der zahlreichen Derivate dieser Basen die früher in Vorschlag gebrachte Nomenclatur durchgängig beizubehalten.

---

[1]) Vorläufige Mittheilungen. Berichte d. D. Chem. Gesellsch. **8**, 1587 (S. *189*); **9**, 111 (S. *192*); **11**, 2206 (S. *197*).

[2]) Liebig's Ann. d. Chem. **190**, 67. (S. *205*.)

Die nachfolgende experimentelle Untersuchung der fetten Hydrazine, welche ich bereits im Jahre 1875 begonnen und zum Theil mit Unterstützung von Herrn Dr. Troschke vor Kurzem beendet habe, hat durch verschiedene Umstände, vorzüglich durch die lästige Beschaffung der Ausgangsmaterialien, mehrfache längere Unterbrechungen erfahren. Für die Beseitigung der letzten Schwierigkeit bin ich Herrn Dr. A. Bannow zu besonderem Danke verpflichtet, durch dessen freundliche Bemühungen mir von der Kahlbaum'schen Fabrik in Berlin vor einiger Zeit grössere Mengen von Diäthylharnstoff und Diäthylnitrosamin in vorzüglicher Beschaffenheit zur Verfügung gestellt wurden.

Aethylhydrazin.

Bildungsweisen. — Für die Gewinnung des Aethylhydrazins geht man nicht, wie in der aromatischen Reihe, von der primären Aminbase, dem Aethylamin, sondern von dessen Harnstoffderivaten, dem Diäthyl- oder Aethylphenylharnstoff aus. Beide Verbindungen werden durch salpetrige Säure in Nitrosoderivate verwandelt, welche bei der Reduction mit Zinkstaub und Essigsäure einen Hydrazinharnstoff liefern, der schliesslich durch Säuren in Aethylhydrazin, Kohlensäure und Aethylamin, resp. Anilin gespalten wird. Von beiden im Princip gleichen Methoden ist die erste wegen der besseren Ausbeute und der leichteren Ausführung aller Operationen trotz dem höheren Preise des Ausgangsmaterials für die Darstellung der Base vorzuziehen.

Bildung von Aethylhydrazin aus Diäthylharnstoff.

Das von Wurtz entdeckte Diäthylcarbamid wird ähnlich den gewöhnlichen secundären Aminbasen durch salpetrige Säure unter gewissen Bedingungen glatt in ein Nitrosoderivat von der Formel:

$$C_2H_5 \cdot N \cdot CO \cdot NH \cdot C_2H_5$$
$$|$$
$$NO$$

verwandelt. Diese Verbindung wurde zuerst von v. Zotta[1]) beobachtet, ihre Natur aber nicht erkannt. v. Zotta erhielt dieselbe durch Eintragen von salpetrigsaurem Kali in die kalte salpetersaure Lösung des Harnstoffs als gelbgefärbtes Oel, für welches er ohne Analyse allein aus den bei der trockenen Destillation entstehenden Zersetzungsproducten die Structurformel:

$$C_2H_5 \cdot N - CO - N \cdot C_2H_5$$
$$\diagdown \diagup$$
$$N(OH)$$

herleitet.

Ich habe die Verbindung genauer untersucht und als gewöhnliches Nitrosamin erkannt.

---

[1]) Liebig's Ann. d. Chem. 179, 101.

Man erhält dieselbe am reinsten durch Einleiten von überschüssiger salpetriger Säure in eine ätherische Lösung von Diäthylcarbamid; beim vorsichtigen Verdampfen des Aethers bleibt ein gelbgefärbtes Oel, welches mehrmals mit Wasser gewaschen und mit Chlorcalcium getrocknet nach einiger Zeit bei Wintertemperatur gut ausgebildete wasserhelle Tafeln abschied, ohne jedoch selbst in einer Kältemischung vollständig zu erstarren. Der Schmelzpunkt der Krystalle scheint bei etwa 5° zu liegen, konnte jedoch wegen des noch anhaftenden Oels nicht genau bestimmt werden.

Die Analyse der Verbindung, welche trotz der unvermeidlichen plötzlichen Zersetzung des Oels ohne bemerkenswerthen Verlust ausgeführt werden konnte, gab nur annähernd genaue Zahlen, welche indessen für die Formel $C_5H_{11}N_3O_2$ entscheidend sind.

0,1862 Grm. gaben 0,2747 CO_2 und 0,1252 H_2O.
Ber. C 41,38, H 7,55.
Gef. ,, 40,23, ,, 7,47.

Die Substanz zeigt ausser den von v. Zotta beschriebenen Eigenschaften das charakteristische Verhalten der Nitrosamine; mit Phenol und Schwefelsäure liefert sie schon in der Kälte die Liebermann'schen Farbstoffe und durch Reduction mit Zinkstaub und Essigsäure wird sie in einen Hydrazinharnstoff verwandelt, welcher unzweifelhaft nach der Formel:

$$C_2H_5 \cdot \underset{\underset{NH_2}{|}}{N} \cdot CO \cdot NH \cdot C_2H_5$$

constituirt ist und gemäss der früher vorgeschlagenen Nomenclatur als

Diäthylsemicarbazid

bezeichnet werden kann.

Die Reduction des Nitrosokörpers wird zweckmässig nach dem später ausführlich mitgetheilten Verfahren ausgeführt.

Wie bei allen Nitrosaminen erhält man auch hier keineswegs sofort die reine Hydrazinbase, sondern stets ein Gemenge derselben mit regenerirtem Diäthylcarbamid. Zur Isolirung der ersteren benutzt man das gut krystallisirende Hydrochlorat. Dasselbe scheidet sich in feinen weissen Nadeln ab, wenn man das rohe syrupartige Gemenge der Harnstoffe direct oder nach dem Verdünnen mit Alkohol mit rauchender Salzsäure im Ueberschuss versetzt, und wird durch Umkrystallisiren aus heissem Alkohol oder concentrirter Salzsäure gereinigt.

Im Vacuum getrocknet hat das Salz die Formel $C_5H_{13}N_3O \cdot HCl$.

0,1903 Grm. gaben 0,2516 CO_2 und 0,1435 H_2O. — 0,171 Grm. gaben 37,5 CC. Stickstoff bei 6° und 717,5 MM. Druck.

Ber. C 35,82, H 8,36, N 25,08.
Gef. ,, 36,05, ,, 8,38, ,, 25,21.

Dasselbe ist leicht löslich in Wasser und heissem Alkohol; mit Platinchlorid bildet es ein in Alkohol schwer lösliches Doppelsalz von der Formel $(C_5H_{13}N_3O \cdot HCl)_2 + PtCl_4$.

0,3098 Grm. gaben 0,0915 Pt.

Ber. Pt 29,28. Gef. Pt 29,53.

Durch concentrirte Alkalien in der Kälte zersetzt liefert das Hydrochlorat den freien Hydrazinharnstoff zunächst als farblose ölige Masse; derselbe krystallisirt schwierig, ist in Wasser und Alkohol leicht löslich, reducirt Fehling'sche Lösung erst in der Wärme und wird durch salpetrige Säure sofort unter Gasentwickelung zersetzt. Beim längeren Kochen mit concentrirter Salzsäure zerfällt er glatt in Kohlensäure, Aethylamin und Aethylhydrazin:

$$C_2H_5 \cdot \underset{\underset{NH_2}{|}}{N}-CO \cdot NH \cdot C_2H_5 + H_2O = C_2H_5 \cdot NH-NH_2 + C_2H_5 \cdot NH_2 + CO_2.$$

Gewinnung von Aethylhydrazin aus Aethylphenylharnstoff.

Während aus dem Diäthylcarbamid nach dem vorher beschriebenen Verfahren nur ein Nitrosoderivat und mithin auch nur eine Hydrazinbase, die Aethylverbindung, entstehen kann, ist bei Harnstoffen mit zwei verschiedenen fetten Radicalen, z. B. bei dem Methyläthylcarbamid, die Möglichkeit für die gleichzeitige Bildung von zwei isomeren Nitrosaminen und von zwei verschiedenen Hydrazinen vorhanden. Ob diess in der That stattfindet, ist für die Fettgruppe experimentell noch nicht entschieden; dagegen habe ich bei einem halb aromatischen, halb fetten Harnstoff, dem Aethylphenylcarbamid, das Gegentheil beobachtet. Die Nitrosogruppe tritt hier ausschliesslich mit dem fetten Aminrest in Bindung, und es entsteht ein Nitrosamin, welches nur Aethylhydrazin liefert.

Nitrosoäthylphenylharnstoff, $C_6H_5 \cdot NH \cdot CO \cdot \underset{\underset{NO}{|}}{N} \cdot C_2H_5$. —

Die Verbindung bildet sich quantitativ, wenn man die mit Salzsäure angesäuerte alkoholische Lösung des Harnstoffs mit einem kleinen Ueberschuss von salpetrigsaurem Natron versetzt, und wird durch Zusatz von Wasser als schwach gefärbtes, bald krystallinisch erstarrendes Oel gefällt.

Zur Analyse wurde dieselbe im Vacuum getrocknet:

0,201 Grm. gaben 0,414 CO_2 und 0,1106 H_2O. — 0,1777 Grm. gaben 34 CC. Stickstoff bei 7° und 714 MM. Druck.

$C_9H_{11}N_3O_2$. Ber. C 55,96, H 5,7, N 21,76.

Gef. ,, 56,17, ,, 6,1, ,, 21,84.

Die Substanz krystallisirt in monosymmetrischen Prismen, welche von Herrn Dr. Arzruni gemessen und in Groth's Zeitschrift für Krystallographie und Mineralogie 1877, 387 beschrieben sind. Schmelzpunkt 59,5°. Bei der Reduction derselben mit Zinkstaub und Essigsäure in alkoholischer Lösung entsteht neben regenerirtem Aethylphenylcarbamid in kleiner Menge der entsprechende Hydrazinharnstoff, auf dessen Isolirung ich verzichtet habe. Durch längeres Erhitzen mit rauchender Salzsäure in geschlossenen Gefässen auf 100° werden beide Harnstoffe in der bekannten Weise gespalten, und man erhält neben Kohlensäure ein Gemenge von Anilin, Aethylamin und Aethylhydrazin, aus welchem das letztere leicht als schwer lösliches Hydrochlorat abgeschieden werden kann. Leider ist die Menge desselben so gering, dass die Methode trotz der leichten Beschaffung des Ausgangsmaterials keinen praktischen Werth hat.

Darstellung des Aethylhydrazins.

Zur Gewinnung grösserer Mengen der Base aus Diäthylharnstoff diente folgendes durch viele Versuche erprobte Verfahren, dessen detaillirte Beschreibung ich für nothwendig halte, da nur bei sorgfältiger Beachtung der hier festgestellten Bedingungen eine befriedigende Ausbeute erzielt wird.

50 Grm. Harnstoff werden in 200 Grm. Wasser und 35 Grm. concentrirter Schwefelsäure gelöst und dem abgekühlten Gemisch die berechnete Menge salpetrigsaures Natron in kleinen Portionen zugesetzt. Der grösste Theil des Nitrosamins scheidet sich als rothgelbes Oel aus und wird abgehoben; den Rest gewinnt man durch Extraction mit reinem Aether. Die Ausbeute ist quantitativ. Die rohe Nitrosoverbindung wird zweckmässig ohne weitere Reinigung sofort verarbeitet, da dieselbe beim Aufbewahren besonders im unreinen Zustande leicht eine theilweise Zersetzung erleidet.

Ihre Umwandlung in den Hydrazinharnstoff erfordert besondere Vorsicht und gelingt am besten bei Anwendung von kleineren Mengen.

Man löst 30 Grm. des Nitrosamins in 180 Grm. Alkohol, in welchem 120 bis 150 Grm. Zinkstaub suspendirt sind, und fügt dem durch Eiswasser gekühlten Gemisch unter häufigem Umschütteln allmälig 60 bis 70 Grm. Eisessig in sehr kleinen Mengen zu. Bei jedesmaligem Zusatz von Säure tritt besonders im Anfang der Reaction Erwärmung ein, welche durch gute Kühlung des Gefässes möglichst verringert wird. Die Temperatur soll während der ganzen Operation 20° nicht übersteigen und wird am besten zwischen 8 und 12° gehalten.

Die Reduction dauert unter diesen Bedingungen $1^{1}/_{2}$ bis 2 Stunden und ist beendet, wenn durch weiteren Zusatz von Eisessig keine Erwärmung mehr eintritt und eine abfiltrirte Probe bei Zugabe von Wasser und wenig Salzsäure kein Nitrosamin abscheidet.

Mehrere solcher Portionen werden jetzt vereinigt und zum Absitzen des überschüssigen Zinkstaubs längere Zeit der Ruhe überlassen. Die überstehende klare Flüssigkeit wird schliesslich abgegossen und der Rückstand sorgfältig colirt. Die saure alkoholische Lösung, welche die Hydrazinbase enthält, versetzt man zur Entfernung des Zinks und der Essigsäure allmälig mit einem grossen Ueberschuss von höchst concentrirter, möglichst kohlensäurefreier Natronlauge (1:1), wobei man allzustarke Erwärmung durch Kühlung der Gefässe verhindert. Nach dem Erkalten kann die Flüssigkeit, welche in zwei Schichten, eine alkoholische und eine alkalisch-wässerige getheilt ist, sofort mit Aether extrahirt werden. Der in concentrirten Alkalien sehr schwer, in Alkohol dagegen leicht lösliche Hydrazinharnstoff wird unter diesen Umständen sammt dem Alkohol leicht aufgenommen. Das Ausschütteln mit Aether wird so lange fortgesetzt, bis eine Probe Fehling'sche Lösung kaum mehr verändert. Die vereinigten ätherischen Auszüge werden nun verdampft und endlich zur Entfernung der letzten Alkoholreste nach dem Ansäuern mit concentrirter Salzsäure längere Zeit in offenen Schalen auf dem Wasserbade erwärmt. Es bleibt schliesslich ein syrupartiges, beim Erkalten langsam erstarrendes Gemenge der Hydrochlorate von Diäthylcarbamid und Diäthylsemicarbazid, deren Trennung für die Darstellung des Aethylhydrazins überflüssig ist.

Das Rohproduct wird deshalb direct zur Spaltung der Harnstoffe mit dem drei- bis vierfachen Volumen rauchender Salzsäure 10 bis 15 Stunden über freiem Feuer gekocht, wobei man die verdampfende Säure von Zeit zu Zeit ersetzt. Schon nach wenigen Minuten beginnt eine regelmässige Kohlensäureentwickelung, und man kann sich von der Bildung des Aethylhydrazins leicht durch eine Probe mit Fehling'scher Lösung überzeugen.

Nach 10 bis 12 Stunden ist es vortheilhaft, die in Lösung befindliche Base als Hydrochlorat abzuscheiden. Man sättigt zu dem Zwecke die durch Eis gekühlte Flüssigkeit mit Salzsäuregas, wobei dieselbe zu einem Brei von feinen Nadeln gesteht. Das ausgeschiedene Salz wird auf der Pumpe filtrirt, stark gepresst, mit kleinen Mengen Salzsäure wieder angerührt und durch eine zweite Filtration von dem Rest der Mutterlauge befreit. Das Filtrat wird nochmals mehrere Stunden gekocht, schliesslich stark eingedampft und wiederum mit Salzsäure gefällt. Die letzten Mutterlaugen enthalten grösstentheils Aethylamin neben kleinen Mengen Hydrazin; soll daraus das erstere rein gewonnen werden, so zerstört man das Hydrazin durch vorsichtigen Zusatz von salpetrigsaurem Natron, übersättigt sofort mit Alkalien und destillirt die Aminbase ab.

Die Ausbeute an Hydrazin ist bei diesem Verfahren keineswegs quantitativ, aber immerhin relativ befriedigend; aus 150 Grm. Diäthylharnstoff wurden 85 Grm. fast reines Hydrochlorat erhalten, was etwa 50 pC. der theoretischen Menge entspricht.

Zur vollständigen Reinigung wird das rohe Salz in wenig Wasser gelöst und wieder durch gasförmige Salzsäure gefällt.

Um daraus die freie Base zu gewinnen, zersetzt man das trockene Product vorsichtig durch allmäligen Zusatz von höchst concentrirter Kalilauge; es entsteht so zunächst eine concentrirte wässerige Lösung des Hydrazins, aus welcher dasselbe durch gepulvertes festes Aetzkali langsam als schwach gefärbtes Oel abgeschieden wird. Letzteres wird abgehoben, mit festem Kali mehrmals getrocknet und destillirt. Zur vollständigen Entwässerung muss die Base schliesslich längere Zeit mit wasserfreiem Baryt behandelt und darüber destillirt werden.

Eigenschaften und Salze der Base.

Das Aethylhydrazin hat die Zusammensetzung $C_2H_5 \cdot N_2H_3$, wie folgende Analyse eines mit Baryumoxyd getrockneten und constant bei 99,5° siedenden Präparates beweist.

0,2063 Grm. gaben 0,2435 H_2O und 0,298 CO_2.

Ber. C 40,00, H 13,33, N 46,67.
Gef. ,, 39,4, ,, 13,1.

Dieselbe Formel folgt aus der Analyse des Hydrochlorats.

Die Base bildet im reinen Zustande eine leicht bewegliche farblose Flüssigkeit von ätherischem, nur schwach an Ammoniak erinnerndem Geruch und siedet unter einem Drucke von 709 MM. Quecksilber constant bei 99,5°. Sie ist ausserordentlich hygroskopisch und besitzt schon bei gewöhnlicher Temperatur eine hohe Dampftension; in Folge dessen bildet sie an feuchter Luft dicke weisse Nebel und löst sich in Wasser und Alkohol mit starker Wärmeentwickelung. Sie wirkt stark ätzend und zerstört Kork und Kautschuk in kurzer Zeit. In Alkohol, Aether, Benzol, Chloroform ist sie leicht, in sehr concentrirten Alkalien schwer löslich. Von Licht und Luft wird sie nicht merkbar verändert.

Mit Säuren bildet das Aethylhydrazin zwei Reihen von Salzen, von welchen nur die Hydrochlorate genauer untersucht wurden.

Beim Uebersättigen der Base mit concentrirter Salzsäure entsteht stets das saure Salz, welches aus der stark sauren Lösung in feinen weissen Nadeln krystallisirt und im Vacuum getrocknet die Formel $C_2H_5 \cdot N_2H_3 \cdot (HCl)_2$ hat.

0,2248 Grm. gaben 0,4841 AgCl. — 0,3501 Grm. gaben 0,2342 CO_2 und 0,2397 H_2O. — 0,1675 Grm. gaben 30,5 CC. Stickstoff bei 4° und 718 MM. Druck.

Ber. C 18,05, H 7,52, Cl 53,38, N 21,05.
Gef. ,, 18,24, ,, 7,61, ,, 53,28, ,, 21,09.

Dasselbe löst sich sehr leicht in Wasser und Alkohol, wie es scheint unter Zersetzung; diese Lösungen reagiren stark sauer und hinterlassen beim Abdampfen das neutrale Salz. Noch leichter wird letzteres durch blosses Erhitzen der vorigen Verbindung erhalten, welche die Hälfte der Salzsäure schon bei 110° langsam, aber vollständig abgiebt.

0,8033 Grm. verloren beim 8stündigen Erhitzen auf 110° 0,219.

Verlust an HCl: Ber. 26,7. Gef. 27,38.

So dargestellt bildet das neutrale Hydrochlorat eine farblose, in der Kälte hornartige an der Luft zerfliessliche Masse, welche nicht krystallisirt und sich bei Zutritt von gasförmiger Salzsäure allmälig wieder in das krystallisirte saure Salz verwandelt. In Wasser ist dasselbe leicht löslich und bei höherer Temperatur flüchtig.

Das Sulfat, durch Neutralisation der Base mit einer alkoholischen Lösung von Schwefelsäure dargestellt, krystallisirt aus heissem Alkohol in feinen glänzenden Blättern und ist in Wasser sehr leicht löslich.

Das Oxalat scheidet sich auf Zusatz der Base zu einer alkoholischen Lösung von Oxalsäure als weisser Niederschlag ab und krystallisirt aus heissem Alkohol in glänzenden Nadeln.

In seinem allgemeinen chemischen Verhalten zeigt das Aethylhydrazin, über dessen Structur die Synthese keinen Zweifel lässt, die grösste Aehnlichkeit mit dem gleich constituirten Phenylhydrazin.

Wesentlich verschiedene Erscheinungen beobachtet man nur bei der Zersetzung der Basen durch salpetrige Säure und Diazobenzol. Von Oxydationsmitteln wird das Aethylhydrazin in alkalischer Lösung eben so leicht wie die Phenylverbindung zerstört. Die Base reducirt Fehlingsche Lösung schon in der Kälte, wobei beträchtliche Mengen von Stickstoff und einem brennbaren, indifferenten Gase entweichen. In ähnlicher Weise wird sie von Silber- und Quecksilberoxyd zersetzt. Bei Anwendung des letzteren Agens bildet sich ausserdem, wie es scheint, stets eine nicht unbeträchtliche Menge Quecksilberäthyl, dessen unangenehme toxische Wirkungen mich erst auf sein Vorhandensein aufmerksam machen mussten, zugleich aber auch mir die weitere Untersuchung des Vorgangs gründlich verleideten. Obschon ich in Folge dessen auf die Isolirung und Identificirung der Verbindung verzichten musste, so ist mir doch ihre Entstehung hier um so weniger zweifelhaft, als das Phenylhydrazin ebenfalls nach neueren Beobachtungen von Herrn Ehrhard und mir unter denselben Bedingungen beträchtliche Mengen von Quecksilberdiphenyl liefert.

In saurer Lösung ist das Aethylhydrazin gegen oxydirende Agentien beständiger; das Hydrochlorat wird von Quecksilberchlorid selbst in der Wärme sehr langsam unter Abscheidung von Calomel zersetzt; ähnlich verhält sich das Sulfat gegen Silbersalze. Dagegen wird die Base durch Bromwasser auch in saurer, stark gekühlter Lösung sofort unter Stickstoffentwickelung gänzlich zerstört.

Von den gewöhnlichen Reductionsmitteln wird sie nicht verändert. Gegen Blei-, Nickel-, Kobalt- und Eisensalze verhält sie sich ähnlich dem Ammoniak; nur behält der aus Kobaltoxydulverbindungen entstehende Niederschlag, durch die reducirende Wirkung der Base vor dem Einfluss der Luft geschützt, längere Zeit seine blaue Farbe unverändert, und das aus Eisenchloridlösung gefällte Hydroxyd verwandelt sich beim Erwärmen in schwarzes Oxyduloxydhydrat.

Neutrale Kupferchloridlösung wird durch die Base sofort entfärbt; die schwach gelbe Lösung scheidet jedoch erst beim Erwärmen Kupferoxydul ab.

Mit Chloroform und alkoholischem Kali erwärmt giebt die Base selbst in sehr kleinen Mengen die Hofmann'sche Isonitrilreaction noch sehr deutlich.

Mit Aldehyden verbindet sie sich ausserordentlich leicht unter heftiger Erwärmung und Abspaltung von Wasser.

Von Säurechloriden, Benzoyl-, Phtalyl-, Paranitrobenzoylchlorid wird sie leicht in amidartige Derivate verwandelt, von welchen besonders das letzte schön krystallisirt.

Bei der Behandlung mit Jodäthyl liefert sie ein Gemenge verschiedener Basen, unter denen bis jetzt nur das später beschriebene Diäthylhydrazin durch die Tetrazonbildung nachgewiesen wurde. Eine ausführliche Untersuchung dieser interessanten Reaction nach der in der aromatischen Gruppe benutzten Methode, welche aus Mangel an Material aufgeschoben werden musste, wird voraussichtlich die Gewinnung des bisher vergeblich gesuchten Azo- und Hydrazoäthans ermöglichen.

Von den gewöhnlichen Aminbasen und den secundären Hydrazinen trennt man das Aethylhydrazin als schwer lösliches Hydrochlorat und von den primären aromatischen Hydrazinen durch Extraction der wässerigen Lösung mit Aether, wobei die Fettbase nicht aufgenommen wird.

Derivate des Aethylhydrazins.
Von Emil Fischer und H. Troschke.

Harnstoffabkömmlinge.

Die Darstellung dieser meist schön krystallisirenden Verbindungen gelingt leicht und sicher nach den bekannten Methoden durch Combination der Base mit Cyansäure, Isocyansäureäthern und Senfölen. Ihre Eigenschaften sind im Allgemeinen die der gewöhnlichen Harnstoffe; als besondere Eigenthümlichkeit ist nur ihr Verhalten gegen salpetrige Säure und die Unbeständigkeit der aromatischen Verbindungen gegen Mineralsäuren hervorzuheben.

Aethylsemicarbazid, $C_2H_5 \cdot N_2H_2 \cdot CO \cdot NH_2$. — Aequivalente Mengen von reinem cyansauren Kali und neutralem salzsauren Hydrazin (durch längeres Erhitzen des sauren Salzes auf 110 bis 120° dargestellt) werden in concentrirter wässeriger Lösung langsam bis zum Sieden erhitzt. Nach dem Erkalten fällt man den in Wasser leicht löslichen Harnstoff durch vorsichtigen Zusatz von festem Aetzkali aus und extrahirt das abgeschiedene schwach gefärbte Oel mit Chloroform. Die stark eingedampfte Chloroformlösung scheidet auf Zusatz von Aether die Verbindung in feinen glänzenden Blättchen ab, welche im Vacuum getrocknet die Zusammensetzung $C_3H_9N_3O$ haben.

0,2721 Grm. gaben 102,5 CC. Stickstoff bei 20° und 719 MM. Druck.
Ber. N 40,77. Gef. 40,69.

Dieselbe schmilzt bei 105 bis 106°, ist in Wasser und Alkohol sehr leicht, in concentrirten Alkalien und Aether schwer löslich.

Von Quecksilberoxyd und Fehling'scher Lösung wird sie erst in der Wärme angegriffen, dagegen von salpetriger Säure auch in kalter verdünnter Lösung sofort unter starker Gasentwickelung vollständig zerstört.

Aethylphenylsemicarbazid, $C_2H_5 \cdot N_2H_2 \cdot CO \cdot NH \cdot C_6H_5$. — Die Einwirkung des Isocyansäurephenyls auf die Hydrazinbase ist so heftig, dass man zweckmässig beide Agentien mit dem zehnfachen Volumen trockenen Aethers verdünnt und allmälig unter Abkühlen zusammenbringt. Beim Verdunsten des Aethers bleibt der Harnstoff als weisse Krystallmasse zurück. Zur Trennung von kleinen Mengen Diphenylharnstoff und polymerem Carbanil, welche stets in dem Rohproducte enthalten sind, wird dasselbe in kalter verdünnter Schwefelsäure gelöst, filtrirt und durch Alkalien wieder abgeschieden.

Zur Analyse wurde die Substanz aus heissem Wasser umkrystallisirt und im Vacuum getrocknet.

0,247 Grm. gaben 53,5 CC. Stickstoff bei 24° und 722 MM. Druck.
Ber. N 23,46. Gef. N 23,06.

Der Harnstoff schmilzt bei 111 bis 112°, ist in Alkohol sehr leicht, in heissem Wasser ziemlich schwer löslich und krystallisirt daraus in dünnen glänzenden Blättchen. In kalten verdünnten Säuren löst er sich leicht und ohne Zersetzung; beim gelinden Erwärmen dagegen trüben sich diese Lösungen durch Abscheidung von Carbanil, welches beim längeren Erhitzen in der bekannten Weise in Diphenylharnstoff und Kohlensäure zerfällt, und die Flüssigkeit enthält schliesslich nur noch Aethylhydrazin.

Die Verbindung erleidet hier also mit der grössten Leichtigkeit eine sonderbare glatte Zersetzung in ihre Generatoren, Carbanil und Hydrazin, welche bisher bei keinem der gewöhnlichen Harnstoffe beobachtet wurde.

Von besonderem Interesse ist ferner die Veränderung des Carbazids durch salpetrige Säure. Versetzt man eine kalte, möglichst neutrale schwefelsaure Lösung desselben mit salpetrigsaurem Natron, so scheidet sich neben kleinen Mengen von Carbanil ein gelbgefärbtes Oel ab, welches nach einiger Zeit krystallinisch erstarrt. Dasselbe zeigt alle Reactionen eines Nitrosamins und ist besonders durch seine grosse Unbeständigkeit gegen Alkalien ausgezeichnet. Von concentrirter Kalilauge wird es sofort in der Kälte, von sehr verdünntem Alkali ebenfalls beim gelinden Erwärmen unter lebhafter Gasentwickelung und Abscheidung von beträchtlichen Mengen Anilin vollständig zersetzt.

Die glatte Bildung des letzteren macht es in hohem Grade wahrscheinlich, dass die Nitrosogruppe hier mit dem Stickstoff des Hydrazinrestes in Bindung steht. Diess ist aber nach Allem, was wir über die Nitrosaminbildung wissen, nur dann möglich, wenn basische Imidogruppen vorhanden sind.

Aus dieser Betrachtung würden sich also für das Phenyläthylsemicarbazid und sein Nitrosoderivat folgende aufgelöste Formeln:

$$C_6H_5 \cdot NH \cdot CO \cdot NH-NH \cdot C_2H_5 \quad \text{und} \quad C_6H_5 \cdot NH \cdot CO \cdot NH-N \cdot C_2H_5$$
$$\qquad\qquad\qquad\qquad\qquad\qquad\qquad\qquad\qquad\qquad\qquad\qquad\qquad\quad |$$
$$\qquad\qquad\qquad\qquad\qquad\qquad\qquad\qquad\qquad\qquad\qquad\qquad\qquad\; NO$$

ergeben, welche einen um so grösseren Grad von Wahrscheinlichkeit haben, als für die entsprechenden isomeren Abkömmlinge des Phenylhydrazins, den aus Isocyansäureäther entstehenden Harnstoff und sein Nitrosoderivat, die gleichen Formeln[1]:

$$C_2H_5 \cdot NH \cdot CO \cdot NH-NH \cdot C_6H_5 \quad \text{und} \quad C_2H_5 \cdot NH \cdot CO \cdot NH-N \cdot C_6H_5$$
$$\qquad\qquad\qquad\qquad\qquad\qquad\qquad\qquad\qquad\qquad\qquad\qquad\qquad\quad |$$
experimentell bewiesen sind. $\qquad\qquad\qquad\qquad\qquad\qquad\qquad\qquad\qquad\qquad NO$

Aethylphenylsulfosemicarbazid, $C_6H_5 \cdot NH \cdot CS \cdot H_2N_2 \cdot C_2H_5$. — Bringt man äquivalente Mengen von Phenylsenföl und Aethylhydrazin in concentrirter alkoholischer Lösung zusammen, so erfolgt sofort starke Erwärmung und beim Erkalten oder noch besser auf Wasserzusatz die Abscheidung einer weissen Krystallmasse, welche durch Umkrystallisiren aus Aether gereinigt wird.

0,241 Grm. gaben 49 CC. Stickstoff bei 22° und 715 MM. Druck.
$\qquad\qquad C_9H_{13}N_3S$. Ber. N 21,53. Gef. N 21,61.

Die Verbindung krystallisirt in feinen weissen Nadeln vom Schmelzpunkt 109 bis 110° und ist leicht löslich in Alkohol, schwerer in Aether;

---
[1] Liebigs Ann. d. Chem. **190**, 112.

aus der heissen wässerigen Lösung scheidet sie sich beim Erkalten zunächst als Oel ab, welches nach einiger Zeit zu einem Haufwerk von feinen Nadeln erstarrt. Von verdünnten Mineralsäuren wird sie schon beim gelinden Erwärmen in Senföl und Base gespalten.

Säureamide des Aethylhydrazins.

Im Aethylhydrazin lassen sich verschiedene Wasserstoffatome mit der grössten Leichtigkeit durch Säureradicale ersetzen; von den hierbei entstehenden amidartigen Verbindungen, welche vorderhand kein besonderes Interesse bieten, haben wir nur die durch leichte Darstellung und Krystallisationsfähigkeit ausgezeichnete Oxalyl- und Pikrylverbindung näher untersucht.

Oxalyldiäthylhydrazin, $(C_2H_5 \cdot N_2H_2)_2(CO)_2$. — Oxaläther wird durch eine concentrirte wässerige Lösung der Base sofort unter starker Erwärmung der Flüssigkeit in eine weisse Krystallmasse verwandelt, welche aus heissem Alkohol oder Wasser in feinen, meist büschelförmig vereinigten Nadeln vom Schmelzpunkt 204° krystallisirt und bei 100° getrocknet folgende analytische Zahlen gab.

0,2675 Grm. gaben 79,5 CC. Stickstoff bei 22° und 720 MM. Druck.
Ber. N 32,18. Gef. N 31,81.

Die Verbindung zeigt in Zusammensetzung und Bildungsweise die grösste Aehnlichkeit mit dem Oxamid, unterscheidet sich von demselben jedoch beträchtlich durch ihr sonstiges chemisches Verhalten. Auffallenderweise besitzt sie gleichzeitig die Eigenschaften einer Säure und Base. Von verdünnten Mineralsäuren wird sie ausserordentlich leicht gelöst und kann daraus durch vorsichtige Neutralisation unverändert abgeschieden werden; der kleinste Ueberschuss von fixem Alkali bringt sie abermals in Lösung; mit Ammoniak bildet sie indessen keine Verbindung und wird deshalb dadurch aus der concentrirten sauren Lösung fast vollständig gefällt.

Von Oxydationsmitteln, Quecksilber-, Silberoxyd und Kupfersalzen wird sie in alkalischer Lösung schon in der Kälte unter Gasentwickelung zersetzt.

Von besonderem Interesse ist ihr Verhalten gegen salpetrige Säure, womit sie ein auffallend beständiges und schön krystallisirendes Nitrosamin bildet.

Oxalyldiäthylnitrosohydrazin, $(C_2H_5 \cdot N_2H \cdot [NO])_2(CO)_2$. — Die Verbindung scheidet sich auf Zusatz von salpetrigsaurem Natron zu der nicht zu verdünnten schwefelsauren Lösung der vorigen Substanz in feinen weissen Krystallen ab, welche bei 100° getrocknet die Zusammensetzung $C_3H_6N_3O$ haben.

0,159 Grm. gaben 53 CC. Stickstoff bei 21° und 724 MM. Druck. —
0,1821 Grm. gaben 62 CC. Stickstoff bei 23° und 720 MM. Druck.
Ber. N 36,2. Gef. N 36,1, 36,32.

Dieselbe ist unslöslich in verdünnten Säuren, besitzt aber selbst stark saure Eigenschaften. Von Alkalien und Ammoniak wird sie ohne Zersetzung gelöst und selbst nach längerem Kochen durch Säuren unverändert wieder abgeschieden. In heissem Wasser löst sie sich leicht und krystallisirt beim Erkalten in feinen weissen Prismen; aus Alkohol scheidet sie sich beim Verdunsten in kleinen compacten, gut ausgebildeten Krystallen ab. Sie schmilzt bei 144 bis 145° unter Zersetzung und zeigt mit Phenol und Schwefelsäure die Liebermann'sche Nitrosoreaction.

Bildungsweise und alle Eigenschaften kennzeichnen die Verbindung als gewöhnliches Nitrosamin, dessen Constitution, wie eine einfache Betrachtung ergiebt, ihren wahrscheinlichsten Ausdruck in der Formel:

$$\begin{array}{c} \text{NO} \\ | \\ \text{CO}-\text{NH}-\text{N}\cdot\text{C}_2\text{H}_5 \\ | \\ \text{CO}-\text{NH}-\text{N}\cdot\text{C}_2\text{H}_5 \\ | \\ \text{NO} \end{array}$$

findet.

Aethylpikrazid, $C_2H_5 \cdot N_2H_2 \cdot C_6H_2(NO_2)_3$. — Die Verbindung entsteht analog dem Pikramid aus Pikrylchlorid und Aethylhydrazin.

Eine kalte alkoholische Lösung des Chlorids färbt sich auf Zusatz der Base sofort dunkelroth und scheidet nach kurzer Zeit kleine gelbrothe Krystalle ab. Nach dem Verdünnen der Flüssigkeit mit Wasser wird der Niederschlag filtrirt, getrocknet und in heissem Chloroform gelöst. Aus der stark eingedampften Lösung scheidet sich die Substanz in kleinen gelben sechsseitigen Blättchen ab, welche zur Analyse bei 110° getrocknet wurden.

0,265 Grm. gaben 63,5 CC. Stickstoff bei 19° und 713 MM. Druck.

$C_8H_9N_5O_6$. Ber. N 25,76. Gef. N 25,83.

Das Aethylpikrazid, wie man die Verbindung bezeichnen kann, schmilzt bei 200° unter geringer Gasentwickelung und verpufft beim stärkeren Erhitzen mit Feuererscheinung. In Alkohol ist es sehr schwer löslich, aus heissem Benzol scheidet es sich in goldgelben compacten Krystallen ab. Von concentrirter Salzsäure oder von 50-procentiger Schwefelsäure wird es leicht gelöst und daraus durch Wasser unverändert abgeschieden.

Mit wässeriger Kalilauge erwärmt zersetzt es sich, die Flüssigkeit färbt sich dunkelroth und liefert bei der Destillation Aethylamin, dagegen keine Spur von Hydrazin, welches offenbar unter diesen Umständen durch die regenerirte Pikrinsäure oxydirt wird.

Die naheliegende Vermuthung, dass das Aethylpikrazid analog dem aus Phenylhydrazin in gleicher Weise dargestellten Trinitrohydrazobenzol

eine gewöhnliche Hydrazoverbindung von der Formel $C_2H_5 \cdot NH$
$-NH \cdot C_6H_2(NO_2)_3$ sei, scheint nicht begründet zu sein, da dasselbe
im Gegensatz zu allen übrigen Hydrazokörpern von oxydirenden
Agentien, Quecksilberoxyd, Silberoxyd u. s. w. nicht verändert wird.

Sulfonsäuren des Aethylhydrazins und Diazoäthans.

Von den beiden in der aromatischen Reihe bekannten Methoden
zur Umwandlung der primären Hydrazine in Diazoverbindungen ist bei
den fetten Basen nur eine und leider die weniger interessante ausführbar.
Alle Versuche, durch directe Oxydation des Aethylhydrazins das lange
vergeblich gesuchte Diazoäthan zu gewinnen, sind erfolglos geblieben.

Um so leichter gelingt es dagegen, einige Derivate dieser hypothetischen Verbindung darzustellen, wenn man der Stickstoffgruppe des
Hydrazins zuvor durch Einführung der Sulfogruppe eine stabilere Form
giebt. Wir benutzten dazu, wie früher beim Phenylhydrazin, das
pyroschwefelsaure Kali.

Aethylhydrazinsulfonsaures Kali, $C_2H_5 \cdot NH-NH \cdot SO_3K$.
— Für die Darstellung des Salzes diente folgendes, durch zahlreiche Versuche erprobte Verfahren.

Zu 6 Grm. fein gepulvertem, frisch bereiteten Kaliumpyrosulfat
setzt man allmälig unter Umrühren 1 Grm. wasserfreies Hydrazin
und erwärmt die Mischung zum Schluss eine halbe Stunde auf 80
bis 100°.

Nach dem Erkalten wird die zerkleinerte Schmelze mit etwa 15 Grm.
Wasser und 5 Grm. doppeltkohlensaurem Kali langsam bis nahe zum
Sieden erwärmt und sofort nach Beendigung der Kohlensäureentwickelung im luftverdünnten Raume bei 60 bis 70° bis fast zur Trockene verdampft. Der Rückstand wird alsdann mehrere Mal mit ziemlich grossen
Mengen kochendem Alkohol ausgezogen, bis eine Probe desselben
Fehling'sche Lösung kaum mehr verändert.

Aus der heissen alkoholischen Lösung scheidet sich das Salz beim
Erkalten zum grössten Theil in feinen glänzenden Nadeln ab; den Rest
gewinnt man durch Abdampfen oder durch Zusatz von Aether. Eine
kleine Beimengung von schwefelsaurem Kali wird durch einmaliges
Umkrystallisiren des Rohproductes aus siedendem Alkohol leicht entfernt.

Die Analyse der im Vacuum getrockneten Substanz gab folgende,
mit der Formel $C_2H_7N_2SO_3K$ hinreichend übereinstimmende Zahlen.

I. 0,1731 Grm. gaben 26 CC. Stickstoff bei 23° und 716 MM. Druck. —
II. 0,055 Grm. gaben 0,0261 K_2SO_4.

Ber. N 15,72, K 21,95.
Gef. „ I.: 15,9, II.: „ 21,32.

Ueber den Verlauf der Reaction, welcher das Salz seine Entstehung verdankt, herrscht noch ein gewisses Dunkel, da die thatsächlichen Beobachtungen hier mehr gegen, als für die früher beim Phenylhydrazin gegebene empirische Bildungsgleichung:

$$4\ C_6H_5 \cdot N_2H_3 + 2\ K_2S_2O_7$$
$$= 2\ C_6H_5 \cdot N_2H_2SO_3K + K_2SO_4 + (C_6H_5 \cdot N_2H_4)_2SO_4$$

sprechen. Die Rohschmelze enthält nämlich vor dem Zusatze von kohlensaurem Kali nur Spuren des sulfonsauren Kalis, wovon man sich durch Auskochen einer Probe mit Alkohol leicht überzeugen kann. Diese Beobachtung lässt vermuthen, dass statt des letzteren zunächst das Hydrazinsalz der Sulfonsäure entsteht nach dem Schema:

$$2\ C_2H_5 \cdot N_2H_3 + K_2S_2O_7 = C_2H_5 \cdot N_2H_2 \cdot SO_3 \cdot H_4N_2 \cdot C_2H_5 + K_2SO_4$$

und dass dieses erst beim späteren Eindampfen mit Kaliumdicarbonat das Kalisalz liefert.

Die Ausbeute ist bei obigem Verfahren sehr gut. Wir erhielten aus 1 Grm. Base durchschnittlich 1,2 Grm. Salz, was etwa 80 pC. der nach der letzten Gleichung berechneten Menge entspricht.

Das äthylhydrazinsulfonsaure Kali ist in Wasser sehr leicht, in Alkohol schwer, in Aether fast unlöslich; aus der concentrirten wässerigen Lösung scheidet es sich auf Zusatz von Alkohol in feinen weissen glänzenden Blättchen ab; beim Erhitzen zersetzt es sich ruhig und hinterlässt einen kohligen, aufgeblähten Rückstand. Durch Kochen mit starken Säuren wird das Salz genau wie die Phenylverbindung glatt in Schwefelsäure und Aethylhydrazin gespalten:

$$C_2H_5 \cdot N_2H_2SO_3K + H_2O = C_2H_5 \cdot N_2H_3 + KHSO_4.$$

Der Punkt, wo diese Zersetzung stattfindet, lässt sich leicht durch Barytsalze erkennen. Die mit Salzsäure in der Kälte versetzte Lösung der Substanz giebt nämlich mit Chlorbayrum keine Fällung, beim Erwärmen erfolgt dagegen mit der Bildung der Schwefelsäure plötzlich die Abscheidung von Baryumsulfat.

Durch Behandlung mit Oxydationsmitteln wird das Salz schon in der Kälte glatt in die entsprechende Diazoverbindung umgewandelt.

Diazoäthansulfonsaures Kali, $C_2H_5 \cdot N = N \cdot SO_3K$. — Die Darstellung und Isolirung dieses leicht löslichen Salzes gelingt am besten, wenn man die concentrirte wässerige Lösung der Hydroverbindung mit einem Ueberschuss von gelbem Quecksilberoxyd versetzt und sofort filtrirt. Aus dem Anfangs klaren Filtrat scheidet sich nachträglich stets etwas metallisches Quecksilber ab. Die vollständige Entfernung des letzteren bietet besondere Schwierigkeiten. Selbst nach der Behandlung der Lösung mit Schwefelwasserstoff und Entfernung des gefällten Schwefelquecksilbers enthielt dieselbe und ebenso das daraus abgeschiedene Salz noch Spuren von Quecksilber, welche zum Theil auch die etwas abweichenden Resultate der Analysen veranlasst haben mögen.

Aus der wässerigen Lösung scheidet sich die Diazoverbindung auf Zusatz von Alkohol langsam in feinen glänzenden Blättchen oder Nadeln ab. Den Rest gewinnt man durch Zusatz von Aether.

Zur Analyse[1]) wurde die Substanz bei 60 bis 70° getrocknet.

0,2135 Grm. gaben 0,1338 K_2SO_4. — 0,2146 Grm. gaben 0,2808 $BaSO_4$. — 0,2092 Grm. gaben 29,5 CC. Stickstoff bei 20° und 716 MM. Druck.

Ber. N 15,95, SO_3 45,42, K 22,21.
Gef. ,, 15,17, ,, 44,92, ,, 21,85.

Die Zahlen lassen an Schärfe zu wünschen übrig, entscheiden jedoch in Verbindung mit dem charakteristischen Verhalten des Salzes definitiv über seine Zusammensetzung.

Die trockene Verbindung verpufft beim Erhitzen heftig; mit Phenol und Schwefelsäure giebt sie die Liebermann'schen Farbstoffe. Beim Kochen mit Säuren wird sie zersetzt; ein Theil zerfällt dabei unter Freiwerden von Stickstoff und schwefliger Säure, welch letztere einen kleineren Theil zu Hydrazin reducirt. Mit Zinkstaub und Essigsäure behandelt geht sie glatt in die Hydroverbindung über:

$$C_2H_5 \cdot N = N \cdot SO_3K + H_2 = C_2H_5 \cdot NH-NH \cdot SO_3K.$$

Versetzt man die concentrirte wässerige Lösung des Salzes mit Platinchlorid, so scheidet sich ohne Gasentwickelung und ohne die Bildung von Schwefelsäure der grösste Theil des Kalis als Kaliumplatinchlorid aus, und das Filtrat zeigt noch alle Reactionen der ursprünglichen Substanz. Die Lösung enthält jetzt offenbar die freie Sulfonsäure $C_2H_5 \cdot N = N \cdot SO_3H$, deren Isolirung allerdings noch nicht gelang, deren Existenz aber um so weniger zweifelhaft ist, als nach neueren Beobachtungen die entsprechende Phenylverbindung ebenfalls leicht dargestellt werden kann und durch eine auffallende Beständigkeit ausgezeichnet ist.

Mit der Gewinnung des diazoäthansulfonsauren Kalis ist das lange schwebende Problem, die Darstellung der Diazoverbindungen der Fettreihe, im Princip gelöst. Leider ist damit zugleich dem synthetischen Verfahren eine Grenze gesteckt. Alle Versuche, aus dieser Verbindung

---

[1]) Wegen der explosiven Eigenschaften des Salzes wurde dasselbe für die Bestimmung des Kalis zunächst durch vorsichtiges Abdampfen mit verdünnter Schwefelsäure auf dem Wasserbade zersetzt und der Rückstand wie gewöhnlich geglüht.

Zur Bestimmung des Schwefelgehaltes wurde die Substanz in verdünnter wässeriger Lösung durch Zusatz von Bromwasser vollständig oxydirt und die gebildete Schwefelsäure mit Chlorbaryum gefällt.

die gewöhnlichen Salze des Diazoäthans zu gewinnen, haben nur zu negativen Resultaten geführt. Selbst die neuerdings in der aromatischen Gruppe beobachtete einfache Reaction[1]), welche auf der glatten Zersetzung des sulfonsauren Salzes durch Brom in Diazobenzolperbromid und Schwefelsäure beruht, gestaltet sich hier zu einem complicirten, mit starker Stickstoffentwickelung verbundenen Vorgange.

Die schwefelhaltige Gruppe ist das letzte Band, welches den doppelt verkuppelten Stickstoff an das Aethan zu fesseln vermag. Mit der Abspaltung derselben tritt sofort schon bei niedriger Temperatur der totale Zerfall des ganzen Systems ein, und zwar wesentlich im selben Sinne, wie diess bei den aromatischen Verbindungen in der Wärme der Fall ist.

Aethylhydrazin und salpetrige Säure.

Die beim Phenylhydrazin[2]) so glatte und leicht verständliche Einwirkung der salpetrigen Säure, welche als Endproduct Diazobenzolimid liefert, gestaltet sich bei der Fettbase zu einem complicirteren Vorgange, dessen Untersuchung die gehegten Erwartungen keineswegs bestätigt hat.

Bringt man reines salzsaures Aethylhydrazin in kalter wässeriger Lösung mit einem Ueberschuss von salpetrigsaurem Natron zusammen, so erfolgt momentan starkes Aufbrausen. Das freiwerdende Gas ist nach Entfernung der überschüssigen salpetrigen Säure durch Waschen mit Kalilauge ein Gemisch von Stickstoff und einer brennbaren Kohlenstoffverbindung, deren Zusammensetzung noch nicht ermittelt werden konnte.

Bei einem quantitativen Versuche, wobei die Zersetzung in einem mit Kohlensäure gefüllten Kölbchen ausgeführt und die Gase über concentrirter Kalilauge aufgefangen wurden, gaben 0,209 Grm. $C_2H_5 \cdot N_2H_3(HCl)_2$ 84 CC. Gas bei 26° und 711 MM. Druck; von dem Gemisch wurden beim Einbringen in Wasser innerhalb einiger Stunden 34 CC. absorbirt, und der Rest von 50 CC. bestand aus fast reinem Stickstoff.

Die Menge des letzteren ist grösser, als der gesammte Stickstoffgehalt des angewandten Hydrazins; sie beträgt 25 pC., während jenes nur 21 pC. enthält. Der Rest muss mithin durch Reduction der sal-

---

[1]) Versetzt man eine gesättigte, auf 30° abgekühlte Lösung des diazobenzolsulfonsauren Kalis mit einer Lösung von Brom in Bromwasserstoffsäure, so scheidet sich ohne jede Gasentwickelung ein dunkelbraunes Oel ab, welches nach einiger Zeit erstarrt und aus fast reinem Diazobenzolperbromid besteht. Der Vorgang wird durch die Gleichung:
$$C_6H_5 \cdot N = N \cdot SO_3K + 4 Br + H_2O = C_6H_5 \cdot N_2Br_3 + SO_4KH + HBr$$
veranschaulicht. Aus dem Perbromid lassen sich aber nach Griess (Liebigs Ann. d. Chem. **137**, 51) alle übrigen gewöhnlichen Salze des Diazobenzols gewinnen. *E.F.*

[2]) Liebigs Ann. d. Chem. **190**, 89.

petrigen Säure entstanden sein. Das brennbare Gas ist nicht, wie man vermuthen konnte, Salpetrigsäureäthyläther, da es mit Eisenvitriol keine deutliche Stickoxydreaction gab. Bevor seine Zusammensetzung festgestellt, ist eine Interpretation des ganzen Vorgangs nicht möglich.

Aethylhydrazin und Diazobenzol.

Während die den Amiden des Diazobenzols entsprechenden Hydrazinderivate in der aromatischen Reihe[1]) allem Anschein nach nicht existenzfähig sind, gelingt die Darstellung solcher Verbindungen in der Fettreihe ausserordentlich leicht. Aethylhydrazin und Diazobenzol wirken in saurer Lösung nicht aufeinander ein. Trägt man dagegen ein Salz des letzteren in eine kalte wässerige Lösung der freien Base ein, so findet momentan ohne jede Gasentwickelung die Abscheidung eines schwach gelbgefärbten Oels statt, welches mit Aether extrahirt werden kann. Das Oel enthält eine kleine Menge von Diazobenzolimid. Der übrige Theil hat alle Eigenschaften einer Verbindung von Diazobenzol und Aethylhydrazin, welche nach der von Baeyer und Jäger[2]) vorgeschlagenen Nomenclatur als Diazobenzoläthylazid bezeichnet werden kann. Die vollständige Reinigung und analytische Untersuchung der Substanz war leider mit unüberwindlichen Schwierigkeiten verbunden. Versucht man dieselbe durch Behandlung mit verdünnten Säuren von dem beigemengten Diazobenzolimid zu trennen, so erhält man eine klare Lösung, welche die Base unverändert zu enthalten scheint. Bei der Abscheidung derselben durch Alkalien findet dagegen stets in Folge einer secundären Zersetzung Gasentwickelung und die Rückbildung einer geringen Menge von Diazobenzolimid statt.

Noch weniger eignen sich die höchst unbeständigen Salze der Verbindung zur Feststellung ihrer Formel. Das explosive Platindoppelsalz, welches aus der alkoholischen Lösung der Base durch Zusatz von Platinchlorid als hellgelber flockiger Niederschlag erhalten wird, färbt sich, sobald es trocken wird, intensiv roth, entwickelt den Geruch der Zersetzungsproducte des Diazobenzols und gab bei der Analyse keine brauchbaren Zahlen. Das noch unbeständigere Sulfat fällt auf Zusatz von alkoholischer Schwefelsäure zu der ätherischen Lösung der Base zunächst als wenig gefärbtes Oel aus, welches bei mehrmaliger Behandlung mit Alkohol und Aether in hellgelben Blättchen krystallisirt. Diese beginnen jedoch schon nach kurzer Zeit, selbst unter der durch Eis gekühlten Flüssigkeit, reichliche Gasmassen zu entwickeln, so dass eine analytische Untersuchung derselben von vornherein als zwecklos angesehen werden musste.

---
[1]) Liebigs Ann. d. Chem. **190**, 94.
[2]) Berichte d. D. Chem. Gesellsch. **8**, 148.

Aehnliche Schwierigkeiten haben übrigens auch Baeyer und Jäger bei den Salzen des immerhin noch weit beständigeren Diazobenzoldimethylamids gefunden.

Entscheidender als die mangelhafte analytische Untersuchung ist das eigenthümliche Verhalten der Verbindung für die Ermittelung ihrer Constitution, welche wir ohne Bedenken durch die Formel $C_6H_5 \cdot N = N \cdot H_2N_2 \cdot C_2H_5$ interpretiren zu können glauben.

Dieselbe zeigt gleichzeitig alle typischen Reactionen des Diazobenzols und Aethylhydrazins. In verdünnten Säuren löst sie sich leicht und anscheinend ohne Veränderung. Beim Erwärmen erfolgt dagegen die bekannte Zersetzung des Diazobenzols in Stickstoff und Phenol, während das Aethylhydrazin unverändert bleibt und durch spätere Destillation mit Alkalien isolirt werden kann. Behandelt man andererseits die ätherische Lösung der Verbindung mit überschüssigem Brom, so wird der Hydrazinrest unter Stickstoffentwickelung zerstört, und es scheidet sich das unter diesen Umständen beständigere Diazobenzol als Perbromid aus.

Vollständige Zersetzung beider Bestandtheile erfolgt dagegen bei der Einwirkung von Oxydationsmitteln; versetzt man die ätherische Lösung mit gelbem Quecksilberoxyd, so findet eine ausserordentlich starke Stickstoffentwickelung statt, woran sowohl Hydrazin, wie Diazobenzol betheiligt sind.

Charakteristischer als alle diese Zersetzungen ist endlich das Verhalten der Verbindung gegen Reductionsmittel; bei der Behandlung mit Zinkstaub und Eisessig in alkoholischer Lösung wird sie analog den Diazoamidokörpern quantitativ in Phenyl- und Aethylhydrazin gespalten nach dem Schema:

$$C_6H_5 \cdot N = N \cdot H_2N_2 \cdot C_2H_5 + 4H = C_6H_5 \cdot NH-NH_2 + C_2H_5 \cdot NH-NH_2.$$

Diäthylhydrazin.

Die Bildungsweisen, Constitution und Hauptreactionen der secundären Hydrazine sind in der ersten Abhandlung beim Methylphenylhydrazin sowohl von theoretischen als praktischen Gesichtspunkten aus eingehend besprochen. Da die Untersuchung des Diäthylhydrazins die dort entwickelten Ansichten durchgängig bestätigt hat, so glaube ich mich hier im Wesentlichen auf die Mittheilung der rein experimentellen Resultate beschränken zu können.

Darstellung des Diäthylhydrazins.

Zur Gewinnung der Base in grösserem Massstabe hat sich folgendes Verfahren bewährt: 30 Grm. Diäthylnitrosamin werden in 300 Grm. Wasser gelöst, mit 150 Grm. Zinkstaub versetzt und dieser Mischung allmälig unter häufigem Umschütteln 150 Grm. Essigsäure (50 pC) zugefügt, wobei man die Temperatur der Flüssigkeit zwischen 20 und 30° hält. Nach etwa zwei Stunden wird die Lösung zur Beendigung der Reaction auf 40 bis 50° erwärmt, und wenn nöthig noch langsam Zinkstaub und Säure zugegeben, bis der Geruch des Nitrosamins verschwunden ist.

Zur Entfernung des Zinkstaubes wird sodann die durch basische Zinksalze kleisterartig verdickte Flüssigkeit bis zur Klärung mit Salzsäure versetzt, heiss colirt und nach dem Uebersättigen mit concentrirter Natronlauge direct aus einem kupfernen Gefässe über freiem Feuer destillirt. Das wässerige Destillat enthält ausser dem Hydrazin wechselnde Mengen von Ammoniak und Diäthylamin, deren gleichzeitige Entstehung bei der Reduction des Nitrosamins nicht vollständig verhindert werden kann. Die Bildung dieser verschiedenen Producte wird durch folgende Gleichungen veranschaulicht:

$$(C_2H_5)_2N-NO + 2H_2 = (C_2H_5)_2 \cdot N-NH_2 + H_2O;$$
$$(C_2H_5)_2N-NO + 3H_2 = (C_2H_5)_2NH + NH_3 + H_2O.$$

Zur Entfernung des Ammoniaks wird das Destillat mit Salzsäure neutralisirt und über freiem Feuer zur Syrupconsistenz eingedampft; beim Erkalten scheidet sich der Salmiak grösstentheils krystallinisch ab und kann von den zerfliesslichen Salzen der beiden anderen Basen leicht getrennt werden. Aus dem Filtrat erhält man durch Zusatz von festem Aetzkali ein Gemisch von Diäthylhydrazin und Diäthylamin als fast farbloses Oel, welches für die Darstellung der meisten später beschriebenen Hydrazinderivate direct verwandt werden kann. Für die Trennung beider Basen habe ich nach vielen Versuchen nur eine brauchbare Methode gefunden, welche auf der verschiedenen Löslichkeit der durch Einwirkung von Cyansäure entstehenden Harnstoffe beruht, aber leider ziemlich umständlich und mit beträchtlichem Verluste verbunden ist.

Der später beschriebene Hydrazinharnstoff ist in kaltem Wasser und Alkohol ziemlich schwer löslich und lässt sich durch Umkrystallisiren leicht reinigen. Beim Erhitzen mit Salzsäure wird derselbe glatt in Kohlensäure, Ammoniak und Diäthylhydrazin gespalten, deren Trennung keine weiteren Schwierigkeiten bietet.

Zu dem Zwecke wurden je 4 Grm. der Verbindung mit 15 Grm. concentrirter Salzsäure im verschlossenen Rohre 10 bis 12 Stunden auf 100° erwärmt und der Röhreninhalt schliesslich nach Ablassen der Kohlensäure auf dem Wasserbade verdampft. Nach Entfernung des abgeschiedenen Salmiaks wird das Filtrat vorsichtig mit höchst concentrirter Kalilauge und schliesslich mit festem Aetzkali versetzt. Das freiwerdende Ammoniak entweicht grösstentheils in Gasform, während sich das Hydrazin als gelbliches Oel abscheidet. Dasselbe wird abgehoben, längere Zeit mit gepulvertem Aetzkali getrocknet und destillirt. Das so gewonnene Product ist frei von anderen Basen, enthält aber noch Wasser, welches sich auch durch wiederholte Behandlung mit Kali nicht vollständig entfernen lässt, wie die mit einem solchen Präparate ausgeführte Analyse II zeigt. Den letzten Rest Wasser entfernt man am besten durch wasserfreien Baryt. Eine längere Zeit über Baryt getrocknete und destillirte Probe gab Zahlen, welche mit der Formel $(C_2H_5)_2N_2H_2$ gut übereinstimmen (Analyse I).

I. 0,207 Grm. gaben 0,4124 CO_2 und 0,256 H_2O. — II. 0,2136 Grm. gaben 0,415 CO_2 und 0,2627 H_2O; — 0,194 Grm. gaben 53,5 CC. Stickstoff bei 8° und 720 MM. Druck.

$C_4H_{12}N_2$. Ber. C 54,54,   H 13,64,   N 31,82.
      Gef. ,, 54,34, 53,00, ,, 13,75, 13,67, ,,   — 31,44.

Das Diäthylhydrazin bildet eine farblose, leicht bewegliche Flüssigkeit von ätherischem, schwach ammoniakalischen Geruche; es löst sich leicht in Wasser, Alkohol, Aether, Benzol, Chloroform und ist wie die Monäthylverbindung sehr hygroskopisch. Der Siedepunkt des zu Analyse I verwandten Präparates lag bei 96 bis 99°. Ganz constant habe ich denselben nie erhalten, ohne mir über den Grund dieser Erscheinung Rechenschaft geben zu können.

Die Base ist einsäurig; ihre Salze mit Schwefel-, Salpeter- und Salzsäure sind in Wasser und Alkohol sehr leicht löslich und schwierig krystallisirt zu erhalten. Etwas schwerer löslich in Wasser ist das Pikrat, welches aus der concentrirten warmen Lösung in feinen gelben Nadeln anschiesst und beim Kochen unter Stickstoffentwickelung zersetzt wird.

Das gut krystallisirende, in Wasser leicht lösliche Platindoppelsalz scheidet sich auf Zusatz von Platinchlorid zu einer alkoholischen Lösung des Hydrochlorats in feinen gelben Nadeln ab und hat im Vacuum getrocknet die Formel $[(C_2H_5)_2N_2H_2 \cdot HCl]_2PtCl_4$.

0,3818 Grm. gaben 0,1273 Pt.

$C_8H_{26}N_4PtCl_6$. Ber. Pt 33,5. Gef. Pt 33,34.

In seinem allgemeinen chemischen Verhalten zeigt das Diäthylhydrazin, wie bereits erwähnt, keine wesentliche Verschiedenheit von den aromatischen Basen. Von Fehling'scher Lösung wird es erst in der Wärme oxydirt und lässt sich dadurch leicht von den primären Hydrazinen unterscheiden.

Mit Säurechloriden, Aldehyden, Senfölen und Schwefelkohlenstoff tritt es schon in der Kälte in lebhafte Wechselwirkung und bildet dabei eine Reihe von krystallisirenden Verbindungen, deren eingehende Untersuchung jedoch ausserhalb des engeren Rahmens dieser Arbeit lag. Als typische Reactionen der Base ist besonders ihr Verhalten gegen salpetrige Säure, Jodäthyl und oxydirende Agentien hervorzuheben.

Harnstoffderivate des Diäthylhydrazins.

Diäthylsemicarbazid, $(C_2H_5)_2N-NH \cdot CO \cdot NH_2$. — Zur Gewinnung dieses Harnstoffs, welcher als Material für die Darstellung der reinen Hydrazinbase dient, versetzt man das rohe, mit Kali neutralisirte Gemenge der Hydrochlorate von Hydrazin und Diäthylamin mit einem Ueberschuss von reinem cyansauren Kali und erwärmt langsam bis zum Sieden. Beim Erkalten scheidet die Flüssigkeit bei genügender Concentration eine reichliche Menge von Krystallen aus, welche abfiltrirt, mit kleinen Mengen Wasser gewaschen und in möglichst wenig heissem Alkohol gelöst werden. Beim Erkalten krystallisirt der Harnstoff in feinen langen Prismen, welche durch nochmaliges Umkrystallisiren aus heissem Wasser von einer kleinen Quantität beigemengtem Chlorkalium befreit werden. Aus den ersten wässerigen Mutterlaugen erhält man durch Zusatz von festem Aetzkali eine zweite kleinere Fällung von Hydrazinharnstoff, welche in gleicher Weise gereinigt wird.

Zur Analyse wurde die Substanz bei 100° getrocknet.

0,1895 Grm. gaben 52,5 CC. Stickstoff bei 7° und 725 MM. Druck.

Ber. N 32,06. Gef. N 32,05.

Die Verbindung ist in heissem Wasser und Alkohol sehr leicht, in Aether und concentrirten Alkalien fast unlöslich. Aus der wässerigen Lösung scheidet sie sich in farblosen compacten Krystallen, aus der alkoholischen in langen weissen Prismen ab. Schmelzpunkt 149°.

Mit Platinchlorid bildet sie ein gut krystallisirendes Doppelsalz von der Formel $[(C_2H_5)_2N_2H \cdot CO \cdot NH_2HCl]_2PtCl_4$.

0,2336 Grm. gaben 0,0680 Pt. — 0,2078 Grm. gaben 23,2 CC. Stickstoff bei 16° und 715 MM. Druck.

Ber. Pt 29,23, Cl 12,46.
Gef. ,, 29,11, ,, 12,22.

Dasselbe ist in Wasser sehr leicht, in Alkohol schwer löslich und krystallisirt aus verdünntem Alkohol in feinen gelben Nadeln.

Das Diäthylsemicarbazid reducirt Quecksilberoxyd erst auf Zusatz von Alkali und Fehling'sche Lösung selbst beim Kochen sehr langsam. Mit salpetriger Säure behandelt wird dasselbe unter geeigneten Bedingungen in glatter Weise in ein stickstoffreicheres Nitrosoderivat verwandelt, welches unzweifelhaft nach der Formel

$$(C_2H_5)_2N-\underset{NO}{N} \cdot CO \cdot NH_2$$

constituirt ist. Die Darstellung dieser leicht zersetzlichen Substanz erfordert jedoch besondere Vorsichtsmassregeln. Vor Allem ist dabei jeder Ueberschuss von salpetriger Säure sorgfältig zu vermeiden. Am besten verfährt man in folgender Weise: 1 Grm. Harnstoff wird in $2^1/_2$ Grm.

20 procentiger Schwefelsäure und 10 Grm. Wasser gelöst und der gut gekühlten Flüssigkeit die berechnete Menge einer titrirten Lösung[1]) von salpetrigsaurem Natron zugesetzt. Fast momentan trübt sich das Gemisch durch Ausscheidung eines Oeles, welches nach kurzer Zeit zu einem Haufwerk von gelbgefärbten Blättchen erstarrt. Diese Krystalle kann man ohne Zersetzung abfiltriren und auswaschen, aber nicht trocknen; schon nach kurzer Zeit verlieren dieselben im Exsiccator ihre gelbe Farbe und verwandeln sich unter Gasentwickelung in eine farblose, stark alkalische Flüssigkeit. Auf die Analyse der Verbindung habe ich unter diesen Umständen verzichten müssen. Nichtsdestoweniger wird man bei dem charakteristischen Verhalten derselben und bei der Analogie mit dem beständigeren und analysirten Derivat des Methylphenylhydrazins (diese Annalen 190, 165) die Berechtigung obiger Formel kaum in Zweifel ziehen können.

Der Nitrosokörper ist in Wasser ziemlich schwer, in Alkohol und Aether leicht löslich; mit Phenol und Schwefelsäure zeigt er die Liebermann'sche Reaction. Von verdünnten Mineralsäuren wird er beim gelinden Erwärmen unter Gasentwickelung vollständig zersetzt. Noch unbeständiger ist derselbe gegen Alkalien. Beim Uebergiessen der festen Substanz mit verdünnter Kalilauge wird dieselbe momentan unter stürmischem Aufbrausen der Flüssigkeit gelöst und erleidet dabei eine fast quantitative, interessante Spaltung in Stickoxydul, Ammoniak, Diäthylamin und Kohlensäure nach dem Schema:

$$(C_2H_5)_2N - \overset{NO}{\underset{H}{\vert}} N - \overset{\vert}{\underset{O}{CO}} - NH_2 .$$
$$H O H$$

Diäthylhydrazin und salpetrige Säure.

Die secundären aromatischen Hydrazine werden durch salpetrige Säure unter gleichzeitiger Bildung von Stickoxydul glatt in die entsprechenden Nitrosamine zurückverwandelt. Durch verschiedene, ferner liegende Gründe wurde ich früher zu der Annahme geführt, dass bei diesem Vorgang aus dem Hydrazin zunächst durch Sprengung der Stickstoffkette die secundäre Aminbase entstehe und diese erst in der zweiten Phase der Reaction durch ein zweites Molecul salpetriger Säure in Nitrosamin verwandelt werde.

Das Verhalten des Diäthylhydrazins hat diese Ansicht vollkommen bestätigt.

---

[1]) Zu allen diesen Versuchen diente eine Lösung von $NaNO_2$, welche 11 pC. N_2O_3 enthielt.

Fügt man zu einer kalten, verdünnten, schwefelsauren Lösung der Base überschüssiges salpetrigsaures Natron, so findet sofort die Entwickelung eines durch Untersalpetersäure schwach gefärbten Gases statt, welches nach dem Waschen mit Kali aus fast reinem Stickoxydul besteht. Beim Uebersättigen der Flüssigkeit mit Kali trübt sich diese durch Abscheidung einer geringen Menge eines Oeles, welches alle Eigenschaften des später zu beschreibenden Tetraäthyltetrazons besitzt und durch Extraction mit Aether entfernt werden kann. Die Lösung enthält sodann von flüchtigen Producten nur Diäthylamin, welches als Platinsalz analysirt wurde.

0,3627 Grm. gaben 0,1289 Pt.

$C_8H_{24}N_2PtCl_6$.   Ber. Pt 35,3.   Gef. Pt 35,5.

Dagegen war in dem Destillat keine Spur von Diäthylnitrosamin[1]) vorhanden.

Sieht man von der untergeordneten Bildung des Tetrazons ab, welches in Folge einer secundären Reaction entsteht, so erhält man mithin für die Zersetzung der Hydrazinbase durch salpetrige Säure die einfache Gleichung:

$$(C_2H_5)_2N-NH_2 + HNO_2 = (C_2H_5)_2NH + N_2O + H_2O.$$

Diäthylhydrazin und Jodäthyl.

Das Diäthylhydrazin vereinigt sich als tertiäre Base mit einem Molecul Jodäthyl zu einer quaternären Ammoniumverbindung von der Formel $(C_2H_5)_2 \cdot N_2H_2 \cdot C_2H_5J$, welche ich als Triäthylazoniumjodid bezeichne.

Zur Darstellung dieser Verbindung kann man bei einiger Vorsicht die Rohbase verwenden, da das darin vorhandene Diäthylamin durch Jodäthyl zunächst in Triäthylamin und erst beim längeren Erwärmen in Tetraäthylammonium verwandelt wird. Die Bildung des letzteren ist sorgfältig zu vermeiden, da eine spätere Trennung desselben von dem Azoniumjodid nicht mehr gelingt. Man versetzt zu dem Zwecke 10 Grm.

---

[1]) Zum Nachweis der Nitrosamine in verdünnter wässeriger Lösung benutzt man am besten die empfindliche Hydrazinprobe; ein Theil der Flüssigkeit wird mit Zinkstaub und Essigsäure langsam bis fast zum Sieden erhitzt, filtrirt und nach dem Uebersättigen mit Alkali durch Fehling'sche Lösung geprüft. Die geringste Menge von Hydrazin giebt sich beim Erwärmen durch die Abscheidung von Kupferoxydul zu erkennen. Die Probe ist natürlich nur dann zuverlässig, wenn die ursprüngliche, auf Nitrosamin zu prüfende Lösung keine anderen Substanzen enthält, welche entweder für sich oder nach der Reduction mit Zinkstaub Fehling'sche Lösung verändern. Hierhin gehören vor Allem die Hydrazinbasen, das Hydroxylamin und die verschiedenen Säuren des Stickstoffs, welche sämmtlich bei der Reduction mit Zinkstaub Hydroxylamin bilden. In allen Fällen, wo die Anwesenheit dieser Producte zu vermuthen ist, destillirt man zur Entfernung derselben die Flüssigkeit zuvor mit Säuren resp. Alkalien, welche auf die Nitrosamine ohne Einfluss sind.

des rohen Hydrazins mit 15 Grm. Jodäthyl und erwärmt gelinde am Rückflusskühler. Sobald sich der Eintritt der Reaction durch starke Erwärmung der Flüssigkeit zu erkennen giebt, ist es nothwendig, das Gefäss äusserlich zu kühlen. Ist die erste Einwirkung vorüber, so erwärmt man nach kurzer Zeit zum Sieden, wobei sich die Flüssigkeit in zwei Schichten theilt, deren untere die gebildeten Jodhydrate enthält und beim Erkalten krystallinisch erstarrt. Unveränderte Basen und Jodäthyl werden jetzt durch Waschen mit Aether entfernt, und die zurückbleibende Salzmasse nach dem Uebersättigen mit concentrirter Kalilauge zur Beseitigung der flüchtigen Basen kurze Zeit gekocht.

Die hierbei nicht zersetzte, ölig abgeschiedene Ammoniumverbindung erstarrt beim Abkühlen durch Eiswasser krystallinisch und wird nach dem Abfiltriren und Auspressen aus heissem Alkohol umkrystallisirt.

Dieselbe bildet weisse Nadeln, welche zur Analyse im Vacuum getrocknet wurden.

0,2532 Grm. gaben 0,245 AgJ. — 0,2107 Grm. gaben 22,5 CC. Stickstoff bei 20° und 716 MM. Druck.

$C_6H_{17}N_2J$. Ber. C 29,51, H 6,96, N 11,47, J 52,06.
Gef. „ — „ — „ 11,5, „ 52,28.

Das Salz ist in Wasser und heissem Alkohol sehr leicht löslich, in concentrirten Alkalien und Aether unlöslich. Beim Schütteln seiner wässerigen Lösung mit Chlorsilber entsteht das entsprechende Chlorid, welches mit Platinchlorid ein schwer lösliches Doppelsalz bildet.

Durch Silberoxyd wird das Jodid glatt in das stark alkalische Hydroxyd verwandelt, welches bei höherer Temperatur analog den gewöhnlichen Ammoniumhydroxyden zum grössten Theil in Wasser, Aethylen und Diäthylhydrazin zerfällt. Diese Zersetzung erfolgt langsam bereits beim Kochen der verdünnten Lösung.

Handelt es sich um die Darstellung grösserer Mengen von Hydrazin nach diesem Verfahren, so dampft man die Lösung im Oelbade ein und lässt die Temperatur schliesslich auf 140 bis 150° steigen. Durch Condensation der entweichenden Dämpfe erhält man eine concentrirte wässerige Lösung der Base. Dieselbe ist jedoch nach neueren Beobachtungen stets wieder durch wechselnde Mengen Diäthylamin verunreinigt, so dass das ganze früher empfohlene Verfahren als Trennungsmethode beider Basen keinen Werth hat.

Reduction des Triäthylazoniumjodids.

Durch nascirenden Wasserstoff erleidet die Azoniumverbindung eine eigenthümliche glatte Zersetzung, welche für diese Körperklasse ausserordentlich charakteristisch und zugleich für die Frage nach der Constitution der Ammoniumverbindungen von entscheidender Bedeutung ist. Behandelt man die wässerige Lösung des Jodids längere Zeit mit Zinkstaub und verdünnter Schwefelsäure auf dem Wasserbade, so wird dasselbe vollständig in Jodwasserstoffsäure, Ammoniak und Triäthylamin gespalten. Zum Nachweis der beiden Basen wurde die vom Zinkstaub abfiltrirte Flüssigkeit mit Kali destillirt und das Destillat mit Salzsäure und Platinchlorid verdampft. Aus der concentrirten Lösung schied sich eine reichliche Menge von Platinsalmiak ab, welcher zur Analyse nochmals aus heissem Wasser umkrystallisirt wurde.

0,2826 Grm. gaben 0,1243 Pt.

Ber. Pt 44,2.   Gef. Pt 44,0.

Der in Wasser leicht lösliche Theil des Salzes enthielt nur die Platinverbindung des Triäthylamins. Nach einmaligem Umkrystallisiren aus Alkohol gab dieselbe folgende Zahlen:

0,285 Grm. gaben 0,091 Pt.

Ber. Pt 32,05.   Gef. Pt 31,93.

Andere basische Producte konnten weder durch die Analyse noch durch irgend eine der bekannten speciellen Reactionen nachgewiesen werden. Die Zersetzung der Azoniumverbindung erfolgt also nach der empirischen Gleichung:

$$(C_2H_5)_3N_2H_2J + 2H = (C_2H_5)_3N + NH_3 + HJ.$$

Eine ungezwungene Erklärung dieses Vorgangs ist nur dann möglich, wenn man das Azoniumjodid als eine atomistische Verbindung von der Formel

$$(C_2H_5)_3 \equiv N \langle {}^{NH_2}_{J}$$

betrachtet.

Durch die glatte Bildung des Triäthylamins unter den hier gegebenen Bedingungen scheint mir nämlich der kaum anfechtbare Beweis geliefert, dass das dritte vom Jodäthyl herrührende Aethyl bereits in dem Jodid mit dem einen Stickstoffatom in Bindung steht. Diese Schlussfolgerung steht zudem mit den Resultaten aller neueren Untersuchungen über die Ammoniumverbindungen in vollkommenem Einklang und dürfte wohl geeignet sein, der herrschenden Ansicht über die Constitution dieser Körper eine neue kräftige Stütze zu geben.

Bemerkenswerth ist endlich noch die principielle Verschiedenheit zwischen dieser Spaltung des Azoniumjodids und dem Zerfall des Hydroxyds bei höherer Temperatur.

Im einen Falle wird die Hydrazinkette unter Ammoniakbildung gesprengt, im andern wird ohne Veränderung der Stickstoffgruppe ein kohlenstoffhaltiges Radical als Kohlenwasserstoff abgespalten.

Oxydation des Diäthylhydrazins.

Von Fehling'scher Lösung wird die Base erst in der Wärme angegriffen; sie zerfällt dabei ebenso wie die aromatischen Verbindungen grösstentheils in Stickstoff und Diäthylamin nach der Gleichung:

$$2\,(C_2H_5)_2N-NH_2 + O = 2\,(C_2H_5)_2NH + H_2O + N_2.$$

Ein hiervon verschiedener Vorgang findet statt, wenn man energischer wirkende Oxydationsmittel in der Kälte anwendet. Es bildet sich alsdann fast ohne Gasentwickelung eine in Wasser schwer lösliche ölige Verbindung von der Formel $(C_2H_5)_4N_4$, welche ihrem ganzen Verhalten nach in die Klasse der Tetrazone gehört und welche ich deshalb als Tetraäthyltetrazon bezeichne.

Zur Darstellung der Substanz versetzt man die kalte wässerige Lösung des Hydrazins (am besten des Rohproductes) allmälig mit gelbem Quecksilberoxyd, bis dieses nicht mehr reducirt wird. Die Flüssigkeit trübt sich durch Abscheidung eines Oeles, welches beim Umschütteln grösstentheils von der porösen Masse der Quecksilberverbindungen mechanisch aufgenommen wird. Die wässerige Lösung wird abfiltrirt und der Rückstand wiederholt mit kleinen Mengen Alkohol ausgewaschen, wobei sich das Tetrazon löst und in dem wässerigen Filtrat wieder abscheidet. Dasselbe wird abgehoben, mit Wasser gewaschen und über Chlorcalcium getrocknet. So gereinigt bildet die Verbindung ein fast farbloses Oel, von eigenthümlichem, lauchartigen Geruche, welches selbst bei $-20°$ nicht erstarrt. Mit Wasserdämpfen destillirt dieselbe leicht, ist dagegen für sich, selbst im Vacuum, nicht flüchtig; im Capillarrohr erwärmt zersetzt sie sich bei 135 bis 140° unter Gasentwickelung; in grösseren Mengen rasch auf höhere Temperatur erhitzt verpufft sie und zerfällt dabei theilweise in Stickstoff und Diäthylamin.

Von den aromatischen Tetrazonen unterscheidet sich dieselbe wesentlich durch ihre stark basischen Eigenschaften. Von verdünnten Säuren wird sie in der Kälte leicht gelöst und durch Alkalien unverändert wieder abgeschieden. Ihre Salze mit Mineralsäuren sind alle in Wasser leicht löslich und wegen ihrer grossen Unbeständigkeit schwierig zu isoliren. Angenehmere Eigenschaften besitzt das Platindoppelsalz, welches deshalb zur Analyse der Base benutzt wurde. Dasselbe scheidet sich aus der nicht zu verdünnten alkoholischen Lösung in goldgelben schmalen Prismen ab und hat, im Vacuum getrocknet, die Formel $[(C_2H_5)_4N_4HCl]_2PtCl_4$.

1. 0,2323 Grm. gaben 0,0597 Pt[1]). — 2. 0,2227 Grm. gaben 0,0578 Pt; — 0,2000 Grm. gaben 27 CC. Stickstoff bei 16° und 715 MM. Druck.

Ber. Pt 26,06,   N 14,81.
Gef. ,, 25,7, 25,96,   ,, — 14,8.

In Wasser löst sich das Salz in der Kälte ohne Veränderung; beim

---

[1]) Zur Platinbestimmung wurde das stark explosive Salz zunächst durch vorsichtiges Erwärmen mit Wasser zersetzt und der Rückstand geglüht.

Kochen tritt dagegen vollständige Zersetzung ein und es entweicht genau die Hälfte des Stickstoffs in Gasform.

0,312 Grm. gaben 21,2 CC. Stickstoff bei 19° und 717 MM. Druck.

Ber. N 7,4. Gef. N 7,36.

Gleichzeitig entsteht Diäthylamin und Aldehyd. Das Tetraäthyltetrazon fällt als starke Base viele Salze der schweren Metalle. Mit Quecksilberchlorid giebt dasselbe in essigsaurer Lösung einen weissen krystallinischen Niederschlag von der Formel $(C_2H_5)_4N_4$, $HgCl_2$.

0,2192 Grm. gaben 25,5 CC. Stickstoff bei 24° und 710 MM. Druck. — 0,212 Grm. gaben 0,1366 AgCl.

Ber. N 12,64, Cl 16,03.
Gef. ,, 12,20, ,, 15,94.

Von Silbersalzen wird es sehr leicht oxydirt; schüttelt man eine kalte Emulsion der Base mit Silbernitrat, so erfolgt fast momentan unter Stickstoffentwickelung die Bildung eines starken Silberspiegels. Dieselbe Erscheinung beobachtet man beim Erwärmen mit Silberoxyd, und die Lösung enthält nach beendigter Oxydation eine beträchtliche Menge von Silberacetat. Mit Jod bildet die Base eine ölige, explosive Verbindung; dieselbe scheidet sich beim Schütteln einer Lösung von Jod in Jodkalium mit kleinen Mengen des Tetrazons als dunkelgefärbtes Oel ab, welches schon beim gelinden Erwärmen auf Wasser verpufft.

Die für das Tetraäthyltetrazon oben aufgestellte Formel $(C_2H_5)_4N_4$ konnte bei den Eigenschaften der Base selbst nur durch die weniger entscheidenden Analysen der Platin- und Quecksilberverbindung geprüft werden. Man könnte um so mehr geneigt sein, die Berechtigung derselben in Zweifel zu stellen, als selbst bei den analytisch sorgfältig untersuchten aromatischen Tetrazonen[1] früher die Wahl zwischen den Formeln $\overset{\text{I}}{(R)}_4N_4$ und $\overset{\text{I}}{(R)}_4N_4H_2$ unentschieden bleiben musste.

Zur endgültigen Erledigung dieser Frage habe ich schliesslich einen indirecten Weg, die quantitative Untersuchung der Tetrazonbildung selbst, benutzt und bin dabei zu Resultaten gelangt, welche jeden Zweifel an der Richtigkeit der ersten Formel $\overset{\text{I}}{(R)}_4N_4$ beseitigen.

Je nachdem nämlich das Tetraäthyltetrazon die eine oder die andere Zusammensetzung hat, erhält man für seine Bildung aus dem Hydrazin die Gleichung:

I. $2 (C_2H_5)_2N_2H_2 + 2 O = (C_2H_5)_4N_4 + 2 H_2O$

oder II. $2 (C_2H_5)_2N_2H_2 + O = (C_2H_5)_4N_4H_2 + H_2O$.

Die Menge Quecksilberoxyd, welche bei dem ersten Vorgange zur Oxydation verbraucht wird, ist doppelt so gross, als bei dem zweiten. Dieselbe lässt sich nun direct bestimmen, indem man eine abgewogene

---
[1] Liebigs Ann. d. Chem. **190**, 170. (S. 276.)

Menge der Base durch einen Ueberschuss von Quecksilberoxyd vollständig oxydirt und das gebildete Quecksilberoxydul als Calomel wägt. Der Versuch hat zu Gunsten der ersten Gleichung entschieden.

0,5595 Grm. reines Diäthylhydrazin wurden in verdünnter wässeriger Lösung durch allmäligen Zusatz von gelbem Quecksilberoxyd zersetzt. Gasentwickelung fand hierbei nicht statt, da die Tetrazonbildung bei vorsichtiger Operation quantitativ verläuft. Nach Beendigung der Oxydation wurden die Quecksilberverbindungen filtrirt, zur Entfernung des Tetrazons sorgfältig mit Alkohol und Wasser gewaschen, dann in kalter verdünnter Salpetersäure gelöst und das durch Salzsäure abgeschiedene Quecksilberchlorür bei 130° getrocknet und gewogen. Die Menge desselben betrug 2,857 Grm., während die Rechnung für die Gleichung (I) 2,98 Grm. ergiebt[1]).

Was die Constitution des Tetraäthyltetrazons betrifft, so erklärt sich das gesammte Verhalten desselben am einfachsten bei Annahme der für die aromatischen Verbindungen ausführlich discutirten Formel $(C_2H_5)_2 \cdot N-N = N-N(C_2H_5)_2$.

---

[1]) Aehnliche Resultate gab ein gleicher Versuch in der aromatischen Gruppe beim Methylphenylhydrazin. Nur tritt hier eine neue Complication dadurch ein, dass bei der Oxydation der Base mit Quecksilberoxyd stets zwei verschiedene Vorgänge gleichzeitig stattfinden. Ein Theil derselben zerfällt nämlich in Stickstoff und Methylanilin nach der Gleichung:

$$\text{I.} \quad 2 \begin{matrix} C_6H_5 \\ CH_3 \end{matrix} \!\!\! > \!\! N-NH_2 + O = 2 \begin{matrix} C_6H_5 \\ CH_3 \end{matrix} \!\!\! > \!\! NH + H_2O,$$

während ein anderer Theil das Tetrazon liefert, dessen Bildung bei der Annahme der Formel $\left(\begin{matrix} C_6H_5 \\ CH_3 \end{matrix}\right)_2 N_4$ nach dem Schema:

$$\text{II.} \quad 2 \begin{matrix} C_6H_5 \\ CH_3 \end{matrix} \!\!\! > \!\! N-NH_2 + 2\,O = \left(\begin{matrix} C_6H_5 \\ CH_3 \end{matrix}\right)_2 N_4 + 2\,H_2O$$

erfolgen muss. Die Menge Quecksilberoxyd, welche durch eine abgewogene Menge der Base zu Oxydul reducirt wird, lässt sich nun nach diesen Formeln berechnen, sobald man eines der Reactionsproducte bestimmt hat. Hierzu eignet sich das Tetrazon am besten. Der Versuch wurde in folgender Weise ausgeführt. Eine bestimmte Menge der reinen Base wurde in 50 Th. Aether gelöst und durch einen Ueberschuss von gelbem Quecksilberoxyd vollständig zersetzt; die filtrirte ätherische Lösung enthielt das Tetrazon und Methylanilin; letzteres wurde durch Ausschütteln mit Säuren entfernt und das Tetrazon nach Verdampfen des Aethers gewogen. In dem sorgfältig gewaschenen Rückstand wurde das Quecksilberoxydul durch Auflösen in verdünnter Salpetersäure, Fällen mit Salzsäure u. s. w. bestimmt.

1,007 Grm. Methylphenylhydrazin gaben hierbei 0,4612 Tetrazon, entsprechend 0,469 Base und 2,903 Hg_2Cl_2.

Berechnet:
0,538 Grm. Base oxydirt nach Gleichung I würden geben 1,039 Hg_2Cl_2.
0,469 ,, ,, ,, ,, ,, II ,, ,, 1,811 ,,
1,007 Grm. Base verlangen also 2,850 Hg_2Cl_2.
Gefunden: 2,903 Hg_2Cl_2.

Nur eine typische Reaction der Tetrazone, die sowohl hier, als in der aromatischen Reihe beobachtete Spaltung derselben durch Säuren in Stickstoff und secundäre Aminbasen, schien mit diesem Schema in Widerspruch zu treten, weil sie die Zufuhr von zwei Atomen Wasserstoff verlangen würde.

Die nähere Untersuchung des Vorgangs in der Fettreihe hat auch diese Schwierigkeit vollständig beseitigt.

Zersetzung des Tetraäthyltetrazons durch Säuren.

Erwärmt man die verdünnte Lösung der Base in Salzsäure auf 70 bis 80°, so tritt plötzlich lebhafte Gasentwickelung ein und es entweicht dabei, wie die Analyse des Platinsalzes zeigt, genau die Hälfte des Stickstoffs in Gasform. Gleichzeitig entstehen Diäthylamin, Monäthylamin und Aldehyd und zwar in Mengenverhältnissen, welche annähernd den Moleculargewichten dieser Verbindungen entsprechen. Zum Nachweis und zur Trennung der Producte diente folgendes Verfahren. Der Aldehyd wurde durch Destillation der sauren Lösung isolirt und durch Oxydation mit Silberoxyd in Silberacetat übergeführt.

0,2325 Grm. gaben 0,15 Ag.
$C_2H_3O_2Ag$.   Ber. Ag 64,7.   Gef. Ag 64,5.

Die salzsaure Flüssigkeit hinterliess beim Verdampfen die zerfliesslichen, in Alkohol leicht löslichen Salze der beiden Basen, deren Gesammtgewicht nach dem Trocknen bei 120° ziemlich genau der für die nachfolgende Gleichung berechneten Menge entsprach. Auf die quantitative Bestimmung der einzelnen Producte musste ich aus Mangel an einer brauchbaren Trennungsmethode verzichten. Der qualitative Nachweis derselben gelang dagegen leicht nach den bekannten Reactionen für die primäre Base durch die Hofmann'sche Isonitrilprobe und für das Diäthylamin durch die Nitrosamin- und Hydrazinbildung. Bei vorsichtig geleiteter Operation sind diess die einzigen nachweisbaren Producte der Reaction. Erhitzt man dagegen das Tetrazon in concentrirter und stark saurer Lösung, so bildet sich neben Aldehyd noch ein zweites flüchtiges Product, welches sich sofort durch seinen stark stechenden Geruch zu erkennen giebt und wahrscheinlich ein Condensationsproduct des ersteren ist (Crotonaldehyd?). Die Spaltung des Tetraäthyltetrazons durch Säuren ist nach diesen Resultaten ein leicht verständlicher Vorgang. Dieselbe erfolgt nach der Gleichung:

$$(C_2H_5)_2N-N = N-N(C_2H_5)_2 + H_2O = (C_2H_5)_2NH + C_2H_5 \cdot NH_2 + C_2H_4O + N_2.$$

Auffallend ist bei dieser Reaction besonders die Leichtigkeit, mit welcher eine Aethylgruppe vom Stickstoff abgespalten und oxydirt wird, um so den zur Bildung der Aminbasen nöthigen Wasserstoff zu liefern.

Ueber die Aethylderivate des Phenylhydrazins[1]).
Von Emil Fischer und Wilhelm Ehrhard.

Das Phenylhydrazin liefert bei der Behandlung mit Bromäthyl, wie bereits in der ersten Abhandlung[2]) mitgetheilt wurde, neben dem Diäthylphenylazoniumbromid, $C_6H_5 \cdot N_2H_2(C_2H_5)_2Br$, ein complicirtes Gemisch von flüchtigen Basen, deren Trennung damals nicht gelungen war.

Nach den bisherigen Resultaten unserer gemeinschaftlichen Untersuchung enthält dieses Rohproduct ausser unverändertem Phenylhydrazin und einer Reihe von höher äthylirten Basen zwei Monoäthylderivate, das unsymmetrische Aethylphenylhydrazin

$$\begin{matrix}C_6H_5 \\ C_2H_5\end{matrix}\!\!>\!N-NH_2$$

und das symmetrische Isomere $C_6H_5 \cdot NH-NH \cdot C_2H_5$, welches wir auf Grund seiner Beziehungen zum Hydrazobenzol als Hydrazophenyläthyl bezeichnen.

Die erste der beiden Basen ist bereits bekannt[3]); sie wird weit leichter und reiner durch Reduction des Aethylphenylnitrosamins erhalten, so dass ihre Bildung bei der vorigen Reaction keine praktische Bedeutung hat. Um so interessanter war für uns die Kenntniss der zweiten Verbindung, welche das erste sicher definirbare Glied einer neuen Körperklasse, der gemischten, halb aromatisch, halb fetten Hydrazoverbindungen ist.

Zur Isolirung derselben benutzten wir eine Trennungsmethode, welche auf dem verschiedenen Verhalten der verschieden substituirten Hydrazine gegen Oxydationsmittel, speciell gegen Quecksilberoxyd beruht. Die primäre Base wird durch dieses Agens unter Stickstoffentwickelung vollständig zerstört, die tertiäre bleibt unverändert und die unsymmetrische secundäre liefert ein nichtflüchtiges Tetrazon, während das Hydrazophenyläthyl glatt in die entsprechende Azoverbindung $C_6H_5 \cdot N = N \cdot C_2H_5$ umgewandelt wird, welche in Folge ihrer Flüchtigkeit und ihrer Indifferenz gegen Säuren leicht von den übrigen Producten geschieden werden kann.

Bei der Reduction liefert das Azophenyläthyl unter gewissen Bedingungen wieder die ursprüngliche Hydrobase in reinem Zustande; seine

---
[1]) Vorläufige Mittheilung. Berichte d. D. Chem. Gesellsch. **11**, 613. (*S. 203.*)
[2]) Liebigs Ann. d. Chem. **190**, 102. (*S. 230.*)
[3]) Berichte d. D. Chem. Gesellsch. **8**, 1641. (*S. 160.*)

Kenntniss bietet ferner noch ein besonderes Interesse, weil dasselbe der einfachste Repräsentant der von V. Meyer und G. Ambühl[1]) entdeckten sogenannten gemischten Azokörper ist und sich deshalb zur genaueren Charakteristik dieser Substanzen eignet.

Für die Darstellung der Azoverbindung aus dem Phenylhydrazin verfährt man zweckmässig in folgender Weise.

50 Th. Phenylhydrazin und 63 Th. Bromäthyl werden am Rückflusskühler $^1/_2$ bis 1 Stunde gelinde erwärmt, bis die Masse fest geworden. Das Reactionsproduct wird in Wasser gelöst, nach dem Abdestilliren des überschüssigen Bromäthyls mit wenig concentrirter Natronlauge zersetzt und das abgeschiedene Oel mit Aether extrahirt. Aus der alkalischen Lösung gewinnt man durch neuen Zusatz von concentrirtem Aetznatron das Diäthylphenylazoniumbromid in der bekannten Weise als weisse krystallinische Masse. Die ätherische Lösung wird verdampft und aus dem Rückstande das unveränderte Phenylhydrazin mit concentrirter Salzsäure abgeschieden. Das Filtrat enthält die ganze Menge der äthylirten Basen, welche nach Zusatz von Alkalien wiederum mit Aether extrahirt und in dieser Lösung direct mit einem Ueberschuss von gelbem Quecksilberoxyd behandelt werden. Da der grösste Theil des Phenylhydrazins vorher entfernt ist, so verläuft die Oxydation in der Kälte ruhig und fast ohne Gasentwickelung. Dieselbe ist beendet, sobald eine Probe der Lösung Quecksilberoxyd nicht mehr verändert. Die filtrirte dunkelbraune ätherische Flüssigkeit wird jetzt zur Entfernung aller basischen Producte mehreremale mit verdünnter, etwa 6 procentiger Salzsäure ausgeschüttelt, abgehoben und verdampft. Der dunkelgefärbte ölige Rückstand scheidet beim Erkalten eine reichliche Menge von Krystallen ab, welche von der Mutterlauge durch Abfiltriren und Auswaschen mit kleinen Mengen Alkohol getrennt werden. Der feste Körper, welcher durch ein- bis zweimaliges Umkrystallisiren aus heissem Alkohol in rein weissen Prismen erhalten wird, hat die Formel $C_{16}H_{20}N_4$ und zeigt das allgemeine Verhalten der Tetrazone.

0,2079 Grm. gaben 0,546 CO_2 und 1462 H_2O. — 0,2215 Grm. gaben 40,5 CC. Stickstoff bei 10° und 717 MM. Druck.

Ber. C 71,64, H 7,46, N 20,90.
Gef. ,, 71,63, ,, 7,81, ,, 20,60.

Die Verbindung, welche als Diäthyldiphenyltetrazon

$$\binom{C_2H_5}{C_6H_5}N-N=N-N\binom{C_2H_5}{C_6H_5}$$

aufzufassen ist, schmilzt bei 108° unter Gasentwickelung und krystallisirt in monoklinen Prismen, welche von Herrn Dr. P. Friedländer gemessen wurden. Derselbe theilt uns darüber Folgendes mit:

---

[1]) Berichte d. D. Chem. Gesellsch. **8**, 751.

„Die untersuchten Krystalle stellten dicke compacte Prismen dar, welche dem monosymmetrischen System angehören. Beobachtet wurden an denselben nur das Prisma (110) und die Basis (001), so dass eine vollständige Bestimmung des Axenverhältnisses nicht ausgeführt werden konnte.

$$a : b : c = 1{,}7422 : 1 : x.$$
$$\beta = 81° 13'.$$
$$(110)\,(1\bar{1}0) = 123° 11'.$$
$$(110)\,(001) = 85° 38'.$$

Eine optische Untersuchung war wegen der beim Schleifen der Krystalle eintretenden Trübung nicht ausführbar. Spaltbarkeit wurde nicht beobachtet."

Die von dem Tetrazon abfiltrirte alkoholische Mutterlauge enthält neben verschiedenen nicht flüchtigen complicirteren Producten das indifferente.

Azophenyläthyl, $C_6H_5 \cdot N = N \cdot C_2H_5$. — Zur Isolirung desselben benutzt man seine Flüchtigkeit mit Wasserdämpfen. Um jedoch hierbei ein reines Product zu gewinnen, ist es nöthig, die in der Mutterlauge zurückgebliebene geringe Menge von Tetrazon zuvor durch Säuren zu zerstören.

Man versetzt zu dem Zweck die auf dem Wasserbade erwärmte Lösung mit verdünnter Schwefelsäure, bis keine Gasentwickelung mehr stattfindet, verdünnt sodann mit dem mehrfachen Volumen Wasser und extrahirt das abgeschiedene Oel mit Aether. Beim Verdampfen des letzteren bleibt ein dunkelgefärbter Rückstand, welcher sofort der Destillation mit Wasserdämpfen unterworfen wird. Im Anfang der Operation geht der Azokörper ganz rein als hellgelbes Oel über; die späteren Partieen bilden ein Gemenge desselben mit verschiedenen basischen Producten, welche von der Zersetzung der complicirteren, nichtflüchtigen Producte herzurühren scheinen und durch nochmalige Behandlung des Destillats mit verdünnten Säuren entfernt werden müssen. Zur Analyse wurde der Azokörper nochmals in gleicher Weise destillirt und mit kohlensaurem Kali getrocknet.

Die erhaltenen Zahlen führen zu der Formel $C_8H_{10}N_2$.

0,1331 Grm. gaben 0,349 CO_2 und 0,0913 H_2O. — 0,1159 Grm. gaben 21,5 CC. Stickstoff bei 12° und 716 MM. Druck.

Ber. C 71,64, H 7,46, N 20,9.
Gef. „ 71,51, „ 7,62, „ 20,7.

Die Verbindung bildet, frisch bereitet, ein hellgelbes Oel von reinem stechenden Geruche, welches etwas leichter als Wasser ist und selbst in einer Kältemischung nicht erstarrt. Der Siedepunkt liess sich nicht genau bestimmen, weil bei der Destillation stets eine geringe Zersetzung stattfindet; der grösste Theil des zur Analyse verwandten Präparats ging unter gewöhnlichem Drucke zwischen 175 und 185° über; als Rückstand blieb eine geringe Menge eines dunkelgefärbten Oels. Das Destillat hatte ziemlich genau dieselbe Zusammensetzung wie das ursprüngliche Product.

0,144 Grm. gaben 26,5 CC. Stickstoff bei 11° und 710 MM. Druck.
$C_8H_{10}N_2$. Ber. N 20,9. Gef. N 20,5.

Beim Aufbewahren an der Luft erleidet der Azokörper eine langsame Zersetzung und nimmt schliesslich eine dunkelrothe Farbe an. Die Analysen solcher Präparate ergaben eine allmälige Abnahme des Stickstoffgehalts.

Die Verbindung ist in Alkohol, Aether, Benzol u. s. w. leicht, in Wasser sehr schwer löslich. Von sehr verdünnten Mineralsäuren wird sie kaum mehr als von Wasser gelöst, concentrirte Säuren nehmen sie dagegen leicht auf; beim Kochen solcher Lösungen findet Zersetzung und starke Gasentwickelung statt. Durch verdünnte Alkalien wird sie nicht verändert; mit Phenol und Schwefelsäure behandelt liefert sie keine Liebermann'schen Farbstoffe. Brom wirkt auf die in Chloroform gelöste Substanz sehr heftig ein und verwandelt dieselbe unter Entwickelung von Stickstoff und Bromwasserstoffsäure in ein indifferentes schweres Oel. Von Quecksilberoxyd wird dieselbe in alkoholischer Lösung selbst beim Kochen nicht angegriffen; um so unbeständiger ist sie gegen reducirende Agentien, wodurch sie je nach den Bedingungen in die entsprechende basische Hydroverbindung oder deren Zersetzungsproducte verwandelt wird.

Hydrazophenyläthyl, $C_6H_5 \cdot NH-NH \cdot C_2H_5$. — Die Darstellung dieser leicht veränderlichen Substanz erfordert besondere Vorsicht und gelingt mit Sicherheit nur bei Anwendung von Natriumamalgam. Man löst zu dem Zweck den frisch bereiteten Azokörper in der doppelten Gewichtsmenge von 80 procentigem Alkohol und schüttelt die Mischung so lange mit überschüssigem 1 procentigen Amalgam, bis die anfänglich auftretende Rosafärbung verschwunden ist. Die vom Quecksilber getrennte Lösung wird sofort mit Wasser stark verdünnt und mit Aether extrahirt. Beim Abdampfen bleibt die Hydrazobase als wenig gefärbtes Oel zurück. Dieselbe ist stets durch eine wechselnde Menge anderer basischer Producte verunreinigt, von welchen sie am besten als oxalsaures Salz getrennt wird. Dasselbe fällt auf Zusatz einer concentrirten alkoholischen Lösung von Oxalsäure zu einer ätherischen Lösung der Base als weisse krystallinische Masse aus und wird durch Umkrystalliren aus heissem Alkohol in feinen Nadeln erhalten.

Die Analyse der im Vacuum getrockneten Verbindung führte zu der Formel des sauren Oxalats $C_8H_{12}N_2$, $C_2H_2O_4$.

0,1517 Grm. gaben 0,2954 CO_2 und 0,0854 H_2O. — 0,1380 Grm. gaben 15 CC. Stickstoff bei 10° und 709 MM. Druck.
Ber. C 53,1, H 6,19, N 12,39.
Gef. „ 53,1, „ 6,25, „ 12,13.

Das Salz ist in heissem Wasser leicht löslich und krystallisirt daraus in feinen, meist sternförmig gruppirten weissen Blättchen.

Durch Zersetzung desselben mit concentrirten Alkalien erhält man die freie Base als fast farbloses Oel, dessen Geruch stark an die methylirten Aniline erinnert. Dieselbe destillirt ohne Zersetzung und ist leicht löslich in Alkohol, Aether und Benzol, schwer löslich in Wasser. Von Fehling'scher Lösung und Quecksilberoxyd wird sie bereits in der Kälte angegriffen und glatt in den Azokörper umgewandelt. Dieselbe Veränderung erleidet sie bei der Behandlung mit salpetriger Säure und langsam sogar durch Einwirkung des atmosphärischen Sauerstoffs bei gewöhnlicher Temperatur. In verdünnten Mineralsäuren löst sie sich leicht und wird bei Ausschluss von oxydirenden Agentien selbst beim Kochen nicht verändert. Von Chlorkalk wird sie in wässeriger Lösung sofort zersetzt, ohne dabei die bekannte Farbenreaction des Anilins zu zeigen. Mit Jodmethyl verbindet sie sich sehr leicht zu dem Jodhydrat einer neuen Base, welche aus Mangel an Material nicht weiter untersucht wurde. Durch nascirenden Wasserstoff wird das Hydrazophenyläthyl ähnlich den aromatischen Hydrazoverbindungen unter Sprengung der Stickstoffkette in Anilin und Aethylamin gespalten nach dem Schema:

$$C_6H_5 \cdot NH—NH \cdot C_2H_5 + H_2 = C_6H_5 \cdot NH_2 + C_2H_5 \cdot NH_2.$$

Diese Zersetzung erfolgt jedoch nur in saurer Lösung und geht auch hier sehr langsam von Statten. Erhitzt man eine Lösung der Base in 50 procentiger Essigsäure auf dem Wasserbade und fügt allmälig so viel Zinkstaub zu, dass eine stetige Wasserstoffentwickelung stattfindet, so verschwindet allmälig die reducirende Wirkung der Flüssigkeit. Beim Uebersättigen mit Kali scheidet dieselbe schliesslich eine Base ab, welche alle Eigenschaften des reinen Anilins zeigt, und liefert bei der Destillation eine in Wasser leicht lösliche Fettbase, welche durch die Hofmann'sche Isonitrilreaction und die Löslichkeit des Platindoppelsalzes als Aethylamin erkannt wurde.

Oxydation des Phenylhydrazins durch Quecksilberoxyd.

Bei der Zersetzung des Phenylhydrazins[1]) durch Fehling'sche Lösung hat der Eine von uns früher die Bildung von Stickstoff, Benzol und Anilin beobachtet. Für die Untersuchung der äthylirten aromatischen Hydrazine schien es uns wünschenswerth, auch das Verhalten der Base gegen Quecksilberoxyd genauer kennen zu lernen. Die zu diesem Zweck angestellten Versuche haben zu dem sonderbaren Resultate geführt, dass hier ausser den oben erwähnten Zersetzungsproducten stets eine beträchtliche Menge von Quecksilberdiphenyl gebildet wird. Ver-

---

[1]) Liebigs Ann. d. Chem. **190**, 101. (S.*102*.)

setzt man eine ätherische Lösung von Phenylhydrazin mit einem Ueberschuss von gelbem Quecksilberoxyd, so findet sofort eine starke Entwickelung von Stickstoff statt, dessen Menge bei mehreren Versuchen zwischen 14 und 18 pC. der angewandten Base schwankte. Der Rest von Stickstoff bleibt in der ätherischen Lösung in der Form von Anilin.

Beim Verdampfen des Aethers bleibt ein krystallinischer Rückstand, welcher den Schmelzpunkt und alle übrigen Eigenschaften des Quecksilberdiphenyls zeigt. Die Menge desselben ist sehr beträchtlich. Aus 10 Grm. Base wurden bei einem quantitativen Versuche 4 Grm. reine Substanz erhalten. Die Bildung dieses Products ist leicht verständlich und bestätigt die noch ungenügend nachgewiesene Entstehung von Quecksilberäthyl aus Aethylhydrazin in wünschenswerther Weise. Leider ist es uns nicht gelungen, in ähnlicher Weise Silber und Kupfer in das Benzol einzuführen.

30. Emil Fischer: Ueber Orthohydrazinbenzoesäure.
Berichte der Deutschen Chemischen Gesellschaft **13**, 679 [1880].

(Eingegangen am 25. März 1880.)

Während die Orthoamidosäuren der aromatischen Reihe mit einer aus zwei oder drei Atomen Kohlenstoff bestehenden, gerade laufenden Seitenkette nach den neueren Untersuchungen von A. Baeyer[1]) sehr leicht innere Anhydride vom Typus des Oxindols bilden, ist die Entstehung eines ähnlichen Produktes aus der Anthranilsäure bisher nicht beobachtet worden. Es scheint somit die Möglichkeit oder wenigstens die Leichtigkeit jener Anhydridbildung bei den gewöhnlichen Amidosäuren ausschliesslich von der Länge der kohlenstoffhaltigen Seitenkette abhängig zu sein.

Unter dieser Voraussetzung durfte man erwarten, dass die Neigung zur Anhydridbildung in ähnlicher Weise durch eine Verlängerung der Stickstoffgruppe hervorgerufen werden könne.

Der Versuch hat diese Vermuthung in der That bestätigt.

Die der Anthranilsäure entsprechende Orthohydrazinbenzoesäure geht mit der grössten Leichtigkeit durch Wasserabspaltung in die Verbindung $C_7H_6N_2O$ über, welche ihrem ganzen Verhalten nach die Constitution:

$$C_6H_4 \begin{smallmatrix} \diagup CO \\ \diagdown \\ NH\cdots\cdots NH \end{smallmatrix}$$

besitzt.

Orthohydrazinbenzoesäure.

Diese Verbindung wird in derselben Weise wie das Phenylhydrazin aus der Anthranilsäure gewonnen; ihre Darstellung erfordert jedoch besondere Vorsicht und gelingt am besten nach folgendem Verfahren:

1 Th. reine, salzsaure Anthranilsäure wird in 3 Th. Wasser und 1 Th. Salzsäure (spec. Gew. 1,14) gelöst und nach dem Abkühlen durch Zusatz der berechneten Menge von Natriumnitrit in die Diazoverbindung ver-

---

[1]) A. Baeyer, Berichte d. D. Chem. Gesellsch. **11**, 582. — Baeyer und Jackson, Berichte d. D. Chem. Gesellsch. **13**, 115.

wandelt. Die klare Flüssigkeit wird sofort in eine concentrirte, schwach alkalische Lösung von überschüssigem Natriumsulfit eingetragen. Das Gemisch färbt sich erst dunkelroth, später hellgelb und wird schliesslich nach dem Ansäuern mit Essigsäure in ganz gelinder Wärme bis zur Entfärbung mit Zinkstaub behandelt. Die Lösung besitzt jetzt stark reducirende Eigenschaften und enthält ein in Wasser leicht lösliches, hydrazinsulfonsaures Salz. Zur Spaltung des letzteren wird das Filtrat unter guter Abkühlung mit gasförmiger Salzsäure gesättigt, wobei sich das schon in der Kälte entstehende Hydrochlorat der Hydrazinbenzoesäure wegen seiner Schwerlöslichkeit in starker Salzsäure fast vollständig neben Chlornatrium abscheidet. Von dem beigemengten Kochsalz lässt sich die Hydrazinverbindung durch Behandlung der filtrirten Krystallmasse mit kleinen Mengen kalten Wassers leicht trennen. Zur vollständigen Reinigung wird dieselbe in wenig warmem Wasser gelöst. Hierbei bleibt stets eine geringe Menge einer schwerlöslichen Säure vom Schmelzpunkt 144—145° zurück, welche identisch ist mit dem von Griess[1]) beschriebenen Orthodiazobenzoesäureimid und deren Entstehung unter den hier eingehaltenen Bedingungen ganz räthselhaft ist.

Aus der wässerigen Lösung scheidet sich das Hydrazinsalz beim längeren Stehen als schwach gefärbte Krystallmasse ab, welche nach dem Filtriren bis zur Entfärbung mit warmem Alkohol behandelt wird.

Dasselbe hat im Vacuum getrocknet die Formel:

$C_6H_4-COOH-NH-NH_2 \cdot HCl$.

Ber. N 14,84. Gef. N 15,0.

In heissem Wasser ist es leicht löslich und krystallisirt daraus in feinen, weissen Nadeln; von Alkohol wird es schwer, von Aether fast gar nicht gelöst. Durch concentrirte Salzsäure wird es aus der wässerigen Lösung ziemlich vollständig ausgefällt. Zur Gewinnung der freien Säure wird das reine Hydrochlorat in wenig warmem Wasser gelöst und durch Natriumacetat zersetzt, wobei die schwer lösliche Hydrazinbenzoesäure sofort als weisser, krystallinischer Niederschlag ausfällt. Dieselbe hat bei 100° getrocknet die Formel: $C_6H_4-COOH-N_2H_3$.

Ber. C 55,26, H 5,27, N 18,42.
Gef. ,, 55,12, ,, 5,33, ,, 18,35.

Von heissem Wasser wird sie ziemlich leicht gelöst und krystallisirt daraus in feinen Nadeln. In Alkohol und Aether ist sie viel schwerer löslich als in Wasser und unterscheidet sich dadurch auffallend von der nahe verwandten Anthranilsäure. Gegen oxydirende Agentien zeigt sie das Verhalten der primären Hydrazine. Von Fehling'scher Lösung, Quecksilber- und Silbersalzen wird sie bereits in der Kälte unter lebhafter Gasentwicklung vollständig zersetzt.

---
[1]) Zeitschr. f. Chem. **1867**, 164.

Mit den Alkalien und alkalischen Erden bildet sie leicht lösliche Salze; von basisch essigsaurem Blei wird sie vollständig gefällt.

Die alkalische Lösung der reinen Säure kann einige Zeit ohne merkliche Zersetzung gekocht werden; versetzt man dieselbe indessen in der Wärme mit überschüssiger Essigsäure, so verliert sie sehr bald ihre reducirende Wirkung auf alkalische Kupferlösung. Dieselbe Veränderung beobachtet man beim Erwärmen mit starker Salzsäure.

Die Hydrazinbenzoesäure geht unter diesen Umständen in ihr inneres Anhydrid über, welches sich der wässerigen Lösung durch Ausschütteln mit Aether theilweise entziehen lässt.

Hydrazinbenzoesäureanhydrid.

Am leichtesten wird diese Verbindung durch Erhitzen der trocknen, reinen Säure erhalten. Letztere verliert bereits bei 150—160° langsam ein Molekül Wasser.

Handelt es sich um die Umwandlung grösserer Mengen, so erhitzt man die Substanz zweckmässig in einer Kohlensäureatmosphäre im Oelbade rasch auf 220—230°, wobei sehr bald Wasser und geringe Mengen eines aromatischen Oeles entweichen. Die Reaction ist beendet, sobald die Masse vollständig geschmolzen ist. Beim Erkalten erstarrt der dunkelbraune Rückstand krystallinisch, während sich gleichzeitig an den Wänden des Gefässes ein weisses Sublimat absetzt. Das Produkt wurde durch Umkrystallisiren aus heissem Alkohol gereinigt. Aus der stark concentrirten Lösung scheidet sich beim Erkalten die Hauptmenge des Anhydrids in gelben Krystallen ab, während der grösste Theil der Verunreinigungen in der dunkelbraunen Mutterlauge bleibt. Durch nochmaliges Umkrystallisiren aus Alkohol unter Zusatz von Thierkohle erhält man die Substanz in fast farblosen, compakten Krystallen von der Formel: $C_7H_6N_2O$.

Ber. C 62,68, H 4,48, N 20,9.
Gef. ,, 62,0, ,, 4,8, ,, 20,74, 21,2.

Dieselbe ist in Alkohol und Aether ziemlich schwer löslich; aus der alkoholischen Lösung scheidet sie sich beim längeren Stehen in flächenreichen compakten Krystallen ab; von heissem Wasser wird sie ziemlich schwer aufgenommen. Beim vorsichtigen Erhitzen schmilzt sie und sublimirt gleichzeitig in feinen, weissen Nadeln; bei rascher Destillation erleidet sie eine theilweise Zersetzung unter Abscheidung von Kohle.

Das Anhydrid besitzt keine basischen Eigenschaften mehr, zeigt dagegen den Charakter einer starken, beständigen Säure. Es löst sich leicht in Alkalien und zersetzt die Carbonate der alkalischen Erden. Gegen oxydirende Agentien ist die Verbindung weit beständiger, als die gewöhnlichen Hydrazinbasen. Von alkalischer Kupferlösung und Quecksilberoxyd wird sie selbst beim Kochen nicht verändert. Mit Silbernitrat giebt sie in wässeriger Lösung einen aus feinen Nadeln bestehenden Niederschlag eines Silbersalzes, welches in der Kälte beständig ist, dagegen beim Kochen der Lösung zersetzt wird.

Am leichtesten lässt sich die Substanz durch ihr Verhalten gegen ammoniakalische Silberlösung erkennen. Sie wird dadurch ebenso wie die übrigen Hydrazinderivate bereits in der Kälte unter Gasentwicklung und Abscheidung eines Silberspiegels zersetzt.

Die Bildungsweisen der Verbindung, ihre Flüchtigkeit und ihre relativ grosse Löslichkeit in Wasser machen es in hohem Grade wahrscheinlich, dass sie das einfache, innere Anhydrid der Hydrazinbenzoesäure von der oben angenommenen Constitutionsformel ist.

Zur Prüfung dieser Ansicht beabsichtige ich besonders das Verhalten des Körpers gegen Phosphorpentachlorid nach Analogie der Baeyer'schen Arbeiten ausführlicher zu untersuchen.

Schliesslich sage ich Hrn. Renouf für seine freundliche Unterstützung bei der Ausführung dieser Versuche meinen besten Dank.

31. Emil Fischer: Ueber Orthohydrazinzimmtsäure.

Berichte der Deutschen Chemischen Gesellschaft **14**, 478 [1881].

(Eingegangen am 3. März.)

Nach den Untersuchungen von Baeyer[1]) scheint die innere Anhydridbildung bei den aromatischen Orthamidosäuren nur dann stattzufinden, wenn der zu bildende stickstoffhaltige Ring, wie beim Oxindol oder Carbostyril, fünf oder sechs Glieder enthält. Eine weitere Stütze erhielt diese Ansicht durch die von mir[2]) vor einiger Zeit gemachte Beobachtung, dass die Orthohydrazinbenzoesäure zum Unterschiede von der Anthranilsäure sehr leicht ein inneres Anhydrid bildet, welches unzweifelhaft die Formel

$$C_6H_4\!\!<\!\!\begin{array}{c}CO\\NH\end{array}\!\!>\!\!NH$$

besitzt und mithin ebenfalls einen aus fünf Atomen bestehenden Seitenring enthält.

Nach diesen Resultaten schien es mir für die Erkenntniss des Gesetzes jener Anhydridbildung von grosser Wichtigkeit, das Verhalten der Orthohydrazinzimmtsäure kennen zu lernen.

Die Anhydridbildung kann hier in verschiedener Weise stattfinden, je nachdem die Carboxylgruppe mit dem ersten oder zweiten Stickstoff der Hydrazinkette in Bindung tritt.

In dem einen Falle würde der stickstoffhaltige Seitenring sechs, im anderen Falle sieben Glieder enthalten.

Der Versuch hat im Sinne der Baeyer'schen Resultate entschieden. Die Orthohydrazinzimmtsäure geht spontan in ein Anhydrid von der Formel

$$C_6H_4\!\!<\!\!\begin{array}{c}CH=CHCO\\ \diagdown\\ N\!\!-\!\!NH_2\end{array}$$

über, welches nichts anderes als Amidocarbostyril ist.

Zur Gewinnung der Hydrazinzimmtsäure diente die von mir in der aromatischen Reihe stets benutzte Methode. Die Reactionen verlaufen viel glatter, als bei der Hydrazinbenzoesäure.

---
[1]) Berichte d. D. Chem. Gesellsch. **11**, 582; **13**, 115.
[2]) Berichte d. D. Chem. Gesellsch. **13**, 679. (S. *322*.)

Orthodiazozimmtsäure.

Die Diazotirung der Orthoamidozimmtsäure, welche nach der Vorschrift von Tiemann und Oppermann[1]) bereitet wurde, gelingt sehr leicht nach den bekannten Methoden, da die Salze der Diazoverbindung in Wasser schwer löslich und relativ sehr beständig sind.

Zur Darstellung derselben löst man 7 Th. Amidozimmtsäure in 5 Th. conc. Salzsäure (1,19 spec. Gew.) und 50 Th. Wasser, lässt die Lösung erkalten, bis sich eine reichliche Menge von Krystallen abgeschieden hat, und fügt dann Natriumnitrit in geringem Ueberschuss zu. Die Krystalle der salzsauren Amidosäure verwandeln sich sehr bald in ein schwach gelbes Krystallpulver, welches gewöhnlich ein Gemenge des Chlorids und des Nitrats der Diazoverbindung ist. Letzteres überwiegt, wenn man einen Ueberschuss von Natriumnitrit anwendet oder direkt Salpetersäure zusetzt, und lässt sich wegen seiner Schwerlöslichkeit in kaltem Wasser leicht rein erhalten. In lauwarmem Wasser löst es sich ziemlich leicht und ohne Zersetzung; in der Kälte scheidet es sich langsam in fast farblosen, kurzen Krystallen ab, welche die Zusammensetzung $C_9H_7O_2N_2NO_3$ haben.   Ber. C 45,56, H 2,92, N 17,72.
           Gef. ,, 45,26, ,, 2,92, ,, 17,4.

Beim Erhitzen verpufft die Verbindung heftig; mit Wasser gekocht zersetzt sie sich in normaler Weise unter Bildung von Orthocumarsäure, welche sich aus der Lösung beim Erkalten in röthlich gelben Krystallen abscheidet und durch Umkrystallisiren aus verdünntem Alkohol unter Zusatz von Thierkohle leicht gereinigt werden kann.

In alkalischer Lösung ist der Diazokörper selbst beim Kochen beständig. In schwefligsauren Alkalien löst er sich in der Kälte leicht unter Bildung eines normal zusammengesetzten diazosulfonsauren Salzes.

Hydrazinzimmtsäureanhydrid.

Trägt man reine Diazozimmtsäure oder direct die mit Natriumnitrit behandelte Lösung der Amidosäure sammt dem suspendirten Niederschlage in eine kalte Lösung von neutralem Natriumsulfit ein, so entsteht eine klare, dunkelrothe Flüssigkeit, welche das diazosulfonsaure Salz enthält. Dieselbe wird nach dem Ansäuern mit Essigsäure in der Kälte durch Zinkstaub rasch entfärbt, wobei das entsprechende hydrazinsulfonsaure Salz entsteht. Letzteres lässt sich sehr leicht isoliren, da es in concentrirter Kochsalzlösung fast unlöslich ist. Zu dem Zweck versetzt man die reducirte und vom Zinkstaub filtrirte neutrale Flüssigkeit mit festem Kochsalz bis zur Sättigung; auf Zusatz von Essigsäure scheidet sich dann das sulfonsaure Salz in feinen, gelb gefärbten Nadeln als

---
[1]) Berichte d. D. Chem. Gesellsch. 13, 2056.

dicker Krystallbrei ab; dasselbe wird durch Filtration und Pressen von der Mutterlauge möglichst getrennt.

Das Salz ist in reinem Wasser leicht löslich; es reducirt Fehling sche Lösung schon in der Kälte.

Von Salzsäure wird es in der Wärme sehr leicht gespalten in Schwefelsäure und Hydrazinzimmtsäure, welch' letztere jedoch theilweise sofort in ihr inneres Anhydrid übergeht.

Zur Darstellung des Anhydrids löst man das sulfonsaure Salz in heissem Wasser, fügt etwas Salzsäure zu und kocht kurze Zeit, bis die gelbe Farbe der Flüssigkeit fast vollständig verschwunden ist. Auf Zusatz von überschüssigem Alkali scheiden sich in der Wärme farblose Oeltröpfchen ab, welche bald zu feinen Nadeln erstarren. Den in Lösung gebliebenen Theil gewinnt man durch Ausschütteln mit Aether.

Die Verbindung hat die Zusammensetzung $C_9H_8N_2O$.

Ber. C 67,5, H 5,0, N 17,5.
Gef. „ 67,6, „ 5,1, „ 17,6.

Sie schmilzt bei 127° und ist unzersetzt flüchtig; in heissem Wasser ist sie leicht löslich und krystallisirt daraus beim Erkalten in feinen, weissen Nadeln; durch concentrirte Alkalien wird sie aus der wässerigen Lösung fast vollständig abgeschieden.

Von concentrirter Salzsäure wird sie in der Wärme leicht gelöst; beim Erkalten scheidet sich ein Hydrochlorat in gut ausgebildeten kurzen Prismen ab. Dasselbe löst sich leicht in verdünnter, kalter Salzsäure, jedoch wie es scheint unter Zersetzung; denn aus der sauren Lösung lässt sich durch Aether leicht das freie Anhydrid extrahiren.

Das Hydrazinzimmtsäureanhydrid reducirt zum Unterschiede von allen übrigen secundären Hydrazinen weder alkalische Kupferlösung noch ammoniakalische Silberlösung.

Dass der Verbindung dennoch die oben aufgestellte Constitutionsformel zukommt, beweist ihr Verhalten gegen salpetrige Säure. Versetzt man eine warme, salzsaure Lösung des Anhydrids mit Natriumnitrit, so findet lebhafte Gasentwickelung statt und es scheidet sich beim Erkalten reines Carbostyril ab.

Ebenso wie bei den gewöhnlichen secundären Hydrazinen wird hier die Amidogruppe durch die salpetrige Säure abgespalten und das secundäre Amin, das Carbostyril regenerirt.

Nicht minder charakteristisch für das Hydrazinanhydrid ist seine Unlöslichkeit in Alkalien; es unterscheidet sich dadurch von dem Carbostyril, welches mit Alkalien leicht lösliche und krystallisirende Salze bildet.

Aller Wahrscheinlichkeit nach findet die Salzbildung beim Carbostyril in der Weise statt, dass der Wasserstoff der Imidogruppe gegen Metalle ausgetauscht wird. Sobald dieser Wasserstoff aber durch andere Gruppen, z. B. NH_2 ersetzt ist, wie es für das Hydrazinanhydrid oben angenommen wurde, muss die Fähigkeit, Alkalisalze zu bilden, verschwinden.

Die dem beschriebenen Hydrazinzimmtsäureanhydrid isomere Verbindung

$$C_6H_4\diagdown\begin{matrix}CH-CH-CO\\ \diagup\\ NH-NH\end{matrix}$$

habe ich bisher nicht erhalten. Ob eine Ringschliessung in diesem Sinne überhaupt noch möglich ist, bleibt vorläufig zweifelhaft, wird sich jedoch voraussichtlich durch die Untersuchung der äthylirten Hydrazinzimmtsäure

$$C_6H_4\diagdown\begin{matrix}CH-CH-COOH\\ N-NH_2\\ |\\ C_2H_5\end{matrix}$$

entscheiden lassen.

Ich habe zu dem Zwecke bereits die Aethylamidozimmtsäure dargestellt. Dieselbe wird sehr leicht erhalten nach dem von Griess[1]) für die Amidobenzoesäuren angegebenen Verfahren, durch mehrstündiges Kochen von 10 Th. o-Amidozimmtsäure, 10 Th. Jodäthyl, 3,6 Th. Aetzkali, 40 Th. Alkohol und 15 Th. Wasser. Beim Verdampfen des Alkohols bleibt die Aethylamidosäure, gemengt mit unveränderter Amidosäure und anderen Produkten als dunkel gefärbtes Oel zurück, welches in heisser, verdünnter Natronlauge gelöst, durch Essigsäure wieder abgeschieden und mit Aether extrahirt wird.

Zur Isolirung der Aethylamidosäure habe ich dieselbe direct in das Nitrosamin verwandelt. Letzteres scheidet sich auf Zusatz von Natriumnitrit zu der kalten verdünnten schwefelsauren Lösung der Rohbase als dunkelgefärbtes, rasch erstarrendes Oel ab; der grösste Theil der gleichzeitig gebildeten Diazozimmtsäure bleibt in der wässerigen Lösung. Der Nitrosokörper wird zuerst durch Lösen in kaltem Alkohol vollständig von der Diazoverbindung getrennt und durch Umkrystallisiren aus verdünntem Alkohol unter Zusatz von Thierkohle gereinigt. Derselbe krystallisirt in schwachgelben Blättchen von der Formel $C_6H_4 \cdot C_3H_3O_2$ $\cdot N(C_2H_5)\cdots NO$ (gef. N 13,0 pCt.; ber. 12,7 pCt.), schmilzt bei 149° unter Zersetzung, ist leicht löslich in Alkohol, schwer löslich in Wasser und giebt mit Phenol und Schwefelsäure die Nitrosoreaktion.

Bei der Reduktion mit Zinkstaub und Essigsäure in alkoholischer Lösung wird das Nitrosamin theilweise in eine Hydrazinsäure verwandelt, welche Fehling'sche Lösung reducirt, welche ich jedoch wegen ihrer Unbeständigkeit noch nicht im reinen Zustande erhalten habe.

---

[1]) Berichte d. D. Chem. Gesellsch. 5, 1038.

32. Edward Renouf: Ueber das Dimethyl-Hydrazin.
Inaugural-Dissertation. Freiburg 1881.

Die aromatischen Hydrazine sind von Herrn Professor Emil Fischer[1]) ausführlich untersucht und beschrieben worden. In dieser Arbeit sind neben dem primären Phenylhydrazin die secundären Methylphenyl- und Diphenylhydrazine behandelt.

Später hat Fischer seine Untersuchungen auch auf die Fettreihe ausgedehnt; im Jahre 1875 erschien ein Aufsatz[2]), in welchem er die Darstellung des Dimethylhydrazins und die Analyse von dessen Platindoppelsalz beschreibt. Mangel an Material verhinderte damals eine weitere Untersuchung der Derivate dieses Hydrazins. In einer ausführlichen Abhandlung[3]) hat Fischer etwas später das Monoaethyl- und das Diaethylhydrazin beschrieben. Das Monomethylhydrazin ist noch nicht dargestellt.

Seitdem im Besitze einer grösseren Menge Dimethyl-Amins, hat Fischer mich veranlasst, die Untersuchung des Dimethylhydrazins vorzunehmen, da dieses einfachste der secundären Hydrazine voraussichtlich sehr reactionsfähig sein würde.

Diese Voraussetzung hat sich in der That bestätigt; die Darstellung der reinen Base, welche bei dem Diaethylhydrazin nur auf einem Umwege zu erreichen war[4]), ist direct und bequem auszuführen. Der Vortheil, welcher bei der Darstellung der Derivate dadurch geboten wird, dass man mit ganz reiner Base arbeitet, ist klar, und ich kann einem Jeden, der Derivate der secundären fetten Hydrazine untersuchen will, das Dimethylhydrazin als Base empfehlen. Als Beleg der Beständigkeit der meisten seiner Derivate sei hier nur das Tetramethyltetrazon erwähnt:

$$\begin{matrix}CH^3\\CH^3\end{matrix}\!\!>\!\!N-N=N-N\!\!<\!\!\begin{matrix}CH^3\\CH^3\end{matrix},$$

welches bei 130° unzersetzt destillirbar ist.

---
[1]) Liebigs Ann. d. Chem. **190**, 67. (*S. 205.*)
[2]) Berichte d. D. Chem. Gesellsch. **8**, 1587. (*S. 189.*)
[3]) Liebigs Ann. d. Chem. **199**, 281. (*S. 286.*)
[4]) Liebigs Ann. d. Chem. **199**, 311. (*S. 305.*)

Als Ausgangsmaterial zur Darstellung der Base diente salzsaures Dimethylamin. Bei der Holzgeistfabrikation aus Rübenmelasse bleibt eine Schlempe zurück, welche Herr Prof. C. Vincent in Paris betreffs seiner Verwendbarkeit untersucht hat[1]). Beim Eindampfen der Schlempe und Destilliren gehen Ammoniak und Methylamine ins Destillat über, und zwar bei dem Eindampfen auf 35° Beaumé vorwiegend Trimethylamin, bei dem Eindampfen der Schlempe auf 41° Beaumé dagegen nur wenig Trimethylamin, sondern meistens Mono- und Dimethylamine[2]).

Den Besitz des Aminsalzes verdanke ich der Freundlichkeit des Herrn Prof. Vincent, welcher eine grössere Menge, nach Hofmannscher Methode gereinigt, Herrn Prof. Fischer hat zukommen lassen. Es enthielt noch etwas Monomethylamin.

Darstellung des Nitrosamins.

$$(CH^3)^2 = NH + NO^2H \not= (CH^3)^2 = N - NO + H^2O.$$

Die secundären Hydrazine werden aus den secundären Aminen dargestellt, indem man durch die Einwirkung von salpetriger Säure den Imidwasserstoff des Amins durch die NO-Gruppe ersetzt und durch Reduction des Nitrosamins mit Zinkstaub und Essigsäure seinen O durch H^2 verdrängt; durch Vermeidung einer Temperaturerhöhung, welche bei der Reaction leicht eintritt, wird das Abspalten der Nitrosogruppe und Rückbildung der Aminbase vermieden. Fischer hat in seiner ersten Abhandlung über die Hydrazine die Behauptung aufgestellt, dass nicht nur der Eintritt der Nitrosogruppe abhängig von der Basicität der Imidosubstanz wäre, wie Baeyer schon erklärt hatte[3]), sondern dass die Bildung der Nitrosamine, deren Beständigkeit und die Leichtigkeit der Hydrazinbildung daraus, der Basicität der Imidosubstanz geradezu proportional sei. Bei dem stark basischen Dimethylamin wäre demnach ein sehr glatter Verlauf der Reactionen zu erwarten, und die Erfahrung hat diese Erwartung bestätigt. Die Basicität des Dimethylamins ist so gross, dass sie selbst durch den Eintritt der Nitrosogruppe nicht ganz aufgehoben wird; das Nitrosamin bildet mit Salzsäure eine krystallinische Verbindung.

Zweihundert Gramm salzsaures Dimethylamin werden in hundert Gramm Wasser gelöst, mit Schwefelsäure angesäuert, in einen Rundkolben gebracht und eine Lösung von hundertachtzig Gramm salpetrigsaurem Natron in zweihundert Gramm heissen Wassers allmählich zugegeben. Das Gemisch wird dann destillirt; der Destillationskolben

---

[1]) Bull. de la soc. chim. de Paris 27, Nr. 4, S. 148.
[2]) Vincent, Berichte d. D. Chem. Gesellsch. 1879, 2161.
[3]) Berichte d. D. Chem. Gesellsch. 2, 682.

wird scharf erhitzt und der Inhalt fast zur Trockene verdampft. Im Rückstand bleibt Natriumsulfat. Kleine Mengen Base entziehen sich der Wirkung der salpetrigen Säure und gehen unverändert über. Man säuert das alkalische Destillat mit verdünnter Schwefelsäure an und destillirt es wieder; eine geringe Menge einer dicken braunen Flüssigkeit bleibt als Rückstand, wahrscheinlich blos aus Dimethylaminsulfat bestehend. Das Destillat ist eine wässerige Lösung von reinem Nitrosamin und wird direct benutzt zur Darstellung des Hydrazins.

Um das Nitrosamin zu isoliren, schüttelt man die Lösung mit festem Kaliumcarbonat, worauf das Nitrosamin sich als wasserhaltiges gelbes Oel abscheidet. Es wird wieder mit Kaliumcarbonat getrocknet und destillirt; das Destillat ist rein und wasserfrei. Die Analyse gab folgende Zahlen:

0,1187 g gaben 63,9 ccm N bei 16° und 725 mm.
Ber. N 37,83. Gef. N 37,64.

Dampfdichtebestimmung nach V. Meyer:
0,06065 g gaben 22 ccm Luft bei 23° und 715 mm.

Dampfdichte von der Formel $(CH^3)^2 = N-NO = 37$
Dampfdichte. Gef. 36,6.

Frisch bereitet ist das Nitrosamin ein gelbliches Oel von aromatischem, markirtem Geruch; bei längerem Aufbewahren wird die Farbe dunkler. Es reagirt alkalisch und siedet unter einem Druck von 724 mm bei 148,5°. Die Ausbeute aus 400 g wasserhaltigem salzsauren Dimethylamin betrug 240 g reines Nitrosamin.

Dimethylnitrosamin und trockene Salzsäure.

Die Nitrosamine[1]) der aromatischen Gruppe sind gegen Säuren in der Kälte indifferent. Anders verhalten sich Nitrosamine der Fettreihe. Schon Geuther und Schiele geben an[2]), dass trockenes Salzsäuregas von reinem Diaethylnitrosamin vollständig absorbirt wird. In der betreffenden Abhandlung heisst es: „Zuerst trübte sich die Flüssigkeit schwach, wie nach Ausscheidung von farblosen kleinen Krystallnädelchen, wurde aber bald darauf wieder klar und hellgelb"; dabei entwichen gelbrothe Dämpfe von Nitrosylchlorür. Ueberschüssige Salzsäure wurde durch einen Strom von trockenem CO^2 entfernt, und die Flüssigkeit verwandelte sich in eine Krystallmasse, welche aus Diaethylaminhydrochlorat bestand und als Platindoppelsalz analysirt wurde. Für den Vorgang stellt Geuther die Formel auf:

$(C^2H^5)^2NNO + 2 HCl \not= (C^2H^5)^2HN \cdot HCl + NOCl$.

---

[1]) O. Witt, Berichte d. D. Chem. Gesellsch. **8**, 855. — P. Hepp, Berichte d. D. Chem. Gesellsch. **10**, 329.
[2]) Journ. f. prakt. Chem. **4**, 435.

In seiner ersten Arbeit über Diaethylnitrosamin[1]) hat Geuther auf demselben Wege dieselbe Verbindung erhalten, ohne sie damals näher zu untersuchen.

Es scheint nach den Angaben von Geuther und Schiele, als ob bei der Einleitung von HCl zuerst eine — der nachher beschriebenen analoge — Verbindung entstanden wäre, welche blos theilweise auskrystallisirte, und bei weiterem Einleiten von HCl zuerst sich löste und darauf sich zersetzte. Bei dem Dimethylnitrosamin ist die Abscheidung dieses Salzes eine vollständige; zu dessen Darstellung leitet man einen Strom HCl-Gas, mit Schwefelsäure, Chlorcalcium und Phosphorsäureanhydrid gut getrocknet, in eine Lösung Nitrosamin in drei Theilen trockenen Aethers. Das Salz scheidet sich sogleich aus, und wird schnell abgepresst und zur Analyse im Vacuum getrocknet. Die weisse aus nadelförmigen Krystallen bestehende Masse ist äusserst zerfliesslich; sie ist leicht löslich in Alkohol und wird aus der alkoholischen Lösung durch Aether gefällt; an der Luft zerfällt sie schnell durch Wasseraufnahme. Im Exsiccator und im Vacuum findet eine langsame Dissociation in Salzsäure und Nitrosamin statt. Zur Bestimmung des Chlorgehalts wurde die wässerige Lösung der Verbindung mit NO^3H angesäuert und mit NO^3Ag gefällt. Die Analyse gab folgende Zahlen, welche der Formel $(CH^3)^2 = N-NO \cdot HCl$ entsprechen:

0,2109 g gaben 0,27018 AgCl.

Ber. Cl 32,1. Gef. Cl 31,7.

Gewinnung des reinen Dimethylamins.

Die Trennung der Amine nach der Hofmann'schen Methode ist keine vollständige. Um die secundären Amine rein zu erhalten, muss man sie zuerst in Nitrosamine überführen.

Wertheim war der erste[2]), der, bei der Einwirkung von salpetriger Säure auf Piperidin, die Nitrosaminbildung beobachtete. Er fand, dass durch Reduction des Nitrosokörpers mit Zink und Salzsäure oder durch Kochen desselben mit Salzsäure das Piperidin regenerirt wurde. Fast zu gleicher Zeit entdeckte Geuther das Diaethylnitrosamin[3]) und gewann daraus durch Erhitzen mit Salzsäure wieder Diaethylamin. Später glaubten Geuther und Schultze aus Triaethylamin Diaethylnitrosamin erhalten zu haben.

Heintz zeigte[4]), dass die Nitrosaminbildung nur bei Imidbasen stattfinde, dass salpetrige Säure mit den primären Aminen den betreffenden Alkohol und Stickstoff liefere, mit den secundären die Nitrosoverbindungen gebe und die tertiären nicht angreife. Heintz macht den

---
[1]) Liebigs Ann. d. Chem. 128, 151. [2]) Liebigs Ann. d. Chem. 127, 75.
[3]) Liebigs Ann. d. Chem. 128, 151. [4]) Liebigs Ann. d. Chem. 138, 300.

Vorschlag, dieses Verhalten zur Trennung der Amine zu benutzen, indem man aus den Nitrosaminen durch Kochen mit Salzsäure nach Geuther's Verfahren die secundären Amine rein erhält. Die Methode ist in der That zu empfehlen; die Ausführung ist bequem, die Ausbeute fast quantitativ und das Product absolut rein.

Nitrosamin wird mit verdünnter Salzsäure versetzt und am Rückflusskühler gekocht, bis keine salpetrige Säure mehr entweicht. Die Reaction findet statt nach der Formel:

$$(CH^3)^2 = N-NO + H^2O \mathbin{/\mkern-6mu/} (CH^3)^2 = NH + NO^2H.$$

Zur Analyse wurde das Hydrochlorat mit Platinchlorid gefällt. Das Dimethylaminplatinchlorid krystallisirt in langen, orangefarbigen Prismen, welche nach C. Vincent[1]) orthorhombisch sind.

Ber. Pt 39,29. Gef. Pt 38,87.

Darstellung des Hydrazins.

Zur Gewinnung des Hydrazins in grösserem Maassstabe benutzt man direct die wässerige Lösung des rohen Nitrosamins. Es wird so weit verdünnt, dass auf einen Theil Nitrosamin etwa zehn Theile Wasser kommen. Von dieser verdünnten Lösung werden etwa 400 g auf einmal verarbeitet. Man gibt 200 g Zinkstaub zu und versetzt allmählich bei guter Abkühlung mit 200 g 50 proc. Essigsäure.

Bei jedem Zusatz von Essigsäure erwärmt sich die Mischung; die Temperatur wird zwischen 15° und 25° gehalten; die Reduction ist eine langsame. Man braucht 4—5 Stunden zum allmählichen Zusatz von Essigsäure. Zuletzt wird von jeder Portion eine Probe gezogen und nach Abfiltrirung des Zinkstaubs und Ansäuern mit verdünnter Schwefelsäure destillirt. Einen etwaigen Gehalt an Nitrosamin im Destillat erkennt man leicht durch die Hydrazinprobe. Nach vollendeter Reduction wird die ganze Masse in einen Rundkolben gebracht und auf dem Wasserbad erhitzt. Man gibt jetzt Salzsäure zu, zur Auflösung basischen Zinkacetats, und colirt heiss; den Rückstand zerreibt man mit wenig Wasser und colirt es wieder. Die Flüssigkeit wird durch einen Faltenfilter filtrirt, das Filtrat mit so viel Natronlauge versetzt, dass das gefällte Zinkoxyd sich zum Theil wieder löst, und aus einer Kupferretorte über freiem Feuer destillirt. Das wässerige Destillat wird in einer gut gekühlten Vorlage aufgefangen und enthält die freie Base, etwas Ammoniak und ein wenig regenerirtes Dimethylamin. Die Bildung dieser Körper neben der Base wird durch folgende Gleichungen ausgedrückt:

$$(CH^3)^2 = N-NO + 2H^2 \mathbin{/\mkern-6mu/} (CH^3)^2 = N\ -NH^2 + H^2O$$
$$(CH^3)^2 = N-NO + 3H^2 \mathbin{/\mkern-6mu/} (CH^3)^2 = NH + NH^3 + H^2O.$$

---

[1]) Berichte d. D. Chem. Gesellsch. **1879**, 2161.

Das Destillat wird mit Salzsäure versetzt und eingedampft. Das Eindampfen in offenen Gefässen ist nicht rathsam, da die Salze des Hydrazins in concentrirter Lösung etwas flüchtig sind und ein beträchtlicher Verlust an Base entstehen kann. Weit zweckmässiger ist es, das Hydrochlorat im Vacuum abzudampfen, bis die Flüssigkeit syrupdick geworden ist. Das Destillat wird aufgefangen; es enthält ein wenig überdestillirtes Hydrochlorat. Man versetzt es mit Natronlauge und destillirt es wieder zum Theil aus der Kupferretorte. Fast alles Hydrazin geht gleich am Anfang ins Destillat über und wird nach dem Ansäuern mit HCl wieder im Vacuum eingedampft. Die restirende Flüssigkeit in der Retorte enthält so wenig Hydrazin, dass man es vernachlässigen darf. Das concentrirte Hydrochlorat wird nun in einen kleinen Rundkolben gebracht, welcher oben mit einem Rückflusskühler versehen ist und unten in einer Kältemischung steht. Es wird jetzt so lange feingestossenes Aetzkali in kleinen Portionen zugegeben, bis alles Hydrazin sich als rothes Oel abgeschieden hat, und man destillirt alsdann dasselbe auf dem Wasserbad über dem Kali ab. Es geht verunreinigt mit Ammoniak, Dimethylamin und sehr wenig Wasser über. Man entwässert es mit Kaliumcarbonat und fractionirt es durch ein Linnemann'sches Rohr. Hierbei entweicht zuerst Ammoniak und das regenerirte Dimethylamin. Die Temperatur steigt sehr rasch; bei 60° wechselt man die Vorlage; die Temperatur steigt auf 62,5°, und bei dieser Temperatur geht alles über. Durch wiederholtes Fractioniren gewinnt man ein bei 62,5° und 717 ^{mm} constant siedendes Product. Dieses gab bei der Analyse Zahlen, welche mit der Formel $(CH^3)^2 = N-NH^2$ gut übereinstimmen:

0,1245 ^{g} gaben bei 12° und 708 ^{mm} 52,5 ^{ccm} N.
Ber. N 46,66. Gef. N 46,58.

Die Dampfdichtebestimmung nach V. Meyer gab folgende Zahlen:
I. 0,02155 ^{g} gaben 9,5 ^{ccm} Luft bei 21,5° und 715 ^{mm}. — II. 0,0570 ^{g} gaben 25,4 ^{ccm} Luft bei 22° und 715 ^{mm}.
Dichte auf H berechnet. Ber. 30,0. Gef. I. 30,0, II. 30,0.

Eigenschaften des Hydrazins.

Das Dimethylhydrazin ist eine wasserhelle, farblose Flüssigkeit von ätherischem, ammoniakalischem Geruch; es siedet bei 62,5°. Sein specifisches Gewicht bei 11° ist 0,801, bezogen auf Wasser von gleicher Temperatur; es ist sehr hygroskopisch und äusserst leicht löslich in Wasser, Alkohol und Aether. Gegen Oxydationsmittel verhält es sich wie die andern secundären Hydrazine. Es wird von Fehling'scher Lösung in der Wärme oxydirt, von Silbersalzen und Quecksilberoxyd dagegen schon in der Kälte. Es bildet mit Säuren zwei Reihen Salze, jedoch habe ich blos bei den Hydrochloraten beide krystallisirt erhalten. Die dargestellten neutralen Salze sind in Aether unlöslich, in heissem Alkohol sehr leicht löslich und scheiden sich beim Erkalten dieser Lösungen gut krystallisirt ab. Die Base gibt mit Chloroform und Kalilauge die Hofmann'sche Isonitrilreaction; ob Hydrazin-Isonitril oder gewöhnliches Isonitril entstanden ist, war nicht zu entscheiden, da es nicht gelang, die sehr unbeständige Verbindung zu isoliren. Im allgemeinen chemischen Verhalten gleicht das Dimethylhydrazin dem schon von Fischer untersuchten Diaethylhydrazin. Die Leichtigkeit, mit welcher es rein darzustellen ist, und die Beständigkeit und Krystallisationsfähigkeit seiner Salze und Verbindungen unterscheiden es jedoch vortheilhaft von letzterem.

Salze des Hydrazins.

Neutrales Hydrochlorat, $(CH^3)^2 = N-NH^2 \cdot HCl$.

In eine Lösung von 2 g Hydrazin in 3 g Alkohol leitet man HCl-Gas bei guter Abkühlung; das neutrale Salz scheidet sich aus, während die Mutterlauge noch alkalisch reagirt. Aus heissem Alkohol umkrystallisirt bildet es 3 mm lange farblose Säulen. Die Krystalle waren leider nicht scharf genug ausgebildet, um die Krystallform bestimmen zu können. In Wasser und Alkohol ist das Salz leicht löslich, in Aether unlöslich; die wässerige Lösung reagirt neutral.

Saures Hydrochlorat, $(CH^3)^2 = N-NH^2 \cdot (HCl^2)$.

Dieses Salz scheidet sich beim Einleiten von überschüssiger gasförmiger Salzsäure in eine alkoholische Lösung von Hydrazin in Krystallen ab, welche mit HCl-haltendem Alkohol und mit Aether gewaschen und zur Analyse im Vacuum getrocknet wurden.

I. 0,3913 g gaben 0,8384 g AgCl. — II. 0,6124 g gaben 1,3168 g AgCl.
Ber. Cl 53,38. Gef. Cl I. 53,00, II. 53,19.

Das Salz bildet eine weisse krystallinische Masse, welche an der Luft zerfliesst und stark sauer reagirt. In Wasser und Alkohol ist es leicht löslich; wahrscheinlich unter Zersetzung, da aus der alkoholischen Lösung das neutrale Hydrochlorat auskrystallisirt. In mit Salzsäure gesättigtem Alkohol ist es schwerer löslich und in Aether unslöslich. Seine wässerige Lösung reducirt Silbernitrat nicht, und der Chlorgehalt kann deshalb ohne weiteres durch Silbernitrat bestimmt werden. Mit Natronlauge versetzt zeigt es die Reactionen der freien Base gegen Oxydationsmittel. Beim Erhitzen auf 105° schmilzt das Salz und verliert sein zweites Molekül Salzsäure langsam, aber vollständig, wie folgender Versuch zeigt.

0,8454 g wurden im Luftbad bei 100—110° erhitzt. Der Gewichtsverlust nach $13\frac{1}{2}$ stündigem Erhitzen betrug 0,2271 g oder 26,86%. Das berechnete zweite Molekül Salzsäure entspricht 26,69%. Trotzdem dieser Verlust der theoretischen Menge entspricht, reagirt das Salz noch immer schwach sauer. Diese Erscheinung findet darin ihre Erklärung, dass das neutrale Salz sich bei der angewendeten Temperatur spurenweise verflüchtigt.

Dimethylhydrazin - Platinchlorid, $[(CH^3)^2 = N-NH^2]^2 H^2 PtCl^6$.

Fischer hat dieses Salz schon früher[1]) dargestellt und eine vollständige Analyse davon gemacht.

Versetzt man die wässerige Lösung des neutralen Hydrochlorats mit Platinchlorid, so fällt auf Zusatz von Alkohol das Doppelsalz aus, welches in orangegelben mikroskopischen rhombischen Prismen krystallisirt.

0,1567 g gaben 0,0578 g Pt.
Ber. Pt 37,08.   Gef. Pt 36,79.

Neutrales Sulfat, $[(CH^3)^2 = N-NH^2]^2 H^2 SO^4$.

Das Salz bildet sich bei dem Zusammenbringen von Schwefelsäure mit einem Ueberschuss der Base. Unter Abkühlung versetzt man 1,5 g Hydrazin tropfenweise mit 1,2 g concentrirter Schwefelsäure. Das Sulfat scheidet sich gleich aus und wird aus heissem Alkohol umkrystallisirt und zur Analyse im Vacuum getrocknet.

0,2084 g gaben 0,2266 g $SO^4 Ba$.
Ber. SO^4 44,04.   Gef. SO^4 44,58.

Das Sulfat ist sehr hygroskopisch. Es krystallisirt in weissen Nadeln und reagirt neutral. Es schmilzt bei 105°. In einem Ueberschuss von concentrirter Schwefelsäure löst es sich, wobei wahrscheinlich das saure Sulfat entsteht, welches zu isoliren mir jedoch nicht gelungen ist.

Saures Oxalat, $(CH^3)^2 = N-NH^2 \cdot C^2 O^4 H^2$.

Man versetzt 1,5 g Hydrazin mit einer concentrirten alkoholischen Lösung von 1 g fester Oxalsäure; auf Zusatz von Aether fällt das Salz aus; die Mutterlauge reagirt alkalisch, das Salz, nach Unterkrystallisiren aus Alkohol, sauer. Es bildet farblose Blättchen und ist nicht hygroskopisch; in Wasser und in Alkohol ist es leicht löslich, in Aether unlöslich. Die Analyse ergab folgende, obiger Formel entsprechende Zahlen:

1,1309 g gaben 30,5 ccm N bei 8° und 712 mm.
Ber. N 18,66.   Gef. N 18,56.

Harnstoff - Derivate.

Die primären und secundären Hydrazine verhalten sich in der Harnstoffbildung wie die entsprechenden Aminbasen. Ich habe die Harnstoffe, welche bei der Einwirkung von Isocyansäurephenyl und von Schwefel-

---
[1]) Berichte d. D. Chem. Gesellsch. 8, 1587.

kohlenstoff auf das Dimethylhydrazin entstehen, näher untersucht. In ihrem allgemeinen Verhalten sind diese Producte denen ähnlich, welche Fischer mit denselben Reagentien aus primären Hydrazinen erhalten hat, nämlich durch die Einwirkung von Isocyansäurephenyl auf Aethylhydrazin[1]) und von Schwefelkohlenstoff auf Phenylhydrazin[2]). Sie zeigen jedoch einige abweichende Reactionen.

$$\text{Dimethylphenylsemicarbazid, } CO\begin{cases} NH-C^6H^5 \\ NH-N\begin{cases}CH^3 \\ CH^3\end{cases}\end{cases}.$$

Die Einwirkung von Isocyansäurephenyl auf die Base ist eine sehr heftige. Bei Verdünnung mit Aether und Abkühlung verläuft die Reaction ruhig; der Aether wird abgedampft und die zurückbleibende Krystallmasse zur Entfernung von ein wenig gleichzeitig gebildetem Diphenylharnstoff und polymerem Carbanil in kalter verdünnter Schwefelsäure gelöst und filtrirt; aus dieser Lösung wird der Harnstoff mit Natronlauge gefällt, mit Wasser gewaschen und aus verdünntem Alkohol umkrystallisirt. Mit der angegebenen Formel stimmen folgende Analysen überein:

I. 0,1956 g gaben 42 ccm N bei 17° und 719 mm; — 0,2128 g gaben 0,4790 g CO_2 und 0,1414 g H^2O. — II. 0,2258 g gaben 0,4969 g CO^2 und 0,1483 g H^2O.

Ber. C 60,33, H 7,26, N 23,46.
Gef. ,, 61,3, 60,09, ,, 7,25, 7,30, ,, 24,0.

Der Harnstoff krystallisirt in kleinen Doppelpyramiden und ist in Wasser schwer, in Alkohol und Aether sehr leicht löslich; er schmilzt bei 108°. In kalten verdünnten Säuren ist er ohne Zersetzung löslich; beim Erwärmen der Lösung aber scheidet sich Carbanil ab, welches bei längerem Erhitzen unter Wasseraufnahme in Diphenylharnstoff und Kohlensäure zerfällt. Zuletzt bleibt nur Dimethylhydrazin in Lösung. Diese Spaltung des Harnstoffs in seine Componenten hat Fischer zuerst bei dem Aethylphenylsemicarbazid beobachtet, und die Dimethylverbindung verhält sich in dieser Beziehung genau wie die Verbindung des primären Hydrazin. Bei der Einwirkung von salpetriger Säure weicht das Verhalten der Dimethylverbindung von dem des Aethylphenylsemicarbazids ab. Sowohl bei dem Aethylphenylsemicarbazid wie bei dem isomeren Harnstoffabkömmling des Phenylhydrazins hat Fischer Nitrosoproducte isolirt, welche beständig genug waren, um sie untersuchen zu können. Bei der Dimethylverbindung scheidet sich auch auf Zusatz von Natriumnitrit zur schwefelsauren Lösung eine krystallinische Masse ab. Bei dem Versuch, diesen Nitrosokörper zu filtriren, zersetzt er sich auf dem Filter.

---
[1]) Liebigs Ann. d. Chem. **199**, 295. (*S. 295.*)
[2]) Liebigs Ann. d. Chem. **190**, 114. (*S. 238.*)

Dimethylsulfocarbazinsaures Dimethylhydrazin
$(CH^3)^2-N-NH-CS \cdot S \cdot H^3N^2(CH^3)^2$.

Dieses Salz entsteht durch directe Vereinigung von Hydrazin und Schwefelkohlenstoff, wobei die beiden Körper äusserst heftig auf einander einwirken. Verdünnt man aber die Base mit der sechsfachen Menge Alkohol, so erfolgt auf Zusatz von Schwefelkohlenstoff eine langsame Abscheidung des Salzes. Es wird mit Alkohol gewaschen und zur Analyse im Vacuum getrocknet. Die erhaltenen Zahlen entsprechen der Formel.

0,2057 g gaben 53,5 ccm N bei 19° und 726 mm. — 0,2080 g gaben 0,4918 g SO^4Ba.

Ber. N 28,57, S 32,6.
Gef. ,, 28,58, ,, 32,47.

Das Salz krystallisirt in fast farblosen kleinen sechsseitigen Säulen und schmilzt bei 113°. In Wasser ist es leicht, in Alkohol schwer löslich und in Aether unlöslich; seine Lösung reagirt neutral. Beim Erhitzen wird das Salz zersetzt, wobei der Geruch von Senföl und von Schwefelwasserstoff bemerkbar ist. Die wässerige Lösung gibt mit essigsaurem Blei einen voluminösen, röthlichgelben Niederschlag, welcher sich beim Erhitzen unter Bildung von Schwefelblei und Auftreten des Senfölgeruchs zersetzt. Aus diesem Bleisalz habe ich versucht das nicht bekannte Hydrazin-Senföl darzustellen.

Ich verfuhr dabei nach der Methode von Hofmann und bemerkte in der That einen starken Geruch nach Senföl; aber es gelang mir nicht, den Körper zu isoliren.

Dass der durch die Einwirkung von Schwefelkohlenstoff auf Hydrazin erhaltenen Verbindung die Formel eines sulfocarbazinsauren Salzes zukommt, beweist die Zersetzung desselben durch Essigsäure in Hydrazinacetat und Sulfocarbazinsäure.

Dimethylsulfocarbazinsäure, $(CH^3)^2N^2HCS^2H$.

Die Säure wird aus der wässerigen Lösung ihres Hydrazinsalzes durch Essigsäure gefällt und mit Aether gewaschen. Eine Probe für die Analyse wurde zwei Stunden im Vacuum getrocknet.

0,2510 g gaben 47,7 ccm N bei 20° und 719 mm.
Ber. N 20,59. Gef. N 20,54.

Die Säure krystallisirt in Blättchen und schmilzt bei 112°; sie ist schwer löslich in Wasser und Alkohol, und in Aether unlöslich. Sie besitzt die Eigenschaften einer Säure, ist in verdünnten Alkalien ohne Zersetzung leicht löslich. Die wässerige Lösung der Säure gibt mit Metallsalzen Niederschläge, die ich nicht näher untersucht habe; mit salpetersaurem Blei und mit Quecksilberchlorid weisse Fällungen; mit essigsaurem Blei eine gelbe Fällung, welche in einem Ueberschuss von essigsaurem Blei sich löst. Merkwürdiger Weise gibt die Lösung des sulfocarbazinsauren Dimethylhydrazins in Natronlauge mit verdünnter Schwefelsäure keinen Niederschlag, obwohl Fischer durch diese Reaction[1]) aus dem phenylsulfocarbazinsauren Salz die freie Phenylsulfocarbazinsäure isolirt hat.

Einwirkung der Alkylhaloide auf Dimethylhydrazin.

Fischer hat den Versuch gemacht, durch Reduction der Nitrosoderivate der Hydrazinharnstoffe eine Base mit drei unter einander verbundenen Stickstoffatomen zu gewinnen, und zwar mit dem aus Phenylhydrazin dargestellten Aethylphenylnitrososemicarbazid[2]) und mit dem von dem secundären Methylphenylhydrazin derivirenden Methylphenylnitrososemicarbazid[3]). Seine Versuche blieben ohne Erfolg, indem jedesmal bei der Reduction die Nitrosogruppe abgespalten und der Harnstoff wieder regenerirt wurde. Es war nun die Frage, ob die Gewinnung einer solchen Base durch die Einwirkung von Alkylhaloiden auf das Dimethylhydrazin zu erzielen wäre. Zwar hatte Fischer bei der Einwirkung von Jodaethyl und Bromaethyl auf Methylphenylhydrazin und von Jodaethyl auf Diaethylhydrazin nur Azoniumverbindungen isolirt, indem die Reaction nach der Gleichung

$$(C^2H^5)^2 = N-NH^2 + C^2H^5J \,/\!\!/\, \underset{J}{C^2H^5\!\!\searrow\!\!N}\overset{(C^2H^5)^2}{-NH^2}$$

verlief. Die Möglichkeit blieb dennoch, dass neben der Azoniumverbindung des Dimethylhydrazins ein tertiäres Hydrazin entstehen könnte nach der Gleichung:

$$(CH^3)^2 = N-NH^2 + C^2H^5J \,/\!\!/\, (CH^3)^2 = N-N-C^2H^5-H \cdot HJ.$$

Ich habe desshalb mit Dimethylhydrazin die Versuche zur Einführung eines dritten Alkylrestes in die Amidogruppe des Hydrazins wieder unternommen. In der That scheint diese Annahme nach meinen Erfahrungen über die Einwirkung des Benzylchlorids gerechtfertigt zu sein, da hier geringe Mengen einer Base erhalten wurden, welche die Eigenschaften eines tertiären Hydrazins besitzt. Das Hauptproduct bei allen Versuchen bestand aus Azoniumverbindungen.

Einwirkung von Jodaethyl.

Die Base und Jodaethyl wirken sehr heftig auf einander ein. Verdünnt man das Gemisch mit Alkohol, so verläuft die Reaction ruhig. Es

---

[1]) Liebigs Ann. d. Chem. **190**, 114. (*S. 239.*)
[2]) Liebigs Ann. d. Chem. **190**, 111. (*S. 236.*)
[3]) Liebigs Ann. d. Chem. **190**, 165. (*S. 273.*)

ist mir nicht gelungen, die gesuchte tertiäre Base aus dem Gemisch zu isoliren. Die gebildeten Salze wurden mit Aether gewaschen und aus Alkohol umkrystallisirt. Das so gewonnene Product zeigt die Eigenschaften einer Azoniumverbindung. Es krystallisirt in wasserhellen Prismen. In Wasser und heissem Alkohol ist es leicht löslich, in Aether unlöslich. Es zerfliesst schnell an der Luft und reagirt neutral. Mit Silberoxyd geschüttelt entsteht das stark alkalisch reagirende Hydroxyd nach der Gleichung:

$$\left(\begin{array}{c}(CH^3)^2\\C^2H^5\end{array}\!\!\!\!>\!\!N\!\!-\!\!NH^2\atop J\right)^2 + Ag^2O + H^2O = \left(\begin{array}{c}(CH^3)^2\\C^2H^5\end{array}\!\!\!\!>\!\!N\!-\!-NH^2\atop OH\right)^2 + Ag^2J^2.$$

Einwirkung von Chloraethyl und von Bromaethyl.

Es wurden Versuche mit Chloraethyl (nach der Methode von Groves[1]) frisch bereitet) und mit reinem Bromaethyl gemacht. 5 g Base und die berechnete Menge Alkylhaloids wurden mit dem gleichen Gewicht Alkohol verdünnt, in ein Rohr eingeschmolzen und auf 100° erhitzt. Nach dem Erkalten wurde der Alkohol verdunstet und der Rückstand mit Kalilauge versetzt und destillirt. Das Destillat enthielt Spuren von einer Base, welche mit Schwefelsäure und salpetrigsaurem Natron behandelt den charakteristischen Nitrosamingeruch gab. Es schied sich eine ölige Schicht von der Kalilauge im Destillationskolben ab, welche aufgehoben und gereinigt wurde, und die Reactionen der Azoniumverbindungen zeigte. Der Verlauf der Reaction und das Ergebnis derselben waren bei der Einwirkung von Bromaethyl und von Chloraethyl ganz gleich. Etwas verschieden fielen die Versuche mit Benzylchlorid aus.

Einwirkung von Benzylchlorid.

5 g Hydrazin, 5 g Benzylchlorid und 10 g Alkohol wurden in ein Rohr eingeschmolzen und sechs Stunden im Wasserbad auf 100° erhitzt. Der alkalisch reagirende Inhalt wurde mit HCl angesäuert und der Alkohol verdunstet; darauf wurde die Flüssigkeit mit Wasser verdünnt, mit Natronlauge übersättigt und wiederholt mit Aether extrahirt. Nach Verdunsten des Aethers blieben einige Tropfen einer alkalisch reagirenden Flüssigkeit zurück, welche Fehling'sche Lösung nicht mehr reducirt. Diese Base ist in Wasser und Alkohol leicht löslich; die wässerige Lösung gibt mit Schwefelsäure und salpetrigsaurem Natron behandelt den Nitrosamingeruch. Beim Versetzen der Base mit einer concentrirten alkoholischen Lösung von Oxalsäure fällt, auf Zusatz von Aether, ein Niederschlag langsam aus; dieses Salz krystallisirt in gelblichen, büschelförmig gruppirten Nadeln und ist in Wasser und Alkohol sehr leicht, in Aether schwer löslich; es reagirt sauer.

---
[1]) Liebigs Ann. d. Chem. **174**, 372.

Die Menge des Salzes reichte leider nicht zu einer Analyse. Ich glaube mich dennoch nach den angegebenen Reactionen zu der Annahme berechtigt, dass man es hier mit einer tertiären Base zu thun hat, welche wahrscheinlich die Formel $(CH^3)^2 = N-NH-C^6H^5CH^2$ besitzt und demnach mit dem Namen Dimethylbenzylhydrazin zu bezeichnen wäre. Die durch Behandlung mit Schwefelsäure und Alkohol von Natriumsalz gereinigte Azoniumverbindung gibt mit Platinchlorid ein schlecht krystallisirendes Doppelsalz, welches ich nicht weiter untersucht habe.

Von den mit obigen Reagentien entstehenden Azoniumverbindungen habe ich nur das Aethyldimethylazoniumbromid näher untersucht. Das mit Kali verunreinigte Salz wurde mit Salzsäure eingedampft, mit ein wenig Alkohol, zur Trennung von Chlorkalium, angerührt und filtrirt. Es wurde mit Platinchlorid gefällt; das aus Alkohol umkrystallisirte Doppelsalz gab folgende Zahlen:

0,5813 g gaben 0,1936 g Pt.
Ber. Pt 33,55. Gef. Pt 33,30,
der Formel $PtCl^6C^8N^4H^{26}$ entsprechend.

Reduction des Dimethylaethyl-Azoniumbromids.

Die Bildung der Azoniumsalze und das Verhalten derselben gegen Reductionsmittel bieten Reactionen, welche interessant für das Studium der Structur der Ammoniumverbindungen sind.

Die secundären Hydrazine verbinden sich mit den Alkylhalogenen und bilden die Azoniumkörper. Für die Structurformel

$$\begin{array}{c} C^2H^5 \\ (C^2H^5)^2 \end{array} \!\!N\!\!\begin{array}{c} NH^2 \\ J \end{array},$$

welche aus der Bildung der Verbindung resultirt, brachte das Verhalten des Triaethylazoniumjodids gegen Reductionsmittel einen neuen Beweis. Das Jodid wurde glatt in Triaethylamin, Ammoniak und Jodwasserstoffsäure gespalten. Die Bildung des Triaethylamins kann man einfach nur durch die Annahme erklären, ,,dass auch das dritte vom Jodaethyl herrührende Aethyl bereits wie die beiden andern Aethylgruppen in dem Jodid mit dem einen Stickstoffatom in Verbindung steht''[1]).

Genau wie das Triaethylazoniumjodid verhält sich das Dimethylaethylazoniumbromid.

Bei längerem Erhitzen am Wasserbad mit Zinkstaub und verdünnter Schwefelsäure wird das Bromid in Dimethylaethylamin, Ammoniak und Bromwasserstoffsäure gespalten, nach der Gleichung:

$$\begin{array}{c} (CH^3)^2 \\ C^2H^5 \\ Br \end{array}\!\!N - NH^2 + H^2 / (CH^3)^2 = N - C^2H^5 + NH^3 + HBr.$$

---

[1]) Fischer, Liebigs Ann. d. Chem. **199**, 318. (S. *311*.)

Zum Nachweis der beiden Basen wurde die Flüssigkeit nach Abfiltrirung des Zinkstaubs mit Kalilauge destillirt, das Destillat in verdünnter Salzsäure aufgefangen und mit PtCl^4 eingedampft; die erkaltete Salzmasse wurde mit 75% Alkohol ausgezogen; es blieb Platinsalmiak zurück, welchen ich zur Analyse aus Wasser umkrystallisirt habe.

0,6125 g gaben 0,2686 g Pt.

Ber. Pt 44,2. Gef. Pt 43,9.

Die alkoholische Lösung wurde verdampft und der Rückstand mit 90 proc. Alkohol aufgenommen und filtrirt. Das Filtrat enthielt nur die Platinverbindung des Dimethylaethylamins, welche nach Ausfällung mit Aether und Umkrystallisiren aus Alkohol folgende Zahlen gab:

0,5333 g gaben 0,1869 g Pt.

Ber. Pt 35,3. Gef. Pt 35,1,

der Formel PtCl^{6}C^{8}N^{2}H^{24} entsprechend.

Säure-Amide des Dimethylhydrazins.

In den Hydrazinen können ein oder zwei Wasserstoffatome durch Säurereste ersetzt werden unter Bildung amidartiger Körper. Ich habe nur die bei der Einwirkung von Oxalsäureäther entstehende Verbindung untersucht, da es von Interesse war, das Verhalten der secundären Hydrazine, die auf der einen Seite eine primäre, auf der andern eine tertiäre Gruppe haben, gegen dieses Reagens zu beobachten. Die Hofmann'sche Trennung der Amine[1]) beruht bekanntlich darauf, dass die primären Amine bei der Einwirkung von Oxalsäureäther Diamide der Oxalsäure und die secundären Oxaminsäureäther geben.

Die primären Hydrazine verhalten sich wie die primären Amine[2]). Das secundäre Dimethylhydrazin liefert nach meinem Beobachten gleichzeitig ein Diamid, welches dem Oxamid analog zusammengesetzt ist, und eine in Wasser unlösliche ätherartige Verbindung, welche vielleicht als Dimethylhydrazinoxaminsäure-Aether aufzufassen ist. Ich habe sie nicht näher untersucht.

Oxalyltetramethylhydrazin.

$$\begin{array}{l} CO-NH-N{<}^{CH^3}_{CH^3} \\ | \\ CO-NH-N{<}^{CH^3}_{CH^3} \end{array}$$

Oxalsäureäther und die Base in der Kälte zusammengebracht erwärmen sich langsam, aber es scheiden sich wenig Krystalle aus. Bei längerem Erwärmen am Rückflusskühler bei 90° erstarrt das Gemisch zu einer krystallinischen Masse; diese wurde mit Aether ge-

---
[1]) Berichte d. D. Chem. Gesellsch. **3**, 776.
[2]) Liebigs Ann. d. Chem. **190**, 131; **199**, 297. (S. 249 u. 297.)

waschen, in heissem Alkohol gelöst und mit Aether ausgefällt. Die Analyse des im Vacuum getrockneten Oxazids gab folgende Zahlen:

I. 0,2031 g gaben 0,3070 CO^2 und 0,1578 g H^2O; — 0,1892 g gaben 56 ccm N bei 21° und 715 mm. — II. 0,2313 g gaben 0,3493 CO^2 und 0,1784 g H^2O; — 0,2349 g gaben 71,1 ccm N bei 25° und 720 mm.

Ber. C 41,38,   H 8,04,   N 32,18.
Gef. ,, 41,2, 41,19, ,, 8,63, 8,56, ,, 31,65, 31,9.

In Zusammensetzung und Bildungsweise ist das Oxazid dem Oxamid analog. Es krystallisirt in weissen Blättchen und schmilzt bei 27°, ist in Wasser leicht, in Alkohol schwerer löslich und in Aether unlöslich. In der Wärme wird es von ammoniakalischem Silbernitrat oxydirt. Beim Versetzen der schwefelsauren Lösung des Oxazids mit salpetrigsaurem Natron wird es zersetzt ohne Bildung eines Nitrosokörpers. Die Verbindung unterscheidet sich durch diese Reaction von dem Oxalylderivat des Monoaethylhydrazins, welches nach Fischer[1]) einen schön krystallisirten Nitrosokörper liefert.

Dimethylhydrazinsulfonsaures Kali.

Die primären Hydrazine liefern mit pyroschwefelsaurem Kali nach Fischer[2]) sulfonsaure Salze von der allgemeinen Formel: $R—NH = NH—SO^3K$, welche durch Oxydation mit Quecksilberoxyd in die entsprechenden diazosulfonsauren Salze von der Formel: $R—N = N—SO^3K$ übergehen. Es schien von Interesse, Sulfonsäuren von secundären Hydrazinen zu untersuchen. In der That bildet das Dimethylhydrazin mit pyroschwefelsaurem Kali ebenfalls ein sulfonsaures Salz.

Zu 5 g fein gepulvertem, frisch bereitetem Kaliumpyrosulfat gibt man 1 g Hydrazin allmählich unter Umrühren zu und erhitzt die Mischung eine halbe Stunde auf 80—100°. Man zerkleinert die erkaltete Schmelze, gibt 15 g Wasser und 5 g doppeltkohlensaures Kali allmählich dazu und erhitzt langsam bis nahe zum Sieden. Sobald die CO^2-Entwickelung beendigt ist, wird das Gemisch im Vacuum bei 60—70° bis fast zur Trockene verdampft. Der Rückstand wird wiederholt mit siedendem Alkohol ausgezogen und der Alkohol grösstentheils verdunstet.

Aus der concentrirten alkoholischen Lösung scheidet sich das Salz zum Theil aus; durch Zusatz von Aether wird es vollständig ausgefällt. Man krystallisirt es aus siedendem Alkohol um zur Entfernung beigemengten Kaliumsulfats. Die Analyse gab folgende, der Formel $(CH^3)^2 = N—NH—SO^3K$ entsprechende Zahlen:

0,2104 g gaben 30 ccm N bei 22° und 716 mm. — 0,2413 g gaben 0,1192 SO^4K^2. — 0,2419 g gaben 0,3093 SO^4Ba.

Ber. N 15,72, K 21,95, S 17,9.
Gef. ,, 15,2, ,, 22,13, ,, 17,5.

---

[1]) Liebigs Ann. d. Chem. **199**, 298. (S. 297.)
[2]) Liebigs Ann. d. Chem. **190**, 98; **199**, 302. (SS. 226 u. 300.)

Zur Bestimmung des Schwefelgehalts wurde das gewogene Salz mit concentrirter Salzsäure abgedampft, mit Wasser aufgenommen und mit Chlorbaryum gefällt. Die hydrazinsulfonsauren Salze werden beim Erwärmen mit Säuren in Hydrazin und primäres Kaliumsulfat gespalten, nach der Gleichung:

$(CH^3)^2 = N-NH-SO^3K + H^2O \not= (CH^3)^2 = N-NH^2 + SO^4KH$.

Diese Reaction ist von Fischer[1]) bei den Phenyl- und Aethylverbindungen gefunden und untersucht worden. Das sulfonsaure Salz krystallisirt in glänzenden, weichen Blättchen. Es ist in Wasser leicht, in Alkohol schwerer löslich und in Aether unlöslich. Es wird weder durch Fehling'sche Lösung noch Quecksilberoxyd oxydirt Durch diese Beständigkeit unterscheidet sich das Salz wesentlich von den Salzen der primären Hydrazine, welcher Unterschied von vorn herein durch seine Constitution zu erwarten war.

Dimethylhydrazin und Kohlensäure.

Die Base absorbirt trockene Kohlensäure und erstarrt zu einer weissen krystallinischen Masse, welche in Wasser und Alkohol sehr leicht löslich, in Aether unlöslich ist. Das Salz reagirt schwach alkalisch, zerfliesst rasch an der Luft und auch im Vacuum; ich habe es desshalb nicht analysirt; jedenfalls ist es dem von Fischer analysirten phenylcarbazinsauren Phenylhydrazin analog, besitzt die Formel: $(CH^3)^2-N-NH-CO \cdot O \cdot N^2H^3(CH^3)^2$ und wäre mit dem Namen dimethylcarbazinsaures Dimethylhydrazin zu bezeichnen.

Oxydation des Dimethylhydrazins.

Die primären und secundären Hydrazine sind leicht neben einander durch ihr Verhalten zu oxydirenden Körpern zu erkennen. Eine alkalische Lösung eines primären Hydrazins reducirt Fehling'sche Lösung schon in der Kälte unter Entwicklung von Stickstoff. Quecksilberoxyd wirkt ebenso. Bei den secundären Hydrazinen wird Fehling-sche Lösung erst in der Wärme reducirt, auch unter Entwicklung von Stickstoff und Bildung des betreffenden secundären Amins. Durch die Einwirkung von Quecksilberoxyd in der Kälte entstehen dagegen hier die sogenannten Tetrazone, nach der Gleichung:

$2 R^2-N-NH^2 + O^2 \not= R^2-N-N = N-N-R^2 + 2 H^2O$.

Diese Körperklasse ist zuerst von Fischer[2]) bei der Oxydation des Methylphenylhydrazins entdeckt worden. Schon damals stellte Fischer die eben angegebene Formel als die wahrscheinlichste auf,

---
[1]) Liebigs Ann. d. Chem. **190**, 98; **199**, 301. (*SS. 226* u. *300.*)
[2]) Liebigs Ann. d. Chem. **190**, 166. (*S. 273.*)

obgleich manches für die Formel $R^4N^4H^2$ sprach. Bei der Untersuchung des Tetraaethyltetrazons hat Fischer diese Frage endgültig entschieden[1]), indem er die Tetrazonbildung quantitativ untersucht hat. Aus folgenden Gleichungen sieht man, dass zur Bildung des Körpers R^4N^4 doppelt so viel Quecksilberoxyd verbraucht wird als zur Bildung des Körpers $R^4N^4H^2$.

I. $2\,[(R)^2 = N^2H^2] + 2\,O = R^4N^4 + 2\,H^2O$.

II. $2\,[(R)^2N^2H^2] + O = R^4N^4H^2 + H^2O$.

Die Bestimmung des verbrauchten Quecksilberoxyds gab Zahlen, nach welchen die Formel R^4N^4 die richtige ist.

Das Tetrazon vom Methylphenylhydrazin verhält sich sehr unbeständig gegen verdünnte Säuren; das Tetraaethyltetrazon ist gegen verdünnte Säuren in der Kälte beständig und hat stark basische Eigenschaften. Es war nun von Interesse zu erfahren, ob die Beständigkeit bei der einfachsten der Tetrazonbasen, dem Tetramethyltetrazon, eine noch grössere wäre. In der That ist dieses der Fall. Die Aethylverbindung wird beim Erhitzen zersetzt, ohne sich zu verflüchtigen; das Tetramethyltetrazon ist unzersetzt destillirbar. Von dem ersteren waren keine einfachen Salze krystallisirt zu erhalten; das letztere liefert ein schön krystallisirendes Pikrat. In ihren sonstigen Reactionen sind beide Verbindungen einander analog.

Zur Darstellung des Tetramethyltetrazons versetzt man eine Lösung von 10 g Hydrazin in 60 g Aether allmählich mit einem Ueberschusse von Quecksilberoxyd, bei guter Abkühlung. Die Oxydation findet ohne Gasentwicklung statt. Man filtrirt die ätherische Lösung ab und wäscht den Rückstand mit Aether aus. Nach Verdunsten des Aethers hinterbleibt das Tetrazon als dunkelgefärbtes Oel. Um Spuren von Wasser zu entfernen, lässt man es 24 Stunden über Kaliumcarbonat stehen. Etwas anhaftender Aether wurde im Vacuum verdunstet und das unreine Tetrazon auf dem Wasserbad im Vacuum destillirt. Das Destillat besteht aus reinem Tetrazon und ist ein fast farbloses Oel von eigenthümlichem, lauchartigem Geruch und stark alkalischer Reaction. Es destillirt unzersetzt bei 130°; etwas stärker erhitzt explodirt es; daher ist die Destillation im Vacuum auf dem Wasserbade vorzuziehen. Die Verbindung löst sich in verdünnten Säuren in der Kälte und wird durch Alkalien aus diesen Lösungen unverändert wieder abgeschieden; ihre Salze mit Mineralsäuren habe ich nicht isoliren können. Mit Goldchlorid und mit Platinchlorid bildet es schlecht krystallisirende Doppelsalze. Beständiger und schöner ist das Pikrat, welches sich beim Zusammenbringen von dem Tetrazon mit einer alkoholischen Lösung von Pikrin-

---

[1]) Liebigs Ann. d. Chem. **199**, 322. (*S. 313.*)

säure in schönen schwefelgelben Prismen ausscheidet. Die Analyse der im Vacuum getrockneten Substanz gab folgende Zahlen:

I. 0,1946 g gaben 50,2 ccm N bei 16° und 716 mm. — II. 0,2011 g gaben 52,5 ccm N bei 17° und 718 mm.

Ber. N 28,75. Gef. N 28,02, 28,58.

Das Tetramethyltetrazon-Pikrat: $(CH^3)^4N^4 \cdot OH \cdot C^6H^2(NO^2)^3$ ist in Wasser leicht, in Alkohol schwer löslich. Schnell erhitzt verpufft es; mit Wasser erhitzt entweicht Stickstoff und der Geruch des Ameisenaldehyds tritt auf.

Das Tetrazon fällt als starke Base viele Salze der Schwefelmetalle aus ihren Lösungen; ich habe keine dieser Verbindungen näher untersucht. Es reducirt Silbernitrat in der Kälte unter Bildung eines Silberspiegels. Versetzt man eine Lösung von Jod in Schwefelkohlenstoff mit Tetrazon, so scheidet sich ein dunkles Oel ab, welches eine Verbindung von Jod mit Tetrazon ist und sich schon bei gewöhnlicher Temperatur sehr bald unter lebhafter Gasentwicklung zersetzt.

Kocht man das Tetrazon oder seine Salze mit verdünnten Säuren, so wird es, analog den anderen Tetrazonen, in Dimethylamin, Monomethylamin, Ameisenaldehyd und Stickstoff gespalten, nach der Gleichung:

$$(CH^3)^4N^4 + H^2O \mathrel{/\mkern-6mu/} (CH^3)^2NH + CH^3NH^2 + CH^2O + N^2.$$

Zur Bestimmung des Stickstoffs, welcher bei dieser Zersetzung gasförmig entweicht, wurde das schön krystallisirende Tetrazonpikrat gewählt.

Nachdem ein Kolben zur Hälfte mit ausgekochtem Wasser gefüllt und die abgewogene Salzmenge hineingebracht war, wurde die Luft durch einen Kohlensäurestrom verdrängt und die mit Schwefelsäure angesäuerte Flüssigkeit zum Kochen erhitzt. Der entweichende Stickstoff wurde über Kalilauge aufgefangen und gab genau die von obiger Gleichung verlangten Zahlen.

0,5175 g gaben 38,5 ccm N bei 17° und 715 mm.

Ber. N 8,1. Gef. N 8,1.

Zum Nachweis des Ameisenaldehyds wurde die restirende Flüssigkeit theilweise destillirt. Nach Sättigung des Destillats mit Schwefelwasserstoff wurde concentrirte Salzsäure zugesetzt und erwärmt. Polymerer Methylsulfaldehyd schied sich aus, welcher den Schmelzpunkt 217° zeigte. Der Schmelzpunkt des Sulfaldehyds nach Fittich ist 218° C.

33. Emil Fischer: Ueber die Hydrazinverbindungen.
Dritte Abhandlung.

Liebigs Annalen der Chemie **212**, 316 [1882].

(Eingelaufen den 4. April 1882.)

I. Sulfoharnstoffe des Phenylhydrazins; von Emil Fischer und Emil Besthorn.

Der in der ersten Abhandlung beschriebene Sulfoharnstoff $C_{13}H_{14}N_4S$, das Diphenylsulfocarbazid[1]), ist durch die Neigung ausgezeichnet, sich unter den verschiedensten Bedingungen in einen Farbstoff von sehr merkwürdigen physikalischen Eigenschaften zu verwandeln. Die früheren Analysen des letzteren führten übereinstimmend zu der empirischen Formel $C_{13}H_{12}N_4S$, welche indessen zweifelhaft blieb, weil sie mit der Bildungsweise des Körpers in Widerspruch zu stehen schien. Diese Frage zu entscheiden und die Natur des Farbstoffs, welcher als Repräsentant einer grösseren Klasse von Verbindungen gelten kann, aufzuklären, war der nächste Zweck der folgenden Untersuchung. Wir sind dabei zu dem Resultat gelangt, dass die Formel $C_{13}H_{12}N_4S$ in der That richtig ist und dass der Körper aus dem Diphenylsulfocarbazid durch Umwandlung einer Hydrazingruppe in die Azogruppe entsteht.

Um diese Beziehungen anzudeuten geben wir dem Farbstoff den Namen

Diphenylsulfocarbazon.

Kocht man fein zerriebenes Diphenylsulfocarbazid 10 bis 15 Minuten mit einer mässig concentrirten alkoholischen Lösung von Aetzkali, so verschwindet es bis auf eine geringe Menge eines dunkeln Harzes und die filtrirte dunkelrothe Flüssigkeit scheidet auf Zusatz von verdünnter Schwefelsäure das Sulfocarbazon in blauschwarzen Flocken ab. Der Niederschlag enthält in der Regel noch ein anderes Reactionsproduct, welches später beschrieben wird. Um dieses zu entfernen, laugt man die von der Mutterlauge befreite Masse mit verdünnter Natronlauge aus, filtrirt und fällt von Neuem mit Schwefelsäure. Zur völligen Reinigung wird das mit Wasser gewaschene und zwischen Fliesspapier ge-

---

[1]) Liebigs Ann. d. Chem. **190**, 118. (S. *240*.)

presste Product in warmem Chloroform gelöst und aus der durch Abdampfen concentrirten Lösung durch Alkohol gefällt.

Zu den folgenden Analysen dienten Präparate verschiedener Darstellung, welche mehrmals in der gleichen Weise umkrystallisirt und im Vacuum über Schwefelsäure getrocknet waren.

I. 0,2373 g gaben 0,5301 CO_2 und 0,1035 H_2O; — 0,1983 g gaben 38,5 ccm N bei 10° und 722 mm Druck. — II. 0,2319 g gaben 0,5170 CO_2 und 0,0987 H_2O. — III. 0,2138 g gaben 0,1988 $BaSO_4$.

$C_{13}H_{12}N_4S$. Ber. C 60,93,   H 4,68,   N 21,87,   S 12,50.
             Gef. ,, 60,92, 60,80, ,, 4,84, 4,70, ,, 22,07, ,, 12,76.

Die physikalischen Eigenschaften des Sulfocarbazons sind früher ausführlich genug beschrieben. Dasselbe besitzt den ausgesprochenen Charakter einer Säure; seine Verbindungen mit den Alkalien und alkalischen Erden sind in Wasser leicht löslich und sämmtlich dunkelroth gefärbt. Ganz verschieden davon verhält sich sonderbarer Weise das Zinksalz.

Wie in der ersten Abhandlung angegeben, wird die alkalische Lösung des Sulfocarbazons durch Zinkstaub in der Kälte rasch entfärbt, färbt sich jedoch nach Entfernung des Zinks an der Luft rasch rothviolett und scheidet beim Ansäuern rothe krystallinische Flocken ab. Diese sind nichts anderes als eine unlösliche lackartige Verbindung des Sulfocarbazons mit Zinkoxyd. Man erhält dieselbe direct beim Vermischen einer alkalischen Lösung des Farbstoffs mit alkalischer Zinklösung. Die Farbe der Flüssigkeit geht sofort aus dunkelroth in ein prachtvolles rothviolett über und beim Ansäuern mit Essigsäure oder kalter verdünnter Schwefelsäure fällt der Zinklack in denselben rothen Flocken aus. Die Verbindung ist ganz unlöslich in Wasser, sie wird dagegen leicht von warmem Chloroform mit prächtig rothvioletter Farbe gelöst. Aus dieser Lösung scheidet sie sich bei genügender Concentration auf Zusatz von Alkohol in feinen prismatischen Krystallen ab, welche dem krystallisirten Fuchsin täuschend ähnlich sind. Dieselben besitzen im Vacuum über Schwefelsäure getrocknet die Zusammensetzung 2 $C_{13}H_{12}N_4S \cdot ZnO$.

I. 0,2125 g gaben 0,4118 CO_2 und 0,0768 H_2O; — 0,2129 g gaben 35 ccm N bei 8° und 713 mm Druck. — II. 0,2063 g gaben 0,3980 CO_2 und 0,0720 H_2O. — III. 0,2175 g gaben 0,0577 $ZnSO_4$.

$C_{26}H_{24}N_8S_2ZnO$.
   Ber. C 52,59   H 4,04,   N 18,88,   Zn 10,99.
   Gef. ,, 52,84, 52,59, ,, 4,00, 3,87, ,, 18,61, ,, 10,71.

Selbstverständlich kann man die Verbindung auch als ein normales Zinksalz mit einem Molecul Krystallwasser von der Formel $(C_{13}H_{11}N_4S)_2Zn + H_2O$ betrachten. Die directe Bestimmung des Wassers war indessen nicht auszuführen, weil die Substanz sich schon beim Erhitzen auf 100° langsam unter Veränderung der Farbe und Entwicklung eines eigenthümlichen Geruchs zersetzt.

Das Zinksalz wird von heissem Chloroform ziemlich leicht, von Benzol viel schwerer mit purpurrother Farbe gelöst; noch leichter wird es von verdünnten Alkalien mit derselben Farbe aufgenommen, wobei offenbar ein Zinkalkali-Doppelsalz entsteht. Versetzt man diese alkalische Lösung in der Wärme mit starker Salzsäure, so scheidet sich der freie Farbstoff ab. Dieselbe Zersetzung findet beim Erwärmen des trockenen Zinksalzes mit starken Säuren statt.

Ebenfalls unlöslich in Wasser sind die Verbindungen des Sulfocarbazons mit Silber, Quecksilber und Blei. Versetzt man eine alkalische Lösung des Farbstoffs mit ammoniakalischer Silberlösung, so entsteht ein braunvioletter Niederschlag, welcher zum Unterschied von der Zinkverbindung ganz unlöslich in Alkalien und Chloroform ist und selbst von Salzsäure nur schwierig zersetzt wird. Ganz ähnlich verhält sich die Verbindung mit Quecksilberoxydul; dagegen ist der rothbraune Niederschlag, welchen Quecksilberoxydsalze in der alkalischen Farbstofflösung erzeugen, in Chloroform leicht mit schön rother Farbe löslich.

Alkalische Lösungen von Aluminium-, Chrom- und Zinnoxyd rufen in der Farbstofflösung keine Veränderung hervor. Durch Bleioxyd entsteht dagegen ein rothbrauner Niederschlag, welcher in Wasser unlöslich ist, von heisser Alkalilauge aber ziemlich leicht mit rother Farbe aufgenommen wird.

Das Diphenylsulfocarbazon hat nach den übereinstimmenden Analysen der Verbindung selbst und des Zinksalzes unzweifelhaft die Zusammensetzung $C_{13}H_{12}N_4S$, enthält mithin zwei Atome Wasserstoff weniger als das Sulfocarbazid. Seine Entstehung aus dem letzteren ist mithin auf einen Oxydationsvorgang zurückzuführen.

Die nähere Untersuchung der Reaction hat in der That ergeben, dass die Wirkung des Alkalis auf das Diphenylsulfocarbazid eine gleichzeitige Oxydation und Reduction zur Folge hat, dass mithin der Vorgang der Zersetzung von Aldehyden in Säure und Alkohol zu vergleichen ist.

Während ein Theil des Diphenylsulfocarbazids unter Wasserstoffverlust in den Farbstoff übergeht, zerfällt ein zweiter Theil durch Wasserstoffaufnahme in Anilin und eine Verbindung $C_7H_9N_3S$, welche später ausführlich behandelt werden soll.

Die letzte Verbindung fällt zum Theil beim Ansäuern der alkalischen Lösung des Diphenylsulfocarbazids mit dem Farbstoff zusammen aus und bleibt beim Ausziehen des Niederschlags mit wässrigem Alkali zurück. Ein anderer Theil derselben Verbindung findet sich in der sauren alkoholischen Mutterlauge. Die letztere enthält auch das Anilin, welches nach dem Uebersättigen mit Alkali durch Aether extrahirt werden kann.

Die Spaltung des Diphenylsulfocarbazids durch Alkalien ist hiernach in folgender Weise zu formuliren:

$$2\,C_{13}H_{14}N_4S = \underset{\text{Sulfocarbazon;}}{C_{13}H_{12}N_4S} + \underset{\text{Anilin.}}{C_6H_7N} + C_7H_9N_3S$$

Die Entstehung des Diphenylsulfocarbazons wird dadurch leicht verständlich und seine Beziehungen zu dem Sulfocarbazid gestalten sich so einfach, dass die Beurtheilung der Constitution beider Verbindungen kaum mehr Schwierigkeiten bietet.

Wie von dem Einen[1]) von uns früher experimentell nachgewiesen wurde, ist bei den gewöhnlichen Harnstoffen des Phenylhydrazins der Harnstoffrest mit dem äusseren Gliede der Stickstoffkette verbunden.

Ueberträgt man diese Anschauung auf die Sulfoharnstoffe der Hydrazine, so würde das Diphenylsulfocarbazid die Formel:

$$CS{\Big<}{NH-NH-C_6H_5 \atop NH-NH-C_6H_5}$$

erhalten. Die Umwandlung der Verbindung in das Sulfocarbazon müsste dann durch Oxydation einer Hydrazingruppe erfolgen und man gelangte so für die zweite Verbindung zu der Formel:

$$CS{\Big<}{N=N-C_6H_5 \atop NH-NH-C_6H_5}.$$

In der That erklärt dieses Schema nicht allein die Bildung des Diphenylsulfocarbazons, sondern es giebt auch ein anschauliches Bild für alle bisher untersuchten Veränderungen und Spaltungen desselben.

Oxydation des Diphenylsulfocarbazons.

Wie aus der vorigen Formel ersichtlich, enthält das Sulfocarbazon noch eine Hydrazingruppe. Dieselbe lässt sich ebenfalls durch weitergehende Oxydation in die Azogruppe umwandeln und es resultirt eine Verbindung, welcher wir die Formel:

$$CS{\Big<}{N=N-C_6H_5 \atop N=N-C_6H_5}$$

und den Namen Diphenylsulfocarbodiazon geben.

Erwärmt man die Lösung des Sulfocarbazons in alkoholischem Kali auf dem Wasserbade und fügt unter öfterem Umschütteln Mangansuperoxydhydrat zu, so geht die Farbe der Flüssigkeit bald aus dunkelroth in hellroth über. Sobald dieser Punkt erreicht ist, wird die Lösung filtrirt. Beim Erkalten derselben scheidet sich der in Lösung gebliebene Theil des Oxydationsproductes in kleinen rothen Nadeln ab; der Rest desselben ist dem Braunstein beigemengt und wird durch Auskochen mit

---
[1]) Liebigs Ann. d. Chem. **190**, 113. (S. 237.)

Alkohol daraus gewonnen. Durch einmaliges Umkrystallisiren des Rohproducts aus heissem Alkohol erhält man die Verbindung rein.

Für die Analyse wurde dieselbe im Vacuum über Schwefelsäure getrocknet.

0,1850 g gaben 0,4173 CO_2 und 0,0711 H_2O. — 0,1708 g gaben 35 ccm N bei 20° und 717 mm Druck.

$C_{13}H_{10}N_4S$. Ber. C 61,41, H 3,93, N 22,04, S 12,59.
Gef. ,, 61,51, ,, 4,27, ,, 22,08.

Das Sulfocarbodiazon besitzt zum Unterschied von dem Sulfocarbazon keine sauren Eigenschaften, offenbar, weil es keinen Imidwasserstoff mehr enthält. Es ist unlöslich in Alkalien, schwer löslich in Aether und Benzol, leicht löslich in Chloroform und heissem Alkohol. Beim Erhitzen verpufft es ohne vorher zu schmelzen. Durch vorsichtige Reduction lässt sich die Verbindung in den Farbstoff zurückverwandeln. Versetzt man nämlich ihre alkoholische Lösung mit Natronlauge und wenig Zinkstaub, so zeigt sich beim gelinden Erwärmen die prächtige Purpurfärbung des Farbstoffzinksalzes. Bei längerer Einwirkung des Reductionsmittels verschwindet dieselbe wieder, weil der Farbstoff unter diesen Bedingungen eine weitere Veränderung erleidet.

Reduction des Diphenylsulfocarbazons.

Versetzt man die dunkelrothe Lösung des Farbstoffs in verdünnter Natronlauge in der Kälte mit Zinkstaub, so färbt sie sich zunächst durch Bildung des Zinkalkali-Doppelsalzes prächtig rothviolett. Ist die Menge des Zinkstaubs nicht zu klein, so verschwindet die Farbe beim Umschütteln vollständig, erscheint jedoch sofort wieder, wo die Flüssigkeit mit der Luft in Berührung kommt.

Zur Isolirung des Reductionsproducts wurde die farblose Lösung direct in verdünnte Essigsäure hineinfiltrirt. Es entstand dabei ein schwach roth gefärbter krystallinischer Niederschlag, welcher durch Umkrystallisiren aus Alkohol gereinigt alle Eigenschaften des Diphenylsulfocarbazids zeigte. Zur Analyse wurde das Präparat im Vacuum getrocknet.

0,1840 g gaben 34,5 ccm N bei 4° und 718 mm Druck.
$C_{13}H_{14}N_4S$. Ber. N 21,70. Gef. N 21,75.

Die Bildung erfolgt nach der Gleichung:

$$C_{13}H_{12}N_4S + H_2 = C_{13}H_{14}N_4S$$

und ist bei beschleunigter Operation fast quantitativ.

Ganz anders gestaltet sich der Vorgang bei höherer Temperatur. Erwärmt man die entfärbte alkalische Flüssigkeit sammt dem Zinkstaub auf dem Wasserbad, so verliert sie nach einiger Zeit die Fähigkeit, sich an der Luft wieder zu färben. Die alkalische Lösung enthält jetzt keine Spur von Diphenylsulfocarbazid mehr, sondern nur Anilin und denselben Körper $C_7H_9N_3S$, welcher auch, wie früher erwähnt, bei der Darstellung des Farbstoffs als Nebenproduct entsteht. Führt man die Reduction mit Natron und Zinkstaub in alkoholischer Lösung aus, so bleibt die Verbindung in der Wärme gelöst und scheidet sich nach Entfernung des Zinkstaubs durch Filtration beim Erkalten in schwach gefärbten Nadeln ab. Durch Umkrystallisiren aus heissem Alkohol wird dieselbe in rein weissen kleinen Prismen vom Schmelzpunkt 200 bis 201° erhalten, welche bei der Analyse folgende Zahlen gaben.

I. 0,2002 g gaben 0,3720 CO_2 und 0,0988 H_2O; — 0,1990 g gaben 46 ccm N bei 17° und 716 mm Druck. — II. 0,2069 g gaben 0,2958 $BaSO_4$.

$C_7H_9N_3S$. Ber. C 50,29, H 5,38, N 25,15, S 19,16.
          Gef. ,, 50,64. ,, 5,44, ,, 25,24, ,, 19,62.

Die Verbindung ist nach ihrem gesammten Verhalten unzweifelhaft ein gemischter Sulfoharnstoff des Phenylhydrazins und des Ammoniaks; wir geben ihr deshalb die Formel:

$$CS\begin{matrix}\diagup NH-NH-C_6H_5 \\ \diagdown NH_2\end{matrix}$$

und den Namen

Phenylsulfosemicarbazid.

Wie vorher angegeben bildet sich dieser Körper beim Erwärmen des Diphenylsulfocarbazids mit alkoholischem oder wässerigem Alkali neben Anilin und Diphenylsulfocarbazon nach der Gleichung:

$$2\,C_{13}H_{14}N_4S = C_{13}H_{12}N_4S + C_6H_7N + C_7H_9N_3S\,.$$

Ferner entsteht er bei der Behandlung des Sulfocarbazons mit Alkali und Zinkstaub in der Wärme. Im letzteren Falle entsteht zunächst Diphenylsulfocarbazid und dieses könnte direct durch den nascirenden Wasserstoff in Anilin und Phenylsulfosemicarbazid gespalten werden nach der Gleichung:

$$C_{13}H_{14}N_4S + H_2 = C_7H_9N_3S + C_6H_7N\,.$$

Man kann sich jedoch den Vorgang auch so erklären, dass das Diphenylsulfocarbazid durch das Alkali allein in der bekannten Weise theils in Anilin und Sulfosemicarbazid gespalten, theils zu Sulfocarbazon oxydirt wird. Das letztere wird selbstverständlich durch den Zinkstaub wieder zu Sulfocarbazid reducirt und das Wechselspiel wiederholt sich, bis die ganze Masse in Anilin und Phenylsulfosemicarbazid umgewandelt ist.

Schliesslich lässt sich das Phenylsulfosemicarbazid noch direct aus Phenylhydrazin mit Hülfe von Rhodanwasserstoffsäure gewinnen.

Schüttelt man die Base mit einer wässerigen Lösung von Rhodanwasserstoffsäure, so scheidet sich das schwerlösliche Rhodanat in farblosen Blättchen ab. Wird das trockene Salz im Oelbad auf 160 bis 170° erhitzt, so findet eine lebhafte Ammoniakentwicklung statt. Nach Beendigung derselben erstarrt die Schmelze beim Erkalten krystallinisch und beim Auslaugen mit kaltem Wasser bleibt fast reines Phenylsulfosemicarbazid zurück.

Viel glatter erfolgt dieselbe Reaction beim Erhitzen von salzsaurem Phenylhydrazin und Rhodanammonium in alkoholischer Lösung. Wir haben auf diese Beobachtung eine Darstellungsmethode des Phenylsulfosemicarbazids begründet, welche in Bezug auf Ausbeute und Bequemlichkeit nichts zu wünschen übrig lässt. Dieselbe ist im Wesentlichen der von Clermont[1]) gegebenen Vorschrift zur Gewinnung von Monophenylsulfoharnstoff nachgebildet. Gleiche Theile salzsaures Phenylhydrazin und Rhodanammonium werden mit der zweieinhalbfachen Menge absolutem Alkohol zwölf Stunden am Rückflusskühler auf dem Wasserbade gekocht und die erkaltete Flüssigkeit zwölf Stunden der Krystallisation überlassen. Die Krystallmasse ist ein Gemenge von Salmiak und Phenylsulfosemicarbazid. Man filtrirt, laugt den Salmiak mit kaltem Wasser aus und krystallisirt den Rückstand ein- bis zweimal aus siedendem Alkohol um. Aus 70 Theilen salzsaurem Phenylhydrazin erhält man auf diese Weise etwa 50 Theile Sulfoharnstoff.

Das Phenylsulfosemicarbazid schmilzt bei 200 bis 201° unter beginnender Zersetzung; es ist schwerlöslich in Wasser, Aether, Benzol und Chloroform, viel leichter löslich in heissem Alkohol. Die wässerige Lösung besitzt einen ausserordentlich anhaftenden bitteren Geschmack. Aus warmem Alkohol krystallisirt die Verbindung beim langsamen Erkalten in schön ausgebildeten Prismen, über deren Form uns Herr Professor Haushofer folgende Mittheilung machte:

Phenylsulfosemicarbazid.

Monoklin. Axenverhältniss $a : b : c = 2,6028 : 1 : 1,4714$, $\beta = 83°49'$. Beobachtete Flächen: OP (c), P (o), $\infty \bar{P} \infty$ (a), $2\bar{P} \infty$ (r), 2 P (n); prismatisch nach der Orthodiagonale, stets nur an einem Ende ausgebildet. Die Pyramide o erscheint oft nur in einer einzigen Fläche und giebt dadurch den Krystallen einen asymmetrischen Habitus[2]).

Gegen Säuren verhält sich die Verbindung indifferent; mit verdünnter Salz- und Schwefelsäure kann sie ohne Veränderung gekocht werden. Von concentrirter Kalilauge wird sie beim Erwärmen leicht gelöst und beim Erkalten scheidet sich ein gut krystallisirtes Salz ab, welches jedoch schon durch Wasser unter Rückbildung von Sulfo-

---
[1]) Jahresber. f. Chem. **1876**, 758.
[2]) Die genaue Beschreibung mit den Winkelmessungen siehe Groth's Zeitschrift für Krystallographie.

harnstoff zersetzt wird. Mit Quecksilberchlorid und ammoniakalischer Silberlösung giebt die wässerige Lösung der Verbindung weisse Niederschläge, welche schon in der Kälte nach einiger Zeit schwarz werden. Eisenchlorid oxydirt die Substanz unter Abscheidung von Schwefel.

Eine interessante Veränderung erleidet das Phenylsulfosemicarbazid durch starke Salzsäure bei 120 bis 130°. Es zerfällt dabei in Ammoniak und eine Base von der Formel $C_7H_6N_2S$, welche wir

Phenylsulfocarbizin

nennen.

Zur Darstellung dieses Körpers erhitzt man 10 g Sulfoharnstoff mit 30 ccm 20 procentiger Salzsäure im geschlossenen Rohre zwölf Stunden auf 125 bis 130°. Beim Erkalten des Röhreninhaltes scheidet sich das Hydrochlorat des Carbizins zum grössten Theil in schwachgelb gefärbten, büschelförmig zusammengelagerten Nadeln ab. Die Krystalle werden auf der Pumpe filtrirt und abgesogen. Beim Verdampfen der Mutterlauge bleibt der Rest des Salzes neben Chlorammonium zurück. Zur Reinigung wird das Hydrochlorat in wenig warmem Wasser gelöst, mit Thierkohle entfärbt und aus dem Filtrate durch Einleiten von gasförmiger Salzsäure gefällt. Versetzt man das rein weisse Salz mit Alkali, so scheidet sich die schwerlösliche Base in farblosen Flocken ab. Durch Umkrystallisiren aus heissem Wasser erhält man dieselbe in feinen silberglänzenden Blättchen, welche zur Analyse im Vacuum getrocknet wurden.

0,2093 g gaben 0,4296 CO_2 und 0,0783 H_2O. — 0,1496 g gaben 26,5 ccm N bei 22° und 723 mm Druck. — 0,1857 g gaben 0,2943 $BaSO_4$.

$C_7H_6N_2S$. Ber. C 56,00, H 4,00, N 18,66, S 21,33.
            Gef. ,, 55,98, ,, 4,15 ,, 19,06, ,, 21,75.

Das Phenylsulfocarbizin schmilzt bei 129° und destillirt in kleinen Mengen unzersetzt; es ist leicht löslich in Alkohol, Aether und Chloroform, sehr schwer löslich in kaltem Wasser. Mit Säuren bildet es beständige, meist gut krystallisirende Salze.

Das Hydrochlorat, $C_7H_6N_2S \cdot HCl$, ist in Wasser leicht löslich und scheidet sich auf Zusatz von concentrirter Salzsäure in feinen weissen Nadeln ab; in Alkohol löst es sich ziemlich leicht und wird durch Aether daraus gefällt. Es schmilzt bei 240° unter Zersetzung. Für die Analyse wurde das Salz im Vacuum getrocknet.

0,2042 g gaben 0,1558 AgCl.

$C_7H_6N_2S \cdot HCl$. Ber. Cl 19,03. Gef. Cl 18,85.

Versetzt man die wässerige Lösung des Hydrochlorats mit Platinchlorid, so scheidet sich das schwer lösliche Chloroplatinat,

$(C_7H_6N_2S)_2H_2PtCl_6$, ab. Dasselbe krystallisirt aus heissem Wasser in gelben schiefen Prismen.

0,2876 g gaben 0,0790 Pt.

$(C_7H_6N_2S)_2H_2PtCl_6$. Ber. Pt 27,70. Gef. Pt 27,46.

Das leicht lösliche Sulfat bildet meist büschelförmig vereinigte Nadeln.

In Wasser fast unlöslich ist das Chromat; es scheidet sich auf Zusatz von Chromsäure zu der sauren Lösung der Base in feinen rothen Nädelchen ab und ist gegen siedendes Wasser ganz beständig. Schwer löslich in Wasser ist ferner das in feinen gelben Nadeln krystallisirende Pikrat.

Gegen Alkalien ist das Sulfocarbizin indifferent, dagegen verbindet es sich noch mit Silber.

Versetzt man eine wässerige Lösung der reinen Base mit ammoniakalischer Silberlösung, so scheidet sich ein weisser flockiger Niederschlag ab, welcher im Vacuum getrocknet die Zusammensetzung $C_7H_5N_2S \cdot Ag$ hat.

0,2554 g gaben 0,3065 CO_2 und 0,0501 H_2O. — 0,2071 g gaben 0,0879 Ag.

$C_7H_5N_2S \cdot Ag$. Ber. C 32,68, H 1,94, Ag 42,02.

Gef. ,, 32,73, ,, 2,15, ,, 42,44.

Am Lichte färbte sich das reine Salz schwach gelblich.

Das Phenylsulfocarbizin unterscheidet sich von den meisten übrigen Hydrazinverbindungen durch eine auffallend grosse Beständigkeit. Von den gewöhnlichen Reductionsmitteln wird es nicht angegriffen. Erst beim Erhitzen mit rauchender Jodwasserstoffsäure und Jodphosphonium auf 200° tritt Zersetzung ein, als deren Producte Kohlensäure, Schwefelwasserstoff, Ammoniak und Anilin beobachtet wurden. Fast ebenso beständig ist die Base gegen Oxydationsmittel. Mit Fehling'scher Lösung, Quecksilberoxyd, ammoniakalischer Silberlösung, Chromsäure und verdünnter Schwefelsäure kann sie längere Zeit gekocht werden. Dagegen wirkt Uebermangansäure sowohl in saurer wie in alkalischer Lösung rasch oxydirend und es wird dadurch aller Schwefel als Schwefelsäure abgespalten. Eben so energisch ist die Wirkung des Chlorkalks.

Vermischt man eine kalte wässrige Lösung von Base und unterchlorigsaurem Kalk oder Alkali, so entsteht sofort ein flockiger dunkelvioletter Niederschlag, welcher in den gewöhnlichen Lösungsmitteln fast unlöslich ist, dagegen von concentrirter Schwefelsäure mit schön tiefrother Farbe aufgenommen wird. Die Reaction ist so charakteristisch, dass sie zum Nachweis der Base dienen kann.

Das Sulfocarbizin ist, wie später nachgewiesen wird, eine secundäre Base; trotzdem ist es uns nicht gelungen, ein gut charakterisirtes Nitrosoderivat zu erhalten. Versetzt man die kalte wässrige Lösung des Hydrochlorats mit Natriumnitrit, so scheidet sich nach einiger Zeit ein dunkelgefärbtes Harz ab; beim Erwärmen tritt lebhafte Gasentwicklung ein und es fällt eine grössere Menge eines intensiv nach Nitrophenol riechenden dunklen Oels aus.

Derivate des Phenylsulfocarbizins.

Die Base enthält ein Wasserstoffatom, welches durch Acetyl und Methyl ersetzt werden kann.

Die **Monacetylverbindung** entsteht beim kurzen Kochen der Base mit Essigsäureanhydrid und scheidet sich beim Erkalten der Lösung zum Theil in Krystallen aus. Die überschüssige Essigsäure wird am besten durch mehrmaliges Abdampfen mit Alkohol auf dem Wasserbad entfernt und der Rückstand aus wenig siedendem Alkohol umkrystallisirt. Man erhält so farblose tafelförmige Krystalle, welche bei 186 bis 187° schmelzen und im Vacuum getrocknet die Zusammensetzung $C_7H_5N_2S \cdot C_2H_3O$ haben.

0,2170 g gaben 0,4510 CO_2 und 0,0830 H_2O. — 0,2139 g gaben 30,5 ccm N bei 25° und 716 mm Druck.

$C_7H_5N_2S \cdot C_2H_3O$. Ber. C 56,35, H 4,16, N 14,58.
                            Gef. ,, 56,68, ,, 4,24, ,, 14,95.

Die Substanz ist in heissem Alkohol sehr leicht, in Wasser schwer löslich.

Die entsprechende **Benzoylverbindung** entsteht beim Erwärmen der Base mit Benzoylchlorid und bildet farblose Krystalle, welche ebenfalls bei 186° schmelzen.

Methylphenylsulfocarbizin. — Das jodwasserstoffsaure Salz dieser Base entsteht in glatter Weise, wenn man das Phenylsulfocarbizin mit der doppelten Gewichtsmenge Jodmethyl in geschlossenen Rohr 10 bis 12 Stunden auf 100° erhitzt. Das durch wenig Jod braungefärbte krystallinische Reactionsproduct wird in Wasser gelöst, nach dem Wegkochen des Jodmethyls mit schwefliger Säure entfärbt und durch überschüssiges Alkali zersetzt. Die Methylbase scheidet sich sofort in weissen Flocken ab und wird aus heissem Wassser umkrystallisirt. Die Analyse der im Vacuum getrockneten Substanz ergab folgende Zahlen:

I. 0,2087 g gaben 0,4521 CO_2 und 0,0918 H_2O. — II. 0,1545 g gaben 23,5 ccm N bei 12° und 726 mm Druck.

$C_7H_5N_2S \cdot CH_3$. Ber. C 58,53, H 4,87, N 17,07.
                          Gef. ,, 59,08, ,, 4,88, ,, 17,23.

Das Methylphenylsulfocarbizin krystallisirt in farblosen schiefen Tafeln vom Schmelzpunkt 123°. In kaltem Wasser ist es sehr schwer, in Alkohol, Aether und Chloroform leicht löslich.

Die Verbindung ist unzersetzt flüchtig und im gasförmigen Zustande so beständig, dass wir ohne Schwierigkeiten ihre Dampfdichte nach dem Verfahren von Victor Meyer im Bleibad und einer Stickstoffatmosphäre bestimmen konnten.

0,2164 g gaben 33,2 ccm N bei 13° und 719,7 mm Druck.

Aus diesen Zahlen berechnet sich die Dichte bezogen auf Wasserstoff zu 81,8, während die Formel $C_7H_5N_2S \cdot CH_3$ 82 verlangt.

Das Methylphenylsulfocarbizin unterscheidet sich von der nicht methylirten Base ganz scharf durch seine Beständigkeit gegen salpetrige Säure, von welcher es selbst beim Kochen nicht angegriffen wird.

Bromphenylsulfocarbizin. — Die Verbindung scheidet sich sofort krystallinisch ab, wenn man Phenylsulfocarbizin und Brom in stark verdünnter kalter Chloroformlösung zusammenbringt. Die Krystalle werden filtrirt, mit Chloroform ausgewaschen und in schwefliger Säure gelöst. Beim Uebersättigen mit Alkali fällt die Bromverbindung in sehr feinen weissen Nadeln aus, welche nach dem Umkrystallisiren aus verdünntem Alkohol bei 210° schmolzen und bei der Analyse folgende Zahlen gaben:

0,2062 g gaben 0,1720 AgBr.

$C_7H_5N_2SBr$.   Ber. Br 34,93.   Gef. Br 35,45.

Constitution des Phenylsulfocarbizins.

Die Base enthält in der Seitengruppe nur 1 At. Wasserstoff, welches nach den Eigenschaften der Methylverbindung an Stickstoff gebunden sein muss. Geht man nun von der früher aufgestellten Formel des Phenylsulfosemicarbazids:

$$CS\underset{NH_2}{\overset{NH-NH-C_6H_5}{\diagup}}$$

aus, so lassen sich für das Carbizin nur folgende beide Formeln construiren, welche jener Bedingung genügen:

I. $SC = N—NH \cdot C_6H_5$;

II. $HN—N \cdot C_6H_5$
    $\quad\diagdown\diagup$
    $\quad CS$

Die erstere derselben wäre die einer senfölartigen Verbindung und wird dadurch im höchsten Grade unwahrscheinlich. Von allen Reactionen, welche den Senfölen eigenthümlich sind, finden wir bei dem Sulfocarbizin keine einzige wieder. Die Base ist ganz beständig gegen starke Säuren, Alkalien, Aminbasen und Entschwefelungsmittel.

Im Gegensatz dazu scheint uns die zweite Formel mit der bisher noch unbekannten Stickstoff-Kohlenstoff-Gruppe ganz besonders geeignet, das abweichende Verhalten des Sulfocarbizins zu erklären.

Die Verkettung der beiden Stickstoffatome durch die CS-Gruppe zu einem aus drei Gliedern bestehenden Ring muss nach allem, was wir über solche ringförmige Complexe wissen, die Stabilität des ganzen Systems und der Hydrazingruppe speciell in diesem Falle erhöhen.

Ein älteres Beispiel ähnlicher Art bietet uns das Diazobenzolimid:

$$C_6H_5N\!-\!N\ ^1)$$
$$\diagdown\!\!\diagup$$
$$N$$

wo ebenfalls die ringartige Structur der Stickstoffgruppe die im Vergleich zu den Diazokörpern ganz überraschende Beständigkeit der Verbindung zu verursachen scheint.

Die Neigung des Stickstoffs, allein oder in Verbindung mit Kohlenstoff solche dreigliedrigen beständigen Ringe zu bilden, verdient um so mehr beachtet zu werden, als der vierwerthige Kohlenstoff, wie V. Meyer[2]) ausführlich dargethan hat, allein dazu nicht befähigt zu sein scheint.

II. Hydrazinbenzoësäuren.

Die Ortho-[3]) und Metaverbindung[4]) sind bereits bekannt. Der Vollständigkeit halber habe ich noch das dritte Isomere dargestellt. Wie zu erwarten war, besitzt nur die Orthosäure die Neigung, durch Wasserabspaltung in ein einfaches Anhydrid, $C_7H_7N_2O$, überzugehen, welchem aus verschiedenen Gründen früher die Constitutionsformel:

$$C_6H_4\begin{array}{c}-\ \ \ CO\\ |\\ -NH-NH\end{array}$$

zugeschrieben wurde.

Im Nachfolgenden theile ich zunächst als Ergänzung der früheren Mittheilung einige Versuche mit, welche ich zur Begründung jener Formel gemeinschaftlich mit Herrn Edward Renouf angestellt habe. Auf eine ausführliche Untersuchung der zahlreichen Metamorphosen des interessanten Körpers haben wir wegen der schwierigen Beschaffung des Materials verzichten müssen.

Orthohydrazinbenzoësäureanhydrid.

Die früher empfohlene Darstellungsmethode hat sich bei den späteren Versuchen bewährt. Nur hat man darauf zu achten, dass die Hydrazinsäure möglichst rasch auf 220 bis 225° erhitzt wird und dass die Operation unterbrochen wird, sobald die Masse vollständig geschmol-

---

[1]) Kekulé, Lehrbuch 2, 722, Benzolderivate S. 230, und Emil Fischer, Liebigs Ann. d. Chem. 190, 95. (S. *224*.)
[2]) Liebigs Ann. d. Chem. 180, 192.
[3]) Berichte d. D. Chem. Gesellsch. 13, 679. (S. *322*.)
[4]) P. Griess, Berichte d. D. Chem. Gesellsch. 9, 1657.

zen ist und kein Wasser mehr entweicht. Das Anhydrid ist im reinen Zustande ganz farblos. Aus der heissen alkoholischen Lösung scheidet es sich beim langsamen Erkalten in glänzenden, meist sechsseitigen Platten ab, über deren Form uns Herr Prof. Haushofer folgende Mittheilungen macht:

Monoklin. — a : b : c = 1,072 : 1 : 0,664, $\beta = 75°18'$. Tafelförmige, oft nach den Orthodiagonalen parallel aneinander gereihte Krystalle der Combination OP (c), $\infty P \infty$ (a), P (o). Die Flächen o sind zwar stark glänzend und spiegelnd wie die übrigen, aber stets stark aufgewölbt, die Messungen deshalb nur annähernd. Sehr vollkommen spaltbar nach a[1]).

Die Verbindung hat keinen constanten Schmelzpunkt; bei 220° beginnt sie zusammenzubacken und sich zu färben; vollständig schmilzt sie erst unter fortschreitender Zersetzung bei 242° zu einer dunkelrothen Flüssigkeit und verwandelt sich bei derselben Temperatur nach einiger Zeit in eine theerähnliche Masse.

Das Anhydrid besitzt sowohl saure wie basische Eigenschaften. Es löst sich leicht in Alkalien und zersetzt in kochender wässeriger Lösung langsam die Carbonate der alkalischen Erden. Versetzt man seine concentrirte Lösung in reiner Natronlauge mit absolutem Alkohol, so scheidet sich das Natronsalz in feinen silberglänzenden Blättchen ab. Dieselben enthalten Krystallwasser, welches bei 100° entweicht, wobei die Krystalle ihren Glanz verlieren. Das getrocknete Salz hat die Formel $C_7H_5N_2ONa$.

0,2333 g gaben 0,11 Na_2SO_4.

Ber. Na 14,7. Gef. Na 15,2.

Eben so beständig sind die Verbindungen mit starken Säuren. Die in der ersten Mittheilung enthaltene Angabe, dass die Substanz keine Base sei, ist hiernach zu berichtigen. Das Hydrochlorat scheidet sich aus der heissen concentrirten Lösung des Anhydrids in starker Salzsäure beim Erkalten in feinen weissen Nadeln ab und hat im Vacuum, über Schwefelsäure und Natronkalk getrocknet, die Zusammensetzung $C_7H_6N_2O \cdot HCl$.

0,2885 g gaben 0,238 AgCl.

Ber. Cl 20,8. Gef. Cl 20,4.

Das Salz ist in Wasser und Alkohol sehr leicht, in concentrirter Salzsäure viel schwerer löslich. Aehnliche Eigenschaften hat das Sulfat.

Schliesslich verbindet sich das Anhydrid auch noch mit Metallsalzen. Versetzt man seine kalte wässerige Lösung mit Quecksilberchlorid, so entsteht ein weisser flockiger Niederschlag, der in heissem Wasser löslich

---

[1]) Die genauere Beschreibung mit den Winkelmessungen siehe Groth's Zeitschrift f. Krystallographie.

ist und daraus beim Erkalten in feinen, meist büschelförmig vereinigten Nadeln auskrystallisirt. Dieselben haben im Vacuum getrocknet die Zusammensetzung $C_7H_6N_2O \cdot HgCl_2$.

0,3958 g gaben 0,2285 HgS. — 0,2703 g gaben 0,1945 AgCl.

Ber. Ag 49,4, Cl 17,5.
Gef. ,, 49,7, ,, 17,8.

Eine ähnliche Verbindung erhält man mit Silbernitrat. Dieselbe bildet ebenfalls feine weisse Nadeln, welche in der Kälte ganz beständig sind, beim Kochen der Lösung aber bald schwarz werden.

Wenn die oben aufgestellte Formel richtig ist, so muss das Hydrazinbenzoësäureanhydrid noch zwei an Stickstoff gebundene Wasserstoffatome enthalten. Dass dem so ist, wird sehr wahrscheinlich durch die Existenz einer Diacetylverbindung.

Kocht man die Substanz mit der fünffachen Menge Essigsäureanhydrid einige Stunden am Rückflusskühler und verdampft später die Lösung mit Alkohol auf dem Wasserbad, so bleibt ein fester Rückstand, der aus heissem Alkohol in feinen weissen Nadeln von der Formel $C_7H_4N_2O(C_2H_3O)_2$ krystallisirt.

0,1972 g gaben 0,4357 CO_2 und 0,0935 H_2O. — 0,2235 g gaben 27,5 ccm Stickstoff bei 27° und 724 mm Druck.

$C_{11}H_{10}N_2O_3$. Ber. C 60,55, H 4,6, N 12,9.
Gef. ,, 60,3, ,, 5,27, ,, 12,9.

Die Verbindung schmilzt bei 112°, ist sehr schwer löslich in Wasser und verdünnten Säuren und scheint keine basischen Eigenschaften mehr zu haben. Durch heisse Alkalilauge wird sie gelöst und zersetzt.

Grössere Schwierigkeiten haben wir bei der Aethylirung des Anhydrids gefunden. Erhitzt man das Natronsalz mit der berechneten Menge Jodäthyl und wenig Alkohol mehrere Stunden auf 100°, so wird ein Gemenge von regenerirtem Anhydrid und zwei äthylirten Basen erhalten. Die eine derselben ist in Alkalien löslich und deshalb schwer von der unveränderten Substanz zu trennen; die andere ist unlöslich in Alkalien und scheint die Diäthylverbindung zu sein. In grösserer Menge entsteht dieselbe, wenn man die Menge des Alkalis und Jodäthyls verdoppelt. Sie bildet ein schwachgelbes Oel, ist unzersetzt flüchtig, fast unslöslich in Wasser, aber leicht löslich in Säuren.

Die weitere Untersuchung dieser Verbindungen haben wir aus Mangel an Material aufgeschoben; dasselbe gilt von den schwer zu behandelnden Producten, welche aus dem Anhydrid durch Einwirkung von salpetriger Säure, Phosphorpentachlorid, Brom und Eisenchlorid entstehen.

Parahydrazinbenzoësäure.

Zur Darstellung der Verbindung benutzte ich die Methode, welche bei der Orthosäure am sichersten zum Ziele führt.

7 Th. feinzerriebene salzsaure Paramidobenzoësäure werden mit 5 Th. starker Salzsäure (vom spec. Gew. 1,19) und 30 Th. Wasser übergossen und dem gut gekühlten Gemisch allmälig die berechnete Menge Natriumnitrit zugefügt, wobei die Amidosäure vollständig als Diazoverbindung in Lösung gehen muss. Die Flüssigkeit wird sofort in eine kalte gesättigte Lösung von neutralem Natriumsulfit, welche etwas mehr als zwei Molecule des Salzes auf ein Molecul der Amidosäure enthält, eingetragen.

Sobald die Anfangs rothgelbe Farbe des Gemisches in hellgelb übergegangen ist, fügt man Essigsäure bis zur sauren Reaction und Zinkstaub zu und erwärmt ganz gelinde, bis die Lösung farblos geworden ist.

Leitet man jetzt in das **gut gekühlte** Filtrat gasförmige Salzsäure ein, so scheidet sich sehr bald das Hydrochlorat der Hydrazinsäure neben Chlornatrium aus. Die Salzmasse wird filtrirt, zur Entfernung des Kochsalzes mit kaltem Wasser ausgelaugt und der Rückstand aus heissem Wasser umkrystallisirt.

Das Salz bildet weisse Nadeln, welche in kaltem Wasser schwer, in heissem Wasser ziemlich leicht löslich sind und bei 100° getrocknet die Zusammensetzung
haben.
$$C_6H_4\begin{cases}COOH\\N_2H_3 \cdot HCl\end{cases}$$

0,2124 g gaben 28,5 ccm Stickstoff bei 722 mm Druck und 12°.
Ber. N 14,85. Gef. N 15,12.

Zur Gewinnung der freien Säure löst man das Salz in Natronlauge und fällt mit Essigsäure. Im Vacuum getrocknet hat dieselbe die Zusammensetzung
$$C_6H_4\begin{cases}N_2H_3\\COOH\end{cases}.$$

0,1941 g gaben 32 ccm Stickstoff bei 12° und 722 mm Druck.
Ber. N 18,42. Gef. N 18,47.

Die Säure ist in kaltem Wasser sehr schwer, in heissem viel leichter löslich. Aus der warmen wässrigen Lösung krystallisirt sie beim raschen Abkühlen in feinen Nadeln oder beim langsamen Erkalten in grösseren farblosen Platten. Im Haarrohr erhitzt schmilzt sie zwischen 220° und 225° unter lebhaftem Aufschäumen. Sie zerfällt dabei zum Theil in Kohlensäure und Phenylhydrazin.

III. Orthotolylhydrazin; von Magnus Bösler.

Die Base wurde genau nach demselben Verfahren wie das Phenylhydrazin gewonnen. Das benutzte Orthotoluidin war zuerst nach der Vorschrift von Bindschedler und später noch durch mehrmaliges Umkrystallisiren der Acetverbindung gereinigt. Das Rohproduct ist eine braune, bei gewöhnlicher Temperatur feste Masse, welche nach dem Trocknen mit Kaliumcarbonat einmal destillirt und dann am besten aus heissem Ligroïn (vom Siedep. 70 bis 100°) umkrystallisirt wird.

Die reine Base bildet farblose schiefe Tafeln vom Schmelzpunkt 56° und hat die Formel $C_7H_7 \cdot N_2H_3$.

0,320 g gaben 0,807 CO_2 und 0,240 H_2O. — 0,285 g gaben 0,718 CO_2 und 0,210 H_2O. — 0,372 g gaben 79 ccm Stickstoff bei 708 mm Druck und 14°.

$C_7H_{10}N_2$. Ber. C 68,85, H 8,19, N 22,96.
Gef. ,, 68,78, 68,7, ,, 8,33, 8,14, ,, 23,25.

An der Luft verwandelt sie sich durch Oxydation langsam in ein braungefärbtes Oel. Sie ist in Alkohol, Aether, Chloroform leicht, in kaltem Ligroïn schwer löslich. Mit den Mineralsäuren bildet sie beständige und schön krystallisirende Salze.

Das Hydrochlorat ist in concentrirter Salzsäure schwer, in Wasser und Alkohol leicht löslich; es krystallisirt in weissen seideglänzenden Nadeln und hat im lufttrockenen Zustande die Zusammensetzung $C_7H_{10}N_2 \cdot HCl + H_2O$.

0,2427 g gaben 0,1982 AgCl. — 0,199 g gaben 28,5 ccm Stickstoff bei 712 mm Druck und 10°.

$C_7H_{10}N_2 \cdot HCl + H_2O$. Ber. Cl 19,9, N 15,86.
Gef. ,, 20,2, ,, 16,1.

Das Krystallwasser entweicht bei 100° vollständig.

0,5245 g lufttrocknes Salz verloren bei 100° 0,0512 g an Gewicht.
Ber. H_2O 10,19. Gef. H_2O 9,76.

Das Nitrat krystallisirt in wasserfreien feinen Blättchen, die in Wasser und Alkohol sehr leicht löslich sind. Aus der concentrirten alkoholischen Lösung wird es durch Aether gefällt. Für die Analyse war das Salz im Exsiccator getrocknet.

0,237 g gaben 48 ccm Stickstoff bei 711 mm Druck und 11°.

$C_7H_{10}N_2 \cdot HNO_3$. Ber. N 22,7. Gef. N 23,0.

München, chemisches Laboratorium der Academie der Wissenschaften.

34. Emil Fischer und Hans Kuzel: Ueber die Hydrazine der Zimmtsäure[1]).

Liebigs Annalen der Chemie **221**, 261 [1883].

Bei seinen bekannten Untersuchungen über die Anhydridbildung bei den Orthoamidoderivaten der aromatischen Säuren und Ketone hat A. Baeyer zuerst die Frage aufgeworfen, in welcher Weise die Ringschliessung von der Länge der Seitenkette abhängig sei. Er fasste seine Erfahrungen etwa in folgender Weise zusammen[2]):

,,Die in der Orthostellung befindliche Amidogruppe verbindet sich leicht mit dem zweiten und dritten Kohlenstoffatom der Seitenkette, wenn sich dort eine Carboxyl- oder Carbonylgruppe befindet. Die Ringschliessung scheint jedoch zwischen der Stickstoffgruppe und entfernteren Kohlenstoffatomen nicht mehr stattfinden zu können."

Wenn diese Regel sich beweisen und verallgemeinern liesse, so wäre damit für alle ähnlichen Synthesen ein sehr bequemes Orientirungsmittel gegeben.

Nach dem bisher vorliegenden experimentellen Material will es in der That scheinen, dass in der Natur ganz allgemein grosse Neigung vorhanden sei ringförmige Kohlenstoffstickstoffgruppen zu erzeugen, welche aus fünf oder sechs Gliedern bestehen, einerlei ob dieselben ein oder zwei Stickstoffatome enthalten. Wir erinnern nur an das Pyridin, Chinolin, Indol, ferner an das Lophin und die Oxaline und die zahlreichen Körper der Harnsäuregruppe.

Dem gegenüber ist es in hohem Grade bemerkenswerth, dass man bisher einen aus sieben oder mehr Gliedern gebildeten Stickstoff-Kohlenstoffring nicht beobachtet hat. Die Frage, ob solche Atomgruppirungen überhaupt existenzfähig sind, war die Veranlassung, die Ortho-Hydrazinderivate der aromatischen Säuren auf die Fähigkeit der Anhydridbildung zu prüfen.

Die ersten Resultate dieser Untersuchung waren vollständig im Einklang mit der Baeyer'schen Regel.

---

[1]) Vgl. vorläufige Mittheilungen Berichte d. D. Chem. Gesellsch. **14**, 478 (*S. 326*); **16**, 655 und 1450. (*S. 424* und *S. 432*.)
[2]) Berichte d. D. Chem. Gesellsch. **13**, 123.

Die o-Hydrazinbenzoësäure[1]) liefert zum Unterschied von der Anthranilsäure sehr leicht unter Wasserabspaltung ein inneres Anhydrid mit einem aus zwei Atomen Stickstoff und drei Atomen Kohlenstoff bestehenden Ring:
$$C_6H_4{<}^{CO}_{NH}{>}NH.$$

Bei der o-Hydrazinzimmtsäure
$$C_6H_4{<}^{CH=CH-COOH}_{\underset{(1)}{NH}-\underset{(2)}{NH_2}}$$

sind zwei Möglichkeiten für die Anhydridbildung gegeben:

Je nachdem das Carboxyl mit dem ersten (Imid-) oder zweiten (Amid-) Stickstoff der Hydrazingruppe zusammen tritt, muss ein **sechsgliedriger** oder **siebengliedriger** Ring entstehen:

I.
$$C_6H_4{<}^{CH=CH}_{\underset{(1)}{N}}{>}CO$$
$$\qquad\qquad NH_2 \;(2)$$

II.
$$C_6H_4{<}^{CH=CH}_{\underset{(1)}{NH}-\underset{(2)}{NH}}{>}CO.$$

Die in Nachfolgendem beschriebenen Versuche haben nun zu dem Resultat geführt, dass der erste Fall immer eintritt, wenn die Bedingungen der Ringschliessung überhaupt vorhanden sind. Die Hydrazinzimmtsäure und die Hydrazinhydrozimmtsäure geben beide Anhydride vom Typus des Hydrocarbostyrils.

Die Erscheinungen werden aber gleich anders, wenn man den Imid-Wasserstoff der Hydrazingruppe durch Aethyl substituirt und dadurch dem ersten Stickstoffatom die Fähigkeit nimmt, mit der Carboxylgruppe zusammen zu treten. Diese Bedingung konnte bisher nur bei der Hydrazin-Hydrozimmtsäure erfüllt werden und dort findet dann eine Anhydridbildung zwischen dem Carboxyl und dem zweiten Stickstoff der Hydrazingruppe statt.

Die Aethylhydrazinhydrozimmtsäure
$$C_6H_4{<}^{CH_2-CH_2-COOH}_{N(C_2H_5)-NH_2}$$

geht sehr leicht in die dem Hydrocarbostyril analog zusammengesetzte Verbindung

$$\begin{array}{c}\text{CH}\quad\text{CH}_2\;\text{CH}_2\\ \text{CH}\diagup\text{C}\diagup\quad\diagdown\\ \text{CH}\diagdown\text{C}\diagdown\quad\text{CO}\\ \text{CH}\;\;N(C_2H_5)NH\diagup\end{array}$$

---
[1]) Berichte d. D. Chem. Gesellsch. **13**, 679. (S. 322.)

über, in welcher ein aus fünf Atomen Kohlenstoff und zwei Atomen Stickstoff bestehender Ring enthalten ist. Wir haben diese Verbindung entsprechend ihrer Zusammensetzung ,,Aethylhydrocarbazostyril" genannt.

Die Baeyer'sche Regel ist mithin für die Hydrazine der aromatischen Säuren nicht streng giltig. Bemerkenswerth bleibt es jedoch, dass dieser siebengliedrige Ring ausserordentlich viel leichter wieder gesprengt wird als alle bisher bekannten, analog construirten fünf- und sechsgliedrigen Ringe, dass ferner derselbe nur dann entsteht, wenn keine andere Möglichkeit der Ringschliessung mehr gegeben ist. Besonders auffallend ist in Bezug auf den letzteren Punkt das Verhalten der Nitrosoäthylamidozimmtsäure und der Hydrazinzimmtsäure, welche beide die reactionsfähige Gruppe —CH = CH— enthalten.

Die Nitrosoverbindung giebt bei der üblichen Reduction mit Zink und Essigsäure kein Hydrazin, sondern verwandelt sich unter Verlust eines Sauerstoffatoms in eine Carbonsäure, welche in der Wärme in Kohlensäure und eine Base $C_{10}H_{12}N_2$ zerfällt. Die letztere ist dem Chinolin sehr ähnlich und enthält nach ihrem gesammten Verhalten folgenden, aus zwei Atomen Stickstoff und vier Atomen Kohlenstoff bestehenden Ring:

$$\begin{array}{c} C\quad C \\ C\diagup\!\!\diagdown C\diagup\!\!\diagdown C \\ C\diagdown\!\!\diagup C\diagdown\!\!\diagup N \\ C\quad N(C_2H_5) \end{array}$$

Die Base und ihre Säure sind unter dem Namen ,,Chinazolverbindungen" später beschrieben.

Noch merkwürdiger als die Bildung dieser Chinazole ist die Zersetzung der freien Hydrazinzimmtsäure.

Nach unseren Versuchen scheint es nicht mehr möglich zu sein, die einmal gebildete Säure in das auf anderem Wege erhaltene Anhydrid:

$$C_6H_4\!\!<\!\!\begin{array}{c} CH = CH \\ N \\ | \\ NH_2 \end{array}\!\!>\!\!CO$$

oder in das zweite noch unbekannte Isomere:

$$C_6H_4\!\!<\!\!\begin{array}{c} CH = CH \\ NH\!-\!NH \end{array}\!\!>\!\!CO$$

umzuwandeln. Beim Erhitzen tritt vielmehr die Stickstoffgruppe mit der ungesättigten Kohlenstoffgruppe zusammen, es wird Essigsäure abgespalten und eine Base $C_7H_6N_2$ gebildet, die grosse Aehnlichkeit mit dem Indol hat.

Wir nennen sie deshalb **Indazol** und schliessen aus ihrem Verhalten, dass sie folgenden, aus zwei Stickstoff- und drei Kohlenstoffatomen gebildeten Ring enthält:

$$\begin{array}{c} C \\ C \diagdown \diagup \\ | C N \\ C \diagup \diagdown \end{array}$$

Die Resultate dieser Untersuchung sind zum Theil schon durch vorläufige Mittheilungen bekannt geworden. Wir halten es trotzdem nicht für überflüssig, dieselben nochmals hier im Zusammenhang darzustellen, weil wir jetzt im Stande sind, viele Lücken der ersten Publicationen auszufüllen, und für die experimentelle Behandlung der zum Theil sehr empfindlichen Körper manche wichtige Beobachtung zufügen können.

Die nachfolgende Abhandlung zerfällt in folgende Abschnitte:

I. Darstellung der Ausgangsmaterialien: o-Amidozimmtsäure und deren Aethyl- und Nitrosoderivate.

II. o-Hydrazinzimmtsäure, deren Anhydrid und Indazol.

III. o-Hydrazinhydrozimmtsäure und deren Anhydrid.

IV. Chinazolverbindungen.

V. Aethylhydrazinhydrozimmtsäure und Aethylhydrocarbazostyril.

I. Darstellung der Amidozimmtsäure und ihrer Aethylderivate.

Für nachfolgende Versuche haben wir eine grössere Menge von Amido- und Aethylamidozimmtsäure verbraucht. Es scheint uns nicht überflüssig, die etwas schwierige Darstellung dieser Producte ausführlich mitzutheilen.

Als Ausgangsmaterial diente der reine Aethyl- oder Methyläther der o-Nitrozimmtsäure, welcher nach bekannten Methoden dargestellt war. Die Verseifung desselben gelingt am besten durch Schwefelsäure.

150 g des zerriebenen Aethers werden in 375 g Wasser fein vertheilt. Man bringt nun 750 g concentrirte Schwefelsäure hinzu und schüttelt energisch. War der Aether fein genug zerrieben und richtig vertheilt, so geht in wenigen Augenblicken Alles in Lösung. Jetzt setzt man, mit dem Schütteln fortfahrend, abermals 750 g concentrirter Schwefelsäure hinzu; in kurzer Zeit beginnt die Nitrozimmtsäure vollständig weiss auszufallen.

Bei der Vermischung der Schwefelsäure mit dem Wasser steigt die Temperatur auf 110 bis 120° C. und hierbei findet die Zerlegung des Aethers so rasch statt, dass gewöhnlich schon nach 5 bis 7 Minuten die Masse in verdünntem Ammoniak vollständig löslich ist. Man giesst nun in viel kaltes Wasser, colirt, wäscht mit Wasser aus und erhält so eine reine, kaum gefärbte Nitrozimmtsäure.

o-Amidozimmtsäure.

Zur Reduction der Nitrosäure wurde das von Claisen[1]) zuerst angegebene und von Tiemann und Oppermann[2]) in diesem speciellen Falle empfohlene Verfahren mit kleinen Modificationen angewendet.

150 g Nitrozimmtsäure werden mit 2100 g krystallisirtem Aetzbaryt und 30 Litern Wasser in einem verzinnten Eisenkessel heiss gelöst und 1400 g roher krystallisirter Eisenvitriol hinzugefügt. Die Flüssigkeit muss auch jetzt noch alkalisch reagiren, andernfalls fehlt es an Baryt. Hält man die Flüssigkeit unter Umrühren auf 95 bis 100° C., so ist die Reduction nach längstens zwei Stunden beendet. Man fällt nun den überschüssigen Baryt in der Hitze mit Kohlensäure, lässt den Niederschlag absitzen und trennt die Flüssigkeit durch Abhebern. Aus dem dicken schwer filtrirbaren Schlamm gewinnt man den Rest der Lauge durch Coliren, Auspressen in Leinwandsäcken und erneuerte Filtration der trüben Flüssigkeit. Das klare Filtrat wird jetzt in verzinnten Kesseln möglichst rasch bis zur beginnenden Krystallisation eingedampft und abgekühlt.

Hierbei scheidet sich der amidozimmtsaure Baryt in schwach gelben, warzigen Krystallaggregaten ab. Die von Tiemann und Oppermann beschriebene Ausscheidung von Carbostyril haben wir niemals beobachtet. Die Mutterlauge liefert beim Eindampfen weitere Krystallisationen.

Zur Abscheidung der freien Amidozimmtsäure löst man das gesammte Barytsalz in circa $^3/_4$ Liter heisser vierprocentiger Salzsäure, fällt den Baryt durch eine Lösung von Natriumsulfat, kocht die Flüssigkeit kurze Zeit unter Zusatz von Thierkohle, filtrirt, neutralisirt mit Natronlauge und fügt noch in der Hitze eine concentrirte Lösung von essigsaurem Natron hinzu. Der grösste Theil der Amidozimmtsäure fällt sofort als gelbes Krystallpulver aus, ein geringer Theil krystallisirt beim Erkalten der Lauge. Ein grösserer Ueberschuss von essigsaurem Natron ist bei der Fällung zu vermeiden, weil das Salz Amidozimmtsäure in Lösung hält.

Die abgeschiedene Amidozimmtsäure ist nach dem Waschen mit Wasser fast chemisch rein. Die Ausbeute betrug bei verschiedenen Darstellungen durchschnittlich 65 pC. der theoretischen Menge.

Aethylirung der o-Amidozimmtsäure.

Dieselbe wurde nach der von Griess[3]) bei den Amido-Benzoësäuren angewandten Methode ausgeführt.

Bei Einhaltung nachstehender Bedingungen gelingt es, neben guter Ausbeute ein Product von grosser Reinheit zu erhalten. 60 g o-Amido-

---

[1]) Berichte d. D. Chem. Gesellsch. **12**, 1946.
[2]) Berichte d. D. Chem. Gesellsch. **13**, 2061.
[3]) Berichte d. D. Chem. Gesellsch. **5**, 1038.

zimmtsäure werden in 96 cbcm einer 20 procentigen Kalilösung und 240 g Alkohol gelöst und mit 60 g Jodäthyl am Rückflusskühler gekocht. Hierbei ändert sich die Farbe in Dunkelbraun und die Flüssigkeit beginnt gelbgrün zu fluoresciren. Nach drei Stunden ist alles Jodäthyl verschwunden, worauf der Alkohol in einer Schale verdampft wird. Die zurückbleibende ölige Masse enthält neben Aethylamidozimmtsäure und unveränderter Amidozimmtsäure noch Diäthylamidozimmtsäure und die Aether der Amidosäuren. Zur Zerlegung der letzteren wurde der Rückstand so lange mit 100 bis 150 cbcm einer mässig verdünnten Natronlauge zum gelinden Sieden erhitzt, bis auf Zusatz von Wasser keine Trübung mehr erfolgte. Die alkalische Lösung wurde hierauf von wenigen Flocken abfiltrirt, schwach sauer gemacht, noch einmal filtrirt und durch eine concentrirte Lösung von essigsaurem Natron gefällt. Nach zwei bis drei Stunden ist die ausgeschiedene Masse völlig erstarrt, vorausgesetzt, dass die angewandte Amidosäure ganz rein war. Das Product wird filtrirt, mehrere Tage an der Luft getrocknet und dann in einem mit Rückflusskühler versehenen Extractionsapparat mit Schwefelkohlenstoff ausgezogen. Hierbei bleibt die Amidosäure zum grössten Theil ungelöst, während die beiden äthylirten Säuren leicht aufgenommen werden.

Aus dem stark eingedampften Filtrat scheidet sich die Monäthylamidozimmtsäure in der Kälte in gelben Krystallkrusten ab.

Ein Theil bleibt mit der leicht löslichen Diäthylamidozimmtsäure in der Mutterlauge und kann von dieser, wie später beschrieben wird, am leichtesten durch salpetrige Säure getrennt werden.

Die Aethylamidozimmtsäure löst sich in Wasser sehr schwer, in Alkohol, Aether und Schwefelkohlenstoff leicht mit gelber Farbe und grüner Fluorescenz. Aus hochsiedendem Ligroïn kann sie in kleinen büschelförmig angeordneten Krystallen erhalten werden, die den Schmelzpunkt 125° zeigen.

Mit Säuren und Alkalien bildet sie in Wasser leicht lösliche, krystallisirende Salze. Mit salpetriger Säure giebt sie ein Nitrosamin, das später beschrieben wird.

Diäthyl-o-Amidozimmtsäure. — Dieselbe ist in beträchtlicher Menge in der Mutterlauge der Aethylamidozimmtsäure enthalten.

Verdampft man den Schwefelkohlenstoff, löst zur Reinigung in verdünnter Schwefelsäure oder Salzsäure, filtrirt und fällt mit essigsaurem Natron, so resultirt ein Product, das das Aussehen der Aethylamidozimmtsäure besitzt.

Behandelt man dasselbe in kalter saurer Lösung mit salpetrigsaurem Natron, so fällt die Monäthylverbindung als Nitrosoverbindung aus, während die Diäthylamidozimmtsäure, die gegen salpetrige Säure beständig ist, in der Lösung bleibt. Durch genaues Neutralisiren mit kohlensaurem Natron erhält man letztere als schwach bräunlich gefärbtes Pulver.

Durch Umkrystallisiren aus Alkohol gereinigt stellt dieselbe grosse, schwach citronengelb gefärbte Blättchen dar, die scharf bei 124° schmelzen und folgende Zahlen gaben:

0,3511 g Substanz lieferten 0,9142 CO_2 und 0,2460 H_2O. — 0,3956 g Substanz lieferten 23,7 cbcm Stickstoff bei 15° C. und 731 mm Druck.

$C_{13}H_{17}NO_2$. Ber. C 71,23, H 7,76, N 6,39.
Gef. ,, 71,01, ,, 7,78, ,, 6,70.

Die Diäthylamidozimmtsäure löst sich sehr leicht in Alkohol, Aether, Schwefelkohlenstoff, mit schwach gelblicher Farbe und blaugrüner Fluorescenz. Sie ist eine eben so starke Base als Säure. In kohlensauren und Aetzalkalien löst sie sich rasch; aus diesen Lösungen wird sie durch Essigsäure gefällt, von einem Ueberschuss aber aufgenommen.

Mit Mineralsäuren bildet sie beständige, krystallisirende, farblose und leicht lösliche Salze.

Nitroso-o-Aethylamidozimmtsäure.

Geht man bei der Darstellung dieser Verbindung von reiner krystallisirter o-Aethylamidozimmtsäure aus, so erhält man sie als hellgelbes krystallinisches Pulver. Bei Anwendung eines unreinen Productes wird sie dagegen als dunkelbraunes Oel gewonnen, das erst nach längerer Zeit erstarrt und nur unter bedeutenden Verlusten gereinigt werden kann.

20 g reine Aethylamidozimmtsäure werden in 250 cbcm Wasser vertheilt und durch Zusatz von 17,5 g d. i. etwas mehr als 1½ Molecule concentrirter Schwefelsäure in Lösung gebracht. Hierauf kühlt man mit Eiswasser und fügt unter fortwährendem Umrühren tropfenweise die berechnete Menge einer 4 procentigen Natriumnitritlösung hinzu. Die sich sofort ausscheidende Nitrosoverbindung ist nur in den ersten Augenblicken weich und erstarrt noch vor Vollendung der Reaction. Nach dem Abfiltriren und Auswaschen stellt sie ein schwach gelblich gefärbtes krystallinisches Pulver dar. Aus 25 procentigem Alkohol oder einem Gemisch von Chloroform mit Ligroïn umkrystallisirt, bildet sie schwach gelb gefärbte glänzende Blättchen, die bei 150° unter Zersetzung schmelzen.

$C_6H_4\diagup^{CH=CH-COOH}_{N(C_2H_5)-NO}$. Ber. N 12,7.
Gef. ,, 13,00.

Die Nitrosoäthylamidozimmtsäure löst sich in Aether, Alkohol und Chloroform leicht; in Ligroïn ist sie unlöslich. Aus heissem Wasser krystallisirt sie in Blättchen. Der basische Charakter tritt bei ihr in den Hintergrund. Säuren lösen sie in der Kälte und beim mässigen Erhitzen nicht, in der Kochhitze unter Rothfärbung und Zersetzung. In kohlensauren oder Aetzkalien löst sie sich dagegen sehr leicht und wird aus diesen Lösungen durch Säuren wieder ausgeschieden.

Nitroso-o-Aethylamidohydrozimmtsäure. — Das Ausgangsmaterial für die Gewinnung dieser Verbindung ist die o-Aethylamidozimmtsäure. Wie schon Friedländer und Weinberg[1]) angegeben haben, wird dieselbe durch Natriumamalgam in alkalischer Lösung in die Hydrosäure verwandelt, welche beim Ansäuern spontan in ihr Lactam übergehen soll. Diese Beobachtungen sind richtig, aber unvollständig.

In der Kälte lässt sich die Aethylamidohydrozimmtsäure aus der alkalischen Lösung durch Säuren sehr leicht in Freiheit setzen und durch salpetrige Säure in die Nitrosoverbindung umwandeln.

Wir sind dabei in folgender Weise verfahren. 10 Th. reine Aethylamidozimmtsäure werden in circa 15 Th. Wasser und wenig Natronlauge gelöst und unter Umschütteln langsam Natriumamalgam eingetragen. Die Flüssigkeit erwärmt sich und die Reduction ist beendet, wenn eine Probe auf Zusatz von Essigsäure keine Gelbfärbung mehr zeigt. Neutralisirt man jetzt die gut gekühlte alkalische Lösung vorsichtig mit verdünnter Schwefelsäure, so scheidet sich die Aethylamidohydrozimmtsäure in weissen Flocken ab. In überschüssiger Schwefelsäure löst sich die Verbindung leicht auf und erst beim Erwärmen erfolgt die Bildung des Aethylhydrocarbostyrils, welches als Oel ausfällt.

Für die Darstellung der Nitrosoverbindung ist die Isolirung der Aethylamidohydrozimmtsäure nicht nöthig. Man kann hierzu direct die mit überschüssiger Schwefelsäure versetzte Lösung der Hydrosäure benutzen. Trägt man in dieselbe salpetrigsaures Natron unter guter Abkühlung ein, so fällt das Nitrosamin als braungefärbtes Harz aus, das nach Entfernung der Mutterlauge beim Waschen mit Wasser nach einiger Zeit krystallinisch erstarrt. Die Verbindung wird zur weiteren Reinigung im Vacuum über Schwefelsäure getrocknet und in Benzol gelöst, wobei der grösste Theil der braun gefärbten Verunreinigungen zurückbleibt. Beim Verdampfen des Benzols hinterbleibt das Nitrosamin als gelbliches Oel, welches mit Ligroïn versetzt sofort krystallinisch erstarrt. Zur Analyse wurde die Verbindung aus verdünnter Essigsäure mehrmals umkrystallisirt, bis ihr Schmelzpunkt constant blieb, und im Vacuum getrocknet.

0,1781 g Substanz lieferten 0,3876 CO_2 und 0,1039 H_2O.

$C_6H_4\diagdown\genfrac{}{}{0pt}{}{CH_2-CH_2-COOH}{N(C_2H_5)-NO}$ Ber. C 59,45, H 6,31.
Gef. ,, 59,35, ,, 6,48.

Die Nitroso-Aethyl-Amidohydrozimmtsäure krystallisirt in farb-

---
[1]) Berichte d. D. Chem. Gesellsch. **15**, 2104.

losen, oblongen, zu Gruppen vereinigten Blättchen, schmilzt bei 78°
und zersetzt sich bei 150° unter Gasentwickelung. Sie ist leicht löslich
in Alkohol, Aether, Benzol und Alkalien, weniger leicht in heissem Wasser,
woraus sie beim Erkalten ölig ausfällt. Mit Phenol und Schwefelsäure
giebt sie die Liebermann'sche Reaction. In kalten concentrirten
Säuren löst sie sich langsam mit gelbbrauner Farbe unter gleichzeitiger
schwacher Gasentwicklung.

II. o-Hydrazinzimmtsäure und Derivate.

Zur Gewinnung der Hydrazinzimmtsäure benutzten wir die bei der
Benzoësäure empfohlene Methode[1]).

o-Diazozimmtsäure.

Die Diazotirung der Zimmtsäure gelingt so leicht und sicher, dass
man beliebig grosse Quantitäten in Arbeit nehmen kann. Die Diazoverbindung ist in Wasser schwer löslich und verhältnissmässig sehr
beständig. Zur Darstellung derselben löst man in der Wärme 10 Th.
Amidozimmtsäure (1 Mol.) in 9 Gew.-Th. concentrirter Salzsäure vom
spec. Gewicht 1,19 (entsprechend 2 Mol.) und in 70 Th. Wasser, lässt
die Lösung erkalten, bis sich eine reichliche Menge von Krystallen abgeschieden hat und fügt dann unter Kühlen und Umschütteln die
berechnete Menge Natriumnitrit hinzu. Gewöhnlich geht hierbei die
ganze Salzmasse in Lösung und nach kurzer Zeit scheidet sich die salzsaure Diazoverbindung als gelbliches Krystallpulver ab. Dieselbe ist in
lauwarmem Wasser ziemlich leicht und ohne Zersetzung löslich. Beim
Erhitzen verpufft die Verbindung und beim Kochen mit Wasser zersetzt sie sich unter Stickstoffentwicklung.

Ganz ähnliche Eigenschaften zeigt das Nitrat $C_9H_7O_2N_2 \cdot NO_3$.
Dasselbe scheidet sich ebenfalls in bräunlichgelb gefärbten Krystallen
ab, wenn man bei der Diazotirung Salpetersäure oder einen Ueberschuss
von salpetrigsaurem Natron in Anwendung gebracht hat. Durch Umkrystallisiren aus lauwarmem Wasser wird es in fast farblosen kurzen
Prismen erhalten, welche für die Analyse im Vacuum getrocknet wurden.

0,1896 g Substanz lieferten 0,3150 CO_2 und 0,0500 H_2O. — 0,1800 g Substanz
lieferten 28 cbcm N bei 11° und 714 mm Druck.

Ber. C 45,56, H 2,92, N 17,72.
Gef. ,, 45,31, ,, 2,92, ,, 17,4.

In Alkali lösen sich beide Salze mit röthlichgelber Farbe und
diese Lösung kann sonderbarer Weise bis zum Kochen erhitzt werden,
ohne dass merkliche Stickstoffentwicklung erfolgt. In wässeriger
Lösung erleiden die Salze beim Kochen die bekannte Zersetzung der

---

[1]) E. Fischer, Berichte d. D. Chem. Gesellsch. **13**, 679. (S. 322.)

Diazoverbindungen. Unter Stickstoffentwicklung färbt und trübt sich die Flüssigkeit durch Abscheidung von harzigen Producten, und beim Erkalten scheidet sich das Hauptproduct, o - Cumarsäure, in braun gefärbten Krystallen ab. Glatt erfolgt die Bildung dieser Oxysäure in schwefelsaurer Lösung. Ist man im Besitz von Amidozimmtsäure, so kann man sich leicht nach dieser Methode o-Cumarsäure bereiten. Man löst zu dem Zweck 1 Th. der Amidosäure in 1 Th. concentrirter Schwefelsäure und 30 Th. Wasser, fügt in der Kälte etwas weniger als die berechnete Menge Natriumnitrit hinzu und erhitzt auf dem Wasserbad bis die Stickstoffentwicklung beendet ist. Die Flüssigkeit trübt sich in der Hitze nur wenig und scheidet beim Erkalten die Cumarsäure als wenig gefärbtes Pulver ab. Dasselbe kann durch Umkrystallisiren aus heissem Wasser unter Zusatz von Thierkohle leicht gereinigt werden. Unser Präparat zeigte den Schmelzpunkt 205 bis 206° und alle übrigen Eigenschaften der o-Cumarsäure, insbesondere die prächtige Fluorescenz der Alkalisalze.

In schwefligsaurem Natron löst sich die Diazozimmtsäure, beziehungsweise ihre Salze, leicht mit gelbrother Farbe, indem sie zunächst in das diazozimmtsulfonsaure Natron übergeht.

Diazo- und hydrazinzimmtsulfonsaures Natron.

Die wie oben angegeben mit Natriumnitrit behandelte Lösung der Amidozimmtsäure wird sammt dem suspendirten Niederschlag in eine kalte gesättigte Lösung von neutralem Natriumsulfit (welche auf 1 Mol. Amidosäure $2^{1}/_{2}$ Mol. Na_2SO_3 enthält) eingegossen. Dabei entsteht eine klare dunkelrothe Lösung, welche das diazosulfonsaure Salz enthält. Zur Umwandlung in das hydrazinsulfonsaure Salz fügt man zu der Flüssigkeit wieder 1 Mol. Salzsäure, d. h. bei der früher angegebenen Menge $4^{1}/_{2}$ Th. rauchende Säure, die mit etwas Wasser verdünnt ist, und trägt in der Kälte sofort Zinkstaub ein.

In wenigen Minuten ist die dunkle Farbe der Flüssigkeit in ein schwaches Gelb verwandelt und die Reduction beendet. Die Flüssigkeit wird durch ein Faltenfilter filtrirt und der schaumige Zinkstaubrückstand zur Gewinnung der letzten Mutterlauge zwischen Leinwand gepresst.

Die schwach gelbe Lösung muss, wenn die Mengenverhältnisse richtig eingehalten sind, neutral reagiren. Dieselbe enthält das neutrale Natronsalz der Hydrazinzimmtsulfonsäure. Man sättigt jetzt die Flüssigkeit auf dem Wasserbad mit festem Kochsalz und lässt vollständig erkalten. Fügt man nun doppelt soviel Eisessig zu als Amidozimmtsäure angewendet wurde, so scheidet sich das saure hydrazinsulfonsaure Natron in hellgelben feinen Nadeln als dicker Brei ab. Derselbe wird durch Coliren und Pressen von der Mutterlauge möglichst getrennt.

Aus wenig heissem Wasser wiederholt umkrystallisirt und im Vacuum getrocknet gab das Salz bei der Analyse folgende Zahlen:

0,3897 g gaben 0,0982 Na_2SO_4.

$C_6H_4\begin{cases}CH=CH-COOH \\ NH-NH-SO_3Na\end{cases}$ Ber. Na 8,21.
Gef. ,, 8,16.

Das Salz ist selbst in kaltem Wasser ziemlich leicht, dagegen in gesättigter Kochsalzlösung fast unlöslich. In überschüssigem Alkali löst es sich sehr leicht und das hierbei entstehende neutrale Salz wird durch Kochsalz nicht abgeschieden.

Die Verbindung reducirt alkalische Kupferlösung und Quecksilberoxyd schon in der Kälte. Durch Salzsäure wird sie analog den einfachen Hydrazinsulfonsäuren unter Abspaltung von Schwefelsäure zerlegt. Hierbei entsteht in der Kälte fast ausschliesslich das Hydrochlorat der Hydrazinzimmtsäure. In der Wärme verläuft die Reaction weniger glatt; es wird neben der Säure in wechselnder Menge ihr Anhydrid gebildet.

o-Hydrazinzimmtsäure.

Löst man das hydrazinzimmtsulfonsaure Natron in 7 bis 8 Theilen Wasser und leitet in die stark gekühlte Flüssigkeit einen Strom gasförmiger Salzsäure ein, so scheidet sich mit der Bildung des Kochsalzes zuerst ein Theil des unveränderten Salzes ab; bei fortgesetztem Einleiten der Salzsäure verschwindet aber bald die gelbe Farbe des Gemenges, woran man das Ende der Zersetzung erkennt. Der Niederschlag enthält jetzt neben Chlornatrium das Hydrochlorat der Hydrazinzimmtsäure. Das letztere kann dem abfiltrirten und im Vacuum getrockneten Gemenge durch siedenden Alkohol entzogen und durch Zusatz von Aether wieder abgeschieden werden. Das Hydrochlorat stellt ein schwach gelbliches Krystallpulver dar, ist in Wasser sehr leicht, in Alkohol etwas schwerer, in Aether gar nicht löslich. Dasselbe hat die Zusammensetzung

$C_6H_4\begin{cases}CH=CH\cdot COOH \\ NH-NH_2\cdot HCl\end{cases}$.

0,191 g gaben 0,1295 AgCl.
Ber. Cl 16,55. Gef. Cl 16,77.

Es löst sich klar in Alkali und reducirt dann Kupferlösung schon in der Kälte, bei 146° schmilzt es unter starkem Aufschäumen und verwandelt sich dabei in das später beschriebene Indazol.

Viel bequemer ist die Darstellung der Hydrazinzimmtsäure nach folgendem Verfahren. Ueber sehr fein zerriebenes hydrazinsulfonsaures Natron leitet man einen Strom von feuchtem Salzsäuregas. Die Masse färbt sich anfangs dunkelorange, wird dann warm und wechselt die Farbe in ein lichtes Braun. Sorgt man durch öfteres Umrühren für feine

Vertheilung der Masse, so ist die Zerlegung von 10 g in $^1/_2$ Stunde vollendet. Nachdem die überschüssige Salzsäure durch Ueberleiten eines Luftstroms entfernt ist, wird die Masse in der sechs- bis achtfachen Menge warmen Wassers gelöst. Fügt man jetzt zu der warmen Flüssigkeit essigsaures Natron zu, so scheidet sich eine geringe Menge eines braungefärbten Harzes ab, welches beim starken Schütteln zusammenballt und abfiltrirt wird. Man fährt jetzt mit dem Zusatz von essigsaurem Natron fort, bis die Gesammtmenge desselben der des angewandten Ausgangsmaterials gleich kommt und dampft die Flüssigkeit auf dem Wasserbad bis auf ihr halbes Volum ein. Hierbei scheidet sich die Hydrazinzimmtsäure in schwachgelben Krystallen ab, welche nach dem Erkalten der Lösung filtrirt und mit heissem Alkohol gewaschen werden. Die Mutterlauge liefert beim Eindampfen noch eine kleine Menge desselben Körpers.

Alle diese Operationen lassen sich leichter ausführen, als man nach der Beschreibung glauben sollte und die Ausbeute ist sehr befriedigend. Bei genauer Einhaltung der erwähnten Bedingungen erhielten wir aus 10 Th. Amidozimmtsäure 6,8 Th. fast reiner Hydrazinsäure, was etwa 60 pC. der theoretischen Menge entspricht.

Die Hydrazinzimmtsäure lässt sich schwer umkrystallisiren. Wir haben deshalb für die Analyse direct das obenerwähnte Product verwendet.

0,1213 g gaben 0,2722 CO_2 und 0,0771 H_2O. — 0,0893 g gaben 12,4 cbcm N bei 20° und 745 mm.

$C_6H_4\diagup^{CH=CH-COOH}_{NH-NH_2}$.   Ber. C 60,67, H 5,61, N 15,73.
                                          Gef. ,, 61,30, ,, 5,72, ,, 15,57.

Die Säure ist in heissem Wasser sehr schwer löslich und zersetzt sich beim Eindampfen. In siedendem Alkohol und ebenso in Aether, Benzol und Ligroin ist sie fast unlöslich. Von Alkali und verdünnten Säuren wird sie leicht aufgenommen. In heisser Essigsäure löst sie sich ziemlich leicht und diese Flüssigkeit bleicht sonderbarerweise Lakmus und Indigosolution, was die einfachen Hydrazine nicht thun. Sie reducirt ferner alkalische Kupfer- und ammoniakalische Silberlösung. Sie schmilzt bei 171° unter Zersetzung; dabei entsteht neben Essigsäure **Indazol**.

Die directe Umwandlung der Säure in ihr Anhydrid ist uns bisher nicht gelungen; wir beabsichtigen jedoch diese Versuche zu wiederholen.

o - Hydrazinzimmtsäureanhydrid. — Während die Hydrazinsäure, wie es scheint, wenig Neigung besitzt, Anhydrid zu bilden, entsteht eine solche Verbindung in nicht unbeträchtlicher Menge, bei der Zersetzung des hydrazinzimmtsulfonsauren Natrons durch heisse verdünnte Salzsäure. Löst man erwähntes Salz in heissem Wasser, fügt etwas Salzsäure zu und kocht kurze Zeit, so verschwindet die gelbe Farbe der Flüssigkeit fast vollständig und auf Zusatz von überschüssigem Alkali scheidet sich das Anhydrid in farblosen Oeltröpfchen ab, welche bald zu feinen Nadeln erstarren. Die alkalische Lösung enthält die gleichzeitig gebildete Hydrazinzimmtsäure. Für die Analyse wurde die Substanz im Vacuum getrocknet.

0,2375 g Substanz lieferten 0,5885 CO_2 und 0,1092 H_2O. — 0,1675 g Substanz lieferten 26,5 cbcm N bei 12° C. und 714 mm Druck.

$C_9H_8N_2O$.   Ber. C 67,50, H 5,00, N 17,50.
            Gef. ,, 67,60, ,, 5,10, ,, 17,60.

Die Ausbeute wechselt je nach der Art des Erhitzens und der Quantität der Salzsäure und beträgt selten mehr als 10 pC. der theoretischen Menge. Das Anhydrid schmilzt bei 127° C. und ist unzersetzt flüchtig. In Alkohol, Aether und heissem Wasser ist es leicht löslich. Aus letzterem krystallisirt es beim Erkalten in feinen weissen Nadeln; durch concentrirte Alkalien wird es aus der wässerigen Lösung vollständig abgeschieden. Mit Mineralsäuren bildet es in Wasser lösliche Salze. Das Hydrochlorat scheidet sich aus der Lösung in concentrirter Salzsäure in gut ausgebildeten Prismen ab, welche schon durch Wasser eine theilweise Dissociation erleiden.

Das Hydrazinzimmtsäureanhydrid reducirt zum Unterschied von den einfachen Hydrazinen weder alkalische Kupferlösung, noch ammoniakalische Silberlösung.

Ueber die Constitution der Verbindung giebt ihr Verhalten gegen salpetrige Säure Aufklärung. Versetzt man ihre schwach saure Lösung mit Natriumnitrit, so findet schon **in der Kälte** Gasentwicklung statt, und es scheidet sich reines Carbostyril aus. Diese Reaction beweist, dass das Carboxyl der Seitenkette mit dem ersten Stickstoff der Hydrazingruppe unter Wasserabspaltung zusammengetreten ist, dass mithin die Constitution der Verbindung durch folgendes Schema ausgedrückt wird:

$$C_6H_4\begin{matrix}\diagup CH=CH \\ | \\ \diagdown N\text{---}CO \\ | \\ NH_2\end{matrix}.$$

Dieser Auffassung entsprechend hat der eine von uns[1]) die Verbindung früher als Amidocarbostyril bezeichnet. Seitdem aber das Carbostyril durch die Untersuchungen von Friedländer als Lactim von der Formel:

$$C_6H_4\begin{matrix}\diagup CH=CH \\ \diagdown N\text{---}C\cdot OH\end{matrix}$$

---

[1]) Berichte d. D. Chem. Gesellsch. **14**, 479. (S. *327*.)

erkannt ist, hat dieser Name seine Bedeutung verloren. Die Bildung des Carbostyrils aus dem Anhydrid findet wahrscheinlich in zwei Phasen statt. Zuerst wird die NH_2-Gruppe abgelöst und das Lactam:

$$C_6H_4\diagup^{CH\,=\,CH}_{\diagdown NH\,=\,CO}$$

gebildet, welches aber nicht beständig ist, sondern in das Lactim übergeht.

Ausser dem beschriebenen Anhydrid der Hydrazinzimmtsäure ist noch ein zweites nach der Theorie möglich, welches je nachdem man es von der Lactam- oder Lactimform ableitet, die Formel:

$$C_6H_4\diagup^{CH=CH-CO}_{\diagdown NH-NH}\diagup \quad \text{oder} \quad C_6H_4\diagup^{CH=CH-C\cdot OH}_{\diagdown NH-N}\diagup$$

erhalten würde.

Wir haben dieses zweite Anhydrid bisher nicht beobachtet, sind jedoch weit davon entfernt, seine Existenzfähigkeit zu bestreiten.

Wir hofften diese Verbindung analog dem Hydrazinbenzoësäureanhydrid[1]) durch blosses Erhitzen der freien Hydrazinzimmtsäure zu erhalten. Der Versuch hat nicht zu dem erwarteten Resultat geführt, sondern uns einen anderen Körper geliefert, dessen Zusammensetzung und Entstehungsweise in hohem Grade merkwürdig sind. Die Verbindung entsteht aus der Hydrazinsäure durch Abspaltung von Essigsäure nach folgender Gleichung:

$$C_6H_4\diagup^{CH\,=\,CH-COOH}_{\diagdown NH-NH_2} = C_7H_6N_2 + C_2H_4O_2.$$

Sie ist ähnlich dem Indol zusammengesetzt und wir nennen sie deshalb:

Indazol.

Erhitzt man Hydrazinzimmtsäure, so schmilzt sie unter Aufschäumen und die Zersetzung ist beendet, sobald das Blasenwerfen aufgehört hat; dabei destillirt eine beträchtliche Menge von Essigsäure.

Das Indazol wird hierbei als ein schwach gefärbtes Oel erhalten, welches bei höherer Temperatur ebenfalls destillirt und beim Abkühlen krystallinisch erstarrt. Es wird in heissem Wasser gelöst, mit etwas Sodalösung neutralisirt und mit Thierkohle entfärbt. Aus dem Filtrat scheidet sich die Verbindung in farblosen feinen Nadeln ab, welche im Vacuum getrocknet folgende Zahlen gaben:

0,1363 g Substanz lieferten 0,3552 CO_2 und 0,0665 H_2O. — 0,0906 g Substanz lieferten 19,2 cbcm N bei 20° und 738 mm Druck.

$C_7H_6N_2$. Ber. C 71,19, H 5,08, N 23,73.
Gef. ,, 71,08, ,, 5,40, ,, 23,53.

---

[1]) Berichte d. D. Chem. Gesellsch. **13**, 679. (S. 322.)

Das Indazol schmilzt bei 146,5° C. Es sublimirt schon sehr rasch auf dem Wasserbad und destillirt bei höherer Temperatur ganz unzersetzt. In heissem Wasser, Alkohol und Aether ist es leicht, in kaltem Wasser und Alkalien schwer löslich. Ebenfalls leicht löst es sich in verdünnter Salzsäure und wird daraus durch Alkali wieder gefällt. Es verbreitet beim Erhitzen einen süsslichen phenolartigen Geruch, der am meisten an das Resorcin erinnert.

Das Indazol ist nach dem Verhalten gegen salpetrige Säure eine Imidbase. Versetzt man eine schwach salzsaure Lösung in der Kälte mit salpetrigsaurem Natron, so fällt sofort ein aus feinen Nadeln bestehender gelber Niederschlag aus, der mit Phenol und Schwefelsäure die Nitrosoreaction giebt.

Gegen Oxydationsmittel ist die Verbindung viel beständiger als die gewöhnlichen Hydrazine; sie wird durch Fehling'sche Lösung selbst beim Kochen nicht verändert.

Aus dem Gesammtverhalten der Verbindung darf man den Schluss ziehen, dass Stickstoff und Kohlenstoff der Seitenketten ähnlich wie im Indol zu einem geschlossenen Ring vereinigt sind; da dieselbe ferner eine Imidogruppe enthält, so ist es in hohem Grade wahrscheinlich, dass sie nach einer der folgenden Formeln constituirt ist:

$$C_6H_4\genfrac{<}{>}{0pt}{}{CH}{NH}N \quad \text{oder} \quad C_6H_4\genfrac{<}{>}{0pt}{}{CH}{N}NH.$$

Welche von denselben die richtige ist, hoffen wir durch Acetylirung und darauf folgende Oxydation zu Anthranilsäure oder deren Acetylderivat entscheiden zu können.

III. o-Hydrazinhydrozimmtsäure.

Durch Natriumamalgam wird die Hydrazinzimmtsäure in alkalischer wässeriger Lösung leicht reducirt. Bei vorsichtiger Neutralisation mit Salzsäure scheidet sich ein harziger farbloser Körper ab, der beim starken Abkühlen krystallinisch erstarrt und höchst wahrscheinlich die Hydrazinhydrozimmtsäure ist. Wir haben die Verbindung nicht weiter untersucht.

Noch leichter wird das hydrazinzimmtsulfonsaure Natron durch Natriumamalgam in die entsprechende Hydroverbindung verwandelt. Löst man das Salz in Wasser unter Zusatz von wenig Natronlauge und trägt dann in der Kälte das Amalgam ein, so wird beim Umschütteln der nascente Wasserstoff vollständig gebunden. Die Reduction ist beendet, wenn die gelbe Farbe der Flüssigkeit ganz verschwunden ist. Aus dieser Lösung lässt sich das hydrazinhydrozimmtsulfonsaure Natron ebenfalls durch Kochsalz abscheiden. Man neutralisirt zu dem Zweck die Flüssigkeit erst mit Essigsäure, sättigt dann mit festem Kochsalz, filtrirt, säuert stark mit Essigsäure an und kühlt die Flüssigkeit sehr stark ab.

Dabei scheidet sich das Salz in farblosen kleinen Krystallen aus, welche in Wasser ausserordentlich leicht löslich sind und alkalische Kupferlösung schon in der Kälte energisch reduciren. Aus diesem Salz durch Behandlung mit HCl freie Hydrazinhydrozimmtsäure darzustellen ist uns bisher noch nicht gelungen. Dieselbe verwandelt sich unter diesen Umständen spontan und wie es scheint vollständig in das innere Anhydrid, $C_9H_{10}N_2O$, welches wir **Amidohydrocarbostyril** nennen.

Amidohydrocarbostyril.

Für die Darstellung dieser Verbindung ist die Isolirung des eben erwähnten sulfonsauren Salzes überflüssig. Man versetzt direct die durch Natriumamalgam bis zur Entfärbung reducirte Lösung des hydrazinzimmtsulfonsauren Natrons mit überschüssiger Salzsäure und erwärmt auf dem Wasserbad, bis eine Probe nach dem Uebersättigen mit Alkali Fehling'sche Lösung nicht mehr reducirt.

Uebersättigt man jetzt mit Alkali, so scheidet sich das Anhydrid in farblosen Blättchen ab, welche nach dem vollständigen Erkalten der Flüssigkeit filtrirt werden. Die Verbindung lässt sich aus heissem Wasser leicht umkrystallisiren.

0,1508 g Substanz lieferten 0,3700 CO_2 und 0,0821 H_2O.
$C_9H_{10}N_2O$. Ber. C 66,67, H 6,17.
Gef. ,, 66,90, ,, 6,05.

Die Verbindung schmilzt bei 143° und ist in heissem Wasser ziemlich leicht, in kaltem viel schwieriger, in starkem Alkali fast unlöslich. Von verdünnten Säuren wird sie leicht aufgenommen. Aus der Lösung in concentrirter Salzsäure scheidet sich beim Abkühlen das Hydrochlorat in feinen farblosen Prismen ab, welche die Zusammensetzung $C_9H_{10}N_2OHCl$ haben[1]). Das Salz ist in Wasser und Alkohol leicht löslich. Die Base wird von alkalischer Kupferlösung selbst beim Kochen nicht verändert, reducirt dagegen Silberoxyd in der Hitze sehr energisch. Versetzt man ihre saure Lösung mit salpetrigsaurem Natron, so findet Gasentwicklung statt und es scheidet sich bald nachher ein dicker krystallinischer Niederschlag von reinem Hydrocarbostyril ab. Für das letztere wurde der Schmelzpunkt 163° gefunden. Die Analyse ergab folgende Zahlen:

0,1902 g Substanz lieferten 16,2 cbcm N bei 13° und 720 mm Druck.
C_9H_9NO. Ber. N 9,52. Gef. N 9,47.

---

[1]) Die analytischen Daten sind verloren gegangen.

Aus dieser Zersetzung darf man den Schluss ziehen, dass das Hydrazinhydrozimmtsäureanhydrid folgende Constitution besitzt:

$$C_6H_4\diagdown_{\substack{N\text{———}CO\\|\\NH_2}}^{CH_2-CH_2}$$

und mithin ein wahres Amidoderivat des in die Klasse der Lactame gehörenden Hydrocarbostyrils

$$C_6H_4\diagdown_{NH}^{CH_2-CH_2-CO}\diagup$$

ist.

Aethylamidohydrocarbostyril. — Gleiche Theile Amidohydrocarbostyril und Jodäthyl werden mit der doppelten Menge Alkohol im verschlossenen Rohr 12 Stunden auf 100° erhitzt. Wird die braun gefärbte Lösung mit schwefliger Säure versetzt und auf dem Wasserbad verdampft, so bleibt ein Oel, das zum grössten Theil in warmer verdünnter Salzsäure löslich ist. Aus der filtrirten Flüssigkeit scheidet concentrirtes Alkali gelbliche Oeltropfen aus, welche bei guter Abkühlung nach einiger Zeit erstarren. Dieses Product ist noch ein Gemenge von unverändertem Amidohydrocarbostyril und seiner Aethylverbindung. Löst man dasselbe in hochsiedendem Ligroïn, so scheidet sich das erstere beim Erkalten zuerst ab und die Mutterlauge liefert beim Abkühlen in einer Kältemischung die Aethylverbindung in farblosen Krystallen, welche zur vollständigen Reinigung aus siedendem Wasser umkrystallisirt wurden. Im reinen Zustand schmilzt das Aethylamidohydrocarbostyril bei 74°.

0,1945 g Substanz gaben 0,4952 CO_2 und 0,139 H_2O.

$$C_6H_4\diagdown_{N-(NC_2H_5H)}^{CH_2-CH_2-CO}\diagup \quad \begin{array}{l}\text{Ber. C 69,47, H 7,57.}\\ \text{Gef. ,, 69,53, ,, 7,94.}\end{array}$$

Es ist leicht löslich in Alkohol, Aether, Chloroform, schwer löslich in Wasser. Mit Mineralsäuren bildet es in Wasser leicht lösliche Salze. Salpetrigsaures Natron fällt aus der schwach sauren Lösung ein öliges Nitrosamin.

Das mit dem Amidohydrocarbostyril isomere zweite Anhydrid der Hydrazinhydrozimmtsäure

$$C_6H_4\diagdown_{NH\text{———}NH}^{CH_2-CH_2-CO}\diagup$$

haben wir bisher nicht erhalten.

IV. Chinazolverbindungen.

Die früher beschriebene Nitroso-o-Aethylamidozimmtsäure wird durch Zinkstaub und Essigsäure leicht reducirt, verwandelt sich indessen nicht in die entsprechende Hydrazinverbindung, sondern geht unter Verlust eines Sauerstoffatoms in eine Säure von der Zusammensetzung $C_{11}H_{12}N_2O_2$ über nach der Gleichung:

$$C_{11}H_{12}N_2O_3 + H_2 = C_{11}H_{12}N_2O_2 + H_2O\,.$$

Letztere ist eine Carbonsäure und zerfällt beim Erhitzen ganz glatt in Kohlendioxyd und eine Base $C_{10}H_{12}N_2$:

$$C_{11}H_{12}N_2O_2 = C_{10}H_{12}N_2 + CO_2\,.$$

Diese Base zeigt ausserordentlich grosse Aehnlichkeit mit dem Chinolin; wir bezeichnen sie deshalb und wegen ihrer Beziehungen zu den Hydrazinen als ,,Aethylchinazol'', woraus sich dann für die Säure der Name Aethylchinazolcarbonsäure ergiebt.

Aethylchinazolcarbonsäure.

Die Reduction der Nitrososäure haben wir früher in alkoholischer Lösung mit Zinkstaub und Essigsäure ausgeführt[1]; besser gelingt dieselbe nach späteren Versuchen in essigsaurer Lösung.

Zu einer Lösung von 3 g Nitrosoverbindung in 40 cbcm Eisessig fügt man unter fortwährendem Schütteln langsam Zinkstaub in kleinen Mengen zu, wobei die Temperatur nicht über 50° steigen soll. Die Reduction dauert unter diesen Umständen 15 bis 20 Minuten. Sie ist beendet, wenn eine Probe mit Phenol und concentrirter Schwefelsäure versetzt keine Nitrosoreaction mehr giebt. Die vom Zinkstaub abfiltrirte Lösung wird zunächst im luftverdünnten Raum auf dem Wasserbad verdampft, dann mit etwa 150 cbcm Wasser versetzt, wobei bereits eine Fällung von Carbonsäure erfolgt, und nochmals ohne zu filtriren in der gleichen Weise auf dem Wasserbad stark eingedampft. Der abgekühlte Rückstand wird wieder mit Wasser verdünnt und nach dem Erkalten die krystallinisch abgeschiedene Carbonsäure filtrirt. Die Mutterlauge liefert beim wiederholten Abdampfen mit Wasser neue Mengen der Säure; wir haben diese Operation drei- bis viermal ausgeführt.

Das Rohproduct ist durch Zinkverbindungen verunreinigt. Zur Entfernung der letzteren löst man in möglichst wenig rauchender Salzsäure, fügt soviel Wasser hinzu, dass in der Siedehitze wieder alles in Lösung geht, behandelt die heisse Flüssigkeit mit Thierkohle und filtrirt. Beim Erkalten scheidet sich die Aethylchinazolcarbonsäure erst ölig ab, sie erstarrt jedoch nach kurzer Zeit zu feinen fast farblosen Blättchen. Die Ausbeute an diesem Product betrug durchschnittlich 44 pC. der theoretischen Menge. Für die Analyse wurde es nochmals aus heissem Wasser umkrystallisirt und im Vacuum getrocknet.

---

[1] Berichte d. D. Chem. Gesellsch. **16**, 654. (*S. 424.*)

I. 0,2657 g Substanz lieferten 0,6289 CO_2 und 0,1423 H_2O. — II. 0,2883 g Substanz lieferten 0,6830 CO_2 und 0,1555 H_2O; 0,3020 g Substanz lieferten 36,7 cbcm N bei 15° C. und 745 mm Druck. — III. 0,1700 g Substanz lieferten 21,2 cbcm N bei 24° C. und 745 mm Druck.

$C_{11}H_{12}N_2O_2$. Ber. C 64,71,   H 5,87,   N 13,7.
              Gef. ,, 64,41, 64,61, ,, 5,95, 5,99, ,, 13,9, 13,7.

Die Säure existirt in zwei durch Schmelzpunkt und Krystallform verschiedenen Modificationen. Aus Wasser krystallisirt schmilzt sie bei 131°. Löst man sie dagegen in Chloroform und fügt Ligroïn zu, so scheidet sie sich häufig in feinen zu Aggregaten vereinigten Blättchen ab, welche bei 126° schmelzen. Diese gehen bei längerer Berührung mit der Flüssigkeit in derbe wohlausgebildete Krystalle über, welche bei 131° C. schmelzen. Die letztere Modification ist also offenbar die stabilere.

Die Aethylchinazolcarbonsäure ist in heissem Wasser ziemlich schwer löslich, wird aber leicht von Alkohol, Aether und Chloroform aufgenommen. Mit Alkalien bildet sie leicht lösliche Salze, welche durch concentrirtes Alkali krystallinisch gefällt werden. Das Ammoniumsalz scheidet sich beim Einleiten von Ammoniak in die ätherische Lösung der Säure krystallinisch aus. Es giebt mit Silbernitrat einen weissen Niederschlag, der aus heissem Wasser in feinen Nadeln krystallisirt.

Die Carbonsäure verbindet sich ferner mit Mineralsäuren. Ihr Hydrochlorat scheidet sich als weisser krystallinischer Niederschlag ab beim Eintritt von wenig gasförmiger Salzsäure in ihre ätherische Lösung. Durch Wasser wird das Salz in seine Componenten zerlegt.

Gegen Oxydationsmittel ist die Säure ungleich beständiger als die gewöhnlichen Hydrazine, sie wird weder von Fehling'scher Lösung, noch von Silberoxyd beim Kochen verändert. Von Permanganat wird sie in alkalischer Lösung in der Kälte langsam, in der Wärme dagegen rasch angegriffen und wie es scheint zum grössten Theil verbrannt. In geringer Menge erhielten wir nach beendeter Oxydation aus der alkalischen Lösung eine farblose Säure, die gegen 148° schmolz.

Gegen Reductionsmittel ist die Chinazolverbindung ebenfalls sehr beständig; sie wird weder durch Natriumamalgam noch durch Zinn und Salzsäure in der Wärme angegriffen. Brom wirkt substituirend und liefert je nach den Bedingungen ein Mono- oder Dibromsubstitutionsproduct.

Monobromäthylchinazolcarbonsäure. — 1 Th. Carbonsäure wird in 8 Th. Eisessig gelöst und bei gewöhnlicher Temperatur mit einer Lösung von 0,65 Th. Brom in 5 Th. Eisessig versetzt. Nach 2 Stunden giesst man in kaltes Wasser; dabei scheidet sich ein schwach gefärbtes Oel ab, welches bald zu feinen Nadeln erstarrt. Löst man dieselben in heisser 30 procentiger Essigsäure, behandelt mit Thierkohle und verdünnt mit heissem Wasser, so scheidet sich die Bromverbindung beim

Erkalten in farblosen fächerartig gruppirten Nadeln aus. Dieselben wurden zur Analyse im Vacuum getrocknet.

0,2270 g Substanz lieferten 0,151 AgBr.
$C_{11}H_{11}N_2O_2Br$. Ber. Br 28,26. Gef. Br 28,30.

Die Substanz schmilzt bei 173° unter Gasentwicklung und ist in Alkohol und Aether leicht, in Wasser fast unlöslich.

Dibromäthylchinazolcarbonsäure. — Die Chinazolcarbonsäure wird in 5 Th. Eisessig gelöst mit 1,7 Th. Brom versetzt und nach 2 Stunden in kaltes Wasser gegossen. Hierbei scheidet sich ein orangeroth gefärbtes festes Product ab, welches zuerst aus heisser 40 procentiger Essigsäure und dann zur vollständigen Entfernung der Monobromverbindung nochmals aus verdünntem Alkohol umkrystallisirt wird. Das reine Präparat schmilzt bei 196°.

0,178 g Substanz lieferten 0,1843 Bromsilber.
$C_{11}H_{10}N_2O_2Br_2$. Ber. Br 44,19. Gef. Br 44,04.

Die Verbindung ist in Wasser fast unlöslich, in Alkohol, Aether und Chloroform viel schwerer löslich, als die einfach gebromte Säure. Sie krystallisirt in der Regel in feinen sternförmig vereinigten Nadeln. Von den Salzen ist besonders die Natriumverbindung charakteristisch. Dieselbe ist in Wasser sehr leicht, in überschüssiger Natronlauge dagegen schwer löslich und scheidet sich deshalb aus der stark alkalischen Lösung beim Erkalten fast vollständig in weissen glänzenden Blättchen ab.

Durch längere Behandlung mit Natriumamalgam werden beide gebromte Säuren vollständig in die Aethylchinazolcarbonsäure zurückverwandelt.

Ob in den beiden Verbindungen das Brom am Benzolkern oder in der Seitenkette steht, haben wir noch nicht entscheiden können; wir halten aber das letztere für wahrscheinlicher.

Aethylchinazol.

Die Aethylchinazolcarbonsäure beginnt beim Erhitzen gegen 162° Blasen zu werfen. Sie zerfällt dabei glatt in Kohlensäure und Aethylchinazol nach der Gleichung:

$$C_{10}H_{11}N_2-COOH = CO_2 + C_{10}H_{12}N_2.$$

Um grössere Mengen der Base darzustellen, wird die Carbonsäure im Oelbad auf 180 bis 190° erhitzt. Nach 15 bis 20 Minuten ist die Kohlensäureentwicklung fast beendet. Zum Schluss steigert man die Temperatur kurze Zeit auf 230°. Hat man reine Säure angewendet, so bildet die so gewonnene Base ein nur wenig gelbgefärbtes Oel, das sich in verdünnten Säuren klar löst. Ist die Carbonsäure gefärbt, so gilt dasselbe für die Rohbase. Dieselbe wird am leichtesten durch Destillation gereinigt. Bei einem Barometerstand von 741 mm geht fast die ganze Menge des Rohproducts bei 234 bis 235° über. Das Destillat erstarrt in einer Kältemischung sehr rasch zu grossen blätterigen Krystallen, welche bei 30° schmelzen.

0,3134 g Substanz lieferten 0,8590 CO_2 und 0,2108 H_2O. — 0,2935 g Substanz lieferten 44,69 cbcm N bei 14° C. und 741 mm Druck.

$C_{10}H_{12}N_2$. Ber. C 75,00, H 7,50, N 17,50.
Gef. ,, 74,74, ,, 7,47, ,, 17,46.

Das Aethylchinazol ist in Alkohol und Aether sehr leicht, in Wasser schwer löslich. Die kalte wässerige Lösung trübt sich beim Erwärmen nicht, wohl aber auf Zusatz einer concentrirten Alkalilösung. Mit Wasserdämpfen ist sie leicht flüchtig unter Verbreitung eines sehr stechenden, an die alkylirten Aniline und zugleich an Chinolin erinnernden Geruchs. Sie besitzt einen scharfen beissenden Geschmack.

Mit starken Säuren liefert die Base ausserordentlich leicht lösliche Salze, die aber durch viel Wasser zerlegt werden. Das Chlorhydrat erhält man beim Einleiten von trockener Salzsäure in die ätherische Lösung der Base. Es fällt zuerst als Oel aus, erstarrt aber bald zu feinen Nadeln, die zu federartigen Aggregaten vereinigt sind. Wird ein grosser Ueberschuss von Chlorwasserstoff eingeleitet, so löst sich das Salz wieder auf. Beim Wegkochen der Salzsäure scheidet es sich aus dem Aether wieder ölig ab und wird dann von trockenem überschüssigen Aether nicht mehr gelöst, sondern rasch in die Krystalle verwandelt. Es löst sich in Alkohol und ist daraus durch Aether fällbar.

Fügt man zur stark salzsauren wässerigen Lösung der Base Platinchlorid so scheidet sich das Platindoppelsalz in feinen Nädelchen aus. Dasselbe ist in Wasser schwer löslich und kann durch Umkrystallisiren aus verdünnter Salzsäure in schönen orangegelben Prismen erhalten werden. Im Vacuum getrocknet lieferte das Salz bei der Analyse folgende der Zusammensetzung $(C_{10}H_{12}N_2.HCl)_2PtCl_4$ entsprechende Zahlen:

0,2609 g Substanz lieferten 0,0693 Pt. — 0,1863 g Substanz lieferten 13,2 cbcm N bei 21° und 739 mm Druck.

Ber. Pt 26,68, N 7,67.
Gef. ,, 26,56, ,, 7,8.

Mit Zinnchlorür verbindet sich das Hydrochlorat ebenfalls zu einem aus heissem Wasser schön krystallisirenden Doppelsalz.

Setzt man zur concentrirten alkoholischen Lösung der Base eine entsprechende Menge reiner Schwefelsäure, die mit etwas Alkohol verdünnt ist und fügt hierauf trockenen Aether hinzu, so bekommt man das saure Sulfat in wohlausgebildeten langen Nadeln, welche zur Analyse im Vacuum getrocknet wurden und dann einen der Formel $(C_{10}H_{12}N_2)H_2SO_4$ entsprechenden Schwefelgehalt zeigten.

0,3250 g Sulfat lieferten 0,2930 $BaSO_4$.

Ber. S 12,40. Gef. S 12,30.

Das Sulfat löst sich in wenig Wasser sehr leicht. Durch viel Wasser wird es ebenso wie das Chlorhydrat zerlegt und die Base ölig abgeschieden. Dem entspricht auch sein Geschmack, der im ersten Moment sauer, dann aber ausserordentlich beissend ist.

Das Pikrat scheidet sich beim Vermischen der alkoholischen Lösung der Base mit einer gleichfalls alkoholischen Pikrinsäurelösung in schönen hellgelben glänzenden Schüppchen ab. Es ist in Alkohol und Wasser schwer löslich. Aus der Lösung in viel heissem Wasser scheidet es sich beim Erkalten in feinen zu langstrahligen Büscheln vereinigten Nadeln ab.

Das Aethylchinazol verbindet sich auch direct mit Metallsalzen; mit Silbernitrat und Quecksilberchlorid liefert es weisse, in kaltem Wasser fast unlösliche in heissem Wasser schwer lösliche Verbindungen, die in farblosen Nadeln krystallisiren.

Von nascentem Wasserstoff wird die Base nicht angegriffen, sie kann in salzsaurer Lösung mit Zinn oder Zink längere Zeit gekocht werden, ohne eine Veränderung zu erleiden. Ebenso beständig ist sie gegen salpetrige Säure. Versetzt man ihre saure Lösung mit salpetrigsaurem Natron, so wird sie unverändert abgeschieden. Da sie ferner von Essigsäureanhydrid beim Kochen nicht angegriffen wird, so ist man wohl zu dem Schluss berechtigt, dass sie keine Imidgruppe enthält. Gegen Alkyljodüre zeigt sie das Verhalten der tertiären Amine.

Erhitzt man die Base mit der doppelten Menge Jodmethyl im zugeschmolzenen Rohr 10 Stunden auf 100°, so wird sie vollständig in ein schön krystallisirendes quaternäres Ammoniumjodid verwandelt. Dasselbe wurde durch Umkrystallisiren aus heissem Alkohol in stark lichtbrechenden farblosen Nadeln erhalten, welche bei 192° unter Gasentwicklung schmelzen und die Zusammensetzung $C_{10}H_{12}N_2 \cdot CH_3J$ haben.

0,2972 g Substanz lieferten 0,4782 CO_2 und 0,1370 H_2O. — 0,3337 g Substanz lieferten 0,2593 AgJ.

Ber. C 43,70, H 4,97, J 42,05.
Gef. ,, 43,88, ,, 5,12, ,, 41,98.

Das Jodid ist in Wasser sehr leicht löslich und wird durch Alkali nicht zersetzt.

Constitution der Chinazolverbindungen.

Für die Entscheidung dieser Frage sind folgende Thatsachen von Wichtigkeit:

1) Die Aethylchinazolcarbonsäure entsteht aus der Nitrosoäthylamidozimmtsäure

$$C_6H_4\diagdown^{CH\,=\,CH-COOH}_{N(C_2H_5)-NO}$$

durch einfache Ablösung des Nitrososauerstoffs, da die Carboxylgruppe bei der Reaction nicht betheiligt ist.

2) Das Aethylchinazol zeigt mit dem Chinolin so überraschend grosse Verwandtschaft, dass man wohl bei beiden eine ähnliche Constitution voraussetzen darf.

3) Das Aethylchinazol besitzt nach dem Verhalten gegen salpetrige Säure und Essigsäureanhydrid aller Wahrscheinlichkeit nach keine Imidogruppe, sondern enthält beide Stickstoffatome tertiär gebunden.

Combinirt man diese drei Punkte, so gelangt man zu dem Schluss, dass bei der Reduction der Nitrosoäthylamidozimmtsäure der Stickstoff der Nitrosogruppe mit der ungesättigten Gruppe der Seitenkette zusammentritt, unter Bildung eines geschlossenen Ringes. Dies kann jedoch in zweierlei Weise geschehen, wie folgende beide Formeln zeigen:

$$C_6H_4\diagdown\begin{matrix}CH-CH-COOH\\ \diagdown\quad|\\ N---N\\ |\\ C_2H_5\end{matrix}\qquad\text{oder}\qquad C_6H_4\diagdown\begin{matrix}CH_2-C-COOH\\ \quad\|\\ N----N\\ |\\ C_2H_5\end{matrix}$$

Beide genügen in gleicher Weise zur Erklärung der bekannten Thatsachen; die Entscheidung, welche die richtige ist, muss der Auffindung neuer Thatsachen vorbehalten bleiben.

V. Aethyl-o-Hydrazinhydrozimmtsäure und Aethylhydrocarbazostyril.

Bei der Bildung der Chinazolverbindungen ist nach dem Vorhergehenden die ungesättigte Gruppe der Zimmtsäure $-CH=CH-$ betheiligt. Es war deshalb von vornherein zu erwarten, dass die früher beschriebene Nitroso-o-Aethylamidohydrozimmtsäure bei der Reduction ein ganz anderes Verhalten zeigen wird.

Dies ist wirklich der Fall; diese Verbindung liefert bei der Reduction mit Zinkstaub und Essigsäure in normaler Weise die entsprechende Hydrazinsäure

$$C_6H_4\diagdown\begin{matrix}CH_2-CH_2-COOH\\ N(C_2H_5)-NH_2\end{matrix}$$

und die letztere geht unter gewissen Bedingungen glatt in das dem Hydrocarbostyril entsprechende Hydrazinanhydrid über, welchem nach seinem gesammten Verhalten folgende Constitution zugeschrieben werden muss:

$$\begin{matrix}&&CH&CH_2&CH_2\\ &CH\diagup&\diagdown c\diagup&&\diagdown\\ CH&|&&&CO\ .\\ &CH\diagdown&\diagup c\diagdown&&\diagup\\ &&CH&N(C_2H_5)&NH\end{matrix}$$

Wir nennen diese Verbindung, welche mit dem früher beschriebenen Aethylamidohydrocarbostyril isomer ist, ,,Aethylhydrocarbazostyril".

Die Reduction des Nitrosamins, welche in alkoholischer Lösung sehr träge vor sich geht, gelingt am besten in folgender Weise. Man löst die Substanz in überschüssigem Eisessig und fügt vorsichtig Zinkstaub hinzu. Die Flüssigkeit erwärmt sich von selbst; man erhält die Temperatur auf 60 bis 70° und unterbricht die Operation, wenn eine Probe mit Phenol und Schwefelsäure keine Nitrosoreaction mehr zeigt.

Die vom Zinkstaub abfiltrirte Lösung ist schwach gelblich gefärbt, bleibt beim Uebersättigen mit Alkali klar und reducirt Kupferlösung beim Erwärmen sehr energisch. Sie enthält offenbar die Hydrazinsäure, welche später noch beschrieben wird. Wird die essigsaure Lösung auf dem Wasserbad zur Trockne verdampft, so verliert sie allmählich ihre Einwirkung auf Kupfersalze, weil die Hydrazinsäure unter diesen Umständen vollständig in das zugehörige Anhydrid übergeht.

Aethylhydrocarbazostyril. — Die beim Verdampfen der zuvor erwähnten Lösung bleibende Krystallmasse wird zunächst zur Entfernung des Zinkacetats mit Wasser ausgelaugt und der teigartige Rückstand zwischen Filtrirpapier gepresst. Behandelt man dieses Product mit Aether, so geht das bei der Reduction des Nitrosamins stets in geringerer Menge entstehende Aethylhydrocarbostyril in Lösung, während das Aethylhydrocarbazostyril als krystallinisches Product zurückbleibt. Die Menge des letzteren beträgt 60 bis 70 pC. vom Gewicht des angewandten Nitrosamins. Das Rohproduct wird am besten aus kochendem Wasser unter Zusatz von etwas Thierkohle umkrystallisirt. Es bildet weisse lange Nadeln, welche bei 165,5° schmelzen und nach dem Trocknen im Vacuum folgende Zahlen gaben:

0,1738 g Substanz lieferten 0,4422 CO_2 und 0,1200 H_2O. — 0,1826 g Substanz lieferten 23,9 cbcm N bei 15° und 731 mm Druck.

$$C_6H_4\diagup\genfrac{}{}{0pt}{}{CH_2\text{———}CH_2}{N(C_2H_5)\text{—}NH}\diagdown CO .\qquad \text{Ber. C 69,47, H 7,37, N 14,74.}$$
$$\text{Gef. ,, 69,39, ,, 7,66, ,, 14,8.}$$

Die Verbindung ist in Alkohol leicht, in Aether und Wasser schwer löslich; von Alkalien wird sie nicht aufgenommen; beim vorsichtigen Erhitzen destillirt sie unzersetzt. In all diesen Eigenschaften ist sie dem Hydrocarbostyril so ähnlich, dass sie leicht mit demselben verwechselt werden kann.

Scharf unterschieden sind jedoch beide Verbindungen durch ihr Verhalten gegen Säuren. In kalter concentrirter Salzsäure oder Schwefelsäure lösen sich beide leicht auf und werden durch Wasser wieder unverändert abgeschieden. Beim Erwärmen der sauren Lösung bleibt das Hydrocarbostyril ebenfalls unverändert, dagegen wird das Aethylhydrocarbazostyril unter denselben Bedingungen durch Wasseraufnahme in die Hydrazinsäure zurückverwandelt.

Salzsaure Aethyl-o-hydrazinhydrozimmtsäure. — Aethylhydrocarbazostyril löst sich in kalter concentrirter Salzsäure leicht auf, wird aber durch sofortigen Zusatz von Wasser wieder abgeschieden. Lässt man dagegen die saure Lösung längere Zeit bei gewöhnlicher Temperatur stehen, oder verdampft man dieselbe auf dem Wasserbad, so ist alles Aethylhydrocarbazostyril verschwunden und in das leicht lösliche Hydrochlorat der Aethylhydrazinhydrozimmtsäure verwandelt. Dasselbe bleibt hierbei als krystallinische Masse zurück, welche in Wasser sehr leicht löslich ist, beim Uebersättigen mit Alkali klar bleibt und Kupferlösung energisch reducirt.

In Alkohol löst sich das Salz ebenfalls sehr leicht, wird aber daraus durch trockenen Aether in farblosen, concentrisch gruppirten Blättchen abgeschieden. Die Analyse der im Vacuum getrockneten Substanz führt zu der Formel:
$$C_6H_4\diagup\!\!\!\begin{array}{l}CH_2-CH_2-COOH\\ N(C_2H_5)-NH_2HCl\end{array}.$$

0,4269 g Substanz lieferten 0,2510 AgCl. — 0,2007 g Substanz lieferten 20,5 cbcm N bei 20° und 736 mm Druck.

Ber. Cl 14,50, N 11,45.
Gef. ,, 14,51, ,, 11,3.

Das Salz schmilzt bei 146° ohne Zersetzung, giebt aber zwischen 150 und 160° Salzsäure und Wasser ab und verwandelt sich wieder in das Hydrocarbazostyril. Dieselbe Umwandlung in das Anhydrid findet statt, wenn man die wässerige Lösung des Salzes mit essigsaurem Natron auf dem Wasserbad verdampft. Die reducirende Wirkung auf Kupferlösung verschwindet allmählich und beim Aufnehmen mit Wasser bleibt reines Aethylhydrocarbazostyril zurück.

Die Versuche zur Isolirung der freien Hydrazinsäure und die Umwandlung ihres Anhydrids in eine dem Hydrochinolin entsprechende Base mit zwei Stickstoffatomen sind aus Mangel an Material noch nicht zum Abschluss gekommen.

Bei der Destillation mit Zinkstaub erhielten wir neben Ammoniak ein gelbbraun gefärbtes Oel, das zwischen 240 und 287° destillirte. Dasselbe enthielt 11,6 pC. N und ist ein Gemenge von Aethylhydrochinolin und einer stickstoffreicheren Substanz.

Das erstere geht in Lösung, wenn man das Rohproduct mit kalter verdünnter Salzsäure auslaugt; es wurde als Platindoppelsalz analysirt.

0,2062 g Substanz lieferten 7,2 cbcm N bei 18° und 743 mm Druck.
$(C_{11}H_{15}NHCl)_2PtCl_4$. Ber. N 3,83. Gef. N 3,95.

Das zweite Product haben wir aus Mangel an Material bis jetzt noch nicht isoliren können.

35. Ludwig Knorr: Ueber das Piperylhydrazin[1]).

Liebigs Annalen der Chemie **221**, 297 [1883].

Von den zahlreichen durch die Theorie vorhergesehenen Hydrazinen sind bisher nur einzelne Repräsentanten in der aromatischen und fetten Reihe untersucht.

Es schien daher in mancher Beziehung von Interesse, eine gleiche Base der Alkaloïdgruppe zu studiren, um den Einfluss kennen zu lernen, den die eigenthümliche Stellung des Stickstoffs im Pyridinring auf die Beständigkeit und die Verwandlungen der Hydrazingruppe ausübt.

Ich habe zu diesem Zweck das einfachste Glied dieser Reihe, das Hydrazinderivat des Piperidins, gewählt. Dasselbe entsteht bei gemässigter Reduction des von Wertheim entdeckten Nitrosopiperidins.

Die Base zeigt in ihrem gesammten Verhalten die grösste Aehnlichkeit mit den gewöhnlichen secundären Hydrazinen.

Verschiedenheiten zeigten sich nur bei der Spaltung durch salpetrige Säure und bei der Zersetzung des entsprechenden Tetrazons durch Säuren in der Wärme.

Nitrosopiperidin.

Die Verbindung wurde von Wertheim[2]) durch Einwirkung von gasförmiger salpetriger Säure auf Piperidin zuerst gewonnen.

Schotten[3]) stellt dieselbe dar, indem er die schwefelsaure Lösung der Base mit Kaliumnitrit zum Sieden erhitzt.

Nach meinen Erfahrungen gelingt die Operation eben so gut in der Kälte nach folgendem Verfahren:

1 Th. Piperidin, mit dem gleichen Gewicht Wasser verdünnt, wird mit 3 Th. verdünnter Schwefelsäure (30 procentig) neutralisirt und in die kalte saure Lösung allmählich eine concentrirte Lösung von 2 Th. salpetrigsaurem Natron unter beständigem Schütteln und Kühlen eingetragen. Das Nitrosamin scheidet sich dann als Oelschicht über der Salzlösung aus. Die Concentration ist so gewählt, dass die Nitroso-

---

[1]) Vorläufige Mittheilung, Berichte d. D. Chem. Gesellsch. **15**, 859. (*S. 419.*)
[2]) Liebigs Ann. d. Chem. **127**, 75.
[3]) C. Schotten, Berichte d. D. Chem. Gesellsch. **15**, 425.

verbindung durch das gebildete Sulfat vollständig ausgesalzen wird. Das Oel wird abgehoben, die Salzlösung mit Aether ausgeschüttelt und die ätherische Lösung des Nitrosamins durch Schütteln mit wenig concentrirtem Kali von der gelösten salpetrigen Säure befreit. Beim Verdunsten des Aethers erhält man fast reines Nitrosopiperidin als schwachgelb gefärbtes Oel. Durch Einwirkung stark reducirender Mittel, wie Zink und Salzsäure oder gasförmigen Chlorwasserstoff bei erhöhter Temperatur, erhielt Wertheim regenerirtes Piperidin. Bei Einwirkung schwächerer Reductionsmittel, namentlich bei Vermeidung starker Säuren, am besten bei Anwendung von Natriumamalgam oder Zinkstaub und Essigsäure erzielt man dagegen eine sehr glatte Ueberführung in das Hydrazin, wie E. Fischer dies schon lange für die gewöhnlichen Nitrosamine nachgewiesen hat[1]).

Versetzt man die alkoholische Lösung des Nitrosokörpers in der Kälte allmählich mit Natriumamalgam, so erwärmt sich die Flüssigkeit ohne bemerkbare Entwicklung von Wasserstoff. Sobald der Geruch des Nitrosamins verschwunden war, wurde die Lösung vom Quecksilber abgegossen, mit Wasser verdünnt und destillirt. Das Destillat enthielt neben dem Piperylhydrazin in geringer Menge einen festen Körper vom Schmelzpunkt 45°, der schon von C. Schotten[2]) beobachtet wurde und der identisch ist mit dem später beschriebenen Dipiperyltetrazon.

Aehnlich verläuft die Reduction mit Zinkstaub und Essigsäure. Letztere Methode ist für die Darstellung des Hydrazins vorzuziehen.

Piperylhydrazin.

Darstellung. — 50 g Nitrosopiperidin werden mit 500 g H_2O und 225 g Zinkstaub versetzt und allmählich unter Umschütteln und Abkühlen 235 g Essigsäure (50 pC.) zugefügt. Die Reaction, die am Schluss durch kurzes Erwärmen auf dem Wasserbad befördert wird, ist beendet, wenn der charakteristische Geruch des Nitrosamins verschwunden ist und dem des oben erwähnten Tetrazons Platz gemacht hat, das sich immer in geringer Menge neben dem gebildeten Hydrazin findet und dessen Entstehung theils einer unvollständigen Reduction des Nitrosamins, theils der Oxydation des schon gebildeten Hydrazins zuzuschreiben ist.

Mehrere zugleich verarbeitete Portionen werden sodann vereinigt, mit etwas Salzsäure bis zur Klärung der durch basische Zinksalze verdickten Flüssigkeit versetzt, heiss filtrirt und mit heissem Wasser ausgewaschen.

---
[1]) Liebigs Ann. d. Chem. **190**, 152. (*S. 264.*)
[2]) C. Schotten, Berichte d. D. Chem. Gesellsch. **15**, 425.

Das klare Filtrat wird mit concentrirter Natronlauge übersättigt, wobei das erst abgeschiedene Zinkoxyhydrat wieder in Lösung geht und aus einem kupfernen Gefäss über freiem Feuer destillirt, bis die übergehende Flüssigkeit Fehling'sche Lösung beim Kochen nicht mehr reducirt.

Das stark alkalische Destillat wird von den geringen Mengen des auskrystallisirten Tetrazons durch Filtration befreit, mit Salzsäure neutralisirt und auf dem Wasserbad zur Syrupsdicke eingedampft. Der Rückstand, der beim Erkalten krystallinisch erstarrt, liefert bei einmaligem Umkrystallisiren aus Alkohol völlig reines salzsaures Piperylhydrazin in grossen Krystalltafeln.

Durch wiederholtes Eindampfen der Mutterlauge und Umkrystallisiren des Rückstandes aus Alkohol erhält man noch einige Krystallisationen des Salzes.

Die Ausbeute beträgt durchschnittlich 82 pC. der Theorie. Salzsaures Piperidin konnte in der Mutterlauge nicht nachgewiesen werden; es scheint daher die Spaltung des Nitrosamins in Ammoniak und Piperidin unter den angeführten Bedingungen nur in ganz untergeordnetem Masse stattzufinden.

Uebergiesst man das reine salzsaure Salz mit etwas mehr als der berechneten Menge mässig concentrirter Natronlauge, so scheidet sich das freie Hydrazin als ölige Schicht ab, die abgehoben und mit frisch geglühtem kohlensaurem Kali scharf getrocknet wird. Trotzdem hält die Base noch ziemlich viel Wasser zurück, welches nur durch längeres Erwärmen mit wasserfreiem Baryt auf 100° und Destillation über demselben völlig entfernt werden kann.

Das so behandelte Piperylhydrazin geht fast vollständig zwischen 145 und 146° über und siedet bei wiederholter Destillation über wasserfreiem Baryt constant bei 146°.

Ein zweimal über Baryt destillirtes Präparat von constantem Siedepunkt gab bei der Analyse die der Formel $C_5H_{12}N_2$ entsprechenden Zahlen:

0,2026 g Substanz gaben 0,4501 CO_2 und 0,2197 H_2O. — 0,1487 g Substanz gaben 36,6 cbcm N bei 13° und 732 mm B.

$C_5H_{12}N_2$. Ber. C 60,0 H 12,0 N 28,0
Gef. ,, 60,58, ,, 12,04, ,, 27,96.

Eigenschaften. — Frisch destillirt ist das Piperylhydrazin ein farbloses, stark lichtbrechendes Oel von stark ammoniakalischem Geruch, das selbst in einer Kältemischung bei 21° nicht erstarrt. Bei 14,6° hat es das spec. Gewicht 0,9283 bezogen auf Wasser von gleicher Temperatur. Es zeigt bei 728 mm Barometerstand den Siedepunkt 146°.

Der Siedepunkt des Piperidins wird also durch den Eintritt der Amidogruppe um 40° erhöht. Aehnliche Differenzen zeigen die anderen secundären Hydrazine. Diäthylhydrazin siedet 42° höher als Diäthylamin, Methylphenylhydrazin siedet 32° höher als Methylanilin.

Das Piperylhydrazin mischt sich in jedem Verhältniss mit Wasser, Alkohol, Aether, Benzol und Ligroïn, ist dagegen in concentrirtem Alkali ziemlich schwer löslich. Es ist äusserst hygroskopisch und mit Wasserdämpfen sehr leicht flüchtig.

Als starke Base fällt es die Metalloxyde aus ihren Lösungen wie Ammoniak und treibt, weil schwerer flüchtig, in der Hitze das Ammoniak aus seinen Salzen aus.

Wie alle secundären unsymmetrischen Hydrazine ist es zugleich tertiäre und primäre Base; daraus erklärt sich sein Verhalten gegen Halogenalkyle einerseits, gegen Schwefelkohlenstoff, Säurechloride, Aldehyde und salpetrige Säure andererseits.

Mit Chloroform und Kali liefert es die Isonitrilreaction.

Von allen oxydirenden Mitteln wird die Base leicht angegriffen. Sie reducirt ammoniakalische Silberlösung schon in der Kälte, Fehling'sche Lösung erst in der Wärme.

Von Quecksilberoxyd, Kaliumpermanganat und Bromwasser wird sie in der Kälte leicht zu dem entsprechenden Tetrazon oxydirt. Dies bildet sich auch immer in geringer Menge beim längeren Stehen des Hydrazins an der Luft und bei der Destillation desselben mit Alkali.

Das Piperylhydrazin ist eine einsäurige Base, wie die nachfolgende Analyse seines Hydrochlorats beweist; von seinen Salzen wurde nur dieses genauer untersucht.

Dasselbe krystallisirt aus heissem Alkohol in schönen glänzenden tafelförmigen Krystallen, die im Vacuum getrocknet der Formel $C_5H_{10}N \cdot NH_2 \cdot HCl$ entsprechend zusammengesetzt sind.

0,2094 g Substanz gaben 0,3382 CO_2 und 0,1809 H_2O. — 0,1359 g Substanz gaben 25 cbcm N bei 17° und 724,5 mm B. — 0,2024 g Substanz gaben 0,2131 AgCl.

$C_5H_{13}N_2Cl$. Ber. C 43,96, H 9,52, N 20,51, Cl 26,01 = 100,00.
Gef. ,, 44,05, ,, 9,60, ,, 20,30 ,, 26,04.

Das Salz schmilzt constant bei 162°; stärker erhitzt zersetzt es sich unter Destillation eines Oels von starkem pyridinähnlichem Geruch.

Es ist leichtlöslich in Wasser, heissem Alkohol und Chloroform, schwerlöslich in kaltem Alkohol und unlöslich in Aether, Benzol und Ligroïn. Es ist hygroskopisch und erleidet bei längerem Aufbewahren eine geringe Zersetzung.

Versetzt man die alkoholische Lösung des reinen Hydrochlorats mit alkoholischer Platinchloridlösung, so fallen sternförmige Krystallflocken eines orangefarbenen Platindoppelsalzes aus. Dasselbe ist unlöslich in Alkohol und Aether, leichtlöslich in Wasser und zerfliesst an der Luft (selbst im Exsiccator) bald, unter Zersetzung zu einer dunkelgefärbten Flüssigkeit.

Beim Kochen mit Wasser zersetzt es sich unter Abscheidung eines unlöslichen amorphen rothen Körpers.

Mit Natronlauge gekocht scheidet es sofort metallisches Platin aus.

Die Zersetzungsproducte, die beim Erhitzen desselben auftreten, riechen erst sauer, dann entschieden pyridinähnlich.

Das pikrinsaure Salz wird leicht in schönen goldgelben Nadeln gewonnen, wenn man Hydrazin und Pikrinsäure in ätherischer Lösung zusammenbringt.

Die meisten übrigen Salze der Base sind leicht löslich und nur schwierig krystallisirt zu erhalten.

Monobenzoylpiperylhydrazin, $C_5H_{10}N_2H \cdot COC_6H_5$.

Versetzt man die gut gekühlte Lösung von zwei Moleculen der Base in der fünffachen Menge Aether allmählich mit einer ätherischen Lösung von ein Molecul Benzoylchlorid, so scheidet sich sofort das Benzoylderivat gemengt mit salzsaurem Hydrazin in weissen Schuppen ab.

Man saugt den Aether auf der Pumpe ab, um jeden Ueberschuss des einen oder anderen Reagens zu beseitigen, entfernt das salzsaure Piperylhydrazin durch Auswaschen mit kaltem Alkohol und Wasser und krystallisirt den Rückstand zur vollständigen Reinigung einmal aus heissem Alkohol um. Das Benzoylderivat wird so in schönen, perlmutterähnlich glänzenden Schuppen erhalten.

Die Analyse der im Vacuum getrockneten Substanz gab die der Formel $C_5H_{10}N_2H \cdot COC_6H_5$ entsprechenden Zahlen.

0,1678 g Substanz liefern 0,4346 CO_2 und 0,1254 H_2O.

$C_{12}H_{16}N_2O$. Ber. C 70,59, H 7,84.
Gef. ,, 70,64, ,, 8,30.

Das Monobenzoylhydrazin ist leicht löslich in Aether, Benzol, heissem Ligroïn und heissem Alkohol, schwerer löslich in heissem Wasser, fast unlöslich in kaltem Wasser und kaltem Alkohol.

Es schmilzt constant bei 195 bis 195,5°. Bei stärkerem Erhitzen destillirt es unzersetzt.

Benzylidenpiperylhydrazin, $C_5H_{10}N_2 \cdot CHC_6H_5$.

Mischt man gleiche Molecule Hydrazin und Bittermandelöl, so tritt heftige Reaction ein, die Masse trübt sich durch Wasserausscheidung und erstarrt auf Wasserzusatz zu einem Kuchen von Krystallen, die auf dem Filter abgesogen, mit Wasser und etwas kaltem Alkohol gewaschen und aus heissem Alkohol umkrystallisirt wurden.

0,1879 g Substanz gaben 0,5310 CO_2 und 0,1474 H_2O.

$C_{12}H_{16}N_2$. Ber. C 76,60, H 8,51.
Gef. ,, 77,07, ,, 8,70.

Die Bildung des Körpers wird durch folgende Gleichung veranschaulicht:

$$C_5H_{10}N-NH_2 + COHC_6H_5 = C_5H_{10}N-NCHC_6H_5 + H_2O.$$

Die Verbindung schmilzt bei 62 bis 63° constant und destillirt bei vorsichtigem Erhitzen unzersetzt. Sie ist leicht löslich in heissem Alkohol, Aether und Benzol, schwer löslich in kaltem Alkohol, unlöslich in Wasser und wird aus heissem Alkohol in schönen tafelförmigen Krystallen erhalten.

Beim Kochen mit Säuren wird sie in ihre Componenten zerlegt.

Piperylsemicarbazid, $C_5H_{10}N_2HCONH_2$.

Um diesen Harnstoff zu gewinnen, versetzt man die wässerige Lösung des rohen salzsauren Piperylhydrazins mit einer Lösung von überschüssigem reinem Kaliumcyanat und erwärmt langsam zum Sieden. Beim Erkalten scheidet sich der Harnstoff in langen Spiessen ab, die noch einmal aus Wasser umkrystallisirt und mit wenig kaltem Wasser bis zum Verschwinden der Chlorreaction gewaschen werden. Zur Analyse wurde die Substanz bei 100° getrocknet.

0,1572 g Substanz gaben 40,3 cbcm N bei 14° und 738 mm B.

$C_6H_{13}N_3O$. Ber. N 29,37. Gef. N 29,32.

Das Piperylsemicarbazid ist leicht löslich in Alkohol und heissem Wasser, schwer löslich in Aether und in kaltem Wasser. Aus verdünnter wässeriger Lösung krystallisirt es in schönen messbaren Krystallen des rhombischen Systems. Es finden sich: die basische Endfläche und gestreifte Octaëderflächen, welche durch Prismenflächen abgestumpft sind. Es schmilzt constant bei 135,5 bis 136,5° und zersetzt sich beim weiteren Erhitzen unter Ammoniakentwicklung. Es reducirt Quecksilberoxyd und Fehling'sche Lösung nicht.

Piperylsulfosemicarbazid, $C_5H_{10}N_2HCSNH_2$.

Mischt man 1 Th. salzsaures Piperylhydrazin mit 1 Th. Rhodanammonium und $2^1/_2$ Th. Alkohol und erhitzt es am Rückflusskühler auf dem Wasserbad nach der Angabe von E. Fischer und Besthorn[1]), so findet sofort eine Umsetzung statt und Chlorammonium wird ausgeschieden.

Das eingedampfte Filtrat hinterlässt das Rhodanat des Piperylhydrazins. Unter diesen Umständen tritt also die erwartete Umsetzung

---

[1]) E. Fischer und Besthorn, Liebigs Ann. d. Chem. **212**, 325. (S. *354*.)

des Rhodanats in den Sulfoharnstoff nicht ein, wohl aber, wenn man dasselbe im Oelbad 2 bis 3 Stunden auf 145 bis 150° erhitzt.

Man hört auf zu erhitzen, sobald der Geruch nach Blausäure und Ammoniak auftritt.

Nach dem Erkalten erstarrt die Reactionsmasse zu einem durchscheinenden zähen Kuchen, der aber beim Erwärmen mit Wasser sofort pulverig wird. Nach einmaligem Umkrystallisiren aus viel heissem Wasser erhält man den Körper völlig rein.

0,1869 g im Vacuum getrocknet lieferten 0,3111 CO_2 und 0,1409 H_2O.

$C_6H_{13}N_3S$. Ber. C 45,28, H 8,18.
Gef. ,, 45,44, ,, 8,38.

Das Piperylsulfosemicarbazid ist löslich in Alkohol und viel heissem Wasser, sehr schwer löslich in kaltem Wasser und Benzol, unlöslich in Aether.

Es krystallisirt aus der wässerigen Lösung in langen Prismen, die sich zu gestreiften Platten aneinanderlagern.

Die Verbindung schmilzt constant bei 167° und zersetzt sich beim weiteren Erhitzen, wobei neben Ammoniak ein deutlich senfölartiger Geruch zu bemerken ist.

Schüttelt man eine heisse wässerige Lösung des Harnstoffs mit gelbem Quecksilberoxyd, so färbt sich die Masse plötzlich schwarz und der ätherische Auszug hinterlässt beim Verdunsten weisse klare Krystalle, die sich, mit $AgNO_3$-Lösung versetzt, goldgelb färben, jedoch nach einiger Zeit undurchsichtig werden, indem sie sich mit einer Schicht reducirten Silbers überziehen.

Der weisse Körper ist vielleicht die dem Cyanamid entsprechende Verbindung des Piperylhydrazins.

Piperylsulfocarbazid, $(C_5H_{10}N_2H)_2CS$.

Piperylhydrazin wirkt auf reinen Schwefelkohlenstoff so heftig ein, dass man zur Mässigung der Reaction mit Aether oder Benzol verdünnen muss.

Versetzt man die Lösung der Base in der gleichen Menge Benzol allmählich unter Abkühlen mit einem geringen Ueberschuss von Schwefelkohlenstoff, so färbt sich die Flüssigkeit gelb und scheidet nach einigen Minuten farblose, strahlenförmig gruppirte Krystallnadeln aus. Dieses Product schmilzt ungefähr bei 107° und ist so unbeständig, dass es selbst beim Aufbewahren im Vacuum seine Zusammensetzung ändert.

Ich habe deshalb darauf verzichtet seine Formel festzustellen. Ein anderes beständigeres Product entsteht beim Erhitzen in alkoholischer Lösung.

Dasselbe hat die Zusammensetzung eines Sulfoharnstoffs,

$CS(NHNC_5H_{10})_2$.

Ich nenne es dem entsprechend Piperylsulfocarbazid.

Um diese Verbindung zu gewinnen erhitzt man 2 Th. ganz reines Piperylhydrazin mit 1 Th. Schwefelkohlenstoff in concentrirter alkoholischer Lösung etwa zwei Stunden auf dem Wasserbad.

Die Flüssigkeit nimmt dabei eine dunkelrothe, fast schwarze Färbung an. Lässt man erkalten, so krystallisirt nach einiger Zeit der Harnstoff in schönen durchsichtigen Platten des rhombischen Systems, die durch Waschen mit Alkohol und Aether von der dunkeln Mutterlauge befreit constanten Schmelzpunkt zeigten und bei der Analyse folgende Zahlen gaben:

0,1270 g Substanz gaben 26,5 cbcm bei 20° und 732 mm B.
$C_{11}H_{22}N_4S$. Ber. N 23,14. Gef. N 22,97.

Die Bildung des Piperylsulfocarbazids wird durch die Gleichung:
$$2 C_5H_{10}N_2H_2 + CS_2 = CS(C_5H_{10}N_2H)_2 + H_2S$$
veranschaulicht. Die Gesammtreaction scheint jedoch eine complicirtere zu sein.

Die Verbindung schmilzt constant bei 181°; sie ist leicht löslich in Alkohol und Benzol, unslöslich in Wasser.

Dipiperylsulfosemicarbazid, $C_5H_{10}N \cdot CS \cdot NH \cdot NC_5H_{10}$.

Bei Anwendung eines bereits längere Zeit aufbewahrten Hydrazins krystallisirte bei der gleichen Behandlung aus der dunkelrothen alkoholischen Mutterlauge ein gemischter Harnstoff in schön ausgebildeten Prismen. Dieselben gehören dem triklinen System an und zeigen sehr schön die rhomboïdische Säule mit starker Abstumpfung der einen Kante und dreierlei theils nach rechts, theils nach links geneigte schiefe Endflächen.

Aus der Mutterlauge konnte durch Ausfällen mit Wasser oder Ligroïn eine zweite unreine Portion desselben Körpers erhalten werden, die durch einmaliges Lösen in Benzol und Fällen mit Ligroïn völlig rein erhalten wurde.

0,1205 g Substanz gaben 0,2586 CO_2 und 0,1036 H_2O. — 0,1123 g Substanz gaben 19,1 cbcm N bei 16° und 734 mm B.

$C_{11}H_{21}N_3S$. Ber. C 58,2, H 9,25, N 18,5.
Gef. ,, 58,53, ,, 9,55, ,, 19,17.

Es ist leicht löslich in Alkohol, Benzol, Chloroform, fast unlöslich in Wasser, Ligroïn und Aether.

Er schmilzt constant bei 85,5° und zersetzt sich beim weiteren Erhitzen.

Die Bildung des Harnstoffs, der eine theilweise Umwandlung des Hydrazins in Piperidin vorausgehen muss, ist schwer zu erklären.

Piperylhydrazin und salpetrige Säure.

Die bis jetzt bekannten secundären Hydrazine aus der aromatischen wie aus der Fettreihe werden alle durch salpetrige Säure glatt in Stickoxydul und das entsprechende secundäre Amin gespalten. Etwas anders verläuft die Einwirkung der salpetrigen Säure beim Piperylhydrazin.

Wird eine saure Lösung der Base mit überschüssigem salpetrigsaurem Natron versetzt, so zeigt sich sofort eine reichliche Gasentwicklung und aus der Flüssigkeit lässt sich leicht durch Ausziehen mit Aether ein gelbes Oel isoliren, das sich durch den Geruch, die Liebermann'sche Reaction und die Hydrazinprobe leicht als Nitrosopiperidin zu erkennen giebt.

Das entwickelte Gas, durch Waschen mit Kalilauge von den höheren Oxyden des Stickstoffs befreit, ist fast reines Stickoxyd.

Selbst bei einem grossen Ueberschuss an Hydrazin erhält man nur Stickoxyd und zwar in Mengenverhältnissen, die der Gleichung:

$$C_5H_{10}N-NH_2 + 3\,HNO_2 = C_5H_{10}NH + 2\,H_2O + 4\,NO$$

entsprechen.

0,15 g $NaNO_2$ gaben bei grossem Ueberschuss des Hydrazins 60 cbcm NO, was der nach obiger Gleichung berechneten Menge Stickoxyd ungefähr gleichkommt.

Piperylhydrazin und Halogenalkyle.

Piperylhydrazin vereinigt sich als tertiäre Base, wie alle andern bekannten secundären Hydrazine, mit einem Molecul Halogenalkyl zu einer Ammoniumverbindung.

Mit Jodmethyl verbindet es sich äusserst heftig zu einer festen weissen Masse. Man mischt daher gleiche Molecule beider Körper in sehr verdünnter ätherischer Lösung und sorgt für gute Abkühlung, da der Aether heftig ins Sieden kommt.

Die Reactionsmasse erstarrt krystallinisch und wird nach dem Verdunsten des Aethers am besten aus heissem Alkohol umkrystallisirt. Man erhält die Substanz so völlig rein in schönen Nadeln, die im Vacuum getrocknet die Formel $C_5H_{10}N_2H_2 \cdot CH_3J$ besitzen.

0,2720 g Substanz gaben 27,7 cbcm N bei 16° und 740 mm Bar. — 0,1380 g Substanz gaben 0,1345 AgJ.

$C_6H_{15}N_2J$. Ber. N 11,57, J 52,48.
Gef. ,, 11,45, ,, 52,68.

Der Körper ist also das Methylpiperylazoniumjodid. Er ist leicht löslich in Wasser, heissem Alkohol und Chloroform, schwer löslich in kaltem Alkohol, unlöslich in Aether, Ligroïn und Benzol.

Bei 150° fängt die Substanz an sich allmählich unter Jodabscheidung zu zersetzen und ungefähr bei 215° schmilzt sie unter heftiger Gasentwicklung und Verbreitung eines Pyridin ähnlichen Geruches.

Wird die Lösung der Substanz mit Silberoxyd entjodet, so erhält man eine stark alkalische Lösung des Methylpiperylazoniumhydroxyds. Dieses zersetzt sich beim Eindampfen der Lösung nur spurenweise und liefert bei der Destillation ein farbloses Destillat. Dasselbe enthält Wasser, Ammoniak, Piperidin und eine Hydrazinbase, welche vom Piperylhydrazin verschieden zu sein scheint.

Das Basengemenge giebt nämlich folgende Reactionen:

Es reducirt Fehling'sche Lösung in der Wärme, giebt mit salpetriger Säure ein Nitrosamin und liefert mit gelbem Quecksilberoxyd behandelt ein öliges Tetrazon, welches von dem leicht krystallisirenden Dipiperyltetrazon verschieden zu sein scheint. Jodmethyl wirkt heftig auf das Basengemenge ein.

Aus dem festen Reactionsproduct konnte durch einmaliges Umkrystallisiren aus Alkohol das von A. W. Hofmann beschriebene Dimethylpiperylammoniumjodid isolirt werden (gef. 6,45 pC. N statt 5,81 pC.).

Die Zersetzung des Piperylazoniumhydroxyds ist demnach ein ziemlich complicirter Process.

Oxydation des Piperylhydrazins.

Das Piperylhydrazin wird leicht von allen oxydirenden Mitteln angegriffen.

Es reducirt Fehling'sche Lösung wie alle secundären Hydrazine erst in der Wärme unter Gasentwicklung und Abscheidung von Kupferoxydul, ammoniakalische Silberlösung dagegen schon in der Kälte unter Bildung eines schönen Silberspiegels.

Bei gewöhnlicher Temperatur oder in neutraler und alkalischer Lösung oxydirt, geht es immer ins Tetrazon über.

Man erhält diese Verbindung in quantitativer Weise bei der Oxydation des Hydrazins durch Quecksilberoxyd, Kaliumpermanganat oder Bromwasser.

Es bildet sich ferner in geringer Menge immer bei der Destillation des Hydrazins mit Alkalien und beim längeren Stehen desselben an der Luft durch die oxydirende Wirkung des atmosphärischen Sauerstoffs.

Auch bei der Oxydation des Hydrazins durch Fehling'sche Lösung scheint sich neben einem andern Oxydationsproduct von äusserst stechendem charakteristischem Geruch, stets diese interessante Verbindung zu bilden, denn man erhält beim Erhitzen der angesäuerten Reactionsflüssigkeit eine reichliche Stickstoffentwicklung.

Zur Darstellung des Körpers dient am besten folgendes Verfahren:

Die ätherische Lösung des rohen Hydrazins wird allmählich mit gelbem Quecksilberoxyd versetzt.

Die Reaction giebt sich sofort durch Schwärzung des Quecksilberoxyds und durch eine starke Erwärmung kund. Sorgt man nicht für gute Kühlung, so kommt der Aether lebhaft ins Sieden. Sobald sich das eingetragene Quecksilberoxyd nicht mehr schwarz färbt, ist die Oxydation beendet; man filtrirt vom Quecksilberoxydul ab, wäscht gut mit Aether aus und erhält nach dem Verdunsten des Aethers das Tetrazon als schwach gelbgefärbtes Oel, das auf Zusatz von Wasser zu einer weissen krystallinischen Masse erstarrt und sofort rein ist.

Ein Präparat, das durch einmaliges Lösen in heissem Alkohol und Fällen mit Wasser gereinigt worden war, gab im Vacuum getrocknet die der Formel $C_{10}H_{20}N_4$ entsprechenden Zahlen:

0,1780 g Substanz gaben 0,4009 CO_2 und 0,1648 H_2O. — 0,1744 g Substanz gaben 44,3 cbcm N bei 13° und 713 mm Bar.

$C_{10}H_{20}N_4$. Ber. C 61,23, H 10,20, N 28,57 = 100,00.
Gef. ,, 61,42, ,, 10,29, ,, 28,13.

Die Bildung des Tetrazons verläuft ohne jede Gasentwicklung glatt nach der Gleichung:

$$2\,C_5H_{10}NNH_2 + 4\,HgO = C_5H_{10}N-N=N-NC_5H_{10} + 2\,H_2O + 2\,Hg_2O.$$

Das Dipiperyltetrazon schmilzt constant bei 45° und destillirt beim stärkeren Erhitzen unzersetzt.

Es ist leicht löslich in heissem Alkohol, Aether, Benzol und Ligroïn, unlöslich in Wasser.

Auf heissem Wasser schwimmt es als Oel und ist leicht mit Wasserdämpfen flüchtig.

In kalten Säuren löst es sich als starke Base auf und wird durch Alkali wieder unverändert gefällt.

In neutraler oder alkalischer Lösung ist es sehr beständig, wird dagegen in saurer Lösung beim Erwärmen vollständig unter Stickstoffentwicklung zersetzt.

Die Darstellung von Salzen des Tetrazons bietet daher einige Schwierigkeit. Das salzsaure Salz erhält man als schweres Oel bei der Neutralisation der ätherischen Tetrazonlösung mit ätherischer Salzsäure.

Versetzt man die Lösung des salzsauren Tetrazons mit alkoholischer Platinchloridlösung und Aether, so erhält man ein dunkelgelbes Platindoppelsalz als amorphen Niederschlag. Dasselbe wurde abfiltrirt, mit Aether gewaschen und zur Analyse einen Tag zwischen Fliesspapier an der Luft getrocknet.

0,1715 g Substanz gaben 0,0416 Pt.

$(C_{10}H_{20}N_4HCl)_2PtCl_4$. Ber. Pt 24,19. Gef. Pt 24,25.

Das Salz verpufft beim Erhitzen über 70°. — Es zersetzt sich schon in der Kälte beim Stehen der alkoholischen Lösung, aus der nach einiger Zeit lange orangefarbene Nadeln des Piperidindoppelsalzes krystallisiren.

Die Zersetzung des Tetrazons durch Säuren schien deshalb ein besonderes Interesse zu bieten, weil man nach Analogie der von E. Fischer genau studirten Zerlegung des Tetraäthyltetrazons in Aminbasen und Aldehyd nach der Gleichung:

$$(C_2H_5)_2N_4(C_2H_5)_2 + H_2O = N_2 + (C_2H_5)_2NH + C_2H_5NH_2 + C_2H_4O$$

ein Oxydationsproduct des Piperidins erwarten durfte.

Nimmt man die Zersetzung in einem mit Kohlensäure gefüllten Kölbchen vor und fängt das entweichende Gas über Kalilauge auf, so zeigt sich, dass genau die Hälfte des Stickstoffs in Gasform entweicht:

I. 0,2190 g Substanz gaben 28 cbcm N bei 19° und 744 mm Bar. — II. 0,2845 g Substanz gaben 35,5 cbcm N bei 15° und 744 mm Bar.

Ber. N 14,28. Gef. N 14,38, 14,22.

Aus der Reactionsflüssigkeit konnte leicht Piperidin isolirt werden, das als Hydrochlorat analysirt wurde:

0,1966 g Substanz gaben 0,3582 CO_2 und 0,1755 H_2O.

$C_5H_{10}NH_2Cl$. Ber. C 49,38, H 9,88.
Gef. ,, 49,69, ,, 9,92.

Ausserdem schien sich bei der Reaction Pyridin in geringer Menge gebildet zu haben.

Ein Zwischenproduct konnte bis jetzt nicht isolirt werden.

Eine Wiederholung des Versuchs in grösserem Massstabe wird wohl eine genaue Interpretation des Vorganges ermöglichen.

36. Hermann Reisenegger: Ueber die Hydrazinverbindungen des Phenols und Anisols.

Liebigs Annalen der Chemie **221**, 314 [1883].

Die Hydrazine unterscheiden sich von den Aminbasen am meisten durch ihre Unbeständigkeit gegen oxydirende Agentien. Eine ähnliche Verschiedenheit besteht auch zwischen den Aminbasen der aromatischen Kohlenwasserstoffe und der Phenole. Die Amidophenole z. B. sind gegen Oxydationsmittel ausserordentlich viel empfindlicher als das Anilin. Es war deshalb von vornherein zu erwarten, dass die Hydrazinphenole besonders empfindliche Körper sein würden. Das ist wirklich, wie die nachfolgenden Versuche zeigen, in so hohem Grade der Fall, dass es mit den bekannten Methoden nicht gelingt, diese Basen zu isoliren. Dagegen habe ich einige Verbindungen derselben und ferner das beständigere Hydrazinanisol erhalten.

Orthodiazophenolsulfonsaures Kali.

Zur Darstellung dieser zuerst von R. Schmitt und L. Glutz[1] sehr kurz beschriebenen Verbindung diente reines Amidophenol, welches aus dem salzsauren Salz durch Fällung mit schwefligsaurem oder essigsaurem Natron erhalten und durch Umkrystallisiren aus Wasser gereinigt wurde.

Je 5 g Amidophenol wurden in 15 g Wasser und 8 g Salzsäure (spec. Gew. 1,9) gelöst, in Eiswasser gut gekühlt und dann genau die berechnete Menge von Natriumnitrit aus einer Bürette tropfenweise zugelassen. Es ist nöthig, die berechneten Mengenverhältnisse einzuhalten, da sonst sehr leicht die Diazotirung misslingt. Die erhaltene Lösung von salzsaurem Diazophenol wird dann langsam in eine ebenfalls durch Eis gekühlte Lösung von Kaliumsulfit eingetragen, worauf sich sofort gelbe Blättchen von diazophenolsulfonsaurem Kali abscheiden. Dieselben können durch Umkrystallisiren aus wenig Wasser gereinigt werden, wobei jedoch längeres Kochen der Lösung zu vermeiden ist. Die Verbindung hat die von Schmitt und Glutz angegebene Zusammensetzung $C_6H_4 \cdot OH \cdot N_2 \cdot SO_3K$.

0,2328 g Substanz gaben 0,0838 K_2SO_4.

Ber. K 16,25. Gef. K 16,13.

---

[1] Berichte d. D. Chem. Gesellsch. **2**, 51.

Orthohydrazinphenolsulfonsaures Kalium.

Diese Verbindung entsteht bei der Reduction des oben erwähnten Diazosalzes und wird am besten folgendermassen erhalten. 5 g reines diazophenolsulfonsaures Kali wird in Wasser und etwas Essigsäure gelöst und mit Zinkstaub versetzt. Die gelbrothe Farbe der Lösung verschwindet vollständig und geht in eine weisse über, sobald die Reduction beendet ist. Man filtrirt sodann vom überschüssigen Zinkstaub ab und fällt das gelöste Zink mit Schwefelwasserstoff. Das abgeschiedene Schwefelzink wird auf der Pumpe abfiltrirt, wobei man, um Oxydation zu verhüten, Kohlendioxyd oder Schwefelwasserstoff über die Flüssigkeit leitet. Das Filtrat wird im Vacuum eingedampft, bis das weisse Salz anfängt auszukrystallisiren. Dasselbe wird nach dem Erkalten in möglichst wenig Alkohol und Wasser gelöst und dann durch vorsichtigen Zusatz von Aether wieder ausgefällt. Man erhält so das hydrazinphenolsulfonsaure Kali in weissen Blättchen, die zur Analyse im Vacuum über Schwefelsäure getrocknet wurden.

0,2375 g gaben 0,2298 $BaSO_4$.

$C_6H_4 \cdot OH \cdot N_2H_2 \cdot SO_3K$. Ber. S 13,2. Gef. S 13,28.

Das hydrazinsulfonsaure Kali bildet wie erwähnt rein weisse Blättchen, die sich sehr rasch, namentlich im feuchten Zustand, zu einem intensiv roth gefärbten Körper oxydiren. Es ist in Wasser leicht löslich und die wässerige Lösung ist in noch viel höherem Grade unbeständig als das trockene Salz. Die Lösung reducirt stark Fehling'sche Lösung, zeigt mithin volle Analogie mit dem phenylhydrazinsulfonsauren Natron. In Salzsäure löst sich das weisse Salz in der Kälte mit rother Farbe, und es ist möglich, dass die Lösung das Hydrazin als Hydrochlorat enthält. Die Isolirung desselben ist mir jedoch trotz der grössten Vorsicht niemals gelungen. Versetzt man die salzsaure Lösung mit kohlensaurem Kali oder essigsaurem Natron, so scheidet sich ein harziges, schmutzig gefärbtes Product ab, dessen ätherischer Auszug Fehling'sche Lösung nicht mehr reducirte und mithin unmöglich das Hydrazin enthalten konnte. Ebenso scheiterten alle Versuche, das Hydrazin in Form eines Salzes oder der Benzoyl- oder Acetylverbindung zu isoliren. Ich glaube aus diesen Versuchen den Schluss ziehen zu dürfen, dass die Base unter den angegebenen Bedingungen überhaupt nicht existenzfähig ist.

Aehnliche Resultate ergaben die Untersuchungen beim Para-amidophenol. Ich habe dieselben hauptsächlich deswegen vorgenommen, weil im Allgemeinen die Paraverbindungen beständiger sind.

Paradiazophenolsulfonsaures Kalium.

Auch diese Verbindung wurde bereits von Schmitt und Glutz dargestellt; doch erhielten dieselben das Salz mit einem Molecul Wasser krystallisirt, während dasselbe nach meiner Analyse wasserfrei ist.

Die Darstellung geschieht in derselben Weise aus Paraamidophenol, wie bei der Orthoverbindung angegeben wurde. Man bekommt das Kalisalz in gelbgefärbten Blättchen, welche durch Umkrystallisiren aus Wasser rein erhalten werden.

0,2957 g Substanz gaben 0,1096 K_2SO_4.

$C_6H_4 \cdot OH \cdot N_2 \cdot SO_3K$. Ber. K 16,25. Gef. K 16,6.

Durch Reduction mit Zinkstaub und Essigsäure kann aus demselben Salz leicht das parahydrazinphenolsulfonsaure Kali erhalten werden. Wenn die Reduction beendigt ist, was man an dem Uebergang der gelben Farbe in Weiss erkennt, erstarrt nach dem Erkalten die Lösung zu einem Brei von Krystallen, aus welchem man durch Umkrystallisiren aus heissem Wasser das weisse Salz vollständig rein erhält.

0,2139 g Substanz ergaben 0,0776 K_2SO_4.

$C_6H_4 \cdot OH \cdot N_2H_2 \cdot SO_3K$. Ber. K 16,11. Gef. K 16,25.

Das parahydrazinphenolsulfonsaure Kali krystallisirt in weissen Schuppen, welche viel beständiger sind als die Orthoverbindung. Die wässerige Lösung des Salzes reducirt Fehling'sche Lösung schon in der Kälte. Das Salz wird durch concentrirte Salzsäure ebenso wie die Orthoverbindung zersetzt. Die Lösung färbt sich roth und scheidet auf Zusatz von kohlensaurem oder essigsaurem Natron harzige Massen ab, die ebenfalls nach ihrem Verhalten gegen Fehling'sche Lösung kein Hydrazin enthalten können.

Nach obigen Versuchen ist entschieden das Hydroxyl der Grund für die Unbeständigkeit der Hydrazine der Phenole. Viel widerstandsfähiger als die Phenole sind bekanntlich ihre Aether und dasselbe gilt von ihren Derivaten. Im Vergleich zu dem Amidophenol sind die Amidoderivate des Anisols, die Anisidine, sehr beständig und nähern sich dieselben in ihrem Gesammtcharakter dem Anilin. Man durfte deshalb erwarten, dass die den letzteren entsprechenden Hydrazine ebenfalls beständige Substanzen sein würden. Der Versuch hat diese Vermuthung bestätigt. Das Orthoanisidin lässt sich verhältnissmässig leicht in das Orthohydrazinanisol überführen.

Orthohydrazinanisol.

Als Ausgangsmaterial benutzte ich ein Orthoanisidin, welches mir von der chemischen Fabrik von Meister, Lucius und Brüning in Höchst freundlichst zur Verfügung gestellt war. Die Darstellung des Hydrazins ist der von E. Fischer für das Phenylhydrazin angegebenen sehr ähnlich.

Zur Umwandlung in die Diazoverbindung wurden je 20 g des durch nochmalige Destillation gereinigten Anisidins in 35 g 38 procentiger Salzsäure und 300 g Wasser gelöst und die in der Regel getrübte Lösung sorgfältig durch Schütteln mit Thierkohle und Filtriren geklärt. Zu dieser Lösung wurde unter guter Abkühlung langsam die berechnete Menge von Natriumnitrit zugegeben, wobei eine mehr oder weniger intensive Braunfärbung eintritt. Dieses Gemisch bringt man sodann in eine durch Eis gekühlte Lösung von 50 g Natriumsulfit in 100 g Wasser, worauf nach einiger Zeit die Flüssigkeit zu einem festen Brei von gelben Blättchen erstarrt, welche sofort abgesaugt und stark abgepresst werden, da bei einigem Stehen des rohen Krystallbreis Zersetzung eintritt. Trotz dieser Vorsichtsmassregel ist das gelbe Salz stets durch harzige und ölige Beimengungen verunreinigt, von welchen es sehr leicht durch Umkrystallisiren aus wenig heissem Wasser getrennt und rein erhalten werden kann. Das orthodiazoanisolsulfonsaure Natron krystallisirt in glänzenden gelben Schuppen und enthält nach der Analyse ein Molecul Wasser, welches sich jedoch nicht direct bestimmen lässt, da das Salz beim Erhitzen auf $100°$ eine tiefer gehende Zersetzung erleidet.

0,172 g Substanz gaben 0,0477 Na_2SO_4. — 0,171 g Substanz gaben 0,1623 $BaSO_4$.

$C_6H_4 \cdot OCH_3 \cdot N_2SO_3Na + H_2O$. Ber. Na 9,12, S 12,7.
Gef. ,, 8,98, ,, 12,9.

Zur Gewinnung des hydrazinanisolsulfonsauren Natrons reducirt man das rohe gelbe Salz, nachdem es in möglichst wenig warmem Wasser gelöst und durch Filtration von den harzigen Beimengungen befreit worden ist, mit Zinkstaub und wenig Essigsäure, bis die Flüssigkeit fast farblos geworden ist. Nach dem Abfiltriren des Zinkstaubs erstarrt beim Erkalten die Lösung zu einem weissen Krystallbrei, aus welchem durch Umkrystallisiren aus wenig Wasser oder Alkohol das Salz in Blättchen mit einem Molecul Wasser erhalten wird.

0,111 g Substanz gaben 0,032 Na_2SO_4. — 0,1382 g Substanz gaben 0,1278 $BaSO_4$.

$C_6H_4OCH_3 \cdot N_2H_2SO_3Na + H_2O$. Ber. Na 9,05, S 12,59.
Gef. ,, 9,35, ,, 12,3.

Das Salz reducirt in der Kälte Fehling'sche Lösung und löst sich in Salzsäure auf, ohne dass sich das Hydrochlorat des Hydrazins dabei abscheidet. Zur Gewinnung der freien Base wird die mit rauchender Salzsäure versetzte Lösung des weissen Salzes gelinde erwärmt und nach dem Erkalten mit concentrirter Natronlauge geschüttelt. Das Hydrazin scheidet sich als braunes Oel ab, welches mit Aether extrahirt, nach dem Verdampfen desselben mit kohlensaurem Kali getrocknet und schliesslich destillirt wurde. Der grösste Theil ging bei $240°$ über; das Destillat zeigte sich jedoch mehreren Analysen gemäss als unrein. Zur völligen Isolirung der Base wurde das reine salzsaure Salz mit Aetzkali zersetzt. Man erhält das Hydrochlorat aus dem rohen Hydrazinanisol durch vorsichtiges Zusammenbringen einer concentrirten alkoholischen

Lösung desselben mit rauchender Salzsäure. Das durch Umkrystallisiren aus Alkohol gereinigte Salz wird mit einer concentrirten Aetzkalilösung zersetzt, die abgeschiedene Base mit absolutem Aether extrahirt und nach dem Verdampfen desselben mit kohlensaurem Kali getrocknet. Schliesslich lässt sie sich durch Umkrystallisiren aus niedrig siedendem Ligroïn in weissen langen Nadeln für die Analyse völlig rein erhalten.

Die Base wurde, im Röhrchen eingeschmolzen, in einem langsamen Luftstrom verbrannt.

0,1537 g Substanz gaben 0,1002 H_2O und 0,3453 CO_2. — 0,0972 g Substanz gaben 17,25 cbcm N bei 733 mm B. und 18°.

Ber. C 60,87, H 7,24, N 20,29.
Gef. ,, 61,27, ,, 7,24, ,, 19,75.

Wie erwähnt, krystallisirt das Orthohydrazinanisol aus Ligroïn in feinen weissen Nadeln. Dieselben bräunen sich sehr rasch und nach längerem Stehen in der Luft zersetzen sie sich vollkommen. Die Base schmilzt bei 43°, ist unlöslich in Wasser, leicht dagegen in Alkohol, Aether und Benzol. Sie zeigt alle für die Hydrazine charakteristischen Reactionen, reducirt Fehling'sche Lösung, aufgeschlämmtes gelbes Quecksilberoxyd und ammoniakalische Silberlösung. Dem Phenylhydrazin analog ist auch das Verhalten der Base gegen salpetrige Säure. Bringt man zu einer gut gekühlten Lösung von salzsaurem Hydrazinanisol allmählich eine Lösung von Natriumnitrit, so trübt sich die Flüssigkeit sofort unter Ausscheidung eines bräunlich gefärbten, eigenthümlich riechenden Oels. Zur Isolirung wurde dasselbe mit Aether extrahirt und zur Befreiung von Basen und Phenolen mit verdünnter Schwefelsäure, beziehungsweise Natronlauge gewaschen und schliesslich mit Wasserdampf überdestillirt. Das aus dem Destillat durch abermalige Extraction mit absolutem Aether gewonnene Oel hatte einen intensiv an Diazobenzolimid erinnernden Geruch und gab bei der Reduction mit Zinn und Salzsäure Ammoniak. Wahrscheinlich findet die Einwirkung des Natriumnitrits auf das Hydrochlorat des Hydrazins nach folgender Gleichung statt:

$$C_6H_4OCH_3 \cdot N_2H_3 \cdot HCl + NaNO_2 = H_2O + NaCl + C_6H_4 \cdot OCH_3 \cdot N_3$$
Diazoanisolimid.

Das Orthohydrazinanisol ist wie das Phenylhydrazin eine starke Base und liefert mit Säuren gut krystallisirende Salze.

Die Darstellung des salzsauren Salzes ist erwähnt. Dasselbe krystallisirt in feinen Nadeln, die sich beim Stehen an der Luft sehr rasch bräunen. In Wasser ist es sehr leicht löslich, schwerer in Alkohol. Eine Chlorbestimmung, ausgeführt durch Glühen mit Kalk, ergab folgendes Resultat:

0,225 g Substanz gab 0,1922 AgCl.

$C_6H_4OCH_3 \cdot N_2H_3 \cdot HCl$. Ber. Cl 20,34. Gef. Cl 21,1.

Das **Sulfat** bildet sich beim Zusammenbringen einer concentrirten alkoholischen Hydrazinlösung mit wenig concentrirter Schwefelsäure. Durch Umkrystallisiren aus Alkohol erhält man das Salz in weissen beständigen Nadeln.

Oxalat. — Rohes Anisolhydrazin wird in Alkohol gelöst und mit der berechneten Menge ebenfalls in Alkohol gelöster Oxalsäure versetzt. Das abgeschiedene Salz wird durch Umkrystallisiren aus Alkohol gereinigt und bildet dann weisse glänzende Blättchen, welche sich beim Erhitzen auf 160 bis 165° zersetzen. Das Salz ist in Wasser leicht, in Aether schwer löslich.

0,1147 g Substanz gaben 0,0624 H_2O und 0,2213 CO_2.
$(C_6H_4 \cdot OCH_3 \cdot N_2H_3)_2 C_2H_2O_4$. Ber. C 52,46, H 6,01.
  Gef. ,, 52,62, ,, 6,04.

Pikrat. — Dieses Salz entsteht beim Zusammenbringen von roher alkoholischer Hydrazinlösung mit alkoholischer Pikrinsäurelösung. Es krystallisirt in schönen gelben Blättchen, die beim raschen Erhitzen verpuffen.

0,1116 g Substanz gaben 18 cbcm N bei 742 mm B. und 18°.
$(C_6H_4 \cdot OCH_3 \cdot N_2H_3) C_6H_2(NO_2)_3 \cdot OH$. Ber. N 19,07. Gef. N 18,2.

Monoacetylorthohydrazinanisol. — Diese Verbindung bildet sich bei der Einwirkung von 1 Mol. Essigsäureanhydrid auf 2 Mol. Hydrazinanisol. Der dadurch entstehende dicke Syrup erstarrt langsam zu einem Krystallbrei, aus welchem die Acetylverbindung durch zweimaliges Umkrystallisiren aus Alkohol rein erhalten werden kann.

0,254 g Substanz gaben 0,1565 H_2O und 0,569 CO_2.
$C_6H_4 \cdot OCH_3 \cdot N_2H_2 \cdot CO \cdot CH_3$. Ber. C 61,36, H 6,82.
  Gef. ,, 61,09, ,, 6,84.

Das Monoacetylorthohydrazinanisol bildet weisse beständige Nadeln, schmilzt bei 125° und reducirt leicht Fehling'sche Lösung und gelbes Quecksilberoxyd.

Hydrazinanisol und Aethylisocyanat. — Aehnlich dem Phenylhydrazin vereinigt sich auch die Anisolverbindung mit Isocyansäureäthyläther in sehr energischer Weise zu dem Harnstoff: $CH_3O \cdot C_6H_4N_2H_2 \cdot CO \cdot NH \cdot C_2H_5$. Derselbe scheidet sich krystallinisch ab, wenn man beide Agentien in ätherischer Lösung zusammenbringt. Durch Umkrystallisiren aus Wasser erhält man ihn in feinen weissen beständigen Nadeln, die bei 110° schmelzen und folgende Zahlen gaben:

0,1344 g Substanz gaben 0,2833 CO_2 und 0,0908 H_2O.
$C_{10}H_{15}N_3O_2$. Ber. C 57,41, H 7,17.
  Gef. ,, 57,7, ,, 7,5.

Der Harnstoff reducirt beim Erwärmen in wässeriger Lösung Fehling'sche Lösung und gelbes Quecksilberoxyd.

37. Heinrich Gevekoht: Darstellung der drei isomeren Nitroacetophenone.

Berichte der Deutschen Chemischen Gesellschaft 15, 2084 [1882].

(Eingegangen am 7. August.)

Vor längerer Zeit stellte Bonné[1]) durch Verseifen von Benzoyl acetessigäther Acetophenon dar; es liess sich erwarten, dass man in gleicher Weise die drei Nitroacetophenone gewinnen könne. Auf Veranlassung von Herrn Prof. Volhard habe ich den Versuch mit dem gewünschten Erfolge ausgeführt. Bringt man die ätherische Lösung der drei Nitrobenzoylchloride, welche nach dem von Claisen und Shadwell[2]) angegebenen Verfahren dargestellt sind, zu der berechneten Menge von Natracetessigäther, der ebenfalls in trockenem Aether suspendirt ist, so tritt sofort eine lebhafte Reaction ein, welche nach kurzem Kochen am Rückflusskühler beendet ist.

Die vom ausgeschiedenen Chlornatrium abfiltrirte, ätherische Lösung hinterlässt beim Verdampfen in allen drei Fällen den entsprechenden Nitrobenzoylacetessigäther als dunkelroth gefärbtes, stechend riechendes Oel.

Die Meta- und Paraverbindung wurden durch 12—18 stündiges Kochen mit dem mehrfachen Volumen Wasser verseift, bis keine Kohlensäure mehr entwich. Nach dem Uebersättigen mit Alkali wurde dann das entstandene Nitroacetophenon durch Destillation mit Wasserdampf abgetrieben und aus dem Destillat mit Aether extrahirt. Die so gewonnenen Producte sind identisch mit dem auf anderem Wege dargestellten Meta-[3]) und Paranitroacetophenon[4]).

Interessanter wegen der Beziehungen zum Indigo ist die bisher im reinen Zustande noch unbekannte Orthoverbindung.

---

[1]) Ann. Chem. Pharm. 187, 1.
[2]) Berichte d. D. Chem. Gesellsch. 12, 351.
[3]) Engler und Emmerling, Berichte d. D. Chem. Gesellsch. 3, 886, und Buchka, 10, 1714.
[4]) Drewsen, Ann. Chem. Pharm. 212, 159.

Orthonitroacetophenon.

Zur Darstellung desselben benutze ich folgendes Verfahren. Acetessigäther wird in der fünffachen Menge trockenen Aethers gelöst und die berechnete Menge fein zerschnittenes Natrium zugefügt. Nach mehreren Stunden ist das Metall fast vollständig in eine breiartige Masse von Natracetessigäther verwandelt.

Fügt man jetzt die berechnete Menge möglichst reinen Orthonitrobenzoylchlorids zu, welches mit der doppelten Menge reinen Aethers verdünnt ist, und erwärmt zuletzt einige Zeit zum Sieden, so findet eine glatte Umsetzung statt, wobei alles Natrium als Kochsalz ausgeschieden wird. Beim Abdampfen der filtrirten, ätherischen Lösung bleibt der Orthonitrobenzoylacetessigäther als dunkelrothes, stechend riechendes Oel zurück, welches selbst in einem Gemisch von Eis und Salz nicht erstarrt.

Um daraus das Nitroacetophenon zu gewinnen, ist es nach vielen Versuchen am besten, den Aether direkt in Mengen von 25 g mit dem fünffachen Volumen einer Mischung von 1 Theil englischer Schwefelsäure und 2 Theilen Wasser 8—10 Stunden am Rückflusskühler zu kochen. Anfangs findet eine starke Entwicklung von Kohlensäure statt, welche allmählich nachlässt und deren Aufhören die Beendigung der Verseifung anzeigt. Die Flüssigkeit wird nun mit Alkali übersättigt und mit Aether extrahirt. Beim Verdampfen des letzteren bleibt ein dunkelbraun gefärbtes Oel, welches mit Chlorcalcium scharf getrocknet und im luftleeren Raum destillirt wird.

Man erhält so das Orthonitroacetophenon als schwach gelbes Oel, welches bei der Analyse folgende Zahlen gab.

$C_6H_4 \cdot NO_2 \cdot CO \cdot CH_3$. Ber. C 58,18, H 4,24, N 8,48.
  Gef. ,, 58,0 ,, 4,5, ,, 8,8.

Die Verbindung besitzt einen eigenthümlichen, nicht unangenehmen Geruch, erstarrt bei $-20°$ nicht, ist in Wasser fast unlöslich, dagegen in Alkohol, Aether, Chloroform leicht löslich.

Durch reducirende Agentien wird sie leicht in die entsprechende Amidobase verwandelt.

Orthoamidoacetophenon.

Bringt man die Nitroverbindung mit Zinnfeile und 20 procentiger Salzsäure zusammen, so verschwindet das Oel sehr rasch, während die Flüssigkeit sich bis zum Sieden erwärmt. Ist die Lösung nicht zu verdünnt, so scheidet sich beim Erkalten das Zinnchlorürdoppelsalz der Amidobase in Nadeln ab. Dieselben wurden aus heissem Wasser unter Zusatz von Thierkohle umkrystallisirt und für die Analyse im Vacuum getrocknet.

$C_6H_4 \cdot CO \cdot CH_3 \cdot NH_2 \cdot HCl + SnCl_2$. Ber. C 26,6, H 2,8.
Gef. ,, 27,1, ,, 3,2.

Wird das Zinnsalz in wässriger Lösung mit Schwefelwasserstoff zersetzt, so bleibt beim Verdampfen des Filtrats das Hydrochlorat des Orthoamidoacetophenons in farblosen, leicht löslichen Nadeln zurück. Mit Alkali zersetzt, liefert dasselbe die freie Base als schwach gelb gefärbtes Oel, welches im luftleeren Raum unzersetzt destillirt, in einer Kältemischung nicht erstarrt und einen charakteristischen, stechenden Geruch besitzt.

Löst man die Base in wenig Alkohol und fügt einen Ueberschuss von concentrirter Schwefelsäure zu, so scheidet sich auf vorsichtigen Zusatz von Aether das saure Sulfat in farblosen Nadeln ab.

$C_6H_4 \cdot CO \cdot CH_3 \cdot NH_2 \cdot H_2SO_4$. Ber. S 13,7. Gef. S 13,4.

Beim Kochen mit der dreifachen Menge Essigsäureanhydrid liefert die Base eine Acetylverbindung, welche beim Abdampfen der Lösung mit Alkohol als fast farbloses, in der Kälte erstarrendes Oel zurückbleibt. Aus heissem Ligroïn umkrystallisirt bildet dieselbe seideglänzende Nadeln, welche bei 76—77° schmelzen.

Dieses Acetylorthoamidoacetophenon ist nach einer gütigen Privatmittheilung des Hrn. A. Baeyer an Hrn. Emil Fischer identisch mit einer Verbindung, welche die HHrn. Baeyer und Bloem schon früher aus Orthoamidoacetylen dargestellt, aber noch nicht beschrieben haben.

Die Untersuchung des Orthonitroacetophenons wird fortgesetzt.

38. Heinrich Gevekoht: Darstellung der drei Nitroacetophenone[1]).
Liebigs Annalen der Chemie **221**, 323 [1883].

Durch Einwirkung von Benzoylchlorid auf Natracetessigäther erhielt Bonné den Benzoylacetessigäther und daraus durch Verseifung Acetophenon. Diese Reaction habe ich für die Darstellung der drei Nitroacetophenone benutzt. Die so gewonnenen Meta- und Paraverbindungen sind identisch mit den Producten, die schon früher auf anderem Wege dargestellt worden sind. Besonderes Interesse bietet das bisher unbekannte Orthonitroacetophenon wegen seiner nahen Beziehung zu den Körpern der Indigogruppe. Die letztere Verbindung wurde aus demselben Grunde ausführlicher untersucht.

Orthonitroacetophenon.

Zur Darstellung dieser Verbindung habe ich die Methode von Bonné in einigen Punkten modificirt. 10 Th. Acetessigäther werden mit der fünffachen Menge reinem Aethyläther verdünnt und 1,76 Th. feiner Natriumdraht zugegeben. Die Lösung des Metalls erfolgt unter lebhafter Erwärmung, welche man durch Abkühlung mässigt. Der Natracetessigäther scheidet sich dabei als sehr fein vertheilte weisse Masse ab. Wenn die erste Einwirkung vorüber ist, erwärmt man noch einige Stunden gelinde im Wasserbad, bis das Metall vollständig verschwunden ist. Jetzt fügt man die berechnete Menge (14,27 Th.) möglichst reines Orthonitrobenzoylchlorid, welches mit der doppelten Menge Aether verdünnt ist, zu. Das Chlorid wird aus reiner Orthonitrobenzoësäure nach der von Claisen und Shadwell gegebenen Vorschrift bereitet und durch längeres Durchleiten von trockener Kohlensäure bei einer Temperatur von 100° möglichst von Phosphorverbindungen befreit. Die Umsetzung zwischen dem Natracetessigäther und dem Chlorid erfolgt anfangs ziemlich rasch, wobei sich grosse Mengen von Kochsalz in fein krystallinischer Form abscheiden. Um die Reaction zu Ende zu führen ist es indessen nöthig, zum Schluss noch 1 bis 2 Stunden am Rückflusskühler zu kochen. Die vom Chlornatrium abfiltrirte ätherische Lösung hinterlässt beim Verdampfen den Orthonitrobenzoylacetessigäther als dunkelrothes Oel. Das-

---

[1]) Vorläufige Mittheilung, Berichte d. D. Chem. Gesellsch. **15**, 2084. (S. *407.*)

selbe ist nicht destillirbar, erstarrt nicht bei $-20°$, ist fast unlöslich in Wasser, aber leicht löslich in Alkohol, Aether und Benzol. Ebenso leicht löst es sich in Alkalien unter Bildung von Salzen; diese sind intensiv gelb gefärbt und lassen sich aus der wässerigen Lösung durch überschüssiges Alkali ausfällen. So erhält man z. B. die Kaliverbindung sehr leicht, indem man den substituirten Acetessigäther in wenig Kalilauge löst und dann einen Ueberschuss von concentrirtem Kali zufügt. Das Salz fällt in feinen gelben Blättchen aus, kann von dem überschüssigen Alkali durch Absaugen und Waschen mit Alkohol befreit und durch Umkrystallisiren aus siedendem Alkohol leicht gereinigt werden. Im Vacuum getrocknet hat dasselbe die Zusammensetzung $C_6H_4 \cdot NO_2 \cdot CO \cdot C_6H_8O_3K$.

0,1529 g Substanz gaben 0,0415 K_2SO_4. — 0,153 g Substanz gaben 0,2765 CO_2 und 0,055 H_2O.

Ber. K 12,3, C 49,1, H 3,9.
Gef. ,, 12,18, ,, 49,2, ,, 3,9.

In Wasser ist die Verbindung mit intensiv gelber Farbe leicht löslich. Auf Zusatz von Säuren scheidet sich der reine o-Nitrobenzoylacetessigäther als gelb gefärbtes Oel ab, welches eben so wenig wie das Rohproduct krystallisirt erhalten werden konnte.

Verseifung des Aethers. — Bonné erhielt aus dem Benzoylacetessigäther das Acetophenon in reichlicher Menge durch Kochen mit Alkali oder Wasser. Beide Methoden liefern bei der Nitroverbindung schlechte Resultate. Viel besser gelingt hier die beabsichtigte Verseifung durch Kochen mit mässig verdünnter Schwefelsäure. Der Verlauf dieser Zersetzung ist inzwischen bei dem Benzoyl- und o-Nitrocinnamylacetessigäther von Emil Fischer und Hans Kuzel genau untersucht worden. Es hat sich dabei herausgestellt, dass neben dem einfachen Keton ein substituirtes Aceton gebildet wird. Das gleiche ist der Fall bei dem o-Nitrobenzoylacetessigäther. Als Hauptproduct entsteht o-Nitroacetophenon, in kleiner Menge jedoch gleichzeitig o-Nitrobenzoylaceton, von dem später die Rede sein wird. Handelt es sich nur um die Darstellung des o-Nitroacetophenons, so verfährt man in folgender Weise.

25 g des Aethers werden mit dem fünffachen Volumen einer Mischung von 1 Th. englischer Schwefelsäure und 2 Th. Wasser 8 bis 10 Stunden am Rückflusskühler gekocht. Hierbei findet anfangs eine starke Entwicklung von Kohlensäure statt, welche allmählich nachlässt und deren Aufhören die Beendigung der Verseifung anzeigt. Das Reactionsproduct ist ein dunkelbraunes Oel, welches mit Aether extrahirt wird. Die ätherische Lösung wird zunächst zur Entfernung aller sauren Producte mit verdünnter Natronlauge geschüttelt und nach dem Abheben verdampft. Als Rückstand bleibt ein rothbraun gefärbtes Oel, welches

mit Chlorcalcium getrocknet und im Vacuum destillirt wird. Dabei geht das o-Nitroacetophenon als schwach gelb gefärbtes Oel über, welches bei der Analyse folgende Zahlen gab:

$C_6H_4 \cdot NO_2 \cdot CO \cdot CH_3$. Ber. C 58,18, H 4,24.
Gef. ,, 58,0, ,, 4,47.

Durch reducirende Agentien wird die Nitroverbindung leicht in die entsprechende Amidobase übergeführt.

Orthoamidoacetophenon.

Bringt man die Nitroverbindung mit Zinnfeile und 20 procentiger Salzsäure zusammen, so verschwindet das Oel sehr rasch, während die Flüssigkeit sich bis zum Sieden erhitzt. Ist die Lösung nicht zu verdünnt, so scheidet sich schon beim Erkalten das Zinnchlorürdoppelsalz der Base in feinen Nadeln ab. Dieselben wurden aus heissem Wasser mit Hülfe von Thierkohle umkrystallisirt und für die Analyse im Vacuum getrocknet.

0,327 g Substanz gaben 0,324 CO_2 und 0,0906 H_2O.
$C_6H_4NH_2 \cdot CO \cdot CH_3 \cdot HCl + SnCl_2$. Ber. C 26,6, H 2,8.
Gef. ,, 27,02, ,, 3,08.

Wird das Zinnsalz in wässeriger Lösung mit Schwefelwasserstoff zersetzt und das Filtrat im luftverdünnten Raum stark eingedampft, so scheidet sich beim Erkalten der Lösung das salzsaure o-Amidoacetophenon in farblosen, in Wasser leicht löslichen Nadeln ab. Mit Alkali zersetzt liefert dasselbe die freie Base als schwach gelb gefärbtes Oel, welches unzersetzt destillirt, in einer Kältemischung nicht erstarrt und einen sehr charakteristischen stechenden Geruch besitzt.

Sulfat. — Löst man die Base in wenig Alkohol, fügt einen geringen Ueberschuss von concentrirter Schwefelsäure zu und versetzt mit Aether, so scheidet sich das saure Sulfat in schönen farblosen Nadeln ab, welche für die Analyse im Vacuum getrocknet wurden.

0,0735 g gaben 0,0720 $BaSO_4$.
$C_6H_4NH_2 \cdot CO \cdot CH_3 \cdot H_2SO_4$. Ber. S 13,7. Gef. S 13,4.

Das Salz ist in Wasser sehr leicht, in Alkohol etwas schwerer löslich.

Acetylorthoamidoacetophenon. — Diese Verbindung entsteht beim kurzen Kochen der Base mit der dreifachen Menge Essigsäureanhydrid und bleibt beim Abdampfen der mit Alkohol versetzten Lösung als farbloses, in der Kälte erstarrendes Oel zurück. Aus heissem Ligroïn umkrystallisirt bildet dasselbe seideglänzende Nadeln, welche bei 76 bis 77° schmelzen.

Genau die gleichen Eigenschaften zeigt die Acetverbindung des von A. Baeyer und Blöm aus dem Amidophenylacetylen gewonnenen und gleichzeitig beschriebenen (Berichte d. D. Chem. Gesellsch. 15, 2153)

Orthoamidoacetophenons. **Beide Basen sind mithin identisch;** welchen Weg man für die Darstellung der interessanten Amidoverbindung einschlagen mag, das wird davon abhängen, ob man leichter Orthonitrobenzoësäure oder Amidophenylacetylen sich verschaffen kann.

Halogenderivate des o-Nitroacetophenons.

Bekanntlich werden bei der Einwirkung der Halogene auf Acetophenon je nach den Bedingungen ein oder zwei Wasserstoffatome des Methyls substituirt. Das gleiche ist der Fall bei der Nitroverbindung.

Monobromorthonitroacetophenon. — Die Bromirung des Orthonitroacetophenons bietet keinerlei Schwierigkeiten; man verfährt genau so wie beim Acetophenon.

Die Substanz wird in der drei- bis vierfachen Menge Eisessig gelöst und nach und nach die berechnete Menge Brom, auf 1 Mol. Nitroacetophenon (1 g) 1 Mol. Brom (1 g) hinzugegeben. Die Einwirkung wird durch gelindes Erwärmen auf dem Wasserbad unterstützt, wobei ein Entweichen von Bromwasserstoff zu bemerken ist. Nach kurzer Zeit wird die bis dahin dunkle Flüssigkeit ganz hell. Jetzt wird dieselbe in dünnem Strahl in kaltes Wasser gegossen, wobei sich ein zähes gelbes Oel abscheidet, welches nach einiger Zeit krystallinisch erstarrt. Dieser feste Rückstand wird zwischen Filtrirpapier abgepresst und dann aus Ligroïn umkrystallisirt. Beim Erkalten scheidet sich dann das Monobromid in feinen, die ganze Flüssigkeit concentrisch durchsetzenden farblosen Nadeln aus. Dieselben zeigen den Schmelzpunkt 55 bis 56°, schmecken bitter und reizen die Augen äusserst heftig zu Thränen.

Die Analyse ergab für das Monobromid stimmende Zahlen.

0,198 g Substanz gaben 0,2838 CO_2 und 0,0460 H_2O.

$C_6H_4 \cdot NO_2 \cdot CO \cdot CH_2Br$. Ber. C 39,3, H 2,46.
Gef. ,, 39,09, ,, 2,57.

Dibromorthonitroacetophenon. — Dasselbe wurde in ähnlicher Weise wie das Monobromid erhalten. Zu in der dreifachen Menge Eisessig gelöstem Orthonitroacetophenon liess ich allmählich 2 Mol. Brom, auf 1 g Substanz 2 g Brom zufliessen und erwärmte so lange auf dem Wasserbad, bis die Entwicklung von Bromwasserstoff aufhörte und die Flüssigkeit hell geworden war. Beim Umgiessen in kaltes Wasser wurde das abgeschiedene Oel nach kurzem Umschütteln fest. Das so erhaltene Product wurde mehrmals mit kaltem Wasser gewaschen, zwischen Filtrirpapier abgepresst und aus Ligroïn umkrystallisirt. Beim Erkalten der heissen Lösung scheiden sich kleine Prismen ab, welche abfiltrirt und im Vacuum getrocknet den Schmelzpunkt 85 bis 86° zeigen. Sie schmecken ebenfalls stark bitter und reizen die Augen äusserst heftig zu Thränen.

0,285 g Substanz gaben 0,3095 CO_2 und 0,046 H_2O. — 0,152 g Substanz gaben 0,176 AgBr.

$C_6H_4 \cdot NO_2 \cdot CO \cdot CHBr_2$. Ber. C 29,72, H 1,54, Br 49,5.
Gef. ,, 29,61, ,, 1,78, ,, 49,27.

Dichlororthonitroacetophenon. — Die Einwirkung des Chlors auf das o-Nitroacetophenon verläuft in derselben Weise wie diejenige des Broms. Die Monoverbindung habe ich nicht isolirt. Handelt es sich um die Darstellung des Dichlorproductes, so löst man das o-Nitroacetophenon in der doppelten Menge Eisessig, erwärmt auf dem Wasserbade und leitet trockenes Chlorgas hinein. Zum Schluss wird die Lösung am Rückflusskühler zum Sieden erhitzt und das Einleiten von Chlor noch 1 bis 2 Stunden fortgesetzt. Giesst man jetzt die Lösung in kaltes Wasser, so scheidet sich ein zähes gelbes Oel ab, welches in der Kälte erstarrt. Die feste Masse wurde zwischen Fliesspapier abgepresst und in heissem Ligroïn gelöst. Beim Erkalten scheidet sich das Dichlororthonitroacetophenon in feinen farblosen Blättchen aus, welche den Schmelzpunkt 73° haben und bei der Analyse folgende Zahlen gaben:

0,2972 g Substanz gaben 0,3615 AgCl.

$C_6H_4NO_2 \cdot CO \cdot CHCl_2$. Ber. Cl 30,34. Gef. Cl 30,54.

Die Verbindung ist ebenso wie die beiden vorherbeschriebenen Bromverbindungen in Alkohol, Aether und Chloroform leicht, in Ligroïn dagegen schwer löslich.

Orthonitromonochlorstyrol.

Bekanntlich liefert das Acetophenon mit Phosphorpentachlorid Dichloräthylbenzol, welches aber leicht unter Abspaltung von Salzsäure in Monochlorstyrol übergeht. Bei der gleichen Behandlung des Paranitroacetophenons konnte Drewsen nur das entsprechende Chlorstyrol isoliren. Die gleichen Resultate erhielt ich bei dem o-Nitroacetophenon. Dasselbe wird von Phosphorpentachlorid schon in der Kälte angegriffen und unter lebhafter Salzsäureentwicklung in o-Nitrochlorstyrol verwandelt nach folgender Gleichung:

$NO_2 \cdot C_6H_4 \cdot CO \cdot CH_3 + PCl_5 = NO_2C_6H_4 \cdot CCl = CH_2 + POCl_3 + 2 HCl$.

Der Versuch wurde in folgender Weise ausgeführt. Nitroacetophenon (1 g) wurde mit etwas mehr als der berechneten Menge Phosphorpentachlorid (1,3 g) zusammengebracht. Die Masse erwärmte sich von selbst und es entwich eine grosse Menge von Salzsäure. Nachdem die Reaction durch gelindes Erwärmen zu Ende geführt war, wurde das Phosphoroxychlorid auf dem Wasserbad unter vermindertem Druck, zuletzt unter Durchleiten eines schwachen Stroms trockener Luft abdestillirt. Als Rückstand blieb ein stechend riechendes braunes Oel, welches mit Wasserdämpfen destillirt wurde. Hierbei ging ein hellgelbes

Oel von eigenthümlichem Geruch über, welches weder krystallisirt, noch unzersetzt destillirt werden kann. Dasselbe wurde mit Aether aufgenommen, mit Chlorcalcium getrocknet, zur Entfernung des Aethers auf dem Wasserbad verdampft und dann mehrere Tage im Vacuum aufbewahrt. Die Analyse gab jetzt Zahlen, welche mit den für das Monochlorstyrol berechneten ziemlich gut übereinstimmen.

0,2525 g Substanz gaben 0,1945 AgCl.

$C_6H_4NO_2 \cdot CCl = CH_2$. Ber. Cl 19,3. Gef. Cl 19,05.

Umwandlung des o-Nitroacetophenons in Indigblau[1]).

Vor längerer Zeit haben Emmerling und Engler[2]) angegeben, dass aus dem rohen Nitroacetophenon, welches bei der Nitrirung des Acetophenons in der Wärme entsteht, durch Erhitzen mit Natronkalk und Zinkstaub geringe Mengen von Indigblau erhalten werden können. Sie führen die Entstehung des Farbstoffes auf die Anwesenheit von o-Nitroacetophenon in dem Rohproduct zurück.

Wichelhaus[3]) hat später den gleichen Versuch, aber mit negativem Resultat angestellt. In einer kurz darauf erschienenen Mittheilung geben Emmerling und Engler an, dass sie ebenfalls bei Wiederholung ihrer früheren Versuche keinen Indigo erhalten hätten. Sie führten diesen Misserfolg darauf zurück, dass das sogenannte syrupförmige Nitroacetophenon grösstentheils aus der Metaverbindung bestehe und wahrscheinlich nur Spuren des Orthoderivats enthalte.

Mir ist es nun auch mit dem reinen o-Nitroacetophenon nicht gelungen, durch reducirende Agentien Indigo zu gewinnen. Erfolgreicher war der Versuch, die Halogenderivate des Nitroacetophenons, bei welchen die Seitenkette viel reactionsfähiger ist, in Indigblau umzuwandeln.

Kocht man eine alkoholische Lösung des Mono- oder Dibromacetophenons mit Schwefelammonium, so tritt sehr bald der dem Indol charakteristische Geruch auf, und nach kurzer Zeit scheidet die Lösung dunkle, metallisch glänzende Flocken ab. Dieselben wurden filtrirt und mit kochendem Alkohol ausgewaschen, wobei sich ein Theil mit purpurrother Farbe löste. Der unlösliche Rückstand wurde noch zur Entfernung des Schwefels mit Schwefelkohlenstoff ausgelaugt und bildet dann ein schönes dunkelblaues Pulver, welches die Eigenschaften des natürlichen Indigo zeigt.

In Chloroform löst sich dasselbe mit tiefblauer Farbe und die Lösung zeigt im Spectralapparat dieselben Absorptionsstreifen wie der natür-

---

[1]) Für dieses Verfahren ist von der Badischen Anilin- und Sodafabrik der Patentschutz nachgesucht worden, vgl. Berichte d. D. Chem. Gesellsch. **16**, 2540.

[2]) Berichte d. D. Chem. Gesellsch. **3**, 885.

[3]) Berichte d. D. Chem. Gesellsch. **9**, 1106.

liche Indigo. Ebenso giebt das Product beim vorsichtigen Erhitzen die für den Indigo so charakteristischen violettrothen Dämpfe.

In derselben Weise verläuft die Reduction der beiden Bromide, wenn man sie in alkoholischer Lösung längere Zeit mit Schwefelammonium in der Kälte in Berührung lässt. In beiden Fällen habe ich beobachtet, dass das Dibromid viel mehr Indigo liefert als die Monoverbindung. Ebenso wie die Bromverbindungen verhält sich das Dichlororthonitroacetophenon, während Orthonitrochlorstyrol bei gleicher Behandlung keinen Indigo liefert.

Orthonitrobenzoylaceton.

Wie bereits erwähnt haben E. Fischer und H. Kuzel durch Verseifung des Benzoylacetessigäthers mit verdünnter Schwefelsäure neben Acetophenon das Benzoylaceton[1]) erhalten. Ich habe auf Veranlassung von Herrn Fischer in der gleichen Weise das o-Nitrobenzoylaceton dargestellt. 25 g des Nitrobenzoylacetessigäthers werden mit der fünffachen Menge 30 procentiger Schwefelsäure 4 Stunden am Rückflusskühler gekocht und die Flüssigkeit nach dem Erkalten mit Aether extrahirt. Die ätherische Lösung wird dann mit kalter verdünnter Natronlauge ausgeschüttelt, nach dem Abheben des Aethers angesäuert und das abgeschiedene Oel wieder mit Aether extrahirt. Beim Verdampfen des letzteren bleibt dann ein braunes Oel zurück, welches nach kurzer Zeit krystallinisch erstarrt. Dieses Product ist ein Gemenge von Nitrobenzoësäure und Nitrobenzoylaceton. Beim Auslaugen mit Chloroform wird das letztere gelöst, während die Säure zum grössten Theil zurückbleibt. Beim Abdampfen des Chloroforms erhält man jetzt das Nitrobenzoylaceton als dunkles, in der Kälte erstarrendes Oel, welches mehrmals aus heissem Ligroïn unter Zusatz von Thierkohle umkrystallisirt wird. In reinem Zustand bildet das o-Nitrobenzoylaceton schwach gelb gefärbte, schön ausgebildete Krystalle, welche bei 55° schmelzen und im Vacuum getrocknet die Zusammensetzung:

$$NO_2 \cdot C_6H_4 \cdot CO \cdot CH_2 \cdot CO \cdot CH_3$$

haben.

0,199 g Substanz gaben 0,428 CO_2 und 0,0824 H_2O. — 0,118 g Substanz gaben 6,9 cbcm N bei 743 mm Druck und 13°.

Ber. C 58,1, H 4,59, N 6,7.
Gef. ,, 58,0, ,, 4,34, ,, 6,7.

Die Verbindung ist in Alkohol und Aether leicht, in Ligroïn schwer und in Wasser fast unlöslich. Mit Alkalien bildet sie leicht lösliche gelb gefärbte Salze.

---

[1]) Berichte d. D. Chem. Gesellsch. **16**, 2239. (*Versch. S. 96*.)

Durch Reductionsmittel wird die Verbindung leicht angegriffen. Erwärmt man dieselbe in alkoholischer Lösung mit einem Ueberschuss von Zinnchlorür, so entsteht eine ölige Base, welche leider aus Mangel an Material noch nicht analysirt werden konnte. Diese Verbindung bildet sich auch, wenn man das Nitrobenzoylaceton in alkalischer Lösung mit Natriumamalgam behandelt. Unter diesen Bedingungen entsteht jedoch gleichzeitig eine nicht unerhebliche Menge von Indigblau.

Orthonitrobenzoylaceton und Phenylhydrazin.

Die einfachen Ketone vereinigen sich mit den Hydrazinbasen[1]) unter Austritt von Wasser zu Condensationsproducten. Dasselbe ist der Fall bei den Diketonen. Die Verbindung des o-Nitrobenzoylacetons mit dem Phenylhydrazin zeichnet sich durch besondere Schönheit aus und wurde deshalb genauer untersucht. Man erhält dieselbe durch Erwärmen des substituirten Acetons mit der doppelten Gewichtsmenge Phenylhydrazin auf dem Wasserbad. Nach 15 bis 20 Minuten erstarrt die Masse fast vollständig. Durch Umkrystallisiren aus verdünntem Alkohol erhält man das Condensationsproduct in feinen weissen Nadeln vom Schmelzpunkt 120°.

Die Verbindung hat die Zusammensetzung $C_{22}H_{21}N_5O_2$.

0,1455 g Substanz gaben 0,3545 CO_2 und 0,0745 H_2O. — 0,0562 g Substanz gaben 9,5 cbcm N bei 21° und 743 mm Druck.

Ber. C 66,3, H 5,8, N 19,1.
Gef. ,, 66,4, ,, 5,7, ,, 18,8.

Sie entsteht mithin nach der Gleichung:

$NO_2 \cdot C_6H_4 \cdot CO \cdot CH_2 \cdot CO \cdot CH_3 + 2\ C_6H_5N_2H_3 = 2\ H_2O + C_{22}H_{21}N_5O_2$,

und besitzt aller Wahrscheinlichkeit nach folgende Constitution:

$$NO_2 \cdot C_6H_4 \cdot \underset{\underset{C_6H_5N_2H}{\|}}{C} - CH_2 - \underset{\underset{N_2H \cdot C_6H_5}{\|}}{C} - CH_3.$$

Metanitroacetophenon.

Die Verbindung kann genau so wie das Orthoderivat aus Metanitrobenzoylchlorid erhalten werden. Der m-Nitrobenzoylacetessigäther ist ein röthlich gefärbtes Oel, welches selbst in einer Kältemischung nicht erstarrt. Die Verseifung desselben gelingt am besten durch 12 stündiges Kochen mit der 5- bis 6fachen Menge Wasser. Das braune Oel wurde mit Aether extrahirt, diese Lösung durch Schütteln mit Natronlauge von den Säuren befreit und das beim Abdampfen des Aethers bleibende Product mit Wasserdämpfen destillirt. Hierbei ging ein gelbes Oel über,

---

[1]) E. Fischer und H. Reisenegger, Berichte d. D. Chem. Gesellsch. 16, 661. (S. 427.)

welches in der Vorlage zu schwach gelb gefärbten Krystallen erstarrte. Dieselben zeigten den Schmelzpunkt 81° und die Zusammensetzung $C_6H_4NO_2 \cdot CO \cdot CH_3$.

Ber. C 58,18, H 4,25, N 8,48.
Gef. ,, 58,12, ,, 4,64, ,, 8,74.

Sie sind also identisch mit der durch directe Nitrirung des Acetophenons entstehenden Metaverbindung. Die neue Darstellungsmethode hat hier keinen praktischen Werth, weil die ältere Methode ungleich bequemer ist.

Paranitroacetophenon.

Diese Verbindung ist erst in neuerer Zeit von Drewsen[1]) durch Zersetzung der Paranitrophenylpropiolsäure in reinem Zustand gewonnen worden. Sein Verfahren setzt den Besitz der Propiolsäure voraus und erscheint deshalb umständlicher als das mittelst Acetessigäther, welches ich aus diesem Grunde für die Darstellung dieses Ketons glaube empfehlen zu dürfen. Die Paranitrobenzoësäure kann bekanntlich durch Oxydation des Paranitrotoluols gewonnen werden. Die Verwandlung in das Chlorid gelingt sehr leicht durch gelindes Erwärmen der trockenen Säure mit der äquivalenten Menge Phosphorpentachlorid. Das Phosphoroxychlorid wird unter vermindertem Druck auf dem Wasserbad möglichst vollständig abdestillirt und das zurückbleibende rohe Chlorid kann direct mit Natracetessigäther in der früher beschriebenen Weise zusammengebracht werden. Da über das Chlorid bisher keine genauen Angaben existiren, so habe ich dasselbe nebenbei im reinen Zustand dargestellt. Unter vermindertem Druck lässt sich dasselbe destilliren. Es siedet bei einem Druck von 105 mm bei 202 bis 205°, erstarrt in der Vorlage vollständig und krystallisirt aus heissem trockenem Ligroïn beim Abkühlen in feinen Nadeln, welche bei 75° schmelzen. Der Paranitrobenzoylacetessigäther ist ebenso wie seine Isomeren ein nicht flüchtiges, in Wasser unlösliches Oel. Durch längeres Kochen mit Wasser oder besser noch mit 30 pC. Schwefelsäure wird die Verbindung vollständig verseift, wobei reichliche Mengen von Paranitroacetophenon entstehen. Das letztere wird in der gleichen Weise wie die Orthoverbindung isolirt und zeigt die von Drewsen angegebenen Eigenschaften.

---

[1]) Liebigs Ann. d. Chem. 212, 159.

39. Ludwig Knorr: Ueber Piperylhydrazin.

Berichte der Deutschen Chemischen Gesellschaft **15**, 859 [1882].

(Eingegangen am 4. April.)

Durch die im letzten Hefte dieser Berichte[1]) veröffentlichte Untersuchung des Hrn. C. Schotten über das Piperidin sehe ich mich veranlasst, die ersten Resultate einer auf Veranlassung von Hrn. Emil Fischer in München begonnenen Arbeit über das Piperylhydrazin mitzutheilen, um mir die Bearbeitung dieses Körpers zu sichern.

Bei der Reduction des Nitrosopiperidins mit Zink und Salzsäure erhielt Wertheim regenerirtes Piperidin und Ammoniak.

Derselbe Vorgang findet nach der Angabe des Hrn. Schotten bei Anwendung von Natriumamalgam statt. Diese Beobachtung ist jedoch unvollständig, da im letzteren Falle neben Piperidin beträchtliche Mengen der entsprechenden Hydrazinverbindung entstehen. Das Natriumamalgam wirkt in diesem Falle ebenso wie Zinkstaub und Essigsäure, was auch E. Fischer schon längst für die gewöhnlichen Nitrosamine angegeben hat[2]).

Versetzt man eine alkoholische Lösung des Nitrosokörpers in der Kälte allmählich mit einem Ueberschuss von Natriumamalgam, so erwärmt sich die Flüssigkeit ohne bemerkbare Wasserstoffentwicklung. Sobald der Geruch des Nitrosokörpers verschwunden war, wurde die Lösung vom Quecksilber abgegossen, mit Wasser verdünnt und destillirt. Das Destillat enthält neben kleinen Mengen von Piperidin und Ammoniak das Piperylhydrazin und in geringer Menge einen festen Körper vom Schmelzpunkt 45°, welcher trotz des abweichenden Schmelzpunktes mit dem von Schotten[3]) beobachteten identisch zu sein scheint und das dem Hydrazin entsprechende Tetrazon ist.

Zur Darstellung des Piperylhydrazins wird die Nitrosoverbindung am besten mit Zinkstaub und Essigsäure reducirt.

---

[1]) Berichte d. D. Chem. Gesellsch. **15**, 421.
[2]) Ann. Chem. Pharm. **190**, 152. (*S. 264.*)   [3]) a. a. O.

30 g Nitrosamin werden mit 300 g Wasser und 135 g Zinkstaub versetzt und in der Kälte allmählich 140 g Essigsäure (50 pCt.) zugefügt. Nach ein- bis zweistündigem Stehen erwärmt man das Gemisch auf dem Wasserbade, bis der charakteristische Geruch des Nitrosamins ganz verschwunden ist, übersättigt dann die filtrirte Lösung mit concentrirter Aetzkalilösung und destillirt so lange, bis die übergehende Flüssigkeit Fehling'sche Lösung beim Kochen nicht mehr reducirt.

Aus dem Destillat schied sich auch hier ein krystallinischer Körper ab, welcher identisch ist mit dem später beschriebenen Dipiperyltetrazon.

Das filtrirte Destillat wurde mit Salzsäure neutralisirt und auf dem Wasserbade bis zur Syrupsdicke eingedampft.

Der Rückstand, der beim Erkalten krystallinisch erstarrte, wurde in wenig heissem Alkohol gelöst; beim Erkalten schied sich reines, salzsaures Piperylhydrazin in farblosen Nadeln ab.

Das Salz hat im Vacuum getrocknet die Formel: $C_5H_{10}N\cdots CH_2HCl$.

Ber. N 20,51, Cl 26,01.
Gef. ,, 20,30, ,, 26,03.

Es schmilzt constant bei 162° und ist in Wasser und heissem Alkohol leicht löslich.

Eine zweite unreine Partie derselben Verbindung erhält man beim Fällen der alkoholischen Mutterlauge mit Aether.

Die Ausbeute betrug etwa 80 pCt. der theoretischen Menge.

Die Spaltung des Nitrosamins in Ammoniak und Piperidin findet unter den oben angegebenen Bedingungen nur in ganz untergeordnetem Masse statt.

Versetzt man die concentrirte wässrige Lösung des Hydrochlorats mit Alkali, so scheidet sich das Piperylhydrazin als farbloses Oel ab, welches, mit kohlensaurem Kali und wasserfreiem Baryt getrocknet, ungefähr bei 145° siedet. Die Bestimmung des Siedepunktes muss jedoch wiederholt werden, da die Base hartnäckig kleine Mengen von Wasser zurückhält.

Das Piperylhydrazin zeigt die grösste Aehnlichkeit mit den gewöhnlichen secundären Hydrazinen.

Von Fehling'scher Lösung wird es erst in der Wärme oxydirt.

Durch Quecksilberoxyd wird es schon in der Kälte in's Tetrazon verwandelt.

Zur Gewinnung dieses Körpers löst man die Base in Aether und fügt unter Umschütteln einen Ueberschuss von gelbem Quecksilberoxyd zu. Beim Verdunsten der filtrirten ätherischen Lösung bleibt ein Oel, das in der Kälte erstarrt und zur Reinigung in Alkohol gelöst und mit Wasser gefällt wurde.

Die farblosen Krystalle haben, im Vacuum getrocknet, die Zusammensetzung: $C_{10}H_{20}N_4$.

Ber. C 61,23, H 10,20, N 28,57.
Gef. ,, 61,40, ,, 10,29, ,, 28,13.

Die Verbindung schmilzt bei 45°. Sie ist unzweifelhaft das Tetrazon dieser Reihe mit der Formel:

$$C_5H_{10}N-N = N-NC_5H_{10}.$$

In Wasser ist sie fast unlöslich, wird dagegen von Säuren leicht aufgenommen und beim Kochen dieser Lösung unter lebhafter Stickstoffentwicklung vollständig zersetzt.

Die weitere Untersuchung dieser Körper behalte ich mir vor.

40. Emil Fischer und Hans Kuzel: Ueber Chinazol-Verbindungen.
Berichte der Deutschen Chemischen Gesellschaft **16**, 652 [1883].

(Eingegangen am 16. März.)

Die Orthohydrazinzimmtsäure geht leicht in das dem Carbostyril entsprechende Anhydrid

$$C_6H_4 \diagdown \begin{array}{c} CH\!=\!\!=\!\!CH\!-\!\!-\!CO \\ N \\ NH_2 \end{array}$$

über; um zu entscheiden, ob eine Ringschliessung auch zwischen dem Carbonyl und dem zweiten Stickstoffatom der Hydrazingruppe möglich sei, hat der eine von uns[1]) die Absicht ausgesprochen, die äthylirte Hydrazinzimmtsäure zu untersuchen. Man durfte hoffen diese Substanz durch Reduktion der Nitroso-Aethyl-Amidozimmtsäure zu gewinnen.

Wir haben diesen Versuch ausgeführt und sind dabei zu folgenden überraschenden Resultaten gelangt. Bei der Reduktion mit Zinkstaub und Essigsäure liefert das Nitrosamin kein Hydrazin, sondern geht unter Verlust von einem Atom Sauerstoff über in eine Carbonsäure von der Formel $C_{10}H_{11}N_2$—$COOH$. Die letztere zerfällt in der Hitze glatt in Kohlensäure und eine Base von der Formel $C_{10}H_{12}N_2$.

Diese zeigt mit den gewöhnlichen Hydrazinen nicht die geringste Aehnlichkeit, erinnert dagegen in vielen Reaktionen lebhaft an das Chinolin. Sie enthält aller Wahrscheinlichkeit nach einen Ring, der beide Stickstoffatome und beide Kohlenstoffatome der Seitenketten in sich schliesst:

$$\begin{array}{c} C\quad C \\ c \\ C\diagup \diagdown C \\ C\quad\quad\quad\, C \\ C\diagdown \diagup N \\ c \\ C\quad N(C_2H_5) \end{array}$$

Wir nennen diesen Körper wegen seinen Beziehungen zu dem Chinolin und den Hydrazinen „Aethyl-Chinazol" und dem entsprechend die Säure „Aethyl-Chinazol-Carbonsäure".

---

[1]) Berichte d. D. Chem. Gesellsch. **14**, 478. (S. 326.)

Nitroso-Aethyl-*o*-Amidozimmtsäure.

Die Aethylirung der *o*-Amidozimmtsäure wurde nach dem früher angeführten Verfahren ausgeführt. Das Rohprodukt enthält neben unveränderter Amidozimmtsäure die Monäthyl- und Diäthyl-Verbindung nebst deren Aether. Dasselbe wird zunächst mit mässig verdünnter Natronlauge gekocht, bis auf Zusatz von Wasser keine Trübung mehr erfolgt, dann mit verdünnter Salzsäure schwach angesäuert und durch eine concentrirte Lösung von essigsaurem Natron gefällt. Die ausgeschiedene harzige Masse erstarrt im Verlauf von einigen Stunden krystallinisch; sie wird zunächst wiederholt mit heissem Schwefelkohlenstoff ausgezogen, wobei die Amidozimmtsäure grösstentheils zurückbleibt, während die äthylirten Säuren in Lösung gehen. Aus der concentrirten Schwefelkohlenstofflösung scheidet sich zuerst die einfach äthylirte Säure in gelben Krystall-Krusten ab. Beim Verdampfen der Mutterlauge bleibt ein Gemenge der Monäthyl- und Diäthyl-*o*-Amidozimmtsäure zurück, die man am leichtesten durch salpetrige Säure trennen kann. Man löst zu dem Zweck in verdünnter kalter Schwefelsäure und fügt eine ebenfalls verdünnte kalte Lösung von Natriumnitrit unter Umrühren hinzu. Die Nitroso-Aethylamidozimmtsäure scheidet sich hierbei anfangs als Harz aus, erstarrt aber nach wenigen Minuten krystallinisch. Aus der sauren Mutterlauge scheidet sich bei vorsichtigem Neutralisiren mit Soda die diäthylirte Säure als gelbliches krystallinisches Pulver ab.

Die Diäthyl-*o*-Amidozimmtsäure schmilzt bei 124° und krystallisirt aus Alkohol in grossen, schwach citronengelben Schuppen. Sie löst sich leicht in Alkohol, Aether, Schwefelkohlenstoff, Alkalien und Säuren. Die Analyse ergab folgende Zahlen:

$C_6H_4N(C_2H_5)_2$—CH=CH—COOH. Ber. C 71,23, H 7,76, N 6,39.
Gef. ,, 71,01, ,, 7,78, ,, 6,70.

Das so gewonnene Nitrosamin muss zur vollständigen Reinigung aus verdünntem Alkohol umkrystallisirt werden. Gleich rein erhält man denselben Körper, wenn man die obenerwähnte aus der Schwefelkohlenstofflösung zuerst auskrystallisirte Monäthylamidozimmtsäure in gleicher Weise mit salpetriger Säure behandelt.

Die Nitroso-Aethyl-*o*-Amidozimmtsäure besitzt die früher angegebenen Eigenschaften; sie schmilzt bei 150° unter Zersetzung und löst sich leicht in Alkohol, Aether und Alkalien. Durch die meisten Reductionsmittel, Zink oder Zinn mit Salzsäure, Zinnchlorür u. s. w. wird sie glatt unter Abspaltung der Nitrosogruppe in Aethylamidozimmtsäure zurückverwandelt. Bei vorsichtiger Behandlung mit Zinkstaub und Essigsäure dagegen geht sie unter Verlust von einem Sauerstoffatom über in die Chinazolcarbonsäure

$$C_{11}H_{12}N_2O_3 + H_2 = C_{10}H_{11}N_2\text{—COOH} + H_2O.$$

Aethyl-Chinazol-Carbonsäure.

Zur Darstellung dieser Verbindung löst man das Nitrosamin in Alkohol, fügt einen Ueberschuss von Zinkstaub und dann allmählich Eisessig zu, bis eine filtrirte Probe nach dem Verdampfen des Alkohols kein Nitrosamin mehr zurück lässt. Die Temperatur soll während der Operation zu Anfang auf 40°, zum Schluss auf 60—70° gehalten werden. Die vom Zinkstaub filtrirte alkoholische Lösung reducirt Kupferlösung nur wenig und verliert diese Eigenschaft fast vollständig beim Wegkochen des Alkohols; sie enthält mithin keine gewöhnlichen Hydrazinbasen. Der beim Verdampfen der Lösung bleibende Rückstand wird mit Wasser und verdünnter Schwefelsäure versetzt und mit Aether extrahirt. Der Auszug wird abermals verdampft und der ölige Rückstand wieder mit verdünnter Schwefelsäure behandelt, wobei er nach einiger Zeit krystallinisch erstarrt. Dieses Produkt wird jetzt in Chloroform gelöst mit Thierkohle gekocht und mit Ligroin versetzt. Hat man die Concentration richtig gewählt, so scheidet sich die Carbonsäure bald in derben braun gefärbten Krystallen ab, die zur vollständigen Reinigung aus heissem Wasser umkrystallisirt werden. Die reine Säure bildet farblose, blättrige Krystalle von dem Schmelzpunkt 131° und der Zusammensetzung $C_{10}H_{11}N_2\cdots COOH$.

Ber. C 64,71, H 5,87, N 13,70,
Gef. ,, 64,41, 64,61, ,, 5,95, 5,99, ,, 13,9, 13,7.

Sie ist in Wasser schwer, in Alkohol, Aether und Alkalien leicht löslich.

Ebenso wie mit Basen vereinigt sie sich mit den Mineralsäuren zu salzartigen Verbindungen, welche indessen schon durch Wasser zerlegt werden. Beim Erhitzen über den Schmelzpunkt beginnt sie bei 162—165° langsam Blasen zu werfen; sie zerfällt dabei in Kohlensäure und das Aethylchinazol,

$$C_{10}H_{11}N_2\cdots COOH = C_{10}H_{12}N_2 + CO_2.$$

Aethyl-Chinazol.

Um grössere Mengen dieses Körpers darzustellen, erhitzt man die Carbonsäure im Oelbad auf 180—190°. Nach 15—20 Minuten ist die Kohlensäureentwicklung fast beendet. Schliesslich steigert man die Temperatur kurze Zeit auf 230° und destillirt die gebildete Base ab. Dieselbe siedet bei einem Barometerstande von 741 mm bei 234—235°; in einer Kältemischung erstarrt sie zu grossen blättrigen Krystallen, welche bei 30° schmelzen und bei der Analyse folgende Zahlen gaben.

$C_{10}H_{12}O_2$. Ber. C 75,00, H 7,5, N 17,5 = 100,00.
Gef. ,, 74,74, ,, 7,47, ,, 17,46.

Die Base ist in Alkohol und Aether sehr leicht, in Wasser schwer löslich und mit Wasserdampf sehr leicht flüchtig. Sie besitzt einen stechenden an die alkylirten Aniline und zugleich an Chinolin erinnernden Geruch und einen scharfen beissenden Geschmack. Mit Mineralsäuren bildet sie leicht lösliche Salze, welche indessen durch viel Wasser zerlegt werden. Das Sulfat hat die Formel $(C_{10}H_{12}N_2)H_2SO_4$ (verlangt S = 12,40 pCt., gefunden S = 12,30 pCt.) und wird aus der alkoholischen Lösung durch Aether in langen Nadeln abgeschieden. Noch leichter löslich ist das Hydrochlorat. Schwer löslich in Wasser ist das Chloroplatinat. Es krystallisirt aus verdünnter Salzsäure in schönen, orangegelben Prismen von der Formel $(C_{10}H_{12}N_2HCl)_2PtCl_4$.

Ber. Pt 26,68, N 7,67.
Gef. ,, 26,56, ,, 7,80.

Ebenfalls schwer löslich in Wasser und Alkohol ist das sehr schön krystallisirende Pikrat. Wie mit den Säuren verbindet sich die Base auch direkt mit Metallsalzen. Mit Silbernitrat und Quecksilberchlorid liefert sie weisse krystallinische Niederschläge, die in kaltem Wasser fast unlöslich sind und aus heissem Wasser in feinen Nadeln krystallisiren. Mit den gewöhnlichen Hydrazinen hat das Aethylchinazol nicht die geringste Aehnlichkeit. Es wird von Fehling'scher Lösung, von Quecksilber- und Silberoxyd selbst beim Kochen nicht angegriffen.

Ebenso beständig ist es gegen salpetrige Säure und gegen kochendes Essigsäureanhydrid. Ob man hieraus den Schluss ziehen darf, dass beide Stickstoffatome der Hydrazinkette tertiär gebunden sind, scheint uns mit Rücksicht auf das Verhalten des Indols, Skatols und Methylketols noch zweifelhaft zu sein. So lange diese Frage nicht entschieden ist, wird man sich auch kein definitives Urtheil über die Constitution der Base bilden können.

Berücksichtigt man ausschliesslich die Entstehung derselben aus der Nitrosoäthylamidozimmtsäure, so liegt die Annahme am nächsten, dass das zweite Stickstoffatom der Hydrazinkette nach Ablösung des Sauerstoffatoms mit den beiden doppelt verbundenen Kohlenstoffatomen der Seitenkette zusammentritt; für das Aethylchinazol würde sich dann folgende Formel ergeben:

$$\begin{array}{c} CH \quad CH \\ HC \diagup \overset{c}{} \diagdown CH_2 \\ HC \diagdown \underset{c}{} \diagup N \\ CH \quad N(C_2H_5) \end{array}$$

Auf der anderen Seite aber spricht die Aehnlichkeit der Base mit dem Chinolin mehr für das Vorhandensein eines einfacheren aus 2 Stickstoff- und 4 Kohlenstoffatomen bestehenden Ringes. Wenn das der Fall ist, bleibt aber immer noch die Wahl zwischen den beiden folgenden Formeln:

$$\begin{array}{cc} \text{CH} \quad \text{CH} \\ \text{HC} \diagup \text{C} \diagdown \text{CH} \\ \text{HC} \diagdown \quad \diagup \text{NH} \\ \text{CH} \quad \text{N(C}_2\text{H}_5) \end{array} \quad \text{oder} \quad \begin{array}{cc} \text{CH} \quad \text{CH}_2 \\ \text{HC} \diagup \text{C} \diagdown \text{CH} \\ \text{HC} \diagdown \quad \diagup \text{N} \\ \text{CH} \quad \text{N(C}_2\text{H}_5) \end{array}$$

Die Entscheidung, welche von denselben die richtige ist, hoffen wir durch Reduktion und Oxydation der Base treffen zu können.

Wie dieselbe auch ausfallen mag, soviel geht aus den mitgetheilten Resultaten hervor, dass bei den Orthohydrazinderivaten der aromatischen Säuren ebenso wie bei den Amidosäuren die Neigung zur Bildung von fünf und sechsgliedrigen Ringen ausserordentlich gross ist, während die Existenzfähigkeit der gliederreicheren Ringe immer unwahrscheinlicher wird.

41. Hermann Reisenegger: Ueber die Verbindungen der Hydrazine mit den Ketonen.
Berichte der Deutschen Chemischen Gesellschaft **16**, 661 [1883].
(Eingegangen am 16. März.)

Emil Fischer hat in seinen früheren Abhandlungen über die Hydrazine mehrfach auf die Aehnlichkeit derselben mit dem Hydroxylamin aufmerksam gemacht. Dieselbe giebt sich besonders kund in der Unbeständigkeit gegen oxydirende Agentien und in dem Verhalten gegen salpetrige Säure und Diazoverbindungen. Die gleiche Analogie tritt ferner zu Tage bei der Einwirkung der Basen auf Aldehyde und Ketone. Wie Fischer[1] nachgewiesen hat, verbinden sich die primären und sekundären Hydrazine mit den verschiedenen Aldehyden im einfachsten Verhältnis gleicher Moleküle unter Austritt von einem Molekül Wasser. Das Phenylhydrazin liefert z. B. mit Acetaldehyd die Aethylidenverbindung $C_6H_5N_2H \cdot CH \cdot CH_3$ oder mit Benzaldehyd die Benzylidenverbindung $C_6H_5N_2H \cdot CH \cdot C_6H_5$.

Ich werde später noch die entsprechenden Derivate des Oenanthols und Chlorals beschreiben. Alle diese Verbindungen werden durch Säuren leicht in Aldehyd und Hydrazinbase gespalten. Genau dasselbe Verhalten zeigen die neuerdings von V. Meyer und J. Petraczek[2] beschriebenen Verbindungen der Aldehyde mit dem Hydroxylamin. Das letztere condensirt sich jedoch nach den Beobachtungen von V. Meyer und A. Janny[3] ebenso leicht mit den Ketonen. Es lag deshalb nahe, die gleiche Reaktion bei den Hydrazinen zu prüfen. Der Versuch, den ich auf Veranlassung von Herrn E. Fischer unternommen habe, hat die Erwartung bestätigt. Das Phenylhydrazin verbindet sich mit den verschiedenen Ketonen[4] in der Regel schon bei gewöhnlicher Temperatur

---
[1] Ann. Chem. Pharm. **190**, 134, 163 u. 179. (*S. 251, 271 u. 282.*)
[2] Berichte d. D. Chem. Gesellsch. **15**, 2783.
[3] Berichte d. D. Chem. Gesellsch. **15**, 1324.
[4] Die Reaktion scheint allgemein auch für die complicirteren Ketone gültig zu sein. Acetessigäther z. B. verbindet sich mit dem Phenylhydrazin sofort bei gewöhnlicher Temperatur; ebenso die Brenztraubensäure. V. Meyer schlägt das Hydroxylamin als Reagens für die Ketone vor. In manchen Fällen wird man gewiss das leichter zugängliche Phenylhydrazin mit dem gleichen Erfolge zum Nachweis und zur Abscheidung derselben benutzen können. Emil Fischer.

in dem Verhältnis gleicher Moleküle unter Abspaltung von Wasser. Die entstehenden Produkte sind gegen Wasser und Alkalien beständig, werden aber von Säuren leicht in die Generatoren zurückverwandelt. Die gleiche Reaktion lässt sich auch mit den sekundären Hydrazinen ausführen, wie die später beschriebene Combination von Dimethylhydrazin und Acetophenon beweist. Die Nomenklatur dieser Verbindungen wird am einfachsten, wenn man die Namen der Componenten ohne weiteres zu einem Worte vereinigt. Ich nenne deshalb die aus Aceton und Phenylhydrazin entstehende Verbindung Acetonphenylhydrazin.

Acetonphenylhydrazin.

Bringt man reines Phenylhydrazin mit überschüssigem reinen Aceton (aus der Bisulfitverbindung) zusammen, so bildet sich schon in der Kälte unter Austritt von Wasser ein Oel, welches Fehling'sche Lösung nicht mehr reduzirt. Zur Isolirung derselben verdampft man das überschüssige Aceton zum grössten Theile auf dem Wasserbade, schüttelt mit Wasser und extrahirt das Oel mit reinem Aether. Dasselbe wird nach dem Verdampfen des Aethers mit kohlensaurem Kali getrocknet und dann im Vacuum destillirt. Die Verbindung geht zum grössten Theil bei 165° unter einem Druck von 91 mm Quecksilber über. Das Oel enthält geringe Mengen von Ammoniak, welche im Vacuum über Schwefelsäure rasch entweichen. So gereinigt gab dasselbe bei der Analyse folgende mit der Formel $C_9H_{12}N_2$ übereinstimmende Zahlen.

Ber. C 73,0, H 8,1, N 18,9.
Gef. ,, 72,83, ,, 8,08, ,, 18,46.

Die Verbindung bildet sich nach der Gleichung:

$$C_6H_5N_2H_3 + C_3H_6O = C_6H_5N_2H \cdot C \cdot (CH_3)_2 + H_2O.$$

Sie unterscheidet sich von dem Phenylhydrazin durch ihre Beständigkeit gegen Fehling'sche Lösung, wodurch sie beim Kochen nicht angegriffen wird. In verdünnten Säuren löst sie sich leicht zu einer klaren Flüssigkeit. Beim Erwärmen dieser sauren Lösung tritt dagegen vollständige Zerlegung in Aceton und Phenylhydrazin ein. Eine ähnliche Spaltung erleidet das Acetonphenylhydrazin durch salpetrige Säure. Versetzt man seine kalte, verdünnte, schwefelsaure Lösung mit Natriumnitrit, so scheidet sich sofort ein schwach gelbes Oel ab, welches alle Eigenschaften des Diazobenzolimids besitzt. Das letztere entsteht nach der Gleichung:

$$C_6H_5N_2H \cdot C \cdot (CH_3)_2 + HNO_2 = C_6H_5N_3 + C_3H_6O + H_2O.$$
$$\text{Diazobenzolimid} \quad \text{Aceton.}$$

Acetophenonphenylhydrazin.

Erwärmt man Acetophenon mit einem geringen Ueberschuss von Phenylhydrazin auf dem Wasserbade, so trübt sich das Gemisch sehr rasch durch die Abscheidung von Wasser und erstarrt beim Erkalten bald zu einem krystallinischen Brei. Dieses Produkt wird zur Entfernung der überschüssigen Base mit verdünnter Essigsäure gewaschen, und aus siedendem Alkohol umkrystallisirt. Die gleiche Verbindung scheidet sich direkt in Krystallen ab, wenn man Acetophenon und Phenylhydrazin in concentrirter alkoholischer Lösung 24 Stunden stehen lässt. Sie krystallisirt in feinen weissen Nadeln, welche bei 105° schmelzen und die Zusammensetzung

$$C_6H_5N_2HC \cdot {C_6H_5 \atop CH_3}$$

besitzen.

Ber. C 80,0, H 6,6, N 13,3.
Gef. ,, 79,62, ,, 7,02, ,, 13,36.

Das Acetophenonphenylhydrazin ist in Wasser und kaltem Alkohol schwer, in Aether leicht löslich. Beim längeren Stehen an der Luft verwandelt es sich in eine dunkelbraune Flüssigkeit. Von Fehling'scher Lösung wird es leicht und vollständig in seine Componenten gespalten.

Acetophenondimethylhydrazin.

Erwärmt man Acetophenon mit etwas mehr als der berechneten Menge Dimethylhydrazin im zugeschmolzenem Rohr mehrere Stunden auf 100°, so erhält man neben Wasser ein Oel, welches nach dem Verdampfen der überschüssigen Hydrazinbase Fehling'sche Lösung nicht mehr reducirt und nach dem Trocknen mit Baryumoxyd unter einem Drucke von 190 mm Quecksilber bei 165° destillirte. Verschiedene Analysen des Produktes haben kein übereinstimmendes Resultat gegeben, und es scheint, dass in demselben noch ein sauerstoffhaltiger Körper enthalten ist. Jedenfalls aber besteht der grösste Theil des Produktes aus der Verbindung

$$(CH_3)_2N_2C \cdot {C_6H_5 \atop CH_3};$$

denn es löst sich in ganz kalter Säure fast vollständig auf und wird beim Erwärmen in Acetophenon und Dimethylhydrazin gespalten.

Oenanthol und Phenylhydrazin.

Erwärmt man 1 Theil des Aldehyds mit 1½ Theilen der Base auf dem Wasserbade, so scheidet sich eine reichliche Menge von Wasser ab und auf Zusatz von verdünnter Essigsäure bleibt das Reaktionsprodukt als gelbliches Oel zurück. Dasselbe wird mit Aether abgeschieden, mit kohlensaurem Kali getrocknet und im luftverdünntem Raum destillirt.

Die Verbindung siedet unter einem Drucke von 77 mm Quecksilber bei 240° und hat die Zusammensetzung $C_6H_5N_2H \cdot C_7H_{14}$.

Ber. C 76,47, H 9,80, N 13,70.
Gef. ,, 76,47, ,, 9,91, ,, 13,40.

Die Substanz ist ein schwach gelb gefärbtes Oel, welches noch bei —20° flüssig bleibt, Fehling'sche Lösung nicht reducirt und durch Kochen mit Säuren in Aldehyd und Hydrazinbase gespalten wird.

Phenylhydrazin und Chloral.

Vermischt man beide Substanzen bei gewöhnlicher Temperatur, so findet eine höchst stürmische Reaktion statt, bei welcher Ströme von Salzsäure entweichen und ein halb verkohltes Produkt zurückbleibt. Um die Wirkung zu mässigen, ist es notwendig, ein Verdünnungsmittel anzuwenden. Löst man die Base in der zehnfachen Menge Aether und fügt dann unter Abkühlung etwas weniger als die berechnete Menge Chloral hinzu, so trübt sich die Flüssigkeit nur wenig, und kann ohne Gefahr bis auf den fünften Theil des Volumens eingedampft werden. Auf Zusatz von Ligroïn scheiden sich jetzt weisse krystallinische Flocken in reichlicher Menge ab, welche durch nochmaliges Lösen in Aether und Fällen mit Ligroïn in feine weisse Krystallnadeln verwandelt werden. Dieselben sind jedoch so unbeständig, dass sie im trockenen Zustande überhaupt nicht existiren können. Bringt man sie bei einer Temperatur von 0° im Vacuum über Schwefelsäure, so findet nach kurzer Zeit eine vollständige Zersetzung statt, wobei grosse Mengen von Salzsäure entstehen und die weissen Krystalle in ein metallisch glänzendes Pulver verwandelt werden. Eine ähnliche Zersetzung erleidet die Substanz auch beim Erwärmen mit Wasser auf 60—70°. Auf die Analyse der Verbindung musste ich unter diesen Umständen verzichten. Nach allen Analogien zu urtheilen, gehört dieselbe höchst wahrscheinlich in die Klasse der zuvor beschriebenen Aldehydderivate des Phenylhydrazins.

42. Emil Fischer und Hans Kuẑel: Ueber Aethyl-Hydrocarbazostyril.

Berichte der Deutschen Chemischen Gesellschaft 16, 1449 [1883].

(Eingegangen am 12. Juni.)

Bei den aromatischen Orthoamidosäuren findet nach Baeyer nur dann innere Anhydridbildung statt, wenn ein aus fünf oder sechs Gliedern bestehender Kohlenstoff-Stickstoffring entstehen kann. Dasselbe ist der Fall bei den früher beschriebenen Hydrazinderivaten der Benzoësäure[1]) und Zimmtsäure[2]). Es schien demnach die Existenzfähigkeit von siebengliedrigen Ringen sehr in Frage gestellt.

Noch zweifelhafter wurde dieselbe durch die vor Kurzem[3]) von uns mitgetheilte Beobachtung, dass die Nitroso-Aethyl-o-Amidozimmtsäure

$$C_6H_4\diagup\substack{CH=CH-COOH \\ N(C_2H_5)-NO}$$

bei der Reduktion kein Hydrazin, sondern direkt die Aethyl-Chinazol-Carbonsäure liefert, in welcher aller Wahrscheinlichkeit nach folgender aus zwei Stickstoff- und vier Kohlenstoffatomen bestehender Ring enthalten ist:

$$\begin{array}{c} C \quad C \\ C\diagup\overset{c}{}\diagdown C-COOH \\ C\diagdown\underset{c}{}\diagup N \\ C \quad N(C_2H_5) \end{array}$$

Nichtsdestoweniger haben wir alle diese Versuche nicht für genügend gehalten, um die Unmöglichkeit siebengliedriger Ringe zu beweisen, und die nachfolgenden Versuche zeigen, wie sehr dieses Misstrauen gegen negative Resultate gerechtfertigt war.

Bei der Bildung der Chinazolverbindungen ist offenbar die ungesättigte Gruppe der Zimmtsäure ----CH=CH---- betheiligt. Man durfte

---

[1]) Berichte d. D. Chem. Gesellsch. 13, 679. (S. 322.)
[2]) Berichte d. D. Chem. Gesellsch. 14, 478. (S. 326.)
[3]) Berichte d. D. Chem. Gesellsch. 16, 653. (S. 423.)

deshalb erwarten, dass die der Nitroso-Aethyl-*o*-Amidozimmtsäure entsprechende Hydroverbindung bei der Reduction ein ganz anderes Verhalten zeigen wird. Das ist wirklich der Fall. Dieses Nitrosamin liefert mit Zinkstaub und Essigsäure reducirt in normaler Weise die dazu gehörige Hydrazinsäure

$$C_6H_4\begin{cases}CH_2\cdots CH_2\cdots COOH\\N(C_2H_5)\cdots NH_2\end{cases};$$

und die letztere geht unter gewissen Bedingungen glatt in das dem Hydrocarbostyril entsprechende Hydrazinanhydrid über, welchem nach seinem gesammten Verhalten folgende Constitution zugeschrieben werden muss:

$$\begin{array}{c}CH\quad CH_2\quad\quad CH_2\\CH\diagup\ \ c\diagdown\diagup\quad\diagdown\\CH\quad\quad\quad\quad\ \ CO\\CH\diagdown\ \ c\diagup\diagdown\quad\diagup\\CH\quad N(C_2H_5)\quad NH\end{array}$$

Wir nennen diese Verbindung „Aethyl-Hydrocarbazostyril".

Nitroso-Aethyl-Amidohydrozimmtsäure.

Das Ausgangsmaterial für die Gewinnung dieser Verbindung ist die *o*-Aethylamidozimmtsäure. Wie schon Friedländer und Weinberg[1]) angegeben haben, wird dieselbe durch Natriumamalgam in alkalischer Lösung in die Hydrosäure verwandelt, welche beim Ansäuern spontan in ihr Lactam übergehen soll. Diese Beobachtungen sind richtig, aber unvollständig.

In der Kälte lässt sich die Aethyl-Amidohydrozimmtsäure aus der alkalischen Lösung durch Säuren sehr leicht in Freiheit setzen und durch salpetrige Säure in die Nitrosoverbindung umwandeln.

Wir sind dabei in folgender Weise verfahren. 10 Theile reine Aethyl-Amidozimmtsäure werden in circa 15 Theilen Wasser und wenig Natronlauge gelöst und unter Umschütteln langsam Natriumamalgam eingetragen. Die Flüssigkeit erwärmt sich und die Reduction ist beendet, wenn eine Probe auf Zusatz von Essigsäure keine Gelbfärbung mehr zeigt. Neutralisirt man jetzt die gut gekühlte alkalische Lösung vorsichtig mit verdünnter Schwefelsäure, so scheidet sich die Aethyl-Amidohydrozimmtsäure in weissen Flocken ab. In überschüssiger Schwefelsäure löst sich die Verbindung leicht auf und erst beim Erwärmen erfolgt die Bildung des Aethylhydrocarbostyrils, welches als Oel ausfällt.

---

[1]) Berichte d. D. Chem. Gesellsch. **15**, 2104.

Für die Darstellung der Nitrosoverbindung ist die Isolirung der Aethylamidohydrozimmtsäure nicht nöthig. Man kann hierzu direkt die mit überschüssiger Schwefelsäure versetzte Lösung der Hydrosäure benutzen. Trägt man in dieselbe salpetrigsaures Natron unter guter Abkühlung ein, so fällt das Nitrosamin als braungefärbtes Harz aus, das nach Entfernung der Mutterlauge beim Waschen mit Wasser nach einiger Zeit krystallinisch erstarrt. Die Verbindung wird zur weiteren Reinigung im Vacuum über Schwefelsäure getrocknet und in Benzol gelöst, wobei der grösste Theil der braun gefärbten Verunreinigungen zurückbleibt. Beim Verdampfen des Benzols bleibt das Nitrosamin als gelbliches Oel und erstarrt mit Ligroïn versetzt sofort krystallinisch. Zur Analyse wurde die Verbindung aus verdünnter Essigsäure mehrmals umkrystallisirt, bis ihr Schmelzpunkt constant blieb und im Vacuum getrocknet.

$$C_6H_4{<}^{CH_2-CH_2-COOH}_{N(C_2H_5)-NO}$$ Ber. C 59,45, H 6,31.
Gef. ,, 59,35, ,, 6,48.

Die Nitroso-Aethyl-Amidohydrozimmtsäure krystallisirt in farblosen, oblongen, zu Gruppen vereinigten Blättchen, schmilzt bei 78° und zersetzt sich bei 150° unter Gasentwickelung. Sie ist leicht löslich in Alkohol, Aether, Benzol und Alkalien, weniger leicht in heissem Wasser, woraus sie beim Erkalten ölig ausfällt. Mit Phenol und Schwefelsäure giebt sie die Liebermann'sche Reaktion. In kalten concentrirten Säuren löst sie sich langsam mit gelbbrauner Farbe unter gleichzeitiger schwacher Gasentwickelung.

Aethyl-Hydrazinhydrozimmtsäure.

Die Reduktion des Nitrosamins, welche in alkoholischer Lösung sehr träge vor sich geht, gelingt am besten in folgender Weise. Man löst die Substanz in überschüssigem Eisessig und fügt vorsichtig Zinkstaub hinzu. Die Flüssigkeit erwärmt sich von selbst; man erhält die Temperatur auf 60—70° und unterbricht die Operation, wenn eine Probe mit Phenol und Schwefelsäure keine Nitrosoreaktion mehr zeigt.

Die vom Zinkstaub abfiltrirte Lösung ist schwach gelblich gefärbt, bleibt beim Uebersättigen mit Alkali klar und reducirt Kupferlösung beim Erwärmen sehr energisch. Sie enthält offenbar die Hydrazinsäure, welche später noch beschrieben wird. Wird die essigsaure Lösung auf dem Wasserbade zur Trockne verdampft, so verliert sie allmählich ihre Einwirkung auf Kupfersalze, weil die Hydrazinsäure unter diesen Umständen vollständig in das zugehörige Anhydrid übergeht.

Aethyl-Hydrocarbazostyril. Die beim Verdampfen der zuvor erwähnten Lösung bleibende Krystallmasse wird zunächst zur Entfernung des Zinkacetats mit Wasser ausgelaugt und der teigartige Rückstand zwischen Filtrirpapier gepresst. Behandelt man dieses Produkt mit Aether, so geht das bei der Reduktion des Nitrosamins stets in geringerer Menge entstehende Aethyl-Hydrocarbostyril in Lösung, während das Aethyl-Hydrocarbazostyril als krystallinisches Pulver zurückbleibt. Die Menge des letzteren beträgt 60—70 pCt. vom Gewicht des angewandten Nitrosamins. Das Rohprodukt wird am besten aus kochendem Wasser unter Zusatz von etwas Thierkohle umkrystallisirt. Es bildet weisse lange Nadeln, welche bei 165,5° schmelzen und nach dem Trocknen im Vacuum folgende Zahlen gaben:

$$C_6H_4\genfrac{<}{>}{0pt}{}{CH_2\cdots CH_2}{N(C_2H_5)\cdots N}CO.\qquad \text{Ber. C 69,47, H 7,37, N 14,74.}\\ \text{Gef. ,, 69,39, ,, 7,66, ,, 14,8.}$$

Die Verbindung ist in Alkohol leicht, in Aether und Wasser schwer löslich; von Alkalien wird sie nicht aufgenommen; beim vorsichtigen Erhitzen destillirt sie unzersetzt. In all diesen Eigenschaften ist sie dem Hydrocarbostyril so ähnlich, dass sie leicht mit demselben verwechselt werden kann.

Scharf unterschieden sind jedoch beide Verbindungen durch ihr Verhalten gegen Säuren. In kalter concentrirter Salzsäure oder Schwefelsäure lösen sich beide leicht auf und werden durch Wasser wieder unverändert abgeschieden. Beim Erwärmen der sauren Lösung bleibt, wie später beschrieben wird, das Hydrocarbostyril ebenfalls unverändert, dagegen wird das Aethyl-Hydrocarbazostyril unter denselben Bedingungen durch Wasseraufnahme in die Hydrazinsäure zurückverwandelt.

Salzsaure Aethyl-o-Hydrazinhydrozimmtsäure. Aethyl-Hydrocarbazostyril löst sich in kalter concentrirter Salzsäure leicht auf, wird aber durch sofortigen Zusatz von Wasser wieder abgeschieden. Lässt man dagegen die saure Lösung längere Zeit bei gewöhnlicher Temperatur stehen, oder verdampft man dieselbe auf dem Wasserbade, so ist alles Aethyl-Hydrocarbazostyril verschwunden und in das leicht lösliche Hydrochlorat der Aethyl-Hydrazinhydrozimmtsäure verwandelt. Dasselbe bleibt hierbei als krystallinische Masse zurück, welche in Wasser sehr leicht löslich ist, beim Uebersättigen mit Alkali klar bleibt, und Kupferlösung energisch reducirt.

In Alkohol löst sich das Salz ebenfalls sehr leicht, wird aber daraus durch trocknen Aether in farblosen, concentrisch gruppirten Blättchen abgeschieden. Die Analyse der im Vacuum getrockneten Substanz führt zu der Formel:

$$C_6H_4\genfrac{<}{>}{0pt}{}{CH_2-CH_2-COOH}{N(C_2H_5)\cdots NH_2HCl}\ .$$

Ber. Cl 14,50, N 11,45.
Gef. ,, 14,51, ,, 11,3.

Das Salz schmilzt bei 146° ohne Zersetzung, giebt aber zwischen 150 und 160° Salzsäure und Wasser ab und verwandelt sich wieder in das Hydrocarbazostyril. Dieselbe Umwandlung in das Anhydrid findet statt, wenn man die wässrige Lösung des Salzes mit essigsaurem Natron auf dem Wasserbade verdampft. Die reducirende Wirkung auf Kupferlösung verschwindet allmählig und beim Aufnehmen mit Wasser bleibt reines Aethyl-Hydrocarbazostyril zurück.

Die Versuche zur Isolirung der freien Hydrazinsäure und die Umwandlung ihres Anhydrids in eine dem Hydrochinolin entsprechende Base mit zwei Stickstoffatomen sind aus Mangel an Material noch nicht zum Abschluss gekommen.

Die leichte Rückverwandlung des Aethyl-Hydrocarbazostyrils in die Hydrazinsäure legte die Vermuthung nahe, dass das so ähnliche Hydrocarbostyril in gleicher Weise durch Säuren in Amidohydrozimmtsäure übergeführt werden könne. Wir haben uns indessen durch den Versuch vom Gegentheil überzeugt. Hydrocarbostyril wird von concentrirter Salzsäure selbst bei 150° nicht verändert. Anders schien die Schwefelsäure zu wirken. Erhitzt man nämlich Hydrocarbostyril mit der 8–10 fachen Menge concentrirter Schwefelsäure 15–20 Minuten auf dem Wasserbade, so tritt auf Zusatz von Wasser keine Fällung mehr ein; als die überschüssige Schwefelsäure mit Aetzbaryt entfernt wurde, blieb in der Lösung eine Barytverbindung, welche wir anfänglich für das Salz der Amido-o-Hydrozimmtsäure hielten. Die genauere Untersuchung zeigte indessen, dass eine Sulfosäure des Hydrocarbostyrils entstanden war.

Ihr Barytsalz bleibt beim Verdampfen der Lösung als weisse Krystallmasse zurück, welche in Wasser leicht, in Alkohol und Aether fast unlöslich ist. Zur Analyse wurde die durch Alkohol und Aether aus ihrer wässrigen Lösung gefällte Verbindung bei 125–130° getrocknet; sie lieferte folgende Zahlen:

$C_{18}N_2H_{16}O_2S_2O_6Ba$. Ber. Ba 23,26. Gef. Ba 23,10, 23,18.

Ebenso beständig gegen Mineralsäuren ist das Carbostyril und dasselbe gilt schliesslich auch noch von dem Anhydrid der Hydrazinbenzoësäure:

$$C_6H_4\underset{NH-NH}{\overset{CO}{\diagdown\!\!\!\!\diagup}}$$

Auch dieses wird von concentrirter Salzsäure bis 110° nicht verändert.

Aus den mitgetheilten Versuchen ergiebt sich als Hauptresultat, dass bei den Orthohydrazinsäuren der aromatischen Reihe durch einfache Anhydridbildung auch ein aus sieben Gliedern bestehender Ring entstehen kann, dass aber die Beständigkeit dieser Anhydridform gegen Säuren ausserordentlich viel geringer ist, als die der bisher bekannten Anhydride mit fünf- oder sechsgliedrigen Stickstoffkohlenstoffringen.

Die Existenz des Aethylhydrocarbazostyrils macht es ferner wahrscheinlich, dass ähnliche Anhydride auch aus den Orthoamidoderivaten der Phenylcrotonsäure oder Phenylbuttersäure entstehen können. Allerdings wird man für die Gewinnung dieser Produkte ähnliche experimentelle Bedingungen herstellen müssen, wie wir sie für die Darstellung des Aethylhydrocarbazostyrils angewendet haben. In salzsaurer Lösung ist die Entstehung der Anhydride kaum zu erwarten, wohl aber beim Eindampfen der Amidosäuren mit essigsauren Salzen.

43. Emil Fischer und Friedrich Jourdan: Ueber die Hydrazine der Brenztraubensäure.

Berichte der Deutschen Chemischen Gesellschaft **16**, 2241 [1883].

(Eingegangen am 15. August.)

Die Hydrazine vereinigen sich ähnlich dem Hydroxylamin mit den Ketonen unter Abspaltung von Wasser. Einige der einfachen Verbindungen sind bereits von Hrn. Reisenegger[1]) beschrieben. Diese Reaktion ist, wie der Eine von uns[1]) schon angedeutet, und wie jetzt durch eine Reihe von Arbeiten im hiesigen Laboratorium festgestellt ist, ebenso allgemein, wie man es für das Hydroxylamin durch die schönen Untersuchungen von Victor Meyer erfahren hat; sie gilt für die primären und sekundären Hydrazine der fetten und aromatischen Gruppe und in gleicher Weise für alle einfachen und den grössten Theil der complicirteren Ketone und Diketone. Besonders schön und ausgezeichnet durch ihre merkwürdigen Umwandlungen sind die betreffenden Verbindungen der Ketonsäuren, welche ausserordentlich leicht beim Vermischen der Säuren und Hydrazine in neutraler oder saurer Lösung entstehen und von denen wir zunächst die Verbindungen der Brenztraubensäure mit dem Phenyl- und Methylphenylhydrazin ausführlicher untersucht haben.

Phenylhydrazinbrenztraubensäure.

Brenztraubensäure und Phenylhydrazin vereinigen sich so heftig, dass bei grösseren Mengen totale Zersetzung des Reaktionsproduktes eintritt. Man thut deshalb gut, beide Substanzen mit dem fünffachen Volumen Aether zu verdünnen, und unter guter Abkühlung langsam in molekularen Mengenverhältnissen zu vermischen. Die Phenylhydrazinbrenztraubensäure scheidet sich dabei sofort als schwach gelbes Krystallpulver ab, welches mit Aether gewaschen chemisch rein ist. Die Ausbeute ist fast quantitativ. Aus siedendem Alkohol krystallisirt die Verbindung beim Erkalten in harten, schwachgelben, glänzenden Nadeln von der Formel $C_9H_{10}N_2O_2$.

Ber. C 60,68, H 5,62, N 15,73.
Gef. ,, 60,6, ,, 6,16, ,, 16,1.

---

[1]) Berichte d. D. Chem. Gesellsch. **16**, 661. (S. 427.)

Die Verbindung schmilzt bei 169° unter Gasentwicklung, ist leicht löslich in heissem Alkohol, sehr schwer in Aether, Chloroform, Schwefelkohlenstoff und Ligroïn. In ätzendem und kohlensaurem Alkali löst sie sich leicht. Das Natronsalz ist in überschüssiger, concentrirter Natronlauge schwer löslich und kann ohne Veränderung damit gekocht werden.

Die Bildung der Phenylhydrazinbrenztraubensäure findet ebenso leicht in wässriger, in essigsaurer und schwach salzsaurer Lösung statt. Sie scheidet sich dabei als blassgelber, voluminöser, aus feinen Nädelchen bestehender Niederschlag ab. Die Reaktion erfolgt so leicht und sicher, dass man mit Hülfe derselben die Brenztraubensäure auch in stark verdünnten und durch andere Substanzen verunreinigten Lösungen nachweisen kann. Zu dieser Probe bedient man sich am besten des salzsauren Phenylhydrazins, nachdem die Flüssigkeit schwach angesäuert ist. Eine einprocentige Lösung von Brenztraubensäure giebt mit diesem Reagens nach wenigen Augenblicken eine Trübung, und in einigen Minuten scheidet sich ein beträchtlicher, voluminöser, krystallinischer Niederschlag ab. Man braucht denselben nur abzufiltriren, aus wenig heissem Wasser oder Alkohol umzukrystallisiren und nach dem Trocknen den Schmelzpunkt zu bestimmen. Man kann so in kürzester Zeit geringe Mengen von Brenztraubensäure mit voller Sicherheit nachweisen[1]).

Beim Erhitzen über den Schmelzpunkt zerfällt die Säure in Kohlensäure und eine indifferente ölige Substanz, welche in Wasser schwer löslich und durch heisse, verdünnte Schwefelsäure in Phenylhydrazin und Acetaldehyd gespalten wird und demnach identisch ist mit dem Aethylidenphenylhydrazin[2]). Die Spaltung erfolgt im Wesentlichen nach der Gleichung:

$$C_6H_5N_2H \cdot C \begin{smallmatrix} CH_3 \\ CO_2H \end{smallmatrix} = CO_2 + C_6H_5N_2H \cdot CH \cdot CH_3.$$

Während die Verbindungen der Hydrazine mit den gewöhnlichen Ketonen durch Säuren sehr leicht in ihre Componenten gespalten werden, ist die Hydrazinbrenztraubensäure selbst gegen Mineralsäuren auffallend beständig. Sie kann mit verdünnter Salz- und Schwefel-

---

[1]) Dasselbe gilt für die Phenylglyoxylsäure, welche von Hrn. Elbers ausführlich untersucht wird. Dieselbe giebt noch in der Verdünnung 1:1500 mit salzsaurem Phenylhydrazin einen gelben, krystallinischen Niederschlag, der durch den Schmelzpunkt leicht identificirt werden kann.

Will man dieselbe Reaction zum Nachweis der Lävulinsäure benutzen, so benutzt man eine essigsaure Lösung von Phenylhydrazin, da freie Mineralsäuren die Bildung des Hydrazinderivats verhindern. Auch dieses Produkt ist in kaltem Wasser schwer löslich und krystallisirt. E. Fischer.

[2]) Ann. Chem. Pharm. 190, 136. (S. 252.)

säure ohne Veränderung gekocht werden[1]). In alkoholischer Lösung wird sie dadurch ätherificirt. Erhitzt man z. B. die Säure mit 10 procentiger alkoholischer Schwefelsäure 3—4 Stunden zum Sieden, so verschwindet sie vollständig, und auf Zusatz von Wasser fällt der Aether krystallinisch aus. Derselbe kann aus verdünntem Alkohol umkrystallisirt werden und hat die Formel

$$C_6H_5 \cdot N_2H \cdot C\begin{smallmatrix}CH_3\\CO_2 \cdot C_2H_5\end{smallmatrix}.$$

Ber. C 64,08, H 6,8.
Gef. ,, 64,0, ,, 7,0.

Der Aether schmilzt bei 114—115°, destillirt in kleinen Mengen unzersetzt und ist in Alkohol, Aether und Chloroform ziemlich leicht löslich. Durch Kochen mit concentrirtem Alkali wird er glatt in die Säure zurückverwandelt.

Durch Kochen mit starker Salz- oder Schwefelsäure wird die Phenylhydrazinbrenztraubensäure allerdings zersetzt; aber der Vorgang ist ziemlich complicirt. Phenylhydrazin wird nur wenig dabei gebildet, der grösste Theil verwandelt sich in dunkel gefärbte, harzige Produkte.

Durch Natriumamalgam wird die Phenylhydrazinbrenztraubensäure leicht reducirt. Als Hauptprodukt entsteht, wenn man in kalter, verdünnter Lösung arbeitet und das Natriumamalgam langsam zufügt, die um 2 Wasserstoffe reichere

$$\text{Phenylhydrazinpropionsäure, } C_6H_5N_2H_2 \cdot CH\begin{smallmatrix}CH_3\\CO_2H\end{smallmatrix}.$$

Als Nebenprodukt wurde Anilin beobachtet. Zur Isolirung der Säure wird die alkalische Lösung so lange mit verdünnter Salzsäure versetzt, bis der weisse, voluminöse Niederschlag sich nicht mehr vermehrt. Aus siedendem Alkohol umkrystallisirt bildet dieselbe weisse, sehr feine Nadeln.

$C_9H_{12}N_2O_2$. Ber. C 60,0, H 6,67.
Gef. ,, 59,8, ,, 7,0.

Die Säure schmilzt unter Gasentwicklung bei 152—153°. Sie ist in kaltem Alkohol, Aether und Wasser sehr schwer, in heissem Alkohol

---

[1]) Ebenso verhält sich die Verbindung von Phenylhydrazin mit Phenylglyoxylsäure; dagegen wird das entsprechende Derivat der Lävulinsäure durch verdünnte Mineralsäuren sehr leicht in die Componenten gespalten.

Die Beständigkeit dieser Verbindungen ist also stark beeinflusst durch die Stellung des Carboxyls zu dem Kohlenstoff, welcher mit der Hydrazingruppe verknüpft ist, wie folgende Formeln zeigen:

$C_6H_5 \cdot N_2H : C\begin{smallmatrix}CH_3\\CO_2H\end{smallmatrix}$, $C_6H_5 \cdot N_2H : C\begin{smallmatrix}CH_3\\CH_2\cdots CH_2\cdots CO_2H\end{smallmatrix}$.

Phenylhydrazin-   Phenylhydrazinbrenztraubensäure.   lävulinsäure.   E. Fischer.

bedeutend leichter löslich. Leicht löst sie sich in Alkalien und starker Salzsäure.

Durch Oxydationsmittel wird sie leicht angegriffen. In alkalischer Lösung reducirt sie Quecksilberoxyd und Kupfersalze. Durch ammoniakalische Kupferlösung wird sie in der Kälte glatt in Phenylhydrazinbrenztraubensäure zurückverwandelt.

Constitution der Phenylhydrazinbrenztraubensäure.

Nach dem Verhalten der gewöhnlichen Ketone gegen die Hydrazinbasen ist es sehr wahrscheinlich, dass der Ketonsauerstoff mit dem Wasserstoff der Hydrazingruppe als Wasser austritt und dadurch eine Verkuppelung des Ketonkohlenstoffs mit der Stickstoffgruppe erfolgt. Dies kann jedoch in zweierlei Weise stattfinden, wie folgende beide Formeln zeigen:

1. $C_6H_5NH\cdots N=C\begin{smallmatrix}CO_2H\\CH_3\end{smallmatrix}$. 2. $C_6H_5N-C\begin{smallmatrix}CH_3\\CO_2H\end{smallmatrix}$.
$\diagdown\diagup$
NH

Dass das Methyl der Brenztraubensäure bei dem Vorgang nicht betheiligt ist, beweist das Verhalten der Phenylglyoxylsäure, welche mit dem Phenylhydrazin ein ganz ähnliches Produkt liefert.

Um zwischen den beiden Formeln zu entscheiden, haben wir das Verhalten der Brenztraubensäure zu Methylphenylhydrazin geprüft. Auch hier entsteht in ähnlicher Weise durch Wasserabspaltung eine Säure von der Zusammensetzung

$C_6H_5N\cdot N=C\begin{smallmatrix}CH_3\\CO_2H\end{smallmatrix}$,
$\diagdown$
CH_3

aber die letztere zeigt sonderbarer Weise gegen Mineralsäuren ein ganz anderes Verhalten als die Verbindung des Phenylhydrazins.

Methylphenylhydrazinbrenztraubensäure.

Die Verbindung scheidet sich beim Vermischen von Brenztraubensäure mit einer schwach salzsauren Lösung von Methylphenylhydrazin in gelblich gefärbten Oeltropfen ab, welche nach kurzer Zeit krystallinisch erstarren. Sie wird von Aether leicht aufgenommen und daraus durch Ligroïn in schwach gelben Nadeln abgeschieden.

$C_{10}H_{12}N_2O_2$. Ber. C 62,5, H 6,25, N 14,58.
$\phantom{C_{10}H_{12}N_2O_2.\ }$Gef. ,, 62,64, ,, 6,6, ,, 14,7.

Die Säure wird bei 70° weich und schmilzt bei 78°. Sie ist leicht löslich in Alkohol und Aether, schwer in Ligroïn und Wasser. Beim längeren Kochen mit Wasser wird sie zersetzt, ist dagegen in alkalischer Lösung auch in der Wärme beständig.

Sehr merkwürdig ist ihr Verhalten gegen Säuren. Erwärmt man dieselbe langsam mit zehnprocentiger Salzsäure, so färbt sie sich rothgelb und geht dann in Lösung. Beim stärkeren Erhitzen verschwindet die Färbung und es erfolgt die Abscheidung von farblosen, feinen Nadeln, deren Menge sich beim Erkalten und Verdünnen mit Wasser noch bedeutend vermehrt. In der sauren Flüssigkeit sind jetzt beträchtliche Mengen von Ammoniak enthalten. Die neue Verbindung krystallisirt aus heissem Alkohol, worin sie leicht löslich ist, in farblosen Nadeln, welche bei 206° schmelzen. Sie destillirt unzersetzt, ist leicht löslich in Natronlauge, Ammoniak, kohlensaurem Natron und wird daraus durch Säuren unverändert gefällt. Nach verschiedenen Analysen scheint die Verbindung die Zusammensetzung $C_{10}H_9NO_2$ zu haben. Sie würde mithin aus der Methylphenylhydrazinbrenztraubensäure durch einfache Abspaltung von Ammoniak entstehen:

$$C_{10}H_{12}N_2O_2 = C_{10}H_9NO_2 + NH_3.$$

Dieser Vorgang ist so merkwürdig, dass wir einstweilen es nicht wagen, eine Erklärung desselben zu geben. Jedenfalls ist die neue Säure ein Repräsentant einer merkwürdigen Körperklasse, für welche Analogieen bis jetzt fehlen.

44. Gerhard Elsinghorst: Ueber Halogensubstituirte Hydrazine.
Inaugural-Dissertation Erlangen 1884.

Die gewöhnlichen Basen der Benzolreihe liefern mit den Halogenen direct Substitutionsproducte; die primären Hydrazine werden jedoch durch dieselben zerstört, indem die Stickstoffgruppe gespalten wird und secundäre Reactionen stattfinden.

Chlor und Brom wirken sehr energisch ein und es erfolgt die Abscheidung harziger Körper. Einfacher dagegen verläuft die Einwirkung von Jod auf Phenylhydrazin. Jod oxidirt eine wässerige Lösung von Phenylhydrazin zu Diazobenzolimid und Anilin:

$$2\ C_6H_8N_2 + J_4 = C_6H_5N_3 + C_6H_7N + 4\ HJ.$$
Phenylhydrazin　Diazobenzolimid　Anilin.

Daneben entsteht eine geringe Menge jodhaltiger Körper, wahrscheinlich substituirte Aniline.

Es ist daher nicht möglich, durch directe Einwirkung von Halogenen auf Hydrazine, substituirte Hydrazine zu erhalten.

Dieses gelingt jedoch leicht, wie der Verlauf dieser Arbeit gezeigt hat, wenn man von substituirten Anilinen ausgeht.

Die primären Hydrazine entstehen bekanntlich durch Reduction der Diazo- und Diazoamidokörper[1]). Erstere werden in Form ihrer sulfonsauren Salze mit Zinkstaub und Eisessig reducirt, wobei die entsprechenden hydrazinsulfonsauren Salze entstehen; die Diazoamidokörper liefern direct in alkoholischer Lösung reducirt: Hydrazin und Anilin.

Von besonderem Interesse war nun das Verhalten der substituirten Diazoamidokörper bei der Reduction.

Nach P. Griess[2]) sind die beiden Körper, welche aus Diazobenzolnitrat und p. Bromanilin einerseits, und aus Diazoparabrombenzolnitrat und Anilin andererseits entstehen, identisch, welchen Schluss er aus dem Studium[3]) der physikalischen Eigenschaften wie der Zersetzungsproducte später gezogen hat.

---

[1]) Fischer, Liebigs Ann. d. Chem. **190**, 145. (*S. 258.*)
[2]) P. Griess, Phil. Trans. **3**, 678—700. 1864.
[3]) P. Griess, Ber. d. D. Chem. Gesellsch. **7**, 1618.

Nach ihrer Bildungsweise sollte man glauben, dass die Körper verschieden seien und müsste dieselben, wie die Formeln folgender Reactionsgleichungen zeigen, als Diazobenzol-amido-p-brombenzol und Diazo-p-brombenzol-amido-benzol unterscheiden:

I. $C_6H_5-N = N-NO_3 + 2\,C_6H_4 \cdot Br \cdot NH_2 =$
Diazobenzolnitrat $\qquad$ p. Bromanilin

$C_6H_5-N = N-NH \cdot C_6H_4Br + C_6H_4 \cdot Br \cdot NH_2 \cdot HNO_3$
Diazobenzol-amido-p-brombenzol $\qquad$ salpeters. p. Bromanilin.

II. $C_6H_4 \cdot Br-N = N-NO_3 + 2\,C_6H_5 \cdot NH_2 \cdot HNO_3 =$
Diazo-p-brombenzolnitrat $\qquad$ salpeters. Anilin

$C_6H_4 \cdot Br-N = N-NH \cdot C_6H_5 + C_6H_5 \cdot NH_2 \cdot HNO_3$
Diazo-p-brombenzol-amidobenzol $\qquad$ salpeters. Anilin.

Bei der Reduction der Diazoamidokörper wird die Stickstoffgruppe gespalten und zwar so, dass Hydrazin und Anilin gebildet wird.

Wenn man nun in den beiden bromsubstituirten Diazoamidokörpern die Lagerung der beiden Benzolreste in Bezug auf die Stickstoffgruppe in Betracht zieht, so hätte man erwarten können, dass dieselben bei der Reduction ein verschiedenes Verhalten zeigen würden. Der substituirte Benzolrest steht entweder mit der Imid- oder Diazogruppe in Verbindung. Der Entstehung der beiden Körper nach könnte man wohl annehmen, dass in dem Diazobenzol-amido-p-brombenzol der substituirte Benzolrest mit der Imidgruppe, im Diazo-p-brombenzol-amidobenzol mit der Diazogruppe verbunden sei, wenn man von einer molekularen Umlagerung absieht. Findet nun die Spaltung an der Stelle, wo die Imidgruppe mit der Diazogruppe in Verbindung steht, statt, so würde demnach der erste Körper in Phenylhydrazin und p. Bromanilin, der zweite in p. Bromphenylhydrazin und Anilin gespalten werden.

Dem entgegengesetzt liefern dieselben jedoch, wie der Versuch gezeigt hat, bei der Reduction dieselben Producte; nur p. Bromphenylhydrazin und Anilin.

Mancher ist nun vielleicht geneigt, in diesem gleichen Verhalten bei der Reduction einen Beweis für die Identität der beiden Körper zu erblicken. Bedenkt man jedoch, dass die Reduction in zwei Phasen verlaufen kann, dass zunächst durch Wasserstoffanlagerung ein Zwischenproduct gebildet werden kann, welches bei weiterer Reduction erst dieselbe Zersetzung ergibt, so wird dieser Beweis hinfällig.

Dieses Zwischenproduct kann etwa durch Anlagerung zweier Wasserstoffatome unter Ueberführung der doppelten Bindung, der beiden Stickstoffatome der Diazogruppe in eine einfache, entstehen.

So würde Diazobenzol-amido-p-brombenzol nach folgender Gleichung den Körper:

$$C_6H_5-NH-NH-NH\cdot C_6H_4\cdot Br \text{ ergeben.}$$
$$C_6H_5\cdot -N=N-NH\cdot C_6H_4\cdot Br + H_2 = C_6H_5\cdot NH-NH-NH\cdot C_6H_4\cdot Br$$

ebenso, Diazo-p-brombenzol-amidobenzol,

$$C_6H_4\cdot Br\cdot NH-NH-NH\cdot C_6H_5; \text{ denn}$$
$$C_6H_4\cdot Br-N=N-NH\cdot C_6H_5 + H_2 = C_6H_4\cdot Br\cdot NH-NH-NH\cdot C_6H_5.$$

Diese beiden Verbindungen sind, wie ihre Formeln zeigen, identisch und würden demnach bei weiterer Reduction dieselbe Zersetzung ergeben.

Ein derartiges Zwischenproduct konnte jedoch, ebenso wenig beim Diazobenzol-amidobenzol, wie bei den bromsubstituirten Diazoamidokörpern gefasst werden.

Das gleiche Verhalten der beiden Körper bei der Reduction liefert mithin nur einen Beitrag für die Bestätigung der Angabe von Griess, dass beide Körper identisch sind, jedoch wird der endgültige Beweis ihrer gleichen Structur hierdurch nicht gegeben.

Darstellung von Parabromanilin.

Von den verschiedenen Methoden für die Darstellung von Parabromanilin ist die von Mills[1]) allen anderen vorzuziehen.

Derselbe stellte zuerst p. Bromanilin aus p. Bromacetanilid dar.

Für die Darstellung von p. Bromacetanilid liegen folgende Angaben vor:

1) Nach Remmers[2]) bringt man die theoretisch berechnete Menge Brom mit Acetanilid in Eisessiglösung zusammen.

2) Gürke[3]) lässt Bromwasser auf in Wasser fein zertheiltes Acetanilid einwirken.

3) G. Schultz[4]) fügt Brom in Schwefelkohlenlösung zu Acetanilid in Schwefelkohlenstofflösung.

Die von Gürke gemachte Angabe wurde durch O. Affinger[5]) wesentlich vervollkommnet und ist von mir für die Darstellung von p. Bromacetanilid benutzt worden.

Nach der Angabe von Affinger wurde wie folgt verfahren:

100 Gramm Brom lässt man, in circa 4 Liter Wasser gelöst, unter fortwährendem Umrühren ganz allmählich in eine geräumige Schale fliessen, in welcher sich 84,5 gr. Acetanilid in circa einem Liter Wasser suspendirt befinden. Nach Beendigung der Reaction wird der ent-

---
[1]) Mills, Jahresberichte 1860, 348.
[2]) Remmers, Berichte d. D. Chem. Gesellsch. 7, 312.
[3]) Gürke, Berichte d. D. Chem. Gesellsch. 8, 1119.
[4]) Schultz, Berichte d. D. Chem. Gesellsch.
[5]) O. Affinger, Einige Derivate des Parabromanilins. Inaug.-Diss. Berlin 1879.

standene voluminöse Krystallbrei von der Flüssigkeit [welche die Bromwasserstoffsäure enthält] abfiltrirt, mit Wasser gewaschen und aus Alkohol umkrystallisirt. Durch Kochen des Bromacetanilids mit conc. Salzsäure am Rückflusskühler wird dasselbe in salzsaures p. Bromanilin gespalten, dessen Lösung mit Natronlauge übersättigt wird, wodurch sich die freie Base als schwach gelb gefärbtes Oel abscheidet, das jedoch bald zu einem aus deutlichen Oktaedern bestehenden Krystallkuchen erstarrt.

Die Ausbeute betrug nach diesem Verfahren durchschnittlich 85—90% der berechneten Menge, während ich nach dem Verfahren von Remmers nur 70—75% Ausbeute erhielt.

Das G. Schultz'sche Verfahren, welches ich ebenfalls anwandte, gibt auch gute Resultate, erfordert jedoch das lästige Arbeiten mit Schwefelkohlenstoff.

Darstellung von salpetersaurem Parabromdiazobenzol[1]).

10 gr. salpeters. p. Bromanilin (erhalten durch Behandlung von p. Bromanilin mit der berechneten Menge conc. HNO_3) wurden mit etwas Wasser zu einem Krystallbrei angerührt und nach Hinzufügung von etwas Salpetersäure wurde ein rascher Strom von salpetriger Säure eingeleitet. Diese Massregel ist nothwendig, weil sich sonst Diazoamidobrombenzol ausscheidet, welches nur schwer weiter angegriffen wird.

Da das salpetersaure Diazobrombenzol in wässeriger Lösung ziemlich beständig ist, so kann man dieselbe an der Luft etwas verdunsten lassen. Die wässerige Lösung wurde hierauf mit dem vierfachen Volumen Alkohol versetzt und das Diazobrombenzolnitrat mit Aether gefällt. Das so erhaltene Product bildet rhombische Blättchen. —

Darstellung von Diazo-p-brombenzol-amidobenzol $C_{12}H_{10}Br \cdot N_3$ [2]).

Zu der wässerigen Lösung von salpetersaurem p. Diazobrombenzol wurde essigsaures Anilin in geringem Ueberschusse gebracht. Es scheidet sich alsbald eine bräunlich gelbe, harzartige, weiche Masse aus, welche nach dem Aussalzen mit essigsaurem Natron allmählich erstarrt, wobei die Farbe derselben gelber wird.

Der so erhaltene Körper ist in Benzol, Ligroin und Aether ziemlich leicht, schwieriger in Alkohol löslich. Aus Benzol umkrystallisirt bildet das Diazo-p-brombenzol-amidobenzol feine fahlgelbe Nadeln, während man es aus Alkohol gewöhnlich in feinen Blättchen erhält.

---
[1]) Griess, Jahresberichte **1866**, 451.
[2]) P. Griess, Phil. Trans. **3**, 700. 1864.

Reduction des Diazoparabrombenzol-amidobenzols mit Zinkstaub und Essigsäure.

10 gr. Diazoparabrombenzol-amidobenzol wurden in 40 gr. absolutem Alkohol gelöst und hierauf die durch Eis gekühlte rothbraune Lösung mit Eisessig versetzt und Zinkstaub bis zur Entfärbung derselben zugesetzt. Zur Vollendung der Reaction wurde die Lösung noch schwach auf dem Wasserbade erwärmt und hierauf der überschüssige Zinkstaub abfiltrirt. Das Filtrat färbte sich alsbald röthlich braun an der Luft und wurde deshalb im luftverdünnten Raume eingedampft. Dasselbe hinterliess hierbei ein zähflüssiges dunkelbraunes Oel, welches selbst in einer Kältemischung nicht erstarrte. Es wurde das Oel mit Wasser behandelt, wodurch ein Theil desselben in Lösung ging, der grössere Theil blieb jedoch zurück. Die wässerige Lösung und das Oel wurden für sich weiter verarbeitet.

a. Verarbeitung der wässerigen Lösung.

Die ziemlich farblose Lösung wurde mit Natronlauge übersättigt worauf sich ein voluminöser Körper in weissen Flocken ausschied. Derselbe wurde abfiltrirt, mit Wasser gewaschen und aus heissem Ligroin umkrystallisirt und durch seine Eigenschaften (Schmelzpunkt u. s. w.) als p. Bromphenylhydrazin erkannt. —

Das alkalische Filtrat vom p. Bromphenylhydrazin wurde mit Aether extrahirt und darauf der Aether abdestillirt. Es hinterblieb ein etwas gefärbtes Oel, welches mit Salzsäure versetzt und zur Trockne eingedampft wurde. Der zurückgebliebene Körper, in etwas Wasser gelöst, gab mit Chlorkalk die Anilin-Reaction und ist somit salzsaures Anilin.

Mithin enthielt die wässerige Lösung p. Bromphenylhydrazin und Anilin zum Theil in Form der essigsauren Salze.

b. Verarbeitung des Oeles.

Das Oel wurde mit Aether aufgenommen, vom Wasser befreit und hierauf der Aether abdestillirt. Das wiederum erhaltene Oel wurde mit Salzsäure versetzt, wodurch ein voluminöser flockiger Niederschlag entstand, welcher abfiltrirt, mit möglichst wenig Wasser ausgewaschen und aus heissem Wasser umkrystallisirt schöne glänzende weisse Blättchen von salzsaurem p. Bromphenylhydrazin gab.

Ferner wurde die alkoholische Lösung des mit Zinkstaub und Eisessig reducirten Diazoparabrombenzol-amidobenzols mit Wasser verdünnt und direct mit conc. Salzsäure versetzt, wodurch sich nur salzsaures p. Bromphenylhydrazin ausschied. In der stark sauren Lösung konnte nur Anilin und keine Spur von p. Bromanilin nachgewiesen werden. — Mithin liefert das Diazo-p-brombenzol-amidobenzol bei der Reduction nur p. Bromphenylhydrazin und Anilin.

Darstellung von Diazobenzol-amido-p-brombenzol.

Dieser Körper, welcher seiner Darstellung aus salpetersaurem Diazobenzol und Parabromanilin gemäss so benannt wird, wurde auf folgende Weise erhalten.

Reines salpetersaures Diazobenzol wurde in concentrirter wässeriger Lösung mit der erforderlichen Menge (2 Moleküle) p. Bromanilin in Eisessiglösung unter Zusatz von essigsaurem Natron (um die Salpetersäure abzustumpfen) versetzt. Die Flüssigkeit färbte sich hierbei orangeroth und schied darauf den Körper in weichen gelben Flocken aus, welche bald erstarrten. Das Diazobenzol-amido-p-brombenzol stellt aus Benzol, in welchem es ziemlich leicht löslich ist, umkrystallisirt, fahlgelbe Blättchen dar.

Reduction dieses Productes.

Es wurde gerade wie oben mit Zinkstaub und Eisessig reducirt; unter den Reductionsproducten konnte nur p. Bromphenylhydrazin und Anilin nachgewiesen werden. — Dieses Resultat liefert mithin einen Beitrag für die Bestätigung der Angabe von Griess, dass die Verbindung identisch ist mit dem Diazoparabrombenzol-amidobenzol, welches aus Diazoparabrombenzolnitrat und Anilin entsteht.

Darstellung von sulfonsaurem Diazoparabrombenzol-Natrium.

Eine conc. wässerige Lösung von reinem Diazoparabrombenzolnitrat wurde in eine kalt gehaltene Lösung von schwefligsaurem Natrium (2 Mol. Na_2SO_3 auf 1 Mol. Parabromanilin) eingetragen. Die Lösung färbt sich intensiv orangeroth und scheidet nach einiger Zeit das sulfonsaure Salz in schönen, gelben, glänzenden Blättchen aus. Rascher geht die Ausscheidung beim schwachen Erwärmen auf dem Wasserbade vor sich. Ein kleiner Theil bleibt jedoch noch in Lösung und kann vollends durch Natronlauge ausgeschieden werden.

Eigenschaften des sulfonsauren Diazoparabrombenzols.

Dasselbe ist in Wasser mässig, ziemlich schwer in Alkohol löslich. Aus Wasser krystallisirt es in schönen, hellgelben, glänzenden Blättchen, aus Alkohol in mehr röthlich-gelben Blättchen.

Es verpufft beim Erhitzen.

Von demselben wurde eine Natrium- und Schwefelbestimmung gemacht:

0,216 gr. Substanz gaben 0,054 gr. Na_2SO_4. — 0,6625 gr. Substanz gaben 0,526 gr. $BaSO_4$.

$C_6H_4Br-N=N-SO_3Na$. Ber. Na 8,01, S 11,44.
Gef. ,, 8,11, ,, 10,928.

Das sulfonsaure Diazoparabrombenzol-Natrium entsteht aus Diazoparabrombenzolnitrat und schwefligsaurem Natrium nach der Gleichung:

$C_4H_4Br-N = N-NO_3 + Na_2SO_3 =$
$C_6H_4Br-N = N-SO_3Na + NaNO_3$.

Darstellung von p-bromphenylhydrazinsulfonsaurem Natrium.

Sulfonsaures Diazobrombenzol-Natrium wird in möglichst wenig heissem Wasser gelöst und die Lösung auf Zimmertemperatur abgekühlt.

Darauf wird dieselbe mit Eisessig angesäuert und allmählich Zinkstaub bis zur Entfärbung hinzugegeben. Die entfärbte Lösung wird vom Zinkstaub abfiltrirt und in dieselbe zur Entfernung des Zinks Schwefelwasserstoff eingeleitet. Das gebildete Schwefelzink wird abfiltrirt und hierauf die Lösung des p. bromphenylhydrazinsulfonsauren Natriums im Vacuum eingedampft. Der Rückstand, aus möglichst wenig heissem Wasser umkrystallisirt, liefert feine weisse, glänzende Blättchen, welche sich leicht etwas röthlich färben.

Eine Natriumbestimmung ergab:

0,1892 gr. Substanz gaben 0,046 gr. Na_2SO_4.

$C_6H_4Br-NH-NH \cdot SO_3Na$. Ber. 7,96. Gef. 7,92.

Mit Salzsäure versetzt zerfällt es in salzsaures p. Bromphenylhydrazin und saures schwefelsaures Natrium nach der Gleichung:

$C_6H_4Br-N_2H_2 \cdot SO_3Na + H_2O + HCl$
$= C_6H_4 \cdot Br-N_2H_3HCl + NaHSO_4$.

Darstellung von Parabromphenylhydrazin.

Wenn nicht zu viel überschüssiges schwefligsaures Natrium vorhanden ist, so wird das p. diazobromsulfonsaure Natrium, welches nach der früheren Angabe dargestellt ist, durch Erhitzen auf dem Wasserbade unter Zusatz von etwas Wasser in Lösung gebracht. Die Lösung lässt man auf circa 30° erkalten und trägt Eisessig und Zinkstaub bis zur Entfärbung ein. Dann erwärmt man dieselbe wiederum eine kurze Zeit auf dem Wasserbade, filtrirt vom Zinkstaub ab und versetzt das erkaltete Filtrat mit dem doppelten Volumen conc. Salzsäure. Das salzsaure p. Bromphenylhydrazin, welches sich alsbald als eine voluminöse, weisse, flockige Masse abscheidet, wird abfiltrirt und mit möglichst wenig Wasser die anhängende Salzsäure ausgewaschen. Das salzsaure p. Bromphenylhydrazin färbt sich hierbei immer etwas röthlichgelb. Dasselbe wird in möglichst wenig heissem Wasser gelöst und die Lösung mit Natronlauge übersättigt, wodurch sich das p. Bromphenylhydrazin in weissen Flocken abscheidet, welche rasch abfiltrirt und mit Wasser bis zur vollkommenen Entfernung des Natrons ausgewaschen wurden.

Das p. Bromphenylhydrazin wurde aus Ligroin, in welchem es in der Wärme ziemlich leicht löslich ist, umkrystallisirt. Den in der Natronlauge enthaltenen Theil gewinnt man durch Ausschütteln mit Aether. Krystallisirt man das rohe salzsaure p. Bromphenylhydrazin einmal aus Wasser um, so erhält man das p. Bromphenylhydrazin beim Zersetzen mit Natronlauge direct fast vollkommen rein.

Die Ausbeute an p. Bromphenylhydrazin betrug auf p. Bromanilin bezogen durchschnittlich nur die Hälfte der berechneten Menge.

Eigenschaften des Parabromphenylhydrazins.

Das Parabromphenylhydrazin hat der Analyse gemäss die Formel: $C_6H_7 \cdot BrN_2$.

1. 0,234 gr. Substanz gaben 0,328 gr. CO_2 und 0,082 gr. H_2O. — 2. 0,132 gr. Substanz gaben bei 17°C. und 742 mm. Barometerstand 17,5 ^{cm} oder 0,01982 gr. N. — 3. 0,1435 gr. Substanz gaben 0,103 gr. AgCl und 0,023 Ag = 0,045 gr. AgCl, zusammen 0,1435 gr. AgCl.

Ber. C 38,50, H 3,71, N 14,97, Br 42,72 = 100,00.
Gef. ,, 38,28, ,, 3,93, ,, 14,94, ,, 42,56 = 99,71.

Es stellt weisse Nadeln dar, welche bei 103—103,5° schmelzen und in kaltem Wasser fast unlöslich, in heissem Wasser etwas löslich sind. Leicht löslich ist die Base in Alkohol, Aether, Chloroform und Benzol, schwer löslich in kaltem Ligroin. Sie reducirt Fehling'sche Lösung in der Kälte; unter den Reductionsproducten konnte p. Bromanilin nachgewiesen werden, ebenso tritt der betäubende Geruch von Bromdiazobenzolimid auf. Ebenfalls reducirt sie eine ammoniakalische Silberlösung.

Die Base unterscheidet sich vom Phenylhydrazin wesentlich dadurch, dass sie nicht unzersetzt destillirbar ist. Erhitzt man dieselbe in einem Destillationskolben über freiem Feuer etwas über ihren Schmelzpunkt, so findet eine vollkommene Zersetzung statt und es bildet sich neben Bromammonium, welches sich an den kälteren Theilen des Gefässes absetzt, p. Bromanilin neben höher substituirten Anilinen, welche in die Vorlage übergehen.

Der grösste Theil wird unter Abscheidung von Kohle vollkommen zersetzt. Unter den flüchtigen Producten konnte kein Hydrazin nachgewiesen werden.

Salze des p. Bromphenylhydrazins: Das p. Bromphenylhydrazin, zeigt ebenso wie das Phenylhydrazin eine grosse Verwandtschaft zu den Mineralsäuren und bildet beständige Salze.

Von rauchender Salpetersäure wird es, wie das gewöhnliche Hydrazin, unter Feuererscheinung zersetzt.

Salzsaures p. Bromphenylhydrazin

wurde durch Umkrystallisiren des rohen Salzes (wie es durch Salzsäure abgeschieden wird) aus Wasser, in welchem es ziemlich leicht löslich ist, rein dargestellt. Bildet weisse, glänzende Blättchen, welche in kaltem Wasser mässig, in heissem Wasser leicht, in Alkohol schwer löslich sind. Das Salz reducirt ebenfalls Fehling'sche Lösung in der Kälte.

Eine Stickstoffbestimmung ergab:

0,185 gr. Substanz gaben 20,5 ccm (bei 13° C. und 734 mm Barometerstand) oder 0,02338 gr. N.

$C_6H_4 \cdot BrN_2H_3 \cdot HCl$. Ber. N 12,52. Gef. N 12,64.

p. Bromphenylhydrazin-sulfat.

Erhalten durch Neutralisation von p. Bromphenylhydrazin mit mässig verdünnter Schwefelsäure; stellt aus Wasser umkrystallisirt weisse atlasglänzende Blättchen dar; zersetzt sich beim Erhitzen mit conc. Schwefelsäure unter Entwicklung von schwefliger Säure.

Nitrosoparabromphenylhydrazin.

Dasselbe bildet sich analog[1]) dem Nitrosophenylhydrazin durch Einwirkung von salpetrigsaurem Natron auf neutrales salzsaures p. Bromphenylhydrazin, wie folgende Gleichung zeigt:

$$C_6H_4 \cdot BrN_2H_3 \cdot HCl + NaNO_2 = C_6H_4 \cdot BrN_2H_2 \cdot NO + NaCl + H_2O.$$

Möglichst neutrales salzsaures p. Bromphenylhydrazin wurde in der zehnfachen Menge Wasser gelöst und in die durch Eis gekühlte Lösung etwas mehr als die berechnete Menge salpetrigsaures Natron eingetragen.

Es schieden sich nach kurzer Zeit schwach gelblich gefärbte Flocken aus, welche, nachdem sie rasch abfiltrirt mit Fliesspapier getrocknet, in Aether gelöst und mit Ligroin gefällt wurden. Die Nitrosoverbindung wurde auf diese Weise in schwach bräunlich gelben Nadeln erhalten, von denen bald nachher eine Stickstoffbestimmung ausgeführt wurde.

0,194 gr. Substanz gaben bei 14° C. und 732 mm. Barometerstand 35,5 ccm. oder 0,0379 gr. N.

$C_6H_6BrN_3O$. Ber. N 19,4. Gef. N 19,35.

Die Substanz schmilzt gegen 85° unter gleichzeitiger Zersetzung und Bildung rother Dämpfe; gibt mit Phenol-Schwefelsäure die Liebermann'sche Reaction. Zersetzt sich beim Aufbewahren schon nach ein paar Tagen vollständig und verwandelt sich in eine braune, übelriechende harzartige Masse.

---

[1]) E. Fischer, Liebigs Ann. d. Chem. **190**, 89. (*S. 221.*)

Diazoparabrombenzolimid.

Salzsaures Phenylhydrazin geht in saurer Lösung mit salpetrigsaurem Natron in der Wärme behandelt in Diazobenzolimid über; dieselbe Reaction findet beim salzsauren p. Bromphenylhydrazin statt. Letzteres geht dabei in Diazoparabrombenzolimid über, welches von Griess zuerst durch Einwirkung von wässerigem Ammoniak auf Diazobrombenzol-perbromid erhalten wurde.

Versetzt man salzsaures p. Bromphenylhydrazin in einem Kölbchen mit etwas Salzsäure und fügt unter beständigem Umschütteln salpetrigsaures Natron im Ueberschuss hinzu, so scheiden sich alsbald weiss-gelbe Flocken aus, welche rasch dunkelroth werden.

Erhitzt man hierauf den Inhalt des Kolbens am Rückflusskühler einige Zeit, bis keine Gasbildung mehr stattfindet, so scheidet sich ein dunkelbraunes Oel ab, welches, nachdem man es aus dem Kolben direct mit Wasserdämpfen übergetrieben hat, nur noch schwach gelb gefärbt erscheint und bei gewöhnlicher Zimmertemperatur zum Theil erstarrt. Das reine Diazoparabrombenzolimid schmilzt bei 18—20°. Griess gibt seinen Schmelzpunkt bei etwa 20° liegend an. In alkoholischer Lösung mit Zink und Schwefelsäure behandelt zerfällt es in p. Bromanilin und Ammoniak.

Darstellung von Parachloranilin[1]).

Parachloranilin wurde aus p. Chlornitrobenzol durch Reduction desselben mit Zinn und Salzsäure dargestellt.

Parachlornitrobenzol[2]).

Chlorbenzol wurde in der dreifachen Menge durch Wasser gekühlte, rauchende Salpetersäure eingetragen. Nach Zusatz von Wasser entsteht ein gelblicher Niederschlag, welcher zur Entfernung des in ziemlich beträchtlicher Menge nebenher entstehenden Orto-Chlornitrobenzols abgesaugt und aus Alkohol, in welchem der Körper in der Wärme leicht, in der Kälte schwer löslich ist, umkrystallisirt wurde. Das so rein erhaltene p.Chlornitrobenzol wurde hierauf mit Zinn und Salzsäure solange am Rückflusskühler erhitzt, bis der Geruch nach demselben verschwunden war. Darauf wurde die Flüssigkeit filtrirt, Natronlauge bis zur Lösung des Zinns hinzugesetzt und das ausgeschiedene p. Chloranilin mit Wasserdämpfen übergetrieben. Hierbei ging dasselbe als eine schwach gelbgefärbte Masse in die Vorlage über, welche aus verdünntem Alkohol umkrystallisirt weisse Nadeln vom Schmelzpunkt 69° gab.

---
[1]) Beilstein, Handbuch d. org. Chem.
[2]) Riche, Liebigs Ann. d. Chem. 121, 357. H. Müller, Zeitschr. f. Chem. 1863, 483.

Darstellung von Parachlorphenylhydrazin.

Das p. Chlorphenylhydrazin wurde ganz analog dem p. Bromphenylhydrazin dargestellt und hat ähnliche Eigenschaften. Salpetersaures p. Chloranilin wurde mit salpetriger Säure in Diazoparachlorbenzolnitrat übergeführt, welches in möglichst wenig Wasser gelöst in eine concentrirte Lösung von schwefligsaurem Natron eingetragen wurde. Es findet hierbei dieselbe Reaction wie bei der Darstellung von sulfonsaurem Diazoparabrombenzol-Natrium statt. Beim Erwärmen der Lösung scheidet sich das sulfonsaure Salz in bräunlich gelben Blättchen aus, welche durch Umkrystallisiren aus Wasser eine fahlgelbe Farbe annehmen. Dasselbe ist in Alkohol ebenfalls ziemlich schwer löslich und verpufft beim Erhitzen.

Das aus Wasser umkrystallisirte sulfonsaure Diazoparachlorbenzol-Natrium wurde in circa 10 Theilen Wasser durch Erwärmen auf dem Wasserbade gelöst und die Lösung auf etwa $40°$ erkalten gelassen. Hierauf wurde Eisessig hinzugegeben und Zinkstaub bis zur Entfärbung der Lösung eingetragen. Das Filtrat wurde zum Theil zur Darstellung des p. chlorphenylhydrazinsulfonsauren Natriums mit Schwefelwasserstoff übersättigt zur Entfernung des Zinks und hierauf im Vacuum eingedampft. Der Rückstand aus Wasser umkrystallisirt lieferte das

p. Chlorphenylhydrazinsulfonsaure Natrium

in weissen Blättchen, welche sich leicht in Alkohol und Eisessig lösen.

Von demselben wurde eine Natrium- und Schwefelbestimmung gemacht, deren Resultate zeigten, dass das Salz wasserfrei krystallisirt und die Formel: $C_6H_4 \cdot Cl \cdot N_2H_2 \cdot SO_3Na$ hat.

0,189 gr. Substanz gaben 0,0546 gr. Na_2SO_4. — 0,272 gr. Substanz gaben 0,258 gr. $BaSO_4$.

$C_6H_6 \cdot ClN_2SO_3Na$. Ber. Na 9,41, S 13,01.
                              Gef. ,, 9,36, ,, 13,09.

Der andere Theil des Filtrates wurde mit dem doppelten Volumen conc. Salzsäure versetzt, worauf sich das salzsaure p. Chlorphenylhydrazin in voluminösen weissen Flocken ausschied, welche von der Salzsäure abfiltrirt, mit wenig Wasser ausgewaschen und aus letzterem Lösungsmittel umkrystallisirt wurden.

Das Salz in wenig Wasser gelöst schied auf Zusatz von Natronlauge das p. Chlorphenylhydrazin in weissen Flocken aus, welche aus heissem Ligroin umkrystallisirt schöne, weisse ziemlich lange Nadeln gaben.

Eigenschaften des Parachlorphenylhydrazins.

Die Base stellt weisse bis zu 5 cm. lange Nadeln dar, welche bei $83°$ C. schmelzen. Dieselben sind so zu sagen unlöslich in kaltem Wasser, sehr wenig löslich in heissem Wasser; leicht löslich in Alkohol, Aether, Chloroform und Benzol.

Parachlorphenylhydrazin reducirt alkalische Kupfer- und Silberlösung ziemlich rasch. Unter den Reductionsproducten konnte p. Chloranilin nachgewiesen werden. — Beim Erhitzen für sich zersetzt es sich. An den kälteren Theilen des Kolbens setzt sich Chlorammonium ab, höher substituirte Aniline gehen in die Vorlage über und ein beträchtlicher Theil Kohle bleibt zurück.

Dem Resultate der Analyse gemäss kommt ihm die Formel $C_6H_7ClN_2$ zu.

0,266 gr. Substanz gaben 0,531 gr. CO_2 und 0,124 gr. H_2O. — 0,160 gr. Substanz gaben 0,1435 gr. AgCl und 0,01 gr. Ag oder 0,160 gr. AgCl.

$C_6H_7ClN_2$. Ber. C 50,52, H 4,99, Cl 24,92, N 19,57 = 100,00.
Gef. ,, 50,4, ,, 5,17, ,, 24,68.

p. Chlorphenylhydrazin-chlorhydrat.

Durch Umkrystallisiren des rohen Salzes erhält man es in Form von weissen, feinen Blättchen, welche leicht in Wasser, schwer in Alkohol löslich sind. Beim raschen Erhitzen zersetzt es sich unter Bildung rother Dämpfe.

p. Chlorphenylhydrazin-sulfat

stellt weisse, atlasglänzende Blättchen dar, welche ziemlich schwer in Alkohol löslich sind. Beim Erhitzen mit conc. Schwefelsäure entwickelt es schweflige Säure.

45. Emil Fischer und Otto Hess: Synthese von Indolderivaten.

Berichte der Deutschen Chemischen Gesellschaft **17**, 559 [1884].

(Eingegangen am 12. März.)

Die aus Brenztraubensäure und Methylphenylhydrazin entstehende Säure

$$C_6H_5 \cdot \underset{CH_3}{N}\text{---}N : C\!\!<^{CH_3}_{COOH}$$

erleidet, wie früher[1]) angegeben wurde, beim Erwärmen mit Salzsäure eine eigenthümliche Veränderung. Sie zerfällt gerade auf in Ammoniak und eine neue Säure $C_{10}H_9NO_2$.

$$C_{10}H_{12}N_2O_2 = NH_3 + C_{10}H_9NO_2.$$

Wir haben diesen merkwürdigen Vorgang genauer untersucht und gefunden, dass die neue Säure ein Derivat des Indols ist. Beim längeren Erhitzen über den Schmelzpunkt verliert sie Kohlensäure und verwandelt sich in die schwach basische Verbindung C_9H_9N. Letztere ist in Zusammensetzung und Eigenschaften dem Indol ausserordentlich ähnlich.

Durch Oxydation lässt sich daraus eine Verbindung $C_9H_7NO_2$ gewinnen, welche unzweifelhaft Methylpseudoisatin,

$$C_6H_4\!\!<^{CO}_{\underset{CH_3}{N}}\!\!>CO,$$

ist.

Auf Grund dieser Beobachtungen geben wir der Base C_9H_9N die aufgelöste Formel

$$C_6H_4\!\!<^{CH}_{\underset{CH_3}{N}}\!\!>CH$$

und betrachten sie als Methylindol, wobei wir natürlich die Richtigkeit der von Baeyer vorgeschlagenen Indolformel

$$C_6H_4\!\!<^{CH}_{NH}\!\!>CH$$

voraussetzen.

---

[1]) E. Fischer und Fr. Jourdan, Berichte d. D. Chem. Gesellsch. **16**, 2245. (S. *441*.)

Das Methylindol entsteht durch Abspaltung von Kohlensäure aus der Verbindung $C_{10}H_9NO_2$; man darf daraus den Schluss ziehen, dass letztere eine Carbonsäure der Base ist. Ihr Carboxyl stammt aus der Brenztraubensäure und befindet sich also in der Seitenkette. Seine Stellung zum Stickstoff ist noch nicht ermittelt. Wir müssen deshalb die Wahl zwischen den Formeln

$$C_6H_4\diagdown\begin{array}{c}C\cdots CO_2H\\ \diagup CH\\ N\end{array} \quad \text{und} \quad C_6H_4\diagdown\begin{array}{c}CH\\ \diagup C\cdots CO_2H\\ N\end{array}$$
$$CH_3 \qquad\qquad\qquad CH_3$$

unentschieden lassen.

Die Bildung der Methylindolcarbonsäure aus der Methylphenylbrenztraubensäure ist ein sehr sonderbarer Vorgang, der ohne Analogie dasteht.

Nach Allem, was bis jetzt über die Hydrazinderivate der Ketone und Aldehyde bekannt ist, erfolgt die Vereinigung von Brenztraubensäure und Methylphenylhydrazin nach dem Schema:

$$\begin{array}{ccc} & CH_3 & \qquad\qquad\qquad\qquad CH_3 \\ & | & \qquad\qquad\qquad\qquad\quad *) \quad | \\ C_6H_5\cdot N-NH_2 + CO & = & C_6H_5\cdot N-N=C \quad + H_2O. \\ | & | & \qquad\qquad\qquad\qquad\quad | \\ CH_3 & CO_2H & \qquad\qquad\qquad\qquad CH_3 \quad CO_2H \end{array}$$

Wenn aus einem derartig constituirten Producte ein Indolabkömmling entstehen soll, so muss der in der Mitte der Molekel befindliche, mit *) bezeichnete Stickstoff in Verbindung mit einem Wasserstoff des Phenyls und zwei Wasserstoffen des Methyls der Brenztraubensäure als Ammoniak austreten. Durch Vereinigung der Reste würde dann die Methylindolcarbonsäure entstehen.

Wir können uns jedoch nicht verhehlen, dass diese Auffassung der in Wirklichkeit so einfach und glatt verlaufenden Reaction sehr gesucht erscheinen wird und dass überhaupt die modernen Formeln in diesem Falle ein recht unvollkommener Ausdruck der thatsächlichen Beobachtungen sind.

Die Bildung von Indolderivaten aus Brenztraubensäure und den secundären aromatischen Hydrazinen scheint eine allgemeine Reaction zu sein.

Wir haben nach dieser Methode ausser dem Methylindol bereits das Aethyl- und Phenylindol erhalten. Beide können durch Oxydation in die entsprechenden Isatinderivate verwandelt werden. Aus dem Aethylindol entsteht die Verbindung $C_6H_4\diagdown\begin{array}{c}CO\\ \diagup CO\\ N\end{array}$,
$$\qquad\qquad\qquad\qquad\qquad\qquad\qquad\quad C_2H_5$$

welche identisch ist mit dem von A. Baeyer auf anderem Wege dargestellten Aethylpseudoisatin[1]).

Für die Synthese der Körper der Indigogruppe ist damit ein neues und, wie es scheint, recht fruchtbares Gebiet erschlossen.

Methylindolcarbonsäure.

Als Ausgangsmaterial dient das rohe Methylphenylhydrazin, welches durch Reduktion des Nitrosamins mit Zinkstaub und Essigsäure erhalten wird. Dasselbe enthält wechselnde Mengen von Methylanilin, welches die Reaktion nicht stört. Die Base wird in sehr verdünnter Salzsäure gelöst und mit der entsprechenden Menge Brenztraubensäure versetzt. Dabei scheidet sich die Methylphenylhydrazinbrenztraubensäure als gelbes Oel ab, welches nach kurzer Zeit krystallinisch erstarrt. Dasselbe wird filtrirt, mit Wasser gewaschen und ohne Weiteres durch Salzsäure zersetzt. Zu dem Zweck übergiesst man die zerriebene Masse mit der fünfzehnfachen Gewichtsmenge zehnprocentiger Salzsäure und erwärmt unter Umschütteln auf dem Wasserbade. Die Masse löst sich dabei in der Regel vollständig mit rother Farbe und nach kurzer Zeit fällt die Methylindolcarbonsäure in wenig gefärbten Nadeln aus. Wendet man concentrirtere Lösungen an, so beginnt die Krystallisation der neuen Carbonsäure, bevor das ursprüngliche Produkt ganz in Lösung gegangen ist; das Ende der Reaktion ist jedoch auch in diesem Falle leicht zu erkennen. Die Flüssigkeit wird jetzt abgekühlt und der Niederschlag filtrirt. Aus der Mutterlauge gewinnt man durch Abdampfen auf dem Wasserbade noch eine kleine Menge der Carbonsäure. Das Rohprodukt ist schwach gelbroth gefärbt und wird durch ein- bis zweimaliges Umkrystallisiren aus siedendem Alkohol rein weiss erhalten.

Die Säure hat die Zusammensetzung $C_{10}H_9NO_2$.

Ber. H 5,1, C 68,57, N 8,0
Gef. ,, 5,06, ,, 68,51, ,, 7,8.

Sie krystallisirt aus heissem Alkohol in weissen Nadeln, welche bei 212° schmelzen. In kaltem Wasser ist sie fast unlöslich, in heissem Wasser schwer löslich. Von heissem Alkohol, Aether und Benzol wird sie ziemlich leicht aufgenommen. In Alkalien und Ammoniak löst sie sich ebenfalls sehr leicht und wird durch Säuren wieder unverändert abgeschieden. Concentrirte Mineralsäuren lösen sie mit rother Farbe.

Von Natriumamalgam wird sie in wässriger Lösung nicht verändert; dagegen durch Kaliumpermanganat schon in der Kälte zerstört. Beim raschen Erhitzen destillirt sie zum Theil unzersetzt; beim längeren Erhitzen bis zum Schmelzpunkte wird sie dagegen vollständig in Kohlensäure und Methylindol gespalten.

---
[1]) Berichte d. D. Chem. Gesellsch. 16, 2193.

Methylindol.

Zur Darstellung der Base kann man die rohe Carbonsäure benutzen; dieselbe wird im Oelbade auf ungefähr 205° erhitzt, bis die Kohlensäureentwicklung beendet ist. Dabei entsteht ein braunes Oel, welches mit Wasserdampf destillirt, mit Aether extrahirt und nach dem Verdampfen des letzteren mit kohlensaurem Kali getrocknet und wieder destillirt wird. Wenn die letzten Spuren des Aethers entfernt sind, bleibt der Siedepunkt constant. Derselbe liegt bei 239° (Quecksilberfaden ganz im Dampf). Die Ausbeute ist sehr befriedigend. Aus 23 g Methylphenylhydrazinbrenztraubensäure wurden 18 g Methylindolcarbonsäure und 12 g reines Methylindol, mithin 76 pCt. der theoretischen Menge erhalten.

Die Analyse gab folgende Zahlen:

C_9H_9N. Ber. H 6,86, C 82,44, N 10,68.
Gef. ,, 7,16, ,, 82,5, ,, 10,65.

Das reine Methylindol ist ein schwach gelbgefärbtes Oel von schwachem, an die aromatischen Basen erinnernden Geruch, welcher mit dem des Indols wenig Aehnlichkeit besitzt. Das Oel erstarrt selbst bei —20° nicht. In Wasser ist er fast unlöslich, in Alkohol, Aether, Benzol dagegen äusserst leicht löslich. Es besitzt ebenso wie das Indol nur schwach basische Eigenschaften. Von concentrirter Salzsäure wird es gelöst, aber schon durch Wasser wieder abgeschieden; beim Erhitzen mit starker Salzsäure oder beim Lösen in kalter concentrirter Schwefelsäure verwandelt es sich in harzige Produkte. Mit Salzsäure auf einen Fichtenspan gebracht, erzeugt das Methylindol eine schöne rothviolette Färbung; dieselbe ist so intensiv, dass man geringe Mengen der Base damit erkennen kann. Gegen salpetrige Säure verhält es sich ebenfalls ganz ähnlich wie Indol. Versetzt man eine Emulsion der Base in Wasser in der Kälte tropfenweise mit rother rauchender Salpetersäure, so entsteht eine intensiv dunkelrothe Färbung und nach kurzer Zeit ein ebenso gefärbter flockiger Niederschlag. Derselbe ist ein Gemenge verschiedener Substanzen, von welchen sich eine wegen ihrer geringen Löslichkeit in Alkohol leicht isoliren lässt. In grösserer Menge entsteht die letztere in essigsaurer Lösung. Um dieselbe darzustellen, löst man die Base in dreissig Theilen Eisessig und fügt zu der mit Eis gekühlten Mischung unter Umschütteln die wässrige Lösung von $1^1/_2$ Theil Natriumnitrit. Die Lösung färbt sich hierbei tief dunkelroth und beim Eingiessen derselben in kalte verdünnte Ammoniaklösung entsteht ein reichlicher gelber, flockiger Niederschlag. Behandelt man denselben mit kaltem Alkohol, so bleibt ein Theil ungelöst, welcher aus heissem Alkohol in feinen, grünlich gelben Nadeln vom Schmelzpunkt 237° krystallisirt.

Die Zusammensetzung des Körpers ist noch nicht ermittelt.

Pikrat des Methylindols.

Dasselbe scheidet sich in schönen rothen Nadeln ab, wenn man die Base mit einer nicht zu verdünnten Lösung von Pikrinsäure in Benzol oder Aether zusammenbringt. Die Verbindung hat im Vacuum getrocknet die Zusammensetzung $C_9H_9N \cdot C_6H_2(NO_2)_3OH$.

Ber. H 3,3, C 50,00, N 15,55.
Gef. ,, 3,7, ,, 50,2, ,, 15,44.

Das Pikrat ist in heissem Benzol sehr leicht, in Aether viel schwerer löslich. Beim Verdunsten einer ätherischen Lösung scheidet es sich in dunkelrothen, prachtvollen, mehreren Centimeter langen Prismen ab. Es schmilzt bei 150° und wird von Wasser besonders rasch in der Wärme zersetzt.

Verwandlung des Methylindols in Methylpseudoisatin.

Die Oxydation des Indols zu Isatin ist bisher nicht ausgeführt; bei der Methylverbindung war diese Umwandlung ebenfalls mit besonderen Schwierigkeiten verknüpft. Keines der gewöhnlichen Oxydationsmittel ist für diesen Zweck geeignet. Nach sehr vielen vergeblichen Versuchen ist es uns schliesslich auf indirektem Wege gelungen, zum Ziele zu gelangen.

Als Oxydationsmittel benutzten wir Natriumhypobromit oder Natriumhypochlorit; dabei entsteht zunächst ein complicirtes Halogenderivat des Methylindols, welches aber bei der Behandlung mit alkoholischem Alkali das Halogen verliert und direkt in ein Salz der Methylpseudoisatinsäure übergeht.

Schüttelt man das Methylindol mit einer kalten Lösung von Natriumhypobromit, welche aus Bromwasser und Natronlauge bereitet ist, so verwandelt es sich langsam in das feste, krystallinische Bromderivat. Viel leichter erhält man dieselbe Verbindung aus der Methylindolcarbonsäure. Zu dem Zweck löst man ein Theil Säure in verdünnter Natronlauge und fügt sie dann allmählich unter Umschütteln zu einer kalt gehaltenen Lösung von $4\frac{1}{2}$ Theilen Brom, circa 200 Theilen Wasser und der entsprechenden Menge Natronlauge.

Die Carbonsäure verliert unter dem Einfluss des Oxydationsmittels ihr Carboxyl und verwandelt sich in das zuvor erwähnte Bromid. Das letztere ist in Alkali unlöslich und scheidet sich sofort entweder in schwach gelben, krystallinischen Flocken oder als röthlich gefärbtes Oel ab, welches aber nach kurzer Zeit krystallinisch erstarrt. In heissem Alkohol ist das Produkt löslich und scheidet sich aus der durch Eindampfen concentrirten Lösung, beim Abkühlen in wasserhellen, tafelförmigen Krystallen ab, welche bei 204° schmelzen. Nach den Resultaten der Analyse scheint die Verbindung die Zusammensetzung $C_9H_9NBr_2O$ zu haben.

Ber. H 2,9, C 35,2, Br 52,11.
Gef. ,, 3,00, ,, 35,35, ,, 51,89.

Wir halten es jedoch für nöthig, diese Formel durch neue Analysen zu controlliren, da die Differenzen zwischen den Werthen, welche sich für die Formel $C_9H_9NBr_2O$ und $C_9H_7NBr_2O$ berechnen, nicht gross sind.

Das Bromid ist ein sehr reactionsfähiger Körper; von Ammoniak, Aminbasen und Reductionsmitteln wird er leicht verändert. Ausführlicher untersucht haben wir zunächst nur die Einwirkung von alkoholischer Alkalilauge. Erwärmt man das gepulverte Bromid mit einer alkoholischen Lösung von überschüssigem Natriumhydroxyd, so löst es sich leicht mit dunkelgelber Farbe und nach kurzer Zeit scheidet sich Bromnatrium ab. Versetzt man jetzt die Lösung mit Wasser und verdampft bis zur vollständigen Entfernung des Alkohols auf dem Wasserbade, so resultirt eine schmutzig gelbrothe Flüssigkeit, welche in der Wärme, mit Salzsäure übersättigt, ein dunkelrothes Oel abscheidet, das beim Erkalten krystallinisch erstarrt; dasselbe besteht zum grössten Theil aus Methylpseudoisatin. Beim Ausschütteln mit Aether geht dieses in Lösung, während ein dunkelgefärbtes Harz zurückbleibt. Aus der concentrirten, ätherischen Lösung krystallisirt das Pseudoisatin in prachtvollen, rothen Nadeln. Zur vollständigen Reinigung muss das Produkt in heissem Wasser gelöst werden, wobei wieder eine kleine Menge eines dunklen Harzes zurückbleibt. Beim Erkalten der wässerigen Lösung erhält man prächtige, rothe Nadeln, welche bei 134° schmelzen und die Zusammensetzung $C_9H_7NO_2$ besitzen. Für die Analyse wurde das Produkt bei 100° getrocknet.

Ber. H 4,34, C 67,1.
Gef. ,, 4,32, ,, 66,83.

Das bisher nicht bekannte Methylpseudoisatin verhält sich genau wie die von A. Baeyer beschriebene Aethylverbindung[1]). In Alkalien löst es sich sofort mit rein gelber Farbe. Mit Steinkohlentheerbenzol und concentrirter Schwefelsäure liefert es ein Indophenin und mit Phenylhydrazin verbindet es sich ausserordentlich leicht, ähnlich dem Isatin, zu einem schön krystallisirenden, in Wasser unlöslichen Produkte. Die Verwandlung der Methylindolcarbonsäure in Methylpseudoisatin gelingt ebenso leicht durch unterchlorigsaure Alkalien. Giesst man die alkalische Lösung der Säure in eine kalte Lösung von Natriumhypochlorid, so scheidet sich ein der zuvor beschriebenen

---

[1]) Berichte d. D. Chem. Gesellsch. **16**, 2193.

Bromverbindung analoges Chlorid in fast weissen, krystallinischen Flocken ab. Durch Kochen mit alkoholischem Alkali wird dasselbe ebenfalls in methylpseudoisatinsaures Salz verwandelt.

Wir beabsichtigen, dieselbe Art der Oxydation beim Indol zu versuchen.

Aethylindolcarbonsäure.

Durch Reduktion von Aethylphenylnitrosamin nach der für die Methylverbindung ausführlich beschriebenen Methode[1]) erhält man ein Gemenge von regenerirtem Aethylanilin und Aethylphenylhydrazin. Die Isolirung des letzteren ist umständlich und für die Synthese der Indolverbindung überflüssig. Löst man die Rohbase in der gerade genügenden Menge verdünnter Salzsäure und fügt dann ungefähr die entsprechende Quantität von Brenztraubensäure zu, so scheidet sich ein röthlich gefärbtes Oel ab, welches die Aethylphenylhydrazinbrenztraubensäure enthält. Das Produkt krystallisirt sehr schwer und wurde desshalb nicht weiter untersucht.

Uebergiesst man das Oel mit dem dreifachen Volumen zwanzigprocentiger Salzsäure, so löst es sich auf und beim Erwärmen auf dem Wasserbade scheidet sich nach kurzer Zeit die Aethylindolcarbonsäure in gelblich gefärbten Nadeln ab. Dieselben werden nach dem Erkalten der Flüssigkeit filtrirt, in verdünnter Natronlauge gelöst und nach dem Kochen mit Thierkohle durch Salzsäure wieder abgeschieden. Löst man das so erhaltene fast farblose Produkt in Aether und fügt bis zur Trübung Ligroin zu, so scheidet sich die Säure langsam in schönen farblosen Nadeln ab, welche bei 183° schmelzen und für die Analyse bei 100° getrocknet wurden.

$C_{11}H_{11}NO_2$. Ber. H 5,82, C 69,84, N 7,41.
Gef. ,, 6,05, ,, 69,65, ,, 7,53.

Die Säure ist in heissem Wasser, verdünntem Alkohol und heissem Ligroïn viel leichter löslich als die Methylverbindung. In Benzol, Aether, Chloroform und absolutem Alkohol ist sie sehr leicht löslich.

Aethylindol.

Erhitzt man die Carbonsäure im Oelbade längere Zeit auf 185—190°, bis die Kohlensäureentwickelung beendet ist, so entsteht ein braunes Oel, welches in gleicher Weise wie die Methylverbindung gereinigt wird. Die Analyse gab folgende Zahlen:

$C_{10}H_{11}N$. Ber. H 7,58, C 82,75, N 9,65.
Gef. ,, 7,67, ,, 82,71, ,, 9,9.

---

[1]) E. Fischer, Ann. Chem. Pharm. 190, 150. (S. 262.)

Die Base siedet ungefähr 8° höher, wie die Methylverbindung; für die genaue Bestimmung des Siedepunktes reichte die uns zu Gebote stehende Menge nicht aus.

In ihrem physikalischen und chemischen Verhalten ist sie der Methylverbindung zum Verwechseln ähnlich. Sie giebt auf dem Fichtenspan und mit salpetriger Säure die gleichen Farbenerscheinungen und liefert mit Pikrinsäure ebenfalls eine in schön rothen Nadeln krystallisirende Verbindung.

Verwandlung der Aethylindolcarbonsäure in Aethylpseudoisatin.

Die Wirkung der Hypobromite auf die Carbonsäure ist kein glatter Vorgang. Die Säure bleibt zum Theil unverändert, zum Theil verwandelt sie sich in ein dunkelgefärbtes Oel, welches nur schwierig krystallisirt. Viel bessere Resultate erhält man mit den Hypochloriten. Giesst man die alkalische Lösung der Säure in eine kaltgehaltene Lösung von überschüssigem unterchlorigsaurem Natron, so scheidet sich sofort ein gelbes Oel ab, welches nach einiger Zeit krystallinisch erstarrt. Das Chlorid ist in Wasser unlöslich, dagegen in Aether und Alkohol äusserst leicht löslich. Von warmen Ligroïn wird es ebenfalls in beträchtlicher Menge aufgenommen und scheidet sich aus der eingeengten Lösung beim Abkühlen in feinen farblosen Blättchen ab.

Uebergiesst man das rohe Chlorid, wie es direkt aus der Carbonsäure erhalten wird, mit alkoholischer Natronlauge, so entsteht eine klare dunkelrothe Lösung mit grünlichem Reflex. Beim Erwärmen derselben scheidet sich eine reichliche Menge von Chlornatrium ab.

Wird die Lösung jetzt unter Zusatz von Wasser bis zur vollständigen Entfernung des Alkohols auf dem Wasserbade verdampft und dann in der Wärme mit überschüssiger Salzsäure versetzt, so scheidet sich ein dunkelgefärbtes Oel ab, welches mit Ausnahme eines braunschwarzen Harzes in Aether leicht löslich ist. Beim Verdampfen des Aethers bleibt ein dunkelrothes, nach einiger Zeit krystallinisch erstarrendes Oel, welches in heissem Wasser gelöst wurde.

Beim Erkalten schieden sich Oeltropfen aus, die nach kurzer Zeit zu prächtigen rothen Tafeln erstarrten. Dieselben schmelzen bei 95° und sind unzweifelhaft identisch mit dem von Baeyer[1]) beschriebenen Aethylpseudoisatin.

Phenylindolcarbonsäure.

Bringt man molekulare Mengen von Diphenylhydrazin und Brenztraubensäure in ätherischer Lösung zusammen, so erwärmt sich das

---
[1]) a. a. O.

Gemisch und nach kurzer Zeit scheiden sich schöne, fast farblose Krystalle der Diphenylhydrazinbrenztraubensäure ab. Die Verbindung krystallisirt aus heissem Alkohol in schönen weissen Nadeln vom Schmelzpunkt 145° und hat die Formel

$$(C_6H_5)_2N\cdots N = C\begin{matrix}CH_3\\COOH\end{matrix}.$$

$C_{15}H_{14}N_2O_2$. Ber. H 5,55, C 70,86, N 11,02.
Gef. ,, 5,6, ,, 70,71, ,, 10,97.

Die Säure ist in heissem Benzol und Chloroform leicht, in Aether und kaltem Alkohol schwer löslich. Merkwürdiger Weise ertheilt die im festen Zustande farblose Verbindung allen Lösungen eine intensive gelbe Färbung. Zur Umwandlung in die Indolverbindung löst man die Hydrazinsäure in der zehnfachen Menge Eisessig, setzt die doppelte Menge rauchende Salzsäure zu und erwärmt so lange auf dem Wasserbade, bis eine Probe mit Wasser versetzt, ein krystallinisches Produkt abscheidet, welches in Aether leicht löslich ist. Die dunkelrothe Lösung wird jetzt in Wasser gegossen; dabei scheidet sich ein hellbraun gefärbtes Harz ab, welches nach kurzer Zeit krystallinisch erstarrt. Das Produkt wird filtrirt, in verdünnter Natronlauge gelöst, mit Thierkohle in der Wärme behandelt und mit Salzsäure wieder ausgefällt.

Krystallisirt man den so erhaltenen, fast farblosen Niederschlag mehrmals aus verdünntem Alkohol, so erhält man schliesslich rein weisse Nadeln, welche bei 173° erweichen und bei 176° vollständig schmelzen. Die Analyse gab folgende Zahlen:

Ber. H 4,62, C 76,00, N 5,9.
Gef. ,, 4,75, ,, 76,26, ,, 6,08.

In Wasser ist die Phenylindolcarbonsäure selbst beim Kochen sehr schwer löslich; um so leichter wird sie von Aether und absolutem Alkohol aufgenommen. Erhitzt man die Säure längere Zeit im Oelbad auf 200—210°, so entweicht Kohlensäure und es entsteht wieder ein braunes Oel, welches durch Destillation mit Wasserdampf gereinigt wird. Man erhält so ein schweres Oel von sehr schwachem Geruch, welches nach seinen Eigenschaften Phenylindol ist. Dasselbe destillirt unzersetzt. In alkoholischer Lösung auf einen Fichtenspan gebracht und mit Salzsäure versetzt, erzeugt es eine intensiv blauviolette Farbe.

Für die Bestimmung des Siedepunktes und die Analyse reichte unser Material nicht aus.

46. Emil Fischer: Phenylhydrazin als Reagens auf Aldehyde und Ketone.

Berichte der Deutschen Chemischen Gesellschaft 17, 572 [1884].

(Eingegangen am 13. März.)

Je grösser die Zahl der organischen Verbindungen wird, um so schwieriger ist es, mit den Eigenschaften der einzelnen so vertraut zu werden, dass man dieselben leicht wieder erkennen kann. Um so werthvoller sind andererseits die Mittel, welche den analytischen Nachweis einer grösseren Zahl von Körpern auf bequeme Weise ermöglichen. Ein derartiges Reagens ist in neuerer Zeit durch die Untersuchungen von V. Meyer das Hydroxylamin für die grosse Klasse der Ketone und Aldehyde geworden.

Für den gleichen Zweck habe ich bald nachher das Phenylhydrazin vorgeschlagen[1]). Ich habe die Brauchbarkeit des Reagens seitdem näher untersucht und gefunden, dass dasselbe in vielen Fällen wegen der Leichtigkeit der Handhabung für die Erkennung und Unterscheidung der einzelnen Ketone und Aldehyde dem Hydroxylamin vorzuziehen ist. Da die Base ausserdem sehr leicht zugänglich ist[2]), so zweifle

---
[1]) Berichte d. D. Chem. Gesellsch. 16, 661. (*S. 427.*)

[2]) Vor Kurzem haben V. Meyer und G. Lecco (Berichte d. D. Chem. Gesellsch. 16, 2976) eine neue, sehr einfache Bereitungsweise der Base angegeben.

Für kleinere Versuche ist dieselbe unzweifelhaft bequemer, als die von mir angegebene. Bei grösseren Operationen hat sie dagegen vor der älteren Methode keine besonderen Vorzüge. Die Umwandlung von Diazobenzolchlorid in das hydrazinsulfonsaure Salz und dessen Spaltung durch Salzsäure sind fast quantitative Processe und können mit beliebig grossen Mengen ausgeführt werden. Im hiesigen Laboratorium sind öfter mehrere Kilo Anilin in einer Operation verarbeitet worden.

Die Ausbeute ist nach dem älteren Verfahren eben so gut, wenn nicht besser, als nach dem neuen.

Für eine etwaige fabriksmässige Darstellung der Base würde deshalb allein der Preis des Reduktionsmittels entscheidend sein. Ich kann nicht entscheiden, ob Zinnchlorür oder schwefligsaures Salz das billigere Material ist.

Im Einverständniss mit meinem Freunde V. Meyer habe ich beide Methoden auch bei anderen aromatischen Basen mit einander verglichen. Bald ist die eine, bald die andere vorzuziehen.

Die Reduktion mit Zinnchlorür giebt überall gute Resultate, wo das salzsaure Hydrazin schwer löslich ist. So erhält man z. B. die beiden Naphtylhydrazine

ich nicht daran, dass sie sich bald allgemein als analytisches Reagens einbürgern wird.

Die Vereinigung des Hydrazins mit den Ketonen und Aldehyden erfolgt am leichtesten in schwach essigsaurer Lösung. Ich benutze deshalb eine Lösung von reinem salzsaurem Phenylhydrazin, welches mit einem Ueberschuss von essigsaurem Natron versetzt ist. Bei den meisten Ketonen und Aldehyden, selbst wenn dieselben in Wasser schwer löslich sind, kann man in wässriger Lösung arbeiten. Bei den unlöslichen aromatischen Substanzen ist es manchmal förderlich, Alkohol zuzusetzen. Das Hydrazinsalz, von dessen Reinheit das Gelingen der Reaktion wesentlich abhängt, wird auf folgende Weise gewonnen. Die durch Destillation vom Ammoniak befreite Base wird in 10 Theilen Alkohol gelöst, mit concentrirter Salzsäure neutralisirt, die abgeschiedene Krystallmasse filtrirt und bis zur gänzlichen Entfärbung mit Alkohol und Aether gewaschen. Das auf dem Wasserbade getrocknete Salz ist blendend weiss, absolut rein und hält sich in verschlossenen Gefässen ganz unverändert.

Für den Gebrauch wird dasselbe am besten jedesmal frisch zusammen mit der anderthalbfachen Gewichtsmenge krystallisirten essigsauren Natrons in 8—10 Gewichttheilen Wasser gelöst. Diese farblose Lösung dient als Reagens. Ist das gesuchte Keton oder Aldehyd in Wasser gelöst, so fügt man in der Kälte das Reagens im Ueberschuss zu; je nach der Concentration scheidet sich das Condensationsprodukt sofort oder nach einiger Zeit als öliger oder krystallinischer Niederschlag ab. Freie Mineralsäuren, welche die Reaktion verzögern oder ganz verhindern können, müssen zuvor durch Natronlauge oder Soda neutralisirt werden. Besonders schädlich ist die Anwesenheit von salpetriger Säure, welche mit dem Hydrazin Diazobenzolimid und andere ölige Produkte erzeugt. Man kann dieselbe jedoch leicht vor dem Versuch durch Zusatz von Harnstoff zerstören. Bei manchen complicirten Ketonen und Aldehyden, z. B. den Zuckerarten, wirkt das Hydrazin in der Kälte zu langsam. In solchen Fällen erhitzt man die Flüssigkeit auf dem Wasserbade. Auch bei den aromatischen Ketonen erfolgt in der Regel die Vereinigung mit dem Hydrazin viel leichter und glatter in der Wärme. Ist das Condensationsprodukt fest, so genügt meistens eine Schmelzpunktbestimmung, um dasselbe zu

auf diesem Wege sehr leicht, während die ältere Methode gerade hier schlechte Ausbeuten liefert.

Umgekehrt ist es bei den leicht löslichen Hydrazinen der Zimmtsäure, des Acetophenons und ähnlicher Körper. Bei der Reduktion der Diazoverbindungen mit Zinnchlorür findet hier lebhafte Gasentwicklung statt und man erhält fast gar kein Hydrazin, während bei Anwendung von schwefligsauren Alkalien die Reaktion sehr glatt verläuft.

identificiren und damit zugleich die Natur des gesuchten Aldehyds oder Ketons zu bestimmen. Ist dagegen das Produkt ölig, so wird die Probe weniger entscheidend; aber selbst in diesem Falle bleibt sie nicht ohne Werth; denn man wird immerhin daraus den allgemeinen Schluss auf die An- oder Abwesenheit eines Ketons beziehungsweise Aldehyds ziehen können. Im nachfolgenden stelle ich eine Reihe von Körpern zusammen, für welche die Hydrazinprobe besonders geeignet ist.

Aldehyde.

Als Reagens dient die oben erwähnte Lösung von 1 Theil salzsaurem Phenylhydrazin und $1^1/_2$ Theilen krystallisirtem essigsaurem Natron in 10 Theilen Wasser.

Acet-, Propyl-, Butyr-, Valer-Aldehyd und Oenanthol geben in Wasser gelöst oder suspendirt mit dem Reagens sofort farblose Oele, welche nicht krystallisiren. Die Identifizirung der einzelnen Produkte ist zu umständlich, und man wird deshalb die Probe nur zur vorläufigen Orientirung benutzen.

Viel entscheidender ist die Reaktion beim Furfurol, den aromatischen Aldehyden und dem Doppelaldehyd Glyoxal.

Furfurol giebt in wässriger Lösung mit der Hydrazinlösung sofort ein schwach gelbgefärbtes Oel, welches nach kurzer Zeit krystallinisch erstarrt. Zur Identificirung wird dasselbe filtrirt und in wenig Aether gelöst. Auf Zusatz von Ligroïn scheidet sich das Produkt in farblosen feinen Blättchen ab, welche im Vacuum getrocknet bei 97—98° schmelzen und die früher[1]) angegebene Zusammensetzung, $C_6H_5 \cdot N_2H \cdot C_5H_4O$ besitzen. Es ist dies bei weitem die bequemste und sicherste Methode zum Nachweis des Furfurols. Zudem ist die Probe höchst empfindlich. In einer Lösung von 1 Theil Furfurol in 10,000 Theilen Wasser erzeugt die Hydrazinlösung nach circa 15 Minuten den charakteristischen krystallinischen Niederschlag. Die Reaktion ist auch für mikroskopische Untersuchungen anwendbar. Ein Tropfen einer wässrigen Lösung von 1 Theil Furfurol auf 1000 Theile Wasser mit einem Tropfen der Hydrazinlösung versetzt, zeigt sofort eine ölige Trübung und nach wenigen Augenblicken kann man unter dem Mikroskop die Umwandlung des Oels in die charakteristischen zu eigenthümlichen Aggregaten zusammengelagerten Blättchen erkennen.

Bittermandelöl. Die Erkennung des Benzaldehyds ist so leicht, dass man für gewöhnliche Fälle keiner neuen Reaktion bedarf.

---

[1]) Ann. Chem. Pharm. 190, 137. (S. 253.)

Immerhin ist auch hier die Hydrazinprobe so empfindlich, dass sie verdient, erwähnt zu werden. Eine Lösung von 1 Theil Bittermandelöl in 2000 Theilen Wasser giebt mit dem Hydrazin momentan eine starke weisse Trübung und beim Umschütteln entsteht ein dicker, weisser, flockiger Niederschlag. Selbst in einer Verdünnung von 1 : 50,000 ist die Reaktion noch recht deutlich. Das Condensationsprodukt lässt sich aus warmem Alkohol sehr leicht umkrystallisiren. Es besitzt, wie schon früher angegeben[1]) ist, den Schmelzpunkt 152,5° und die Zusammensetzung $C_6H_5 \cdot N_2H \cdot CH \cdot C_6H_5$.

Zimmtaldehyd. In Wasser suspendirt oder in verdünntem Alkohol gelöst, giebt der Aldehyd in der Wärme sofort, in der Kälte etwas langsamer mit der Hydrazinlösung einen krystallinischen weissen Niederschlag. Die Verbindung krystallisirt aus heissem Alkohol sehr leicht in feinen schwach gelben Nadeln oder Platten. Dieselben schmelzen bei 168° und haben die Formel: $C_6H_5N_2H \cdot CH \cdot CH : CH \cdot C_6H_5$.

Ber. N 12,61. Gef. N 12,55.

Die Probe ist auch hier sehr empfindlich und sicher.

Salicylaldehyd. Schüttet man den in Wasser suspendirten Aldehyd mit einem Ueberschuss der Hydrazinlösung, so verwandelt er sich nach kurzer Zeit in eine schwachgelbe feste Masse. Die Verbindung löst sich in heissem Alkohol und scheidet sich beim Erkalten sehr leicht in farblosen feinen Nadeln ab, welche bei 142—143° schmelzen.

Aehnlich verhalten sich Cuminol, Anisaldehyd und Paraoxybenzaldehyd. Alle liefern schön krystallisirende Hydrazinderivate, welche später beschrieben werden sollen.

Glyoxal. Die Erkennung dieses leicht löslichen und nicht flüchtigen Aldehyds ist nach den älteren Methoden eine keineswegs leichte Aufgabe. Mit Hülfe der Hydrazinprobe wird dieselbe ausserordentlich einfach. Die wässrige Lösung des Aldehyds giebt mit dem üblichen Reagens besonders in gelinder Wärme sofort einen schönen gelben krystallinischen Niederschlag. Derselbe erscheint noch nach kurzer Zeit in einer Lösung, welche auf 1000 Theile Wasser nur 1 Theil Glyoxal enthält. Die Verbindung ist in Wasser, Alkalien und stark verdünnten Säuren fast unlöslich. Anwesenheit von freier Mineralsäure verzögert aber ihre Entstehung, wesshalb man gut thut, dieselbe vor dem Versuche durch kohlensaures Alkali oder essigsaures Natron unschädlich zu machen. Hat man es mit der Verbindung von Glyoxal und Natriumbisulfit zu thun, so löst man dieselbe in warmer stark verdünnter Schwefelsäure, neutralisirt dann die freie Säure und fügt nun die Hydrazin-

---
[1]) Ann. Chem. Pharm. **190**, 135. (S. 252.)

lösung hinzu. Der krystallinische Niederschlag, den das Reagens erzeugt, wird filtrirt und bei Anwesenheit von Keton- oder Aldehydsäuren zunächst mit verdünntem Alkali ausgelaugt und dann aus heissem Alkohol umkrystallisirt. Die Verbindung hat die Zusammensetzung

$$\begin{array}{l} CH \cdot N_2H \cdot C_6H_5 \\ CH \cdot N_2H \cdot C_6H_5 \end{array}$$

und entsteht mithin aus einem Glyoxal und zwei Phenylhydrazin. Sie krystallisirt in feinen Blättchen und schmilzt bei 169—170° zu einer rothbraunen Flüssigkeit.

Die Verbindung ist von Herrn Pickel genauer untersucht worden.

Ketone.

Die in Wasser löslichen Ketone der Fettreihe geben mit der früher erwähnten Hydrazinlösung in nicht zu verdünnter Lösung sofort ölige Condensationsprodukte, welche nicht erstarren und sich deshalb zur Identificirung der einzelnen Ketone nicht eignen. Die Verbindungen können aber leicht durch Erwärmen mit Säuren in Hydrazin und Keton gespalten werden, und man wird vielleicht in einzelnen Fällen die Unlöslichkeit der Hydrazinderivate zur Abscheidung von Ketonen aus wässrigen Lösungen oder zur Trennung von anderen indifferenten Substanzen mit Vortheil benutzen können. Ungleich vortheilhafter ist die Hydrazinprobe zum Nachweis mancher schwer krystallisirender aromatischer Ketone, wie folgende Beispiele zeigen.

Acetophenon. Das schon von H. Reisenegger[1]) beschriebene Hydrazinderivat bildet sich sehr rasch als gelbliche krystallinische Masse, wenn man das in Wasser suspendirte Keton mit der Hydrazinlösung schüttelt. Aus verdünntem Alkohol krystallisirt es leicht in feinen Blättchen, welche bei 105° schmelzen.

Benzylidenaceton. Das Keton erstarrt, wie sein Entdecker schon angiebt, sehr schwierig, wenn es nur geringe Beimengungen enthält, und die Reinigung durch Destillation ist bei kleinen Mengen immerhin umständlich. Dagegen gelingt die Hydrazinprobe ausserordentlich leicht und ist wohl das bequemste Mittel, den Körper rasch und sicher zu erkennen. Schüttelt man das ölige Keton mit einem Ueberschuss der Hydrazinlösung in gelinder Wärme, so verwandelt es sich nach kurzer Zeit in eine feste Masse. Zusatz von wenig Alkohol befördert die Reaktion. Das Reaktionsprodukt wird filtrirt und in kochendem Alkohol gelöst. Beim Erkalten scheidet es sich in feinen

---

[1]) Berichte d. D. Chem. Gesellsch. **16**, 662. (*S. 428.*)

gelben prismatischen Blättchen ab, welche bei 157° schmelzen, und die Zusammensetzung

$$C_6H_5 \cdot CH = CH \diagdown_{CH_3} C = N_2H \cdot C_6H_5$$

besitzen.

Ber. N 11,86. Gef. N 11,71.

Benzophenon. Dieses Keton verhält sich ebenso wie das vorhergehende. Im unreinen Zustande krystallisirt es äusserst schwierig. Um so schöner ist das Hydrazinderivat. Um dasselbe im Kleinen zu gewinnen und zum Nachweis des Ketons zu benutzen, versetzt man dasselbe mit der Hydrazinlösung, fügt so viel Alkohol hinzu, dass in der Wärme eine klare Mischung entsteht, und erhitzt ungefähr eine halbe Stunde auf dem Wasserbad. Gewöhnlich scheidet sich dabei das in verdünntem Alkohol sehr schwer lösliche Condensationsprodukt krystallinisch ab. Im anderen Falle dampft man den Alkohol weg und bringt das abgeschiedene Oel durch Abkühlung zum Erstarren. Das Produkt wird aus siedendem Alkohol umkrystallisirt. Es bildet feine, fast farblose Nadeln und schmilzt bei 137°. Es ist von Hrn. Pickel näher untersucht und hat nach seinen Analysen die Zusammensetzung $C_6H_5 \cdot N_2H \cdot C(C_6H_5)_2$.

Isatin. Das Isatin ist so leicht zu isoliren, dass man für gewöhnliche Fälle keiner besonderen Reaction zu seiner Erkennung bedarf. Handelt es sich aber um den Nachweis von Spuren dieses Körpers in sehr verdünnten Lösungen, so kann man ebenfalls die Hydrazinprobe benutzen. Der Zusatz von essigsaurem Natron zu der Hydrazinlösung ist in diesem Falle überflüssig. Eine Lösung von 1 Theil Isatin in 2000 Theilen Wasser giebt mit einer entsprechenden Menge von salzsaurem Hydrazin versetzt beim Kochen nach wenigen Augenblicken einen starken Niederschlag von feinen, gelben Nadeln. Die Reaktion ist selbst in einer Verdünnung von 1 : 20 000 noch recht deutlich. Aus siedendem Alkohol krystallisirt das Condensationsprodukt in feinen, gelbrothen Nadeln, welche bei 210—211° schmelzen und die Zusammensetzung $C_{14}H_{11}N_3O$ haben.

Ber. N 17,72. Gef. N 17,66.

Keton- und Aldehydsäuren.

Diese Säuren vereinigen sich besonders leicht schon in der Kälte mit dem Phenylhydrazin, sowohl in essigsaurer, als schwach salzsaurer Lösung, und die Produkte fallen wegen ihrer geringen Löslichkeit in Wasser meist nach kurzer Zeit als gelbe, krystallinische Niederschläge aus.

Glyoxylsäure. Die Erkennung der Säure durch Darstellung der Salze ist nicht allein umständlich, sondern auch bei kleinen Mengen schwierig. Ausserordentlich einfach ist hier die Hydrazinprobe. Versetzt man wässrige oder schwach saure Lösungen der Glyoxylsäure mit der Hydrazinlösung, so scheidet sich die Phenylhydrazinglyoxylsäure nach sehr kurzer Zeit in feinen, gelben Nadeln ab. Dieselben lösen sich leicht in Alkali und werden durch Mineralsäuren unverändert wieder abgeschieden. Sie können dadurch von den indifferenten Hydrazinderivaten der Ketone und Aldehyde und ebenso von dem durch Alkali zerlegbaren, schwer löslichen Oxalat des Phenylhydrazins getrennt werden. Sie lassen sich ferner leicht durch Umkrystallisiren aus heissem Wasser oder Alkohol reinigen. Die Verbindung besitzt nach einer Analyse von Hrn. Elbers, der sie näher untersucht hat, die Zusammensetzung $C_6H_5 \cdot N_2H \cdot CH \cdot CO_2H$.

Beim Erhitzen färbt sie sich gegen 130° dunkel und zersetzt sich bei 137° unter Gasentwicklung. Man kann mit Hülfe derselben die Glyoxylsäure noch in einer Verdünnung von 1 : 300 Theilen Wasser mit Leichtigkeit nachweisen, vorausgesetzt natürlich, dass keine anderen Keton- oder Aldehydsäuren zugegen sind, die ähnliche Niederschläge liefern.

Brenztraubensäure. Der Nachweis dieser Säure, welche in verdünnter Lösung durchaus nicht leicht zu erkennen ist, wird ebenfalls durch die Hydrazinprobe sehr einfach. Selbst in einer Verdünnung von 1 Theil Brenztraubensäure auf 1000 Theile Wasser bewirkt die Hydrazinlösung nach kürzester Zeit einen schwach gelben, krystallinischen Niederschlag. Derselbe krystallisirt aus siedendem Wasser oder heissem Alkohol in feinen Prismen von der Formel

$$C_6H_5 \cdot N_2H = C\diagup^{CH_3}_{COOH},$$

welche bei 192° schmelzen; durch einen Druckfehler ist früher irrthümlich der Schmelzpunkt 169° angegeben.[1]

Mesoxalsäure. Die Säure verhält sich gegen die Hydrazinlösung ebenso wie die vorher beschriebene und kann dadurch ebenso leicht erkannt werden. Die Probe gelingt bei einer Verdünnung von 1 : 200 noch sehr leicht. Die Phenylhydrazinmesoxalsäure krystallisirt aus heissem Wasser oder verdünntem Alkohol in feinen, gelben Nadeln. Sie hat nach der Analyse von Hrn. Elbers die Zusammensetzung

$$C_6H_5 \cdot N_2H = C\diagup^{CO_2H}_{CO_2H},$$

und schmilzt zwischen 163 und 164° unter lebhaftem Aufschäumen.

Phenylglyoxylsäure. Die Säure giebt noch in der Verdünnung von 1 : 1600 Theilen Wasser mit der Hydrazinlösung nach 10 bis

---

[1] Berichte d. D. Chem. Gesellsch. **16**, 2242. (*S. 438.*)

15 Minuten einen gelben, krystallinischen Niederschlag. In concentrirten Lösungen entsteht derselbe sofort. Das Produkt ist in kaltem Wasser fast unlöslich und in heissem Wasser schwer löslich. In heisser Essigsäure löst es sich leicht und krystallisirt beim Erkalten in feinen, gelben Nadeln, welche bei 153° unter Gasentwicklung schmelzen. Die Verbindung ist von Hrn. Elbers ausführlich untersucht; nach seiner Analyse hat sie die Zusammensetzung

$$C_6H_5 \cdot N_2H = C \begin{cases} C_6H_5 \\ CO_2H \end{cases}.$$

Ebenso wie zum Nachweis von bekannten Ketonen und Aldehyden wird man selbstverständlich das Phenylhydrazin auch zur Isolirung unbekannter Verbindungen benutzen können. Ich hoffe, das in nächster Zeit an einigen Beispielen darzuthun.

47. Emil Fischer: Constitution der Hydrazine.
Berichte der Deutschen Chemischen Gesellschaft 17, 2841 [1884].
(Eingegangen am 6. Dec.; vorgetragen in der Sitzung von Hrn. F. Tiemann.)

Die Discussion über die Constitution der aromatischen Hydrazine, welche ich für abgeschlossen hielt, ist in neuerer Zeit durch Herrn Erlenmeyer[1]) wieder eröffnet worden. Derselbe stellt von Neuem den von mir bevorzugten Formeln I. und II. die bekannten Formeln III. und IV. entgegen.

I. $C_6H_5 \cdot NH - NH_2$
Phenylhydrazin.

II. $\begin{matrix} C_6H_5 \\ CH_3 \end{matrix} \!\! > \!\! N - NH_2$
Methylphenylhydrazin.

III. $C_6H_5 \cdot NH_2 = NH$

IV. $\begin{matrix} C_6H_5 \\ CH_3 \end{matrix} \!\! > \!\! NH = NH$.

Da Herr Erlenmeyer keine neuen sachlichen Gründe für seine Anschauung vorbrachte, so habe ich nicht geglaubt, dass dieselbe anderweitig Aufnahme finden werde. Dem scheint jedoch anders zu sein.

Vor kurzem haben z. B. die Herren Zincke und Thelen[2]) die beiden Formeln I. und III. anscheinend als gleichberechtigt dargestellt; denn sie äussern sogar die Absicht, die richtige durch eigene Versuche ermitteln zu wollen.

Da inzwischen das Phenylhydrazin ein viel gebrauchtes Reagens geworden ist, so halte ich es nicht für überflüssig, nochmals die Thatsachen zusammenzustellen, welche zu Gunsten der von mir gegebenen Formeln entscheiden.

Das primäre Hydrazin enthält nach beiden Anschauungen eine Amid- und eine Imidgruppe; die Verschiedenheit der Formeln I. und III. liegt nur in der Stellung dieser Gruppen zum Phenyl.

Bei den Formeln II. und IV. ist der Unterschied grösser. Nach der ersten ist das Methylphenylhydrazin gleichzeitig tertiäre und primäre, nach der zweiten dagegen nur secundäre Base.

Für die Unterscheidung von secundären und tertiären Aminen benutzt man vorzugsweise die Wirkung der salpetrigen Säure und der Halogenalkyle.

Beide Reaktionen sind von mir bei dem Methylphenylhydrazin angewandt worden.

Wäre die Base nach Formel IV. constituirt, so müsste man bei der Einwirkung der salpetrigen Säure die Bildung eines Nitroso-

---
[1]) Berichte d. D. Chem. Gesellsch. **16**, 1457.
[2]) Berichte d. D. Chem. Gesellsch. **17**, 1813.

derivates erwarten. Der Vorgang ist jedoch ein ganz anderer. Das Hydrazin wird in saurer Lösung auf Zusatz von Natriumnitrit in Stickstoffmonoxid und Methylanilin gespalten, welch' letzteres sich aber sofort weiter in Methylphenylnitrosamin verwandelt[1]).

Dieses Verhalten des secundären Hydrazins hat grosse Aehnlichkeit mit der Zerlegung der primären fetten Amine durch salpetrige Säure und spricht deshalb für die Richtigkeit der Formel III.

Zu demselben Resultate führt die Anwendung der oben erwähnten zweiten Reaktion, die Behandlung der Base mit Halogenalkylen. Sie verbindet sich mit denselben sehr leicht zu einer quaternären Ammoniumverbindung.

Genauer untersucht wurde die Verbindung des Bromäthyls mit dem Aethylphenylhydrazin (dargestellt aus Aethylanilin), welche ich Diäthylphenylazoniumbromid[2]) genannt habe.

Dasselbe hat die Zusammensetzung:

$$\begin{matrix}C_6H_5 \\ C_2H_5\end{matrix}\!\!>\!\!N_2H_2 \cdot C_2H_5Br;$$

es wird durch Alkali nicht zerlegt und liefert mit Silberoxyd das in Wasser leicht lösliche, stark alkalisch reagierende Hydroxyd.

Die Bildung dieses Azoniumbromids ist nach Allem, was wir durch die maassgebenden Untersuchungen von A. W. Hofmann über die Entstehung von quaternären Ammoniumverbindungen wissen, ein vollgültiger Beweis dafür, dass in den secundären aus den Nitrosaminen entstehenden aromatischen Hydrazinen eine tertiäre Amingruppe vorhanden ist. Damit ist die Erlenmeyer'sche Formel IV. widerlegt.

Dass in dem Diäthylphenylazoniumbromid die Anlagerung des Bromäthyls an dem ersten mit Phenyl verbundenen Stickstoff der Hydrazingruppe erfolgt ist, lässt sich übrigens noch auf andere Weise darthun.

Ich habe früher mitgetheilt[3]), dass das Triäthylazoniumjodid: $(C_2H_5)_2N_2H_2 \cdot C_2H_5J$, durch nascirenden Wasserstoff in Ammoniak, Jodwasserstoff und Triäthylamin gespalten wird und mithin als eine atomistische Verbindung von der Formel:

$$(C_2H_5)_3\!=\!N\!\!<\!\!\begin{matrix}NH_2 \\ J\end{matrix}$$

zu betrachten ist.

Obschon kein Grund vorlag, an der allgemeinen Gültigkeit dieser Reaktion zu zweifeln, so habe ich doch, um allen Einwürfen zu begegnen, den gleichen Versuch mit dem Diäthylphenylazoniumbromid angestellt.

---

[1]) Ann. Chem. Pharm. **190**, 158. (*S. 267.*) Vergl. ferner ebendaselbst **199**, 314. (*S. 308.*)
[2]) Ann. Chem. Pharm. **190**, 102 u. 107. (*S. 230 u. S. 233.*)
[3]) Ann. Chem. Pharm. **199**, 317. (*S. 310.*)

Versetzt man die wässrige Lösung des Bromids mit Zinkstaub und fügt unter Erwärmen auf dem Wasserbade langsam Salzsäure zu, so wird der nascirende Wasserstoff anfangs fast vollständig, später etwas langsamer verbraucht. Die Reduktion ist beendet, wenn eine Probe der Lösung mit einem grossen Ueberschuss von concentrirter Natronlauge versetzt, ein Oel abscheidet, welches in Aether völlig löslich ist.

Das Azoniumbromid zerfällt nämlich durch Aufnahme von Wasserstoff vollständig in Diäthylanilin, Ammoniak und Bromwasserstoff nach der Gleichung:

$$\begin{matrix}C_6H_5 \\ (C_2H_5)_2\end{matrix}\!\!>\!\!N_2H_2Br + 2\,H = C_6H_5 \cdot N(C_2H_5)_2 + NH_3 + HBr.$$

Das Diäthylanilin wurde aus der sauren Lösung mit Alkali abgeschieden, mit Aether extrahirt und nach dem Trocknen mit festem Kali destillirt. Aus 25 g Azoniumbromid wurden 12 g reine Base von constantem Siedepunkte gewonnen, während nach obiger Gleichung 15 g entstehen sollten.

Die Analyse derselben gab folgende Zahlen:

$C_6H_5 \cdot N(C_2H_5)_2$. Ber. C 80,54, H 10,06, N 9,4.
Gef. ,, 80,6, ,, 10,1, ,, 9,3.

Mit Natriumnitrit in saurer Lösung behandelt, lieferte die Base keine Spur von Nitrosamin, und war somit frei von Monäthylanilin.

Nach dieser Reaktion kann es nicht zweifelhaft sein, dass das Azoniumbromid die Formel:

$$\begin{matrix}C_6H_5 \\ (C_2H_5)_2\end{matrix}\!\!>\!\!N\!\!<\!\!\begin{matrix}NH_2 \\ Br\end{matrix}$$

und mithin das Aethylphenylhydrazin die von mir stets angenommene Formel:

$$\begin{matrix}C_6H_5 \\ C_2H_5\end{matrix}\!\!>\!\!N\!\cdots\!NH_2$$

hat.

Daraus folgt weiter für das Phenylhydrazin die Formel $C_6H_5 \cdot NH\!-\!NH_2$; denn dasselbe liefert bei der Behandlung mit Bromäthyl neben andern Produkten sowohl das unsymmetrische Aethylphenylhydrazin[1]), als auch das Diäthylphenylazoniumbromid[1]).

Diese Beweisführung scheint mir ohne die ganz willkührliche Annahme von molekularen Umlagerungen nicht anfechtbar zu sein und ich glaube deshalb noch bestimmter, als das früher geschehen ist, die Frage nach der Constitution der Hydrazine als erledigt bezeichnen zu dürfen.

In dem Phenylhydrazin können die an Stickstoff gebundenen Wasserstoffatome in der mannichfaltigsten Weise substituirt werden.

---

[1]) Ann. Chem. Pharm. **199**, 325. (*S. 316.*)

Wird nur ein Atom Wasserstoff ersetzt, so können zwei isomere Verbindungen entstehen.

I. $C_6H_5 \cdot N(R) \cdots NH_2$ II. $C_6H_5 \cdot NH \cdots NH(R)$.

Bedeutet R ein Alkoholradikal, so sind die Derivate ausgesprochene Basen. Ich habe sie als unsymmetrische und symmetrische sekundäre Hydrazine unterschieden.

Die Basen der ersten Klasse entstehen aus den Nitrosoderivaten der secundären Amine.

Bei der Einwirkung von Halogenalkylen z. B. Bromäthyl auf das Phenylhydrazin, bilden sich gleichzeitig beide Monoäthylderivate[1]),

$\begin{matrix} C_6H_5 \\ C_2H_5 \end{matrix} \!\! > \!\! N \cdots NH_2$ und $C_6H_5 \cdot NH \cdots NH \cdot C_2H_5$.

Das erste habe ich kurzweg Aethylphenylhydrazin und das zweite Hydrazophenyläthyl genannt.

Die beiden Isomeren können sehr leicht durch ihr Verhalten gegen oxydirende Agentien unterschieden werden.

Die Hydrazokörper reduciren Fehling'sche Lösung schon bei Zimmertemperatur und verwandeln sich dadurch in Azoverbindungen.

Die unsymmetrischen Basen verändern dagegen die alkalische Kupferlösung erst beim Erwärmen und liefern entweder unter Entwickelung von Stickstoff secundäre Amine oder gehen in die merkwürdigen Tetrazone über. Die letzteren entstehen besonders leicht bei der Oxydation mit gelbem Quecksilberoxyd in ätherischer Lösung.

Bei der Einwirkung von Säurechloriden oder Säureanhydriden auf das Phenylhydrazin wird, soweit meine Erfahrung reicht, zunächst ein Wasserstoff der Amidgruppe substituirt.

Das Monobenzoylphenylhydrazin[2]) z. B. hat die Formel $C_6H_5 \cdot NH \cdots NH \cdot CO \cdot C_6H_5$, denn es verwandelt sich bei der Oxydation glatt in den Körper $C_6H_5 \cdot N :::: N \cdot CO \cdot C_6H_5$. Dasselbe gilt von den Harnstoffabkömmlingen der Base. Das Phenylsemicarbazid[3]) z. B. hat die Formel $C_6H_5 \cdot NH \cdots NH \cdot CO \cdot NH_2$.

Werden zwei Wasserstoffatome im Phenylhydrazin ersetzt, so können ebenfalls zwei Isomeren entstehen:

I. $C_6H_5 \cdot N(R) \cdots NH(R)$. II. $C_6H_5 \cdot NH \cdots N(R)_2$.

Dialkylderivate der Base sind bisher nicht untersucht. Diese Produkte sind indessen aller Wahrscheinlichkeit nach in dem complicirten Basengemenge enthalten, welches bei der Behandlung des Hydrazins mit Halogenalkylen entsteht. Ich beabsichtige, dieselben in nächster Zeit zu isoliren. Von den Derivaten der Base mit zwei Säureradicalen ist

---
[1]) Ann. Chem. Pharm. **199**, 325. (*S. 316.*)
[2]) Ann. Chem. Pharm. **190**, 125. (*S. 245.*)
[3]) Ann. Chem. Pharm. **190**, 113. (*S. 237.*)

bisher nur die Dibenzoylverbindung von mir beschrieben. Ich habe es unentschieden gelassen, ob dieselbe nach Formel I. oder II. constituirt sei.

Diese Frage ist jetzt durch Versuche des Hrn. J. Tafel, welche demnächst veröffentlicht werden, erledigt.

Das Dibenzoylphenylhydrazin ist eine Säure und lässt sich deshalb leicht durch Erhitzen mit Jodmethyl und alkoholischer Kalilösung in ein Methylderivat verwandeln. Das letztere hat nun die Formel

$$\begin{array}{c} C_6H_5 \cdot N \cdots N \cdot CH_3 \\ C_6H_5 \cdot CO \quad CO \cdot C_6H_5 \end{array} ;$$

denn es zerfällt bei der Behandlung mit Säuren oder Alkalien in Benzoësäure und Hydrazophenylmethyl, $C_6H_5 \cdot NH \cdots NH \cdot CH_3$.

Besonders leicht verbindet sich das Phenylhydrazin mit den Aldehyden und Ketonen und zwar gewöhnlich in der Weise, dass gleiche Moleküle beider Agentien unter Abspaltung von 1 Molekül Wasser zusammentreten.

Als Beispiel wähle ich das Benzylidenphenylhydrazin[1]), welches aus dem Hydrazin und Bittermandelöl entsteht nach der Gleichung:

$$C_6H_5 \cdot N_2H_3 + C_6H_5 \cdot COH = C_6H_5 \cdot N_2H : CH \cdot C_6H_5 + H_2O .$$

Die Constitution der Verbindung ist noch nicht vollständig ermittelt. Man hat auch hier die Wahl zwischen den beiden Formeln

I. $C_6H_5 \cdot NH \cdots N ⸬ CH \cdot C_6H_5$ und II. $C_6H_5 \cdot N \cdots NH$
$\qquad\qquad\qquad\qquad\qquad\qquad\qquad\qquad\qquad\quad CH \cdot C_6H_5 .$

Ich habe mit Absicht früher nur die summarische Formel $C_6H_5 \cdot N_2H \cdot CH \cdot C_6H_5$ gebraucht. Es ist deshalb ein Irrthum, wenn Hr. Schroeder[2]) sagt, ich hätte die aufgelöste Formel I. aufgestellt; es ist ebenso wenig gerechtfertigt, dass die HH. Zincke und Thelen[3]) der Verbindung von Oxynaphtochinon und Phenylhydrazin ohne weiteren Beweis die Formel

geben. $\qquad C_{10}H_5(OH) \begin{cases} O \\ N \cdots NH \cdot C_6H_5 \end{cases}$

Viele Beobachtungen sprechen vielmehr dafür, dass die Verbindungen des Phenylhydrazins mit den Aldehyden und Ketonen allgemein nach der Formel $\quad C_6H_5 \cdot N \cdots NH$
$\qquad\qquad\qquad\qquad\qquad\qquad\qquad\quad C ⸬$
constituirt sind.

Ich werde auf diesen Punkt ausführlicher zurückkommen, wenn ich im Besitze der entscheidenden Thatsachen bin.

---

[1]) Ann. Chem. Pharm. **190**, 134. (S. 251.)
[2]) Berichte d. D. Chem. Gesellsch. **17**, 2096.
[3]) Berichte d. D. Chem. Gesellsch. **17**, 1813.

48. Emil Fischer und J. Tafel: Ueber die Hydrazine der Zimmtsäure[1]).

Zweite Abhandlung.

Liebigs Annalen der Chemie **227**, 303 [1885].

(Eingelaufen den 6. December 1884.)

Unter den zahlreichen früher beschriebenen Producten, welche aus den o-Hydrazinen der Zimmtsäure entstehen, sind besonders zwei Basen beachtenswerth: das **Indazol** und das **Aethylchinazol**, deren Namen an ihre Verwandtschaft mit Indol und Chinolin erinnern sollten. Diese Basen enthalten neben dem Benzolkern einen Seitenring, in welchem beide Stickstoffatome der Hydrazingruppe als Glieder fungiren. Ueber die Constitution der Verbindungen konnte in der ersten Abhandlung kein sicheres Urtheil gefällt werden. Für das Indazol zum Beispiel liess man die Wahl zwischen den Formeln:

$$\text{I. } C_6H_4\!\!<\!\!\begin{array}{c}CH\\\|\\NH\!\!=\!\!N\end{array} \quad \text{und} \quad \text{II. } C_6H_4\!\!<\!\!\begin{array}{c}CH\\|\backslash\\N\!\!-\!\!NH\end{array},$$

während für das Aethylchinazol versuchsweise folgende beiden Formeln aufgestellt wurden:

$$\text{III. } C_6H_4\!\!<\!\!\begin{array}{c}CH_2\!-\!CH\\\|\\N\!\!\!\!-\!\!N\\|\\C_2H_5\end{array} \quad \text{und} \quad \text{IV. } C_6H_4\!\!<\!\!\begin{array}{c}CH\!-\!CH\\|\\N\!\!=\!\!N\\|\\C_2H_5\end{array}.$$

Die weitere experimentelle Untersuchung hat ergeben, dass dem Indazol die oben mit II. bezeichnete Formel zukommt, dass dagegen die Chinazolformeln beide unrichtig sind. Das Aethylchinazol ist nämlich nicht dem Chinolin ähnlich constituirt, wie man früher aus seiner Bildungsweise und seinem allgemeinen Verhalten geschlossen, sondern es enthält ebenso wie das Indazol einen fünfgliedrigen Seitenring und ist nach dem Schema:

$$C_6H_4\!\!<\!\!\begin{array}{c}C\!\cdots\!CH_3\\\|\\N\!-\!N\\|\\C_2H_5\end{array}$$

constituirt.

---

[1]) Vgl. erste Abhandlung Liebigs Ann. d. Chem. **221**, 261. (S. 364.) *Im Original steht hier als Seitenangabe „280".*

Durch dieses Resultat hat der Name Chinazol seine Bedeutung verloren und es scheint uns zweckmässig, denselben aufzugeben und für die noch zu entdeckenden Basen zu reserviren, welche einen sechsgliedrigen Ring mit den beiden Stickstoffatomen der Hydrazingruppe enthalten.

Die früher als Aethylchinazol bezeichnete Base ist nach der neuen Formel ein Derivat der Verbindung:

$$C_6H_4\diagdown\begin{matrix}CH\\ \diagdown\\ NH-N\end{matrix},$$

welche mit dem Indazol isomer ist und für die wir daher den Namen Isindazol vorschlagen. Das Aethylchinazol erhält dann den Namen Aethylmethylisindazol und in ähnlicher Weise werden wir die Abkömmlinge der Base später bezeichnen.

Den Beweis für die Richtigkeit der Indazolformel:

$$C_6H_4\diagdown\begin{matrix}CH\\ |\quad\diagdown\\ N-NH\end{matrix}$$

glauben wir gefunden zu haben in der Bildungsweise und den Umsetzungen zweier Indazolderivate, der **Indazolessigsäure**:

$$C_6H_4\diagdown\begin{matrix}C-CH_2-COOH\\ |\quad\diagdown\\ N-NH\end{matrix}$$

und des **Methylindazols**:

$$C_6H_4\diagdown\begin{matrix}C-CH_3\\ |\quad\diagdown\\ N-NH\end{matrix}.$$

Die Indazolessigsäure entsteht durch gelinde Oxydation der Hydrazinzimmtsäure. Durch Abspaltung von Kohlensäure lässt sie sich einerseits in Methylindazol überführen; andererseits gewinnt man aus ihrer Bromverbindung durch Oxydation eine Monobromindazolcarbonsäure, welche bei der Behandlung mit Bromwasser Kohlensäure verliert und dasselbe Dibromid liefert, welches durch directe Bromirung des Indazols entsteht.

Damit ist der Zusammenhang zwischen den drei Indazolverbindungen zweifellos sicher gestellt.

Dasselbe oben erwähnte Methylindazol lässt sich ferner mit grosser Leichtigkeit aus dem o-Amidoacetophenon gewinnen. Behandelt man die Diazoverbindung des letzteren mit schwefligsaurem Natron, so entsteht in bekannter Weise das diazoacetophenonsulfonsaure Natron:

$$C_6H_4\diagdown\begin{matrix}CO-CH_3\\ N=N-SO_3Na\end{matrix}.$$

Letzteres geht durch Reduction zunächst in das Hydrazinsalz über und dieses liefert bei der Spaltung mit Salzsäure direct Methylindazol. Aber das Salz erleidet auch schon beim Stehen in wässeriger Lösung eine interessante Veränderung. Unter Wasserverlust geht es über in ein Salz mit der empirischen Formel $C_8H_7N_2SO_3Na$, welches Kupfer- und Silberlösung nicht mehr reducirt, mithin kein gewöhnliches Hydrazin mehr ist und welches ferner, mit Salzsäure gelinde erwärmt, ebenfalls unter Abspaltung der Sulfogruppe Methylindazol bildet.

Wir glauben annehmen zu dürfen, dass dieses zweite Salz aus dem hydrazinacetophenonsulfonsauren Natron:

$$C_6H_4\diagup\hspace{-0.3em}\begin{array}{l}CO-CH_3\\NH-NH-SO_3Na\end{array}$$

in der Weise entsteht, dass der Sauerstoff des Carbonyls mit den beiden Wasserstoffatomen der Hydrazinkette als Wasser austritt und dadurch eine Bindung zwischen dem Carbonylkohlenstoff und den beiden Stickstoffatomen stattfindet. Das wasserärmere Salz erhält nach dieser Betrachtung die Formel:

$$C_6H_4\diagup\hspace{-0.3em}\begin{array}{l}C-CH_3\\|\hspace{0.4em}\diagdown\\N-N-SO_3Na\end{array}$$

und ist als **methylindazolsulfonsaures Natron** zu bezeichnen.

Wir schliessen daraus weiter, dass im Methylindazol, ferner im Indazol und seinen sämmtlichen Derivaten die gleiche Verkettung der beiden Stickstoffatome mit dem einen am Benzolkern haftenden Kohlenstoffatom vorhanden ist.

Bei den Isindazol-(Chinazol)-Verbindungen sind die Verhältnisse etwas complicirter. Das Aethylmethylisindazol (Aethylchinazol) wurde zuerst aus seiner Carbonsäure gewonnen. Die letztere entstand, wie früher beschrieben wurde, durch vorsichtige Reduction der o-Nitrosoäthylamidozimmtsäure:

$$C_6H_4\diagup\hspace{-0.3em}\begin{array}{l}CH=CH-COOH\\N-NO\\|\\C_2H_5\end{array}$$

Wir haben inzwischen nachgewiesen, dass hierbei zunächst die **Aethylhydrazinzimmtsäure** entsteht und diese bei Zutritt von Luft unter Wasserstoffverlust in die Aethylisindazolessigsäure (Chinazolcarbonsäure) übergeht. Diese Reaction ist offenbar analog der Umwandlung der nicht äthylirten Hydrazinzimmtsäure in die Indazolessigsäure und führte zu der Vermuthung, dass Chinazol und Indazol ähnlich constituirt seien. Wir wurden in dieser Auffassung bestärkt durch eine andere eigenthümliche Bildungsweise des Aethylchinazols. Die Base entsteht nämlich in reichlicher Menge bei der Reduction des **o-Nitrosoäthylamidoacetophenons**.

Diese Reaction erklärt sich am leichtesten durch die Annahme, dass bei der Reduction der Nitrosoverbindung zunächst Aethylhydrazinacetophenon entsteht, welches dann weiter durch Wasserabspaltung zwischen der Carbonyl- und der Amidogruppe in Aethylmethylisindazol (Aethylchinazol) mit der Formel:

$$C_6H_4\!\!\begin{array}{c}C\!-\!CH_3\\ \|\\ N\!-\!N\\ |\\ C_2H_5\end{array}$$

übergeht.

Diese Auffassung der Isindazole (Chinazole), welche mit den verschiedenen Bildungsweisen am leichtesten in Einklang zu bringen ist, wird bestätigt durch das Verhalten jener Verbindungen bei der Oxydation.

Wir haben den Versuch mit der Aethylchinazolcarbonsäure (später als Aethylisindazolessigsäure bezeichnet) ausgeführt.

Wenn die Säure nach der Formel:

$$C_6H_4\!\!\begin{array}{c}C\!-\!CH_2\!-\!COOH\\ \|\\ N\!-\!N\\ |\\ C_2H_5\end{array}$$

constituirt ist, so muss bei geeigneter Oxydation eine Carbonsäure von der Formel:

$$C_6H_4\!\!\begin{array}{c}C\!-\!COOH\\ \|\\ N\!-\!N\\ |\\ C_2H_5\end{array}$$

zu gewinnen sein.

Behandelt man die Monobromäthylchinazolcarbonsäure in Eisessiglösung mit Chromsäure, so entsteht unter Abspaltung von Kohlensäure ein Körper von der Formel $C_{10}H_9N_2OBr$, welcher alle Eigenschaften eines Aldehyds besitzt und durch weitere Oxydation in eine Carbonsäure von der Zusammensetzung $C_{10}H_9N_2O_2Br$ übergeht. Die letztere verliert bei der Destillation ebenfalls Kohlensäure und verwandelt sich in die sauerstofffreie Verbindung $C_9H_9N_2Br$ und die letztere ist offenbar ein Monobromäthylisindazol:

$$C_6H_3Br\!\!\begin{array}{c}CH\\ \|\\ N\!-\!N\\ |\\ C_2H_5\end{array}.$$

Indazol und Isindazol sind dem Indol und seinen Derivaten sehr ähnlich zusammengesetzt, aber sie unterscheiden sich von denselben doch sehr wesentlich durch ihre Eigenschaften. Zunächst sind sie viel stärkere Basen als jenes; vor allem aber sind sie gegen Oxydationsmittel ausserordentlich viel beständiger als das Indol. Besonders interessant ist in dieser Beziehung der Vergleich zwischen der später beschriebenen **Bromäthylisindazolcarbonsäure**:

$$C_6H_3Br\diagup\begin{matrix}C-COOH\\\parallel\\N-N\\|\\C_2H_5\end{matrix}$$

und der **Aethylindolcarbonsäure**[1]):

$$C_6H_4\diagup\begin{matrix}C-COOH\\\parallel\\N-CH\\|\\C_2H_5\end{matrix}.$$

Die erstere entsteht durch Oxydation mit Chromsäure und ist gegen diese auffallend beständig. Die letztere wird von den schwächsten Oxydationsmitteln, z. B. von salpetriger Säure, Eisenchlorid, Ferricyankalium und ähnlichen Agentien leicht zerstört. Es scheint uns beachtenswerth, dass ein geschlossener Ring mit zwei Stickstoffatomen so ausserordentlich viel stabiler ist, als derselbe Ring mit einem Stickstoffatom weniger und einem Kohlenstoffatom mehr.

Der Unterschied ist fast derselbe, wie zwischen dem leicht angreifbaren Naphtalin und dem so auffallend beständigen Chinolin.

I. Indazol.

Die Base wird aus der o-Hydrazinzimmtsäure dargestellt. Die letztere wurde früher durch Zersetzen des o-hydrazinzimmtsulfonsauren Natrons mittelst feuchter gasförmiger Salzsäure erhalten.

Bei Darstellung grösserer Mengen, wie sie zu der vorliegenden Arbeit nöthig waren, ist es von Werth, das lästige Arbeiten mit gasförmiger Salzsäure zu vermeiden.

Dies gelang auf folgende Weise: Das hydrazinsulfonsaure Salz wurde mit concentrirter Salzsäure zu einem zähen Brei angerührt und auf dem Wasserbad erhitzt. Zuerst wird die gelblichweisse Masse fast fest, um bei höherer Temperatur plötzlich in eine braune, dünnflüssige Lösung überzugehen. Ist dies geschehen, so muss das Erhitzen unterbrochen werden, da sonst Verharzung eintritt. Auf diese Weise können in wenigen Minuten beliebige Mengen sulfonsaures Salz in salzsaure Hydrazinzimmtsäure übergeführt werden.

Die salzsaure Lösung wird mit Aetznatron beinahe neutralisirt und die Säure nach der alten Vorschrift mittelst essigsauren Natrons isolirt. Dabei wurde das Eindampfen nicht mehr in offenen Schalen,

---

[1]) E. Fischer und O. Hess, Berichte d. D. Chem. Gesellsch. **17**, 559. (*S. 454*)

sondern im Vacuum vorgenommen. Die Ausbeuten sind nach der alten und neuen Methode dieselben.

Den früheren Angaben über das Indazol fügen wir folgende Beobachtungen zu.

Das Indazol siedet unzersetzt bei 269 bis 270° (Faden ganz im Dampf, Barometerstand 743 mm). Aus Aether ist es in grossen, gut ausgebildeten Krystallen zu erhalten.

Die Salze des Indazols dissociiren sehr leicht.

Das Chlorid fällt beim Einleiten von trockener Salzsäure in die ätherische Lösung der Base als röthliches Oel nieder. Dasselbe löst sich in Wasser und Alkohol sehr leicht. Aus der alkoholischen Lösung wird es durch Aether in bräunlich gefärbten Kryställchen gefällt.

Das Sulfat wird erhalten, wenn die alkoholische Lösung der Base mit nicht überschüssiger Schwefelsäure versetzt und dann Aether zugegeben wird. Das Salz fällt, wenn reine Base angewendet wird, in farblosen, warzenförmig vereinigten Kryställchen aus. In wenig Wasser löst es sich leicht auf, nach einiger Zeit scheidet sich ein krystallinischer Niederschlag von Indazol ab. Von überschüssiger Schwefelsäure wird es leicht aufgenommen.

Das Pikrat entsteht beim Vermischen der ätherischen Lösungen von Base und Pikrinsäure unter intensiver Gelbfärbung. Nach einiger Zeit scheiden sich gelbe, meist zu kugeligen Aggregaten vereinigte Nädelchen ab, welche in Alkohol sehr leicht löslich sind.

Platindoppelsalz. — Die salzsaure Lösung der Base giebt mit Platinchlorid einen gelben Niederschlag, der sich beim Erhitzen mit Wasser zersetzt. Aus heisser verdünnter Salzsäure kann er in warzenförmigen Krystallaggregaten erhalten werden.

Die wässerige Lösung des Indazols giebt mit einigen Metallsalzen Niederschläge, so mit Silbernitrat und mit Quecksilberchlorid.

Die Silberverbindung krystallisirt aus heissem Wasser in hübschen farblosen Nadeln, die Mercuriverbindung aus Alkohol in gut ausgebildeten Prismen, welche zum Theil Schwalbenschwanzzwillinge zeigen.

Nitrosoindazol. — Wie schon früher angegeben, erzeugt salpetrigsaures Natron in der schwach sauren Lösung des Indazols einen gelben krystallinischen Niederschlag, welcher mit Phenol und Schwefelsäure die Nitrosoreaction liefert.

Die Base wurde in wenig verdünnter Schwefelsäure gelöst, mit Eis gekühlt und eine Lösung von Natriumnitrit allmählich zugegeben. Dabei fällt das Nitrosamin in gelben Nädelchen aus, welche mit kaltem Wasser gewaschen und im Vacuum getrocknet direct analysirt wurden:

0,1075 g gaben 25,9 cbcm Stickgas bei 9° und 743 mm Druck.
$C_7H_5N_3O$. Ber. N 28,57. Gef. N 28,32.

In verdünntem Alkohol ist die Verbindung sehr leicht löslich, kann aber daraus nicht umkrystallisirt werden, weil dabei theilweise Rückbildung von Indazol stattfindet. Ebenfalls leicht löslich ist der Körper in warmem Ligroïn, aus welchem er beim Abkühlen in goldgelben, spiessigen Nadeln krystallisirt.

Der Schmelzpunkt des Nitrosoindazols liegt bei 73 bis 74°.

Monobromindazol. — Die Verbindung wurde aus der später beschriebenen Monobromindazolcarbonsäure erhalten. Erhitzt man diese Säure mit ca. 20 Theilen Wasser 4 Stunden auf 200°[1]), so spaltet sie sich in Kohlensäure und Bromindazol, welches beim Erkalten der wässerigen Lösung auskrystallisirt. Die Flüssigkeit wurde ohne weiteres mit Natron versetzt, mit Aether ausgeschüttelt und der beim Verdampfen desselben bleibende braune Rückstand mit Wasser ausgekocht. Dabei bleibt ein braunes Harz zurück, während das Bromindazol in Lösung geht und beim Erkalten in farblosen zolllangen dünnen Nadeln vom Schmelzpunkt 124° krystallisirt. Zur Analyse wurde die Substanz im Vacuum getrocknet:

0,1846 g gaben 0,1767 AgBr.

$C_7H_5N_2Br$. Ber. Br 40,61. Gef. Br 40,73.

In kaltem Wasser ist die Bromverbindung sehr schwer, in heissem bedeutend leichter löslich. Noch leichter wird sie von heisser Natronlauge aufgenommen. Versetzt man ihre warme wässerige Lösung mit Bromwasser, so bildet sich sofort ein voluminöser Niederschlag von Dibromindazol.

Dibromindazol. — Die Verbindung entsteht, wie eben erwähnt, aus dem Monobromindazol, sie bildet sich ferner bei der Behandlung der Monobromindazolcarbonsäure mit Bromwasser und schliesslich entsteht sie eben so leicht aus dem Indazol selbst, wenn dasselbe in wässeriger oder salzsaurer Lösung mit überschüssigem Brom zusammentrifft.

Die Verbindung ist in Alkohol, Aether, Eisessig, Benzol, Essigester und warmem Chloroform leicht löslich. Aus warmem verdünntem Alkohol krystallisirt sie in feinen, zu büschelförmigen Aggregaten vereinigten Nädelchen. Schöner erhält man den Körper aus Chloroform; er bildet dann lange farblose verfilzte Nadeln, welche bei 239 bis 240° schmelzen und bei wenig höherer Temperatur unzersetzt sublimiren.

Die bei 130° getrocknete Substanz gab folgende Zahlen:

0,2405 g gaben 0,2719 CO_2 und 0,0334 H_2O. — 0,1736 g gaben 15,8 cbcm N bei 13° und 739 mm Druck. — 0,2343 g gaben 0,3192 AgBr. — 0,1362 g (aus Monobromindazol) gaben 0,1851 AgBr.

$C_7H_4N_2Br_2$. Ber. C 30,44, H 1,45, N 10,14, Br 57,97.
Gef. ,, 30,83, ,, 1,54, ,, 10,45, ,, 57,97, 57,83.

---

[1]) Die Angabe ist nicht genau, weil die Temperatur bei den gebräuchlichen einfachen Luftbädern niemals überall die gleiche ist.

Das Dibromindazol zeigt ein eigenthümliches Verhalten gegen Alkalien. In heisser Natronlauge löst es sich sehr leicht und in grosser Menge auf und scheidet sich beim Erkalten unverändert in langen verfilzten Nadeln ab. In heissem Wasser sowie in Säuren ist der Körper unlöslich.

Bei längerer Behandlung der heissen alkalischen Lösung mit Natriumamalgam wird das Dibromindazol in Indazol verwandelt.

Von Kaliumpermanganat wird der Körper schon in der Kälte langsam angegriffen, dagegen wirkt Chromsäure auch in kochender Eisessiglösung nicht auf ihn ein.

Das Monobromindazol enthält selbstverständlich, wie die Monobromindazolcarbonsäure, aus welcher es entsteht, das Brom im Benzolkern. Dasselbe gilt für ein Bromatom in dem Dibromid. Die Stellung des zweiten Bromatoms lässt sich hier mit Sicherheit nicht bestimmen. Aber die Beobachtung, dass die Indazolessigsäure mit Bromwasser nur ein Monosubstitutionsproduct liefert und dass ferner die Bromindazolcarbonsäure bei Aufnahme von weiterem Brom zugleich Kohlensäure verliert, führt doch zu der Vermuthung, dass das Dibromindazol sowohl im Benzolkern, wie in dem Indazolring substituirt sei, mithin die Formel:

$$C_6H_3Br\diagup\genfrac{}{}{0pt}{}{CBr}{\diagdown}_{N-NH}$$

besitze.

Aethylindazol [Iz-2-Aethylindazol[1])].

Das Indazol enthält nach seinem Verhalten gegen salpetrige Säure noch eine Imidogruppe. Deren Wasserstoff lässt sich sehr leicht durch Aethyl ersetzen und es entsteht eine äthylirte Base von der Formel:

$$C_6H_4\diagup\genfrac{}{}{0pt}{}{CH}{\diagdown}_{N-N-C_2H_5}.$$

---

[1]) In dieser Abhandlung sind mehrere Aethyl- und Methylderivate des Indazols und Isindazols beschrieben, welche das Alkyl in dem stickstoffhaltigen Ringe theils an Stickstoff, theils an Kohlenstoff gebunden enthalten. Zur Unterscheidung derselben benutzen wir die von A. Baeyer vorgeschlagene Nomenclatur.

Wir bezeichnen zu dem Zweck den fünfgliedrigen stickstoffhaltigen Ring:

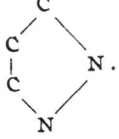

welchen sowohl die Indazol-, als auch die Isindazolverbindungen enthalten, mit dem Symbol Iz. Zur Unterscheidung der Stellung benutzen wir dann die arabischen

Wird 1 Th. Indazol mit 2 Th. Jodäthyl vier Stunden im geschlossenen Rohr auf 100° erhitzt, so resultirt eine bräunliche, krystallinische Masse, welche sich in Wasser bis auf eine Trübung von überschüssigem Jodäthyl löst. Letzteres wird durch Erwärmen auf dem Wasserbad entfernt und die Lösung mit Aetznatron übersättigt. Dabei fällt ein öliger Niederschlag aus, welcher dem Gemisch mit Aether entzogen wird. Derselbe hinterlässt beim Verdunsten ein schwach braunes Oel von aromatischem, indazolähnlichem Geruch, welches nicht zum Erstarren gebracht werden konnte. Dasselbe ist in Wasser leichter löslich, als das Indazol und mit Wasserdämpfen leicht flüchtig.

Die schwach saure Lösung der Base scheidet mit salpetrigsaurem Natron die erstere unverändert ab, die Verbindung ist also, wie zu erwarten, eine tertiäre Base.

Von den Salzen des Aethylindazols sind am schönsten das Sulfat und das Pikrat.

Das erstere fällt in feinen, rein weissen Nadeln aus, wenn das Gemisch der alkoholischen Lösungen der Base und Schwefelsäure mit Aether versetzt wird, wobei ein Ueberschuss von Schwefelsäure nicht schadet. Das Salz ist in Wasser äusserst leicht löslich. Die Lösung trübt sich erst beim Erwärmen, nicht auf Zusatz von viel kaltem Wasser. In Alkohol löst es sich ebenfalls leicht auf.

Das im Vacuum getrocknete Salz erweicht bei 138° und schmilzt vollständig bei 150 bis 152°.

Die Analyse ergab Zahlen, welche auf die Formel $C_9H_{10}N_2$, H_2SO_4 stimmen.

0,2176 g gaben 0,3567 CO_2 und 0,1036 H_2O. — 0,1845 g gaben 18,4 cbcm N bei 10° und 737 mm Barometerstand. — 0,1803 g gaben 0,1707 $BaSO_4$.

Ber. C 44,26, H 4,92, N 11,48 SO_4 39,34.
Gef. ,, 44,71, ,, 5,29, ,, 11,58, ,, 39,01.

Das Pikrat fällt in hübschen, rhomboïdisch geformten Blättchen aus, wenn die ätherischen Lösungen von Base und Pikrinsäure gemischt werden. Dasselbe ist in heissem Alkohol leicht löslich. Beim Erkalten krystallisirt es in niedlich verzweigten Krystallaggregaten. Auch in

Ziffern und zwar so, dass die Zählung mit dem an den Benzolkern gebundenen Stickstoffatom beginnt. Das vorliegende Aethylindazol mit der Formel:

$$C_6H_4 \diagup \begin{matrix} CH \\ | \\ N-N-C_2H_5 \end{matrix}$$

erhält demnach die Bezeichnung Iz-2-Aethylindazol, während das später beschriebene Methylindazol:

$$C_6H_4 \diagup \begin{matrix} C-CH_3 \\ | \\ N-NH \end{matrix}$$

den Namen Iz-3-Methylindazol erhält.

heissem Wasser löst sich das Salz ziemlich leicht und krystallisirt daraus in schönen glänzenden Blättchen.

Die wässerige Lösung des Aethylindazols giebt mit Quecksilberchlorid einen voluminösen, weissen Niederschlag, der in reinem heissem Wasser ziemlich leicht löslich ist und beim Erkalten in farblosen Nadeln krystallisirt.

II. Methylindazol [Iz-3-Methylindazol[1)]].

Wie bereits erwähnt, entsteht diese Verbindung sehr leicht aus der o-Hydrazinverbindung des Acetophenons. Als Ausgangsmaterial für die Gewinnung der Base dient das o-Amidoacetophenon, welches nach der Methode von Baeyer und Bloem leicht gewonnen wird.

Ein Gewichtstheil salzsaures Amidoacetophenon wird in wenig Wasser gelöst und dann mit einem Theil concentrirter Salzsäure versetzt, wobei sich das Salz zum grössten Theil wieder abscheidet. In das gut gekühlte breiartige Gemisch giesst man jetzt langsam eine Lösung von Natriumnitrit, bis der Geruch nach salpetriger Säure dauernd bemerkbar ist. Hierbei verschwindet der Krystallbrei, weil sich die gebildete Diazoverbindung in Wasser löst. Die Flüssigkeit wird jetzt in eine kalt gesättigte Lösung von schwefligsaurem Natron, welche zwei Gewichtstheile des trockenen Salzes Na_2SO_3 oder eine entsprechend grössere Menge des käuflichen wasserhaltigen Products enthält, eingegossen. Die Mischung nimmt eine tief rothe Farbe an, welche aber nach einiger Zeit in gelb umschlägt, offenbar, weil das zuerst entstehende diazosulfonsaure Natron unter dem Einfluss der schwefligen Säure in das hydrazinsulfonsaure Salz übergeht. Die Flüssigkeit reducirt jetzt Quecksilberoxyd und alkalische Kupferlösung sehr energisch. Lässt man dieselbe bei gewöhnlicher Temperatur stehen, so nimmt allmählich das Reductionsvermögen ab und nach circa einer halben Stunde beginnt die Ausscheidung von farblosen glänzenden Blättchen, welche nach Verlauf von einigen Stunden die Flüssigkeit breiartig erfüllen. Die Krystallisation erfolgt um so rascher und vollständiger, je reicher die Lösung an Natriumsalzen ist. Die neue Verbindung ist ebenfalls ein sulfonsaures Salz, welches sich aber von der Hydrazinverbindung äusserlich durch den Mangel an reducirenden Eigenschaften und in seiner Zusammensetzung durch den Mindergehalt an Wasser unterscheidet. Dasselbe hat die empirische Formel $C_8H_7N_2SO_3Na$. Zur Analyse wurde die Verbindung zweimal aus heissem Wasser umkrystallisirt und längere Zeit im Vacuum, zuletzt über Phosphorpentoxyd getrocknet.

0,2062 g gaben 0,2090 $BaSO_4$. — 0,1878 g gaben 18,8 cbcm N bei 10° und 738 mm Bar. — 0,2969 g gaben 0,0886 Na_2SO_4.

$C_8H_7N_2SO_3Na$. Ber. S 13,67, N 11,97, Na 9,83.
Gef. ,, 13,80, ,, 11,64, ,, 9,67.

[1)] Vgl. S. *483* und *484*, Anmerkung.

Nach früheren Betrachtungen ist das Salz als eine Sulfonsäureverbindung des Methylindazols von der Formel:

$$C_6H_4 \diagup \begin{matrix} C-CH_3 \\ | \diagdown \\ N-N \cdot SO_3Na \end{matrix}$$

anzusehen, denn es liefert beim Erhitzen mit Salzsäure neben Schwefelsäure ganz glatt Methylindazol.

Das sulfonsaure Salz ist in heissem Wasser sehr leicht und in kaltem in nicht unbeträchtlicher Menge löslich. Aus dieser Lösung wird es jedoch durch Zusatz von Natriumsulfit, Chlornatrium oder Aetznatron ausgeschieden.

Von Quecksilberoxyd, Fehling'scher Lösung und salpetriger Säure wird es nicht verändert.

Für die Darstellung des Methylindazols ist die Isolirung seines sulfonsauren Salzes überflüssig. Man gewinnt die Base eben so leicht direct aus dem hydrazinacetophenonsulfonsauren Natron. Wir verfuhren dabei in folgender Weise:

Die wie oben angegeben bereitete Lösung von diazosulfonsaurem Salz wird, um die Reduction zu beschleunigen, mit Natriumamalgam geschüttelt, wobei die Flüssigkeit stets etwas sauer gehalten wird. Die reducirte Lösung wird vom Quecksilber abgegossen, mit $^1/_5$ ihres Volumens concentrirter Salzsäure versetzt und zehn Minuten gekocht; jetzt wird mit Natron übersättigt und mit Aether ausgeschüttelt. Derselbe hinterlässt beim Verdunsten eine braune krystallinische Masse.

Die Ausbeute ist sehr gut, von 36 g salzsaurem Amidoacetophenon wurden 24 g Rohbase erhalten, während die Theorie 27,5 g verlangt.

Die Base wurde durch Destillation gereinigt. Zur Analyse wurde dieselbe aus Wasser umkrystallisirt und im Vacuum getrocknet.

0,2215 g gaben 0,5925 CO_2 und 0,1275 H_2O. — 0,0942 g gaben 17,5 cbcm N bei 15° und 742 mm Bar.

$C_8H_8N_2$. Ber. C 72,73, H 6,06, N 21,21.
Gef. ,, 72,95, ,, 6,39, ,, 21,23.

Eine Dampfdichtebestimmung nach V. Meyer im Phenanthrendampf ausgeführt gab folgendes Resultat:

0,0940 g gaben 17,8 cbcm Luft bei 12° und 745 mm Bar.

$C_8H_8N_2$. Ber. Dichte 4,57. Gef. Dichte 4,37.

Eine andere Bildungsweise des Methylindazols wurde bei der Untersuchung der Hydrazinzimmtsäure beobachtet. Sie wird in dem Abschnitt über Indazolessigsäure beschrieben.

Das Methylindazol schmilzt bei 113° zu einer farblosen Flüssigkeit und siedet bei 280 bis 281° unzersetzt (Faden ganz im Dampf, Barometerstand 736 mm). Das Destillat erstarrt sofort zu einer schwach gelblich gefärbten krystallinischen Masse. Wie das Indazol sublimirt es in geringem Mass schon auf dem Wasserbad. Mit Wasserdämpfen ist es leicht flüchtig.

Das Methylindazol löst sich leicht in Alkohol, Aether und Chloroform, ziemlich leicht in heissem Wasser, schwerer in kaltem Wasser und fast nicht in concentrirten Alkalien. Aus heissem Wasser krystallisirt es in farblosen, zolllangen, dünnen Nadeln, welche sich leicht röthlich färben. Die wässerige Lösung reducirt Fehling'sche Lösung nicht.

Die ätherische Lösung der Base hinterlässt beim Verdunsten sehr schön ausgebildete Krystalle.

Die Dämpfe des Methylindazols zeigen einen indazolähnlichen süssen Geruch, welcher am besten hervortritt, wenn man die Base mit Wasser kocht.

In der salzsauren Lösung der Base erzeugt Bromwasser einen schwach gelben Niederschlag, welcher vom Dibromindazol äusserlich nicht zu unterscheiden ist. Derselbe löst sich in Chloroform leichter als letzteres und wird daraus durch Ligroïn in farblosen Nadeln abgeschieden.

Die Salze des Methylindazols sind im allgemeinen beständiger als die des Indazols.

Das Chlorid wird erhalten, wenn man in die ätherische Lösung der Base trockene Salzsäure einleitet, wobei es sofort krystallinisch ausfällt. In Wasser und Alkohol ist das Salz sehr leicht löslich. In wässeriger Lösung dissociirt es erst beim Erhitzen. Wird die alkoholische Lösung des Salzes mit viel Aether versetzt, so fallen nach einiger Zeit prächtig glänzende, verfilzte Nadeln aus, welche bei Anwendung reiner Base vollkommen farblos sind. Sie schmelzen bei 177°. Eine Chlorbestimmung gab folgende Zahlen:

0,1221 g gaben 0,1043 AgCl.
$C_8H_9N_2Cl$. Ber. Cl 21,02. Gef. Cl 21,09.

Das Sulfat ist weniger schön als das Chlorid; es fällt in kugeligen, aus feinen Nädelchen bestehenden Aggregaten aus, wenn die alkoholische Lösung der Base mit alkoholischer Schwefelsäure unter Vermeidung eines Ueberschusses der letzteren versetzt und dann Aether zugegeben wird.

Das Pikrat erhält man beim Zusammenbringen der beiden Agentien sowohl in alkoholischer, als in ätherischer Lösung als ein gelbes, krystallinisches Pulver, welches in Wasser und kaltem Alkohol schwer, in heissem leicht löslich ist. Aus letzterem krystallisirt es in feinen verfilzten Nadeln.

Das Platindoppelsalz fällt als gelber Niederschlag aus, wenn eine salzsaure Lösung der Base mit Platinchlorid versetzt wird. Derselbe wird aus heisser verdünnter Salzsäure in hübschen Nädelchen erhalten, beim Erwärmen mit Wasser tritt dagegen Zersetzung ein.

Auch mit einigen Metallsalzen geht das Methylindazol Verbindungen ein.

Giesst man die heisse wässerige Lösung der Base zu einer heissen Lösung von überschüssigem Quecksilberchlorid, so bildet sich ein weisser flockiger Niederschlag, der nach kurzer Zeit krystallinisch wird. Derselbe ist in heissem Wasser leicht löslich und scheidet sich beim Erkalten in feinen, farblosen, meist sternförmig vereinigten Nädelchen aus. In Alkohol ist die Verbindung leichter löslich als in Wasser und fällt daher beim Vermischen der beiden Agentien in alkoholischer Lösung nicht aus.

Die Silbernitratverbindung des Methylindazols krystallisirt aus heissem Wasser in farblosen Nadeln.

Durch salpetrige Säure wird die Base in ein Nitrosamin verwandelt.

Nitrosomethylindazol. — Zur Darstellung desselben wurde die Base in verdünnter Salzsäure gelöst und in die gekühlte Flüssigkeit allmählich eine Lösung von Natriumnitrit gegeben. Hierbei entsteht ein gelber Niederschlag, welcher mit kaltem Wasser gewaschen, im Vacuum getrocknet und direct analysirt wurde.

0,1195 g gaben 26,4 cbcm N bei 10° und 745 mm Bar.

$C_8H_7N_3O$. Ber. N 26,09. Gef. N 25,93.

Das Nitrosamin ist sehr leicht löslich in Alkohol, Aether, Chloroform, Eisessig, leicht auch in warmem Ligroïn, aus welchem es sich beim Abkühlen in hübschen gelben Nädelchen ausscheidet. Die Verbindung schmilzt bei 60,5°. Von heissem Wasser und verdünntem Alkohol wird sie unter theilweiser Rückbildung von Methylindazol aufgenommen.

Dieselbe Rückverwandlung in Methylindazol erleidet das Nitrosamin bei der Reduction mit Zinkstaub und Essigsäure.

Aethylmethylindazol (Iz-2-Aethyl-Iz-3-Methylindazol).

Wird ein Theil Methylindazol mit zwei Theilen Jodäthyl vier Stunden auf 100° erhitzt, so resultirt eine krystallinische braune Masse, welche sich in Wasser zu einer durch überschüssiges Jodäthyl getrübten Flüssigkeit löst. Letzteres wird auf dem Wasserbad weggetrieben, die Lösung filtrirt, mit Aetznatron übersättigt und der entstandene ölige Niederschlag mit Aether aufgenommen. Derselbe hinterlässt ein schwach braun gefärbtes Oel, welches nicht zum Erstarren gebracht werden konnte. Auch die aus dem reinen Chlorid erhaltene Base erstarrte nicht beim Abkühlen.

Das Oel zeigt einen süssen, an Chinolin erinnernden Geruch, ist in heissem Wasser ziemlich löslich und mit Wasserdämpfen leicht flüchtig. In Alkohol und Aether löst es sich in allen Verhältnissen.

Die Salze des Aethylmethylindazols sind etwas beständiger, als die des Methylindazols.

Das Sulfat wird in dünnen, reinweissen Nädelchen erhalten, wenn das Gemisch der alkoholischen Lösungen von Base und Schwefelsäure mit Aether versetzt wird. Dasselbe ist in Wasser wie in Alkohol äusserst löslich.

Das Chlorid erhält man beim Einleiten trockener Salzsäure in die ätherische Lösung der Base als weissen krystallinischen Niederschlag, der sich in Wasser und Alkohol leicht löst und aus der letzteren Lösung durch Aether in farblosen, büschelförmig vereinigten Nädelchen gefällt wird. Beim Erwärmen mit Wasser ist keine Dissociation zu bemerken, dagegen ist der Schmelzpunkt nicht constant. Eine Chlorbestimmung gab folgende Zahlen:

0,2180 g gaben 0,1587 AgCl.
$C_{11}H_{13}N_2HCl$. Ber. Cl 17,93. Gef. Cl 17,97.

Das Platindoppelsalz krystallisirt aus heisser verdünnter Salzsäure in langen flachen Nadeln.

Die Base ist isomer mit dem früher beschriebenen Aethylmethylisindazol (Aethylchinazol). Auf die Bedeutung dieser Isomerie werden wir später zurückkommen.

Dimethylindazol (Iz-2, 3-Dimethylindazol).

Die Methylirung des Methylindazols wurde ganz so ausgeführt, wie die Aethylirung. Beim Abdunsten des Aethers bleibt ein gelbliches Oel zurück, welches beim Erkalten zu einer gelblichweissen Krystallmasse erstarrt. Zur Reinigung wurde das Oel in heissem Wasser gelöst, von einer geringen Menge braunen Harzes abfiltrirt und erkalten gelassen. Zuerst scheidet sich die Base ölig ab, nach kurzer Zeit erstarrt sie aber zu vollkommen farblosen Blättchen, welche bei 60° getrocknet werden können und bei 79 bis 80° schmelzen.

Die Analyse ergab folgende, mit den für die Formel $C_9H_{10}N_2$ berechneten gut übereinstimmende Zahlen:

0,1868 g gaben 0,5073 CO_2 und 0,1163 H_2O. — 0,2705 g gaben 44,9 cbcm N bei 10° und 736 mm Bar.
Ber. C 73,97, H 6,85, N 19,18.
Gef. ,, 74,06, ,, 6,92, ,, 19,24.

Die Base ist mit Wasserdämpfen leicht flüchtig, unter Verbreitung eines süssen, dem des Indazols ähnlichen Geruchs. In Alkohol, Aether, Ligroïn und heissem Wasser ist sie leicht löslich.

Von den Salzen ist das Sulfat am schönsten. Dasselbe wird erhalten, wenn die alkoholische Lösung der Base mit nicht überschüssiger Schwefelsäure versetzt wird. Nach kurzer Zeit fällt ein voluminöser

Niederschlag aus, der aus verfilzten Nädelchen besteht. Bei nicht gar zu verdünnten Lösungen erstarrt die Masse vollständig. Die Ausscheidung des Salzes kann durch Zusatz einiger Tropfen Aether beschleunigt werden. Das Salz ist in Wasser und heissem Alkohol leicht löslich. Aus letzterem krystallisirt es beim Erkalten in langen verfilzten Nadeln.

Das Pikrat scheidet sich als dicker gelber Niederschlag ab, wenn ätherische Pikrinsäure zu einer ätherischen Lösung der Base gegeben wird. In heissem Alkohol ist das Salz leicht löslich und krystallisirt beim Erkalten in feinen Nädelchen.

Das Platindoppelsalz krystallisirt aus heisser verdünnter Salzsäure in spiessigen Nadeln von schwach gelber Farbe.

III. Indazolessigsäure, $C_6H_4\!\!<\!\!\genfrac{}{}{0pt}{}{C-CH_2-COOH}{N-NH}$.

Die Säure entsteht in überraschend leichter Weise bei der Einwirkung von Luft oder Sauerstoff auf die kalte alkalische Lösung der o-Hydrazinzimmtsäure. Diese Oxydation erfolgt sogar bei Gegenwart von Reductionsmitteln. So hat sich ergeben, dass der in der ersten Abhandlung erwähnte[1]), aus der Hydrazinzimmtsäure mit Natriumamalgam erhaltene Körper nichts anderes als Indazolessigsäure ist.

Die Bildung dieser Säure erfolgt nach der Gleichung:

$$C_9H_{10}N_2O + O = C_9H_8N_2O + H_2O .$$

Ihre Constitution ergiebt sich aus den früher erwähnten Beziehungen zum Methylindazol. Dagegen bleibt ihre Entstehung aus der Hydrazinzimmtsäure noch räthselhaft.

Am nächsten liegt die Annahme, dass bei dieser Oxydation unter gleichzeitiger Wasseraufnahme Hydrazinbenzoylessigsäure:

$$C_6H_4\!\!<\!\!\genfrac{}{}{0pt}{}{CO-CH_2-COOH}{NH-NH_2}$$

gebildet, diese aber spontan durch Wasserverlust in die Indazolessigsäure verwandelt werde. Diese Erklärung reicht aber nicht mehr aus für eine zweite Bildungsweise der Indazolessigsäure. Das diazozimmtsulfonsaure Natron:

$$C_6H_4\!\!<\!\!\genfrac{}{}{0pt}{}{CH=CH-COOH}{N=N-SO_3Na}$$

wird durch warme Salzsäure leicht zersetzt. Es verliert seine Sulfongruppe in Form von Schwefelsäure und geht direct in Indazolessigsäure über. Vergleicht man diese Reaction mit der zuvor besprochenen Oxydation der Hydrazinzimmtsäure, so wird man unwillkürlich zu der

---
[1]) Liebigs Ann. d. Chem. **221**, 282. (*S. 378.*)

Vermuthung gedrängt, dass im letzteren Fall nicht die Kohlenstoff-, sondern die empfindliche Hydrazingruppe Wasserstoff verliere und dass dann weiter auf bisher unerklärte Weise der Indazolring zustandekomme.

Die zweite, eben erwähnte Bildungsweise der Indazolessigsäure aus diazozimmtsulfonsaurem Natron ist für die Darstellung der Säure nicht zu empfehlen; aber sie bietet doch in theoretischer Beziehung Interesse genug, um ausführlich beschrieben zu werden.

Das diazozimmtsulfonsaure Natron entsteht, wie bekannt, beim Zusammenbringen der Diazozimmtsäure mit schwefligsaurem Alkali, geht aber unter diesen Umständen sehr rasch durch weitere Reduction in das hydrazinzimmtsulfonsaure Salz über. Letzteres[1] lässt sich leicht isoliren und wird eben so leicht durch Oxydation in die Diazoverbindung zurückverwandelt. Zu dem Zweck löst man das Hydrazinsalz in wenig Wasser, versetzt mit Natronlauge und setzt unter Umschütteln so lange gelbes Quecksilberoxyd zu, bis die Farbe desselben nicht mehr verschwindet. Die filtrirte Flüssigkeit ist gelbroth gefärbt, besitzt keine reducirenden Eigenschaften mehr und enthält unzweifelhaft das diazozimmtsulfonsaure Salz. Die Isolirung des letzteren ist eine umständliche Operation; durch Ansäuern mit Essigsäure und Fällen mit Alkohol und Aether erhielten wir dasselbe in goldgelben Nadeln, welche öfter in Wasser gelöst und mit Alkohol gefällt werden. Dieselben enthielten Wasser, welches bei 105° entweicht, wobei die Krystalle eine blassgelbe Farbe annehmen. Das Salz besitzt die Eigenschaften der diazosulfonsauren Verbindungen; von Zinkstaub und Essigsäure wird es sofort in das hydrazinsulfonsaure Salz verwandelt. Erwärmt man seine wässerige Lösung mit dem halben Volumen rauchender Salzsäure, so wird es vollständig zersetzt und es entsteht in reichlicher Menge Indazolessigsäure. Die Isolirung der letzteren ist hier viel umständlicher, als nach der ersten Methode. Die saure Lösung muss zunächst mit Soda beinahe neutralisirt und dann mit Kupferacetat gefällt werden. Behandelt man das in heissem Wasser suspendirte Kupfersalz mit Schwefelwasserstoff, so geht die in Freiheit gesetzte Säure in Lösung, um sich aus dem Filtrat beim Erkalten abzuscheiden.

Darstellung der Indazolessigsäure. — Die Hydrazinzimmtsäure wird in Alkali gelöst und die Lösung in einer Flasche so lange mit Luft geschüttelt, bis ihre Fähigkeit Fehling'sche Lösung zu reduciren verschwunden ist, dann wird mit Salzsäure versetzt, bis die von ausgeschiedener Säure breiig gewordene Masse Methylorangepapier röthet. Das Filtrat wird eingedampft und liefert noch eine weitere Portion Säure. Die Ausbeute an gelblich gefärbtem Rohproduct beträgt 88°

---
[1] Emil Fischer, Liebigs Ann. d. Chem. **221**, 274. (S. *373*.)

der theoretischen Menge. Zur Reinigung wird dasselbe aus heissem Wasser umkrystallisirt.

Eigenschaften der Indazolessigsäure. — Aus heissem Wasser krystallisirt die Säure in feinen, meist gelblich gefärbten, zu Drusen vereinigten Nadeln, welche bei 168 bis 170° unter Kohlensäureentwicklung schmelzen.

Die Analyse der bei 130° getrockneten Säure führte zu folgenden Zahlen:

0,1662 g gaben 0,3578 CO_2 und 0,0657 H_2O. — 0,2304 g gaben 0,5207 CO_2 und 0,0982 H_2O. — 0,2165 g gaben 0,4901 CO_2 und 0,0907 H_2O. — 0,0706 g gaben 9,6 cbcm N bei 10° und 732 mm Bar. — 0,1742 g gaben 24,1 cbcm N bei 10° und 733 mm Bar.

$C_9H_8N_2O_2$. Ber. C 61,37, H 4,55, N 15,91.
Gef. ,, 61,68, 61,64, 61,74, ,, 4,39, 4,73, 4,65, ,, 15,67, 15,97.

Die Indazolessigsäure ist in Alkohol, Eisessig, Aceton und heissem Wasser sehr leicht, in kaltem Wasser und in Aether schwerer löslich. Sehr schwer oder gar nicht löslich ist sie in Chloroform, Ligroïn und Benzol. Die heisse wässerige Lösung reagirt sauer. Die Verbindung löst sich in Alkalien und Mineralsäuren unter Bildung der entsprechenden Salze. Aus der Lösung in Säuren kann sie durch Aether extrahirt werden.

Charakteristisch ist das Kupfersalz. Dasselbe fällt aus schwach salzsaurer oder essigsaurer Lösung bei Zusatz von Kupferacetat als blassgrüner schleimiger Niederschlag aus. Derselbe ist ganz unlöslich auch in heissem Wasser, löst sich aber etwas in heissem Alkohol. Aus letzterem krystallisirt das Salz in feinen grünen Nädelchen, welche im Vacuum getrocknet ein äusserst leichtes Pulver bilden und bei 100° noch Wasser verlieren. Die Analyse der einige Zeit im Vacuum getrockneten Substanz ergab folgendes Resultat:

0,1329 g verloren bei 105° getrocknet 0,0102 an Gewicht und hinterliessen beim Glühen 0,0230 CuO.

$(C_9H_6O_2N_2)_2Cu + 2 H_2O$. Ber. Cu 14,09, H_2O 8,05.
Gef. ,, 13,80, ,, 7,67.

Das Salz eignet sich besonders für die Erkennung und Isolirung der Indazolessigsäure.

Die wässerige Lösung der Säure wird durch Silbernitrat, Bleiacetat, Mercurichlorid und Mercuronitrat weiss gefällt. Die Niederschläge sind in heissem Wasser löslich, aber nur das Silbersalz krystallisirt beim Erkalten hübsch aus.

Von den Salzen der Indazolessigsäure mit Säuren wurde nur das Chlorid isolirt. Es fällt aus der ätherischen Lösung der Base beim Einleiten trockener Salzsäure in schwach gefärbten Krystallkörnern aus. Die wässerige Lösung derselben wird durch Platinchlorid nicht gefällt.

Umwandlung der Indazolessigsäure in Methylindazol. — Wie schon bemerkt, schmilzt die Indazolessigsäure unter Zersetzung; dabei entsteht eine sauerstofffreie Base, welche unzersetzt destillirt. Aus heissem Wasser umkrystallisirt und im Vacuum getrocknet lieferte sie folgende Zahlen:

0,1523 g gaben 0,4068 CO_2 und 0,0866 H_2O. — 0,1075 g gaben 19,9 cbcm N bei 13° und 743 mm Bar.

$C_8H_8N_2$. Ber. C 72,72, H 6,06, N 21,21.
          Gef. ,, 72,85, ,, 6,32, ,, 21,38.

Sie zeigt denselben Schmelzpunkt 113°, wie das aus Amidoacetophenon erhaltene Methylindazol, mit dem sie sich auch in jeder anderen Beziehung, wie Krystallgehalt der Salze und Schmelzpunkt des Nitrosamins, identisch erweist.

Nitrosoindazolessigsäure. — Wird eine kalte sehr verdünnte schwefelsaure Lösung der Indazolessigsäure mit einer vierprocentigen Natriumnitritlösung versetzt, so tritt sofort Gelbfärbung ein und bei längerem Stehen scheiden sich goldgelbe feine Nädelchen ab. Ein aus reiner Indazolessigsäure dargestelltes, im Vacuum getrocknetes Präparat gab folgende Zahlen:

0,1193 g gaben 21,6 cbcm N bei 18° und 745 mm Barometerstand.

$C_9H_7N_3O_3$. Ber. C 20,49. Gef. C 20,48.

Die Substanz zersetzt sich schon bei 96° unter energischer Gasentwickelung, ohne vorher zu schmelzen. Sie ist in Aether und Chloroform leicht aber langsam löslich, leicht ferner in kaltem Alkohol, Eisessig, warmem Essigester und in Alkalien, unlöslich in Ligroïn und Wasser. Aus Essigester kann sie in gelben Kryställchen erhalten werden, welche erst bei 123° ebenfalls unter Zersetzung schmelzen. Die Substanz scheint demnach in zwei Modificationen von verschiedenem Schmelzpunkt zu existiren. Bei der Behandlung mit Zinkstaub und Essigsäure wird das Nitrosamin in die Indazolessigsäure zurückverwandelt.

Monobromindazolessigsäure entsteht durch Einwirkung von Brom auf die Indazolessigsäure sowohl in alkalischer, als in saurer Lösung.

Die Säure wird in verdünnter Salzsäure gelöst und eine Lösung desselben Gewichts Brom in Wasser zugegeben. Es scheidet sich ein mehr oder weniger braun gefärbter Niederschlag ab. Derselbe wird unter Anwendung von Thierkohle aus Eisessig umkrystallisirt und bildet dann wenig gefärbte, verfilzte Nadeln. Zur Analyse wurde der Körper noch zweimal aus heissem Wasser umkrystallisirt und bei 130° getrocknet.

0,2504 g gaben 0,3841 CO_2 und 0,0617 H_2O. — 0,2784 g gaben 0,2060 AgBr. — 0,2563 g gaben 25,3 cbcm N bei 23° und 738 mm Bar.

$C_9H_7N_2O_2Br$. Ber. C 42,34, H 2,70, N 10,98, Br 31,37.
             Gef. ,, 41,83, ,, 2,74, ,, 10,79, ,, 31,49.

Die Säure schmilzt bei 200° unter heftiger Gasentwicklung. Sie löst sich in heissem Wasser schwer, in kaltem fast gar nicht. Sie krystallisirt beim Erkalten der heissen Lösung in farblosen verfilzten Nadeln. In heissem Eisessig sowie in Alkohol ist sie sehr leicht, in Chloroform und Benzol nur ganz wenig löslich.

Die essigsaure Lösung der Säure giebt mit Kupferacetat einen blassgrünen Niederschlag, welcher auch in heissem Wasser unlöslich ist.

Die Säure enthält das Brom im Benzolkern, wie ihr Verhalten bei der Oxydation zeigt.

IV. Zusammenhang zwischen Indazol und Methylindazol.

Wenn Methylindazol und Indazolessigsäure nach den Formeln:

$$C_6H_4 \diagdown \begin{matrix} C-CH_3 \\ | \\ N-NH \end{matrix} \quad \text{und} \quad C_6H_4 \diagdown \begin{matrix} C-CH_2-COOH \\ | \\ N-NH \end{matrix}$$

constituirt waren, so durfte man erwarten, dass beide bei der Oxydation eine Carbonsäure von der Formel:

$$C_6H_4 \diagdown \begin{matrix} C-COOH \\ | \\ N-NH \end{matrix}$$

liefern würden, welche durch Verlust von Kohlensäure in Indazol übergehen musste. Wir haben den Versuch bei beiden Verbindungen ausgeführt, ohne den gewünschten Erfolg. Die Indazolessigsäure wird durch die meisten Oxydationsmittel vollständig verbrannt. Aus dem Methylindazol gelingt es zwar durch Behandlung mit Permanganat eine Säure zu gewinnen, welche thatsächlich bei der Destillation Indazol liefert, aber die Menge des letzteren ist so gering, dass wir dem Versuch keine besondere Beweiskraft zuschreiben können. Viel bessere und ebenso überzeugende Resultate hat uns die gleiche Behandlung der Bromindazolessigsäure geliefert. Dieselbe wird durch Chromsäure ziemlich glatt in eine Säure $C_8H_5N_2BrO_2$ verwandelt, welche beim Erhitzen unter Verlust von Kohlensäure Monobromindazol und bei der Behandlung mit Bromwasser direct Dibromindazol liefert. Das letztere ist identisch mit dem früher beschriebenen Dibromid, welches aus dem Indazol selbst entsteht.

Das Oxydationsproduct der Bromindazolessigsäure ist demnach eine Carbonsäure des Bromindazols von der Formel:

$$C_6H_3Br \diagdown \begin{matrix} C-COOH \\ | \\ N-NH \end{matrix}.$$

Monobromindazolcarbonsäure. — 1 Th. Bromindazolessigsäure wird in heissem Eisessig gelöst und in die mit nicht zu viel Wasser verdünnte Flüssigkeit eine Lösung von 1 Th. Chromsäure unter stetigem Kochen und Schütteln tropfenweise eingetragen. Zum Schlusse kocht man noch 5 bis 10 Minuten, reducirt die überschüssige Chromsäure durch Zusatz von schwefliger Säure, verdünnt dann mit Wasser und fügt Natronlauge bis zur vollständigen Lösung des Chromhydroxyds zu. Die alkalische Lösung wird jetzt gekocht bis zur völligen Abscheidung des Chromoxyds. Der grösste Theil der Carbonsäure bleibt dabei in der alkalischen Mutterlauge, ein Theil derselben wird jedoch durch das Chromhydroxyd niedergerissen. Man kocht daher den filtrirten Niederschlag noch zweimal mit verdünnter Natronlauge und zwar jedesmal bis zur völligen Entfärbung der Flüssigkeit. Die chromfreien alkalischen Filtrate werden vereinigt und mit Salzsäure schwach angesäuert. Dabei fällt die Carbonsäure als gelber flockiger Niederschlag aus, welcher beim Trocknen ein braunes Pulver liefert. Die Ausbeute an diesem Rohproduct betrug 75 pC. der theoretisch berechneten Menge. Dieses Product kann direct zur Darstellung des früher beschriebenen Monobromindazols und ebenso zur Umwandlung in Dibromindazol benutzt werden.

Zur Reinigung wird die rohe Carbonsäure in Soda gelöst, mit Salzsäure wieder gefällt und aus heissem Eisessig umkrystallisirt. Die Säure bildet dann sehr feine verfilzte Nädelchen von gelblicher Farbe, welche bei der Analyse folgende Zahlen gaben.

0,1043 g gaben 0,1525 CO_2 und 0,0232 H_2O. — 0,1528 g gaben 0,1185 AgBr.

$C_8H_5N_2O_2Br$. Ber. C 39,83, H 2,08, Br 33,19.
Gef. ,, 39,88, ,, 2,47, ,, 33,00.

Die Carbonsäure löst sich sehr leicht in ätzenden und kohlensauren Alkalien. In Wasser und verdünnter Salzsäure ist sie fast unlöslich. Erhitzt man die Verbindung über 240°, so zersetzt sie sich unter starkem Aufblähen und liefert neben viel Kohle nur eine kleine Menge Monobromindazol. Viel glatter erfolgt dieselbe Spaltung beim Erhitzen der Säure mit Wasser auf 200°, wie bei dem Monobromindazol ausführlicher beschrieben ist.

Versetzt man die warme Lösung der Carbonsäure in Essigsäure mit Bromwasser, so beobachtet man neben der Entwickelung von Kohlensäure sofort die Abscheidung eines flockigen Niederschlages, welcher aus Chloroform in feinen Nadeln vom Schmelzpunkt 240° krystallisirt und nach der Analyse sowie seinem sonstigen Verhalten unzweifelhaft Dibromindazol ist.

V. Isindazolverbindungen.

Die früher beschriebene Aethylisindazolessigsäure (Aethylchinazolcarbonsäure) wurde durch Reduction der Nitrosoäthylamidozimmtsäure gewonnen und ihre Bildung durch die empirische Gleichung:

$$C_{11}H_{12}N_2O_3 + H_2 = C_{11}H_{12}N_2O_2 + H_2O$$

interpretirt. Wir haben jetzt gefunden, dass die Reaction in zwei Phasen verläuft und dass aus der Nitrosoverbindung zuerst eine Hydrazinsäure entsteht, welche, sobald sie mit Luft in Berührung kommt, zur Isindazolverbindung oxydirt wird.

Reducirt man die Nitrosoverbindung in der früher angegebenen Weise mit Zinkstaub und Essigsäure, nur mit der Aenderung, dass die Luft durch eine Kohlensäureatmosphäre ersetzt ist, so erhält man zunächst eine Flüssigkeit, welche alkalische Kupferlösung stark reducirt. Die reducirende Substanz lässt sich isoliren, wenn man die Flüssigkeit unter Abschluss der Luft zur Entfernung des Zinks zunächst mit Schwefelwasserstoff fällt und das Filtrat mit viel reinem Aether extrahirt. Der ätherische Extract hinterlässt beim Verdunsten im Kohlensäurestrom eine gelbe, nicht krystallisirende Masse, welche nach ihren Reactionen **Aethylhydrazinzimmtsäure** enthält. Dieselbe reducirt Fehling'sche Lösung und Silbernitratlösung sehr energisch und bleicht ebenso wie die Hydrazinzimmtsäure Lackmustinctur. Sie verliert aber diese Eigenschaften sehr bald, wenn man sie in wässeriger oder ätherischer Lösung mit Luft schüttelt, weil sie dadurch in Aethylisindazolessigsäure verwandelt wird.

Nach diesen Beobachtungen wurde auch das Verfahren zur Darstellung der Aethylisindazolessigsäure etwas modificirt und dadurch die Ausbeute beträchtlich verbessert.

Aethylisindazolessigsäure. — Je 3 g Nitrosoproduct werden in 40 cbcm Eisessig gelöst und allmählich unter tüchtigem Schütteln Zinkstaub zugegeben, indem die Temperatur zwischen 30 und 50° gehalten wird. Wenn eine Probe keine Nitrosoreaction mehr giebt, wird vom Zinkstaub abfiltrirt und der Eisessig im Vacuum soweit als möglich abgedampft. Jetzt wird Wasser zugegeben, wobei sich ein gelber harziger Körper ausscheidet. Mehrere solche Portionen werden in einer Schale vereinigt und mit kohlensaurem Natron übersättigt. Nachdem durch Kochen alles Zink gefällt ist, wird filtrirt. Hier und da reducirt das Filtrat schon jetzt Fehling'sche Lösung nicht mehr, meist aber ist es nöthig, die alkalische Lösung tüchtig mit Luft zu schütteln, wobei nach kurzer Zeit die Reductionsfähigkeit verschwindet. Die oxydirte Flüssigkeit wird nun mit Salzsäure versetzt. Zunächst entsteht ein gelblicher krystallinischer Niederschlag, der bei vorsichtigem weiterem Säurezusatz plötzlich eine röthliche Farbe annimmt. Derselbe wird filtrirt und aus heissem Wasser unter Zusatz von Thierkohle umkrystallisirt. Die so erhaltene Aethylisindazolessigsäure ist ganz rein. Ihre Menge betrug 55 pC. der theoretischen Ausbeute.

Neue Bildungsweise des Iz-1-Aethyl-Iz-3-Methylisindazols[1] (Aethylchinazols).

Aus dem o-Amidoacetophenon entsteht bei der Umwandlung in das Hydrazin Methylindazol. Der gleiche Versuch bei dem o-Aethylamidoacetophenon ausgeführt lieferte uns eine Base, welche sich identisch mit Aethylmethylisindazol (Aethylchinazol) erwies.

Zur Darstellung des Aethylamidoacetophenons wurden 1 Th. Amidoacetophenon mit 1 Th. Jodäthyl 10 Stunden im geschlossenen Rohr auf 100° erhitzt. Nach dem Erkalten fand sich eine schwach gefärbte Salzmasse vor, welche von überschüssigem Jodäthyl durchtränkt war. Letzteres wurde durch Lösen in Wasser und Erwärmen auf dem Wasserbad vertrieben. Die Base wurde durch Alkali in Freiheit gesetzt und der wässerigen Lösung mittelst Aether entzogen. Derselbe hinterlässt beim Abdunsten ein braunes Oel, welches mit Wasserdämpfen leicht flüchtig ist und einen zum Husten reizenden Geruch besitzt.

Dasselbe ist ein Gemenge verschiedener Basen, aus welchem das Monoäthylamidoacetophenon als Nitrosamin abgeschieden wird. Zu diesem Zweck wird das Oel in verdünnter Schwefelsäure gelöst, mit Natron beinahe neutralisirt und unter guter Kühlung allmählich so viel Natriumnitritlösung zugegeben, dass nach tüchtigem Schütteln eben Geruch nach salpetriger Säure auftritt. Bei Beginn der Reaction entsteht ein hellgelber Niederschlag, schliesslich sammelt sich ein rothgelbes Oel am Boden des Gefässes an. Dasselbe wird mit Aether aufgenommen und die ätherische Lösung einigemal tüchtig mit verdünnter Schwefelsäure durchgeschüttelt. Dabei nimmt letztere beträchtliche Mengen einer Base auf, welche durch Alkali wieder abgeschieden werden kann. Dieselbe besteht wahrscheinlich aus Diäthylamidoacetophenon, welches aus der schwach sauren Lösung durch salpetrigsaures Natron unverändert ausgeschieden wird.

Die so gereinigte ätherische Lösung des Nitrosamins wurde zuerst bei 50°, schliesslich im Vacuum eingedunstet. Es bleibt ein goldgelbes Oel zurück, welches nicht erstarrt. Dasselbe ist in verdünnten Säuren, wie auch in Ligroïn unlöslich. Beim Erhitzen auf 100° zersetzt es sich.

Die Reduction des Nitrosamins wird am besten folgendermassen durchgeführt: Man löst das Oel in Essigsäure und giebt diese Lösung ganz allmählich unter tüchtigem Schütteln zu einem gut gekühlten Gemenge von Wasser und Zinkstaub. Nach Beendigung der Reaction übersättigt man mit Natron und destillirt mit Wasserdampf, wobei ein schwach gelbes Oel übergeht.

Zur Reinigung wurde dasselbe in verdünnter Schwefelsäure gelöst und mit überschüssigem Natriumnitrit versetzt; das abgeschiedene Oel

---
[1] Vgl. S. 483 Anmerkung.

ist ein Gemenge von unverändertem Aethylmethylisindazol mit wenig Nitrosamin. Man löst das Product in Aether und trennt nach dem Verdampfen des letzteren die Base von den indifferenten Producten durch Behandeln mit verdünnter Schwefelsäure. Aus der schwefelsauren Lösung wird die nun reine Base durch Alkali abgeschieden und wieder mit Aether ausgeschüttelt. Derselbe hinterlässt beim Verdampfen ein schwach gelb gefärbtes Oel, welches in einer Kältemischung sofort zu Blättern erstarrte, die bei 29,5° schmelzen und mit dem Aethylmethylisindazol aus Aethylisindazolessigsäure in Löslichkeit, Krystallform und Geruch, sowie in den Eigenschaften des Platindoppelsalzes vollständig übereinstimmen.

Wie schon früher erwähnt, ist das Aethylmethylisindazol isomer mit dem Aethylmethylindazol. Diese Isomerie ist ein weiterer Grund für die Annahme der Indazolformel:

denn wäre das Indazol:

$$C_6H_4\diagdown\!\!\!\!\diagup\begin{array}{c}CH\\|\;\;\;\diagdown\\N-NH\end{array},$$

$$C_6H_4\diagdown\!\!\!\!\diagup\begin{array}{c}CH\\=\\NH-N\end{array},$$

so würde das Aethylmethylindazol die Formel:

$$C_6H_4\diagdown\!\!\!\!\diagup\begin{array}{c}C-CH_3\\\\N(C_2H_5)-N\end{array}$$

erhalten und da der Indazolring eine ausserordentlich stabile Atomgruppe ist, so würde man mit ziemlich grosser Sicherheit darauf zählen dürfen, dass bei der Reduction des Nitrosoäthylamidoacetophenons das gleiche Aethylmethylindazol gebildet würde.

Ganz in derselben Weise wie Aethylmethylisindazol entsteht aus dem Methyl-o-Amidoacetophenon das

Iz-1,3-Dimethylisindazol. — Die Base wurde nach demselben Verfahren wie die Aethylverbindung dargestellt.

Das Endproduct ist ein hellgelbes Oel, welches beim Abkühlen sehr rasch zu fast farblosen Blättern erstarrt. Aus 5 g Amidoacetophenon wurden 0,8 g reine Base erhalten; eine Ausbeute, welche bei der grossen Zahl der Operationen eine befriedigende zu nennen ist.

Die Analyse der im Vacuum getrockneten Substanz gab folgende Zahlen:

0,2002 g gaben 0,5414 CO_2 und 0,1243 H_2O. — 0,1162 g gaben 18,8 cbcm Stickstoff bei 11° und 740 mm Bar.

$C_9H_{10}N_2$. Ber. C 73,97, H 6,85, N 19,18.
Gef. ,, 73,75, ,, 6,89, ,, 18,78.

Der Körper schmilzt bei 36,5°. Er wirkt auf Fehling'sche Lösung auch beim Kochen nicht ein, ist also kein Hydrazin. Mit Wasserdämpfen sehr leicht flüchtig, verbreitet er beim Kochen mit Wasser einen äusserst intensiven, zum Niesen reizenden Geruch, welcher dem des Aethylmethylisindazols sehr ähnlich ist.

Mit diesem zeigt die Base ferner Analogie in der leichten Dissociirbarkeit ihrer Salze, von denen die meisten sehr hübsch krystallisiren.

Das Chlorid erhält man beim Einleiten von trockener Salzsäure in die ätherische Lösung der Base als krystallinischen Niederschlag. In Alkohol leicht löslich, wird das Salz durch Aether daraus in hübschen farblosen Nädelchen gefällt. Auch in Wasser ist das Chlorid leicht löslich und diese Lösung trübt sich schon bei gelindem Erwärmen.

Das Sulfat fällt aus der alkoholischen Lösung auf Zusatz von Aether in farblosen, prächtig glänzenden Nadeln aus. Es ist in wenig Wasser leicht löslich und dissociirt beim Erwärmen der Lösung, nicht aber bei Zusatz von viel kaltem Wasser.

Das Pikrat entsteht beim Vermischen von Pikrinsäure und Base in ätherischer Lösung als gelber, in heissem Alkohol leicht löslicher Niederschlag. Aus letzterem krystallisirt es in rechteckigen Tafeln.

Durch grosse Krystallisationsfähigkeit ausgezeichnet sind die Verbindungen des Dimethylisindazols mit Metallsalzen.

Silbernitrat, Mercurichlorid und Mercuronitrat erzeugen in der wässerigen Lösung der Base weisse voluminöse Niederschläge, welche sich in heissem Wasser lösen. Daraus krystallisirt die Silberverbindung in glänzenden rechteckigen Täfelchen, die Mercuriverbindung in farblosen Nadeln und die Mercuroverbindung in stark lichtbrechenden dünnen Prismen.

Oxydation der Bromäthylisindazolessigsäure.

Wie früher erwähnt, wird die Auffassung der Isindazolverbindungen als Abkömmlinge der mit dem Indazol isomeren Verbindung:

$$C_6H_4\diagup^{CH}_{NH-N}$$

bestätigt durch das Verhalten der gebromten Aethylisindazolessigsäure bei der Oxydation. Wir wählten diese Substanz für den Versuch wegen der Beständigkeit und leichten Isolirbarkeit ihrer Oxydationsproducte. Bei der Behandlung mit Chromsäure liefert dieselbe unter Abspaltung des Carboxyls zunächst einen Aldehyd von der Formel $C_{10}H_9N_2OBr$.

Zur Gewinnung dieses Products löst man 1 Th. der Bromverbindung in 10 Th. Eisessig und fügt in der Siedehitze ganz allmählich eine Lösung von 1 Th. Chromsäure in möglichst wenig 70 procentiger Essigsäure zu.

Zum Schluss wird die Flüssigkeit einige Minuten gekocht, dann in kaltes Wasser eingegossen und der abgeschiedene flockige Niederschlag mit Aether ausgeschüttelt. Beim Verdunsten desselben bleibt eine dunkelbraune essigsaure Lösung des Oxydationsproducts. Das letztere scheidet sich beim Eingiessen in überschüssige Natronlauge als krystallinischer, gelblich gefärbter Niederschlag ab. Durch Umkrystallisiren aus heissem Methylalkohol erhält man die Verbindung in langen, fast farblosen Prismen. Für die Analyse wurden dieselben im Vacuum getrocknet.

0,1607 g gaben 0,2818 CO_2 und 0,0548 H_2O. — 0,1555 g gaben 15,5 cbcm Stickgas bei 23° und 742 mm Bar. — 0,1828 g gaben 0,1359 AgBr.

$C_{10}H_9N_2OBr$. Ber. C 47,43, H 3,56, N 11,07, Br 31,62.
Gef. ,, 47,77, ,, 3,78, ,, 10,97, ,, 31,63.

Die Verbindung entsteht aus der Bromäthylisindazolessigsäure nach der Gleichung:

$$C_{11}H_{11}N_2O_2Br + 2\,O = C_{10}H_9N_2OBr + CO_2 + H_2O\,.$$

Sie schmilzt bei 88° und destillirt unzersetzt. In heissem Wasser ist sie schwer löslich und krystallisirt daraus beim Erkalten in feinen Prismen. In heissem Aethyl- und Methylalkohol, ferner in Aether, Chloroform, Eisessig und Benzol ist sie leicht löslich. Sie reducirt ammoniakalische Silberlösung bei längerem Kochen energisch, erzeugt in einer farblosen Lösung von fuchsinschwefliger Säure eine intensive blauviolette Färbung und verbindet sich leicht mit Phenylhydrazin. Sie zeigt mithin die Reactionen der Aldehyde.

Beim Erhitzen mit Kaliumdichromat und Schwefelsäure wird sie in die entsprechende Carbonsäure verwandelt. Die letztere erhält man ebenfalls und leichter direct durch Oxydation der Bromindazolessigsäure.

Monobromäthylisindazolcarbonsäure. — 1 g Monobromäthylisindazolessigsäure wurde mit 8 g 50 procentiger Essigsäure übergossen und mit 2 g Kaliumdichromat und 3 g concentrirter Schwefelsäure auf dem Wasserbad erwärmt. Bald beginnt eine stürmische Reaction unter starker Erwärmung, welche durch gelinde Kühlung gemässigt wird. Es scheiden sich jetzt Oeltröpfchen aus, welche beim weiteren Kochen verschwinden und einem krystallinischen Niederschlag Platz machen. Nach dem Erkalten wird die grüne Flüssigkeit mit Wasser verdünnt, wobei der Rest der Säure in Flocken ausfällt. Der Niederschlag wird filtrirt und mit einer Lösung von kohlensaurem Kali ausgelaugt. Versetzt man das Filtrat mit einer concentrirten Kochsalzlösung, so scheidet sich ein schwer lösliches Natronsalz in schillernden farblosen Blättchen ab. Dieses wird filtrirt, in heissem Wasser gelöst und mit Salzsäure zersetzt, wobei die Carbonsäure in fast farblosen Flocken ausfällt. Dieselbe krystallisirt aus verdünntem Methylalkohol in eigenthümlich gekrümmten Nädelchen, welche nicht ganz constant bei ungefähr 210° schmolzen und bei der Analyse keine genau stimmenden, aber immerhin für die Formel $C_{10}H_9N_2O_2Br$ entscheidende Zahlen gaben.

0,1113 g gaben 0,1843 CO_2 und 0,0382 H_2O. — 0,1577 g gaben 0,1086 AgBr.
Ber. C 44,61, H 3,35, Br 29,74.
Gef. ,, 45,16, ,, 3,81, ,, 29,30.

Die Säure ist in Aether, Methyl- und Aethylalkohol, sowie in Chloroform äusserst leicht löslich, in Wasser dagegen fast unlöslich.

Beim Erhitzen über den Schmelzpunkt zersetzt sie sich unter Kohlensäureentwickelung und liefert ein erstarrendes Sublimat von Monobromäthylisindazol. — Dieses wurde durch directe Destillation der Säure dargestellt, mit Wasserdampf destillirt und dann mit Aether aufgenommen. Letzterer hinterliess beim Verdunsten ein kaum gefärbtes Oel, welches in der Kälte zu einer weichen Krystallmasse erstarrte. Die Analyse der im Vacuum getrockneten Substanz gab folgende Zahlen:

0,1804 g gaben 0,3204 CO_2 und 0,0686 H_2O.
$C_9H_9N_2Br$. Ber. C 48,00, H 4,00.
Gef. ,, 48,44, ,, 4,22.

Der Körper schmilzt bei 48° und destillirt unzersetzt. Er ist in Alkohol, Aether und Chloroform sehr leicht, in Wasser sehr schwer löslich. Mit Wasserdämpfen verflüchtigt er sich leicht unter Verbreitung eines intensiven Geruchs, welcher an den des Aethylmethylisindazols erinnert. Das Bromäthylisindazol zeigt wie das Monobromindazol keine basischen Eigenschaften; es ist in Alkalien und Säuren unlöslich.

49. Alfred Elbers: Ueber einige Verbindungen der Hydrazine mit Keton- und Aldehydsäuren.

Liebigs Annalen der Chemie **227**, 340 [1885].

(Eingelaufen den 6. Dezember 1884.)

Von den Hydrazinderivaten der Aldehyd- und Ketonsäuren sind bisher nur die Verbindungen der Brenztraubensäure[1]) ausführlicher untersucht. Um die bei dieser Gelegenheit aufgefundene neue Synthese[2]) von Indolderivaten aufzuklären und eventuell zu verallgemeinern, war es wünschenswerth, eine grössere Zahl verwandter Producte kennen zu lernen. Auf Veranlassung von Prof. Emil Fischer habe ich deshalb die Verbindungen der einfachen primären und secundären aromatischen Hydrazine mit der Phenylglyoxylsäure, der Glyoxylsäure, Mesoxalsäure und dem Glyoxal untersucht.

Dass die betreffenden Producte wegen ihrer Schwerlöslichkeit in Wasser für den analytischen Nachweis jener Säuren besonders geeignet sind, ist bereits von E. Fischer[3]) betont worden.

Phenylhydrazinphenylglyoxylsäure[4]).

Bei directer Einwirkung von Phenylhydrazin auf Phenylglyoxylsäure findet unter Wärmeentwickelung eine sehr heftige Reaction statt. Viel glatter und besser verläuft der Process, wenn man in verdünnter salzsaurer Lösung gleiche Molecule Phenylhydrazin und Phenylglyoxylsäure zusammenbringt. Nach kurzer Zeit beginnt die Abscheidung eines gelben voluminösen Niederschlags, dessen Menge sich nach 2 bis 3 stündigem Stehen nicht mehr vermehrt. Ein Ueberschuss des einen oder anderen Reagens hat keinen Einfluss auf die Beschaffenheit des Products.

Auf diese Weise kann man Phenylglyoxylsäure selbst in sehr verdünnten Lösungen erkennen. Bei einer Concentration von 1 : 75 tritt fast sofort ein dicker gelber Niederschlag auf, der beim Schütteln direct,

---

[1]) E. Fischer und F. Jourdan, Berichte d. D. Chem. Gesellsch. **16**, 2241. (S. 437.)

[2]) Ferner E. Fischer und O. Hess, Berichte d. D. Chem. Gesellsch. **17**, 559. (S. 454.)

[3]) Berichte d. D. Chem. Gesellsch. **17**, 572. (S. 463.)

[4]) Vgl. E. Fischer, Berichte d. D. Chem. Gesellsch. **17**, 578. (S. 469.)

beim Stehen nach kurzer Zeit sich zu dicken gelben Flocken zusammenballt. Noch bei einer Verdünnung von 1 : 800 bildet sich fast sofort eine starke gelbe Trübung, die nach circa 15 Minuten, namentlich nach tüchtigem Schütteln, starke gelbe Flocken absetzt. Eine Lösung im Verhältniss 1 : 1600 bleibt zuerst klar, trübt sich aber allmählich und giebt nach circa 15 Minuten noch eine ziemlich bedeutende flockige Fällung, die sich beim Stehen absetzt.

Die Phenylhydrazinphenylglyoxylsäure ist in kaltem Wasser fast unlöslich, in heissem löst sie sich ziemlich schwer und krystallisirt daraus beim Erkalten. Aether nimmt sie selbst in der Kälte sehr leicht auf, ebenso Alkohol, beim Kochen mit letzterem tritt aber theilweise Zersetzung ein, unter Bildung von Benzaldehyd, der deutlich am Geruch erkennbar ist. In Chloroform und Benzol löst sie sich ziemlich leicht, in Ligroïn und Petroleumäther nicht. Zur Reinigung wurde Eisessig angewandt, der die Säure in der Hitze sehr leicht löst und beim Erkalten in schönen gelben, gut ausgebildeten Nadeln wieder abscheidet. Man darf jedoch nicht zu lange kochen, da sonst Bräunung eintritt. Die Säure reducirt Fehling'sche Lösung selbst beim Kochen nicht. Bei 153° schmilzt sie unter Kohlensäureabspaltung.

0,2067 g gaben 0,5301 CO_2 und 0,097 H_2O. — 0,1912 g gaben 20,7 cbcm N bei 23° und 739 mm Druck.

Ber. C 70,00, H 5,00, N 11,67.
Gef. ,, 69,94, ,, 5,21, ,, 11,85.

Die Bildung der Phenylhydrazinphenylglyoxylsäure erfolgt nach der folgenden Gleichung:

$$C_6H_5N_2H_3 + C_6H_5COCOOH = H_2O + C_6H_5 \cdot N_2H : C\begin{smallmatrix}C_6H_5\\CO_2H\end{smallmatrix}.$$

Die Alkalisalze sind mit gelber Farbe in Wasser sehr leicht, in concentrirtem Alkali schwer löslich. Durch doppelte Umsetzung erhält man aus der neutralen Lösung des Ammoniaksalzes das unlösliche gelbe Silber- und grüne Kupfersalz, welche in der Wärme oder bei längerer Berührung mit der Flüssigkeit zersetzt werden, rasch abfiltrirt und getrocknet aber ziemlich beständig sind. Wasser und verdünnte Säuren verändern die Phenylhydrazinphenylglyoxylsäure nicht; erst bei längerem Kochen tritt ganz schwacher Benzaldehydgeruch auf.

Erhitzt man die gut getrocknete Säure im Oelbad auf 165°, so schmilzt sie unter Kohlensäureentwicklung. Kühlt man die nach Beendigung der Gasentwicklung erhaltene gelbe Flüssigkeit ab, so erstarrt sie zu einer strahlig-krystallinischen Masse, die aus verdünntem Alkohol in gut ausgebildeten Nadeln krystallisirt. Dieselben haben den

Schmelzpunkt und alle anderen Eigenschaften des Benzylidenphenylhydrazins. Ihre Analyse gab folgende Zahlen.

0,2228 g gaben 0,6518 CO$_2$ und 0,127 H$_2$O.
Ber. C 79,59, H 6,12.
Gef. ,, 79,78, ,, 6,32.

Die Spaltung der Phenylhydrazinphenylglyoxylsäure erfolgt mithin nach der Gleichung:

$$C_6H_5N_2H : C\genfrac{<}{}{0pt}{}{C_6H_5}{COOH} = C_6H_5N_2H : CHC_6H_5 + CO_2$$

und ist ganz analog derjenigen der Phenylhydrazinbrenztraubensäure.

Reduction der Phenylhydrazinphenylglyoxylsäure.

Von nascirendem Wasserstoff wird die Säure rasch verändert. Löst man dieselbe in verdünnter Natronlauge und trägt unter guter Kühlung des Gefässes und öfterem Umschütteln Natriumamalgam in kleinen Portionen ein, so ist die Reduction beendet, wenn eine Probe der Flüssigkeit beim Neutralisiren mit Essigsäure eine rein weisse Fällung giebt. Man übersättigt dann vorsichtig mit Essigsäure. Der filtrirte und mit Wasser gewaschene Niederschlag lässt sich nach dem Trocknen durch Essigäther in zwei Körper trennen, einen fast unlöslichen und einen sehr leicht löslichen.

Ersterer ist unlöslich in Alkohol, Aether, Benzol, Ligroïn, Schwefelkohlenstoff, Aceton, Chloroform und Essigäther, leicht löslich in Natronlauge, Salzsäure und Eisessig. Durch Umkrystallisiren aus verdünnter Essigsäure wird der Körper in schönen gelblichen perlmutterglänzenden Blättchen gewonnen. Er ist nach den Resultaten der Analyse und seinen sonstigen Eigenschaften **Phenylamidoessigsäure**.

0,0912 g gaben 0,213 CO$_2$ und 0,0512 H$_2$O. — 0,1206 g gaben 0,281 CO$_2$ und 0,0672 H$_2$O. — 0,1202 g gaben 9,6 cbcm N bei 16° und 750 mm Druck.
C$_8$H$_9$NO$_2$. Ber. C 63,58, H 6,00, N 9,27.
Gef. ,, 63,69, 63,55, ,, 6,24, 6,19, ,, 9,18.

Die Säure weicht nur im Schmelzpunkt von den Angaben Tiemann's ab, der den Schmelzpunkt der Phenylamidoessigsäure bei 256° liegend angiebt, während das vorliegende Product bei 265° allmählich unzersetzt zu sublimiren beginnt. Selbst beim raschen Erhitzen im engen Capillarröhrchen auf 295° im Paraffinbad sublimirte der grösste Theil, während ein ganz geringer Rückstand unter Blasenentwicklung und Bräunung zersetzt wurde. Ebenso verhielt sich die Phenylamidoessigsäure, welche ich bei der Spaltung der entsprechenden Methyl- und Aethylphenylhydrazinverbindungen erhielt.

Neben der Phenylamidoessigsäure entsteht Anilin, welches der ursprünglichen alkalischen Lösung direct durch Aether entzogen werden kann.

Die Bildung dieser beiden Körper aus der Hydrazinsäure erfolgt nach der Gleichung:

$$C_6H_5 \cdot N_2H : C\begin{matrix} CO_2H \\ C_6H_5 \end{matrix} + 2\,H_2 = C_6H_5 \cdot NH_2 + C_6H_5 \cdot CH\begin{matrix} CO_2H \\ NH_2 \end{matrix}.$$

Sie sind die Endproducte der Reduction. Neben denselben entsteht als Zwischenproduct bei vorsichtiger Anwendung des Natriumamalgams in reichlicher Menge die **Phenylhydrazidophenylessigsäure**,

$$C_6H_5 \cdot N_2H_2 \cdot CH\begin{matrix} CO_2H \\ C_6H_5 \end{matrix}.$$

Die Verbindung bildet den in Essigäther leicht löslichen Theil des früher erwähnten Niederschlags, welcher auch die Phenylamidoessigsäure enthält. Von der letzteren wird sie am leichtesten durch Behandlung des Niederschlags mit mässig verdünnter Salzsäure getrennt. Sie bleibt dabei als weisse krystallinische Masse zurück. Für die Analyse wurde sie im Vacuum getrocknet.

0,1098 g gaben 0,2782 CO_2 und 0,0588 H_2O.
Ber. C 69,42, H 5,78.
Gef. ,, 69,10, ,, 5,94.

Die Säure schmilzt bei 158° unter Gasentwicklung. Sie löst sich sehr schwer in kaltem Wasser, Aether und Schwefelkohlenstoff, ziemlich leicht in Benzol, Chloroform und sehr leicht in Alkohol. Sie ist sehr leicht veränderlich; schon beim Kochen mit verdünnter Essigsäure wird sie zersetzt. Noch empfindlicher ist sie gegen oxydirende Agentien; sie reducirt z. B. Silber- und alkalische Kupferlösung in der Kälte sehr energisch.

Durch ammoniakalische Kupferlösung wird sie in kalter wässeriger Lösung zum grossen Theil in Phenylhydrazinphenylglyoxylsäure zurückverwandelt.

Die Verbindung verhält sich also ganz ähnlich wie die Phenylhydrazidopropionsäure[1] und ist ebenso wie diese als eine Hydrazoverbindung von der Formel:

$$C_6H_5 \cdot NH-NH \cdot CH(C_6H_5)CO_2H$$

aufzufassen.

Erhitzt man die Phenylhydrazidophenylessigsäure im Oelbad auf 160 bis 170° bis zur Beendigung der Blasenentwicklung, wobei ein unangenehmer reizender Geruch auftritt, so erhält man ein braunes Oel, das zu einer halbfesten Masse erstarrt. Durch Umkrystalisiren aus ver-

---

[1] E. Fischer und Jourdan, Berichte d. D. Chem. Gesellsch. **16**, 2241 (S. *437*); vgl. auch A. Reissert, daselbst **17**, 1457.

dünntem Alkohol kann man daraus gelbe Nadeln isoliren, die im Schmelzpunkt mit dem Benzylidenphenylhydrazin übereinstimmen. Das erwartete Benzylphenylhydrazin konnte nicht isolirt werden. Der Verlauf der Reaction scheint also ein sehr complicirter zu sein.

Aethylphenylhydrazinphenylglyoxylsäure,
$$\begin{matrix}C_6H_5\\C_2H_5\end{matrix}\!\!>\!\!N-N=C\!\!<\!\!\begin{matrix}CO_2H\\C_6H_5\end{matrix}.$$

Das zu den folgenden Versuchen verwendete Aethylphenylhydrazin wurde durch Reduction mittelst Zinkstaub und Essigsäure aus Aethylphenylnitrosamin erhalten, nach der Vorschrift[1]), welche E. Fischer für die Methylverbindung gegeben hat. Die Rohbase ist ein Gemenge von Hydrazin und Aethylanilin, deren Trennung für meinen Zweck nicht nöthig war. Ich benutzte deshalb direct die zwischen 210 und 225° siedende Fraction des Rohproducts. Zur Darstellung der Aethylphenylhydrazinphenylglyoxylsäure wurde das Aethylphenylhydrazin in mässig verdünnter Essigsäure gelöst, von einer geringen Menge beigemengten unlöslichen Oels abfiltrirt und mit Phenylglyoxylsäure versetzt. Zuerst bleibt die Flüssigkeit klar, erst nach circa 10 Minuten zeigt sich eine allmählich stärker werdende gelbe Trübung. Im Verlauf von mehreren Stunden haben sich schwere gelbe Oeltropfen am Boden und den Wänden des Gefässes abgesetzt, die nach zweitägigem Stehen sich in eine halbfeste, zähe, gelbe Masse verwandelt hatten. Der Niederschlag wurde abfiltrirt, mit etwas Wasser gewaschen und lose zwischen Fliesspapier gepresst. Das so vom adhärirenden Wasser ziemlich befreite Product wurde zweimal mit kleinen Mengen Aether behandelt, wobei ein Oel in Lösung geht, während ein pulverförmiger gelber fester Körper zurückbleibt, der von dem ätherischen Extract durch Absaugen befreit wird. Behandelt man nun dieses Product mit Natronlauge, so findet man, dass es ein Gemenge zweier Körper ist, eines unlöslichen und eines sich mit gelber Farbe leicht lösenden.

In der alkalischen Lösung befindet sich die Aethylphenylhydrazinphenylglyoxylsäure. Dieselbe scheidet sich beim Ansäuern mit Salzsäure als gelber Niederschlag aus, der sich zu einer festen, harten Masse zusammenballt. Diese wurde nach dem Abfiltriren und Auswaschen aus höchst wenig absolutem Alkohol umkrystallisirt. Beim Erkalten scheiden sich schöne grosse rhombenförmige gelbe Tafeln aus. Es muss jedoch beachtet werden, dass die Substanz beim längeren Kochen mit Alkohol sich zersetzt.

Die Säure ist in Alkohol sehr leicht löslich, weshalb die aus der alkoholischen Lösung erhaltenen Krystalle mit Aether ausgewaschen

---

[1]) Liebigs Ann. d. Chem. **190**, 153. (S. *264*.)

wurden. Durch theilweises Verdunsten der alkoholischen Mutterlauge im Vacuum kann eine weitere Krystallisation erzielt werden, während beim Eindampfen auf dem Wasserbad völlige Zersetzung eintritt. Für die Analyse wurde die Substanz im Vacuum getrocknet.

0,1524 g gaben 0,4004 CO_2 und 0,0848 H_2O. — 0,2382 g gaben 22 cbcm N bei 12° und 743 mm Druck.

Ber. C 71,64, H 6,00, N 10,45.
Gef. ,, 71,65, ,, 6,18, ,, 10,71.

Die Säure beginnt bei 109° zu erweichen und schmilzt bei 109,5° unter Blasenentwicklung. Sie ist in Wasser sehr schwer, in verdünnten Alkalien leicht mit gelber Farbe löslich und wird daraus durch Salzsäure wieder in gelblich-weissen Flocken abgeschieden. Ihre Alkalisalze sind in concentrirtem Alkali fast unlöslich.

Gegen Wasser und verdünnte Mineralsäuren ist die Säure in der Wärme ziemlich beständig, bei längerem Kochen tritt nur geringe Zersetzung ein, die durch den auftretenden Bittermandelölgeruch erkennbar ist. Beim Erhitzen mit concentrirter Salzsäure spaltet sich der Körper. Durch Aether lässt sich dann aus der alkalisch gemachten Flüssigkeit eine Base extrahiren, die Fehling'sche Lösung nicht reducirt, also kein Hydrazin enthält, dagegen vermittelst der Nitrosaminreaction leicht als secundäres Amin erkannt werden kann. Dieselbe ist offenbar Aethylanilin. Neben derselben entsteht eine nicht unbeträchtliche Menge Bittermandelöl.

Hier zeigt sich also ein charakteristischer, aber leicht erklärlicher Unterschied zwischen den gleich zusammengesetzten Hydrazinderivaten der Phenylglyoxylsäure und der Brenztraubensäure; denn die Verbindungen der letzteren mit den secundären aromatischen Hydrazinen liefern beim Erwärmen mit Säuren Abkömmlinge des Indols[1]).

Wie bereits erwähnt, wurde das aus Phenylglyoxylsäure und Aethylphenylhydrazin entstehende Rohproduct durch Behandlung mit Alkalien in zwei Bestandtheile geschieden, einen löslichen, die eben beschriebene Aethylphenylhydrazinphenylglyoxylsäure, und einen unlöslichen. Der letztere wurde in sehr wenig absolutem Alkohol gelöst; beim Erkalten krystallisirte er in rhombenförmigen, fast farblosen Tafeln, welche in der Form den Krystallen der Aethylphenylhydrazinphenylglyoxylsäure sehr ähnlich sind. Dieselben schmelzen bei 111,5° ohne Zersetzung zu einer gelben, beim Erkalten zähe klebrig und durchsichtig werdenden Masse. Kocht man sie mit Wasser, so schmelzen sie darauf zu einem gelben Oel, das beim Erkalten wieder erstarrt. Beim Kochen mit Natronlauge wird das Product nicht zersetzt; wendet man aber alkoholische Natronlauge an, so findet Abspaltung von Ammoniak

---

[1]) E. Fischer und O. Hess, Berichte d. D. Chem. Gesellsch. **17**, 559. (*S. 454.*)

statt, das durch den Geruch und seine Reaction auf Curcumapapier deutlich nachweisbar war. Die Analyse ergab Resultate, welche auf die empirische Formel $C_{16}H_{17}N_3O$ stimmen.

0,1736 g gaben 0,4548 CO_2 und 0,1014 H_2O. — 0,1076 g gaben 0,2824 CO_2 und 0,0626 H_2O. — 0,2419 g gaben 33 cbcm N bei 13° und 742 mm Druck.

Ber. C 71,91, H 6,37, N 15,73.
Gef. ,, 71,45, 71,58, ,, 6,49, 6,46, ,, 15,73.

Die Verbindung könnte nach ihrer Zusammensetzung und dem Verhalten gegen Alkalien das Amid der Aethylphenylhydrazinphenylglyoxylsäure:

$$\begin{matrix} C_6H_5 \\ C_2H_5 \end{matrix} N_2 : C \begin{matrix} CO \cdot NH_2 \\ C_6H_5 \end{matrix}$$

sein. Leider habe ich den Versuch, durch Verseifung daraus die Säure zu gewinnen, wegen Mangel an Material nicht anstellen können.

Die Bildung des Körpers unter den früher beschriebenen Bedingungen ist schwer zu erklären. Wahrscheinlich ist derselbe ein Zersetzungsproduct der Aethylphenylhydrazinphenylglyoxylsäure. Dafür spricht folgende Beobachtung. Die in Alkali völlig klar lösliche Säure hinterlässt, nach dem Umkrystallisiren aus Alkohol, beim Wiederauflösen in Alkalien einen allerdings geringen Rückstand, der im Schmelzpunkt und Aussehen mit dem Amid identisch ist.

Reduction der Aethylphenylhydrazinphenylglyoxylsäure.

Die Reduction wurde in derselben Weise wie bei der nicht äthylirten Säure vermittelst Natriumamalgam in alkalischer Lösung ausgeführt. Schon nach Zusatz von wenig Amalgam erfolgt die Abscheidung eines Oels, welches den Geruch des Aethylanilins hat und mit Hülfe der Nitrosaminreaction als secundäres Amin erkannt wurde.

Gleichzeitig entsteht Phenylamidoessigsäure, welche in der früher beschriebenen Weise isolirt wurde.

Die Bildung der beiden Spaltungsproducte erfolgt nach der Gleichung:

$$\begin{matrix} C_6H_5 \\ C_2H_5 \end{matrix} N-N : C \begin{matrix} C_6H_5 \\ CO_2H \end{matrix} + 2 H_2 = \begin{matrix} C_6H_5 \\ C_2H_5 \end{matrix} NH + NH_2 \cdot CH \begin{matrix} C_6H_5 \\ CO_2H \end{matrix}.$$

Das gesuchte Zwischenproduct, die Aethylphenylhydrazidophenylessigsäure, wurde nicht beobachtet.

Methylphenylhydrazinphenylglyoxylsäure.

Bringt man Phenylglyoxylsäure und Methylphenylhydrazin in verdünnter essigsaurer Lösung zusammen, so tritt sofort eine gelbe Trübung ein und nach circa 10 Minuten hat sich bereits eine grosse Menge eines schweren gelben Oels abgesetzt. Behandelt man dieses nach circa zweistündigem Stehen mit wenig Aether, so löst es sich darin vollkommen klar auf. Bei mehrstündigem Stehen setzt sich allmählich ein krystallinischer Niederschlag daraus ab. Lässt man jedoch das Oel mehrere Tage stehen, so verwandelt es sich in eine teigartige Masse, die nun nicht mehr so leicht in Aether löslich ist, sondern einen pulverigen festen Rückstand hinterlässt. Der bei der Behandlung mit wenig Aether zurückbleibende gelbe pulverige Körper wird mit Natronlauge behandelt, wobei ein Theil mit gelber Farbe in Lösung geht, während eine gelblichweisse Masse zurückbleibt. Filtrirt man von der letzteren ab und übersättigt das Filtrat mit Salzsäure, so fällt ein gelber Niederschlag aus, der sich beim Schütteln zu einer festen harten Masse zusammenballt. In wenig heissem absolutem Alkohol löst er sich leicht und krystallisirt daraus beim Erkalten in grossen Tafeln, die der Krystallform der Aethylphenylhydrazinphenylglyoxylsäure völlig gleichen. In Essigäther, Benzol und Aceton ist der Körper sehr leicht löslich, in Petroleumäther und Ligroïn fast gar nicht, etwas leichter in Schwefelkohlenstoff und Chloroform.

Da bei der Krystallisation aus Alkohol eine theilweise Zersetzung nicht zu vermeiden ist, so wurde der Körper zur Analyse in Aether (worin er ziemlich schwer löslich ist) gelöst und durch theilweises Abdunsten desselben in schönen gelben körnigen Krystallen gewonnen. Die Zahlen der Verbrennung stimmen auf die Formel der Methylphenylhydrazinphenylglyoxylsäure.

0,1494 g gaben 0,3866 CO_2 und 0,0756 H_2O. — 0,3173 g gaben 31 cbcm N bei 11° und 720 mm Druck.

Ber. C 70,86, H 5,51, N 11,02.
Gef. „ 70,57, „ 5,62, „ 11,03.

Die Säure schmilzt bei 116°, wobei sie sich unter Blasenentwicklung zersetzt. Sie ist in kaltem Wasser fast unlöslich, beim Kochen löst sie sich mit theilweiser Zersetzung unter Bildung von Bittermandelöl. Gegen verdünnte Säuren ist sie ziemlich beständig. Beim Erhitzen mit starken Mineralsäuren erleidet sie eine ähnliche Zersetzung wie die Aethylverbindung und bei der Reduction mit Natriumamalgam zerfällt sie ebenfalls in Phenylamidoessigsäure und Monomethylanilin.

Der bei der Behandlung der rohen Methylphenylhydrazinphenylglyoxylsäure mit verdünnter Natronlauge ungelöst bleibende Körper krystallisirt aus wenig absolutem Alkohol in feinen schwachgelben Nadeln von seideartigem Glanz, deren Schmelzpunkt bei 156° liegt.

Die Resultate der Analyse passen am besten zu der Formel $C_{15}H_{15}N_3O$.

0,1038 g gaben 0,2714 CO_2 und 0,0568 H_2O. — 0,2046 g gaben 30,4 cbcm N bei 12° und 722 mm Druck.

Ber. C 71,11, H 5,93, N 16,60.
Gef. „ 71,31, „ 6,08, „ 16,74.

Für die Verbindung gilt dasselbe, was früher über das vermeintliche Amid der Aethylphenylhydrazinphenylglyoxylsäure gesagt wurde.

Benzylidenmethylphenylhydrazin.

Erhitzt man die trockene Methylphenylhydrazinphenylglyoxylsäure im Oelbad auf 120°, so erleidet sie unter Abspaltung von Kohlensäure eine complicirte Zersetzung. Als Rückstand bleibt ein braunes Oel, welches neben unbekannten Producten Bittermandelöl, Monomethylanilin und in verhältnissmässig geringer Menge das Benzylidenmethylphenylhydrazin enthält.

Dasselbe scheidet sich beim längeren Stehen des Oels in der Kälte in Krystallen ab, welche abgepresst und aus Petroleumäther umkrystallisirt wurden. Ich erhielt so schöne weisse Nadeln, welche bei 102° erweichten und bei 104,5° völlig schmolzen. Die Analyse gab Zahlen, welche nur annähernd zur Formel $C_6H_5-N(CH_3)-N : CH \cdot C_6H_5$ passen.

0,1496 g gaben 0,4336 CO_2 und 0,091 H_2O.
Ber. C 80,00, H 6,67.
Gef. ,, 79,05, ,, 6,76.

Da nun das Benzylidenmethylphenylhydrazin bisher unbekannt war, so habe ich dasselbe zum Vergleich aus Methylphenylhydrazin und Benzaldehyd dargestellt. Beide Körper wurden in alkoholischer Lösung nach molecularen Verhältnissen zusammengebracht, worauf fast sofort Krystallisation erfolgte. Vollständig beendigt ist dieselbe erst nach längerer Zeit. Das Product ist im Schmelzpunkt und Krystallform völlig gleich mit dem zuvor beschriebenen Benzylidenmethylphenylhydrazin.

Zudem gab die Analyse hier Zahlen, welche für die Richtigkeit der obigen Formel entscheidend sind.

0,1532 g gaben 0,451 CO_2 und 0,0948 H_2O. — 0,2142 g gaben 24,3 cbcm N bei 12° und 738 mm Druck.
Ber. C 80,00, H 6,67, N 13,33.
Gef. ,, 80,28, ,, 6,87, ,, 13,07.

Phenylhydrazinglyoxylsäure[1]), $C_6H_5 \cdot N_2H \cdot CH \cdot CO_2H$.

Diese Säure bildet sich, wenn man eine verdünnte Lösung von salzsaurem Phenylhydrazin zu einer schwach mit Salzsäure angesäuerten Lösung von glyoxylsaurem Kalk hinzufügt. Nach kurzer Zeit beginnt die Abscheidung von kleinen gelben Nädelchen.

Zur Analyse wurde die Säure aus wenig Aethylacetat umkrystallisirt, woraus sie sich in kleinen gelben harten Krystallaggregaten abscheidet.

0,2376 g gaben 0,5098 CO_2 und 0,1086 H_2O. — 0,2574 g gaben 38 cbcm N bei 11° und 745 mm Druck.
Ber. C 58,54, H 4,88, N 17,07.
Gef. ,, 58,52, ,, 5,07, ,, 17,24.

---
[1]) Vgl. E. Fischer, Berichte d. D. Chem. Gesellsch. **17**, 577. (S. 468.)

Die Phenylhydrazinglyoxylsäure färbt sich gegen 130° braun und zersetzt sich bei 137° unter Gasentwickelung. Sie ist in kaltem Wasser sehr schwer, in heissem ziemlich leicht löslich und krystallisirt daraus beim Erkalten in kurzen, schwach gelblich gefärbten Nädelchen; jedoch tritt beim Umkrystallisiren grösserer Mengen geringe Bräunung ein. In Alkohol, Eisessig und Aceton ist sie sehr leicht, in Aether, Benzol und Chloroform ziemlich schwer, in Petroleumäther nicht löslich.

Beim Erhitzen über den Schmelzpunkt liefert sie Anilin, Ammoniak, Blausäure und ein sehr stechend riechendes Product.

Phenylhydrazidoessigsäure.

Dieselbe entsteht bei vorsichtiger Reduction der vorhergehenden Säure mit Natriumamalgam und wird aus der alkalischen Lösung durch Neutralisation mit Essigsäure in weissen Flocken abgeschieden.

Sie ist in Alkohol ziemlich schwer löslich und krystallisirt aus der heissen Lösung in prachtvollen weissen silberglänzenden Blättchen aus, die bei 157° unter Zersetzung schmelzen. Sie oxydirt sich ungemein rasch und reducirt Fehling'sche Lösung schon in der Kälte. In heissem Wasser ist sie löslich und krystallisirt beim Erkalten wieder aus. Von Benzol, Aethylacetat und Aceton wird sie schwierig aufgenommen, verdünnte Säuren lösen sie sehr leicht. Durch ammoniakalische Kupferlösung wird sie schon in der Kälte glatt in Phenylhydrazinglyoxylsäure zurückverwandelt.

Aethylphenylhydrazinglyoxylsäure, $\begin{matrix}C_6H_5\\C_2H_5\end{matrix}\!\!>\!\!N-N=CH\cdot CO_2H$.

Zu ihrer Gewinnung säuert man die Lösung von glyoxylsaurem Kalk schwach mit Salzsäure an und fügt salzsaures Aethylphenylhydrazin hinzu. Fast momentan bildet sich eine Trübung und schon nach circa 3 Stunden hat sich der grösste Theil der neuen Säure abgeschieden. Zur Reinigung wurde sie in Natronlauge gelöst, von einem ungelösten Rückstand abfiltrirt und mit Salzsäure wieder abgeschieden.

In Aether ist die Aethylphenylhydrazinglyoxylsäure ziemlich leicht löslich und wird aus der Lösung durch Petroleumäther in sternförmig vereinigten weissen Nadeln abgeschieden. Sie schmilzt bei 121° unter gleichzeitiger Zersetzung.

0,1915 g Substanz gaben 0,4394 CO_2 und 0,1101 H_2O.
Ber. C 62,50, H 6,25.
Gef. ,, 62,57, ,, 6,38.

Die Säure ist in kaltem Wasser sehr schwer löslich, leichter in heissem mit schwach gelblicher Farbe, sie krystallisirt beim Erkalten wieder aus. Alkohol, Essigäther, Eisessig, Aceton und Chloroform lösen sie schon in der Kälte sehr leicht, aus heissem Benzol krystallisirt sie in schönen weissen Nadeln. In concentrirter Salzsäure löst sich die Aethylphenylhydrazinglyoxylsäure mit rother Farbe; Wasser fällt aus der Lösung unveränderte Säure wieder aus.

Beim Erhitzen im Oelbad auf 150° zersetzt sich die Säure vollständig in Ammoniak, Cyanwasserstoff, Aethylanilin und harzige Producte. Die Spaltung ist also auch hier complexer Natur.

Reducirt man die Aethylphenylhydrazinglyoxylsäure mit Natriumamalgam, so lässt sich nach dem Ansäuern der Flüssigkeit mit Aether ein Oel ausziehen, das Fehling'sche Lösung in der Wärme reducirt. Da es jedoch keine Neigung zur Krystallisation zeigte, so wurde es nicht weiter untersucht. Wahrscheinlich ist es die Aethylphenylhydrazidoessigsäure.

Phenylhydrazinmesoxalsäure[1]), $C_6H_5 \cdot N_2H : C\begin{smallmatrix}CO_2H\\CO_2H\end{smallmatrix}$.

Versetzt man eine wässerige oder schwach saure Lösung von Mesoxalsäure mit salzsaurem Phenylhydrazin, so tritt sofort Gelbfärbung ein und nach kurzer Zeit scheidet sich ein gelber krystallinischer Niederschlag ab. Dieser wurde gut mit Wasser und Alkohol ausgewaschen und direct zur Analyse verwandt, weil er beim Umkrystallisiren leicht eine geringe Zersetzung erleidet. Die Verbrennung zweier aus verschiedenen Darstellungen stammender Proben lieferte Zahlen, welche ziemlich gut zu der Formel $C_9H_8N_2O_4$ passen.

0,1558 g gaben 0,295 CO_2 und 0,0552 H_2O. — 0,1616 g gaben 0,309 CO_2 und 0,0596 H_2O. — 0,2640 g gaben 30,2 cbcm N bei 11° und 750 mm Druck.

Ber. C 51,92, H 3,85, N 13,46.
Gef. ,, 51,64, 52,15, ,, 3,93, 4,09, ,, 13,45.

Die Säure schmilzt nicht constant zwischen 158 und 164°. Sie zeichnet sich durch grosse Krystallisationsfähigkeit aus. Aus heissem Wasser, Alkohol, Aethylacetat und Eisessig, sowie auch aus Benzol und Aceton kann sie krystallisirt erhalten werden. In Aether ist sie schon in der Kälte sehr leicht, in Chloroform wenig und in Petroleumäther gar nicht löslich.

Beim Erhitzen über ihren Schmelzpunkt wird sie total zersetzt. Ebenso tritt bei der Reduction mit Natriumamalgam Spaltung unter Anilinbildung ein.

---

[1]) Vgl. E. Fischer, Berichte d. D. Chem. Gesellsch. **17**, 578. (S. *469*.)

Aethylphenylhydrazinglyoxal,

$$\begin{matrix}C_6H_5\\C_2H_5\end{matrix}\!\!>\!\!N-N=CH-CH=N-N\!<\!\!\begin{matrix}C_6H_5\\C_2H_5\end{matrix}.$$

Fügt man zu einer schwach salzsauren Lösung von rohem Aethylphenylhydrazin die Natriumdisulfitverbindung des Glyoxals, so scheidet sich nach kurzer Zeit ein dicker flockiger gelber Niederschlag ab, der aus heissem Alkohol in sehr feinen langen gelben Nadeln krystallisirt.

0,1362 g gaben 0,3648 CO_2 und 0,0921 H_2O.

Ber. C 73,46, H 7,48.
Gef. ,, 73,05, ,, 7,51.

Die Verbindung beginnt bei 148° zu erweichen und schmilzt bei 149,5° ohne Zersetzung. Bei höherer Temperatur tritt aber Zersetzung ein, wobei ein stechend riechender Dampf entweicht. In Benzol, Aethylacetat, Chloroform, Aceton und Schwefelkohlenstoff ist sie schon in der Kälte sehr leicht, in Aether und kaltem Alkohol dagegen schwerer löslich.

50. Otto Antrick: Ueber Benzylindol.

Liebigs Annalen der Chemie **227**, 360 [1885].

(Eingelaufen den 6. Dezember 1884.)

Nach den Versuchen von Emil Fischer und Otto Hess[1]) lassen sich Alkylderivate des Indols ohne Schwierigkeit in beliebiger Menge aus den Verbindungen der secundären aromatischen Hydrazine mit Brenztraubensäure gewinnen.

Um die allgemeine Anwendbarkeit dieser Methode zu prüfen, habe ich auf Veranlassung des Herrn Prof. E. Fischer dieselbe beim Benzylphenylhydrazin versucht und dabei genau die nämlichen Erscheinungen beobachtet, wie sie von den genannten Herren für das Methyl-, Aethyl- und Phenylderivat angegeben sind.

Als Ausgangsmaterial wurde ein von der badischen Anilin- und Sodafabrik dargestelltes Benzylanilin benutzt, welches zunächst in das

Benzylphenylnitrosamin

übergeführt wurde. 10 g Benzylanilin wurden in 125 cbcm Alkohol gelöst, die Lösung mit 6 g concentrirter Schwefelsäure angesäuert und nach und nach unter guter Kühlung die berechnete Menge Natriumnitrit hinzugegeben. Nach Beendigung der Reaction giesst man die alkoholische Lösung in das 3 bis 4 fache Volumen Wasser und lässt einige Zeit stehen; hierdurch verwandelt sich das anfangs in Flocken ausgeschiedene Nitrosamin in eine feste Krystallmasse. Das Product ist, wenn man einen Ueberschuss von Nitrit vermeidet, fast chemisch rein, die Ausbeute nahezu quantitativ. Durch einmaliges Umkrystalisiren aus Alkohol wird dasselbe analysenrein erhalten.

0,3584 g über Schwefelsäure getrocknet gaben 42,5 cbcm N bei 20° und 744 mm Druck.

$C_6H_5 \cdot CH_2 - N(C_6H_5) - NO$. Ber. N 13,2. Gef. N 13,27.

Das Nitrosamin löst sich leicht in Alkohol, Aether, Chloroform und Ligroïn. Aus Alkohol krystallisirt es in derben, schwach gelblich gefärbten Nadeln, die bei 58° schmelzen.

---
[1]) Berichte d. D. Chem. Gesellsch. **17**, 559. (S. *454*.)

Die Reduction desselben zu **Benzylphenylhydrazin** geht sehr glatt bei Anwendung von Zinkstaub und Eisessig und bei einer Temperatur von 25 bis 30° von statten. Man löst das Nitrosamin in der siebenfachen Menge Alkohol, giebt Zinkstaub im Ueberschuss und dann nach und nach Eisessig in kleinen Mengen hinzu, indem man nach jedesmaligem Zusatz des letzteren tüchtig schüttelt. Die Reaction ist beendigt, wenn auf weiteren Zusatz von Eisessig keine Temperaturzunahme bemerkbar ist und eine heiss abfiltrirte Probe nach geeigneter Behandlung die Liebermann'sche Reaction nicht mehr zeigt.

Man erwärmt auf dem Wasserbad bis auf den Kochpunkt des Alkohols und trennt durch Coliren und Abpressen die alkoholische Lösung des Hydrazinsalzes von dem überschüssigen Zinkstaub. Nach dem Verdampfen der heiss filtrirten Lösung bis auf etwa $^1/_4$ ihres Volumens versetzt man mit wenig Wasser und giebt Alkali im Ueberschuss hinzu. Aether entzieht der alkalischen Flüssigkeit das Hydrazin, ein gelblich gefärbtes Oel, welches — wie alle secundären Hydrazine — wenn auch schwer, Fehling'sche Lösung und gelbes Quecksilberoxyd reducirt. Mit Ketonen und Aldehyden verbindet es sich sehr leicht und ist in den gewöhnlichen Lösungsmitteln leicht löslich. Das so dargestellte Hydrazin enthält wechselnde Mengen von Benzylanilin, dessen Anwesenheit jedoch für die Gewinnung der

Benzylphenylhydrazinbrenztraubensäure ohne Einfluss ist. Es wurde daher das Hydrazin nicht in reinem Zustand dargestellt, sondern gleich mit der ungefähr berechneten Menge Brenztraubensäure nach und nach unter guter Abkühlung vermischt. Nach mehrstündiger Digestion bei gewöhnlicher Temperatur erhält man so ein rothbraunes Oel, welches hauptsächlich aus Benzylphenylhydrazinbrenztraubensäure besteht und welches man ohne Weiteres auf Benzylindolcarbonsäure verarbeiten kann. Ich habe die erstere bis jetzt noch nicht zur Krystallisation bringen können und daher von einer Reinigung und Analyse absehen müssen.

Benzylindolcarbonsäure.

Die Umwandlung der Benzylphenylhydrazinbrenztraubensäure in die Benzylindolcarbonsäure erfolgt in dem Sinn, wie sie von E. Fischer und O. Hess a. a. O. beschrieben worden ist; sie lässt sich mit concentrirter Salzsäure bewirken, aber auch schon mit verdünnter gelingt dieselbe leicht und vollständig.

Uebergiesst man die Benzylphenylhydrazinbrenztraubensäure mit der fünfzehnfachen Gewichtsmenge 20 procentiger Salzsäure und erwärmt gelinde auf dem Wasserbad, so löst sich dieselbe vollständig auf und nach kurzer Zeit fällt die Benzylindolcarbonsäure fast quantitativ aus. Bei Anwendung concentrirter Salzsäure löst sich nur wenig von der Hydrazinbrenztraubensäure; der grösste Theil wird direct, ohne zuvor in Lösung gegangen zu sein, in die Carbonsäure des Benzylindols umgewandelt. In beiden Fällen erhält man mehr oder weniger röthlich gefärbte Nadeln, die durch einmaliges Umkrystallisiren aus Eisessig farblos erhalten werden.

Die Säure gab nach dem Trocknen im Vacuum bei der Analyse Zahlen, welche für die Formel $C_{16}H_{13}NO_2$ stimmen.

0,212 g Substanz gaben 0,5918 CO_2 und 0,1030 H_2O.
Ber. C 76,49, H 5,18.
Gef. ,, 76,13, ,, 5,39.

Die Säure ist in kaltem Wasser fast unlöslich, in heissem schwer löslich; von Aether wird sie leicht aufgenommen. Heisser Alkohol und Eisessig lösen sie leicht; aus letzterem krystallisirt sie beim Erkalten in derben, fast farblosen Nadeln, die bei 195° unter Gasentwicklung schmelzen. Von Chloroform und Ligroïn wird sie schwer gelöst; in Benzol ist sie fast unlöslich. In Alkalien und Ammoniak löst sie sich sehr leicht und wird aus ihren Salzen durch verdünnte Säuren unverändert wieder abgeschieden. Erhitzt man sie einige Grad über ihren Schmelzpunkt, so verliert sie Kohlensäure und geht in

Benzylindol

über. Zur Gewinnung desselben kann man die rohe Carbonsäure benutzen. Man erhitzt dieselbe im Oelbad anfangs auf 200 bis 205°. Die Carbonsäure schmilzt und giebt einen Theil ihrer Kohlensäure ab; sobald die heftige Gasentwicklung nachgelassen, steigert man die Temperatur auf 212 bis 215° und erhitzt noch einige Zeit bis zur Beendigung der Reaction. Der Rückstand ist ein rothbraunes, schwach aromatisch riechendes Oel, welches neben wenig unveränderter Carbonsäure noch etwas Harz enthält, zum grössten Theil aber aus Benzylindol besteht. Man versetzt denselben mit wenig Wasser und leitet einen kräftigen Dampfstrom hindurch. Das Benzylindol geht mit den Wasserdämpfen über und erstarrt schon theilweise im Kühler, während der andere Theil sich als farbloses Oel in der Vorlage sammelt. Nach dem Abkühlen des Destillats auf 0° erstarrt auch das Oel zu einer festen Krystallmasse. Wenn auch das Benzylindol sehr schwer flüchtig ist, so empfiehlt sich doch diese Art der Reinigung, da man dasselbe auf diesem Weg sofort fast chemisch rein erhält. Zur Analyse wurde das so erhaltene Benzylindol aus absolutem Alkohol umkrystallisirt und in vacuo über Schwefelsäure getrocknet.

0,2439 g Substanz gaben 0,7774 CO_2 und 0,1402 H_2O.
$C_{15}H_{13}N$. Ber. C 86,95, H 6,28.
Gef. ,, 86,92, ,, 6,38.

Das reine Benzylindol besitzt einen ganz schwachen Geruch, löst sich leicht in Benzol, Ligroïn, Chloroform, Aether und Alkohol. Aus letzterem krystallisirt es in derben, schwach gelblich gefärbten Nadeln, die bei 44,5° schmelzen. Bringt man die alkoholische Lösung desselben auf einen Fichtenspahn und befeuchtet diesen mit Salzsäure, so wird derselbe sofort intensiv rothviolett gefärbt. Gegen salpetrige Säure verhält es sich ähnlich wie das Indol und giebt mit Pikrinsäure eine in rothen Nadeln krystallisirende Doppelverbindung.

Benzylpseudisatin.

Durch geeignete Oxydationsmittel lässt sich das Benzylindol in Benzylpseudisatin überführen. Am besten geht man von der Benzylindolcarbonsäure aus. Man suspendirt dieselbe in Wasser und bringt sie durch möglichst wenig Alkali in Lösung; diese Lösung gibt man dann zu einer kalt gehaltenen, ganz schwach alkalischen Lösung von unterchlorigsaurem Natron. Das Chlorid fällt in schwach gelblich gefärbten Flocken aus; durch gelindes Erwärmen ballt es sich zusammen und lässt sich dann leicht filtriren.

Bringt man dasselbe mit überschüssiger alkoholischer Natronlauge zusammen und erwärmt gelinde auf dem Wasserbad, so färbt sich die Flüssigkeit dunkelgrün und scheidet reichliche Mengen von Kochsalz ab. Das letztere bringt man durch Zusatz von Wasser in Lösung und destillirt den Alkohol ab.

Die resultirende Flüssigkeit scheidet auf Zusatz von Salzsäure ein rothbraunes Oel ab, welches beim Abkühlen krystallinisch erstarrt. Zum grössten Theil besteht dasselbe aus Benzylpseudisatin, dem wenig Harz beigemengt ist. Extrahirt man dasselbe mit Aether, so bleibt dieses vollständig zurück, während das Isatin in Lösung geht. Der ätherische Auszug hinterlässt nach dem Verdampfen dasselbe im krystallinischen Zustand. Zur Reinigung kocht man die wässerige Lösung des Isatins kurze Zeit mit Thierkohle; aus dem Filtrat krystallisirt es beim Erkalten in langen seideglänzenden, roth gefärbten Nadeln, die nach der Formel $C_{15}H_{11}NO_2$ zusammengesetzt sind.

0,2259 g Substanz gaben 0,627 CO_2 und 0,1000 H_2O.

Ber. C 75,94, H 4,64.
Gef. ,, 75,7, ,, 4,91.

Das Benzylpseudisatin ist in Aether und Alkohol leicht löslich, schwer in heissem Wasser, in kaltem ist es fast unlöslich. Aus Alkohol krystallisirt es in feinen Nadeln, die bei 131° schmelzen und mit Steinkohlentheerbenzol und concentrirter Schwefelsäure die bekannte Indopheninreaction geben.

51. S. Hegel: Ueber einige Indolderivate.

Liebigs Annalen der Chemie 232, 214 [1886].

(Eingelaufen den 21. Jan. 1886.)

Die Verbindungen der secundären aromatischen Hydrazine mit der Brenztraubensäure verlieren bei der Behandlung mit Säuren die Elemente des Ammoniaks und verwandeln sich in alkylirte Indolcarbonsäuren[1]).

Auf Veranlassung von Herrn E. Fischer habe ich diese Reaction bei den Methyl- und Aethylderivaten des Ortho- und Paratolylhydrazins versucht. In allen Fällen wurden die entsprechenden Indolkörper erhalten.

Der Vorgang scheint mithin bei allen einfacheren aromatischen Hydrazinen der gleiche zu sein, wofern nur noch ein zur Stickstoffgruppe in der Orthostellung befindliches Wasserstoffatom des Benzols vorhanden ist.

Der Kürze halber nenne ich die betreffenden Producte Tolindole.

Methyl-p-tolylhydrazinbrenztraubensäure.

Das zu diesen Versuchen verwandte Hydrazin wurde durch Reduction des Methyl-p-tolylnitrosamins[2]) nach der Methode von E. Fischer dargestellt. Die Rohbase enthält immer Methyltoluidin, kann aber direct benutzt werden. Bringt man dieselbe in schwach salzsaurer kalter Lösung mit der annähernd entsprechenden Menge von Brenztraubensäure zusammen, so scheidet sich langsam ein bräunlich gefärbter krystallinischer Niederschlag ab, der aus Ligroïn oder Aether in derben gelben Prismen krystallisirt.

0,2228 g Substanz gaben 0,5239 CO_2 und 0,137 H_2O. — 0,2962 g lieferten 35 cbcm N bei 17° und 744 mm Barometerstand.

$C_{11}H_{14}N_2O_2$. Ber. C 64,08, H 6,79, N 13,59.
Gef. ,, 64,15, ,, 6,83, ,, 13,45.

Die Verbindung ist leicht löslich in Alkohol, Aether, Benzol, Chloroform und in heissem Ligroïn. Aus Aether erhält man den Körper in ziemlich grossen, intensiv gelben Krystallen; dieselben werden bei 81° weich und schmelzen bei 83,5° unter Zersetzung.

---

[1]) E. Fischer und O. Hess, Berichte d. D. Chem. Gesellsch. 17, 559. (*S. 454*.)
[2]) Thomsen, Berichte d. D. Chem. Gesellsch. 10, 1584.

Methyl-p-tolindolcarbonsäure.

Die Hydrazinbrenztraubensäure wird fein zerrieben mit der 20 fachen Menge 10 procentiger Salzsäure auf dem Wasserbad erwärmt; zuerst tritt Lösung unter gleichzeitiger Rothfärbung ein, doch bald scheidet sich die Indolcarbonsäure als stark gefärbter Niederschlag ab; man nimmt denselben mit verdünnter Natronlauge auf, kocht mit Thierkohle und fällt nach dem Filtriren und Erkalten mit Salzsäure. Durch mehrmaliges Umkrystallisiren aus Alkohol erhält man den Körper rein.

0,2302 g Substanz gaben 0,5872 CO_2 und 0,1207 H_2O.
$$C_{11}H_{11}NO_2. \text{ Ber. C } 69,84, \text{ H } 5,82.$$
$$\text{Gef. ,, } 69,63, \text{ ,, } 5,82.$$

Diese Indolcarbonsäure krystallisirt aus heissem Alkohol in weissen Nadeln, die bei 221° unter Gasentwickelung schmelzen; in Aether ist die Verbindung nur schwierig löslich; in Benzol, Chloroform, Eisessig löst sie sich beim Erwärmen; in Ligroïn ist der Körper unlöslich; von Natronlauge oder Ammoniak wird er mit der grössten Leichtigkeit aufgenommen und aus diesen Lösungen durch Säuren wieder abgeschieden; setzt man zu der alkalischen Lösung überschüssige Natronlauge, so fällt das Natronsalz der Indolcarbonsäure als schwerlöslicher Niederschlag heraus.

Methyl-p-tolindol.

Erhitzt man die Carbonsäure längere Zeit auf 220 bis 230°, so schmilzt sie unter Kohlensäureabgabe; der Rückstand ist ein braunes Oel, das mit Wasserdämpfen destillirt, mit Aether extrahirt, getrocknet und wieder destillirt wird. Der grösste Theil des Products ging zwischen 242 und 245° über. Zur genauen Bestimmung des Siedepunkts reichte das Material nicht aus.

Mit Pikrinsäure verbindet sich der Körper in ätherischer Lösung zu einem schön krystallisirten Product; durch rauchende Salpetersäure entsteht zuerst eine rothe Färbung und dann eine eben solche Fällung; ein mit Salzsäure befeuchteter Fichtenspahn wird durch Spuren der Verbindung roth gefärbt. Von Alkohol, Aether, Benzol wird sie leicht aufgenommen.

Methylpseudotolisatin.

Versetzt man die möglichst neutrale Lösung der Indolcarbonsäure in Natronlauge mit Natriumhypochlorit, so scheidet sich eine Chlorverbindung als gelber krystallinischer Niederschlag ab. Dieselbe krystallisirt aus Alkohol in Nadeln, welche bei 135° schmelzen. Schon beim Kochen mit Wasser verwandelt sich das Chlorid zum Theil in das entsprechende Pseudoisatin. Letzteres scheidet sich aus der filtrirten wässerigen Lösung beim Erkalten in rothen Nadeln vom Schmelzpunkt 148° ab.

0,2716 g Substanz lieferten 0,6741 CO_2 und 0,1262 H_2O.

$C_{10}H_9NO_2$. Ber. C 68,57, H 5,14.
Gef. ,, 67,7, ,, 5,15.

Aethyl-p-tolylhydrazinbrenztraubensäure.

Paratoluidin wurde durch Erhitzen mit Jodäthyl im Rohr[1]) in das Aethylderivat verwandelt und dieses nach E. Fischer's Angaben[2]) in das Nitrosamin und schliesslich in das Hydrazin übergeführt.

Man löst die Rohbase in möglichst verdünnter Salzsäure und versetzt diese Lösung in der Kälte mit der berechneten Menge Brenztraubensäure; nach kurzem Stehen scheidet sich das Product in Form von Oeltröpfchen ab, die jedoch bald fest werden. Aus Ligroïn oder Aether krystallisirt der Körper in feinen, büschelartig vereinigten Nadeln. Die Analyse lieferte folgende Zahlen:

$C_{12}H_{16}N_2O_2$. Ber. C 65,45, H 7,27.
Gef. ,, 65,53, ,, 7,37.

In Alkohol, Aether, Benzol, Chloroform, heissem Ligroïn und Schwefelkohlenstoff ist die Säure leicht löslich.

Aethyl-p-tolindolcarbonsäure.

Auch hier gelingt die Umwandlung der Hydrazinbrenztraubensäure in die Indolverbindung beim Erwärmen mit Salzsäure; bessere Resultate erhält man jedoch bei Anwendung von Phosphorsäure. Das Product ist in diesem Fall reiner und die Ausbeute besser. Die so erhaltene Carbonsäure lieferte schon nach einmaligem Umkrystallisiren aus Alkohol die folgenden Zahlen:

0,2054 g Substanz gaben 0,5338 CO_2 und 0,1184 H_2O.

$C_{12}H_{13}NO_2$. Ber. C 70,94, H 6,4.
Gef. ,, 70,88, ,, 6,4.

Die Säure ist leicht löslich in Aether, Benzol, Chloroform, Eisessig, unlöslich in Ligroïn. Von Alkalien und Ammoniak wird sie leicht aufgenommen. Der Schmelzpunkt liegt bei 202°.

Aethyl-p-tolindol.

Erhitzt man die Carbonsäure längere Zeit im Oelbad etwas über ihren Schmelzpunkt, bis die Kohlensäureentwickelung zu Ende ist, so erhält man ein Oel, das mit Wasserdampf destillirt, mit Aether extrahirt, getrocknet und destillirt wird. Der grösste Theil des ent-

---

[1]) Liebigs Ann. d. Chem. **93**, 313.
[2]) Liebigs Ann. d. Chem. **190**, 67 (S. *205*) und Berichte d. D. Chem. Gesellsch. **8**, 1641. (S. *160*.)

standenen Indols ging zwischen 253 und 255° über; die Analyse gab annähernde Werthe.

0,2157 g Substanz gaben 0,6504 CO_2 und 0,1603 H_2O.
$C_{11}H_{13}N$. Ber. C 83,01, H 8,2.
Gef. ,, 82,24, ,, 8,26.

Concentrirte Schwefelsäure verharzt den Körper. Durch die Dämpfe oder durch eine Lösung der Verbindung wird ein mit Salzsäure befeuchteter Fichtenspahn violettroth gefärbt. Rothe rauchende Salpetersäure zu einer wässerigen Emulsion der Base gebracht erzeugt zuerst eine rothe Färbung und schliesslich eine eben solche Fällung. Der Geruch kann von dem der Methylverbindung kaum unterschieden werden.

Aethylpseudo-p-tolisatin.

Giesst man eine schwach alkalische Lösung der Indolcarbonsäure in eine frisch bereitete Lösung von unterchlorigsaurem Natron, so entsteht ein schwerer körniger Niederschlag; derselbe wird nach dem Abfiltriren und Auswaschen am Rückflusskühler längere Zeit mit Wasser gekocht. Die Flüssigkeit färbt sich allmählich schön roth und nach dem Abfiltriren von wenig Harz scheidet sich aus der Flüssigkeit das Pseudoisatin in langen dunkelrothen Nadeln ab. Der Schmelzpunkt liegt bei 109°.

0,1635 g Substanz gaben 0,4173 CO_2 und 0,0873 H_2O.
$C_{11}H_{11}NO_2$. Ber. C 69,84, H 5,82.
Gef. ,, 69,63, ,, 5,92.

Vor Kurzem wurde derselbe Körper von C. Duisberg[1]) auf anderem Weg dargestellt; derselbe giebt den Schmelzpunkt zu 109 bis 110° an.

Methyl-o-tolindolcarbonsäure.

Versetzt man eine schwach salzsaure Lösung von Methyltolylhydrazin, welches aus Methyl-o-tolylnitrosamin in der bekannten Weise erhalten wird, mit der entsprechenden Menge von Brenztraubensäure, so scheidet sich bald ein gelbes Oel ab, welches wenig Neigung zum Krystallisiren hat. Dasselbe wurde deshalb nach dem Waschen mit Wasser direct mit der 20 fachen Menge Phosphorsäurelösung (vom spec. Gewicht 1,17) auf dem Wasserbad erwärmt.

Die Indolcarbonsäure scheidet sich nach kurzer Zeit in fast farblosen Flocken aus.

Nach dem Umkrystallisiren aus Benzol lieferte das Product bei der Verbrennung folgende Zahlen:

0,233 g Substanz lieferten 0,5941 CO_2 und 0,119 H_2O.
$C_{11}H_{11}NO_2$. Ber. C 69,84, H 5,82.
Gef. ,, 69,54, ,, 5,65.

---
[1]) Berichte d. D. Chem. Gesellsch. 18, 199.

Der Schmelzpunkt der Verbindung liegt bei 209 bis 210°, also etwa 10° niedriger als derjenige der entsprechenden Verbindung in der p-Reihe. Im übrigen besitzt sie ziemlich die gleichen Eigenschaften wie diese; eine bemerkenswerthe Verschiedenheit zeigen sie in ihrem Lösungsverhältniss in Alkohol; während die para-Verbindung daraus umkrystallisirt werden kann, löst sich die eben beschriebene Verbindung auch in der Kälte mit der grössten Leichtigkeit in demselben. Aus Benzol krystallisirt die Verbindung in feinen, weissen, schwach verfilzten Nadeln; beim Abfiltriren nehmen dieselben eine zart rosa Färbung an; in viel heissem Ligroïn ist der Körper löslich und krystallisirt daraus beim Erkalten. Beim Erhitzen über den Schmelzpunkt spaltet die Säure Kohlensäure ab und liefert das

Methyl-o-tolindol.

Dasselbe ist mit Wasserdämpfen flüchtig und besitzt ausgeprägten Indolgeruch. Ein mit Salzsäure befeuchteter Fichtenspahn wird durch die Dämpfe oder durch eine Lösung des Körpers violettroth gefärbt; mit Pikrinsäure in ätherischer und mit salpetriger Säure in wässeriger Lösung erhält man die für das Indol charakteristischen Reactionen.

Methylpseudo-o-tolisatin.

Die Hauptmenge der Carbonsäure wurde zur Umwandlung in das Isatin verwandt; man trägt eine schwach alkalische Lösung der Säure in eine Lösung von überschüssigem unterchlorigsaurem Alkali in der Kälte allmählich ein; das zunächst entstehende Halogenproduct scheidet sich als gelblicher Niederschlag ab; aus Ligroïn erhält man den Körper in Blättchen, die bei 152° schmelzen; in Alkohol, Aether, Benzol ist die Verbindung leicht löslich.

Eine Chlorbestimmung ergab folgendes Resultat:

0,2088 g Substanz gaben 0,2612 AgCl.

Durch Kochen mit Wasser am Rückflusskühler erhält man aus diesem Halogenproduct das Pseudoisatin.

Dasselbe krystallisirt aus der filtrirten, eingedampften wässerigen Lösung in ziegelrothen Nadeln, die bei 157° schmelzen.

Bei der Verbrennung erhielt ich folgende Zahlen:

0,2114 g Substanz gaben 0,5297 CO_2 und 0,1012 H_2O.

$C_{10}H_9NO_2$. Ber. C 68,57, H 5,14.
     Gef. ,, 68,34, ,, 5,31.

Die Verbindung zeigt die Reactionen der bereits beschriebenen Isatine.

52. Max Pickel: Ueber einige Verbindungen des Phenylhydrazins.
Liebigs Annalen der Chemie 232, 228 [1886].
(Eingelaufen den 21. Jan. 1886.)

Benzophenonphenylhydrazin.

Erhitzt man Benzophenon mit etwas mehr als der berechneten Menge Phenylhydrazin unter Zusatz des gleichen Volums Alkohol einige Stunden auf dem Wasserbad, so scheidet sich beim Erkalten die Verbindung als Krystallmasse ab. Dieselbe wird durch Umkrystallisiren aus heissem Alkohol in farblosen glänzenden Nadeln erhalten, welche die Zusammensetzung $(C_6H_5)_2C \cdot N_2H \cdot C_6H_5$ besitzen.

0,209 g Substanz gaben 0,6422 CO_2 und 0,1126 H_2O. — 0,3124 g Substanz gaben 29 cbcm N bei 19° und 747 mm.

$C_{19}H_{16}N_2$. Ber. C 83,82, H 5,88, N 10,29.
Gef. ,, 83,80, ,, 5,98, ,, 10,48.

Die Verbindung schmilzt bei 137°. Sie ist in Wasser unlöslich, in heissem Alkohol ziemlich schwer, in kaltem Alkohol sehr schwer löslich. Beim längeren Erhitzen mit 20 pC. Salzsäure wird sie zum Theil in Phenylhydrazin und Benzophenon gespalten. Wie bereits E. Fischer[1]) angegeben hat, ist die Verbindung zum Nachweis des Benzophenons sehr geeignet.

Benzoïnphenylhydrazin.

Die Verbindung bildet sich leicht beim längeren Erhitzen von Benzoïn mit überschüssigem Phenylhydrazin unter Zusatz von etwas Alkohol auf dem Wasserbad. Beim Verdampfen des Alkohols bleibt sie als zähe, dunkel gefärbte Masse zurück. Nach der Entfernung des überschüssigen Hydrazins durch Waschen mit Essigsäure löst man den Rückstand in heissem Benzol. Auf Zusatz von Ligroïn scheidet sich dann die Verbindung in Nadeln ab, welche durch Wiederholung des Verfahrens ganz farblos werden.

Dieselben schmelzen bei 155° und haben die Formel:

$$C_6H_5-C \cdot N_2H \cdot C_6H_5$$
$$|$$
$$C_6H_5-C \cdot H \cdot OH$$

---
[1]) Berichte d. D. Chem. Gesellsch. 17, 576. (S. 468.)

Die Analyse ergab folgendes Resultat:

0,2148 g Substanz gaben 0,6256 CO_2 und 0,11 H_2O. — 0,2966 g Substanz gaben 25 cbcm N bei 22° und 739 mm Bar.

$C_{20}H_{18}N_2O$. Ber. C 79,47, H 5,96, N 9,27.
Gef. ,, 79,42, ,, 5,69, ,, 9,27.

Die Verbindung ist in Wasser unlöslich, in Alkohol, Aether, Benzol, Chloroform leicht und in Ligroïn schwer löslich.

Benzilphenylhydrazin.

Erwärmt man eine alkoholische Lösung von Benzil mit einem Ueberschuss von salzsaurem Phenylhydrazin auf dem Wasserbad, so scheiden sich nach kurzer Zeit feine, schwach gefärbte Nadeln ab. Aus Chloroform umkrystallisirt schmelzen dieselben bei 225°. Die Verbindung entsteht aus einem Molecul Benzil und zwei Phenylhydrazin und besitzt mithin die Zusammensetzung:

$$\begin{array}{l} C_6H_5-C \cdot N_2H \cdot C_6H_5 \\ \ \ \ \ \ \ \ \ | \\ C_6H_5-C \cdot N_2H \cdot C_6H_5 \end{array}.$$

0,2270 g Substanz gaben 0,6657 CO_2 und 0,118 H_2O. — 0,2184 g Substanz gaben 28 cbcm N bei 18° und 742 mm.

$C_{26}H_{22}N_4$. Ber. C 80,00, H 5,64, N 14,36.
Gef. ,, 79,98, ,, 5,77, ,, 14,45.

Die Verbindung ist in heissem Chloroform und Benzol leicht, in Alkohol und Aether schwer löslich. Mit concentrirter Schwefelsäure färbt sie sich dunkel violett. Beim Erhitzen mit starker Salzsäure regenerirt sie kein Phenylhydrazin.

Glyoxaldiphenylhydrazin.

Die bereits von E. Fischer[1]) zum Nachweis des Glyoxals empfohlene Verbindung entsteht sehr leicht, wenn der Doppelaldehyd oder seine Disulfitverbindung mit einem Ueberschuss von salzsaurem Phenylhydrazin unter Zusatz von essigsaurem Natron in wässeriger Lösung gelinde erwärmt wird.

Sie krystallisirt aus heissem Alkohol in feinen, zu Rosetten vereinigten Nadeln oder Blättchen, schmilzt bei 169 bis 170° und zersetzt sich bei hoher Temperatur unter Entwickelung stechender Dämpfe. Sie hat die Zusammensetzung:

$$\begin{array}{l} HC \cdot N_2H \cdot C_6H_5 \\ \ | \\ HC \cdot N_2H \cdot C_6H_5 \end{array}.$$

0,125 g Substanz gaben 0,3231 CO_2 und 0,068 H_2O. — 0,2306 g Substanz gaben 47 cbcm N bei 11° und 736 mm Bar.

$C_{14}H_{14}N_4$. Ber. C 70,58, H 5,88, N 23,53.
Gef. ,, 70,48, ,, 6,04, ,, 23,53.

---
[1]) a. a. O.

In Wasser und Ligroïn ist sie fast unlöslich. In heissem Alkohol, Benzol, Chloroform dagegen ziemlich leicht löslich.

Sie ist eine einsäurige Base. Versetzt man ihre warme alkoholische Lösung mit starker Salzsäure, so scheidet sich das Chorhydrat in rothgelben Kryställchen aus, welche für die Analyse über Aetzkalk getrocknet wurden und die Formel $C_{14}H_{14}N_4 \cdot HCl$ haben.

0,2336 g Substanz gaben 0,1202 AgCl.

$C_{14}H_{15}N_4Cl$. Ber. C 12,93. Gef. N 12,71.

Das Salz wird bereits durch Wasser in seine Componenten zersetzt. Es schmilzt bei 155 bis 156°. In der gleichen Weise gewinnt man das Sulfat als rothgelb gefärbten krystallinischen Niederschlag durch Zusatz von Schwefelsäure zu einer alkoholischen Lösung der Hydrazinverbindung. Beim Erhitzen mit überschüssigem Zinnchlorür wird die Verbindung leicht gelöst und reducirt.

Nitrobenzylidenphenylhydrazin.

Aehnlich dem Bittermandelöl vereinigen sich auch die drei isomeren Mononitrobenzaldehyde leicht mit dem Hydrazin. Versetzt man die Base mit dem entsprechenden Nitroaldehyd in nicht zu verdünnter alkoholischer Lösung, so scheidet sich das Vereinigungsproduct in prachtvoll roth gefärbten Nadeln ab. Alle drei Verbindungen wurden analysirt und besitzen die gleiche Zusammensetzung:

$$NO_2 \cdot C_6H_4 \cdot CH \cdot N_2H \cdot C_6H_5.$$

Orthoverbindung: 0,1767 g Substanz gaben 0,4190 CO_2 und 0,0736 H_2O. — Metaverbindung: 0,1178 g Substanz gaben 0,2792 CO_2; — 0,2990 g Substanz gaben 46 cbcm N bei 13° und 742 mm Bar. — Paraverbindung: 0,1536 g Substanz gaben 0,3683 CO_2 und 0,0650 H_2O.

			Ortho	Meta	Para
$C_{13}H_{11}N_3O_2$.	Ber.	C 64,73,	Gef. 64,69,	64,60,	65,3,
		H 4,56,	4,63,	—	4,70,
		N 17,43.	—	17,78.	—

Die Orthoverbindung schmilzt bei 153°, die Metaverbindung bei 121° und die Paraverbindung bei 155°.

Phtalylphenylhydrazin[1]).

Auf Phtalylchlorid wirkt das Hydrazin ebenso wie Ammoniak, Hydroxylamin und Anilin; neben salzsaurem Phenylhydrazin entsteht dabei die Verbindung:

$$C_6H_4 \cdot C_2O_2 \cdot N_2H \cdot C_6H_5.$$

---

[1]) In dem soeben erschienenen Heft 1 und 2 des Journ. f. prakt. Chem. 1886 beschreibt Herr Hötte dieselbe Verbindung, welche er durch Erhitzen von Phtalsäureanhydrid mit dem Hydrazin dargestellt hat. Ich bemerke dazu, dass die Arbeit des Herrn Pickel bereits Ostern 1885 abgeschlossen war und als Dissertation längst gedruckt ist.   Emil Fischer.

Um dieselbe darzustellen versetzt man eine ätherische Lösung des Chlorids unter Abkühlen allmählich mit einem Ueberschuss von Phenylhydrazin. Der dabei entstehende Niederschlag wird filtrirt, zur Entfernung des salzsauren Hydrazins mit Wasser ausgekocht und der Rückstand aus heissem Alkohol umkrystallisirt.

Das so erhaltene Phtalylphenylhydrazin bildet gelbe Nadeln, die bei 178° schmelzen.

0,1936 g Substanz gaben 0,5005 CO_2 und 0,074 H_2O. — 0,247 g Substanz gaben 25 cbcm Stickstoff bei 6° und 746 mm Bar.

$C_{14}H_{10}N_2O_2$. Ber. C 70,58, H 4,20, N 11,76.
Gef. ,, 70,51, ,, 4,24, ,, 12,10.

Die Verbindung ist in Wasser unlöslich, in heissem Alkohol, Benzol und Chloroform ziemlich leicht löslich. Beim Kochen mit verdünnter Natronlauge wird sie ebenfalls mit röthlichgelber Farbe aufgenommen.

53. Otto Hess: Einwirkung von Bromacetophenon auf Phenylhydrazin.
Liebigs Annalen der Chemie 232, 234 [1886].
(Eingelaufen den 21. Jan. 1886.)

Durch Erwärmen von Acetophenon mit einem geringen Ueberschuss von Phenylhydrazin erhielt H. Reisenegger[1]) eine in feinen weissen Nadeln krystallisirende Verbindung, die bei 105° schmilzt und folgende Zusammensetzung besitzt:

$$C_6H_5N_2HC{<}^{C_6H_5}_{CH_3}.$$

Das Product entsteht analog allen anderen Verbindungen der Ketone und Hydrazine durch Austritt eines Moleculs Wasser. Etwas anders verläuft die Reaction zwischen dem Monobromacetophenon und Phenylhydrazin.

Hier tritt sowohl der Ketonsauerstoff als auch das eine Bromatom mit zwei respective einem Wasserstoff des Hydrazins als Wasser oder Bromwasserstoff aus und es resultirt eine Verbindung $C_6H_5 \cdot N_2 \cdot C_2H_2 \cdot C_6H_5$.

Wie es scheint bleiben die Phenyle beider Componenten bei der Reaction unverändert, wie es bereits in der Formel angedeutet ist. Es bleibt dann eine aus zwei Kohlenstoff, zwei Wasserstoff und zwei Stickstoff bestehende Gruppe übrig, welche man sich in verschiedener Weise, etwa nach Formel

$$\begin{array}{cc} -C-CH_2 & -C-CH_2 \\ \parallel \ \ | & | \ \times \\ N-N- & N-N- \end{array} \quad \text{oder}$$

constituirt denken kann.

Das hier verwendete Monobromacetophenon wurde theils nach der Staedel'schen Methode[2]), theils durch directe Bromirung des Acetophenons in Eisessiglösung dargestellt; in beiden Fällen war die Ausbeute befriedigend.

---

[1]) Berichte d. D. Chem. Gesellsch. **16**, 622.
[2]) Berichte d. D. Chem. Gesellsch. **13**, 836.

Zwei Molecule der Base wurden mit einem Molecul des Bromids, jedes in alkoholischer Lösung, zusammengebracht und die Heftigkeit der Reaction durch Kühlen mit Eiswasser gemildert.

Nach einer Viertelstunde begann die Abscheidung von Krystallen, welche sich rasch vermehrten. Nach längerem Stehen in Eiswasser wurde auf der Pumpe filtriert. Das gelbe krystallinische Product wurde fein zerreiben und mit Wasser digerirt, bis alles bromwasserstoffsaure Phenylhydrazin entfernt war. Der gelbe Rückstand wurde abfiltrirt, mit Wasser und verdünntem Alkohol gewaschen und aus siedendem Alkohol umkrystallisirt. Es wurden so schöne, gelbe, glänzende Nadeln erhalten, die bei 137° schmolzen. Zur Analyse wurden sie bei 100° getrocknet.

0,1939 g Substanz gaben 0,5721 CO_2 und 0,1045 H_2O. — 0,494 g Substanz gaben 57,718 cbcm Stickstoff bei 14° und 735 mm Druck.

$C_{14}H_{12}N_2$. Ber. C 80,76, H 5,76, N 13,48.
Gef. ,, 80,5, ,, 5,9, ,, 13,3.

Das Product ist an der Luft beständig, von Mineralsäuren wird es aber zersetzt.

Am heftigsten wirkt die Salpetersäure ein, concentrirte Salzsäure langsamer. In concentrirter Schwefelsäure löst es sich glatt auf; trägt man diese Lösung in kaltes Wasser ein, so scheidet sich ein weisser flockiger Niederschlag aus, der von Aether leicht aufgenommen wird.

Die Verbindung löst sich sehr leicht in Aether, Chloroform, Schwefelkohlenstoff, Essigäther; beim Verdunsten der Lösungsmittel scheidet sie sich in schön gelben Nadeln aus.

In Alkohol und Ligroïn ist sie in der Kälte wenig, in der Hitze vollständig löslich und diese beiden Lösungsmittel sind zum Umkrystallisiren der Substanz gut geeignet.

54. Emil Fischer: Ueber Naphtylhydrazine.

Liebigs Annalen der Chemie 232, 236 [1886].

Für die Gewinnung der primären aromatischen Hydrazine sind jetzt drei Methoden bekannt:
1) Verwandlung der Diazoverbindungen durch Alkalisulfit in hydrazinsulfonsaure Salze und deren Zersetzung durch Salz- oder Schwefelsäure.
2) Reduction der Diazoamidoverbindungen durch Zinkstaub und Essigsäure.
3) Reduction der Diazosalze durch Zinnchlorür.

Ueber den Werth der Methoden 1 und 3, welche allein praktische Bedeutung besitzen, habe ich mich bereits ausgesprochen[1]).

In der Phenylreihe sind beide brauchbar. Das ältere Verfahren ist jedoch bei grösseren Operationen vorzuziehen und wird bei der fabrikmässigen Darstellung der Base angewandt.

Auch für die Laboratoriumsversuche ist dasselbe kaum umständlicher, als die Reduction mit Zinnchlorür, seitdem eine concentrirte Lösung von Natriumdisulfit[2]) billig zu kaufen ist.

Für die Darstellung der beiden Naphtylhydrazine[3]) ist dagegen aus verschiedenen Gründen die Reduction mit Zinnchlorür vorzuziehen.

Bei der Diazotirung der Naphtylamine ist bekanntlich eine stark saure Lösung anzuwenden, um die Bildung von Azoverbindungen zu verhindern. Dem entspricht die folgende Vorschrift für die Darstellung der Hydrazine.

---

[1]) Berichte d. D. Chem. Gesellsch. 17, 572. (S. 463.)

[2]) Die chemische Fabrik Hofmann & Schoetensacn in Ludwigshafen a. R. liefert eine für diesen Zweck sehr geeignete Lösung, welche 40 pC. $NaHSO_3$ enthält und in der Technik hauptsächlich zur Reinigung des Benzaldehyds dient. Für die Darstellung der Hydrazine wird dieselbe mit Natronlauge neutralisiert und direct entsprechend ihrem Gehalte benutzt.

Dieses Präparat wird sich wohl bald allgemein in den Laboratorien einbürgern, denn es ist unstreitig das billigste und bequemste Material für die Darstellung von schwefliger Säure. Läßt man in die Lösung aus einem Hahntrichter concentrirte Schwefelsäure eintropfen, so entwickelt sich ein gleichmäßiger Strom von Schwefeldioxyd, der nach Belieben regulirt werden kann. Das Verfahren ist besonders für alle Vorlesungsversuche mit Schwefeldioxyd sehr zu empfehlen.

[3]) Berichte d. D. Chem. Gesellsch. 17, 572. (S. 463.)

α-Naphtylhydrazin.

50 g Naphtylamin werden mit der gleichen Menge starker Salzsäure sehr fein zerrieben, dann mit 400 g Salzsäure (1,10 spec. Gewicht) in eine Flasche gespült, stark abgekühlt und langsam unter starkem Schütteln mit der berechneten Menge Natriumnitrit versetzt. Das zuvor ungelöste Hydrochlorat geht dabei fast vollständig als Diazochlorid in Lösung. Die dunkelbraune Flüssigkeit wird filtrirt und sofort in eine kalte salzsaure Lösung von 250 g krystallisirtem Zinnchlorür unter lebhaftem Rühren eingetragen. Dabei erzeugt jeder einfallende Tropfen einen amorphen schmutziggelben Niederschlag, der beim Umrühren wieder verschwindet.

Schliesslich bleibt ein schwach bräunlich gefärbter Niederschlag.

Sobald die Diazoverbindung vollständig eingetragen ist, erwärmt man im Wasserbad, bis der Niederschlag grösstentheils gelöst und die Flüssigkeit fast farblos geworden ist.

Aus der abgekühlten Lösung scheidet sich das salzsaure Hydrazin nahezu vollständig als schwach gefärbter Krystallbrei ab. Derselbe wird filtrirt, stark gepresst und in heissem Wasser gelöst. Aus der heiss filtrirten Lösung fällt die Base durch Natronlauge als schwach gefärbter krystallinischer Niederschlag. Derselbe wird nach dem Erkalten von dem grössten Theil der Mutterlauge durch Filtration getrennt und mit einem Gemisch von Alkohol und Aether ausgezogen. Die stark concentrirte Lösung scheidet beim Abkühlen die Base als bräunlich gefärbte Krystallmasse ab. Dieselbe wird auf der Pumpe filtrirt und mit Aether gewaschen. Bei gut geleiteter Operation erhält man von diesem Product etwa $^2/_3$ des angewandten Naphtylamins. Zur Reinigung wird die Rohbase in die 150 fache Menge kochenden Wassers eingetragen. Beim starken Umrühren löst sie sich bis auf eine geringe Menge eines dunkeln Harzes und scheidet sich beim Erkalten der filtrirten Flüssigkeit in blätterigen Krystallen ab; es ist rathsam, diese Operation ziemlich rasch auszuführen, weil die Base beim längeren Kochen mit Wasser eine merkliche Zersetzung erfährt. Die so erhaltenen Krystalle sind immer noch gelblich gefärbt, aber für die Darstellung aller Derivate hinreichend rein.

Ganz farblos erhält man die Base am leichtesten durch Destillation im luftverdünnten Raum. Bei 20 mm Druck destillirt sie fast unzersetzt gegen 203° und erstarrt in der Vorlage sofort zu einer farblosen krystallinischen Masse. Dieselbe wurde für die Analyse nochmals aus Aether umkrystallisirt und im Vacuum über Schwefelsäure getrocknet.

0,192 g gaben 0,5375 CO_2 und 0,1158 H_2O. — 0,2669 g gaben 41 cbcm Stickstoff bei 14° und 744 mm Druck.

$C_{10}H_{10}N_2$. Ber. C 75,95, H 6,33, N 17,72.
Gef. ,, 76,3, ,, 6,7, ,, 17,7.

Die Base schmilzt bei 116 bis 117° (uncorr.); bei der Destillation unter gewöhnlichem Druck zersetzt sie sich grösstentheils. An der Luft färbt sie sich durch Oxydation bald gelb, später braun. In kaltem Wasser ist sie sehr wenig und in heissem Wasser noch ziemlich schwer löslich; von Aether wird sie etwas leichter und von heissem Alkohol, Benzol und Chloroform sehr leicht aufgenommen. Aus Alkohol scheidet sie sich in feinen Blättchen und aus Benzol in derberen flächenreichen Krystallen ab.

Mit den Mineralsäuren bildet sie beständige und in Wasser lösliche Salze.

Das Hydrochlorat krystallisirt aus heisser verdünnter Salzsäure in feinen langgestreckten Tafeln; es ist in kaltem Wasser ziemlich leicht, in Salzsäure dagegen schwer löslich und hat im Vacuum getrocknet die Zusammensetzung $C_{10}H_{10}N_2 \cdot HCl$.

0,2729 g gaben 0,2055 AgCl.
Ber. Cl 18,25. Gef. Cl 18,57.

Das neutrale Sulfat ist selbst in heissem Wasser schwer löslich und krystallisirt daraus in feinen glänzenden Blättchen.

0,2088 g gaben 0,114 $BaSO_4$.
Ber. S 7,7. Gef. S 7,5.

Das Nitrat ist in heissem Wasser leicht löslich und krystallisirt daraus beim Erkalten ebenfalls in feinen Blättchen.

Das Oxalat scheidet sich als krystallinischer Niederschlag ab, wenn man Base und Säure in alkoholischer Lösung zusammenbringt.

Das Acetat ist gegen Wasser nicht beständig; in Folge dessen wird die Base zum Unterschied von dem Phenylhydrazin aus der Lösung der Salze durch Natriumacetat gefällt. Ferner löst sie sich in verdünnter Essigsäure nicht viel leichter als in Wasser. Sonderbarer Weise erfolgt aber diese Lösung in schwacher Essigsäure leicht auf Zusatz von Traubenzucker.

Wie zu erwarten war, zeigt das Naphtylhydrazin in seinen Reactionen die grösste Aehnlichkeit mit der Phenylverbindung. Es reducirt alkalische Kupferlösung, Quecksilber- und Silbersalze schon in der Kälte; es verbindet sich leicht mit den Aldehyden, Ketonen, Säureanhydriden, dem Schwefelkohlenstoff und den Senfölen. Erhitzt man dasselbe mit der fünffachen Menge Jodmethyl im geschlossenen Rohr auf 60°, so löst es sich erst und nach kurzer Zeit scheidet ein dicker Krystallbrei von jodwasserstoffsauren Salzen ab. Neben unverändertem Hydrazin entstehen dabei methylirte Producte, die ich nicht weiter untersucht habe. Mit salpetriger Säure behandelt liefert es eine Verbindung, welche dem Diazobenzolimid entspricht.

Charakteristisch und für die Erkennung geeignet ist seine Verbindung mit der Brenztraubensäure.

α-Naphtylhydrazinbrenztraubensäure.

Versetzt man die wässerige Lösung der Base oder ihrer Salze mit Brenztraubensäure, so trübt sich dieselbe und scheidet je nach der Concentration sofort oder nach wenigen Minuten einen gelben flockigen Niederschlag ab. Die Fällung ist bei einem Ueberschuss von Brenztraubensäure vollständig.

Die Verbindung löst sich in heissem Alkohol und scheidet sich in der Kälte langsam in feinen, schwach gelben, glänzenden und meist sternförmig vereinigten Nadeln ab, welche für die Analyse im Vacuum getrocknet wurden.

0,1594 g gaben 16,8 cbcm Stickstoff bei 12° und 744 mm Druck.

$$C_{10}H_7 \cdot N_2H : C\begin{smallmatrix}CH_3\\CO_2H\end{smallmatrix}.$$ Ber. N 12,3. Gef. ,, 12,2.

Die Säure schmilzt bei 159° (uncorr.) unter Gasentwicklung. Sie ist in Alkali und Ammoniak leicht löslich und wird durch Säure unverändert gefällt.

Unter denselben Bedingungen vereinigt sich das Hydrazin mit dem Bittermandelöl. Schüttelt man seine schwachsaure Lösung mit nicht zu viel Bittermandelöl, so trübt sich dieselbe und scheidet ein Oel ab, welches bald krystallinisch erstarrt. Das Product krystallisirt aus heissem Alkohol in feinen glänzenden Blättchen und ist unzweifelhaft das Benzylidennaphtylhydrazin.

Aceton-α-Naphtylhydrazin.

Löst man die Base in Aceton, verdampft den Ueberschuss und versetzt den Rückstand mit Wasser, so fällt ein wenig gefärbtes Oel aus, welches bald krystallinisch erstarrt. Dieselbe Verbindung entsteht auf Zusatz von Aceton zu der wässerigen Lösung der Salze.

Aus heissem Ligroïn scheidet sie sich sehr leicht in fast farblosen Krystallen ab, welche im Vacuum getrocknet folgende Zahlen gaben:

0,2107 g gaben 24,8 cbcm Stickstoff bei 14° und 743 mm Druck.

$$C_{10}H_7 \cdot N_2H \cdot C(CH_3)_2.$$ Ber. N 14,1. Gef. N 13,6.

Die Verbindung schmilzt bei 74° und zersetzt sich bei hoher Temperatur. In Wasser ist sie nahezu unlöslich, dagegen in Alkohol, Aether, Aceton und Benzol sehr leicht löslich. An der Luft färbt sie sich bald durch Oxydation dunkelbraun und zerfliesst dabei. Durch alkalische Kupferlösung wird sie selbst beim Kochen nicht verändert. Sie besitzt noch basische Eigenschaften. Von kalter verdünnter Salzsäure wird sie leicht gelöst und durch Alkalien unverändert ausgefällt. Kocht man dagegen ihre Lösung in starker Salzsäure, so wird Naphtylhydrazin regenerirt.

Einwirkung der salpetrigen Säure.

Das Phenylhydrazin liefert bei der Behandlung mit salpetriger Säure je nach den Bedingungen ein Nitrosamin oder das aus diesem durch secundären Wasseraustritt entstehende Diazobenzolimid. Die gleichen Erscheinungen beobachtet man bei der Naphtylbase. Versetzt man die kalte wässerige Lösung des Hydrochlorats mit Natriumnitrit, so trübt sie sich bald durch Abscheidung eines röthlich gefärbten Oels, welches zum Theil krystallinisch erstarrt. Dasselbe lässt sich leicht durch Aether ausziehen. Die feste Verbindung ist ein Nitrosamin, denn sie giebt die Liebermann'sche Reaction, ist aber noch unbeständiger als das Phenylnitrosohydrazin. Fügt man indessen das Nitrit zu der stark verdünnten kalten Lösung der Base in überschüssiger Salzsäure, so entsteht ein wenig gefärbtes indifferentes Oel, welches mit Wasserdämpfen flüchtig ist. Dasselbe hat einen eigenthümlichen, schwach betäubenden Geruch, ist unlöslich in verdünnten Säuren und verpufft beim Erhitzen. Leider erfährt dasselbe auch bei der Destillation im luftleeren Raum eine theilweise Zersetzung, weshalb ich auf die Analyse verzichtet habe.

Nach der Bildungsweise und den Eigenschaften ist es jedoch sehr wahrscheinlich, dass die Verbindung das noch unbekannte Diazonaphtalinimid $C_{10}H_7 \cdot N_3$ ist.

β-Naphtylhydrazin.

Die Base, welche in derselben Weise wie die α-Verbindung dargestellt werden kann, schmilzt bei 124 bis 125° und destillirt selbst bei 25 mm Druck nur theilweise unzersetzt.

Für die Analyse war das Präparat im Vacuum getrocknet.

0,1928 g gaben 29,4 cbcm Stickstoff bei 13° und 744 mm Druck.
Ber. N 17,7. Gef. N 17,6.

Die Base ist in heissem Wasser etwas löslicher als die α-Verbindung und krystallisirt daraus in farblosen glänzenden Blättchen; in Aether ist sie ziemlich schwer, in heissem Alkohol, Benzol, Chloroform dagegen leicht löslich. An der Luft oxydirt sie sich viel langsamer als die α-Verbindung und färbt sich röthlich.

Das Hydrochlorat ist in heissem Wasser leicht, in kaltem Wasser viel schwerer und in starker Salzsäure sehr schwer löslich; es krystallisirt aus Wasser in feinen glänzenden Nadeln oder Blättchen.

Das Sulfat löst sich selbst in heissem Wasser schwer und krystallisirt ebenfalls in feinen glänzenden Blättchen.

In heissem Wasser leicht löslich ist das Nitrat; beim Erkalten scheidet es sich in sehr feinen langen Nadeln ab. Aus der Lösung in starker Essigsäure wird durch Wasser die Base gefällt.

Beständiger ist das Oxalat, welches beim Zusammenbringen von Säure und Hydrazin in alkoholischer Lösung sofort als krystallinischer Niederschlag ausfällt.

Die Base zeigt alle bei der α-Verbindung beschriebenen Reactionen. Die einzelnen Derivate habe ich nicht näher untersucht.

Bei diesen Versuchen bin ich von Herrn Dr. Carl Klotz unterstützt worden, wofür ich demselben besten Dank sage.

Chemisches Laboratorium der Universität Würzburg, Januar 1886.

55. Emil Fischer: Synthese von Indolderivaten.
Berichte der Deutschen Chemischen Gesellschaft **19**, 1563 [1886].
(Eingegangen am 9. Juni.)

Die Verbindungen der Brenztraubensäure mit den secundären, aromatischen Hydrazinen verwandeln sich beim Erwärmen mit verdünnter Salzsäure unter Abspaltung von Ammoniak in alkylirte Indolcarbonsäuren[1]). Diese merkwürdige Synthese schien indessen auf die genannten Producte beschränkt zu sein; denn die Verbindung der Brenztraubensäure mit dem primären Phenylhydrazin und die viel zahlreicheren Hydrazinderivate der anderen Ketonsäuren oder der gewöhnlichen Ketone werden beim Erwärmen mit verdünnten Säuren entweder in ihre Componenten gespalten oder gar nicht verändert. Durch Anwendung des Chlorzinks als Ammoniak bindenden Mittels ist es mir im vorigen Winter gelungen, jene Schwierigkeit zu beseitigen, und eine Methode für die Darstellung von Indolderivaten auszuarbeiten, welche durch Mannichfaltigkeit der Anwendung, Bequemlichkeit der Ausführung und Ergiebigkeit ausgezeichnet ist.

Dieselbe ist brauchbar für die primären und secundären aromatischen Hydrazine, ferner für alle gesättigten Ketone und Ketonsäuren, welche neben dem Carbonyl ein Methyl oder Methylen enthalten, und endlich für alle Aldehyde, welche neben der Aldehydgruppe ein Methylen enthalten.

Die Reaction verläuft stets im gleichen Sinne. Der äussere Stickstoff der Hydrazingruppe tritt als Ammoniak aus, der zweite Stickstoff vereinigt sich mit dem Kohlenstoff der ursprünglichen Carbonyl- oder Aldehydgruppe und die benachbarte Methyl- oder Methylengruppe greift in den Benzolkern ein.

Zur näheren Erläuterung des Vorganges wähle ich folgende Beispiele:

1) $C_6H_5 \cdot N_2H : C{<}^{CH_3}_{CH_3} = C_6H_4{<}^{CH}_{NH}{>}C{\cdots}CH_3 + NH_3$

    Acetonphenylhydrazin   Methylketol.

2) $C_6H_5 \cdot N_2H : C{<}^{CH_2 \cdot CH_3}_{CH_3} = C_6H_4{<}^{C\cdots CH_3}_{NH}{>}C{\cdots}CH_3 + NH_3$

    Methyläthylketonphenylhydrazin   Dimethylindol.

---

[1]) E. Fischer und O. Hess, Berichte d. D. Chem. Gesellsch. **17**, 559. (S. *454*.)

3) $C_6H_5 \cdot N_2H : CH\cdots CH_2\cdots CH_3 = C_6H_4\diamondsuit\begin{smallmatrix}C\cdots CH_3\\CH\\NH\end{smallmatrix} + NH_3$

Propylidenphenylhydrazin   Skatol.

4) $C_6H_5N\cdots N : C\begin{smallmatrix}CH_3\\CH_3\end{smallmatrix} = C_6H_4\diamondsuit\begin{smallmatrix}CH\\C\cdots CH_3\\N\\ \vdots\\CH_3\end{smallmatrix} + NH_3$
$\begin{smallmatrix}\vdots\\CH_3\end{smallmatrix}$

Acetonmethylphenylhydrazin   Dimethylindol.

Im Nachfolgenden gebe ich kurz die wichtigsten bisher erhaltenen Resultate, deren ausführliche Beschreibung bald in Liebig's Annalen folgen wird.

Indolderivate aus den Ketonen.

Methylketol. Beim Erwärmen von Acetonphenylhydrazin mit der 5fachen Menge Chorzink auf 180° erfolgt nach wenigen Minuten eine lebhafte Reaction, nach deren Beendigung die Schmelze mit Wasserdampf destillirt wird.

Das Methylketol erstarrt sofort in der Vorlage und wird durch 1—2 malige Krystallisation aus heissem Ligroïn rein erhalten. Die Ausbeute beträgt mehr als 60 pCt. der Theorie.

Dimethylindol, $C_6H_4\diamondsuit\begin{smallmatrix}C\cdots CH_3\\C\cdots CH_3\\NH\end{smallmatrix}$.

Dasselbe entsteht unter ähnlichen Bedingungen aus der Verbindung des Phenylhydrazins mit dem Methyläthylketon. Schmelzpunkt 106°. Die ganz reine Verbindung zeigt die bekannte Fichtenholzreaktion nicht. Durch salpetrige Säure wird sie glatt in das Nitrosamin,

$C_6H_4\diamondsuit\begin{smallmatrix}C\cdots CH_3\\C\cdots CH_3\\N\cdots NO\end{smallmatrix}$,

verwandelt, welches bei der Behandlung mit Zinnchlorür wieder Dimethylindol liefert.

Neben dem Dimethylindol entsteht bei der Chlorzinkschmelze ein anderes Indolderivat, welches den Fichtenspahn stark roth färbt und wahrscheinlich das dem Methylketol entsprechende Aethylindol ist.

Methyläthylindol, $C_6H_4\diamondsuit\begin{smallmatrix}C\cdots C_2H_5\\C\cdots CH_3\\NH\end{smallmatrix}$,

entsteht aus der Verbindung des Phenylhydrazins mit dem Methylpropylketon, ist flüssig, destillirt unzersetzt und liefert ein öliges Nitrosamin.

Dimethylindol,
$$C_6H_4\langle\begin{smallmatrix}CH\\ C\cdots CH_3\\ N\cdots CH_3\end{smallmatrix}\rangle,$$

und Methylphenylindol,
$$C_6H_4\langle\begin{smallmatrix}CH\\ C\cdots C_6H_5\\ N\cdots CH_3\end{smallmatrix}\rangle$$

(beide von Hrn. Degen untersucht), entstehen aus den Verbindungen des Methylphenylhydrazins mit dem Aceton und Acetophenon. Das erstere schmilzt bei 56°, das zweite bei 100—101°. Beide zeigen sehr stark die Fichtenspahnreaction.

Phenylindol,
$$C_6H_4\langle\begin{smallmatrix}CH\\ C\cdots C_6H_5\\ NH\end{smallmatrix}\rangle.$$

Dasselbe wird in nahezu quantitativer Ausbeute aus dem Acetophenonphenylhydrazin beim Erhitzen mit Chlorzink auf 180° gewonnen. Die Verbindung ist unzweifelhaft identisch mit dem kürzlich von A. Pictet[1]) beschriebenen α-Phenylindol und isomer mit dem von Hess und mir[2]) dargestellten Phenylindol,
$$C_6H_4\langle\begin{smallmatrix}CH\\ CH\\ N\cdots C_6H_5\end{smallmatrix}\rangle.$$

Diphenylindol,
$$C_6H_4\langle\begin{smallmatrix}C\cdots C_6H_5\\ C\cdots C_6H_5\\ NH\end{smallmatrix}\rangle$$

(von Hrn. A. Schlieper untersucht). Dasselbe entsteht sehr leicht aus der Verbindung des Phenylhydrazins mit dem Desoxybenzoïn sowohl beim Erhitzen mit Chlorzink als auch beim Erwärmen der alkoholischen Lösung mit Salzsäure. Es schmilzt bei 122—123°, destillirt unzersetzt, ist geruchlos und giebt keine Fichtenspahnreaction.

Indole aus den Aldehyden.

Skatol,
$$C_6H_4\langle\begin{smallmatrix}C\cdots CH_3\\ CH\\ NH\end{smallmatrix}\rangle.$$

Vermischt man Propylidenphenylhydrazin, welches sehr leicht aus der Base und Propylaldehyd erhalten wird, mit der gleichen Menge Chlorzink, so erfolgt in der Regel schon ohne Wärmezufuhr eine lebhafte Reaction, welche in einigen Minuten beendet ist. Durch Destillation der Schmelze mit Wasserdampf wird das Skatol isolirt und durch Umkrystallisiren aus heissem Ligroïn gereinigt. Die Ausbeute beträgt

---
[1]) Berichte d. D. Chem. Gesellsch. **19**, 1063.
[2]) Berichte d. D. Chem. Gesellsch. **17**, 568. (S. 462.)

ungefähr $^1/_3$ vom Gewichte des angewandten Hydrazinderivates. Durch diese Methode wird das Skatol ein leicht zugängliches Product und ich habe deshalb Hrn. Wenzing veranlasst, dasselbe ausführlicher zu untersuchen. Durch nascirenden Wasserstoff wird es ebenso leicht wie das Methylketol in die Hydroverbindung,

$$C_6H_4 \underset{NH}{\overset{CH \cdot CH_3}{\diamondsuit CH_2}},$$

verwandelt, welche bei 226—227° siedet. Mit Salzsäure vereinigt es sich zu einer krystallisirenden Verbindung $(C_9H_9N)_2HCl$, welche in Alkohol leicht, in Wasser und Aether dagegen unlöslich ist. Mit Brom behandelt, liefert es ebenfalls krystallinische Substitutionsproducte, und durch salpetrige Säure wird es zum Unterschiede von Methylketol und Indol in ein gewöhnliches Nitrosamin verwandelt, welches bei niederer Temperatur erstarrt und bei der Behandlung mit Reductionsmitteln wieder Skatol liefert.

Das reinste Skatol besitzt den von Nencki angegebenen Schmelzpunkt 95° (uncorr.) und einen starken fäcalartigen Geruch.

Homologe des Skatols entstehen aus den Hydrazinderivaten des Valeraldehyds und Oenanthols. Mit der Darstellung des entsprechenden Phenylderivats aus Phenylacetaldehyd ist Herr Haupt beschäftigt.

Anders verhalten sich die ungesättigten Aldehyde, z. B. das Acroleïn. Dasselbe verbindet sich sehr energisch mit dem Phenylhydrazin und aus dem öligen Reactionsproduct lässt sich ein prachtvoll krystallisirender Körper abscheiden, welcher aus gleichen Molekülen der Base und des Aldehyds gebildet ist und die Formel $C_6H_5 \cdot N_2H \cdot C_3H_4$ besitzt. Die Verbindung, welche ich in Gemeinschaft mit Herrn Knoevenagel untersucht habe, ist indessen kein einfaches Condensationsproduct und giebt deshalb in der Chlorzinkschmelze kein Indolderivat. Sie enthält aller Wahrscheinlichkeit nach einen aus 2 Stickstoff und 3 Kohlenstoff bestehenden Ring:

$$C_6H_5 \cdot N \cdots N$$
$$CH \cdots CH_2 \cdots CH,$$

und steht in naher Beziehung zu den von Herrn L. Knorr entdeckten Pyrrazolen.

Das Homologe dieses Acroleïnderivats entsteht aus Phenylhydrazin und Mesityloxyd und ist wie jenes eine unzersetzt flüchtige Base.

Die Entstehung solcher Producte aus den Hydrazinen und den ungesättigten Aldehyden oder Ketonen scheint eine allgemeine Reaction zu sein. Wir werden dieselbe verfolgen und auf die ungesättigten Säuren, Alkohole und Halogenderivate ausdehnen.

Indole aus den Ketonsäuren.

Indolcarbonsäure, $C_6H_4\genfrac{<}{>}{0pt}{}{CH}{C}\text{---}CO_2H$.
$\qquad\qquad\qquad\quad\ \ NH$

Alle Versuche, das Indol selbst aus dem Aethylidenphenylhydrazin[1]) mit Hülfe von Chlorzink zu gewinnen, sind bisher erfolglos geblieben. Dagegen entsteht dasselbe in kleiner Menge aus der Phenylhydrazinbrenztraubensäure beim Erhitzen mit Chlorzink auf 195—200°. Glatter verläuft die Synthese bei dem Methyl- oder Aethylester dieser Säure, wobei die Ester der Indolcarbonsäure entstehen. Diese Operation erfordert jedoch besondere Vorsichtsmassregeln.

Die Indolcarbonsäure krystallisirt in feinen langen Nadeln, ist in heissem Wasser ziemlich leicht, in Alkohol und Aether sehr leicht löslich. Sie schmilzt nicht ganz constant gegen 200° unter geringer Gasentwicklung, sublimirt dabei zum Theil in feinen, glänzenden Blättchen; ein anderer Theil zerfällt in Kohlensäure und Indol.

Auf demselben Wege hoffe ich aus der Verbindung des Phenylhydrazins mit der Propionylameisensäure die von den Herren Salkowski unter den Fäulnissproducten des Eiweiss aufgefundene Skatolcarbonsäure[2]) zu gewinnen.

Methylindolessigsäure, $C_6H_4\genfrac{<}{>}{0pt}{}{C\text{---}CH_2\cdot CO_2H}{C\text{---}CH_3}$.
$\qquad\qquad\qquad\qquad\qquad\qquad\ \ NH$

Die Phenylhydrazinlävulinsäure, deren Existenz ich früher[3]) kurz erwähnt, entsteht sehr leicht beim Zusammenbringen von Säure und Base in essigsaurer Lösung. Sie hat die Formel:

$$C_6H_5\cdot N_2H : C\genfrac{<}{>}{0pt}{}{CH_3}{CH_2\cdot CH_2\cdot CO_2H},$$

schmilzt bei 108° und wird durch Mineralsäuren leicht in die Componenten gespalten. Beim Erhitzen auf 170° verwandelt sie sich glatt in das Anhydrid, $C_{11}H_{12}N_2O$, welches bei 107° schmilzt, unzersetzt destillirt und wahrscheinlich einen aus 2 Stickstoff und 4 Kohlenstoff bestehenden Ring:

$$C_6H_5\cdot N\text{---}N$$
$$\ \ \ \ \ C\text{---}C\text{---}C\text{---}C$$

enthält.

Um die Bildung dieses Anhydrids zu vermeiden, schmilzt man zur Umwandlung in das Indolderivat die Hydrazinsäure mit Chlorzink längere Zeit bei 135—140°.

---

[1]) Ann. Chem. Pharm. **190**, 136. (*S. 252.*)
[2]) Zeitschr. f. physiol. Chem. **9**, 8.
[3]) Berichte d. D. Chem. Gesellsch. **16**, 2243. (*S. 439.*)

Bei der Behandlung der Schmelze mit Wasser bleibt die Methylindolessigsäure zurück und wird durch Umkrystallisiren aus Eisessig gereinigt. Die Säure schmilzt zwischen 195—200° und liefert dabei unter Kohlensäureabgabe dasselbe Dimethylindol, welches aus Methyläthylketon erhalten und zuvor beschrieben wurde.

$$\text{Dimethylindolessigsäure,} \quad C_6H_4 \underset{N\cdots CH_3}{\overset{C\cdots CH_2\cdot CO_2H}{\diamondsuit C\cdots CH_3}}.$$

Der Ester der Säure, welche von Herrn Degen untersucht wurde, entsteht aus der Verbindung des Methylphenylhydrazins mit dem Lävulinsäureester. Die freie Säure schmilzt bei 186° und zerfällt bei höherer Temperatur in Kohlensäure und Trimethylindol:

$$C_6H_4 \underset{N\cdots CH_3}{\overset{C\cdots CH_3}{\diamondsuit C\cdots CH_3}}.$$

Das letztere ist flüssig, destillirt unzersetzt und färbt den Fichtenspahn nicht.

$$\text{Dimethylindolcarbonsäure,} \quad C_6H_4 \underset{N\cdots CH_3}{\overset{C\cdots CO_2H}{\diamondsuit C\cdots CH_3}}.$$

Ihr Ester wurde ebenfalls von Herrn Degen dargestellt aus der Verbindung des Methylphenylhydrazins mit Acetessigester. Die freie Säure schmilzt bei 200° und liefert dabei neben Kohlensäure das zuvor erwähnte, aus Aceton erhaltene Dimethylindol.

Schwieriger ist die Darstellung von Indolkörpern aus den Verbindungen des Acetessigesters mit den primären Hydrazinen. Das Phenylhydrazin verbindet sich mit dem Ester zunächst unter einfacher Wasserabspaltung zu einem öligen Producte, welches aber, wie Herr L. Knorr[1]) ausführlich beschrieben hat, sehr leicht durch weiteren Austritt von Alkohol in das sogenannte Oxymethylchinizin übergeht. Das letztere wird von Chlorzink nicht mehr angegriffen. Versetzt man indessen das ursprüngliche ölige Product direct mit Chlorzink und erhitzt auf 135—140°, so entstehen auch hier in kleinerer Menge Indolderivate, welche noch nicht näher untersucht wurden.

Statt des Phenylhydrazins kann man bei dieser Reaction seine Homologen, ferner die Hydrazinbenzoësäuren und die Hydrazinsulfosäuren benutzen; eine Reihe dieser Producte werden zur Zeit im hiesigen Laboratorium untersucht. Selbst in der Naphtalinreihe ist die Methode noch anwendbar.

---

[1]) Berichte d. D. Chem. Gesellsch. 17, 546.

Erhitzt man die schön krystallisirende Verbindung des β-Naphtylhydrazins mit dem Aceton gemengt mit Chlorzink auf 180°, so bildet sich ein öliges Product, welches im Vacuum unzersetzt destillirt, den Fichtenspahn intensiv blauviolett färbt, ein dunkelrothes Pikrat liefert und aller Wahrscheinlichkeit nach das dem Methylketol entsprechende Derivat des Naphtalins ist.

Die Kenntniss einer grösseren Zahl von Indolderivaten legt es nahe, durch den Vergleich derselben den Einfluss der substituirenden Gruppen auf den Charakter des Indolringes zu bestimmen.

In der Beziehung ist aus dem Vorgehenden Folgendes hervorzuheben:

1. Alle aus den primären Hydrazinen entstehenden Indolkörper enthalten die Imidgruppe.

Für Indol und Methylketol ist das bereits durch die Arbeiten von Baeyer[1]) und Jackson[2]) sehr wahrscheinlich gemacht. Für Skatol und Dimethylindol folgt dasselbe mit noch grösserer Sicherheit aus dem Verhalten gegen salpetrige Säure.

Die letztere verwandelt allgemein die Indolderivate, in welchen der in der Formel

$$C_6H_4 \diamondsuit \begin{matrix} CH\,(\beta) \\ CH \\ NH \end{matrix}$$

mit (β) bezeichnete Wasserstoff durch Alkyle ersetzt ist, in einfache Nitrosamine, während Indol und Methylketol bei der gleichen Reaction complicirtere Stickstoffverbindungen liefern.

Die aus den secundären Hydrazinen gewonnenen Indole enthalten selbstverständlich alle tertiär gebundenen Stickstoff.

2. Die Homologen des Indols werden durch nascirenden Wasserstoff leicht in Hydroproducte verwandelt, deren erster Repräsentant das von Jackson beschriebene Hydromethylketol[3]) ist.

3. Die Fichtenholzreaction tritt nicht mehr ein, wenn die beiden Kohlenstoffatome des Indolringes mit Alkylen oder nur eines derselben mit Carboxyl verbunden ist.

Bei diesen Versuchen bin ich von Herrn Dr. Carl Klotz unterstützt worden, wofür ich demselben besten Dank sage.

[1]) Berichte d. D. Chem. Gesellsch. **12**, 1314.
[2]) Berichte d. D. Chem. Gesellsch. **14**, 879.
[3]) Berichte d. D. Chem. Gesellsch. **14**, 883.

56. Emil Fischer: Synthese von Indolderivaten[1]).
Liebigs Annalen der Chemie **236**, 116 [1886].
(Eingelaufen den 16. August 1886.)

Die älteren Methoden zum Aufbau des Indols sind zahlreich genug, aber alle lassen in Bezug auf Bequemlichkeit und Ergiebigkeit viel zu wünschen übrig und keine derselben ist einer allgemeineren Anwendung fähig. Das Indol und seine Homologen sind bis jetzt schwer zugängliche Körper geblieben. Diese Schwierigkeit wird beseitigt durch die nachfolgende Synthese von Derivaten des Indols aus den Verbindungen der aromatischen Hydrazine mit den Ketonen und Aldehyden. Ich habe die eigenthümliche Reaction in Gemeinschaft mit Jourdan und Hess zuerst bei den Verbindungen der Brenztraubensäure mit den secundären Hydrazinen beobachtet. Beim Erwärmen mit verdünnten Säuren verlieren dieselben die Elemente des Ammoniaks und verwandeln sich in die Carbonsäure alkylirter Indole.

Das Verfahren war jedoch nicht mehr anwendbar bei den primären Hydrazinen und noch weniger bei den Verbindungen der Hydrazine mit den gewöhnlichen Ketonen und Aldehyden. Leicht gelingt indessen auch hier die Ueberführung in Indole durch Schmelzen mit Chlorzink.

Letztere Methode ist brauchbar für die primären und secundären aromatischen Hydrazine, ferner für alle gesättigten Ketone und Ketonsäuren, welche neben dem Carbonyl ein Methyl oder Methylen enthalten und endlich für die Mehrzahl der Aldehyde.

Die Reaction verläuft stets im gleichen Sinne. Der äussere Stickstoff der Hydrazingruppe wird als Ammoniak abgespalten und die Reste treten zum Indolring zusammen, wie folgende Beispiele zeigen:

1) **Indole aus den Ketonen.**

$$C_6H_5 \cdot N_2H = C{<}^{CH_3}_{CH_3} = C_6H_4{<}^{CH}_{NH}{>}C-CH_3 + NH_3$$

Acetonphenylhydrazin Methylketol.

---
[1]) Vergl. Berichte d. D. Chem. Gesellsch. **17**, 559 (*S. 454*) und **19**, 1563. (*S. 535*.)

$$C_6H_5 \cdot N-N : C \begin{matrix} CH_3 \\ CH_3 \end{matrix} = C_6H_4 \begin{matrix} CH \\ N-CH_3 \end{matrix} C-CH_3 + NH_3$$
$$\overset{|}{CH_3}$$

Acetonmethylphenylhydrazin Dimethylindol.

$$C_6H_5 \cdot N_2H : C \begin{matrix} CH_3 \\ C_6H_5 \end{matrix} = C_6H_4 \begin{matrix} CH \\ NH \end{matrix} C-C_6H_5 + NH_3$$

Acetophenonphenylhydrazin Phenylindol.

Enthält das Keton neben dem Carbonyl zugleich Methyl und Methylen, so können zwei isomere Indole entstehen, z. B.

$$C_6H_5N_2H : C \begin{matrix} CH_3 \\ CH_2 \cdot CH_3 \end{matrix} = C_6H_4 \begin{matrix} CH \\ NH \end{matrix} C \cdot CH_2 \cdot CH_3 + NH_3$$

Methyläthylketonphenylhydrazin Aethylindol.

$$C_6H_5 \cdot N_2H : C \begin{matrix} CH_2 \cdot CH_3 \\ CH_3 \end{matrix} = C_6H_4 \begin{matrix} C-CH_3 \\ NH \end{matrix} C-CH_3 + NH_3$$

Dimethylindol.

Der Versuch hat gezeigt, dass der letztere Vorgang stets der überwiegende ist, dass aber der erstere niemals ganz vermieden werden kann.

2) **Indole aus den Aldehyden.**

Aus den Verbindungen des Acetaldehyds mit den Hydrazinen des Benzols wurden bisher keine Indole gewonnen, wahrscheinlich deshalb, weil dieselben bei der Heftigkeit der Reaction zerstört werden. Dagegen bildet sich aus der Aldehydverbindung des β-Naphtylhydrazins in kleiner Menge das später beschriebene Naphtindol.

Glatter verläuft die Synthese bei den kohlenstoffreicheren Aldehyden, z. B.:

$$C_6H_5 \cdot N_2H : CH \cdot CH_2 \cdot CH_3 = C_6H_4 \begin{matrix} C-CH_3 \\ NH \end{matrix} CH + NH_3$$

Propylidenphenylhydrazin Skatol.

$$C_6H_5 \cdot N_2H : CH \cdot CH_2 \cdot C_6H_5 = C_6H_4 \begin{matrix} C-C_6H_5 \\ NH \end{matrix} CH + NH_3$$

Phenyläthylidenphenylhydrazin Phenylindol.

$$C_6H_5 \cdot N-N : CH \cdot CH_2 CH_3 = C_6H_4 \begin{matrix} C-CH_3 \\ N-CH_3 \end{matrix} CH + NH_3$$
$$\overset{|}{CH_3}$$

Propylidenmethylphenylhydrazin Dimethylindol.

Anders verhalten sich die Hydrazinderivate der ungesättigten Aldehyde, z. B. des Acroleïns, auf welche ich in einer besonderen Abhandlung zurückkommen werde.

3) Indole aus den Ketonsäuren.

Untersucht wurden die Derivate der Brenztraubensäure, der Lävulinsäure und des Acetessigesters. Am leichtesten gelingt die Synthese bei den Verbindungen der Brenztraubensäure mit den secundären Hydrazinen, welche schon beim gelinden Erwärmen mit verdünnter Salzsäure, Schwefelsäure oder Phosphorsäure die Elemente des Ammoniaks verlieren. Als Beispiel diene das Methylphenylhydrazin:

$$C_6H_5N(CH_3)-N:C(CH_3)(CO_2H) = C_6H_4\genfrac{}{}{0pt}{}{CH}{N-CH_3}C-CO_2H + NH_3$$

Methylphenylhydrazinbrenztraubensäure   Methylindolcarbonsäure.

Eine Reihe dieser Producte ist bereits ausführlich genug beschrieben, dieselben werden deshalb im Nachfolgenden nicht mehr behandelt.

Grössere Schwierigkeiten bieten die Verbindungen der Säure mit den primären Hydrazinen. Gegen verdünnte Mineralsäuren sind dieselben beständig und von concentrirter Salz- oder Schwefelsäure werden sie zum Theil verharzt, zum anderen Theil in die Hydrazinbase zurückverwandelt. Auch die Chlorzinkschmelze liefert nur dann gute Resultate, wenn man an Stelle der Hydrazinbrenztraubensäure ihre Ester anwendet. Dabei entstehen zunächst die Ester von Indolcarbonsäuren, z. B.:

$$C_6H_5 \cdot N_2H:C(CH_3)(CO_2 \cdot C_2H_5) = C_6H_4\genfrac{}{}{0pt}{}{CH}{NH}C-CO_2C_2H_5 + NH_3$$

Phenylhydrazinbrenztraubensäureester   Indolcarbonsäureester.

Diese Ester werden zum Theil in der Chlorzinkschmelze verseift; man beobachtet deshalb stets als Nebenproduct die freien Carbonsäuren. In einzelnen Fällen verlieren die letzteren noch Kohlensäure; so entsteht aus dem β-Naphtylhydrazinbrenztraubensäureester in überwiegender Menge das freie Naphtindol.

Schwierigkeiten ganz anderer Art bieten die Hydrazinderivate des Acetessigesters. Derselbe verbindet sich mit allen Hydrazinen zunächst unter einfachem Wasseraustritt. Aus dem Phenylhydrazin entsteht so ein gelbrothes Oel, welches unzweifelhaft die Zusammensetzung:

$$C_6H_5 \cdot N_2H:C(CH_3)(CH_2 \cdot CO_2C_2H_5)\text{[1]}$$

besitzt und deshalb als Phenylhydrazinacetessigester bezeichnet werden mag. Aber dieses Product verwandelt sich, wie Herr Knorr gezeigt

---

[1] Die Verbindung, welche ich früher nur ganz kurz erwähnt habe, Berichte d. D. Chem. Gesellsch. **16**, 661 (S. *427*), wird durch Mineralsäuren in Hydrazin und Acetessigester gespalten, und verhält sich in jeder Beziehung wie die Hydrazinabkömmlinge der gewöhnlichen Ketone.

hat, ausserordentlich leicht durch weiteren Austritt von Alkohol in das sogenannte Oxymethylchinizin. Das letztere wird von Chlorzink nicht mehr angegriffen.

Versetzt man indessen das frisch bereitete Präparat mit Chlorzink und erhitzt rasch auf 135 bis 140°, so wird ebenfalls der grössere Theil in Oxymethylchinizin verwandelt, aber nebenher entstehen auch Indolderivate, welche noch nicht näher untersucht sind.

Einfacher liegen die Verhältnisse bei den Verbindungen des Acetessigesters mit den secundären Hydrazinen, welche die sogenannte Chinizinbildung nicht zeigen und deshalb in der gewöhnlichen Weise durch Chlorzink in Indole verwandelt werden können. Aus dem Methylphenylhydrazinacetessigester entsteht auf diese Weise Dimethylindolcarbonsäureester:

$$C_6H_5 \cdot N-N = C\Big\langle {CH_2-CO_2 \cdot C_2H_5 \atop CH_3} \quad = C_6H_4\Big\langle {C-CO_2 \cdot C_2H_5 \atop C-CH_3 \atop N-CH_3} + NH_3.$$
$$|$$
$$CH_3$$

Bei der Lävulinsäure verläuft die Indolsynthese ähnlich wie bei den gewöhnlichen Ketonen. Man kann dafür sowohl die freie Säure wie auch den Ester anwenden. Ebenso wie beim Methyläthylketon können hier zwei isomere Indole entstehen. Der Versuch hat gezeigt, dass das Methylen, welches mit dem Carbonyl verbunden ist, am meisten Neigung besitzt, an der Bildung des Indolringes theil zu nehmen. Aus der Phenylhydrazinlävulinsäure entsteht in überwiegender Menge die Methylindolessigsäure:

$$C_6H_5 \cdot N_2H : C\Big\langle {CH_2 \cdot CH_2 \cdot CO_2H \atop CH_3} \quad = C_6H_4\Big\langle {C-CH_2 \cdot CO_2H \atop NH} \Big\rangle C\Big\langle { \atop CH_3} + NH_3.$$

Bezüglich der experimentellen Bedingungen verdient bemerkt zu werden, dass bei der Chlorzinkschmelze die Mengenverhältnisse, die Temperatur und die Zeit des Erhitzens in der mannigfachsten Weise variirt werden müssen. Es ist rathsam, für jeden einzelnen Fall durch empirische Proben das geeignete Verfahren auszumitteln.

Statt des Chlorzinks kann man zuweilen auch bei den Verbindungen der Hydrazine mit den gewöhnlichen Ketonen die Mineralsäuren als Ammoniak entziehendes Mittel benutzen. So erhält man z. B. aus dem Desoxybenzoïnphenylhydrazin durch Erwärmen mit alkoholischer Salzsäure ganz glatt das Diphenylindol. Ferner entsteht eine kleine Menge von Methylketol, wenn man das Acetonphenylhydrazin mit concentrirter Schwefelsäure auf 100° erhitzt, oder das Product mit gasförmiger Salzsäure sättigt und dann rasch erhitzt.

Statt des Chlorzinks können endlich auch andere Metallchloride dienen. Am geeignetsten von diesen ist das Zinnchlorür.

Da dasselbe indessen vor der Zinkverbindung keine Vorzüge besitzt, so wird später nicht mehr davon die Rede sein.

Ebenso wie das Phenylhydrazin können seine Homologen und Substitutionsproducte, kurzum alle aromatischen Hydrazine zur Anwendung kommen. Genauer beschrieben werden in diesen Abhandlungen die Indole aus der Hydrazinbenzoësäure und die als Naphtindole bezeichneten Derivate des Naphtalins.

Für die Bezeichnung dieser zahlreichen Indolderivate benutze ich die Baeyer'sche Nomenclatur[1]) und mache zu dem Zweck, nach vorausgegangener Verabredung mit Herrn v. Baeyer folgenden Vorschlag:

Der stickstoffhaltige Ring des Indols, welcher nichts anderes als ein Pyrrolring ist, erhält das Symbol Pr und die Zählung der Glieder beginnt im Pyrrolring mit dem Stickstoff und im Benzolring mit dem correspondirenden Kohlenstoffatom, im Sinne des folgenden Schemas:

$$\begin{array}{cc} 4\,C & C\,3 \\ 3\,C \quad 5\,C & \\ |\quad | & C\,2. \\ 2\,C \quad 6\,C & \\ 1\,C & N\,1 \end{array}$$

Da bisher in stickstoffhaltigen Ringen, z. B. beim Chinolin, der Stickstoff nicht mitgezählt wurde, so erscheint es zweckmässig, um Irrthümer zu vermeiden, der Zahl für die Stellung des Stickstoffs als Index ein *n* beizufügen. Dem entsprechen folgende Namen für die verschiedenen Methylderivate des Indols:

$$C_6H_4\begin{array}{c}CH\\ \diagup\;\diagdown\\ N\;\;\;\;CH\\ \diagdown\\ CH_3\end{array}\qquad C_6H_4\begin{array}{c}CH\\ \diagup\;\diagdown\\ NH\;\;C-CH_3\end{array}\qquad C_6H_4\begin{array}{c}C-CH_3\\ \diagup\;\diagdown\\ N\;\;\;\;CH\\ \diagdown\\ CH_3\end{array}$$

Pr1n-Methylindol   Pr2-Methylindol   Pr1n, 2-Dimethylindol

$$\begin{array}{c} \quad CH\;\;\;CH \\ CH_3-C\diagup\;\diagdown\,C\diagup\;\diagdown \\ |\qquad\;\; \| \qquad CH. \\ HC\diagdown\;\diagup\,C\diagdown\;\diagup \\ \quad CH\;\;\;NH \end{array}$$

B3-Methylindol.

Wie leicht erklärlich, zeigen die Indolderivate sämmtlich gewisse Familienähnlichkeit. Aber mit der Substitution der einzelnen Wasserstoffe im Pyrrolring durch Alkoholradicale oder Carboxyl tritt anderer-

---

[1]) Berichte d. D. Chem. Gesellsch. **17**, 960.

seits eine bemerkenswerthe Veränderung in gewissen Eigenschaften zu Tage. Ein Vergleich der verschiedenen Indole bietet in dieser Beziehung manches Interesse und führt zu folgenden Resultaten.

1) Der fäcalartige Geruch des Indols findet sich, am stärksten beim Skatol, wieder in den Mono- und Dimethylverbindungen, mit Ausnahme derjenigen, welche das Methyl am Stickstoff enthalten. Die letzteren erinnern im Geruch am meisten an Methylanilin. Durch den Eintritt von Phenyl wird die Flüchtigkeit und der Geruch des Indols aufgehoben; desgleichen sind die Naphtindole nahezu geruchlos und dasselbe gilt für alle Carbonsäuren des Indols.

2) Sämmtliche Indolderivate verbinden sich mit Pikrinsäure; in der Regel krystallisiren diese Pikrate aus heissem Benzol in feinen rothen Nadeln. Sie sind für die Erkennung und Reinigung der nicht krystallisirenden Indole sehr geeignet.

3) Alle Indole, mit Ausnahme der Carbonsäuren, werden durch Zinkstaub und Salzsäure in Hydrobasen verwandelt, deren erster Repräsentant das von Jackson beschriebene Hydromethylketol[1]) ist.

4) Die bekannte Fichtenholzreaction des Indols fehlt den Carbonsäuren und ferner denjenigen Alkylderivaten, bei welchen die Wasserstoffe Pr2 und Pr3 gleichzeitig substituirt sind. Alle übrigen geben die Reaction, aber mit verschiedener Schärfe. Ganz sicher gelingt dieselbe bei den Derivaten Pr1 und Pr2, einerlei, ob die substituirende Gruppe Methyl, Aethyl oder Phenyl ist. Ein Unterschied macht sich nur in der Färbung bemerkbar. Die Methylderivate geben eine kirschrothe, die phenylirten Indole dagegen und die Naphtindole eine blauviolette Färbung. Unsicherer ist die Probe bei den Pr3-Derivaten. Reines Skatol z. B. färbt den mit Salzsäure angefeuchteten Fichtenspan nicht. Imprägnirt man dagegen einen Fichtenspan mit einer Lösung von Skatol in verdünntem Alkohol und taucht ihn dann in starke Salzsäure, so nimmt er zunächst eine kirschrothe Färbung an, welche später in Blauviolett übergeht.

5) Sehr bemerkenswerth ist die verschiedene Wirkung der salpetrigen Säure. Das Indol bildet damit, bei Anwesenheit von Salpetersäure, das sogenannte Nitrosoindolnitrat. Ein ähnliches Product entsteht aus dem Pr1^n-Methylindol. Ganz anders verhält sich das Pr2-Methyl- oder Phenylindol. Sie werden durch salpetrige Säure in complicirtere Producte verwandelt, welche keine Nitrosoreaction zeigen.

Am einfachsten verläuft die Wirkung der salpetrigen Säure bei den an der Stelle Pr3 oder Pr2, 3 substituirten Indolen; denn sie liefern einfache Nitrosamine.

---

[1]) Berichte d. D. Chem. Gesellsch. **14**, 883.

Bemerkenswerth ist endlich das Verhalten des Pr1^n, 2, 3-Trimethylindols, welches im Pyrrolring keinen Wasserstoff mehr enthält und trotzdem von salpetriger Säure leicht angegriffen wird.

Die Kenntniss einer grösseren Zahl von Indolderivaten mag den physiologischen Chemikern einiges Interesse bieten und es ist dies für mich zum Theil ein Grund gewesen, diese Arbeit über das gewöhnliche Mass auszudehnen. Als Muttersubstanz der Körper der Indigogruppe und als Zersetzungsproduct des Eiweisses zählt das Indol längst zu den physiologisch interessanten Verbindungen. Einige seiner Derivate, das Skatol und die Skatolcarbonsäure, sind als Producte der Pankreasverdauung gefunden worden. Es steht zu erwarten, dass man noch manchen anderen Indolabkömmlingen im thierischen und pflanzlichen Organismus oder bei Gährungs- und Fäulnissprocessen begegnen wird. Für die Auffindung und Isolirung solcher Verbindungen mögen die Resultate dieser Arbeit manchen Anhaltspunkt bieten.

Zum Schluss gebe ich eine tabellarische Uebersicht über alle bisher aus den Hydrazinen dargestellten Indole.

Bei den Verbindungen, welche nicht mehr in den folgenden Abhandlungen besprochen werden, ist die frühere Literaturangabe beigefügt.

Indole aus den Hydrazinen.

		Schmelzp.	Siedep.	Bemerkungen
Monomethyl	Pr 1^n [1])	flüssig	240°	
	Pr 2 (Methylketol)	60°	272°	
	Pr 3 (Skatol)	95°	265 bis 66°	
Dimethyl	Pr 2, 3	106°	285°	
	Pr 1^n, 2	56°	?	
	Pr 1^n, 3	flüssig	?	nicht ganz rein erhalten
	Pr 1^n, B3[2])	,,	?	nicht analysirt
	Pr 1^n, B1[2])	,,	?	,, ,,
Trimethyl	Pr 1^n, 2, 3	,,	?	Pikrat schmilzt bei 150°
Aethyl	Pr 1^n [1])	,,		
Methyläthyl	Pr 2, 3	,,	291 bis 93°	
	B3, Pr 1^n [2])	,,	?	
Monophenyl	Pr 1^n[1])	,,	?	nicht analysirt
	Pr 2	186°		
Diphenyl	Pr 2, 3	123°	?	
Benzyl	Pr 1^n [3])	44,5°		

---

[1]) E. Fischer und Hess, Berichte d. D. Chem. Gesellsch. 17, 559 ff. (S. 454.)
[2]) Hegel, Liebigs Ann. d. Chem. 232, 214 ff. (S. 518.)
[3]) Antrick, Liebigs Ann. d. Chem. 227, 363. (S. 516.)

Carbonsäuren.

(Das Carboxyl ist stets durch die letzte Zahl des Symbols bezeichnet.)

Indolcarbonsäure	Pr 2
Methylindolcarbonsäure	Pr 1^n, 2 [1])
Aethylindolcarbonsäure	,, [1])
Phenylindolcarbonsäure	,, [1])
Benzylindolcarbonsäure	,, [2])
Dimethylindolcarbonsäure	$\begin{cases} \text{Pr} 1^n, 2, 3 \\ \text{B} 3, \text{Pr } 1^n, 2\,[3]) \\ \text{B} 1, \text{Pr } 1^n, 2\cdot[3]) \end{cases}$
Methylindolessigsäure	Pr 2, 3
Dimethylindolessigsäure	Pr 1^n, 2, 3
Indoldicarbonsäure	Bx, Pr 2.

Naphtindole.

Naphtindol	flüssig	Siedep. 222° bei 18 mm
Methylnaphtindol Pr 2	,,	
Naphtindolcarbonsäure Pr 2.		

---

[1]) E. Fischer und Hess, Berichte d. D. Chem. Gesellsch. **17**, 559 ff. (S. *454*.)
[2]) Antrick, Liebigs Ann. d. Chem. **227**, 363. (S. *516*.)
[3]) Hegel, Liebigs Ann. d. Chem. **232**, 214 ff. (S. *518*.)

57. Emil Fischer: Indole aus Phenylhydrazin.
Liebigs Annalen der Chemie **236**, 126 [1886].
(Eingelaufen den 16. August 1886.)

Pr2-Methylindol (Methylketol),

$$C_6H_4 \underset{NH}{\overset{CH}{\diamondsuit}} C-CH_3.$$

Zur Bereitung des Acetonphenylhydrazins, welches als Ausgangsmaterial dient, kann man das gewöhnliche Aceton des Handels benutzen. Man versetzt zu dem Zwecke die Hydrazinbase so lange mit Aceton, bis eine Probe des Gemisches alkalische Kupferlösung nicht mehr reducirt. Das ausgeschiedene Wasser wird durch geglühtes kohlensaures Kali entfernt und das Oel am besten unter vermindertem Druck fractionirt. Sobald der geringe Ueberschuss von Aceton entfernt ist, destillirt das Condensationsproduct als schwach gelb gefärbtes Oel.

Die Eigenschaften der Verbindung sind von Reisenegger[1]) bereits beschrieben. Da sie an der Luft sich rasch oxydirt, so muss sie in gut verschlossenen Gefässen aufbewahrt werden.

Zur Umwandlung in das Indol wird ein Theil der Hydrazinverbindung mit fünf Theilen gepulvertem trockenem Chlorzink, am besten in einem kupfernen Kessel, gemengt. Um eine möglichst gleichmässige Mischung zu erzielen, erhitzt man zunächst unter Umrühren etwa eine halbe Stunde auf dem Wasserbade und bringt dann das Gefäss in ein auf 180° erwärmtes Oelbad. Nach einigen Minuten beginnt die Masse sich dunkel zu färben. Entfernt man jetzt das Gefäss aus dem Bade, so vollzieht sich die Reaction beim Umrühren ohne weitere Wärmezufuhr in kurzer Zeit. Der Verlauf und die Beendigung derselben lässt sich sehr leicht an der Färbung und Dampfentwickelung verfolgen. Die Operation kann mit beliebig grossen Quantitäten ausgeführt werden. Die Schmelze wird jetzt mit der drei- bis vierfachen Menge Wasser bis

---
[1]) Berichte d. D. Chem. Gesellsch. **16**, 662. (S. *428*.)

zur vollständigen Lösung des Chlorzinks auf dem Wasserbade behandelt, wobei sich ein dunkles Oel abscheidet, und die Gesammtflüssigkeit direct mit Wasserdampf destillirt. Dabei geht das Methylketol langsam aber vollständig als schwach gefärbtes Oel über, welches bald krystallinisch erstarrt. Dasselbe wird filtrirt und über Schwefelsäure getrocknet. Von diesem Producte, welches schon sehr rein ist, wurden bei verschiedenen Versuchen 52 bis 55 pC. vom Gewichte des angewandten Acetonphenylhydrazins erhalten. Das entspricht 59 bis 62 pC. der nach der Gleichung:

$$C_9H_{12}N_2 = C_9H_9N + NH_3$$

berechneten Menge.

Zur völligen Reinigung wird das Präparat aus heissem Ligroïn umkrystallisirt.

Die Analyse ergab folgende Zahlen:

0,1995 g Substanz gaben 0,603 CO_2 und 0,127 H_2O.
C_9H_9N. Ber. C 82,44, H 6,9.
Gef. ,, 82,43, ,, 7,08.

Das Präparat zeigte alle von Baeyer und Jackson angegebenen Eigenschaften. Der Schmelzpunkt lag bei 60°. Den bisher nicht bekannten Siedepunkt fand ich constant unter einem Druck von 750 mm bei 272° (Quecksilberfaden ganz in Dampf).

Das Methylketol und die ihm analog constituirten, später beschriebenen Verbindungen sind gegen oxydirende Agentien empfindlicher, als die anderen Indolderivate. Im nicht ganz reinen Zustand färbt sich die Verbindung schon an der Luft nach einiger Zeit durch Oxydation rothbraun, rascher erfolgt die gleiche Veränderung durch Eisenchlorid, Chromsäure u. s. w. Charakteristisch ist die Wirkung der salpetrigen Säure, welche bereits von Jackson[1] als unterscheidendes Merkmal für Methylketol und Indol angeführt wird. In Eisessiglösung mit Natriumnitrit behandelt färbt sich das Methylketol dunkelroth, und auf Zusatz von Wasser fällt ein rothbraun gefärbter Niederschlag aus. Ein ähnliches Product von gelber Farbe erhielt Jackson in verdünnter wässeriger Lösung. Ich habe die Verbindung nicht näher untersucht, mich aber durch die Liebermann'sche Probe überzeugt, dass sie kein gewöhnlicher Nitrosokörper ist und dass sie ebenso wenig durch Reduction in Methylketol zurückverwandelt wird. Unter denselben Umständen liefert das Indol bekanntlich das sogenannte Nitrosoindolnitrat, während Skatol und Dimethylindol in einfache Nitrosamine verwandelt werden.

---

[1] Berichte d. D. Chem. Gesellsch. **14**, 880.

Pr2, 3-Dimethylindol,

$$C_6H_4 \begin{array}{c} C-CH_3 \\ \diagup \diagdown \\ C-CH_3 \\ NH \end{array}$$

Dasselbe wurde erhalten sowohl durch Erhitzen der später beschriebenen Methylindolessigsäure, als auch direct aus der Verbindung des Phenylhydrazins mit dem Methyläthylketon. Beide Methoden liefern gute Resultate. Welche für die Darstellung vorzuziehen ist, hängt davon ab, ob man sich leichter Lävulinsäure oder Methyläthylketon verschaffen kann. Ich beschreibe hier nur das letztere Verfahren.

Das benutzte Methyläthylketon war aus Methylacetessigester dargestellt und enthielt noch etwas Alkohol und Aether, was für diesen Zweck gleichgültig ist.

Versetzt man Phenylhydrazin mit einem geringen Ueberschuss des Ketons, so trübt sich das Gemisch bald durch Abscheidung von Wasser. Sobald eine Probe alkalische Kupferlösung in der Hitze nicht mehr reducirt, wird das Oel mit kohlensaurem Kali getrocknet und am besten unter vermindertem Druck (bei circa 100 mm) fractionirt. Das Condensationsproduct verhält sich genau so wie die Acetonverbindung.

Zur Umwandlung in das Indol wird dasselbe mit der fünffachen Menge Chlorzink gemischt. Bei grösseren Mengen tritt schon ohne Erwärmung eine lebhafte Reaction ein, zu deren Beendigung man einige Minuten im Oelbad auf 180° erhitzt. Die Schmelze wird wieder zur Lösung des Chlorzinks mit Wasser behandelt, mit verdünnter Schwefelsäure angesäuert und mit Wasserdampf destillirt. Das Dimethylindol geht dabei langsam über und erstarrt schon im Kühlrohr zu einer farblosen Krystallmasse. Die Ausbeute an diesem Product betrug 45 pC. vom angewandten Methyläthylketonphenylhydrazin.

Aus heissem Ligroïn mehrmals umkrystallisirt bildet das Dimethylindol farblose glänzende Blättchen, welche für die Analyse im Vacuum getrocknet wurden.

0,1902 g Substanz ergaben 0,579 CO_2 und 0,133 H_2O.

$C_{10}H_{11}N$. Ber. C 82,75, H 7,58.
Gef. „ 83,02, „ 7,78.

Dieses Präparat enthält noch in sehr geringer Menge einen Fremdkörper, welchen man leicht erkennt an der schwachen Färbung des Fichtenspans und an dem Schmelzpunkt, der 1 bis 2° niedriger liegt, als bei der ganz reinen Verbindung. Durch Umkrystallisiren lässt derselbe sich schwer entfernen; leicht gelingt dies mit Hülfe der salpetrigen Säure. Dieselbe verwandelt das Dimethylindol in das später beschriebene Nitrosamin und das letztere wird durch reducirende Mittel in Dimethylindol zurückverwandelt. Ein so dargestelltes Präparat zeigt den Schmelzpunkt 106° (uncorrigirt) und färbt den Fichtenspan nicht mehr.

Der eben erwähnte Fremdkörper ist vielleicht das mit dem Dimethylindol isomere Aethylindol:

$$C_6H_4 \diagdown_{NH}^{CH} \diagup C - C_2H_5 .$$

In etwas grösserer Menge findet sich der Körper in der Ligroïnmutterlauge, aus der das Dimethylindol auskrystallisirt ist. Er färbt den Fichtenspan ähnlich dem Methylketol und wird bei der Behandlung mit salpetriger Säure, wie nach dem Früheren leicht verständlich, entfernt. Ich habe die Verbindung, deren Menge gering und deren Isolirung schwierig ist, nicht näher untersucht.

Das Dimethylindol siedet unter einem Druck von 750 mm constant bei 285° (Quecksilberfaden ganz im Dampf). Es bildet ganz farblose glänzende Blättchen, welche dem Indol ähnlich riechen. In Wasser ist es, selbst in der Hitze, sehr wenig, in Alkohol und Aether sehr leicht löslich. Es wird am besten aus Ligroïn, worin es in der Wärme ziemlich leicht, in der Kälte schwer löslich ist, umkrystallisirt. Seine Lösung in Benzol färbt sich auf Zusatz von Pikrinsäure sofort dunkelroth und scheidet beim Abkühlen das Pikrat in dunkelrothen, meist büschelförmig vereinigten Nadeln ab. In concentrirter Salzsäure löst es sich leicht auf und wird durch Wasser wieder ausgefällt. Bei längerer Behandlung mit Zinkstaub und Salzsäure wird es ähnlich dem Methylketol in eine stark basische Hydroverbindung verwandelt, welche später von Herrn Steche beschrieben werden soll.

Nitrosodimethylindol,

$$C_6H_4 \diagdown_{N-NO}^{C-CH_3} \diagup C - CH_3 .$$

Löst man das Dimethylindol in Eisessig und fügt in der Kälte die berechnete Menge Natriumnitrit in concentrirter wässeriger Lösung hinzu, so färbt sich die Flüssigkeit tief gelb und auf Zusatz von wenig Wasser fällt ein gelber krystallinischer Niederschlag. Löst man denselben nach dem Filtriren und Auswaschen in Alkohol und fügt in gelinder Wärme bis zur dauernden Trübung Wasser hinzu, so scheiden sich beim Erkalten schöne gelbe Nadeln ab, welche für die Analyse im Vacuum getrocknet wurden.

0,1572 g gaben 21,5 cbcm N bei 5° und 756 mm. — 0,1495 g gaben 0,3775 CO_2 und 0,079 H_2O.

$C_{10}H_{10}N_2O$. Ber. C 68,91, H 5,76, N 16,09.
             Gef. ,, 68,88, ,, 5,81, ,, 16,50.

Die Verbindung schmilzt bei 61 bis 62° und zersetzt sich bei höherer Temperatur. Sie ist in Wasser sehr schwer, in Alkohol, Aether, Eisessig und Ligroïn leicht löslich. Mit Wasser kann sie kurze Zeit gekocht werden, ohne eine Veränderung zu erleiden. Dagegen wird sie von concentrirter Salzsäure in gelinder Wärme zerstört und zu einer blauvioletten Flüssigkeit gelöst. Sie zeigt die Eigenschaften der Nitrosamine, an welche sie auch im Geruch erinnert. Mit Phenol und Schwefelsäure liefert sie in ausgezeichneter Weise die Liebermann'schen Farbstoffe. Durch Reduction wird sie leicht in Dimethylindol zurückverwandelt. Versetzt man z. B. ihre alkoholische Lösung mit Zinkstaub und wenig Salzsäure, so erfolgt sehr bald eine lebhafte Reaction: die Flüssigkeit färbt sich erst dunkel, später wieder gelb. Verdampft man jetzt nach dem Filtriren den Alkohol und versetzt den Rückstand mit Wasser, so scheidet sich das Dimethylindol als dunkel gefärbte Krystallmasse ab. Dasselbe wurde mit Wasserdampf destillirt und aus Ligroïn umkrystallisirt. Dieses Präparat hatte den Schmelzpunkt 106° und gab die Fichtenspanreaction nicht mehr. Im Uebrigen zeigte es die gleichen Eigenschaften wie das Ausgangsmaterial, z. B. die Bildung des rothen Pikrats, die Verwandlung in Nitrosamin und den fäcalartigen Geruch.

Pr 2,3-Methyläthylindol,

$$C_6H_4 \underset{NH}{\overset{C-C_2H_5}{\diagdown}} \hspace{-1em} \diagup C-CH_3.$$

Ein Gemisch von 4 Theilen (1 Mol.) Methylpropylketon und 5 Theilen (1 Mol.) Phenylhydrazin erwärmt sich von selbst und scheidet sehr bald eine reichliche Menge von Wasser ab. Das letztere wird mit Kaliumcarbonat entfernt und das klare Oel bei 100 mm Druck fractionirt, wobei fast die ganze Menge zwischen 205 und 208° destillirt. Das Product ist ein gelbes Oel von ähnlichen Eigenschaften wie die früher beschriebenen Verbindungen. Zur Umwandlung in das Indol wird das Oel mit der fünffachen Menge Chlorzink erst eine halbe Stunde auf dem Wasserbade digerirt und dann 8 bis 10 Minuten im Oelbade auf 180° erhitzt. Destillirt man die mit Wasser und etwas Schwefelsäure behandelte Schmelze mit Wasserdampf, so geht das Indol als schwach gelb gefärbtes Oel über, welches mit Aether aufgenommen und nach dem Verdampfen des letzteren destillirt wird.

Die Analyse gab folgende Zahlen:

0,2135 g gaben 0,6480 CO_2 und 0,1585 H_2O.

$C_{11}H_{13}N$. Ber. C 82,98, H 8,19.
Gef. ,, 82,77, ,, 8,26.

Das Methyläthylindol siedet unter einem Druck von 750 mm zwischen 291 und 293° (Quecksilberfaden ganz im Dampf). In einer Mischung von Eis und Kochsalz wird es dickflüssig, erstarrt aber nicht. In Wasser ist es sehr wenig, in Alkohol und Aether sehr leicht löslich. Das Pikrat krystallisirt aus heissem Benzol in dunkelrothen feinen Nadeln. In Eisessiglösung mit Natriumnitrit behandelt verwandelt es sich ebenso wie das zuvor beschriebene Dimethylindol in ein Nitrosamin, welches auf Zusatz von Wasser als dunkelgelbes, nicht erstarrendes Oel ausfällt.

Das nur durch Destillation gereinigte Präparat zeigt die Fichtenspanreaction noch recht deutlich, indessen beruht diese Erscheinung auch hier wahrscheinlich auf der Anwesenheit eines isomeren Körpers, dessen Entfernung wohl nur mit Hülfe der salpetrigen Säure gelingen wird.

Pr2-Phenylindol,

$$C_6H_4 \genfrac{}{}{0pt}{}{CH}{NH} C-C_6H_5.$$

Das von Reisenegger[1] beschriebene Acetophenonphenylhydrazin wird mit der fünffachen Menge Chlorzink 3 bis 5 Minuten im Oelbade auf 170 bis 180° erhitzt. Beim Behandeln der rothbraunen Schmelze mit stark verdünnter Salzsäure bleibt das Phenylindol als dunkelgefärbte krystallinische Masse zurück. Dasselbe wird auf dem Wasserbade getrocknet, destillirt und aus heissem Alkohol oder Chloroform umkrystallisirt. Die Ausbeute ist nahezu quantitativ.

0,2228 g gaben 0,7091 CO_2 und 0,1175 H_2O.

$C_{14}H_{11}N$. Ber. C 87,05, H 5,70.
Gef. ,, 86,79, ,, 5,86.

Das Präparat zeigte den Schmelzpunkt 186° (uncorrigirt).

Die Verbindung ist unzweifelhaft identisch mit dem von A. Pictet[2] kürzlich beschriebenen α-Phenylindol, welches von ihm nach der Methode von Baeyer und Jackson aus dem o-Nitrodesoxybenzoïn erhalten wurde und welches auch nach Pictet aus dem Benzyliden-o-toluidin beim Durchleiten durch glühende Röhren entsteht. Die letztere Methode, welche von Pictet für die Darstellung empfohlen wird, ist etwas umständlicher als die meinige, aber das Ausgangsmaterial ist beträchtlich billiger. Man wird deshalb, wenn es hauptsächlich auf den Preis ankommt, wohl das Verfahren von Pictet vorziehen. Die Angaben von Pictet über die Eigenschaften des Phenylindols kann ich im Allgemeinen bestätigen, nur bezüglich der Wirkung der oxydirenden Agentien sind meine Beobachtungen abweichend. Das Phenylindol wird ebenso wie

---

[1] a. a. O. (S. 428.) [2] Berichte d. D. Chem. Gesellsch. **19**, 1063.

das Methylketol leicht oxydirt. Es färbt sich bereits in der Atmosphäre des Laboratoriums beim Aufbewahren allmählich grünlich. Von Chromsäure wird es in warmer Eisessiglösung sehr energisch oxydirt und in ein Product verwandelt, welches die Fichtenspanreaction nicht mehr zeigt.

Charakteristisch ist auch hier die Wirkung der salpetrigen Säure. Versetzt man die Lösung in Eisessig mit Natriumnitrit, so scheidet sich sofort ein schwach gelber mikrokrystallinischer Niederschlag ab, der in Eisessig sehr schwer löslich ist. Das Product zeigt ebenso wie der aus Methylketol durch salpetrige Säure entstehende Körper die Liebermann'sche Nitrosoreaction nicht und verdient wegen seiner schönen Eigenschaften weiter untersucht zu werden.

Isomer mit diesem Phenylindol ist die Verbindung, welche von Hess und mir früher aus der Phenylindolcarbonsäure[1]) durch Abspalten von Kohlensäure erhalten wurde. Dasselbe ist ein schweres Oel, welches unzersetzt destillirt, den Fichtenspan ebenfalls blauviolett färbt, ein rothes krystallisirtes Pikrat liefert und nach der Synthese als das Pr 1^n Phenylindol:

$$C_6H_4 \genfrac{<}{>}{0pt}{}{CH}{N} CH$$
$$\mid$$
$$C_6H_5$$

betrachtet werden muss.

Das dritte Isomere, Pr3-Phenylindol:

$$C_6H_4 \genfrac{<}{>}{0pt}{}{C—C_6H_5}{NH} CH$$

entsteht sehr leicht aus der Verbindung des Phenylhydrazins mit dem Phenylacetaldehyd durch Schmelzen mit Chlorzink. Es krystallisirt sehr schön und wird später von Herrn Haupt beschrieben werden.

Pr2,3-Diphenylindol,

$$C_6H_4 \genfrac{<}{>}{0pt}{}{C—C_6H_5}{NH} C—C_6H_5.$$

(Von Herrn A. Schlieper untersucht.)

Erhitzt man 10 Theile Desoxybenzoïn mit 12 Theilen Phenylhydrazin 20 Stunden auf dem Wasserbade, so resultirt eine dunkelrothe zähe Masse, welche bei Zimmertemperatur allmählich erstarrt. Dieselbe wurde zur Entfernung des überschüssigen Hydrazins zunächst mit verdünnter Essigsäure gewaschen und der Rückstand in siedendem Alkohol gelöst.

---

[1]) Berichte d. D. Chem. Gesellsch. **17**, 568. (S. 462.)

Beim Erkalten schied sich das Desoxybenzoïnphenylhydrazin in schwach gelblich gefärbten Blättchen aus. Die Verbindung ist in heissem Alkohol, in Benzol und Chloroform leicht, in kaltem Alkohol und Aether schwer löslich. An der Luft oxydirt sie sich wie fast alle Keton- und Aldehydderivate des Phenylhydrazins, färbt sich dabei erst gelb und zerfliesst allmählich zu einem rothen Oel.

Die Umwandlung in das Indol kann durch Schmelzen mit Chlorzink wie in den vorhergehenden Fällen bewerkstelligt werden. Noch leichter gelingt dieselbe in alkoholischer Lösung mit Salzsäure. Löst man das Desoxybenzoïnphenylhydrazin in heissem Alkohol und fügt etwa $^1/_5$ Volumen einer starken alkoholischen Salzsäure zu, so findet unter Aufkochen der Flüssigkeit eine lebhafte Reaction statt und es scheidet sich sofort Salmiak aus. Die Flüssigkeit wurde ohne weiteres mit Wasser versetzt, mit Ammoniak neutralisirt und zur Entfernung des Alkohols auf dem Wasserbade eingedampft.

Hierbei scheidet sich das Diphenylindol als braunes, bald erstarrendes Oel aus. Dasselbe wurde zunächst einmal aus heissem Ligroïn (Siedepunkt 70 bis 90°) umkrystallisirt und die so erhaltene Krystallmasse, welcher hartnäckig ein gelber Farbstoff anhaftet, nach dem Trocknen unter 40 mm Druck destillirt. Dabei geht ein goldgelbes Oel über, welches zu einem Harz erstarrt; wird dasselbe in heissem Benzol gelöst und die stark concentrirte Flüssigkeit mit Ligroïn versetzt, so scheidet sich das Diphenylindol langsam in schönen farblosen, meist zu Drusen vereinigten flächenreichen Krystallen ab. Dieselben wurden für die Analyse im Vacuum getrocknet.

0,2495 g gaben 0,8142 CO_2 und 0,1290 H_2O. — 0,2537 g gaben 11,2 cbcm Stickstoff bei 11° und 751 mm Druck.

$C_{20}H_{15}N$. Ber. C 89,22, H 5,57, N 5,2.
Gef. ,, 89,00, ,, 5,74, ,, 5,2.

Das Diphenylindol schmilzt bei 122 bis 123° und destillirt auch bei gewöhnlichem Druck in kleinerer Menge unzersetzt.

In Wasser ist es unlöslich, in Alkohol, Aether, Benzol leicht und in Ligroïn ziemlich schwer löslich. Diese Lösungen besitzen sämmtlich eine schön blaue Fluorescenz.

Das Diphenylindol verbreitet selbst beim Kochen mit Wasser keinen Geruch und färbt den Fichtenspan nicht. Dagegen verbindet es sich noch mit Pikrinsäure. Versetzt man seine Lösung in Benzol mit Pikrinsäure, so färbt sie sich dunkelroth und scheidet bei genügender Concentration in der Kälte feine dunkelrothe Nadeln ab. Von heisser concentrirter Salzsäure wird dasselbe nicht verändert, dagegen von rauchender Salpetersäure sehr leicht angegriffen. In concentrirter Schwefelsäure löst es sich mit schwach gelber Farbe.

Indole aus den Aldehyden.

Pr3-Methylindol (Skatol),

$$C_6H_4 \underset{NH}{\overset{C-CH_3}{\diamondsuit}} CH.$$

Zur Gewinnung des Propylidenphenylhydrazins, welches als Ausgangsmaterial dient, versetzt man 10 Theile der Base allmählich unter Abkühlen mit 6 Theilen Propylaldehyd. Das Gemisch erwärmt sich und trübt sich sehr bald durch Ausscheidung von Wasser. Das letztere wird durch Kaliumcarbonat entfernt und das klare gelbe Oel unter vermindertem Druck destillirt. Nachdem der geringe Ueberschuss des Aldehyds entfernt ist, geht das Propylidenphenylhydrazin als schwach gelb gefärbtes, nicht erstarrendes Oel über. Die Ausbeute ist nahezu quantitativ. Die Verbindung siedet bei einem Druck von 180 mm gegen 205° und besitzt ganz ähnliche Eigenschaften wie das Aethylidenphenylhydrazin[1]). In verschlossenen Gefässen hält es sich unverändert. Bei Luftzutritt färbt es sich durch Oxydation bald rothbraun.

Die Umwandlung in das Indol bietet hier etwas grössere Schwierigkeiten als bei den Ketonderivaten. Die Ausbeute ist namentlich von der Menge des Chlorzinks abhängig. Nach vielen Versuchen bin ich bei folgendem Verfahren stehen geblieben: 10 g Propylidenphenylhydrazin werden in einem Kupfertiegel oder Kolben mit der gleichen Menge gepulvertem trockenem Chlorzink gemischt. Dabei tritt ohne Wärmezufuhr eine lebhafte Reaction ein, wobei der Geruch des Skatols sich sofort bemerkbar macht und eine dunkelrothe Schmelze entsteht. Nachdem die erste Wirkung vorüber ist, erhitzt man noch 1 bis 2 Minuten im Oelbade auf 180°, digerirt dann die Schmelze bis zur Lösung des Chlorzinks mit Wasser und destillirt die Gesammtflüssigkeit mit Wasserdampf. Das übergehende Skatol erstarrt sofort im Kühlrohr. Durch einmaliges Umkrystallisiren aus heissem Ligroïn wurde dasselbe analysenrein erhalten.

---

[1]) Liebigs Ann. d. Chem. **190**, 136. (S. 252.) Den früheren Angaben füge ich bei dieser Gelegenheit einige Beobachtungen zu. Die Verbindung wird dargestellt, indem man zu einer ätherischen Lösung der Base unter Abkühlen etwas mehr als die berechnete Menge Acetaldehyd zugiebt, das abgeschiedene Wasser mit Kaliumcarbonat entfernt und die filtrirte ätherische Lösung verdampft. Der Rückstand wird am besten unter vermindertem Druck destillirt. Das Destillat erstarrt sehr bald zu einer nahezu farblosen Krystallmasse und muss in luftdicht schliessenden Gefässen aufbewahrt werden. Bei gewöhnlichem Druck erleidet das Aethylidenphenylhydrazin bei der Destillation eine geringe Zersetzung; in Folge dessen ist der Siedepunkt nicht ganz constant. Derselbe wurde unter dem Druck von 750 mm zwischen 248 und 252° (Quecksilberfaden im Dampf) gefunden.

0,1390 g gaben 0,4210 CO$_2$ und 0,0842 H$_2$O.

C$_9$H$_9$N. Ber. C 82,44, H 6,87.
Gef. ,, 82,60, ,, 6,73.

Die Ausbeute ist recht befriedigend. Die Menge des mit Wasserdampf destillirten, nahezu chemisch reinen Productes betrug durchschnitlich 34 pC. vom angewandten Propylidenphenylhydrazin. Durch diese Methode wird das Skatol ein leicht zugängliches Product und ich habe eine grössere Quantität des Präparates benutzt, um seine Eigenschaften näher zu bestimmen. Das reinste Skatol besitzt den von Nencki angegebenen Schmelzpunkt von 95° (uncorrigirt) und siedet unter einem Druck von 755 mm constant bei 265 bis 266° (Quecksilberfaden ganz im Dampf). Aus Ligroïn umkrystallisirt bildet es blendend weisse Blättchen. Ueber den Geruch des Skatols sind die Angaben verschieden. Während Brieger und Nencki das aus Fäces oder Eiweiss erhaltene Product als stark fäcalartig riechend beschreiben, soll das aus Indigo entstehende Skatol nach Baeyer geruchlos sein. Da mir über 100 g Material zur Verfügung stand, so glaube ich das Präparat in ganz reinem Zustande besessen zu haben. Dasselbe zeigte stets einen sehr intensiven und anhaftenden, an Fäces erinnernden Geruch, der auch nicht verschwand, als die Verbindung durch salpetrige Säure in das später beschriebene Nitrosamin verwandelt und aus diesem durch Reduction regenerirt wurde.

Das Skatol ist schon von verschiedener Seite als Methylindol und zwar als Isomeres des Methylketols mit der oben angeführten Constitutionsformel betrachtet worden. Der Beweis für die Richtigkeit dieser Formel ist jedoch bisher nicht geliefert worden; denn die pyrogene Bildung von Skatol aus einem Gemenge von nitro- und amidocuminsaurem Baryt, welche Fileti[1]) beobachtet und für die Discussion der Skatolformel benutzt hat, kann ich nicht als entscheidend für diese Frage betrachten. Grössere Beweiskraft würde schon die vorliegende Synthese besitzen, weil sie ganz analog verläuft der Bildung anderer Indolderivate von bekannter Constitution; aber ich würde auch dies noch nicht für genügend halten, wenn sie nicht in völliger Uebereinstimmung stände mit folgenden Metamorphosen des Skatols.

1) Das Skatol wird durch nascirenden Wasserstoff ebenso wie das Methylketol sehr leicht in die stark basische Dihydroverbindung C$_9$H$_{11}$N verwandelt, welche Herr Wenzing später ausführlich beschreiben wird.

2) Das Skatol giebt die bekannte Fichtenspanreaction des Indols und seiner meisten Abkömmlinge. Ueber diesen Punkt sind die früheren Angaben verschieden.

---
[1]) Jahresber. f. Chem. 1883, 358.

Baeyer fand die Probe negativ, Fileti positiv. Nach meiner Erfahrung sind zum Gelingen der Reaction besondere Bedingungen nöthig. Bringt man einen mit starker Salzsäure befeuchteten Fichtenspan in eine wässerige oder alkoholische Lösung von reinem Skatol, so tritt keine Färbung ein. Verfährt man indessen umgekehrt: imprägnirt man einen Fichtenspan mit einer heissen Lösung von Skatol in verdünntem Alkohol und taucht ihn dann in kalte starke Salzsäure, so färbt er sich zunächst kirschroth, die Farbe geht aber nach einiger Zeit in ein dunkles Violett über. Die Reaction ist jedoch hier keineswegs so empfindlich, wie beim Indol und Methylketol.

3) Das Skatol liefert mit salpetriger Säure ein Nitrosamin. Nach den Beobachtungen von Brieger und Baeyer entsteht in einer wässerigen Skatollösung auf Zusatz von salpetriger Säure eine weissliche Trübung, während bekanntlich Indol und Methylketol unter diesen Umständen rothe Niederschläge liefern. Die weissliche Trübung rührt wahrscheinlich von der Bildung des Nitrosamins her; viel leichter erhält man dasselbe durch Zusatz von Natriumnitrit zu einer Lösung von Skatol in kaltem Eisessig. Die Flüssigkeit färbt sich dunkelgelb und auf Zusatz von Wasser fällt das Nitrosamin als gelbes Oel aus, welches nach dem Uebersättigen der Flüssigkeit mit Natronlauge durch Aether aufgenommen wird. Das gelbe Oel erstarrt in einer Kältemischung krystallinisch, es zeigt den eigenthümlichen Geruch und die bekannte Liebermann'sche Reaction der Nitrosamine. Durch Behandlung mit Zinkstaub und verdünnten Säuren in alkoholischer Lösung wird es in Skatol zurückverwandelt. Die Verbindung zeigt also eine völlige Analogie mit dem zuvor beschriebenen Nitrosodimethylindol. Ihre Bildung ist für das Skatol sehr charakteristisch; sie beweist, dass dasselbe ein Imidkörper ist und kann zugleich benutzt werden, um Skatol von Indol und Methylketol zu unterscheiden und zu trennen.

Homologe des Skatols entstehen aus den Hydrazinderivaten des Valeraldehyds und Oenanthols. Ich habe indessen die Producte nicht näher untersucht. Dass die gleiche Reaction auch bei den Verbindungen des Phenylhydrazins mit aromatischen Aldehyden, z. B. dem Phenylacetaldehyd gelingt, ist bereits erwähnt.

Indole aus den Ketonsäuren.

Pr2-Indolcarbonsäure,

$$C_6H_4\diagup\!\!\!\diagdown\begin{matrix}CH\\C\cdot COOH\\NH\end{matrix}.$$

Während die Verbindungen der Brenztraubensäure mit den secundären aromatischen Hydrazinen durch Erwärmen mit Salzsäure, Schwefelsäure oder Phosphorsäure leicht in Carbonsäuren substituirter

Indole verwandelt werden, gelingt diese Reaction bei der Phenylhydrazinbrenztraubensäure nur unter ganz besonderen Bedingungen. Erhitzt man die Verbindung mit Salzsäure oder Schwefelsäure, so wird eine grosse Menge von Phenylhydrazin regenerirt und nebenher entstehen complicirte harzige Producte. Fast ebenso complex verläuft die Wirkung des Chlorzinks. Schmilzt man die Säure mit Chlorzink bei 195 bis 200°, so findet eine heftige Reaction statt und es entstehen sehr kleine Mengen von Indol, welches man durch Destillation der Schmelze mit Wasserdampf abtreiben kann, während die übrigen Producte des Vorgangs sehr unerquickliche Eigenschaften besitzen. Bessere Resultate erzielt man mit dem Methyl- oder Aethylester der Säure. Beide werden durch Chlorzink auf verhältnissmässig glatte Weise in die Ester der Indolcarbonsäure verwandelt.

Der Phenylhydrazinbrenztraubensäureäthylester ist bereits beschrieben[1]). Zur Darstellung desselben wird das Product, welches auf Zusatz von Brenztraubensäure zu einer verdünnten schwach essigsauren Lösung von Phenylhydrazin krystallinisch herausfällt, filtrirt, auf dem Wasserbad getrocknet und mit der 10 fachen Menge eines Gemisches von 1 Theil concentrirter Schwefelsäure und 9 Th. absolutem Alkohol 3 bis 4 Stunden am Rückflusskühler gekocht. Auf Zusatz von Wasser fällt der Ester krystallinisch aus. Dieses Product kann nach dem Waschen mit Wasser und Trocknen an der Luft direct für die Synthese benutzt werden. Der reine Ester schmilzt nach neueren Beobachtungen bei 116 bis 117°.

Genau in derselben Weise wird der Methylester gewonnen, dessen Anwendung aber keine Vortheile bietet.

Die Wirkung des Chlorzinks auf diese Ester erfolgt erst bei hoher Temperatur und ist dann so heftig, dass man gut thut, nur kleine Mengen in einer Operation zu verarbeiten.

5 g Phenylhydrazinbrenztraubensäureäthylester werden mit 5 g trockenem Chlorzink sorgfältig gemischt und in einem auf 195° erwärmten Oelbad erhitzt. Die Masse schmilzt, färbt sich erst roth, wirft dann Blasen und nach 3 bis 4 Minuten tritt eine heftige Reaction ein, wobei weisse, stark nach Indol riechende Dämpfe entweichen. Lässt man dieselben in eine Vorlage eintreten, so verdichten sie sich zum Theil zu einer schön krystallisirten Masse, welche Indolcarbonsäureester ist. Die Menge des Destillats ist indessen verhältnissmässig gering. Entfernt man, sobald diese Erscheinung erfolgt, das Gefäss aus dem Bade, so vollzieht sich die Reaction im Verlauf einer Minute von selber. Die

---

[1]) E. Fischer und F. Jourdan, Berichte d. D. Chem. Gesellsch. 16, 2243. (S. *439*.)

schwarze Schmelze enthält neben complicirten harzigen Producten freie Indolcarbonsäure und in überwiegender Menge deren Ester. Sie wird zunächst mit sehr verdünnter Salzsäure zur Lösung des Chlorzinks auf dem Wasserbad behandelt und dann direct zu wiederholten Malen mit Aether ausgeschüttelt. Dabei geht die Indolcarbonsäure und ihr Ester in Lösung, während eine schwarze harzige Masse zurückbleibt. Diese Operationen können selbstverständlich nach Vereinigung mehrerer Schmelzen ausgeführt werden. Der braungefärbte ätherische Auszug wird zunächst mit verdünnter Natronlauge ausgeschüttelt. Aus der alkalischen Flüssigkeit fällt auf Zusatz von verdünnter Schwefelsäure die Indolcarbonsäure als roth gefärbte krystallinische Masse aus. Dieselbe wird in Ammoniak gelöst, mit Thierkohle gekocht und aus dem Filtrat wieder mit Säure gefällt. Die so erhaltene Säure behält in der Regel eine schwach röthliche Färbung. Ihre Menge betrug 5 bis 6 pC. des angewandten Phenylhydrazinbrenztraubensäureesters.

Grösser ist die Menge des Indolcarbonsäureesters, welcher sich in dem mit Alkali behandelten ätherischen Auszug befindet. Die letztere wurde verdampft und der ölige Rückstand bei 40 bis 50 mm Druck destillirt, bis der Rest sich stark zersetzte. Das gelb gefärbte Destillat erstarrte grösstentheils krystallinisch. Dasselbe wurde zunächst zur Entfernung der öligen Nebenproducte fein zerrieben, mit kaltem Ligroïn ausgelaugt und der wenig gefärbte Rückstand aus siedendem Alkohol umkrystallisirt. Man erhält so den Ester in schönen, fast farblosen prismatischen Krystallen. Zur Umwandlung in die Carbonsäure kocht man ihn unter Zusatz von wenig Alkohol mit mässig verdünnter Kalilauge 5 bis 10 Minuten, bis eine Probe beim Wegdampfen des Alkohols sich in Wasser klar löst. Aus der mit Wasser verdünnten alkalischen Flüssigkeit fällt auf Zusatz von verdünnter Schwefelsäure die Carbonsäure als weisse krystallinische Masse aus. Dieselbe wird filtrirt und aus siedendem Wasser umkrystallisirt. Man erhält so die Verbindung in schönen langen feinen, nahezu farblosen Nadeln. Zur Analyse wurden dieselben mehrmals aus heissem Benzol umkrystallisirt und bei 100° getrocknet.

0,1389 g gaben 0,3406 CO_2 und 0,0563 H_2O.

$C_9H_7NO_2$. Ber. C 67,08, H 4,35.
Gef. ,, 66,88, ,, 4,50.

Ein anderes aus Wasser umkrystallisirtes Präparat lieferte folgende Zahlen:

0,1420 g gaben 0,3488 CO_2 und 0,0560 H_2O. — 0,0925 g gaben bei 751 mm Druck und 12° 6,8 cbcm Stickstoff.

Ber. C 67,08, H 4,35, N 8,72.
Gef. ,, 66,83, ,, 4,39, ,, 8,62.

Die Indolcarbonsäure beginnt bei 196° zusammenzusintern und schmilzt vollständig bei 200 bis 201° zu einer roth gefärbten Flüssigkeit, in welcher eine geringe Gasentwicklung zu beobachten ist. Sie destillirt beim raschen Erhitzen grösstentheils unzersetzt. In heissem Wasser ist sie ziemlich schwer löslich und krystallisirt daraus beim Erkalten in feinen langen Nadeln. Von Alkohol und Aether wird sie sehr leicht aufgenommen. Aus heissem Benzol, worin sie ziemlich schwer löslich ist, scheidet sie sich in feinen seideglänzenden Blättchen ab. Ueber den Schmelzpunkt bis etwa 230° erhitzt zerfällt die Säure langsam in Kohlensäure und Indol. Das letztere erleidet aber bei der hohen Temperatur zum grossen Theil eine weitere Veränderung und kann deshalb nur mit grossem Verlust auf diesem Weg gewonnen werden. Etwas glatter aber keineswegs quantitativ erfolgt die gleiche Spaltung der Carbonsäure beim Erhitzen mit Wasser auf 200°, indessen ist auch dieses Verfahren für die Darstellung des Indols nicht zu empfehlen.

Die Indolcarbonsäure färbt den Fichtenspan nicht. In Alkali und Ammoniak ist sie leicht löslich. Das Ammoniaksalz wird durch Kochen der Lösung nicht zersetzt und die Alkalisalze werden durch concentrirtes Alkali krystallinisch gefällt. Das Silbersalz fällt aus der ammoniakalischen Lösung durch Silbernitrat als weisser flockiger Niederschlag. Charakteristisch ist die Barytverbindung, welche in heissem Wasser sich ziemlich schwer löst und beim Erkalten in feinen glänzenden Blättchen ausfällt. Das Salz kann zur Reinigung der Säure, besonders zur Trennung von etwa beigemengter Phenylhydrazinbrenztraubensäure, deren Barytsalz leichter löslich ist, benutzt werden.

Bringt man die Carbonsäure in ätherischer Lösung mit Pikrinsäure zusammen, so scheidet sich das Pikrat derselben in feinen goldgelben Nadeln ab.

Wird die Lösung der Säure in Eisessig mit Salpetersäure vom spec. Gewicht 1,4 versetzt, so fallen nach einiger Zeit kleine gelbgefärbte Krystalle aus, welche in Alkali mit tiefrother Farbe sich lösen.

Pr 2,3-Methylindolessigsäure,

$$C_6H_4 \underset{NH}{\overset{C(CH_2 \cdot COOH)}{\diagup\diagdown}} C \cdot CH_3.$$

Die Verbindung ist von allen Carbonsäuren des Indols am leichtesten darzustellen. Sie entsteht in reichlicher Ausbeute aus der Verbindung des Phenylhydrazins mit der Lävulinsäure oder deren Ester.

Da die Lävulinsäure jetzt käuflich ist, so habe ich die Verbindungen ausführlicher untersucht und schicke ihre Beschreibung voraus.

Phenylhydrazinlävulinsäure,

$C_6H_5 \cdot N_2H = C(CH_3) - CH_2 \cdot CH_2 \cdot COOH$. — Das Verhalten der Ketonsäuren gegen die Hydrazinbasen ist etwas verschieden nach der Stellung des Carbonyls zum Carboxyl. Während die α-Ketonsäuren, z. B. Brenztraubensäure und Phenylglyoxylsäure, auch bei Gegenwart von überschüssigen Mineralsäuren leicht und glatt sich mit dem Phenylhydrazin verbinden, verhalten sich die anderen Ketonsäuren, z.B. Lävulinsäure, Acetessigsäure, ähnlich den gewöhnlichen fetten Ketonen. Ihre Vereinigung mit dem Hydrazin wird durch Mineralsäuren verhindert, erfolgt aber leicht in essigsaurer Lösung. Löst man Phenylhydrazin in Wasser unter Zusatz von möglichst wenig Essigsäure und fügt dann die äquivalente Menge Lävulinsäure ebenfalls in Wasser gelöst hinzu, so scheidet sich unter schwacher Erwärmung sofort ein gelbes Oel ab, welches sehr bald zu einer fast weissen Krystallmasse erstarrt. Das Product wird filtrirt, mit Wasser sorgfältig gewaschen und in siedendem Benzol gelöst. Aus der heiss filtrierten gelbrothen Flüssigkeit scheidet sich beim Erkalten die Phenylhydrazinlävulinsäure in schönen prismatischen Krystallen ab. Durch Wiederholung der Operation gewinnt man die Säure in farblosen, schön ausgebildeten Prismen, welche für die Analyse im Vacuum getrocknet wurden.

0,2370 g gaben 0,5558 CO_2 und 0,1465 H_2O.

$C_{11}H_{14}N_2O_2$. Ber. C 64,07, H 6,79.
Gef. ,, 63,95, ,, 6,87.

Die Verbindung schmilzt bei 108°. Auf kochendem Wasser schmilzt sie zunächst, löst sich dann in reichlicher Menge auf und scheidet sich beim Erkalten zuerst in Oeltropfen ab, welche aber bald zu Krystallen erstarren. In Alkohol, Aether, Chloroform und heissem Benzol ist sie leicht löslich. An der Luft färbt sie sich bald durch Oxydation gelb, dann roth und zerfliesst allmählich zu einem Oel. In Alkali und Ammoniak löst sie sich leicht und wird daraus durch vorsichtigen Zusatz von verdünnten Säuren gefällt. Ein Ueberschuss von Mineralsäure bringt sie dagegen wieder in Lösung. Beim Kochen mit verdünnter Salz- oder Schwefelsäure wird sie rasch und vollständig unter Rückbildung von Phenylhydrazin zersetzt. Sie unterscheidet sich dadurch von der viel beständigeren Hydrazinverbindung der Brenztraubensäure.

Bemerkenswerth ist ihr Verhalten in der Wärme. Ueber 160° verliert sie ein Molecul Wasser und verwandelt sich ganz glatt in das Anhydrid $C_{11}H_{12}N_2O$.

Anhydrid der Phenylhydrazinlävulinsäure. Zur Darstellung der Verbindung kann man die rohe Säure benutzen. Dieselbe wird im Oelbad auf 170 bis 175° erhitzt, bis die sehr lebhafte Entwickelung von Wasserdämpfen beendet ist. Bei der Destillation des dunkelbraunen Rückstandes geht das Anhydrid zwischen 320 bis 350° als gelb gefärbtes, rasch erstarrendes Oel über. Als Rückstand bleibt nur eine kleine Menge eines dunklen Harzes. Das Destillat wird in siedendem Alkohol gelöst, beim Erkalten scheidet sich dann die Verbindung in prächtig ausgebildeten farblosen, tafelförmigen Krystallen ab. Die Ausbeute ist nahezu quantitativ. Für die Analyse wurde die Substanz im Vacuum getrocknet.

0,2370 g gaben 0,6109 CO_2 und 0,1398 H_2O.

$C_{11}H_{12}N_2O$. Ber. C 70,21, H 6,38.
Gef. ,, 70,30, ,, 6,57.

Das Anhydrid schmilzt bei 106 bis 107° und siedet bei gewöhnlichem Druck unter schwacher Zersetzung zwischen 340 und 350° (Quecksilberfaden ganz in Dampf). Auf kochendem Wasser schmilzt es, löst sich darin in beträchtlicher Menge und fällt beim Erkalten rasch in feinen Prismen aus. In Alkohol und Benzol löst es sich in der Hitze leicht, in der Kälte ziemlich schwer; in Chloroform ist es sehr leicht, in Aether ziemlich schwer löslich. In Ammoniak und kaltem Alkali ist es unlöslich; von kochendem Alkali wird es dagegen rasch aufgenommen und verwandelt sich dabei glatt durch Wasseraufnahme in die Phenylhydrazinlävulinsäure. Beim Kochen mit concentrirter Salzsäure wird es gleichfalls zersetzt und zum grossen Theil in Phenylhydrazin zurückverwandelt.

Nach diesen Beobachtungen ist es kaum zweifelhaft, dass die Anhydridbildung bei der Phenylhydrazinlävulinsäure zwischen dem Carboxyl und der Hydrazingruppe stattfindet. Giebt man der Säure die Formel:

$$C_6H_5 \cdot NH \cdot N = C \begin{cases} CH_3 \\ CH_2 \cdot CH_2 \cdot COOH \end{cases},$$

welche ich für die wahrscheinliche halte, so folgt daraus für das Anhydrid die Formel:

$$\begin{array}{c} C_6H_5-N\!-\!-\!-\!N \\ \diagup \qquad \diagdown \\ CO-CH_2-CH_2-C \cdot CH_3 \end{array}.$$

Die Verbindung enthält mithin einen ähnlichen, um ein Kohlenstoffatom reicheren Ring wie die Pyrazole. Dieselbe steht offenbar in naher Beziehung zu der Verbindung des Phenylhydrazins mit dem Acetophenonaceton, welche Paal[1]) vor längerer Zeit beschrieben, aber nicht näher interpretirt hat. Die letztere entsteht aus gleichen Moleculen Doppelketon und Hydrazin und scheint folgende Constitution zu besitzen:

$$\begin{array}{c} C_6H_5 \cdot N\!-\!-\!-\!N \\ \diagup \qquad \diagdown \\ CH_3 \cdot C = CH-CH_2-C \cdot C_6H_5 \end{array}.$$

---
[1]) Berichte d. D. Chem. Gesellsch. **17**, 914.

Ich werde die Beziehungen derselben zum Lävulinsäurederivat weiter verfolgen.

Phenylhydrazinlävulinsäureäthylester. Diese Verbindung, welche ich meist für die Darstellung der Methylindolessigsäure benutzt habe, scheidet sich sofort in Krystallen ab, wenn man 4 Thl. Phenylhydrazin in 5 Thl. Aether löst und 5 Thl. Lävulinsäureäthylester langsam zugiesst. Nach dem Waschen mit Aether und Trocknen ist die Verbindung chemisch rein. Die Ausbeute ist fast quantitativ. Der Ester schmilzt bei 110° und wird durch alkoholisches Kali leicht verseift.

Darstellung der Methylindolessigsäure.

a) **Aus Phenylhydrazinlävulinsäure.** Die einmal aus Benzol krystallisirte Säure wird mit der fünffachen Menge Chlorzink im Oelbad auf 125° erhitzt. Nach einiger Zeit tritt eine ziemlich lebhafte Reaction ein, wobei die Temperatur der Schmelze über 160° steigt. Nach Beendigung derselben wurde die Masse noch 15 Minuten auf 125 bis 130° erhitzt. Behandelt man jetzt die Schmelze zur Lösung des Chlorzinks mit stark verdünnter Salzsäure, so bleibt eine harzige gelbgefärbte Masse zurück, welche filtrirt, abgepresst und in wenig siedendem Eisessig gelöst wird. Beim Erkalten scheidet sich die Methylindolessigsäure als braungefärbte Krystallmasse ab, welche durch abermaliges Lösen in heissem Eisessig gereinigt wird.

b) **Aus Phenylhydrazinlävulinsäureäthylester.** Die Methode liefert eine bessere Ausbeute und ein reineres Product. 100 g Ester werden mit 500 g Chlorzink in einem kupfernen Kessel gemischt und in ein auf 140° erwärmtes Oelbad gebracht. Die Reaction tritt sehr bald ein und ist nach einer Stunde beendet. Die Schmelze wird jetzt mit Wasser unter Zusatz von etwas Salzsäure behandelt und das abgeschiedene braune Oel mit Aether extrahirt. Die ätherische Lösung enthält in überwiegender Menge den Ester der Methylindolessigsäure, ausserdem aber auch die freie Säure, welche bei der Schmelze durch die verseifende Wirkung des Chlorzinks entstanden ist. Der beim Verdampfen des Aethers bleibende halbfeste dunkle Rückstand wird sofort zur Verseifung des Esters mit 10 procentiger alkoholischer Kalilauge 20 Minuten lang gekocht, dann die alkoholische Lösung unter Zusatz von etwas Wasser verdampft, mit Wasser wieder aufgenommen, wenn nöthig filtrirt, und mit verdünnter Salzsäure übersättigt. Dabei scheidet sich die Methylindolessigsäure als wenig gefärbter Krystallbrei ab, welcher filtrirt, getrocknet und aus heissem Eisessig umkrystallisirt wird. Die so erhaltene Säure ist nahezu rein. Ihre Menge betrug durchschnittlich 33 pC. des angewandten Phenylhydrazinlävulinsäureesters. Zur vollständigen Reinigung wird die Säure in heissem, möglichst reinem Aceton gelöst. Beim langsamen Erkalten scheidet sie sich in prachtvollen flächenreichen farblosen Krystallen ab, welche für die Analyse im Vacuum getrocknet wurden.

0,1795 g gaben 0,4603 CO_2 und 0,0955 H_2O. — 0,1810 g gaben 11,2 cbcm Stickstoff bei 8° und 740 mm Druck.

$C_{11}H_{11}NO_2$. Ber. C 69,84, H 5,82, C 7,41.
Gef. ,, 69,89, ,, 5,89, ,, 7,29.

Im Capillarrohr rasch erhitzt schmilzt die Säure zwischen 195 und 200° unter lebhafter Entwickelung von Kohlendioxyd. In heissem Wasser und Chloroform ist sie schwer, in Aether etwas leichter und in siedendem Alkohol ziemlich leicht löslich. Am besten wird sie von heissem Eisessig und Aceton aufgenommen. Das leicht lösliche Ammonsalz wird beim Kochen der wässerigen Lösung nicht zersetzt. Mit Silbernitrat giebt es einen weissen flockigen und mit Kupfervitriol einen schmutzig gefärbten Niederschlag. Die Alkalisalze sind ebenfalls in Wasser leicht löslich und werden erst durch sehr concentrirtes Alkali ölig gefällt. Die reine Säure zeigt die Fichtenspanreaction nicht. Bringt man sie in ätherischer Lösung mit Pikrinsäure zusammen, so fällt nach kurzer Zeit das Pikrat in dunkelrothen feinen Nadeln aus. Die Lösung der Säure in Eisessig färbt sich auf Zusatz von Natriumnitrit gelb und durch Wasser fällt ein gelbes krystallinisches Product, welches in ausgezeichneter Weise die Liebermann'sche Nitrosoreaction giebt. Beim Erhitzen über den Schmelzpunkt zerfällt die Säure glatt in Kohlendioxyd und das früher beschriebene Pr2, 3-Dimethylindol. Will man das letztere auf diesem Weg darstellen, so erhitzt man die Säure im Oelbad auf 220 bis 230°, bis die Kohlensäureentwicklung beendet ist. Bei grösseren Mengen dauert diese Zersetzung 1 bis 2 Stunden. Die Methode liefert ein sehr reines Dimethylindol und ist trotz der grösseren Zahl der Operationen, wenn die Preisfrage in Betracht kommt, dem früher beschriebenen Verfahren vorzuziehen.

Die Umwandlung in das Dimethylindol, dessen Constitution durch das Verhalten gegen salpetrige Säure festgestellt ist, entscheidet gleichzeitig über die Constitution der Methylindolessigsäure.

Die Nebenproducte, welche bei der Darstellung der Säure aus der Lävulinsäureverbindung entstehen und beim Umkrystallisiren aus Eisessig in Lösung bleiben, habe ich nicht weiter untersucht.

Bei dieser Arbeit bin ich von Herrn Dr. Carl Klotz und zuletzt von Herrn Dr. Wilhelm Wislicenus unterstützt worden, wofür ich denselben besten Dank sage.

58. Jos. Degen: Indole aus Methylphenylhydrazin.
Liebigs Annalen der Chemie **236**, 151 [1886].
(Eingelaufen den 16. August 1886.)

Zu den nachfolgenden Versuchen wurde ganz reines Methylphenylhydrazin benutzt, welches aus dem krystallisirten Sulfat gewonnen war. Die Base verbindet sich unter denselben Bedingungen wie das Phenylhydrazin, nur etwas langsamer, mit den verschiedenen Ketonen und Aldehyden.

Acetonmethylphenylhydrazin.

Ein Gemisch von 3 Thl. Hydrazin und 2 Thl. Aceton trübt sich nach einiger Zeit durch Abscheidung von Wasser. Wenn nach mehreren Stunden eine Probe alkalische Kupferlösung in der Hitze nicht mehr reducirt, ist die Reaction beendet. Das Product wird jetzt mit Kaliumcarbonat getrocknet und am besten unter vermindertem Druck destillirt. Bei 200 mm siedet die Verbindung constant bei 182° (Quecksilberfaden ganz im Dampf). Bei gewöhnlichem Druck destillirt sie bei 215 bis 216° nahezu constant (Quecksilberfaden ganz im Dampf), erleidet dabei aber eine geringe Zersetzung unter Bildung von Ammoniak. Das Acetonmethylphenylhydrazin hat die Formel $C_{10}H_{14}N_2$.

0,2118 g gaben 33 cbcm Stickstoff bei 19° und 743 mm Druck.
Ber. N 17,28. Gef. N 17,45.

Die Verbindung ist ein angenehm riechendes Oel von schwach gelber Farbe. Sie löst sich in Wasser, besonders in der Hitze in merklicher Menge und wird durch concentrirtes Alkali daraus abgeschieden. Von Alkohol, Aether und Ligroïn wird sie leicht aufgenommen. In verdünnten Mineralsäuren ist sie ebenfalls leicht löslich, erfährt dabei aber schon in der Kälte eine langsame Zersetzung unter Rückbildung von Methylphenylhydrazin. Beim Erwärmen mit verdünnter Schwefelsäure geht die gleiche Zersetzung viel rascher vor sich. Wie bereits erwähnt, verändert die Verbindung die alkalische Kupferlösung nicht, scheidet dagegen aus ammoniakalischer Silberlösung beim Erwärmen das Metall ab. Die bekannte Fichtenholzreaction der Indole zeigt sie nicht. Mit Pikrinsäure bildet sie ein gelbes Salz, welches aus Benzollösung langsam in feinen, meist warzenförmig gruppirten Nadeln krystallisirt.

$$\mathrm{Prl^n, 2\text{-}Dimethylindol,}$$
$$C_6H_4\diagup\!\!\!\diagdown\begin{array}{c}CH\\C\cdot CH_3\\N-CH_3\end{array}$$

Ein Theil Acetonmethylphenylhydrazin wird mit 5 Thl. gepulvertem trocknem Chlorzink 3 bis 4 Stunden im Oelbad auf 130° erhitzt, dann die dunkelbraune Schmelze mit heissem Wasser versetzt und nach dem Ansäuren mit Schwefelsäure mit Wasserdampf destillirt. Dabei geht das Dimethylindol als schwach gelbes Oel über, welches bald krystallinisch erstarrt. Die Ausbeute ist recht gut. Die Menge des Dimethylindols beträgt ungefähr die Hälfte des angewandten Acetonmethylphenylhydrazin. Zur Reinigung wurde die Verbindung aus heissem Ligroïn umkrystallisirt und für die Analyse im Vacuum getrocknet.

0,1565 g lieferten 0,4755 CO_2 und 0,1100 H_2O. — 0,1485 g lieferten 12,35 cbcm Stickstoff bei 15° und 738 mm Druck.

Ber. C 82,75, H 7,59, N 9,66.
Gef. ,, 82,70, ,, 7,79, ,, 9,47.

Das Dimethylindol bildet feine weisse Nadeln, welche bei 56° schmelzen und unzersetzt destilliren. In Alkohol, Aether, Benzol und heissem Ligroïn ist die Verbindung leicht, in Wasser dagegen selbst in der Hitze sehr schwer löslich. In concentrirter Salzsäure löst sie sich leicht und wird davon selbst beim Erwärmen nicht verändert. Etwas anders wirkt concentrirte Salpetersäure. In der Kälte löst sie ebenfalls das Indol ohne Veränderung. Beim gelinden Erwärmen aber färbt sich die Lösung dunkel und scheidet bei genügender Concentration beim Abkühlen einen neuen Körper in feinen Nadeln ab. Von salpetriger Säure wird sie ähnlich dem Methylketol in ein dunkelbraunes complicirteres Product verwandelt. Gegen alkalische Kupferlösung und ammoniakalische Silberlösung ist sie auch in der Wärme ganz beständig. Dagegen wird sie von Eisenchlorid und Chromsäure in der Wärme leicht oxydirt. Ihre salzsaure Lösung färbt den Fichtenspan ebenso wie Indol. Das Pikrat krystallisirt aus Benzollösung in feinen, rothen, dunklen Nadeln. In salzsaurer Lösung längere Zeit mit Zinkstaub gekocht, verwandelt sie sich in die entsprechende Hydrobase, welche ölig ist, mit Wasserdämpfen leicht destillirt, mit Mineralsäuren beständige Salze bildet und in Folge dessen, zum Unterschied von Indolkörpern, auch in verdünnten Säuren leicht löslich ist.

Acetophenonmethylphenylhydrazin.

Erwärmt man Acetophenon und Methylphenylhydrazin in molecularen Verhältnissen auf dem Wasserbad, so trübt sich das Gemisch nach kurzer Zeit durch die Ausscheidung von Wasser und erstarrt beim Erkalten fast vollständig zu einem Krystallbrei. Die Condensation erfolgt auch in der Kälte, wenn man circa 12 Stunden stehen lässt, wobei dann die Krystalle in schönen grossen flächenreichen Individuen anschiessen. Der Körper liefert aus Ligroïn umkrystallisirt derbe gelb gefärbte Krystalle, die bei 49 bis 50° schmelzen. In ganz reinem Zustand dürfte der Körper farblos, oder nahezu farblos sein. In Aether, Benzol und Chloroform, ebenso in heissem Ligroïn und Alkohol ist das Acetophenonmethylphenylhydrazin leicht löslich und kann aus letzteren beiden Lösungsmitteln leicht umkrystallisirt werden. Bei der Destillation unter gewöhnlichem Druck erfährt es eine theilweise Zersetzung. In kalter rauchender Salzsäure löst es sich mit gelbrother Farbe und wird nach dem Verdünnen mit Wasser durch Alkalien wieder abgeschieden. Erwärmt man die Lösung in Salzsäure, so findet Rückbildung von Hydrazin statt.

Prl^n, 2-Methylphenylindol,

$$C_6H_4 \Big\langle \begin{matrix} CH \\ N-CH_3 \end{matrix} \Big\rangle C \cdot C_6H_5 .$$

Ein Theil Acetophenonmethylphenylhydrazin wird mit fünf Theilen Zinkchlorid circa fünf Stunden auf 130° im Oelbad erhitzt. Die entstandene rothbraune Schmelze wird mit wenig Wasser unter Zusatz von verdünnter Schwefelsäure aufgenommen und mit Aether extrahirt. Beim Verdunsten des Aethers bleibt ein dunkelbraunes Oel zurück, welches nach einiger Zeit theilweise erstarrt. Im Vacuum lässt es sich destilliren und es resultirt ein hellgelbes Oel, welches fast vollständig erstarrt. Von diesem Product wurden durchschnittlich 50 pC. des angewandten Acetophenonmethylphenylhydrazins gewonnen. Um die letzten Spuren des den Krystallen anhaftenden Oels zu beseitigen, wird das Product mit wenig Ligroïn bei 0° behandelt, wobei das Oel in Lösung geht, während das Methylphenylindol als fast weisse krystallinische Masse zurückbleibt. Letztere wird nochmals aus heissem Alkohol oder Ligroïn umkrystallisirt. Für die Analyse war das Product im Vacuum getrocknet.

0,1575 g Substanz gaben 0,4992 CO_2 und 0,0910 H_2O.
$C_{15}H_{13}N$.   Ber. C 86,96, H 6,23.
Gef. ,, 86,44, ,, 6,42.

Das Methylphenylindol bildet derbe, zugespitzte Prismen, schmilzt bei 100 bis 101° und destillirt unzersetzt. Mit Wasserdämpfen verflüchtigt es sich sehr schwer. Es löst sich ziemlich leicht in Benzol, Aether und Chloroform, sowie in heissem Alkohol und Ligroïn; zumal aus Alkohol lässt es sich sehr schön umkrystallisiren. In concentrirter Salzsäure löst es sich schon in der Kälte ziemlich leicht auf und wird durch Wasser wieder unverändert abgeschieden. Diese Lösung färbt den Fichtenspan ohne weiteres rothviolett. Die Farbe geht nach einiger Zeit ins Bläuliche über. Gegen Salpetersäure und Pikrinsäure verhält es sich ähnlich wie das Dimethylindol.

Methylphenylhydrazinacetessigester.

Bringt man das Methylphenylhydrazin mit Acetessigester in molecularen Verhältnissen zusammen, so trübt sich das Gemisch sehr bald durch Ausscheidung von Wasser. Die Reaction vollzieht sich auch in der Kälte im Verlauf von einigen Stunden vollständig. Das Condensationsproduct ist ein rothgelbes Oel, welches nicht krystallisirt und auch im Vacuum nicht destillirt werden kann. Auf die Analyse habe ich deshalb verzichtet. Die Entstehungsweise und die Eigenschaften der Verbindung lassen aber kaum einen Zweifel darüber, dass sie analog allen Ketonderivaten der secundären Hydrazine in folgender Weise constituirt ist:

$$C_6H_5N(CH_3)-N = C(CH_3)-CH_2COOC_2H_5.$$

Mit Alkohol, Aether, Chloroform und Ligroïn mischt sich der Ester in jedem Verhältniss. In Säuren löst er sich um so leichter, je concentrirter dieselben sind und wird dabei je nach der Temperatur und Concentration nach kürzerer oder längerer Zeit in Methylphenylhydrazin zurückverwandelt. Gegen wässerige Alkalien ist die Verbindung ziemlich beständig; von alkoholischer Kalilauge wird sie dagegen in der Hitze rasch verseift. Die dabei entstehende Methylphenylhydrazinacetessigsäure bleibt beim Verdampfen des Alkohols in dem wässerigen Kali gelöst, fällt aber auf Zusatz von Essigsäure als dunkelgefärbtes Oel aus. Sie verändert die alkalische Kupferlösung nicht und wird durch Mineralsäuren leicht in Methylphenylhydrazin zurückverwandelt.

Prl,2,3-Dimethyl-Indolcarbonsäure,

$$C_6H_4\begin{matrix}C-COOH\\ \\N-CH_3\end{matrix}C\cdot CH_3.$$

Zur Darstellung ihres Esters wird der Methylphenylhydrazinacetessigester mit der fünffachen Menge Chlorzink gemischt und auf dem Wasserbad erwärmt. Nach einiger Zeit erfolgt eine lebhafte Reaction, zu deren Beendigung man schliesslich fünf Minuten im Oelbad auf 150° erhitzt. Die rothbraune Schmelze wird mit ziemlich viel heissem Wasser aufgenommen und mit Aether extrahirt. Beim Verdunsten des letzteren bleibt ein dunkles Oel, welches bald krystallinisch erstarrt. Dies Product wird aus einem Gemisch von gleichen Theilen Alkohol und Ligroïn umkrystallisirt und bildet dann feine, fast farblose Nadeln, welche bei 95° schmelzen. Die Ausbeute beträgt ungefähr 75 pC. der Theorie. Der neue Ester löst sich leicht in Alkohol, Aether, Benzol und Chloroform, schwerer in Ligroïn. In essigsaurer Lösung wird er durch salpetrige Säure nicht verändert. Zur Umwandlung in die freie Säure kocht man den Ester 15 Minuten mit 20 procentiger alkoholischer Kalilauge, verdünnt dann mit Wasser, verdampft den Alkohol auf dem Wasserbad und übersättigt die filtrirte Lösung mit verdünnter Schwefelsäure. Dabei fällt die Carbonsäure als dunkel gefärbter krystallinischer Niederschlag aus. Derselbe wird filtrirt, wieder in verdünntem Alkali gelöst, mit Thierkohle gekocht und durch Schwefelsäure wieder abgeschieden. Aus heissem Alkohol krystallisirt dieses Product in kleinen farblosen, glänzenden sechsseitigen Tafeln, welche für die Analyse im Vacuum getrocknet wurden.

0,1370 g gaben 0,3505 CO_2 und 0,0750 H_2O.

$C_{11}H_{11}NO_2$. Ber. C 69,79, H 5,82.
Gef. ,, 69,80, ,, 6,09.

Die Säure schmilzt bei 185° unter theilweiser Zersetzung. Sie ist in Wasser, Aether, Benzol und Ligroïn schwer, in heissem Alkohol und Chloroform ziemlich leicht löslich. In Ammoniak löst sie sich leicht, fällt aber beim Wegkochen des Ammoniaks unverändert wieder aus. Silbernitrat erzeugt in der ammoniakalischen Lösung einen weissen dichten Niederschlag, der beim Kochen mit Wasser nicht zersetzt wird. In verdünnter Natronlauge löst sich die Säure sehr leicht, auf Zusatz von concentrirter Lauge fällt das Natriumsalz in feinen glänzenden Nädelchen. Das Kalisalz verhält sich ähnlich, ist aber leichter löslich. Gegen concentrirte Salpetersäure verhält sich die Verbindung ähnlich dem Dimethylindol. In gelinder Wärme wird sie gelöst und nach einiger Zeit scheidet sich ein anderer Körper in feinen Nadeln ab. Ein Fichtenspan, der mit der warmen alkalischen oder alkoholischen Lösung durchtränkt ist, färbt sich mit starker Salzsäure intensiv roth. Diese Reaction scheint jedoch der Säure selbst nicht eigenthümlich zu sein, sondern durch die vorhergehende Bildung von Dimethylindol veranlasst zu werden, denn ihr beständigerer, zuvor beschriebener Ester zeigt die Reaction nicht und dasselbe gilt von den übrigen Carbonsäuren des Indols. Im Oelbad auf 200 bis 205° erhitzt zerfällt die Säure glatt in Kohlendioxyd und das S. 569 beschriebene Prl^n, 2-Dimethylindol.

Mit Wasserdampf destillirt und aus Ligroïn umkrystallisirt zeigte das letztere den Schmelzpunkt 56°.

Methylphenylhydrazinlävulinsäureester.

Ein Gemisch von gleichen Moleculen Lävulinsäureäthylester und Methylphenylhydrazin trübt sich nach einiger Zeit durch Abscheidung von Wasser. Nach zwölf Stunden ist die Reaction beendet. Mit kohlensaurem Kali getrocknet bildet das Condensationsproduct ein hellgelbes Oel, welches auch bei stark vermindertem Druck nicht ohne Zersetzung destillirt. In kalten verdünnten Mineralsäuren löst sich dasselbe unverändert, beim Erwärmen dieser Lösung wird es dagegen unter Rückbildung von Methylphenylhydrazin zersetzt. Durch heisse alkoholische Kalilösung wird der Ester leicht verseift. Die dabei entstehende freie Säure wird nach dem Verdampfen des Alkohols aus der alkalischen Lösung durch Essigsäure als Oel gefällt.

Prl^n, 2, 3-Dimethylindolessigsäure,

$$C_6H_4\!\!<\!\!\begin{array}{c}C-CH_2COOH\\ C\cdot CH_3\\ N-CH_3\end{array}$$

Der Methylphenylhydrazinlävulinsäureester wird durch Chlorzink zunächst in den Ester obiger Säure verwandelt, aber der letztere wird zum Theil durch das Chlorzink verseift, d. h. in die freie Säure verwandelt. Da die letztere schwierig zu reinigen ist, so thut man gut, ihre Bildung möglichst zu vermeiden. Dem entspricht folgende Vorschrift: 1 Th. Methylphenylhydrazinlävulinsäureester wird mit 5 Th. Chlorzink bis zur völligen Mischung auf dem Wasserbad erwärmt und dann im Oelbad während 5 Minuten auf 150° erhitzt. Die rothbraune Schmelze wird mit heissem Wasser behandelt und nach Zusatz von wenig Schwefelsäure mit Aether extrahirt. Der ätherische Auszug wird zunächst mit verdünnter Natronlauge durchgeschüttelt. Aus der alkalischen Lösung fällt beim Neutralisiren die freie Dimethylindolessigsäure aus. Ihre Menge ist nicht gross. Die ätherische Lösung hinterlässt beim Verdampfen den Ester als hellgelbes Oel, welches in Alkohol, Aether, Chloroform leicht, in Ligroïn schwer löslich ist. Die Ausbeute an diesem Product beträgt etwa 60 pC. des angewandten Methylphenylhydrazinlävulinsäureesters.

Zur Umwandlung in die Säure wird der Ester mit 20 procentiger alkoholischer Kalilösung 15 Minuten lang am Rückflusskühler erwärmt, die Lösung nach Zusatz von Wasser durch Abdampfen vom Alkohol befreit und mit verdünnter Schwefelsäure übersättigt. Der braun gefärbte krystallinische Niederschlag wird wieder in verdünntem Alkali gelöst, durch Kochen mit Thierkohle entfärbt und abermals durch Schwefelsäure ausgefällt. Löst man dies Product in heissem Alkohol und fügt dann Aether zu, so scheidet sich nach einiger Zeit die Dimethylindolessigsäure in feinen, fast farblosen Blättchen ab. Dieselben wurden für die Analyse im Vacuum getrocknet.

0,1575 g gaben 0,4100 CO_2 und 0,0940 H_2O. — 0,1788 g gaben 10,8 cbcm Stickstoff bei 17° und 740 mm Druck.

$C_{12}H_{13}NO_2$. Ber. C 70,94, H 6,40, N 6,89.
Gef. ,, 70,99, ,, 6,64, ,, 6,82.

Die Säure schmilzt gegen 188° und zerfällt über 200° unter Abgabe von CO_2. In Wasser, Aether und Benzol ist sie schwer, in heissem Alkohol und Chloroform viel leichter löslich. Das leicht lösliche Ammoniaksalz wird durch Kochen mit Wasser nicht zersetzt (Unterschied von der Dimethylindolcarbonsäure). Seine Lösung giebt mit Silbernitrat einen farblosen flockigen und mit Kupfersulfat einen grünlichen krystallinischen Niederschlag. Die Alkalisalze sind in Wasser sehr leicht, in concentrirtem Alkali schwer löslich.

In heisser Benzollösung mit Pikrinsäure zusammengebracht bildet die Verbindung ein Pikrat, welches beim Erkalten in rothen, Federfahnen ähnlichen Aggregaten krystallisirt. Die Säure zeigt die Fichtenholzreaction nicht. Beim Erhitzen über ihren Schmelzpunkt zerfällt sie glatt in Kohlendioxyd und

$Prl^n, 2, 3$-Trimethylindol,

$$C_6H_4 \!\!\begin{array}{c} C-CH_3 \\ \diagup \diagdown \\ N-CH_3 \end{array}\!\! C \cdot CH_3.$$

Zur Gewinnung dieser Verbindung wird die Dimethylindolessigsäure einige Stunden im Oelbad auf 210 bis 215° erhitzt, bis die Kohlensäureentwickelung beendet ist und das zurückbleibende braune Oel mit Wasserdampf destillirt und mit Aether aufgenommen. Beim Verdampfen des letzteren bleibt ein hellgelbes Oel, welches für die Analyse destillirt wurde.

0,1954 g gaben 0,5930 CO_2 und 0,14525 H_2O.

$C_{11}H_{13}N$. Ber. C 83,02, H 8,18.
Gef. ,, 82,75, ,, 8,26.

Die Verbindung siedet gegen 280° (für die genaue Bestimmung des Siedepunkts reichte das Material nicht aus) und ist in Alkohol, Aether, Benzol sehr leicht und auch in Wasser, zumal in der Hitze, in merklicher Menge löslich. Sie zeigt die Fichtenspanreaction nicht. Ihr Geruch ist wenig charakteristisch. Wie alle Indolderivate bildet sie ein schön krystallisirtes Pikrat. Dasselbe scheidet sich aus heissem

Benzol in dunkelrothen Nadeln ab, welche bei 150° schmelzen und die Zusammensetzung $C_{11}H_{13}NC_6H_3(NO_2)_3O$ haben.

0,1801 g gaben 0,3485 CO_2 und 0,0707 H_2O. — 0,1798 g gaben 22,8 cbcm Stickstoff bei 20° und 748 mm Druck.

Ber. C 52,58, H 4,13, N 14,44.
Gef. ,, 52,77, ,, 4,36, ,, 14,32.

Die Verbindung ist zur Erkennung des Trimethylindols sehr geeignet.

Da das Trimethylindol kein Wasserstoffatom im Indolkern mehr enthält, so war zu erwarten, dass es gegen salpetrige Säure beständig sein werde. Dem ist jedoch nicht so. Versetzt man seine Lösung in kaltem Eisessig mit Natriumnitrit, so färbt sie sich tief braun und auf Zusatz von Wasser fällt ein dunkler harziger Niederschlag, der kein einfaches Nitrosamin ist. Es scheint, dass die salpetrige Säure hier an der ungesättigten Gruppe des Indolringes zerstörend eingreift. In concentrirter Salzsäure löst sich das Trimethylindol leicht und wird durch Wasser unverändert abgeschieden.

Dasselbe Trimethylindol entsteht durch Einwirkung von Chlorzink auf die Verbindung des Methylphenylhydrazins mit Methyläthylketon. Die letztere wird ebenso dargestellt wie das Acetonderivat und siedet bei einem Druck von 135 mm bei 176 bis 177° (Quecksilberfaden ganz im Dampf). Wird das Condensationsproduct mit der fünffachen Menge Chlorzink 10 Minuten lang im Oelbad auf 180° erhitzt, so resultirt eine braunrothe Schmelze, welche in der mehrfach beschriebenen Weise verarbeitet wird. Das so erhaltene Trimethylindol gab folgende Zahlen:

$C_{11}H_{13}N$. Ber. C 83,02, H 8,18.
Gef. ,, 82,24, ,, 8,25.

Das Präparat war indessen nicht ganz rein, denn es zeigte die Fichtenspanreaction recht deutlich. Wahrscheinlich enthielt dasselbe in geringer Menge eine isomere Verbindung, welcher diese Reaction eigen ist. Im übrigen zeigte das Oel dieselben Eigenschaften, wie das aus Lävulinsäure erhaltene Präparat, z. B. das Pikrat besass auch hier den Schmelzpunkt 150°.

Für die Darstellung von reinem Trimethylindol ist indessen nach diesen Beobachtungen die erste Methode, d. h. aus Lävulinsäureester, trotz der grösseren Zahl von Operationen vorzuziehen.

Propylidenmethylphenylhydrazin.

Die Aldehyde verbinden sich mit den Hydrazinen im Allgemeinen rascher und energischer als die Ketone.

Man fügt deshalb zu 4 Th. Methylphenylhydrazin allmählich und unter Abkühlen 3 Th. Propylaldehyd. Die Mischung scheidet sofort

Wasser ab und die Reaction ist beendet, sobald ein geringer Ueberschuss des Aldehyds vorhanden ist. Das gelb gefärbte Oel wird mit Kaliumcarbonat getrocknet und am besten unter vermindertem Druck fractionirt. Bei 170 mm Druck siedet das Propylidenmethylphenylhydrazin bei 198° (Quecksilberfaden ganz im Dampf). Das hellgelbe, angenehm riechende Oel hat die Zusammensetzung $C_{10}H_{14}N_2$.

0,2250 g gaben 0,6110 CO_2 und 0,1748 H_2O. — 0,2012 g gaben 31,2 cbcm Stickstoff bei 21° und 750 mm Druck.

Ber. C 74,07, H 8,64, N 17,29.
Gef. ,, 74,04, ,, 8,66, ,, 17,41.

Es löst sich leicht in starken Säuren, erfährt dabei jedoch schon bei gewöhnlicher Temperatur eine theilweise Rückverwandlung in Methylphenylhydrazin.

Vermischt man das Propylidenmethylphenylhydrazin mit der fünffachen Menge Chlorzink, so erwärmt sich die Masse von selbst. Durch mehrstündiges Erhitzen im Oelbad auf 135° wurde die Reaction zu Ende geführt. Durch Destillation der Schmelze mit Wasserdampf erhält man ein schwach gefärbtes Oel, welches mit Aether aufgenommen, mit Kaliumcarbonat getrocknet und fractionirt wird. Das Product besteht zum grössten Theil aus einem Dimethylindol, welches nach der Synthese die Formel:

$$C_6H_4 \begin{matrix} C-CH_3 \\ CH \\ N-CH_3 \end{matrix}$$

hat, mithin als Pr1^n, 3-Dimethylindol zu bezeichnen wäre.

Demselben ist jedoch eine andere kohlenstoffärmere und stickstoffreichere Verbindung beigemengt, deren Beseitigung bisher nicht geglückt ist. Das Oel destillirte von 230 bis 255° und gab bei der Analyse folgende Zahlen:

Ber. C 82,75, H 7,58.
Gef. ,, 81,86, ,, 7,90.

Das Präparat zeigt die für die Indole charakteristischen Reactionen. Es färbt den Fichtenspan intensiv roth und bildet ein rothes Pikrat. Vielleicht gelingt es mit Hülfe des letzteren die Verbindung rein darzustellen.

59. Anton Roder: Indole aus Metahydrazinbenzoësäure.
Liebigs Annalen der Chemie **236**, 164 [1886].

(Eingelaufen den 16. August 1886.)

Analog den einfachen aromatischen Hydrazinen lässt sich auch die Hydrazinbenzoësäure mit Aldehyden, Ketonen und Ketonsäuren vereinigen und diese Producte werden zum Theil durch Chlorzink in die entsprechenden Indolderivate verwandelt.

Die zu diesen Versuchen verwendete m-Hydrazinbenzoësäure wurde nach folgendem Verfahren bereitet, welches der Darstellung des Phenylhydrazins nachgebildet ist und die von P. Griess[1]) angegebene Methode an Einfachheit übertrifft.

100 g m-Amidobenzoësäure werden in 400 g Wasser und 190 g concentrirter Salzsäure ($2^1/_2$ Mol.) suspendirt und unter Abkühlung die berechnete Menge Natriumnitrit zugesetzt; dabei geht die Amidobenzoësäure als Diazoverbindung in Lösung. Die letztere giesst man sofort in eine möglichst kalt gehaltene Lösung von Natriumsulfit, welche auf 1 Mol. der Amidobenzoësäure 4 Mol. des Salzes enthält. Letztere gewinnt man am besten aus der käuflichen 40 procentigen Lösung von Natriumdisulfit; dieselbe wird mit Natronlauge neutralisirt und in Eiswasser abgekühlt. Dabei fällt in der Regel ein Theil des Natriumsulfits in Krystallen aus, was indessen für den Verlauf der Operation gleichgültig ist. Der verhältnissmässig grosse Ueberschuss von Natriumsulfit ist in diesem Fall sehr vortheilhaft. Beim Eingiessen der Diazolösung in die Sulfitlösung wird das Gemisch erst roth, später schwach gelb. Die Flüssigkeit enthält jetzt das hydrazinsulfonsaure Salz; zur Zerlegung desselben setzt man concentrirte Salzsäure ohne Erwärmen hinzu, wobei sofort die Abscheidung der salzsauren m-Hydrazinbenzoësäure erfolgt. Ist die Operation richtig verlaufen, so besitzt das Product nur eine ganz schwache gelbe Farbe; es ist in der Regel durch Kochsalz verunreinigt, von welchem man es durch einmalige Krystallisation aus Wasser trennen kann. Die Ausbeute ist sehr gut.

Aus der Lösung des Hydrochlorats der Hydrazinbenzoësäure wird durch Natriumacetat die freie Säure abgeschieden.

---
[1]) Berichte d. D. Chem. Gesellsch. **9**, 1657.

Acetonhydrazinbenzoësäure.

Salzsaure Hydrazinbenzoësäure löst sich in acetonhaltigem heissen Wasser sehr leicht auf ohne Veränderung; fügt man indessen Natriumacetat oder die berechnete Menge Aetzkali zu dem Gemisch, so scheidet sich sofort die Acetonhydrazinbenzoësäure entweder direct in Krystallen oder als bald erstarrendes Oel ab. Dieselbe wird aus verdünntem Alkohol oder Aether umkrystallisirt und bildet dann feine farblose Nadeln, welche bei 150° schmelzen.

Für die Analyse wurde die Substanz im Vacuum getrocknet.

0,2486 g gaben 0,5680 CO_2 und 0,1449 Wasser.

$C_{10}H_{12}N_2O_2$. Ber. C 62,50, H 6,25.
Gef. ,, 62,31, ,, 6,47.

Die Verbindung ist in Wasser schwer löslich und erleidet beim Kochen eine langsame Zersetzung in Aceton und Hydrazinbenzoësäure. Von Alkohol und Eisessig wird sie leicht, von Aether schwer und von Benzol und Ligroïn gar nicht gelöst. In Ammoniak und verdünntem Alkali ist sie leicht löslich; aus concentrirter Natronlauge scheidet sich in der Kälte das Natriumsalz krystallinisch ab. Die Säure reducirt in der Siedehitze alkalische Kupferlösung, wobei sie sich wahrscheinlich vorher in Aceton und Hydrazinbenzoësäure zersetzt. Die gleiche Zerlegung erleidet sie sehr viel rascher beim Erwärmen mit Mineralsäuren.

Kocht man die Säure mit der zehnfachen Menge Alkohol, welcher 10 pC. concentrirte Schwefelsäure enthält, einige Stunden am Rückflusskühler, so wird sie vollständig esterificirt. Versetzt man die erkaltete Lösung mit Wasser, so fällt der Ester in der Regel krystallinisch aus und wird durch Umkrystallisiren aus Benzol oder heissem Ligroïn oder verdünntem Alkohol leicht rein erhalten.

Der Ester wurde im Vacuum getrocknet und verbrannt.

0,1484 g Substanz gaben 0,3576 CO_2 und 0,1032 Wasser.

$C_{10}H_{11}N_2O_2 \cdot C_2H_5$. Ber. C 65,45, H 7,27.
Gef. ,, 65,72, ,, 7,72.

Der Acetonhydrazinbenzoësäureäthylester schmilzt bei 90 bis 91° und destillirt unter vermindertem Druck ohne Zersetzung. In Alkohol, Aether und Eisessig ist er sehr leicht löslich; in kaltem Benzol, Ligroïn viel schwerer löslich. Durch Kochen mit Natronlauge wird er verseift und beim Erwärmen mit Mineralsäuren liefert er Hydrazinbenzoësäure.

Durch Schmelzen mit Chlorzink wird sowohl die Acetonhydrazinbenzoësäure, wie ihr Ester, in ein Indolderivat verwandelt, welches aller Wahrscheinlichkeit nach die Carbonsäure des Methylketols ist. Erhitzt man die Acetonhydrazinbenzoësäure mit der fünffachen Menge Chlorzink während 5 Minuten bei 180°, so resultirt eine schwarzbraune

Schmelze, welche stark nach Methylketol riecht und ebenso stark den Fichtenspan färbt. Wird dieselbe mit Wasser behandelt und das Ungelöste mit Aether extrahirt, so bleibt beim Verdampfen der ätherischen Lösung ein dunkelbraunes Pulver, welches die Carbonsäure enthält. Dieselbe ganz rein zu erhalten ist bis jetzt nicht gelungen; dass sie ein Derivat des Indols ist, ergiebt sich aus dem Verhalten in der Hitze. Schmilzt man die Masse, so zersetzt sie sich unter Gasentwickelung und giebt ein Product, welches die Fichtenspanreaction stark zeigt.

Hydrazinbenzoëbrenztraubensäure.

Die Verbindung scheidet sich sofort in schwach gelben körnigen Krystallen ab, wenn m-Hydrazinbenzoësäure und Brenztraubensäure in schwach salzsaurer Lösung zusammentreffen und wird durch einmaliges Umkrystallisiren aus Eisessig rein erhalten.

Im Vacuum über Schwefelsäure getrocknet hat sie die Formel $C_{10}H_{10}N_2O_4 + H_2O$.

0,2508 g gaben 0,4634 CO_2 und 0,1213 Wasser.

$C_{10}H_{12}N_2O_5$. Ber. C 50,00, H 5,00.
Gef. ,, 50,38, ,, 5,36.

Das Krystallwasser entweicht vollständig bei 110°.

1. 0,8909 g Substanz verloren 0,0638 H_2O. — 2. 1,0198 g Substanz verloren 0,0765 H_2O.

$C_{10}H_{10}N_2O_4$. Ber. Wasser 7,45. Gef. Wasser 7,16, 7,50.

Die bei 110° getrocknete Substanz gab folgende Zahlen:

0,1711 g gaben 0,3372 CO_2 und 0,0746 Wasser.

$C_{10}H_{10}N_2O_4$. Ber. C 54,00, H 4,50.
Gef. ,, 53,75, ,, 4,84.

Die Säure bildet kleine wetzsteinartige Krystalle, welche bei 206 bis 208° (uncorrigirt) unter starker Kohlensäureentwickelung schmelzen. In Wasser, Aether, Benzol und Ligroïn ist sie nahezu unlöslich, in heissem Alkohol und Eisessig ziemlich schwer löslich. Von Ammoniak und verdünnten Alkalien wird sie leicht aufgenommen; aus concentrirter Natronlauge krystallisirt in der Kälte das Natriumsalz heraus. Das Ammoniumsalz wird beim Kochen durch Wasser nicht zersetzt; seine wässerige Lösung giebt mit Silbernitrat einen weissen flockigen, leicht veränderlichen Niederschlag und mit Chlorbaryum eine krystallinische Fällung. Das Baryumsalz krystallisirt aus heissem Wasser in schönen feinen Nadeln.

Kocht man die Säure mit der zehnfachen Menge eines Gemisches von 9 Theilen absolutem Alkohol und 1 Theil concentrirter Schwefelsäure 2 Stunden am Rückflusskühler, so wird sie vollständig in den Diäthylester verwandelt. Derselbe fällt auf Zusatz von Wasser in feinen Nadeln aus und wird aus heissem Ligroïn umkrystallisirt.

Für die Analyse wurde die Substanz im Vacuum über Schwefelsäure getrocknet.

0,1836 g gaben 0,4062 CO_2 und 0,1112 Wasser.

$C_{10}H_8N_2O_4(C_2H_5)_2$. Ber. C 60,43, H 6,45.
Gef. ,, 60,32, ,, 6,73.

Der Ester schmilzt bei 101 bis 102°, ist in Wasser und verdünntem Alkali unlöslich, dagegen in Alkohol, Aether und heissem Benzol leicht löslich. Von kochendem Alkali wird er ziemlich rasch in die Säure zurückverwandelt; mit concentrirter Salzsäure gekocht liefert er wieder Hydrazinbenzoësäure. Im Vacuum ist er unzersetzt flüchtig.

Für die Umwandlung in Indolderivat ist dieser Ester besser geeignet als die freie Säure. Immerhin ist die Wirkung des Chlorzinks so energisch, dass man gut thut, nur kleine Mengen der Verbindung in einer Operation zu verarbeiten. 5 g des Esters wurden mit der gleichen Menge trockenen Chlorzinks gemischt und im Oelbad auf 215 bis 220° erhitzt; dabei tritt nach 1 bis 2 Minuten eine lebhafte Reaction ein, welche ohne weiteres Erwärmen sich vollendet. Die dunkelbraune, nach Indol riechende Schmelze wird zur Lösung des Chlorzinks mit Wasser unter Zusatz von sehr wenig Salzsäure behandelt und die abgeschiedene braune Masse mit Aether ausgeschüttelt; dabei bleibt eine kleine Menge von Harz ungelöst. Die ätherische Lösung enthält neben etwas Indol und dem Säureester in überwiegender Menge Carbonsäuren des Indols, welche durch die verseifende Wirkung des Chlorzinks entstanden sind. Die letzteren werden der ätherischen Lösung durch Ausschütteln mit Natronlauge entzogen und aus der alkalischen Lösung durch verdünnte Schwefelsäure abgeschieden. Der so erhaltene hellbraune Niederschlag, dessen Menge ungefähr 35 pC. des angewandten Hydrazinproducts beträgt, enthält hauptsächlich den Monäthylester der Indoldicarbonsäure neben kleineren Mengen einer kohlenstoffreicheren Säure. Die Trennung der beiden gelingt am besten mit Hülfe der Baryumsalze. Kocht man das Gemenge beider mit starkem Barytwasser, so geht die erstere in Lösung, während die zweite als unlösliches Barytsalz zurückbleibt. Die letztere Säure aus ihrem Barytsalz in Freiheit gesetzt, ist in Wasser und Aether sehr schwer, in Alkohol etwas leichter löslich; sie giebt beim Schmelzen ein Destillat, welches die Fichtenspanreaction stark zeigt. Für die völlige Reinigung reichte ihre Menge nicht aus, sie wurde deshalb nicht analysirt; vielleicht ist dieselbe eine Monocarbonsäure des Indols.

Indoldicarbonsäuremonäthylester.

Aus der vorher erwähnten Barytlösung wird die Estersäure beim Neutralisiren als hellbrauner krystallinischer Niederschlag gefällt.

Durch mehrmaliges Umkrystallisiren aus Aether erhält man die Verbindung in schwach gelb gefärbten Nädelchen.

Für die Analyse wurden dieselben im Vacuum getrocknet.

0,2648 g Substanz gaben 0,6036 CO_2 und 0,1188 Wasser. — Ferner: 0,2774 g lieferten 14,5 cbcm N bei 753 mm und 20°.

$C_{12}H_{11}NO_4$. Ber. C 61,86, H 4,72, N 6,01.
    Gef. ,, 62,16, ,, 4,98, ,, 6,18.

Die Verbindung ist in heissem Alkohol ziemlich leicht, in Aether ziemlich schwer und in Wasser sehr schwer löslich; aus heissem Eisessig krystallisirt sie in schönen Nadeln. Von Ammoniak und verdünntem Alkali wird sie ziemlich leicht aufgenommen; concentrirte Natronlauge fällt das Natriumsalz in feinen Nadeln. Die Lösung des Ammoniumsalzes giebt mit Silbernitrat einen weissen Niederschlag, der sich beim Kochen mit Wasser zersetzt. Beim Erhitzen über 250° schmilzt die Verbindung, verkohlt dabei zum grössten Theil und liefert in geringer Menge ein Destillat, welches stark die Fichtenspanreaction zeigt.

Indoldicarbonsäure.

Erwärmt man den zuvor beschriebenen Monäthylester mit 25 procentiger Kalilauge eine Stunde auf dem Wasserbad, so wird er vollständig verseift und beim Ansäuern fällt die Indoldicarbonsäure krystallinisch aus. Dieselbe wurde für die Analyse aus Aether umkrystallisirt und im Vacuum getrocknet.

0,2291 g Substanz lieferten 0,4926 CO_2 und 0,0717 Wasser.

$C_{10}H_7NO_4$. Ber. C 58,53, H 3,41.
    Gef. ,, 58,64, ,, 3,50.

Die Säure zeigt die Fichtenholzfärbung nicht; beim Erhitzen über 250° schmilzt sie unter Gasentwickelung und Verkohlung und liefert in geringer Menge ein Destillat, welches nach der Fichtenspanreaction zu schliessen Indol enthält.

In heissem Alkohol und Eisessig ist die Säure ziemlich leicht löslich und krystallisirt daraus in feinen Nadeln. In Aether und Wasser ist sie schwer löslich. Von verdünntem Alkali und Ammoniak wird sie leicht aufgenommen; aus der ammoniakalischen Lösung fällt auf Zusatz von Silbernitrat das Silbersalz als flockiger, farbloser Niederschlag.

Die Indoldicarbonsäure enthält ein Carboxyl im Benzolkern und zwar in der Metastellung zum Stickstoff; das zweite Carboxyl befindet sich im Pyrrolkern und zwar an dem mit Stickstoff verbundenen Kohlenstoffatom. Unentschieden bleibt die Frage, an welcher Stelle des Benzolkernes das ursprüngliche Methyl der Brenztraubensäure eingegriffen hat. Es bleibt deshalb die Wahl zwischen folgenden beiden Formeln:

$$\text{Structures: indole-2-carboxylic acid with CO}_2\text{H substituent (left); hydrazone intermediate (right)}$$

Im Anschlusse an obige Versuche habe ich noch die Verbindungen der Hydrazinbenzoësäure mit Benzaldehyd, Traubenzucker und Phenylsenföl dargestellt.

Benzylidenhydrazinbenzoësäure.

Versetzt man die Lösung der Hydrazinbenzoësäure in heissem Eisessig mit Bittermandelöl, so scheidet sich auf Zusatz von Wasser ein schwach gelblich gefärbtes Oel ab, welches bald erstarrt. Dasselbe wird durch einmaliges Umkrystallisiren aus verdünntem Alkohol rein erhalten.

Für die Analyse wurde das Präparat im Vacuum getrocknet.

0,1846 g Substanz gaben 0,4950 CO_2 und 0,0895 Wasser.

$C_{14}H_{12}N_2O_2$. Ber. C 73,04, H 5,21.
Gef. ,, 73,13, ,, 5,38.

Die Verbindung bildet tafelförmige Krystalle, die bei 170 bis 172° (uncorr.) ohne Zersetzung schmelzen. Sie ist in Wasser sehr schwer, in Alkohol und Eisessig leicht löslich, reducirt alkalische Kupferlösung nicht, selbst in der Wärme nicht. Das Natriumsalz ist in Wasser ziemlich schwer löslich und krystallisirt in feinen Nadeln. Durch Kochen mit verdünnten Säuren wird sie in Hydrazinbenzoësäure und Benzaldehyd gespalten.

Phenylglucosazoncarbonsäure.

Die Verbindung entsteht unter denselben Bedingungen wie das Phenylglucosazon[1]). Erhitzt man 1 Thl. salzsaure m-Hydrazinbenzoësäure, 1 Thl. Traubenzucker und 1½ Thl. Natriumacetat mit 10 Thl. Wasser auf dem Wasserbad, so scheidet die anfangs klare Lösung nach 10 bis 15 Minuten feine hellgelbe Nadeln ab; nach 1 bis 1½ Stunden ist die Reaction beendet. Das Product wird filtrirt und aus einer heissen Lösung von Natriumacetat umkrystallisirt.

Für die Analyse wurde die Substanz bei 100° getrocknet.

---

[1]) E. Fischer, Berichte d. D. Chem. Gesellsch. **17**, 579. (*Kohlenh. I, S. 138.*)

0,2219 g lieferten 0,4344 CO_2 und 0,1012 Wasser. — Ferner gaben: 0,2458 g Substanz 26,3 cbcm N bei 743 mm und 17°.

$C_{20}H_{22}N_4O_8$. Ber. C 53,81, H 4,93, N 12,55.
Gef. ,, 53,70, ,, 5,07, ,, 12,31.

Die Substanz entsteht mithin nach der Gleichung:

$2 C_6H_4 \cdot N_2H_3 \cdot CO_2H + C_6H_{12}O_6 = C_{20}H_{22}N_4O_8 + 2 H + 2 H_2O$.

Die Säure schmilzt bei 206 bis 208° (uncorr.) unter lebhafter Gasentwickelung; sie ist in Wasser und Aether fast unlöslich, in heissem Alkohol schwer löslich, wird von heissem Eisessig und von einer heissen Ammoniumacetatlösung leicht aufgenommen. Von verdünnten Alkalien und Ammoniak wird sie leicht gelöst; concentrirte Natronlauge scheidet das Natriumsalz in schönen gelben Nadeln ab. Die wässerige Lösung der Salze färbt Wolle und Seide schön gelb; bei der Behandlung mit Säuren tritt die Farbe noch deutlicher auf der Faser hervor.

In alkalischer Lösung wird die Verbindung durch Zinkstaub oder Natriumamalgam sehr rasch entfärbt und wahrscheinlich in ähnlicher Weise reducirt wie das Phenylglucosazon.

Verbindung des Phenylsenföls mit m-Hydrazinbenzoësäure, $CO_2H \cdot C_6H_4 \cdot N_2H_2 \cdot CS \cdot NH \cdot C_6H_5$.

Versetzt man die Lösung der Hydrazinbenzoësäure in Eisessig mit der berechneten Menge Phenylsenföl, erwärmt kurze Zeit auf dem Wasserbad und versetzt mit Wasser, so fällt ein krystallinischer Niederschlag, der für die Analyse aus Alkohol umkrystallisirt wurde.

0,1525 g Substanz gaben 20,35 cbcm N bei 747,0 mm und 25°.

$C_{14}H_{13}N_3O_2$. Ber. N 14,63. Gef. N 14,62.

Die Verbindung ist die Carbonsäure des Diphenylsulfosemicarbazids[1]). Sie krystallisirt in schönen farblosen Nadeln, welche bei 204 bis 205° (uncorrigirt) unter Gasentwickelung schmelzen.

---

[1]) E. Fischer, Liebigs Ann. d. Chem. **190**, 122. (S. 243.)

60. Adolf Schlieper: Indole aus β-Naphtylhydrazin.
Liebigs Annalen der Chemie 236, 174 [1886].
(Eingelaufen den 16. August 1886.)

Das von Emil Fischer beschriebene β-Naphtylhydrazin[1]) verbindet sich analog den einfachen Basen mit den Ketonen und Ketonsäuren und diese Producte werden durch Zinkchlorid unter denselben Bedingungen wie die Derivate des Phenylhydrazins in indolartige Körper verwandelt, welche als Naphtindole bezeichnet werden mögen. Die betreffenden Producte zeigen die grösste Aehnlichkeit mit dem Indol und seinen einfachen Derivaten und man darf deshalb annehmen, dass sie die gleiche Constitution besitzen. Da aber die in der β-Stellung befindliche Hydrazingruppe zwei verschiedene Orthostellungen hat, so bleibt es zweifelhaft, an welcher Stelle bei der Schliessung des Indolringes die Kohlenstoffkette des Ketons eingreift. — Für das β-Naphtindol bleibt also die Wahl zwischen folgenden Formeln:

Genauer untersucht wurden das β-Naphtindol und seine Carbonsäure, welche beide aus der β-Naphtylhydrazinbrenztraubensäure entstehen, und ferner sein Monomethylderivat, das aus dem Acetonproduct erhalten wird.

Das β-Naphtylhydrazin wurde nach der von E. Fischer für die α-Verbindung gegebenen Vorschrift dargestellt. Die Ausbeute beträgt mehr als 80 pC. des angewandten Naphtylamins.

Der Beschreibung der Indole schicke ich diejenige des Ausgangsmaterials voraus.

Aceton-β-naphtylhydrazin.

Das Hydrazin wird in der eben genügenden Menge reinen Acetons unter Erwärmen gelöst; sobald eine Probe alkalische Kupferlösung

---
[1]) Liebigs Ann. d. Chem. 232, 242. (S. 533.)

nicht mehr reducirt, versetzt man mit Wasser und erwärmt die Gesammtflüssigkeit zur Verjagung des überschüssigen Acetons auf dem Wasserbad. Nach dem Erkalten erstarrt das abgeschiedene dunkelrothe Oel krystallinisch. Das Product wird mit Wasser gewaschen, abgepresst und in heissem Ligroïn gelöst. Beim Erkalten scheidet sich die Verbindung in schön ausgebildeten, hellgelb gefärbten Prismen ab, welche bei 65,5° schmelzen und für die Analyse im Vacuum getrocknet wurden.

0,3858 g gaben 48,1 cbcm Stickstoff bei 20° und 751 mm Druck.
$C_{10}H_7 \cdot N_2H = C(CH_3)_2$.   Ber. N 14,14.   Gef. N 14,09.

Die Verbindung ist in Alkohol, Aether, Benzol, Aceton und heissem Ligroïn leicht löslich. Sie wird auch von verdünnter Salzsäure in der Kälte ziemlich leicht gelöst und durch Alkalien unverändert wieder gefällt. An der Luft oxydirt sie sich ausserordentlich rasch und zerfliesst dabei zu einem dunkelen Oel. Sie wird deshalb am besten in luftdicht schliessenden Gefässen in einer Kohlensäureatmosphäre aufbewahrt.

Aethyliden-β-naphtylhydrazin.

Versetzt man drei Theile fein zerriebener Base mit zwei Theilen frisch destillirtem Acetaldehyd, so findet eine lebhafte Reaction statt und die vorübergehend breiartige Masse erstarrt fast vollständig. Sie wird mit Wasser gewaschen und in heissem Alkohol gelöst. Beim Erkalten scheidet sich die Verbindung in röthlich gefärbten, schön ausgebildeten Krystallen ab, die durch wiederholtes Umkrystallisiren nahezu farblos erhalten werden und dann meist die Form von dreieckigen Tafeln zeigen. Für die Analyse wurde das Präparat im Vacuum getrocknet.

0,260 g gaben 35,5 cbcm Stickstoff bei 21° und 750 mm Druck.
$C_{10}H_7 \cdot N_2H = C{\diagup CH_3 \atop \diagdown H}$.   Ber. N 15,21.
   Gef. ,, 15,33.

Die Verbindung schmilzt bei 128 bis 129°; sie ist in Aether und Ligroïn sehr schwer, in heissem Alkohol, Benzol und Choroform leicht löslich. Sie reducirt alkalische Kupferlösung nicht und regenerirt beim Erwärmen mit concentrirter Salzsäure Naphtylhydrazin. An der Luft hält sie sich länger wie das Acetonproduct, färbt sich jedoch auch mit der Zeit gelb bis braun.

β-Naphtylhydrazinbrenztraubensäure.

Die Verbindung entsteht sowohl aus der freien Base als ihren Salzen. Schön krystallisirt erhält man sie sofort nach folgendem Verfahren:

Das Hydrazin wird in der sechsfachen Menge heissen Alkohols gelöst und etwas mehr als die berechnete Menge Brenztraubensäure zugesetzt. Beim Erkalten scheidet sich dann die Verbindung ziemlich vollständig in gelben Nadeln ab. Die Analyse der bei 100° getrockneten Substanz gab folgende Zahlen:

0,287 g gaben 31,83 cbcm Stickstoff bei 22° und 748 mm Druck.

$$C_{10}H_7 \cdot N_2H = C \begin{matrix} CH_3 \\ COOH \end{matrix} \cdot \quad \begin{matrix} \text{Ber. N 12,28.} \\ \text{Gef. ,, 12,36.} \end{matrix}$$

Die Säure schmilzt bei 166° unter Abspaltung von Kohlensäure. Sie ist in heissem Wasser, Aether und Ligroïn sehr schwer, in heissem Alkohol und Eisessig ziemlich leicht löslich. Beim Kochen mit concentrirten Säuren wird sie zersetzt. Von verdünnten Alkalien und Ammoniak wird sie leicht aufgenommen.

Der Aethylester der Säure, der für die Synthese des Naphtindols zur Anwendung kam, entsteht sehr leicht, wenn man dieselbe mit der zehnfachen Gewichtsmenge eines Gemisches aus 9 Theilen Alkohol und einem Theil concentrirter Schwefelsäure etwa eine Stunde am Rückflusskühler erwärmt. Auf Zusatz von Wasser fällt der Ester als Oel nieder, welches nach einiger Zeit zu einer gelblichen Krystallmasse erstarrt, die dann aus heissem verdünntem Alkohol umkrystallisirt wird. Die Ausbeute ist nahezu quantitativ.

Der Ester bildet feine gelbe Nadeln, die bei 131° schmelzen. Er ist in Alkohol, Aether, Benzol und Eisessig leicht, in Ligroïn viel schwerer löslich.

β-Naphtindol.

In kleiner Menge entsteht diese Verbindung beim Schmelzen des Aethyliden-β-Naphtylhydrazins mit der gleichen Menge Chlorzink; in weit besserer Ausbeute wird dieselbe aus dem β-Naphtylhydrazinbrenztraubensäureäthylester gewonnen. Als Zwischenproduct bildet sich im letzteren Fall β-Naphtindolcarbonsäure, die aber bei der hohen Temperatur der Schmelze zum grössten Theil ihr Carboxyl als Kohlensäure verliert und in das Indol selbst übergeht. Sie wurde aus diesem Grund immer nur als Nebenproduct beobachtet und ihre Menge war um so geringer, je grössere Mengen des Esters auf einmal verarbeitet wurden.

Handelt es sich nur um die Darstellung des Naphtindols, so werden 5 g Naphtylhydrazinbrenztraubensäureäthylester mit der gleichen Menge trockenen Chlorzinks gemischt und im Oelbad auf 195° erhitzt. Die Masse schmilzt und nach 1 bis 2 Minuten erfolgt eine lebhafte Reaction, wobei die Schmelze stark aufschäumt und eine grün-schwarze Färbung annimmt. Sobald diese Erscheinung vorüber ist, unterbricht man die Operation. Die Schmelze wird zunächst gepulvert, mit Wasser unter Zusatz von etwas Salzsäure behandelt und direct mit Aether ausgezogen, wobei eine dunkele harzige Masse ungelöst bleibt. Der ätherische Auszug wird sodann mit verdünnter Natronlauge durchgeschüttelt, der Aether verdampft und das zurückbleibende dunkelgrüne Oel unter vermindertem Druck destillirt. Dabei geht das Naphtindol als gelbes Oel über. Zur völligen Reinigung ist es nöthig, die so gewonnene Verbindung in das gut krystallisirende Pikrat überzuführen. Zu dem Zweck wird das Oel mit Pikrinsäure in Benzollösung zusammengebracht; bei genügender Concentration fällt das Pikrat sofort in dunkelrothen, sehr feinen Nadeln aus. Dasselbe wird filtrirt, abgepresst und zweimal aus siedendem Benzol umkrystallisirt. — Zur Umwandlung in das Indol wird das Pikrat mit verdünntem Ammoniak auf dem Wasserbad behandelt, das abgeschiedene Oel mit Aether aufgenommen, der ätherische Auszug zur Entfernung geringer Mengen Pikrinsäure mit Natronlauge durchgeschüttelt und verdampft. Destillirt man den Rückstand bei 200 mm Druck, so geht das reine Naphtindol als hellgelbes Oel über. Die Ausbeute beträgt etwa 7 pC. des angewandten Naphtylhydrazinbrenztraubensäureesters. Die Analyse gab folgende Zahlen:

0,3083 g gaben 0,977 CO_2 und 0,1565 H_2O. — 0,347 g gaben 25,7 cbcm Stickstoff bei 22° und 744 mm Druck.

$C_{10}H_6 \cdot NH \cdot (CH)_2$. Ber. C 86,22, H 5,39, N 8,38.
Gef. ,, 86,42, ,, 5,64, ,, 8,21.

Das Naphtindol siedet unter gewöhnlichem Druck oberhalb 360°, unter dem Druck von 18 mm bei 222° (Quecksilberfaden ganz im Dampf). In Alkohol, Aether, Benzol, Eisessig ist es leicht, in Ligroïn schwer löslich; alle diese Lösungen zeigen eine grünblaue Fluorescenz; in Wasser ist es ebenfalls noch etwas löslich und zwar in der Wärme mehr als in der Kälte. Die kalte wässerige Lösung giebt auf Zusatz von Pikrinsäure einen rothen flockigen Niederschlag des Pikrats. Der Geruch der Verbindung ist sehr schwach und hat mit dem des Indols keine Aehnlichkeit. Imprägnirt man den Fichtenspan mit seiner alkoholischen Lösung, so färbt sich derselbe beim Eintauchen in Salzsäure intensiv blauviolett; die Färbung ist ähnlich derjenigen, welche die phenylirten Indole geben.

Die Lösung der Verbindung in Eisessig färbt sich auf Zusatz von Natriumnitrit dunkelroth und beim Verdünnen mit Wasser scheidet sich ein braungelber flockiger Niederschlag ab. Das Verhalten gegen rothe Salpetersäure ist nicht so charakteristisch wie beim Indol. Versetzt man die Lösung in Eisessig tropfenweise mit starker rother Salpetersäure, so scheidet sich ein ganz dunkel gefärbter amorpher Niederschlag ab.

Sehr bemerkenswerth ist die Wirkung der Salzsäure; mit concentrirter Salzsäure erwärmt, verwandelt sich das ölige Indol in eine feste Masse. In schönen farblosen krystallinischen Flocken erhält man die gleiche Verbindung, wenn man die kalte essigsaure Lösung des Indols mit starker Salzsäure versetzt und Wasser zufügt. Der neue Körper ist in Wasser und Aether nahezu unlöslich, dagegen leicht löslich in Alkohol und Eisessig. Er verdient eine nähere Untersuchung.

Gegen oxydirende Agentien ist das β-Naphtindol sehr empfindlich; von Eisenchlorid wird es bei gelinder Wärme und von Chromsäure schon in der Kälte in complicirte feste Producte verwandelt.

Charakteristisch für die Verbindung ist das Pikrat. Dasselbe krystallisirt, wie schon erwähnt, aus heissem Benzol in feinen dunkelrothen Nädelchen. Die Analyse hat keine scharfen Resultate ergeben, deutet aber doch darauf hin, dass die Verbindung die untenstehende Zusammensetzung hat.

0,203 g gaben 0,4157 CO_2 und 0,0663 H_2O.

$C_{10}H_6 \cdot NH \cdot (CH)_2 \cdot C_6H_2(NO_2)_3OH$. Ber. C 54,54, H 3,03.
Gef. ,, 55,84, ,, 3,62.

In kaltem Wasser ist das Pikrat so gut wie unlöslich; in heissem Wasser löst es sich ebenso wie das Pikrat des Indols mit schwach gelber Farbe und krystallisirt beim Erkalten wieder in feinen rothen Nädelchen aus.

β-Naphtindolcarbonsäure.

Die Säure entsteht als Nebenproduct bei der Darstellung des Naphtindols, wenn man mit kleinen Mengen arbeitet. Will man dieselbe gewinnen, so schmilzt man immer nur 1 g β-Naphtylhydrazinbrenztraubensäureäthylester mit 1 bis 2 g Chlorzink in der früher beschriebenen Weise. Die Carbonsäure findet sich dann als Aethylester in dem mit Aether extrahirten und später destillirten Naphtindol. Um sie zu isoliren wird das Product eine halbe Stunde mit einer alkoholischen Lösung von Aetzkali gekocht, der Alkohol verdampft, der Rückstand mit Wasser aufgenommen, vom ungelösten Indol abfiltrirt und endlich die alkalische Lösung angesäuert. Dabei scheidet sich die Carbonsäure als braun gefärbter krystallinischer Niederschlag ab. Dieselbe wird in verdünntem Ammoniak gelöst, mit Thierkohle gekocht, wieder mit Säure abgeschieden und dann entweder aus verdünntem Eisessig oder aus Aether umkrystallisirt. Die so gewonnene Verbindung bildet feine glänzende, in reinem Zustand fast farblose Blättchen. Für die Analyse wurde sie bei 100° getrocknet.

0,2228 g gaben 0,6018 CO_2 und 0,096 H_2O. — 0,341 g gaben 20,4 cbcm Stickstoff bei 21° und 753 mm Druck.

$C_{10}H_6 \cdot NH \cdot CH : C \cdot COOH$. Ber. C 73,93, H 4,26, N 6,63.
Gef. ,, 73,67, ,, 4,78, ,, 6,74.

Die Säure schmilzt bei 226° unter Kohlensäureentwickelung. Sie ist in Wasser nahezu unlöslich, in Aether und kaltem Eisessig schwer, in heissem Eisessig und Alkohol beträchtlich leichter löslich.

Das Natriumsalz ist in kaltem Wasser sehr schwer löslich und krystallisirt aus seiner heissen Lösung in feinen glänzenden Nadeln oder Blättchen. Viel leichter löslich ist die Kaliumverbindung; durch überschüssiges Alkali wird dieselbe jedoch ebenfalls krystallinisch gefällt. Das Ammonsalz ist sehr leicht löslich. Seine neutrale Lösung giebt mit salpetersaurem Silber einen weissen flockigen, mit Chlorbaryum einen weissen krystallinischen Niederschlag, welch' letzterer auch in heissem Wasser nur wenig löslich ist und daraus in feinen glänzenden Blättchen krystallisirt.

Die Säure giebt die Fichtenspanreaction nicht.

Versetzt man ihre kalte Lösung in Eisessig mit concentrirter Salpetersäure, so fällt ein neuer, intensiv gelb gefärbter Körper in feinen, meist warzenförmig vereinigten Nädelchen aus, welcher sich in Alkalien mit tiefrother Farbe löst.

Die alkalische Lösung giebt mit überschüssigem Bromwasser versetzt einen gelben körnigen Niederschlag. — Vielleicht gelingt es, auf diesem Weg das Isatin der Naphtalinreihe zu gewinnen.

Pr2-Methyl-β-Naphtindol.

Aceton-β-Naphtylhydrazin wird mit der doppelten Menge Chlorzink gemischt und im Oelbad auf 175° erhitzt; nach ein bis zwei Minuten erkennt man das Eintreten der Reaction an der dunkelen Färbung und dem Aufschäumen der Masse. In kürzester Zeit ist die Einwirkung vollendet. Die Schmelze wird jetzt zerrieben, mit Wasser unter Zusatz von etwas Schwefelsäure behandelt und mit Aether ausgeschüttelt, wobei ein dunkeles Harz ungelöst bleibt. Der ätherische Auszug wird verdunstet und der Rückstand mit Benzol aufgenommen. Dabei bleibt eine neue Menge von Harz zurück. Die Benzollösung hinterlässt beim Verdampfen ein grünlich-braunes zähes Oel, welches bei 200 mm Druck destillirt wird, bis der Rückstand in der Retorte starke Zersetzung zeigt. Die Menge des Destillats beträgt 40 pC. vom angewandten Acetonnaphtylhydrazin. Dasselbe wird von neuem fractionirt; dabei geht zunächst eine kleine Menge eines dunkler gefärbten Oeles über, später destillirt das Methylnaphtindol als hellgelbes zähes Oel. Dieses Präparat gab bei der Analyse folgende Zahlen:

0,2565 g gaben 0,8075 CO_2 und 0,1565 H_2O. — 0,297 g gaben 20,7 cbcm Stickstoff bei 21° und 746 mm Druck.

$C_{10}H_6 \cdot NH \cdot CH : C \cdot CH_3$. Ber. C 86,18, H 6,07, N 7,73.
Gef. ,, 85,86, ,, 6,77, ,, 7,78.

Das Monomethylnaphtindol siedet unter dem Druck von 223 mm zwischen 314 und 320°. Es zeigt mit dem Naphtindol die grösste Aehnlichkeit. An der Luft färbt es sich bald dunkel. In Wasser ist es sehr wenig löslich und mit Wasserdämpfen recht schwer flüchtig. Sein Geruch ist schwach und keineswegs fäcalartig. Es löst sich leicht in Alkohol, Aether, Benzol. Auch von heissem Ligroïn wird es ziemlich leicht aufgenommen; dabei bleiben die schmierigen Beimengungen ungelöst.

Die Verbindung färbt den Fichtenspan ebenso wie das Naphtindol. Ihr Pikrat krystallisirt aus heissem Benzol sehr leicht in feinen rothbraunen Nadeln, welche unzersetzt bei 176° schmelzen und zur Erkennung der Verbindung benutzt werden können. In Eisessiglösung mit Natriumnitritlösung zusammengebracht wird sie leicht angegriffen und auf Zusatz von Wasser fällt ein brauner flockiger Niederschlag aus. Die Reaction verläuft also ganz ähnlich wie beim Methylketol.

Durch nascirenden Wasserstoff wird die Verbindung glatt in die Hydrobase $C_{13}H_{13}N$ verwandelt.

Hydromethyl-β-Naphtindol.

Das Indol wird in alkoholischer Lösung so lange mit Zinkstaub und starker Salzsäure auf dem Wasserbad behandelt, bis eine Probe der Lösung die blauviolette Fichtenspanreaction nicht mehr zeigt. Die Operation dauert in der Regel ein bis zwei Stunden. Die filtrirte Lösung wird dann mit Wasser verdünnt, mit Natronlauge übersättigt, mit Aether ausgezogen und das beim Verdampfen des ätherischen Auszuges zurückbleibende Oel unter vermindertem Druck destillirt. Behandelt man dasselbe mit kalter sehr verdünnter Salzsäure, so geht die Hydrobase völlig in Lösung, während alle nicht basischen Producte zurückbleiben. Aus der filtrirten sauren Lösung fällt dann durch Alkali das Hydromethyl-β-Naphtindol als fast farbloses Oel, welches mit absolutem Aether aufgenommen und für die Analyse nochmals im Vacuum destillirt wurde.

0,3236 g gaben 1,0072 CO_2 und 0,218 H_2O.

$C_{10}H_6 \cdot CH_2 : CH \cdot CH_3 \cdot NH$. Ber. C 85,24, H 7,1.
Gef. ,, 84,88, ,, 7,48.

Die Base bildet ein goldgelbes Oel, welches bei 20 mm Druck zwischen 190 und 200° siedet, in ätherischer Lösung stark blaue Fluorescenz zeigt, in einer Kältemischung nicht erstarrt und einen kaum merklichen Geruch besitzt. Von dem Indol unterscheidet sie sich durch ihre ausgeprägt basische Natur.

Ihre Salze mit Mineralsäuren sind in Wasser äusserst leicht löslich. Das Sulfat wird aus der alkoholischen Lösung durch Aether als Oel gefällt, welches nach einiger Zeit krystallinisch erstarrt. Das Pikrat scheidet sich aus der heissen Lösung in Benzol in schönen gelben, zu kugeligen Aggregaten vereinten Nadeln ab. In Wasser und Alkohol ganz unlöslich ist das Chloroplatinat. Es fällt aus der salzsauren Lösung der Base durch Platinchlorid als schmutzig gelber flockiger Niederschlag.

Die Hydrobase reducirt die Lösung von salpetersaurem Silber beim Erwärmen sehr stark und liefert mit salpetriger Säure ein öliges Nitrosamin. In allen diesen Reactionen zeigt sie völlige Analogie mit dem Hydromethylketol.

61. Carl Bülow: Ueber einige Verbindungen des Phenylhydrazins.

Liebigs Annalen der Chemie **236**, 194 [1886].

(Eingelaufen den 16. August 1886.)

Amidartige Verbindungen des Phenylhydrazins entstehen, wie E. Fischer[1]) an mehreren Beispielen gezeigt hat, durch Combination der Base mit den Anhydriden, Chloriden und Estern der organischen Säuren und endlich auch durch Erhitzen mit den freien Säuren selbst.

Letztere Methode ist bei weitem die einfachste, und ich habe sie deshalb benutzt, um einige complicirtere Säurehydrazide darzustellen, in der Hoffnung, daraus weitere interessante Condensationsproducte zu erlangen.

Analysirt wurden die Phenylhydrazide der Aepfelsäure, Weinsäure, Schleimsäure und Phenylessigsäure und das erste Hydrazid des Oxaläthers.

Die vier ersten Producte entstehen durch Erhitzen der freien Säuren mit der für das neutrale Salz berechneten Menge Phenylhydrazin im Oelbad auf 120 bis 140°.

Die Reaction ist beendet, wenn kein Wasser mehr entweicht. Die Schmelze wird erst mit verdünnter Essigsäure, dann mit kohlensaurem Ammoniak behandelt und das zurückbleibende Hydrazid aus dem geeigneten Lösungsmittel umkrystallisirt.

Diese Producte zeigen fast alle die Reactionen des Monobenzoylphenylhydrazins. Charakteristisch ist folgende, bisher nicht beobachtete Farbenreaction. Löst man die Hydrazide in concentrirter Schwefelsäure und fügt ein oxydirendes Agens z. B. Eisenchlorid, salpetrige Säure, chromsaures Kali u. s. w. hinzu, so entsteht eine sehr starke, roth bis blauviolette Färbung.

Aepfelsäurediphenylhydrazid.

Dasselbe krystallisirt aus heissem verdünnten Alkohol in silberglänzenden Blättchen, welche bei 213° schmelzen und die Formel:

$$(C_6H_5 \cdot N_2H_2 \cdot CO)_2 \cdot C_2H_3OH$$

besitzen. Es wurde zur Analyse bei 100° getrocknet.

---

[1]) Liebigs Ann. d. Chem. **190**, 125 ff. (S. 245.)

0,156 g Substanz gaben 0,3485 CO_2 und 0,0812 H_2O. — 0,1181 g Substanz gaben 18,7 cbcm N bei 752 mm und 22°.

$C_{16}H_{18}N_4O_3$. Ber. C 61,14, H 5,73, N 17,83.
Gef. ,, 60,93, ,, 5,78, ,, 17,75.

Die Verbindung ist in Wasser und Aether schwer, in Alkohol und Eisessig leicht löslich.

Weinsäurediphenylhydrazid.

Die Substanz krystallisirt aus absolutem Alkohol oder Eisessig in schönen glänzenden Blättchen vom Schmelzpunkt 226°. Sie hat die Zusammensetzung:
$(C_6H_5 \cdot N_2H_2)_2(CO)_2(CH \cdot OH)_2$.

0,1426 g Substanz gaben 21,4 cbcm N bei 751 mm und 21°.

$C_{16}H_{18}N_4O_4$. Ber. N 16,97. Gef. N 16,67.

Schleimsäurediphenylhydrazid, $(C_4H_4(OH))_4(CO \cdot N_2H_2 \cdot C_6H_5)_2$.

Die Verbindung ist in den meisten Lösungsmitteln sehr schwer löslich, leicht löslich aber in siedendem Phenylhydrazin, woraus sie in schönen rein weissen Blättchen erhalten werden kann, die für die Analyse mit Alkohol und Aether wiederholt ausgekocht und bei 100° getrocknet wurden.

0,1578 g Substanz gaben 0,3208 CO_2 und 0,0805 H_2O. — 0,1494 g Substanz gaben 19,2 cbcm N bei 752 mm und 22°.

$C_{18}H_{22}N_4O_6$. Ber. C 55,38, H 5,64, N 14,36.
Gef. ,, 55,44, ,, 5,66, ,, 14,40.

Ihr Schmelzpunkt liegt bei 238 bis 240°.

Phenylessigsäurephenylhydrazid, $C_6H_5 \cdot CH_2 \cdot CO \cdot N_2H_2 \cdot C_6H_5$, krystallisirt aus heissem Alkohol in rein weissen flachen Spiessen, die bei 168 bis 169° schmelzen.

Bei 100° getrocknet lieferten:

0,1368 g Substanz 0,3746 CO_2 und 0,0775 H_2O. — 0,2075 g Substanz 22,7 cbcm N bei 21° und 751 mm.

$C_{14}H_{14}N_2O$. Ber. C 74,34, H 6,19, N 12,39.
Gef. ,, 74,68, ,, 6,29, ,, 12,30.

Die Verbindung ist in Wasser schwer, in Alkohol, Eisessig leicht löslich.

Oxalsäuremonophenylhydrazidäthylester.
$C_6H_5 \cdot N_2H_2 \cdot CO \cdot CO_2 C_2H_5$.

Der Körper entsteht, wenn man Oxalsäureester in alkoholischer Lösung mit Phenylhydrazin bis zum beginnenden Sieden erhitzt. Beim

Erkalten krystallisirt der Ester in quadratcentimetergrossen Blättern vom Schmelzpunkt 119° heraus.

0,207 g Substanz gaben 0,4385 CO_2 und 0,1103 H_2O. — 0,18985 g Substanz gaben 22,3 cbcm N bei 753 mm und 21°.

$C_{10}H_{12}O_3N_2$. Ber. C 57,69, H 5,77, N 13,46.
Gef. ,, 57,77, ,, 5,92, ,, 13,25.

Benzilmonophenylhydrazin. $C_6H_5 \cdot C(N_2H \cdot C_6H_5) \cdot CO \cdot C_6H_5$.

Pickel[1]) erhielt aus Benzil und Phenylhydrazin das Benzildiphenylhydrazin.

Nimmt man anstatt zweier Molecule Hydrazin eins und erwärmt auf dem Wasserbad nur so lange, bis eine rein gelbe Färbung entstanden ist, lässt alsdann erkalten und fügt essigsäurehaltiges Wasser hinzu, so scheidet sich die Monophenylhydrazinverbindung als zähe Masse ab, die aus Alkohol in grossen gelben Spiessen vom Schmelzpunkt 128 bis 129° krystallisirt.

0,1625 g Substanz gaben 13,75 cbcm N bei 751 mm und 22°. — 0,164 g Substanz gaben 0,4805 CO_2 und 0,0794 H_2O.

$C_{20}H_{16}N_2O$. Ber. N 9,33, C 80,00, H 5,33.
Gef. ,, 9,48, ,, 79,91, ,, 5,38.

---

[1]) Liebigs Ann. d. Chem. **232**, 230. (S. *524*.)

62. Emil Fischer: Notizen über die Hydrazine.

Liebigs Annalen der Chemie **236**, 198 [1886].

(Eingelaufen den 16. August 1886.)

1) **Phenylhydrazin.** — Die Base wird jetzt fabrikmässig dargestellt und ich habe eine grössere Quantität des käuflichen Products benutzt, um ihre Eigenschaften von Neuem zu bestimmen.

Bei der Destillation unter gewöhnlichem Druck erleidet das Phenylhydrazin ebenso wie die meisten seiner Derivate eine geringe Zersetzung, wobei etwas Ammoniak gebildet wird. Es ist deshalb rathsam, die Base unter vermindertem Druck zu destilliren. Bei 35 mm Druck siedet sie ganz unzersetzt. Ich habe mit einem derartigen Präparat nochmals das specifische Gewicht und den Siedepunkt bestimmt. Das specifische Gewicht der Base ist 1,097 bei 22,7°, bezogen auf Wasser von 4°. Der Siedepunkt liegt bei 241 bis 242° (Quecksilberfaden ganz im Dampf) unter dem Druck von 750 mm.

2) **Methylphenylhydrazin.** — Für die Darstellung grösserer Mengen dieser Base habe ich das früher[1] angegebene Verfahren etwas abgeändert. Die Reduction des Nitrosamins gelingt in wässeriger Lösung ebenso gut wie in alkoholischer. Bei einer grösseren Operation, welche ich gemeinschaftlich mit Herrn A. Schlieper in den Farbwerken zu Höchst ausführte, kamen folgende Mengen zur Anwendung:

Ein Gemisch von 5 kg käuflichen Methylphenylnitrosamins und 10 kg Eisessig wurde in kleinen Portionen unter fortwährendem Umrühren in ein Gemenge von 35 kg Wasser und 20 kg Zinkstaub eingetragen. Die Operation dauerte mehrere Stunden, die Temperatur der Flüssigkeit wurde durch Zusatz von Eis zwischen 10 und 20° gehalten. Dazu waren nicht weniger als 45 kg Eis nöthig. Nachdem das Gemisch unter öfterem Umrühren noch einige Stunden bei gewöhnlicher Temperatur gestanden, wurde es zur Vollendung der Reduction bis nahe zum Sieden erwärmt, nach einiger Zeit heiss filtrirt und der zurückbleibende Zinkstaub mehrmals mit warmer stark verdünnter Salzsäure ausgezogen. Aus der sauren Lösung wird die Base am besten

---
[1] Liebigs Ann. d. Chem. **190**, 153. (S. *264*.)

in der Wärme durch einen grossen Ueberschuss sehr concentrirter Natronlauge abgeschieden und mit Aether mehrmals extrahirt. Beim Verdampfen des letzteren bleibt ein dunkeles Oel, welches zum grössten Theil aus Hydrazin besteht, aber ausserdem auch Methylanilin enthält. Aus 5 kg Nitrosamin wurden 2185 g der Rohbase erhalten. Die anderen Producte der Reaction habe ich nicht untersucht. Aus der rohen Base wurde nach dem früheren Verfahren das reine Sulfat dargestellt. Die Menge desselben betrug 2085 g, mithin 41,7 pC. vom angewandten Nitrosamin. Aus dem Sulfat gewinnt man durch Natronlauge die Base als schwach gefärbtes Oel. Dieselbe wird ebenfalls am besten unter vermindertem Druck destillirt.

Bei 35 mm Druck siedet das Methylphenylhydrazin constant bei 131° (Quecksilberfaden ganz im Dampf) und das Destillat ist ein wasserklares, ganz farbloses, stark lichtbrechendes Oel.

Bei 745 mm Druck siedet dieses Präparat ebenfalls constant bei 227° (Quecksilberfaden ganz im Dampf)[1]. Unter diesen Umständen färbt sich jedoch die Base stets etwas gelb und das Destillat enthält sehr kleine Mengen von Ammoniak.

---

[1] Früher wurde der Siedepunkt bei 715 mm Druck zwischen 222 und 224° gefunden. Liebigs Ann. d. Chem. **190**, 155. (*S. 266.*)

63. Emil Fischer: Ueber einige Reactionen der Indole.

Berichte der Deutschen Chemischen Gesellschaft **19**, 2988 [1886].

(Eingegangen am 25. November.)

Die Aehnlichkeit des Indols mit dem Pyrrol ist so gross, dass man erwarten darf, die bei dem einen beobachteten Reactionen meist bei dem andern wiederzufinden. Die folgenden Versuche bestätigen dies für die jetzt leicht zugänglichen drei Methylindole[1]), welche ich vergleichsweise auf ihr Verhalten gegen Aldehyde, Säureanhydride und Diazokörper geprüft habe.

Das Methylketol wird von diesen Agentien am leichtesten angegriffen und liefert die schönsten Derivate; am nächsten steht ihm das Pr 1ⁿ-Methylindol, während das Skatol nicht allein schwieriger reagirt, sondern auch zum Theil anders constituirte Producte giebt.

Einwirkung der Aldehyde.

Erhitzt man 1 Theil Bittermandelöl mit 2 Theilen Methylketol auf dem Wasserbade, so trübt sich das Gemisch und erstarrt bald zu einer schwach röthlich gefärbten Krystallmasse. Beim Auskochen mit Alkohol wird dieselbe weiss. Die Verbindung, welche aus Aceton sehr schön krystallisirt, hat die Zusammensetzung $C_6H_5 \cdot CH : (C_9H_8N)_2$ und entsteht in nahezu quantitativer Ausbeute aus 1 Molekül Benzaldehyd und 2 Molekülen Methylketol durch Austritt von Wasser.

Aehnlich verläuft die Wirkung des Paraldehyds; erwärmt man denselben mit Methylketol unter Zusatz von sehr wenig Chlorzink auf dem Wasserbade, so erstarrt das Gemisch ebenfalls sehr bald. Das Product krystallisirt leicht aus heissem Alkohol oder Aceton, wurde aber noch nicht analysirt.

Die Vereinigung des Bittermandelöls mit dem Pr 1ⁿ- Methylindol vollzieht sich bei 100° äusserst langsam; setzt man aber eine kleine Menge Chlorzink zu, so ist in $^1/_2-^3/_4$ Stunden die Flüssigkeit zu einer rothen krystallinischen Masse erstarrt. Das Product, welches aus Aceton prächtig krystallisirt und bei 197° schmilzt, ist isomer mit der Verbindung des Methylketols.

---
[1]) Vergl. E. Fischer, Ann. Chem. Pharm. **236**, 116. (S. *542*.)

Skatol und Bittermandelöl verbinden sich erst beim längeren Erwärmen auf dem Wasserbade bei Zusatz von Chlorzink. Das Rohproduct ist ein zähes Harz. Wird dasselbe in wenig heissem Alkohol gelöst, so scheiden sich in der Kälte farblose schöne Krystalle ab, welche sich aber von den vorher beschriebenen Producten durch die viel grössere Löslichkeit und den niedrigen Schmelzpunkt unterscheiden. Ihre Zusammensetzung ist noch nicht festgestellt.

Die Aehnlichkeit von Methylketol und dem Pr 1n-Methylindol einerseits und das etwas abweichende Verhalten des Skatols andrerseits machen es wahrscheinlich, dass bei der Vereinigung der beiden ersten Indole mit dem Benzaldehyd der Wasserstoff Pr3 substituirt wird. Wenn diese Vermuthung richtig ist, so würde das Benzylidenmethylketol folgende Constitution haben:

$$C_6H_5 \cdot CH \begin{cases} \begin{array}{c} CH_3 \cdot C \cdot NH \\ \parallel \quad | \\ C\!\!-\!\!-\!\!C_6H_4 \\ \\ C\!\!-\!\!-\!\!C_6H_4 \\ \parallel \quad | \\ CH_3 \cdot C \cdot NH \end{array} \end{cases}.$$

Einwirkung der Säureanhydride.

Gleiche Theile Phtalsäureanhydrid und Methylketol schmelzen auf dem Wasserbade zu einer klaren Flüssigkeit, welche auf Zusatz von wenig Chlorzink nach $1/2-3/4$ Stunden zu einer rothen Krystallmasse erstarrt. Das Product wurde mit Wasser ausgekocht und aus heissem Alkohol umkrystallisirt.

Die Verbindung entsteht durch Vereinigung von Phtalsäureanhydrid und Methylketol und hat die Zusammensetzung $C_9H_9N \cdot C_8H_4O_3$. Sie verwandelt sich etwas über 200° erhitzt unter Entwicklung von Kohlensäure in eine tiefrothe Flüssigkeit. In Alkalien löst sie sich leicht und wird durch Säuren wieder gefällt.

Es liegt nahe, die Verbindung als eine Säure von der Formel $C_9H_8N \cdot CO \cdot C_6H_4 \cdot CO_2H$ zu betrachten. Es bleibt aber vorläufig zweifelhaft, ob das Carbonyl am Stickstoff oder an einem Kohlenstoff des Methylketols haftet; denn das tertiäre Pr 1n-Methylindol liefert mit Phtalsäureanhydrid bei Gegenwart von Chlorzink auf dem Wasserbade erhitzt ein krystallisirtes Product, welches in Alkalien unlöslich und also offenbar anders constituirt ist.

Ueber die Wirkung des Essigsäureanhydrids auf Methylketol bei Gegenwart von Natriumacetat liegen bereits Versuche von Jackson[1])

---
[1]) Berichte d. D. Chem. Gesellsch. **14**, 880.

vor; derselbe erhielt ein Acetylderivat, welchem er entsprechend der damaligen Kenntniss der Indole folgende Constitution zuschreibt:

$$C_6H_4 \begin{matrix} CH \\ \diagdown C \cdot CH_3 \\ \diagup \\ N \cdot CO \cdot CH_3 \end{matrix}$$

Diese Formel erscheint aber zweifelhaft, seit man weiss[1]), dass das Pyrrol bei der gleichen Behandlung zwei Acetylderivate liefert, von welchen eines das Acetyl an Kohlenstoff gebunden enthält.

In der That verhält sich das Acetylmethylketol gegen Hydrazin nicht wie ein Säureamid, sondern wie ein gewöhnliches Keton.

Erwärmt man eine wässrig-alkoholische Lösung der Verbindung mit salzsaurem Phenylhydrazin und Natriumacetat auf dem Wasserbade, so scheidet sich bald ein Oel ab, aus welchem leicht ein schön krystallisirender Körper von der Formel $C_{17}H_{17}N_3$ gewonnen wird. Derselbe entsteht aus gleichen Molekeln Acetverbindung und Hydrazin unter Abspaltung von Wasser.

Da die Säureamide z. B. das Acetanilid unter den gleichen Bedingungen sich nicht mit dem Phenylhydrazin verbinden, so spricht jene Reaction sehr für die Annahme, dass beim Methylketol das Acetyl an den Kohlenstoff und zwar wahrscheinlich an der Stelle Pr3 tritt.

Zu demselben Resultate führt die Untersuchung des Pr 1ⁿ-Methylindols. Dasselbe verwandelt sich ebenfalls in eine Acetverbindung, wenn es mit Essigsäureanhydrid und wenig Chlorzink einige Stunden auf dem Wasserbade erwärmt wird. Die letztere ist dem Acetylmethylketol sehr ähnlich und da sie aus einer tertiären Base entsteht, so kann man nur annehmen, dass das Acetyl an Kohlenstoff gebunden ist.

Aus Analogiegründen darf man wohl dasselbe für das Acetylindol von Baeyer[2]) folgern.

Einwirkung von Diazokörpern.

Methylketol und Diazobenzolchlorid vereinigen sich bei Gegenwart von essigsauren Salzen in wässrig-alkoholischer Lösung leicht und bilden eine Azoverbindung, welche dem Pyrrolazobenzol[3]) sehr ähnlich ist.

Dieselbe hat nach der Analyse des Herrn Ph. Wagner die Formel $C_6H_5N = N \cdot C_9H_8N$ und krystallisirt in gelben Nadeln, welche bei 115—116° schmelzen. Bei der Reduction mit Zinn und Salzsäure liefert sie neben Anilin das ebenfalls leicht krystallisirende und durch sein schwer lösliches Hydrochlorat ausgezeichnete Amidomethylketol.

Bei diesen Versuchen bin ich von Herrn Dr. Rahnenführer unterstützt worden, wofür ich demselben besten Dank sage.

---
[1]) Ciamician und Dennstedt, Berichte d. D. Chem. Gesellsch. **17**, 2944.
[2]) Berichte d. D. Chem. Gesellsch. **12**, 1314.
[3]) O. Fischer und E. Hepp, Berichte d. D. Chem. Gesellsch. **19**, 2251.

64. Emil Fischer und Albert Steche: Methylirung der Indole.
Berichte der Deutschen Chemischen Gesellschaft **20**, 818 [1887].
(Eingegangen am 17. März.)

Erhitzt man ein Theil Methylketol mit $2^1/_2$ Theilen Jodmethyl unter Zusatz von wenig Methylalkohol im geschlossenen Rohr 15 Stunden im Wasserbade, so scheidet die Lösung eine reichliche Menge von farblosen Krystallen ab, welche abgesaugt und mit absolutem Alkohol gewaschen das jodwasserstoffsaure Salz einer Basis $C_{11}H_{13}N$ sind. Beim Uebersättigen mit Alkali entsteht daraus die freie Base, welche mit Wasserdampf übergetrieben, mit Aether extrahirt und nach dem Verdampfen des letzteren destillirt wurde.

Die Analyse des wasserhellen Oeles ergab folgende Zahlen:

$C_{11}H_{13}N$. Ber. C 83,02, H 8,2, N 8,8.
Gef. ,, 82,9, 82,93, 83,16, ,, 8,4, 8,2, 8,3, ,, 9,01.

Die Verbindung entsteht mithin aus dem Methylketol nach folgender Gleichung: $C_9H_9N + 2\,CH_3J = C_{11}H_{13}N + 2\,HJ$.

Sie ist kein Indolderivat mehr, denn sie liefert weder die Fichtenspahnreaction, noch das charakteristische rothe Picrat. Sie ist ferner zum Unterschied von den gewöhnlichen Indolen eine starke Base, welche sich selbst in sehr verdünnten Mineralsäuren leicht und vollständig löst. Von salpetriger Säure wird sie in kalter, saurer Lösung nicht verändert, sie enthält mithin weder Imidwasserstoff, noch den so leicht substituirbaren Wasserstoff der Indolgruppe. Ihr Geruch erinnert auffallend an das Chinolin, und alle Merkmale deuten darauf hin, dass die Verbindung in der That ein Abkömmling des Chinolins ist.

Wenn diese Ansicht richtig ist, wofür allerdings der experimentelle Beweis noch fehlt, so hat man die Basis als ein Dimethyldihydrochinolin zu betrachten, welche das eine Methyl am Stickstoff, das zweite im Chinolinkern enthält. Bei der Einwirkung des Jodmethyls auf das Methylketol würde einmal die Methylengruppe in den Indolring hineintreten und gleichzeitig die Methylirung der Imidgruppe erfolgen.

Dass die Reaction in diesem Sinne verläuft, wird durch folgende Beobachtungen sehr wahrscheinlich. Vermindert man die Menge des

Jodmethyls bei dem oben beschriebenen Versuch und setzt keinen Methylalkohol zu, so entsteht neben der Base $C_{11}H_{13}N$ eine zweite, welche mit salpetriger Säure ein Nitrosamin liefert, und aus dem Letzteren mit Zinn und Salzsäure wieder isolirt werden kann. Wir halten dieselbe für ein Monomethyldihydrochinolin.

Die Entstehung eines Chinolinderivates aus dem Methylketol ist nicht überraschend, denn bekanntlich wird das Pyrrol nach Ciamician und Dennstedt[1]) durch Chloroform, Methylenjodid und Benzalchlorid bei Gegenwart von Alkali in Pyridinabkömmlinge verwandelt. In einer vorläufigen Notiz[2]) giebt Herr Ciamician ferner an, dass das Methylketol durch Chloroform unter den gleichen Bedingungen oder durch Erhitzen mit Salzsäure auf 200° in Chinolinderivate übergeführt werde. Wir haben schon vor einem Jahre beobachtet, dass bei der Darstellung des Methylketols durch die Chlorzinkschmelze, wenn die Temperatur zu hoch geht, kleine Mengen von Chinolin gebildet werden. Dasselbe tritt ein, wenn man reines Methylketol mit Chlorzink einige Zeit zum Sieden erhitzt. Aber wir haben dieser Beobachtung damals keinen Werth beigelegt und sie deshalb nicht veröffentlicht, weil die Menge von Chinolin sehr klein ist und bei derartigen Bedingungen kein sicherer Schluss auf den Verlauf der Reaction gezogen werden kann.

Die Wechselwirkung zwischen Jodmethyl und Methylketol unterscheidet sich von den oben erwähnten Prozessen durch Einfachheit und glatten Verlauf.

Aus 10 g Methylketol wurden nicht weniger als 8 g reiner destillirter Base $C_{11}H_{13}N$ gewonnen. Berücksichtigt man die unvermeidlichen Verluste, so kann der Vorgang ein nahezu quantitativer genannt werden.

Die neue Base siedet unter 746 mm Druck constant bei 243—244° (Quecksilberfaden ganz im Dampf), färbt sich schnell an der Luft durch Oxydation rosaroth und ist in Alkohol, Aether, Benzol leicht, in Wasser sehr wenig löslich. Das Sulfat kystallisirt aus Alkohol in feinen Blättchen. Charakteristisch ist das Picrat, welches aus heissem Alkohol in schönen goldgelben Blättchen ausfällt. Bemerkenswerth ist das Verhalten der Verbindung gegen Eisenchlorid. Sie verbindet sich damit in salzsaurer Lösung; das Product krystallisirt in gelben Blättchen und ist in heissem Wasser ziemlich leicht, in starker Salzsäure aber sehr schwer löslich.

Die merkwürdige Wirkung des Jodmethyls ist nicht auf das Methylketol beschränkt; sie verläuft eben so glatt unter den gleichen Bedingungen bei dem Pr 2, 3 Dimethylindol. Die hier entstehende Base hat die Formel: $C_{12}H_{15}N$.

---
[1]) Berichte d. D. Chem. Gesellsch.
[2]) Berichte d. D. Chem. Gesellsch. **19**, 3028.

Ber. C 83,2, H 8,7.
Gef. ,, 83,17, ,, 8,8.

Sie siedet constant bei derselben Temperatur 244° wie die erst erwähnte, und färbt sich ebenfalls an der Luft rosaroth.

Selbst in der Naphtalinreihe haben wir die gleichen Erscheinungen beobachtet. Das Pr 2, 3 Dimethyl-β-Naphtindol, welches später beschrieben werden soll, verbindet sich mit Jodmethyl sehr leicht, und liefert eine Base von der Formel $C_{15}H_{15}N$.

Analyse: Ber. C 86,12, H 7,19.
Gef. ,, 86,4, ,, 7,4.

Dieselbe entsteht nach der Gleichung:

$$C_{14}H_{13}N + CH_3J = C_{15}H_{15}N + HJ.$$

Sie liefert mit Salpetriger Säure ein krystallisirtes Nitrosamin, ist daher Imidbase, und wir halten sie entsprechend den vorstehenden Erörterungen für ein Monomethyldihydronaphtochinolin. Sie krystallisirt aus verdünntem Alkohol in farblosen Blättchen, welche bei 115° schmelzen. In Mineralsäuren löst sie sich leicht. Das Jodhydrat ist selbst in heissem Wasser ziemlich schwer löslich, und krystallisirt daraus in schwach gelblichen, schön ausgebildeten Nadeln.

Aehnlich dem Methyljodid wirkt das Aethyljodid auf die vorher besprochenen Methylindole. Anders verläuft nach den bisherigen Beobachtungen die gleiche Reaction bei dem Scatol, dem Pr 1^n Methylindol und dem Pr 2 Phenylindol. Dasselbe ist der Fall bei dem Pyrrol, welches bei dem Erhitzen mit Jodmethyl zum allergrössten Theile in harzige Producte verwandelt wird. Wir vermuthen jedoch, dass es hier nur die störende Wirkung der Jodwasserstoffsäure ist, welche den anormalen Verlauf der Reaction bedingt, und welche vielleicht durch entsprechende Abänderung der Bedingungen gehoben werden kann. Diese Untersuchung wird fortgesetzt.

65. Emil Fischer und Oskar Knoevenagel: Über die Verbindungen des Phenylhydrazins mit Acroleïn, Mesityloxyd und Allylbromid[1]).

Liebigs Annalen der Chemie **239**, 194 [1887].

(Eingelaufen den 19. März 1887.)

Acroleïn wirkt auf das Phenylhydrazin ebenso energisch wie die gewöhnlichen Aldehyde. Aus dem öligen Reactionsproduct lässt sich eine schön krystallisirende schwache Base $C_9H_{10}N_2$ isoliren, welche nach der empirischen Gleichung:

$$C_6H_5 \cdot N_2H_3 + C_3H_4O = C_9H_{10}N_2 + H_2O$$

entsteht. Dieselbe ist jedoch ganz verschieden von den Verbindungen des Hydrazins mit den gewöhnlichen Aldehyden. Sie wird durch Säuren nicht in die Componenten gespalten und giebt beim Schmelzen mit Zinkchlorid keine Spur eines Indolderivates. Alle Reactionen der Verbindung weisen vielmehr darauf hin, dass sie in nächster Beziehung steht zu den von L. Knorr[2]) entdeckten Pyrazolen.

Die letzteren entstehen bekanntlich aus den β-Diketonen, und ihre Oxyderivate aus den β-Ketonsäuren. Eine dritte etwas complexere Pyrazolbildung haben Knorr und Blank[3]) bei dem Benzalacetessigester beobachtet. Derselbe vereinigt sich mit Phenylhydrazin unter gleichzeitigem Verlust von zwei Wasserstoffatomen zu dem sogenannten Isodiphenylmethylpyrazol. An diesen Vorgang erinnert die Entstehung der Acroleïnbase am meisten, nur ist hier der Process einfacher, da keine Wasserstoffabspaltung stattfindet. Die Base wäre demnach zu betrachten als das Dihydroproduct des noch unbekannten Phenylpyrazols. In der That giebt sie die von Knorr beobachteten schönen Farbenreactionen der Hydropyrazole. Gemäss der von Knorr vorgeschlagenen Nomenclatur[4]) würde die Verbindung als Phenylpyrazolin zu bezeichnen sein und ihre Entstehung lässt sich mit Rücksicht auf die

---

[1]) Vgl. Berichte d. D. Chem. Gesellsch. **19**, 1567. (S. *538*.)
[2]) Liebigs Ann. d. Chem. **238**, 137.
[3]) Berichte d. D. Chem. Gesellsch. **18**, 931 und Liebigs Ann. d. Chem. **238**, 139.
[4]) Liebigs Ann. d. Chem. **238**, 144.

Arbeiten von Knorr über die Constitution der Pyrazole in folgender Weise deuten:

1) $C_6H_5 \cdot NH-NH_2 + CH_2 = CH \cdot COH$
$= C_6H_5 \cdot NH-N = CH \cdot CH = CH_2 + H_2O$.

2) $C_6H_5 \cdot NH-N = CH-CH = CH_2 = C_6H_5 \cdot N\!\!-\!\!-\!\!-\!\!-\!\!-\!\!-\!\!N$
$ | \|$
$ CH_2-CH_2-CH$.

Ganz analog verläuft die Wechselwirkung zwischen dem Phenylhydrazin und Mesityloxyd. Es entsteht dabei eine Base $C_{11}H_{16}N_2$, welche als Trimethylphenylpyrazolin von der Formel:

$C_6H_5 \cdot N\!\!-\!\!-\!\!-\!\!-\!\!-\!\!-\!\!N$
$|\|$
$(CH_3)_2C-CH_2-C \cdot CH_3$

zu bezeichnen wäre.

Im Anschluss an diese Beobachtungen haben wir die Wirkung des Allylbromids auf die Hydrazinbase untersucht in der Erwartung, so ein Tetrahydrophenylpyrazol zu gewinnen. Die Reaction verläuft hier indessen anders und zwar wesentlich in demselben Sinn wie die Wirkung des Aethylbromids. Das Allyl tritt einfach an die Stelle von Wasserstoff der Hydrazingruppe. Als Hauptproduct entsteht das symmetrische Allylphenylhydrazin oder Hydrazophenylallyl:

$C_6H_5 \cdot NH-NH \cdot C_3H_5$;

dasselbe geht durch Oxydation leicht in das Azophenylallyl über.

Diese Allylderivate bilden sich in viel grösserer Menge als die von Fischer und Ehrhard[1]) beschriebenen Aethylderivate und sind von sämmtlichen bisher bekannten einfachen gemischten Azo- und Hydrazokörpern am leichtesten darzustellen. Man wird dieselben deshalb in Zukunft für das Studium dieser Körperklasse benutzen.

Phenylpyrazolin.

Zu einer Lösung von 120 g Phenylhydrazin in 600 g reinem Aether fügt man allmählich unter guter Kühlung ein Gemisch von 50 g frisch bereitetem Acroleïn und 100 g Aether. Der Geruch des Acroleïns verschwindet dabei sofort und die Lösung färbt sich gelbroth. Lässt man dieselbe einen Tag lang bei gewöhnlicher Temperatur stehen, so scheidet sich eine grosse Menge von Wasser ab. Der Aether wird jetzt auf dem Wasserbad verdampft, der ölige braunrothe Rückstand mit 800 g zweiprocentiger Schwefelsäure durchgeschüttelt und das Gemisch direct mit Wasserdämpfen destillirt. Dabei bleibt das überschüssige Phenylhydrazin als Sulfat und die complicirteren Producte der Reaction als rothes Harz zurück, während das Phenylpyrazolin allerdings ziemlich

---
[1]) Liebigs Ann. d. Chem. **199**, 325. (S. *316*.)

langsam, aber vollständig als hellgelbes Oel übergeht. Dasselbe erstarrt in der Vorlage bald krystallinisch. Aus 50 g Acroleïn wurden 26 bis 28 g dieses Products, mithin 20 bis 22 pC. der theoretischen Menge erhalten. Zur Reinigung wird die Base in heissem Ligroïn (Siedepunkt 70 bis 90°) gelöst. Beim Erkalten scheidet sie sich in grossen, schön ausgebildeten schiefen Tafeln ab, welche in der Regel einen Stich ins Gelbe zeigen, aber durch wiederholtes Umkrystallisiren ganz farblos werden. Für die Analyse wurde das Präparat im Vacuum über Schwefelsäure getrocknet:

0,1573 g gaben bei 15° und 751 mm 25,9 cbcm N. — 0,2015 g gaben 0,5478 CO_2 und 0,1272 H_2O.

$C_9H_{10}N_2$. Ber. C 73,97, H 6,85, N 19,17.
Gef. ,, 74,14, ,, 7,01, ,, 19,05.

Das Phenylpyrazolin schmilzt bei 51 bis 52° und siedet bei dem Druck von 754 mm constant bei 273 bis 274°. (Quecksilberfaden ganz im Dampf.) In heissem Wasser löst es sich in merklicher Menge und fällt beim Erkalten zunächst als Oel aus, welches aber bald erstarrt.

In Alkohol, Aether und Benzol ist es leicht löslich. Seine basischen Eigenschaften sind wenig ausgeprägt. In kalten sehr verdünnten Mineralsäuren löst es sich sehr schwierig; von starker Salzsäure wird es leicht aufgenommen, aber schon durch Zusatz von viel Wasser zum grossen Theil wieder ausgefällt.

Aus schwach saurer Lösung destillirt die Base mit Wasserdämpfen ab. Beim längeren Kochen mit starker Salzsäure erfährt sie eine geringe Veränderung, wobei die Flüssigkeit sich grün färbt. Von starker Salpetersäure wird sie heftig angegriffen. Charaktristisch ist folgende Farbenreaction, welche Knorr schon bei den complicirteren Pyrazolinen beobachtet hat. Versetzt man ihre stark verdünnte Lösung in Salzsäure oder Schwefelsäure mit Kaliumdichromatlösung, so färbt sich dieselbe sofort oder nach kurzer Zeit prächtig rothviolett und scheidet in der Regel einen dunkel gefärbten Niederschlag ab. In ganz verdünnten Lösungen wird die Farbe fast rein blau. Man kann durch diese Probe die Base noch in einer Verdünnung von 1 : 25 000 leicht erkennen. Dieselbe Farbenreaction erhält man, wenn auch weniger schön, mit Eisenchlorid, salpetriger Säure und anderen Oxydationsmitteln. Die Fichtenholzreaction der Indole zeigt das Pyrazolin nicht, ebensowenig wird es durch Schmelzen mit Zinkchlorid in ein Indolderivat verwandelt.

Dibromphenylpyrazolin.

Reines Brom wirkt auf das Phenylpyrazolin sehr heftig ein. Ruhiger verläuft die Reaction in Chloroformlösung. Je nach den Mengenverhältnissen entstehen verschiedene Producte, von welchen das Dibromderivat näher untersucht wurde. Zur Darstellung desselben wird ein Theil Base in fünf Theilen Chloroform gelöst und unter Abkühlung 2,1 Theil reines Brom, welches in der gleichen Gewichtsmenge Chloroform gelöst ist, langsam zugegeben. Es ist gut, die Temperatur zwischen 20 und 30° zu halten. Nach kurzer Zeit scheidet sich eine erhebliche Menge von gelben Krystallen ab. Dieselben werden sofort abfiltrirt und mit wenig Chloroform gewaschen. Sie scheinen ein Additionsproduct oder eine bromwasserstoffsaure Verbindung zu sein, denn sie entwickeln noch im trocknen Zustand eine grosse Menge von gasförmigem Bromwasserstoff und färben sich beim Aufbewahren an der Luft dunkel. Um dieses zu verhindern wird das Product sofort in heissem Alkohol gelöst. Aus der zuerst rothen, später sich grün färbenden Flüssigkeit fallen beim Erkalten nahezu farblose Blättchen aus. Die Ausbeute an diesem Product beträgt etwa 60 pC. der Theorie. Für die Analyse wurde das Präparat nochmals aus heissem Alkohol umkrystallisirt und im Vacuum über Schwefelsäure getrocknet:

0,2588 g gaben bei 18° und 758 mm 21 cbcm N. — 0,2437 g gaben 0,3148 CO_2 und 0,0642 H_2O. — 0,3418 g gaben 0,4208 AgBr.

$C_9H_8N_2Br_2$. Ber. C 35,53, H 2,63, N 9,21, Br 52,63.
Gef. ,, 35,39, ,, 2,93, ,, 9,35, ,, 52,39.

Das Dibromphenylpyrazolin schmilzt bei 92 bis 93° und zersetzt sich beim starken Erhitzen. Es löst sich in heissem Alkohol, Eisessig, Chloroform und Aether sehr leicht, dagegen ist es in Wasser fast unlöslich. Von concentrirter Salzsäure wird es ziemlich schwierig aufgenommen, leichter von concentrirter Schwefelsäure. In stark verdünnter saurer Lösung giebt es mit chromsaurem Kali dieselbe Farbenerscheinung wie das Phenylpyrazolin. Bei der Behandlung mit alkoholischem Kali tauscht es ein Bromatom gegen Aethoxyl aus.

Bromäthoxyphenylpyrazolin.

Erwärmt man das Dibromphenylpyrazolin mit 30 bis 40 Theilen einer 10procentigen alkoholischen Kalilauge am Rückflusskühler, so scheidet sich bald Bromkalium ab. Nach einigen Stunden ist die Reaction beendigt. Verdampft man jetzt den Alkohol und versetzt den Rückstand mit Wasser, so bleibt ein Oel, welches nach kurzer Zeit krystallinisch erstarrt. Dasselbe wurde zunächst mit Aether aufgenommen, filtrirt, der Aether verdampft und der Rückstand aus heissem Alkohol umkrystallisirt. Die Analyse des im Vacuum über concentrirter Schwefelsäure getrockneten Präparats ergab folgende Zahlen:

0,1989 g gaben bei 21° und 753 mm 18,6 cbcm N. — 0,2243 g gaben 0,4013 CO_2 und 0,0997 H_2O.

$C_{11}H_{13}N_2BrO$. Ber. C 49,07, H 4,83, N 10,41.
Gef. ,, 48,79, ,, 4,94, ,, 10,55.

Die Verbindung bildet schöne, schwach gelb gefärbte glänzende Prismen. Sie schmilzt bei 65 bis 66° und löst sich ziemlich leicht in heissem Alkohol, Aether, Chloroform und warmem Ligroïn. In Wasser ist sie nahezu unlöslich, dagegen wird sie von concentrirter Salzsäure leicht aufgenommen. Beim längeren Erhitzen mit starker Salzsäure wird sie vollständig zerlegt: das Aethyl wird als Chloräthyl abgespalten, aber gleichzeitig erfolgt eine Oxydation; denn statt des zu erwartenden Hydroxylkörpers wird die um zwei Wasserstoffe ärmere Verbindung erhalten. Daneben entstehen gleichzeitig complicirtere harzige Producte. Die neue Verbindung ist eine Säure und gehört offenbar in die Klasse der Pyrazole. Eine ähnliche Umwandlung von Pyrazolinen in Pyrazole ist von L. Knorr bei anderen Processen beobachtet worden. Die neue Säure halten wir für ein Oxyderivat des Phenylpyrazols und nennen sie dementsprechend:

Bromoxyphenylpyrazol.

Bromäthoxyphenylpyrazolin wird mit der fünffachen Menge rauchender Salzsäure im verschlossenen Rohr zwei Stunden im Wasserbad erhitzt. Beim Oeffnen entweicht Chloräthyl und aus der dunkel gefärbten Flüssigkeit scheiden sich beim Erkalten zu Büscheln vereinigte Nadeln ab. Der Röhreninhalt wird mit Wasser verdünnt, die abgeschiedene Krystallmasse filtrirt und aus heissem Alkohol umkrystallisirt. Für die Analyse wurde die Substanz im Vacuum über Schwefelsäure getrocknet:

0,2009 g gaben bei 16,5° und 760,5 mm 20,3 cbcm N. — 0,2061 g gaben 0,3405 CO_2 und 0,0597 H_2O.

$C_9H_7N_2BrO$. Ber. C 45,19, H 2,93, N 11,72.
           Gef. ,, 45,06, ,, 3,22, ,, 11,76.

Die Verbindung schmilzt bei 214°. Sie ist in Wasser fast unlöslich, dagegen in heissem Alkohol ziemlich leicht löslich und scheidet sich daraus beim Erkalten in Krystallen ab, welche meist eine schwach grünlichgraue Farbe besitzen. In Ammoniak und warmem verdünnten Alkali ist sie leicht löslich. Das Natronsalz krystallisirt aus der heissen, nicht zu verdünnten Lösung in glänzenden farblosen Blättchen oder Nadeln. Das Barytsalz ist in heissem Wasser ziemlich schwer löslich und krystallisirt beim Erkalten ebenfalls in Blättchen. Bei der Behandlung mit Natriumamalgam verliert die Verbindung ihr Brom und verwandelt sich in das

Oxyphenylpyrazol.

Die Bromverbindung wird mit der 20fachen Menge Wasser unter Zusatz von etwas Natronlauge in Lösung gebracht, auf dem Wasserbad erwärmt und unter kräftigem Umschütteln die 20fache Menge

2 procentigen Natriumamalgams in kleinen Portionen zugegeben. Nach 1 bis 2 Stunden ist die Reduction beendigt und beim Ansäuern der alkalischen Flüssigkeit scheidet sich das Oxyphenylpyrazol in farblosen Nadeln ab. Dasselbe wurde für die Analyse aus heissem Wasser umkrystallisirt und im Vacuum über Schwefelsäure getrocknet:

0,2086 g gaben 0,5156 CO_2 und 0,0961 H_2O.

$C_9H_8N_2O$. Ber. C 67,50, H 5,00.
Gef. ,, 67,41, ,, 5,12.

Die Verbindung schmilzt bei 152 bis 153°. Von concentrirter Salzsäure wird sie in reichlicher Menge aufgenommen. In Ammoniak und verdünntem Alkali löst sie sich leicht. Das Natriumsalz scheidet sich aus der heissen concentrirten wässerigen Lösung in feinen weissen Blättchen ab. Sie ist in heissem Wasser ziemlich schwer löslich und krystallisirt daraus beim Erkalten in schönen weissen zarten Nadeln. In heissem Alkohol, Chloroform, Eisessig und Benzol ist sie leicht löslich. Die Stellung der sauerstoffhaltigen Gruppe lässt sich nicht mit Sicherheit bestimmen, aber die Leichtigkeit, mit welcher der Aethoxykörper aus dem Dibromphenylpyrazolin entsteht, spricht unzweideutig dafür, dass das Aethoxyl und mithin auch das Hydroxyl im Pyrazolkern steht.

Trimethylphenylpyrazolin.

Vermischt man gleiche Molecule Phenylhydrazin und Mesityloxyd, so tritt eine merkliche Erwärmung ein. Zur Vollendung der Reaction wird das Gemisch einige Stunden auf dem Wasserbad erhitzt, wobei es sich durch Wasserabscheidung trübt. Destillirt man jetzt die ganze Masse mit Wasserdämpfen, so geht ein hellgelbes Oel über. Um daraus das Pyrazolin abzuscheiden, wird dieses Product zunächst in 20 procentiger Schwefelsäure gelöst, vom unveränderten Mesityloxyd abfiltrirt, mit Natronlauge übersättigt und mit Aether extrahirt. Der beim Verdampfen desselben bleibende Rückstand wird dann ebenso wie bei der Acroleïnbase mit der fünffachen Menge zweiprocentiger Schwefelsäure übergossen und abermals mit Wasserdämpfen destillirt. Das übergehende Oel wurde schliesslich wieder mit Aether aufgenommen, der abgedampfte Auszug mit kohlensaurem Kali getrocknet und im Vacuum destillirt. Das so gewonnene hellgelbe Oel gab folgende Zahlen:

0,2585 g gaben 0,7267 CO_2 und 0,1945 H_2O.

$C_{12}H_{16}N_2$. Ber. C 76,59, H 8,51.
Gef. ,, 76,67, ,, 8,36.

Der Wasserstoff ist etwas zu niedrig gefunden. Es mag dieses wohl daher rühren, dass der Base eine kleine Menge Pyrazol beigemengt ist, da die complicirteren Pyrazoline nach den Erfahrungen von L. Knorr bei der Destillation sehr leicht in Pyrazole übergehen. Die Base löst sich sehr leicht in Aether, Alkohol, Benzol und Chloroform, jedoch schwer in Wasser. Von verdünnter Salzsäure wird sie leicht aufgenommen und diese Lösung zeigt mit Kaliumdichromat die prachtvolle Pyrazolinreaction. Die Salze des Trimethylpyrazolins mit Mineralsäuren sind im Wasser leicht löslich und deshalb wenig charakteristisch. Bessere Eigenschaften besitzt das Chloroplatinat. Dasselbe ist in Wasser fast unlöslich und scheidet sich deshalb als gelber krystallinischer Niederschlag aus, wenn man die salzsaure Lösung der Base mit Platinchlorid versetzt. Man thut jedoch gut, bei der Darstellung in möglichst kalter Lösung zu operiren, da das Pyrazolin bei höherer Temperatur durch das Platinchlorid theilweise oxydirt wird. Das Salz wurde für die Analyse aus warmem Alkohol umkrystallisirt und im Vacuum über Schwefelsäure getrocknet.

0,1735 g gaben 0,0432 Pt.

$(C_{12}H_{16}N_2)_2H_2PtCl_6$. Ber. Pt 24,81. Gef. Pt 24,90.

Allylderivate des Phenylhydrazins.

Allylbromid und Phenylhydrazin reagiren so heftig, dass es bei grösseren Mengen nöthig ist, zur Verdünnung Aether zuzugeben. Löst man 100 g Phenylhydrazin in der doppelten Menge reinen Aethers und fügt 55 g Allylbromid auf einmal hinzu, so beginnt nach kurzer Zeit die Abscheidung von bromwasserstoffsaurem Phenylhydrazin.

Zur Mässigung der Reaction hält man die Temperatur des Gemisches während der ersten Stunden durch Kühlen mit kaltem Wasser auf 20 bis 25°. Nach 30 Stunden ist das Allylbromid bis auf kleine Spuren verschwunden. Die ätherische Lösung wird jetzt vom abgeschiedenen bromwasserstoffsauren Salz filtrirt und mit 50 g einer zweiprocentigen Schwefelsäure durchgeschüttelt, wobei unverändertes Phenylhydrazin in die wässerige Lösung geht. Beim Verdampfen des Aethers bleibt ein gelbrothes Oel, welches mit Wasserdämpfen destillirt, mit kohlensaurem Kali getrocknet und im luftverdünnten Raum destillirt wird. Das Product ging bei einem Druck von 60 mm constant bei 172° über und gab folgende, für Allylphenylhydrazin stimmende Zahlen:

0,2264 g gaben 0,6079 CO_2 und 0,1700 H_2O.

$C_9H_{12}N_2$. Ber. C 72,97, H 8,11.
Gef. ,, 73,23, ,, 8,34.

Das hellgelbe Oel besteht zum grössten Theil aus dem symmetrischen Allylphenylhydrazin, wie die später beschriebene Umwandlung in den Azokörper beweist. Ob dasselbe kleinere Mengen des isomeren unsymmetrischen Allylphenylhydrazins enthält, haben wir mit Sicherheit nicht entscheiden können. Die Bildung eines Tetrazons wurde bisher bei der Oxydation mit Quecksilberoxyd nicht beobachtet.

Es ist jedoch möglich, dass kleine Mengen dieses bis jetzt noch nicht bekannten Körpers übersehen wurden.

Das Präparat löst sich in kalten verdünnten Säuren leicht, hinterlässt dabei jedoch in der Regel eine kleine Menge eines öligen Products, welches sich auch beim Aufbewahren der klaren salzsauren Lösung nachträglich noch abscheidet. Dasselbe zeigt die Reaction der Pyrazoline und scheint aus dem symmetrischen Allylphenylhydrazin unter der Einwirkung der Säure zu entstehen. Die Hydrazinbase reducirt Fehling'sche Lösung schon in der Kälte. Gut krystallisirte Salze wurden bisher nicht gewonnen. Bei der Oxydation mit Quecksilberoxyd liefert sie grosse Mengen des

Azophenylallyls.

Zur Bereitung desselben löst man das Allylphenylhydrazin in 5 Theilen Aether und trägt gelbes Quecksilberoxyd ein. Sind die Materialien ganz trocken, so ist es nöthig, zur Einleitung der Oxydation einige Tropfen Wasser zuzufügen; dann beginnt sehr bald die Schwärzung des Quecksilberoxyds. Man mässigt die Reaction durch Kühlung mit kaltem Wasser. Das Ende derselben ist leicht zu erkennen durch eine Probe mit Fehling'scher Lösung, welche beim Kochen nicht mehr reducirt werden darf. Die ätherische Lösung wird jetzt filtrirt und das beim Verdampfen bleibende rothe Oel mit verdünnter Schwefelsäure durchgeschüttelt, dann mit Aether aufgenommen und nach Entfernung des letzteren direct im Vacuum destillirt. Bei dem Druck von 27 mm geht der Azokörper zwischen 95 und 100° als gelbrothes Oel über. Als Rückstand bleibt ein dunkel gefärbtes Oel, welches sich bei höherer Temperatur zersetzt. Die Ausbeute an reinem Azokörper betrug 33 pC. der angewandten Hydrazinbase.

Die Analyse gab folgende Zahlen:

0,1935 g gaben bei 18° und 753 mm 32,0 cbcm N. — 0,2032 g gaben 0,5505 CO_2 und 0,1278 H_2O.

$C_9H_{10}N_2$. Ber. C 73,97, H 6,85, N 19,18.
Gef. ,, 73,88, ,, 6,99, ,, 18,93.

Das Azophenylallyl ist in Wasser fast unlöslich und besitzt einen eigenthümlichen, schwach stechenden Geruch. In Alkohol, Aether, Chloroform, Eisessig ist es leicht löslich. Sein Verhalten ist demjenigen des Azophenyläthyls sehr ähnlich. Von concentrirter Salzsäure wird es schon in der Kälte heftig angegriffen und in harzige Producte verwandelt. Bei der Reduction mit Zinkstaub und Essigsäure oder Salzsäure bei Wasserbadtemperatur liefert es reichliche Mengen von Anilin.

66. Richard Arheidt: Ueber Diphenylendihydrazin.

Liebigs Annalen der Chemie **239**, 206 [1887].

(Eingelaufen den 19. März 1887.)

In einer seiner ersten Mittheilungen[1]) über die Hydrazine erwähnt Emil Fischer die Umwandlung des Benzidins in das entsprechende Hydrazin, ohne jedoch nähere Angaben über die betreffenden Producte zu machen. Ich habe diese bisher unterbrochenen Versuche fortgesetzt und das Diphenyldihydrazin als den ersten Repräsentanten der Doppelhydrazine eingehender untersucht. Es hat sich dabei herausgestellt, dass beide Hydrazingruppen in der Mehrzahl der Reactionen dieselben Metamorphosen erfahren, wie bei den einfachen Basen.

So entsteht durch die Wirkung der salpetrigen Säure ein Dinitrosokörper, durch Cyansäure ein doppelter Hydrazinharnstoff. Aldehyde und Ketone lagern sich ebenfalls mit grösster Leichtigkeit an jede der beiden Hydrazingruppen an und diese Producte können sogar durch Chlorzink in Indole übergeführt werden, wie dies an einem Beispiel später ausgeführt wird.

Darstellung des Diphenylendihydrazins.

Als Ausgangsmaterial diente das käufliche Benzidin, welches noch zweimal aus Wasser umkrystallisirt wurde.

Die Umwandlung in das Hydrazin kann nach den bekannten zwei Methoden durch Reduction der Diazoverbindung entweder mit Alkalisulfit oder mit Zinnchlorür bewerkstelligt werden. Die Ausbeute war bei beiden Methoden im Mittel die gleiche, indessen bietet die Anwendung des Zinnchlorürs den Vorzug grösserer Bequemlichkeit und wurde von mir später allein zur Darstellung des Materials benutzt. Trotzdem will ich hier auch das andere Verfahren beschreiben, weil es in ähnlichen Fällen manchmal bessere Dienste leisten kann.

A. Natriumsulfitverfahren. — 50 g Diamidodiphenylhydrochlorat werden mit 40 g 37 procentiger Salzsäure und etwa 500 g Wasser zusammengebracht und unter gutem Kühlen durch die berechnete Menge Natriumnitrit diazotirt. Die Diazoverbindung wird hierauf

---

[1]) Berichte d. D. Chem. Gesellsch. **9**, 891. (S. *29*.)

in eine kalte, möglichst gesättigte Lösung von Natriumsulfit eingegossen (es werden 750 g 40 procentiger, durch Natronlauge neutralisirter Disulfitlösung angewandt); dabei färbt sich die Masse intensiv roth und scheidet zuletzt einen röthlichgelben Niederschlag von diphenylendihydrazinsulfonsaurem Natrium ab. Das Gemenge wird jetzt erhitzt, wobei sich immer deutlicher und zugleich heller der oben erwähnte Niederschlag abscheidet. Erst beim Kochen löst sich die Masse zu einer klaren, aber immer noch roth gefärbten Flüssigkeit auf und wird alsdann mit etwas Zinkstaub und Essigsäure versetzt. Nach tüchtigem Umschütteln wird heiss vom Zinkstaub abfiltrirt; das Filtrat ist nun vollkommen klar und nur noch schwach gelb gefärbt. Nach dem Abkühlen wird das Diphenylendihydrazinhydrochlorat durch concentrirte Salzsäure als hellgelb gefärbter Körper abgeschieden. Der Niederschlag wird rasch colirt, abgepresst und in viel heissem Wasser gelöst, woraus er beim Erkalten sich abscheidet.

B. Zinnchlorürverfahren. — 100 g Benzidin werden, wie vorhin beschrieben, diazotirt und dann in eine salzsaure Lösung von 500 g käuflichen Zinnchlorürs unter sorgfältiger Kühlung allmählich eingetragen. Hierbei tritt bei aller Vorsicht eine lästige Schaumbildung auf, weshalb man gut thut, die Operation in einem geräumigen, emaillirten Kessel vorzunehmen und die Masse alsdann circa 2 Stunden auf dem Wasserbad zu erhitzen, worauf der Schaum allmählich verschwindet und das Hydrochlorat des Diphenylendihydrazins als schmutzigbrauner Niederschlag sich abscheidet. Die Flüssigkeit wird nun mit dem gleichen Volum Wasser versetzt, mit Thierkohle aufgekocht und heiss filtrirt; beim Erkalten scheidet sich das salzsaure Diphenylendihydrazin als hellbrauner Niederschlag ab und ist rein genug, um direct für die Darstellung der meisten später beschriebenen Präparate benutzt zu werden.

Eigenschaften des Diphenylendihydrazins,
$N_2H_3 \cdot C_6H_4 — C_6H_4 \cdot N_2H_3$.

Die Verbindung wird aus den wässerigen Lösungen ihrer Salze durch Ammoniak und Alkalien, am besten durch essigsaures Natrium in der Hitze abgeschieden. Die freie Basis fällt dabei als nahezu rein weisser Niederschlag in glänzenden Blättchen aus, die sich bald gelb und bei längerem Stehen an der Luft braun färben.

Zur Analyse wurde die Verbindung aus Alkohol umkrystallisirt und im Vacuum über Schwefelsäure getrocknet.

0,2661 g gaben 0,6541 CO_2 und 0,1597 H_2O. — 0,1207 g gaben 28,5 cbcm Stickstoff bei 19° und 740 mm Druck.

$C_{12}H_{14}N_4$. Ber. C 67,28, H 6,54, N 26,16.
Gef. ,, 67,04, ,, 6,66, ,, 26,41.

Das Diphenylendihydrazin schmilzt unter Zersetzung bei 165 bis 167° und kann auch im Vacuum nicht destillirt werden.

Es ist in heissem Wasser in merklicher Quantität löslich und fällt beim Erkalten in wenig gefärbten, sehr feinen Nädelchen aus.

Es reducirt bereits in der Kälte, wie das Phenylhydrazin, die alkalische Kupferlösung, aber entsprechend seiner geringen Löslichkeit etwas langsamer. In Alkohol, Aether, Chloroform ist die Verbindung sehr schwer, in Eisessig und Aceton leichter löslich; mit letzterem Lösungsmittel verwandelt sie sich in das Condensationsproduct.

Das Hydrochlorat ist in reinem Zustand weiss, meist jedoch schwach gelb gefärbt und krystallisirt aus Wasser in zu Rosetten gruppirten Nädelchen. Die Verbindung ist in Wasser schwer löslich, noch viel schwerer in überschüssiger Salzsäure und in Alkohol.

Das Sulfat ist in Wasser schwer löslich, es krystallisirt daraus in farblosen, kugeligen, aus feinen Nädelchen bestehenden Aggregaten.

Das Nitrat ist in heissem Wasser leicht löslich und scheidet sich beim Erkalten in feinen, warzenförmig verwachsenen, nahezu farblosen Nädelchen ab.

Diphenyldisemicarbazid,
$NH_2 \cdot CO \cdot NH \cdot NH \cdot C_6H_4 - C_6H_4 \cdot NH \cdot NH \cdot CO \cdot NH_2$.

Giebt man zu der wässerigen Lösung des Diphenylendihydrazinhydrochlorats die berechnete Menge in Wasser gelösten Kaliumcyanats, so fällt der Harnstoff theilweise schon in der Hitze, vollständig beim Erkalten als beinahe rein weisser Niederschlag aus. Zur Analyse wurde die Verbindung aus Eisessig umkrystallisirt und bei 100° getrocknet.

0,2027 g lieferten 0,4144 CO_2 und 0,1006 H_2O. — 0,0876 g lieferten 21,9 cbcm Stickstoff bei 21° und 751 mm Druck.

$C_{14}H_{16}N_6O_2$. Ber. C 56,00, H 5,33, N 28,00.
Gef. ,, 55,74, ,, 5,51, ,, 28,11.

Der Diphenylendihydrazinharnstoff schmilzt unter Zersetzung bei 306 bis 308° (uncorrigirt).

Er ist in den üblichen Lösungsmitteln sehr schwer löslich, leichter löslich nur in Eisessig, woraus er in feinen Nädelchen krystallisirt. In Alkalien ist er ebenfalls schwer löslich und reducirt Fehling'sche Lösung in der Kälte langsam, in der Hitze ziemlich rasch. Er besitzt noch basische Eigenschaften. Sein Sulfat krystallisirt aus Wasser in farblosen Nädelchen. Das Hydrochlorat ist in heissem Wasser ziemlich leicht löslich und krystallisirt beim Erkalten in farblosen Blättchen.

Diphenylendinitrosohydrazin,

$$NH_2 \cdot \underset{NO}{N} \cdot C_6H_4 - C_6H_4 \cdot \underset{NO}{N} - NH_2$$

Giebt man zu der lauwarmen wässerigen Lösung des Diphenylendihydrazinhydrochlorats langsam die berechnete Menge in Wasser gelösten Natriumnitrits, so scheidet sich unter lebhafter Gasentwicklung die Nitrosoverbindung als hellgelber Niederschlag ab. Dieselbe zeigt alle Reactionen des Phenylnitrosohydrazins[1]).

Für die Analyse wurde die Verbindung aus Benzol umkrystallisirt.

0,14625 g gaben 0,2845 CO_2 und 0,0624 H_2O. — 0,0968 g gaben 26,6 cbcm Stickstoff bei 20° und 744 mm Druck.

$C_{12}H_{12}N_4O_2$. Ber. C 52,94, H 4,41, N 30,88.
Gef. ,, 53,06, ,, 4,74, ,, 30,76.

Das Diphenylendinitrosohydrazin schmilzt unter lebhafter Zersetzung bei 112 bis 113°. In trockenem Zustand an der Luft ziemlich beständig, zersetzt es sich in Lösung sehr rasch.

Es ist in Alkohol, Aether, Benzol schwer löslich, noch schwerer in Ligroïn, leichter in Aceton, Chloroform und Eisessig.

Diphenylendihydrazinbrenztraubensäure,

$$\underset{COOH}{\overset{CH_3}{>}}C = N_2H - C_6H_4 - C_6H_4 - N_2H = C\underset{COOH}{\overset{CH_3}{<}}.$$

Die Verbindung entsteht, wenn man zu der wässerigen Lösung des Diphenylendihydrazinhydrochlorats mit Wasser verdünnte Brenztraubensäure giebt; sofort fällt die Hydrazinbrenztraubensäure als gelber Niederschlag aus. Zur Analyse wurde die Verbindung aus Alkohol umkrystallisirt und im Vacuum getrocknet.

0,1574 g lieferten 0,3512 CO_2 und 0,0754 H_2O.

$C_{18}H_{18}N_4O_4$. Ber. C 61,01, H 5,08.
Gef. ,, 60,85, ,, 5,31.

Die Substanz schmilzt unter Zersetzung bei 197 bis 198°. Sie ist in den üblichen Lösungsmitteln sehr schwer löslich, nur von Aceton wird sie verhältnissmässig leicht aufgenommen. Von Alkalien und Ammoniak wird sie rasch gelöst, durch Säuren wieder gefällt.

Das Natrium- sowie das Ammoniumsalz krystallisiren schwer; ersteres ist von weissgelber, dieses von gelbbrauner Farbe.

Diphenylendiacetonhydrazin.

$$\underset{CH_3}{\overset{CH_3}{>}}C = N_2H - C_6H_4 - C_6H_4 - N_2H = C\underset{CH_3}{\overset{CH_3}{<}}.$$

Das Hydrazin wird in der eben genügenden Menge Aceton gelöst; nachdem man das überschüssige Aceton weggedampft hat, wird die

---
[1]) Liebigs Ann. d. Chem. **190**, 90. (S. *221*.)

stark concentrirte dunkelrothe Lösung in Wasser gegossen, worauf sich die entstandene Verbindung sofort als rothgelber Niederschlag abscheidet. Das Product wird mit Wasser ausgewaschen, abgepresst und in Aether gelöst; nach zweimaligem Umkrystallisiren aus Aether ist es analysenrein.

0,2473 g gaben 0,662 CO_2 und 0,1743 H_2O.

$C_{18}H_{22}N_4$. Ber. C 73,46, H 7,62.
Gef. ,, 73,10, ,, 7,82.

Die Verbindung ist höchst empfindlich und zersetzt sich an der Luft namentlich in feuchtem Zustand in kurzer Zeit.

Sie schmilzt unter Zersetzung bei 197 bis 199°. In Wasser ist sie unlöslich, schwer löslich in Aether, Benzol und Ligroïn, leicht löslich in Alkohol, Eisessig und Chloroform. Durch Salzsäure wird sie in das Hydrazin verwandelt.

Diphendimethylindol.

Die Verbindungen der einfachen Hydrazine mit Aldehyden und Ketonen werden nach Emil Fischer durch Schmelzen mit Chlorzink in Indole verwandelt. Es schien nun von Interesse, diese Reaction bei dem Diphenylendihydrazin, als dem ersten Repräsentanten der Doppelhydrazine zu prüfen. Der Versuch hat bei dem Diphenylendiacetonhydrazin in der That den Erwartungen entsprochen. Die erhaltene Verbindung ist unzweifelhaft ein indolartiges Derivat des Diphenyls; ich bezeichne sie deshalb als Diphendimethylindol und gebe ihr die Formel:

$$CH_3 \cdot C\underset{NH}{\overset{CH}{\diagup\hspace{-0.3em}\diagdown}} C_6H_3 - C_6H_3 \underset{NH}{\overset{CH}{\diagup\hspace{-0.3em}\diagdown}} C \cdot CH_3.$$

Darstellung des Diphendimethylindols.

Das Diphenylendiacetonhydrazin wird mit der fünffachen Menge Chlorzink zu je 5 g bei 215 bis 220° im Oelbad verschmolzen; die Reaction tritt unter lebhaftem Aufschäumen des Gemenges nach ³/₄ bis 1 Minute ein und ist nach 2 bis 2¹/₂ Minuten beendet. Nach dem Erkalten wird die schwarzbraune Schmelze zur Entfernung des Chlorzinks mit angesäuertem Wasser in der Wärme behandelt.

Dabei bleibt ein Product von kaffeebrauner Farbe zurück, welches eine deutliche Fichtenspahnreaction zeigt. Dasselbe besteht jedoch nur zum kleinen Theil aus dem gesuchten Indol; um letzteres zu gewinnen ist es nach meinen Erfahrungen am zweckmässigsten, die trockene Masse direct im Vacuum zu destilliren. Hierbei entweicht zuerst ein weisser Dampf, der das Kühlrohr als weisse, halbfeste, klebrige Masse beschlägt; später geht bei höherer Temperatur ein anderer

Körper über, der vollständig und meist schon im Destillationskölbchen zu einer hellbraunen Masse erstarrt.

Das ganze Destillat wird alsdann mit Aether behandelt, wobei der leichter flüchtige Körper in Lösung geht, während der weniger flüchtige ungelöst bleibt und nun von allen harzigen Beimengungen befreit schon ziemlich rein und von hellbrauner Farbe ist.

Nach der Behandlung mit Aether wurde letztere Verbindung noch zweimal im Vacuum destillirt und wiederholt mit Aether gewaschen. Die Verbindung ist alsdann nur noch schwach gelb gefärbt und wurde direct analysirt.

0,2515 g gaben 0,7681 CO_2 und 0,1409 H_2O. — 0,1565 g gaben 14,1 cbcm Stickstoff bei 14° und 758 mm Druck.

$C_{18}H_{16}N_2$. Ber. C 83,07, H 6,15, N 10,76.
Gef. ,, 83,29, ,, 6,22, ,, 10,57.

Die Ausbeute betrug 7 bis 8 pC. des angewandten Acetonhydrazins. In der ursprünglichen Schmelze ist wohl beträchtlich mehr von dem Körper enthalten; die verschiedenen Destillationen verursachen jedoch starke Verluste.

Der Schmelzpunkt des Diphendimethylindols liegt bei 270°; es destillirt unzersetzt.

Sehr schwer löslich ist die Verbindung in Wasser, Benzol, Chloroform und Aether, ziemlich leicht löslich in Alkohol und Eisessig. Versetzt man die alkoholische Lösung der Substanz mit nicht zu wenig Salzsäure und bringt einen Fichtenspahn hinein, so färbt sich derselbe allerdings ziemlich langsam erst orange und später dann dunkelroth. Es ist dies die bekannte Indolreaction; es verdient jedoch beachtet zu werden, dass dieselbe hier weit langsamer eintritt als bei den einfachen Gliedern der Gruppe.

Das Diphendimethylindol wird in alkoholischer Lösung beim Erwärmen mit Eisenchlorid oxydirt und giebt ein dunkel gefärbtes Product. In concentrirter Schwefelsäure löst sich die Verbindung in der Kälte ohne Färbung; giesst man die Lösung in kaltes Wasser, so entsteht ein flockiger Niederschlag, der in heissem Wasser löslich ist; die wässerige Lösung giebt die Fichtenspahnreaction und scheint der Niederschlag danach eine Sulfosäure des Indols zu sein. Concentrirte Salpetersäure wirkt auf das Indol schon in gelinder Wärme energisch ein und erzeugt ein rothgelb gefärbtes Product.

Neben dem Diphendimethylindol entstehen zwei andere Producte: das eine ist Diphenyl und kann, wie nachstehend beschrieben, isolirt werden, das andere dagegen ist ein Indolderivat, denn es röthet den Fichtenspahn sehr stark.

Wird die ätherische Lösung, die beim Behandeln des Destillats der Schmelze mit Aether erhalten wurde, abgedampft, so hinterbleibt ein dunkel gefärbtes, dickes Oel. Durch wiederholte Destillation erhält man neben öligen schmierigen Producten rein weisses Diphenyl.

Erstere Verbindung giebt eine sehr deutliche Fichtenspahnreaction und ist vielleicht das Diphenmonomethylindol von folgender Zusammensetzung:

$$C_6H_5-C_6H_3\underset{CH}{\overset{NH}{\diagup\diagdown}}C\cdot CH_3.$$

Ich habe das ölige Product, dessen Menge gering war, nicht reinigen können und deshalb die Analyse unterlassen.

67. A. Pfülf: Ueber Hydrazinbenzolsulfosäuren.

Liebigs Annalen der Chemie **239**, 215 [1887].

(Eingelaufen den 19. März 1887.)

Durch den Eintritt der Sulfogruppe wird der Charakter der aromatischen Basen vollständig geändert. Im Gegensatz zum Anilin besitzt die Sulfanilsäure keine basischen Eigenschaften mehr und der Amidogruppe fehlen hier mit Ausnahme der Diazobildung alle die Reactionen, welche durch die Basicität bedingt sind.

Eine ähnliche Veränderung erfahren auch die aromatischen Hydrazine durch den Eintritt der Sulfogruppe. Der basische Charakter verschwindet, aber der Einfluss der Sulfogruppe ist hier doch nicht so mächtig, um die grosse Reactionsfähigkeit der Hydrazingruppe gänzlich aufzuheben. Wie die nachfolgenden Versuche zeigen, verbindet sich die Parahydrazinbenzolsulfosäure noch ziemlich leicht mit den Ketonen, Aldehyden und Senfölen, während sie von Jodmethyl auch bei Gegenwart von Alkali nicht angegriffen wird. Bemerkenswerth ist endlich ihr Verhalten gegen salpetrige Säure, wodurch sie glatt in die Diazobenzolsulfosäure verwandelt wird. Die Parahydrazinbenzolsulfosäure, welche zuerst aus der Sulfanilsäure dargestellt wurde, kann nach A. Gallinek und V. v. Richter[1]) auch durch directes Sulfuriren des Phenylhydrazins gewonnen werden. Nach dem gleichen Verfahren habe ich die Sulfosäure des unsymmetrischen Methylphenylhydrazins gewonnen. Merkwürdigerweise versagt diese Methode bei dem Naphtylhydrazin und Diphenylhydrazin, welche durch concentrirte Schwefelsäure schon bei gewöhnlicher Temperatur in complicirter Weise zersetzt werden.

Parahydrazinbenzolsulfosäure.

Einwirkung der salpetrigen Säure. — Suspendirt man die Hydrazinbenzolsulfosäure in Wasser und leitet unter Kühlung gasförmige sogenannte salpetrige Säure ein, so löst sie sich auf und aus der Flüssigkeit krystallisirt beim Stehen oder auf Zusatz von Alkohol

---

[1]) Berichte d. D. Chem. Gesellsch. **18**, 3172.

die Diazobenzolsulfosäure. Der Vorgang, welcher allem Anschein nach quantitativ ist, kann in verschiedener Weise gedeutet werden; entweder wird die Hydrazingruppe durch einfache Oxydation in die Diazogruppe verwandelt, oder aber aus dem Hydrazin entsteht das Amin und dieses liefert mit der überschüssigen salpetrigen Säure die Diazoverbindung.

Acetonhydrazinbenzolsulfosäure. — Eine heisse wässerige Lösung der Hydrazinbenzolsulfosäure wird auf etwa 70° abgekühlt und so lange mit Aceton versetzt, bis die Lösung stark danach riecht. Dann scheidet sich entweder sofort oder beim Abkühlen das Condensationsproduct in farblosen glänzenden Blättchen aus. Dasselbe wurde für die Analyse aus heissem Wasser umkrystallisirt und im Vacuum getrocknet.

0,1228 g gaben 0,2140 CO_2 und 0,0611 Wasser. — 0,2456 g gaben 26,1 cbcm N bei 17,5° und 749 mm Druck.

Ber. C 47,36, H 5,26, N 12,28.
Gef. ,, 47,52, ,, 5,52, ,, 12,16.

Die Verbindung ist in Alkohol und Aether fast unlöslich und auch in heissem Wasser ziemlich schwer löslich. Sie reducirt die alkalische Kupferlösung selbst beim Kochen nicht, wodurch man sie leicht von der Hydrazinbenzolsulfosäure unterscheiden kann. Das Natriumsalz ist in Wasser leicht, in concentrirter Natronlauge schwer löslich. Beim Erhitzen mit Chlorzink auf 210° liefert das Acetonproduct eine Schmelze, welche den Fichtenspahn sehr stark roth färbt und unzweifelhaft ein Indolderivat enthält.

Hydrazinbenzolsulfobrenztraubensäure. — Suspendirt man die schwer lösliche Hydrazinbenzolsulfosäure in wenig warmem Wasser, so löst sie sich auf Zusatz von Brenztraubensäure klar auf und verliert zugleich die Fähigkeit, Fehling'sche Lösung zu reduciren. Ist die Lösung sehr concentrirt, so scheidet sich beim starken Abkühlen das Condensationsproduct als hellbraune syrupöse Masse ab, welche langsam erstarrt und in Wasser und Alkohol leicht, in Aether nicht löslich ist. Schönere Eigenschaften besitzt das saure Natronsalz. Dasselbe scheidet sich in farblosen warzenförmigen Krystallaggregaten ab, wenn man die nicht zu verdünnte Lösung der Säure mit einer 25 procentigen Kochsalzlösung vermischt. Das Salz wurde auf der Pumpe filtrirt, mit 90 procentigem Alkohol gewaschen, bis das Filtrat keine Chlorreaction mehr gab, dann aus heissem verdünnten Alkohol umkrystallisirt und für die Analyse im Vacuum getrocknet. Die erhaltenen Zahlen stimmen am besten auf die Formel:

$$C_9H_9N_2SO_5Na + H_2O.$$

0,2115 g gaben 0,2811 CO_2 und 0,0779 Wasser. — 0,2951 g gaben 23,7 cbcm N bei 17° und 751 mm Druck. — 0,1864 g gaben 0,0141 Na.

Ber. C 36,24, H 3,69, N 9,39, Na 7,71.
Gef. ,, 36,24, ,, 4,09, ,, 9,19, ,, 7,56.

Leider war es nicht möglich, das Krystallwasser direct mit Sicherheit zu bestimmen. Das Salz verliert bei 100° sein Wasser äusserst langsam, bei 130° wird es wohl wasserfrei, färbt sich aber gleichzeitig durch Oxydation gelb. Man erhält deswegen bei dieser Temperatur keine Gewichtsconstanz.

Benzylidenhydrazinbenzolsulfosäure. — Eine warme wässerige Lösung des hydrazinbenzolsulfosauren Natrons löst reichliche Mengen von Bittermandelöl auf, wobei das Natronsalz des Condensationsproducts entsteht. Dasselbe ist in Wasser leicht löslich, scheidet sich aber auf Zusatz von Alkohol zu der concentrirten wässerigen Lösung krystallinisch ab. Schönere Eigenschaften besitzt das Calciumsalz. Versetzt man die wässerige Lösung der Natriumverbindung mit Chlorcalcium, so scheiden sich in der Kälte nach kurzer Zeit schöne Nadeln aus. Die Analyse der im Vacuum getrockneten Verbindung gab folgende Zahlen, welche am besten zur Formel:

$$(C_{13}H_{11}N_2SO_3)_2Ca + 4\,H_2O$$

passen.

0,1818 g gaben 0,3113 CO_2 und 0,0780 Wasser. — 0,1796 g gaben 0,0107 Ca.

Ber. C 47,12, H 4,53, Ca 6,04.
Gef. ,, 46,69, ,, 4,76, ,, 5,96.

Leider war auch hier die Bestimmung des Krystallwassers aus denselben Gründen wie bei dem vorher beschriebenen Natronsalz unsicher. Die freie Benzylidenhydrazinbenzolsulfosäure wird durch verdünnte Mineralsäuren sehr leicht und schon durch kochendes Wasser langsam in Bittermandelöl und Hydrazinverbindung gespalten, ist also viel unbeständiger wie die Bittermandelölderivate der gewöhnlichen Hydrazinbasen. Beständiger als die freie Säure sind ihre Salze. Dasselbe gilt von der

Verbindung des Phenylsenföls mit der Hydrazinbenzolsulfosäure. Das Natriumsalz der letzteren wird in heissem Wasser gelöst, mit Alkohol verdünnt und so lange Phenylsenföl zugegeben, bis die Flüssigkeit dauernd und stark danach riecht. Fügt man jetzt viel absoluten Alkohol zu der Lösung, so scheidet dieselbe beim Abkühlen das Natriumsalz der neuen Verbindung in farblosen feinen Krystallen ab. Es ist in Wasser leicht löslich.

Versetzt man diese Lösung mit Chlorcalcium, so krystallisirt nach einiger Zeit das Calciumsalz. Dasselbe wurde für die Analyse im Vacuum getrocknet. Aus den erhaltenen Zahlen berechnet sich die Formel:

$$(C_{13}N_3H_{12}S_2O_3)_2Ca + 2\,H_2O\,.$$

0,2002 g gaben 0,3176 CO_2 und 0,0761 Wasser. — 0,2637 g gaben 0,0143 Ca.

Ber. C 43,3, H 3,8, Ca 5,4.
Gef. ,, 43,2, ,, 4,2, ,, 5,4.

Die Bestimmung des Krystallwassers ist auch hier nicht gelungen.

Methylhydrazinbenzolsulfosäure.

Die Sulfurirung des secundären Hydrazins geht etwas langsamer vor sich, als die des Phenylhydrazin. Es ist ferner hier für die Ausbeute vortheilhaft, schwach rauchende Schwefelsäure anzuwenden.

1 Theil reines schwefelsaures Methylphenylhydrazin wird mit 6 Theilen Schwefelsäure, welche 5 pC. Anhydrid enthält, $^1/_2$ Stunde auf dem Wasserbad erhitzt. Beim Eingiessen in Wasser scheidet sich die schwerlösliche Sulfosäure in farblosen Blättchen ab. Dieselben wurden für die Analyse aus heissem Wasser umkrystallisirt.

0,2564 g gaben 31,8 cbcm N bei 17° und 742 mm Druck. — 0,3354 g gaben 0,0534 S.

Ber. N 13,86, S 15,84.
Gef. ,, 14,04, ,, 15,92.

Die Verbindung ist in heissem Wasser ziemlich leicht, in kaltem Wasser und Alkohol schwer löslich. Sie reducirt in der Wärme alkalische Kupferlösung. Die alkalische Lösung wird durch Quecksilberoxyd schon in der Kälte verändert und es entsteht dabei eine Sulfosäure des Methylanilins.

Mit Aceton, Bittermandelöl und Brenztraubensäure bildet diese Säure ähnliche Verbindungen, wie sie zuvor für die Hydrazinbenzolsulfosäure beschrieben wurden. Ihre Alkalisalze sind in Wasser leicht löslich; das Natronsalz scheidet sich auf Zusatz von Alkohol zu der wässerigen Lösung in feinen Nadeln ab. Nach der Analyse enthält es ebenfalls ein Molecul Krystallwasser, dessen directe Bestimmung auch hier mit Schwierigkeiten verbunden ist.

0,1272 g gaben 0,1618 CO_2 und 0,0535 Wasser. — 0,1458 g gaben 0,0140 Na.

Ber. C 34,7, H 4,54, Na 9,5.
Gef. ,, 34,6, ,, 4,66, ,, 9,6.

Das Barytsalz ist ebenfalls in Wasser leicht, in Alkohol schwer löslich.

68. A. Pfülf: Ueber einige Indole.
Liebigs Annalen der Chemie 239, 220 [1887].
(Eingelaufen den 19. März 1887.)

Von den Phenylderivaten des Indols sind zwei genau beschrieben, das Pr 2-Phenyl- und das Pr 2, 3-Diphenylindol[1]). Von den Indolen aus Diphenylhydrazin ist nur das Pr 1^n-Phenylindol von E. Fischer und O. Hess[2]) als Zersetzungsproduct seiner Carbonsäure flüchtig erwähnt. Ich habe diese Verbindung genauer untersucht und zum Vergleich auch das Pr 1^n, 2-Diphenylindol aus der Verbindung des Acetophenons mit dem Diphenylhydrazin dargestellt.

Pr 1^n-Phenylindol. — Die von E. Fischer und O. Hess beschriebene Phenylindolcarbonsäure zerfällt, wie schon angegeben, beim längeren Erhitzen im Oelbade auf 200 bis 210° in CO_2 und Phenylindol. Das letztere bleibt als dunkles Oel zurück und wird durch Destillation leicht rein erhalten.

0,2546 g ergaben 0,8099 CO_2 und 0,1324 Wasser.

Ber. C 87,04, H 5,69.
Gef. ,, 86,75, ,, 5,77.

Die Verbindung siedet bei 757 mm Druck constant bei 326 bis 327° (Quecksilberfaden ganz im Dampf). Das schwach gelbe Oel wird in der Kältemischung dickflüssig, ohne zu erstarren. Es ist in Wasser unlöslich, in Alkohol, Aether und Benzol leicht löslich. Es färbt den mit Salzsäure befeuchteten Fichtenspahn schön blauviolett. Von den beiden anderen Phenylindolen unterscheidet es sich durch das Verhalten gegen Pikrinsäure. Versetzt man seine Lösung in Benzol mit Pikrinsäure, so färbt sich dieselbe nur wenig roth und scheidet auch bei starker Concentration nicht die rothen Nadeln der Indolpikrate, sondern statt dessen gelbe Krystalle von Pikrinsäure ab.

Durch die Anlagerung des Phenyls an den Stickstoff scheint mithin die schon geringe Basicität des Indols gänzlich aufgehoben zu werden.

---

[1]) E. Fischer, Liebigs Ann. d. Chem. 236, 133. (S. 555.)
[2]) Berichte d. D. Chem. Gesellsch. 17, 568. (S. 462.)

Phenylpseudoisatin. — Versetzt man die möglichst neutrale Lösung der Pr 1^n, 2-Phenylindolcarbonsäure in der Kälte mit einer Lösung von Natriumhypochlorit, so fällt eine rothe harzige Masse aus, welche nach einiger Zeit krystallinisch erstarrt. Dieselbe wurde in Alkohol gelöst und mit überschüssiger alkoholischer Natronlauge kurze Zeit gekocht, bis eine reichliche Menge von Chlornatrium ausfiel. Die Lösung wurde dann zur Entfernung des Alkohols verdampft, mit Wasser aufgenommen und das Filtrat mit Salzsäure übersättigt. Dabei fiel das Isatin als rother flockiger Niederschlag. Aus der concentrirten ätherischen Lösung scheidet sich die Verbindung in schönen rothen Tafeln ab, welche bei 134° schmelzen und die Zusammensetzung haben:

$$C_6H_4 \diagdown_N^{CO-CO} \diagup$$
$$\underset{C_6H_5}{|}$$

0,1405 g gaben 0,3837 CO_2 und 0,0524 Wasser.
Ber. C 74,66, H 4,00.
Gef. ,, 74,47, ,, 4,14.

Das Phenylpseudoisatin ist in Wasser sehr schwer, in Alkohol, Aether und Benzol ziemlich leicht löslich.

Pr 1^n, 2-Diphenylindol. — Erhitzt man gleiche Molecule Diphenylhydrazin und Acetophenon 20 Stunden auf dem Wasserbade, so resultirt ein dunkelrothes Oel, welches bei starker Abkühlung nach einigen Stunden krystallinisch erstarrt. Löst man dieses Product in heissem Alkohol, so scheidet sich beim Erkalten das Acetophenondiphenylhydrazin in nahezu farblosen, schönen, warzenförmigen Krystallaggregaten ab, welche für die Analyse im Vacuum getrocknet wurden.

0,4494 g gaben 38,9 cbcm N bei 25° und 758 mm Druck.
Ber. N 9,79. Gef. N 9,63.

Die Verbindung schmilzt bei 97 bis 98° und ist in Aether und heissem Alkohol leicht löslich.

Zur Umwandlung in das Indol wird dieselbe mit der 5 fachen Menge Chlorzink 3 bis 5 Minuten lang im Oelbade auf 170 bis 180° erhitzt. Die Schmelze wird mit verdünnter Salzsäure ausgelaugt und der Rückstand längere Zeit mit Wasserdampf behandelt. Dabei gehen die leicht flüchtigen Nebenproducte der Reaction über, während das Indol in dem harzigen, beim Erkalten fest werdenden Rückstand bleibt. Derselbe wird mit Aether ausgezogen, die filtrirte ätherische Lösung verdampft und der Rückstand destillirt. Dabei geht das Diphenylindol oberhalb 360° als gelbes Oel über, welches für die Analyse nochmals destillirt wurde.

0,1727 g gaben 0,5605 CO_2 und 0,0905 Wasser. — 0,1605 g gaben 0,5177 CO_2 und 0,0820 Wasser.

Ber. C 89,22, H 5,57.
Gef. ,, 88,51, 87,97, ,, 5,82, 5,67.

Die Zahlen lassen an Schärfe zu wünschen übrig, aber bei der kleinen Menge des Materials und den Eigenschaften des Productes war eine völlige Reinigung nicht möglich.

Die Verbindung wurde bisher nicht krystallinisch erhalten. Sie färbt den Fichtenspahn tief blauviolett, ist in Wasser ganz unlöslich, in Alkohol, Aether und Benzol dagegen sehr leicht löslich. Mit Pikrinsäure verbindet sie sich ebenso wenig wie das Pr 1^n-Phenylindol.

69. Julius Raschen: Indole aus den Tolylhydrazinen.
Liebigs Annalen der Chemie **239**, 223 [1887].
(Eingelaufen den 19. März 1887.)

Homologe des Indols, welche Methyl im Benzolkern enthalten, sind bisher nicht bekannt, ich habe deshalb die Methoden von E. Fischer[1]) benutzt, um solche Producte aus dem o- und p-Tolylhydrazin darzustellen. Beide Basen verbinden sich leicht mit der Brenztraubensäure und die Ester der so entstandenen Säuren werden durch Chlorzink verhältnissmässig glatt in die Ester der entsprechenden Indolcarbonsäuren verwandelt.

Die Carbonsäure der Parareihe wird beim Erhitzen in Kohlensäure und Methylindol gespalten. Der Process geht hier viel glatter von Statten als bei der von E. Fischer beschriebenen Indolcarbonsäure; in Folge dessen ist dieses Methylindol viel leichter zu erhalten als das Indol selber. Nach der von E. Fischer vorgeschlagenen Nomenclatur ist die Verbindung als B 3-Methylindol zu bezeichnen.

Indole aus p-Tolylhydrazin.

p-Tolylhydrazinbrenztraubensäure. — Die Verbindung scheidet sich als gelber krystallinischer Niederschlag ab, wenn man eine wässerige Lösung von salzsaurem p-Tolylhydrazin mit Brenztraubensäure versetzt. Sie krystallisirt aus heissem Alkohol in gelben Nadeln, welche bei 158 bis 160° (uncorr.) unter lebhafter Gasentwickelung schmelzen.

0,3198 g gaben 0,7317 CO_2 und 0,1826 H_2O.

$C_{10}H_{12}N_2O_2$. Ber. C 62,50, H 6,25.
Gef. ,, 62,39, ,, 6,34.

Die Säure ist in heissem Wasser, Aether und Benzol sehr schwer, in Alkohol, Chloroform und Eisessig ziemlich leicht löslich.

Statt der freien Säure wird für die Umwandlung in das Indol besser ihr Aethylester verwandt. Zur Darstellung des letzteren wird 1 Th. der Säure mit 9 Th. Alkohol und 1 Th. concentrirter Schwefelsäure 2 bis 3 Stunden am Rückflusskühler gekocht. Auf Zusatz von Wasser

---

[1]) Liebigs Ann. d. Chem. **236**, 116. (*S. 542.*)

fällt der Ester krystallinisch aus. Derselbe krystallisirt aus heissem verdünntem Alkohol in hellgelben Nadeln, welche bei 106 bis 107° schmelzen und die Zusammensetzung $C_{12}H_{16}N_2O_2$ besitzen.

0,2679 g gaben 0,6398 CO_2 und 0,1819 H_2O.
Ber. C 65,45, H 7,27.
Gef. ,, 65,13, ,, 7,50.

B 3, Pr 2-Methylindolcarbonsäure. — 5 g des p-Tolylhydrazinbrenztraubensäureäthylesters werden mit der gleichen Menge Chlorzink gemischt und im Oelbade auf 220° erhitzt. Nach etwa 4 Minuten findet eine ziemlich heftige Reaction statt. Die Schmelze wird genau so verarbeitet, wie E. Fischer für die Darstellung der Indolcarbonsäure[1]) angiebt. Dabei erhält man als Hauptproduct den Methylindolcarbonsäureäthylester. Der letztere krystallisirt aus Alkohol oder Benzol in farblosen Blättchen oder Nadeln, welche bei 158 bis 160° (uncorrigirt) schmelzen.

0,3066 g lieferten 0,8030 CO_2 und 0,1843 H_2O.
$C_{12}H_{13}NO_2$. Ber. C 70,94, H 6,40.
Gef. ,, 71,43, ,, 6,67.

Durch Kochen mit alkoholischer Kalilauge wird der Ester leicht verseift. Verdampft man den Alkohol unter Zusatz von Wasser, so fällt beim Ansäuern die Methylindolcarbonsäure als krystallinischer Niederschlag aus. Dieselbe wird in Ammoniak gelöst, mit Thierkohle gekocht, wieder durch Säuren abgeschieden und schliesslich aus heissem Wasser umkrystallisirt. Für die Analyse wurde das Präparat im Vacuum getrocknet.

0,2328 g gaben 0,5870 CO_2 und 0,1137 H_2O. — 0,3775 g gaben 27,2 cbcm Stickstoff bei 20,5° und 751 mm Druck.
$C_{10}H_9NO_2$. Ber. C 68,56, H 5,14, N 8,0.
Gef. ,, 68,76, ,, 5,42, ,, 8,1.

Die Säure schmilzt bei 227 bis 228° (uncorrigirt) unter Gasentwickelung. Sie ist in heissem Wasser ziemlich schwer löslich und krystallisirt daraus in ganz farblosen schönen Nadeln. Von Alkohol, Aether, Chloroform und Eisessig wird sie leicht aufgenommen. In ihrem sonstigen Verhalten zeigt sie die grösste Aehnlichkeit mit der Indolcarbonsäure.

B 3-Methylindol. — Erhitzt man die Carbonsäure in Mengen von etwa 3 g im Oelbade auf 235 bis 240°, so findet eine lebhafte Kohlensäureentwickelung statt. Gleichzeitig sublimirt ein kleiner Theil der Säure in feinen Nadeln. Nach 15 Minuten wird die Operation unterbrochen und das dunkelbraune Product mit Wasserdampf destillirt. Das Methylindol geht dabei leicht über und scheidet sich theils im Kühler, theils in der Vorlage in farblosen Krystallen ab. Als Rückstand bleibt ein dunkles Harz, welches höchst wahrscheinlich unter dem Einflusse

---
[1]) Liebigs Ann. d. Chem. **236**, 142. (S. *561*.)

der Hitze aus dem erst gebildeten Methylindol entsteht. Die Ausbeute ist in Folge dessen keineswegs quantitativ, sie beträgt aber immerhin 20 bis 30 pC. der angewandten Carbonsäure.

Das so erhaltene Methylindol ist gleich rein, wie nachfolgende Analyse zeigt.

0,1546 g gaben 0,4669 CO_2 und 0,1015 H_2O. — 0,1351 g gaben 13,2 cbcm Stickstoff bei 23° und 748 mm Druck.

C_9H_9N. Ber. C 82,44, H 6,87, N 10,7.
Gef. ,, 82,36, ,, 7,29, ,, 10,8.

Das B 3-Methylindol ist in heissem Wasser ziemlich leicht löslich und scheidet sich beim Erkalten in schönen farblosen Nadeln ab. In Alkohol, Aether, Benzol und Ligroïn ist es leicht löslich. Es schmilzt bei 58,5° (uncorrigirt). In Geruch und im Verhalten gegen den Fichtenspahn, salpetrige Säure und Pikrinsäure ist es von dem Indol nicht zu unterscheiden.

Das Pikrat löst sich in heissem Wasser mit rothgelber Farbe und scheidet sich beim Erkalten in rothen Nadeln ab, welche bei 151° (uncorrigirt) schmelzen und die Formel C_9H_9N, $C_6H_2(NO_2)_3OH$ haben.

0,0870 g gaben 12,3 cbcm Stickstoff bei 24° und 750 mm Druck.
Ber. N 15,5. Gef. N 15,6.

Aceton-p-Tolylhydrazin. — Die Base wird in wenig Aceton gelöst und das überschüssige Aceton verdampft. Der ölige Rückstand erstarrt beim Uebergiessen mit Wasser bald krystallinisch. Das Product wurde aus heissem Ligroïn umkrystallisirt und zur Analyse im Vacuum getrocknet.

0,1867 g gaben 0,5082 CO_2 und 0,1500 H_2O.

$C_{10}H_{14}N_2$. Ber. C 74,07, H 8,65.
Gef. ,, 74,23, ,, 8,92.

Die Verbindung schmilzt bei 50 bis 52° (uncorrigirt), färbt sich an der Luft sehr bald gelb und zerfliesst später zu einer rothen harzigen Masse. Sie muss deshalb bei Luftabschluss aufbewahrt werden.

B 3, Pr 2-Dimethylindol. — Die Darstellung aus dem zuvor beschriebenen Acetonproduct wird genau nach der Vorschrift ausgeführt, welche E. Fischer für das Methylketol angegeben hat. Für die Analyse wurde die Substanz aus absolutem Alkohol umkrystallisirt und im Vacuum getrocknet.

0,2003 g gaben 0,6079 CO_2 und 0,1416 H_2O.

$C_{10}H_{11}N$. Ber. C 82,76, H 7,58.
Gef. ,, 82,76, ,, 7,84.

Das Dimethylindol schmilzt bei 114 bis 115° (uncorrigirt) und destillirt unzersetzt. In heissem Wasser ist es fast unlöslich, dagegen wird es von warmem Alkohol, Benzol, Aether und Eisessig leicht aufgenommen. In Folge seines höheren Schmelzpunktes scheidet es sich aus diesen Lösungsmitteln viel leichter ab als das Methylketol. Das Pikrat krystallisirt aus Benzol in dunkelrothen Nadeln vom Schmelzpunkt 155° (uncorrigirt). Seine Formel ist $C_{10}H_{11}N \cdot C_6H_2(NO_2)_3OH$

0,1760 g gaben 23,86 cbcm Stickstoff bei 24,5° und 752 mm Druck.
Ber. N 14,9. Gef. N 14,9.

Indole aus o-Tolylhydrazin.

o-Tolylhydrazinbrenztraubensäure wurde in bekannter Weise gewonnen und für die Analyse aus heissem Alkohol umkrystallisirt.

0,3370 g gaben 0,7701 CO_2 und 0,1951 H_2O.
$C_{10}H_{12}N_2O_2$. Ber. C 62,50, H 6,25.
Gef. ,, 62,32, ,, 6,43.

Sie schmilzt bei 158 bis 159° (uncorrigirt) unter Gasentwickelung. Ihr Aethylester krystallisirt aus heissem Alkohol in feinen hellgelben Nadeln vom Schmelzpunkt 61 bis 62° (uncorrigirt).

0,2335 g gaben 0,5608 CO_2 und 0,1579 H_2O.
$C_{12}H_{16}N_2O_2$. Ber. C 65,45, H 7,27.
Gef. ,, 65,50, ,, 7,51.

B 1, Pr 2-Methylindolcarbonsäure. — Bezüglich der Darstellung verweise ich auf das zuvor bei der isomeren Verbindung Gesagte. Die Ausbeute ist hier besser. Sie wurde zur Analyse aus heissem Wasser umkrystallisirt und im Vacuum getrocknet.

0,1926 g gaben 0,4834 CO_2 und 0,0935 H_2O.
$C_{10}H_9NO_2$. Ber. C 68,56, H 5,14.
Gef. ,, 68,45, ,, 5,39.

Die Säure schmilzt bei 170 bis 171° (uncorrigirt) unter Gasentwickelung. Sie krystallisirt aus heissem Wasser in schönen glänzenden Nadeln, welche beim Trocknen trübe werden. In Alkohol, Aether und Eisessig ist sie leicht löslich. Beim Erhitzen über ihren Schmelzpunkt zerfällt sie vollständig, liefert aber dabei nur sehr kleine Mengen des entsprechenden Methylindols.

Im Anschluss an diese Versuche habe ich noch die Verbindungen der beiden Tolylhydrazine mit dem Traubenzucker untersucht. Dieselben entstehen unter denselben Bedingungen wie das Phenylglucosazon und besitzen ganz ähnliche Eigenschaften. Das p-Tolylglucosazon schmilzt bei 193 bis 194° (uncorrigirt) und die Orthoverbindung bei 201° (uncorrigirt) unter Gasentwickelung.

Beide besitzen die Zusammensetzung $C_{20}H_{24}N_4O_4$.

I. 0,2090 g gaben 0,4757 CO_2 und 0,1317 H_2O. — II. 0,2384 g gaben 0,5409 CO_2 und 0,1510 H_2O.

		I. Orthoverbindung	II. Paraverbindung
$C_{20}H_{26}N_4O_4$.	Ber. C 62,17	Gef. C 62,08	61,88
	,, H 6,74	,, H 7,00	70,3.

70. Adolf Schlieper: Indole aus α-Naphtylhydrazin.
Liebigs Annalen der Chemie **239**, 229 [1887].
(Eingelaufen den 19. März 1887.)

Die aus den Verbindungen des β-Naphtylhydrazins mit den Ketonen durch Schmelzen mit Chlorzink entstehenden β-Naphtindole sind früher von mir beschrieben[1]). Nach derselben Methode können auch das α-Naphtindol und seine Derivate dargestellt werden. Die Reaction verläuft sogar hier glatter und die Producte besitzen schönere Eigenschaften als die isomeren der β-Reihe. Ausserdem lässt sich ihre Constitution mit grösserer Wahrscheinlichkeit feststellen. Nach der bisher üblichen Anschauung über die Constitution der Naphtalinabkömmlinge können die in der α-Stellung substituirten Naphtaline nur ein Orthoderivat liefern und es würde sich somit für das α-Naphtindol ohne weiteres die Formel ergeben:

Dieselbe verliert allerdings an Sicherheit, wenn man die neueren Untersuchungen von Ekstrand[2]) und Bamberger[3]) über die Naphtalsäure berücksichtigt, welche ebenfalls die Reactionen der Orthodicarbonsäuren zeigt. Denn wenn die Naphtalinderivate a^1-a^1 allgemein den Charakter der Orthokörper besitzen, so wäre es auch möglich, dass die Bildung des Indolringes in dieser Stellung erfolgt, dass mithin dem α-Naphtindol die Formel zukommt:

Das α-Naphtindol aus der Verbindung von Naphtylhydrazin mit Acetaldehyd durch Schmelzen mit Chlorzink zu gewinnen, scheint

---
[1]) Liebigs Ann. d. Chem. **236**, 174. (*S. 584.*)
[2]) Berichte d. D. Chem. Gesellsch. **18**, 2881.
[3]) Berichte d. D. Chem. Gesellsch. **20**, 237 u. 365.

nicht möglich zu sein; es wurde deshalb für diesen Zweck geradeso wie in der β-Reihe der α-Naphtylhydrazinbrenztraubensäureester

$$C_{10}H_7N_2H = C\diagdown_{COOC_2H_5}^{CH_3}$$

benutzt. Durch Schmelzen mit Chlorzink wird derselbe grösstentheils in α-Naphtindolcarbonsäureester:

$$C_{10}H_6\diagdown_{CH}^{NH}\!\!\!>\!\!C\cdot COOC_2H_5$$

übergeführt. Der letztere wird leicht verseift und die freie Carbonsäure zerfällt in der Hitze glatt in Kohlensäure und α-Naphtindol.

Sein Methylderivat wird analog dem Methylketol aus der Verbindung des α-Naphtylhydrazins mit Aceton durch die Chlorzinkschmelze gewonnen.

Die α-Naphtindole sind den β-Verbindungen sehr ähnlich. Sie färben den Fichtenspahn ebenfalls blauviolett, liefern dunkelrothe krystallisirende Pikrate und werden durch nascirenden Wasserstoff in die stark basischen Hydroverbindungen verwandelt.

α-Naphtylhydrazinbrenztraubensäureäthylester.

Die schon von Emil Fischer beschriebene[1]) α-Naphtylhydrazinbrenztraubensäure scheidet sich als gelber krystallinischer Niederschlag ab, wenn man eine warme wässerige Lösung von salzsaurem α-Naphtylhydrazin mit Brenztraubensäure versetzt. Zur Umwandlung in den Ester wird dieses Product abgepresst, auf dem Wasserbad getrocknet und dann in Mengen von 50 g mit 400 g absolutem Alkohol und 40 g concentrirter Schwefelsäure eine Stunde am Rückflusskühler gekocht. Beim Erkalten der heiss filtrirten Lösung scheidet sich der Ester in Form schöner gelber Nadeln ab. Die Mutterlauge liefert auf die Hälfte eingeengt ein weniger rein krystallisirtes Product. Die Menge des so erhaltenen Esters beträgt zusammen 92 pC. der angewandten Hydrazinbrenztraubensäure.

Für die Analyse wurde das Präparat noch einmal aus Alkohol umkrystallisirt und im Vacuum getrocknet.

0,2225 g gaben bei 735 mm Druck und 19° 21,5 cbcm Stickstoff.

$C_{10}H_7 \cdot N_2N : C(CH_3)COOC_2H_5$. Ber. N 10,93. Gef. N 10,73.

Der Ester bildet derbe gelbe Prismen, welche bei 100° schmelzen. Er ist in Wasser und kalten Alkalien unlöslich, leicht löslich in Benzol, Chloroform, Eisessig, Aether und heissem Alkohol, schwer in kaltem Alkohol und Ligroïn.

---

[1]) Liebigs Ann. d. Chem. **232**, 240. (S. *532*.)

Zur Ueberführung in Indolderivate wird der Ester fein gepulvert, mit der gleichen Menge trockenem Chlorzink gemischt und im Oelbad auf 195° erhitzt. Bei Mengen von 5 bis 10 g erfolgt beim Umrühren nach etwa zwei Minuten eine heftige Reaction. Die Einwirkung ist damit vollendet.

Die hellbraune Schmelze wird jetzt fein zerrieben, mit verdünnter Salzsäure aufgekocht, filtrirt, mit Wasser gewaschen und auf dem Wasserbad getrocknet. — Das so gewonnene braune Pulver enthält neben wenig Naphtindolcarbonsäure und Indol hauptsächlich:

α-Naphtindolcarbonsäureester.

Zur Isolirung der Verbindung ist es am besten, die Schmelze im Oelbad auf 220 bis 230° zu erwärmen und einen kräftigen Strom stark überhitzten Wasserdampfs darüber zu leiten. Dabei destillirt der Ester in reichlicher Menge und verdichtet sich in der Vorlage zu einer gelblich-weissen Krystallmasse. Dieses Product krystallisirt aus heissem Alkohol in langen wasserhellen Nadeln, welche für die Analyse bei 100° getrocknet wurden.

0,3127 g gaben 16,5 cbcm Stickstoff bei 17° und 741 mm Druck.

$C_{10}H_6NH \cdot CH : C \cdot COOC_2H_5$. Ber. N 5,85. Gef. N 5,96.

Der Ester schmilzt bei 170°, er ist leicht löslich in Benzol und Eisessig, schwer in kaltem Alkohol, Aether und Ligroïn und nahezu unlöslich in Wasser.

So vortheilhaft die Destillation mit überhitztem Wasserdampf zur Reindarstellung des Esters nun auch sein mag, zur Gewinnung der Carbonsäure und des Naphtindols ist folgende Methode bequemer.

α-Naphtindolcarbonsäure.

Die wie oben gewonnene Schmelze wird nach der Extraction mit heisser verdünnter Salzsäure durch Ausschütteln mit Aether erschöpft. Beim Verdampfen des Aethers hinterbleibt eine dunkel gefärbte feste Masse. Dieselbe wird mit zehnprocentiger alkoholischer Kalilauge eine halbe Stunde gekocht, hierauf die Flüssigkeit mit Wasser verdünnt, durch Salzsäure nahezu neutralisirt und der Alkohol verdampft. Dabei scheidet sich eine harzige Masse ab, welche etwas freies Naphtindol enthält. Versetzt man die filtrirte alkalische Lösung mit überschüssiger Salzsäure, so scheidet sich die Naphtindolcarbonsäure als braun gefärbter voluminöser Niederschlag ab. Die Menge dieses Products betrug durchschnittlich 41 pC. vom Gewicht des angewandten Brenztraubensäureesters.

Die völlige Reinigung der Carbonsäure ist mit ähnlichen Schwierigkeiten verbunden, wie sie früher bei der β-Naphtindolcarbonsäure beschrieben wurden. Die rohe Säure wird zunächst in ammoniakalischer

Lösung mit Thierkohle gekocht und die filtrirte braungelbe Flüssigkeit mit Chlorbaryumlösung versetzt. Das hierbei ausfallende Baryumsalz wurde dann in viel heissem Wasser gelöst und durch Salzsäure zerlegt. Die dabei abgeschiedene Carbonsäure ist noch bräunlich gefärbt und wurde deshalb ins Natriumsalz verwandelt. Das letztere krystallisirt aus heissem Wasser sehr leicht in nahezu farblosen silberglänzenden Blättchen. Aus seiner Lösung fällt beim Ansäuern die Naphtindolcarbonsäure als weisses krystallinisches Pulver, welches für die Analyse bei 100° getrocknet wurde.

0,2606 g gaben 0,7027 CO_2 und 0,1085 H_2O. — 0,3796 g gaben 20,8 cbcm Stickstoff bei 14° und 759 mm Druck.

$C_{10}H_6 \cdot NH \cdot C \cdot COOH : CH$. Ber. C 73,93, H 4,26, N 6,63.
Gef. ,, 73,54, ,, 4,62, ,, 6,43.

Die Säure bildet in reinem Zustand feine weisse Nädelchen, die bei 202° schmelzen. Sie ist leicht löslich in Alkohol, Aether und Eisessig, schwer in Ligroïn und Benzol und sehr schwer in heissem Wasser. Sie wird aus der alkalischen Lösung durch Säuren unverändert wieder gefällt. In Ammoniak löst sie sich ebenfalls leicht, scheidet sich aber wieder aus, wenn man die Lösung bis zur Entfernung des Ammoniaks längere Zeit kocht. — Versetzt man die neutrale Lösung des Ammoniumsalzes mit einer Lösung von salpetersaurem Silber, so fällt das Silbersalz in weissen, in Wasser unlöslichen Flocken aus. Aus der gleichen Lösung können durch Umsetzung die Salze der andern Schwermetalle gewonnen werden. Dieselben stellen meist flockige, in Wasser schwer lösliche Niederschläge dar. — Quecksilberchlorid liefert eine gelblichweisse, Eisenchlorid eine braunviolette Fällung. Das Nickelsalz krystallisirt aus heissem Wasser in grünlichen büschelförmig, das Cadmiumsalz in gelben sternförmig vereinigten Nadeln. In heissem Wasser ziemlich leicht löslich ist das Calciumsalz, viel schwerer das in schönen Nadeln krystallisirende Baryumsalz. Endlich bildet die Säure, wie schon erwähnt, ein in farblosen Blättchen krystallisirendes Natriumsalz und ein in Wasser und Kalilauge sehr leicht lösliches Kaliumsalz.

Die Säure zeigt die Fichtenspahnreaction nicht.

Erhitzt man die Carbonsäure im Oelbad auf 210 bis 220°, so geht sie unter Kohlensäureabspaltung über in:

α-Naphtindol.

Für die Bereitung desselben kann die rohe Carbonsäure, welche nach der Verseifung des Esters durch Säuren abgeschieden wird, benutzt werden. Dieselbe wird unter gewöhnlichem Druck destillirt und liefert dabei 60 bis 65 pC. ihres Gewichts an Indol, welches in der Vorlage zu einer schwach gefärbten krystallinischen Masse erstarrt. Dasselbe lässt sich leicht aus verdünntem Alkohol oder Ligroïn umkrystallisiren, behält dabei jedoch eine schwach gelbe Farbe. Ganz farblos erhält man das Indol durch Sublimation im Oelbad zwischen 220 bis 230°. Die Analyse eines solchen Präparats ergab folgende Zahlen:

0,2395 g gaben 0,7567 CO_2 und 0,1205 H_2O. — 0,2533 g gaben 18 cbcm Stickstoff bei 12° und 756 mm Druck.

$C_{10}H_6(CH)_2 \cdot NH$. Ber. C 86,22, H 5,39, N 8,38.
Gef. ,, 86,16, ,, 5,59, ,, 8,39.

Das α-Naphtindol schmilzt bei 174 bis 175° (uncorr.), es ist in heissem Wasser etwas löslich und krystallisirt beim Erkalten in farblosen Flitterchen. In schönen Blättchen kann es aus verdünntem Eisessig oder aus Ligroïn, worin es ziemlich schwer löslich ist, gewonnen werden. Sehr leicht löslich ist es in Alkohol, Aether und Benzol. Es besitzt einen schwachen Geruch und ist mit Wasserdämpfen nur schwer flüchtig. Ein Fichtenspahn, der mit seiner alkoholischen Lösung getränkt ist, wird durch Salzsäure tief blauviolett gefärbt.

Giebt man die heissen Lösungen in Benzol von Naphtindol und Pikrinsäure zusammen, so entsteht eine kirschrothe Färbung, und beim Erkalten der Flüssigkeit krystallisiren schön ausgebildete Nadeln des Pikrats.

Die Lösung in Eisessig färbt sich mit concentrirter Salpetersäure versetzt schön weinroth und scheidet bei Wasserzusatz einen braunrothen Körper ab. Chromsäure bewirkt in der essigsauren Lösung die Fällung einer amorphen schwarzen, Natriumnitrit die einer braunen flockigen Verbindung.

Die Wirkung der Salzsäure auf das α-Naphtindol verläuft ähnlich wie beim β-Naphtindol. Versetzt man die Lösung des Indols in Eisessig mit concentrirter Salzsäure und darauf mit Wasser, so scheidet sich ein farbloser flockiger Niederschlag ab. Derselbe wurde zuerst mit Aether ausgelaugt, dann in wenig Alkohol gelöst und mit Aether gefällt. Der voluminöse flockige Niederschlag wurde für die Analyse im Vacuum getrocknet.

0,1311 g gaben 0,0543 AgCl oder 0,0134 Cl.

$[C_{10}H_6 \cdot NH \cdot (CH)_2]_2 \cdot HCl$. Ber. Cl 9,58. Gef. Cl 10,22.

Das Product scheint danach eine Verbindung von einem Molecul Salzsäure und zwei Moleculen Naphtindol zu sein und würde also der gleichen Verbindung des Skatols entsprechen, welche von Herrn Wenzing[1]) beschrieben wird. Ihre ausführlichere Untersuchung wurde durch Mangel an Material verhindert.

Dasselbe gilt für die Verbindungen, welche das α-Naphtindol mit Bittermandelöl und Diazobenzolchlorid liefert.

---
[1]) Vgl. die folgende Abhandlung S. 636.

Bemerkenswerth ist das Verhalten des Naphtindols gegen Wasserstoffsuperoxyd. Kocht man seine verdünnte essigsaure Lösung mit einem Ueberschuss von Wasserstoffsuperoxyd, so färbt sie sich langsam blaugrün und scheidet einen ebenso gefärbten Niederschlag ab. Der letztere enthält nur Spuren des Farbstoffs, der nach seinen Reactionen höchst wahrscheinlich der Indigo der Naphtalinreihe ist. In Chloroform löst er sich mit blaugrüner Farbe und beim Erhitzen giebt er ebenso wie der gewöhnliche Indigo violettrothe Dämpfe.

α-Hydronaphtindol.

Zur Darstellung der Base kocht man die alkoholische Lösung des Indols unter zeitweisem Zusatz von Zinkstaub und Salzsäure, bis ein in die Flüssigkeit getauchter Fichtenspahn sich nicht mehr blauviolett färbt. Bei Anwendung von 5 g dauert diese Operation 12 bis 15 Stunden. Die filtrirte Flüssigkeit wird jetzt mit Wasser verdünnt, mit Natronlauge übersättigt und ausgeäthert. Beim Verdampfen des Aethers bleibt ein öliger Rückstand, der mit warmer verdünnter Salzsäure behandelt sich grösstentheils löst. Aus dem sauren Filtrat wird die Base durch Alkali abgeschieden, ausgeäthert und nach dem Verdampfen des Aethers unter vermindertem Druck destillirt.

Die Base, welche nicht analysirt wurde, ist ein hellgelbes Oel, welches nach kurzer Zeit krystallinisch erstarrt. Sie zeigt die Fichtenspahnreaction nicht mehr und ist fast geruchlos.

Durch salpetersaures Silber, Eisenchlorid und salpetrige Säure wird ihre alkoholische Lösung prachtvoll rothviolett gefärbt.

Die Salze mit Mineralsäuren sind in Wasser löslich. Besonders schön ist das Oxalat. Dasselbe fällt aus der ätherischen Lösung der Base durch Oxalsäure als weisser Niederschlag und krystallisirt aus heissem Alkohol in feinen farblosen Nadeln, welche bei 166° schmelzen.

Pr 2-Methyl-α-Naphtindol.

Dieses Indol wird aus dem von Emil Fischer beschriebenen[1]) Aceton-α-Naphtylhydrazin durch Schmelzen mit der doppelten Menge Chlorzink bei 175 bis 180° gewonnen. Die Reaction tritt nach einigen Minuten ein, worauf das Gefäss aus dem Bade entfernt wird. Die braune Schmelze wird gepulvert, mit verdünnter Salzsäure behandelt und mit Aether ausgeschüttelt. Beim Verdampfen des Aethers bleibt ein dunkles Oel, welches sich in Benzol unter Rücklassung eines dunklen Harzes löst. Das Benzol wird verdampft und der Rückstand unter vermindertem Druck destillirt. Dabei geht das Indol als helles Oel über, welches in der Vorlage sofort erstarrt. Dasselbe wurde aus heissem Ligroïn um-

---
[1]) Liebigs Ann. d. Chem. **232**, 241. (S. *532*.)

krystallisirt, wobei ein blaugefärbter Körper ungelöst bleibt und für die Analyse im Vacuum getrocknet.

0,2588 g gaben 0,818 CO_2 und 0,1458 H_2O. — 0,3226 g gaben 21,5 cbcm Stickstoff bei 12° und 756 mm Druck.

$C_{13}H_{11}N$.   .Ber. C 86,18, H 6,07, N 7,73.
Gef. ,, 86,20, ,, 6,25, ,, 7,74.

Das Methyl-α-Naphtindol schmilzt bei 132°, es ist in Alkohol, Aether, Benzol und Eisessig leicht, in kaltem Ligroïn schwer löslich. Von heissem Wasser wird es in merklicher Menge aufgenommen und krystallisirt daraus beim Erkalten in feinen Nadeln. Mit Wasserdämpfen ist es schwer flüchtig. Sein Geruch ist schwach und wenig charakteristisch. Es färbt den mit Salzsäure befeuchteten Fichtenspahn stark blauviolett.

Sein Pikrat krystallisirt aus heissem Benzol in dunkelrothen Nadeln, welche bei 167 bis 168° schmelzen.

Von dem Pr 2-Methyl-β-Naphtindol unterscheidet es sich durch sein Verhalten gegen Eisenchlorid. Seine Lösung in Eisessig färbt sich nämlich auf Zusatz von Eisenchlorid prachtvoll kirschroth und scheidet auf Zusatz von Wasser einen ebenso gefärbten Niederschlag ab.

Zum Schluss gebe ich eine Zusammenstellung der bisher gewonnenen Indolderivate des Naphtalins.

	Schmelzp.	Siedep.	Salze	Schmelzp.
α-Naphtindol, $C_{12}H_9N$	174 bis 175°	—	—	—
α-Hydronaphtindol, nicht analysirt	fest	—	Oxalat	166°
α-Naphtindolcarbonsäure $C_{13}H_9NO_2$	202°	—	—	—
α-Naphtindolcarbonsäureester, $C_{15}H_{13}NO_2$	170°	—	—	—
Pr 2-Methyl-α-Naphtindol, $C_{13}H_{11}N$	132°	—	Pikrat	167 bis 168°
β-Naphtindol, $C_{12}H_9N$	flüssig	bei 18 mm 222°	—	—
β-Naphtindolcarbonsäure, $C_{13}H_9NO_2$	226°	—	—	—
Pr 2-Methyl-β-Naphtindol, $C_{13}H_{11}N$	flüssig	bei 223 mm 314 bis 320°	Pikrat	176°
Hydromethyl-β-Naphtindol, $C_{13}H_{13}N$	flüssig	bei 20 mm 190 bis 200°	—	—

71. Max Wenzing: Derivate der drei Methylindole.
Liebigs Annalen der Chemie **239**, 239 [1887].
(Eingelaufen den 19. März 1887.)

Die drei isomeren Monomethylindole, das Skatol, Methylketol und Pr 1ⁿ-Methylindol sind durch die Synthese von E. Fischer leicht zugängliche Producte geworden.

Um dieselben näher zu charakterisiren und mit einander zu vergleichen habe ich einige Derivate untersucht.

Durch Reduction werden alle drei in Hydroverbindungen verwandelt, von welchen das Hydromethylketol schon von Jackson beschrieben ist.

Hydroskatol und Hydromethylketol liefern Nitrosamine, welche durch Zinkstaub und Essigsäure in die entsprechenden Hydrazine verwandelt werden.

Mit Salzsäure verbindet sich das Skatol leicht. Das salzähnliche Product hat die ungewöhnliche Zusammensetzung $(C_9H_9N)_2HCl$.

Auch mit Bittermandelöl lässt sich das Skatol condensiren, wie schon E. Fischer[1]) beobachtet hat. Das Product hat die Formel $(C_9H_8N)_2 : CH \cdot C_6H_5$ und ist also isomer mit den entsprechenden Verbindungen des Methylketols und Methylindols.

Derivate des Skatols.

Das Skatol wurde aus Propylidenphenylhydrazin nach der Vorschrift von E. Fischer dargestellt[2]), zur Reinigung destillirt und einmal aus Ligroïn umkrystallisirt.

Verbindung mit Salzsäure. — Uebergiesst man Skatol mit starker Salzsäure, so beobachtet man namentlich beim Erwärmen bald die Veränderung der Krystalle in eine graue Masse, welche in Wasser und Salzsäure sehr schwer löslich ist. Reiner entsteht dieselbe Verbindung in ätherischer Lösung. Löst man Skatol in reinem Aether und leitet unter Kühlung trockenen Chlorwasserstoff ein, so färbt sich

---

[1]) Berichte d. D. Chem. Gesellsch. **19**, 2988. (S. *597*.)
[2]) Liebigs Ann. d. Chem. **236**, 137. (S. *558*.)

die Flüssigkeit zunächst roth und nach kürzerer oder längerer Zeit entsteht ein weisser krystallinischer Niederschlag, während die Farbe der Lösung dabei meist in braun umschlägt. Das Product wird filtrirt, in wenig Alkohol gelöst und durch Zusatz von reinem Aether wieder abgeschieden. Man erhält so schöne weisse Nädelchen, welche bei 167 bis 168° (uncorrigirt) schmelzen und für die Analyse im Vacuum getrocknet wurden.

0,1906 g gaben 0,5043 CO_2 und 0,1154 H_2O. — 0,2234 g gaben 18,46 cbcm Stickstoff bei 21° und 755 mm Druck. — 0,3217 g gaben 0,1536 AgCl.

$C_{18}H_{19}N_2Cl$. Ber. C 72,36, H 6,37, N 9,38, Cl 11,89.
                     Gef. ,, 72,16, ,, 6,73, ,, 9,34, ,, 11,81.

Die Substanz ist demnach eine Verbindung von 2 Mol. Skatol mit 1 Mol. Salzsäure. Sie entspricht nicht dem Pikrat des Skatols, welches aus gleichen Moleculen der Componenten gebildet wird; trotzdem scheint sie nichts anderes zu sein, als eine salzartige Verbindung; denn beim Erwärmen mit wässerigen Alkalien verliert sie die Salzsäure und wird in Skatol zurückverwandelt. Dieselbe Zersetzung erleidet sie, wenn auch unvollständig, beim Erhitzen.

In Wasser ist sie schwer, in Aether gar nicht löslich; dagegen wird sie von Alkohol leicht aufgenommen.

Benzylidendiskatol. — Die Verbindungen von Methylketol und Methylindol mit Bittermandelöl sind von E. Fischer beschrieben[1]). Aehnlich verhält sich das Skatol, nur erfolgt die Vereinigung mit dem Aldehyd erst bei Gegenwart von Chlorzink. Erwärmt man 1 Th. Bittermandelöl mit $2^1/_2$ Th. Skatol unter Zusatz von wenig Chlorzink auf dem Wasserbad, so färbt sich die Flüssigkeit nach wenigen Minuten röthlich, nach 2 bis 3 Stunden ist die Masse zäh geworden und der Geruch des Bittermandelöls verschwunden. Löst man jetzt die ganze Schmelze in nicht zu viel heissem Alkohol und kühlt die klare Flüssigkeit durch eine Kältemischung, so scheidet sich im Laufe einiger Stunden das Condensationsproduct in farblosen Krystallen ab. Das Product wurde filtrirt, nochmals aus heissem Alkohol umkrystallisirt und für die Analyse bei 100° getrocknet.

0,1958 g gaben 0,6148 CO_2 und 0,1116 H_2O. — 0,0565 g gaben 0,1769 CO_2 und 0,0345 H_2O.

$C_{25}H_{22}N_2$. Ber. C 85,72, H 6,29.
                   Gef. ,, 85,63, 85,39, ,, 6,33, 6,78.

Die Verbindung entsteht mithin nach der Gleichung:

$$2 C_9H_9N + C_6H_5CHO = C_6H_5CH(C_9H_8N)_2 + H_2O.$$

Sie schmilzt bei 140 bis 142°, ist in Wasser unlöslich, in heissem Alkohol, Chloroform, Aether und Eisessig leicht löslich.

---
[1]) Berichte d. D. Chem. Gesellsch. **19**, 2988. (S. 597.)

Das Benzylidendiskatol ist also ebenso zusammengesetzt, wie die Verbindungen von Methylketol und Methylindol mit Bittermandelöl, unterscheidet sich aber durch seinen niedrigeren Schmelzpunkt und seine viel grössere Löslichkeit.

Beim Kochen mit starker Salzsäure oder 40 procentiger Schwefelsäure giebt die Verbindung kein Bittermandelöl ab. Man darf daraus wohl den Schluss ziehen, dass die Aldehydgruppe des Bittermandelöls nicht in die Imidgruppe des Skatols, sondern an einem Kohlenstoffatom des Indol- oder Benzolrings eingegriffen hat, wie dies schon für das Bittermandelölderivat des Methylketols von E. Fischer angenommen wurde.

Hydroskatol. — Eine alkoholische Lösung von Skatol wird am Rückflusskühler gekocht und abwechselnd kleine Mengen Zinkstaub und concentrirte Salzsäure zugegeben, bis der Geruch des Skatols und die Fichtenspahnreaction verschwunden ist.

Die Operation dauert je nach den Mengenverhältnissen und der Stärke der Wasserstoffentwickelung 3 bis 10 Stunden. Die filtrirte Lösung wird jetzt mit Wasser verdünnt, mit Natronlauge bis zur Lösung des Zinks versetzt und mit Aether ausgeschüttelt. Beim Verdampfen des Aethers bleibt ein dunkelgefärbtes Oel zurück. Dasselbe wird mit kalter, sehr verdünnter Salzsäure behandelt und die wenig getrübte Flüssigkeit filtrirt, mit Natronlauge übersättigt und mit Wasserdampf destillirt. Dabei geht das Hydroskatol leicht als schwach gefärbtes Oel über, welches wieder mit Aether aufgenommen, nach dem Verdampfen desselben mit kohlensaurem Kali getrocknet und destillirt wird.

0,2308 g gaben 0,6879 CO_2 und 0,1771 H_2O. — 0,2042 g gaben 0,6046 CO_2 und 0,1527 H_2O.

$C_9H_{11}N$. Ber. C 81,20, H 8,27.
Gef. ,, 81,28, 80,76, ,, 8,54, 8,33.

Die Base ist ein farbloses Oel, dessen Geruch zugleich an Chinolin und Piperidin erinnert, ihr Siedepunkt liegt unter dem Druck von 744 mm bei 231 bis 232°[1]) (Quecksilberfaden ganz im Dampf). Sie ist in Wasser schwer, in Alkohol, Aether und Ligroïn leicht löslich und färbt den Fichtenspahn in alkoholischer Lösung orangegelb. Sie reducirt in der Wärme Silbernitrat und Eisenchlorid; mit einer Lösung von Quecksilberchlorid giebt sie sofort einen weissen flockigen Niederschlag; in verdünnten Mineralsäuren löst sie sich leicht.

Das Hydrochlorat fällt aus der ätherischen Lösung beim Einleiten von gasförmiger Salzsäure als flockiger weisser Niederschlag. Es ist in Wasser und Alkohol sehr leicht löslich.

---

[1]) Der in der vorläufigen Mittheilung in den Berichten d. D. Chem. Gesellsch. **19**, 1566 angegebene Siedepunkt 226 bis 227° war nicht corrigirt. (S. *538*.)

Das Oxalat fällt aus der ätherischen Lösung der Base auf Zusatz von Oxalsäurelösung ebenfalls als weisser krystallinischer Niederschlag und schmilzt unter Zersetzung bei 125 bis 126°.

Das Pikrat krystallisirt aus Benzol in gelben körnigen Aggregaten und schmilzt bei 149 bis 150°.

Das Chloroplatinat ist in Wasser schwer löslich und scheidet sich deshalb auf Zusatz von Platinchlorid zur salzsauren Lösung der Base in feinen gelben Nadeln ab. Im Vacuum getrocknet hat es die Zusammensetzung $(C_9H_{11}N \cdot HCl)_2 PtCl_4$.

0,1994 g gaben 0,0575 metallisches Platin.

$C_{18}H_{24}N_2PtCl_6$. Ber. Pt 28,80. Gef. Pt 28,84.

Beim Kochen mit Wasser wird es zersetzt.

Mit Phenylsenföl verbindet sich Hydroskatol sehr leicht. Das Product krystallisirt aus verdünntem Alkohol und schmilzt bei 124 bis 125°.

Gegen salpetrige Säure verhält sich Hydroskatol wie die Imidbasen. Es liefert damit ein öliges Nitrosamin. Behandelt man das letztere in alkoholischer Lösung mit Zinkstaub und Essigsäure, so entsteht eine Hydrazinbase. Die letztere bildet ein Sulfat, welches aus Wasser und Alkohol leicht krystallisirt. Das Product wurde wegen mangelnden Materials nicht näher untersucht.

Derivate des Methylketols.

Hydromethylketol. — Die Base wurde von Jackson[1]) durch Reduction des Methylketols mit Zinn und Salzsäure gewonnen. Ich habe sie für meine Versuche durch Reduction mit Zinkstaub und concentrirter Salzsäure dargestellt. Ihren Siedepunkt, den Jackson nicht bestimmt hat, fand ich unter dem Druck von 742 mm bei 227 bis 228° (Quecksilberfaden ganz im Dampf).

Von den Salzen beschreibt Jackson das Hydrochlorat und das Chloroplatinat.

Das Oxalat scheidet sich beim Zusammenbringen von Säure und Base in ätherischer Lösung in glänzenden Nadeln ab, welche bei 130 bis 131° schmelzen.

Das Pikrat krystallisirt aus Benzol in gelben schmalen Prismen und schmilzt bei 150 bis 151°.

Hydrazin des Hydromethylketols.

Das Nitrosamin der Base ist von Jackson beschrieben[2]). Zur Umwandlung in das Hydrazin löst man die Verbindung in der 4 fachen

---
[1]) Berichte d. D. Chem. Gesellsch. **14**, 883.
[2]) Berichte d. D. Chem. Gesellsch. **14**, 884.

Menge fünfzigprocentiger Essigsäure unter Zusatz von Alkohol und trägt unter guter Kühlung allmählich die fünffache Menge Zinkstaub ein. Die Temperatur wird während der Reaction auf 10 bis 15° gehalten. Zum Schluss erwärmt man auf dem Wasserbad bis zum Kochen, filtrirt, übersättigt das Filtrat mit Natronlauge und extrahirt mit Aether. Nach dem Verdampfen des Aethers wird das rückständige Oel mit Wasserdampf destillirt, das übergehende Oel mit Aether aufgenommen, derselbe abermals verdampft und der Rückstand im Vacuum destillirt. Das so erhaltene fast farblose Oel erstarrt in der Kältemischung grösstentheils. Presst man die Krystalle zwischen Filtrirpapier ab und löst dieselben dann in heissem Ligroïn, so scheidet sich die reine Hydrazinbase beim Erkalten in schön ausgebildeten farblosen Prismen ab, welche bei 40 bis 41° schmelzen.

0,2043 g gaben 0,5471 CO_2 und 0,1516 H_2O. — 0,2706 g gaben 45,3 cbcm Stickstoff bei 16° und 743 mm Druck.

$C_9H_{12}N_2$. Ber. C 72,97, H 8,11, N 18,92.
Gef. ,, 73,03, ,, 8,22, ,, 19,08.

Die Base ist leicht löslich in Alkohol, Aether und heissem Ligroïn, schwer löslich in Wasser, mit Wasserdampf ziemlich leicht flüchtig. Sie reducirt die alkalische Kupferlösung in gelinder Wärme sehr stark.

Das Hydrochlorat fällt aus der ätherischen Lösung der Base durch gasförmige Salzsäure als weisser krystallinischer Niederschlag und ist in Wasser und Alkohol sehr leicht löslich.

Das Sulfat krystallisirt aus Alkohol leicht in farblosen Nadeln.

Mit Brenztraubensäure verbindet sich das Hydrazin ähnlich den einfachen Basen schon in salzsaurer Lösung. Das Product ist ein gelber krystallinischer Niederschlag.

Verbindung des Hydromethylketols mit Phenylsenföl. — Vermischt man Base und Senföl nach molecularen Gewichtsverhältnissen, so erfolgt ihre Vereinigung unter ziemlich bedeutender Wärmeentwickelung. Beim Kochen mit Wasser erstarrt die vorher zähflüssige Schmelze bald krystallinisch. Das Product ist in Aether leicht löslich und krystallisirt daraus in farblosen Prismen vom Schmelzpunkt 100 bis 101°. Für die Analyse wurde das Präparat im Vacuum getrocknet.

0,1898 g gaben 18,1 cbcm Stickstoff bei 18,5° und 744 mm Druck.

$C_{16}H_{16}N_2S$. Ber. N 10,45. Gef. N 10,75.

Die Verbindung ist nach ihrer Entstehung offenbar ein Derivat des Sulfoharnstoffs.

Hydro-Pr 1ⁿ-Methylindol.

Die Base entsteht aus dem Pr 1ⁿ-Methylindol bei der Reduction mit Zinkstaub und Salzsäure unter den gleichen Bedingungen, welche für das Hydroskatol früher angegeben sind. Sie wurde auch in derselben Weise isolirt und gereinigt.

0,2152 g gaben 0,6383 CO_2 und 0,1600 H_2O.

$C_9H_{11}N$. Ber. C 81,20, H 8,27.
       Gef. ,, 80,89, ,, 8,27.

Die Base siedet bei einem Barometerstand von 728 mm constant bei 216° (Quecksilberfaden ganz im Dampf), sie riecht ähnlich dem Hydromethylketol, ist in Wasser schwer, in Alkohol und Aether leicht löslich und mit Wasserdampf ziemlich leicht flüchtig.

Ihre Salze mit Mineralsäuren sind in Wasser und Alkohol leicht löslich; schwer löslich ist

das Chloroplatinat. Dasselbe fällt aus der salzsauren Lösung der Base durch Platinchlorid als gelber, aus Nädelchen bestehender Niederschlag und hat im Vacuum getrocknet die Formel

$$(C_9H_{11}NHCl)_2PtCl_4$$

ergeben.

0,1690 g gaben 0,0482 metallisches Platin.

$C_{18}H_{24}N_2PtCl_6$. Ber. Pt 28,80. Gef. Pt 28,52.

Beim Kochen mit Wasser zersetzt sich das Salz.

Das Oxalat fällt beim Zusammenbringen von Base und Säure in ätherischer Lösung in kleinen farblosen Prismen aus, sein Schmelzpunkt liegt bei 103 bis 105°.

Pikrat. — Krystallisirt aus Benzol in schönen gelben rautenförmigen Tafeln. Dasselbe schmilzt bei 155° und ist wegen seiner Schönheit wohl geeignet, um die Base zu identificiren.

Gegen salpetrige Säure verhält sich Hydromethylindol wie die tertiären aromatischen Basen. Versetzt man die verdünnte, kalte, salzsaure Lösung mit Natriumnitrit, so färbt sich dieselbe dunkelroth, ohne ein Nitrosamin abzuscheiden. Beim Uebersättigen mit Natronlauge fällt ein schmutziggelber Niederschlag. Derselbe lässt sich aus Aether oder Alkohol umkrystallisiren. Das Product löst sich in Mineralsäuren und erinnert durch seine Eigenschaften und seine Bildungsweise an das Nitrosodimethylanilin.

72. Emil Fischer: Notizen über die Hydrazine.

Liebigs Annalen der Chemie **239**, 248 [1887].

(Eingelaufen den 19. März 1887.)

Reduction des Phenylhydrazins.

Die gewöhnlichen aromatischen Azo- und Hydrazokörper werden bekanntlich durch nascenten Wasserstoff unter Lösung der Stickstoffbindung in zwei Amidoproducte gespalten[1]). Eine ähnliche Reduction habe ich früher bei einigen Hydrazinverbindungen beobachtet. So zerfällt das Triäthylazoniumjodid[2]) durch nascenten Wasserstoff in Triäthylamin, Ammoniak und Jodwasserstoffsäure, so wird ferner das Hydrazophenyläthyl[3]) in Anilin und Aethylamin gespalten.

Dieselbe Reaction habe ich neuerdings auch bei dem Phenyl- und Methylphenylhydrazin beobachtet. Nur bedarf es hier längerer Einwirkung des nascenten Wasserstoffs.

Erwärmt man Phenylhydrazin mit Zinn und Salzsäure, oder mit Zinkstaub und Säuren, oder mit Natriumamalgam nur kurze Zeit, so lässt sich kaum eine Veränderung der Base feststellen. Auf diese Beobachtung gründet sich die frühere Angabe[4]), dass das Phenylhydrazin gegen reducirende Agentien sehr beständig sei. Wird dagegen die Base stundenlang mit energischen Reductionsmitteln behandelt, so zerfällt sie schliesslich vollständig in Anilin und Ammoniak, wie folgender Versuch zeigt:

20 g salzsaures Phenylhydrazin wurden in 200 cbcm Wasser gelöst und in die auf dem Wasserbad erwärmte Flüssigkeit abwechselnd concentrirte Salzsäure und Zinkstaub eingetragen, so dass stets eine lebhafte Wasserstoffentwickelung stattfand. Nach drei Stunden war die Reduction beendet; denn eine Probe der Lösung mit Alkali übersättigt reducirte alkalische Kupferlösung nicht mehr. Ausser Anilin und Ammoniak, welche nach bekannten Methoden isolirt wurden,

---
[1]) Eine Ausnahme macht das Hydrazobenzol, welches durch Säuren so leicht in Benzidin verwandelt wird.
[2]) Liebigs Ann. d. Chem. **199**, 317. (S. *310*.)
[3]) Liebigs Ann. d. Chem. **199**, 331. (S. *320*.)
[4]) Liebigs Ann. d. Chem. **190**, 82. (S. *216*.)

habe ich kein anderes Reductionsproduct beobachtet. Die Hydrazinbase scheint mithin unter diesen Umständen vollständig nach folgender Gleichung gespalten zu werden:

$$C_6H_5N_2H_3 + 2H = C_6H_5NH_2 + NH_3.$$

Unter denselben Bedingungen zerfällt das unsymmetrische Methylphenylhydrazin ebenfalls vollständig in Methylanilin und Ammoniak nach der Gleichung:

$$C_6H_5N{<}^{NH_2}_{CH_3} + 2H = C_6H_5NHCH_3 + NH_3.$$

Man darf nach diesen Resultaten erwarten, dass sämmtliche Hydrazine durch nascenten Wasserstoff im selben Sinne gespalten werden können.

Die bisherigen Erfahrungen bei complicirteren Hydrazinderivaten stehen damit in Einklang. Ich erinnere hier an die Verbindungen des Phenylhydrazins mit Ketonen und Aldehyden, mit den Zuckerarten, welche sämmtlich bei der Behandlung mit sauren Reductionsmitteln Anilin liefern. In seltenen Fällen kann sogar das Phenylhydrazin als Oxydationsmittel wirken, indem es selbst unter Wasserstoffaufnahme in Anilin und Ammoniak zerfällt. Dies ist der Fall, wie ich kürzlich nachgewiesen habe, bei der Bildung des Phenylglucosazons[1]) aus Traubenzucker und der Hydrazinbase, sowie bei der Entstehung ähnlicher Hydrazinderivate aus den anderen Zuckerarten und dem Benzoylcarbinol.

Derivate des Methylphenylhydrazins.

Tertiäre Hydrazine, welche drei Kohlenwasserstoffreste enthalten, sind bisher nicht bekannt. Wahrscheinlich sind solche Producte enthalten in dem complicirten Gemenge von Basen, welche durch Einwirkung von Jod- oder Bromalkylen auf das Phenylhydrazin entstehen; aber ihre Isolirung scheint keineswegs leicht zu sein.

Ich habe deshalb das unsymmetrische Methylphenylhydrazin als Ausgangsmaterial gewählt. Die Base verbindet sich leicht mit Jodmethyl, Jodäthyl und Bromallyl, liefert dabei aber fast ausschliesslich die quartären sogenannten Azoniumverbindungen. Um diese Schwierigkeit zu umgehen, habe ich zur weiteren Methylirung der Base die Methode benutzt, welche P. Hepp[2]) für die Darstellung des Monomethylanilins aus Anilin empfohlen hat.

Das Methylphenylhydrazin lässt sich leicht in die Acetverbindung

$$C_6H_5N{<}^{NHC_2H_3O}_{CH_3}$$

---

[1]) Berichte d. D. Chem. Gesellsch. 20, 821. (*Kohlenh. I, 144.*)
[2]) Berichte d. D. Chem. Gesellsch. 10, 327.

verwandeln; die letztere liefert eine Natriumverbindung, welche durch Jodmethyl ziemlich glatt in das Acetdimethylphenylhydrazin

$$C_6H_5N\genfrac{<}{}{0pt}{}{N\genfrac{<}{}{0pt}{}{CH_3}{C_2H_3O}}{CH_3}$$

übergeführt wird; aber leider ist es bisher noch nicht gelungen, aus dieser Verbindung das Acetyl ohne Zerstörung der Hydrazingruppe herauszunehmen.

Acetmethylphenylhydrazin. — Reines Methylphenylhydrazin wird allmählich mit der gleichen Menge Essigsäureanhydrid versetzt. Das Gemisch erwärmt sich stark und färbt sich rothbraun. Bei der Destillation im Vacuum geht zuerst Essigsäure über, dann folgt die Acetverbindung als schwach gelbes Oel. Mischt man das letztere mit der gleichen Menge Aether, so scheidet sich die Acetverbindung sofort in farblosen prismatischen Krystallen ab. Zur Analyse wurde dieselbe aus warmem Aether, worin sie ziemlich schwer löslich ist, umkrystallisirt.

0,338 g gaben 52,5 cbcm N bei 14° und 726 mm.

$$C_6H_5N\genfrac{<}{}{0pt}{}{NHC_2H_3O}{CH_3} \quad \begin{array}{l}\text{Ber. N } 17{,}07.\\ \text{Gef. ,, } 17{,}44.\end{array}$$

Die Verbindung schmilzt bei 92 bis 93° und destillirt auch bei gewöhnlichem Druck fast ohne Zersetzung. Sie ist in Alkohol und Benzol leicht, in Aether und Ligroïn schwer löslich; in heissem Wasser ist sie ebenfalls in beträchtlicher Menge löslich und scheidet sich daraus sehr langsam ab. Sie reducirt Fehling'sche Lösung auch beim Kochen nicht. Von wässerigen Alkalien wird sie sehr schwer verseift, liefert dagegen beim Kochen mit concentrirter Salzsäure ziemlich rasch Methylphenylhydrazin.

Acetdimethylphenylhydrazin. — 6 Th. der vorigen Acetverbindung werden in 36 Th. reinem Xylol gelöst, dann 1 Th. metallisches Natrium in kleinen Stückchen zugegeben und das Gemenge im Oelbad 4 bis 5 Stunden am Rückflusskühler gekocht. Der grösste Theil des Metalls verschwindet dabei und verwandelt sich in eine zähe gelbliche Masse. Nach dem Erkalten wurden jetzt 9 Th. Jodmethyl hinzugefügt und das Gemisch wieder auf dem Wasserbad unter öfterem Umschütteln einige Stunden erwärmt. Die zähe amorphe Natriumverbindung verwandelt sich dabei langsam aber vollständig in ein krystallinisches Pulver von Jodnatrium.

Die filtrirte Lösung wird zunächst zur Entfernung des Xylols aus dem Oelbad destillirt, bis die Temperatur des Bades auf 170° gestiegen ist und der Rückstand über freiem Feuer, am besten im Vacuum destillirt. Löst man das hierbei übergehende farblose Oel in Ligroïn, so scheidet sich nach kurzer Zeit die neue Acetverbindung in farblosen, schön ausgebildeten grossen Krystallen ab. Die Ausbeute betrug 75 pC. des angewandten Acetmethylphenylhydrazins. Für die Analyse wurde die Substanz im Vacuum getrocknet.

0,208 g gaben 0,513 CO_2 und 0,154 H_2O. — 0,2965 g gaben 40,4 cbcm Stickstoff bei 14° und 742 mm Druck.

Ber. C 67,4, H 7,9, N 15,7.
Gef. ,, 67,2, ,, 8,2, ,, 15,6.

Das Acetdimethylphenylhydrazin schmilzt bei 68° und destillirt unzersetzt. Es reducirt weder alkalische Kupfer-, noch ammoniakalische Silberlösung. Die Verbindung ist auffallend beständig gegen Alkali; mit wässerigem Alkali kann sie lange gekocht werden, selbst von 10 procentiger alkoholischer Kalilauge wird sie bei 150° kaum verändert. Ueber festem Alkali kann sie sogar zum grössten Theil abdestillirt werden. Auch von verdünnten Säuren wird sie beim Kochen kaum angegriffen. Erhitzt man dagegen mit 20 procentiger Salzsäure längere Zeit am Rückflusskühler, so entsteht Essigsäure, gleichzeitig färbt sich die Lösung dunkel und aus der sauren Flüssigkeit wurde nach dem Uebersättigen mit Alkali neben harzigen Producten keine Hydrazinbase, sondern statt dessen Monomethylanilin gewonnen.

73. Emil Fischer und Albert Steche: Methylirung der Indole. II.
Berichte der Deutschen Chemischen Gesellschaft 20, 2199 [1887].

(Eingegangen am 15. Juli.)

Das Methylketol verwandelt sich, wie früher mitgetheilt wurde, bei der Behandlung mit Jodmethyl in eine tertiäre Base $C_{11}H_{13}N$, welche ein Derivat des Chinolins zu sein schien. Diese Vermuthung hat sich bestätigt.

Die Verbindung nimmt bei der Reduction mit Zinn und Salzsäure zwei Atome Wasserstoff auf, und die so entstehende Base $C_{11}H_{15}N$ ist unzweifelhaft ein Dimethyltetrahydrochinolin, welches ein Methyl am Stickstoff, das zweite im Seitenring an Kohlenstoff gebunden enthält. Die Verbindung siedet constant bei 239° (Quecksilberfaden ganz im Dampf). Sie liefert bei der weiteren Behandlung mit Jodmethyl das quaternäre Ammoniumjodid $C_{11}H_{15}N \cdot CH_3J$, welches bei 250—251° unter Zersetzung schmilzt. Ihr schön krystallisirendes gelbes Pikrat schmilzt bei 161—62°.

Eine Base der gleichen Zusammensetzung ist bereits von O. Doebner und W. v. Miller durch Methylirung des Tetrahydrochinaldins dargestellt[1]) und besitzt folgende Constitution:

$$C_6H_4 \diagup_{\diagdown}^{} \begin{array}{l} CH_2 \\ CH_2 \\ | \\ CH \cdot CH_3 \\ N \cdot CH_3 \end{array}$$

Hr. Doebner hatte die Güte, uns eine Probe dieses Präparates zu übersenden. Ein genauer Vergleich desselben mit unserer Base hat die völlige Verschiedenheit beider Producte ergeben. Diese Isomerie kann nur durch die Stellung der einen Methylgruppe bedingt sein; da die letztere aus dem Methylketol herstammt, so ist es im hohen Grade wahrscheinlich, dass das neue Dimethyltetra-

---

[1]) Berichte d. D. Chem. Gesellsch. **16**, 2468.

hydrochinolin ein Derivat des β-Methylchinolins ist und folgende Constitution besitzt:

$$C_6H_4 \diagdown \begin{array}{c} CH_2 \\ \diagup CH \cdot CH_3 \\ | \\ \diagdown CH_2 \\ N \cdot CH_3 \end{array}$$

Wir glauben dementsprechend die Wirkung des Jodmethyls auf das Methylketol in folgender Weise auffassen zu müssen:

$$1)\quad C_6H_4 \diagdown \begin{array}{c} CH \\ \diagup \diagdown \\ C \cdot CH_3 \\ \diagdown \diagup \\ NH \end{array} + CH_3J = C_6H_4 \diagdown \begin{array}{c} CH \\ \diagup \diagdown \\ C \cdot CH_3 \\ | \\ CH_2 \\ \diagdown \diagup \\ NH \end{array} + JH;$$

$$2)\quad C_6H_4 \diagdown \begin{array}{c} CH \\ \diagup \diagdown \\ C \cdot CH_3 \\ | \\ CH_2 \\ \diagdown \diagup \\ NH \end{array} + CH_3J = C_6H_4 \diagdown \begin{array}{c} CH \\ \diagup \diagdown \\ C \cdot CH_3 \\ | \\ CH_2 \\ \diagdown \diagup \\ N \cdot CH_3 \end{array} + JH.$$

Der Vorgang ist also wesentlich verschieden von der Umwandlung des Pyrrols in Pyridinderivate, wobei nach den Untersuchungen von Ciamician und Silber[1]) der Eintritt des fünften Kohlenstoffatoms in der Metastellung zum Stickstoff erfolgt.

Aehnlich dem Jodmethyl wirken andere Halogenalkyle auf die Indole ein. Erhitzt man z. B. Methylketol in alkoholischer Lösung mit einem Ueberschuss von Jodäthyl 15 Stunden im Wasserbade, so wird es vollständig verändert. Das Reactionsproduct ist aber hier ein Gemenge von zwei Körpern, welche ungefähr zu gleichen Theilen entstehen. Der eine hat die Zusammensetzung $C_{13}H_{17}N$ und ist aller Wahrscheinlichkeit nach ein Dihydroäthyldimethylchinolin, welches aus dem Methylketol in folgender Art entstehen kann:

$$C_6H_4 \diagdown \begin{array}{c} CH \\ \diagup \diagdown \\ C \cdot CH_3 \\ \diagdown \diagup \\ NH \end{array} + 2\, C_2H_5J = C_6H_4 \diagdown \begin{array}{c} CH \\ \diagup \diagdown \\ C \cdot CH_3 \\ | \\ CH \cdot CH_3 \\ \diagdown \diagup \\ N \cdot C_2H_5 \end{array} + 2\, JH.$$

Die Base siedet constant bei 255—57° (Faden im Dampf). Ihr Jodmethylat schmilzt bei 189° (uncorr.).

---

[1]) Berichte d. D. Chem. Gesellsch. **20**, 191.

Das zweite Product ist Aethylmethylketol:

$$C_6H_4 \diamondsuit_{N \cdot C_2H_5}^{CH} C \cdot CH_3.$$

Es siedet bei 287—288° (Quecksilberfaden ganz im Dampf, Barometerstand 752 mm), färbt den Fichtenspan roth, giebt ein dunkelrothes Pikrat und löst sich nicht in verdünnten Säuren.

Benzylchlorid erzeugt ebenfalls aus dem Methylketol eine Chinolinbase, aber in viel geringerer Menge als die zuvor erwähnten Alkyljodide. Ganz anders verhalten sich Benzalchlorid und Benzotrichlorid; das erstere wirkt wie Bittermandelöl[1]), das zweite wie Benzoylchlorid[2]).

Bei den Isomeren des Methylketols ist für die Chinolinbildung eine höhere Temperatur nöthig. So wird das Pr-1-Methylindol von Jodmethyl bei 100° kaum angegriffen; beim 12stündigen Erhitzen auf 120° liefert es dagegen in reichlicher Menge eine Base, welche wahrscheinlich das Methyldihydrochinolin

$$C_6H_4 \diamondsuit_{N-CH_2}^{CH \diagup CH} \diagdown_{CH_3}$$

ist. Die ausführliche Beschreibung unserer Versuche wird demnächst in Liebig's Analen erscheinen.

---

[1]) Berichte d. D. Chem. Gesellsch. **19**, 2988. (S. *597*.)
[2]) Berichte d. D. Chem. Gesellsch. **20**, 815. (S. *132*.)

74. Emil Fischer und Albert Steche: Verwandlung der Indole in Hydrochinoline[1]).

Liebigs Annalen der Chemie 242, 348 [1887].

(Eingelaufen den 12. August 1887.)

Die Methoden für die Synthese von Chinolinen sind so zahlreich und variationsfähig, dass es kaum lohnend erscheint, dieselben zu vermehren. Durch energische Reduction lassen sich ferner die Chinoline in Tetrahydroverbindungen überführen. Dagegen war bisher keine irgendwie einfache Reaction zur Darstellung von Dihydrochinolinen bekannt. Wir haben dieselbe zufällig gefunden in der Wirkung der Halogenalkyle auf die Indole. Der Vorgang wurde am sorgfältigsten untersucht beim Methylketol und Jodmethyl. Dieselben vereinigen sich unter den später beschriebenen Bedingungen nach der Gleichung:

$$C_9H_9N + 2\,JCH_3 = C_{11}H_{13}N + 2\,JH.$$

Das Product ist eine starke tertiäre Base, welche unzweifelhaft der Chinolinreihe angehört. Durch nascirenden Wasserstoff wird sie in die Verbindung $C_{11}H_{15}N$ verwandelt. Die letztere hat die Zusammensetzung eines Dimethyltetrahydrochinolins. Ihre Constitution entspricht der Formel:

$$C_6H_4\begin{array}{c}CH_2\\ \diagup CH\cdot CH_3\\ \diagdown CH_2\\ N\cdot CH_3\end{array}$$

wie sich aus folgenden Betrachtungen ergiebt. Die Base ist tertiär; sie enthält ferner das aus dem Indol herstammende Methyl; sie ist endlich verschieden von dem gleich zusammengesetzten Dimethyltetrahydrochinolin, welches von O. Döbner und W. von Miller[2]) aus dem Chinaldin gewonnen wurde, und mithin die Constitution:

$$C_6H_4\begin{array}{c}CH_2\\ \diagup CH_2\\ \diagdown CH\cdot CH_3\\ N\cdot CH_3\end{array}$$

---

[1]) Berichte d. D. Chem. Gesellsch. **20**, 818 und 2199. (*S. 600 und S. 646.*)
[2]) Berichte d. D. Chem. Gesellsch. **16**, 2468.

besitzt. Die Wechselwirkung zwischen Methylketol und Jodmethyl vollzieht sich also im Sinne folgenden Schemas:

$$C_6H_4 \begin{array}{c} CH \\ \diagup \diagdown \\ C \cdot CH_3 \\ \diagdown \diagup \\ NH \end{array} + 2\,JCH_3 = C_6H_4 \begin{array}{c} CH \\ \diagup \diagdown C \cdot CH_3 \\ \diagdown CH_2 \\ \diagup \\ N \cdot CH_3 \end{array} + 2\,JH.$$

Aus dem Indolring wird durch Einschiebung von Methylen der Chinolinring und zugleich findet die Methylirung der Imidgruppe statt. Diese beiden Reactionen, welche sich hier zu gleicher Zeit abspielen, stehen jedoch in keinem ursächlichen Zusammenhang; denn sie lassen sich in anderen Fällen getrennt von einander ausführen. Bei den complicirteren Indolen gelingt es zuweilen, secundäre Hydrochinoline zu gewinnen, und andererseits lässt sich auch im Methylketol der Imidwasserstoff allein durch Alkyle, z. B. Aethyl ersetzen.

Die Entstehung der Chinoline aus den Indolen erscheint auf den ersten Blick ganz analog der merkwürdigen Umwandlung des Pyrrols in Pyridinderivate, welche Ciamician und Dennstedt[1]) mit Hülfe von Chloroform, Bromoform, Methylenjodid und Benzalchlorid ausgeführt haben. Entgegen den gewöhnlichen Erfahrungen über die Beständigkeit der Kohlenstoff-Stickstoffringe sehen wir in dem einen, wie in dem anderen Falle ein Kohlenstoffatom als neues Glied in den Ring eintreten. Bei näherer Betrachtung zeigt sich indessen, dass zwischen beiden Vorgängen ein wesentlicher Unterschied besteht. Nach den interessanten Beobachtungen von Ciamician und Silber[2]) wird beim Pyrrol das fünfte Kohlenstoffatom in die Metastellung zum Stickstoff, oder mit anderen Worten, zwischen zwei doppelt gebundene Kohlenstoffatome eingeschoben. Bei der Methylirung der Indole dagegen wird vorübergehend die Stickstoff-Kohlenstoffbindung gelöst, und durch das eintretende Methylen der Ring von neuem geschlossen. Ein weiterer Unterschied zwischen beiden Reactionen liegt in dem Umstande, dass bei der Pyridinsynthese stets die Imidgruppe des Pyrrols oxydirt wird, wodurch der Vorgang den Charakter einer complexen Reaction erhält, während bei der Bildung der Hydrochinoline alle übrigen Atomgruppen des Indols unverändert bleiben und in Folge dessen der Process fast quantitative Ausbeuten liefert.

Die Bildung der Hydrochinoline aus den Indolen ist eine allgemeine Reaction. Sie wurde genauer untersucht bei dem Methylketol, dem Pr. 2-3-Dimethylindol und dem Pr. 2-3-Dimethyl-β-naphtindol. Sie wurde ferner qualitativ nachgewiesen bei dem Skatol und dem

---

[1]) Berichte d. D. Chem. Gesellsch. **15**, 1181.
[2]) Berichte d. D. Chem. Gesellsch. **20**, 191.

Pr. 1ⁿ-Methylindol und dem Pr. 2-Phenylindol. Als Halogenalkyle kamen zur Anwendung das Jodmethyl und Chlormethyl, das Jodäthyl und Benzylchlorid.

Am leichtesten gelingt die Reaction bei Anwendung des Jodmethyls. Dasselbe wirkt am besten in einer Lösung von Methylalkohol. Aus dem Methylketol entsteht bei 100° in überwiegender Menge das zuvor erwähnte Dimethyldihydrochinolin. Als Nebenproduct wurde eine secundäre Base beobachtet, welche höchst wahrscheinlich das Monomethyldihydrochinolin von der Formel:

$$C_6H_4 \begin{array}{c} CH \\ \diagup \diagdown \\ \diagdown \diagup \\ NH \end{array} \begin{array}{c} C \cdot CH_3 \\ CH_2 \end{array}$$

ist. Ein dem letzteren entsprechendes secundäres Dimethyldihydronaphtochinolin entsteht als Hauptproduct aus dem Dimethyl-β-naphtindol.

Bei den Isomeren des Methylketols und bei den Phenylindolen wirkt das Jodmethyl erst bei einer Temperatur von 120°. Die betreffenden Producte sind noch nicht analysirt, aber es kann wohl kaum einem Zweifel unterliegen, dass die Base aus Pr. 1ⁿ-Methylindol die Zusammensetzung:

$$C_6H_4 \begin{array}{c} CH \\ \diagup \diagdown \\ \diagdown \diagup \\ N \cdot CH_3 \end{array} \begin{array}{c} CH \\ CH_2 \end{array}$$

besitzt. Ihre Bildung beweist, dass bei dem Process das Methyl des Methylketols keine Rolle spielt.

Die kohlenstoffreicheren Alkyljodide wirken träger. Genauer wurde untersucht die Wechselwirkung zwischen Jodäthyl und Methylketol in alkoholischer Lösung bei 100°. Als Product der Reaction wurde eine tertiäre Chinolinbase erhalten, welche wir für ein Aethyldimethyldihydrochinolin von der Formel:

$$C_6H_4 \begin{array}{c} CH \\ \diagup \diagdown \\ \diagdown \diagup \\ N \cdot C_2H_5 \end{array} \begin{array}{c} C \cdot CH_3 \\ CH \cdot CH_3 \end{array}$$

halten. Aber neben derselben fand sich in reichlicher Menge ein zweiter nicht basischer Körper, welcher die Zusammensetzung und Eigenschaften des Pr. 1ⁿ-2-Aethylmethylindols von der Formel:

$$C_6H_4 \begin{array}{c} CH \\ \diagup \diagdown \\ \diagdown \diagup \\ N \cdot C_2H_5 \end{array} C \cdot CH_3$$

besitzt. Der letztere kann durch erneute und andauernde Behandlung mit Jodmethyl oder Jodäthyl in Hydrochinoline verwandelt werden.

Viel ungünstiger war das Resultat bei Anwendung von Benzylchlorid. Dasselbe verbindet sich ebenfalls mit dem Methylketol bei 100°. Es entsteht aber nur in untergeordneter Menge eine Base, welche nicht ohne Zersetzung destillirt. Das Hauptproduct ist eine nicht basische, harzige Verbindung, deren Zusammensetzung wir nicht ermittelt haben.

Ganz anders verläuft endlich die Wechselwirkung zwischen dem Methylketol und Benzalchlorid oder Benzotrichlorid. Das erstere erzeugt gerade so wie Bittermandelöl Benzylidenmethylketol[1]). Das zweite wirkt im wesentlichen wie Benzoylchlorid[2]).

Chloroform und Methylenjodid haben wir nicht mit den Indolen combinirt, weil Herr Ciamician solche Versuche schon vor längerer Zeit angekündigt und privatim uns von der Fortsetzung derselben Mittheilung gemacht hat.

Methylirung des Methylketols.

Dimethyldihydrochinolin,

$$C_6H_4 \diagup\underset{N}{\overset{CH}{\diagup\diagdown}}\diagdown\underset{CH_2}{\overset{C\cdot CH_3}{}}$$
$$\underset{CH_3}{|}$$

Reines destillirtes Methylketol wird in der gleichen Menge Methylalkohol gelöst, mit der 2½fachen Menge Jodmethyl versetzt und das Gemisch 15 bis 20 Stunden im geschlossenen Rohr oder im Autoclaven auf 100° erhitzt. Beim Erkalten scheidet die Flüssigkeit eine reichliche Menge von wenig gefärbten Krystallen ab. Das Oeffnen des Gefässes muss selbstverständlich mit Vorsicht ausgeführt werden, weil dabei eine grosse Menge von Methyläther entweicht. Die Krystalle werden von der dunklen Mutterlauge getrennt und mit absolutem Alkohol gewaschen. Dieselben sind das Jodhydrat des Dimethyldihydrochinolins. Sie werden in heissem Wasser gelöst, mit Alkali übersättigt, die abgeschiedene Base mit Wasserdampf übergetrieben, ausgeäthert und destillirt. Die Ausbeute an reiner Base beträgt 80 pC. des angewandten Methylketols. Eine weitere, aber nicht sehr erhebliche Menge derselben Verbindung befindet sich in der ersten vom Jodhydrat abfiltrirten Mutterlauge. Will man sie gewinnen, so verfährt man in der Weise, wie es später für die Abscheidung der übrigen Hydrochinoline angegeben wird.

---

[1]) Berichte d. D. Chem. Gesellsch. **19**, 2988. (*S. 597.*)
[2]) Berichte d. D. Chem. Gesellsch. **20**, 815. (*S. 132.*)

Für die Analyse wurde das Dimethyldihydrochinolin nochmals über Baryumoxyd im Vacuum destillirt. Diese Vorsicht ist nöthig, weil die Verbindung sich an der Luft sehr schnell oxydirt, wobei Wasser entsteht und der Kohlenstoffgehalt heruntergedrückt wird.

I. 0,2079 g Substanz gaben 0,6322 CO_2 und 0,1644 H_2O. — II. 0,1675 g Substanz gaben 0,5108 CO_2 und 0,1253 H_2O. — III. 0,1731 g Substanz gaben 0,5262 CO_2 und 0,1316 H_2O. — IV. 0,2669 g Substanz lieferten bei 750 mm und 18° 21 cbcm N.

$C_{11}H_{13}N$. Ber. C 83,02,   H 8,2,   N 8,8.
       Gef. ,, 82,93, 83,16, 82,9, ,, 8,2, 8,3, 8,4, ,, 9,0.

Die Base siedet unter 746 mm Druck constant bei 243 bis 244° (Quecksilberfaden ganz im Dampf). Sie färbt sich an der Luft schnell rosaroth. Im Vacuum destillirt ist sie ein farbloses lichtbrechendes Oel, welches in verschlossenen Gefässen in einer Kohlensäure- oder Wasserstoffatmosphäre unverändert bleibt und welches bei — 20° nicht erstarrt. Sie besitzt einen starken, dem Chinolin ähnlichen Geruch und einen bitteren, beissenden Geschmack. In Wasser ist sie wenig, in concentrirtem Alkali fast gar nicht löslich. Dagegen mischt sie sich in jedem Verhältniss mit Alkohol, Aether, Chloroform und Benzol. In verdünnten Mineralsäuren löst sie sich leicht.

Das Hydrochlorat ist auch in Alkohol leicht löslich und fällt auf Zusatz von Aether in öligen Tropfen, welche schwer erstarren.

Das neutrale Sulfat scheidet sich beim Zusammenbringen der Base mit nicht zu viel concentrirter Schwefelsäure in alkoholischer Lösung nach einiger Zeit in schönen sechsseitigen farblosen Tafeln ab. Das Salz ist in Wasser leicht, in kaltem Alkohol schwer löslich. Das Jodhydrat löst sich schwer in kaltem Wasser und Alkohol und scheidet sich aus heissem Alkohol in farblosen Prismen ab, welche bei 253° unter Zersetzung schmelzen.

Das Pikrat krystallisirt aus heissem Alkohol in schönen goldgelben Nadeln vom Schmelzpunkt 148°.

In einer wässerigen Lösung von Quecksilberchlorid erzeugt die Base einen weissen flockigen Niederschlag.

Bemerkenswerth ist endlich ihr Verhalten gegen Eisenchlorid. Versetzt man ihre stark salzsaure Lösung mit Eisenchlorid, so scheiden sich goldgelbe Krystalle aus, welche sich in Wasser ziemlich leicht, in starker Salzsäure dagegen schwer lösen und offenbar ein Eisendoppelsalz der Base sind.

Die letztere Reaction, in Verbindung mit der Rothfärbung an der Luft und dem eigenthümlichen Geruch, ist für diese Base und die verwandten Dihydrochinoline charakteristisch.

Mit Jodmethyl vereinigt sich das Dimethyldihydrochinolin in der Kälte langsam, beim Erhitzen auf 100° dagegen sehr rasch zu einem festen Product, welches aus heissem Alkohol in feinen Blättchen vom Schmelzpunkt 246° krystallisirt. Die Verbindung wurde nicht analysirt, scheint jedoch das Jodmethylat der Base zu sein. Sie wird, ebenso wie das Jodmethylat des Chinolins, durch wässeriges Alkali in eine ölige Base verwandelt, welche in Aether leicht löslich ist.

Interessant ist das Verhalten des Dimethyldihydrochinolins gegen salpetrige Säure.

Versetzt man seine Lösung in kalter verdünnter Mineralsäure mit Natriumnitrit, so bleibt sie unverändert. Fügt man indessen einen Ueberschuss des Nitrits zu, so dass alle Säure gebunden wird, so scheidet sich langsam ein braunrothes Oel ab, welches nach kurzer Zeit in der Kälte krystallinisch erstarrt. Das Product, welches jedenfalls kein einfaches Nitrosamin ist, bedarf der näheren Untersuchung.

Massgebend für die Beurtheilung der Constitution ist die Verwandlung der Base durch nascirenden Wasserstoff in das

Dimethyltetrahydrochinolin,

$$C_6H_4 \begin{array}{c} CH_2 \\ CH \cdot CH_3 \\ CH_2 \\ N \cdot CH_3 \end{array}.$$

Zu dem Zweck löst man dieselbe in 10 procentiger Salzsäure, fügt einen Ueberschuss von granulirtem Zinn zu und kocht 1 bis 2 Stunden, bis die Flüssigkeit ganz entfärbt ist. Die vom Zinn abgegossene Lösung wird mit Natronlauge übersättigt und mit Wasserdampf destillirt. Das übergehende Oel ist wasserhell und färbt sich an der Luft nicht mehr roth. Dasselbe wird mit Aether ausgezogen und nach dem Verdampfen des letzteren destillirt. Für die Analyse wurde das Präparat nochmals über Baryumoxyd destillirt.

0,1697 g gaben 0,5104 CO_2 und 0,1484 H_2O.
$C_{11}H_{15}N$. Ber. C 81,99, H 9,32.
                Gef. ,, 82,02, ,, 9,71.

Die Base siedet constant unter dem Druck von 749 mm bei 239° (Quecksilberfaden ganz im Dampf). Die Ausbeute ist nahezu quantitativ. Sie besitzt einen brennenden Geschmack und chinolinähnlichen Geruch. In Wasser ist sie schwer, in Aether, Alkohol und Benzol leicht löslich.

Ihre Salze sind meist in Wasser leicht löslich.

Das Hydrochlorat scheidet sich beim Verdampfen der salzsauren Lösung in feinen, zu kugelförmigen Aggregaten vereinigten Kryställchen ab.

Das Sulfat fällt aus der alkoholischen Lösung auf Zusatz von Aether in feinen farblosen Blättchen.

Das Pikrat scheidet sich beim Zusammenbringen der Säure mit der alkoholischen Lösung der Base sofort als gelber Niederschlag ab; es krystallisirt aus heissem Alkohol in hellgelben Tafeln, welche bei 161 bis 162° (uncorrigirt) schmelzen.

Schwer löslich in Wasser ist das Chloroplatinat. Es fällt aus der salzsauren Lösung der Base durch Platinchlorid als hellgelber flockiger Niederschlag, der sich nach einiger Zeit in hellrothe Kryställchen verwandelt. Beim Kochen mit Wasser zersetzt sich das Salz und die Flüssigkeit färbt sich vorübergehend rosaroth, später braun.

Mit Eisenchlorid giebt diese Base eine ähnliche Verbindung, wie die vorhergehende. Dieselbe scheidet sich aus der sauren Lösung auf Zusatz von Eisenchlorid als braunrother amorpher Niederschlag ab; dieser ist in reinem Wasser ziemlich leicht, in starker Salzsäure schwer löslich. Bei seiner Bereitung färbt sich in der Regel die Mutterlauge durch einen secundären Oxydationsprocess rosaroth.

Dieselbe Färbung entsteht allemal in der Lösung der Base durch andere Oxydationsmittel, z. B. salpetrige Säure.

Mit Benzotrichlorid und wenig Chlorzink auf dem Wasserbade erhitzt, liefert die Base einen malachitgrünartigen Farbstoff.

Jodmethylat, $C_{11}H_{15}N \cdot CH_3J$.

Das Dimethyltetrahydrochinolin vereinigt mit Jodmethyl schon beim längeren Stehen in der Kälte. Rasch erfolgt die Vereinigung beim Erhitzen gleicher Theile beider Materialien im geschlossenen Rohr auf 100°. Der krystallinisch erstarrte Röhreninhalt wurde mit Aether gewaschen, aus heissem Wasser umkrystallisirt und für die Analyse im Vacuum getrocknet.

Jodbestimmung durch Titration nach Gay-Lussac.

0,1515 g Substanz brauchten 5,0 cbcm $^1/_{10}$ Normalsilberlösung.

$C_{12}H_{18}NJ$. Ber. J 41,65. Gef. J 41,8.

Das Salz ist in kaltem Wasser ziemlich schwer löslich und scheidet sich aus heissem in schönen farblosen Blättchen, aus heissem Alkohol in feinen Blättchen oder Nadeln ab. Es schmilzt bei 250 bis 251° (uncorrigirt) unter Zersetzung und wird, ebenso wie die gewöhnlichen quaternären Ammoniumjodide, aus der wässerigen Lösung durch Natronlauge unverändert gefällt.

In allen zuvor beschriebenen Reactionen zeigt diese Base grosse Aehnlichkeit mit einem Dimethyltetrahydrochinolin, welches von O. Döbner und W. von Miller aus dem Chinaldin gewonnen wurde[1]). Sie ist aber scharf von demselben unterschieden durch den Siedepunkt und durch den Schmelzpunkt des Jodmethylats und Pikrats. Herr

---
[1]) Berichte d. D. Chem. Gesellsch. 16, 2468.

O. Döbner hatte die Freundlichkeit uns eine Probe des Chinaldinderivates zu übersenden, mit der gleichzeitigen Mittheilung, dass deren Jodmethylat nach seiner Beobachtung bei 205° schmelze. Wir können dies bestätigen und haben ausserdem noch das Pikrat der Base untersucht und den Schmelzpunkt bei 187 bis 188° gefunden.

Wir stellen nochmals die Daten zusammen, welche die Verschiedenheit der beiden Dimethyltetrahydrochinoline beweisen.

Base aus Chinaldin:	Base aus Methylketol:
Siedepunkt 245 bis 248°	239°
Schmelzpunkt des Jodmethylats 205°	250 bis 251°
,, ,, Pikrats 187 bis 188°	161 bis 162°.

Dieses Resultat dürfte genügen, um die oben aufgestellte Formel des Dimethyldihydrochinolins zu begründen. Die Basen aus Methylketol sind demnach als Derivate des β-Methylchinolins[1]) zu betrachten.

Secundäres Hydrochinolin aus Methylketol.
(Monomethyldihydrochinolin)

Bei der zuvor beschriebenen Darstellung des Dimethyldihydrochinolins aus Methylketol wurde erwähnt, dass das Jodhydrat der Base sich im reinen Zustande aus der methylalkoholischen Lösung abscheidet. Die von den Krystallen getrennte Mutterlauge enthält eine zweite Chinolinbase, welche mit salpetriger Säure ein Nitrosamin bildet, mithin secundär ist. Zur Isolirung derselben wird die Mutterlauge zunächst verdampft, um den Methylalkohol zu entfernen, dann der Rückstand mit Natronlauge übersättigt und mit Wasserdampf destillirt. Das übergegangene Oel wird in verdünnter Schwefelsäure gelöst, eventuell von einer kleinen Menge unveränderten Methylalkohols abfiltrirt und die saure abgekühlte Flüssigkeit vorsichtig mit Natriumnitrit versetzt. Dabei fällt ein dunkles Oel, welches sofort mit Aether extrahirt und von der wässerigen Lösung getrennt wird. Beim Verdampfen des Aethers bleibt ein Oel, welches den Geruch und die Reactionen der Nitrosamine zeigt. Dasselbe wurde mit Zinn und Salzsäure in der Wärme reducirt. Es verwandelt sich dabei in eine Base, welche in bekannter Weise aus der sauren Lösung isolirt wurde. Die Analyse des destillirten Präparats ergab folgende Zahlen:

0,1799 g Substanz gaben 0,5349 CO_2 und 0,1473 H_2O.

$C_{10}H_{13}N$. Ber. C 81,6, H 8,84.
Gef. ,, 81,1, ,, 9,1.

Die Base scheint demnach das secundäre Monomethyltetrahydrochinolin zu sein, welches aus dem Nitrosamin durch Abspaltung der Nitrosogruppe und durch weitere Anlagerung von Wasserstoff entstehen

---
[1]) Berichte d. D. Chem. Gesellsch. **17**, 1715.

könnte. Das Material reichte für eine genaue Untersuchung nicht aus. Wenn die Auffassung richtig ist, so würde diese Verbindung das Tetrahydro-β-methylchinolin sein.

Aethylirung des Methylketols.

Erhitzt man 1 Th. Methylketol mit 1 Th. Aethylalkohol und $2^{1}/_{2}$ Th. Jodäthyl während 15 Stunden im verschlossenen Rohr auf 100°, so resultirt eine rothbraune Lösung, welche beim Erkalten nur wenige Krystalle abscheidet. Die letzteren sind unlöslich in Wasser und liefern beim Kochen mit Alkali eine ölige mit Wasserdämpfen flüchtige Base, deren starker Geruch zugleich an Campher und Piperidin erinnert. Das Rohproduct wird ohne weiteres zur Entfernung des Alkohols und Jodäthyls auf dem Wasserbad verdampft, der Rückstand mit Natronlauge übergossen und mit Wasserdampf destillirt. Dabei geht verhältnissmässig langsam ein farbloses Oel über, welches einen campherähnlichen Geruch besitzt. Dasselbe ist im Wesentlichen ein Gemenge eines Hydrochinolins und eines Indols. Zur Trennung dieser beiden Producte wird das Oel mit Aether aufgenommen und die ätherische Lösung mit verdünnter Salzsäure ausgeschüttelt. Dabei geht die Chinolinbase in die wässerige Lösung, während das Indol in dem Aether zurückbleibt. Die Base hat die Zusammensetzung $C_{13}H_{17}N$ und entsteht aus dem Methylketol nach der empirischen Gleichung:

$$C_9H_9N + 2 C_2H_5J = C_{13}H_{17}N + 2 JH.$$

Interpretirt man den Vorgang in derselben Weise, wie die Entstehung des Dimethyldihydrochinolins, so ist die Aethylbase aufzufassen als

Aethyldimethyldihydrochinolin.

$$C_6H_4 \begin{array}{c} CH \\ \diagup \diagdown C \cdot CH_3 \\ \diagdown \diagup CH \cdot CH_3 \\ N \cdot C_2H_5 \end{array}.$$

Aus der sauren Lösung wird die Base mit Alkali abgeschieden, mit Aether aufgenommen und nach dem Verdampfen desselben destillirt. Unter den oben beschriebenen Bedingungen erhielten wir durchschnittlich von diesem Product die Hälfte des angewandten Methylketols. Für die Analyse wurde das Präparat nochmals über Baryumoxyd im Vacuum destillirt.

0,1960 g Substanz gaben 0,5971 CO_2 und 0,1626 H_2O. — 0,1783 g Substanz gaben 12 cbcm N bei 22° und 752 mm Druck.

$C_{13}H_{17}N$. Ber. C 83,42, H 9,1, N 7,49.
Gef. ,, 83,09, ,, 9,2, ,, 7,54.

Die Base siedet unter 750 mm Druck constant bei 255 bis 257° (Quecksilberfaden ganz im Dampf). Sie ist an der Luft viel beständiger als die Methylbase und zeigt in Folge dessen die für jene so charakteristische Rothfärbung kaum. Es scheint demnach, dass diese Reaction nur den Dihydrochinolinen eigen ist, welche im Chinolinkern die Methylengruppe enthalten. Im übrigen ist die Aethylverbindung der Methylbase sehr ähnlich. Sie bildet mit Mineralsäuren leicht lösliche Salze und liefert mit Eisenchlorid eine in concentrirter Salzsäure fast unlösliche, hellrothe krystallinische Verbindung.

Das Jodmethylat entsteht leicht beim Erhitzen der Base mit Jodmethyl im geschlossenen Rohr auf 100°. Es scheidet sich aus heissem Wasser oder Alkohol in farblosen Krystallen ab, welche bei 189° (uncorr.) schmelzen und die Zusammensetzung $C_{13}H_{17}N \cdot CH_3J$ haben.

I. 0,1305 g Substanz brauchten 4,0 cbcm $^1/_{10}$-Normal-Silberlösung. — II. 0,4751 g Substanz brauchten 14,5 cbcm $^1/_{10}$-Normal-Silberlösung. — III. 0,1670 g Substanz brauchten 5,1 cbcm $^1/_{10}$-Normal-Silberlösung.

$C_{13}H_{17}N \cdot CH_3J$. Ber. J 38,6. Gef. J 38,9, 38,7, 38,7.

Durch Alkali wird auch dieses Jodmethylat leicht zersetzt und es entsteht eine ölige, in Aether lösliche Base.

Pr 1^n-2-Aethylmethylindol (Aethylmethylketol).

$$C_6H_4 \diagup\!\!\!\diagdown \begin{array}{c} CH \\ C \cdot CH_3 \\ N \cdot C_2H_5 \end{array}$$

Dasselbe entsteht ungefähr in der gleichen Menge wie die Chinolinbase bei der Aethylirung des Methylketols und bleibt beim Ausschütteln der ätherischen Lösung des Rohproductes mit Salzsäure, wie zuvor erwähnt, im Aether zurück. Verdampft man denselben und destillirt den Rückstand, so geht das Indol zwischen 285 bis 290° als hellgelbes Oel über, welches sich aber an der Luft bald dunkel färbt. Für die Analyse wurde deshalb das Präparat ebenfalls im Vacuum destillirt.

0,1702 g Substanz gaben 0,5170 CO_2 und 0,1262 H_2O. — 0,2221 g Substanz gaben 17,9 cbcm N bei 23° und 754 mm.

$C_{11}H_{13}N$. Ber. C 83,02, H 8,18, N 8,80.
Gef. ,, 82,84, ,, 8,24, ,, 9,01.

Das Aethylmethylketol siedet unter 750 mm Druck constant bei 287 bis 288° (Quecksilberfaden ganz im Dampf), erstarrt selbst in einer Kältemischung nicht und färbt den Fichtenspahn ebenso stark wie die einfachen Indole. Es liefert ferner ein dunkelrothes Pikrat, welches aus Benzol in feinen Nädelchen krystallisirt und bei 145 bis 146° schmilzt.

Durch fortgesetzte Behandlung mit Jodalkylen wird auch dieses Indol in Hydrochinolin verwandelt. Erhitzt man es z. B. 20 Stunden lang mit Jodäthyl auf 100°, so wird eine beträchtliche Menge des zuvor beschriebenen Aethyldimethylhydrochinolins gebildet. Noch leichter gelingt dieselbe Reaction mit Jodmethyl und liefert das

$$\text{Aethylmethyldihydrochinolin,}$$
$$C_6H_4 \begin{array}{c} CH \\ \diagup \diagdown C \cdot CH_3 \\ \diagdown \diagup CH_2 \\ N \cdot C_2H_5 \end{array}.$$

1 Th. Aethylmethylketol wird mit 1 Th. Methylalkohol und 2 Th. Jodmethyl 15 Stunden auf 120° erhitzt. Der Röhreninhalt ist dann grösstentheils zu einer krystallinischen Masse erstarrt. Zur Isolirung der Base wird die Masse mit Alkali zersetzt und mit Wasserdampf destillirt. Das Destillat wird ausgeäthert, die ätherische Lösung mit Salzsäure geschüttelt und aus der sauren Lösung die Base wieder mit Alkali in Freiheit gesetzt. Das Rohproduct ist ein rothgefärbtes Oel und wird durch Destillation gereinigt. Seine Menge betrug 75 pC. des angewandten Indols.

0,1694 g Substanz gaben 0,5175 CO_2 und 0,1391 H_2O.

$C_{12}H_{15}N$. Ber. C 83,2, H 8,7.
Gef. ,, 83,3, ,, 9,1.

Die Base ist ein farbloses Oel, welches bei 750 mm Druck constant bei 254 bis 255° siedet (Quecksilberfaden ganz im Dampf) und sich an der Luft rosaroth färbt.

Ihre Salze mit Mineralsäuren sind in Wasser und Alkohol leicht löslich.

Das Sulfat scheidet sich aus der alkoholischen Lösung auf Zusatz von Aether in feinen glänzenden Blättchen ab.

Schwer löslich in Wasser ist das Chloroplatinat. Dasselbe scheidet sich aus der salzsauren Lösung auf Zusatz von Platinchlorid in roth gefärbten Krystallen ab, welche dann selbst von kochendem Wasser schwer gelöst und gleichzeitig zersetzt werden.

Eisenchlorid fällt aus der stark salzsauren Lösung ebenfalls einen rothgelben krystallinischen Niederschlag.

$$\text{Trimethyldihydrochinolin,}$$
$$C_6H_4 \begin{array}{c} C \cdot CH_3 \\ \diagup \diagdown C \cdot CH_3 \\ \diagdown \diagup CH_2 \\ N \cdot CH_3 \end{array}.$$

Die Base entsteht aus dem Pr 2-3-Dimethylindol unter denselben Bedingungen, wie sie beim Methylketol angegeben sind. Das in langen

Prismen krystallisirende jodwasserstoffsaure Salz, dessen Menge 170 bis 180 pC. des angewandten Indols beträgt, wird durch Absaugen der Mutterlauge und Waschen mit kaltem Alkohol leicht gereinigt. Die mit Alkali abgeschiedene Base wurde für die Analyse über Baryumoxyd im Vacuum destillirt.

0,2270 g Substanz gaben 0,6922 CO_2 und 0,1804 H_2O.

$C_{12}H_{15}N$. Ber. C 83,2, H 8,7.
Gef. ,, 83,2, ,, 8,8.

Die Base siedet bei 745 mm Druck constant bei 244° (Quecksilberfaden ganz im Dampf), also bei derselben Temperatur wie das Dimethyldihydrochinolin. Sie zeigt alle Reactionen, welche von dem letzteren als charakteristisch angegeben sind.

Ihr Sulfat fällt aus der alkoholischen Lösung auf Zusatz von Aether in feinen glänzenden Blättchen. Das Chloroplatinat bildet hellrothe, in kaltem Wasser schwer lösliche Krystalle und wird durch Kochen mit Wasser zersetzt.

Dimethyldihydro-β-naphtochinolin,

$$C_{10}H_6 \diagup \begin{matrix} C \cdot CH_3 \\ C \cdot CH_3 \\ CH_2 \end{matrix}$$
$$NH$$

Von den Indolen des Naphtalins ist das Dimethylderivat, welches aus der Verbindung des β-Naphtylhydrazins mit der Lävulinsäure entsteht und in der nachfolgenden Abhandlung ausführlich beschrieben wird, am leichtesten darzustellen. Wir haben es deshalb gewählt, um die Bildung des Hydrochinolins zu untersuchen.

Erhitzt man das Pr 2-3-Dimethyl-β-naphtindol mit der $2^1/_2$ fachen Menge Jodmethyl 15 Stunden im Einschmelzrohr auf 100°, so erstarrt die Masse krystallinisch. Die Krystalle sind das jodwasserstoffsaure Salz des gebildeten Dihydrochinolins. Sie wurden mit Alkohol gewaschen, dann in Wasser gelöst und mit Alkali zersetzt. Dabei fällt die Base als weisser flockiger Niederschlag; derselbe wurde mit Wasserdampf destillirt, aus verdünntem Alkohol umkrystallisirt und für die Analyse im Vacuum getrocknet.

0,1639 g Substanz gaben 0,5196 CO_2 und 0,1096 H_2O.

$C_{15}H_{15}N$. Ber. C 86,1, H 7,2.
Gef. ,, 86,4, ,, 7,4.

Da jedoch die Zahlen an Schärfe zu wünschen übrig lassen und zudem die Differenz zwischen der Formel $C_{15}H_{15}N$ und der kohlenstoffreicheren $C_{16}H_{17}N$ im Procentgehalt von Kohlenstoff und Wasserstoff sehr gering ist, so haben wir zur Sicherstellung der oben angenommenen

Formel das schön krystallisirende Jodhydrat analysirt. Dasselbe scheidet sich aus heissem Wasser in fast farblosen Nadeln ab und wurde für die Analyse im Vacuum getrocknet.

1. 0,2256 g gaben 0,1591 Jodsilber. — 2. 0,396 g gaben 0,2781 Jodsilber.
$C_{15}H_{15}NHJ$. Ber. J 37,7. Gef. J 38,07, 37,93.

Da die kohlenstoffreichere Formel $C_{16}H_{17}NHJ$ nur 36,2 pC. Jod verlangt, so scheint uns dieses Resultat entscheidend zu sein.

Die Wirkung des Jodmethyls auf das Naphtindol würde demnach im Sinne der Gleichung:

$$C_{14}H_{13}N + CH_3J = C_{15}H_{15}NHJ$$

verlaufen und wäre etwas verschieden von der Methylirung des Methylketols.

Wir betrachten deshalb das vorliegende Dihydronaphtochinolin als Imidbase. Der strenge Beweis dafür wäre allerdings noch zu liefern, da die salpetrige Säure bei diesen Basen kein scharfes Unterscheidungsmittel ist. Versetzt man die schwefelsaure Lösung der Verbindung mit Natriumnitrit, so scheidet sich erst bei einem Ueberschuss der letzteren ein rasch erstarrendes Oel ab, welches die Reaction der Nitrosamine zeigt. Aber eine ähnliche Erscheinung beobachtet man auch bei den tertiären Hydrochinolinen, welche früher beschrieben wurden.

Das Dimethyldihydronaphtochinolin schmilzt bei 115°. Es ist in Wasser sehr schwer, in Alkohol und Aether leicht löslich. Das Jodhydrat ist schwer löslich in Wasser und Alkohol. Dasselbe gilt vom Chloroplatinat, während die Salze mit den Mineralsäuren leicht löslich sind.

Der Vergleich der Chinoline mit den Dihydro- und Tetrahydroverbindungen ergiebt folgende Unterschiede.

1) Die Jodmethylate der Chinoline und der tertiären Dihydrochinoline werden durch verdünnte Alkalien leicht zersetzt und in Basen verwandelt, welche in Aether löslich sind.

Dagegen sind die Jodmethylate der tertiären Tetrahydrochinoline gegen Alkalien beständig, verhalten sich also wie die gewöhnlichen quaternären Ammoniumverbindungen.

2) Die Dihydrochinoline, welche im Indolring Methylen enthalten, färben sich an der Luft sehr rasch durch Oxydation fuchsinroth.

Sie sind überhaupt gegen oxydirende Agentien empfindlicher, als die vollständig hydrirten Basen.

75. Albert Steche: Ueber einige Derivate des β-Naphtindols.
Liebigs Annalen der Chemie 242, 367 [1887].
(Eingelaufen den 12. August 1887.)

Die einfachen Naphtindole sind bereits von A. Schlieper[1]) beschrieben. In der vorhergehenden Abhandlung wurde die Methylirung des bisher unbekannten Pr 2-3-Dimethyl-β-naphtindols erwähnt. Dasselbe wurde nach der gleichen Methode gewonnen, welche E. Fischer für die Darstellung des Pr 2-3-Dimethylindols aus der Phenylhydrazinlävulinsäure[2]) angegeben hat.

β-Naphtylhydrazinlävulinsäure.

Die Verbindung entsteht leicht und quantitativ beim Zusammenbringen der äquivalenten Mengen von β-Naphtylhydrazin und Lävulinsäure in alkoholischer Lösung. Beim Verdünnen mit Wasser fällt sie als krystallinischer Niederschlag aus und wird zweckmässig aus Benzol umkrystallisirt. An der Luft färbt sie sich bald durch Oxydation roth und zerfliesst allmählich zu einem dunkelbraunen Oel. Beständiger ist ihr

Anhydrid. Dasselbe entsteht analog der Phenylverbindung beim Erhitzen der freien Säure im Oelbad auf 170 bis 175°. Es krystallisirt aus heissem Alkohol in kleinen weissen Nadeln, welche bei 119° schmelzen und die Zusammensetzung

$$\begin{array}{c} C_{10}H_7N \text{————} N \\ | \qquad\qquad \| \\ CO — CH_2 — CH_2 — CCH_3 \end{array}$$

haben. Für die Analyse wurde die Substanz im Vacuum getrocknet.

0,2139 g Substanz gaben 0,5915 CO_2 und 0,1205 H_2O. — 0,2337 g Substanz gaben 23,4 cbcm N bei 760 mm und 15°.

$C_{15}H_{14}N_2O$. Ber. C 75,6, H 5,9, N 11,7.
 Gef. ,, 75,5, ,, 6,2, ,, 11,7.

Das Anhydrid schmilzt auf kochendem Wasser, löst sich dabei in merklicher Menge und fällt beim Erkalten krystallinisch wieder aus.

---
[1]) Liebigs Ann. d. Chem. 236, 174. (S. 584.)
[2]) Liebigs Ann. d. Chem. 236, 149. (S. 566.)

Der Aethylester der Naphtylhydrazinlävulinsäure wird eben so leicht erhalten, indem man das Hydrazin in 4 Th. Alkohol löst, die entsprechende Menge Lävulinsäureäthylester zufügt und kurze Zeit erwärmt. Beim Abkühlen fällt die Verbindung in schwach gelb gefärbten Krystallen aus, welche bei 129 bis 130° schmelzen und die Zusammensetzung $C_{17}H_{20}N_2O_2$ besitzen.

0,2082 g Substanz gaben 0,5451 CO_2 und 0,1386 H_2O.
Ber. C 71,8, H 7,0.
Gef. ,, 71,4, ,, 7,4.

Pr 3-2-Methyl-β-Naphtindolessigsäure.

Für die Bereitung dieses Indolderivates benutzt man am besten den Ester der Naphtylhydrazinlävulinsäure. Derselbe wird mit der 5 fachen Menge Chlorzink im Oelbad auf 130 bis 135° erhitzt. Die Reaction giebt sich bald durch Dunkelfärbung der Schmelze zu erkennen und ist nach 15 bis 20 Minuten beendet. Die Verarbeitung der Schmelze geschieht ganz in derselben Weise, wie es bei der Methylindolessigsäure ausführlich beschrieben ist[1]). Die schliesslich resultirende Methylnaphtindolessigsäure wird aus Aceton umkrystallisirt. Sie scheidet sich in der Kälte daraus in kleinen flächenreichen Krystallen ab, welche im Vacuum getrocknet ein halbes Molecul Aceton enthalten.

0,2074 g gaben 0,5616 CO_2 und 0,1164 H_2O.
$C_{15}H_{13}NO_2 + {}^1/_2 C_3H_6O$. Ber. C 73,9, H 6,0.
Gef. ,, 73,9, ,, 6,2.

0,6264 g Substanz verloren beim Trocknen bei 110° 0,0680. — 0,4938 g verloren 0,0533.
Ber. Aceton 10,8. Gef. Aceton 10,8, 10,8.

Die Analyse der acetonfreien Substanz ergab folgende Zahlen:
0,2024 g Substanz gaben 0,5594 CO_2 und 0,0986 H_2O.
$C_{15}H_{13}NO_2$. Ber. C 75,3, H 5,4.
Gef. ,, 75,4, ,, 5,4.

Die Säure ist ziemlich leicht löslich in Alkohol, Aether, Aceton und Eisessig, sehr schwer dagegen in Wasser, Benzol und Chloroform.

Ihr Silbersalz fällt aus der ammoniakalischen Lösung auf Zusatz von Silbernitrat in weissen Flocken aus, welche mit absolutem Alkohol und Aether gewaschen und für die Analyse im Vacuum getrocknet wurden.

0,2154 g Substanz gaben geglüht 0,0670 Silber.
$C_{15}H_{12}O_2NAg$. Ber. Ag 31,2. Gef. Ag 31,1.

Beim Kochen mit Wasser zersetzt sich dasselbe unter Abscheidung eines Silberspiegels. Die Ausbeute an Methylnaphtindolessigsäure beträgt etwa die Hälfte der angewandten Hydrazinverbindung.

---
[1]) Liebigs Ann. d. Chem. 236, 149. (S. 566.)

Pr-2-3-Dimethyl-β-Naphtindol,

$$C_{10}H_6 \underset{NH}{\overset{C \cdot CH_3}{\diagup\!\!\!\diagdown}} C \cdot CH_3.$$

Erhitzt man Methylnaphtindolessigsäure im Oelbade auf 210°, so schmilzt sie unter Kohlensäureabgabe langsam zu einer hellbraunen Flüssigkeit. Die letztere destillirt unzersetzt und erstarrt in der Vorlage zu einer schwach gelb gefärbten Krystallmasse. Sie scheidet sich aus der alkoholischen Lösung auf Zusatz von wenig Wasser in glänzenden wasserhellen sechsseitigen Tafeln aus. Für die Analyse wurde die Substanz im Vacuum getrocknet.

0,1998 g Substanz gaben 0,6323 CO_2 und 0,1361 H_2O. — 0,2974 g Substanz gaben 19,1 cbcm N bei 14° und 738 mm Druck.

$C_{14}H_{13}N$.   Ber. C 86,2, H 6,7, N 7,1.
          Gef. ,, 86,3, ,, 7,0, ,, 7,3.

Das Dimethylnaphtindol schmilzt bei 126°, ist in Alkohol und Eisessig leicht, in Wasser gar nicht löslich und mit Wasserdampf kaum flüchtig. Es färbt den Fichtenspahn nicht, liefert aber ein dunkelrothes Pikrat und mit Natriumnitrit in Eisessiglösung ein Nitrosamin, welches auf Zusatz von Wasser krystallinisch ausfällt.

Charakteristisch für dieses Indol ist die Blaufärbung, welche seine Lösung in Eisessig mit Eisenchlorid giebt.

Bei der Behandlung mit Zinkstaub und Salzsäure nimmt das Indol 2 Wasserstoffe auf und bildet das

Hydrodimethyl-β-Naphtindol.

Um 5 g des Indols zu reduciren, wurde dasselbe in alkoholischer Lösung 15 Stunden lang mit Zinkstaub unter zeitweisem Zusatz von Salzsäure gekocht, so dass stets eine lebhafte Wasserstoffentwicklung stattfand. Die vom Zink abfiltrirte alkoholische Lösung wurde nach Zusatz von Wasser zur Verjagung des Alkohols erhitzt, dann mit Alkali übersättigt und mit Aether extrahirt. Das beim Verdampfen des letzteren bleibende Oel wurde mit verdünnter Salzsäure behandelt, wobei das unveränderte Indol zurückbleibt. Aus der sauren Lösung fällt Alkali die Hydrobase, welche mit Aether extrahirt und destillirt wird.

0,2123 g Substanz gaben 0,6617 CO_2 und 0,1567 H_2O.

$C_{14}H_{15}N$.   Ber. C 85,27, H 7,8.
        Gef. ,, 85,01, ,, 8,2.

Die Base ist ein hellgelbes, zähflüssiges Oel, welches sich leicht in Mineralsäuren löst und von Oxydationsmitteln roth gefärbt wird. Das Chloroplatinat fällt aus der salzsauren Lösung in schwach gelben Nadeln und wird beim Kochen mit Wasser zersetzt.

Im Anschlusse an diese Versuche habe ich auch das Reductionsproduct des Pr 2-3-Dimethylindols untersucht, dessen Existenz von E. Fischer schon erwähnt wurde[1]).

Hydro-Pr 2-3-dimethylindol.

Die Reduction des Indols wird in der üblichen Weise mit Zinkstaub und Salzsäure in alkoholischer Lösung ausgeführt, und die Hydrobase, wie zuvor beschrieben, isolirt. Für die Analyse wurde sie über Baryumoxyd destillirt.

0,2249 g Substanz gaben 0,6720 CO_2 und 0,1802 H_2O.
$C_{10}H_{13}N$. Ber. C 81,6, H 8,85.
          Gef. ,, 81,5, ,, 8,89.

Diese Base siedet bei 750 mm Druck bei 229 bis 231°. Sie löst sich leicht in Mineralsäuren und bildet ein schwer lösliches Chloroplatinat.

---

[1]) Liebigs Ann. d. Chem. **236**, 130. (S. 553.)

76. Emil Fischer: Ueber das Methylketol.

Liebigs Annalen der Chemie **242**, 372 [1887].

(Eingelaufen den 12. August 1887.)

Die durch den Scharfsinn A. Baeyer's erkannte Aehnlichkeit des Indols mit dem Pyrrol ist wohl in Constitutionsformeln zum Ausdruck gebracht, aber experimentell bisher wenig verfolgt worden.

Der Grund dafür liegt zweifellos in der schwierigen Bereitung des Indols.

Durch die Synthese aus den aromatischen Hydrazinen sind nun die Indolderivate leicht zugängliche Producte geworden und unter ihnen ist wieder das Methylketol durch Billigkeit, Schönheit und Reactionsfähigkeit ausgezeichnet. Ich habe es deshalb benutzt, um die inzwischen für das Pyrrol bekannt gewordenen Reactionen auf die Indole zu übertragen.

Das Hauptresultat der Untersuchung ist bereits durch eine vorläufige Notiz bekannt[1]). Die nachfolgende Abhandlung bringt aber nicht nur die ausführliche Beschreibung der Versuche, sondern enthält auch manche neue Beobachtung.

Das Methylketol verbindet sich leicht mit den Aldehyden, den Säureanhydriden, Säurechloriden und den Diazokörpern. In allen diesen Fällen scheint der Wasserstoff der Methingruppe des Indolringes substituirt zu werden.

Zum Vergleich wurden bei manchen Reactionen die Isomeren des Methylketols, das Skatol und Pr 1ⁿ-Methylindol herangezogen.

Einwirkung der Aldehyde.

Mit den aromatischen Aldehyden verbindet sich das Methylketol beim blossen Erwärmen auf 100°; bei den fetten Aldehyden wird die Reaction durch eine kleine Menge von Chlorzink eingeleitet.

Benzylidenmethylketol.

Erwärmt man ein Gemisch von 1 Th. Bittermandelöl und 2 Th. Methylketol auf dem Wasserbade, so trübt sich dasselbe bald durch

---
[1]) Berichte d. D. Chem. Gesellsch. **19**, 2988. (S. *597*.)

Abscheidung von Wasser und erstarrt im Laufe von 30 bis 40 Minuten zu einer schwach röthlich gefärbten Krystallmasse. Dieselbe wird mit wenig Alkohol ausgekocht und der farblose Rückstand in heissem Aceton gelöst; aus der concentrirten Lösung scheiden sich in der Kälte langsam glänzende, farblose, flächenreiche Krystalle ab, welche für die Analyse bei 100° getrocknet wurden.

0,194 g gaben 0,6085 CO_2 und 0,114 H_2O. — 0,2067 g gaben 14,4 cbcm N bei 743 mm und 17°.

$C_{25}H_{22}N_2$. Ber. C 85,71, H 6,29, N 8,00.
Gef. ,, 85,54, ,, 6,55, ,, 7,90.

Die Verbindung entsteht mithin nach der Gleichung:

$$C_6H_5COH + 2 C_9H_9N = C_{25}H_{22}N_2 + H_2O.$$

Die Ausbeute ist nahezu quantitativ. Die Condensation mit dem Bittermandelöl erfolgt hier also noch viel leichter als bei den gewöhnlichen tertiären aromatischen Basen. Diese Beobachtung deutet darauf hin, dass der Benzaldehyd in den Indolring eingreift; und da dies bei der Wirkung der Säureanhydride und der Diazokörper, wie später nachgewiesen wird, an der Methingruppe stattfindet, so ist es in hohem Grade wahrscheinlich, dass dem Benzylidenmethylketol die Constitutionsformel:

$$\begin{array}{c} CH_3 \cdot C{-}NH \\ \parallel \quad | \\ C{-}C_6H_4 \\ \diagup \\ C_6H_5 \cdot CH \\ \diagdown \\ C{-}C_6H_4 \\ \parallel \quad | \\ CH_3 \cdot C{-}NH \end{array}$$

zukommt.

Die Verbindung färbt sich beim Erhitzen über 200° dunkel, sintert gegen 242° und schmilzt vollständig bei 246 bis 247° (uncorrigirt) zu einer dunkelrothen Flüssigkeit. Sie ist in Wasser unlöslich, in heissem Alkohol und Aether sehr schwer löslich; von heissem Eisessig wird sie in reichlicher Menge mit schwach rother Farbe aufgenommen. Das beste Lösungsmittel ist warmes Aceton.

Ganz anders verhält sich die Verbindung, wenn sie aus der Acetonlösung durch Wasser abgeschieden wird. Sie bildet dann einen amorphen Niederschlag, welcher in Aether und Alkohol leicht löslich ist, aber nach einiger Zeit in die schwer lösliche krystallisirte Form zurückkehrt. Dieselben Erscheinungen beobachtet man bei sehr vielen anderen Derivaten des Methylketols.

Durch oxydirende Mittel wird die Benzylidenverbindung leicht angegriffen; kocht man z. B. ihre Lösung in Eisessig mit Eisenchlorid, so nimmt dieselbe sofort eine tief fuchsinrothe Färbung an. Der Farbstoff ist das Dimethylrosindol, welches auch direct mit Hülfe von Benzoylchlorid gewonnen wird und bereits ausführlich genug beschrieben[1]) ist.

Metanitrobenzylidenmethylketol,
$$NO_2 \cdot C_6H_4 \cdot CH {<}^{C_9H_8N}_{C_9H_8N},$$
(bearbeitet von Philipp Wagner).

Noch leichter als Bittermandelöl vereinigt sich der m-Nitrobenzaldehyd mit dem Methylketol. Verreibt man 2 Mol. des letzteren mit 1 Mol. des Aldehyds, so schmilzt das Gemisch in Folge der eintretenden Reaction und erstarrt beim Erwärmen auf dem Wasserbade wieder vollständig. Die Reaction ist jetzt beendet; das gefärbte Rohproduct wird fein zerrieben, mit warmem Alkohol ausgelaugt und aus heissem Aceton umkrystallisirt. Für die Analyse wurde das Präparat bei 100° getrocknet.

0,2415 g gaben 0,6715 CO_2 und 0,1205 H_2O. — 0,2736 g gaben 25,26 cbcm N bei 19° und 749 mm.

$C_{25}H_{21}N_3O_2$.   Ber. C 75,95, H 5,32, N 10,63.
                         Gef. ,, 75,83, ,, 5,54, ,, 10,45.

Die Verbindung ist in Alkohol, Aether, Eisessig schwer löslich; am leichtesten wird sie von Aceton aufgenommen und scheidet sich aus dieser Lösung in compacten, schwach gelb gefärbten Kryställchen ab. Beim Erhitzen auf 250° färbt sie sich dunkel und schmilzt bei 263° (uncorrigirt). Ebenso wie das Benzylidenmethylketol bildet sie eine amorphe Form, welche in Alkohol und Aether leicht löslich ist; diese scheidet sich aus der Acetonlösung beim Fällen mit Wasser in hellgelben Flocken ab und verwandelt sich beim Aufbewahren oder rascher beim Kochen der Lösung in die schwer lösliche krystallisirte Form. Durch oxydirende Agentien, wie Eisenchlorid, wird die Verbindung in einen rothen Farbstoff verwandelt. Durch Reduction mit Zinkstaub und Ammoniak entsteht aus dem Nitrokörper das

m-Amidobenzylidenmethylketol,
$$NH_2 \cdot C_6H_4 \cdot CH{<}^{C_9H_8N}_{C_9H_8N}.$$

Wegen der geringen Löslichkeit des Nitrokörpers verfährt man folgendermassen:

1 Liter 60 procentiger Alkohol, welcher mit Ammoniak gesättigt ist, wird mit 60 g Zinkstaub auf dem Wasserbade erhitzt und allmählich unter Umschütteln eine concentrirte Lösung von 12 g des Nitrobenzylidenmethylketols in Aceton zugesetzt. Nach mehrstündigem Kochen

---
[1]) Berichte d. D. Chem. Gesellsch. **20**, 815. (S. *132*.)

am Rückflusskühler ist die Reduction beendet. Die Lösung wird jetzt, ohne filtrirt zu sein, zur Entfernung von Alkohol und Ammoniak verdampft, der Rückstand filtrirt, mit Wasser gewaschen und jetzt die Amidobase durch mehrmaliges Auskochen mit absolutem Alkohol gelöst. Die filtrirte Flüssigkeit hinterlässt beim Verdampfen die Base als gelbes zähes Oel, welches bald erstarrt. Das Product wurde jetzt mit 2 procentiger heisser Salzsäure aufgenommen; beim Uebersättigen mit Ammoniak fiel die Base als flockiger, schwach rosa gefärbter Niederschlag, welcher zur Analyse bei 120° getrocknet wurde.

0,335 g gaben 1,0038 CO_2 und 0,1973 H_2O. — 0,1909 g gaben 19,1 cbcm N bei 17° und 747 mm.

$C_{25}H_{23}N_3$. Ber. C 82,19, H 6,30, N 11,51.
Gef. ,, 81,70, ,, 6,54, ,, 11,40.

Die Base ist in Wasser unlöslich, in Aether, Alkohol und Benzol leicht löslich. Durch Oxydationsmittel verwandelt sie sich ebenfalls in einen rothen Farbstoff, der dem Dimethylrosindol sehr ähnlich ist. Die Amidogruppe übt mithin keinen wesentlichen Einfluss auf die Farbe aus.

Aethylidenmethylketol,

$$CH_3 \cdot CH\langle{}^{C_9H_8N}_{C_9H_8N}.$$

Dasselbe entsteht am leichtesten aus dem Paraldehyd; zur Einleitung der Reaction ist aber der Zusatz von Chlorzink nothwendig. 1 Th. Paraldehyd wird mit 2 Th. Methylketol und 0,2 Th. Chlorzink auf dem Wasserbad unter stetem Umrühren mehrere Stunden erhitzt, bis die Flüssigkeit in schwach rosa gefärbte Krystalle verwandelt ist. Das Product wird mit Wasser gewaschen und aus heissem Alkohol umkrystallisirt. Die nachfolgende Analyse wurde ebenfalls von Herrn Philipp Wagner ausgeführt.

0,2732 g gaben 0,8346 CO_2 und 0,174 H_2O. — 0,2094 g gaben 17,58 cbcm N bei 23° und 754 mm.

$C_{20}H_{20}N_2$. Ber. C 83,33, H 6,94, N 9,73.
Gef. ,, 83,29, ,, 7,07, ,, 9,52.

Die Verbindung entsteht mithin nach der Gleichung:

$$2\,C_9H_9N + CH_3COH = C_{20}H_{20}N_2 + H_2O\,.$$

Die Ausbeute ist wesentlich bedingt durch die Menge des Chlorzinks und die Sorgfalt des Umrührens.

Das Aethylidenmethylketol schmilzt bei 191° (unc.) und destillirt fast unzersetzt; es ist in Alkohol, Aether und Aceton leicht löslich und krystallisirt in farblosen Prismen oder glänzenden Täfelchen. Von concentrirter Salzsäure wird es ebenfalls leicht gelöst und daraus durch Wasser in amorphen Flocken gefällt. Die salzsaure Lösung färbt den Fichtenspahn stark roth.

Benzylidenmethylindol.

Die Vereinigung des Benzaldehyds mit dem Prl^n-Methylindol findet erst bei Gegenwart von Chlorzink statt, verläuft aber dann in derselben Weise wie bei dem Methylketol.

Ein Gemisch von 1 Th. Aldehyd und 2 Th. Methylindol mit sehr wenig Chlorzink, auf dem Wasserbad unter Umrühren erwärmt, erstarrt nach 1 bis 2 Stunden zu einer röthlich gefärbten Krystallmasse. Das Product wurde auch hier mit Alkohol ausgekocht und aus siedendem Aceton umkrystallisirt. Für die Analyse wurde die Verbindung im Vacuum getrocknet.

0,1476 g gaben 0,4637 CO_2 und 0,084 H_2O. — 0,181 g gaben 12,75 cbcm N bei 9° und 747 mm.

$C_{25}H_{22}N_2$. Ber. C 85,71, H 6,29, N 8,00.
Gef. ,, 85,67, ,, 6,34, ,, 8,32.

Die Ausbeute ist fast quantitativ. Die Verbindung bildet farblose Prismen und schmilzt bei 197° (unc.). Sie ist in Wasser unlöslich, in Alkohol und Aether schwer, in heissem Aceton und Eisessig ziemlich leicht löslich. Die mit Salzsäure versetzte alkoholische Lösung färbt den Fichtenspahn schön roth. Erwärmt man die Lösung in Eisessig mit Eisenchlorid, so bildet sich ebenfalls ein schön rother Farbstoff. Die Oxydation erfolgt aber keineswegs so glatt wie bei dem Benzylidenmethylketol.

Die entsprechende Verbindung des Skatols mit dem Bittermandelöl ist unter dem Namen Benzylidenskatol[1]) bereits von Wenzing ausführlich beschrieben.

Viel langsamer als die Aldehyde wirken die Ketone auf die Indole ein. Der Vorgang wurde nicht näher untersucht. Sehr leicht vereinigt sich dagegen die Brenztraubensäure mit dem Methylketol; es entsteht dabei eine Säure, welche in Alkali und Ammoniak sehr leicht löslich ist und durch Mineralsäuren als amorphe, schwach röthlich gefärbte körnige Masse ausgefällt wird. Dieselbe ist in Wasser fast unlöslich, dagegen in Alkohol, Aether, Benzol und Chloroform sehr leicht löslich und krystallisirt schwierig.

Einwirkung der Säureanhydride und Säurechloride.

Acetylmethylketol.

Das Verhalten des Methylketols gegen Essigsäureanhydrid bei Gegenwart von Natriumacetat ist bereits von Jackson[2]) untersucht worden. Er erhielt ein Acetylderivat, welches schon durch Kochen

---
[1]) Liebigs Ann. d. Chem. **239**, 241. (*S. 637.*)
[2]) Berichte d. D. Chem. Gesellsch. **14**, 880.

mit Salzsäure Methylketol regenerirt und welches er deshalb als ein Säureamid von der Formel:

$$C_6H_4 \underset{N \cdot CO \cdot CH_3}{\overset{CH}{\diagup\!\!\diagdown}} C \cdot CH_3$$

betrachtet. Seitdem weiss man aber durch die Untersuchung von Ciamician und Dennstedt[1]), dass das Pyrrol unter ähnlichen Bedingungen zwei Acetylderivate liefert, von welchen eines das Acetyl an Kohlenstoff gebunden enthält.

Die nähere Untersuchung hat dasselbe ergeben für das Acetylmethylketol, dessen Formel also zu ändern ist in

$$C_6H_4 \underset{NH}{\overset{C \cdot CO \cdot CH_3}{\diagup\!\!\diagdown}} C \cdot CH_3 \quad .$$

Das Product wurde im Wesentlichen nach der Angabe von Jackson mit folgenden Gewichtsverhältnissen dargestellt: 1 Th. Methylketol, 1 Th. trockenes Natriumacetat und 5 Th. Essigsäureanhydrid werden 6 Stunden lang am Rückflusskühler gekocht, dann die dunkle Lösung mehrmals auf dem Wasserbad in einer Schale mit Alkohol abgedampft. Dabei bleibt schliesslich eine dunkle krystallinische Masse zurück, welche zuerst zur Entfernung des Natriumacetats mit Wasser behandelt und dann zur Lösung der harzigen Beimengungen mit siedendem Chloroform ausgelaugt wird. Das Acetylmethylketol bleibt hierbei als wenig gefärbte Krystallmasse zurück. Die Ausbeute beträgt 80 pC. des angewandten Methylketols. Das Product wird am besten aus heissem Aceton umkrystallisirt. Dass die Verbindung ein Keton ist, ergiebt sich aus ihrem Verhalten gegen Phenylhydrazin.

Phenylhydrazinverbindung,

$$\underset{N_2H \cdot C_6H_5}{\overset{C_9H_8N \cdot C \cdot CH_3}{\|}}.$$

Erhitzt man 1 Th. Acetylmethylketol mit 3 Th. salzsaurem Phenylhydrazin und 5 Th. krystallisirtem Natriumacetat in wässerig-alkoholischer Lösung auf dem Wasserbad, so scheidet sich in dem Masse wie der Alkohol verdampft, ein wenig gefärbtes dickes Oel ab, welches beim Erkalten zu einem zähen Harz erstarrt. Dasselbe verwandelt sich beim Auskochen mit Ligroïn in eine schwach gelbe krystallinische

---

[1]) Berichte d. D. Chem. Gesellsch. 17, 2944.

Masse. Löst man dieselbe in heissem Benzol und fügt bis zur Trübung Ligroïn zu, so scheiden sich beim Erkalten feine farblose Blättchen ab, welche meist zu Drusen vereinigt sind. Dieselben wurden für die Analyse im Vacuum getrocknet.

0,3135 g gaben 0,8905 CO_2 und 0,1873 H_2O. — 0,184 g gaben 25,3 cbcm N bei 746 mm und 14°.

$C_{17}H_{17}N_3$. Ber. C 77,56, H 6,46, N 15,98.
Gef. ,, 77,49, ,, 6,63, ,, 15,88.

Der Schmelzpunkt ist nicht constant; er wurde schwankend zwischen 134 und 138° gefunden. Die Verbindung löst sich leicht in verdünnten Säuren und wird durch Alkalien wieder gefällt.

Durch einen besonderen Versuch habe ich mich überzeugt, dass das Acetanilid sich unter den gleichen Bedingungen nicht mit dem Phenylhydrazin verbindet. Andererseits liefert das tertiäre Pr 1ⁿ-Methylindol beim Erhitzen mit Essigsäureanhydrid unter Zusatz von wenig Chlorzink auf dem Wasserbad eine Acetverbindung, welche dem Acetylmethylketol sehr ähnlich ist.

Alle diese Betrachtungen sprechen zu Gunsten der oben angenommenen Formel des Acetylmethylketols. Die von Jackson betonte leichte Abspaltung der Acetylgruppe kann nicht als stichhaltiger Beweis gegen dieselbe angesehen werden; denn wie später noch gezeigt wird, lässt sich auch eine in die Methingruppe des Methylketols eingeführte Amidogruppe mit grosser Leichtigkeit wieder abspalten. Es sind das specifische Reactionen des Indolrings, welche man einstweilen nur registriren kann, da unsere geringen Kenntnisse über die Beziehungen zwischen Festigkeit der einzelnen Atombindung und der Constitution des ganzen Moleculs keine gründliche Discussion solcher Fragen gestatten.

Methylketol und Phtalsäureanhydrid.

Gleiche Theile Methylketol und Phtalsäureanhydrid schmelzen auf dem Wasserbad zu einer klaren Flüssigkeit, ohne sich zu verbinden. Fügt man aber wenig Chlorzink zu und sorgt durch Umrühren für gleichmässige Mischung der Materialien, so erstarrt nach 30 bis 45 Minuten die Masse vollständig. Das roth gefärbte krystallinische Product wird zuerst mit Wasser ausgekocht und dann in heissem Alkohol gelöst. Beim Erkalten scheidet sich die Verbindung in farblosen Prismen ab, welche für die Analyse bei 100° getrocknet wurden.

0,1615 g gaben 0,4321 CO_2 und 0,071 H_2O. — 0,3045 g gaben 13,3 cbcm N bei 742 mm und 15°.

$C_{17}H_{13}NO_3$. Ber. C 73,12, H 4,65, N 5,01.
Gef. ,, 72,96, ,, 4,89, ,, 4,99.

Dieselbe entsteht mithin nach der Gleichung:
$$C_8H_4O_3 + C_9H_9N = C_{17}H_{13}NO_3;$$
sie ist in Wasser unlöslich, in Aether schwer, in heissem Alkohol und Eisessig ziemlich leicht löslich. Von Alkalien und Ammoniak wird sie leicht aufgenommen und fällt aus diesen Lösungen durch Mineralsäuren als amorphe Masse, welche beim Erwärmen unter vorübergehender Schmelzung bald krystallinisch wird. Sie färbt sich beim Erhitzen gegen 200° roth und schmilzt wenig über dieser Temperatur nicht ganz constant zu einer tiefrothen Flüssigkeit; beim stärkeren Erhitzen destillirt ein schwach röthlich gefärbtes Oel, welches bald erstarrt; als Rückstand bleibt nur wenig Kohle. Das Destillat enthält viel Methylketol, ferner Phtalsäureanhydrid und endlich in kleiner Menge die Verbindung der beiden. Bei der Destillation findet also eine Spaltung in die Componenten statt, welche sich bei niederer Temperatur zum Theil wieder mit einander vereinigen.

Da die Verbindung eine Säure ist und analog dem Acetylmethylketol entsteht, so liegt die Vermuthung sehr nahe, sie sei eine Ketonsäure von der Formel $C_9H_8N \cdot CO \cdot C_6H_4 \cdot CO_2H$. Dieselbe bedarf jedoch der weiteren Begründung.

Merkwürdigerweise verhält sich das Pr 1^n-Methylindol gegen Phtalsäureanhydrid ganz anders; es bildet damit die Verbindung $(C_9H_8N)_2 \cdot C_8H_4O_2$, welche als

Phtalylmethylindol

bezeichnet werden mag. Gleiche Theile Phtalsäureanhydrid und Methylindol werden mit wenig Chlorzink unter häufigem Umrühren auf dem Wasserbad mehrere Stunden erhitzt. Die Flüssigkeit färbt sich roth und scheidet allmählich körnige Krystalle ab. Das Product wird zunächst mit Wasser ausgekocht, dann mit Alkohol ausgelaugt, welcher unverändertes Methylindol und eine amorphe feste Verbindung aufnimmt und schliesslich in siedendem Aceton gelöst. Beim Erkalten scheiden sich prächtig ausgebildete farblose Prismen ab, die für die Analyse bei 100° getrocknet wurden.

I. 0,1348 g gaben 0,3925 CO_2 und 0,0657 H_2O. — II. 0,1215 g gaben 0,3535 CO_2 und 0,0586 H_2O; — 0,1318 g gaben 8,2 cbcm N bei 25° und 750 mm.

$C_{26}H_{20}N_2O_2$. Ber. C 79,59, H 5,10, N 7,14.
Gef. ,, 79,41, 79,34, ,, 5,42, 5,35, ,, 6,85.

Die Verbindung entsteht mithin nach der Gleichung:
$$2\,C_9H_9N + C_8H_4O_3 = C_{26}H_{20}N_2O_2 + H_2O$$

und ist wohl dem Phtalophenon zu vergleichen; sie schmilzt bei 300°

(uncorr.). Sie ist in Wasser und verdünnten Alkalien unlöslich, in Aether und Alkohol sehr schwer löslich; von heissem Aceton wird sie dagegen in beträchtlicher Menge aufgenommen.

Aehnlich den Säureanhydriden wirken die Säurechloride auf die Indole. Genau untersucht wurde die Reaction zwischen Methylketol und Benzoylchlorid; dabei entsteht Benzoylmethylketol, welches der Acetverbindung offenbar analog constituirt ist; aber nebenher bildet sich, und zwar als Hauptproduct, das dem Fuchsin so ähnliche Dimethylrosindol. Beide Producte sind bereits ausführlich beschrieben[1]). Die Einwirkung des Diazobenzols auf das Methylketol ist der Gegenstand der folgenden Mittheilung von Ph. Wagner.

[1]) E. Fischer und Ph. Wagner, Berichte d. D. Chem. Gesellsch. **20**, 815. (*S. 132.*)

77. Philipp Wagner: Azo- und Amidoderivate des Methylketols.
Liebigs Annalen der Chemie 242, 383 [1887].
(Eingelaufen den 12. August 1887.)

Diazobenzolchlorid und Pyrrol vereinigen sich bei Gegenwart von Natriumacetat leicht zu Pyrrolazobenzol[1]). Unter denselben Bedingungen entsteht aus Methylketol die Azoverbindung:

$$C_6H_5 \cdot N = N \cdot C_9H_8N.$$

Letztere wird durch nascirenden Wasserstoff in Anilin und Amidomethylketol gespalten.

Methylketolazobenzol,

$$C_6H_4 \underset{NH}{\overset{C \cdot N : N \cdot C_6H_5}{\diamondsuit}} C \cdot CH_3 \;.$$

10 g Anilin werden mit 25 cbcm Salzsäure vom spec. Gewicht 1,19 und 10 g Wasser gelöst, mit der berechneten Menge Natriumnitrit diazotirt und 40 g krystallisirtes Natriumacetat in concentrirter wässeriger Lösung zugefügt. In die gut gekühlte Flüssigkeit giesst man jetzt eine Lösung von 13 g Methylketol in 200 cbcm Alkohol. Die Bildung des Azokörpers findet sofort statt und giebt sich durch die dunkelgelbe Färbung zu erkennen. Beim Eingiessen der Lösung in viel kaltes Wasser fällt die Azoverbindung als hellgelber flockiger Niederschlag, welcher filtrirt und mit Wasser gewaschen nahezu chemisch rein ist. Die Ausbeute beträgt 90 bis 95 pC. der Theorie.

Für die Analyse wurde das Product aus heissem Ligroïn umkrystallisirt und im Vacuum über Schwefelsäure getrocknet.

0,1734 g gaben 0,4876 Kohlensäure und 0,0895 Wasser. — 0,1895 g gaben 29,1 cbcm Stickstoff bei 11° und 752 mm Druck.

$C_{15}H_{13}N_3$. Ber. C 76,60, H 5,53, N 17,87.
Gef. ,, 76,68, ,, 5,73, ,, 18,16.

Die Verbindung schmilzt bei 115 bis 116° (uncorr.) und destillirt theilweise unzersetzt. In Wasser ist sie fast unlöslich, dagegen leicht löslich in Alkohol, Aether und Benzol. Aus heissem Ligroïn, worin

---
[1]) O. Fischer und E. Hepp, Berichte d. D. Chem. Gesellsch. 19, 2251.

sie sich ziemlich schwer löst, fällt sie beim Erkalten in rothen compacten Kryställchen aus. Aus der heissen alkoholischen Lösung wird sie durch Wasser in orangegelben glänzenden Blättchen abgeschieden; von concentrirter Salzsäure wird sie ziemlich leicht aufgenommen und selbst beim Kochen nicht verändert. Durch nascirenden Wasserstoff wird sie gerade wie die einfachen Azoverbindungen gespalten in Anilin und

$$\text{Amidomethylketol,}$$

$$C_6H_4 \begin{array}{c} C \cdot NH_2 \\ \diagup\diagdown \\ \diagdown\diagup \\ NH \end{array} C \cdot CH_3.$$

Am besten gelingt die Reduction mit Zinn und Salzsäure. Methylketolazobenzol wird in der zehnfachen Menge Alkohol gelöst, die doppelte Menge granulirtes Zinn zugefügt und unter Erwärmen auf dem Wasserbad allmählich concentrirte Salzsäure eingetragen. Die gelbrothe Farbe verschwindet nach 20 bis 30 Minuten und die Reaction ist beendet, sobald eine Probe der Flüssigkeit in Wasser gegossen keinen Niederschlag mehr abscheidet. Zuweilen fällt während der Operation das salzsaure Salz der Amidobase aus, kann aber mit Alkohol wieder gelöst werden. Man giesst nun vom ungelösten Zinn ab und verdampft die Flüssigkeit auf dem Wasserbad, bis die Krystallisation beginnt; beim Abkühlen fällt das salzsaure Amidomethylketol als dicker Krystallbrei aus. Derselbe wird filtrirt und mit wenig salzsäurehaltigem Wasser gewaschen.

Aus der wässerigen Lösung des Salzes fällt Ammoniak die Base in glänzenden farblosen Blättchen, welche filtrirt, mit Wasser gewaschen und im Vacuum getrocknet folgende Zahlen gaben.

0,1900 g gaben 0,5131 Kohlensäure und 0,1228 Wasser.

$C_9H_{10}N_2$. Ber. C 73,97, H 6,85.
Gef. ,, 73,63, ,, 7,18.

Die Base löst sich leicht in Alkohol, Aether, Chloroform und Ligroïn; in kaltem Wasser ist sie wenig, in heissem Wasser viel leichter löslich. Sie schmilzt bei 112 bis 113° (uncorr.). Sie färbt sich an der Luft rasch rosa, später dunkelroth; noch rascher wird sie von allen Oxydationsmitteln verändert. Von den Salzen ist das Hydrochlorat am schönsten; in heissem Wasser löst es sich leicht und krystallisirt daraus in farblosen Prismen, welche sich ebenfalls an der Luft gelb bis roth färben.

Für die Analyse wurde das Salz in Alkohol gelöst, mit Aether gefällt und im Vacuum getrocknet.

0,2061 g gaben 0,1585 Chlorsilber. — 0,2442 g gaben 32,8 cbcm Stickstoff bei 17° und 745 mm Druck.

$C_9H_{10}N_2 \cdot HCl$. Ber. N 15,34, Cl 19,45.
Gef. ,, 15,24, ,, 19,02.

Reduction des Amidomethylketols.

Erwärmt man die Base mit Zinkstaub und Salzsäure auf dem Wasserbad, so zeigt die Flüssigkeit sehr bald die Fichtenspahnreaction der Indole. Bei andauernder Reduction verschwindet diese Reaction; aus der sauren Flüssigkeit wurde durch Uebersättigen mit Alkali und Destillation mit Wasserdämpfen neben Ammoniak nur Hydromethylketol gewonnen.

Das Amidomethylketol verliert also durch den nascirenden Wasserstoff zunächst das Amid in Form von Ammoniak; dabei entsteht Methylketol, welches aber durch weitere Reduction in Hydromethylketol verwandelt wird.

Diese Spaltung ist der Beweis für die oben angenommene Formel des Amidomethylketols; denn wäre das Amid mit dem Benzolkern verbunden, so würde es schwerlich so leicht durch Wasserstoff herausgenommen werden.

Oxydation des Amidomethylketols.

Wie bereits erwähnt, wird die Base von oxydirenden Agentien sehr leicht verändert; die Producte sind je nach den Bedingungen verschieden, am einfachsten wird der Vorgang bei Anwendung von Eisenchlorid.

Versetzt man 1 Th. des Hydrochlorats, welches in wenig Wasser gelöst ist, mit 100 Th. einer 5 procentigen Eisenchloridlösung und erwärmt auf 50 bis 60°, so trübt sich die Flüssigkeit und scheidet sehr bald einen hellgelben flockigen Niederschlag ab, welcher filtrirt und mit Wasser gewaschen wird. Das Product ist ein Gemenge von zwei Körpern, von welchen der eine in Alkohol sehr leicht löslich ist, schwer krystallisirt und deshalb nicht weiter untersucht wurde. Der zweite ist in Alkohol schwer löslich und hat die Zusammensetzung C_9H_7NO; derselbe krystallisirt aus heissem Benzol in goldgelben glänzenden Blättchen und wurde für die Analyse bei 100° getrocknet.

0,2123 g gaben 0,5780 Kohlensäure und 0,0961 Wasser. — 0,1181 g gaben 9,8 cbcm Stickstoff bei 16° und 762 mm Druck.

C_9H_7NO. Ber. C 74,48, H 4,80, N 9,66.
Gef. ,, 74,24, ,, 5,03, ,, 9,72.

Die Verbindung sintert bei 212° (uncorr.) zusammen und schmilzt bei 225° unter theilweiser Zersetzung. Sie ist in Wasser und verdünnten Säuren unlöslich, in heissem Aceton etwas leichter löslich als in Alkohol und Aether.

Ueber ihre Constitution lässt sich vorläufig kein sicheres Urtheil fällen; es bleibt sogar zweifelhaft, ob die Formel C_9H_7NO nicht zu verdoppeln ist.

Anhangsweise erwähne ich hier die

Verbindung des Methylketols mit Jodwasserstoffsäure.

Während Indol und Skatol sich mit Salzsäure leicht vereinigen, ist bisher keine entsprechende Verbindung des Methylketols bekannt; diese ist vielleicht enthalten in der Lösung des Methylketols in concentrirter Salzsäure, aber ihre Isolirung scheint besondere Schwierigkeiten zu bieten. Leichter erfolgt jedenfalls die Vereinigung mit Jodwasserstoffsäure.

Leitet man in eine Lösung von Methylketol in trocknem Aether reine gasförmige Jodwasserstoffsäure, so bildet sich sofort ein weisser flockiger Niederschlag, welcher sehr empfindlich gegen Luft und Feuchtigkeit ist und deshalb möglichst rasch filtrirt und im Vacuum getrocknet wurde. Derselbe hat die Zusammensetzung $C_9H_9N \cdot HJ$.

0,3663 g gaben 0,5536 Kohlensäure und 0,1344 Wasser. — 0,4698 g gaben 21,8 cbcm Stickstoff bei 17° und 746 mm Druck. — 0,1802 g gaben 0,1629 Jodsilber.

$C_9H_{10}NJ$. Ber. C 41,69, H 3,87, N 5,40, J 49,04.
Gef. ,, 41,22, ,, 4,07, ,, 5,29, ,, 48,83.

Die Verbindung wird von Wasser sofort in ihre Componenten zerlegt; sie färbt sich an der Luft erst gelb, später braun.

78. Emil Fischer: Ueber die Hydrazone.

Berichte der Deutschen Chemischen Gesellschaft **21**, 984 [1888].

(Eingegangen am 15. März.)

Die Verbindungen der Hydrazine mit den Aldehyden und Ketonen sind in neuerer Zeit so häufig Gegenstand des Versuchs und der Discussion gewesen, dass es zweckmässig scheint, dafür einen besonderen Klassennamen einzuführen. Die Nomenclatur der Hydrazine habe ich so viel mir möglich derjenigen der Amine nachgebildet.

So wurden die Verbindungen des Phenylhydrazins mit dem Aethyl- und Benzaldehyd als

Aethylidenphenylhydrazin, $CH_3 \cdot CH : N_2H \cdot C_6H_5$, und

Benzylidenphenylhydrazin, $C_6H_5 \cdot CH : N_2H \cdot C_6H_5$,

bezeichnet.

Für die entsprechenden Derivate der Ketone war diese Nomenclatur nicht anzuwenden; deshalb wurde hier einfach der Name des Ketons mit dem der Base verbunden, z. B.

Acetonphenylhydrazin, $\begin{matrix}CH_3\\CH_3\end{matrix}\!\!>\!\!C : N_2H \cdot C_6H_5$, und

Phenylhydrazinbrenztraubensäure, $\begin{matrix}CH_3\\HO_2C\end{matrix}\!\!>\!\!C : N_2H \cdot C_6H_5$.

Der einzelne Körper lässt sich so leicht bezeichnen; für die ganze Klasse blieb aber nur das schwerfällige Wort Hydrazinverbindung.

Offenbar aus Gründen der Bequemlichkeit haben deshalb verschiedene Fachgenossen diese Verbindungen Hydrazide genannt. Das Wort passt aber hier nicht.

Hydrazid entspricht dem Amid. Phenylhydrazid ist also die Gruppe $C_6H_5 \cdot N_2H_2$. Acetylphenylhydrazin, $C_6H_5 \cdot N_2H_2 \cdot C_2H_3O$, ist das Phenylhydrazid der Essigsäure, während die Phenylhydrazidoessigsäure als Analogon der Amidoessigsäure die Formel $C_6H_5 \cdot N_2H_2 \cdot CH_2 \cdot COOH$ hat.

Das Phenylhydrazid der Brenztraubensäure wäre also die noch unbekannte Verbindung $C_6H_5 \cdot N_2H_2 \cdot CO \cdot CO \cdot CH_3$, während man unrichtiger Weise mit diesem Namen das Condensationsproduct

bezeichnet. $\qquad C_6H_5 \cdot N_2H : C\!\!<\!\!\begin{matrix}CH_3\\COOH\end{matrix}$

Um jeden Irrthum auszuschliessen, schlage ich nun für die Verbindungen der Hydrazine mit den Aldehyden und Ketonen den Namen Hydrazone[1]) vor.

In den bisher gebrauchten Wörtern Acetonphenylhydrazin, Acetonmethylphenylhydrazin, Phenylhydrazinbrenztraubensäure u. s. w. ist nur der eine Buchstabe „i" in „o" zu verwandeln und der Name erinnert zugleich an die Azokörper, mit welchen die Hydrazone isomer sind. Für die Doppelhydrazone mit benachbarten Hydrazongruppen wurde früher der Name „Osazone" vorgeschlagen, welcher bleiben kann.

Da fast nur das Phenylhydrazin als Reagens benutzt wird, so kann man in der Regel das Wort Phenyl auslassen und kurzweg von dem Hydrazon und Osazon eines Aldehyds oder Ketons sprechen. So ergeben sich folgende Namen:

$$\text{Glyoxal(phenyl)hydrazon,} \quad \begin{array}{c} COH \\ | \\ CH:N_2H \cdot C_6H_5 \end{array},$$

$$\text{Glyoxal(phenyl)osazon,} \quad \begin{array}{c} CH:N_2H \cdot C_6H_5 \\ | \\ CH:N_2H \cdot C_6H_5 \end{array},$$

$$\text{Phenylhydrazondioxyweinsäure}^2), \quad \begin{array}{c} HO_2C-C-CO \cdot CO_2H \\ \vdots \\ N_2H \cdot C_6H_5 \end{array},$$

$$\text{Phenylosazondioxyweinsäure,} \quad \begin{array}{c} HO_2C \cdot C-C \cdot CO_2H \\ \vdots \quad \vdots \\ C_6H_5 \cdot HN_2 \; N_2H \cdot C_6H_5 \end{array}.$$

Ist der Doppelaldehyd beziehungsweise das Keton, von welchem das Osazon sich ableitet, unbekannt, so kann man den Namen des letzteren aus demjenigen des Alkohols bilden. So sind die Wörter Glucosazon, Glycerosazon u. s. w. entstanden. Verbindungen, welche die Hydrazongruppe zweimal, aber nicht benachbart enthalten, werden zweckmässig als Dihydrazone bezeichnet.

Constitution der Hydrazone und Osazone.

Dass die Hydrazone isomer und nicht identisch seien mit den Azoverbindungen, ist mir niemals zweifelhaft gewesen. Da aber diese Frage in einzelnen Fällen noch jetzt von anderer Seite als eine offene betrachtet wird, so will ich die Gründe zusammenstellen, welche mich

---

[1]) Auf meine Veranlassung hat H. Laubmann diesen Namen bereits bei einigen Verbindungen gebraucht (Ann. Chem. Pharm. 243, 244. [S. 696]).

[2]) Vergl. Berichte d. D. Chem. Gesellsch. 20, 835. Ziegler und Locher geben der Verbindung den Namen Monophenylizindioxyweinsäure, wobei sie sich auf das Beispiel von L. Knorr berufen, welcher die Phenylhydrazone früher einmal als Phenylizine bezeichnete. Sie haben aber übersehen, dass der Vorschlag Knorr's auf einer Ansicht über die Constitution der Hydrazone fusst, welche inzwischen sehr unwahrscheinlich geworden ist.

von Anfang an bestimmten, die Hydrazone als eine neue Körperklasse zu behandeln.

1) Die Hydrazonbildung erfolgt ganz gleich bei den primären und secundären Hydrazinen; bei den letzteren ist aber die Entstehung einer Azoverbindung ausgeschlossen.

2) Die meisten Hydrazone regeneriren beim Kochen mit Säuren die Hydrazinbase; nur in einzelnen Fällen entstehen statt dessen Indole. Eine solche Zersetzung ist zwar denkbar, aber wenig wahrscheinlich für die Azokörper.

3) Das Hydrazon des Acetaldehyds ist isomer mit dem Azophenyläthyl (Benzolazoäthan).

Dagegen liess ich es früher[1]) unentschieden, ob die Hydrazone der primären Basen nach Formel

$$R \cdot NH-N=C= \quad \text{oder} \quad R \cdot N-NH$$
$$\diagdown \diagup$$
$$C=$$

constituirt seien.

Für die erste Formel spricht die Aehnlichkeit mit den Hydrazonen der unsymmetrischen secundären Basen, für welche nur die Formel $R_2 : N-N=C=$ in Betracht kommt.

Allerdings verbinden sich auch die Hydrazokörper mit den Aldehyden[2]) und Ketonen[3]), aber die Vereinigung erfolgt doch sehr viel schwieriger als bei den isomeren Basen, und gerade diese Beobachtung deutet darauf hin, dass die Atomgruppe $N-N=C=$ leichter entsteht und stabiler ist, als die Gruppe

$$N-N$$
$$\diagdown \diagup$$
$$C=$$

Zur Zeit, als ich diese Frage zuerst besprach, bestand aber ein anderer Grund gegen die Annahme, dass die Hydrazone der primären und der unsymmetrischen secundären Basen gleich constituirt seien. Das war die merkwürdige Verschiedenheit der Hydrazone der Brenztraubensäure beim Erwärmen mit Säuren.

Während die Verbindung des Methylphenylhydrazins dabei äusserst leicht in eine Indolcarbonsäure übergeführt wird, schien eine ähnliche Verwandlung der Phenylhydrazonbrenztraubensäure nicht möglich zu sein.

Dieser Unterschied ist inzwischen durch die Beobachtung beseitigt worden, dass sämmtliche Hydrazone unter den richtigen Bedingungen in Indole verwandelt werden können.

---

[1]) Berichte d. D. Chem. Gesellsch. 17, 2846. (S. 475.)
[2]) Berichte d. D. Chem. Gesellsch. 19, 2239.
[3]) Berichte d. D. Chem. Gesellsch. 19, 1771 u. 2140.

Ich habe seitdem die Ansicht, dass die Phenylhydrazone allgemein nach der Formel $C_6H_5 \cdot NH-N=C=$ constituirt sind; den directen Beweis dafür durch Methylirung des Aceton- oder Acetaldehydhydrazons zu liefern, ist mir aber nicht gelungen, weil die Reaction in anderem Sinne verläuft.

Mit besserem Erfolge hat Philips[1]) das Benzylidenphenylhydrazin in derselben Richtung untersucht. Durch Einwirkung von Benzylchlorid auf die Natriumverbindung des Hydrazons erhielt er dieselbe Verbindung, wie durch Combination des α-Benzylphenylhydrazins mit Benzaldehyd.

Diese Thatsache ergänzt die oben angeführten Gründe, und so lange keine Gegengründe gefunden sind, wird man der Hydrazonformel $R \cdot NH-N=C=$ gerne den Vorzug geben.

Dasselbe gilt von den Osazonen, welche nach der Art der Bildung wie nach ihren Reactionen nichts anderes als Doppelhydrazone sind.

Schmelzpunkte der Hydrazone.

Für die Isolirung und Erkennung von Aldehyden oder Ketonen sind die Phenylhydrazone jetzt vielfach in Gebrauch.

Bei den festen Producten genügt in der Regel die Bestimmung des Schmelzpunktes. Dabei ist aber zu beachten, dass viele Hydrazone unter Zersetzung schmelzen. Man erhält hier, wie ich früher[2]) schon hervorhob, nur dann constante Schmelzpunkte, wenn die im Capillarrohr befindliche Probe möglichst rasch erhitzt wird.

Ein Beispiel der Art bietet die Phenylhydrazonbrenztraubensäure. Der von mir angegebene[3]) Schmelzpunkt 192° gilt nur für rasches Erhitzen. Bei langsamer Steigerung der Temperatur tritt schon unter dem eigentlichen Schmelzpunkte eine allmähliche Zersetzung ein und die Producte der letzteren bringen die noch unveränderte Substanz früher zum Schmelzen.

Offenbar aus dem Grunde fanden die Herren Japp und Klingemann[4]), welche sowohl meine corrigirte[5]) Angabe über den Schmelzpunkt, wie die Bemerkung über die Art des Erhitzens[6]) übersehen haben, den Schmelzpunkt der Verbindung bei 182° und später bei 185°.

---

[1]) Berichte d. D. Chem. Gesellsch. **20**, 2487.
[2]) Berichte d. D. Chem. Gesellsch. **20**, 827. (*Kohlenh. I, 150.*)
[3]) Berichte d. D. Chem. Gesellsch. **17**, 578. (*S. 469.*)
[4]) Berichte d. D. Chem. Gesellsch. **20**, 3285; vergl. V. Meyer, Berichte d. D. Chem. Gesellsch. **21**, 18.
[5]) Berichte d. D. Chem. Gesellsch. **17**, 578. (*S. 469.*)
[6]) Berichte d. D. Chem. Gesellsch. **20**, 827. (*Kohlenh. I, 150.*)

79. Emil Fischer und Theodor Schmitt: Ueber Pr-2-Phenylindol.

Berichte der Deutschen Chemischen Gesellschaft **21**, 1071 [1888].

(Eingegangen am 17. März; mitgetheilt in der Sitzung von Hrn. A. Pinner.)

Vor einiger Zeit machte Herr L. Wolff[1]) die interessante Mittheilung, dass aus Anilin und Bromlävulinsäure Dimethylindol entstehe; er knüpfte an diese Beobachtung die Schlussfolgerung, dass das von Möhlau aus Anilin und Bromacetophenon gewonnene sogenannte Diphenyldiisoindol ebenfalls als ein Abkömmling des Indols und zwar wahrscheinlich als Pr-3 Phenylindol zu betrachten sei. Da der eine von uns früher[2]) die vorläufige Angabe gemacht hatte, dass das letztere Phenylindol aus der Verbindung des Phenylhydrazins mit Phenylacetaldehyd durch die Chlorzinkschmelze entstehe, ohne dasselbe näher zu beschreiben, da ferner Herr Wolff uns schon vor seiner Publication brieflich in freundlichster Weise ersuchte, seine Ansicht experimentell zu prüfen, so haben wir sofort das Indol aus Phenylacetaldehyd mit dem Möhlau'schen Product verglichen und die völlige Identität derselben festgestellt. Als wenige Tage darauf Herr Möhlau uns ebenfalls privatim bat, diesen Vergleich anzustellen, theilten wir ihm das bereits erhaltene Resultat als eine Bestätigung der Ansicht von Wolff mit. Leider hat Herr Möhlau in etwas voreiliger Weise unsere private Nachricht sofort publicirt[3]), um bei dieser Gelegenheit seine frühere irrthümliche Angabe über die Dampfdichte des sogenannten Diphenyldiisoindols zu berichtigen. Denn unsere damalige wohlbegründete Ansicht, dass das Product aus Phenylacetaldehyd Pr-3-Phenylindol sei, hat sich bei näherer Untersuchung nicht bestätigt. Die Verbindung ist vielmehr identisch mit dem Pr-2-Phenylindol, und dasselbe gilt nun auch für Möhlau's Diphenyldiisoindol. Wir haben die 3 Präparate, welche

1) aus Acetophenonphenylhydrazon[4]),
2) aus Phenylacetaldehydphenylhydrazon durch die Chlorzinkschmelze,

---
[1]) Berichte d. D. Chem. Gesellsch. **21**, 123.
[2]) Ann. Chem. Pharm. **236**, 135. (S. 556.)
[3]) Berichte d. D. Chem. Gesellsch. **21**, 510.
[4]) Ann. Chem. Pharm. **236**, 133. (S. 555.)

3) aus Anilin und Bromacetophenon gewonnen waren, neben einander untersucht. Sie schmelzen alle drei bei 186°, sie liefern dieselbe violett-blaue Fichtenspanreaction, sie geben mit Salpetrigsäure dasselbe Nitrosoproduct und aus dem letzteren wurde durch Reduction in allen drei Fällen dasselbe Amidophenylindol vom Schmelzpunkt 174° erhalten.

Pr-2-Phenylindol aus Phenylacetaldehyd.

Vermischt man gleiche Gewichtstheile Phenylhydrazin und Phenylacetaldehyd, welcher nach der Methode von Erlenmeyer und Lipp[1]) gewonnen und durch die Bisulfitverbindung gereinigt ist, so erwärmt sich die Masse und trübt sich durch Abscheidung von Wasser. Zur Vollendung der Reaction erwärmt man etwa 1 Stunde auf dem Wasserbade und wäscht dann das Oel zur Entfernung des überschüssigen Hydrazins mit verdünnter Essigsäure; hierbei erstarrt die Masse in der Regel sofort krystallinisch; das Product wird zwischen Fliesspapier gepresst und in warmem niedrig siedendem Ligroïn gelöst; beim Erkalten scheidet sich das Phenylacetaldehydphenylhydrazon in fast farblosen prismatischen Krystallen ab, welche bei 58° schmelzen und welche nach der Stickstoffbestimmung die Zusammensetzung $C_{14}H_{14}N_2$ besitzen:

Ber. N 13,3. Gef. N 13,2.

Das Product ist mithin ganz verschieden von dem isomeren Acetophenonphenylhydrazon (Schmelzpunkt 105°) und hat nach der Entstehungsweise unzweifelhaft die Formel:

$C_6H_5 \cdot CH_2 \cdot CH : N_2H \cdot C_6H_5$. In Alkohol, Aether, Benzol ist es leicht löslich.

Wird dieses Hydrazon mit der fünffachen Menge von Chlorzink 5—10 Minuten auf 180—185° erhitzt, so entsteht eine rothbraune Schmelze, welche bei Behandlung mit verdünnter Salzsäure das Phenylindol zurücklässt.

Aus heissem Alkohol und schliesslich aus Benzol umkrystallisirt bildet dasselbe feine Blättchen, welche bei 186° (uncorr.) schmelzen und bei der Analyse folgende Zahlen gaben:

Ber. C 87,1, H 5,7, N 7,2.
Gef. ,, 87,18, ,, 6,0, ,, 7,4.

Die Entstehung des Pr-2-Phenylindols aus dem Hydrazon des Phenylacetaldehyds steht im Widerspruch mit den früheren Beobachtungen über die Indolbildung aus den Hydrazonen. Die entsprechende Verbindung des Propylaldehyds liefert bei der Chlorzinkschmelze nur Pr-3-Methylindol (Scatol) und keine Spur des isomeren Methylketols. Man ist deshalb gezwungen, im ersteren Falle eine moleculare Um-

---
[1]) Ann. Chem. Pharm. **219**, 179.

lagerung anzunehmen, welche vielleicht durch die Höhe der Temperatur bei der Schmelze veranlasst wird.

In der That scheint die Indolbildung aus dem Hydrazon des Phenylacetaldehyds bei Anwendung von alkoholischer Salzsäure anders zu verlaufen; wir erhielten so ein Product, welches viel niedriger schmilzt, die Indolreaction zeigt und vielleicht das gesuchte Pr-3-Phenylindol ist; seine Untersuchung ist indessen noch nicht abgeschlossen.

Nitroso-Pr-2-Phenylindol.

Das Product ist bereits von Möhlau[1] als Nitrosoderivat des Diphenyldiisoindols beschrieben; es ist ferner von dem einen von uns in der früheren[2] Abhandlung über Pr-2-Phenylindol erwähnt. Man stellt es am besten dar, indem man eine Lösung des Indols in Eisessig mit einer sehr concentrirten wässerigen Lösung von Natriumnitrit versetzt. Aus Eisessig umkrystallisirt, hat dasselbe die Zusammensetzung $C_{14}H_{10}N_2O$ (Möhlau giebt die verdoppelte Formel $C_{28}H_{20}N_4O_2$).

Beim raschen Erhitzen färbt es sich gegen 250° dunkler und schmilzt nicht ganz constant bei etwa 258° unter Zersetzung. Möhlau giebt den Schmelzpunkt zu ungefähr 244° an; die Differenz mag wohl auf der verschiedenen Art des Erhitzens beruhen, da die Verbindung sich gleichzeitig zersetzt. Charakteristisch ist für den Nitrosokörper seine Löslichkeit in Alkali; er wird von Natron- und Kalilauge beim Erwärmen in grosser Menge aufgenommen und durch Säuren wieder abgeschieden. Die Liebermann'sche Reaction zeigt er nicht, ist mithin kein Nitrosamin; dagegen wird er durch nascirenden Wasserstoff leicht in eine Amidobase verwandelt, deren Existenz schon von Möhlau angegeben ist und welche nach unseren Versuchen die grösste Aehnlichkeit mit dem Amidomethylketol[3] besitzt. Diese Beobachtungen genügen, um die Constitution des Nitrosokörpers zu beurtheilen.

Beim Methylketol ist der Wasserstoff Pr-3 besonders leicht substituirbar, dasselbe darf man erwarten beim entsprechenden Phenylindol. Wir geben deshalb dem Nitrosokörper die Formel:

$$C_6H_4 {\huge<}{\overset{C \cdot NO}{\underset{NH}{}}} C \cdot C_6H_5.$$

Die Löslichkeit in Alkalien ist nicht auffällig; denn dieselbe Beobachtung haben O. Fischer und E. Hepp[4] bei dem p-Nitrosomonomethylanilin und analogen Nitrosobasen gemacht.

---

[1] Berichte d. D. Chem. Gesellsch. **15**, 2487.
[2] Ann. Chem. Pharm. **236**, 134. (S. 556.)
[3] Wagner, Ann. Chem. Pharm. **242**, 385. (S. 676.)
[4] Berichte d. D. Chem. Gesellsch. **20**, 1251.

Amido-Pr-2-Phenylindol.

Suspendirt man den Nitrosokörper in der funfzigfachen Menge heissen Alkohol, fügt einen Ueberschuss von Zinkstaub und dann allmählich conc. Salzsäure zu, so verschwinden langsam die gelben Blättchen und lösen sich als salzsaures Salz der Amidobase. Die letztere wird aus dem Filtrat durch Zusatz von Wasser und überschüssigem Ammoniak in feinen bräunlich gefärbten Blättchen gefällt.

Beim Umkrystallisiren aus heissem Benzol wird sie farblos und bildet dann feine glänzende Schuppen, welche bei 174° (uncorr.) schmelzen.

Ber. C 80,77, H 5,76, N 13,46.
Gef. ,, 80,86, ,, 5,97, ,, 13,48.

In Wasser ist die Base fast unlöslich, dagegen wird sie von Alkohol, Aether und heissem Benzol ziemlich leicht aufgenommen. In verdünnten Säuren löst sie sich ebenfalls leicht. Sie reducirt beim Kochen die Fehling'sche Lösung und färbt den Fichtenspan orange. Durch oxydirende Agentien, schon durch den Sauerstoff der Luft wird sie im feuchten Zustande angegriffen unter Bildung eines violetten Farbstoffes; sie gleicht in der Beziehung dem allerdings noch empfindlicheren Amidomethylketol. Nach den obigen Betrachtungen entspricht ihre Constitution der Formel:

$$C_6H_4 \genfrac{<}{>}{0pt}{}{C \cdot NH_2}{NH} C \cdot C_6H_5.$$

Benzyliden-Pr-2-Phenylindol.

Aehnlich dem Methylketol verbindet sich auch das Pr-2-Phenylindol äusserst leicht mit dem Bittermandelöl. Erhitzt man 2 Theile des Indols mit 1 Theil Benzaldehyd auf dem Wasserbade, so erstarrt die anfangs flüssige Masse nach etwa einer halben Stunde krystallinisch. Das rothbraun gefärbte Product wird beim Auskochen mit Alkohol farblos und krystallisirt dann aus heissem Aceton in feinen, glänzenden Blättchen, welche bei 262—263° (uncorr.) schmelzen und die Zusammensetzung

$$C_6H_5 \cdot CH \genfrac{<}{>}{0pt}{}{C_{14}H_{10}N}{C_{14}H_{10}N}$$

besitzen.

Ber. C 88,6, H 5,5, N 5,91.
Gef. ,, 88,3, ,, 5,59, ,, 5,99.

Die Verbindung ist also ganz analog dem Benzylidenmethylketol[1]) zusammengesetzt. Sie ist in heissem Alkohol sehr schwer, in Aceton bedeutend leichter löslich.

---

[1]) Ann. Chem. Pharm. **242**, 373. (S. 666.)

Hydro-Pr-2-Phenylindol.

Dass das Phenylindol ähnlich dem Methylketol durch nascirenden Wasserstoff in eine Hydrobase verwandelt wird, ist bereits von Pictet[1]) angegeben. Wir haben die Verbindung näher untersucht. Um dieselbe darzustellen, wird das Indol in heissem Alkohol gelöst und die Flüssigkeit so lange mit Zinkstaub und Salzsäure gekocht, bis eine Probe den Fichtenspan nicht mehr blauviolett sondern rein orange färbt. Die filtrirte alkoholische Lösung wird dann verdampft, der Rückstand mit Alkali übersättigt und mit Aether extrahirt. Beim Verdampfen des letzteren bleibt die Base ölig zurück. Dieselbe wird zunächst im Vacuum destillirt, wobei sie erstarrt, dann mit verdünnten Säuren aufgenommen, vom Ungelösten filtrirt, mit Alkali wieder gefällt und abermals mit Aether extrahirt. Beim Verdampfen bleibt dann ein Oel zurück, welches bald krystallinisch erstarrt. Zur völligen Reinigung wird das Product aus niedrig siedendem Ligroïn umkrystallisirt. Die Base bildet fast farblose Krystalle, welche bei 46° schmelzen und die Zusammensetzung $C_{14}H_{13}N$ haben.

Ber. C 86,15, H 6,66, N 7,18.
Gef. ,, 86,26, ,, 7,10, ,, 7,30.

Sie löst sich leicht in verdünnten Mineralsäuren und färbt den Fichtenspan orange. Durch salpetrige Säure wird sie in ein Nitrosamin verwandelt.

Der Vergleich des Pr-2-Phenylindols mit dem Methylketol ergiebt einen bemerkenswerthen Unterschied nur in dem Verhalten gegen salpetrige Säure, wobei die erste Verbindung ein einfaches Nitrosoderivat, die letztere dagegen ein complicirtes, stickstoffhaltiges Product liefert. Die übrigen Reactionen beider Indole sind dagegen ganz gleich. Das gilt z. B. auch für die Wirkung der Diazoverbindungen; denn die Producte, welche Möhlau als Azofarbstoffe des Diphenyldiisoindols[2]) beschrieben hat, sind unzweifelhaft die Abkömmlinge des Phenylindolazobenzols, welches dem Methylketolazobenzol[3]) entspricht und höchst wahrscheinlich die Constitutionsformel

$$C_6H_4 \genfrac{}{}{0pt}{}{C \cdot N : N \cdot C_6H_5}{\underset{NH}{C \cdot C_6H_4}}$$

besitzt.

---

[1]) Berichte d. D. Chem. Gesellsch. **19**, 1065.
[2]) Berichte d. D. Chem. Gesellsch. **15**, 2490.
[3]) Ann. Chem. Pharm. **242**, 383. (S. 675.)

Für das Pr-2-Phenylindol sind bis jetzt nicht weniger als 5 Bildungsweisen bekannt; es entsteht:
1) durch Reduction von Orthonitrodesoxybenzoïn[1]),
2) durch Glühen von Benzylidenorthotoluidin[1]),
3) aus Acetophenonphenylhydrazon durch Schmelzen mit Chlorzink[2]),
4) aus Phenylacetaldehydphenylhydrazon durch Schmelzen mit Chlorzink, wobei eine moleculare Umlagerung anzunehmen ist,
5) aus Anilin und Bromacetophenon[3]).

Die letzte Reaction lässt sich in verschiedenem Sinne deuten. Aehnlich wie Hr. Wolff die Entstehung des Dimethylindols aus Bromlävulinsäure und Anilin erklärt, kann man auch hier annehmen, dass zunächst Acetophenonanilid entstehe, dass dieses dann unter Wasserabspaltung in Indol übergehe, wobei gleichzeitig eine Verschiebung des Phenyls stattfinde.

Einfacher ist jedoch die Anschauung, dass das Anilin sich mit dem Keton zunächst unter Abscheidung von Wasser verbindet zu dem Producte

$$C_6H_5 \cdot C \cdot CH_2Br$$
$$N \cdot C_6H_5$$

und dass aus dem letzteren durch Abspaltung von Bromwasserstoff direct das Phenylindol entstehe:

$$C_6H_5 \cdot C = CH$$
$$NH \cdot C_6H_4.$$

Jedenfalls entspricht die Reaction der Bildung von Indol und Methylkelol aus Anilin und Monochloraldehyd bezw. Monochloraceton, welche Nencki und Berlinerblau[4]) vor einiger Zeit beobachtet haben.

Von den erwähnten Bildungsweisen sind für die Darstellung des Pr-2-Phenylindols die dritte und die fünfte wohl am meisten zu empfehlen, da beide Prozesse sehr glatt verlaufen und das Acetophenon jetzt ein ziemlich billiges Handelsproduct ist. Wer die lästige Darstellung des Bromacetophenons vermeiden will, der wird endlich der dritten Methode allein den Vorzug geben.

---

[1]) Pictet, Berichte d. D. Chem. Gesellsch. **19**, 1063.
[2]) E. Fischer, Ann. Chem. Pharm. **236**, 133. (*S. 555.*)
[3]) Möhlau, Berichte d. D. Chem. Gesellsch. **15**, 2480, vergleiche auch Wolff, Berichte d. D. Chem. Gesellsch. **21**, 124.
[4]) Berichte d. D. Chem. Gesellsch. **20**, R. 753.

80. Gustav von Brüning: Ueber Methylhydrazin.
Berichte der Deutschen Chemischen Gesellschaft **21**, 1809 [1888].
(Eingegangen am 30. Mai.)

Zur Darstellung der primären Hydrazine der Fettreihe hat Emil Fischer die substituirten Harnstoffe benutzt. Aus dem Nitrosodiäthylharnstoff erhielt er durch Reduction und spätere Spaltung mit Säuren das Aethylhydrazin. Der Versuch, auf dem gleichen Wege aus dem Dimethylharnstoff das Methylhydrazin darzustellen, ist bisher nicht ausgeführt worden, weil die Beschaffung des Ausgangsmaterials zu schwierig ist. Durch die Methode von A. W. Hofmann ist nun der Monomethylharnstoff ein leicht zugängliches Product geworden und ich habe deshalb auf Veranlassung von Hrn. Prof. Emil Fischer diesen Harnstoff für die Bereitung des Methylhydrazins benutzt.

Behandelt man das Nitrat des Monomethylharnstoffs in neutraler kalter wässriger Lösung mit Natriumnitrit, so verwandelt er sich zum grössten Theil in Nitrosomethylharnstoff:

$$NH_2 \cdot CO \cdot N \cdot CH_3$$
$$NO$$

Dieser letztere scheidet sich in schwach gelblichen Blättchen ab. Er schmilzt bei 123—124° unter Zersetzung. In warmem Wasser und Alkohol ist er leicht löslich und krystallisirt in der Kälte wieder aus. Bei längerem Kochen mit Wasser wird er zerstört. Der Nitrosokörper wird in alkoholischer Lösung von Zinkstaub und Essigsäure in der Kälte rasch angegriffen und zum grossen Theil in den entsprechenden Hydrazinharnstoff verwandelt. Für die Bereitung des Methylhydrazins ist die Isolirung des letzteren überflüssig; man verdampft vielmehr die filtrirte alkoholische Lösung unter Zusatz von Salzsäure und erhitzt den Rückstand mit rauchender Salzsäure im geschlossenen Rohr 5—6 Stunden auf 100°, bis aller Harnstoff zersetzt ist. Die vom Salmiak abfiltrirte salzsaure Lösung wird wieder verdampft und der Rückstand mit concentrirter Natronlauge destillirt; das Destillat ist eine wässrige Lösung von Methylhydrazin, Methylamin und Ammoniak. Versetzt man dieselbe mit viel festem Kali, so verflüchtigt sich das

Ammoniak in dem Maasse, wie das Wasser gebunden wird und eine zweite Destillation liefert jetzt eine concentrirte Lösung des Hydrazins, welche nur noch durch verhältnissmässig kleine Quantitäten von Methylamin verunreinigt ist. Um das letztere zu entfernen, wird die Lösung der Base mit Schwefelsäure neutralisirt, verdampft und der Rückstand mit absolutem Alkohol unter Zusatz von concentrirter Schwefelsäure bis zur völligen Lösung erwärmt. Beim Erkalten scheidet sich dann das saure Sulfat des Methylhydrazins in feinen glänzenden Nadeln ab. Das Salz hat die Zusammensetzung $CH_3 \cdot NH \cdot NH_2 \cdot H_2SO_4$.

Die Analyse ergab:

Ber. C 8,33, H 5,55, N 19,44.
Gef. ,, 8,36, ,, 5,66, ,, 19,61.

Die freie Base ist eine farblose stark ammoniakalisch riechende Flüssigkeit, welche alle die Reactionen des Aethylhydrazins zeigt, aber nach dem beschriebenen Verfahren leichter als jenes dargestellt werden kann.

Die ausführliche Beschreibung der Verbindung wird später in Liebig's Annalen folgen.

81. Emil Fischer und Theodor Schmidt: Ueber Pr · 3 · Phenylindol.

Berichte der Deutschen Chemischen Gesellschaft **21**, 1811 [1888].

(Eingegangen am 30. Mai.)

Wie wir vor Kurzem mitgetheilt[1]), entsteht aus dem Phenylacetaldehydphenylhydrazon durch Schmelzen mit Chlorzink das Pr · 2 · Phenylindol, dessen Bildung nur durch eine moleculare Umlagerung zu erklären ist. Anders verläuft die Zersetzung des Hydrazons durch alkoholische Salzsäure. Wir beobachteten dabei die Entstehung eines Productes, welches uns das isomere Pr · 3 · Phenylindol zu sein schien: die nähere Untersuchung hat diese Vermuthung bestätigt.

Versetzt man die Lösung des Hydrazons in der fünffachen Menge Alkohol mit $^1/_5$ Volumen concentrirter alkoholischer Salzsäure, so färbt sich die Anfangs gelbe Flüssigkeit beim Erwärmen dunkel, und scheidet nach kurzer Zeit Chlorammonium ab. Wird dieselbe jetzt mit Wasser verdünnt, mit Ammoniak neutralisirt und dann der Alkohol weg gekocht, so scheidet sich das Indol als dunkles Oel ab, welches beim Erkalten erstarrt. Das Product wurde im Vacuum destillirt, wobei es als hellgelbes, bald erstarrendes Oel übergeht. Aus der heissen Lösung in Ligroïn krystallisirt es beim Erkalten in feinen weissen Blättchen, welche bei 88—89° schmelzen und die Zusammensetzung $C_{14}H_{11}N$ besitzen.

Ber. C 87,05, H 5,70, N 7,20.
Gef. „ 87,00, „ 6,05, „ 7,31.

Das Indol destillirt auch bei gewöhnlichem Druck grösstentheils ohne Zersetzung; es ist im Wasser unlöslich, in Alkohol, Aether, Benzol leicht, in Ligroïn selbst in der Hitze ziemlich schwer löslich. Löst man dasselbe mit der äquivalenten Menge Pikrinsäure in wenig Benzol, so färbt sich die Flüssigkeit dunkelroth, und auf Zusatz von Ligroïn scheidet sich das Pikrat in dunkelrothen Nadeln ab, welche bei 107° schmelzen.

Imprägnirt man einen Fichtenspan mit der alkoholischen Lösung des Indols und befeuchtet ihn dann mit kalter concentrirter Salzsäure,

---

[1]) Berichte d. D. Chem. Gesellsch. **21**, 1071. (S. *683*.)

so färbt er sich erst gelb und nach einiger Zeit tief blauviolett. Durch dieses Verhalten erinnert die Verbindung an das Skatol, bei welchem die Fichtenspanfärbung unter den gleichen Bedingungen ebenfalls erst nach einiger Zeit eintritt.

Dieselbe Analogie zwischen Skatol und Pr·3·Phenylindol zeigt sich ferner in dem Verhalten gegen salpetrige Säure, wodurch beide Indole in ölige Nitrosoverbindungen verwandelt werden, welche die Liebermann'sche Reaction zeigen und in die Klasse der Nitrosamine gehören.

Die interessanteste Veränderung erfährt das Indol durch Schmelzen mit Chlorzink: **Erhitzt man dasselbe mit der fünffachen Menge Chlorzink 15 Minuten im Oelbad auf 170°, so verwandelt es sich quantitativ in das isomere Pr·2·Phenylindol.**

Dadurch erklärt sich nun die Entstehung des Letzteren beim Schmelzen des Phenylacetaldehydphenylhydrazons mit Chlorzink. Vorübergehend wird dabei aller Wahrscheinlichkeit nach das Pr·3·Phenylindol gebildet, aber unter diesen Bedingungen sofort weiter in die isomere Verbindung verwandelt.

Durch diese Beobachtung wird die nicht grosse Zahl der molecularen Umlagerungen, welche durch die Wanderung von Phenyl veranlasst werden, um ein neues und recht interessantes Beispiel vermehrt. Ferner ist dieses der erste Fall, in welchem eine Umlagerung bei der Bildung der Indole aus den Hydrazonen konstatirt wurde. Man wird diesem Umstande bei der Synthese der Indole nach jener Reaction in Zukunft Rechnung tragen, und das Resultat der Chlorzinkschmelze womöglich durch die Zersetzung des Hydrazons mittelst alkoholischer Salzsäure controlliren.

Nach vorstehenden Versuchen lag die Vermuthung nahe, dass auch beim Erhitzen von Bromacetophenon und Anilin zuerst das Pr·3·Phenylindol entstehe, und sich durch Wanderung des Phenyls in die isomere Verbindung verwandle. Wir haben uns jedoch durch einen besonderen Versuch überzeugt, dass diese moleculare Umlagerung nicht eintritt durch Kochen des Pr·3·Phenylindols mit Anilin. Wir halten deshalb an der Anschauung fest, welche wir über den Verlauf dieses Processes in der früheren Abhandlung[1]) als die wahrscheinlichere geäussert haben, und wir hoffen den Beweis dafür bald liefern zu können durch Versuche über die Wechselwirkung zwischen Bromacetophenon und Monomethylanilin, wobei je nach den Bedingungen entweder die von Städel und Siepermann[2]) beobachtete Base

$$C_6H_5 \cdot CO \cdot CH_2 \cdot N{<}^{CH_3}_{C_6H_5}$$

oder ein neues Methylphenylindol entsteht.

---

[1]) a. a. O. (S. *688*.)   [2]) Berichte d. D. Chem. Gesellsch. **14**, 983.

82. Julius Culmann: Ueber die Einwirkung secundärer, aromatischer Amine und Hydrazine auf Bromacetophenon.

Berichte der Deutschen Chemischen Gesellschaft **21**, 2595 [1888].

(Eingegangen am 13. August.)

Bromacetophenon und Monomethylanilin.

Im Anschluss an ihre Versuche über das Pr 3-Phenylindol haben E. Fischer und Th. Schmitt vor Kurzem die Beobachtung[1] gemacht, dass aus Bromacetophenon und Monomethylanilin unter gewissen Bedingungen ein neues Methylphenylindol entstehe. Auf Veranlassung von Hrn. Prof. Fischer habe ich diese Reaction näher untersucht und theile meine Resultate mit, weil Hr. Staedel[2] dieselbe Arbeit in Angriff genommen hat.

Ein Gemisch von 1 Molekül Bromacetophenon und 2 Molekülen Methylanilin erwärmt sich von selbst und erstarrt dann beim Erkalten krystallinisch. Hierbei entsteht neben salzsaurem Methylanilin nur die von Staedel und Siepermann[3] längst beschriebene Base, das Phenacylmethylanilid.

---

[1] Berichte d. D. Chem. Gesellsch. **21**, 1812. (*S. 692.*)

[2] Berichte d. D. Chem. Gesellsch. **21**, 2196. — Am Schlusse dieser Mittheilung reclamirt Herr Staedel die Darstellung von Indolen aus Bromacetophenon und secundären oder tertiären Aminen als sein Arbeitsgebiet. Ich bemerke dazu, dass die Publication von Staedel und Siepermann über das sog. Methylphenacylanilid vor 7 Jahren erschienen ist und dass darin von der Bildung eines Indolderivates keine Rede ist.

Zur Unterstützung seiner Ansprüche fügt Hr. Staedel bei, dass in der Inaugural-Dissertation von Siepermann eine hochschmelzende Verbindung erwähnt sei, welche bei der Einwirkung von Bromacetophenon auf Dimethylanilin als Nebenproduct entsteht. Hr. Siepermann hat aber sicherlich keine Ahnung davon gehabt, dass dieser Körper ein Indol sei; ferner kann eine solche Notiz, welche in einer Dissertation versteckt ist, doch unmöglich als eine Publication angeführt werden, mit welcher die Fachgenossen zu rechnen hätten.

Ich kann deshalb die Reclamation des Hrn. Staedel nicht als begründet ansehen; sie kommt ausserdem zu spät, da die Versuche von Culmann bereits definitive und über die Mittheilung von Staedel hinausgehende Resultate ergeben haben.   E. Fischer.

[3] Berichte d. D. Chem. Gesellsch. **14**, 983.

Erwärmt man aber das obige Gemisch von Bromid und Methylanilin bis zum Sieden, so tritt eine heftige Reaction ein. Die Flüssigkeit bräunt sich und erstarrt beim Erkalten zu einem Harz. Wird dieses Product mit verdünnter Salzsäure ausgekocht, so bleibt eine dunkle, zähe Masse ungelöst, welche sehr stark die Fichtenspanreaction der Indole zeigt.

Dieses Product besteht zum Theil aus Pr 2-Phenylindol, enthält aber aller Wahrscheinlichkeit nach auch das später zu erwähnende Methylphenylindol. Die völlige Reinigung des letzteren ist mir noch nicht gelungen.

Destillirt man die ganze Masse bei gewöhnlichem Druck, so geht ein hellgelbes Oel über, welches sehr bald krystallinisch erstarrt. Aus Ligroïn umkrystallisirt lieferte dasselbe reines Pr 2-Phenylindol, welches durch die Analyse, den Schmelzpunkt und die Umwandlung in das sehr charakteristische Nitrosoderivat identificirt wurde.

Die Verbindung entsteht aus dem zuerst gebildeten Phenacylmethylanilid durch einen complexen Process, d. h. durch die gleichzeitige Loslösung von Methyl und die Bildung des Indolringes. Der Vorgang erinnert an die Entstehung des Pr 2-Phenylindols aus Anilin und Bromacetophenon.

Um das in dem oben erwähnten Rohprodukt neben Pr 2-Phenylindol enthaltene andere, leichter schmelzbare und deshalb schwer zu reinigende Indol zu gewinnen, habe ich das aus Bromacetophenon und Methylanilin zuerst entstehende Phenacylmethylanilid zunächst isolirt und dann durch Schmelzen mit Chlorzink in Indol verwandelt. Derselbe Versuch ist schon im letzten Heft dieser Berichte von Staedel kurz erwähnt; aber meine Resultate sind unabhängig von Hrn. Staedel gewonnen und weiter ausgeführt. Phenacylmethylanilid wird mit der fünffachen Menge Chlorzink gemischt und einige Zeit im Oelbad auf 180° erhitzt. Die roth gefärbte Schmelze hinterlässt beim Auskochen mit verdünnter Säure ein rothbraunes Oel, das beim Erkalten erstarrt. Dasselbe wird mit Aether aufgenommen und nach dem Verdunsten des Aethers im Vacuum destillirt. Das hellgelbe Oel erstarrt in der Vorlage zum allergrössten Theil. Die Krystallmasse wird zunächst mit kaltem Ligroïn ausgewaschen und dann aus heissem Alkohol umkrystallisirt. Sie bildet farblose Prismen, welche bei 101° schmelzen. Eine Stickstoffbestimmung ergab folgendes Resultat:

$C_{15}H_{13}N$. Ber. N 6,76. Gef. N 6,82.

Diese Verbindung ist längst bekannt, was Hr. Staedel übersehen hat. Sie wurde von Degen[1]) aus dem Acetophenonmethylphenyl-

---
[1]) Liebigs Ann. d. Chem. **236**, 155. (S. *570*.)

hydrazon durch die Chlorzinkschmelze gewonnen. Schmelzpunkt und alle übrigen Eigenschaften meines Productes sind dieselben, wie bei dem Präparat von Degen. Die Verbindung ist mithin das Pr 1^n, 2-Methylphenylindol[1]). Ihre Entstehung entspricht durchaus der Bildung von Pr 2-Phenylindol aus Bromacetophenon und Anilin.

Bromacetophenon und Methylphenylhydrazin.

Durch Combination von Bromacetophenon mit Phenylhydrazin erhielt O. Hess eine schön krystallisirende Verbindung $C_{14}H_{12}N_2$, welche aus gleichen Molekülen der Componenten durch Austritt von Wasser und Bromwasserstoff entsteht. Um Aufschluss über die Natur dieser eigenthümlichen Substanz, mit deren Untersuchung ich zur Zeit beschäftigt bin, zu gewinnen, habe ich Bromacetophenon mit Methylphenylhydrazin combinirt. Der Vorgang ist jedoch hier ein ganz anderer.

3 Moleküle der Base werden in der fünffachen Menge eiskaltem Alkohol gelöst und 1 Molekül Bromacetophenon zugegeben. Die mit Eis gekühlte Flüssigkeit färbt sich nach einigen Stunden dunkelroth. Lässt man dieselbe dann bei gewöhnlicher Temperatur stehen, so scheidet sich im Verlauf von acht Tagen eine reichliche Menge von rothen Krystallen, gemengt mit einem dunklen Harz, ab. Die Masse wird filtrirt, der harzige Theil durch Waschen mit Aether entfernt und der Rückstand aus heissem Alkohol umkrystallisirt. Man erhält so gelbrothe Prismen, welche bei 151° schmelzen und die Zusammensetzung $C_{22}H_{22}N_4$ besitzen.

Ber. C 77,20, H 6,43, N 16,37.
Gef. ,, 77,14, 77,18, ,, 6,71, 6,67, ,, 16,38.

Die Verbindung ist offenbar ein Osazon von der Formel:

$$\begin{array}{c} C_6H_5-C-CH \\ \|\| \\ \begin{array}{c}CH_3\\C_6H_5\end{array}\!\!>\!N\!-\!NN\!-\!N\!<\!\!\begin{array}{c}CH_3\\C_6H_5\end{array}; \end{array}$$

und wäre hiernach als Phenylglyoxalmethylphenylosazon zu bezeichnen. Ihre Bildung erfolgt somit offenbar in ähnlicher Weise, wie die Entstehung der Osazone aus den Aldehyd- oder Ketonalkoholen. Die entsprechende nicht methylirte Verbindung ist in dieser Weise aus Benzoylcarbinol und Phenylhydrazin von Laubmann[2]) gewonnen worden.

---

[1]) Das isomere Pr 1^n, 3-Methylphenylindol besitzt ganz andere Eigenschaften. Nach den Versuchen des Hrn. Walther Ince entsteht dasselbe aus dem Phenylacetaldehyd-Methylphenylhydrazon durch alkoholische Salzsäure. Es schmilzt bei 65°, destillirt im Vacuum unzersetzt und verwandelt sich beim Schmelzen mit Chlorzink auf 220° in die isomere Verbindung vom Schmelzpunkt 101°. (*Vergl. S. 753.*) E. Fischer.

[2]) Ann. Chem. Pharm. **243**, 247.

83. H. Laubmann: Ueber die Verbindungen des Phenylhydrazins mit einigen Ketonalkoholen.

Liebigs Annalen der Chemie **243**, 244 [1888].

(Eingelaufen den 29. October 1887.)

Wie E. Fischer gezeigt hat[1]) bilden die Zuckerarten, welche man nach den neueren Untersuchungen den Aldehyd- oder Ketonalkoholen zuzuzählen hat, mit dem Phenylhydrazin zunächst einfache Condensationsproducte, die den Derivaten der gewöhnlichen Aldehyde und Ketone entsprechen. Aber die letzteren verwandeln sich beim Erhitzen mit essigsaurem Phenylhydrazin in wässeriger Lösung unter Verlust von Wasserstoff in die sogenannten Osazone, welche zwei Phenylhydrazinreste enthalten. Diese Bildung der Osazone ist auch den einfacheren Ketonalkoholen, welche die empfindliche Gruppe —CO—C(OH)= enthalten, eigenthümlich, wie in der erwähnten Abhandlung von Fischer an dem Benzoylcarbinol gezeigt wurde.

Auf Veranlassung von Herrn Prof. E. Fischer habe ich diese Producte näher untersucht und dieselbe Reaction beim Acetol mit dem gleichen Erfolg geprüft.

Benzoylcarbinolphenylhydrazon.

Das benutzte Benzoylcarbinol war nach der Vorschrift von Hunnius dargestellt[2]). Löst man 1 Th. desselben in heissem Wasser und fügt eine wässerige Lösung von 1 Th. salzsaurem Phenylhydrazin und $1^1/_2$ Th. essigsaurem Natrium hinzu, so fällt das Hydrazon sofort als gelbliches Oel aus, welches beim Erkalten rasch krystallinisch erstarrt. Das Product wurde in Aether gelöst und die Lösung nach Zusatz von Ligroïn stark concentrirt. Beim Abkühlen scheiden sich feine, zu Büscheln vereinigte Nadeln ab, welche für die Analyse im Vacuum getrocknet wurden.

0,2469 g Substanz gaben 0,6752 CO_2 und 0,1432 H_2O. — 0,1781 g Substanz gaben 19,01 cbcm N bei 12° und 755,5 mm.

$C_{14}H_{14}N_2O$. Ber. C 74,38, H 6,15, N 12,40.
Gef. ,, 74,56, ,, 6,44, ,, 12,58.

---

[1]) Berichte d. D. Chem. Gesellsch. **20**, 821. (*Kohlenh. I, 144*.)
[2]) Berichte d. D. Chem. Gesellsch. **10**, 2010.

Die Verbindung ist unzweifelhaft in folgender Art constituirt:

$$\begin{array}{c} C_6H_5 \\ | \\ C = N_2H \cdot C_6H_5. \\ | \\ CH_2OH \end{array}$$

Sie schmilzt bei 112°; bei höherer Temperatur zersetzt sie sich. In kaltem Wasser ist sie fast unlöslich, in heissem Wasser wenig, in Aether und Alkohol leicht löslich. In kalter verdünnter Salzsäure ist sie kaum, in concentrirter dagegen sehr leicht löslich. Diese Lösung erstarrt schon nach kurzer Zeit zu einem Krystallbrei, wobei salzsaures Phenylhydrazin entsteht. Von reducirenden Agentien, wie Zinkstaub und Essigsäure, wird sie leicht angegriffen. Bemerkenswerth ist ihre Zersetzung durch Zinkchlorid. Bekanntlich werden die Hydrazone der einfachen Ketone durch Zinkchlorid leicht und verhältnissmässig glatt in Indole verwandelt. Durch dieselbe Reaction könnte aus dem Hydrazon des Benzoylcarbinols ein Oxyphenylindol, oder was dasselbe ist, ein Phenylindoxyl von folgender Constitution entstehen:

$$C_6H_4 \begin{array}{c} C \cdot OH \\ \diagup \diagdown \\ \diagdown \diagup \\ N \\ H \end{array} C \cdot C_6H_5.$$

Erhitzt man das Hydrazon mit der fünffachen Menge geschmolzenem Zinkchlorid einige Minuten auf 150 bis 160°, so entsteht eine dunkelbraune Schmelze, welche reichliche Mengen Ammoniak enthält. Dieselbe wurde zunächst mit Wasser behandelt, der Rückstand in Alkohol gelöst und aus der filtrirten alkoholischen Lösung mit Wasser wieder gefällt. Der braungelbe amorphe Niederschlag löst sich grösstentheils in Aether und wird durch Ligroïn daraus wieder in der gleichen Form abgeschieden. Da es mir bisher noch nicht gelungen ist, die Verbindung krystallisirt zu gewinnen, so habe ich das amorphe Product, welches mehrmals in Aether gelöst und mit Ligroïn gefällt war, direct analysirt. Im Vacuum getrocknet gab dasselbe Zahlen, welche ziemlich gut auf die Formel eines Oxyphenylindols passen.

0,1999 g Substanz gaben 0,5950 CO_2 und 0,1070 H_2O. — 0,2121 g Substanz gaben 13,2 cbcm N bei 24° und 750 mm.

$C_{14}H_{11}NO$. Ber. C 81,24, H 5,26, N 6,69.
Gef. ,, 81,19, ,, 5,95, ,, 6,88.

Ob diese Formel jedoch die richtige ist, muss bei den Eigenschaften des Products zweifelhaft bleiben, da es bisher nicht gelungen ist, die Verbindung in Phenylindol oder ein anderes charakterisirtes Indolderivat zu verwandeln. Die Substanz färbt sich gegen 140° dunkel und schmilzt zwischen 160 und 165°.

Osazon des Benzoylcarbinols.

Löst man das Hydrazon mit der doppelten Menge salzsaurem Phenylhydrazin und der dreifachen Menge Natriumacetat in heissem verdünnten Alkohol (50 pC.) und erhitzt diese Lösung im verschlossenen Gefäss 10 Stunden im Wasserbad, so scheidet sich beim Erkalten das Osazon in schönen gelben Blättchen ab. Dasselbe wurde für die Analyse aus absolutem Alkohol umkrystallisirt und im Vacuum getrocknet.

0,1901 g Substanz gaben 0,5304 CO_2 und 0,1002 H_2O. — 0,1775 g Substanz gaben 26,64 cbcm N bei 14° und 758,5 mm.

$C_{20}H_{18}N_4$. Ber. C 76,43, H 5,73, N 17,83.
         Gef. ,, 76,12, ,, 5,84, ,, 17,61.

Die Verbindung entsteht unzweifelhaft nach der Gleichung:

$$\begin{array}{ll} C_6H_5 & C_6H_5 \\ | & | \\ C:N_2HC_6H_5 + C_6H_5N_2H_3 = C:N_2HC_6H_5 + H_2 + H_2O. \\ | & | \\ CH_2OH & HC:N_2HC_6H_5 \end{array}$$

Sie schmilzt bei 152° (uncorr.) und zersetzt sich bei höherer Temperatur. In Wasser ist sie unlöslich. In heissem Alkohol löst sie sich leicht und scheidet sich daraus in der Kälte langsam ab. In Aether und Benzol ist sie ebenfalls leicht löslich. Von starker Salzsäure wird sie beim Kochen zersetzt; von Zinkstaub und Essigsäure in alkoholischer Lösung leicht reducirt.

Osazon des Acetols.

Das von Emmerling und Wagner[1]) beschriebene Acetol, welches im reinen Zustand noch nicht erhalten wurde, ist in jeder Beziehung das Analogon des Benzolycarbinols. Im Einklang damit steht sein Verhalten gegen Phenylhydrazin. Versetzt man seine wässerige Lösung mit dem bekannten Hydrazingemisch, so scheidet sich zunächst das Hydrazon als schwach gefärbtes Oel aus. Wird dieses in verdünntem Alkohol gelöst und mit einem Ueberschusse des Hydrazins mehrere Stunden im verschlossenen Gefäss auf dem Wasserbad erwärmt, so scheidet sich beim Erkalten das Osazon in schönen gelben Blättchen aus. Dieselben wurden aus 60 procentigem Alkohol umkrystallisirt und für die Analyse im Vacuum getrocknet.

0,2347 g Substanz gaben 0,6153 CO_2 und 0,1397 H_2O. — 0,1530 g Substanz gaben 30,42 cbcm N bei 25° und 758 mm.

$C_{15}H_{16}N_4$. Ber. C 71,43, H 6,35, N 22,22.
         Gef. ,, 71,49, ,, 6,60, ,, 22,12.

Die Verbindung ist unzweifelhaft identisch mit dem Product, welches vor kurzem von H. v. Pechmann[2]) aus Methylglyoxal oder Nitrosoaceton mit Phenylhydrazin dargestellt wurde.

---
[1]) Liebigs Ann. d. Chem. **204**, 40.
[2]) Berichte d. D. Chem. Gesellsch. **20**, 2543.

84. Oscar Nastvogel: Ueber die Verbindungen der Dibrombrenztraubensäure mit den Hydrazinen[1]).

Liebigs Annalen der Chemie **248**, 85 [1888].

(Eingelaufen den 11. August 1888.)

Bekanntlich bilden die aromatischen Hydrazine mit den Aldehyd- und Ketonalkoholen, welche die Gruppe —CO·CH·OH— enthalten, leicht die sogenannten Osazone. Anders verläuft die Reaction bei den α-Halogenderivaten der Ketone; denn aus dem Bromacetophenon entsteht durch Wirkung des Phenylhydrazin unter Wasser- und Bromwasserstoffabspaltung die Verbindung $C_6H_5C_2H_2N_2C_6H_5$[2]). Es schien nun von Interesse, das Verhalten der α-Dihalogenderivate der Ketone gegen die Basen zu prüfen. Auf Veranlassung von Herrn Prof. Emil Fischer habe ich für diesen Zweck die Dibrombrenztraubensäure gewählt. Dieselbe verliert bei der Einwirkung von Phenylhydrazin sämmtliches Brom und liefert, einerlei unter welchen Bedingungen man arbeitet, das Osazon der noch unbekannten Glyoxalcarbonsäure. Die Reaction verläuft also nach der Gleichung:

$$\begin{array}{l}\text{CHBr}_2\\|\\\text{CO}\\|\\\text{COOH}\end{array} + 2\,H_3N_2C_6H_5 = \begin{array}{l}\text{CH}:N_2H\cdot C_6H_5\\|\\\text{C}:N_2H\cdot C_6H_5\\|\\\text{COOH}\end{array} + H_2O + 2\,HBr.$$

Die Phenylosazonglyoxalcarbonsäure steht in der Mitte zwischen den Osazonen des Glyoxals und der Dioxyweinsäure. Sie bildet wie die Tartrazine goldgelbe Salze, welche Wolle und Seide direct gelb färben. Aehnlich dem Phenylhydrazin wirken seine einfachen Homologen, z. B. das Tolylhydrazin und ferner das α-Naphtylhydrazin. Eine bemerkenswerthe Verschiedenheit zeigt sich jedoch beim β-Naphtylhydrazin. Das letztere vereinigt sich ebenfalls mit der Dibrombrenztraubensäure nach der empirischen Gleichung:

$$C_3H_2O_3Br_2 + 2\,C_{10}H_{10}N_2 = C_{23}H_{18}N_4O_2 + H_2O + 2\,HBr,$$

aber das bromfreie Product ist kein einfaches Osazon der Glyoxal-

---

[1]) Vergl. kurze Notiz Berichte d. D. Chem. Gesellsch. **20**, 823. (*Kohlenh. I, S. 146.*)

[2]) Liebigs Ann. d. Chem. **232**, 234. (*S. 527.*)

carbonsäure, sondern ein indifferenter Körper, der wahrscheinlich als gemischtes Hydrazon und Hydrazid von der Formel:

$$\begin{array}{l}CH \cdot N_2H \cdot C_{10}H_7 \\ | \\ CO \\ | \\ CO \cdot N_2H_2 \cdot C_{10}H_7\end{array}$$

zu betrachten ist.

Die Neigung der Dibrombrenztraubensäure bei der Einwirkung der Hydrazine ihr sämmtliches Brom zu verlieren, liess eine ähnliche Reaction mit dem Hydroxylamin und o-Toluylendiamin erwarten. Der Versuch hat jedoch ein anderes Resultat ergeben. Hydroxylamin liefert ein syrupöses bromhaltiges Product, welches wahrscheinlich das einfache Oxim ist, während Toluylendiamin auf die gebromte Säure gerade so einwirkt, wie auf die Brenztraubensäure selbst und ein Chinoxalin von der Formel liefert:

$$C_7H_6 \begin{array}{l} N = C{-}CHBr_2 \\ | \\ N = COH \end{array}$$

Die für die nachfolgenden Versuche benützte Dibrombrenztraubensäure wurde nach der Methode von Grimaux dargestellt und aus Benzol umkrystallisirt. Eine kleine Beimengung von Tribrombrenztraubensäure bringt keinen Schaden, weil dieselbe von dem Hydrazin in andere leichtlösliche Producte verwandelt wird.

Phenylosazonglyoxalcarbonsäure.

Die Verbindung entsteht beim Zusammenbringen des Hydrazins mit der gebromten Säure in ätherischer, alkoholischer, essigsaurer und salzsaurer Lösung. Am reinsten wird jedoch das Product unter folgenden Bedingungen.

2 Mol. salzsaures Phenylhydrazin werden in Wasser gelöst und hierzu eine wässerige Lösung von 1 Mol. Dibrombrenztraubensäure unter Abkühlen gegeben. Sofort beginnt die Abscheidung eines orangegefärbten krystallinischen Niederschlags. Nach einigen Stunden ist die Reaction beendet. Dieselbe liefert eine nahezu quantitative Ausbeute. Das Product wird filtrirt, mit Wasser gewaschen, abgepresst und aus heissem Alkohol umkrystallisirt. Für die Analyse wurde dasselbe bei 110° getrocknet.

I. 0,1852 g Substanz gaben 0,4357 CO_2 und 0,0908 H_2O. — II. 0,1860 g Substanz gaben 0,4353 CO_2 und 0,0881 H_2O. — III. 0,1872 g Substanz gaben 34,8 cbcm Stickstoff bei 28° C. und 749 mm Druck.

$C_{15}H_{14}O_2N_4$.   Ber. C 63,83,   H 4,96,   N 19,9.
            Gef. ,, 64,1, 63,82, ,, 5,4, 5,2, ,, 20,09.

Die Verbindung schmilzt zwischen 201 und 203° (uncorr.) unter lebhafter Gasentwicklung zu einer dunkelrothen Flüssigkeit. In Wasser ist sie fast unlöslich, in Aether und Chloroform ist sie ziemlich schwer löslich. Dagegen wird sie von heissem Alkohol in beträchtlicher Menge aufgenommen, um sich beim Erkalten in feinen rothgelben Nadeln wieder auszuscheiden. Von Aceton, heissem Benzol und Eisessig wird sie ebenfalls leicht gelöst.

Das Natriumsalz ist in kaltem Wasser schwer löslich und krystallisirt aus der heissen rothgelben Lösung in prachtvoll goldgelben Blättchen. Bei 107° getrocknet scheint das Salz die Zusammensetzung zu haben: $C_{15}H_{13}O_2N_4Na + H_2O$.

0,2610 g des Salzes gaben 0,0578 Na_2SO_4.
$C_{15}H_{13}O_2N_4Na + H_2O$. Ber. Na 7,14. Gef. Na 7,18.

Dasselbe verlor bei andauerndem Erwärmen auf 135° 5,3 pC. Wasser, während für ein Molecül 5,5 pC. berechnet sind.

Das Kaliumsalz und das Ammoniumsalz sind ebenfalls in kaltem Wasser ziemlich schwer löslich und krystallisiren in feinen gelben Nadeln.

Die wässerige Lösung der Salze färbt Wolle und Seide schön gelb; aber die Färbekraft ist viel geringer als die des Tartrazins, so dass eine technische Verwerthung dieser Producte unterblieb.

In starker Salzsäure löst sich die Phenylosazonglyoxalcarbonsäure kaum leichter als in Wasser. Von starker Salpetersäure wird sie beim gelinden Erwärmen zerstört. In kalter concentrirter Schwefelsäure löst sie sich mit dunkelrother Farbe und durch Wasser wird sie wieder gefällt. Von Reductionsmitteln, Zinkstaub und Essigsäure, Zinnchlorür, Natriumamalgam wird sie leicht verändert, es entsteht dabei Anilin und Ammoniak und ein in Wasser leicht lösliches Product, das jedoch bis jetzt nicht krystallisirt erhalten wurde.

p-Tolylosazonglyoxalcarbonsäure.

Dieselbe wird ebenso dargestellt, wie die Phenylverbindung. Für die Analyse wurde sie aus heissem Benzol umkrystallisirt und bei 100° getrocknet.

0,1169 g Substanz gaben 0,2815 CO_2 und 0,0607 H_2O. — 0,1432 g Substanz gaben 23,1 cbcm Stickstoff bei 17,5° und 750,5 mm Druck.
$C_{17}H_{18}N_4O_2$. Ber. C 65,8, H 5,8, N 18,1.
Gef. ,, 65,67, ,, 5,79, ,, 18,4.

Sie schmilzt zwischen 186 und 188° (uncorrigirt) unter Gasentwickelung. In Alkohol, Aceton, Eisessig und Benzol ist sie in der Wärme leicht löslich. Aus letzterem krystallisirt sie in schönen goldgelben Nadeln.

Natrium-, Kalium- und Ammoniumsalz sind in heissem Wasser leicht, in kaltem ziemlich schwer löslich.

α-Naphtylosazonglyoxalcarbonsäure.

2 Mol. salzsaures α-Naphtylhydrazin werden in etwa 20 procentigem Alkohol gelöst und 1 Mol. Dibrombrenztraubensäure unter Abkühlen zugegeben. Sofort beginnt die Abscheidung des Condensationsproductes. Nach

mehrstündigem Stehen wird der Niederschlag filtrirt, mit sehr verdünntem Alkohol gewaschen, getrocknet und mehrmals aus heissem Benzol umkrystallisirt. Für die Analyse wurde die Substanz bei 100° getrocknet.

0,1423 g Substanz gaben 0,3754 CO_2 und 0,0634 H_2O. — 0,1119 g Substanz gaben 14,8 cbcm Stickstoff bei 19° und 742 mm Druck.

$C_{23}H_{18}N_4O_2$. Ber. C 72,25, H 4,7, N 14,6.
Gef. ,, 71,94, ,, 4,9, ,, 14,8.

Die Verbindung bildet kirschrothe Kryställchen, welche bei 196° (uncorrigirt) schmelzen. Sie zeigt ähnliche Löslichkeitsverhältnisse, wie die zuvor beschriebenen Producte und bildet ebenfalls in Wasser schwer lösliche Alkalisalze, welche auch Seide und Wolle gelb färben.

Etwas anders, als wie oben angegeben, verläuft die Wechselwirkung zwischen α-Naphtylhydrazin und der Dibrombrenztraubensäure, wenn man dieselben in warmer alkoholischer Lösung zusammenbringt und längere Zeit auf dem Wasserbade erhitzt. Die Flüssigkeit färbt sich dann braun und auf Zusatz von Wasser fällt schliesslich ein Product heraus, welches nur theilweise von Alkali gelöst wird.

Der lösliche Theil ist die oben beschriebene α-Naphtylosazonglyoxalcarbonsäure.

Das unlösliche Product scheint dagegen ein Hydrazid zu sein, welches dem später beschriebenen Derivat des β-Naphtylhydrazins entspricht; genau untersucht ist der Körper nicht.

Einwirkung von β-Naphtylhydrazin auf Dibrombrenztraubensäure.

Löst man 2 Mol. salzsaures β-Naphtylhydrazin in warmem verdünntem Alkohol und fügt unter Abkühlen 1 Mol. Dibrombrenztraubensäure zu, so färbt sich die Flüssigkeit sofort roth und scheidet nach kurzer Zeit einen rothen Niederschlag ab. Derselbe wurde nach mehrstündigem Stehen filtrirt, mit verdünntem Alkohol gewaschen, getrocknet und mehrmals aus reinem heissem Aceton umkrystallisirt. Die so erhaltenen gelben Nädelchen enthalten Aceton, welches bei 100° entweicht, wobei die Farbe in Orange umschlägt. Die bei 100° getrocknete Substanz gab folgende Zahlen:

I. 0,1261 g Substanz gaben 0,3360 CO_2 und 0,0505 H_2O. — II. 0,1081 g Substanz gaben 0,2869 CO_2 und 0,0452 H_2O. — III. 0,1098 g Substanz gaben 14 cbcm Stickstoff bei 18° und 739,5 mm Druck.

$C_{23}H_{18}N_4O_2$. Ber. C 72,25, H 4,7, N 14,6.
Gef. ,, 72,6, 72,38, ,, 4,45, 4,64, ,, 14,3.

Die Verbindung entsteht mithin gerade so, wie die vorherbeschriebenen Producte nach der empirischen Gleichung:

$$C_3H_2O_3Br_2 + 2\,C_{10}H_{10}N_2 = C_{23}H_{18}N_4O_2 + H_2O + 2\,HBr.$$

Sie ist aber in Alkalien gänzlich unlöslich, enthält mithin kein Carboxyl. Durch Kochen mit alkoholischem Kali wird sie zersetzt. Die Beobachtung deutet darauf hin, dass die Verbindung ein Hydrazid ist und man könnte sich versucht fühlen ihr die Constitutionsformel:

$$CO{<}^{CH \cdot N_2HC_{10}H_7}_{COH \cdot N_2HC_{10}H_7}$$

zu geben.

Die Leichtigkeit der Hydrazidbildung, welche hier schon bei einer Temperatur von etwa 50° in alkoholischer Lösung eintritt, wäre nicht mehr so überraschend, seitdem Maquenne beobachtet hat, dass Zuckersäure und Schleimsäure beim Erwärmen mit salzsaurem Phenylhydrazin und essigsaurem Natron in wässeriger Lösung die neutralen Hydrazide geben. Andererseits bleibt es allerdings schwer begreiflich, warum die Ketongruppe in diesem Falle nicht mit dem Hydrazin reagiren soll. Man wird deshalb obige Formel keineswegs als bewiesen betrachten dürfen. Die Verbindung sintert gegen 219° und schmilzt gegen 222° (uncorrigirt) unter Zersetzung. Sie ist in Wasser unlöslich, in Aether, Alkohol, Benzol, Chloroform ziemlich leicht, in heissem Eisessig und Aceton sehr leicht löslich. Von heisser Salzsäure wird sie nur wenig, von concentrirter Schwefelsäure dagegen leicht mit dunkelrother Farbe aufgenommen.

Einwirkung von o-Toluylendiamin auf Dibrombrenztraubensäure.

Kocht man eine wässerige Lösung von gleichen Moleculen des Diamins und der Säure, so scheidet sich ein gelbbraun gefärbter krystallinischer Niederschlag ab. Durch mehrmaliges Umkrystallisiren aus heissem Alkohol erhält man daraus nahezu farblose, fein verfilzte Nadeln, welche bei 110° getrocknet folgende Zahlen gaben:

0,1452 g Substanz gaben 0,1937 CO_2 und 0,0318 H_2O. — 0,1546 g Substanz gaben 11,6 cbcm Stickstoff bei 23° und 763 mm Druck. — 0,2102 g Substanz gaben 0,2370 Bromsilber.

$C_{10}H_8N_2OBr_2$. Ber. C 36,14, H 2,41, N 8,43, Br 48,19.
Gef. ,, 36,38, ,, 2,41, ,, 8,44, ,, 47,97.

Die Reaction verläuft also ganz in derselben Weise, wie die von Hinsberg untersuchte Wechselwirkung zwischen dem Diamin und der Brenztraubensäure. Die Verbindung ist demnach als Dibromderivat des Methyloxytoluchinoxalins zu betrachten, welchem bei Zugrundelegung der Hinsberg'schen Chinoxalinformel die Constitution:

$$C_7H_6{<}^{N=C-CHBr_2}_{N=COH}$$

zukommt. Beim Erhitzen auf 230° färbt sie sich dunkel und schmilzt gegen 235° (uncorrigirt) unter Zersetzung. In heissen Alkalien löst sie sich in beträchtlicher Menge und wird durch Säuren wieder unverändert gefällt.

85. Albert Neufeld: Ueber die Halogenderivate des Phenylhydrazins.
Liebigs Annalen der Chemie 248, 93 [1888].
(Eingelaufen den 11. August 1888.)

Von dem Anilin unterscheidet sich das Phenylhydrazin bekanntlich durch seine Unbeständigkeit gegen oxydirende Agentien. So wird die Base selbst, ebenso wie ihre einfachen Derivate, von den Halogenen unter Stickstoffentwicklung zersetzt.

Für die Darstellung der Halogensubstitutionsproducte des Phenylhydrazins ist man deshalb genöthigt, von den entsprechenden Derivaten des Anilins auszugehen. Die Diazoverbindungen der letzteren können geradeso wie das Diazobenzol durch Reduction mit schwefligsauren Alkalien oder durch Zinnchlorür in Hydrazine verwandelt werden. Auf diesem Wege hat bereits Elsinghorst[1]) das p-Chlor- und das p-Bromphenylhydrazin dargestellt.

Die Kenntniss der halogenreicheren Phenylhydrazine schien ein doppeltes Interesse zu bieten. Bekanntlich werden durch den Eintritt von Halogen die basischen Eigenschaften des Anilins abgeschwächt: Das Dibromanilin ist nur noch eine schwache Base, Tribrom- und Tetrabromanilin bilden keine beständigen Salze mehr. Im Gegensatz hierzu sind nun sämmtliche Halogenderivate des Phenylhydrazins noch starke Basen, deren Salze selbst von heissem Wasser nicht zersetzt werden. Daraus geht hervor, dass der Einfluss des Halogens auf die basische Natur der Hydrazingruppe ein viel geringerer ist.

Das Phenylhydrazin ist ferner in neuerer Zeit ein viel gebrauchtes Reagens für Aldehyde und Ketone geworden. Es leistet besonders gute Dienste, wenn das Hydrazon fest ist und durch den Schmelzpunkt identifizirt werden kann. Nun sind aber die Phenylhydrazone mancher Aldehyde und Ketone der Fettreihe ölig. Es schien wohl möglich, dass in solchen Fällen die Halogenkörper wegen des höheren Moleculargewichtes bessere Eigenschaften besitzen und sich mehr für die Erkennung der betreffenden Aldehyde und Ketone eignen würden. Der Versuch hat diese Vermuthung nicht bestätigt. Infolge dessen besitzt keine der später beschriebenen Basen als Reagens vor dem Phenylhydrazin besondere Vorzüge.

---

[1]) Inauguraldissertation, Erlangen 1884. (S. *442*.)

Parabromphenylhydrazin.

Die Base ist bereits von Elsinghorst[1]) dargestellt worden. Sie wird aus dem Parabromanilin (Schmelzp. 63°) geradeso wie das Phenylhydrazin dargestellt. Die Zinnchlorürmethode und das Sulfitverfahren liefern gleich gute Ausbeuten. Die nachstehende Analyse ist von Elsinghorst ausgeführt:

1. 0,234 g Substanz gaben 0,328 CO_2 und 0,082 H_2O. — 2. 0,132 g Substanz gaben bei 17° und 742 mm Barometerstand 17,5 cbcm oder 0,01982 g Stickstoff. — 3. 0,1435 g Substanz gaben 0,1435 AgBr.

$C_6H_7BrN_2$. Ber. C 38,50, H 3,71, N 14,97, Br 42,72 = 100,00.
Gef. ,, 38,28, ,, 3,93, ,, 14,94, ,, 42,56 = 99,71.

Die Base besitzt die von Elsinghorst angegebenen Eigenschaften. Sie krystallisirt aus heissem Wasser in langen weissen Nadeln. Sie löst sich in Alkohol, Chloroform, Benzol, Aether und verdünnter Essigsäure; dagegen ziemlich schwer in Ligroïn. Den Schmelzpunkt fand ich etwas höher wie Elsinghorst, bei 106° (uncorr.).

Das Hydrochlorat ist in heissem Wasser leicht löslich und krystallisirt daraus in weissen Nadeln.

Die Reactionen der Base sind denen des Phenylhydrazins ausserordentlich ähnlich. Unter Anderem verbindet sie sich sehr leicht mit Ketonen und Aldehyden.

Aceton-p-bromphenylhydrazon. Das Hydrazin löst sich leicht in Aceton, und auf Zusatz von Wasser fällt das Hydrazon krystallinisch heraus. Dasselbe bildet sich ebenfalls, wenn eine verdünnte wässerige Lösung von Aceton mit einer essigsauren Lösung des Hydrazins zusammentrifft.

Das Hydrazon krystallisirt aus heissem Ligroïn in prächtigen weissen glänzenden Blättchen, welche bei 93° schmelzen.

Für die Analyse wurde das Präparat im Vacuum getrocknet.

0,1715 g Substanz gaben bei 18,5° und 750 mm Druck 18,32 cbcm Stickstoff.
$C_9H_{11}BrN_2$. Ber. N 12,33. Gef. N 12,14.

Für den Nachweis des Acetons wäre demnach das p-Bromphenylhydrazin besser geeignet als das Phenylhydrazin selber.

Acetaldehyd-p-bromphenylhydrazon bildet sich sofort beim Zusammentreffen von Aldehyd und Base. Es ist unlöslich in ver-

---

[1]) Das Parachlorphenylhydrazin ist ebenfalls von Elsinghorst in seiner Dissertation beschrieben. Ich gebe hier einen kurzen Auszug seiner Angaben:

Die Base krystallisirt aus Wasser in langen weissen Nadeln, die bei 83° schmelzen, und hat die Formel $C_6H_4ClN_2H_3$.

Analyse: 0,266 g Substanz gaben bei der Verbrennung 0,124 H_2O. — 0,160 g Substanz gaben 0,160 AgCl.

Ber. C 50,52, H 4,91, Cl 24,92.
Gef. , — ,, 5,17, ,, 24,68.   E. Fischer.

dünnter Essigsäure und krystallisirt aus heissem Ligroïn in gelblichen Nadeln vom Schmelzpunkt 83°.

0,1804 g Substanz gaben bei 19° und 744,5 mm Druck 21,1 cbcm Stickstoff.
$C_8H_9BrN_2$. Ber. N 13,14. Gef. N 13,15.

Dibromphenylhydrazin,
(N_2H_3 : Br : Br = 1 : 2 : 5).

Dasselbe wurde aus der Diazoverbindung des p-Dibromanilins (Schmelzp. 52°) sowohl durch Reduction mit Zinnchlorür als auch mit Natriumdisulfit bereitet. Es krystallisirt aus heissem Wasser oder noch besser aus Ligroïn in farblosen glänzenden Nadeln oder Blättchen vom Schmelzpunkt 97°.

Im Alkohol, Aether und Benzol ist es leicht löslich. Es reducirt Fehling'sche Lösung noch ziemlich stark.

0,2195 g Substanz gaben bei 18° und 743,8 mm Druck 20,72 cbcm Stickstoff.
$C_6H_6Br_2N_2$. Ber. N 10,52. Gef. N 10,66.

Das Hydrochlorat krystallisirt aus heissem Wasser gleichfalls in Nadeln.

Seine Verbindungen mit Aceton und Acetaldehyd sind fest, diejenigen mit Propylaldehyd, Oenanthol, Methylhexylketon und Diäthylketon dagegen ölig.

Symm. Tribromphenylhydrazin,
(N_2H_3 : Br : Br : Br = 1 : 2 : 4 : 6).

Das symmetrische Tribromanilin wird in der 10fachen Menge starker Salzsäure suspendirt und mit der berechneten Menge Nitrit diazotirt. Die klare Lösung wird in eine salzsaure Lösung von überschüssigem Zinnchlorür eingegossen, wobei sich sofort das Hydrochlorat des Hydrazins abscheidet. Das letztere wird filtrirt und aus heissem Wasser umkrystallisirt. Aus der Lösung des Salzes fällt Ammoniak die Base als weissen, voluminösen Niederschlag. Derselbe wurde aus heissem Ligroïn umkrystallisirt. Die Analyse ergab:

1. 0,2162 g Substanz gaben bei 20,5° und 746 mm Druck 15,8 cbcm Stickstoff.
— 2. 0,1732 g Substanz gaben 0,2924 AgBr.
$C_6H_2Br_3N_2H_3$. Ber. N 8,11, Br 69,56.
Gef. ,, 8,14, ,, 69,51.

Die Base schmilzt unter Zersetzung gegen 146°. Sie löst sich in heissem Wasser sehr schwer, dagegen leicht in Benzol, Chloroform und warmem Alkohol. Aus der Lösung in nicht zu verdünnter Essigsäure wird sie durch Wasser gefällt. Dagegen bildet sie mit HCl und H_2SO_4 beständige Salze, welche aus heissem Wasser umkrystallisirt werden können.

Acetontribromphenylhydrazon. Die Base verbindet sich mit dem Aceton etwas schwieriger als die vorhergehenden. Löst man sie aber in warmem Aceton, so fällt auf Zusatz von Wasser das Hydrazon zunächst als gelbes Oel aus, welches nach einiger Zeit in der Kälte erstarrt. Versetzt man seine alkoholische Lösung bis zur beginnenden Trübung mit Wasser, so krystallisirt es nach einigem Stehen in weissen Nadeln heraus, welche bei 54° schmelzen.

Mit Acetaldehyd liefert das Tribromphenylhydrazin sofort ein festes Hydrazon, während die entsprechenden Verbindungen der kohlenstoffreicheren Aldehyde und Ketone der Fettreihe ebenfalls Oele sind.

Tetrabromphenylhydrazin,
(NH_2 : Br : Br : Br : Br = 1 : 2 : 3 : 4 : 6).

Die Base wird geradeso, wie die Tribromverbindung, aus dem Tetrabromanilin (vom Schmelzpunkt 115°) dargestellt und ebenfalls aus heissem Ligroïn umkrystallisirt. Sie bildet sehr feine Prismen, die bei 167° schmelzen.

0,1574 g Substanz gaben bei 19,4° und 745,7 mm Druck 9,54 cbcm Stickstoff.
— 0,2112 g Substanz gaben 0,3818 AgBr.

$C_6HBr_4N_2H_3$. Ber. N 6,60, Br 75,47.
Gef. ,, 6,82, ,, 75,51.

Die Base löst sich in heissem Wasser nur sehr wenig, wirkt infolge dessen auch nur träge auf die Fehling'sche Lösung. In Aether ist sie recht schwer, in heissem Alkohol und Ligroïn leichter, in Chloroform und Benzol dagegen ziemlich leicht löslich.

Das Hydrochlorat löst sich in heissem Wasser ohne Zersetzung und krystallisirt daraus in weissen Nadeln.

Mit Aceton und Acetaldehyd bildet das Tetrabromphenylhydrazin feste, mit Propylaldehyd und Oenanthol dagegen ölige Hydrazone.

Parajodphenylhydrazin.

Aus dem Parajodanilin (vom Schmelzpunkt 60°) mittelst der Zinnchlorürmethode dargestellt und aus heissem Wasser umkrystallisirt, bildet die Base farblose, seideglänzende Nadeln, welche bei 103° schmelzen.

0,2247 g Substanz gaben bei 22,5° und 749 mm Druck 24,2 cbcm Stickstoff.
— 0,1660 g Substanz gaben 0,08997 Jod.

$C_6H_4JN_2H_3$. Ber. N 12,01, J 54,19.
Gef. ,, 11,98, ,, 54,19.

In Alkohol, Aether, Chloroform, Benzol u. s. w. und in verdünnter Essigsäure ist die Base leicht löslich. Sie reducirt ziemlich stark die Fehling'sche Lösung.

Aceton-p-Jodphenylhydrazon bildet sich sehr leicht und krystallisirt aus Ligroïn in schönen glänzendweissen Blättchen, welche bei 114° schmelzen und sich an der Luft schnell bräunen.

0,2431 g Substanz gaben bei 18° und 745,5 mm Druck 22,5 cbcm Stickstoff.
$C_6H_4J \cdot N_2H : C(CH_3)_2$. Ber. N 10,25. Gef. N 10,47.

Acetaldehyd-p-Jodphenylhydrazon krystallisirt aus heissem Ligroïn in schwach gelb gefärbten Nadeln, welche bei 107° schmelzen.

0,2176 g Substanz gaben bei 19,5° und 741,5 mm Druck 20,95 cbcm Stickstoff.
$C_6H_4JN_2H = CHCH_3$. Ber. N 10,76. Gef. N 10,76.

m-Dijodphenylhydrazin,
$(N_2H_3 : J : J = 1 : 2 : 4)$.

Aus dem käuflichen Metadijodanilin, nach dem Zinnchlorürverfahren dargestellt und aus heissem Ligroïn umkrystallisirt, bildet es lange weisse, seideglänzende Nadeln. Der Schmelzpunkt liegt bei 112° (uncorrigirt).

0,4623 g Substanz gaben bei 21° und 748,2 mm Druck 32,18 cbcm Stickstoff.
— 0,2528 g Substanz gaben 0,3288 AgJ = 0,17749 Jod.
$C_2H_3J_2N_2H_3$. Ber. N 7,79, J 70,47.
Gef. ,, 7,79, ,, 70,36.

In Alkohol, Aether und Benzol ist das Hydrazin leicht, in heissem Wasser und Ligroïn schwer löslich.

Das Hydrochlorat krystallisirt aus heissem Wasser in glänzenden Blättchen, die bei 163° unter Zersetzung schmelzen.

Mit Aceton und Acetaldehyd verbindet sich die Base schon in der Kälte zu Hydrazonen, welche auf Zusatz von Wasser krystallinisch ausfallen.

86. Otto Rudolph: Ueber einige Phenylhydrazone.
Liebigs Annalen der Chemie 248, 99 [1888].
(Eingelaufen den 11. August 1888.)

Um die bekannte Verwendung des Phenylhydrazins für die Erkennung der Aldehyde zu verallgemeinern und zu erleichtern, habe ich die Phenylhydrazone von m-Toluylaldehyd, Cuminol, Diphenylacetaldehyd, m- und p-Oxybenzaldehyd, Anisaldehyd, Piperonal, β-Resorcyl- und Resorcendialdehyd dargestellt. Alle diese Verbindungen entstehen beim Zusammentreffen der in Alkohol gelösten oder in Wasser suspendirten Aldehyde mit Phenylhydrazin. Das letztere wird entweder als Hydrochlorat unter Zusatz von Natriumacetat, oder noch besser gelöst in verdünnter Essigsäure angewandt. Die Hydrazone sind sämmtlich farblos, in Wasser fast unlöslich und beständig gegen Fehling'sche Lösung. Durch kochende starke Mineralsäuren werden sie unter Rückbildung von Phenylhydrazin zersetzt. Die Hydrazone der Oxyaldehyde zeichnen sich durch ihre Löslichkeit in Alkalien aus.

m-Toluylaldehyd-phenylhydrazon.

Versetzt man den in Wasser suspendirten Aldehyd mit einer essigsauren Lösung von Phenylhydrazin, so verwandelt er sich beim Umschütteln sofort in das schwach gelb gefärbte, krystallinische Hydrazon, welches sich aus heissem Ligroïn in Form kleiner, farbloser Prismen ausscheidet. Für die Analyse wurde die Substanz im Vacuum getrocknet.

0,18475 g Substanz gaben 0,54024 CO_2 und 0,11275 H_2O. — 0,1255 g Substanz lieferten 14,75 cbcm N bei 16° und 752 mm Druck.

$C_{14}H_{14}N_2$. Ber. C 80,00, H 6,66, N 13,33.
Gef. ,, 79,74, ,, 6,78, ,, 13,55.

Das Hydrazon schmilzt bei 87 bis 88,5°, ist in Aether, Chloroform und Alkohol leicht, in Ligroïn etwas schwerer löslich. An der Luft färbt es sich allmählich durch Oxydation roth.

Cuminol-phenylhydrazon.

Die Verbindung entsteht unter denselben Bedingungen wie die vorhergehende und wird ebenfalls am besten aus Ligroïn umkrystallisirt.

0,1421 g Substanz gaben 0,4200 CO_2 und 0,09675 H_2O. — 0,3030 g Substanz gaben 31,9 cbcm N bei 17° und 748 mm Druck.

$C_{16}H_{18}N_2$. Ber. C 80,67, H 7,56, N 11,76.
Gef. ,, 80,60, ,, 7,56, ,, 12,01.

Das Hydrazon krystallisirt aus heissem Ligroïn oder Alkohol in feinen, farblosen Nadeln, welche bei 127 bis 129° schmelzen. Dieselben sind sehr lichtempfindlich; dem directen Sonnenlicht ausgesetzt, färben sie sich schon in wenigen Minuten röthlich. Diese Färbung verschwindet aber zum grössten Theil wieder, wenn die Substanz längere Zeit im Dunkeln aufbewahrt wird. Bei Lichtausschluss sind die Krystalle luftbeständig. — Die Substanz ist in Aether, heissem Alkohol und Ligroïn ziemlich leicht löslich.

Diphenylacetaldehyd-phenylhydrazon.

Der Aldehyd wurde nach der Vorschrift von Breuer und Zincke[1]) dargestellt und zur Reinigung nur mit Wasserdampf destillirt. Beim gelinden Erwärmen mit der essigsauren Lösung von Phenylhydrazin bildete sich sofort das Hydrazon, welches zunächst ölig ist, aber sehr bald, besonders beim Abkühlen, krystallinisch erstarrt. Für die Analyse wurde das Product aus heissem Alkohol umkrystallisirt und im Vacuum getrocknet.

0,1084 g Substanz lieferten 0,3326 CO_2 und 0,0640 H_2O. — 0,1451 g Substanz gaben 12,7 cbcm N bei 20° und 750 mm Druck.

$C_{20}H_{18}N_2$. Ber. C 83,91, H 6,29, N 9,79.
Gef. ,, 83,67, ,, 6,55, ,, 9,87.

Das Hydrazon krystallisirt aus heissem Alkohol in sternförmig gruppirten flachen Nadeln, welche sich an Licht und Luft ziemlich rasch röthlich färben. Es ist ziemlich leicht löslich in Aether und heissem Alkohol, schwerer löslich in Benzol und Ligroïn.

m-Oxybenzaldehyd-phenylhydrazon.

Der Aldehyd wurde aus m-Amidobittermandelöl nach der Vorschrift von Tiemann und Ludwig[2]) dargestellt. Für die Bereitung des Hydrazons ist es überflüssig, den Aldehyd zu isoliren; man braucht nur die mit Essigsäure neutralisirte ammoniakalische Lösung desselben, welche bei der erwähnten Darstellungsweise erhalten wird, mit essigsaurem Phenylhydrazin zu versetzen. Dann scheidet sich das Hydrazon als bräunlich-gelb gefärbter Körper ab, der zweckmässig aus heissem Toluol umkrystallisirt wird.

0,21175 g Substanz gaben 0,56985 CO_2 und 0,1110 H_2O. — 0,1475 g Substanz lieferten 17,0 cbcm N bei 16° und 744 mm Druck.

$C_{13}H_{12}N_2O$. Ber. C 73,58, H 5,66, N 13,20.
Gef. ,, 73,39, ,, 5,82, ,, 13,15.

---
[1]) Liebigs Ann. d. Chem. **198**, 182.
[2]) Berichte d. D. Chem. Gesellsch. **15**, 2044.

Die Verbindung schmolz bei 130 bis 131,5° und krystallisirte aus Toluol in kleinen farblosen Prismen, welche sich an Luft und Licht ziemlich rasch bräunlich-gelb färbten. Der Körper ist in Alkohol, Chloroform, Eisessig, Benzol und Toluol in der Wärme leicht, in der Kälte schwerer löslich. Von Alkalien und starkem Ammoniak wird er bei gelindem Erwärmen ebenfalls gelöst und durch Essigsäure wieder gefällt.

p-Oxybenzaldehyd-phenylhydrazon.

Aus der wässerigen Lösung des Aldehyds fällte essigsaures Phenylhydrazin sofort das Hydrazon als farblosen, krystallinischen Körper, welcher aus heissem Alkohol umkrystallisirt und für die Analyse im Vacuum getrocknet wurde.

0,1557 g Substanz lieferten 0,4193 CO_2 und 0,0815 H_2O. — 0,2211 g Substanz gaben 25,75 cbcm N bei 17° und 756 mm Druck.

$C_{13}H_{12}N_2O$. Ber. C 73,58, H 5,66. N 13,20.
Gef. ,, 73,44, ,, 5,81, ,, 13,44.

Die Verbindung krystallisirt aus Alkohol in weissen, meist büschelförmig vereinigten Nadeln, die bei 177 bis 178° schmelzen und sich leicht in Aether, etwas schwerer in kaltem Alkohol, Chloroform und Ligroïn lösen. Gegen Alkalien verhält sich das Hydrazon wie die isomere Verbindung.

Anisaldehyd-phenylhydrazon.

Die Verbindung entsteht sehr leicht beim Zusammentreffen des Aldehyds mit freiem oder essigsaurem Phenylhydrazin und wird am besten aus heissem Alkohol umkrystallisirt.

0,15675 g Substanz gaben 0,42577 CO_2 und 0,08875 H_2O. — 0,2551 g Substanz gaben 28,3 cbcm N bei 17° und 748 mm Druck.

$C_{14}H_{14}N_2O$. Ber. C 74,33, H 6,19, N 12,38.
Gef. ,, 74,08, ,, 6,29, ,, 12,66.

Das Hydrazon bildet weisse Nadeln oder Blättchen, welche bei 120 bis 121° schmelzen. Es ist in Aether, heissem Alkohol und heissem Benzol leicht löslich. Von kochender 20 procentiger Salz- oder Schwefelsäure wird es langsam in seine Componenten gespalten.

Piperonal-phenylhydrazon.

Aus der Lösung von Piperonal in verdünntem Alkohol fällt essigsaures Phenylhydrazin sofort ein gelbliches Oel, welches beim Waschen mit Wasser rasch krystallinisch erstarrt. Dasselbe wurde aus verdünntem Alkohol umkrystallisirt und im Vacuum getrocknet.

0,1495 g Substanz gaben 0,38505 CO_2 und 0,0694 H_2O. — 0,1911 g Substanz lieferten 19,7 cbcm N bei 16,5° und 754 mm Druck.

Ber. C 70,00, H 5,00, N 11,66.
Gef. ,, 70,24, ,, 5,16, ,, 11,90.

Die Verbindung bildet weisse, ziemlich harte Nadeln, die gewöhnlich zu kugeligen Aggregaten vereinigt auftreten und bei 102 bis 103° schmelzen. An der Luft ist sie verhältnissmässig beständig. Sie löst sich leicht in Aether und Chloroform, etwas weniger leicht in Alkohol und Ligroïn.

β-Resorcylaldehyd-phenylhydrazon.

Die Natriumdisulfitverbindung des nach dem Verfahren von Tiemann und Reimer[1]) dargestellten β-Resorcylaldehyds wurde durch Erwärmen mit Natriumcarbonat zersetzt, die Flüssigkeit mit Essigsäure angesäuert und mit einem Ueberschuss von essigsaurem Phenylhydrazin versetzt. Das Hydrazon schied sich dabei als weisser Körper ab, welcher aus heissem Alkohol umkrystallisirt wurde.

0,14899 g Substanz gaben 0,3735 CO_2 und 0,0740 H_2O. — 0,2030 g Substanz lieferten 21,8 cbcm N bei 15° und 750 mm Druck.

$C_{13}H_{12}N_2O_2$. Ber. C 68,42, H 5,26, N 12,28.
            Gef. ,, 68,35, ,, 5,51, ,, 12,40.

Die Verbindung zeigte keinen constanten Schmelzpunkt; sie färbte sich gegen 150° gelblich und wurde zwischen 156 und 160° unter theilweiser Zersetzung flüssig. Sie krystallisirt aus Alkohol in feinen farblosen Nadeln, welche sich im trockenen Zustand an der Luft kaum verändern. In kochendem Wasser ist sie sehr wenig, in heissem Alkohol, Chloroform und Eisessig, und ebenso in Alkalien und starkem Ammoniak, leicht löslich. In der warmen wässerigen Lösung erzeugt Eisenchlorid eine rothbraune Trübung.

Resorcendialdehyd-di-phenylhydrazon.

Versetzt man die schwach erwärmte Lösung des Aldehyds in verdünntem Alkohol mit überschüssigem essigsaurem Phenylhydrazin, so scheidet sich das Doppelhydrazon beim Erkalten krystallinisch aus. Es wurde aus heissem Benzol umkrystallisirt und für die Analyse im Vacuum getrocknet.

0,1009 g Substanz gaben 0,25616 CO_2 und 0,0495 H_2O. — 0,2242 g Substanz gaben 31,8 cbcm N bei 19° und 758 mm Druck.

$C_{20}H_{18}N_4O_2$. Ber. C 69,36, H 5,20, N 16,18.
            Gef. ,, 69,23, ,, 5,45, ,, 16,26.

Die Verbindung färbt sich beim Erhitzen über 200° gelblich und schmilzt unter theilweiser Zersetzung nicht ganz constant gegen 230°. Aus heissem Benzol krystallisirt sie in weissen, dünnen, ziemlich luft- und lichtbeständigen Nadeln. In Wasser ist sie fast unlöslich, von Alkalien wird sie beim Erwärmen mit gelblicher Farbe leicht gelöst. Ihre Löslichkeit in Aether, Alkohol und Chloroform ist ziemlich gering.

---

[1]) Berichte d. D. Chem. Gesellsch. **10**, 2212.

87. Bruno Trenkler: Ueber einige Indole.
Liebigs Annalen der Chemie **248**, 106 [1888].
(Eingelaufen den 11. August 1888.)

Die von E. Fischer[1]) aufgefundene Synthese von Indolen ist bisher nur für die Darstellung der Methyl- und Phenylderivate benutzt worden. Um Indole mit längerer Seitenkette zu gewinnen, habe ich, veranlasst durch Herrn Prof. Fischer, dieselbe Reaction auf die Phenylhydrazone von Valeraldehyd, Oenanthol, Phenylaceton und Dibenzylketon angewandt. In allen Fällen führt die Chlorzinkschmelze zum Ziel; bei den Hydrazonen der beiden aromatischen Ketone leistet alkoholische Salzsäure denselben Dienst.

Pr 3-Isopropylindol aus Valeraldehydphenylhydrazon.

Vermischt man Phenylhydrazin mit etwas mehr als der berechneten Menge käuflichen Valeraldehyds, so tritt eine lebhafte Erwärmung ein. Die Flüssigkeit trübt sich und bald scheidet sich das gebildete Wasser in Tropfenform ab. Das Product wurde über kohlensaurem Kalium getrocknet und im luftverdünnten Raume destillirt. Nachdem der unveränderte Valeraldehyd übergegangen ist, destillirt das Hydrazon unter einem Druck von 150 mm gegen 220° als hellgelbes Oel. Dasselbe färbt sich an der Luft schnell dunkelbraun.

Mit der gleichen Menge Chlorzink gemischt, erwärmt sich das Hydrazon. Zur Vollendung der Reaction wird die Masse in ein auf 180° erhitztes Oelbad gebracht, wobei sie nach einigen Minuten aufschäumt und einen starken fäcalartigen Geruch verbreitet. Bei Anwendung grösserer Mengen tritt die Reaction häufig ohne besondere Erwärmung von selbst ein; für die Schmelze kann auch das nicht destillirte Hydrazon verwandt werden.

Die zähflüssige dunkelbraun gefärbte Schmelze wird mit sehr verdünnter Salzsäure versetzt, um das Chlorzink zu lösen und direct mit Wasserdampf destillirt. Das Indol geht dabei, wenn auch ziemlich schwer, so doch vollständig als schwach gelb gefärbtes Oel über. Das

---

[1]) Liebigs Ann. d. Chem. **236**, 116. (*S. 542.*)

Destillat wird ausgeäthert, der Aether verdampft und der Rückstand im luftverdünnten Raume destillirt. Das Indol zeigt unter einem Druck von 262 mm einen Siedepunkt von 244° (Quecksilberfaden ganz im Dampf); es destillirt als schwach gelb gefärbtes Oel.

Für die Analyse wurde die mittlere Fraction verwendet.

0,1251 g Substanz gaben 0,3814 Kohlensäure und 0,0946 Wasser. — 0,2297 g Substanz gaben 19,2 cbcm Stickstoff bei 30° und 751 mm Druck.

$C_{11}H_{13}N$. Ber. C 83,02, H 8,18, N 8,80.
Gef. ,, 83,15, ,, 8,40, ,, 8,95.

Die Ausbeute beträgt 30 bis 35 pC. des angewandten Hydrazons.

Das Isopropylindol siedet bei 287 bis 288° unter einem Druck von 752 mm und erstarrt nach längerem Stehen in der Kälte zu einer hellgelben krystallinischen Masse. Es ist leicht löslich in Alkohol, Aether, Benzol, Ligroïn, Chloroform und Eisessig; ziemlich schwer löslich in heissem, aber unlöslich in kaltem Wasser. Es zeigt die Fichtenspanreaction sehr deutlich. Kocht man den Span einige Zeit in der alkoholischen Lösung des Indols, so färbt sich derselbe, sobald er in Salzsäuredämpfe kommt, dunkelblauviolett.

Giebt man die Lösungen von Isopropylindol und Pikrinsäure in absolutem Alkohol zusammen, so scheidet sich bei guter Kühlung das Pikrat in roth gefärbten, feinen Nadeln aus. Dasselbe wurde nochmals aus Alkohol umkrystallisirt und zeigte dann den Schmelzpunkt 98 bis 99° (uncorr.).

Beim Erhitzen mit Jodmethyl auf 120° verwandelt sich das Indol in ein Chinolinderivat.

Der käufliche Valeraldehyd wird aus dem Amylalkohol dargestellt und enthält in überwiegender Menge die Verbindung $(CH_3)_2CH \cdot CH_2COH$, der isomere Aldehyd $COH \cdot CH(CH_3) \cdot CH_2CH_3$, welcher ebenfalls darin enthalten sein kann, wird wohl ein Hydrazon, aber kein Indol liefern, weil der mit der Aldehydgruppe verkuppelte Kohlenstoff tertiär gebunden ist. Das vorliegende Indol kann demnach mit vollem Rechte als Isopropylderivat bezeichnet werden.

Hydroisopropylindol.

5 g Isopropylindol wurden in wenig Alkohol gelöst und unter Zugabe von Zinkstaub und concentrirter Salzsäure am Rückflusskühler erhitzt. Sobald keine Indolreaction mehr erkennbar, ist die Reduction beendet, was ungefähr 8 Stunden dauert. Die vom Zink abfiltrirte Lösung wird mit Natronlauge übersättigt und ausgeäthert. Das nach dem Verdampfen des Aethers zurückbleibende gelblich gefärbte Oel löst man in verdünnter Salzsäure und filtrirt. Aus dem Filtrat wird die Base durch Natronlauge als weisses Oel gefällt. Dasselbe wird aus-

geäthert und der Aether verdampft. Das Hydroisopropylindol destillirt gegen 260° als schwach gelb gefärbtes Oel. Für eine genaue Bestimmung des Siedepunktes reichte das Material nicht aus.

0,1175 g Substanz gaben 0,3517 Kohlensäure und 0,0973 Wasser.
$C_{11}H_{15}N$. Ber. C 81,99, H 9,32.
Gef. ,, 81,63, ,, 9,20.

Das Hydroisopropylindol entspricht in seinen Reactionen ganz dem von M. Wenzing[1]) beschriebenen Hydroskatol. Es ist leicht löslich in Alkohol und Aether. Es löst sich schwer in Wasser, aber leicht in verdünnten Mineralsäuren und ist mit Wasserdämpfen ziemlich leicht flüchtig.

Das Hydrochlorat scheidet sich aus der ätherischen Lösung auf Zusatz von alkoholischer Salzsäure nach dem Verdünnen mit Aether nach einiger Zeit in feinen Nädelchen aus. Das Platindoppelsalz fällt aus der salzsauren Lösung des Indols auf Zusatz von Platinchlorid als gelber Niederschlag aus.

Das Hydroisopropylindol färbt den Fichtenspan in alkoholischer Lösung intensiv gelb.

Pr 3-Pentylindol aus Oenantholphenylhydrazon.

Das Hydrazon entsteht sofort beim Vermischen von gleichen Molecülen Oenanthol und Phenylhydrazin und wird nach dem Trocknen über Kaliumcarbonat unter vermindertem Druck destillirt. Es ist ein gelbes Oel, welches sich an der Luft ziemlich rasch bräunt.

Mischt man gleiche Theile Hydrazon und Chlorzink zusammen, so tritt auch ohne Erwärmung eine Reaction ein, die unter Umständen sich bis zu heftigem Aufschäumen steigert. Erfolgt die Reaction nicht von selbst, so erwärmt man im Oelbade 2 bis 3 Minuten auf 180°. Die dunkelgefärbte, zähflüssige Schmelze wird mit sehr verdünnter Salzsäure erwärmt und das unveränderte Oenanthol mit Wasserdampf abdestillirt. Das zurückbleibende Oel wird mit Aether extrahirt, der Aether verdampft und der dunkel gefärbte Rückstand im Vacuum destillirt.

Für die Analyse wurde die mittlere Fraction benützt.

0,1350 g Substanz gaben 0,4110 Kohlensäure und 0,1136 Wasser. — 0,2600 g Substanz gaben 18,3 cbcm Stickstoff bei 23° C. und 751 mm Druck.
$C_{13}H_{17}N$. Ber. C 83,42, H 9,09, N 7,48.
Gef. ,, 83,03, ,, 9,35, ,, 7,83.

Das Pentylindol siedet unter einem Druck von 190 mm bei 275 bis 280° (Faden ganz im Dampf). Bei 753 mm Druck liegt der Siedepunkt bei 345 bis 347°.

---
[1]) Liebigs Ann. d. Chem. **239**, 242. (S. 638.)

Das Indol ist leicht löslich in Alkohol, Aether und Benzol. Es zeigt die Fichtenspanreaction. In Wasser ist es unlöslich; mit Wasserdämpfen ist es kaum flüchtig.

Giebt man die concentrirten alkoholischen Lösungen von Pentylindol und Pikrinsäure zusammen, so färbt sich die Flüssigkeit dunkelroth und nach einiger Zeit krystallisirt bei guter Kühlung das Pikrat in roth gefärbten feinen Nädelchen aus.

Darstellung von Methylbenzylketon und Dibenzylketon.

Beide Ketone entstehen gleichzeitig, wenn ein Gemisch von essigsaurem Baryt und phenylessigsaurem Baryt in der von Krafft[1]) empfohlenen Weise unter vermindertem Druck destillirt wird. Für jede Operation wurden 80 g des aromatischen und 50 g des fettsauren Salzes benutzt. Aus dem dunkel gefärbten Destillat liessen sich durch mehrmaliges Fractioniren die beiden Ketone leicht in reinem Zustand isoliren. 300 g Phenylessigsäure lieferten 65 g Methylbenzylketon und 20 g Dibenzylketon.

Pr 2,3-Methylphenylindol aus Methylbenzylketon.

Ein Gemisch von gleichen Moleculen Keton und Phenylhydrazin erwärmt sich sofort und trübt sich surch Abscheidung von Wasser. Zur Vollendung der Reaction wird die Masse einige Zeit auf dem Wasserbade erwärmt und dann in stark verdünnte Essigsäure gegossen, wobei das Hydrazon sofort zu einer hellgelben Masse erstarrt. Dasselbe krystallisirt aus warmem Ligroïn in feinen, nahezu farblosen Blättchen, welche bei 83° schmelzen und in Alkohol, Aether und Benzol leicht löslich sind.

0,1662 g Substanz gaben 18,1 cbcm Stickstoff bei 18° und 761 mm Druck.
$C_{15}H_{16}N_2$. Ber. N 12,50. Gef. N 12,59.

Die Umwandlung des Hydrazons in Indol gelingt sowohl durch Schmelzen mit Chlorzink, wie durch Erwärmen mit alkoholischer Salzsäure. Die letztere Methode ist bequemer und liefert eine bessere Ausbeute.

Man löst das Hydrazon in Alkohol, fügt etwa $^1/_4$ Volumen starke alkoholische Salzsäure hinzu und erwärmt auf dem Wasserbade. Nach kurzer Zeit scheidet die dunkle Lösung Salmiak ab. Dieselbe wird jetzt mit Wasser verdünnt, der Alkohol verdampft und das abgeschiedene Harz mit Aether aufgenommen. Nach dem Verdampfen des Aethers bleibt ein dunkles Oel zurück, welches unter vermindertem Druck destillirt wird. Das schwach gelbe, dickflüssige Destillat krystallisirt

---
[1]) Berichte d. D. Chem. Gesellsch. **12**, 1666.

aus der Lösung in heissem Ligroïn beim längeren Stehen in wohl ausgebildeten farblosen schiefen Prismen.

Für die Analyse wurde dasselbe zwei Mal aus Ligroïn umkrystallisirt und im Vacuum getrocknet.

0,1810 g Substanz gaben 0,5764 Kohlensäure und 0,1036 Wasser. — 0,1913 g Substanz gaben 12,0 cbcm Stickstoff bei 20° und 752 mm Druck.

$C_{15}H_{13}N$. Ber. C 86,95, H 6,28, N 6,76.
Gef. ,, 86,85, ,, 6,36, ,, 6,92.

Das Pr 2,3-Methylphenylindol schmilzt bei 59 bis 60° und ist in reinem Zustande nahezu geruchlos. Es zeigt die Fichtenspanreaction nicht, entsprechend allen an den Stellen Pr 2,3 substituirten Indolen.

Es ist leicht löslich in Alkohol, Aether, Benzol und heissem Ligroïn, aber vollständig unlöslich in Wasser. Mit Wasserdämpfen ist es nicht flüchtig.

In concentrirter Salzsäure ist das Indol in der Wärme löslich und fällt beim Erkalten als Oel aus; in concentrirter Schwefelsäure ist es in der Kälte löslich.

Versetzt man die Lösung des Indols in Eisessig mit einer concentrirten wässerigen Lösung von Natriumnitrit, so scheidet sich sofort ein gelb gefärbtes Oel ab; giebt man Wasser zu, so erstarrt das Oel zu einer festen hellgelb gefärbten Masse, welche die Liebermann'sche Nitrosoreaction zeigt.

Giebt man die concentrirten Lösungen von Pr 2,3-Methylphenylindol und Pikrinsäure in absolutem Alkohol zusammen, so tritt sofort eine dunkelrothe Färbung ein und bei guter Kühlung scheidet sich das Pikrat in dunkelroth gefärbten feinen Nädelchen aus. Das Pikrat wurde nochmals aus Alkohol umkrystallisirt und auf dem Wasserbade getrocknet.

Dasselbe sintert gegen 125° und schmilzt bei 141 bis 142° (uncorr.). Es ist leicht löslich in Benzol.

Pr 2,3-Benzylphenylindol aus Dibenzylketon.

Das Phenylhydrazon wird in der bekannten Weise dargestellt und krystallisirt aus heissem Alkohol in farblosen feinen Blättchen, die sich an der Luft schnell gelb färben.

Zur Analyse wurde das Product zweimal aus Alkohol umkrystallisirt und im Vacuum getrocknet.

0,2063 g Substanz gaben 17,2 cbcm Stickstoff bei 16° und 746 mm Druck.
$C_{21}H_{20}N_2$. Ber. N 9,33. Gef. N 9,54.

Der Schmelzpunkt des Dibenzylketonphenylhydrazons liegt bei 120° (uncorr.). Dasselbe ist leicht löslich in Aether, Benzol und heissem Alkohol. Die Ausbeute betrug 90 pC. der theoretischen.

Die Umwandlung in Indol wird gerade so wie im vorhergehenden Fall durch alkoholische Salzsäure bewerkstelligt. Das Product destillirt im luftleeren Raum als goldgelbes Oel, welches beim Erkalten sofort erstarrt.

Zur Analyse wurde dasselbe zwei Mal aus heissem Ligroïn umkrystallisirt und im Vacuum getrocknet.

0,2391 g Substanz gaben 0,7787 Kohlensäure und 0,1280 Wasser. — 0,3353 g Substanz gaben 13,9 cbcm Stickstoff bei 14° und 744 mm Druck.

$C_{21}H_{17}N$. Ber. C 89,05, H 6,01, N 4,95.
Gef. ,, 88,82, ,, 5,95, ,, 4,77.

Das Pr 2,3-Benzylphenylindol krystallisirt aus heissem Ligroïn in gut ausgebildeten sechsseitigen Säulen. Der Schmelzpunkt desselben liegt bei 100 bis 101° (uncorr.).

Es ist leicht löslich in Alkohol, Aether, Benzol, Chloroform und Eisessig. Das destillirte Indol zeigt in Folge einer theilweisen Zersetzung bei auffallendem Lichte deutlich grüne Fluorescenz. Die Fichtenspanreaction giebt dasselbe nicht.

Fügt man zu der Lösung des Indols in Eisessig eine concentrirte wässerige Lösung von salpetrigsaurem Natrium, so scheidet sich sofort ein gelbes Oel ab; dasselbe erstarrt nach dem Verdünnen mit Wasser zu einem hellgelben festen Körper und zeigt die Liebermann'sche Nitrosoreaction.

Versetzt man die Lösung des Indols in Alkohol oder in Benzol mit einer Lösung von Pikrinsäure, so färbt sich die Flüssigkeit dunkelroth, ein Zeichen für die Bildung des pikrinsauren Salzes. Dasselbe ist in Alkohol und Benzol sehr leicht löslich und konnte nicht krystallinisch erhalten werden.

Die Ausbeute an Benzylphenylindol betrug 75 pC. der theoretischen Menge.

88. Harold G. Colman: Derivate des Pr 1ⁿ-Methylindols.

Liebigs Annalen der Chemie **248**, 114 [1888].

(Eingelaufen den 11. August 1888.)

Das Methylindol oder die entsprechende Carbonsäure werden nach der Beobachtung von E. Fischer und O. Hess[1]) durch Natriumhypochlorid oder Hypobromid in Halogenderivate verwandelt, welche durch Kochen mit alkoholischem Kali oder auch schon mit Wasser in Methylpseudoisatin übergehen.

Der Bromkörper wurde von Fischer und Hess analysirt, aber sie liessen es unentschieden, ob er die Formel $C_9H_9NBr_2O$ oder $C_7H_7NBr_2O$ besitze. Aus den folgenden Versuchen, welche ich auf Veranlassung von Herrn Prof. Fischer ausführte, geht hervor, dass die letztere Formel die richtige ist. Das Product muss nach seinem ganzen Verhalten als Dibrommethyloxindol:

$$C_6H_4 \diamondsuit \begin{matrix} CBr_2 \\ CO \\ N \cdot CH_3 \end{matrix}$$

betrachtet werden. Der Uebergang in Methylpseudoisatin wird dadurch leicht verständlich.

Durch Phenylhydrazin werden die Bromatome noch leichter als durch Alkali oder Wasser herausgenommen, und es entsteht dabei dasselbe Phenylhydrazon:

$$C_6H_4 \diamondsuit \begin{matrix} C = N \cdot NH \cdot C_6H_5 \\ CO \\ N \cdot CH_3 \end{matrix},$$

welches auch aus dem Methylpseudoisatin gebildet wird.

Bei der Reduction mit Zinkstaub und Salzsäure verwandelt sich das Dibrommethyloxindol zunächst in die Monobromverbindung und dann in Methyloxindol:

$$C_6H_4 \diamondsuit \begin{matrix} CHBr \\ CO \\ N \cdot CH_3 \end{matrix} \qquad C_6H_4 \diamondsuit \begin{matrix} CH_2 \\ CO \\ N \cdot CH_3 \end{matrix}$$

Monobrommethyloxindol Methyloxindol.

---

[1]) Berichte d. D. Chem. Ges. **17**, 559. (S. *454*.)

Der Vollständigkeit halber habe ich endlich aus dem Methylpseudoisatin durch Reduction das Methyldioxindol:

$$C_6H_4 \begin{array}{c} CH \cdot OH \\ \diagup \diagdown \\ CO \\ N \cdot CH_3 \end{array}$$

dargestellt.

Dibrommethyloxindol.

Zur Darstellung der Verbindung habe ich genau die Vorschrift von Fischer und Hess eingehalten. Das krystallinische Rohproduct wurde aus Alkohol umkrystallisirt und für die Analyse im Vacuum über Schwefelsäure getrocknet.

I. 0,2241 g Substanz gaben 0,2933 CO_2 und 0,0526 H_2O. — II. 0,2466 g Substanz gaben 0,3214 CO_2 und 0,0549 H_2O. — III. 0,1482 g Substanz gaben 594 cbcm N bei 15° und 749 mm. — IV. 0,1712 g Substanz gaben 0,2098 AgBr.

	$C_9H_9NBr_2O$.	$C_9H_7NBr_2O$.		Gef.			
Ber. C	35,18,	35,41,	Gef. C	35,68,	35,53,	—,	—,
H	2,93,	2,29,	H	2,61,	2,47,	—,	—,
N	4,56,	4,59,	N	—,	—,	4,62,	—,
Br	52,12,	52,46.	Br	—,	—,	—,	52,18.

Die Verbindung besitzt den früher angegebenen Schmelzpunkt 204° (uncorr.), vorausgesetzt, dass man rasch erhitzt; denn die Substanz zersetzt sich beim Schmelzen, und da diese Zersetzung wie in vielen anderen Fällen in geringem Masse schon unterhalb des Schmelzpunkts stattfindet, so wird beim langsamen Erhitzen der Schmelzpunkt erniedrigt. In heissem Alkohol, Aceton, Chloroform und Benzol ist das Product ziemlich leicht, in Ligroïn dagegen schwer und in Wasser ganz unlöslich. Durch Kochen mit Wasser wird es ziemlich leicht in Methylpseudoisatin verwandelt. In kalter Schwefelsäure gelöst und mit thiophenhaltigem Benzol geschüttelt, giebt das Bromid zunächst eine dunkelbraune Färbung, aber nach einigen Stunden schlägt die Farbe in tiefblau um, wobei offenbar dasselbe Indophenin gebildet wird, welches aus dem Methylpseudoisatin entsteht.

Dichlormethyloxindol.

Seine Bildung wurde schon von Fischer und Hess beobachtet. Zur Darstellung desselben löst man die Methylindolcarbonsäure in möglichst wenig Natronlauge und fügt sie dann zu der kalten Lösung von überschüssigem Natriumhypochlorit. Dabei trübt sich die Flüssigkeit zunächst durch Abscheidung eines Oeles, welches nach kurzer Zeit zu feinen, fast farblosen Nadeln erstarrt. Dieselben werden filtrirt, mit Wasser gewaschen und in heissem Alkohol gelöst. Die beim Erkalten ausfallenden Krystalle sind meist röthlich gefärbt, werden aber beim wiederholten Umkrystallisiren aus Alkohol rein weiss. Für die Analyse wurde die Substanz im Vacuum über Schwefelsäure getrocknet.

0,1770 g Substanz gaben 0,3255 CO_2 und 0,0565 H_2O. — 0,1552 g Substanz gaben 9,2 cbcm N bei 17° und 746 mm. — 0,1822 g Substanz gaben 0,2440 AgCl.

$C_9H_7NCl_2O$. Ber. C 50,00, H 3,24, N 6,48, Cl 32,87.
Gef. ,, 50,15, ,, 3,53, ,, 6,75, ,, 33,13.

Die Verbindung bildet feine Nadeln, welche bei 145 bis 147° ohne Zersetzung schmelzen. Sie löst sich leicht in heissem Alkohol und Aceton, etwas schwerer in Aether, und zeigt ganz dasselbe Verhalten wie die Bromverbindung.

Methylpseudoisatin.

Die Verbindung wurde von Fischer und Hess aus dem Dibrommethyloxindol durch Erwärmen mit alkoholischem Kali dargestellt. Die Operation wird bequemer bei Anwendung von Wasser. Zu dem Zwecke wurde das rohe Bromid mit der 30fachen Menge Wasser 2 bis 3 Stunden gekocht. Dabei bleibt ein dunkles Harz ungelöst und aus der heiss filtrirten dunkelrothen Flüssigkeit scheidet sich das Methylpseudoisatin beim Erkalten krystallinisch ab. Einmaliges Umkrystallisiren aus Wasser genügt, um das Präparat zu reinigen. An Stelle des Bromids kann man ebenso gut das Chlorid verwenden.

Methylpseudoisatinphenylhydrazon.

Versetzt man die heisse wässerige Lösung des Methylpseudoisatins mit einem Ueberschuss von salzsaurem Phenylhydrazin und essigsaurem Natron, so scheidet sich das Hydrazon als gelbes Oel aus, welches beim Erkalten krystallinisch erstarrt. Das Product wurde aus heissem Alkohol umkrystallisirt und für die Analyse bei 100° getrocknet.

0,1447 g Substanz gaben 0,3807 CO_2 und 0,0710 H_2O. — 0,1313 g Substanz gaben 19,28 cbcm N bei 13° und 741 mm.

$C_9H_7NO(N_2H \cdot C_6H_5)$. Ber. C 71,71, H 5,18, N 16,73.
Gef. ,, 71,75, ,, 5,45, ,, 16,91.

Die Verbindung krystallisirt in kleinen gelben Nadeln, welche meist zu büschelförmigen Aggregaten vereinigt sind und bei 145 bis 146° schmelzen. In Wasser und Ligroïn ist es unlöslich, in Aether schwer und in heissem Alkohol oder Benzol leicht löslich.

Dasselbe Hydrazon entsteht direct aus dem Dibrommethyloxindol. Löst man das Bromid in warmem Alkohol und fügt dann eine Lösung von salzsaurem Phenylhydrazin und essigsaurem Natron in möglichst wenig Wasser hinzu, so fällt nach Zusatz von Wasser das Hydrazon zunächst als dunkles Oel heraus, welches bald krystallinisch erstarrt. Mehrmals aus Benzol umkrystallisirt, zeigt dieses Präparat den Schmelzpunkt und die Zusammensetzung des obigen Hydrazons.

0,1552 g Substanz gaben 0,4108 CO_2 und 0,0760 H_2O. — 0,1206 g Substanz gaben 17,5 cbcm N bei 14° und 749 mm.

$C_9H_7NO(N_2H \cdot C_6H_5)$. Ber. C 71,71, H 5,18, N 16,73.
Gef. ,, 72,17, ,, 5,44, ,, 16,59.

Methylpseudoisatinoxim.

Fügt man zu einer heissen wässerigen Lösung des Methylpseudoisatins die gleiche Menge schwefelsaures Hydroxylamin, so trübt sich die Flüssigkeit nach einiger Zeit und scheidet beim längeren Stehen in der Kälte das Oxim als sehr feinen amorphen Niederschlag ab. Dasselbe wurde durch öfteres Extrahiren mit Aether der Lösung entzogen und blieb beim Verdampfen des Aethers als krystallinische Masse zurück. Dasselbe wurde aus heissem Wasser umkrystallisirt und bildet dann feine, zu büschelförmigen Aggregaten vereinigte Nädelchen. Für die Analyse wurde das Product im Vacuum getrocknet.

0,1960 g Substanz gaben 0,4405 CO_2 und 0,0825 H_2O. — 0,1074 g Substanz gaben 14,99 cbcm N bei 20° und 749 mm.

$C_9H_7NO(NOH)$. Ber. C 61,37, H 4,54, N 15,91.
Gef. ,, 61,27, ,, 4,69, ,, 15,75.

Die Verbindung erweicht bei 170° und schmilzt erst vollständig zwischen 180 und 183°. Auch nach mehrmaligem Umkrystallisiren aus Aceton wurde der Schmelzpunkt nicht constant. Dieselbe Erfahrung hat Baeyer bei dem Oxim des Aethylpseudoisatins gemacht[1]).

Reduction des Dibrommethyloxindols.

Durch nascenten Wasserstoff wird das Bromid leicht verändert. Behandelt man das in Alkohol suspendirte Präparat mit Natriumamalgam, so löst es sich nach einiger Zeit und auf Zusatz von Wasser fällt ein amorpher Niederschlag aus, welcher bisher nicht krystallinisch erhalten wurde.

Einfacher verläuft die Reduction bei Anwendung von Zink und Salzsäure. Dabei entsteht als Hauptproduct das Methyloxindol, in kleinerer Menge die Monobromverbindung..

Die Operation gelingt am besten unter den folgenden Bedingungen. Das Dibromid wird mit überschüssigem Zinkstaub in Alkohol suspendirt und dann unter Schütteln allmählich concentrirte Salzsäure zugefügt.

---

[1]) Berichte d. D. Chem. Gesellsch. **16**, 2196.

Nach einigen Minuten verschwindet das Dibromid und es entsteht eine hellgelbe Lösung, welche etwa eine halbe Stunde auf dem Wasserbade erhitzt wird. Die vom Zinkstaub abfiltrirte Lösung wird jetzt mit Wasser verdünnt und bis zur Entfernung des Alkohols auf dem Wasserbade verdampft. Dabei scheidet sich ein rothbraunes Oel ab. Die heisse klare wässerige Lösung wird abgegossen und das zurückbleibende Oel mehrmals mit ziemlich viel Wasser ausgekocht. Aus den verschiedenen wässerigen Lösungen fällt beim Erkalten die Monobromverbindung grösstentheils, aber nicht ganz rein, in feinen Nadeln aus. Die kalten wässerigen Mutterlaugen enthalten den grössten Theil des Methyloxindols und wenig von der Monobromverbindung. Dieselben werden wiederholt mit Aether extrahirt und der ätherische Auszug, wie unten näher beschrieben, behandelt.

Das direct auskrystallisirte

Monobrommethyloxindol

wird zur Reinigung aus heissem Aceton umkrystallisirt. Es bildet dann weisse glänzende Blättchen, welche für die Analyse im Vacuum über Schwefelsäure getrocknet wurden.

0,1885 g Substanz gaben 0,3322 CO_2 und 0,0633 H_2O. — 0,1127 g Substanz gaben 0,0941 AgBr.

C_9H_8NBrO. Ber. C 47,79, H 3,54, Br 35,40.
Gef. ,, 48,06, ,, 3,73, ,, 35,52.

Die Verbindung ist in heissem Alkohol und Aceton leicht, in heissem Wasser ziemlich schwer und in kaltem Wasser fast gar nicht löslich. Sie enthält das Brom ziemlich fest gebunden, denn sie wird von heissen Alkalien wohl gelöst, fällt aber beim Abkühlen unverändert aus.

Methyloxindol.

Die Verbindung findet sich in dem oben erwähnten ätherischen Auszug und bleibt beim Verdampfen des Aethers zuerst als Oel zurück, welches aber bald krystallinisch erstarrt. Dieses Product ist noch verunreinigt durch Monobromverbindung. Um es davon zu befreien, löst man in heissem Wasser und behandelt nochmals in der Wärme mit Zinkstaub und Salzsäure. Die filtrirte Flüssigkeit wurde wieder mit Aether extrahirt, der Aether verdampft und der Rückstand aus heissem Wasser umkrystallisirt. Die so erhaltenen weissen Nadeln gaben im Vacuum getrocknet folgende Zahlen:

0,2008 g Substanz gaben 0,5430 CO_2 und 0,1147 H_2O. — 0,1697 g Substanz gaben 14,65 cbcm N bei 19° und 745 mm.

C_9H_9NO. Ber. C 73,47, H 6,12, N 9,52.
Gef. ,, 73,65, ,, 6,34, ,, 9,72.

Das Methyloxindol schmilzt bei 86 bis 88° und destillirt unter theilweiser Zersetzung. In Alkohol, Aceton, Aether und Benzol ist es leicht löslich. Von heissem Wasser wird es ebenfalls in beträchtlichen Mengen aufgenommen. Von kochendem Alkali wird es wohl gelöst aber nicht verändert. In wässeriger Lösung mit Brom behandelt, liefert es ein krystallinisches Bromderivat, welches aber mit keinem der zuvor beschriebenen Bromproducte identisch ist und wahrscheinlich das Brom im Benzolkern enthält.

Behandelt man die verdünnte wässerige Lösung des Methyloxindols mit salpetriger Säure, so fällt nach längerer Zeit ein gelber amorpher Niederschlag aus, welcher mit Aether aufgenommen und aus Wasser umkrystallisirt die Eigenschaften des Methylpseudoisatinoxims zeigte.

Methyldioxindol.

Die Verbindung entsteht analog dem Dioxindol durch Reduction des Methylpseudoisatins mit Natriumamalgam oder mit Zinkstaub und Salzsäure. Für die Darstellung ist die letztere Methode vorzuziehen. Man benutzt dabei zweckmässig die Lösung des Methylpseudoisatins, welche durch Kochen des Dibrommethyloxindols mit Wasser entsteht. Dieselbe wird mit Zinkstaub versetzt und dann unter allmählichem Zusatz von Salzsäure so lange auf dem Wasserbade erwärmt, bis sie farblos geworden ist. Der filtrirten Flüssigkeit wird das Reductionsproduct durch häufiges Ausschütteln mit Aether entzogen. Beim Verdampfen des Aethers bleibt das Methyldioxindol als krystallinische Masse zurück, welches durch eine kleine Menge regenerirtes Methylpseudoisatin gelb gefärbt ist. Durch mehrmaliges Umkrystallisiren aus Benzol erhält man weisse Nadeln oder derbe Prismen, welche folgende Zahlen gaben:

0,1405 g Substanz gaben 0,3405 CO_2 und 0,0730 H_2O. — 0,1872 g Substanz gaben 14,95 cbcm N bei 24° und 748 mm.

$C_9H_9NO_2$. Ber. C 66,26, H 5,52, N 8,59.
Gef. ,, 66,11, ,, 5,77, ,, 8,81.

Die Verbindung schmilzt bei 149 bis 151°. Sie löst sich ziemlich leicht in heissem Wasser, ebenso in Alkohol, krystallisirt aber aus diesen Flüssigkeiten in der Regel gelb gefärbt, weil sie sich leicht theilweise durch den Sauerstoff der Luft in Methylpseudoisatin zurückverwandelt. Beim Umkrystallisiren aus Benzol wird diese Oxydation vermieden.

Die Oxydation erfolgt noch viel leichter in wässeriger alkalischer Lösung.

Zusammenstellung der Derivate des Methylindols und der entsprechenden Abkömmlinge des Indols.

Indol,
Schmelzpunkt 52°.

Methylindol,
flüssig. Siedepunkt 239°.

Oxindol,
Schmelzpunkt 120°.

Methyloxindol,
Schmelzpunkt 86 bis 88°.

Bromoxindol (Constitution unbekannt),
Schmelzpunkt 176°.

Brommethyloxindol,
Schmelzpunkt 132 bis 134°.

Dibrommethyloxindol,
Schmelzpunkt 204°.

Dichlormethyloxindol,
Schmelzpunkt 145 bis 147°.

Dioxindol,
Schmelzpunkt 180°.

Methyldioxindol,
Schmelzpunkt 149 bis 151°.

Isatin,
Schmelzpunkt 200 bis 201°.

Methylpseudoisatin,
Schmelzpunkt 134°.

Isatinphenylhydrazon,
Schmelzpunkt 210°.

Methylpseudoisatinphenylhydrazon,
Schmelzpunkt 145 bis 146°.

Isatinoxim,
Schmelzpunkt 202°.

Methylpseudoisatinoxim,
Schmelzpunkt 180 bis 183°.

89. Emil Fischer: Ueber das Trinitrohydrazobenzol.

Liebigs Annalen der Chemie **253**, 1 [1889].

Meine vor nunmehr 10 Jahren angestellten Versuche über die Bereitung des Trinitrohydrazobenzols[1]) aus Phenylhydrazin und Pikrylchlorid sind vor Kurzem von den Herren Willgerodt und Ferko[2]) wiederholt worden. Dieselben finden, dass das von mir beschriebene Product kein einheitlicher Körper sei, sondern neben Trinitrohydrazobenzol andere Producte, wahrscheinlich das sogenannte Nitrosodinitrohydrazoazobenzol enthalte. Ihre Angabe bezieht sich allerdings nur auf das von ihnen dargestellte und analysirte Präparat; aber da die Eigenschaften des letzteren ganz mit meiner Beschreibung des Trinitrohydrazobenzols übereinstimmen, so wird jeder, der zwischen den Zeilen zu lesen versteht, aus der ganzen Darstellung entnehmen, dass ich früher ebenfalls ein unreines Product unter den Händen gehabt habe und dass die von mir publicirte, gut stimmende Analyse desselben uncorrect gewesen sein muss. Sie geben ferner an, dass die Darstellung des reinen Trinitrohydrazobenzols ganz besondere Vorsichtsmassregeln erfordere und dass der Schmelzpunkt der reinen Verbindung bei 172° liege. Ich habe nun ebenfalls den betreffenden Versuch wiederholt und dabei meine früheren Angaben vollkommen bestätigt gefunden. Um alle weiteren Irrthümer auszuschliessen, mag der neue Versuch mit ausführlicher Breite beschrieben sein.

2 g Pikrylchlorid (1 Mol.) wurden in 40 g absolutem Alkohol heiss gelöst, dann auf Zimmertemperatur abgekühlt und dazu 1,75 g Phenylhydrazin (2 Mol.), welches mit wenig Alkohol verdünnt war, im Laufe von 3 Minuten in kleinen Portionen gegeben. Jedesmal entstand an der Stelle, wo die Base einfloss, eine tiefdunkle Färbung, welche aber beim Umschütteln sofort in Roth umschlug. Schon während dieser Operation fiel der grössere Theil des Reactionsproductes in glänzenden dunkelrothen Blättchen aus. Der Niederschlag wurde nach 15 Minuten filtrirt, mit Alkohol ausgewaschen und dann zur völligen Entfernung von beigemengtem salzsaurem Phenylhydrazin mit heissem Wasser ausgelaugt.

---
[1]) Liebigs Ann. d. Chem. **190**, 132. (S. *250*.)
[2]) Journ. f. prakt. Chem. [2] **37**, 346.

Zum Schlusse auf dem Wasserbade getrocknet, gab das nicht weiter gereinigte Product folgende Zahlen:

0,1777 g gaben 0,2912 CO_2 und 0,0518 H_2O.

Trinitrohydrazobenzol. Ber. C 45,14, H 2,82.
Gef. ,, 44,68, ,, 3,24.

Wie man sieht, stimmt das Resultat der Analyse ziemlich gut auf die Formel des Trinitrohydrazobenzols. Das Präparat wurde jetzt gerade so, wie es in meiner früheren Abhandlung angegeben ist, aus heissem Alkohol umkrystallisirt. Dass dabei ein Theil der Substanz zersetzt wird, kann man leicht an der Farbe der Lösung erkennen; aber gerade eine solche Beobachtung ist für jeden erfahrenen Chemiker eine Mahnung, die Operation zu beschleunigen.

Die beim Erkalten ausfallenden rothen Krystalle besitzen übrigens genau die Zusammensetzung des Trinitrohydrazobenzols.

Ber. C 45,14, H 2,82,
Gef. ,, 45,39, 45,17, ,, 3,1, 3,08.

Ein anderer Theil des Präparates wurde, um die Zersetzung durch den Alkohol ganz zu vermeiden, aus heissem Benzol umkrystallisirt und gab dann folgende Zahlen:

Ber. C 45,14, H 2,82.
Gef. ,, 44,99, ,, 3,28.

Von dem Trinitrohydrazobenzol habe ich früher angegeben, dass es bei 181° unter Gasentwickelung schmelze.

Man weiss nun, dass der Schmelzpunkt von Substanzen, welche sich gleichzeitig zersetzen, niemals scharf und constant ist, sondern von der Art des Erhitzens abhängt. Das ist auch hier der Fall.

Die oben erwähnten drei analysirten, aus Alkohol oder Benzol umkrystallisirten Präparate verhielten sich ganz gleich. Bei etwa 165° verloren sie die schöne rothe Farbe, wurden braungelb und schmolzen dann bei rascher Steigerung der Temperatur zwischen 183 und 185° unter stürmischer Gasentwickelung. Beim langsamen Erhitzen trat die Schmelzung bei niederer Temperatur, etwa zwischen 175 und 180° ein.

Dies erklärt sich durch die Zersetzung, welche der Schmelzung vorausgeht. In der That genügt es, das Trinitrohydrazobenzol 20 Minuten lang im Oelbade auf 165° zu erhitzen, um eine totale Zersetzung herbeizuführen, wobei die ursprünglich feurig rothen Krystalle zu einer dunkelbraunen Masse zusammen sintern.

Wenn ich mir nun die Frage vorlege, wie es möglich war, dass den Herren Willgerodt und Ferko die so überaus einfache Darstellung des Trinitrohydrazobenzols misslang, so finde ich die Erklärung dafür in der unglücklichen Veränderung der Versuchsbedingungen. Dieselben liessen Pikrylchlorid und Phenylhydrazin in alkoholischer Lösung unter Erwärmung auf einander wirken. Ich bezweifle nicht, dass es auf diesem Wege möglich ist, ein unreines Product zu erhalten. In meiner früheren Abhandlung ist von Erwärmen gar keine Rede und es ist mir unverständlich, wie man bei einer Reaction, welche sich in der Kälte sofort vollzieht, die überflüssige Hülfe von Wärme in Anspruch nimmt, zumal, wenn man, wie die Herren W. und F. die Empfindlichkeit des gesuchten Productes gegen heisse Lösungsmittel kennt.

Ich vermuthe zweitens, dass W. und F. das Pikrylchlorid zum Phenylhydrazin zugegeben haben; denn bei dem von ihnen beschriebenen zweiten Versuch zur Bereitung des reineren Trinitrohydrazobenzols ist dies ausdrücklich angegeben. In meiner Abhandlung steht nun gerade das Umgekehrte mit gutem Grunde; denn wenn man in jener Weise verfährt, so bemerkt man leicht an den Farbenerscheinungen, dass das anfänglich überschüssige Phenylhydrazin die Reaction unvortheilhaft beeinflusst.

Das von W. und F. beschriebene sogenannte reine Trinitrohydrazobenzol vom Schmelzpunkt 172°, welches in blassrothen Blättchen krystallisiren soll, habe ich nicht untersucht, da es mir nur auf die Controlle meiner alten Angaben ankam. Dass dasselbe ein reineres Product sei, wie das meinige, ist jedenfalls aus dem Resultate der Analysen nicht zu schliessen.

90. Gustav von Brüning: Ueber das Methylhydrazin.
Liebigs Annalen der Chemie **253**, 5 [1889].

Von den Hydrazinen der Fettreihe sind bisher die Monoäthyl-, Diäthyl- und Dimethylverbindungen näher untersucht; dagegen ist die einfachste dieser Basen, das Methylhydrazin, noch nicht erhalten worden.

Ohne Zweifel wird sich diese Base aus dem Nitrosoderivat des Dimethylharnstoffs bereiten lassen in ähnlicher Weise, wie das Aethylhydrazin gefunden wurde. Da aber der Dimethylharnstoff selbst zu schwierig herzustellen ist, so habe ich auf Veranlassung von Herrn Professor Emil Fischer versucht, den durch A. W. Hofmann's Methode leicht zugänglichen Monomethylharnstoff für diesen Zweck zu verwenden. Das Resultat war über Erwarten günstig.

Der Methylharnstoff wird unter den später angegebenen Bedingungen fast quantitativ in die Nitrosoverbindung

$$CH_3 \cdot \underset{\underset{NO}{|}}{N} \cdot CO \cdot NH_2$$

verwandelt. Aus dieser entsteht durch Reduction mit Zinkstaub und Eisessig der entsprechende Hydrazinharnstoff, und der letztere wird durch Kochen mit Salzsäure in Kohlensäure, Ammoniak und Methylhydrazin gespalten.

Die Isolirung der Hydrazinbase bietet keine Schwierigkeiten. Das Methylhydrazin zeigt alle für die Aethylverbindung beobachteten charakteristischen Reactionen.

Ich habe folgende Derivate desselben analysirt: das Semicarbazid, das Phenylsulfosemicarbazid, die Dibenzoyl- und die Pikrylverbindung und endlich das Oxalyldimethylhydrazin und sein Nitrosoderivat.

Das Methylhydrazin ist nicht allein die einfachste, sondern auch die am leichtesten zugängliche primäre Hydrazinbase der Fettreihe und man wird sie in Zukunft am besten für das Studium dieser Körperklasse benutzen.

Nitrosomethylharnstoff, $CH_3 \cdot N(NO) \cdot CO \cdot NH_2$.

Nach verschiedenen Versuchen habe ich nach folgender Vorschrift die besten Ausbeuten erzielt.

50 g salpetersaurer Methylharnstoff werden in der Wärme in Wasser gelöst und die Lösung bis zur wieder beginnenden Krystallisation abgekühlt. Diese Lösung versetzt man mit feingestossenem Eis, um eine zu starke Erwärmung während des Processes zu vermeiden. Hierauf giebt man die berechnete Menge festen Natriumnitrits hinzu, sofort scheidet sich der Nitrosomethylharnstoff in kleinen gelblichen Blättchen aus. Zugleich macht sich ein stechender Geruch nach Isocyansäureäther bemerkbar und es entweicht bei nicht hinreichender Kühlung ein Theil der salpetrigen Säure.

Wendet man bei der Nitrosirung mehr als 50 g Harnstoff auf einmal an oder giebt man das Natriumnitrit in Lösung zu, so sind die Ausbeuten nicht so günstig.

Der so erhaltene Nitrosokörper ist löslich in heissem Wasser, Alkohol und Aether und wird am schönsten aus letzterem in schwach gelben Tafeln erhalten. Er zeigt die Liebermann'sche Nitrosoreaction, schmilzt (bei 100° getrocknet) bei 123 bis 124° unter Zersetzung und wird bei längerem Kochen mit Wasser zerstört.

Die Analyse der bei 100° getrockneten Substanz lieferte folgende Zahlen:

0,2783 g gaben 0,2403 CO_2 und 0,1297 H_2O. — 0,1527 g gaben 52,9 cbcm N bei 16° und 764 mm Druck.

Ber. C 23,30, H 4,85, N 40,77.
Gef. ,, 23,54, ,, 5,17, ,, 40,60.

Die Verbindung lässt sich in reinem Zustande längere Zeit aufbewahren, jedoch ist Abschluss von Feuchtigkeit nothwendig. Am Lichte färbt sie sich langsam grünlich.

Methylhydrazin.

Der Nitrosokörper wurde, da beim Umkrystallisiren zu grosse Verluste entstehen, zur Befreiung von salpetriger Säure nur mit Wasser, Alkohol und Aether gewaschen und so direct verwandt.

Ein Theil Nitrosoharnstoff wird in der 6fachen Menge Wasser suspendirt und hierzu die $2^1/_2$fache Menge Eisessig gegeben, wobei der Harnstoff sich nicht völlig löst. Hierauf wird bei einer Temperatur von 5 bis 15° die 4fache Menge Zinkstaub im Verlauf von 2 bis 3 Stunden in kleinen Portionen unter jedesmaligem Umschütteln eingetragen. Nach dieser Zeit ist die Reduction beendet, da sowohl bei längerem Stehen als auch auf Zusatz von mehr Zinkstaub und Eisessig die reducirende Wirkung der Lösung auf Fehling'sche Lösung nicht mehr zunimmt. Man kann für eine Operation 200 g Nitrosoharnstoff ohne Gefahr anwenden. Der Verlauf der Reduction lässt sich leicht controlliren, wenn man von Zeit zu Zeit Proben zieht und ihre Reductionskraft mit Fehling'scher Lösung quantitativ bestimmt. Auf diese Weise habe ich vorstehende Bedingungen als die günstigsten erkannt. Auf die Isolirung des Hydrazinharnstoffes habe ich verzichtet, weil dieselbe für die Darstellung des Hydrazins unnöthig ist.

Die vom Zinkstaub kalt filtrirte wässerige Lösung, welche neben dem Hydrazinharnstoff noch Ammoniak, Methylamin und Zinksalze enthält, wird mit der gleichen Menge concentrirter Salzsäure übersättigt und bis zur Syrupconsistenz eingedampft. Dieses Product wird mit der 3fachen Menge concentrirter Salzsäure zur Zerlegung des Harnstoffes 12 Stunden am Rückflusskühler gekocht und dann die Lösung unter fortwährender Kühlung mit möglichst concentrirter Natronlauge übersättigt, bis das sich anfänglich ausscheidende Zinkhydroxyd wieder vollständig gelöst ist. Die alkalische Lösung wird jetzt unter Durchleiten von Wasserdampf destillirt, wobei die Base ziemlich rasch und vollständig übergeht. Zugleich entweicht ein Gas, welches jedoch nur aus Ammoniak und Methylamin besteht und kein Hydrazin enthält. Man unterbricht die Destillation, wenn das Destillat Fehling'sche Lösung nicht mehr reducirt. So gewinnt man eine stark verdünnte wässerige Lösung des Hydrazins, welche ausserdem noch Ammoniak und Methylamin enthält.

Um die beiden letzteren grösstentheils zu entfernen, wird die Lösung 6 bis 8 Stunden am Rückflusskühler heftig gekocht, wobei das Hydrazin sich völlig mit dem Wasserdampf im Kühler condensirt. Man neutralisirt jetzt durch eine abgemessene Menge Schwefelsäure und fügt dann noch die gleiche Menge Schwefelsäure zu, um alles Hydrazin in das saure Sulfat zu verwandeln. Die Flüssigkeit wird zuerst über freiem Feuer und schliesslich auf dem Wasserbad bis zur Syrupconsistenz eingedampft. Versetzt man den Syrup mit absolutem Alkohol, so scheidet er das saure Sulfat des Methylhydrazins als dicken krystallinischen Brei ab. Das Salz wird durch Umkrystallisiren aus verdünntem Alkohol gereinigt. Zur Gewinnung der freien Base wird das Salz mit höchst concentrirter Natronlauge übergossen, dann noch gepulvertes Natriumhydroxyd im Ueberschusse zugefügt und destillirt. Hierbei entweicht Ammoniak, während das Hydrazin sich in der sorgfältig gekühlten Vorlage condensirt. Das noch ziemlich wasserreiche Destillat wird abermals mit gepulvertem Natriumhydroxyd versetzt, 24 Stunden damit in Berührung gelassen und dann das als Oel abgeschiedene Hydrazin wieder destillirt. Die so erhaltene Base ist noch immer wasserhaltig. Sie wurde deshalb über Baryumoxyd getrocknet und destillirt. Aber selbst nach dreimaliger Wiederholung dieser Operation gab das Product trotz seines constanten Siedepunktes bei der Analyse folgende Zahlen, welche auf einen beträchtlichen Wassergehalt schliessen lassen.

Ber. C 26,09, H 13,04.
Gef. ,, 21,41, 21,60, 21,26, ,, 11,60, 11,90, 10,98.

Um das Wasser vollständig zu entfernen wurde schliesslich die Base mit Baryumoxyd im geschlossenen Rohre 12 Stunden im Wasserbade erhitzt und dann abdestillirt. Dieses Präparat gab bei der Analyse jetzt Zahlen, die auf die Formel $CH_3 \cdot NH-NH_2$ stimmen.

0,1560 g Substanz gaben 0,1478 CO_2 und 0,1852 H_2O.
Ber. C 26,09, H 13,04.
Gef. ,, 25,84, ,, 13,18.

Die reine Base ist eine wasserhelle, leicht bewegliche Flüssigkeit. Ihr Geruch erinnert an Methylamin. Sie siedet unter dem Drucke von 745 mm constant bei 87° (Quecksilberfaden ganz im Dampf). Sie ist äusserst hygroscopisch und raucht an der Luft. Löst sich unter starker Wärmeentwickelung im Wasser. Auch mit Alkohol und Aether ist sie in jedem Verhältnisse mischbar. Sie reducirt sehr stark Fehling'sche Lösung schon in der Kälte und wird von salpetriger Säure momentan unter Stickstoffentwickelung zerstört. Die Haut, Kautschuk und Kork werden von ihr stark angegriffen.

Die grosse Verwandtschaft des Methylhydrazins zum Wasser, welche durch die schwierige Bereitung der wasserfreien Base genügend illustrirt wird, erinnert einerseits an die fetten Diamine, z. B. das Aethylendiamin, anderseits an das Verhalten des freien Hydrazins, welches Curtius bisher nicht in trocknem Zustande gewinnen konnte. Vielleicht wird auch hier die energische Behandlung mit Baryumoxyd, welche mir die freie Methylbase lieferte, zum Ziele führen.

Salze des Methylhydrazins.

Am schönsten ist das saure Sulfat $CH_3 \cdot NH-NH_2 \cdot H_2SO_4$.

Das Salz bildet lange weisse Nadeln. Es schmilzt bei 139,5° und zersetzt sich gegen 182° unter Gasentwickelung.

Es ist leicht löslich in Wasser, aber schwer in Alkohol. Gereinigt wird es am besten durch Auflösen in wenig Wasser und Fällen mit absolutem Alkohol, wobei es sich sofort in feinen Krystallen abscheidet. Die Analyse der bei 100° getrockneten Substanz lieferte folgende Zahlen:

0,2152 g gaben 0,0660 CO_2 und 0,1097 H_2O. — 0,1602 g gaben 28,2 cbcm N bei 20° und 743 mm Druck.
Ber. C 8,33, H 5,55, N 19,44.
Gef. ,, 8,36, ,, 5,66, ,, 19,61.

Das neutrale Sulfat ist in Wasser und Alkohol leicht löslich und krystallisirt viel schwerer.

Das Hydrochlorat ist leicht löslich in Wasser und Alkohol und wird aus letzterem durch Abscheidung mit Aether krystallinisch gefällt.

Das Oxalat krystallisirt ziemlich leicht aus heissem Alkohol.

Das Pikrat fällt beim Zusammenbringen der Base mit einer Lösung von Pikrinsäure in Benzol sofort als gelbes Pulver aus. Dies krystallisirt aus Alkohol in schönen gelben Nadeln, welche bei 162° unter Zersetzung schmelzen.

Methylsemicarbazid, $NH_2 \cdot CO \cdot NH \cdot NH \cdot CH_3$.

Als Semicarbazide bezeichnet E. Fischer die Harnstoffe, welche eine Amid- und eine Hydrazingruppe enthalten.

Zur Darstellung des Methylsemicarbazids benutzte ich das saure Sulfat. Dasselbe wurde mit titrirter Kalilauge in das neutrale Sulfat verwandelt und hierzu 1 Molecul reines Kaliumcyanat in der Kälte gegeben. Nach 24 stündigem Stehen wurde die Lösung erwärmt und auf dem Wasserbade zur Trockne verdampft. Der krystallinische Rückstand wurde mit siedendem Alkohol ausgelaugt und wiederum eingedampft, wobei ein auf dem Wasserbade flüssiger Syrup verblieb, der in der Kälte krystallinisch erstarrte. Durch Umkrystallisiren dieses Productes aus Chloroform erhält man schöne prismatische Tafeln, die zur weiteren Reinigung nochmals in Benzol gelöst wurden und sich hieraus als feine lange Nadeln abschieden. Dieselben bei 100° getrocknet zeigten einen Schmelzpunkt von 113° und gaben bei der Analyse folgende Zahlen:

0,2157 g lieferten 0,2155 CO_2 und 0,1557 H_2O. — 0,0834 g gaben 34,1 cbcm N bei 16° und 753 mm Druck.

Ber. C 26,96, H 7,86, N 47,19.
Gef. ,, 27,24, ,, 8,02, ,, 47,22.

Das Methylsemicarbazid ist leicht löslich in Wasser und Alkohol, schwieriger in Chloroform, Benzol und Aether. Es reducirt in gelinder Wärme sehr stark die Fehling'sche Lösung.

Methylphenylsulfosemicarbazid, $C_6H_5 \cdot NH \cdot CS \cdot NH \cdot NH \cdot CH_3$.

Schüttelt man eine wässerige Lösung der Base mit Phenylsenföl, so scheidet sich ein Oel aus, das nach kurzer Zeit zu krystallinischen Klumpen erstarrt. Dieser Körper ist ziemlich leicht löslich in heissem Wasser und Alkohol, schwer in Aether. Aus Alkohol wird er in kleinen Säulen erhalten, welche bei 143° schmelzen. Die Stickstoffbestimmung gab folgende Zahlen:

0,1654 g gaben 33,7 cbcm Stickstoff bei 15° und 738 mm Druck.
Ber. N 23,20. Gef. N 23,16.

Bei gelindem Erwärmen der wässerigen Lösung mit Mineralsäuren trübt sich die Flüssigkeit, indem zugleich ein intensiver Geruch nach Senföl bemerkbar wird. Die Verbindung wird also offenbar in ihre Componenten gespalten.

Dibenzoylmethylhydrazin, $CH_3 \cdot N_2H \cdot (COC_6H_5)_2$.

Das saure Sulfat wurde in wenig Wasser gelöst und mit der berechneten Menge reiner Soda versetzt. Zu dieser Lösung wurde Benzoylchlorid im Ueberschuss zugegeben, worauf sich sofort ein Oel ausschied, das nach kurzer Zeit krystallinisch erstarrte. Der Körper ist in heissem Wasser ziemlich schwer löslich, löst sich jedoch leicht auf Zusatz von wenig Alkohol. Beim Erkalten scheidet er sich hieraus in feinen farblosen Nadeln fast vollständig wieder aus. Sein Schmelzpunkt liegt bei 143°. Die Analyse des bei 100° getrockneten Productes gab folgende Zahlen:

0,1963 g gaben 0,5090 CO_2 und 0,1046 H_2O. — 0,0879 g gaben 8,6 cbcm N bei 18° und 758 mm Druck.

Ber. C 70,86, H 5,51, N 11,02.
Gef. ,, 70,71, ,, 5,92, ,, 11,27.

Das Dibenzoylhydrazin reducirt Fehling'sche Lösung nicht mehr. Es löst sich leicht in Alkohol, schwerer in Wasser und kaum in Aether. In verdünnten Alkalien löst es sich leicht und wird durch Säuren hieraus wieder abgeschieden.

Auf die Darstellung der Monobenzoylverbindung habe ich aus Materialmangel verzichtet.

Methylpikrazid, $CH_3 \cdot N_2H_2 \cdot C_6H_2(NO_2)_3$.

Unter dem Namen Aethylpikrazid hat E. Fischer die Verbindung des Pikrylchlorids mit Aethylhydrazin beschrieben. Ganz in derselben Weise entsteht das Methylpikrazid.

Versetzt man eine wässerig alkoholische Lösung der Base mit einer alkoholischen Lösung von Pikrylchlorid, so färbt sich das Gemisch sofort dunkelroth und scheidet bald gelbe glänzende Blättchen aus. Dieselben wurden aus Chloroform umkrystallisirt und für die Analyse bei 100° getrocknet.

0,1630 g gaben 0,1958 CO_2 und 0,0467 H_2O. — 0,1048 g gaben 25,3 cbcm N bei 21° und 757 mm Druck.

Ber. C 32,68, H 2,72, N 27,23.
Gef. ,, 32,75, ,, 3,18, ,, 27,36.

Das Methylpikrazid schmilzt gegen 171° unter Zersetzung, ohne jedoch, wie die Aethylverbindung, bei stärkerem Erhitzen Feuererscheinung zu zeigen. Es ist ziemlich leicht löslich in Alkohol und Aether, schwerer in Chloroform. Von concentrirter Salzsäure wird es gelöst und fällt auf Zusatz von Wasser unverändert wieder aus.

Durch längere Einwirkung von Alkohol wird das Pikrazid theilweise in ein intensiv grün gefärbtes Product verwandelt, das denselben Schmelzpunkt 171° zeigte, weiter aber nicht untersucht wurde.

Oxalyldimethylhydrazin, $CH_3 \cdot N_2H_2 \cdot CO \cdot CO \cdot N_2H_2 \cdot CH_3$.

Beim Zusammengeben einer wässerigen Lösung der Base mit Oxaläther scheiden sich nach kurzer Zeit unter starker Erwärmung feine weisse Nadeln aus. Schneller vollzieht sich der Process auf Zusatz einiger Tropfen Alkohol. Das Product, aus Wasser umkrystallisirt, schmolz bei 221 bis 221,5° und lieferte bei 100° getrocknet folgende Zahlen:

0,1418 g gaben 0,1710 CO_2 und 0,0890 H_2O.
Ber. C 32,87, H 6,85.
Gef. ,, 32,88, ,, 6,97.

Der Körper ist in Wasser ziemlich schwer löslich, leicht in Alkohol und kaum in Chloroform und Aether. Circa 60° unter seinem Schmelzpunkte beginnt er unzersetzt zu sublimiren und wird hierbei in langen Nadeln erhalten. Er reducirt Fehling'sche Lösung bei gelindem Erwärmen.

Oxalyldimethylnitrosohydrazin.

Lässt man auf den oben beschriebenen Körper in verdünnter schwefelsaurer Lösung salpetrige Säure im Ueberschuss einwirken, so scheiden sich krystallinische Blättchen aus, die durch einen Ueberschuss von Schwefelsäure nicht wieder gelöst werden. Dieser Körper giebt die Liebermann'sche Nitrosoreaction. Es lässt sich sowohl aus Wasser, wie auch aus Alkohol gut umkrystallisiren und schmilzt bei 147° unter Zersetzung.

Die Analyse ergab folgende Zahlen:

0,1070 g gaben 0,0920 CO_2 und 0,0433 H_2O. — 0,0925 g gaben 32,8 cbcm N bei 14° und 749 mm Druck.
Ber. C 23,53, H 3,92, N 41,17.
Gef. ,, 23,45, ,, 4,49, ,, 41,10.

Dieses Resultat bestätigt die Angaben von E. Fischer über die Zusammensetzung der analogen Aethylverbindung und man ist somit berechtigt, die von E. Fischer vorgeschlagene Formel auch auf diesen Körper zu übertragen. Dieselbe wäre:

$$\begin{array}{c} \text{NO} \\ | \\ CO \cdot NH-N-CH_3 \\ | \\ CO \cdot NH-N-CH_3 \\ | \\ \text{NO} \end{array}.$$

91. Karl Kohlrausch: Einwirkung von Methylphenylhydrazin auf Dialdehyde und Diketone.

Liebigs Annalen der Chemie **253**, 15 [1889].

Während die α- und γ-Diketone resp. Dialdehyde mit Phenylhydrazin und Hydroxylamin Dihydrazone und Dioxime liefern, verbinden sich die β-Diketone nur mit einem Molecul der Basen und verwandeln sich dabei mit der grössten Leichtigkeit in Pyrazole beziehungsweise in Monazole. So entsteht aus dem Benzoylaceton mit Phenylhydrazin das Diphenylmethylpyrazol[1]:

$$C_6H_5COCH_2COCH_3 + NH_2 \cdot NH \cdot C_6H_5 = C_6H_5C\underset{N-NC_6H_5}{\overset{}{\diagdown}}\!\!\!-CH=CCH_3 + 2 H_2O$$

und mit Hydroxylamin das Phenylmethylmonazol[2]:

$$C_6H_5COCH_2COCH_3 + NH_2OH = C_6H_5C\underset{N-O}{\overset{}{\diagdown}}\!\!\!-CH=CCH_3 + 2 H_2O.$$

Eine derartige Ringschliessung ist nun ausgeschlossen bei der Verwendung eines unsymmetrischen secundären Hydrazins.

Aus diesem Grunde habe ich auf Veranlassung des Herrn Professor E. Fischer das Methylphenylhydrazin mit verschiedenen Diketonen combinirt, und es hat sich dabei herausgestellt, dass auch hier die β-Diketone ein anderes Verhalten zeigen.

Sie bilden mit Leichtigkeit Monohydrazone; aber es gelingt nicht, in die zweite Ketongruppe Hydrazin oder Hydroxylamin einzuführen.

Zum Vergleich wurden die Versuche mit Glyoxal, Benzil und Acetonylaceton ebenfalls ausgeführt und hier zeigt sich, dass die Reaction in der normalen Weise verläuft.

Benzilmethylphenylhydrazon,

$$\begin{array}{c} C_6H_5 \cdot CO \\ | \\ C_6H_5 \cdot C=N \cdot N{<}_{C_6H_5}^{CH_3} \end{array}$$

Zur Darstellung desselben wird Benzil mit einem geringen Ueberschuss von Methylphenylhydrazin einige Stunden auf dem Wasserbade

---

[1] E. Fischer und C. Bülow, Berichte d. D. Chem. Gesellsch. **18**, 2135. (*Versch. S. 114.*)

[2] Claisen, Berichte d. D. Chem. Gesellsch. **21**, 1151.

erwärmt. Zur Entfernung des überschüssigen Hydrazins giesst man das rothe Oel in stark verdünnte Schwefelsäure und kocht eben auf. Beim Erkalten setzt sich das Oel als zähe Masse am Boden an; man giesst die überstehende Flüssigkeit ab und wäscht noch mehrmals mit verdünnter Schwefelsäure, dann mit Wasser. Das hierbei ölig bleibende Hydrazon krystallisirt aus Alkohol langsam in kleinen gelben Nadeln, die mit wenig Alkohol gewaschen und über Schwefelsäure getrocknet werden. Sie sind leicht löslich in warmem Alkohol, Ligroïn und Aether. Gegen Salzsäure ist das Hydrazon verhältnissmässig beständig, erst nach längerem Kochen geht es mit gelber Farbe in Lösung, die allmählich dunkelroth wird. Concentrirte Schwefelsäure zerstört es schon in der Kälte. Der Schmelzpunkt des Hydrazons liegt bei 55 bis 56°. Beim weiteren Erhitzen bräunt sich die Masse und über 200° tritt völlige Zersetzung ein.

0,1910 g gaben 0,5615 CO_2 und 0,1033 H_2O. — 0,2206 g gaben bei 13° und 753 mm Druck 17,0 cbcm Stickstoff.

$C_{21}H_{18}N_2O$. Ber. C 80,25, H 5,73, N 8,92.
Gef. ,, 80,22, ,, 6,01, ,, 9,02.

Benzilmethylphenylosazon,

$$C_6H_5C = N \cdot N {\overset{CH_3}{\underset{C_6H_5}{<}}}$$
$$\mid$$
$$C_6H_5C = N \cdot N {\overset{C_6H_5}{\underset{CH_3}{<}}}.$$

Erhitzt man ein Molecül Benzil mit $2^1/_2$ Molecülen Methylphenylhydrazin 2 Stunden auf 120°, so entsteht ein durch Wassertropfen getrübtes Oel, welches schliesslich mit ganz verdünnter Schwefelsäure bis zum Kochen erwärmt wird, um die überschüssige Base zu entfernen.

Beim Erkalten erstarrt das Oel zu einer rothen Krystallmasse, welche aus heissem Alkohol umkrystallisirt wird. Die reine Verbindung bildet feine gelbe Nadeln, schmilzt bei 179 bis 180° unter Braunfärbung und zersetzt sich bei 210 bis 220° mit Gasentwickelung. Sie löst sich schwer in Alkohol, leichter in Aether und Aceton.

Durch rauchende Salzsäure wird das Product nur schwierig angegriffen; erst bei längerem Kochen wird es mit rother Farbe gelöst, die nach und nach dunkler wird. Beim Verdünnen dieser Lösung entsteht keine Fällung und kein charakteristischer Geruch.

I. 0,1818 g gaben 0,5340 CO_2 und 0,1099 H_2O. — II. 0,2242 g gaben 0,6523 CO_2 und 0,1322 H_2O. — 0,1806 g gaben bei 17,3° und 756,8 mm Druck 21,03 cbcm Stickstoff.

$C_{28}H_{26}N_4$. Ber. C 80,38, H 6,22, N 13,38.
Gef. ,, 80,11, 80,56, ,, 6,77, 6,55, ,, 13,41.

Glyoxalmethylphenylosazon,

$$\begin{array}{l} CH:N\cdot N{<}{CH_3 \atop C_6H_5} \\ | \\ CH:N\cdot N{<}{C_6H_5 \atop CH_3} \end{array}.$$

Das Glyoxal reagirt mit Methylphenylhydrazin viel energischer wie das Benzil und hier schreitet die Reaction gleich fort bis zur Bildung des Osazons.

Fügt man zu einer Lösung von Methylphenylhydrazin in verdünnter Essigsäure eine wässerige Lösung von Glyoxal, so scheidet sich schon in der Kälte ein gelber Niederschlag ab. Zur Reinigung wird derselbe nach dem Filtriren mit dem gleichen Volumen Alkohol verrieben und durch Absaugen und Pressen von diesem getrennt. Das so erhaltene gelblich-weisse Product wird in viel Alkohol gelöst. Aus diesem scheidet es sich in schwach gelben Nadeln ab, welche meist zu Büscheln vereinigt sind. Die Krystalle schmelzen bei 217 bis 218° unter Braunfärbung und zersetzen sich bei etwa 250° völlig.

Das Osazon ist in Aether und Alkohol nicht leicht löslich.

Von rauchender Salzsäure wird es erst roth gefärbt und dann in ein rothes Oel verwandelt, welches sich in Salzsäure nur schwierig löst. Beim Erwärmen färbt sich die Lösung dunkelroth, später braunroth. Aus derselben fällt auf Zusatz von Wasser ein fester gelber Körper aus.

Dieses Osazon zeigt die von Pechmann[1]) für die Osazone des Phenylhydrazins angegebene Farbenreaction beim Erwärmen mit Eisenchlorid nicht. Das ist leicht erklärlich, da die Verbindung als Abkömmling des secundären Hydrazins keinen an Stickstoff gebundenen Wasserstoff enthält.

0,2115 g gaben 0,5589 CO_2 und 0,1331 H_2O. — 0,2473 g gaben bei 17° und 750,5 mm Druck 45,55 cbcm Stickstoff.

$C_{16}H_{18}N_4$. Ber. C 72,18, H 6,77, N 21,05.
Gef. ,, 72,07, ,, 6,99, ,, 21,11.

Benzoylacetonmethylphenylhydrazon,

$$\begin{array}{c} C_6H_5-C-CH_2\cdot CO\cdot CH_3 \\ \parallel \\ N \\ | \\ C_6H_5-N-CH_3 \end{array}.$$

Erwärmt man Benzoylaceton mit Methylphenylhydrazin in geringem Ueberschuss einige Stunden auf dem Wasserbade, so bildet sich ein Oel, das in Wasser gegossen bald zu einer gelben Krystallmasse erstarrt. Diese wird einige Mal mit stark verdünnter Schwefelsäure aufgekocht, dabei schmelzen die Krystalle unmittelbar vor dem Kochen.

---

[1]) Berichte d. D. Chem. Gesellsch. 21, 2751.

Die erstarrte Masse wird filtrirt und in Alkohol gelöst. Aus diesem Lösungsmittel krystallisirt da Monohydrazon in schön gelbgefärbten Tafeln, die bis zu einer Grösse von 2 bis 3 mm erhalten wurden.

Die Krystalle schmelzen bei 103 bis 104°. Bei 210° fängt die Masse an sich zu bräunen. Das Hydrazon löst sich in kaltem Alkohol und Ligroïn ziemlich schwer, in Aether leichter.

In kalter rauchender Salzsäure löst es sich langsam mit gelber Farbe, die allmählich in Roth übergeht. Die Verbindung zersetzt sich unter diesen Umständen und zwar jedenfalls zum grössten Theil in Methylphenylhydrazin und Benzoylaceton. In concentrirter Schwefelsäure löst sich das Product allmählich, schneller beim Erwärmen mit rother Farbe, die nach und nach dunkler wird. Mit einigen Tropfen Wasser und Alkohol versetzt, färbt die Lösung den mit Salzsäure befeuchteten Fichtenspan roth. Es hat sich jedenfalls das unten beschriebene Indol gebildet.

I. 0,2006 g gaben 0,5614 g CO_2 und 0,1285 H_2O. — II. 0,2161 g gaben 0,6094 CO_2 und 0,1323 H_2O. — III. 0,2554 g gaben bei 17,5° und 746,7 mm Druck 24,6 cbcm N.

$C_{17}H_{18}N_2O$. Ber. C 76,69, H 6,77, N 10,54.
Gef. ,, 76,33, 76,90, ,, 7,12, 6,80, ,, 10,95.

Dass dem Hydrazon die obige Constitutionsformel zukommt, folgt aus der später beschriebenen Umwandlung in Methylphenylacetylindol.

Trotz der verschiedensten Aenderungen in den Versuchsbedingungen gelingt es nicht, auch die zweite Ketongruppe mit Methylphenylhydrazin zu condensiren.

Um dieses zu erreichen wurde das Monohydrazon mit überschüssigem Methylphenylhydrazin von 100° bis zum Siedepunkt des Hydrazins (227°) mit einer Steigerung von je 20° und ferner mit schwefelsaurem Methylphenylhydrazin in alkoholischer Lösung 10 Stunden im geschlossenen Rohr auf 200° erhitzt. Das aus diesen Reactionsmassen isolirte Product zeigte immer wieder die Eigenschaften des Monohydrazons, den Schmelzpunkt 102 bis 104° u. s. w.

Ebenso erfolglos blieb der Versuch, in das Monohydrazon Phenylhydrazin oder Hydroxylamin einzuführen; die Reaction verläuft im anderen Sinne unter Abspaltung von Methylphenylhydrazin. Erhitzt man das Benzoylacetonmethylphenylhydrazon mit überschüssigem Phenylhydrazin auf 180°, so entsteht in glatter Weise das Diphenylmethylpyrazol, welches durch den Siedepunkt und die Pyrazolinreaction identificirt wurde. In demselben Sinne wirkt Hydroxylamin. Das Methylphenylhydrazon war bei 3 stündigem Erhitzen mit überschüssigem salzsaurem Hydroxylamin und der berechneten Menge Kalilauge in alkoholischer Lösung auf 100° völlig zersetzt. Das neue Product zeigte den Schmelzpunkt und die Eigenschaften, welche für das Methylphenylmonazol angegeben sind[1]).

---
[1]) Berichte d. D. Chem. Gesellsch. **21**, 1151.

Das sonderbare Verhalten des Benzoylacetons deutet darauf hin, dass dasselbe kein einfaches Doppelketon ist, oder mit anderen Worten, dass in dem Monohydrazon keine weitere Ketongruppe mehr enthalten ist.

Man könnte annehmen, dass diese zweite Ketongruppe durch Wandern von einem Wasserstoffatom in eine Alkoholgruppe verwandelt sei, wie folgende Formel für Methylphenylhydrazon ausdrückt:

$$C_6H_5C\text{—}CH = C(OH)CH_3$$
$$\underset{\underset{CH_3\text{—}N\text{—}C_6H_5}{|}}{\overset{\|}{N}}$$

Aber es bleibt dann immerhin doch auffällig, dass eine derartige Alkoholgruppe nicht auch bei der energischen Wirkung von Methylphenylhydrazin durch vorübergehende Verwandlung in die Ketongruppe in Reaction tritt. Jedenfalls liegt hier eine Thatsache vor, für welche zur Zeit eine leicht verständliche Erklärung noch fehlt.

Indolderivate des Benzoylacetons sind bisher nicht bekannt, weil das Phenylhydrazon zu leicht durch Abspaltung von Wasser in ein Pyrazolderivat übergeht. Bei dem Methylphenylhydrazon ist diese Möglichkeit ausgeschlossen; in Folge dessen gelingt hier die Synthese eines Indolderivates auf bekannte Weise durch Schmelzen mit Chlorzink. Es entsteht dabei:

Pr 1-2-3-Methylphenylacetylindol,

$$C_6H_4\underset{\underset{CH_3}{|}}{\overset{C\cdot COCH_3}{\diamondsuit}}\!\!C\cdot C_6H_5$$

Mischt man feinzerriebenes Benzoylmethylphenylhydrazon mit der fünffachen Menge Chlorzink und erwärmt einige Minuten auf 150°, so bleibt nach dem Lösen der Schmelze in Salzsäure ein braunes amorphes Pulver zurück. Dieses zeigt den auffallenden Indolgeruch, giebt aber die Fichtenspanreaction nur schwach. Die braune Masse löst sich leicht in Eisessig, aus dem das Indol auf Zusatz von einigen Tropfen Wasser in weissen Nadeln ausfällt. Diese werden filtrirt und mit Aether gewaschen. Bei 128° sintert das Indol zusammen und schmilzt bei 136°. Es ist in Eisessig leicht löslich, in Alkohol, Wasser und Aether schwer löslich.

0,0609 g gaben 0,1825 CO_2 und 0,0335 H_2O.

$C_{17}H_{15}NO$. Ber. C 81,93, H 6,02.
             Gef. ,, 81,73, ,, 6,11.

Die Verbindung zeigt manche Aehnlichkeit mit dem analog constituirten Acetylmethylketol.

Für die Beurtheilung ihrer Constitution ist das Verhalten gegen Säuren entscheidend. Durch mehrstündiges Erhitzen mit rauchender Salzsäure im geschlossenen Rohre auf 100° wird sie völlig zersetzt und zum grösseren Theil in das von Degen[1]) zuerst dargestellte Pr 1ⁿ-2-Methylphenylindol verwandelt.

Der Uebergang vom Hydrazon zu dem genannten Indol kommt in folgenden Formeln zum Ausdrucke.

$$CH_3 \cdot CO \cdot CH_2 - C \cdot C_6H_5 \qquad \qquad C-CO \cdot CH_3$$
$$\underset{|}{\overset{||}{C_6H_5-N-N}} = C_6H_4 \diamond C \cdot C_6H_5 + NH_3.$$
$$CH_3 \qquad \qquad \qquad \underset{|}{N}$$
$$\qquad \qquad \qquad \qquad CH_3$$

$$C-CO \cdot CH_3 \qquad \qquad CH$$
$$C_6H_4 \diamond C \cdot C_6H_5 + H_2O = C_6H_4 \diamond C \cdot C_6H_5 + C_2H_4O_2.$$
$$\underset{|}{N} \qquad \qquad \qquad \underset{|}{N}$$
$$CH_3 \qquad \qquad \qquad CH_3$$

Acetylacetonmethylphenylhydrazon,
$$CH_3 \cdot \underset{\overset{||}{N-N(CH_3)C_6H_5}}{C} \cdot CH_2 \cdot CO \cdot CH_3.$$

Erwärmt man Acetylaceton mit Methylphenylhydrazin einige Stunden auf dem Wasserbade, so resultirt ein gelbes Oel. Dieses wird in stark verdünnte Schwefelsäure gegossen, gut durchgeschüttelt und mit Aether ausgezogen. Nach dem Verdampfen des letzteren erhält man ein gelbes Oel, das bei gewöhnlichem Druck unter Ammoniakentwicklung, im Vacuum aber unzersetzt destillirt.

0,1740 g des Oels gaben bei 16° und 747 mm Druck 21,4 cbcm Stickstoff.
$C_{12}H_{16}N_2O$. Ber. N 13,73. Gef. N 14,08.

Diese Verbindung geht ebensowenig in ein Dihydrazon über wie das Benzoylacetonproduct.

Als Vertreter der γ-Diketone wurde das Acetonylaceton der Behandlung mit Methylphenylhydrazin unterworfen.

Durch Vereinigung einer stark gekühlten essigsauren Lösung des Hydrazins mit überschüssiger gekühlter Acetonylaceton-Lösung erhält man ein krystallinisches Product, das aus Ligroïn bei starkem Abkühlen krystallisirt, aber schon bei gewöhnlicher Temperatur wieder

---

[1]) Liebigs Ann. d. Chem. **236**, 156. (S. 570.)

schmilzt. Das Product konnte für die Analyse nicht gereinigt werden, da es schon bei gewöhnlicher Temperatur nochmals Wasser abspaltet und übergeht in

Methylphenylamidodimethylpyrrol,

$$\begin{array}{c} HC = C{<}^{CH_3} \\ | {>}N{-}N{<}^{CH_3}_{C_6H_5} \\ HC = C{<}_{CH_3} \end{array}.$$

Dieses Product ist bereits von L. Knorr[1]) auf einem Umwege aus dem Diacetbernsteinsäureester erhalten worden. Man gewinnt es leichter auf dem eben beschriebenen Wege aus Acetonylaceton.

Die Angaben von L. Knorr über Schmelzpunkt u. s. w. kann ich bestätigen.

0,2015 g Substanz gaben bei 16° und 759,5 mm Druck 23,8 cbcm N.
$C_{12}H_{16}N_2$. Ber. N 14,00. Gef. N 13,70.

Acetonylacetonmethylphenyldihydrazon,

$$\begin{array}{c} CH_3 \cdot C \cdot CH_2 \cdot CH_2 \cdot C \cdot CH_3 \\ \|\| \\ NN \\ || \\ C_6H_5 \cdot N \cdot CH_3 CH_3 \cdot N \cdot C_6H_5 \end{array}.$$

Fügt man zu einer essigsauren Lösung von überschüssigem Methylphenylhydrazin allmählich eine wässerige Lösung von Acetonylaceton, so scheidet sich nach längerem Stehen ein rothes Oel aus. Die Flüssigkeit wird von diesem abgegossen und das Oel mehrmals mit Wasser gewaschen. Nach dem Abgiessen des letzteren erstarrt das rothe Product allmählich und wird nach dem Abpressen zwischen Fliesspapier mit verdünntem Alkohol wiederholt gewaschen. Die so behandelte Krystallmasse ist farblos und schmilzt bei 143 bis 144°. Das Product ist leicht löslich in Ligroïn, absolutem Alkohol, Aether und Benzol; in Wasser ist es unlöslich.

0,1635 g gaben 0,4458 CO_2 und 0,1215 H_2O. — 0,1274 g gaben bei 18° und 753,5 mm Druck 19,1 cbcm Stickstoff.
$C_{20}H_{26}N_4$. Ber. C 74,53, H 8,08, N 17,39.
              Gef. ,, 74,35, ,, 8,25, ,, 17,16.

In kalter Salzsäure löst sich das Dihydrazon mit gelber Farbe Beim Erwärmen trübt sich die Lösung und scheidet nach dem Erkalten ein gelbes Oel aus, das erstarrt und wahrscheinlich das oben beschriebene Pyrrolproduct ist. In concentrirter Schwefelsäure löst sich das Dihydrazon mit rother Farbe, die nach und nach in dunkelbraun übergeht.

---

[1]) Liebigs Ann. d. Chem. **236**, 310.

92. Friedrich Hauff: Ueber einige Derivate des β-Naphtylhydrazins.
Liebigs Annalen der Chemie **253**, 24 [1889].

Die Aehnlichkeit der Naphtylhydrazine mit der Phenylverbindung ist bereits von Emil Fischer[1]) mehrfach betont worden. So liefern sowohl die α- wie die β-Verbindung mit Aceton, Aldehyd und Brenztraubensäure sehr leicht die entsprechenden Hydrazone und diese können, wie A. Schlieper[2]) gezeigt hat, ebenso leicht durch Ammoniak-Abspaltung in Indole verwandelt werden; dagegen beobachtete Nastvogel[3]), dass das β-Naphtylhydrazin sich durch sein Verhalten gegen Dibrombrenztraubensäure von dem Phenylhyrazin wesentlich unterscheidet. Da man erwarten durfte, bei einer eingehenden Untersuchung der Base weitere Abweichungen von dem bisher bekannten Verhalten der primären Hydrazine zu finden, so habe ich folgende Derivate des β-Naphtylhydrazins untersucht:

Acetyl-, Mono- und Di-benzoylverbindung, Semicarbazid, Sulfosemicarbazid, Sulfocarbizin und Monoäthylverbindung.

In allen Fällen verliefen die Reactionen im gleichen Sinne wie beim Phenylhydrazin, nur bei der Zersetzung des Naphtylsemicarbazids durch Salzsäure beobachtete ich eine Abweichung. Es entsteht dabei in reichlicher Menge das Naphtazin, welches in neuerer Zeit von Witt[4]) genauer studirt und als identisch mit Laurent's Naphtase erkannt wurde.

Durch die gleiche Reaction aus dem Phenylsemicarbazid das Phenazin zu gewinnen, ist mir aber nicht gelungen.

Acetyl-β-Naphtylhydrazin, $C_{10}H_7 \cdot NH-NH \cdot CO \cdot CH_3$.

Erhitzt man β-Naphtylhydrazin mit der doppelten Menge Eisessig mehrere Stunden am Rückflusskühler, so scheiden sich beim Erkalten neben einer harzigen Masse Krystalle ab. Dieselben werden

---
[1]) Liebigs Ann. d. Chem. **232**, 236ff. (*S. 529.*)
[2]) Liebigs Ann. d. Chem. **236**, 174. (*S. 584.*)
[3]) Liebigs Ann. d. Chem. **248**, 85. (*S. 699.*)
[4]) Berichte d. D. Chem. Gesellsch. **19**, 2795.

von dem Harz durch Waschen mit Aether befreit und wiederholt aus heissem Wasser umkrystallisirt.

Die Analyse der im Vacuum getrockneten Substanz gab folgende Zahlen:

0,3575 g gaben 0,9444 CO_2 und 0,1995 H_2O.

$C_{12}H_{12}N_2O$. Ber. C 72,0, H 6,0.
Gef. ,, 72,04, ,, 6,20.

Die farblosen Nädelchen schmelzen bei 164 bis 165°, sind in Aether und kaltem Wasser fast unlöslich, in Alkohol, Chloroform und Benzol leicht löslich.

Sie reduciren die Fehling'sche Lösung schon in gelinder Wärme, ebenso werden sie durch Quecksilberoxyd in Chloroformlösung langsam oxydirt und liefern dabei ein dunkles Oel, welches höchst wahrscheinlich das der bekannten Phenylverbindung entsprechende Acetylazonaphtalin ist.

Monobenzoyl-β-Naphtylhydrazin, $C_{10}H_7 \cdot NH \cdot NH \cdot CO \cdot C_6H_5$.

Zu einer Lösung von 2 Mol. Naphtylhydrazin in Aether wurde 1 Mol. Benzoylchlorid hinzugefügt: es fiel sofort Naphtylhydrazinhydrochlorat aus, während das Benzoylproduct in Lösung blieb. Nach dem Verdampfen des Aethers wurde die dunkelgefärbte zähflüssige Masse zur Beseitigung des überschüssigen Benzoylchlorids mit verdünnter Sodalösung in der Siedehitze behandelt und mit heissem Wasser mehrmals gewaschen. Das so erhaltene ölige Product erstarrte in der Kälte langsam und löste sich in heissem Benzol. Aus der filtrirten Lösung schieden sich nach dem Erkalten und mehrstündigem Stehen zunächst noch ziemlich stark gefärbte Nädelchen ab, die durch mehrmaliges Umkrystallisiren aus Benzol rein weiss wurden.

I. 0,1240 g gaben 11,2 cbcm N bei 20° und 753 mm Druck. — II. 0,168 g gaben 15,5 cbcm N bei 20° und 750 mm Druck.

$C_{17}H_{14}N_2O$. Ber. N 10,6. Gef. N 10,3, 10,4.

Die Substanz schmilzt bei 154 bis 155° und ist unlöslich in kaltem und heissem Wasser, schwer löslich in verdünnten Säuren und kaltem Benzol, leicht löslich in heissem Alkohol, Aether, Benzol und Chloroform.

Dibenzoyl-β-Naphtylhydrazin, $C_{10}H_7 \cdot N_2H \cdot (CO \cdot C_6H_5)_2$.

Während in das Monobenzoylphenylhydrazin sehr leicht eine zweite Benzoylgruppe eingeführt werden kann[1]), ist dieser Process bei der Naphtylverbindung viel schwerer zu verwirklichen.

---

[1]) Liebigs Ann. d. Chem. **190**, 126. (S. *247*.)

Schliesslich bin ich auf folgende Weise zum Ziel gelangt: Monobenzoylnaphtylhydrazin wurde mit Benzoylchlorid direct bis nahe dem Siedepunkt des letzteren erhitzt. Dabei trat plötzlich eine lebhafte Reaction ein, die sich durch Entweichen einer reichlichen Menge Salzsäure zu erkennen gab. Als die Reaction begann schwächer zu werden, wurde noch kurze Zeit erwärmt, bis keine Abspaltung von Salzsäure mehr wahrnehmbar war. Das so erhaltene Reactionsproduct wurde ähnlich wie das Monoderivat behandelt und lieferte eine zähe Masse, die sich in heissem Benzol löste, aus dem nach einigem Stehen harte Nädelchen in warzenförmigen Aggregaten anschossen. Dieselben waren nach mehrmaligem Umkrystallisiren rein weiss und schmolzen bei 162 bis 163°. Zur Analyse wurde die Substanz im Vacuum getrocknet.

0,1970 g gaben 0,5682 CO_2 und 0,0900 H_2O.   0,2518 g gaben 16,8 cbcm N bei 21° und 755 mm Druck.

$C_{10}H_7N_2H(COC_6H_5)_2$.   Ber. C 78,69, H 4,96, N 7,7.
                               Gef. ,, 78,7, ,, 5,08, ,, 7,5.

Das Dibenzoylnaphtylhydrazin zeigt fast dieselben Löslichkeitsverhältnisse, wie das Monoproduct, was auch bei den entsprechenden Phenylderivaten der Fall ist.

β-Naphtylsemicarbazid, $C_{10}H_7 \cdot NH \cdot NH \cdot CO \cdot NH_2$.

Aequivalente Mengen Naphtylhydrazinhydrochlorat und Kaliumcyanat werden in nicht zu verdünnter warmer wässeriger Lösung zusammengebracht, wobei der Harnstoff sofort ausfällt und zwar, wenn frisch umkrystallisirtes, möglichst reines Hydrochlorat zur Anwendung kommt, als nur wenig gefärbte Masse. Dieselbe wurde auf der Pumpe abgesaugt, dann in Alkohol gelöst, aus welchem sich der neue Körper in weissen Blättchen beim Erkalten ausschied. Zur Analyse wurde das Präparat mehrmals aus Alkohol umkrystallisirt und im Vacuum getrocknet.

I. 0,2410 g gaben 0,5720 CO_2 und 0,125 H_2O. — II. 0,2293 g gaben 0,5492 CO_2 und 0,1187 H_2O.

$C_{11}H_{11}N_3O$. Ber. C 65,67,   H 5,47.
                    Gef. ,, 64,73, 65,33, ,, 5,76, 5,75.

Das Naphtylsemicarbazid ist fast unlöslich in kaltem, schwer löslich in heissem Wasser, kaltem Alkohol, in Benzol, Chloroform, Schwefelkohlenstoff, wenig löslich in kaltem und warmem Aether, leicht löslich in heissem Alkohol und Eisessig.

Der Körper schmilzt bei 220° (uncorrigirt) und zeigt ein dem Phenylderivat analoges Verhalten: er reducirt die Fehling'sche Lösung in der Wärme und giebt mit verdünnter Salzsäure ein Hydrochlorat. Während er von rauchender Salzsäure beim Kochen unter lebhafter Gasentwicklung zersetzt wird, erleidet er, mit verdünnter Salzsäure im geschlossenen Rohr erhitzt, eine andere, eigenartige Umsetzung.

Naphtazin aus β-Naphtylsemicarbazid.

8 g des Harnstoffes wurden mit etwa 30 g verdünnter Salzsäure — 1 Vol. rauchende Salzsäure vom spec. Gewicht 1,19 und 2 Vol. Wasser — im geschlossenen Rohr 10 Stunden auf 140° erhitzt. Der Röhreninhalt bestand nach dem Erkalten aus unverändertem Ausgangsmaterial und einer dunkeln schwammigen Masse. Dieselbe hinterliess, mit Wasser ausgekocht und mit Alkohol mehrmals behandelt, einen schmutziggelben Rückstand, der sich in den gewöhnlichen Lösungsmitteln sehr schwer löste. Von heissem Anilin dagegen wurde er aufgenommen und schied sich daraus beim Erkalten deutlich krystallinisch ab. Das noch stark gefärbte Anilin wurde abgesaugt, der Rückstand mit wenig Alkohol gewaschen und diese Operation mehrmals wiederholt. Das Product bildete schliesslich rein gelbe Nädelchen, die bei 273 bis 274° (uncorrigirt) schmolzen.

Die Verbindung ist identisch mit dem Naphtazin[1]), für welches Witt[1]) den Schmelzpunkt 275° fand. Sie zeigt insbesondere die charakteristische Farbenreaction mit concentrirter Schwefelsäure.

Die Analyse ergab:

0,1160 g gaben 0,3630 CO_2 und 0,0468 H_2O. — 0,1742 g gaben 16,2 cbcm N bei 20° und 735 mm Druck.

$(C_{10}H_6N)_2$. Ber. C 85,71, H 4,28, N 10,0.
Gef. ,, 85,35, ,, 4,48, ,, 10,29.

Die Entstehung des Naphtazins aus dem Semicarbazid lässt sich durch die empirische Gleichung:

$2 C_{11}H_{11}N_3O + 4 HCl + 2 H_2O = C_{20}H_{12}N_2 + 4 NH_4Cl + 2 CO_2 + 2 H$

ausdrücken.

Da bei der Spaltung des Naphtylsemicarbazids neben Naphtazin auch Naphtylhydrazin gebildet wird, so lag der Gedanke nahe, dass aus dem letzteren durch eine secundäre Reaction erst das Naphtazin entstehe; ich habe deshalb Naphtylhydrazin selbst in der gleichen Art mit Salzsäure erhitzt: Dabei entsteht ein dunkles Hart in reichlicher Menge, welches sich in concentrirter Schwefelsäure mit schmutzigviolettblauer Farbe löst und mithin höchst wahrscheinlich Naphtazin enthält. Es ist mir aber nicht gelungen, das letztere in reinem Zustand abzuscheiden.

---

[1]) Siehe Witt, Berichte d. D. Chem. Gesellsch. 19, 2795.

β-Naphtylsulfosemicarbazid, $C_{10}H_7 \cdot NH \cdot NH \cdot CS \cdot NH_2$.

Gleiche Gewichtstheile Naphtylhydrazinhydrochlorat und Rhodanammonium werden in alkoholischer Lösung am Rückflusskühler 8 bis 10 Stunden erhitzt, darnach der grösste Theil des Alkohols abgedampft und über Nacht stehen gelassen. Die zum festen Krystallbrei erstarrte Masse wird durch Absaugen von der Mutterlauge befreit, zur Entfernung des entstandenen Salmiaks mit lauwarmem Wasser mehrmals ausgelaugt und zwischen Fliesspapier trocken gepresst. Das so erhaltene Product ist stark dunkel gefärbt. Dasselbe wird am besten aus heissem Anilin umkrystallisirt. Die Ausbeute beträgt 80 pC. der Theorie.

Zur Analyse wurde das Präparat nochmals aus heissem Alkohol umkrystallisirt und im Vacuum getrocknet.

0,2966 g gaben 0,6556 CO_2 und 0,1398 H_2O. — 0,2242 g gaben 37 cbcm N bei 16° und 749,3 mm Druck.

$C_{11}H_{11}N_3S$. Ber. C 60,77, H 5,07, N 19,35.
Gef. ,, 60,47, ,, 5,24, ,, 19,02.

Das β-Naphtylsulfosemicarbazid schmilzt bei 201 bis 202° (uncorrigirt) und ist unlöslich in kaltem und warmem Wasser und Aether, schwer löslich in kaltem Alkohol, in Benzol, Ligroïn, Schwefelkohlenstoff, leicht löslich in heissem Anilin und Alkohol.

Durch Erhitzen mit Salzsäure im geschlossenen Rohr wird es ganz analog der Phenylverbindung gespalten in Ammoniak und das

Naphtylsulfocarbizin,
$$C_{10}H_7N-NH$$
$$\diagdown\diagup$$
$$CS.$$

8 g des Sulfoharnstoffs wurden mit 30 cbcm 20 procentiger Salzsäure 10 Stunden im geschlossenen Rohr auf 130 bis 140° erhitzt. Nach dem Erkalten zeigten sich im Röhreninhalt zu strahlenförmigen Aggregaten vereinigte Nadeln, die auf der Pumpe von der Mutterlauge befreit und in Wasser gelöst wurden. Die eigenthümlich schmutziggrüne Lösung wurde durch vorsichtigen Zusatz von Thierkohle in der Wärme soweit entfärbt, dass sie nur noch schwach gelblich erschien; weitergehendes Behandeln mit Thierkohle hat leicht starken Verlust zur Folge. Das Filtrat scheidet auf Zusatz von Salzsäure rasch und vollständig einen nur wenig gefärbten Niederschlag aus, der durch Umkrystallisiren aus Wasser in feinen weissen Nädelchen erhalten werden kann. Dieser Körper ist das Hydrochlorat des Naphtylsulfocarbizins. Versetzt man seine wässerige Lösung mit Alkali, so scheidet sich sofort die Base als weisse Masse aus; sie krystallisirt aus verdünntem Alkohol in schön perlmutterglänzenden Blättchen.

Zur Analyse wurde das Präparat im Vacuum getrocknet.

0,4318 g gaben 1,0451 CO_2 und 0,1645 H_2O. — 0,1943 g gaben 23,5 cbcm N bei 16° und 753,5 mm.

$C_{11}H_8N_2S$. Ber. C 66,0, H 4,0, N 14,0.
 Gef. „ 66,01, „ 4,23, „ 13,97.

Das Naphtylsulfocarbizin schmilzt bei 253 bis 254° und sublimirt beim höheren Erhitzen in feinen Blättchen. Er ist unlöslich in heissem und kaltem Wasser, schwer löslich in Aether, weniger schwer löslich in Benzol, Chloroform und kaltem Alkohol, leicht löslich in warmem Alkohol.

Von seinen Salzen ist das Hydrochlorat in heissem Wasser leicht, in kaltem beträchtlich weniger löslich und krystallisirt daraus in feinen weissen Nadeln.

Das Chloroplatinat bildet gelbe Nädelchen; sie scheiden sich aus, wenn man zur Lösung des Hydrochlorats Platinchlorid hinzufügt und einige Zeit stehen lässt. Leicht löslich in Wasser und verdünntem Alkohol ist das Nitrat.

Wie das Phenylsulfocarbizin zeichnet sich auch das Naphtylderivat durch Beständigkeit aus. Es reducirt weder Fehling'sche Lösung noch Quecksilberoxyd.

Fischer und Besthorn führen als sehr charakteristisch für das Phenylsulfocarbizin[1]) dessen Reaction mit Chlorkalk oder unterchlorigsauren Alkalien an; auch beim Naphtylderivat hat dieses Reagens eine ähnliche Wirkung: Versetzt man eine alkoholische Lösung der Base mit einer Lösung von Chlorkalk, so fällt sofort ein violetter, in den gewöhnlichen Lösungsmitteln schwer löslicher Niederschlag aus, der von concentrirter Schwefelsäure mit dunkelblauer, etwas grünstichiger Farbe aufgenommen wird, welche beim Zusatz von Wasser verschwindet.

Naphtylsulfocarbazinsaures Naphtylhydrazin,

$$C_{10}H_7 \cdot N_2H_2 \cdot CS \cdot SH \cdot N_2H_3 \cdot C_{10}H_7.$$

Bei der Darstellung dieser leicht veränderlichen Substanz ist wie bei dem ebenfalls sehr leicht veränderlichen entsprechenden Phenylderivat einige Vorsicht erforderlich.

Fügt man zur ätherischen Lösung der möglichst reinen Base Schwefelkohlenstoff, so beginnt nach einiger Zeit ein Körper in schön ausgebildeten Blättchen sich abzuscheiden, der im Laufe einiger Minuten die Flüssigkeit als dicker Krystallbrei erfüllt. Sofort wird nun auf der Pumpe abgesaugt und der Rückstand wiederholt mit reichlichen Mengen Aether gewaschen.

---

[1]) Liebigs Ann. d. Chem. **212**, 329. (S. *356*.)

Die Analyse der nur wenige Stunden im Vacuum getrockneten Substanz gab folgende Zahlen:

I. 0,4685 g gaben 1,0990 CO_2 und 0,2101 H_2O. — II. 0,2527 g gaben 0,5930 CO_2 und 0,1145 H_2O. — III. 0,3035 g gaben 39 cbcm N bei 12° und 740 mm

$C_{21}H_{20}N_4S_2$. Ber. C 64,28,   H 5,03,   N 14,30.
              Gef. ,, 63,82, 63,99, ,, 4,97, 5,03, ,, 14,84.

Das naphtylsulfocarbazinsaure Naphthylhydrazin schmilzt bei etwa 145° unter Zersetzung, ist unlöslich in Wasser, Schwefelkohlenstoff und Aether, ziemlich leicht löslich in warmem Alkohol.

Monoäthyl-β-Naphtylhydrazin,

$$\begin{matrix}C_2H_5\\C_{10}H_7\end{matrix}\Big\rangle N-NH_2.$$

Während Jodäthyl auf Phenylhydrazin mit grosser Heftigkeit einwirkt, reagirt es mit Naphtylhydrazin ziemlich langsam.

1 Mol. Naphtylhydrazin und 2 Mol. Jodäthyl wurden in alkoholischer Lösung am Rückflusskühler erhitzt. Nach einiger Zeit, zuweilen schon nach wenigen Minuten, schied ein krystallinischer Niederschlag ab, der bei genügender Concentration die Flüssigkeit als dicker Brei erfüllte. Nach mehrstündigem Kochen war derselbe verschwunden und eine dunkelrothe Lösung hinterblieben, die nach dem Wegdestilliren des Alkohols einen zähen Rückstand ergab. Aus demselben wurden mit verdünnter Salzsäure die basischen Producte ausgezogen, nach dem Abfiltriren von dem harzigen Rückstand mit Alkali gefällt und ausgeäthert. Beim Verdampfen des Aethers blieb ein dunkles Oel zurück. Wiederholtes Ausschütteln desselben mit heissem Wasser entfernte daraus das noch beigefügte unveränderte Naphtylhydrazin. Der Rest wurde mit Wasserdampf destillirt, wobei, allerdings nur langsam, ein hellgelbes Oel überging, das, nach dem Ausäthern im Vacuum destillirt, nur noch wenig gelb war. An der Luft wurde es schon nach kurzer Zeit dunkel gefärbt. Zur Analyse kam eine frisch destillirte Portion in Verwendung.

0,3400 g gaben 0,9673 CO_2 und 0,2316 H_2O. — 0,1599 g gaben 21,37 cbcm N bei 16° und 753 mm Druck.

$C_{10}H_7N_2H_2C_2H_5$. Ber. C 77,4,   H 7,54,   N 15,05.
                  Gef. ,, 77,58. ,, 7,57, ,, 15,48.

Das Monoäthylnaphtylhydrazin ist unlöslich in kaltem und heissem Wasser, leicht löslich in den gewöhnlichen Lösungsmitteln Alkohol, Aether, Benzol, Chloroform. Mit verdünnter Salzsäure giebt es ein in schönen Blättchen krystallisirendes Hydrochlorat.

0,1452 g Hydrochlorat gaben 0,0976 AgCl.

$C_{12}H_{15}N_2Cl$. Ber. Cl 16,0. Gef. Cl 16,6.

Die Base reducirt die Fehling'sche Lösung in der Wärme. Ebenso wird sie in Chloroformlösung von Quecksilberoxyd bei eintägigem Stehen vollständig zersetzt. Dabei scheint aber kein Tetrazon gebildet zu werden, denn die Chloroformlösung hinterliess beim Verdampfen ein dunkelrothes Oel, aus welchem kein krystallinischer Körper abgeschieden werden konnte. Der grösste Theil bestand jedenfalls aus Naphtyläthylamin, denn er löste sich mit Hinterlassung eines dunkeln Harzes in verdünnter Salzsäure, wurde durch Zusatz von Alkali als hellgelbes Oel wieder abgeschieden und gab mit Natriumnitrit in saurer Lösung ein Nitrosamin. Da die Base ferner die Fehling'sche Lösung nicht mehr reducirt, so glaube ich auch ohne den Beweis der Analyse sagen zu können, dass sie aus Naphtyläthylamin bestand, was hinwiederum zu dem Schluss berechtigt, dass das oben beschriebene Monoäthylnaphtylhydrazin eine assymmetrische Structur hat, entsprechend der Formel

$$\begin{matrix}C_2H_5\\C_{10}H_7\end{matrix}\!\!>\!\!N\!-\!NH_2.$$

93. Walter H. Ince: Ueber einige phenylirte Indole.
Liebigs Annalen der Chemie 253, 35 [1889].

Nach den Beobachtungen von E. Fischer und Th. Schmitt[1]) verwandelt sich das Pr 3-Phenylindol beim Erhitzen mit Chlorzink auf 170° vollständig in das isomere Pr 2-Phenylindol.

Um diese merkwürdige moleculare Umlagerung als allgemeine Reaction zu characterisiren, habe ich auf Veranlassung des Herrn Professor E. Fischer das Pr 1^n-3-Methylphenylindol und das Pr 3-Phenyl-β-Naphtindol dargestellt und ihre Verhalten gegen Chlorzink geprüft.

Das erste Indol entsteht aus Phenylacetaldehydmethylphenylhydrazon durch alkoholische Salzsäure.

Dasselbe wird durch Schmelzen mit Chlorzink erst bei einer Temperatur von 210 bis 220° angegriffen und dann allerdings ziemlich glatt in das isomere Pr 1^n-2-Methylphenylindol verwandelt.

Das Pr 3-Phenyl-β-Naphtindol, in derselben Weise aus dem Phenylacetaldehyd-β-Naphtylhydrazon gewonnen, wird gleichfalls vom Chlorzink bei 170° in das bisher unbekannte Pr 2-Phenyl-β-Naphtindol verwandelt, welches auch direct aus dem Acetophenon-β-Naphtylhydrazon gewonnen werden konnte. Die Umlagerung erfolgt aber hier keineswegs so glatt wie bei den einfachen Phenylindolen.

Die in Frage stehende Verschiebung des Phenyls scheint eine specifische Wirkung des Chlorzinks zu sein; es ist mir wenigstens nicht gelungen, dieselbe durch Erhitzen mit Salzsäure oder salzsaurem Anilin bis zu einer Temperatur von 230° herbeizuführen.

Endlich habe ich noch zur besseren Charakterisierung des von Fischer und Schmitt nur kurz beschriebenen Pr 3-Phenylindols einige Derivate desselben untersucht.

Zu den nachfolgenden Versuchen diente Phenylacetaldehyd, welcher aus Zimmtsäure nach der Vorschrift von Erlenmeyer und Lipp[2]) dargestellt war.

---

[1]) Berichte d. D. Chem. Gesellsch. 21, 1071 und 1811. (*S. 683* u. *691.*)
[2]) Liebigs Ann. d. Chem. 219, 99 und 233.

Derivate des Pr3-Phenylindols.

Pikrat, $C_{14}H_{11}N \cdot C_6H_2(NO_2)_3OH$.

Gleiche Mengen des Indols und der Pikrinsäure werden in einer Lösung von Benzol zusammengebracht.

Versetzt man jetzt die abgekühlte dunkelbraune Flüssigkeit vorsichtig mit Ligroïn, so fällt das Pikrat in feinen dunkelbraunen Nadeln aus.

Zur Reinigung wurde der Niederschlag abfiltrirt, mit Ligroïn gewaschen, in möglichst wenig heissem Benzol gelöst und nochmals mit Ligroïn gefällt. Hierauf wurden die Krystalle auf der Saugpumpe filtrirt und im Vacuum getrocknet.

Das so erhaltene Pikrat schmilzt bei 105°, ist in Benzol, Aether, Aceton und Alkohol sehr leicht, in Ligroïn sehr schwer löslich.

0,2957 g gaben 35 cbcm Stickstoff bei 22° und 774 mm Druck.
$C_{20}H_{14}O_7N_4$. Ber. N 13,26. Gef. N 13,19.

Nitroso-Pr-3-Phenylindol,

$$C_6H_4\underset{N \cdot NO}{\overset{C \cdot C_6H_5}{\diamondsuit}}CH.$$

Aehnlich dem Skatol wird das Pr 3-Phenylindol durch Salpetrigsäure in ein Nitrosamin verwandelt.

1 g Pr 3-Phenylindol wurde in Eisessig gelöst und in der Kälte die berechnete Menge (0,45 g) Natriumnitrit in concentrirter wässriger Lösung hinzugefügt. Die Flüssigkeit färbte sich gelbbraun und auf Zusatz von wenig Wasser fiel ein gelbes Oel aus, welches nach ungefähr 24 Stunden krystallinisch erstarrte.

Die Krystalle wurden filtrirt, mit Wasser gewaschen, aus Petroleumäther umkrystallisirt und im Vacuum getrocknet.

I. 0,1362 g Substanz gaben 0,3798 CO_2 und 0,069 H_2O. — II. 0,245 g Substanz gaben 28,6 cbcm N bei 19° und 748 mm Druck.
$C_{14}H_{10}N_2O$. Ber. C 75,67, H 4,50, N 12,61.
            Gef. ,, 75,98, ,, 4,70, ,, 13,1.

Das Nitrosamin krystallisirt in mikroskopisch kleinen, zu büschelförmigen Aggregaten vereinigten gelben Nadeln, die bei 60 bis 61° ohne Zersetzung schmelzen.

Es löst sich leicht in Benzol, Aceton, Aether und Chloroform, schwerer in Alkohol und Petroleumäther. In Natronlauge (1 : 2) ist es unlöslich zum Unterschied von dem Nitroso-Pr 2-Phenylindol. Als Nitrosamin liefert es die Liebermann'sche Reaction.

Pr 1ⁿ-3-Methylphenylindol,

$$C_6H_4\underset{N\cdot CH_3}{\overset{C\cdot C_6H_5}{\diamondsuit}} CH.$$

8 g Phenylacetaldehyd wurden mit 9 g Methylphenylhydrazin unter fortwährendem Umrühren und unter Kühlen versetzt. Die Masse erwärmt sich stark und scheidet sofort eine reichliche Menge Wasser aus. Man lässt zur Vervollständigung der Reaction das Gemisch etwa eine Stunde stehen und behandelt es dann mit verdünnter Essigsäure, um das unveränderte Methylphenylhydrazin zu entfernen. Das zurückbleibende Oel erstarrt in einer Kältemischung zu einer weichen krystallinischen Masse, die jedoch wieder bei gewöhnlicher Temperatur schmilzt.

Ein kleine Probe wurde in heissem Ligroïn gelöst. Beim starken Abkühlen schied sich eine Menge kleiner Krystalle ab, welche sich bei gewöhnlicher Temperatur wieder lösen und deshalb nicht weiter untersucht wurden.

Nach der Entstehungsweise ist der vorliegende Körper unzweifelhaft Phenylacetaldehydmethylphenylhydrazon.

16 g rohes Hydrazon wurden in 80 cbcm heissem absolutem Alkohol gelöst, mit Wasser gekühlt und dann 6 g concentrirte alkoholische Salzsäure zugegeben. Unter lebhafter Reaction färbte sich die anfangs schwach gelbe Flüssigkeit vorübergehend grün und zuletzt violett, wobei ein reichlicher Niederschlag von Chlorammonium entstand. Dieselbe wurde dann mit Ammoniak neutralisirt und nach Zusatz von Wasser der Alkohol auf dem Wasserbade verdampft.

Das unreine Indol sammelte sich in öligen Tropfen am Boden der Schale an und blieb auch in einer Kältemischung noch halb flüssig. Dieses Oel wurde in Aether gelöst und die ätherische Lösung abgedampft. Der Rückstand wurde im Vacuum destillirt; dabei ging das Indol als schwach gelbgefärbtes Oel über, welches nach einiger Zeit zu einer weichen krystallinischen Masse erstarrte.

Durch wiederholtes Umkrystallisiren dieses Productes aus heissem Petroleumäther erhält man farblose Krystalle, welche bei 64 bis 65° schmelzen.

Das Indol ist in Benzol, Alkohol, Aether leicht, in kaltem Petroleumäther ziemlich schwer löslich.

Für sich erhitzt, destillirt es unter theilweiser Zersetzung.

Ein mit Salzsäure befeuchteter Fichtenspan wird durch die alkoholische Lösung desselben rothviolett gefärbt. Die Analyse ergab folgende Zahlen.

I. 0,1709 g gaben 0,5438 CO_2 und 0,0987 H_2O. — II. 0,231 g gaben 14,2 cbcm N bei 20° und 752 mm Druck.

$C_{15}H_{13}N$. Ber. C 86,95, H 6,28, N 6,76.
Gef. ,, 86,78, ,, 6,40, ,, 6,95.

Das Pikrat des Indols bildet sich sofort, wenn man die Componenten in Benzollösung zusammenbringt, wie man an der braunen Farbe des Gemisches erkennt; aber es scheidet sich erst auf Zusatz von Ligroïn in dunkelbraunen Nadeln ab, welche bei 90° schmelzen.

Verwandlung des Pr 1^n-3-Methylphenylindols in das Pr 1^n-2-Methylphenylindol.

Die Reaction gelingt, soweit ich Versuche angestellt habe, nur mit Hülfe von Chlorzink, und erst bei einer Temperatur von 210 bis 220°. Erhitzt man 1 Th. Pr 1^n-3-Methylphenylindol mit 5 Th. trockenem Chlorzink im Oelbade 15 Minuten auf 220°, so entsteht eine dunkle Schmelze, welche bei Behandlung mit verdünnter Salzsäure das neue Indol als dunkle Masse zurücklässt.

Bei Auskochen mit Ligroïn geht das Indol in Lösung und krystallisirt beim Abkühlen in schönen farblosen Nadeln.

Dasselbe schmilzt bei 101° und ist unzweifelhaft identisch mit dem Pr 1^n-2-Methylphenylindol, welches zuerst von Degen[1]) aus dem Acetophenonmethylphenylhydrazon durch die Chlorzinkschmelze gewonnen wurde.

Phenyl-β-Naphtindole.

Die folgenden Indole entstehen aus den Verbindungen des β-Naphtylhydrazins mit Phenylacetaldehyd und Acetophenon.

Sie sind Derivate des von A. Schlieper ausführlicher untersuchten β-Naphtindols[2]), und für die Beurtheilung ihrer Constitution bleiben die von Schlieper angestellten Betrachtungen massgebend.

Pr 3-Phenyl-β-Naphtindol,

$$C_{10}H_6 \begin{matrix} C \cdot C_6H_5 \\ \diagup \quad \diagdown \\ \quad \quad CH \\ NH \end{matrix}$$

Um das als Ausgangsmaterial dienende Hydrazon zu bereiten, werden 12 g Phenylacetaldehyd und 15 g gepulvertes β-Naphtylhydrazin vermischt.

Die Masse erwärmt sich, schmilzt völlig, scheidet nach kurzer Zeit Wassertropfen aus und verwandelt sich bald darnach in ein hellgelbes krystallinisches Product.

Dasselbe lässt sich mit einiger Vorsicht aus heissem Ligroïn krystallisiren, zersetzt sich aber schon bei 100°; eben so empfindlich ist es gegen den atmosphärischen Sauerstoff.

---

[1]) Liebigs Ann. d. Chemie **236**, 155. (S. 570.)
[2]) Liebigs Ann. d. Chem. **236**, 177. (S. 586.)

Man thut deshalb gut, das Rohproduct nur mit verdünnter Salzsäure zu waschen und dann sofort in das beständige Indol zu verwandeln.

Zu dem Zwecke werden 10 g des Hydrazons mit ungefähr 10 cbcm concentrirter alkoholischer Salzsäure übergossen. Dabei löst es sich unter Erwärmen auf, und sofort scheidet die Lösung Chlorammonium ab.

Durch Zusatz von Wasser wird das Indol als grünlichweisser Niederschlag gefällt. Löst man dasselbe in Alkohol, so scheidet sich das Indol beim langsamen Verdunsten in Krystallen ab. Dieselben wurden aus heissem Ligroïn umkrystallisirt; sie bilden dann farblose glänzende Nadeln, welche bei 211° unter plötzlicher Zersetzung schmelzen. Das Indol löst sich leicht in Benzol, Alkohol, Aether, Aceton und heissem Petroleumäther, ist dagegen in kaltem Petroleum beinahe unlöslich.

Zum Unterschied von den gewöhnlichen Indolen färbt es den Fichtenspan nicht roth, sondern grün.

Die Analyse ergab folgende Zahlen:
I. 0,221 g Substanz gaben 0,7186 CO_2 und 0,1082 H_2O. — II. 0,227 g Substanz gaben 10,5 cbcm N bei 19° und 756 mm Druck.

$C_{18}H_{13}N$. Ber. C 88,89, H 5,35, N 5,75.
         Gef. ,, 88,70, ,, 5,43, ,, 5,46.

Das Pikrat von der Formel $C_{18}H_{13}N \cdot C_6H_2(NO_2)_3OH$ entsteht beim Zusammenbringen der äquivalenten Mengen von Indol und Pikrinsäure in Benzollösung und wird durch vorsichtigen Zusatz von Ligroïn in rothbraunen Nädelchen gefällt.

Die im Vacuum getrocknete Verbindung schmilzt bei 119 bis 120° und gab folgende analytische Zahlen:
I. 0,16 g Substanz gaben 15,5 cbcm N bei 13° und 756 mm Druck. — II. 0,242 g Substanz gaben 22,2 cbcm N bei 18° und 746 mm Druck.

$C_{24}H_{16}O_7N_4$. Ber. N 11,8. Gef. N 11,39, 11,95.

In Benzol, Aceton, Chloroform, Alkohol und Aether ist das Pikrat leicht löslich, in Ligroïn aber unlöslich.

Durch Chlorzink wird das Pr 3-Phenyl-β-naphtindol genau unter denselben Bedingungen wie das Pr 3-Phenylindol in die isomere Pr 2-Phenylverbindung verwandelt.

Die Reaction verläuft aber keineswegs so glatt, wie bei dem Phenylindol, weil ein beträchtlicher Theil des Naphtindols durch das Chlorzink in complicirte Producte verwandelt wird.

Erhitzt man ein Gemisch von Pr 3-Phenyl-β-Naphtindol mit der gleichen Menge Chlorzink im Oelbade während 15 Minuten auf 170°, so entsteht eine dunkele Schmelze, welche bei der Behandlung mit verdünnter Salzsäure ein dunkeles Harz zurücklässt; wird dasselbe mit Ligroïn ausgekocht, so geht das Indol in Lösung und fällt beim Erkalten zunächst wieder als braunes Oel aus, welches aber nach einigen Tagen Krystalle ausscheidet.

Dieselben wurden durch Waschen mit kleinen Mengen Benzols von dem anhaftenden Oel befreit und nochmals aus Ligroïn umkrystallisirt. Sie schmolzen dann bei 129 bis 130° und lieferten ein Pikrat vom Schmelzpunkt 165°.

Sie sind also identisch mit dem

Pr 2-Phenyl-β-Naphtindol,
$$C_{10}H_6 \underset{NH}{\overset{CH}{\diamondsuit}} C \cdot C_6H_5.$$

Dasselbe wird viel leichter aus dem Acetophenon-β-Naphtylhydrazon gewonnen. Um das letztere zu bereiten, wurden 16 g β-Naphtylhydrazin mit ungefähr 12 g Acetophenon versetzt, wobei in der Kälte noch keine Reaction stattfand. Beim Erhitzen auf dem Wasserbade trat sofort Condensation ein. Die Masse wurde nach 1 stündigem Erwärmen körnig krystallinisch.

Aus heissem Alkohol krystallisirt dieselbe in farblosen Nädelchen, welche sich schon gegen 117° bräunen und ungefähr bei 150° schmelzen.

Die Verbindung oxydirt sich ebenfalls an der Luft, ist aber gegen Wärme viel beständiger als das entsprechende Derivat des Phenylacetaldehyds.

Die Analyse der aus Alkohol krystallisirten exsiccatortrockenen Substanz ergab zur Formel $C_{18}H_{16}N_2$ stimmende Werthe.

I. 0,348 g gaben 1,054 CO_2 und 0,2003 H_2O. — II. 0,0914 g gaben 8,9 cbcm N bei 19° und 750 mm Druck. — III. 0,2405 g gaben 22,5 cbcm N bei 20° und 754 mm Druck.

$C_{18}H_{16}N_2$. Ber. C 83,07, H 6,15, N 10,77.
Gef. ,, 82,6, ,, 6,38, ,, 11,04, 10,43.

Durch alkoholische Salzsäure wird das Hydrazon in Aceton und β-Naphtylhydrazin gespalten; dagegen gelingt die Verwandlung in Indol sehr leicht durch Chlorzink.

Zu dem Zweck wird das Hydrazon mit der gleichen Menge Chlorzink in einem Kupfertiegel im Oelbade auf 170° erhitzt.

Die Masse schmilzt und nach 2 bis 3 Minuten erfolgt eine lebhafte Reaction, wobei die Schmelze stark aufschäumt und eine grünschwarze Färbung annimmt.

Nach dem Erkalten wurde die spröde Schmelze zerrieben, mit verdünnter Salzsäure behandelt und mit Ligroïn (Siedep. 85 bis 115°) ausgekocht, wobei ein dunkeles Harz zurückblieb.

Beim Abkühlen scheidet sich das Indol in harten weissen meist büschelförmigen vereinigten Kryställchen ab. Die Ausbeute ist recht befriedigend.

Für die Analyse wurde die Substanz im Vacuum getrocknet.

I. 0,191 g gaben 0,9822 CO_2 und 0,0991 H_2O. — II. 0,3462 g gaben 0,1678 H_2O. — III. 0,137 g gaben 6,7 cbcm N bei 18° und 750 mm Druck.

$C_{18}H_{13}N$. Ber. C 88,98, H 5,35, N 5,76.
  Gef. ,, 89,07, ,, 5,71, 5,37, ,, 5,668.

Das Pr 2-Phenyl-β-Naphtindol schmilzt bei 129 bis 130°, ist leicht löslich in Aether, Alkohol und Benzol, dagegen ziemlich schwer löslich in Ligroïn.

Geradeso wie die isomere Pr 3-Phenylverbindung färbte es den mit Salzsäure befeuchteten Fichtenspan nicht roth, sondern grün.

Sein Pikrat scheidet sich aus der Lösung in Benzol auf Zusatz von Ligroïn in braunrothen Nädelchen ab, welche im Vacuum getrocknet die Zusammensetzung $C_{18}H_{13}N \cdot C_6H_2(NO_2)_3OH$ haben.

0,2656 g gaben 26,6 cbcm N bei 15° und 748 mm Druck.

$C_{24}H_{16}O_7N_4$. Ber. N 11,8. Gef. N 11,59.

Die Verbindung schmilzt bei 165 bis 166°, sie ist in Benzol und Aether leicht, in Alkohol schwerer löslich und in Ligroïn nahezu unlöslich.

94. Friedrich Ach: Ueber das Anhydrid der Phenylhydrazonlävulinsäure.
Liebigs Annalen der Chemie **253**, 44 [1889].

Das Anhydrid der Phenylhydrazonlävulinsäure besitzt nach E. Fischer[1]) höchst wahrscheinlich die Constitution

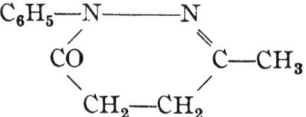

und enthält mithin einen ähnlichen, um ein Kohlenstoffatom reicheren Ring wie die Pyrazole. Durch geeignete Reduction derselben durfte man die Gewinnung einer sauerstofffreien Base erwarten, welche in demselben Verhältniss zum Pyridin steht, wie das Pyrazol zum Pyrrol. Ich habe deshalb auf Veranlassung von Herrn Professor E. Fischer das Anhydrid der Phenylhydrazonlävulinsäure mit Chlorphosphor behandelt, um den Sauerstoff zunächst durch Chlor zu ersetzen und später das Chlor durch Wasserstoff zu eliminiren. Der Versuch hat ein den Erwartungen keineswegs entsprechendes Resultat gegeben. Der Chlorphosphor wirkt hier oxydirend und erzeugt gleichzeitig zwei Verbindungen. Die erste derselben unterscheidet sich von dem Ausgangsmaterial nur durch den Mindergehalt von 2 Wasserstoffatomen, die zweite enthält ein Atom Chlor und ist ein Substitutionsproduct der ersteren Verbindung. Beide Substanzen unterscheiden sich von dem Phenylhydrazonlävulinsäureanhydrid durch viel grössere Beständigkeit des stickstoffhaltigen Ringes; sie werden weder durch Kochen mit Säuren, noch durch Alkalien in Derivate der Phenylhydrazonlävulinsäure zurückverwandelt.

Die Chlorverbindung tauscht beim Kochen mit alkoholischem Kali ihr Chlor gegen Aethoxyl aus, und der so entstehende Aethoxykörper liefert bei der Behandlung mit Salzsäure die entsprechende Hydroxyverbindung.

Die Bezeichnung dieser verschiedenen Producte wird überaus schleppend, wenn man den Namen Phenylhydrazonlävulinsäure zu Grunde legen will. Es erscheint deshalb zweckmässig, den in allen diesen Verbindungen enthaltenen, aus 2 Stickstoff- und 4 Kohlenstoff-

---

[1]) Liebigs Ann. d. Chem. **236**, 147. (*S. 565*.)

atomen bestehenden Kern mit einem besonderen Namen Pyridazin[1]) zu belegen und dann die Nomenclatur der Derivate in ähnlicher Art auszubilden, wie es von Knorr für die Pyrazolverbindungen geschehen ist.

So erhält die Verbindung, welche aus dem Phenylhydrazonlävulinsäureanhydrid durch die Abspaltung von zwei Wasserstoffatomen entsteht und die Constitution:

$$\begin{array}{c} C_6H_5-N-----N \\ \diagup \quad\quad\quad \diagdown \\ CO \quad\quad\quad C-CH_3 \\ \diagdown \quad\quad\quad \diagup \\ CH=CH \end{array}$$

besitzt, den Namen Phenylmethylpyridazon. Die Chlorverbindung ist, wie sich aus späteren Betrachtungen ergiebt, nach der Formel:

$$\begin{array}{c} C_6H_5-N-----N \\ \diagup \quad\quad\quad \diagdown \\ CO \quad\quad\quad C\cdot CH_3 \\ \diagdown \quad\quad\quad \diagup \\ CCl=CH \end{array}$$

constituirt, und wäre demnach, wenn man noch die substituirenden Gruppen in ähnlicher Weise zählen will, wie Knorr es bei den Pyrazolen gethan hat, als: 1-3-5-6-Phenylmethylchlorpyridazon zu bezeichnen.

Das entsprechende Phenylmethylhydroxypyridazon erleidet beim Erhitzen mit rauchender Salzsäure auf 170° eine eigenthümliche Veränderung; es verwandelt sich dabei in die isomere Carbonsäure des Phenylmethylpyrazols. Bei diesem Vorgange wird wahrscheinlich zunächst der Pyridazonring durch Wasseraufnahme gesprengt, wie folgendes Schema andeuten mag:

$$\begin{array}{cc} C_6H_5-N-----N & C_6H_5-NH------N \\ \diagup \quad\quad\quad \diagdown & \quad\quad\quad\quad \diagdown \\ CO \quad\quad\quad C-CH_3 + H_2O = & \quad\quad\quad C-CH_3. \\ \diagdown \quad\quad\quad \diagup & \quad\quad\quad \diagup \\ COH=CH & HOOC-COH=CH \end{array}$$

Aber die letztere Verbindung ist nicht beständig, sondern geht unter diesen Bedingungen durch Wasserabspaltung in die Phenylmethylpyrazolcarbonsäure:

$$\begin{array}{c} C_6H_5-N----N \\ HOOC \; | \quad\quad \diagdown \\ \diagdown \quad\quad\quad C-CH_3 \\ \diagup \\ C=CH \end{array}$$

über. Letztere spaltet beim Erhitzen Kohlendioxyd ab und verwandelt sich glatt in Phenylmethylpyrazol.

---

[1]) Dieser Name ist bereits von Knorr (Berichte d. D. Chem. Gesellsch. **18**, 304, 308) gebraucht worden, aber für eine Verbindung, welche nicht in diese Reihe gehört, sondern von Knorr selbst später als Pyrrolabkömmling (Liebigs Ann. d. Chem. **236**, 295) erkannt wurde.

Einwirkung von Phosphorpentachlorid auf Phenylhydrazonlävulinsäureanhydrid.

Erhitzt man eine innige Mischung von 1 Th. fein zerriebenem Anhydrid und 5 Th. Phosphorpentachlorid im Oelbad auf 150 bis 160°, so beginnt nach kurzer Zeit unter theilweisem Schmelzen der Masse eine lebhafte Entwicklung von Salzsäure. Nach 5 Minuten ist in der Regel die Reaction beendet und ein festes gelbbraunes Product entstanden. Dasselbe wird nach dem Erkalten in Eiswasser eingetragen, um den überschüssigen Chlorphosphor zu zerstören, wobei in der Regel völlige Lösung erfolgt. Nach einigen Stunden beginnt die Krystallisation des Phenylmethylchlorpyridazons. Dasselbe wird nach 24 Stunden abfiltrirt. Die Mutterlauge enthält das basische Phenylmethylpyridazon. Dasselbe wird nach dem Uebersättigen mit Alkali mit Aether extrahirt und bleibt beim Verdampfen dieser Lösungen als braungelbes, rasch erstarrendes Oel zurück.

Die Ausbeute an beiden Producten ist recht befriedigend; 10 g des Phenylhydrazonlävulinsäureanhydrids lieferten je 4 g von beiden Producten.

Phenylmethylpyridazon,

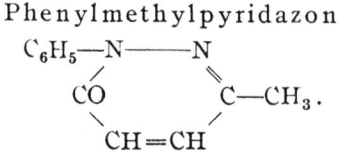

Dem Rohproducte ist eine kleine Menge des Chlorkörpers und etwas Harz beigemengt. Um beide zu entfernen, löst man zunächst in etwa der 100fachen Menge kochenden Wassers unter Zusatz von wenig Salzsäure. Das zurückbleibende Harz wird abfiltrirt; aus der Mutterlauge scheidet sich der Chlorkörper beim Erkalten grösstentheils in feinen weissen Nadeln ab. Die in Lösung bleibende Base wird nach der Uebersättigung mit Alkali wieder durch Aether extrahirt. Um die letzten Spuren des Chlorproductes zu entfernen, löst man die Base in Benzol und leitet trockene Salzsäure ein. Dabei fällt ihr Hydrochlorat als weisse Krystallmasse, welche filtrirt und mit Aether gewaschen wird. Das reine Salz wird mit Alkali zerlegt und die Base aus einem Gemisch von Aether und Ligroïn umkrystallisirt. Für die Analyse wurde dieselbe im Vacuum getrocknet.

0,4224 g gaben 1,0995 CO_2 und 0,2057 H_2O. — 0,1570 g gaben 21,1 cbcm N bei 18° und 742 mm Druck. — 0,2422 g gaben 33,3 cbcm N bei 21,5° und 748 mm Druck.

$C_{11}H_{10}N_2O$. Ber. C 70,97, H 5,37, N 15,06.
Gef. ,, 70,99, ,, 5,41, ,, 15,36, 15,15.

Das Phenylmethylpyridazon ist in Alkohol, Aether, Chloroform, Benzol, Aceton leicht, in Ligroïn ziemlich schwer und in Wasser, selbst in der Hitze, recht schwer löslich. Aus der heissen wässerigen Lösung fällt es auch beim langen Stehen in der Kälte nicht wieder heraus; dagegen bildet es beim Verdunsten seiner Lösung in Aether oder Ligroïn prachtvoll ausgebildete, wasserklare Krystalle.

Es schmilzt bei 81 bis 82° zu einer wasserhellen Flüssigkeit.

Es besitzt nur schwach basische Eigenschaften, denn seine Salze werden bereits durch Wasser zersetzt. Das Hydrochlorat scheidet sich aus der Benzollösung der Base, wie oben angegeben, in feinen farblosen Nadeln ab und kann aus heissem Benzol leicht umkrystallisirt werden; aber es verliert schon beim Trocknen im Exsiccator langsam seine Salzsäure. Mit Wasser übergossen, verwandelt es sich sehr rasch in die freie Base. Aus demselben Grunde zerfliesst es auch an der Luft.

Um aus der Base das letzte Sauerstoffatom zu entfernen, habe ich sie mit Zinkstaub destillirt und auch nach dem Verfahren von Ladenburg, welches für diesen speciellen Zweck zuerst von Tafel[1]) benutzt wurde, mit Natrium in alkoholischer Lösung reducirt. Bei der Zinkstaubdestillation entstand viel Anilin, aber daneben eine pyridinähnlich riechende Base, deren Menge jedoch zu einer eingehenden Untersuchung nicht ausreichte.

Die zweite Methode liefert in der That eine sauerstofffreie Base, aber die letztere ist nach ihren Eigenschaften offenbar durch Zusammentritt von mehreren Moleculen des Ausgangsmaterials entstanden.

In die kochende alkoholische Lösung des Phenylmethylpyridazons wurde Natrium allmählich eingetragen, so dass etwa 1 Stunde lang eine lebhafte Wasserstoffentwicklung stattfand. Dann wurde die alkalische Lösung mit Wasser verdünnt, mit Salzsäure neutralisirt, der Alkohol weggedampft, die von etwas Harz filtrirte Lösung wieder alkalisch gemacht und die abgeschiedene Base mit Aether extrahirt. Beim Verdampfen des letzteren blieb eine gefärbte Krystallmasse, welche zunächst mit wenig kaltem Alkohol gewaschen und dann aus heissem Alkohol umkrystallisirt wurde.

Die nachfolgende Analyse der bei 100° getrockneten Substanz zeigt, dass dieselbe sauerstofffrei ist. Sie entscheidet leider nicht mit Sicherheit über die Zusammensetzung, denn die Formel $C_{22}H_{24}N_4$, welche nach der Bildungsweise die meiste Wahrscheinlichkeit hat, verlangt Werthe, welche von den gefundenen um mehr als ein halbes Procent abweichen.

0,1926 g gaben 0,5377 CO_2 und 0,1256 H_2O. — 0,1315 g gaben 19,6 cbcm N bei 21,5° und 743 mm Druck.

$C_{22}H_{24}N_4$. Ber. C 76,7, H 7,0, N 16,2.
Gef. ,, 76,14, ,, 7,25, ,, 16,62.

Die Base bildet feine weisse Nadeln, welche bei 197° sintern und bei 200° völlig schmelzen.

---

[1]) Berichte d. D. Chem. Gesellsch. **20**, 250.

Sie löst sich in verdünnten Mineralsäuren, wird aber durch viel Wasser wieder gefällt und bildet ein schwer lösliches Chloroplatinat. Charakteristisch für die Verbindung ist folgende Reaction. Ihre Lösung in verdünnter Schwefelsäure färbt sich durch Chromsäure oder salpetrige Säure tief violettblau, ähnlich wie die Pyrazoline es thun.

Phenylmethylchlorpyridazon,

$$\begin{array}{c} C_6H_5-N\!\!-\!\!-\!\!-N \\ \diagup \qquad \diagdown \\ CO \qquad\quad C-CH_3 \\ \diagdown \qquad \diagup \\ CCl=CH \end{array}.$$

Das oben erwähnte Rohproduct ist so rein, dass es für die Bereitung der später beschriebenen Derivate direct verwendet werden kann. Zur Analyse wurde dasselbe aus heissem Alkohol umkrystallisirt und bei 100° getrocknet.

0,4009 g gaben 0,8775 CO_2 und 0,1519 H_2O. — 0,2333 g gaben 0,5127 CO_2 und 0,0888 H_2O. — 0,1979 g gaben 22 cbcm N bei 16,5° und 744 mm Druck. — 0,2255 g gaben 0,1515 AgCl oder 0,0375 Cl.

$C_{11}H_9N_2OCl$. Ber. C 59,86, H 4,1, N 12,69, Cl 16,1.
Gef. ,, 59,69, 59,93, ,, 4,21, 4,23, ,, 12,68, ,, 16,61.

Die Verbindung krystallisirt in langen flachen Prismen; sie ist in heissem Alkohol, Chloroform, Benzol, Aceton leicht, in Aether und Ligroïn ziemlich schwer und in Wasser fast gar nicht löslich. Bei 132° beginnt sie zu sintern und schmilzt völlig von 136 bis 137°; in kleiner Menge kann sie unzersetzt destillirt werden.

In concentrirter Salzsäure oder Schwefelsäure löst sie sich in reichlicher Menge und wird durch Wasser unverändert wieder abgeschieden. Ebenso wenig wird der Körper von gewöhnlicher Salpetersäure verändert; dagegen erzeugt rothe rauchende Säure ein Nitroproduct, welches durch Wasser als körnige gelbrothe Masse abgeschieden wird und nach einmaligem Umkrystallisiren aus heissem Alkohol zwischen 210 und 213° schmilzt.

Von wässerigen Alkalien wird das Chlorpyridazon auch beim längeren Kochen gar nicht angegriffen. Dagegen wird durch alkoholische Kalilauge das Chlor verhältnissmässig leicht herausgenommen und durch Aethoxyl ersetzt.

Phenylmethyläthoxypyridazon,

$$\begin{array}{c} C_6H_5-N\!\!-\!\!-\!\!-N \\ \diagup \qquad \diagdown \\ CO \qquad\quad C\cdot CH_3 \\ \diagdown \qquad \diagup \\ C_2H_5O\cdot C = CH \end{array}.$$

Versetzt man eine warme alkoholische Lösung des Chlorproductes mit alkoholischer Kalilauge, so geräth die Flüssigkeit in lebhaftes

Sieden und scheidet sofort Chlorkalium ab. Zur Vervollständigung der Reaction wird noch einige Zeit am Rückflusskühler gekocht, dann der Alkohol verdampft und der Rückstand mit Wasser behandelt, wobei das Aethoxypyridazon als schwach braun gefärbte Krystallmasse zurückbleibt.

Die Ausbeute ist nahezu quantitativ. Die Substanz wird am besten aus heissem Alkohol umkrystallisirt. Will man ein ganz farbloses Präparat erhalten, so ist es vortheilhaft, die heisse alkoholische Lösung mit Thierkohle zu behandeln. Für die Analyse wurde das Präparat bei 100° getrocknet.

0,2052 g gaben 0,5100 CO_2 und 0,1191 H_2O. — 0,1943 g gaben 20,7 cbcm N bei 18,5° und 759 mm Druck.

$C_{11}H_9N_2O(C_2H_5O)$.   Ber. C 67,83, H 6,08, N 12,17.
                            Gef. ,, 67,78, ,, 6,44, ,, 12,28.

Die Verbindung sintert gegen 143° und schmilzt völlig bei 146° zu einer farblosen Flüssigkeit, welche beim Abkühlen sehr rasch wieder erstarrt.

Sie krystallisirt in farblosen glänzenden flachen Prismen, oder beim langsamen Verdunsten einer alkoholisch-ätherischen Lösung in wohlausgebildeten Tafeln.

Die Aethoxyverbindung ist in heissem Alkohol, Benzol, Chloroform, Aceton leicht löslich, in Ligroïn und Aether viel schwerer löslich. Von heissem Wasser wird sie ebenfalls in merklicher Menge aufgenommen.

In concentrirten Säuren ist sie leicht, in Alkalien dagegen gar nicht löslich.

Mit concentrirter Salzsäure kann sie gekocht werden, ohne eine merkliche Veränderung zu erfahren; erhitzt man dagegen mit rauchender Salzsäure im verschlossenen Gefäss auf 125 bis 130°, so wird sie völlig unter Abspaltung von Aethyl verwandelt in das

Phenylmethylhydroxypyridazon,

$$\begin{array}{c} C_6H_5-N\text{---}N \\ \diagup \qquad \diagdown \\ CO \qquad\quad C\cdot CH_3 \\ \diagdown \qquad \diagup \\ HO\cdot C=CH \end{array}$$

Der Aethoxykörper wird mit der 10fachen Menge rauchender Salzsäure (1,19 spec. Gewicht) im verschlossenen Rohr 3 bis 4 Stunden auf 125 bis 130° erhitzt. Beim Oeffnen des Rohres entweicht eine reichliche Menge von Chloräthyl; die klare farblose Lösung wird zur Trockene verdampft, die farblose Krystallmasse mit Wasser gewaschen, in kalter verdünnter Soda gelöst, wenn nöthig filtrirt und durch Salzsäure wieder gefällt.

Man erhält so die Hydroxyverbindung in feinen weissen Nadeln, welche für die Analyse aus heissem Alkohol umkrystallisirt und bei 100° getrocknet wurden.

0,2614 g gaben 0,6266 CO_2 und 0,1197 H_2O. — 0,2719 g gaben 33,3 cbcm N bei 19° und 745 mm Druck.

$C_{11}H_9N_2O(OH)$. Ber. C 65,3, H 4,95, N 13,86.
　　　　　　　　 Gef. ,, 65,37, ,, 5,09, ,, 13,79.

Die Verbindung sintert gegen 185°, schmilt aber dann constant und vollständig bei 196° zu einer farblosen Flüssigkeit, welche beim Abkühlen schon gegen 185° wieder krystallisirt und dann genau denselben Schmelzpunkt 196° zeigt. Beim starken Erhitzen destillirt sie, wenigstens theilweise, unzersetzt.

Sie ist in heissem Aceton, Benzol, Chloroform leicht, in Alkohol und Aether schwerer löslich; von heissem Wasser wird sie nur wenig, von starken Mineralsäuren dagegen sehr leicht gelöst. Sie besitzt ausgesprochen saure Eigenschaften und löst sich in Folge dessen in Alkalien und Ammoniak sehr leicht.

Charakteristisch ist folgende Reaction. Die salzsaure Lösung nimmt auf Zusatz von Eisenchlorid eine rothbraune Farbe an, welche beim Verdünnen in carminroth umschlägt.

Beim Erhitzen mit Salzsäure auf 170° entsteht aus der Hydroxyverbindung die gleich zusammengesetzte

Phenylmethylpyrazolcarbonsäure,

$$\begin{array}{c} C_6H_5-N-\!\!\!-N \\ |\qquad\qquad\;\;\diagdown \\ \qquad\qquad\quad C-CH_3 \\ |\qquad\qquad\;\;\diagup \\ HOOC-C=CH \end{array}$$

Die Bildung der Säure aus dem Phenylmethylhydroxypyridazon ist schon oben discutirt. Sie erklärt sich am einfachsten durch die Annahme, dass das Hydroxyl des Hydroxykörpers benachbart zur CO-Gruppe steht, wie das in der Constitutionsformel der Verbindung bereits ausgedrückt ist. In Folge der Anhäufung von Sauerstoff an dieser einen Stelle des Moleculs wird die Stickstoff-Kohlenstoff-Bindung unter dem Einfluss der Salzsäure gesprengt, gerade so wie das beim Anhydrid der Phenylhydrazonlävulinsäure so leicht stattfindet. Hierbei würde zunächst eine Säure:

$$\begin{array}{c} C_6H_5-NH-N \\ \diagdown \\ C\cdot CH_3 \\ \diagup \\ HOOC-C(OH)=CH \end{array}$$

entstehen, welche dann durch Wasserabspaltung in den Pyrazolkörper übergeht.

Für die Darstellung des letzteren kann man selbstverständlich die Aethoxyverbindung direct benutzen, dieselbe wird mit der 10 fachen Menge rauchender Salzsäure 3 Stunden auf 170° erhitzt, dann die klare Lösung verdampft und der Rückstand mit verdünnter Natronlauge aufgenommen. Dabei bleibt in der Regel eine kleine Menge Phenylmethylpyrazol als Oel zurück, welches durch Abspaltung von Kohlendioxyd aus der Säure entstanden ist. Aus der alkalischen Lösung fällt beim Neutralisiren die Carbonsäure in feinen farblosen Nadeln aus. Dieselbe kann aus heissem Wasser umkrystallisirt werden. Für die Analyse wurde sie bei 100° getrocknet.

0,1920 g gaben 0,4590 CO_2 und 0,0883 H_2O. — 0,1178 g gaben 14,8 cbcm N bei 19° und 745 mm Druck.

$C_{11}H_{10}N_2O_2$. Ber. C 65,3, H 4,95, N 13,86.
Gef. ,, 65,2, ,, 5,11, ,, 14,15.

Die Säure löst sich in heissem Alkohol, Chloroform, Benzol, Aether, ebenso in concentrirten Mineralsäuren.

Sie schmilzt bei 165 bis 166° und zersetzt sich gegen 200° unter lebhafter Kohlensäureentwicklung. Hierbei entsteht das

Phenylmethylpyrazol,

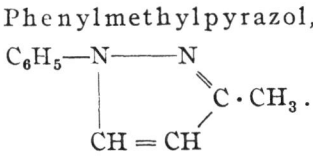

Die Carbonsäure wird im Oelbade einige Zeit auf 200 bis 210° erhitzt, bis die Entwicklung von Kohlensäure beendet ist, und der Rückstand destillirt. Das farblose Oel erstarrt in der Kälte. Für die Analyse wurde die Substanz in Alkohol gelöst und dann bis zur beginnenden Trübung Wasser zugesetzt; in der Kälte verwandelt sich das anfangs ölige Product in farblose derbe Nadeln.

0,2518 g gaben 0,6993 CO_2 und 0,1477 H_2O. — 0,3971 g gaben 58,9 cbcm N bei 17° und 760 mm Druck.

$C_{10}H_{10}N_2$. Ber. C 75,9, H 6,33, N 17,7.
Gef. ,, 75,74, ,, 6,52, ,, 17,21.

Das Product ist aller Wahrscheinlichkeit nach identisch mit dem von Knorr[1]) aus Phenylmethylpyrazolon durch Zinkstaubdestillation erhaltenen, aber nur kurz beschriebenen Phenylmethylpyrazol. Den Schmelzpunkt, welchen Knorr nicht angegeben hat, fand ich bei 34 bis 36° und den Siedepunkt bei 753 mm Druck bei 254 bis 255° (Quecksilberfaden ganz im Dampf).

---

[1]) Liebigs Ann. d. Chem. 238, 198.

Dieselben Eigenschaften finden Claisen und Stylos[1]) für ein Phenylmethylpyrazol, welches sie aus Acetessigaldehyd darstellten und welchem sie die Stellung (1) Phenyl (5) methyl zuschreiben. Es ist jedoch nach Vorliegendem viel wahrscheinlicher, dass das Product identisch mit dem von mir und Knorr erhaltenen (1) Phenyl (3) methylpyrazol ist.

Die Verbindung ist in Aether, Alkohol, Chloroform, Aceton, Benzol und selbst Ligroïn leicht löslich; mit Wasserdämpfen ist sie flüchtig. Sie besitzt einen charakteristischen chinolinartigen, stark zum Niesen reizenden Geruch.

Das Platindoppelsalz ist in Wasser schwer löslich und bildet orangegelbe Nadeln.

Durch Reduction mit Natrium in alkoholischer Lösung wird das Pyrazol leicht in das zugehörige Pyrazolin verwandelt.

Phenylmethylpyrazolin,

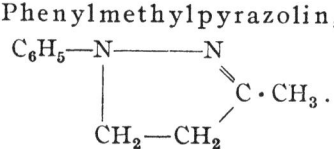

Um diese bisher nicht beschriebene Verbindung zu gewinnen, wird das Pyrazol in absolutem Alkohol gelöst und überschüssiges Natrium allmählich eingetragen, geradeso wie Knorr für die Bereitung der Pyrazoline vorschreibt. Schliesslich wird die alkalische Lösung mit Wasser gefällt und das ausgeschiedene Pyrazolin mit Aether extrahirt. Beim Verdunsten dieser Lösung krystallisirt dasselbe in langen flachen Nadeln, welche für die Analyse im Vacuum getrocknet wurden.

0,1396 g gaben 0,3855 CO_2 und 0,0988 H_2O.

$C_{10}H_{12}N_2$. Ber. C 75,0, H 7,5.
Gef. ,, 75,31, ,, 7,86.

Die Verbindung schmilzt bei 73 bis 75° und destillirt unzersetzt. Sie ist in Aether, Alkohol, Benzol leicht, in Ligroïn ziemlich schwer löslich. Mit Wasserdämpfen verflüchtigt sie sich ziemlich leicht und verbreitet dabei einen angenehmen an Himbeersaft erinnernden Geruch.

Mit Eisenchlorid oder Chromsäure giebt sie die bekannte schöne Farbenreaction der Pyrazoline.

---

[1]) Berichte d. D. Chem. Gesellsch. **21**, 1143 und 1147.

95. Emil Fischer und Friedrich Ach: Notizen über die Phenylhydrazone.

Liebigs Annalen der Chemie 253, 57 [1889].

Nitrirung der Hydrazone.

Während das Phenylhydrazin und seine meisten einfachen Derivate durch Salpetersäure entweder völlig zerstört oder in complicirtere Producte verwandelt werden, gelang es A. Michael[1]) zuerst aus dem Acetylcitraconphenylhydrazid, in welchem alle Wasserstoffatome der Hydrazingruppe substituirt sind, ein einfaches Nitroderivat darzustellen. Das letztere verliert bei der Behandlung mit Natriumdicarbonat-Lösung sein Acetyl und verwandelt sich zunächst in ein saures Citraconnitrophenylhydrazid. Aus dem letzteren soll dann nach Michael durch weitere Behandlung mit Soda das Nitrophenylhydrazin entstehen. Bisher ist aber keine weitere Mittheilung über diese Verbindung erschienen.

Wir haben nun gefunden, dass auch die gewöhnlichen Hydrazone direct nitrirt werden können und dass dies besonders leicht gelingt beim Phenylhydrazonlävulinsäureanhydrid, in welchem ebenfalls alle Wasserstoffatome der Hydrazingruppe substituirt sind.

Acetondinitrophenylhydrazon. — Die Operation gelingt nur bei niederer Temperatur und Anwendung von recht concentrirter Säure. Dem entspricht folgende Vorschrift. 12 g Acetonphenylhydrazon werden allmählich in 25 g gewöhnliche concentrirte farblose Salpetersäure, welche in einer Kältemischung gekühlt ist, eingetragen. Dabei findet keine bemerkenswerthe Reaction statt. Das Hydrazon löst sich zu einer gelbrothen Flüssigkeit. Diese Lösung wird jetzt tropfenweise in 100 g rauchende und sehr gut gekühlte Salpetersäure unter fortwährendem Schütteln eingetragen. Jeder Tropfen erzeugt anfangs eine dunkle Färbung und ein zischendes Geräusch. Die ganze Mischung wird zum Schluss in viel Eiswasser gegossen, wobei eine dunkle halb feste Masse ausfällt. Behandelt man die letzere wiederholt mit kleinen Mengen Aether, so bleibt ein dunkelbrauner krystallinischer Rückstand.

---

[1]) Berichte d. D. Chem. Gesellsch. **19**, 1386.

Derselbe wird mit absolutem Alkohol ausgekocht und die dunkelrothe filtrirte Lösung mit Thierkohle behandelt.

Aus dem Filtrat fällt beim Erkalten das Nitroproduct in schönen gelben Nadeln aus. Für die Analyse wurden dieselben bei 100° getrocknet.

0,1458 g gaben 0,2425 CO_2 und 0,0581 H_2O. — 0,1755 g gaben 36,4 cbcm N bei 18° und 745 mm Druck.

$C_9H_{10}N_4O_4$. Ber. C 45,3, H 4,2, N 23,5.
Gef. ,, 45,36, ,, 4,4, ,, 23,47.

Die Verbindung schmilzt bei 127° (uncorr.) und zersetzt sich bei höherer Temperatur unter Feuererscheinung. In heissem Alkohol ist sie ziemlich leicht löslich und krystallisirt beim Erkalten sehr rasch. In Benzol und Chloroform ist sie leicht löslich; auch von Aether wird sie in beträchtlicher Menge aufgenommen. In Wasser ist sie nahezu unlöslich, dagegen wird sie von heissen verdünnten Alkalien mit dunkelrother Farbe gelöst und gleichzeitig zersetzt.

Auffallend ist ihre Beständigkeit gegen Säuren, welche das Acetonphenylhydrazon so leicht zersetzen; sie löst sich in starker Salzsäure und kann einige Zeit damit gekocht werden, ohne dass eine merkliche Veränderung stattfindet.

p-Nitrophenylhydrazonlävulinsäureanhydrid,

$$NO_2 \cdot C_6H_4 - N - N$$
$$\diagup \qquad \diagdown$$
$$CO \qquad C \cdot CH_3 .$$
$$\diagdown \qquad \diagup$$
$$CH_2 - CH_2$$

Fein zerriebenes Anhydrid wird in kleinen Portionen in die 10 fache Menge rauchender Salpetersäure, welche durch Eiswasser gekühlt ist, eingetragen. Es löst sich dabei mit gelbrother Farbe. Nach einer Stunde wird die Flüssigkeit in viel Eiswasser oder noch besser in Schnee gegossen. Dabei fällt das Nitroproduct in gelben Flocken aus, welche filtrirt, mit Wasser gewaschen, zwischen Fliesspapier gepresst und aus heissem Alkohol umkrystallisirt werden. Die Ausbeute beträgt fast die gleiche Menge des angewandten Anhydrides.

Zur Analyse wurde das Präparat bei 100° getrocknet.

0,3734 g gaben 0,7771 CO_2 und 0,1624 Wasser. — 0,4535 g gaben 71,7 cbcm N bei 18° und 754 mm Druck.

$C_{11}H_{11}N_3O_3$. Ber. C 56,6, H 4,72, N 18,03.
Gef. ,, 56,75, ,, 4,83, ,, 18,08.

Die Verbindung ist in heissem Alkohol, Benzol und Eisessig ziemlich leicht löslich und krystallisirt beim Erkalten in feinen gelben flachen Nadeln. In Aether und Ligroïn ist sie schwer löslich. Sie schmilzt bei 118 bis 119°. Concentrirte Salzsäure löst das Nitroanhydrid beim gelinden Erwärmen in reichlicher Menge, verwandelt es aber sehr leicht in die zugehörige Säure. Dieselbe Umwandlung erfährt das Anhydrid beim Erwärmen mit alkoholischer Kalilösung. Von wässrigem Alkali wird es selbst in der Wärme ziemlich langsam gelöst, und die Umwandlung in die Säure ist dabei unvollständig, denn die Flüssigkeit zeigt starken Geruch nach Isonitril. Dass die Verbindung die Nitrogruppe in der Para-Stellung zur Hydrazingruppe enthält, ergiebt sich aus der Ueberführung in p-Phenylendiamin.

Versetzt man die warme alkoholische Lösung des Nitrokörpers mit Zinkstaub und Eisessig, so verschwindet sehr bald die gelbe Farbe. Als eine Probe mit überschüssigem Alkali nicht mehr die intensivrothe Farbe des Nitrokörpers zeigte, wurde die Lösung filtrirt, mit Schwefelwasserstoff vom Zink befreit und im Vacuum verdampft. Der Rückstand wurde mit Alkali versetzt, die abgeschiedene Base mit Aether extrahirt und nach dem Verdampfen des letzteren aus Wasser umkrystallisirt. Sie zeigte den Schmelzpunkt 140° und die übrigen Eigenschaften des p-Phenylendiamins.

0,0618 g gaben 0,1512 CO_2 und 0,04056 Wasser. — 0,0667 g gaben 15,6 cbcm N bei 24° und 746 mm Druck.

$C_6H_4(NH_2)_2$. Ber. C 66,66, H 7,4, N 25,92.
Gef. ,, 66,72, ,, 7,29, ,, 25,73.

Die Bildung des Diamins ist leicht verständlich; die Nitrogruppe wird zur Amidogruppe und die Hydrazingruppe wird in der bekannten Weise durch den nascirenden Wasserstoff unter Lösung der Stickstoffbindung gesprengt.

p-Nitrophenylhydrazonlävulinsäure,

$$NO_2 \cdot C_6H_4 \cdot NH{-}N = C \diagup^{CH_3}_{\diagdown CH_2 \cdot CH_2 \cdot COOH}$$

Das Anhydrid löst sich in der 5fachen Menge rauchender Salzsäure beim Erwärmen auf dem Wasserbade rasch auf. Lässt man diese Lösung einen halben Tag bei Zimmertemperatur stehen, so ist das Anhydrid völlig umgewandelt. Beim Verdünnen mit Wasser fällt die Säure als orangegelbe krystallinische Masse aus. Die Umwandlung des Anhydrids in die Säure gelingt ebenso leicht mit alkoholischer Kalilösung. Man löst zu dem Zwecke erst in heissem Alkohol, kühlt ab und fügt, ehe die Krystallisation beginnt, alkoholische Kalilauge hinzu, wobei dieselbe sich sofort tief dunkelroth färbt. Nach einer halben Stunde wird mit Wasser verdünnt und die gebildete Nitrosäure durch verdünnte Schwefelsäure oder Essigsäure gefällt.

Durch einmalige Krystallisation aus heissem Alkohol gewinnt man die reine Verbindung, welche orangegelbe Nadeln bildet und für die Analyse bei 100° getrocknet wurde.

0,2836 g gaben 0,5511 CO_2 und 0,1400 Wasser.

$C_{11}H_{13}N_3O_4$. Ber. C 52,59, H 5,16.
Gef. ,, 52,99, ,, 5,48.

Die Säure sintert gegen 190°, färbt sich dabei dunkler und schmilzt etwas über 200° unter Zersetzung.

Sie ist in heissem Alkohol und Aceton leicht, in kaltem Alkohol, Benzol, Aether schwer löslich; in heissem Wasser löst sie sich ebenfalls ziemlich schwer, auf Zusatz von essigsaurem Natron etwas leichter mit rothgelber Farbe. Diese Lösung färbt Seide und Wolle direct schön gelb. Aber das Färbevermögen ist doch nicht gross genug, um eine technische Verwendung der Verbindung gegenüber den vielen bekannten gelben Farbstoffen in Aussicht zu stellen.

Charakteristisch für die Säure ist die sehr starke tief dunkelrothe Farbe ihrer Lösung in Alkalien und Ammoniak.

Gegen concentrirte Mineralsäuren ist sie viel beständiger als die Phenylhydrazonlävulinsäure. Während die letztere so leicht unter Rückbildung von Phenylhydrazin gespalten wird, kann man die Nitrosäure längere Zeit mit concentrirter Salzsäure kochen. Erst bei stundenlangem Erwärmen mit rauchender Salzsäure im verschlossenen Rohr auf dem Wasserbade war ein erheblicher Theil der Verbindung verwandelt. In kleiner Menge entsteht dabei ein Product, welches aus der mit Wasser verdünnten Salzsäure erst auf Zusatz von Ammoniak in feinen rothen Krystallen ausfällt, stark reducirt und vielleicht das p-Nitrophenylhydrazin ist.

Durch alkoholische Salzsäure wird die Nitrosäure sehr leicht esterificirt.

p-Nitrophenylhydrazinlävulinsäureäthylester. — Am besten bereitet man denselben direct aus dem Nitroanhydrid. Löst man dasselbe in absolutem Alkohol und leitet gasförmige Salzsäure bis zur Sättigung ein, so fällt auf Zusatz von Wasser der Ester in orangegelben Krystallen aus. Für die Analyse wurde derselbe aus Alkohol umkrystallisirt und bei 100° getrocknet.

0,1199 g gaben 0,2453 CO_2 und 0,0677 H_2O. — 0,1213 g gaben 16,6 cbcm N bei 24° und 743 mm Druck.

$C_{11}H_{17}N_3O_4$. Ber. C 55,91, H 6,09, N 15,05.
Gef. ,, 55,79, ,, 6,27, ,, 14,99.

Die Verbindung schmilzt bei 156 bis 157° und färbt sich dabei unter geringer Gasentwicklung dunkler.

Sie ist in heissem Alkohol, Benzol und Eisessig leicht, in Aether und Ligroïn schwer löslich; aus Alkohol krystallisirt sie in rothbraunen ziemlich compacten langen Prismen.

Von alkoholischen Alkalien wird sie in der Wärme in die Nitrosäure verwandelt.

Verhalten der Hydrazone gegen Brenztraubensäure. — Die Hydrazone der gewöhnlichen Aldehyde und Ketone werden beim Erwärmen mit Mineralsäuren bald leichter, bald schwerer unter Wasseraufnahme in die Componenten gespalten. Aber in den seltensten Fällen verläuft die Reaction ausschliesslich in diesem Sinne. In der Regel entstehen dabei complicirtere Producte, Indolderivate oder Condensationsproducte der Aldehyde und Ketone. Merkwürdigerweise wirkt nun die Brenztraubensäure in ähnlicher Art, aber viel glatter auf die Hydrazone ein, indem sie Aldehyde und Ketone in Freiheit setzt und selbst das Hydrazin in Anspruch nimmt. Erwärmt man Acetonphenylhydrazon mit einer verdünnten, wässrigen Lösung von Brenztraubensäure, so destillirt alsbald Aceton und aus der Lösung scheidet sich gleichzeitig die Phenylhydrazonbrenztraubensäure krystallinisch ab. Dasselbe findet statt, wenn man die Materialien, Hydrazon und Säure, ohne Zusatz von Wasser gelinde erwärmt.

Der Process findet statt nach der Gleichung:

$$C_6H_5 \cdot NH-N = C{<}{}^{CH_3}_{CH_3} + CO{<}{}^{CH_3}_{CO_2H}$$
$$= C_6H_5 \cdot NH \cdot N = C{<}{}^{CH_3}_{CO_2H} + CO{<}{}^{CH_3}_{CH_3}.$$

Wie allgemein die Reaction ist, mögen einige weitere Beispiele zeigen. Die Hydrazone des Acet-, Propyl- und Oenanthaldehyds verhalten sich gerade so wie die Acetonverbindung, sie lösen sich in einer kochenden verdünnten wässrigen Brenztraubensäure ziemlich leicht und werden alsbald zersetzt, wobei wieder der Aldehyd nahezu vollständig regenerirt wird. Fast ebenso leicht gelingt die entsprechende Spaltung bei den einfachen aromatischen Ketonen. Das Acetophenonphenylhydrazon z. B. löst sich in der wässrigen Brenztraubensäure beim Erwärmen leicht und wird dabei zugleich in Keton und Phenylhydrazonbrenztraubensäure zerlegt.

Etwas beständiger ist die Benzaldehydverbindung. Wegen ihrer geringen Löslichkeit wird sie von verdünnter Brenztraubensäure nur sehr langsam angegriffen. Kocht man sie dagegen mit einer Lösung von Brenztraubensäure in 50 proc. Essigsäure, so wird sie in reichlicher Menge gelöst und gleichzeitig zersetzt. Beim Erkalten fällt auch hier die entstandene Hydrazonbrenztraubensäure krystallinisch aus.

Ganz ähnlich den gewöhnlichen Aldehyden und Ketonen verhalten sich die γ-Ketonsäuren. Das Phenylhydrazon der Lävulinsäure z. B.

wird beim Kochen mit einer verdünnten Lösung von Brenztraubensäure in kurzer Zeit völlig gespalten.

Dagegen ist das Anhydrid der Phenylhydrazonlävulinsäure beständiger. Es löst sich wohl in heisser verdünnter Brenztraubensäure in grosser Menge, wird aber, wenigstens beim kurzen Kochen, nicht verändert. Endlich haben wir noch das Verhalten der p-Nitrophenylhydrazonlävulinsäure untersucht. Dieselbe wird bei obiger Reaction ausserordentlich leicht verwandelt in die

p-Nitrophenylhydrazonbrenztraubensäure,

$$NO_2 \cdot C_6H_4 \cdot NH \cdot N = C \langle \begin{array}{c} CH_3 \\ CO_2H \end{array}.$$

Dieselbe scheidet sich bald in gelben krystallinischen Flocken ab, wenn man eine heisse verdünnte salzsaure Lösung der Nitrophenylhydrazonlävulinsäure mit Brenztraubensäure versetzt. Sie wurde für die Analyse aus heissem Alkohol umkrystallisirt und bei 100° getrocknet.

0,1623 g gaben 0,2886 CO_2 und 0,0622 H_2O.

$C_9H_9N_3O_4$. Ber. C 48,43, H 4,08.
Gef. ,, 48,49, ,, 4,25.

In heissem Alkohol und Aceton ist die Säure ziemlich leicht, dagegen in Benzol und Aether sehr schwer löslich.

Beim Erhitzen zersetzt sie sich unter Gasentwicklung und Bildung eines rothen Oeles.

Ebenso leicht reagirt die Nitrophenylhydrazonlävulinsäure mit der Dioxyweinsäure und liefert dabei ein rothes, in Wasser fast unlösliches, in Alkali aber lösliches Product, welches offenbar das Nitroderivat der Phenylosazondioxyweinsäure ist.

In derselben Weise wie auf die Hydrazone wirkt die Brenztraubensäure auch auf die Oxime, worüber später berichtet werden soll.

96. Emil Fischer: Ueber einige Reactionen des Phenylhydrazins und Hydroxylamins.

Berichte der Deutschen Chemischen Gesellschaft **22**, 1930 [1889].

(Eingegangen am 12. Juli; mitgetheilt in der Sitzung von Hrn. F. Tiemann.)

Auf die grosse Aehnlichkeit des Hydroxylamins mit den Hydrazinen habe ich früher wiederholt hingewiesen. Ich erinnere an die leichte Oxydirbarkeit, an das ähnliche Verhalten gegen Aldehyde und Ketone, salpetrige Säure und Diazoverbindungen.

Man darf daher erwarten, dass die meisten Reactionen, welche bei den Hydrazinen beobachtet sind, auf das Hydroxylamin übertragen werden können, und dass dasselbe auch im umgekehrten Sinne möglich sein wird.

Die nachfolgenden Versuche liefern dafür einige Beispiele.

Das Hydroxylamin ist ausgezeichnet durch seine leichte Verbindbarkeit mit Blausäure[1]). Ein ähnliches Product entsteht unter den richtigen Bedingungen aus Blausäure und Phenylhydrazin.

Umgekehrt ist längst eine Verbindung des Phenylhydrazins mit Cyan[2]) bekannt. Der Versuch hat gezeigt, dass das letztere sich unter den gleichen Bedingungen mit dem Hydroxylamin verbindet.

Aehnlich dem Ammoniak und den gewöhnlichen Aminbasen reagirt das Phenylhydrazin sehr energisch mit den Isocyansäureäthern und den Senfölen; dasselbe gilt für das Hydroxylamin.

Cyan und Hydroxylamin.

Cyangas wird durch eine mit Eiswasser gekühlte Lösung von wässrigem Hydroxylamin in reichlicher Menge absorbirt. Unterbricht man das Einleiten des Gases, sobald ein weisser Niederschlag entsteht und verdampft dann die Lösung, so bleibt die neue Verbindung als farblose Krystallmasse zurück, welche durch Umkrystallisiren aus heissem Wasser leicht gereinigt werden kann.

Da dieselbe in kaltem Wasser ziemlich schwer löslich ist, so kann man statt der Lösung von freiem Hydroxylamin, deren Bereitung

---
[1]) Lossen und Schifferdecker, Ann. Chem. Pharm. **166**, 295.
[2]) Ann. Chem. Pharm. **190**, 138. (S. *254*.)

aus dem Sulfat immerhin einige Mühe macht, auch direct salzsaures Hydroxylamin und Natronlauge in Anwendung bringen. Daraus ergiebt sich folgendes bequemes Verfahren:

Salzsaures Hydroxylamin wird in der gleichen Menge Wasser gelöst und mit der für die Bindung der Salzsäure berechneten Menge Kalilauge versetzt. Leitet man in diese durch Eiswasser gekühlte Lösung unter dauerndem Umschütteln einen lebhaften Strom von Cyangas, so beginnt sehr bald die Abscheidung von farblosen Krystallen. Dieselben werden nach einiger Zeit abfiltrirt, und das Filtrat von neuem mit Cyan behandelt, bis an Stelle der Krystalle der schon oben erwähnte, weisse amorphe Niederschlag entsteht.

Die Ausbeute beträgt dann etwa 40 pCt. vom angewandten Hydroxylaminsalz; einmaliges Umkrystallisiren des Rohproducts aus heissem Wasser genügt, um ein völlig reines Präparat zu gewinnen.

Die Verbindung hat die Zusammensetzung $C_2H_6N_4O_2$.

I. 0,2354 g gaben 0,1765 g Kohlensäure und 0,1108 g Wasser. — II. 0,1112 g gaben 47,5 ccm Stickstoff bei 22° und 749 mm Druck.

$C_2H_6N_4O_2$. Ber. C 20,34, H 5,08, N 47,46.
Gef. ,, 20,45, ,, 5,23, ,, 47,61.

Sie entsteht mithin nach der Gleichung:

$$(CN)_2 + 2 NH_3O = C_2H_6N_4O_2.$$

Nach ihrem ganzen Verhalten gehört dieselbe in die Classe der Amidoxime, welche Tiemann[1]) und seine Mitarbeiter aus den gewöhnlichen Nitrilen und Hydroxylamin in grösserer Zahl dargestellt und ausführlich untersucht haben.

Ich gebe ihr deshalb die Formel:

$$\begin{array}{c} C{\diagdown}{}^{NH_2}_{NOH} \\ | \\ C{\diagdown}{}^{NOH}_{NH_2} \end{array}$$

und nenne sie Oxalamidoxim.

Sie schmilzt nicht ganz constant gegen 200° unter Gasentwicklung. In heissem Wasser ist sie leicht löslich und krystallisirt daraus beim Erkalten sofort in farblosen, dicken Prismen. In Alkohol ist sie selbst in der Hitze ziemlich schwer löslich, und noch weniger wird sie von Aether, Chloroform und Benzol aufgenommen.

Sie ist zugleich Säure und Base; von Alkalien wird sie in der Kälte sofort gelöst und durch Essigsäure wieder ausgefällt. In verdünnter

---

[1]) Berichte d. D. Chem. Gesellsch. **17**, 128 ff.

Salzsäure ist sie leicht löslich, dagegen wird sie von concentrirter Salzsäure nur in der Wärme in grösserer Menge gelöst, und beim Erkalten fällt dann das Hydrochlorat in langen, farblosen Prismen aus. Aus der Lösung in warmer, verdünnter Schwefelsäure krystallisirt das Sulfat beim Erkalten ebenfalls in langen Prismen.

Die wässerige Lösung des Oxalamidoxims giebt mit Fehlingscher Lösung einen rothbraunen, amorphen Niederschlag einer Kupferverbindung, welche sehr charakteristisch ist. In sehr verdünnter Lösung entsteht zunächst eine rothbraune Färbung, und der Niederschlag bildet sich erst beim Erwärmen.

Durch einstündiges Erhitzen mit 20 procentiger Salzsäure auf dem Wasserbade wird das Amidoxim völlig zersetzt; beim Verdampfen der Lösung bleibt ein krystallinischer Rückstand, welcher zum grössten Theil aus Oxalsäure, Salmiak und salzsaurem Hydroxylamin besteht. In kleinerer Menge enthält derselbe eine Verbindung, welche in kaltem Wasser ziemlich schwer löslich ist und der näheren Untersuchung bedarf.

In heissem Essigsäureanhydrid löst sich das Oxalamidoxim in reichlicher Menge. Beim Erkalten fallen farblose Krystalle aus, welche bei 184° unter Gasentwickelung schmelzen und das Diacetylderivat sind. Wird das letztere mit überschüssigem Essigsäureanhydrid längere Zeit am Rückflusskühler gekocht, so verliert es zwei Moleküle Wasser und verwandelt sich in die Verbindung $C_6H_6N_4O_2$, welche aus heissem Wasser in feinen Nadeln krystallisirt, bei 165—167° schmilzt und höchst wahrscheinlich in die Klasse der von Tiemann entdeckten Azoxime gehört.

Ueber beide Verbindungen wird später Hr. Th. Wagner ausführlicher berichten.

Merkwürdig ist das Verhalten des Oxalamidoxims gegen überschüssiges Cyangas. Leitet man in seine verdünnte, kalte, wässerige Lösung unter Umschütteln Cyan ein, so entsteht sehr bald ein farbloser, amorpher, in Wasser, Alkohol und Aether unlöslicher Niederschlag. Derselbe ist keine einheitliche Verbindung und konnte auch nicht durch Umkrystallisiren gereinigt werden. Verschiedene Analysen gaben wechselnde Zahlen, welche am nächsten auf eine Verbindung von gleichen Molekülen Oxalamidoxim und Dicyan stimmen.

Durch Kochen mit Wasser wird das Product unter Gasentwicklung und völliger Zersetzung gelöst, wobei neben anderen Substanzen Oxalamidoxim zurück gebildet wird.

Wie leicht begreiflich und oben schon erwähnt, entsteht dasselbe unlösliche Product bei der Bereitung des Oxalamidoxims, wenn überschüssiges Cyan zur Wirkung gelangt.

Phenylhydrazin und Cyanwasserstoff.

Während das Hydroxylamin nach den Beobachtungen von Lossen sich ausserordentlich leicht mit der Blausäure verbindet, reagirt die letztere mit dem Phenylhydrazin viel langsamer und in keineswegs einfacher Weise. Unter den später angegebenen Bedingungen gelingt es aber doch, ein Product zu gewinnen, welches die Zusammensetzung $C_7H_9N_3$ besitzt und mithin aus gleichen Molekülen Hydrazin und Cyanwasserstoff entsteht.

Wahrscheinlich ist die Verbindung ähnlich den Amidinen nach der Formel

$$CH\underset{N_2H_2 \cdot C_6H_5}{\overset{NH}{\diagdown}} \quad \text{oder} \quad CH\underset{N_2H \cdot C_6H_5}{\overset{NH_2}{\diagdown}}$$

constituirt.

Ich nenne sie nach dem Vorgang von Pinner Methenylphenylazidin. Wie es scheint, ist dieselbe das niedere Homologe der Verbindung, welche Pinner[1]) aus Acetimidoäther und Phenylhydrazin gewann, aber nur in Form ihres salzsauren Salzes unter dem Namen Aethenylphenylazidin beschrieb.

Zur Bereitung des Methenylphenylazidins werden 10 g Phenylhydrazin, 5 g Wasser und 2 ccm wasserfreier Blausäure im geschlossenen Rohr 2 Stunden im Wasserbade erhitzt. Aus der vorher klaren, schwach gelben Lösung hat sich dann ein dunkelbraunes Oel abgeschieden, in welchem Krystalle eingebettet sind; die Menge der letzteren vermehrt sich bei mehrstündigem Stehen in der Kälte.

Dieselben werden auf der Pumpe filtrirt und durch Waschen mit Alkohol und Aether vom anhaftenden Oel befreit. Das Oel enthält viel Anilin und unverändertes Phenylhydrazin.

Die Menge der Krystalle beträgt nicht mehr als 5 pCt. des angewandten Hydrazins. Dieselben wurden aus heissem Alkohol umkrystallisirt und für die Analyse bei 100° getrocknet.

I. 0,0836 g gaben 0,1918 g Kohlensäure und 0,0521 g Wasser. — II. 0,2119 g gaben 0,4834 g Kohlensäure und 0,1240 g Wasser. — III. 0,1473 g gaben 41,2 ccm Stickstoff bei 21° und 745 mm Druck.

$C_7H_9N_3$. Ber. C 62,22, H 6,67, N 31,11.
Gef. ,, 62,57, 62,22, ,, 6,95, 6,50, ,, 31,20.

Die Verbindung schmilzt gegen 225° unter Zersetzung. In Wasser ist sie unlöslich, in Aether und Benzol schwer löslich, in heissem Alkohol verhältnissmässig leicht löslich.

Sie löst sich in stark verdünnter Salzsäure beim Kochen in reichlicher Menge mit gelber Farbe; beim Erkalten fällt das Hydrochlorat in feinen büschelförmig vereinigten, schwach gelben Nadeln aus. Das

---

[1]) Berichte d. D. Chem. Gesellsch. **17**, 2003.

Nitrat ist in heissem Wasser leichter löslich als das Hydrochlorat und krystallisirt ebenfalls in feinen, gelben Nadeln. Aus der Lösung der Salze fällt Alkali die Base als farblosen, amorphen Niederschlag, welcher beim Kochen körnig wird. Die Base reducirt in alkoholischer Lösung ammoniakalische Silberlösung.

Versetzt man ihre Lösung in verdünnten Mineralsäuren mit Natriumnitrit, so scheidet sich sofort ein Nitrosamin als flockiger Niederschlag aus; dasselbe ist unlöslich in Säuren und zeigt die Liebermann'sche Nitrosoreaction.

Einwirkung von Hydroxylamin auf Phenylcyanat und Phenylsenföl.

Während das Hydroxylamin nach den Angaben von Lossen mit Cyansäure ausserordentlich leicht zu einem Harnstoff zusammen tritt, bietet die Bereitung der phenylirten Harnstoffabkömmlinge etwas grössere Schwierigkeiten, wie folgende von Hrn. von der Kalle ausgeführte Versuche zeigen.

Phenylcyanat mit einer kalten, wässerigen Lösung von Hydroxylamin geschüttelt, verwandelt sich sehr bald in eine weisse, krystallinische Masse. Dieselbe ist aber nicht der einfache Harnstoff, sondern entsteht aus zwei Molekülen Phenylcyanat und einem Molekül Hydroxylamin nach der Gleichung:

$$2 C_6H_5CNO + NH_3O = C_{14}H_{13}N_3O_3.$$

Sie ist unlöslich in Alkalien und reducirt die Fehling'sche Lösung selbst beim Kochen nicht.

Um den einfachen Harnstoff $C_6H_5 \cdot NH \cdot CO \cdot NH_2O$ zu erhalten, muss man einen grossen Ueberschuss von Hydroxylamin anwenden und das Phenylcyanat tropfenweise zusetzen. Derselbe schmilzt bei 140°, ist in Alkali löslich und reducirt die Fehling'sche Lösung.

Die Einwirkung von Phenylsenföl auf Hydroxylamin ist bereits von R. Schiff[1]) untersucht worden; derselbe fand, dass dabei aller Schwefel des Senföls abgeschieden wird.

Diese Zersetzung wird indessen ganz vermieden, wenn man das Phenylsenföl mit einer sorgfältig gekühlten, wässrigen Lösung von überschüssigem Hydroxylamin schüttelt. Es verwandelt sich dann in eine farblose Krystallmasse des Phenyloxysulfoharnstoffs $C_6H_5 \cdot NH \cdot CS \cdot NH_2O$; derselbe schmilzt bei 108° unter Zersetzung und löst sich leicht und ohne Veränderung in kalten Alkalien. Beim Kochen der alkalischen Lösung wird er dagegen völlig zersetzt und liefert dabei eine reichliche Menge von Phenylcyanamid.

---

[1]) Berichte d. D. Chem. Gesellsch. **9**, 574.

Einwirkung von Phenylhydrazin auf Kohlenoxysulfid, Chlorkohlensäureäther und Phosgengas.

Die nachfolgenden Versuche sind von Hrn. G. Heller ausgeführt.

Kohlenoxysulfid erzeugt in einer ätherischen Lösung von Phenylhydrazin einen weissen krystallinischen Niederschlag, welcher die Zusammensetzung $COS \cdot (C_6H_5N_2H_3)_2$ hat.

Wird die Verbindung im zugeschmolzenen Rohr einige Stunden auf 100° erhitzt, so erfährt sie eine complexe Zersetzung.

Als Producte derselben wurden Schwefelwasserstoff, Ammoniak, Anilin, Diphenylharnstoff und endlich Diphenylcarbazid $(C_6H_5N_2H_2)_2CO$ erhalten, welches Skinner und Ruhemann[1]) bereits auf anderem Wege gewonnen haben. Die Verbindung schmilzt bei 163—164°, also 12° höher, als letztere angeben.

Aehnlich dem Diphenylsulfocarbazid wird dasselbe von alkoholischem Kali mit rother Farbe gelöst und gleichzeitig in die um zwei Wasserstoffatome ärmere Verbindung $C_{13}H_{12}N_4O$ verwandelt. Diese bildet rothgelbe Nadeln, welche bei 157° unter Zersetzung schmelzen.

Fügt man ein Molekül Chlorkohlensäureester zu zwei Molekülen Phenylhydrazin, welches mit Aether verdünnt ist, so entsteht neben salzsaurem Phenylhydrazin die Verbindung $C_6H_5NH \cdot NH \cdot COOC_2H_5$. Sie entspricht dem Urethan, schmilzt bei 86—87° und destillirt theilweise unzersetzt. Durch Quecksilberoxyd wird sie in die entsprechende Azoverbindung verwandelt.

Kohlenoxychlorid wirkt ebenfalls sehr energisch auf eine ätherische Lösung von Phenylhydrazin. Dabei entsteht neben salzsaurem Hydrazin das oben erwähnte Diphenylcarbazid und ferner noch eine hochschmelzende Substanz, welche noch nicht analysirt ist.

---

[1]) Berichte d. D. Chem. Gesellsch. **20**, 3372.

97. Emil Fischer und Jacob Meyer: Methylirung der Indole.
Berichte der Deutschen Chemischen Gesellschaft **23**, 2628 [1890].
(Eingegangen am 4. August.)

Wie früher gezeigt wurde, werden die verschiedenen Indole durch Einwirkung von Jodalkylen in Basen verwandelt, welche nach ihrem ganzen Charakter der Chinolinreihe anzugehören scheinen[1]). Am ausführlichsten wurde die Wechselwirkung von Methylketol und Jodmethyl untersucht. Die dabei resultirende Base erhielt die Formel $C_{11}H_{13}N$, welche mit den Analysen gut übereinstimmte, und wurde dementsprechend als ein Dimethyldihydrochinolin,

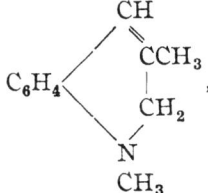

betrachtet. Bei der Reduction mit Zinn und Salzsäure nimmt sie leicht zwei Wasserstoffe auf und verwandelt sich in eine tertiäre Base, welche ein Dimethyltetrahydrochinolin zu sein schien.

Auffallenderweise entstand aus dem Pr 2.3-Dimethylindol durch die gleiche Reaction eine Base, welche als Trimethyldihydrochinolin betrachtet wurde, aber der vorhergehenden täuschend ähnlich war, z. B. den gleichen Siedepunkt besass. Man hätte daraus den Schluss ziehen können, dass die beiden Verbindungen identisch seien, zumal die Analysen solcher complicirten Substanzen über den Mehr- oder Mindergehalt von einem Methyl nicht sicher entscheiden. Dem stand jedoch die Beobachtung gegenüber, dass durch Einwirkung von Jodäthyl auf Methylketol eine ebenfalls tertiäre Base entstand, welche nach der Analyse ihres Jodmethylates nur zwei Aethyl mehr enthielt als das angewandte Indol.

In derselben Abhandlung ist ferner erwähnt, dass auch Skatol und Pr 1ⁿ-Methylindol durch Jodmethyl in ähnliche Basen verwandelt

---
[1]) Ann. Chem. Pharm. **242**, 348. (S. 649.)

werden. Diese Beobachtung wurde vor einiger Zeit im hiesigen Laboratorium von Hrn. Haberland[1]) weiter verfolgt. Er fand, dass die Wechselwirkung zwischen den beiden letzteren Indolen und Jodmethyl erst bei mehrstündigem Erhitzen auf 128° von statten geht und dass dann allerdings eine Base erhalten wird, welche die grösste Aehnlichkeit mit dem Product aus Methylketol zeigt. Jetzt schien eine Revision der früher aufgestellten Formeln unbedingt nothwendig, und da Hr. Haberland durch seine veränderte Lebensstellung daran verhindert wurde, so haben wir diese Versuche ausgeführt. Durch die nachfolgenden Analysen der jodwasserstoffsauren Salze und der Jodmethylate wird in der That der Beweis geliefert werden, dass die Base aus Methylketol ebenso wie diejenige aus Skatol und Pr 2.3-Dimethylindol die empirische Formel $C_{12}H_{15}N$ besitzt und daher aus dem Methylketol nach folgender Gleichung entsteht:

$$C_9H_9N + 3\,JCH_3 = C_{12}H_{15}N + 3\,HJ\,.$$

Ein Methyl tritt unzweifelhaft an den Stickstoff. Nimmt man an, dass das zweite als Methylen in den Indolring eintritt, so muss das dritte den Wasserstoff der Methingruppe, welche im Methylketol noch enthalten ist, ersetzen. Dass eine derartige Methylirung an den Kohlenstoffatomen des Indolringes stattfinden kann, beweisen auch die neueren Versuche von Ciamician[2]) über die Methylirung des Indols selber, wobei die gleiche Base wie aus Methylketol entsteht.

Trotz der veränderten Formel halten wir an der Ansicht fest, dass die vorliegenden Basen Derivate des Dihydrochinolins sind. Nur ist das Product aus Methylketol als Trimethyldihydrochinolin zu betrachten.

Trimethyldihydrochinolin, $C_{12}H_{15}N$, aus Methylketol.

Bezüglich der Darstellung und der Eigenschaften haben wir den früheren Angaben Nichts zuzufügen. Die Analyse der freien Base wurde nicht wiederholt, da dieselbe bei den geringen Differenzen in der procentischen Zusammensetzung einer Di- und Trimethylverbindung für die vorliegende Frage nicht entscheidend sein kann. Wichtiger ist die analytische Untersuchung des jodwasserstoffsauren Salzes. Dasselbe ist früher erwähnt, aber nicht analysirt worden. Zu seiner Bereitung diente die reine, im Vacuum destillirte Base. Leitet man über die ätherische Lösung derselben farblosen, gasförmigen Jodwasserstoff, so fällt das Salz sofort als wenig gefärbter krystallinischer Niederschlag aus. Dasselbe wurde nach dem Abfiltriren zweimal aus absolutem Alkohol umkrystallisirt und für die Analyse bei 90° getrocknet.

---

[1]) Inaugural-Dissertation Würzburg 1888.
[2]) Berichte d. D. Chem. Gesellsch. **21**, 2863; **22**, 656 u. 1976.

0,4395 g gaben 0,3449 g AgJ.

$C_{12}H_{15}NJH$. Ber. J 42,10.
$C_{11}H_{13}NJH$. ,, J 44,16.
Gef. J 42,38.

Das Salz schmolz, wie früher angegeben, unter Zersetzung bei 253°. Man kann dasselbe auch aus Wasser umkrystallisiren oder mit wässriger Jodwasserstoffsäure darstellen; aber dieses Präparat ist in der Regel schwach gefärbt. Wir haben deshalb die oben erwähnte Bereitungsweise für die analysirten Präparate vorgezogen.

Trimethyltetrahydrochinolin, $C_{12}H_{17}N$, aus Methylketol.

Die Base ist früher ausführlich unter dem Namen Dimethyltetrahydrochinolin beschrieben. Die dort angegebene Analyse stimmt jedoch auf die neue Formel wenigstens ebenso gut, wie folgende Zusammenstellung zeigt.

$C_{11}H_{15}N$. Ber. C 81,99, H 9,32.
$C_{12}H_{17}N$. ,, ,, 82,29, ,, 9,71.
Gef. ,, 82,02, ,, 9,71.

Dieselbe liefert ein schön krystallisirendes Jodmethylat, dessen Jodgehalt nach der früheren Bestimmung mit der alten Formel $C_{11}H_{15}N \cdot CH_3J$ gut übereinstimmte.

Ber. J 41,65. Gef. J 41,8.

Aber diese Analyse ist titrimetrisch, auch mit zu kleinen Mengen ausgeführt, und in Folge dessen ist das Resultat ungenau. Eine neuere Analyse, welche mit grösseren Quantitäten und mit sorgfältig gereinigtem Material ausgeführt wurde, stimmt auf die neue Formel $C_{12}H_{17}N \cdot CH_3J$.

0,4559 g gaben 0,3393 g AgJ.

Ber. J 39,97. Gef. J 40,19.

Die Verbindung ist unzweifelhaft ein quaternäres Ammoniumjodid, denn sie wird aus der wässrigen Lösung durch Natronlauge unzersetzt gefällt. Die frühere Angabe, dass der Körper bei 250—251° unter Zersetzung schmelze, ist dahin zu berichtigen, dass derselbe nicht eigentlich schmilzt, sondern sich bei dieser Temperatur unter Zersetzung direct verflüchtigt.

Trimethyldihydrochinolin, aus Pr 2. 3-Dimethylindol.

Die Base ist bereits unter dem gleichen Namen beschrieben und auf ihre grosse Aehnlichkeit mit der aus Methylketol erhaltenen Verbindung aufmerksam gemacht worden. Wir haben das jodwasserstoffsaure Salz analysirt.

0,4551 g gaben 0,3570 g AgJ.

Ber. J 42,10. Gef. J 42,37.

Das Salz zeigt die gleichen Eigenschaften, besonders auch den gleichen Schmelzpunkt wie das zuvor beschriebene.

Trimethyltetrahydrochinolin, aus Pr 2.3-Dimethylindol.

Die Base wurde in bekannter Weise dargestellt und zeigte wiederum die gleichen Eigenschaften, wie das Product aus Methylketol. Dasselbe gilt von ihrem Jodmethylat. Seine Analyse ergab folgende Zahlen.

0,5247 g gaben 0,3890 g AgJ.

Ber. J 39,97. Gef. J 40,04.

Trimethyldihydrochinolin aus Skatol.

Bei 100° wirkt das Jodmethyl ausserordentlich langsam auf Skatol ein. Erhitzt man dagegen 1 Theil Skatol, $2^1/_2$ Theile Jodmethyl und 1 Theil Methylalkohol 12 Stunden im geschlossenen Rohr im Dampf von Amylalkohol (Siedepunkt 128—130°), so ist die Umwandlung eine vollständige. Im Rohr ist starker Druck vorhanden.

Das jodwasserstoffsaure Salz der entstandenen Base bildet eine dunkle Krystallmasse. Dieselbe wurde filtrirt, mit Alkohol gewaschen, und das Salz in die freie Base verwandelt. Dieselbe wurde in bekannter Weise gereinigt und schliesslich im Vacuum destillirt. Sie zeigte wiederum die gleichen Eigenschaften wie die Producte aus Methylketol und Pr 2.3-Dimethylindol. Das sorgfältig gereinigte jodwasserstoffsaure Salz gab folgende Zahlen:

I. 0,4812 g gaben 0,3720 g Jodsilber. — II. 0,302 g gaben 0,2338 g Jodsilber.

Ber. J 42,10. Gef. J 41,76, 41,77.

Die Base wurde durch Reduction wiederum in die Tetrahydroverbindung verwandelt, und aus letzterer das Jodmethylat dargestellt. Die Analyse des Productes führt ebenfalls zu der Formel

$$C_{12}H_{17}N \cdot CH_3J.$$

Ber. J 39,97. Gef. J 39,89.

Zum Schluss wollen wir noch bemerken, dass nach den Versuchen des Hrn. Haberland das Pr 1ⁿ-Methylindol unter den gleichen Bedingungen, wie Skatol durch Jodmethyl in dieselbe jetzt als Trimethyldihydrochinolin zu bezeichnende Base verwandelt wird.

Versuche, die Constitution des Trimethyldihydrochinolins festzustellen.

Die früher für die Base aufgestellte Constitutionsformel, welche auf einer unrichtigen empirischen Formel basirte, ist selbstverständlich abzuändern. Dabei sind zunächst wieder folgende Thatsachen zu berücksichtigen. Die Base ist aller Wahrscheinlichkeit nach ein Derivat des Dihydrochinolins. Sie enthält ferner ein Methyl am Stickstoff, denn die durch Reduction daraus entstehende Tetrahydroverbindung liefert mit Jodmethyl direct ein quaternäres Ammoniumjodid. Ferner enthält die Base unzweifelhaft zwei Methyle am Kohlenstoff des Pyridinringes, denn sie entsteht aus dem Pr 2. 3-Dimethylindol, und eine Ablösung von Methyl während der Reaction ist kaum anzunehmen. Aber die Stellung dieser beiden Methyle bleibt vorläufig unbestimmt. Findet die Umwandlung des Indolringes in den Hydrochinolinring, wie man wohl annehmen darf, durch den Eintritt von Methylen statt, so resultiren, je nachdem das Methylen zwischen Stickstoff und den zunächst liegenden Kohlenstoff oder zwischen die beiden doppelt gebundenen Kohlenstoffatome des Indolringes sich einschiebt, folgende drei Formeln:

$$C_6H_4\left\langle\begin{array}{c}CCH_3\\ \|\\ CCH_3\\ |\\ CH_2\\ /\\ NCH_3\end{array}\right. \qquad C_6H_4\left\langle\begin{array}{c}CCH_3\\ \|\\ CH\\ |\\ CHCH_3\\ /\\ NCH_3\end{array}\right. \qquad C_6H_4\left\langle\begin{array}{c}CHCH_3\\ \\ CH\\ \|\\ CCH_3\\ /\\ NCH_3\end{array}\right.$$

Der 4. und letzte Fall, dass das Methylen in die Parastellung zum Stickstoff tritt, ist so unwahrscheinlich, dass wir ihn nicht weiter diskutiren wollen.

Um die Stellung der beiden Methyle experimentell zu bestimmen, konnte man zwei Wege einschlagen. Entweder wird die Base in ein Dimethylchinolin, beziehungsweise eine Chinolindicarbonsäure verwandelt oder man stellt synthetisch aus den bekannten Dimethylchinolinen die Trimethyltetrahydrochinoline dar und vergleicht sie mit der oben beschriebenen Verbindung. Aus praktischen Gründen haben wir die letztere Methode gewählt und die beiden bekannten Dimethylchinoline

$$C_6H_4\left\langle\begin{array}{c}CCH_3\\ \|\\ CH\\ |\\ CCH_3\\ \|\\ N\end{array}\right. \qquad \text{und} \qquad C_6H_4\left\langle\begin{array}{c}CCH_3\\ \|\\ CCH_3\\ |\\ CH\\ \|\\ N\end{array}\right.$$

als Ausgangsmaterial benutzt. Dieselben wurden zunächst in Tetrahydroverbindungen verwandelt und die letzteren durch erschöpfende Methylirung in das Jodmethylat des Trimethyltetrahydrochinolins übergeführt. Diese konnten nun durch den Schmelzpunkt mit der vorher beschriebenen Verbindung, welche aus den Indolen entsteht, verglichen werden. Dabei hat sich herausgestellt, dass alle drei Verbindungen verschieden sind. Der Versuch, das Trimethyldihydrochinolin mit Chinolinderivaten von bekannter Constitution in Verbindung zu setzen, ist also misslungen.

Reduction des $\alpha\gamma$-Dimethylchinolins.

Das Dimethylchinolin wurde nach der Vorschrift von Beyer[1]) dargestellt und durch das Pikrat gereinigt. Die Reduction der Base selbst oder ihres Jodmethylates mit Zinn und Salzsäure gab recht schlechte Resultate. Besser gelingt die Operation bei Anwendung von Natrium. Das Chinolin wurde in absolutem Alkohol gelöst und in bekannter Weise mit einem Ueberschuss von Natrium behandelt. Die reducirte Base wurde mit Wasserdampf abgetrieben, mit Aether extrahirt und mit einem Ueberschuss von Jodmethyl und Methylalkohol mehrere Stunden im Rohr auf 100° erhitzt. Das Reactionsproduct bleibt beim Verdampfen als krystallinische Masse zurück, welche sich in Wasser leicht löst. Auf Zusatz von concentrirter Natronlauge fällt das quaternäre Ammoniumjodid krystallinisch aus. Dasselbe wurde mehrmals mit Aether behandelt, dann filtrirt und aus absolutem Alkohol mehrmals umkrystallisirt. Die Analyse führt zu der Formel

$$C_{12}H_{17}N \cdot CH_3J.$$

$C_{12}H_{17}NCH_3J$. Ber. J 39,97, N 4,42, H 6,31, C 49,21.
Gef. ,, 40,23, ,, 4,63, ,, 6,40, ,, 49,37.

Die Verbindung schmilzt bei 215° unter Zersetzung, mithin etwa 40° niedriger, als das Product aus Trimethyldihydrochinolin.

Reduction des $\beta\gamma$-Dimethylchinolins.

Die von Knorr[2]) beschriebene Base wird ebenfalls am besten mit Natrium reducirt. Desgleichen kann man die Tetrahydrobase, wie schon Knorr beobachtet hat, direct aus dem $\beta\gamma$-Dimethylcarbostyril darstellen. Wir haben die reducirte Base ebenfalls durch Erhitzen mit Jodmethyl und Methylalkohol in quaternäres Ammoniumjodid verwandelt. Das letztere wurde aus der wässerigen Lösung mit Natronlauge gefällt und gleichfalls aus absolutem Alkohol umkrystallisirt. Das Salz schmolz bei 205° unter Zersetzung und gab bei der Jodbestimmung folgende Zahlen:
0,4312 g Substanz gaben 0,3190 g Jodsilber.
$C_{12}H_{17}NCH_3J$. Ber. J 39,97. Gef. J 39,96.

Diese Verbindung ist also ebenfalls verschieden von dem Producte aus Trimethyldihydrochinolin.

Die letzteren Versuche haben wir ausgeführt mit einem Material, welches Hr. L. Knorr uns in freundlichster Weise zur Verfügung stellte.

Diese Abhandlung war für den Druck abgeschlossen, als wir in dem letzten Hefte dieser ,,Berichte'' die Arbeit von Zatti und Ferratini ,,über die Methylirung des Indols'' fanden. Diese Herren kommen ebenfalls zu dem Resultate, dass die Base aus Methylketol eine Trimethylverbindung sei.

---

[1]) Journ. f. prakt. Chem. **33**, 393. [2]) Ann. Chem. Pharm. **245**, 362.

98. Julius Culmann: Ueber Tetraphenyltetracarbazon.
Liebigs Annalen der Chemie **258**, 235 [1890].

Durch Combination von Bromacetophenon mit Phenylhydrazin erhielt O. Hess[1]) eine schön krystallisirende Verbindung, welche die empirische Formel $C_{14}H_{12}N_2$ besitzt und nach folgender Gleichung entsteht:
$$C_6H_5 \cdot CO \cdot CH_2Br + 2\, C_6H_5 \cdot N_2H_3$$
$$= C_{14}H_{12}N_2 + C_6H_5 \cdot N_2H_3 \cdot HBr + H_2O\,.$$

Auf Veranlassung von Herrn Professor Emil Fischer habe ich versucht, die Constitution derselben aufzuklären und bin dabei zu folgenden Resultaten gelangt.

Die Formel $C_{14}H_{12}N_2$ ist zu verdoppeln.

Die Verbindung enthält 4 Phenylgruppen und einen Kern $C_4H_4N_4$. Beim Behandeln mit Säuren spaltet sie Anilin ab und bildet neben einer Base von der Formel $C_{22}H_{17}N_3$ noch ein anderes Product $C_{22}H_{18}N_2$. Letzteres liefert endlich beim Kochen mit verdünnter Schwefelsäure Diphenacyl: $C_6H_5 \cdot CO \cdot CH_2 \cdot CH_2 \cdot CO \cdot C_6H_5$.

Es scheint also der Schluss berechtigt, dass die ursprüngliche Verbindung die Atomgruppe:
$$\underset{\parallel}{C_6H_5 \cdot C} \cdot CH_2 \cdot CH_2 \cdot \underset{\parallel}{C} \cdot C_6H_5$$
enthält. Die beiden anderen Phenyle stammen vom Hydrazin her und sind unzweifelhaft an Stickstoff gebunden. Die Verbindung enthält also weiter zweimal die Gruppe $C_6H_5N_2$ und besteht mithin aus folgenden Stücken:
$$C_6H_5 \cdot C \cdot CH_2 \cdot CH_2 \cdot C \cdot C_6H_5,\quad C_6H_5 \cdot N_2 \text{ und } N_2 \cdot C_6H_5\,.$$

Leider ist es nicht gelungen, mit voller Sicherheit die Structur des Kernes $C_4H_4N_4$ festzustellen. Aber aus den obigen Thatsachen und der Bildungsweise der Substanz lässt sich doch mit einiger Wahrscheinlichkeit die Constitutionsformel ableiten.

$$\begin{array}{c}
C_6H_5 \cdot C \cdot CH_2 \cdot CH_2 \cdot C \cdot C_6H_5 \\
\parallel \qquad\qquad\qquad\quad \parallel \\
N \qquad\qquad\qquad\quad N \\
| \qquad\qquad\qquad\quad | \\
N\text{\textemdash\textemdash\textemdash\textemdash}N \\
| \qquad\qquad\qquad\quad | \\
C_6H_5 \qquad\qquad\quad C_6H_5\,.
\end{array}$$

---
[1]) Liebigs Ann. d. Chem. **232**, 234. (S. 527.)

Giebt man der Verbindung vorläufig die durch die Thatsachen gerechtfertigte, abgekürzte Formel $(C_6H_5)_4 \cdot C_4H_4N_4$, so kann sie als Tetraphenyltetracarbazon bezeichnet werden, wobei der Name Tetracarbazon die bisher unbekannte Gruppe $C_4H_4N_4$ andeuten soll.

Den Angaben von O. Hess über die Darstellung, die Löslichkeit und den Schmelzpunkt der Verbindung habe ich nichts Neues hinzuzufügen.

Die Molekulargewichtsbestimmung wurde nach der Raoultschen Methode in Benzollösung ausgeführt:

Procentgehalt	Erniedrigung	Molekulargewicht
0,5606	0,090	305
0,9833	0,155	310
1,3870	0,210	323
1,4700	0,220	328
1,6464	0,245	329.

Daraus ergiebt sich, dass die von Hess angenommene empirische Formel $C_{14}H_{12}N_2$ zu verdoppeln ist. Denn aus der Formel $C_{28}H_{24}N_4$ berechnet sich das Molekulargewicht zu 316. Dieses Resultat steht in bester Uebereinstimmung mit den nachfolgenden Spaltungen der Verbindung.

Spaltung durch Säuren. — Erhitzt man das Tetraphenyltetracarbazon mit starker Salzsäure oder dreissigprocentiger Schwefelsäure, so löst es sich zunächst mit brauner Farbe, und nach kurzer Zeit scheidet sich ein dunkles Harz ab, aus welchem durch Waschen mit Alkohol kleine Mengen der schon erwähnten Verbindung $C_{22}H_{18}N_2$ erhalten werden.

Viel glatter verläuft der Prozess bei Anwendung von Eisessig oder von alkoholischer Salzsäure. Kocht man die concentrirte Lösung in Eisessig einige Minuten, so färbt sie sich ebenfalls braun und beim Erkalten krystallisirt das neue Product aus. Die Ausbeute beträgt bei Anwendung kleinerer Mengen etwa 60 Procent.

Dieselbe Menge erhält man mit alkoholischer Salzsäure, und da hierbei als zweites Spaltungsproduct die Base $C_{22}H_{17}N_3$ gewonnen wird, da ferner die Operation auch bei grösseren Mengen sicher gelingt, so ist diese der anderen vorzuziehen.

Ein Theil gepulvertes Tetraphenyltetracarbazon wird mit 5 Theilen stark gekühlter und gesättigter alkoholischer Salzsäure übergossen und das Gemisch sofort in eine Kältemischung gebracht. Die Masse färbt sich nach einigen Minuten erst roth, später dunkel. Nach zehn Minuten wird die Mischung auf Eiswasser gegossen, wobei sofort ein dicker flockiger, sich rasch zusammenballender Niederschlag entsteht. Derselbe wird nach weiteren zehn Minuten auf der Pumpe filtrirt, mit kaltem Alkohol gewaschen, wobei ein gefärbtes Harz in Lösung geht, und schliesslich wird der gelbe pulverige Rückstand aus heissem Alkohol umkrystallisirt.

Das erste salzsaure Filtrat enthält die Base, deren Isolirung später beschrieben wird.

Die Verbindung $C_{22}H_{18}N_2$ wurde für die Analyse im Vacuum getrocknet.

I. 0,2955 g gaben 0,9235 CO_2 und 0,1605 H_2O. — II. 0,2605 g gaben 0,8150 CO_2 und 0,1395 H_2O.

I. 0,1325 g gaben bei 17° und 751 mm Druck 10,4 cbcm Stickstoff. — II. 0,1630 g gaben bei 19° und 750 mm Druck 12,94 cbcm Stickstoff.

Ber. C 85,16, H 5,81, N 9,03.
Gef. ,, 85,23, 85,32, ,, 6,00, 5,95, ,, 8,99, 9,00.

Die Verbindung krystallisirt aus heissem Alkohol in schönen, gelben Nadeln, welche bei 116° schmelzen und sich bei höherer Temperatur zersetzen. In Wasser ist sie unlöslich, in heissem Alkohol und Eisessig dagegen ziemlich leicht löslich. Von heissen, verdünnten Mineralsäuren wird sie zersetzt.

Sie entsteht aus dem Tetraphenyltetracarbazon nach der empirischen Gleichung:

$$C_{28}H_{24}N_4 = C_{22}H_{18}N_2 + C_6H_6N_2.$$

In welcher Form dieser Rest $C_6H_6N_2$ abgespalten wird, konnte nicht ermittelt werden. Die salzsaure Mutterlauge enthält allerdings reichliche Mengen von Anilin; da aber bei der Reaction kein Stickstoff entweicht, so bleibt das Schicksal des zweiten Stickstoffatoms räthselhaft. Vielleicht wird die Untersuchung der harzartigen Nebenproducte über diesen Punkt Aufschluss geben.

Oxydation der Verbindung $C_{22}H_{18}N_2$. — Erhitzt man einen Theil der Substanz mit fünf Theilen Kaliumdichromat und dreissig Theilen dreissigprocentiger Schwefelsäure mehrere Stunden am Rückflusskühler, so entsteht neben einem dunklen Harz eine grosse Menge von Benzoësäure, etwa fünfzig Procent des Ausgangsmaterials. Dieselbe wurde durch Destillation mit Wasserdampf und Ausziehen mit Aether isolirt und durch den Schmelzpunkt (122°), sowie durch die anderen Eigenschaften identificirt.

Zersetzung der Verbindung $C_{22}H_{18}N_2$ durch Schwefelsäure. — Erwärmt man die gepulverte Substanz mit fünfundzwanzig Theilen dreissigprocentiger Schwefelsäure, so löst sie sich anfangs mit gelber Farbe, aber bald scheidet sich aus der Flüssigkeit ein dunkles Oel ab. Nach einer halben Stunde wurde die Masse mit Wasser verdünnt und abgekühlt, wobei das Oel harzartig erstarrte. Dies in Wasser unlösliche Product hinterlässt beim Verreiben mit wenig kaltem Alkohol, Abfiltriren und Waschen mit Alkohol eine rein weisse, pulverige Masse, welche ein Gemisch von zwei verschiedenen Körpern ist. Lässt man die heisse, alkoholische Lösung derselben langsam erkalten, so bilden sich neben langen, weissen Nadeln, welche am Boden des Gefässes anschiessen, leichte, kugelförmige Aggregate, welche schwimmend die Flüssigkeit erfüllen. Durch vorsichtiges Abgiessen der Mutterlauge lassen sich die letzteren grösstentheils mechanisch entfernen. Um auch den Rest davon wegzuschaffen, wäscht man die zurückbleibenden Nadeln mit wenig kaltem Benzol und krystallisirt dann den Rückstand nochmals aus heissem Alkohol um. Die so erhaltenen Nadeln gaben bei der Analyse folgende Zahlen:

I. 0,2080 g gaben 0,6145 CO_2 und 0,1110 H_2O. — II. 0,3290 g gaben 0,9730 CO_2 und 0,1785 H_2O.

$C_{16}H_{14}O_2$. Ber. C 80,67,   H 5,88.
         Gef. ,, 80,58, 80,55, ,, 5,89, 6,05.

Die Verbindung schmilzt bei 144°, destillirt unzersetzt, löst sich in concentrirter Schwefelsäure mit grüner Farbe und giebt bei der Oxydation mit chromsaurem Kali und Schwefelsäure grosse Mengen von Benzoësäure.

Alle diese Beobachtungen lassen keinen Zweifel darüber, dass die Verbindung identisch ist mit dem von Claus und Werner[1]) mittelst der Friedel-Craft'schen Methode zuerst erhaltenen Dibenzoyläthan oder Phenacylacetophenon, für welches später Kapf und Paal[2]) den Namen Diphenacyl einführten.

Das zweite neben dem Diphenacyl entstehende Product wurde in so geringer Menge erhalten, dass seine Zusammensetzung nicht festgestellt werden konnte. Es schmilzt bedeutend höher, bei 229°. Uebrigens lässt auch die Ausbeute an Diphenacyl selbst viel zu wünschen übrig.

Was nun die Constitution der Verbindung $C_{22}H_{18}N_2$ betrifft, so scheint ihre Umwandlung in Diphenacyl dafür zu sprechen, dass sie das Phenylhydrazinderivat des letzteren ist; denn aus gleichen Molekülen des Diketons und der Base könnte durch Austritt von zwei H_2O das Product $C_{22}H_{18}N_2$ entstehen.

$$C_{16}H_{14}O_2 + C_6H_5N_2H_3 = C_{22}H_{18}N_2 + 2 H_2O.$$

Mit dem Diphenacyl ist allerdings diese Reaction bisher nicht ausgeführt worden. Aber aus dem ganz analog constituirten Acetophenonaceton erhielt Paal[3]) durch Einwirkung des Phenylhydrazins eine Verbindung $C_{17}H_{16}N_2$, welcher nach E. Fischer[4]) wahrscheinlich diese Constitution zukommt:

---

[1]) Berichte d. D. Chem. Gesellsch. **20**, 1374.
[2]) Berichte d. D. Chem. Gesellsch. **21**, 3053.
[3]) Berichte d. D. Chem. Gesellsch. **17**, 914.
[4]) Liebigs Ann. d. Chem. **236**, 148. (S. *565*.)

$$\begin{array}{c} CH_3 \cdot C = CH-CH_2-C \cdot C_6H_5 \\ | \qquad \qquad \qquad \| \\ C_6H_5 \cdot N \text{———} N \end{array}.$$

Bemerkenswerth ist jedenfalls, dass dieser von Paal dargestellte Körper grosse Aehnlichkeit mit meinem Producte zeigt.

Base $C_{22}H_{17}N_3$.

Dieselbe entsteht, wie oben bemerkt, als zweites Product bei der Spaltung des Tetraphenyltetracarbazons durch alkoholische Salzsäure. Sie bleibt beim Eingiessen der Lösung in Eiswasser in der Mutterlauge. Beim mehrtägigen Stehen derselben scheidet sich ihr Hydrochlorat in rothgefärbten, mit Oel durchtränkten Krystallen ab. Dieselben werden abfiltrirt, zwischen Papier gepresst und aus heissem Wasser unter Zusatz von Thierkohle umkrystallisirt, wobei man die Abscheidung des Salzes durch Zugabe von etwas Salzsäure befördert.

Das mehrfach umkrystallisirte Salz wurde für die Analyse bei 100° getrocknet.

I. 0,3545 g gaben 0,9560 CO_2 und 0,1510 H_2O. — II. 0,2170 g gaben 0,5800 CO_2 und 0,1020 H_2O. — 0,2715 g gaben bei 12,5° und 754,5 mm Druck 27,4 cbcm Stickstoff. — 0,2520 g gaben 0,0975 AgCl.

$C_{22}H_{18}N_3Cl$. Ber. C 73,44, H 5,01, N 11,68, Cl 9,87.
Gef. ,, 73,57, 72,90, ,, 4,74, 5,21, ,, 11,86, ,, 9,60.

Das Salz ist in heissem Alkohol und Wasser ziemlich leicht löslich, scheidet sich aber daraus auf Zusatz von Salzsäure leicht in feinen weissen Nadeln ab. Es schmilzt über 300° und zersetzt sich bei höherer Temperatur. Aus seiner wässerigen Lösung scheidet sich auf Zusatz von Salpetersäure das Nitrat in glänzenden Blättchen ab. Ammoniak fällt aus der wässerigen Lösung des Salzes die freie Base als orangegelben, amorphen Niederschlag, welcher bisher nicht krystallisirt erhalten wurde.

Die Base entsteht aus dem Tetraphenyltetracarbazon durch Abspaltung von Anilin, welches in der Mutterlauge in reichlicher Menge gefunden wurde, nach der Gleichung:

$$C_{28}H_{24}N_4 = C_{22}H_{17}N_3 + C_6H_5 \cdot NH_2.$$

Diese Reaction erinnert an die von Pechmann[1]) beobachtete Verwandlung der Osotetrazone in Osotriazone. Es liegt deshalb die Vermuthung nahe, dass die Verbindung den letzteren ähnlich constituirt ist und vielleicht diese Formel:

$$\begin{array}{c} C_6H_5 \cdot C-CH = CH-C \cdot C_6H_5 \\ \| \qquad \qquad \qquad \| \\ N \qquad \qquad \qquad N \\ \diagdown \qquad \diagup \\ N \cdot C_6H_5 \end{array}$$

besitzt.

---
[1]) Berichte d. D. Chem. Gesellsch. **21**, 2751.

Vergleicht man die letztere mit der oben vermuthungsweise aufgestellten Formel des Tetraphenyltetracarbazons:

$$\begin{array}{c} C_6H_5 \cdot \underset{\underset{C_6H_5 \cdot N}{|}}{\overset{\|}{C}}-CH_2-CH_2-\underset{\underset{N \cdot C_6H_5}{|}}{\overset{\|}{C}} \cdot C_6H_5 \end{array},$$

so fällt die Analogie mit den Osotetrazonen und Osotriazonen sofort in die Augen. Allerdings wird bei der von Pechmann beobachteten Reaction nur die Gruppe $N \cdot C_6H_5$, in vorliegendem Falle hingegen Anilin abgespalten.

Zu bemerken ist aber, dass diese Betrachtungen nur vorläufige Versuche sind, die Natur dieser complicirten Substanzen aufzuklären, und dass sie keineswegs in den Thatsachen eine genügend sichere Grundlage erhalten.

Zahlreiche Versuche aus dem Diphenacyl, respective dem von Paal schon dargestellten Diphenacyldiphenylhydrazon, die Base $C_{22}H_{17}N_3$ oder die Verbindung $C_{22}H_{18}N_2$ synthetisch darzustellen, sind bisher erfolglos geblieben.

99. Rudolf Stahel: Ueber einige Derivate des Diphenylhydrazins und Methylphenylhydrazins[1]).

Liebigs Annalen der Chemie **258**, 242 [1890].

Das Verhalten der secundären Hydrazine ist von E. Fischer an dem Methylphenylhydrazin ausführlicher studirt worden[2]). Dass die dort gefundenen Reactionen auf das Diphenylhydrazin übertragen werden können, ist an einigen Beispielen ebenfalls von Fischer schon gezeigt worden; so liefert die Base ein Benzoylderivat, ein Tetrazon und mit Aldehyden und Ketonen beständige Hydrazone. Von den letzteren sind bekannt die Derivate des Bittermandelöls[3]), des Acetophenons[4]), der Dioxyweinsäure[5]), der Opiansäure[6]) und der Brenztraubensäure[7]). Man durfte demnach erwarten, dass auch die Zuckerarten mit der Base sich verbinden; der Versuch hat dies bestätigt und die betreffenden Producte bieten deshalb einiges Interesse, weil sie durch die Anhäufung von zwei Phenylgruppen im Gegensatz zu den Derivaten des Phenyl- und Phenylmethylhydrazins in Wasser schwer löslich sind. Wie E. Fischer[8]) schon vorläufig erwähnte und wie später noch ausführlich gezeigt wird, ist infolgedessen das Diphenylhydrazin ein brauchbares Mittel, um Traubenzucker, Galactose und Rhamnose aus wässeriger Lösung abzuscheiden, resp. zu erkennen.

Zur weiteren Characterisirung der Diphenylbase wurde noch das Verhalten gegen Schwefelkohlenstoff untersucht. Sie zeigt wegen ihrer geringen Basicität bei dieser Reaction einige Verschiedenheiten von den einfachen Hydrazinen.

$$\text{Diphenylhydrazin, } (C_6H_5)_2 \cdot N \cdot NH_2.$$

Die Base war bisher nur als schwach gelbes Oel bekannt, weil sie nicht durch Destillation unter gewöhnlichem Druck gereinigt werden

---
[1]) *Auszugsweise Kohlenh. 1, S. 235 abgedruckt.*
[2]) Liebigs Ann. d. Chem. **190**, 150 ff. (S. 262.)
[3]) E. Fischer, Liebigs Ann. d. Chem. **190**, 179. (S. 282.)
[4]) A. Pfülf, Liebigs Ann. d. Chem. **239**, 222. (S. 623.)
[5]) Ziegler u. Locher, Berichte d. D. Chem. Gesellsch. **20**, 841.
[6]) Bistrzycki, Berichte d. D. Chem. Gesellsch. **21**, 2519.
[7]) Berichte d. D. Chem. Gesellsch. **17**, 567. (S. 462.)
[8]) Berichte d. D. Chem. Gesellsch. **23**, 805. (*Kohlenh. I, S. 361.*)

konnte. Im Vacuum ist sie dagegen unzersetzt flüchtig und krystallisirt auf diese Weise gereinigt ausserordentlich leicht. Für die Darstellung der Verbindung habe ich die Methode von E. Fischer[1]) benutzt und die aus dem reinen salzsauren Salz isolirte Base unter einem Druck von 40 bis 50 mm destillirt, wobei sie gegen 220° übergeht; sie erstarrt sehr bald in der Vorlage und durch Umkrystallisiren aus heissem Ligroïn gewinnt man prachtvoll ausgebildete farblose Tafeln, welche bei 34,5° schmelzen. Herr Prof. K. Haushofer in München hatte die Güte, dieselben krystallographisch zu untersuchen. Sie gehören dem monoklinen System an und bilden tafelförmige, dem flachen Octaëder des Alauns ähnliche Formen mit vorwiegender Basis. Die Messungen selbst wird Herr Haushofer in Groth's Zeitschrift für Krystallographie mittheilen.

Verbindungen des Diphenylhydrazins mit den Zuckerarten.

Im Gegensatz zu dem Phenylhydrazin verbindet sich das weniger basische Diphenylhydrazin in der Kälte erst nach längerem Stehen mit den gewöhnlichen Zuckerarten, liefert dann aber beständige, in Wasser schwer lösliche und schön krystallisirende Hydrazone. Rascher geht die Reaction beim Erwärmen. Da die Base sowohl in Wasser wie in verdünnter Essigsäure sehr schwer löslich ist, so benutzt man alkoholische Lösungen.

Glucosediphenylhydrazon, $C_6H_{12}O_5 = N \cdot N(C_6H_5)_2$.

1 Theil Traubenzucker wird in möglichst wenig Wasser gelöst, dann eine alkoholische Lösung von 1,5 Theilen Diphenylhydrazin zugegeben und, wenn nöthig, noch soviel Wasser oder Alkohol beigefügt, dass eine klare Mischung entsteht. Erhitzt man jetzt im geschlossenen Rohr oder am Rückflusskühler 2 Stunden im Wasserbad, verdampft dann den grössten Theil des Alkohols und fügt zur Lösung der unveränderten Base Aether zu, so scheidet sich nach kurzer Zeit das Hydrazon als dicker Krystallbrei aus. Die Mutterlauge liefert beim Verdampfen und abermaligen Zusatz von Aether eine zweite Krystallisation. Die Ausbeute beträgt etwa 75 pC. der Theorie. Das Product löst sich in heissem Wasser sehr leicht und krystallisirt beim Erkalten sofort in kleinen farblosen schief abgeschnittenen Prismen von der Formel $C_{18}H_{22}O_5N_2$.

I. 0,1462 g gaben 0,3341 CO_2 und 0,08505 H_2O. — II. 0,1592 g gaben 10,81 cbcm N bei 15° C und 755 mm Druck.

$C_{18}H_{22}O_5N_2$. Ber. C 62,43, H 6,36, N 8,09.
Gef. ,, 62,32, ,, 6,46, ,, 7,90.

Das Hydrazon schmilzt constant bei 161 bis 162° (uncorrigirt) ohne Gasentwickelung zu einer klaren gelben Flüssigkeit, welche sich aber nach einiger Zeit bräunt.

---
[1]) Liebigs Ann. d. Chem. **190**, 174. (S. *279*.)

Es ist in heissem Wasser und in Alkohol leicht löslich, dagegen in Aether, Benzol und Chloroform fast unlöslich. Beim Kochen reducirt es die Fehling'sche Lösung sehr stark. Durch concentrirte Salzsäure wird es in Zucker und die Hydrazinbase gespalten.

Die Verbindung ist so characteristisch, dass man sie zur Erkennung des Traubenzuckers mit Vortheil benutzen kann. So ist sogar die einzige Verbindung desselben, welche aus heissem Wasser leicht krystallisirt und doch so ausgesprochene Eigenschaften besitzt, dass sie leicht identificirt werden kann. Es giebt z. B. kein Mittel, um den Traubenzucker neben Lävulose so rasch und bequem zu erkennen, wie diese Probe mit Diphenylhydrazin. Man braucht nur das Gemisch in der oben beschriebenen Weise in alkoholischer Lösung mit der Base zu behandeln und dann das Glucosediphenylhydrazon durch vorsichtigen Zusatz von Aether abzuscheiden.

Will man die Probe zum Nachweis von Traubenzucker in Lösungen benutzen, die aus irgend einem Grunde nicht erhitzt werden dürfen, so lässt man das Gemisch 2 bis 3 Tage bei Zimmertemperatur stehen, wobei ebenfalls die Hydrazinbildung glatt von Statten geht.

Mannosediphenylhydrazon, $C_6H_{12}O_5 = N \cdot N(C_6H_5)_2$.

Die Verbindung wird in derselben Weise, wie die vorhergehende dargestellt und besitzt auch sehr ähnliche Eigenschaften; sie krystallisirt in feinen, farblosen Prismen, welche bei 155° (uncorrigirt) zu einer hellgelben Flüssigkeit schmelzen und die gleiche Zusammensetzung haben.

0,0630 g gaben 4,51 cbcm N bei 20° und 745 mm Druck.

$C_{18}H_{22}O_5N_2$. Ber. N 8,09. Gef. N 7,92.

Das Diphenylhydrazon ist für die Unterscheidung von Mannose und Glucose bei der geringen Differenz der Schmelzpunkte (7°) und der sonstigen Aehnlichkeit nicht geeignet. Aber hier hat man bekanntlich in dem Phenylhydrazon, welches bei Mannose sehr schwer, bei Dextrose sehr leicht in Wasser löslich ist, ein für diesen Zweck völlig genügendes Mittel.

Galactosediphenylhydrazon, $C_6H_{12}O_5 = N \cdot N(C_6H_5)_2$.

In der gleichen Weise dargestellt bildet es, aus heissem Wasser krystallisirt, farblose flache Prismen vom Schmelzpunkte 157°.

I. 0,1827 g Substanz gaben 0,4154 CO_2 und 0,1075 H_2O. — II. 0,1109 g Substanz gaben 7,9 cbcm N bei 24° C und 749 mm Druck.

$C_{18}H_{22}N_5O_2$. Ber. C 62,43, H 6,36, N 8,09.
Gef. ,, 62,20, ,, 6,71, ,, 7,87.

Die Löslichkeit ist dieselbe, wie bei dem vorhergehenden Hydrazon. Die Verbindung ist aber ebenfalls für die Unterscheidung von Galactose und Glucose nicht brauchbar; aber hier besitzt man ja ebenfalls andere leicht ausführbare Methoden.

Rhamnosediphenylhydrazon, $C_6H_{12}O_4 = N \cdot N(C_6H_5)_2$.

Da die Rhamnose (Isodulcit) sich in Alkohol sehr leicht löst, so kann man Zucker und Base von vornherein in absolut alkoholischer Lösung zusammenbringen. Nach 2stündigem Erhitzen auf 100° ist auch hier die Reaction beendet. Will man die Anwendung verschlossener Gefässe vermeiden, so kocht man 3 bis 4 Stunden am Rückflusskühler. Beim Verdampfen des Alkohols bleibt ein Syrup, welcher beim Behandeln mit Aether das Hydrazon als Krystallmasse zurücklässt. Die Verbindung krystallisirt ebenfalls aus heissem Wasser sehr leicht in farblosen seideglänzenden Nadeln, welche bei 134° (uncorrigirt) schmelzen und die Zusammensetzung $C_6H_{12}O_4 = N(C_6H_5)_2$ besitzen.

I. 0,2648 g Substanz gaben 0,6335 CO_2 und 0,1612 H_2O. — II. 0,2371 g Substanz gaben 17,2 cbcm N bei 15,5° C und 751 mm Druck.

$C_{18}H_{22}N_2O_4$. Ber. C 65,45, H 6,66, N 8,48.
Gef. ,, 65,24, ,, 6,76, ,, 8,39.

Diphenylhydrazone des Furfurols und Salicylaldehyds.

Dieselben entstehen gerade so, wie die Verbindung des Bittermandelöls beim Zusammenbringen von Aldehyd und Base bei gewöhnlicher Temperatur.

Furfuroldiphenylhydrazon, $C_4H_3O \cdot CH = N \cdot N(C_6H_5)_2$. — Ein Gemisch von gleichen Molekülen Furfurol und Hydrazinbase trübt sich nach kurzer Zeit durch Ausscheidung von Wasser und erstarrt beim Erkalten zu einer gelben krystallinischen Masse, welche aus verdünntem Alkohol in schwach gelben flachen Nadeln vom Schmelzpunkte 90° (uncorrigirt) krystallisirt. Die Stickstoffbestimmung der im Vacuum getrockneten Substanz ergab:

$C_{17}H_{14}N_2O$. Ber. N 10,68. Gef. N 10,49.

Die Verbindung behält auch beim Umkrystallisiren ihre schwach gelbe Farbe, obschon sie wahrscheinlich wie die andern einfachen Hydrazone in ganz reinem Zustande farblos ist. Sie ist in absolutem Alkohol und Aether leicht, in Benzol schwer und in Wasser gar nicht löslich.

In concentrirter Schwefelsäure und Salzsäure löst sie sich mit prachtvoll rother Farbe, welche aber beim längeren Stehen in schmutziges Braun umschlägt, während die Eisessiglösung dieselbe rothe Farbe behält.

Salicylaldehyddiphenylhydrazon, $C_6H_4 \cdot OH \cdot CH = N \cdot N(C_6H_5)_2$. — Ein Gemisch von gleichen Molekülen Salicylaldehyd und Diphenylhydrazin erwärmt sich von selbst, trübt sich durch Ausscheidung von Wasser und erstarrt dann krystallinisch. Das Product löst sich leicht in heissem 80procentigem Alkohol und krystallisirt dann in harten Nadeln, welche anfangs hellgefärbt sind, aber beim wiederholten Umkrystallisiren ganz farblos werden.

Für die Analyse wurde der Körper im Vacuum getrocknet.

0,1515 g Substanz gaben 13,2 cbcm N bei 26° C und 750 mm Druck.

$C_{19}H_{16}N_2O$. Ber. N 9,71. Gef. N 9,54.

Der Körper schmilzt bei 138,5° (uncorrigirt) und zersetzt sich bei höherer Temperatur unter starker Gasentwicklung. In Aether und absolutem Alkohol ist er leicht, in Wasser dagegen fast garnicht löslich.

Diphenylhydrazin und Schwefelkohlenstoff.

Das Phenylhydrazin verbindet sich, wie bekannt, ausserordentlich leicht mit Schwefelkohlenstoff und liefert dabei das Phenylhydrazinsalz der Phenylhydrazinsulfocarbazinsäure[1]). Im Gegensatz dazu reagirt das weniger basische Diphenylhydrazin mit dem Schwefelkohlenstoff langsamer und der Prozess führt hier zu einer Verbindung $(C_6H_5)_2 \cdot N_2H_2 \cdot CS_2$, welche ihrem ganzen Verhalten nach als

Diphenylsulfocarbazinsäure $(C_6H_5)_2 \cdot N \cdot NH \cdot CS \cdot SH$

aufzufassen ist. Löst man die Base in Schwefelkohlenstoff, so bemerkt man nach einigen Minuten den Eintritt der Reaction an der Farbenveränderung der Flüssigkeit und einer schwachen Entwickelung von Schwefelwasserstoff. Beim langsamen Verdunsten des überschüssigen Schwefelkohlenstoffs scheiden sich prachtvoll ausgebildete goldgelbe Prismen ab, welche häufig 8 bis 10 mm lang sind. Die Verbindung ist ziemlich leicht zersetzlich; sie wurde deshalb filtrirt, mit Schwefelkohlenstoff ausgewaschen, zwischen Fliesspapier getrocknet und für die Analyse nur wenige Stunden im Vacuum aufbewahrt.

I. 0,2213 g Substanz gaben 0,4878 CO_2 und 0,0972 H_2O. — II. 0,1729 g Substanz gaben 15,9 cbcm N bei 16° C und 746 mm Druck. — III. 0,1762 g Substanz gaben 0,3148 $BaSO_4$.

$C_{13}H_{12}O_2S_2$. Ber. C 60,00, H 4,62, N 10,76, S 24,61.
  Gef. ,, 60,11, ,, 4,88, ,, 10,55, ,, 24,52.

Die Substanz schmilzt gegen 109° unter Zersetzung zu einer gelben Flüssigkeit. Sie ist unlöslich in Wasser, dagegen leicht löslich in Alkohol, Aether, Chloroform und Aceton. Beim Liegen an der Luft werden die durchsichtigen Krystalle bald trüb und zerfliessen allmählich, wobei Schwefelkohlenstoff entweicht. In kalter verdünnter Natronlauge ist die Verbindung löslich und wird daraus durch vorsichtigen Zusatz von Essigsäure wieder abgeschieden. Die alkoholische Lösung der Diphenylsulfocarbazinsäure giebt mit Silbernitrat einen gelben, mit Quecksilberchlorid einen violettrothen und mit Eisenchlorid einen tiefrothen Niederschlag.

Bei der Destillation entsteht Schwefelwasserstoff, Schwefelkohlenstoff und Diphenylamin eine ähnliche Zersetzung tritt auch schon

---
[1]) E. Fischer, Liebigs Ann. d. Chem. **190**, 114 ff. (S. 238 ff.)

beim blossen Erhitzen auf dem Wasserbad ein, wobei ausserdem noch Rhodanwasserstoffsäure gebildet wird.

Es ist mir nicht gelungen, durch Erwärmen der Sulfocarbazinsäure mit Diphenylhydrazin den Sulfoharnstoff dieser Base

$$CS\begin{matrix}NH \cdot N(C_6H_5)_2\\ NH \cdot N(C_6H_5)_2\end{matrix}$$

zu gewinnen.

Dimethyldiphenylsulfocarbazid,

$$CS\begin{matrix}NH \cdot N\begin{matrix}C_6H_5\\CH_3\end{matrix}\\ NH \cdot N\begin{matrix}C_6H_5\\CH_3\end{matrix}\end{matrix}.$$

Zum Vergleich mit der vorhergehenden Reaction habe ich die Wechselwirkung zwischen Schwefelkohlenstoff und Methylphenylhydrazin untersucht. Dieselben verbinden sich bereits in der Kälte, wobei zunächst wahrscheinlich ein sulfocarbazinsaures Salz entsteht; dasselbe verliert aber leicht Schwefelwasserstoff und verwandelt sich dabei in den Sulfoharnstoff, welcher entsprechend der von Fischer eingeführten Nomenclatur als Dimethyldiphenylsulfocarbazid zu bezeichnen ist.

6 g Methylphenylhydrazin und 4 g Schwefelkohlenstoff wurden im geschlossenen Rohr auf dem Wasserbad erhitzt. Nach 3 Stunden war der Röhreninhalt zum grössten Theil krystallinisch erstarrt und beim Oeffnen des Rohrs entwich viel Schwefelwasserstoff. Die Menge der Krystalle betrug nach dem Waschen mit Schwefelkohlenstoff 2,8 g; die Mutterlauge hinterliess beim Verdunsten reichliche Mengen von Schwefel. Die Bildung des letzteren und die Ausbeute beweisen, dass der Process der Sulfoharnstoffbildung kein glatter ist. Den Krystallen war noch etwas Schwefel beigemengt, der durch sorgfältige Behandlung mit Schwefelkohlenstoff entfernt wurde. Aus verdünntem Alkohol scheidet sich der Sulfoharnstoff in farblosen Krystallen ab, welche bei 168° nicht ganz constant unter Gasentwicklung schmelzen. Für die Analyse wurde die Substanz im Vacuum getrocknet.

I. 0,2158 g Substanz gaben 0,4965 CO_2 und 0,1280 H_2O. — II. 0,1317 g Substanz gaben 23,1 cbcm Stickstoff bei 23° und 749 mm Druck. — III. 0,2310 g Substanz gaben 0,1984 $BaSO_4$.

$C_{15}H_{18}N_4S$.   Ber. C 62,93, H 6,29, N 19,58, S 11,19.
             Gef. ,, 62,75, ,, 6,59, ,, 19,47, ,, 11,47.

Der Sulfoharnstoff ist in Wasser unlöslich, in absolutem Alkohol leicht löslich. Von verdünnter Natronlauge wird er selbst beim Kochen nicht angegriffen, dagegen von starker Salzsäure in der Wärme völlig zerstört.

100. Gustav Heller: Einwirkung von Kohlenoxysulfid, Phosgen und Chlorkohlensäureester auf Phenylhydrazin[1]).

Liebigs Annalen der Chemie **263**, 269 [1891].

Kohlenoxysulfid und Phenylhydrazin.

Zwei Moleküle Phenylhydrazin addiren sich, wie Emil Fischer[2]) gezeigt hat, schon in der Kälte zu einem Molekül Schwefelkohlenstoff, wobei sich die Verbindung $CS_2(C_6H_5 \cdot N_2H_3)_2$ krystallinisch abscheidet. In analoger Weise absorbirt Phenylhydrazin trockene Kohlensäure sehr begierig und erstarrt dabei zu einer Krystallmasse, welche die Zusammensetzung $CO_2(C_6H_5 \cdot N_2H_3)_2$ zeigt[3]). Es war zu erwarten, dass das Kohlenoxysulfid, welches in der Mitte zwischen Kohlendisulfid und Kohlendioxyd steht, sich ebenso gegen Phenylhydrazin verhalten würde, wie jene Agentien. Der Versuch bewies in der That die Richtigkeit dieser Annahme. Leitet man reines Kohlenoxysulfid, nach der Angabe von Klason[4]) aus Rhodanammonium und Schwefelsäure bereitet, in Phenylhydrazin ein, so wird das Gas energisch absorbirt. Man verdünnt die Base zweckmässig mit der drei- bis vierfachen Menge Aether und sorgt für gute Kühlung. Nach kurzer Zeit scheiden sich feine Schüppchen ab, bis die Masse schliesslich zu einem dicken Krystallbrei erstarrt. Durch rasches Absaugen und Waschen mit Aether wird die Verbindung rein weiss erhalten. Wegen der leichten Zersetzlichkeit derselben gelingt es nur schwierig sie umzukrystallisiren; es wurde deshalb zur Analyse ein Product verwandt, welches aus reinen Agentien hergestellt und nur kurze Zeit im Vacuum getrocknet war. Dasselbe lieferte folgende Zahlen:

0,2810 g Substanz gaben 0,1515 H_2O und 0,5859 CO_2. — 0,2228 g Substanz gaben bei 740 mm Druck und 19° 39,5 cbcm Stickgas. — 0,3345 g Substanz gaben 0,2775 $BaSO_4$.

$C_{13}H_{16}N_4OS$. Ber. C 56,5, H 5,8, N 20,3, S 11,6.
Gef. ,, 56,7, ,, 6,0, ,, 20,1, ,, 11,4.

---

[1]) Aus der Inaug.-Dissert. des Verfassers.
[2]) Liebigs Ann. d. Chem. **190**, 114. (*S. 238.*)
[3]) Liebigs Ann. d. Chem. **190**, 123. (*S. 244.*)
[4]) Journ. f. prakt. Chem. **64**, 74.

Die Substanz ist schwer löslich in Wasser, Aether, Benzol und Ligroïn, leichter in Alkohol und Chloroform. Sie schmilzt, rasch erhitzt, bei 82 bis 84° unter Gasentwicklung. Fehlingsche Flüssigkeit fällt aus der alkalischen Lösung eine braune Kupferverbindung, welche beim Kochen reducirt wird.

An der Luft zerfliesst sie, ebenso wie ihre Verwandten, recht schnell.

Die vollkommene Analogie der Eigenschaften und Bildungsweise dieser Verbindung mit den von Fischer dargestellten Additionsproducten von Phenylhydrazin mit Schwefelkohlenstoff resp. Kohlendioxyd lässt die Annahme zu, dass auch dem neuen Körper eine dem carbaminsauren Ammoniak analoge Constitution zukommt; sie möge deshalb, entsprechend den vorhin erwähnten Substanzen, phenylsemisulfocarbazinsaures Phenylhydrazin genannt werden.

Immerhin bleibt dann noch die Wahl zwischen den Formeln

$$CO\begin{cases}NH \cdot NH \cdot C_6H_5 \\ S \cdot NH_3 \cdot NH \cdot C_6H_5\end{cases} \quad \text{und} \quad CS\begin{cases}NH \cdot NH \cdot C_6H_5 \\ O \cdot NH_3 \cdot NH \cdot C_6H_5\end{cases}.$$

Dass die erste Formel die grösste Wahrscheinlichkeit hat, ist aus den später beschriebenen Zersetzungen der Substanz unschwer zu schliessen.

Verhalten des phenylsemisulfocarbazinsauren Phenylhydrazins gegen Ammoniak.

Trägt man die Verbindung in schwach erwärmtes alkoholisches Ammoniak ein, so wird sie in grosser Menge gelöst und beim Erkalten krystallisirt ein neuer Körper in langen, glänzenden Nadeln heraus. Derselbe ist sehr wahrscheinlich das Ammoniaksalz der Phenylsemisulfocarbazinsäure. Der sichere Beweis hierfür konnte durch die Analyse nicht erbracht werden, da die Verbindung, welche noch leichter zersetzlich ist, als die vorhergehende, sich nicht umkrystallisiren liess und nur annähernd stimmende Zahlen lieferte.

0,2879 g Substanz gaben bei 18° C und 754 mm Druck 57,9 cbcm Stickgas.
$C_7H_{11}N_3OS$. Ber. N 22,7. Gef. N 23,1.

Die Verbindung ist leicht löslich in Wasser, warmem Alkohol, Aceton, schwerer in Aether, Chloroform und Benzol. Die wässerige Lösung liefert mit neutralen Metallsalzlösungen wenig charakteristische Niederschläge, welche beim Kochen in die Schwefelverbindung der betreffenden Metalle verwandelt werden; so geht z. B. das weisse Kadmiumsalz beim Erhitzen in gelbes Kadmiumsulfid, das farblose Bleisalz in schwarzes Schwefelblei über. Fehling'sche Lösung schlägt hier dieselbe Kupferverbindung nieder, wie bei der zuerst beschriebenen

Substanz. Die freie Phenylsemisulfocarbazinsäure lässt sich nicht isoliren, da der Körper von stärkeren Säuren unter Schwefelwasserstoffentwicklung zersetzt wird.

Spaltung des phenylsemisulfocarbazinsauren Phenylhydrazins in der Wärme.

Erhitzt man das Salz in offenen Gefässen über seinen Schmelzpunkt, so wird es unter Zurücklassung von Phenylhydrazin zerlegt. Erhitzt man dagegen das getrocknete Salz in geschlossenen Röhren, so ist die Zersetzung eine andere. Dabei wurden drei krystallisirte Producte erhalten. Zur Isolirung derselben diente folgendes Verfahren. Frisch bereitetes phenylsemisulfocarbazinsaures Phenylhydrazin wird in zugeschmolzenen Röhren 2 Stunden lang auf 100° erhitzt. Nach dem Erkalten war der Röhreninhalt eine rothbraune, dicke Flüssigkeit, die nach einiger Zeit theilweise krystallisirt. Die Röhren zeigen beim Oeffnen starken Druck und es entweichen Ströme von stark riechenden Gasen, unter denen Schwefelwasserstoff und Ammoniak mit Sicherheit nachgewiesen werden konnten. Der Röhreninhalt wird mit wenig Alkohol aufgenommen und mit Aether gefällt. Dabei scheidet sich eine reichliche Menge weisser Krystalle ab, welche abfiltrirt und wiederholt aus Alkohol und dann aus 50 procentiger Essigsäure umkrystallisirt wurden. Die Verbindung scheidet sich dabei in dicken, harten Krystallknollen ab in einer Ausbeute von zwölf bis fünfzehn Procent des Ausgangsmaterials; sie zeigte den Schmelzpunkt 163° und erwies sich durch die Analyse als das von Skinner und Ruhemann[1]) auf anderem Wege dargestellte Diphenylcarbazid von der Formel

$$CO\begin{cases}NH \cdot NH \cdot C_6H_5 \\ NH \cdot NH \cdot C_6H_5\end{cases}.$$

0,2126 g gaben 0,1154 H_2O und 0,4990 CO_2. — 0,1318 g gaben 26,8 cbcm Stickgas bei 12° und 744 mm Druck.

$C_{13}H_{14}N_4O$. Ber. C 64,3, H 5,8, N 23,2.
Gef. ,, 64,0, ,, 6,0, ,, 23,2.

Die Verbindung ist schwer löslich in Wasser, Aether, Chloroform und Ligroïn, dagegen leicht in warmem Alkohol, Aceton und Eisessig. Die Lösungen der Verbindung färben sich nach einiger Zeit, schneller beim Erhitzen, roth, was durch die später beschriebene Oxydation der Verbindung bedingt ist. Starken Mineralsäuren gegenüber verhält sich der Körper wie eine schwache Base. Concentrirte Salzsäure löst die Verbindung und scheidet sofort das salzsaure Salz aus, welches

---
[1]) Berichte d. D. Chem. Gesellsch. **20**, 3372.

aber beim Verdünnen mit Wasser oder auch schon an der Luft Salzsäure verliert.

Die Bildung des Diphenylcarbazids aus $COS(C_6H_5N_2H_3)_2$ ist leicht verständlich. Sie erfolgt nach der Gleichung: $C_{13}H_{16}N_4OS = H_2S + C_{13}H_{14}N_4O$ und gestattet zugleich einen Rückschluss auf die Constitution der Ausgangsverbindung. Der Umstand, dass die Schwefelwasserstoffabspaltung so vollständig bei verhältnissmässig niedriger Temperatur vor sich geht, dass ferner auch in den übrigen Reactionsproducten die Gruppe — CO — und nicht — CS — sich findet, machen es wahrscheinlich, dass das phenylsemisulfocarbazinsaure Phenylhydrazin auch die Carbonylgruppe enthält und mithin die Constitution

$$CO\begin{cases} S \cdot NH_3 \cdot NH \cdot C_6H_5 \\ NH \cdot NH \cdot C_6H_5 \end{cases}$$

hat.

Wie oben erwähnt, wird das mit Aether gefällte Zersetzungsproduct des ursprünglichen Körpers in Alkohol gelöst. Die Mutterlauge enthält nach dem Auskrystallisiren des Diphenylcarbazids noch Harnstoff. Derselbe wird zweckmässig aus Aceton umkrystallisirt und zeigt dann den Schmelzpunkt 134° und alle Eigenschaften des reinen Harnstoffs. Eine Stickstoffbestimmung lieferte die entsprechende Zahl.

0,1277 g gaben 53,8 cbcm Stickgas bei 22° und 745 mm Druck.
CH_4N_2O. Ber. 46,27. Gef. 46,9.

Wird das mit Aether gefällte Carbazid abfiltrirt und das Filtrat verdampft und fractionirt, so gehen neben stark riechenden, schwefelhaltigen Producten grosse Mengen von Anilin über. Nach dem Abdestilliren desselben blieb eine harzige Masse, welche, mit Alkohol verrieben, krystallinisch erstarrte. Die Krystalle wurden in Alkohol gelöst, mit Thierkohle behandelt, nochmals aus Alkohol krystallisirt und zeigten dann den Schmelzpunkt und die Eigenschaften des Diphenylharnstoffs.

0,3780 g gaben 0,1996 H_2O und 1,0168 CO_2. — 0,2693 g gaben 31,5 cbcm Stickgas bei 13° und 741 mm Druck.
$C_{13}H_{12}N_2O$. Ber. C 73,6, H 5,8, N 13,3.
Ber. ,, 73,4, ,, 5,9, ,, 13,4.

Das phenylsemisulfocarbazinsaure Phenylhydrazin liefert also beim Erhitzen in geschlossenen Gefässen auf 100° folgende Producte: Harnstoff, Diphenylharnstoff, Diphenylcarbazid, Anilin, Schwefelwasserstoff und Ammoniak.

Verwandlung von Diphenylcarbazid in Diphenylcarbazon.

Zwei Gramm Diphenylcarbazid wurden mit alkoholischem Kali übergossen und etwa zehn Minuten auf dem Wasserbade erhitzt. Dabei geht der Harnstoff mit prachtvoll blutrother Farbe in Lösung. Die filtrirte und erkaltete Flüssigkeit wird jetzt mit verdünnter Schwefelsäure übersättigt, wobei der Farbstoff in gelbbraunen Flocken ausfällt, welche zur weiteren Reinigung nochmals in der gleichen Weise behandelt und dann aus Benzol umkrystallisirt wurden, wobei die Verbindung in orangerothen, verfilzten Nadeln erhalten wird. Die Substanz ist leicht löslich in Alkohol, Benzol und Chloroform, unlöslich in Wasser; sie schmilzt bei 157° unter Gasentwickelung. Ihrer Bildungsweise und Zusammensetzung nach entspricht sie dem von Fischer und Besthorn[1]) beschriebenen Diphenylsulfocarbazon, weshalb ich der Verbindung den Namen „Diphenylcarbazon" gebe. Sie ist um zwei Wasserstoffatome ärmer als das Carbazid und kommt ihr deshalb die Formel zu:

$$CO \begin{cases} N = N \cdot C_6H_5 \\ NH \cdot NH \cdot C_6H_5 \end{cases}$$

0,1278 g gaben 0,0601 H_2O und 0,3037 CO_2. — 0,1819 g gaben 38,4 cbcm Stickgas bei 21° und 743 mm Druck.

$C_{13}H_{12}N_4O$. Ber. C 65,0, H 5,0, N 23,3.
Gef. ,, 64,8, ,, 5,2, ,, 23,5.

Das Carbazon wird von concentrirter Schwefelsäure in der Kälte ohne Zersetzung mit intensiv carminrother Farbe gelöst und fällt beim Eingiessen in Wasser unverändert wieder heraus. Die Lösung in Chloroform zeigt rothvioletten Dichroismus; die alkalische Lösung reducirt Fehling'sche Flüssigkeit und giebt mit den Lösungen der Schwermetalle Niederschläge.

Es gelang Fischer und Besthorn[2]) durch Oxydation auch die beiden letzten Imidwasserstoffatome des Diphenylsulfocarbazons zu beseitigen und so zu der Verbindung

$$CS \begin{cases} N = N \cdot C_6H_5 \\ N = N \cdot C_6H_5 \end{cases}$$

zu gelangen.

Dies glückt hier nicht. Löst man Diphenylcarbazid oder -carbazon in Alkohol und setzt Braunstein hinzu, so werden die Verbindungen in der Kälte langsam, beim Erwärmen schneller in die Manganverbindung des Carbazons verwandelt, welche beim Verdunsten des Alkohols oder durch Fällen mit Aether als amorphe, metallglänzende Verbindung erhalten wird, die sich nicht umkrystallisiren lässt. Löst man die Verbindung in heisser Essigsäure, so fällt beim Erkalten das regenerirte Carbazon aus.

---

[1]) Liebigs Ann. d. Chem. **212**, 316. (S. *348*.)
[2]) Liebigs Ann. d. Chem. **212**, 321. (S. *351*.)

Auch gelbes Quecksilberoxyd führte nicht zu dem gewünschten Resultat. Vorsichtige Behandlung damit liefert das Quecksilbersalz des Carbazons, energische zersetzt die Substanz unter Stickstoffentwickelung. Jod in alkoholischer Lösung wirkt nicht auf Diphenylcarbazon ein.

Der Umstand, dass die Oxydation des Diphenylcarbazons sofort weiter geht und nicht wie bei dem entsprechenden Schwefelkörper eine Verbindung von der Formel $CO(C_6H_5N=N)_2$ entsteht, bestätigt die Erfahrung, dass den Sulfocarbaziden im Allgemeinen eine grössere Beständigkeit zukommt als den Carbaziden. Beweis hierfür ist auch die Unbeständigkeit des Diphenylcarbazids gegen Salzsäure. Wird dasselbe mit zwanzigprocentiger Salzsäure im Wasserbade erhitzt, so ist die Verbindung nach einer Stunde vollständig zerstört, wobei neben harzigen Producten hauptsächlich Anilin gebildet wird.

Reduction des Diphenylcarbazons. — Diphenylcarbazon wird in Natronlauge unter Zusatz von etwas Alkohol gelöst und Zinkstaub zugesetzt. Alsbald tritt schon bei Zimmertemperatur Reduction ein, indem die rothe Farbe verschwindet; wird jetzt die Reactionsflüssigkeit in verdünnte Essigsäure hineinfiltrirt, so scheiden sich weisse Flocken von Diphenylcarbazid ab.

Einwirkung von Phosgen auf Phenylhydrazin.

Wie Freund[1]) gefunden hat, reagirt Phosgen und Thiophosgen leicht mit den Hydraziden. Was das Phenylhydrazin selbst betrifft, so gibt Freund nur an, dass das salzsaure Salz nicht mit Phosgen reagirt; die freie Base wirkt dagegen sehr energisch auf Chlorkohlenoxyd ein. Bringt man Phosgen in Toluollösung zu Phenylhydrazin, so findet eine heftige Reaction statt, wobei die Masse völlig erstarrt. Es wurde deshalb die Base in der vier- bis fünffachen Menge Aether gelöst und dazu die Phosgenlösung bei guter Kühlung zutropfen gelassen. Jeder Tropfen ruft eine Fällung von weissen Krystallen hervor. Dieselben werden abgesogen, mit Aether nachgewaschen und mit kaltem Wasser behandelt. Dabei geht das salzsaure Phenylhydrazin in Lösung und es hinterbleibt eine amorphe Masse, welche in warmem Alkohol gelöst wurde. Aus der Lösung krystallisirte zunächst eine geringe Menge einer hochschmelzenden Verbindung, welche zu weiterer Untersuchung nicht ausreichte. Die Mutterlauge scheidet nach weiterem Eindampfen allmählich neue Krystalle aus, welche nach einmaligem Umkrystallisiren aus Alkohol und nachher aus fünfzigprocentiger Essigsäure den Schmelzpunkt 163° und die Eigenschaften des reinen Diphenylcarbazids zeigten. Bei der Oxydation lieferte nämlich dieser Harnstoff dasselbe

---
[1]) Berichte d. D. Chem. Gesellsch. **21**, 1240.

Carbazon, das oben beschrieben ist. Das ätherische Filtrat enthält weitere Mengen von Diphenylcarbazid, welche daraus gewonnen werden, indem man nach dem Verdampfen des Aethers das Toluol durch Kochen mit Wasser verjagt und den Rückstand aus Alkohol krystallisirt. Im Ganzen lieferte eine als zehnprocentig angegebene Phosgenlösung zwanzig bis fünfundzwanzig Procent reinen Harnstoff, so dass dieses wohl die beste Darstellungsmethode des Diphenylcarbazids ist.

Die Reaction findet offenbar nach folgender Gleichung statt:

$$CO\begin{array}{c}Cl\\ \\ C\end{array} + 4\,C_6H_5N_2H_3 = CO\begin{array}{c}N_2H_2\cdot C_6H_5\\ \\ N_2H_2\cdot C_6H_5\end{array} + 2\,C_6H_5N_2H_4Cl.$$

Phenylhydrazin und Thiophosgen.

Wie Phosgen reagirt auch der entsprechende Schwefelkörper mit Phenylhydrazin. Die Agentien wurden wieder mit Aether verdünnt und nun ein Molekül Thiophosgen zu vier Molekülen der Base zugegeben. Dabei fällt salzsaures Phenylhydrazin aus. Wegen der leichteren Löslichkeit war das andere Reactionsproduct fast ausschliesslich im Aether enthalten. Derselbe lieferte nach dem Verdampfen dunkel gefärbte Krystalle, welche sich nach dem Umkrystallisiren als Diphenylsulfocarbazid[1]) erwiesen. Der genauere Nachweis konnte auch hier ausser durch die Schmelzpunktbestimmung noch durch die Verwandlung in das charakteristische Diphenylsulfocarbazon geführt werden. Die Ausbeute an reinem Material betrug circa 70 pC. des angewandten Thiophosgens = 35 pC. der Theorie.

Einwirkung von Chlorkohlensäureester auf Phenylhydrazin.

Phenylcarbazinsäureäthylester, $C_6H_5\cdot NH\cdot NH\cdot CO_2\cdot C_2H_5$.

Lässt man zu Phenylhydrazin, welches in der vier- bis fünffachen Menge Aether gelöst ist, bei guter Kühlung und fleissigem Umschütteln die berechnete Menge Chlorkohlensäureester, verdünnt mit dem gleichen Gewicht Aether, zutropfen, so scheidet sich sofort salzsaures Phenylhydrazin ab. Dasselbe wird abfiltrirt und der Aether verdunstet, wobei ein gelbes Oel zurückbleibt, welches nach kurzer Zeit theilweise erstarrt. Man löst zweckmässig den ganzen Rückstand in viel heissem Wasser und erhält nach dem Erkalten und erneuten Umkrystallisiren aus Wasser die Substanz in langen, dünnen, nur schwach gelb gefärbten Nadeln, welche bei 86 bis 87° schmelzen.

---
[1]) Liebigs Ann. d. Chem. **190**, 117. (S. *240*.)

Die Analyse der im Vacuum getrockneten Substanz lieferte folgende Zahlen:

0,1550 g gaben 21,7 cbcm Stickgas bei 27° und 753 mm Druck. — 0,2365 g gaben 0,5199 CO_2 und 0,1431 H_2O.

$C_9H_{12}N_2O_2$. Ber. C 60,0, H 6,7, N 15,5.
Gef. ,, 60,0, ,, 6,7, ,, 15,3.

Die Verbindung muss somit als das Urethan des Phenylhydrazins von der Formel $C_6H_5 \cdot NH \cdot NH \cdot COO \cdot C_2H_5$ oder nach anderer Auffassung als der Aethylester der Phenylcarbazinsäure angesprochen werden. Der käufliche Chlorkohlensäureester liefert 60 bis 65 pC. der theoretischen Ausbeute.

Die neue Verbindung ist in kaltem Wasser schwer, in heissem dagegen leicht löslich, noch leichter in Alkohol, Aceton, Benzol, Chloroform und Aether. Fehling'sche Lösung wird davon schon bei gelindem Erwärmen reducirt. Starke Mineralsäuren lösen die Verbindung schon in der Kälte, verdünnt man aber mit Wasser, so krystallisirt der Carbazinsäureester in den charakteristischen, sternförmig gruppirten Nadeln unverändert aus.

Oxydation des Carbazinsäureesters. — 1 g Ester wurde in Chloroform gelöst und gelbes Quecksilberoxyd im Ueberschusse zugegeben. Sofort färbte sich die Flüssigkeit und das Reductionsvermögen nahm bald stark ab, war aber erst am anderen Tage vollständig verschwunden. Die filtrirte Flüssigkeit wurde jetzt verdampft und hinterliess einen dunkelrothen Rückstand, welcher nur unvollkommen krystallisirte, so dass auf die Analyse verzichtet werden musste. Offenbar war aber die Reaction analog der Oxydation des Diphenylcarbazids verlaufen, wobei der Phenylcarbazinsäureester in den um zwei Wasserstoffatome ärmeren Phenylazocarbonsäureester $C_6H_5 \cdot N = N \cdot COO \cdot C_2H_5$ verwandelt wurde. Den Azocharakter zeigte die Verbindung auch noch dadurch, dass sie beim Erhitzen lebhaft verpuffte.

Wird der Azokörper mit Zinkstaub und Natronlauge in wässeriger Lösung bei Zimmertemperatur geschüttelt, so tritt Reduction ein; schon nach kurzer Zeit wurde die Flüssigkeit farblos. Sie wurde jetzt sofort mit Aether ausgeschüttelt und es hinterblieb nach dem Verdunsten des Aethers ein Oel, welches, mit Ligroïn aufgenommen, daraus nach zwölf Stunden krystallisirte und sich als regenerirter Carbazinsäureester erwies.

Verhalten des Esters gegen Aminbasen.

Um das Verhalten der Verbindung gegen Aminbasen kennen zu lernen, wurden 0,5 g derselben mit 10 cbcm alkoholischem Ammoniak im zugeschmolzenen Rohr erhitzt.

Es zeigte sich, dass erst bei 230° eine Einwirkung stattfand. Dabei sollte das Phenylsemicarbazid entstehen, welches aber schon bei weit niedrigerer Temperatur zerfällt[1]). In der That zeigte auch die Reactionsmasse tiefer gehende Zersetzung.

Günstiger war das Resultat bei Anwendung von aromatischen Basen. Als der Ester, in Aether gelöst, mit der äquivalenten Menge Anilin zwei Stunden auf 210 bis 215° erhitzt wurde, fand die erwartete Reaction statt; der Aether hinterliess nach dem Verdampfen eine weisse Krystallmasse, welche nach zweimaligem Umkrystallisiren aus Benzol bei 172 bis 173° schmolz und auch im Uebrigen vollständig dem von Freund[2]) auf anderem Wege erhaltenen Diphenylsemicarbazid glich. Die Reaction war nach folgender Gleichung verlaufen:

$$\begin{array}{c} O \cdot C_2H_5 \\ | \\ CO \\ | \\ N_2H_2 \cdot C_6H_5 \end{array} + \begin{array}{c} H \cdot NH \cdot C_6H_5 \end{array} = \begin{array}{c} NH \cdot C_6H_5 \\ | \\ CO \\ | \\ N_2H_2 \cdot C_6H_5 \end{array} + C_2H_5 \cdot OH.$$

Acetylphenylcarbazinsäureester, $C_6H_5 \cdot N_2H(CO \cdot CH_3)COO \cdot C_2H_5$.

Zur Darstellung desselben wird der Carbazinsäureester mit Essigsäureanhydrid eine Stunde auf dem Wasserbade erhitzt, und dann der Ueberschuss des Anhydrids durch Abdampfen mit Alkohol entfernt. Es resultirte ein brauner Syrup, welcher, mit Aether verrieben, krystallisirte. Die Krystalle wurden aus Wasser umkrystallisirt und so als feine weisse Nadeln erhalten, welche bei der Analyse folgende Zahlen lieferten.

0,2859 g gaben 0,6198 CO_2 und 0,1643 H_2O. — 0,1195 g gaben 13,5 cbcm Stickgas bei 19° und 748 mm Druck.

$C_{11}H_{14}N_2O_3$. Ber. C 59,4, H 6,3, N 12,6.
Gef. ,, 59,1, ,, 6,4, ,, 12,8.

Die Verbindung ist schwer löslich in Aether und Ligroïn, leichter in Alkohol, Benzol, Aceton, Chloroform und Eisessig. Sie sintert bei 97° und schmilzt bei 102 bis 103° ohne Zersetzung; Fehling'sche Lösung wird nicht mehr davon reducirt.

Phenylcarbazinsäuremethylester, $C_6H_5 \cdot NH \cdot NH \cdot COO \cdot CH_3$.

Die Darstellung desselben aus Chlorkohlensäuremethylester und Phenylhydrazin ist analog derjenigen des Aethylesters. Die ätherische Lösung erstarrt nach dem Abdampfen in kurzer Zeit; der Rückstand wird aus Wasser krystallisirt und man erhält so den Ester in kurzen Prismen, welche bei 115 bis 117° schmelzen, also 30° höher als die Aethylverbindung. In ihren Löslichkeitsverhältnissen und Reactionen ist die Verbindung vollkommen dem Aethylester analog. Der Stickstoffgehalt war folgender:

0,1333 g gaben 19,7 cbcm Stickgas bei 17° und 753 mm Druck.

$C_8H_{10}N_2O_2$. Ber. N 16,75. Gef. N 17,0.

---
[1]) Vgl. Pinner, Berichte d. D. Chem. Gesellsch. **21**, 1224.
[2]) Berichte d. D. Chem. Gesellsch. **21**, 2464.

Bildung von Diphenylurazin aus Carbazinsäureester.

Wird der Aethylester im Oelbade auf 230 bis 240° erhitzt, so findet eine lebhafte Gasentwicklung statt. Zur Beendigung der Reaction wurde die Masse dreiviertel Stunden bei dieser Temperatur erhalten und erstarrte dann beim Erkalten zu einem durchsichtigen Glase, welches, mit Aceton übergossen, allmählich krystallisirte. Die abgepresste Masse wird aus heissem Eisessig krystallisirt und bildet dann weisse, feine Nädelchen vom Schmelzpunkt 264°. Die Substanz ist in warmem Eisessig und Aceton verhältnissmässig leicht löslich und reducirt Fehling'sche Lösung nicht mehr. Von verdünnten Alkalien und Ammoniak wird die Verbindung leicht gelöst und durch Säuren wieder ausgefällt.

0,2426 g gaben 0,5567 CO_2 und 0,1087 H_2O. — 0,1665 g gaben 30,3 cbcm Stickgas bei 21° und 761 mm Druck.

$C_7H_6N_2O$. Ber. C 62,7, H 4,5, N 20,9.
Gef. ,, 62,5, ,, 4,9, ,, 20,8.

Die Reaction ist also nach der Gleichung verlaufen:

$$C_9H_{12}N_2O_2 = C_2H_6O + C_7H_6N_2O.$$

Der abgespaltene Alkohol konnte aufgefangen und fractionirt werden. Der Carbazinsäuremethylester spaltet in analoger Weise beim Erhitzen Methylalkohol ab und liefert dieselbe Verbindung.

Die Substanz erwies sich als identisch mit dem von Pinner[1]) aus Phenylsemicarbazid durch Ammoniakabspaltung gewonnenen Diphenylurazin. Was die Constitution der Verbindung anbetrifft, so hat Pinner nachgewiesen, dass die Formel $C_7H_6N_2O$ zu verdoppeln ist. Pinner glaubt nun, dass zwei Moleküle Phenylsemicarbazid unter Abspaltung von Ammoniak einen Ring von wahrscheinlich folgender Structur bilden:

$$\begin{array}{c} C_6H_5\cdot N-NH-CO \\ | \quad\quad\quad\quad | \\ C_6H_5N-CO-NH \end{array}.$$

Hier ist die Condensation, welche Pinner für wahrscheinlich hält, unmöglich. Denn die Anwesenheit der Gruppe $C_6H_5\cdot N-CO-NH$ in dem Ringe würde eine Vertauschung der Carbonyl- und Imidgruppe voraussetzen, welche wohl kaum anzunehmen ist.

Dagegen lassen sich alle Thatsachen mit der Annahme vereinigen, dass das Diphenylurazin die symmetrische Formel

$$\begin{array}{c} C_6H_5\cdot N-NH-CO \\ | \quad\quad\quad\quad\quad | \\ CO-NH-N\cdot C_6H_5 \end{array}$$

besitzt.

---
[1]) Berichte d. D. Chem. Gesellsch. **21**, 2330.

101. Edward M. Chaplin: Ueber einige Hydrazide der Camphersäure.

Berichte der Deutschen Chemischen Gesellschaft 25, 2565 [1892].

(Eingegangen am 3. August.)

Welche Ansicht man auch über die Constitution der Camphersäure haben mag, ihre grosse Aehnlichkeit mit der Phtalsäure wird Niemand leugnen wollen.

Dass dieselbe auch in dem Verhalten gegen die aromatischen Hydrazine zu Tage tritt, zeigen die folgenden Versuche, welche ich auf Veranlassung von Herrn Prof. Emil Fischer vor längerer Zeit begonnen habe.

Ueber den gleichen Gegenstand ist vor Kurzem eine Mittheilung der Herrn Haller[1]) erschienen. Derselbe erhielt durch Erhitzen von Camphersäuremethylester mit Phenylhydrazin ein Hydrazid $C_{16}H_{20}N_2O_2$ und stellt dasselbe dem Phtalylhydrazin an die Seite.

Dieselbe Verbindung habe ich aus dem Camphersäureanhydrid und der Camphersäure selbst erhalten. Sie ist später unter dem Namen Campherylphenylhydrazin beschrieben. Beim Paratolylhydrazin verläuft die Wirkung des Camphersäureanhydrids insofern etwas anders, als man zunächst nur wenig von dem Hydrazid $C_{17}H_{22}N_2O_2$, sondern als Hauptproduct eine Verbindung $C_{17}H_{24}N_2O_3$ erhält. Letztere betrachte ich als das Analogon der Phenylhydrazinphtalsäure und gebe ihr deshalb die Formel

$$C_8H_{14}\begin{matrix}CO \cdot N_2H_2 \cdot C_6H_4 \cdot CH_3 \\ COOH\end{matrix}.$$

Bei höherer Temperatur verliert sie 1 Mol. Wasser und geht in $C_{17}H_{22}N_2O_2$ über.

Campherylphenylhydrazin.

Gleiche Moleküle Phenylhydrazin und Camphersäureanhydrid werden mehrere Stunden auf 150° erhitzt. Das Product ist eine gelbbraune amorphe Masse, welche beim Abkühlen in einer Kältemischung bald erstarrt. Verreibt man jetzt dieselbe mit wenig Alkohol, so wird sie völlig krystallinisch und durch Waschen mit Aether lässt sich der

---
[1]) Compt. rend. 64, 1519.

beigemengte gelbe Farbstoff leicht entfernen. Durch Umkrystallisiren aus heissem Alkohol erhält man dann farblose diamantglänzende flächenreiche Krystalle von der Formel $C_{16}H_{20}N_2O_2$.

Ber. C 70,58, H 7,35, N 10,29.
Gef. ,, 70,25, ,, 7,62, ,, 10,57.

Die Verbindung schmilzt bei 118° (uncorr.) (Haller fand 119°). Sie ist in heissem Alkohol sehr leicht, in kaltem Alkohol, Aether und Ligroïn erheblich schwerer löslich. Beim Kochen mit Wasser schmilzt sie und löst sich in geringer Menge. Mit Schwefelsäure und Eisenchlorid zeigt sie die bekannte Hydrazidreaction nicht. In kalten Alkalien ist sie ebenfalls unlöslich; beim Kochen wird sie aber ziemlich rasch aufgelöst und verwandelt sich durch Aufnahme von Wasser in eine Säure. Dieselbe fällt beim Uebersättigen mit verdünnter Schwefelsäure als farblose amorphe Masse. Löst man sie in wenig warmem Chloroform, so scheiden sich beim längeren Stehen der Lösung schöne farblose Krystalle ab, welche von der Mutterlauge getrennt an der Luft sehr rasch zu einem Pulver zerfallen. Im Vacuum über Schwefelsäure getrocknet hat die Substanz die Zusammensetzung $C_{16}H_{24}N_2O_4$ und entsteht also aus dem Campherylphenylhydrazin durch die Aufnahme von 2 Mol. Wasser.

Ber. C 62,33, H 7,79, N 9,09.
Gef. ,, 62,38, ,, 7,82, ,, 8,63.

Die Säure ist in Alkohol und Aether sehr leicht löslich und schmilzt bei 91—92°. Ihre alkalische Lösung reducirt in gelinder Wärme die Fehling'sche Lösung sehr stark. Beim mehrstündigen Kochen mit Alkali wird sie unter Rückbildung von Camphersäure zersetzt und beim längeren Erhitzen auf 108° regenerirt sie das Campherylphenylhydrazin.

Derivate des Campherylphenylhydrazins.

Aehnlich dem Phtalylphenylhydrazin wird die Campherylverbindung durch Essigsäureanhydrid in eine Acetylverbindung und durch salpetrige Säure je nach den Bedingungen in ein Mononitro- oder Dinitroderivat übergeführt.

Mononitroverbindung $C_{16}H_{19}N_3O_4$.

Suspendirt man das fein gepulverte Campherylphenylhydrazin in der 10fachen Menge 50procentiger Essigsäure und leitet bei 0° gasförmige salpetrige Säure ein, bis die Lösung grün bleibt, so ist die Nitrirung nach etwa 2 Stunden beendet. Das krystallinische Product wird filtrirt und aus wenig heissem Alkohol umkrystallisirt.

Ber. C 60,56, H 5,99, N 13,25.
Gef. ,, 60,14, ,, 6,39, ,, 13,57.

Die Substanz bildet hellgelbe Nadeln, welche bei 157° schmelzen. Dieselbe ist in Alkohol ziemlich schwer löslich, leichter aber in Aether.

Dinitroverbindung $C_{16}H_{18}N_4O_6$.

Dieselbe entsteht, wenn man in eine Lösung des Campherylphenylhydrazins in heissem Eisessig, überschüssige salpetrige Säure einleitet. Beim Erkalten fällt die Verbindung ebenfalls in gelben Nadeln aus, welche beim raschen Erhitzen gegen 192° unter Zersetzung schmelzen und selbst in heissem Alkohol ziemlich schwer löslich sind.

Ber. C 53,03, H 5,24, N 15,46.
Gef. ,, 53,02, ,, 5,86, ,, 15,31.

Acetylverbindung $C_{16}H_{19}N_2O_2(C_2H_3O)$.

Dieselbe entsteht beim mehrstündigen Kochen des Campherylphenylhydrazins mit der $2^1/_2$ fachen Menge Essigsäureanhydrid. Wird später die Lösung wiederholt mit Alkohol verdampft, bis das Anhydrid verjagt ist und schliesslich der Rückstand in wenig Alkohol gelöst, so scheidet sich beim längeren Stehen die Acetylverbindung in ziemlich derben prismatischen Krystallen aus. Die Substanz schmilzt bei 107° und hat im Vacuum über Schwefelsäure getrocknet die Zusammensetzung $C_{18}H_{22}N_2O_3$.

Ber. C 68,79, H 7,00, N 8,92.
Gef. ,, 68,27, ,, 7,10, ,, 8,82.

Sie löst sich leicht in Alkohol und Aether. Beim Kochen mit Wasser schmilzt sie und löst sich in kleiner Menge auf.

Paratolylhydrazincamphersäure $CH_3 \cdot C_6H_4 \cdot N_2H_2 \cdot CO \cdot C_8H_{14} \cdot COOH$.

Erwärmt man p-Tolylhydrazin und Camphersäureanhydrid in molecularem Verhältniss auf 130°, so findet alsbald eine Reaction statt und die Masse erstarrt nach etwa 15 Minuten krystallinisch. Dieselbe wird mit kaltem Alkohol gewaschen und aus heissem Alkohol umkrystallisirt. Sie bildet prismatische Tafeln, welche gegen 193° schmelzen.

Ber. C 67,1, H 7,89, N 9,21.
Gef. ,, 67,39, ,, 8,36, ,, 9,33.

Die Säure löst sich in heissem Wasser und Petroläther sehr schwer, in Aether etwas leichter, in Alkohol und warmem Chloroform sehr leicht, sie zeigt die Hydrazidreaction. Beim Erhitzen auf 200° verliert sie Wasser und verwandelt sich in das Campheryltolylhydrazin. Letzteres entsteht auch als Nebenprodukt bei der Darstellung der vorigen Verbindung und findet sich in der alkoholischen Mutterlauge.

Campherylparatolylhydrazin.

Dasselbe wird am bequemsten durch dreistündiges Erhitzen von Camphersäure und p-Tolylhydrazin in molecularem Verhältniss auf 150° dargestellt und ebenso gereinigt, wie die Phenylverbindung. Es ist dem letzteren sehr ähnlich, krystallisirt in farblosen Nadeln und schmilzt bei 146°.

Ber. C 71,33, H 7,69, N 9,79.
Gef. ,, 71,10, ,, 7,94, ,, 9,84.

102. Rudolph Brunck: Ueber Thiënylindol, α-Naphtylindol und einige Bromderivate der Indole.

Liebigs Annalen der Chemie 272, 201 [1893].

Die beiden neuen Indole lassen sich nach der Methode von E. Fischer aus den Phenylhydrazonen des Acetothiënons $CH_3 \cdot CO \cdot C_4H_3S$, beziehungsweise des α-Acetonaphtons $CH_3 \cdot CO \cdot C_{10}H_7$ durch Schmelzen mit Chlorzink gewinnen. Aus der Synthese ergiebt sich, dass sie die Structur

$$C_6H_4{<}{}^{CH}_{NH}{>}C \cdot C_4H_3S \quad \text{und} \quad C_6H_4{<}{}^{CH}_{NH}{>}C \cdot C_{10}H_7$$

haben und dem entsprechend als Pr 2-Verbindungen zu bezeichnen sind. Wie zu erwarten war, zeigen beide Substanzen die meiste Aehnlichkeit mit dem Pr 2-Phenylindol.

Pr 2-Thiënylindol.

Zur Bereitung des von Peter[1]) schon beschriebenen Hydrazons wurden 25 g Acetothiënon, welches nach der Vorschrift von Bradley[2]) dargestellt war, mit 23 g ganz reinem Phenylhydrazin 2 Stunden auf dem Wasserbade erwärmt, wobei sich das Gemisch durch Abscheidung von Wasser trübte. Nun wurde durch Waschen mit verdünnter Essigsäure das unveränderte Phenylhydrazin entfernt und das braune, ölige Reactionsproduct mit Wasser ausgewaschen, worauf es in der Kälte zu einem röthlichen Krystallkuchen erstarrte. Dieser lieferte, aus Alkohol umkrystallisirt, feine, farblose, büschelförmig vereinigte Nadeln vom richtigen Schmelzpunkt 96°.

Nach Aufarbeiten der Mutterlaugen betrug die Ausbeute 36 g, d. i. 83 pC. der Theorie.

30 g Hydrazon, im Vacuum über Schwefelsäure sorgfältig getrocknet, wurden mit 150 g gepulvertem, trocknem Chlorzink innig vermischt, 30 Minuten im Wasserbad und alsdann 4 Minuten im Oelbad unter Umrühren auf 180° erhitzt. Die Schmelze bräunt sich, wird dünnflüssig und wirft schwache Dampfblasen. Sobald dies der Fall, wird der Tiegel

---
[1]) Berichte d. D. Chem. Gesellsch. 17, 2643.
[2]) Berichte d. D. Chem. Gesellsch. 19, 2115.

aus dem Oelbade entfernt und der Inhalt nach dem Erkalten mit heissem Wasser und wenig Salzsäure zur Lösung des Chlorzinks behandelt. Das Indol hinterbleibt auf dem Filter als rothbraune, amorphe Masse, vielfach durch Harze verunreinigt. Durch Auskochen derselben mit hochsiedendem Ligroïn liess sich ein schon ziemlich reines Product vom Schmelzpunkt 159° isoliren; dieses krystallisirte aus Alkohol in hellgelben Nädelchen vom constanten Schmelzpunkt 162° (uncorr.). Bei systematischem Auskochen der Schmelze mit den jeweils resultirenden Mutterlaugen betrug die Ausbeute an Rohproduct 30 pC. des angewandten Hydrazons.

Zur Analyse wurde die Substanz mehrmals aus Alkohol umkrystallisirt und bei 100° getrocknet.

0,2581 g gaben 0,6871 CO_2 und 0,1087 H_2O. — 0,2555 g gaben 16,0 ccm Stickstoff bei 746 mm Druck und 18°. — 0,2804 g gaben 0,3224 $BaSO_4$.

$C_{12}H_9SN$. Ber. C 72,36, H 4,53, N 7,03, S 16,08.
              Gef. ,, 72,60, ,, 4,68, ,, 7,09, ,, 15,80.

Das Indol ist fast geruchlos, unlöslich in Wasser, leicht löslich in Aether, Chloroform, Eisessig, schwerer in Benzol, Alkohol und Schwefelkohlenstoff, sublimirt leicht und färbt in alkoholischer Lösung einen mit Salzsäure befeuchteten Fichtenspahn blauviolett.

Pikrat, $C_{12}H_9SN \cdot C_6H_2(NO_2)_3 \cdot OH$. Bringt man gleiche Moleküle des Indols und der Pikrinsäure, beide in Benzol gelöst, zusammen, so färbt sich die Flüssigkeit dunkelroth und scheidet auf Zusatz von Ligroïn langsam dunkelrothe Blättchen ab. Das Pikrat schmilzt bei 137°, ist leicht löslich in Alkohol, Aether, Benzol und viel schwerer löslich in Ligroïn.

Zur Analyse wurde die Substanz im Vacuum über Schwefelsäure getrocknet.

0,2342 g lieferten 27,0 ccm Stickstoff bei 756 mm Druck und 19°.

$C_{18}H_{12}N_4SO_7$. Ber. N 13,10. Gef. N 13,19.

Nitrosoverbindung, $C_6H_4 \genfrac{}{}{0pt}{}{C \cdot NO}{NH} C \cdot C_4H_3S$.

Dieselbe entsteht auf die gleiche Art, wie das entsprechende Derivat[1]) des Phenylindols. Die kalte Lösung des Thiënylindols in Eisessig wurde vorsichtig mit einer concentrirten Lösung von Natriumnitrit versetzt. Nachdem die erste, stürmische Einwirkung beendet, fiel das Nitrosoproduct in ziegelrothen Flocken aus, welche in den gebräuchlichen Lösungsmitteln sehr schwer löslich sind. Aus siedendem Eisessig umkrystallisirt, resultirten mikrokrystallinische, orangerothe Blättchen, die bei raschem

---

[1]) Berichte d. D. Chem. Gesellsch. **21**, 1073. (*S. 685.*)

Erhitzen sich bei 230° dunkel färben und bei 240—241° unter Zersetzung schmelzen. Der Körper ist nicht als Nitrosamin zu betrachten, da er die Liebermann'sche Nitrosoreaction nicht zeigt; er löst sich ziemlich leicht in Alkalien und wird durch Säuren wieder abgeschieden.

0,2395 g, bei 100° getrocknet, gaben 25,9 ccm Stickstoff bei 752 mm Druck und 19°.

$C_{12}H_8N_2OS$. Ber. N 12,28. Gef. N 12,30.

Benzalverbindung, $C_6H_5 \cdot CH \cdot (C_{12}H_8NS)_2$. Man erhitzt 1 Mol. Benzaldehyd und 2 Mol. Thiënylindol auf dem Wasserbad etwa 1 Stunde lang, bis der anfängliche, braune Syrup zu hellgelben, säulenförmigen Krystallen erstarrt. Letztere werden durch Auskochen mit Alkohol von anhaftender Mutterlauge befreit. Aus gleichen Theilen Aceton und Alkohol krystallisirt der Körper in feinen, gelben Blättchen, welche bei 245° unter Zersetzung schmelzen, in Alkohol, Aether, Ligroïn und Benzol schwer, in Aceton leicht löslich sind.

0,2629 g, bei 100° getrocknet, lieferten 0,7383 CO_2 und 0,1124 H_2O. — 0,2320 g gaben 12,2 ccm Stickstoff bei 751 mm Druck und 20°.

$C_{31}H_{22}S_2N_2$. Ber. C 76,54, H 4,53, N 5,76.
Gef. ,, 76,58, ,, 4,75, ,, 5,94.

Durch Kochen mit starker Salzsäure wird Benzaldehyd wieder abgespalten.

Pr 2 - α - Naphtylindol, $C_6H_4\!\!<\!\!\begin{smallmatrix}CH\\NH\end{smallmatrix}\!\!>\!\!C \cdot C_{10}H_7$.

20 g Acetonaphtonphenylhydrazon, dessen Schmelzpunkt übereinstimmend mit den Angaben von Claus und Feist[1]) bei 173° lag, wurden mit der fünffachen Menge Chlorzink im Oelbade bei 180° vier Minuten lang verschmolzen und wie das Thiënylindol weiter behandelt. Aus Alkohol umkrystallisirt, bildet das Indol schwachgelbe, sternförmig gruppirte Nadeln vom Schmelzpunkt 196° (uncorr.).

Ausbeute 6 g Indol.

0,2228 g, bei 100° getrocknet, lieferten 0,7252 CO_2 und 0,1072 H_2O. — 0,2530 g lieferten 13,1 ccm Stickstoff bei 754 mm Druck und 20°.

$C_{18}H_{13}N$. Ber. C 88,89, H 5,35, N 5,76.
Gef. ,, 88,76, ,, 5,34, ,, 5,97.

Die Verbindung ist abgesehen vom Schmelzpunkte dem Thiënylindol ausserordentlich ähnlich und liefert ganz ähnliche Derivate.

Das **Pikrat** bildet purpurrothe Schuppen vom Schmelzpunkte 179°, welche in Benzol leicht, in Ligroïn schwer löslich sind.

0,2130 g, bei 100° getrocknet, gaben 22,5 ccm Stickstoff bei 752 mm Druck und 18°.

$C_{24}H_{16}N_4O_7$. Ber. N 11,87. Gef. N 12,05.

---

[1]) Berichte d. D. Chem. Gesellsch. **19**, 3180.

Nitrosoverbindung, $C_6H_4\langle\begin{smallmatrix}C\cdot NO\\ NH\end{smallmatrix}\rangle C\cdot C_{10}H_7$.

Nach obigem Verfahren aus Naphtylindol dargestellt und aus Eisessig umkrystallisirt, bildet der Körper gelbrothe Blättchen, welche ähnliches Verhalten wie das Thiënylderivat zeigen und bei 248° unter Zersetzung schmelzen.

0,2129 g gaben 18,3 ccm Stickstoff bei 751 mm Druck und 17°.

$C_{18}H_{12}N_2O$. Ber. N 10,29. Gef. N 10,39.

Benzalverbindung, $C_6H_5\cdot CH : (C_{18}H_{12}N)_2$. Ein Gemisch der berechneten Mengen von Indol und Benzaldehyd erstarrte nach dreistündigem Erwärmen auf dem Wasserbad zu einer rothbraunen Masse. Letztere wurde in überschüssigem, heissem Alkohol gelöst und zu weiterer Reinigung mit Thierkohle aufgekocht. Nach zweimaligem Umkrystallisiren aus Aceton resultirten schwach röthliche Blättchen vom Schmelzpunkte 246°, welche etwas leichter löslich sind, als der Thiënylkörper.

Zur Analyse wurde die Substanz aus Aceton umkrystallisirt und bei 100° getrocknet.

0,2558 g gaben 0,8422 CO_2 und 0,1216 H_2O. — 0,2170 g gaben 9,6 ccm Stickstoff bei 745 mm Druck und 18°.

$C_{43}H_{30}N_2$. Ber. C 89,89, H 5,23, N 4,88.
Gef. ,, 89,79, ,, 5,28, ,, 5,01.

Bromderivate der Indole.

Alle Indole werden von Brom energisch angegriffen und je nach den Bedingungen entstehen dabei verschiedene Producte, welche meist wenig erfreuliche Eigenschaften besitzen. Dies mag der Grund sein, warum in der Literatur alle Angaben darüber fehlen.

Durch Anwendung von überschüssigem Brom bei höherer Temperatur ist es mir aber gelungen, bromreiche krystallisirte Derivate zu gewinnen. Die beiden zuvor beschriebenen Indole nehmen ebenso wie das Pr 2-Phenylindol 6 Atome Brom auf, wovon wahrscheinlich zwei addirt, die übrigen aber an Stelle von Wasserstoff getreten sind.

Beim Methylketol (Pr 2-Methylindol) wurde dagegen eine Verbindung mit 4 Brom isolirt, welche die Hälfte davon wahrscheinlich ebenfalls additionell enthält.

Derivat des Pr 2 - Phenylindols, $C_{14}H_7NBr_6$. 10 g des Indols, in wenig Chloroform gelöst, werden tropfenweise in 40 g Brom eingetragen. Nachdem die erste Reaction beendet, wird die Masse vorsichtig bis zum Beginn der Krystallisation erwärmt, nach zwei Tagen in Alkohol gegossen, der ausgeschiedene, röthliche Krystallkuchen abgesaugt und durch Waschen mit heissem Alkohol von Brom völlig befreit. Das schwach gelbliche, mikrokrystallinische Rohproduct schmilzt bei 255°, enthält Verunreinigungen, welche die Augen stark angreifen und zeichnet sich aus durch seine fast völlige Unlöslichkeit in Alkohol, Aether, Ligroïn, Aceton und Eisessig. Durch zweimaliges Umkrystallisiren aus viel heissem Benzol erhält man den Körper in schön ausgebildeten, farblosen, metallisch glänzenden Blättchen vom Schmelzpunkt 259—260°. Aus der Mutterlauge wurden durch Zusatz von Alkohol weitere Mengen des Bromkörpers gefällt und durch Umkrystallisiren aus heissem Anilin gereinigt.

Ausbeute 80 pC. des angewandten Indols.

0,2273 g, bei 110° getrocknet, lieferten bei sehr langsamer Verbrennung im Sauerstoffstrom 0,2126 g CO_2 und 0,0225 H_2O. — 0,2833 g gaben 0,4759 AgBr. — 0,2606 g gaben 5,2 ccm Stickstoff bei 750 mm Druck und 20°.

$C_{14}H_7NBr_6$. Ber. C 25,13, H 1,04, Br 71,74, N 2,09.
Gef. ,, 25,51, ,, 1,10, ,, 71,49, ,, 2,25.

Leider entscheidet die Analyse bei dem hohen Molekulargewicht nicht sicher über die Anzahl der Wasserstoffatome. Die oben angenommene Formel, wonach die Substanz als ein Tetrabrom-Phenylindoldibromid zu betrachten wäre, gewinnt aber an Wahrscheinlichkeit durch den Umstand, dass die Analyse bei den Verbindungen des Thiënyl- und Naphtylindols die gleichen Resultate gegeben hat. Der Bromkörper hat die wesentlichen Merkmale der Muttersubstanz eingebüsst. Er zeigt nicht mehr die Fichtenspahnreaction und bildet auch kein Pikrat. Ferner ist er in fast allen Lösungsmitteln sehr schwer löslich und auffallend beständig; denn er wird weder von Salzsäure noch Salpetersäure beim Kochen angegriffen. Dass er aber doch noch ein Derivat des Indols ist, geht aus dem Verhalten gegen Natrium hervor. Kocht man die Lösung des Bromkörpers in Xylol etwa 2 Stunden mit metallischem Natrium, welches dabei theilweise in Bromnatrium verwandelt wird, und verdampft die filtrirte Lösung, so resultirt ein schmutzig gelbes Product, welches dem Fichtenspahn die blauviolette Färbung der phenylirten Indole ertheilt.

Derivat des Pr 2 - Thiënylindols, $C_{12}H_5NSBr_6$. Thiënylindol, wie oben mit überschüssigem Brom behandelt, liefert ein Rohproduct, welches ebenso schwer löslich wie der Phenylkörper ist und nach wiederholtem Umkrystallisiren aus Benzol feine Blättchen vom Schmelzpunkt 278° bildet.

0,2132 g, bei 100° getrocknet, gaben 0,1689 CO_2 und 0,0157 H_2O. — 0,3253 g gaben 0,5420 AgBr.

$C_{12}H_5NSBr_6$. Ber. C 21,33, H 0,74, Br 71,11.
Gef. ,, 21,60, ,, 0,82, ,, 70,90.

Derivat des Pr 2-α-Naphtylindols, $C_{18}H_9NBr_6$. Dasselbe wird in der gleichen Weise, wie die Phenylverbindung gewonnen und bildet nach öfterem Umkrystallisiren hellgelbe Blättchen, welche über 300° schmelzen.

0,2471 g gaben 0,2746 CO_2 und 0,0298 H_2O. — 0,2389 g gaben 0,3732 AgBr.

$C_{18}H_9NBr_6$. Ber. C 30,04, H 1,25, Br 66,76.
Gef. ,, 30,31, ,, 1,34, ,, 66,48.

Die beiden letzten Verbindungen sind dem gebromten Phenylindol so ähnlich, dass eine nähere Beschreibung überflüssig ist.

Derivat des Methylketols. Die Einwirkung von Brom ist hier so heftig, dass die Operation bei gewöhnlicher Temperatur, sonst aber unter den gleichen Bedingungen wie beim Phenylindol ausgeführt wurde. Die Chloroformlösung erwärmt sich und schäumt durch die Entwicklung von Bromwasserstoff. Nach vier Stunden wird der mikrokrystallinische Niederschlag abfiltrirt und mit Alkohol ausgewaschen, bis er rein gelb erscheint. Aus heissem Benzol scheidet sich der Körper in dünnen, röthlichen Nadeln vom Schmelzpunkt 186° ab; durch wiederholtes Umkrystallisiren aus Eisessig gelingt es, einen unlöslichen, über 300° schmelzenden Bestandttheil von wechselndem Bromgehalt zu entfernen. Das in Eisessig lösliche Product krystallisirt in sehr feinen, gelblichen, verfilzten Nadeln vom Schmelzpunkt 195°, deren Bromgehalt einem Dibromdibromid entspricht.

0,1910 g gaben 0,3186 AgBr.

$C_9H_7NBr_4$. Ber. Br 71,27. Gef. Br 70,98.

103. B. Thieme: Ueber einige Salze und Derivate des Phenylhydrazins.
Liebigs Annalen der Chemie 272, 209 [1893].

Von den Salzen des Phenylhydrazins sind bisher nur das Hydrochlorat, Hydrobromat, Sulfat, Pikrat und Nitrat beschrieben worden. Da die Base jetzt ein so viel bearbeitetes und als Reagens benutztes Material ist, so habe ich sie noch mit einigen öfters gebrauchten Säuren und ferner mit den Chloriden und dem Pentoxyd des Phosphors combinirt.

Thiosulfat, $(C_6H_5 \cdot N_2H_3)_2H_2S_2O_3$. Das Salz scheidet sich beim Vermischen der wässrigen Lösungen von Natriumthiosulfat und essigsaurem Phenylhydrazin in weissen Blättchen aus und wird aus warmem Wasser unter Zusatz einiger Tropfen der freien Base umkrystallisirt. Für die Analyse war es über Schwefelsäure getrocknet.

0,1050 g gaben bei 19° und 747 mm Druck 16,0 ccm Stickgas. — 0,2503 g gaben 0,3490 $BaSO_4$.

Ber. N 16,96, S 19,39.
Gef. ,, 17,21, ,, 19,17.

Es löst sich leicht in heissem Wasser; die Lösung trübt sich jedoch bei längerem Erwärmen. In Alkohol ist es schwerer, in Aether unlöslich.

Beim raschen Erhitzen schmilzt es gegen 113° unter Gasentwicklung. Wird es längere Zeit auf einer Temperatur von 120—130° gehalten, so erfährt es eine totale Zersetzung, als deren Producte Stickstoff, Ammoniak, Schwefelwasserstoff, Benzol, Anilin, Thiophenol und Diphenylsulfid nachgewiesen wurden. Der Vorgang ist also ganz ähnlich der von E. Fischer untersuchten Zersetzung des Phenylhydrazins durch Schwefel.

Sulfit, $(C_6H_5 \cdot N_2H_3)_2H_2SO_3$. Das Salz wird in derselben Weise wie das vorige aus Natriumsulfit gewonnen. Es bildet kleine, weisse Blättchen, welche rasch erhitzt gegen 94° unter Gasentwicklung schmelzen und für die Analyse ebenfalls über Schwefelsäure getrocknet wurden.

0,1555 g gaben 26,8 ccm Stickstoff bei 23° und 742 mm Druck. — 0,8540 g gaben 0,6500 $BaSO_4$.

Ber. N 18,76, S 10,73.
Gef. ,, 18,95, ,, 10,46.

In Wasser und Alkohol ist das Salz noch etwas schwerer löslich, als das unterschwefligsaure Phenylhydrazin. In Aether ist es unlöslich.

Nitrat, $C_6H_5 \cdot N_2H_3 \cdot HNO_3$. Dasselbe ist zwar von E. Fischer[1]) schon erwähnt, aber nicht analysirt worden. Man erhält es sofort krystallisirt, wenn man die Base mit der Säure in verdünnter und abgekühlter ätherischer Lösung zusammenbringt. Es fällt dabei in feinen, seideglänzenden Blättchen aus, welche aus wenig absolutem Alkohol umkrystallisirt werden können.

Das Salz löst sich ausserordentlich leicht in Wasser und schmilzt gegen 145° unter Gasentwicklung. In grösserer Menge rasch erhitzt zersetzt es sich unter Feuererscheinung.

0,1205 g gaben 25,6 ccm Stickstoff bei 19° und 759 mm Druck.
Ber. N 24,56. Gef. N 24,39.

Secundäres Phosphat, $(C_6H_5 \cdot N_2H_3)_2 H_3PO_4$. Vermischt man concentrirte wässrige Lösungen von Dinatriumphosphat und essigsaurem Phenylhydrazin, so fällt das Salz in kleinen Blättchen aus, welche gegen 155° unter Zersetzung schmelzen und in Wasser ziemlich leicht, in Alkohol aber schwer löslich sind.

0,1305 g gaben 21,2 ccm Stickstoff bei 22° und 749 mm Druck. — 0,3994 g gaben 0,1389 $Mg_2P_2O_7$.
Ber. N 17,83, P 9,87.
Gef. ,, 18,12, ,, 9,72.

Mit Fluorwasserstoff bildet das Phenylhydrazin ebenso wie das Ammoniak zwei Salze, ein neutrales und ein saures; das letztere ist das beständigere.

Neutrales Salz, $C_6H_5 \cdot N_2H_3 \cdot HF$. Dasselbe fällt in weissen Blättchen aus, wenn Fluorwasserstoff in alkoholischer Lösung mit überschüssigem reinem Phenylhydrazin zusammentrifft.

0,1175 g gaben 22,5 ccm Stickstoff bei 19° und 747 mm Druck.
$C_6H_5NH \cdot NH_2HFl$. Ber. N 21,86. Gef. N 21,63.

Es schmilzt gegen 166—167° (uncorr.) unter Zersetzung.

Beim Umkrystallisiren aus Alkohol wird die Verbindung unter Abspaltung von Phenylhydrazin in das saure Salz verwandelt.

Saures Salz, $C_6H_5 \cdot N_2H_3 \cdot (HF)_2$. Dasselbe lässt sich natürlich auch direct darstellen, wenn man die entsprechende Menge von Base und Säure in alkoholischer Lösung zusammenfügt.

Das Salz bildet feine, glänzende Nadeln, welche beim Erhitzen unter theilweiser Zersetzung sublimiren.

0,1037 g gaben 17,8 ccm Stickstoff bei 22° und 741 mm Druck. — 0,4825 g gaben 0,2568 $CaFl_2$.
$C_6H_5NH \cdot NH_2(HF)_2$. Ber. N 18,91, F 25,68.
Gef. ,, 18,94, ,, 25,93.

---
[1]) Liebigs Ann. d. Chem. **190**, 85. (S. 217.)

Das saure Salz löst sich leicht in Wasser, schwerer in Alkohol und in Aether ist es unlöslich. Verbindungen des Phenylhydrazins mit Kieselfluorwasserstoff oder Borfluorwasserstoff habe ich nicht darstellen können. In beiden Fällen wurde nur fluorwasserstoffsaures Salz erhalten.

Orthophosphorsäuretriphenylhydrazid, $(C_6H_5 \cdot N_2H_2)_3PO$ [1]).

Die Verbindung entsteht sofort beim Zusammentreffen von Phosphoroxychlorid und Phenylhydrazin. Sie wird aber auch bei Anwendung von Trichlorid erhalten. Das in letztem Falle zu erwartende Hydrazid $(C_6H_5 \cdot N_2H_2)_2P$ scheint sich zunächst zu bilden, geht aber bei der Reinigung in das Oxyd über. Für die Bereitung desselben ist natürlich die erste Methode vorzuziehen.

1 Mol. (5 g) Phosphoroxychlorid, in der 20fachen Menge reinem Aether gelöst, wird tropfenweise zu einer Lösung von 6 Mol. (21 g) reinem Phenylhydrazin in der 70fachen Menge Aether zugefügt. Der dicke, breiige Niederschlag wird abgesaugt, mit Aether gewaschen und nach dem Trocknen an der Luft mit viel Wasser ausgelaugt, bis alles salzsaure Phenylhydrazin entfernt ist. Das zurückbleibende Hydrazid löst sich in heissem Alkohol und krystallisirt beim Erkalten in feinen, weissen Nadeln, welche für die Analyse bei 108° getrocknet waren.

0,1145 g gaben 0,0615 H_2O und 0,2465 CO_2. — 0,1200 g gaben 24,2 ccm Stickstoff bei 20° und 754 mm Druck. — 0,2450 g gaben 0,0770 $Mg_2P_2O_7$.

$(C_6H_5NH \cdot NH)_3PO$. Ber. C 58,69, H 5,70, N 22,82, P 8,42.
Gef. ,, 58,71, ,, 5,95, ,, 22,88, ,, 8,33.

Die Verbindung schmilzt bei 204° (uncorr.) unter Zersetzung, sie löst sich leicht in heissem Alkohol, sehr wenig in Aether und ist in Wasser fast unlöslich. Von concentrirter Salzsäure wird sie gelöst und beim längeren Kochen in Phenylhydrazin und Phosphorsäure gespalten. Sie reducirt Fehling'sche Lösung erst in der Wärme und wird durch salpetrige Säure unter Bildung von Diazobenzolimid zersetzt.

Phenylhydrazin und Phosphorsäureanhydrid.

Die Hydrazinbase reagirt hier in ähnlicher Weise wie das Ammoniak, welches mit dem Anhydrid die Verbindung $P_2O_5(NH_3)_2$ bildet.

Suspendirt man frisches Phosphorsäureanhydrid (1 Mol.) in reinem Aether und fügt eine ebenfalls ätherische Lösung von Phenylhydrazin

---

[1]) Dieselbe Verbindung ist vor Kurzem von A. Michaëlis (Liebigs Ann. d. Chem.) beschrieben worden. Aber diese Versuche sind längst vor der betreffenden Publication angestellt und auch früher in der Inaugural-Dissertation von Thieme, Würzburg 1891, veröffentlicht.

(2 Mol.) zu, so verwandelt sich das Anhydrid in eine feinkörnige Masse. Dieselbe wurde filtrirt, erst mit Alkohol, dann mit viel Wasser und schliesslich wieder mit Alkohol und Aether gewaschen. Umkrystallisiren lässt sich der Körper nicht. In Folge dessen hat die Analyse keine scharfen Resultate ergeben. Immerhin zeigen dieselben, dass 2 Mol. Hydrazin mit 1 Mol. Phosphorpentoxyd zusammengetreten sind. Ob bei der späteren Behandlung mit Alkohol und Wasser eine weitere Veränderung vorgegangen ist, bleibt allerdings zweifelhaft.

0,1889 g gaben 24,0 ccm Stickstoff bei 20° und 750 mm Druck. — 0,5723 g gaben 0,3445 $Mg_2P_2O_7$ = 16,82 pC. P. — 0,1852 g gaben 0,0995 H_2O und 0,2608 CO_2.
($C_6H_5NH \cdot NH_2)_2P_2O_5$. Ber. C 40,23, H 4,57, N 15,64, P 17,32, O 22,34 = 100,00.
Gef. ,, 38,40, ,, 5,98, ,, 14,34, ,, 16,82, ,, 22,34 = 97,88.

Die Substanz schmilzt bei 242—248° (uncorr.) unter Zersetzung.

104. Paul Meyer: Bromirung des Phenylhydrazins.
Liebigs Annalen der Chemie **272**, 214 [1893].

Das Phenylhydrazin direct in Halogenderivate zu verwandeln ist bisher nicht gelungen, weil die Base und auch ihre Acetylverbindung[1]) durch alle oxydirenden Agentien an der Stickstoffgruppe angegriffen werden.

Etwas anders verhalten sich aber die Phenylhydrazone, welche nur noch ein Wasserstoffatom an der Hydrazingruppe enthalten und in Folge dessen weniger leicht oxydirt werden. Bei einiger Vorsicht können dieselben nun auch zur Bereitung der halogen-substituirten aromatischen Hydrazine benutzt werden. So beobachtete Herr Prof. Emil Fischer, dass das Acetonphenylhydrazon in kalter Chloroformlösung durch Brom in ein krystallinisches Product verwandelt wird, welches sich wie das bromwasserstoffsaure Salz eines gebromten Phenylhydrazins verhält.

Die nähere Untersuchung des Vorgangs, welche er mir übertrug, hat ergeben, dass die neue Base ein Dibromphenylhydrazin ist. Ihre Bildung aus dem Acetonphenylhydrazin ist ein ziemlich verwickelter Vorgang.

Zunächst findet wahrscheinlich die Substitution im Benzol statt und dann erfolgt durch die Wirkung des Bromwasserstoffs die Spaltung der Hydrazongruppe. Was dabei aus dem Acetonrest wird, konnte nicht ermittelt werden.

Die Base ist isomer mit dem einzigen bisher bekannten Dibromphenylhydrazin ($N_2H_3 : Br : Br = 1 : 2 : 5$), welches Neufeldt[2]) aus p-Dibromanilin darstellte.

Für die neue Verbindung ergiebt sich die Stellung $N_2H_3 : Br : Br = 1 : 3 : 4$ aus folgenden Beobachtungen:

1) Durch Behandlung mit Zinn und Salzsäure wird sie in Parabromanilin verwandelt.

2) Sie ist verschieden von dem Hydrazin, welches ich zum Vergleich aus dem unsymmetrischen Dibromanilin ($NH_2 : Br : Br = 1 : 2 : 4$) dargestellt habe.

---

[1]) Unter gewissen Bedingungen, z. B. in kalter stark salzsaurer Lösung, lässt sich auch das Acetylphenylhydrazin direct bromiren. Ueber den Vorgang werde ich später ausführlichere Mittheilung machen.   Emil Fischer.

[2]) Liebigs Ann. d. Chem. **246**, 96.

Orthodibromphenylhydrazin ($N_2H_3 : Br : Br = 1 : 3 : 4$).

50 g reines destillirtes Acetonphenylhydrazon werden mit 250 g Chloroform gemischt und zu der stark gekühlten Flüssigkeit eine Lösung von 55 g Brom in 100 g Chloroform allmählich zugegeben.

Das Gemisch färbt sich bald dunkel und scheidet nach einiger Zeit das bromwasserstoffsaure Dibromphenylhydrazin als dunkle Krystallmasse ab. Dieselbe wird nach 24 Stunden abfiltrirt, mit Chloroform gewaschen, abgepresst und mit Wasser ausgekocht. Dabei geht das Salz in Lösung, während ein dunkles Harz zurückbleibt. Aus dem mit Thierkohle behandelten Filtrat wird die Base durch Natronlauge gefällt und mehrmals aus heissem Ligroïn umkrystallisirt.

Man erhält so ein schwach gefärbtes Präparat, dessen Menge ungefähr ebenso gross ist, wie die des angewandten Hydrazons.

Zur völligen Reinigung löst man die Base in heisser, sehr verdünnter Salzsäure, entfärbt mit Thierkohle, fällt das Filtrat abermals mit Natronlauge und krystallisirt den farblosen Niederschlag aus wenig Alkohol.

Für die Analyse wurde die Substanz im Vacuum über Schwefelsäure getrocknet.

0,1235 g gaben 11,9 ccm Stickgas bei 19° und 748 mm Druck. — 0,2308 g gaben 0,3248 AgBr (nach Carius).

Ber. N 10,54, Br 60,15.
Gef. ,, 10,89, ,, 59,89.

Die Base krystallisirt in verfilzten Nadeln, ist leicht löslich in Aether, etwas schwerer in absolutem Alkohol, Ligroïn und Petroläther und recht schwer löslich in siedendem Wasser.

An der Luft färbt sie sich bald braun; sie reducirt die Fehling'sche Lösung in der Kälte wegen der geringen Löslichkeit sehr schwach, in der Wärme aber stark. Schmelzpunkt 104° (uncorr.).

Ihre Salze mit den Mineralsäuren werden von Wasser nicht zersetzt und unterscheiden sich dadurch von den entsprechenden Verbindungen des Dibromanilins.

Hydrochlorat, $C_6H_3Br_2 \cdot N_2H_3 \cdot HCl$. Dasselbe scheidet sich aus der heissen salzsauren Lösung der Base beim Erkalten in feinen, silberglänzenden Nadeln ab. Es ist in heissem Wasser und Alkohol leicht, in kaltem Wasser etwas schwerer löslich und schmilzt etwas über 200° unter Zersetzung.

0,2575 g gaben beim Lösen in Wasser und Fällen mit Silbernitrat 0,1215 AgCl.
Ber. HCl 12,07. Gef. HCl 11,97.

Sulfat, $(C_6H_3Br_2 \cdot N_2H_3)_2H_2SO_4$. Wird die concentrirte alkoholische Lösung der Base mit Schwefelsäure neutralisirt und stark abgekühlt oder vorsichtig mit Aether versetzt, so krystallisirt das Salz ebenfalls in feinen, glänzenden Nadeln, welche in Wasser leicht löslich sind.

0,1865 g gaben beim Fällen mit Chlorbaryum 0,0676 $BaSO_4$.
Ber. H_2SO_4 15,55. Gef. H_2SO_4 15,25.

Nitrat. Die ätherische Lösung der Base wird unter guter Kühlung tropfenweise mit einer ätherischen Lösung der berechneten Menge concentrirter Salpetersäure versetzt. Dabei fällt das Salz in weissen, seideglänzenden Nadeln aus. Dieselben können aus wenig heissem absolutem Alkohol umkrystallisirt werden und sind sehr leicht löslich in Wasser, etwas schwerer in Alkohol und schmelzen gegen 163° (uncorr.) unter Zersetzung.

Pikrat, $C_6H_3Br_2 \cdot N_2H_3 \cdot C_6H_2(NO_2)_3 \cdot OH$. Zu der concentrirten alkoholischen Lösung der Base gebe man eine concentrirte alkoholische Lösung der berechneten Menge Pikrinsäure. Nach circa 24 stündigem Stehen filtrire man von der ausgeschiedenen Krystallmasse ab, die man aus wenig Alkohol umkrystallisiren kann. Das Salz krystallisirt in sehr kleinen, rothgelben Tafeln, die in heissem Wasser und Alkohol leicht, in Aether und kaltem Wasser schwer löslich sind. Es schmilzt unter lebhafter Zersetzung gegen 132° (uncorr.).

0,1395 g gaben 17,4 ccm Stickgas bei 16° und 752 mm Druck.
Ber. N 14,14. Gef. N 14,39.

Oxalat, $(C_6H_3Br_2NH-NH_2)_2C_2H_2O_4$. Die alkoholische Lösung der Base wird mit einer alkoholischen Lösung von Oxalsäure versetzt, bis kein Niederschlag mehr erfolgt. Das ausgefallene Oxalat wird abfiltrirt und mit Alkohol und Aether so lange gewaschen, bis es ganz farblos geworden. Dasselbe kann aus heissem Wasser umkrystallisirt werden, ist leicht löslich in heissem Wasser, schwer löslich in kaltem Wasser und Alkohol. Es krystallisirt in feinen Tafeln und schmilzt gegen 174° (uncorr.) unter Zersetzung.

0,2055 g gaben 16,5 ccm Stickgas bei 15° und 749 mm Druck.
Ber. N 9,00. Gef. N 9,26.

Acetylverbindung, $C_6H_3Br_2 \cdot N_2H_2 \cdot C_2H_3O$. Die Base wird mit der doppelten Menge Essigsäureanhydrid kurze Zeit auf dem Wasserbade erhitzt und dann die Lösung mehrmals zur Entfernung des überschüssigen Anhydrids mit Alkohol auf dem Wasserbade verdampft. Der feste gelbgefärbte Rückstand gab, aus heissem Alkohol umkrystallisirt, lange, weisse Nadeln, die in Alkohol, Aether und heissem Wasser ziemlich leicht, in Ligroïn und kaltem Wasser schwerer löslich sind und bei ungefähr 162—163° unter Zersetzung schmelzen. Fehling'sche Lösung wird durch den Acetylkörper bei gelindem Erwärmen stark reducirt.

0,2565 g gaben 0,065 H_2O und 0,2910 CO_2. — 0,104 g gaben 8,7 ccm Stickgas bei 27° und 750 mm Druck.
Ber. C 31,17, H 2,6, N 9,03.
Gef. ,, 30,94, ,, 2,82, ,, 9,11.

Benzylidenverbindung, $C_6H_5 \cdot CH : N_2H \cdot C_6H_3Br_2$. Schüttelt man die Lösung der Base in sehr verdünnter warmer Salzsäure mit der ungefähr entsprechenden Menge Bittermandelöl, so fällt das Hydrazon alsbald aus. Aus Petroläther krystallisirt es in farblosen, meist warzenförmig verwachsenen Nadeln vom Schmelzpunkt 123° (uncorr.), welche sich leicht rosa färben und in Alkohol oder Aether leicht löslich sind.

0,1380 g gaben 9,9 ccm Stickgas bei 19° und 748 mm Druck.
Ber. N 7,91. Gef. N 8,11.

Reduction des Dibromphenylhydrazins. 5 g der Base wurden in verdünnter heisser Salzsäure gelöst und so lange mit Zinkstaub und Salzsäure behandelt, bis eine Probe der Flüssigkeit, mit Natronlauge übersättigt, Fehling'sche Lösung nicht mehr reducirte. Es war dazu ca. $^3/_4$ Stunden langes Erwärmen auf dem Wasserbade nöthig. Dann wurde von dem ungelösten Zink abfiltrirt, das Filtrat mit Natronlauge übersättigt und die ganze Masse mit viel Aether ausgeschüttelt. Nach dem Verdunsten des Aethers blieb ein braunes Oel zurück, das bald fest wurde. Aus Petroläther erhielt ich schön ausgebildete, gelbe Krystalle, die erst nach mehrmaligem Umkrystallisiren aus Aether weiss wurden und bei 62—63° (uncorr.) schmolzen.

Mit frisch bereiteter Chlorkalklösung gaben dieselben eine schwach violette Färbung.

0,2975 g gaben 0,0995 H_2O und 0,459 CO_2. — 0,1965 g gaben 0,214 AgBr (nach Carius).

$C_6H_4BrNH_2$. Ber. C 41,86, H 3,47, Br 46,51.
Gef. ,, 42,08, ,, 3,71, ,, 46,34.

Der Körper ist nach der Analyse, dem Schmelzpunkt und den übrigen Eigenschaften Paramonobromanilin.

Durch den nascirenden Wasserstoff wird also nicht allein die Hydrazingruppe in der bekannten Weise gespalten, sondern gleichzeitig ein Bromatom herausgenommen. Der Vorgang entspricht der Gleichung:

$$C_6H_3Br_2NH-NH_2 + 4H = C_6H_4BrNH_2 + NH_4Br.$$

Metadibromphenylhydrazin (N_2H_3 : Br : Br = 1 : 2 : 4). Die Base wurde zum Vergleich mit der vorhergehenden aus Metadibromanilin, welches nach der Methode von Griess[1]) gewonnen war, durch Diazotiren und Reduction mit Zinnchlorür in stark salzsaurer Lösung dargestellt. Das hierbei ausfallende Hydrochlorat wurde in heisser, sehr verdünnter Salzsäure gelöst, aus dem Filtrat die Base mit Alkali abgeschieden und mit Aether extrahirt.

Beim Verdunsten des Aethers blieb das Metadibromphenylhydrazin als gelb gefärbte Krystallmasse zurück, die, aus Petroläther umkrystallisirt, weiss wurde.

---
[1]) Liebigs Ann. d. Chem. **121**, 266.

Die Base ist leicht löslich in Aether, etwas schwerer in absolutem Alkohol, Ligroïn und Petroläther, sehr schwer in heissem, fast unlöslich in kaltem Wasser. Sie krystallisirt in weissen, verfilzten Nadeln, die bei 91° schmelzen und sich gegen 178° zersetzen.

Sie unterscheidet sich von den beiden andern Dibromphenylhydrazinen nicht nur durch den niedrigeren Schmelzpunkt, sondern auch durch ihre grössere Beständigkeit gegen Luft und Licht.

Das Hydrochlorat bildet lange Nadeln, welche in kaltem Wasser und namentlich in starker Salzsäure schwer löslich sind.

Die **Acetylverbindung**, $C_6H_3Br_2 \cdot N_2H_2 \cdot C_2H_3O$, wird ebenso wie die zuvor beschriebene isomere Substanz gewonnen und krystallisirt aus wenig Alkohol in weissen Prismen, welche bei 146° schmelzen. Sie ist in heissem Wasser ziemlich leicht, in Aether dagegen schwer löslich.

0,1535 g gaben 12,2 ccm Stickgas bei 15° und 747 mm Druck.

Ber. N 9,03. Gef. N 9,15.

Reduction des Metadibromphenylhydrazins. Die Base verhält sich gegen nascirenden Wasserstoff gerade so wie die isomere Verbindung. Wird sie in der vorher beschriebenen Weise mit Zinkstaub und Salzsäure behandelt, so entsteht ebenfalls Parabromanilin, welches durch den Schmelzpunkt 63° und die Analyse identificirt wurde.

0,1815 g gaben 0,1975 AgBr (nach Carius).

Ber. Br 46,51. Gef. Br 46,30.

Reduction des Metadibromanilins. Nach den vorstehenden Resultaten durfte man erwarten, dass diese Base ebenfalls bei der Reduction ein Atom Brom verlieren werde. Der Versuch, welcher in der gleichen Art ausgeführt wurde, hat die Voraussetzung bestätigt. Das erhaltene Parabromanilin schmolz bei 62° und gab folgende Zahlen:

0,1736 g gaben 0,1887 AgBr. — 0,2800 g gaben 0,4275 CO_2 und 0,0915 H_2O.

Ber. C 41,86, H 3,47, Br 46,51.
Gef. ,, 41,57, ,, 3,63, ,, 46,22.

105. L. Michaelis: Bromiren der aromatischen Hydrazine und Amine.
Berichte der Deutschen Chemischen Gesellschaft **26**, 2190 [1893].

(Eingegangen am 10. August.)

Vor einiger Zeit fand Hr. Prof. Fischer, dass das Acetylphenylhydrazin direct bromirt werden könne, wenn dasselbe in rauchender Salzsäure gelöst ist[1]). Die Verfolgung dieser Beobachtung, welche er mir übertrug, hat ergeben, dass starke Salzsäure im Allgemeinen die directe Bromirung der aromatischen Hydrazine ermöglicht und auch diejenige der Amine öfters erleichtert. Bei den Hydrazinen wirkt das Brom zunächst substituirend, hinterher aber auch oxydirend auf die Hydrazingruppe. Man erhält infolgedessen in allen später erwähnten Fällen neben der bromirten Base den entsprechenden bromirten Diazokörper. So liefert das Phenylhydrazin unter den später mitgetheilten Bedingungen neben p-Bromphenylhydrazin das p-Bromdiazobenzol. Das letztere lässt sich aber leicht in bekannter Weise zum Hydrazin reduciren und so ist es denn möglich, den grössten Theil der ursprünglichen Base in das Bromderivat zu verwandeln. Aehnlich verhält sich das Acetylphenylhydrazin, nur nimmt dasselbe auffallender Weise 2 Brom auf; neben Dibromacetylphenylhydrazin entsteht Dibromdiazobenzol.

Bei den einfachen aromatischen Hydrazinen sucht Brom mit Vorliebe die Para-Stellung auf.

Die schützende Wirkung der Salzsäure bewährte sich auch bei den Naphtylaminen, deren Bromderivate man bisher nur mit Hülfe der Acetverbindungen erhalten hat.

Phenylhydrazin.

20 g käufliches Phenylhydrazin werden in 200 g Salzsäure vom spec. Gew. 1,19 eingegossen und das abgeschiedene Salz in der Flüssigkeit gleichmässig vertheilt. Man kühlt nun auf 0° ab und lässt unter starker Bewegung der Flüssigkeit in 10—15 Minuten 22,5 g Brom eintropfen. Dasselbe verschwindet sofort und das suspendirte Phenyl-

---

[1]) Fischer, Liebigs Ann. d. Chem. **272**, 214. Anm. (S. *820*.)

hydrazinchlorhydrat geht zum Theil als Diazokörper in Lösung, zum anderen Theil verwandelt es sich in das ebenfalls sehr schwer lösliche *p*-Bromphenylhydrazinchlorhydrat. Das letztere wird nach 24 Stunden auf Glaswolle mit der Saugpumpe filtrirt und mit wenig kalter, starker Salzsäure gewaschen, dann in Wasser gelöst und durch Natronlauge zersetzt. Die Base scheidet sich dabei in festen, krystallinischen Flocken ab, welche mit Aether extrahirt und nach Verdampfen des letzteren aus heissem Wasser umkrystallisirt werden.

Die salzsaure Mutterlauge enthält Bromdiazobenzolchlorid, wie später bewiesen wird.

Handelt es sich um die Darstellung von Bromphenylhydrazin, so trägt man in dieselbe ohne besondere Vorsicht 60 g käufliches Zinnchlorür ein. Dasselbe löst sich sofort und es entsteht ein neuer starker Niederschlag von salzsaurem Bromphenylhydrazin, z. T. als Zinndoppelsalz. Der Niederschlag wird ebenfalls filtrirt, mit starker Salzsäure gewaschen und daraus durch überschüssiges Alkali die Base abgeschieden und in der obigen Weise gereinigt.

Die Gesamtausbeute an *p*-Bromphenylhydrazin betrug durchschnittlich 80 pCt vom Gewicht des Phenylhydrazins und ungefähr die Hälfte davon wurde bei der ersten Operation gewonnen.

Die Base wurde durch den Schmelzpunkt (gef. 107° unk.) und durch die Analyse mit dem von Neufeld[1]) aus *p*-Bromanilin dargestellten *p*-Bromphenylhydrazin identificirt.

$C_6H_4BrN_2H_3$.   Ber. Br 42,79.   Gef. Br 42,83.

Zur genaueren Charakterisirung wurde noch das Acetylderivat und die Verbindung mit der Arabinose dargestellt. Die erstere entsteht durch Auflösen der Base in der doppelten Menge Essigsäureanhydrid und scheidet sich beim Erkalten krystallinisch ab. Sie krystallisirt aus wenig Alkohol in farblosen Prismen vom Schmp. 167° (uncorr.), die in Wasser, selbst heissem, sehr schwer löslich sind.

$C_6H_4BrN_2H_2C_2H_3O$.   Ber. Br 34,93.   Gef. Br 34,73.

Wie oben erwähnt, geht fast die Hälfte des Phenylhydrazins bei der Bromirung als *p*-Bromdiazobenzol in Lösung. Um den letzteren Körper direct nachzuweisen, habe ich ihn aus der salzsauren Lösung durch weiteren Zusatz von Brom — 1 Mol. auf die ursprüngliche Menge des Phenylhydrazins berechnet — als Perbromid abgeschieden. Dasselbe fällt in gelbrothen Nadeln aus und wurde durch Lösen in Aceton und Fällen mit Aether gereinigt.

$C_6H_4BrN_2Br_3$.   Ber. N 6,60, Br 75,47.
            Gef. ,, 6,79, ,, 75,29.

---

[1]) Neufeld, Liebigs Ann. d. Chem. **248**, 94. (S. *705*.)

Die Verbindung ist bereits von Griess[1]) beschrieben und durch Einwirkung von Ammoniak in das p-Bromdiazobenzolimid verwandelt worden. Ich habe auch diesen Versuch noch wiederholt und ein Präparat erhalten, welches ganz die von Griess angegebenen Eigenschaften besass; das durch mehrmalige Destillation im Vacuum gereinigte Oel erstarrte bei niedriger Temperatur und bildete dann weisse, bei 20° (uncorr.) schmelzende Schuppen.

$C_6H_4BrN_3$. Ber. N 20,75. Gef. N 21,21.

Acetylphenylhydrazin.

Zum Unterschiede vom Phenylhydrazin nimmt die Acetverbindung sofort 2 Bromatome auf und es entsteht dabei ein Acetyldibromphenylhydrazin, welches mit der von P. Meyer[2]) auf anderem Wege dargestellten Substanz identisch ist. Beim Erhitzen mit starker Salzsäure verwandelt dasselbe sich leicht in das entsprechende Dibromphenylhydrazin, welches nach Meyer die Constitution $N_2H_3 : Br : Br = 1 : 2 : 4$ hat. Partiell findet dieselbe Spaltung der Acetverbindung auch schon bei der Bromirung statt, namentlich wenn die Temperatur nicht sehr niedrig gehalten ist. In diesem Falle ist dasselbe als Hydrochlorat der ausgeschiedenen Acetverbindung beigemengt. Zu gleicher Zeit wird dann durch überschüssiges Brom ein anderer Theil der Base in die entsprechende Diazoverbindung verwandelt, welche natürlich in der Salzsäure in Lösung bleibt und in der früher beschriebenen Weise entweder durch Reduction in Hydrazin oder durch weiteren Zusatz von Brom in Dibromdiazobenzolperbromid übergeführt werden kann.

Der Versuch wurde so ausgeführt dass man einen Theil Acetylphenylhydrazin in 10 Th. rauchender Salzsäure löst und unter starker Abkühlung 2 Th. Brom allmählich zufügt. Sehr bald entsteht ein fast farbloser Niederschlag, der nach 24 Stunden abfiltrirt wird. Während die Lösung das oben erwähnte Dibromdiazobenzol enthält, ist der Niederschlag ein Gemenge von Acetyldibromphenylhydrazin und salzsaurem Dibromphenylhydrazin; das letztere geht beim Auslaugen mit Wasser in Lösung. Die Acetylverbindung besass nach der Krystallisation den Schmelzpunkt 146° (uncorr.) und die übrigen von Meyer angegebenen Eigenschaften.

$C_6H_3Br_2N_2H_2C_2H_3O$. Ber. C 31,17, H 2,60, N 9,09, Br 51,95.
   Gef. ,, 31,25, ,, 2,74, ,, 9,35, ,, 52,01.

Das Dibromphenylhydrazin, das bei 92° (uncorr.) schmilzt, zeigt ebenfalls die von Meyer angegebenen Eigenschaften.

$C_6H_3Br_2N_2H_3$. Ber. Br 60,15. Gef. Br 60,33.

---

[1]) Griess, Jahresb. **1866**, 456.
[2]) Meyer, Liebigs Ann. d. Chem. **272**, 218.

o-Tolylhydrazin.

Das p-Brom-o-tolylhydrazin, welches aus o-Tolylhydrazin unter gleichen Bedingungen entsteht, wie die Phenylbase, schiesst aus Wasser in Prismen an, die in Alkohol sehr leicht, in Ligroïn schwer löslich sind und bei 104° (uncorr.) schmelzen.

$C_6H_3BrCH_3N_2H_3$. Ber. Br 39,80. Gef. Br 39,74[1]).

Die Salze der bromirten Base krystallisiren aus Alkohol in perlmutterglänzenden Blättchen; das salzsaure Salz, das bei 183,5° (uncorr.) schmilzt, ergab bei der Analyse [2]):

$C_6H_3BrCH_3N_2H_3HCl$. Ber. Cl 14,96. Gef. Cl 15,10.

Die Acetylverbindung, durch kurzes Erwärmen der Base mit Essigsäureanhydrid erhalten, krystallisirt aus Alkohol in Nadeln, die bei 172° (uncorr.) unter Zersetzung schmelzen.

$C_6H_3BrCH_3N_2H_2C_2H_3O$. Ber. Br 32,92. Gef. Br 32,76.

Zur Aufklärung der Constitution $CH_3 : N_2H_3 : Br = 1 : 2 : 5$ wurde die Reduction zur Toluidinbase gewählt.

Zu diesem Zwecke wurde die Base in verdünnter Salzsäure gelöst und so lange auf dem Wasserbade mit Zinkstaub und Salzsäure behandelt, bis eine Probe, mit Alkali übersättigt, Fehling'sche Lösung nicht mehr reducirte. Das Filtrat wurde mit Alkali übersättigt und mit Aether ausgeschüttelt. Nach Verdunsten des letzteren blieb ein Oel, das mehrmals in das salzsaure Salz übergeführt und mit Alkali und Aether getrennt wurde. Auch jetzt konnte der Rückstand nicht zum Krystallisiren gebracht werden; es wurde daher mit Wasser überdestillirt. In der Vorlage erstarrte das Oel bald und gab nach der Krystallisation aus Alkohol den für p-Brom-o-toluidin angegebenen Schmelzpunkt 57°[3]).

Das salzsaure Filtrat wurde auch hier einerseits durch Zinnchlorür zum Bromtolylhydrazin reducirt, anderseits scheidet es durch weitere Einwirkung von Brom das bisher unbekannte Brom-o-diazotoluolperbromid aus, welches aus Aceton durch Aether in gelbrothen Nädelchen gefällt wird.

$C_6H_3BrCH_3N_2Br_3$. Ber. Br 73,06. Gef. Br 73,20.

Durch Ammoniak wird das Perbromid in das ebenfalls neue p-Brom-o-toluoldiazoimid übergeführt, dass mit Wasserdämpfen überdestillirt und im Vacuum zweimal destillirt wurde. Es bildet eine

---

[1]) Die Einwirkung der Salpetersäure ist hier besonders heftig; immer fing die Substanz an, im Rohre mit leuchtender Flamme zu brennen. Es ist daher bei dem entstehenden Drucke Vorsicht geboten.
[2]) Die Fällung des Chlorsilbers muss in verdünnter Salpetersäure erfolgen.
[3]) Wroblewsky, Liebigs Ann. d. Chem. **168**, 162.

hellgelbe, angenehm riechende Flüssigkeit, die in der Kälte zu Schuppen erstarrt.

$C_6H_3CH_3BrN_3$. Ber. Br 37,74. Gef. Br 37,80.

p-Tolylhydrazin.

Die Einführung von Brom in diese Base wird dadurch erschwert, dass die p-Stellung, in die Brom am liebsten eintritt, bereits besetzt ist[1]). Gleichwohl gelingt es, bei Anwendung guter Kühlung einen wechselnden Theil der angewendeten Base zu bromiren.

Die Mengenverhältnisse sind wieder die gleichen, wie bei den oben geschilderten Reactionen.

Das Brom-p-tolylhydrazin krystallisirt aus Ligroïn in prachtvollen Nadeln, die in Alkohol, Aether, Chloroform und Benzol leicht, in heissem Wasser nur mässig löslich sind und bei 94,5—95° (uncorr.) schmelzen.

$C_6H_3BrCH_3N_2H_3$. Ber. Br 39,80. Gef. Br 39,45.

Das salzsaure und schwefelsaure Salz der Base krystallisiren aus Alkohol in weissen, glänzenden Schuppen.

Der Versuch, die Stellung des Broms durch Verwandlung des Hydrazins in ein Bromtoluidin festzustellen, ist misslungen. Bei der Reduction mit Zinkstaub und Eisessig wird nämlich nicht allein die Hydrazingruppe verändert, sondern auch das Brom abgelöst, und als einziges Product entsteht p-Toluidin vom Schmp. 45°.

Einen analogen Vorgang hat Meyer[2]) bei der Reduction des Dibromphenylhydrazins beobachtet; er erhielt p-Monobromanilin; es ist daher nur das in Parastellung befindliche Bromatom bei der Reduction beständig.

Das bisher unbekannte Brom-p-toluoldiazoperbromid wurde durch Eintragen von überschüssigem Brom in die oben erwähnte Lösung des Diazotoluols erhalten. Im Gegensatz zu den übrigen Perbromiden ist es ausserordentlich explosiv. Von einer Analyse musste bei der Unmöglichkeit, die Substanz abzuwägen, abgesehen werden; doch lässt die Umwandlung in das Diazoimid über ihre Constitution keinen Zweifel.

Das ebenfalls neue Brom-p-toluoldiazoimid riecht unangenehm und ist ein dunkelgefärbtes Oel, das erst in guter Kältemischung erstarrt.

$C_6H_3BrCH_3N_3$. Ber. Br 37,74. Gef. Br 37,96.

---

[1]) Nevile und Winther, Berichte d. D. Chem. Gesellsch. **13**, 962.
[2]) Meyer, l. c.

β-Naphtylhydrazin.

Bei der Bromirung des β-Naphtylhydrazins ist wieder der Umstand besonders hindernd, dass die Parastellung bereits besetzt ist; auch hier wirkt Brom daher hauptsächlich oxydirend. Von dem in der Salzsäure suspendirten Salz gehen etwa 50 pCt. als salzsaures Diazonaphtalin in Lösung.

Durch weiteres Eintragen von Brom in das stark salzsaure Filtrat wurde analog den oben geschilderten Reactionen Bromnaphtalindiazoperbromid als gelber, krystallinischer Niederschlag erhalten. Leider gelang es nicht, den Körper umzukrystallisiren. Beim Uebergiessen mit kaltem Aceton löst er sich wohl, doch entwickeln sich momentan Bromacetone und es fällt eine gelbe, krystallinische Verbindung aus, die im Gegensatz zu dem Perbromid in kaltem Wasser leicht löslich ist, beim Erhitzen äusserst heftig explodirt und beim vorsichtigen Zusatz von Bromwasser das Perbromid zurückbildet, demnach wohl das Bromnaphtalindiazobromid ist. Der gleiche Zerfall tritt bei dem Versuche, aus absolutem Alkohol umzukrystallisiren, ein. Ich habe mich deshalb begnügt, mit Chloroform und Aether gut auszuwaschen; das etwas hohe Analysenresultat zeigt jedoch, dass noch nicht alles beigemengte Brom entfernt war.

$C_{10}H_6BrN_2Br_3$. Ber. Br 64,78. Gef. Br 65,69.

Bromnaphtalindiazoimid. Diese Verbindung entsteht beim Eintragen des Perbromids in starkes Ammoniak. Sie ist mit Wasserdämpfen nur noch wenig flüchtig, auch lässt sie sich nicht mehr ohne Zersetzung im Vacuum destilliren. Aus 90 procentigem Alkohol umkrystallisirt, schmilzt das Diazoimid — farblose Nädelchen — bei 111°.

Es ist löslich in Benzol und Chloroform, unlöslich in Wasser und Ligroïn.

$C_{10}H_6BrN_3$. Ber. N 16,94. Gef. N 16.75.

α-Naphtylamin.

Auch bei dem Versuche, α-Naphtylamin direct zu bromiren, bewährte rauchende Salzsäure ihre schützenden Eigenschaften. Die Reaction verläuft, indem ein Bromatom aufgenommen wird. Das salzsaure Salz wird abgesaugt und mit Wasser gewaschen, wobei seine Farbe ins Grauschwarze übergeht. Das Salz dissociirt beim Kochen mit Wasser; es geht theils als solches in Lösung, um beim Erkalten in weissen Prismen auszufallen, theils scheidet es die freie Base in Form eines schwarzen Oeles ab, das beim Erkalten erstarrt. Das salzsaure Salz wurde deshalb aus absolutem Alkohol mehrmals umkrystallisirt und bildet so feine weisse Nadeln, die einen Stich ins Bläuliche zeigen. Von 200° ab tritt Zersetzung unter Dunkelfärbung ein, bei 280° ist die Substanz noch nicht geschmolzen. Am besten erhält man das Salz rein durch Umkrystallisiren aus 50 proc. Essigsäure. Unlöslich ist es in kaltem Wasser.

$C_{10}H_6BrNH_2HCl$. Ber. N 5,43. Gef. N 5,32.

Die Base wurde gewonnen durch Kochen des salzsauren Salzes mit verdünnter Natronlauge. Durch oftmaliges Umkrystallisiren aus absolutem Alkohol erhält man sie rein in feinen, weissen Nädelchen vom Schmelzpunkt 118,5°. In Aether, Benzol und Chloroform sind sie leicht löslich, schwer in kaltem Alkohol, unlöslich in Wasser und Ligroïn.

$C_{10}H_6BrNH_2$. Ber. Br 36,03. Gef. Br 36,37.

Dieses Brom-α-naphtylamin unterscheidet sich von den bisher erhaltenen durch seinen höheren Schmelzpunkt; doch zeigt es gleiche Löslichkeitsverhältnisse, wie die von Rother[1]) beschriebene Base.

β-Naphtylaminchlorhydrat, unter bekannten Bedingungen bromirt, geht in quantitativer Ausbeute in einen zweifach bromirten Körper über.

Das schmutziggrau aussehende Salz wird mit etwas Aceton und Aether gewaschen und durch Natronlauge zerlegt; es fällt auch hier die Base ölig aus, die viel schwerer erstarrt, als die α-Verbindung. Durch Umkrystallisiren aus absolutem Alkohol ist sie nur mit grosser Mühe rein zu erhalten. Ich habe deshalb die halbfeste Masse mehrmals mit Ligroïn extrahirt; beim Erkalten scheidet sich die Base in farblosen Nadeln ab, die bei 121° schmelzen und mit der von Lawson und Claus[2]) dargestellten Verbindung identisch sind.

$C_{10}H_5Br_2NH_2$. Ber. Br 53,16. Gef. Br 52,85.

Auch das salzsaure Salz und die Acetylverbindung zeigen sich mit den bereits bekannten identisch.

---

[1]) Rother, Berichte d. D. Chem. Gesellsch. 4, 850. Meldola, Berichte d. D. Chem. Gesellsch. 11, 1904; 12, 1961.

[2]) Lawson, Berichte d. D. Chem. Gesellsch. 18, 2424. Claus und Philipson, Journ. f. prakt. Chem. 43, 47; Berichte d. D. Chem. Gesellsch. 24, 263.

106. Emil Fischer und Franz Müller: Ueber die Einwirkung von Cyanwasserstoff auf Phenylhydrazin.

Berichte der Deutschen Chemischen Gesellschaft **27**, 185 [1894].

(Eingegangen am 8. Januar.)

Beim Erhitzen des Phenylhydrazins mit starker Blausäure auf 100° entsteht, wie der Eine von uns früher angegeben hat[1]), neben einem dunkelgefärbten Oel in geringer Menge eine krystallisirte Base, welche als directes Additionsproduct der angewandten Agentien aufgefasst und mit den Amidinen in Parallele gestellt wurde.

Die genauere Untersuchung derselben hat aber ergeben, dass die Verbindung nicht die Formel $C_7H_9N_3$, sondern $(C_7H_8N_3)_2$ besitzt und mit dem von Senf dargestellten Cyanphenylhydrazin[2]) identisch ist. Der frühere Irrthum erklärt sich aus dem geringen Unterschied in den procentischen Werthen, welche die beiden Formeln verlangen. Diese Bildung des Cyanphenylhydrazins aus Cyanwasserstoff unter den von uns angewandten Bedingungen ist ein sehr merkwürdiger Vorgang, welcher der empirischen Gleichung:

$$2\,C_6H_8N_2 + 2\,HCN = C_{14}H_{16}N_6 + 2\,H$$

entspricht. Da der Wasserstoff nicht in Gasform auftritt, so wird er wahrscheinlich vom Phenylhydrazin aufgenommen, welches dann hier in ähnlicher Weise oxydirend wirken würde, wie bei der Bildung der Osazone aus den Zuckerarten. Ob nun aber diese Oxydation die Blausäure selbst trifft, oder ob sie erst stattfindet, nachdem dieselbe sich mit dem Phenylhydrazin vereinigt hat, liess sich nicht entscheiden.

Die Ausbeute betrug unter den früheren Versuchsbedingungen höchstens 5 pCt. und das Product war ziemlich schwierig zu reinigen; etwas bessere Resultate erhält man bei folgender Abänderung:

Ein Gemisch von 100 g Phenylhydrazin, 50 g Wasser und 20 ccm wasserfreier Blausäure wurde im verschlossenen Gefäss 48 Stunden auf 60° erhitzt, dann die nach 12stündigem Stehen in der Kälte ausgeschiedene Krystallmasse abfiltrirt und mit Alkohol und Aether ge-

---

[1]) E. Fischer, Berichte d. D. Chem. Gesellsch. **22**, 1933. (*S. 776*.)
[2]) Journ. f. prakt. Chem., neue Folge **35**, 531.

waschen. Die Ausbeute betrug 8—8,5 pCt. des angewandten Phenylhydrazins, und das Product war nur wenig gefärbt. Die Analyse des 2 Mal aus siedendem Alkohol umkrystallisirten, aus glänzenden Blättchen bestehenden Körpers führte zu der Formel: $C_7H_8N_3$, bezw. $C_{14}H_{16}N_6$:

Ber. H 5,97, C 62,69.
Gef. ,, 6,01, ,, 62,89.

Die früheren Angaben über Schmelzpunkt und andere Eigenschaften können wir vollauf bestätigen; dieselben stimmen aber auch genau mit der Beschreibung überein, welche Senf von dem Cyanphenylhydrazin macht.

In neuester Zeit hat Bladin[1]) durch Kochen der Base mit Essigsäureanhydrid und seinen Homologen Ditriazolverbindungen dargestellt, welche schön krystallisirende Körper sind. Wir hatten dieselben Verbindungen aus unserem Präparat hergestellt, bevor seine Identität mit dem Cyanphenylhydrazin erkannt war, und da ihre Eigenschaften den Angaben Bladin's entsprechen, so ist dieses ein neuer Beweis für die Gleichheit der Ausgangsmaterialien.

Bis-phenyl-methyltriazol

entsteht nach Bladin aus Cyanphenylhydrazin und Essigsäureanhydrid nach der Gleichung:

$$C_{14}H_{16}N_6 + 2 (C_2H_3O)_2O = C_{18}H_{16}N_6 + 2 C_2H_4O_2 + 2 H_2O.$$

Das von uns dargestellte Präparat besass ebenfalls die Zusammensetzung $(C_9H_8N_3)_2$:

$C_{18}H_{16}N_6$. Ber. H 5,06, C 68,35.
Gef. ,, 5,32, 5,39, ,, 68,28, 68,49.

Bis-phenyl-äthyltriazol und Bis-phenyl-propyltriazol,

aus Propionsäure- bezw. Buttersäureanhydrid dargestellt, besassen den von Bladin angegebenen Schmelzpunkt.

Endlich haben wir noch mit der aus Blausäure bereiteten Base und Ameisensäure eine Ditriazolverbindung dargestellt, welche von Bladin noch nicht beschrieben ist. Zu dem Zweck wurde das Cyanphenylhydrazin mit der 4 fachen Menge reiner Ameisensäure 4 Stunden am Rückflusskühler gekocht. Die rothbraune Lösung schied bei längerem Stehen den grössten Theil der neuen Verbindung krystallisirt ab. Den Rest gewinnt man aus der Mutterlauge durch Verdünnen mit Wasser. Zur Analyse wurde der Körper ein

---

[1]) Ueber Triazol- und Tetrazolverbindungen: Abhandlung der Königl. Ges. d. Wissenschaften zu Upsala 1893.

Mal aus Alkohol und dann aus Eisessig umkrystallisirt und bei 100° getrocknet.

$C_{16}H_{12}N_6$. Ber. H 4,17, C 66,67.
Gef. ,, 4,29, ,, 66,43.

Die Substanz wäre nach der von Bladin angewandten Nomenclatur: Bis-phenyltriazol zu nennen und nach den neueren Versuchen von Andreocci, Widman, Bamberger und de Gruyter über die Triazole wohl in folgender Weise zu formuliren:

$$\begin{array}{c} N{-}C{-}C{-}N \\ HCNNCH \\ C_6H_5\cdot NN\cdot C_6H_5 \end{array}.$$

Sie schmilzt bei 277—278° (corr.), ist in heissem Eisessig ziemlich leicht, in heissem Alkohol dagegen recht schwer und in Wasser garnicht löslich. In verdünnten und concentrirten Mineralsäuren löst sie sich in der Hitze und krystallisirt beim Erkalten wieder aus.

107. Hermann Müller: Ueber p-Hydrazinodiphenyl.

Berichte der Deutschen Chemischen Gesellschaft **27**, 3105 [1894].

(Eingegangen am 12. November.)

In der Hoffnung, ein neues Mittel zur Isolirung der verschiedenen Zucker zu finden, habe ich auf Veranlassung von Prof. Emil Fischer aus dem p-Amidodiphenyl das entsprechende Hydrazin dargestellt und seine Verbindungen mit den Aldehyden und Ketonen untersucht.

10 g salzsaures p-Amidodiphenyl werden in 80 ccm Wasser und 30 ccm Salzsäure (spec. Gewicht 1,19) suspendirt und in das auf 0° abgekühlte Gemisch allmählich die berechnete Menge Natriumnitrit in wässriger Lösung zugegeben. Die hierbei entstehende klare hellgelbe Lösung wird langsam in eine gekühlte Mischung von 40 g käuflichem Zinnchlorür und 40 g rauchender Salzsäure eingegossen. Das alsbald krystallinisch ausfallende Hydrochlorat des Hydrazins wird nach 1 Stunde filtrirt, mit Alkali zersetzt und die Base ausgeäthert. Sie bleibt beim Verdampfen als hellgelbe Krystallmasse. Ausbeute etwa 70 pCt. der Theorie. Dieselbe wird aus heissem Alkohol umkrystallisirt und bildet farblose glänzende Blättchen, welche bei 135—136° (uncorr.) schmelzen.

$C_{12}H_{12}N_2$. Ber. C 78,26, H 6,52, N 15,22.
Gef. ,, 77,98, ,, 6,58, ,, 14,93.

Die Base löst sich sehr schwer in heissem Wasser und Ligroïn, ziemlich leicht in Aether, Chloroform und heissem Alkohol. Von kalter, sehr verdünnter Essigsäure wird sie ebenfalls wenig gelöst.

Sie oxydirt sich besonders im feuchten oder unreinen Zustande an der Luft schnell und wird deshalb am Besten bei Luftabschluss aufbewahrt.

Die Verbindung kann auch mit Hülfe von Natriumsulfit aus dem Diazokörper dargestellt werden.

Das Hydrochlorat, $C_{12}H_{12}N_2 \cdot HCl$, ist in kaltem Wasser schwer löslich, noch schwerer in starker Salzsäure; es bildet farblose glänzende Blättchen.

Ber. C 65,31, H 5,89, N 12,7, Cl 16,1.
Gef. ,, 65,12, ,, 5,84, ,, 12,98, ,, 16,05.

Das Sulfat hat ähnliche Eigenschaften. Das Nitrat ist in Wasser leichter löslich und krystallisirt ebenfalls daraus in glänzenden Blättchen.

Acetylhydrazinodiphenyl entsteht durch Lösen der Base in Essigsäureanhydrid sofort und krystallisirt aus Alkohol in farblosen Blättchen, welche bei 203° schmelzen.

$C_{12}H_9 \cdot N_2H_2 \cdot C_2H_3O$. Ber. C 74,34, H 6,19, N 12,39.
Gef. ,, 74,11, ,, 6,42, ,, 12,24.

Es ist in Wasser, Aether, Ligroïn fast unlöslich, auch in kaltem Alkohol schwer löslich.

Der Sulfoharnstoff, $C_6H_5 \cdot NH \cdot CS \cdot N_2H_2 \cdot C_{12}H_9$, entsteht aus Phenylsenföl und dem Hydrazin in alkoholischer Lösung und scheidet sich in feinen farblosen Nadeln vom Schmelzpunkt 182° ab. In concentrirter Schwefelsäure löst er sich mit tiefblauer Farbe.

$C_{19}H_{17}N_3S$. Ber. C 71,47, H 5,33, N 13,17, S 10,03.
Gef. ,, 71,74, ,, 5,5, ,, 12,99, ,, 9,96.

Acetonhydrazonodiphenyl, $C_{12}H_9 \cdot NH \cdot N : C(CH_3)_2$, entsteht sehr leicht aus den Componenten direct oder in essigsaurer Lösung und krystallisirt aus heissem verdünnten Alkohol beim Erkalten. Schmelzpunkt 86—87°.

$C_{15}H_{16}N_2$. Ber. C 80,36, H 7,14, N 12,5.
Gef. ,, 80,03, ,, 7,49, ,, 12,1.

Leicht löslich in warmem Alkohol, Aether, Aceton, und oxydirt sich an der Luft ziemlich rasch.

Beim Erhitzen mit Chlorzink auf 180° giebt es ein Indolderivat.

Acetophenonhydrazonodiphenyl, $C_{12}H_9 \cdot NH \cdot N : C\begin{smallmatrix}CH_3\\C_6H_5\end{smallmatrix}$.

Beim Zusammenschmelzen der Base mit etwas mehr als der molecularen Menge Acetophenon auf dem Wasserbade entsteht ein Oel, welches in der Kälte erstarrt.

Das Product krystallisirt aus heissem Ligroïn oder Alkohol in schönen farblosen Blättchen vom Schmelzpunkt 148°.

$C_{20}H_{18}N_2$. Ber. C 83,9, H 6,3, N 9,79.
Gef. ,, 84,1, ,, 6,5, ,, 9,7.

Es ist leicht löslich in Aether, Chloroform und heissem Alkohol, schwer in Ligroïn.

Benzylidenhydrazinodiphenyl, $C_{12}H_9 \cdot N_2H : CH \cdot C_6H_5$, entsteht sehr leicht aus Benzaldehyd und der Base, bildet schwach gelbe Nadeln vom Schmelzpunkt 153°, ist in heissem Alkohol und Aether leicht, in kaltem Alkohol und namentlich in Ligroïn schwer löslich.

$C_{19}H_{16}N_2$. Ber. C 83,8, H 5,9, N 10,3.
Gef. ,, 83,9, ,, 6,1, ,, 10,2.

Derivate der Zucker.

Untersucht wurden die Hydrazone der Arabinose, Glucose und Galactose. Sie sind zwar alle drei in kaltem Wasser schwer löslich, aber doch wegen ihrer geringen Neigung zum Krystallisiren für die Erkennung oder Isolirung der Zucker nicht brauchbar.

Arabinosehydrazonodiphenyl, $C_{12}H_9 \cdot NH \cdot N : C_5H_{10}O_4$.

Löst man das Hydrazin in heisser verdünnter Essigsäure und fügt nach dem Erkalten die gleiche Menge Arabinose in wenig Wasser gelöst hinzu, so erfolgt je nach der Concentration der Flüssigkeit sofort oder nach einigem Stehen die Abscheidung des Hydrazons in Form einer gelben gelatinösen Masse. Dasselbe wird so weit wie möglich abgesaugt, mit Wasser und dann mit kaltem Alkohol ausgewaschen und schliesslich aus heissem verdünnten Alkohol unter Zusatz von etwas Thierkohle umkrystallisirt.

$C_{17}H_{20}N_2O_4$.   Ber. C 64,6, H 6,3, N 8,9.
                Gef. ,, 64,3, ,, 6,6, ,, 8,6.

Das Hydrazon bildet farblose, äusserst feine, zu Warzen vereinigte Krystalle, welche beim schnellen Erhitzen zwischen 138 und 140° unter Zersetzung schmelzen. In kaltem Wasser und Aether ist es sehr schwer, auch in heissem Wasser noch ziemlich schwer löslich. Im unreinen Zustande fällt es sowohl aus Wasser, wie aus Alkohol gallertartig.

Das Derivat der Xylose hat ganz ähnliche Eigenschaften.

Glucosehydrazonodiphenyl, $C_{12}H_9 \cdot NH \cdot N : C_6H_{12}O_5$, wird ebenso wie die vorige Verbindung gewonnen, fällt in schwach gelben, sehr feinen Krystallen aus und wird aus heissem Wasser unter Zusatz von Thierkohle umkrystallisirt.

$C_{18}H_{22}N_2O_5$.   Ber. C 62,4, H 6,4, N 8,1.
                Gef. ,, 62,2, ,, 6,5, ,, 7,9.

Die Substanz schmilzt bei 143—144° unter Gasentwicklung, ist in kaltem Wasser, Aether und Ligroïn sehr schwer, in heissem Wasser und heissem Alkohol aber ziemlich leicht löslich. Mit überschüssigem Hydrazin in essigsaurer Lösung auf dem Wasserbad erhitzt, giebt sie das Osazon.

Galactosehydrazonodiphenyl entsteht unter den gleichen Bedingungen.

$C_{18}H_{22}N_2O_5$.   Ber. C 62,4, H 6,4, N 8,1.
                Gef. ,, 62,0, ,, 6,2, ,, 8,3.

Dasselbe bildet farblose, meist sternförmig gruppirte Nadeln, welche bei 157—158° unter Zersetzung schmelzen. Es ist selbst in heissem Wasser recht schwer löslich.

108. Emil Fischer und Hugo Hütz: Ueber eine neue Bildungsweise von Indolderivaten.

Berichte der Deutschen Chemischen Gesellschaft **28**, 585 [1895].

(Eingegangen am 18. März.)

Das α-Benzoïnoxim[1]) verliert beim Lösen in concentrirter Schwefelsäure die Elemente des Wassers und verwandelt sich in eine Verbindung $C_{14}H_{11}NO$, welche bei Einwirkung von reducirenden Agentien leicht und vollständig in Pr 2-Phenylindol übergeht. Da dieselbe ferner den mit Salzsäure befeuchteten Fichtenspahn intensiv färbt und sich in Alkalien leicht löst, so muss man annehmen, dass der Sauerstoff als Hydroxyl im Pyrrolkern steht. Wir betrachten sie demnach als Oxyphenylindol oder, was dasselbe ist, als Pr 2-Phenylindoxyl.

Ihre Entstehung aus dem Benzoïnoxim ist ein recht merkwürdiger Vorgang, welcher ohne Analogie dasteht und sich schematisch folgendermaassen darstellen lässt.

$$\begin{array}{c} C_6H_5 \cdot C \underline{\hspace{2em}} CH \cdot OH \\ \ddot{N} \cdot \boxed{OHH} \cdot \dot{C}_6H_4 \\ \text{Benzoïnoxim.} \end{array} = \begin{array}{c} C_6H_5 \cdot C = C \cdot OH \\ \dot{N}H \cdot \dot{C}_6H_4 \\ \text{Pr 2-Phenylindoxyl.} \end{array} + H_2O.$$

Die Reaction scheint aber nur eine beschränkte Gültigkeit zu haben; denn es ist uns weder bei dem Oxim des Desoxybenzoïns,

$$\begin{array}{c} C_6H_5 \cdot C \cdot CH_2 \cdot C_6H_5 \\ \ddot{N}OH \end{array},$$

noch bei dem Phenylacetoxim, $C_6H_5 \cdot CH_2 \cdot CH : N \cdot OH$, gelungen, auf die gleiche Art ein Indol zu gewinnen.

Der Vorgang ist ferner durch die Configuration der Oximgruppe beeinflusst, wie das Verhalten des β-Benzoïnoxims[2]) beweist. Ein Präparat, welches nicht ganz frei von α-Verbindung war, gab allerdings etwas Phenylindoxyl, aber doch so wenig, dass dasselbe vielleicht nur von dem isomeren Oxim herstammt. Es wäre deshalb wohl noch möglich, dass das bisher unbekannte β-Oxim des Desoxybenzoïns

---

[1]) M. Wittenberg und V. Meyer, Berichte d. D. Chem. Gesellsch. **16**, 504.
[2]) A. Werner, Berichte d. D. Chem. Gesellsch. **23**, 2334.

im Gegensatze zu der geprüften α-Verbindung in Phenylindol übergeführt werden kann.

Vor 7 Jahren hat Laubmann[1]) aus dem Phenylhydrazon des Benzoylcarbinols durch Schmelzen mit Chlorzink ein amorphes Product gewonnen, welches nach der Entstehungsweise und der Analyse Phenylindoxyl hätte sein können. Da aber die Reduction zu Phenylindol nicht gelang, so hat Laubmann selbst die Richtigkeit seiner Formel in Zweifel gezogen. In der That zeigt sein Product mit der von uns gewonnenen Verbindung nicht die geringste Aehnlichkeit.

Pr 2 - Phenylindoxyl.

Das fein gepulverte α-Benzoïnoxim löst sich in der 20fachen Menge kalter concentrirter Schwefelsäure beim kräftigen Umschütteln ziemlich leicht auf und die Flüssigkeit färbt sich erst gelbbraun, später dunkelroth. Giesst man dieselbe nach 3stündigem Stehen bei Zimmertemperatur auf Eiswasser, so fällt das Phenylindoxyl als gelber flockiger Niederschlag. Dasselbe wird ausgeäthert und nach dem Verdampfen des Aethers aus warmem Chloroform umkrystallisirt. Im Vacuum über Schwefelsäure getrocknet, hat es die Zusammensetzung $C_{14}H_{11}NO$.

Ber. C 80,39, H 5,26, N 6,70.
Gef. ,, 80,65, ,, 5,40, ,, 6,76.

Das Phenylindoxyl bildet kleine, gelbe, glänzende Nadeln; es schmilzt nicht ganz constant, beim raschen Erhitzen gegen 175°, zu einer gelben Flüssigkeit, welche sich alsbald unter starker Gasentwicklung in eine dunkle theerartige Masse verwandelt. Bei grösseren Mengen findet diese Zersetzung unter Verpuffung statt.

Von verdünnter Natronlauge wird es rasch aufgenommen, durch concentrirte Natronlauge aber wieder als Salz gefällt. Die alkalische Lösung scheidet beim Ansäuern die unveränderte Substanz ab. Beim Stehen an der Luft aber färbt sie sich durch Oxydation langsam dunkelgrün und scheidet braune Flocken ab. Den mit Salzsäure befeuchteten Fichtenspahn färbt die Lösung des Phenylindoxyls in verdünntem Alkohol je nach der Concentration roth- bis blauviolet. In warmer starker Salzsäure löst sich die Verbindung in erheblicher Menge, wird aber durch Wasser gefällt. Beim Erkalten der salzsauren Lösung krystallisiren feine, farblose Nadeln, welche indessen beim Trocknen über Schwefelsäure im Vacuum alle Salzsäure verlieren. Die Lösung in Benzol färbt sich auf Zusatz von Pikrinsäure roth, was auf die Bildung eines Pikrates hindeutet; aber dasselbe ist nicht sehr beständig, da bei Anwendung von molecularen Mengen der grössere Theil des Phenylindoxyls aus der Benzollösung unverändert auskrystallisirt.

---
[1]) Liebigs Ann. d. Chem. **243**, 246. (S. 697.)

Die Bildung des Phenylindoxyls ist ein recht glatter Process, denn die Ausbeute an Rohproduct beträgt etwa 80 pCt. und die an reinem krystallisirten Präparat etwa 60 pCt. des angewandten Oxims.

Fast ebenso leicht entsteht das Phenylindoxyl aus dem Oxim des Methylbenzoïns mit concentrirter Schwefelsäure, wobei die Methylgruppe abgespalten wird.

Aehnlich der Schwefelsäure wirkt beim α-Benzoïnoxim Erhitzen mit trockenem Chlorzink auf 100°, nur ist die Ausbeute an Phenylindoxyl sehr viel geringer.

Reduction des Phenylindoxyls.

Dieselbe erfolgt leicht und mit recht guter Ausbeute, wenn man 1 Theil Phenylindoxyl in 20 Theilen Eisessig löst, 2 Theile Zinkstaub zufügt und 1½ Stunden in gelindem Sieden erhält. Das Filtrat scheidet beim Verdünnen mit Wasser alsbald das gebildete Pr 2-Phenylindol ab. Letzteres wurde durch den Schmelzpunkt, das Pikrat, die Fichtenspahnreaction, die Löslichkeit und die Analyse identificirt.

$C_{14}H_{11}N$. Ber. C 87,05, H 5,70, N 7,25.
Gef. ,, 87,08, ,, 5,72, ,, 7,41.

Dieselbe Verwandlung erleidet das Phenylindoxyl beim Kochen mit einer Lösung von Jodwasserstoff in Eisessig.

109. Emil Fischer: Ueber das Azophenyläthyl und das Acetaldehydphenylhydrazon.

Berichte der Deutschen Chemischen Gesellschaft **29**, 793 [1896].

(Vorgetragen in der Sitzung vom 9. März vom Verf.)

Durch ihre Versuche über die Hydrazinderivate der Isobuttersäure kommen die HH. Thiele und Heuser[1]) zu dem Schluss, dass die Atomgruppe N : N · CH wahrscheinlich nicht existenzfähig sei, sondern sich sofort in die Hydrazonform NH · N : C umwandle. Sie ziehen deshalb auch die Structur des von Ehrhardt und mir[2]) früher beschriebenen Azophenyläthyls $C_6H_5 \cdot N : N \cdot CH_2 \cdot CH_3$ in Zweifel und halten eine erneute Untersuchung desselben für nöthig. Da in der That das Azophenyläthyl und das ebenfalls von mir dargestellte Hydrazon des Acetaldehyds bisher das einzige Beispiel für die gleichzeitige Existenz von Azo- und Hydrazonform geblieben sind, so schien auch mir ein neuer Vergleich derselben wünschenswerth.

Bei einer Wiederholung der älteren Versuche habe ich nun meine Angaben völlig bestätigt gefunden. Das Azophenyläthyl ist physikalisch total verschieden von dem Acetaldehydphenylhydrazon. Die Vermuthung von Thiele und Heuser, dass dasselbe die doppelte Molekularformel habe, ist ebenfalls unbegründet, wie man übrigens schon aus dem bekannten niedrigen Siedepunkte entnehmen konnte. Auch chemisch ist es von dem Hydrazon scharf unterschieden; denn es wird durch Natriumamalgam in verdünnter alkoholischer Lösung rasch angegriffen und z. Th. in das früher beschriebene stark reducirende Hydrazophenyläthyl verwandelt. Unter denselben Bedingungen bleibt das Hydrazon grösstentheils unverändert. Andererseits existirt aber doch ein naher Zusammenhang zwischen den beiden Verbindungen; denn das Azophenyläthyl kann durch kalte concentrirte Mineralsäuren theilweise in das Hydrazon übergeführt werden. Dieselbe Verwandlung findet wahrscheinlich intermediär statt beim Erwärmen mit verdünnten

---

[1]) Liebigs Ann. d. Chem. **290**, 1.
[2]) Liebigs Ann. d. Chem. **199**, 328. (S. *318*.)

Säuren; denn hierbei zerfällt die Azoverbindung gerade so, wie das Hydrazon in Aldehyd und Phenylhydrazin.

Bei dem heutigen Stand der Stickstoffchemie könnte man nun die Frage aufwerfen, ob die beiden Verbindungen vielleicht nur stereomer seien; aber auch diese Interpretation wird überflüssig durch die Beobachtung, dass das Acetaldehydphenylhydrazon selbst in 2 Formen auftritt, welche sich durch Schmelzpunkt, Löslichkeit und äusseren Habitus der Krystalle unterscheiden und zudem wechselseitig in einander übergeführt werden können.

Wir haben es also hier mit drei verschiedenen Formen der Verbindung $C_8H_{10}N_2$ zu thun; zwei davon tragen alle Kennzeichen der Phenylhydrazone und sind offenbar das einfachste Beispiel der Isomerie, welche zuerst bei den Phenylhydrazonen der Glucose[1]) beobachtet, später auch bei den Derivaten der unsymmetrischen Ketone aufgefunden und von Hantzsch sterisch erklärt wurde[2]). Die dritte Verbindung dagegen kann zwar in die beiden anderen verwandelt werden, zeigt aber in der geringeren Basicität und dem Verhalten gegen Natriumamalgam so erhebliche Abweichungen, dass es am natürlichsten ist, sie als strukturverschieden, d. h. als wahre Azoverbindung zu betrachten.

Azophenyläthyl.

Die Verbindung wurde zunächst genau nach der früheren Vorschrift dargestellt, aber für die Analyse und die Molekulargewichtsbestimmung durch Destillation bei 20—25 mm Druck, wo sie zwischen 88° und 93° überging, gereinigt.

$C_8H_{10}N_2$. Ber. C 71,6, H 7,5, N 20,9.
Gef. ,, 71,2, ,, 7,5, ,, 20,7.

Eine Lösung von 0,2195 g in 30 g Benzol zeigte eine Depression von 0,28°. Daraus ergiebt sich das Molekulargewicht zu 131, während 134 berechnet ist.

Die Reinigung durch Destillation gestattet übrigens folgende erhebliche Vereinfachung der Darstellung. Das Phenylhydrazin wird zuerst in der früher beschriebenen Weise äthylirt und, nach Entfernung der unveränderten primären Base durch Salzsäure, das Gemisch der äthylirten Verbindungen durch Quecksilberoxyd oxydirt. Nachdem jetzt noch das Diphenyldiäthyltetrazon durch Krystallisation grösstentheils beseitigt ist, schüttelt man zunächst die ätherische Lösung des rohen Azophenyläthyls mit 2 procentiger Salzsäure, um die Basen zu entfernen, trocknet dann die ätherische Lösung mit Kalium-

---
[1]) Skraup, Monatsh. f. Chem. 10, 401.
[2]) Berichte d. D. Chem. Gesellsch. 24, 3511 und 26, 9.

carbonat, verdunstet den Aether und destillirt den Rückstand unter stark vermindertem Druck. Bei 10—12 mm geht der grösste Theil bei 64—74° über. Die Ausbeute an diesem Product beträgt etwa 7 pCt. des angewandten Phenylhydrazins. Bei einer zweiten Fractionirung unter demselben Druck ging das Azophenyläthyl von 64—70° über. Die Analyse ergab hier

$$C_8H_{10}N_2. \quad \text{Ber. C 71,6, H 7,5.}$$
$$\text{Gef. ,, 71,2, ,, 7,54.}$$

Das Molekulargewicht wurde zu 128 gefunden. Die Eigenschaften der Verbindung sind früher genau genug beschrieben, nur bezüglich des Geruchs ist nachzutragen, dass die charakteristische stechende Wirkung erst beim Erwärmen mit Wasser deutlich hervortritt.

Genauer untersucht wurde neuerdings das Verhalten gegen Säuren. In rauchender Salzsäure oder in Schwefelsäure, welche mit dem gleichen Volum Wasser versetzt ist, löst sich das Azophenyläthyl schon in der Kälte klar auf. Erwärmt man, so findet namentlich bei der schwefelsauren Lösung plötzliches Aufkochen statt, (das ist die früher erwähnte, als Gasentwicklung gedeutete Erscheinung) und die tiefdunkle Lösung scheidet dann auf Zusatz von Wasser einen dicken amorphen dunklen Niederschlag ab.

Lässt man dagegen die Lösung von 1 Theil Azophenyläthyl in 10 Theilen Schwefelsäure von 60 pCt. bei Zimmertemperatur 15 Minuten stehen, wobei sie klar bleibt aber sich dunkel färbt, und verdünnt dann vorsichtig mit eiskaltem Wasser, so tritt schwacher Aldehydgeruch auf, und beim Uebersättigen mit Natronlauge scheidet sich ein Oel aus, welches nach dem Verdunsten der ätherischen Lösung beim Einimpfen von festem Acetaldehydphenylhydrazon grösstentheils erstarrt. Aus Petroläther liess sich das rothgefärbte Präparat gut umkrystallisiren. Aber es ist nicht leicht, dasselbe ganz farblos zu erhalten. Das Product ist zweifellos Acetaldehydphenylhydrazon.

Eine ähnliche Verwandlung erfährt höchst wahrscheinlich die Azoverbindung intermediär durch warme verdünnte Säuren, wobei sie aber gleich weiter in Phenylhydrazin und Acetaldehyd gespalten wird. Erhitzt man z. B. 3 Tropfen des reinen Azophenyläthyls mit 2 ccm Salzsäure von 5 pCt. Gehalt zum Kochen, so entsteht bald eine klare, wenig gefärbte Lösung, es entweicht Aldehyd und auf Zusatz von starker Salzsäure scheidet die Flüssigkeit alsbald einen dichten Niederschlag von salzsaurem Phenylhydrazin ab.

Complicirter ist der Vorgang, wenn man 15 procentige Salzsäure verwendet. Als die Azoverbindung mit der zehnfachen Menge einer solchen Säure erwärmt wurde, entstand eine tiefgrüne Lösung, welche bald nachher eine dunkle, harzige Masse abschied. Die Mutterlauge enthielt zwar auch hier Phenylhydrazin, aber in verhältnissmässig geringer Menge, denn der grösste Theil desselben war durch die sekundäre Wirkung des Aldehyds unter Mitwirkung der starken Säure verändert. Selbst bei Benutzung der 5 procentigen Salzsäure kann eine solche Nebenreaction eintreten, wenn man grössere Mengen des Azophenyläthyls zersetzt, und infolgedessen der Aldehyd langsamer aus der Flüssigkeit entfernt wird.

Acetaldehydphenylhydrazon.

Die Verbindung, welche ich früher unter dem Namen Aethylidenphenylhydrazin beschrieben habe[1]), wird, wie schon mitgetheilt, am besten durch Destillation unter vermindertem Druck gereinigt. Nachträglich erwähne ich hier, dass sie bei 20—30 mm Druck zwischen 140 und 150° siedet.

Wird das frisch bereitete und destillirte Präparat, welches sehr wenig gelb gefärbt ist, in der anderthalbfachen Menge warmem 75 procentigen Alkohol gelöst und dann in Eis abgekühlt, so scheidet sich zumal beim Reiben ein dicker Brei von blättrigen Krystallen ab, dessen Menge ungefähr 40 pCt. des Rohproductes beträgt. Die Krystalle schmelzen, wenn sie von der Mutterlauge durch Absaugen, Auswaschen mit kaltem 75 procentigem Alkohol und Abpressen ganz befreit sind, in frischem Zustand, von 66—69°, und nach mehrstündigem Trocknen im Vacuum bei 63—65°.

$C_8H_{10}N_2$. Ber. C 71,6, H 7,46.
Gef. ,, 71,7, ,, 7,55.

Die Molekulargewichtsbestimmung in Benzollösung ausgeführt ergab 133 (Theorie 134).

Durch nochmaliges Umkrystallisiren aus verdünntem Alkohol unter denselben Bedingungen wurde der Schmelzpunkt nicht geändert. In dieser Form, welche ich entsprechend der Gepflogenheit von Hantzsch die β-Verbindung nennen will, bildet das Phenylhydrazon farblose, glänzende Blättchen, welche sich ungefähr in der 6 fachen Menge kochendem Petroläther (vom Sdp. 55—75°) lösen. Im Vacuum über Schwefelsäure hält sich das reine Präparat mehrere Tage unverändert, im feuchten Zustand färbt es sich dagegen zumal an der Luft, bald gelb und später roth. Wird das Product aus warmem Petroläther umkrystallisirt, so steigt der Schmelzpunkt und liegt in der Regel bei ungefähr 80°. Denselben Schmelzpunkt findet man sofort, wenn das Rohproduct direkt aus Petroläther umkrystallisirt wird. Ich halte dieses Präparat

---
[1]) Liebigs Ann. d. Chem. **190**, 136 und **236**, 137. (*S. 252 und S. 558.*)

für ein Gemisch der β-Verbindung mit der höher schmelzenden α-Verbindung, bemerke aber ausdrücklich, dass es auch noch eine dritte Modification sein könnte, deren Individualität aber nicht zu beweisen war.

Um die hochschmelzende α-Verbindung darzustellen, löst man 20 g reine β-Verbindung oder auch das einmal aus Petroläther umkrystallisirte Rohproduct vom Schmelzpunkt 80° in 60 ccm heissem Alkohol von 75 pCt., fügt dann 4 ccm einer 40 procentigen Natronlauge hinzu, erhält drei Minuten im Sieden und kühlt auf Zimmertemperatur ab. Aus der rothgefärbten Flüssigkeit scheiden sich dann sehr bald lange, prismatische Krystalle ab, welche nach 1—2stündigem Stehen filtrirt, mit verdünntem Alkohol gewaschen und im Vacuum getrocknet werden. Die Ausbeute betrug ungefähr 60 pCt.; aus der Mutterlauge kann man noch weitere, aber weniger reine Krystalle gewinnen. Die Krystalle schmelzen bei 98—101°, von siedendem Petroläther (Sdp. 55—75°) verlangen sie ungefähr 20 Theile zur Lösung.

$C_8H_{10}N_2$ Ber. C 71,6, H 7,5.
Gef. ,, 71,74, ,, 7,6.

Die Molekulargewichtsbestimmung in Benzollösung gab 135 (Theorie 134).

In reinem Zustand ist dieses α-Acetaldehydphenylhydrazon auch ganz farblos. Beim Aufbewahren im Vacuum, oder beim vorsichtigen Umkrystallisiren aus Petroläther resp. verdünntem Alkohol, behält es in der Regel seinen hohen Schmelzpunkt und die prismatische Krystallform. Unter Bedingungen, deren Feststellung mir nicht möglich war, tritt aber auch zuweilen eine plötzliche Erniedrigung des Schmelzpunktes, welcher auf 80° oder noch tiefer fällt. Wahrscheinlich erfolgt dabei die Rückverwandlung in β-Verbindung. Sicherer erreicht man die letztere durch Destillation, wie folgender Versuch beweist.

Reines α-Acetaldehydphenylhydrazon wurde bei 20 mm Druck destillirt. Das Destillat ist nach seinem ziemlich hohen Schmelzpunkt zu urtheilen keineswegs reine β-Verbindung; als dasselbe aus der anderthalbfachen Menge 75 procentigem Alkohol umkrystallisirt wurde, resultirte eine blättrige Krystallmasse, welche frisch abgepresst allerdings erst gegen 80° schmolz, aber nach 24stündigem Trocknen im Vacuum ohne sichtbare äussere Veränderung ihren Schmelzpunkt auf 64—65° erniedrigte und jetzt alle Merkmale der β-Verbindung besass. Der Versuch wurde mehrmals mit dem gleichen Erfolg wiederholt.

Diese Beobachtungen, deren ausführliche Beschreibung ich für nöthig hielt, zeigen eine ausserordentliche Neigung der beiden Formen zur gegenseitigen Umwandlung. Die Erscheinung, welche über die Erfahrungen bei den isomeren Hydrazonen der unsymmetrischen Ketone noch etwas hinausgeht, erinnert durchaus an die verschiedenen krystallisirten Formen des Schwefels und anderer anorganischer Stoffe. Ob es nöthig oder auch nur zweckmässig ist, dieselbe auf eine räumliche Verschiedenheit des chemischen Moleküls zurückzuführen, so lange nicht auch chemische Unterschiede bei beiden Formen bekannt sind, lasse ich dahingestellt.

Gegen Natriumamalgam ist das Acetaldehydphenylhydrazon auffallend beständig. Selbst nach 24stündigem Schütteln der Lösung in verdünntem Alkohol mit überschüssigem Amalgam war es grösstentheils unverändert; nur ging dabei die β-Verbindung in die α-Form über. Schliesslich sage ich Hrn. Dr. G. Pinkus, welcher mich bei diesen Versuchen unterstützte, besten Dank.

110. Emil Fischer: Ueber das Phenyloxyindol und die Nitrosobenzoësäure.

Berichte der Deutschen Chemischen Gesellschaft **29**, 2062 [1896].

(Eingegangen am 1. August.)

Unter dem Namen Phenylindoxyl haben Hütz und ich vor einiger Zeit ein Indolderivat beschrieben[1]), welches aus dem Oxim des Benzoïns durch Wasserabspaltung entsteht, und welches uns die Formel:

$$C_6H_5 \cdot C = C \cdot OH$$
$$| |$$
$$HN - C_6H_4$$

zu haben schien.

Obschon dieselbe mit der Entstehung und dem Verhalten des Körpers wohl in Einklang gebracht werden kann, so sind mir doch nachträglich Zweifel an ihrer Richtigkeit gekommen, besonders, nachdem A. Reissert eine Oxyindolcarbonsäure kennen gelehrt hat[2]), in welcher das Hydroxyl an Stickstoff gebunden ist, und welche ebenso leicht, wie unsere Verbindung durch Reduction in das entsprechende Derivat des Indols übergeht. Allerdings fehlt der Reissert'schen Verbindung ebenso wie den Carbonsäuren des Indols die Fichtenspahnreaction; da aber L. Knorr nachgewiesen hat[3]), dass Pyrrolderivate des Hydroxylamins existiren, welche die Färbung des Fichtenholzes sehr stark zeigen, so würde das Auftreten der gleichen Erscheinung bei unserer Verbindung nicht beweisen, dass sie das Hydroxyl an Kohlenstoff gebunden enthält. Für das sogenannte Phenylindoxyl muss deshalb neben der oben angeführten Formel noch die folgende in Betracht gezogen werden:

$$C_6H_5 \cdot C = CH$$
$$| |$$
$$HO \cdot N - C_6H_4 ;$$

und da die bisher bekannten Thatsachen weder für die eine, noch für die andere streng beweisend sind, so scheint es mir zweckmässig, den älteren Namen Pr_2-Phenylindoxyl durch die anspruchslosere Be-

---
[1]) Berichte d. D. Chem. Gesellsch. **28**, 585. (*S. 838.*)
[2]) Berichte d. D. Chem. Gesellsch. **29**, 639.
[3]) Liebigs Ann. d. Chem. **236**, 301.

zeichnung: Pr_2-Phenyloxyindol, welche für beide Formeln passen würde, zu ersetzen.

Ich hatte gehofft, die vorliegende Frage durch Oxydation der Verbindung mit Permanganat entscheiden zu können, da Reissert gezeigt hat, dass seine n-Oxyindolcarbonsäure auf diesem Wege in Azoxybenzoësäure übergeführt wird, und darin eine Stütze für seine Auffassung erblickte. In der That liefert das Pr_2-Phenyloxyindol bei der Behandlung mit Permanganat die noch unbekannte o-Nitrosobenzoësäure, aber die Bedeutung dieser Thatsache wird abgeschwächt durch die Beobachtung, dass gleichzeitig Benzoylanthranilsäure entsteht. Da die letztere nun von Döbner und Miller auch durch Oxydation des Phenylchinolins erhalten wurde[1]), so ist klar, dass bei dem Phenyloxyindol aus dem Verlauf der Oxydation kein sicherer Schluss auf die An- oder Abwesenheit einer sauerstoffhaltigen Gruppe am Stickstoff gezogen werden kann. Die Entscheidung zwischen den beiden oben angeführten Formeln bleibt deshalb weiteren Versuchen vorbehalten.

Oxydation des Pr_2-Phenyloxyindols.

9,5 g fein gepulverte Substanz werden in 100 ccm 5 procentiger Natronlauge durch Schütteln gelöst, wobei in Folge der Einwirkung des atmosphärischen Sauerstoffs eine dunkle Färbung der Flüssigkeit eintritt.

Zu der in Eis gekühlten Lösung lässt man dann langsam eine ebenfalls abgekühlte Lösung von 20 g Permanganat in 1 l Wasser unter Schütteln zufliessen. Die Einwirkung findet sofort statt, wobei Braunstein abgeschieden wird. Zum Schluss ist die Flüssigkeit schwach röthlich gefärbt. Man fügt etwas Alkohol hinzu, lässt etwa $^1/_2$ Stunde stehen, bis die Färbung verschwunden ist, und filtrirt. Die klare gelbe Lösung scheidet beim Versetzen mit Salzsäure ein dunkles Oel ab, welches sich bald in ein krystallinisches Pulver umwandelt. Seine Menge beträgt ungefähr 1,5 g. Dasselbe ist zum grössten Theil Benzoylanthranilsäure. Zur Reinigung wurde sie in Ammoniak gelöst, mit Thierkohle gekocht, durch Ansäuern wieder ausgefällt und dann aus heissem Benzol umkrystallisirt. Die feinen farblosen Nadeln sind in Wasser unlöslich, in Alkohol und Aether leicht löslich und besitzen die Zusammensetzung der Benzoylanthranilsäure.

$C_{14}H_{11}NO_3$. Ber. C 69,7, H 4,56, N 5,80.
Gef. ,, 69,5, ,, 4,86, ,, 5,85.

Durch zweistündiges Erhitzen mit der 25 fachen Menge rauchender Salzsäure (spec. Gew. 1,19) auf 110—120° wurde die Verbindung in

---
[1]) Berichte d. D. Chem. Gesellsch. **19**, 1196.

Benzoësäure und Anthranilsäure gespalten. Die erstere schmolz, nachdem sie mit Aether extrahirt und nochmals aus Wasser umkrystallisirt war, bei 119—120°. Die letztere krystallisirte, nachdem sie in der üblichen Weise aus dem salzsauren Salz durch Natriumacetat abgeschieden war, aus Wasser in derben Nadeln vom Schmp. 143—144°. Ihr Hydrochlorat schmolz bei 193—194° unter Zersetzung.

Die wässrige Mutterlauge, aus welcher die Benzoylanthranilsäure beim Ansäuern ausfällt, enthält Benzoësäure und die Nitrosobenzoësäure. Sie wird zehnmal mit viel Aether ausgeschüttelt; aus der stark concentrirten, ätherischen Lösung fällt die Nitrosobenzoësäure als sehr schwach gelb gefärbtes Pulver aus. Die Ausbeute betrug 0,6 g. Das Filtrat hinterliess beim völligen Verdampfen 0,5 g Benzoësäure.

o-Nitrosobenzoësäure.

Das Rohproduct wurde in 40 Theilen siedendem absoluten Alkohol gelöst. Aus der grüngefärbten Lösung fiel die Säure beim mehrtägigen Stehen fast vollständig in ziemlich derben und nahezu farblosen Krystallen aus. Für die Analyse wurden dieselben über Schwefelsäure getrocknet.

$C_7H_5NO_3$. Ber. C 55,6, H 3,3, N 9,3.
Gef. ,, 55,75, ,, 3,5, ,, 9,3.

Im Capillarrohr rasch erhitzt, färbt sie sich über 180° dunkel und schmilzt dann ganz unscharf gegen 210° unter totaler Zersetzung. Sie löst sich ausserordentlich schwer in Aether und Benzol, leichter in heissem Alkohol und Eisessig. Die beiden letzten Lösungen sind grün gefärbt. Ebenso gefärbt ist die ammoniakalische Lösung. Die Säure zeigt also dieselben Farbenunterschiede im festen und gelösten Zustande, wie das Nitrosobenzol.

Zur Umwandlung in Anthranilsäure wurde die Nitrosobenzoësäure in starkem Ammoniak gelöst, und die Flüssigkeit nach dem Sättigen mit Schwefelwasserstoff im geschlossenen Rohr eine Stunde auf 100° erhitzt, dann zur Trockne verdampft, und der Rückstand mit warmem Wasser ausgelaugt. Beim Verdampfen hinterblieb die Anthranilsäure, welche durch ihren Schmelzpunkt, durch das Hydrochlorat, das schwer lösliche Kupfersalz und die Verwandlung in Salicylsäure identificirt wurde.

Schliesslich sage ich Hrn. Dr. Pinkus, welcher mich bei diesen Versuchen unterstützte, besten Dank.

111. Emil Fischer: Ueber die Phenylhydrazone der Aldehyde.
Berichte der Deutschen Chemischen Gesellschaft **30**, 1240 [1897].

(Eingegangen am 24. Mai.)

Die von mir zuerst beim Acet- und Benz-Aldehyd studirte[1]) Bildung der Phenylhydrazone, welche der allgemeinen Gleichung

$$R \cdot COH + N_2H_3 \cdot C_6H_5 = R \cdot CH : N_2H \cdot C_6H_5 + H_2O$$

entspricht, ist in so vielen Fällen zur Isolirung und Charakterisirung von Aldehyden benutzt worden, dass man hätte glauben sollen, der Verlauf der Reaction sei ausser Zweifel gestellt.

Trotzdem hat Herr H. Causse neuerdings eine Reihe von Beobachtungen über die Verbindungen des Acet- und Benz-Aldehyds mit dem Phenylhydrazin beschrieben, welche ihn zu einer wesentlich anderen Auffassung des Vorganges führten.

Obschon seine Producte mit den von mir beschriebenen die grösste Aehnlichkeit besitzen, vermeidet Herr Causse die Erklärung, dass sie identisch seien, um der Notwendigkeit zu entgehen, meine Resultate für unrichtig zu erklären. Wer aber zwischen den Zeilen zu lesen vermag, der wird sich des Eindruckes nicht erwehren können, dass ein directer Widerspruch zwischen unseren beiderseitigen Angaben besteht; ich habe mich deshalb genöthigt gesehen, seine Versuche zu wiederholen.

Acetaldehydphenylhydrazon.

Die Verbindung, welche ich zuerst vor ungefähr 20 Jahren dargestellt und analysirt habe[1]), existirt nach meinen neueren Beobachtungen[2]) in 2 isomeren Formen vom Schmelzpunkt 63—65° und 98—101°, welche gegenseitig in einander übergeführt werden können. 3 Verbrennungsanalysen und eine Stickstoffbestimmung hatten übereinstimmend die Formel $C_8H_{10}N_2$ ergeben. Sämmtliche Producte waren durch Zusammengiessen von Phenylhydrazin und Acetaldehyd bereitet.

---
[1]) Ann. Chem. Pharm. **190**, 136. (S. *252*.)
[2]) Berichte d. D. Chem. Gesellsch. **29**, 793. (S. *841*.)

In seiner ersten Mittheilung[1]) behauptet Herr Causse, dass aus Aldehyd und Phenylhydrazinbitartrat in wässriger Lösung ein krystallinisches Product vom Schmelzpunkt 77° entstehe, welches die Formel

$$CH_3CHO \cdot 2 (N_2H_3C_6H_5)$$

besitze und deshalb aldehydate de diphénylhydrazine von ihm genannt wird. In der zweiten, ausführlichen Abhandlung[2]) kommt er dagegen zu anderen Resultaten. Er findet nun, dass in wässriger Lösung, je nachdem dieselbe alkalisch, neutral oder sauer ist, Producte von verschiedenem Schmelzpunkt resultiren. Zwei davon hat er genauer untersucht. Sie sollen beide die Formel $C_{18}H_{22}N_4$ besitzen[3]). Er nennt sie dementsprechend Triéthylidène-diphénylhydrazine und unterscheidet sie als α- und β-Verbindung. Die erstere schmilzt bei 60°, die zweite bei 99,5°. Das sind nahezu dieselben Schmelzpunkte, welche ich für die beiden isomeren Hydrazone gefunden habe, und auch die sonstigen Eigenschaften stimmen im Wesentlichen mit meinen Beobachtungen überein. Die ganze Differenz liegt in der Analyse, wobei es sich um einen Unterschied von $1^1/_2$ pCt. im Kohlenstoff und 1,9 pCt. im Stickstoff handelt. Molekulargewichtsbestimmungen hat Herr Causse nicht ausgeführt, obschon dieselben über die beiden sehr differenten Formeln $C_8H_{10}N_2$ und $C_{18}H_{22}N_4$ am ehesten hätten entscheiden können, und obschon von mir zwei derartige recht gut stimmende Werthe für die beiden Hydrazone[4]) angeführt sind.

Ich habe nun zunächst meine Analysen nochmals controllirt. Das Präparat war genau in der früher beschriebenen Weise aus Acetaldehyd und Phenylhydrazin dargestellt, im Vacuum destillirt, aus Petroläther umkrystallisirt und im Vacuum über Schwefelsäure und Paraffin getrocknet.

$C_8H_{10}N_2$. Ber. C 71,6, H 7,5, N 20,9.
Gef. ,, 71,4, ,, 7,5, ,, 20,75.

Aus dem Präparate wurde dann die hochschmelzende β-Modification ebenfalls in der früher angegebenen Weise bereitet.

$C_8H_{10}N_2$. Ber. C 71,6, H 7,5.
Gef. ,, 71,4, ,, 7,5.

Dann habe ich das vermeintliche α-Triäthylidendiphenylhydrazin genau nach der Angabe des Herrn Causse aus Phenylhydrazin und Acetaldehyd in wässriger Lösung bei Gegenwart von Phosphorsäure und Natriumthiosulfat bereitet. Ein Theil des Productes wurde, wie

---

[1]) Bull. soc. chim. **15**, 842. 1896. [2]) Bull. soc. chim. **17**, 234. 1897.
[3]) In der Abhandlung ist einmal, offenbar durch Irrthum, die Formel $C_{18}H_{24}N_4$ angegeben.
[4]) Berichte d. D. Chem. Gesellsch. **29**, 796. (*SS. 844 u. 845.*)

Herr Causse vorschreibt, aus Alkohol umkrystallisirt und im Vacuum über Schwefelsäure getrocknet:

$C_8H_{10}N_2$. Ber. C 71,6, H 7,5, N 20,9.
Gef. ,, 71,25, ,, 7,5, ,, 20,6.

Ein anderer Theil desselben Präparates wurde aus Petroläther umkrystallisirt. Die Analyse ergab die gleichen Zahlen.

$C_8H_{10}N_2$. Ber. C 71,6, H 7,5.
Gef. ,, 71,3, ,, 7,6.

Bei beiden Präparaten zeigt der Schmelzpunkt dieselben Veränderungen, wie ich sie früher für das Acetaldehydphenylhydrazon beobachtete; überwiegend war in demselben die α-Verbindung.

Nach alledem kann kein Zweifel sein, dass das sogenannte α-triéthylidène-diphénylhydrazine des Herrn Causse mit meinem α-Acetaldehydphenylhydrazon identisch ist; ich habe es für überflüssig gehalten, den gleichen Beweis für die β-Verbindung zu führen.

Benzaldehydphenylhydrazon.

Bei der Einwirkung von Benzaldehyd auf Phenylhydrazin will Herr Causse[1]) ebenfalls zuerst ein sauerstoffhaltiges Product, das

Benzylate de diphénylhydrazine, $C_6H_5COH \cdot 2(N_2H_3C_6H_5)$

beobachtet haben. In der zweiten Abhandlung[2]) über den gleichen Gegenstand treten an die Stelle dieser Verbindung zwei andere, das sogenannte Tribenzylidène-diphénylhydrazine und das Dibenzylidène-triphénylhydrazine. Alle diese Producte haben den gleichen Schmelzpunkt 154°, welcher nahezu zusammenfällt mit dem früher von mir für das Benzaldehydphenylhydrazon angegebenen 152,5°.

Ich habe mich hier damit begnügt, das vermeintliche Tribenzylidène-diphénylhydrazine genau nach den Angaben des Herrn Causse darzustellen. Die Analyse des Productes ergab:

$C_{13}H_{12}N_2$. Ber. C 79,6, H 6,1, N 14,3.
Gef. ,, 79,3, ,, 6,25, ,, 14,2.

Die Substanz ist also nichts anderes als Benzaldehydphenylhydrazon.

Salicylaldehydphenylhydrazon.

Von der Verbindung habe ich vor 13 Jahren[3]) nur kurz die Bildung und den Schmelzpunkt 142—143°, aber keine Formel angegeben. Sie ist bald nachher von Roessing[4]) analysirt und dadurch als ge-

---

[1]) Bull. soc. chim. **15**, 845. 1896. [2]) Bull. soc. chim. **17**, 480. 1897.
[3]) Berichte d. D. Chem. Gesellsch. **17**, 575. (*S. 466.*)
[4]) Berichte d. D. Chem. Gesellsch. **17**, 3004.

wöhnliches Hydrazon genauer charakterisirt worden. Biltz[1]) hat dann eine zweite isomere Form beschrieben vom Schmp. 104—105°.

Herr Causse, welchem die Publicationen von Roessing und Biltz nicht bekannt zu sein scheinen, hat neuerdings für dieselbe Verbindung die sauerstofffreie Formel $C_{13}H_{10}N_2$ aufgestellt und sie für ein Phenylisindazol erklärt[2]).

Ich habe auch diesen Versuch genau nach den Angaben des Herrn Causse wiederholt und, wie zu erwarten war, Salicylaldehydphenylhydrazon erhalten.

$C_{13}H_{12}N_2O$. Ber. C 73,6, H 5,7, N 13,2.
Gef. ,, 73,4, ,, 5,9, ,, 13,0.

Im Gegensatz zu der Angabe des Herrn Causse wird die Verbindung von verdünntem Alkali in der Wärme leicht gelöst; in alkoholischer Lösung ist übrigens die Natriumverbindung schon von Roessing dargestellt worden.

Nach den vorstehenden Resultaten zögere ich nicht, sämmtliche analytischen Resultate des Herrn Causse, welche die zuvor erwähnten Producte betreffen, und alle darauf gegründeten Speculationen für falsch zu erklären.

Schliesslich sage ich Herrn Dr. Pinkus für die Hülfe, welche er mir bei diesen Versuchen leistete, besten Dank.

---

[1]) Berichte d. D. Chem. Gesellsch. **27**, 2288. [2]) Compt. rend. **124**, 505.

112. Emil Fischer und Otto Seuffert: Ueber das Indazol.

Berichte der Deutschen Chemischen Gesellschaft **34**, 795 [1901].

(Eingegangen am 15. März 1901.)

Die Beziehungen zwischen dem Indazol[1]) und dem Anhydrid der *o*-Hydrazinobenzoësäure[2]), welche aus den Structurformeln

$$C_6H_4\!\!<\!\!{}^{CH}_{\;\;N}\!\!>\!\!NH \quad \text{und} \quad C_6H_4\!\!<\!\!{}^{CO}_{NH}\!\!>\!\!NH$$

abgeleitet werden können, sind bisher experimentell nicht geprüft worden. Diese Lücke wird durch nachfolgende Versuche ausgefüllt, welche zugleich eine bequeme Darstellung des bisher schwer zugänglichen Indazols aus der jetzt sehr billigen Anthranilsäure ergeben haben.

Das Anhydrid, oder auch die *o*-Hydrazinobenzoësäure selbst, werden nämlich durch Phosphoroxychlorid in das von Bamberger[3]) auf ganz anderem Wege erhaltene Chlorindazol,

$$C_6H_4\!\!<\!\!{}^{C}_{\;\;N}\!\!{}^{Cl}\!\!>\!\!NH,$$

verwandelt, und dieses lässt sich durch Zinkstaub und Salzsäure reduciren. Man gewinnt so das Indazol in recht guter Ausbeute aus der Anthranilsäure durch wenige, leicht ausführbare Reactionen.

Einwirkung von Phosphoroxychlorid auf *o*-Hydrazinobenzoësäure.

Das Oxychlorid verändert bei 100—120° sowohl die freie Hydrazinobenzoësäure, wie ihr Hydrochlorat schnell, liefert aber verschiedene Producte, je nachdem die Reaction im offenen oder geschlossenen Gefässe vor sich geht. Im ersten Falle entsteht vorzugsweise *o*-Hydrazinobenzoësäureanhydrid, im letzteren wird dieses allmählich weiter in Chlorindazol umgewandelt. Der Unterschied ist wohl auf die Mit-

---

[1]) Liebigs Ann. d. Chem. **221**, 280 [1883] (*S. 377*); **227**, 309 [1885] (*S. 480*).
[2]) Berichte d. D. Chem. Gesellsch. **13**, 681 [1880] (*S. 324*); Liebigs Ann. d. Chem. **212**, 333 [1882] (*S. 359*).
[3]) Liebigs Ann. d. Chem. **305**, 356 [1899].

wirkung der comprimirten Salzsäure beim Arbeiten im Einschlussrohr zurückzuführen.

Die Bildung des o-Hydrazinobenzoësäureanhydrids erfolgt unter diesen Umständen glatter als beim Erhitzen der Säure und ist deshalb für die Darstellung vorzuziehen. Zu dem Zwecke wird das Hydrochlorat der Hydrazinobenzoësäure mit der 6—7-fachen Menge Phosphoroxychlorid unter Rückfluss gekocht, wobei es ziemlich rasch unter starker Entwickelung von Salzsäure in Lösung geht. Nach dem Abdestilliren des Oxychlorids unter vermindertem Druck hinterbleibt ein dunkelgefärbter Rückstand, der sich in Wasser löst, und aus dem durch Neutralisation mit Natronlauge und Ansäuern mit Essigsäure das Anhydrid der o-Hydrazinobenzoësäure als gelbbraune, krystallinische Masse gefällt wird. Zur Reinigung wird abfiltrirt und gewaschen, in wenig stark verdünnter Natronlauge gelöst und mit Thierkohle gekocht, bis die Flüssigkeit nur noch schwach gelb gefärbt ist. Durch Ansäuern mit Essigsäure erhält man dann das Anhydrid fast vollständig rein. Zur Analyse wurde es nochmals aus heissem Alkohol umkrystallisirt: rein weisse Nadeln, die bei 242—244° unter Zersetzung unscharf schmelzen.

0,2148 g Sbst.: 40,5 ccm N (18°, 737 mm). — 0,1193 g Sbst.: 22,2 ccm N (20,5°, 745 mm).

$C_7H_6ON_2$. Ber. N 20,93. Gef. N 21,45, 21,21.

Die Ausbeute ist nahezu theoretisch.

Darstellung von Chlorindazol.

Wie schon erwähnt, geht die Wirkung des Phosphoroxychlorids im geschlossenen Rohre unter dem Einfluss der comprimirten Salzsäure weiter. Wir haben uns überzeugt, dass beim Erhitzen von reinem o-Hydrazinobenzoësäureanhydrid im geschlossenen Rohre schon bei 100° nach 10 Stunden und bei 120° bereits nach 4 Stunden eine recht erhebliche Menge von Chlorindazol entsteht. Besser aber wird die Ausbeute, wenn man von vornherein salzsaure o-Hydrazinobenzoësäure für die Operation anwendet, wahrscheinlich, weil dann eine viel grössere Menge von Salzsäure entsteht. Dem entspricht folgende Vorschrift für die Darstellung des Chlorindazols:

Salzsaure o-Hydrazinobenzoësäure wird mit der 7-fachen Menge Phosphoroxychlorid 4 Stunden im Einschlussrohr auf 120° erhitzt, dann das überschüssige Phosphoroxychlorid unter stark vermindertem Druck vollständig abdestillirt und das zurückbleibende Chlorindazol mit Wasserdampf überdestillirt. Da es in kaltem Wasser so gut wie unlöslich ist, fällt es aus dem Destillat beim Erkalten fast vollständig aus. Die Ausbeute beträgt ungefähr 75 pCt. der Theorie und das Product ist sehr rein. Weniger Phosphoroxychlorid oder Feuchtigkeit des Ausgangsmaterials verschlechtern die Ausbeute erheblich, während die geringen Beimengungen des o-Hydrazinobenzoësäurehydrochlorates, wie es nach der Vorschrift von E. Fischer[1]) durch Ausfällen mit Salzsäuregas und Waschen mit wenig Wasser erhalten wird, für den Gang der Reaction gleichgültig sind.

Das Chlorindazol zeigte den Schmp. 148° (corr. 150°) und die anderen, von Bamberger angegebenen Eigenschaften.

0,1858 g Sbst.: 29,3 ccm N (18°, 741 mm).

$C_7H_5N_2Cl$.   Ber. N 18,36.   Gef. N 18,03.

Es enthält das Halogen in auffallend fester Bindung. So kann es in alkalischer Lösung längere Zeit gekocht werden; selbst beim Schmelzen mit Aetzkali und wenig Wasser bis 250° war nach 10 Minuten nur wenig Chlor abgeschieden. Dagegen wird die Verbindung bei gelindem Glühen mit Natronkalk zerstört und liefert dabei reichliche Mengen von Anilin. Das durch Behandeln mit Essigsäureanhydrid und einem Tropfen concentrirter Schwefelsäure erhaltene Acetylproduct zeigte den Schmp. 67° (corr.).

Zur Darstellung der Nitrosoverbindung löst man das Chlorindazol in viel Eisessig und giebt unter Kühlung die berechnete Menge Natriumnitrit in concentrirter wässriger Lösung zu. Die Nitrosoverbindung wird durch Wasser vollständig ausgefällt und aus heissem Alkohol umkrystallisirt. Feine, verfilzte Nadeln vom Schmp. 89—90° (corr.).

0,1331 g Sbst.: 26,5 ccm N (20°, 756 mm).

$C_7H_4N_3OCl$.   Ber. N 23,14.   Gef. N 23,08.

Die Verbindung zeigt die Liebermann'sche Reaction und wird durch Kochen mit Säuren in Chlorindazol zurückverwandelt. Sie entspricht zweifellos dem Nitrosoindazol selbst und gehört wohl wie dieses in die Klasse der Nitrosamine.

Reduction des Chlorindazols.

Die Ablösung des Halogens findet durch Natrium und Alkohol oder Amylalkohol in der Hitze nur langsam und unvollkommen statt. Leicht lässt sie sich aber mit Salzsäure und Zinkstaub erreichen. Man löst zu diesem Zwecke 5 g Chlorindazol in 50 g concentrirter Salzsäure (spec. Gewicht 1,19) und trägt allmählich ca. 4 g Zinkstaub ein, sodass die Flüssigkeit sich erwärmt. Zum Schluss wird unter Rückfluss gekocht und dann nochmals 4 g Zinkstaub zugegeben, bis eine Probe beim Verdünnen mit Wasser kein Chlorindazol mehr ausscheidet, sondern

---

[1]) Berichte d. D. Chem. Gesellsch. **13**, 681 [1880] (*S. 324*). Die Ausbeute des so dargestellten o-Hydrazinobenzoësäurehydrochlorats betrug, auf Anthranilsäure berechnet, 80 pCt. der Theorie.

klar bleibt. Aus der vom Zinkschlamm abfiltrirten Lösung lässt sich das Indazol durch Natronlauge schlecht abscheiden, weil es mit dem Zinkhydroxyd eine Verbindung eingeht, die weder beim Kochen mit Wasser, noch beim Ausäthern das Indazol abgiebt. Dagegen kommt man mit Ammoniak zum Ziele. Man versetzt die salzsaure Lösung mit einem Ueberschuss von Ammoniak und äthert aus. Bleibt ein Rückstand, der nicht in den Aether geht, so filtrirt man ihn ab, löst in Salzsäure, fällt wieder mit überschüssigem Ammoniak und extrahirt mit Aether.

Die Ausbeute betrug 3 g Indazol (Theorie 3,8 g). Dasselbe zeigte nach dem Umkrystallisiren aus heissem Wasser alle Eigenschaften des Indazols. Schmp. 146° (148° corr.).

0,1896 g Sbst.: 39,5 ccm N (19°, 744 mm).
$C_7H_6N_2$. Ber. N 23,73. Gef. N 23,84.

Methylchlorindazol.

5 g Chlorindazol wurden mit 25 g Methylalkohol, 3 g Kaliumhydroxyd und 9 g Jodmethyl am Rückflusskühler 4 Stunden gekocht, hierauf das überschüssige Jodmethyl, sowie der Holzgeist auf dem Wasserbade abdestillirt, das ausgeschiedene Jodkalium in Wasser gelöst, dann das Oel mit Aether extrahirt, getrocknet und destillirt. Es siedete unzersetzt unter 754 mm Druck bei 268,5°. Ausbeute 3,5 g.

0,2260 g Sbst.: 0,4804 g CO_2, 0,0922 g H_2O. — 0,2858 g Sbst.: 42,8 ccm N (17°, 740 mm).

$C_8H_7N_2Cl$. Ber. C 57,66, H 4,20, N 16,82.
Gef. ,, 57,97, ,, 4,56, ,, 17,16.

Das Oel verhält sich gegen Säuren wie das Chlorindazol selbst, d. h. es hat nur sehr schwache basische Eigenschaften. Beim gelinden Glühen mit Natronkalk giebt es ziemlich viel Monomethylanilin. Es scheint demnach, als hafte das Methyl an dem mit dem Benzolreste verbundenen Stickstoff. Nimmt man für Indazol und Chlorindazol die bisher üblichen Formeln an, so würde die Methylirung dann allerdings als ein complexer Vorgang zu betrachten sein.

Benzylidendiindazol.

Analog wie die Methylindole[1]), vereinigt sich auch das Indazol mit Benzaldehyd nach der Gleichung:

$$C_6H_5 \cdot COH + 2\,C_7H_6N_2 = C_6H_5 \cdot CH(C_7H_5N_2)_2 + H_2O\,,$$

nur erfolgt die Reaction hier schwerer.

---
[1]) E. Fischer, Berichte d. D. Chem. Gesellsch. **19**, 2988 [1886] (*S. 597*). Liebigs Ann. d. Chem. **242**, 372 [1887] (*S. 666*); **239**, 241 [1887] (*S. 637*).

Lässt man 2 g Indazol und 1 g Benzaldehyd unter Zugabe von etwas Chlorzink 12 Stunden bei 100° auf einander einwirken, so erhält man beim Auswaschen der rothgefärbten Masse mit verdünnter Salzsäure 1,4 g eines krystallinischen Productes. Aus der Salzsäure wurden 0,5 g unverändertes Indazol zurückgewonnen, sodass die Ausbeute ungefähr 70 pCt. der Theorie entspricht. Das Condensationsproduct wurde mehrfach aus heissem Alkohol umkrystallisirt und in kleinen, scharf ausgebildeten, scheinbar prismatischen, farblosen Krystallen vom Schmp. 138—139° (140—141° corr.) erhalten.

0,1508 g Sbst.: 0,4307 g CO_2, 0,0683 g H_2O. — 0,0984 g Sbst.: 14,9 ccm N (19°, 753 mm). — 0,1088 g Sbst.: 16,8 ccm N (18,5°, 739 mm).

$C_{21}H_{16}N_4$. Ber. C 77,8, H 4,9, N 17,3.
Gef. ,, 77,9, ,, 5,0, ,, 17,5, 17,6.

Die Verbindung ist in Wasser und in verdünnten Säuren unlöslich. In heissem Alkohol ist sie ziemlich leicht, in kaltem aber recht schwer löslich.

113. Emil Fischer und Richard Blochmann: Ueber einige neue Indazolderivate.

Berichte der Deutschen Chemischen Gesellschaft **35**, 2315 [1902].

(Eingegangen am 21. Juni 1902.)

Wie vor einiger Zeit[1]) gezeigt wurde, lässt sich die o-Hydrazinobenzoësäure bezw. deren Anhydrid durch Behandlung mit Phosphoroxychlorid und nachfolgende Reduction in Indazol verwandeln. Dieselbe Methode ist anwendbar auf die Alkylderivate der Hydrazinsäure von der Formel $HOOC \cdot C_6H_4 \cdot NH \cdot NH \cdot R$, und diese lassen sich sehr leicht aus den Hydrazonen der o-Hydrazinobenzoësäure durch Reduction gewinnen. Wir haben die Reactionsfolge zunächst geprüft für die Benzylidenverbindung, $HOOC \cdot C_6H_4 \cdot NH \cdot N : CH \cdot C_6H_5$.

Sie wird durch Natriumamalgam fast quantitativ in die o-Benzylhydrazinobenzoësäure, $HOOC \cdot C_6H_4 \cdot NH \cdot NH \cdot CH_2 \cdot C_6H_5$, verwandelt.

Diese geht leicht in das Anhydrid,

$$C_6H_4\genfrac{}{}{0pt}{}{CO}{NH}\!\!\!\!>N \cdot CH_2 \cdot C_6H_5,$$

über. Beim Erhitzen mit Phosphoroxychlorid auf 120° entsteht aus Letzterem das Iz-2-Benzyl-3-Chlorindazol (I), welches durch Reduction mit Zink und Salzsäure in Iz-2-Benzyl-indazol (II), übergeht.

$$\text{I.}\ \ C_6H_4\genfrac{<}{>}{0pt}{}{C \cdot Cl}{N}N \cdot CH_2 \cdot C_6H_5, \qquad \text{II.}\ \ C_6H_4\genfrac{<}{>}{0pt}{}{CH}{N}N \cdot CH_2 \cdot C_6H_5.$$

Alle diese Vorgänge liefern nahezu die theoretische Ausbeute, und da die als Ausgangsmaterial dienenden Hydrazone in zahlreichen Combinationen herzustellen sind, so wird man voraussichtlich auf diesem Wege sehr verschiedene Indazolderivate bereiten können.

Benzyliden-o-Hydrazinobenzoësäure,
$HOOC \cdot C_6H_4 \cdot NH \cdot N : CH \cdot C_6H_5$.

Man löst das Hydrochlorat der o-Hydrazinobenzoësäure in 15—20 Theilen warmem Wasser, kühlt auf 50° ab und fügt dann unter kräftigem

---

[1]) E. Fischer und O. Seuffert, Berichte d. D. Chem. Gesellsch. **34**, 795 [1901], (S. *854*).

Umschütteln Benzaldehyd allmählich zu. Die Flüssigkeit trübt sich sofort ölig und scheidet nach einigen Augenblicken das Hydrazon als schwach gelblichen, nicht deutlich krystallinischen Niederschlag ab. Mit dem Zusatz des Benzaldehyds fährt man fort, bis eine filtrirte Probe, mit einem Tropfen des Aldehyds geschüttelt, keinen Niederschlag mehr liefert. War die Hydrazinobenzoësäure rein, so verbraucht man vom Aldehyd die theoretische Menge. Man kann aber ebenso gut für den Zweck ein durch Salzsäure und andere Stoffe verunreinigtes Rohmaterial benutzen. Die Reaction erfolgt also ebenso leicht wie quantitativ, und die Angabe von Wedekind und Stauwe[1]), dass die Hydrazinsäure in Folge des störenden Einflusses der o-Stellung nicht mit dem Aldehyd kuppele, beruht offenbar auf einem Versehen. Das ausgefällte Hydrazon wird abgesogen und mit kaltem Wasser gewaschen. Hat man einen Ueberschuss von Benzaldehyd angewandt, so lässt sich derselbe leicht durch Waschen mit wenig kaltem Aether oder noch besser mit Petroläther entfernen. Zur völligen Reinigung wird die Substanz in ziemlich viel warmem Aether gelöst, bis zur beginnenden Krystallisation abgedampft und nun stark gekühlt, wobei sich das Hydrazon in kleinen, schwefelgelben Nädelchen abscheidet. Für die Analyse wurde es im Vacuum getrocknet:

0,1043 g Sbst.: 0,2686 g CO_2, 0,0490 g H_2O. — 0,1111 g Sbst.: 11,1 ccm N (15°, 766 mm). — 0,1906 g Sbst.: 0,4912 g CO_2, 0,0883 g H_2O. — 0,1936 g Sbst.: 20,2 ccm N (18°, 753 mm).

$C_{14}H_{12}N_2O_2$. Ber. C 70,00,   H 5,00,   N 11,67.
Gef. ,, 70,23, 70,28, ,, 5,22, 5,14, ,, 11,87, 11,93.

Das Hydrazon beginnt im Capillarrohr gegen 219° zu sintern und schmilzt bei 223—224° (227—228° corr.).

Es reducirt die Fehling'sche Lösung nicht. In Alkohol und Essigäther löst es sich in der Kälte ziemlich schwer, in der Hitze erheblich leichter. Viel schwerer wird es von Benzol und Chloroform und nur in Spuren von Petroläther aufgenommen. In Wasser ist es so gut wie unlöslich. Dagegen löst es sich leicht in Ammoniak und verdünnten Alkalien. Durch concentrirte Natron- oder Kali-Lauge werden die entsprechenden Salze gefällt. Das Natriumsalz krystallisiert in feinen Nädelchen, das Kaliumsalz in feinen, rhombenähnlichen Täfelchen häufig mit abgestumpften Ecken.

β - Benzyl- o- Hydrazinobenzoësäure,
HOOC $\cdot C_6H_4 \cdot$ NH $\cdot$ NH $\cdot CH_2 \cdot C_6H_5$.

Das fein gepulverte Hydrazon wird mit der 20-fachen Menge kaltem Wasser übergossen und mit 2½-procentigem Natriumamalgam

---
[1]) Berichte d. D. Chem. Gesellsch. 31, 1752 [1898].

geschüttelt. Die Säure geht in dem Maasse, wie sich Alkali bildet, in Lösung, und das Amalgam wird ohne Entwickelung von Wasserstoff ziemlich rasch verbraucht. Die Reduction ist beendet, wenn die anfänglich gelbe Farbe der Lösung ganz verschwindet. Man braucht dafür etwa die 13-fache Menge Amalgam. Zum Schluss findet schwache Wasserstoffentwickelung statt. Beim Uebersättigen der abgekühlten Lösung mit verdünnter Salzsäure fällt der Hydrazokörper als farblose Masse aus. Er wird filtrirt und zur völligen Reinigung in warmem Alkohol gelöst und durch langsamen Zusatz von Wasser wieder abgeschieden. Er bildet dann feine Nädelchen, welche für die Analyse über Schwefelsäure getrocknet waren.

0,1911 g Sbst.: 0,4860 g CO_2, 0,1020 g H_2O. — 0,1949 g Sbst.: 20,2 ccm N (26°, 762 mm).

$C_{14}H_{14}N_2O_2$. Ber. C 69,42, H 5,78, N 11,57.
Gef. ,, 69,36, ,, 5,93, ,, 11,53.

Die Verbindung schmilzt bei 133° (134° corr.) unter Gasentwickelung. Sie ist in Wasser so gut wie unlöslich und wird auch von Aether, Essigäther und Benzol nur wenig gelöst. Leicht wird sie von Ammoniak und verdünnten Alkalien aufgenommen. Concentrirte Natron- und Kali-Lauge fällen dagegen die entsprechenden Salze zuerst als Oel, welches sich aber nach einiger Zeit in äusserst feine Nädelchen verwandelt. Die Verbindung reducirt als Hydrazokörper die Fehling'sche Lösung bei gelindem Erwärmen sehr stark.

Anhydrid der Benzyl-*o*-hydrazinobenzoësäure,

$C_6H_4\langle{}^{CO}_{NH}\rangle N \cdot CH_2 \cdot C_6H_5$.

Durch den Einfluß der Benzylgruppe wird die Anhydridbildung sehr befördert. So genügt es, die Säure in Alkohol zu lösen, mit Salzsäure zu sättigen und etwa 1 Stunde auf dem Wasserbade zu erhitzen, um die völlige Verwandlung herbeizuführen. Noch leichter erreicht man dasselbe Resultat mit warmem Eisessig. Man löst zu dem Zweck in der 5-fachen Menge warmem Eisessig und hält die Flüssigkeit 10—15 Minuten im Sieden, bis eine Probe nach Uebersättigung mit Alkali die Fehling'sche Flüssigkeit nicht mehr reducirt. Beim Eingiessen in Wasser scheidet sich dann das Anhydrid als schwach gelb gefärbte krystallinische Masse ab. Zur Reinigung wird es ebenfalls in warmem Alkohol gelöst und durch Zusatz von Wasser wieder abgeschieden. Es bildet fast farblose Nadeln mit einem schwachen Stich in's Gelbliche, welche bei 176° (180,5° corr.) schmelzen. Für die Analyse wurde ein zweimal umkrystallisirtes und bei 120° getrocknetes Präparat verwendet.

0,1823 g Sbst.: 0,5012 g CO_2, 0,0881 g H_2O. — 0,1881 g Sbst.: 20,5 ccm N (21°, 748 mm).

$C_{14}H_{12}N_2O$. Ber. C 75,00, H 5,36, N 12,50.
Gef. ,, 74,97, ,, 5,37, ,, 12,21.

Die Verbindung löst sich leicht in Alkohol und Eisessig und dann successive schwerer in Chloroform, Benzol, Aether und Petroläther.

Auch von verdünnten Alkalien wird sie leicht aufgenommen. Wie schon erwähnt, reducirt sie Fehling'sche Lösung nicht. Sie gleicht also durchaus dem Anhydrid der o-Hydrazino-benzoësäure selbst.

Iz-2-Benzyl-3-Chlor-Indazol, $C_6H_4 \langle \overset{C \cdot Cl}{\underset{N}{|}} \rangle N \cdot CH_2 \cdot C_6H_5$.

Die vorhergehende Verbindung wird mit der 7-fachen Menge Phosphoroxychlorid im geschlossenen Rohr 4 Stunden auf 120—125° erhitzt, dann das überschüssige Phosphoroxychlorid unter stark vermindertem Druck abdestillirt und der Rückstand erst mit Wasser und schliesslich mit überschüssigem Alkali behandelt. Das übrig bleibende Oel wird ausgeäthert, die ätherische Lösung mit Natriumsulfat getrocknet und der Aether verdampft. Das rohe Indazolderivat bleibt als braunes Oel zurück, welches nach einiger Zeit erstarrt. Zur völligen Reinigung wird es am besten im Vacuum destillirt. Bei einem Druck von 0,25 mm destillirt es aus einem Bade von 160° rasch und ohne jede Zersetzung als farbloses Oel, welches in der Vorlage sehr bald erstarrt. Ein in den Dampf eintauchendes Thermometer zeigte 132—134°. Dieser Siedepunkt kann aber nur als approximativ gelten, da die angewandte Menge relativ klein war. Das destillirte Präparat lässt sich aus wenig Petroläther leicht umkrystallisiren. Man löst zu dem Zweck in der Wärme und kühlt dann auf —20° ab; dabei fällt die Substanz in kleinen, farblosen Prismen, die sich durch rasche Filtration von der Mutterlauge leicht befreien lassen. Zur Analyse wurde das Präparat im Vacuumexsiccator getrocknet.

0,1730 g Sbst.: 0,4365 g CO_2, 0,0722 g H_2O. — 0,2041 g Sbst.: 0,1196 g AgCl. — 0,1953 g Sbst.: 0,4954 g CO_2, 0,0812 g H_2O.

$C_{14}H_{11}N_2Cl$. Ber. C 69,28,   H 4,53,   Cl 14,64.
Gef. ,, 68,81, 69,18, ,, 4,64, 4,62, ,, 14,49.

Die Verbindung schmilzt bei 47,5° (corr.). Sie ist in Wasser so gut wie unlöslich, dagegen in den übrigen gebräuchlichen Solventien sehr leicht löslich.

Iz-2-Benzyl-Indazol, $C_6H_4 \langle \overset{CH}{\underset{N}{|}} \rangle N \cdot CH_2 \cdot C_6H_5$.

Für die Reduction werden 6 g Chlorverbindung, welche nicht durch Destillation gereinigt zu sein braucht, in der 20-fachen Menge rauchender Salzsäure (spec. Gewicht 1,19) gelöst, dann allmählich unter häufigem Umschütteln 5 g Zinkstaub eingetragen und schliesslich bis zum Sieden erwärmt. Da durch die Verdünnung der Salzsäure eine ölige Ausscheidung stattfindet, so fügt man allmählich mehr Säure (etwa die Hälfte der ursprünglichen Menge) und noch weitere 6 g Zinkstaub zu. Da die letzten Reste des Chlors schwer abgelöst werden, so wird zum Schluss noch etwas granulirtes Zink und, wenn nöthig, noch Salzsäure zugefügt, um das Oel wieder in Lösung zu bringen und dann ungefähr 2 Stunden am Rückflusskühler gekocht, bis eine Probe der Flüssigkeit nach dem Uebersättigen mit Alkali an Aether ein Oel abgiebt, das kein Chlor mehr enthält. Jetzt wird die gesammte Flüssigkeit mit Wasser verdünnt, wobei schon ein Theil des Indazols als Oel ausfällt, dann mit Alkali übersättigt und ausgeäthert. Beim Verdampfen des Aethers bleibt ein schwach braun gefärbtes Oel zurück, welches bald krystallinisch erstarrt. Die Reinigung gelingt am raschesten durch Destillation unter sehr stark vermindertem Druck. Löst man das fast farblose Destillat in etwa 15 Theilen heissem Ligroïn (Sdp. 90—100°), so scheiden sich beim Erkalten farblose, meist zu Drusen verwachsene Prismen ab. Ist die Lösung verdünnter, so bilden sich leicht mehrere Centimeter grosse, schief abgeschnittene Prismen mit gut ausgebildeten Flächen.

Zur Analyse wurde das Präparat im Vacuum über Schwefelsäure getrocknet:

0,1833 g Sbst.: 0,5429 g CO_2, 0,0989 g H_2O. — 0,2051 g Sbst.: 23,6 ccm N (18°, 760,5 mm).

$C_{14}H_{12}N_2$. Ber. C 80,77, H 5,77, N 13,46.
Gef. ,, 80,77, ,, 5,99, ,, 13,29.

Das Benzylindazol schmilzt bei 73° (corr.). Es ist in Wasser sehr schwer und in den anderen gebräuchlichen Solventien mit Ausnahme des Ligroïns sehr leicht löslich. Als schwache Base löst es sich in starken Mineralsäuren, wird aber schon durch Wasser theilweise gefällt. Bringt man es mit Pikrinsäure in Benzollösung zusammen, so scheidet sich das Pikrat in kleinen, stark gelben Prismen ab, die bei 167° (corr.) schmelzen.

114. Emil Fischer und Carl Kaas: Einwirkung von Hippurylchlorid auf α-Methyl-indol.

Berichte der Deutschen Chemischen Gesellschaft **39**, 1276 [1906].

(Eingegangen am 29. März 1906.)

In dem α-Methylindol ist der in der β-Stellung befindliche Wasserstoff des Indolrings leicht substituirbar, denn hier greifen Aldehyde und auch Säurechloride begierig ein. Es war deshalb zu erwarten, dass auch das reactionsfähige Hippurylchlorid mit diesem Indol zu einem Producte zusammentreten würde, welches die Hippurylgruppe an Kohlenstoff gebunden enthält. Der Versuch hat diese Voraussetzung bestätigt; aber es bedarf besonderer Bedingungen, um die erwartete Verbindung in grösserer Menge zu gewinnen.

Das Chlorid und das Methylindol reagiren schon bei verhältnissmässig niedriger Temperatur unter Entwickelung von Salzsäure. Erhitzt man nämlich Hippurylchlorid und Methylindol für sich auf dem Wasserbade, so schmilzt die Masse und färbt sich rasch dunkelroth, während gleichzeitig Salzsäure entweicht. Aus dieser Masse ist aber nur mit Mühe eine kleine Menge des Hippuryl-α-methylindols zu isoliren. Der schädliche Factor bei dem Process wurde in der freien Salzsäure erkannt. Verhindert man deren Bildung durch Zusatz einer Base, z. B. von Magnesiumoxyd, so verläuft die Reaction sehr viel glatter, besonders wenn man Benzol als Lösungsmittel zusetzt, und man erhält dann in ziemlich befriedigender Ausbeute ein Product, von der Zusammensetzung des **Hippuryl-α-methylindols**.

Durch Erhitzen mit Salzsäure und Eisessig lässt sich aus dieser Verbindung Benzoësäure abspalten, und gleichzeitig bildet sich eine Base von der empirischen Formel $C_{11}H_{12}N_2O$, die nach ihrem Verhalten in die Klasse der Keto-Aminobasen gehört. Wir halten es für wahrscheinlich, dass sie folgende Structur besitzt:

$$C_6H_4 \diamondsuit \begin{array}{c} C \cdot CO \cdot CH_2 \cdot NH_2 \\ C \cdot CH_3 \\ NH \end{array}$$

und dementsprechend als α-Methyl-β-aminoaceto-indol zu bezeichnen wäre. Wir bemerken aber ausdrücklich, dass der Beweis für die Stellung der Glycylgruppe noch fehlt, und um dies anzudeuten, wollen wir der Verbindung den weniger anspruchsvollen Namen Glycyl-α-methylindol geben.

Die Einführung des „Glycyls" mittels des Hippurylchlorids scheint uns besonders für die Fälle, wo der längst bekannte Weg über die Chloracetylverbindung nicht gangbar ist, der Prüfung werth zu sein.

Hippuryl-α-methylindol, $C_6H_5 \cdot CO \cdot NHCH_2CO \cdot C_9H_8N$.

25 g α-Methylindol, 17 g gepulvertes Hippurylchlorid und 35 g Magnesiumoxyd werden in einer Reibschale innig gemischt, dann in einem Einschmelzrohr mit 30 ccm reinem trocknem Benzol und einigen Glaskugeln zusammengebracht und diese Mischung 24 Stunden in einem Schüttelbade auf 60—70° erwärmt. Der Rohrinhalt bildet jetzt eine gelbroth gefärbte, dicke Masse. Nach dem Abfiltriren des Benzols wird der Rückstand mit Aether extrahirt, um das überschüssige Methylindol und andere gefärbte Producte zu entfernen. Dann verreibt man mit kalter, sehr verdünnter Salzsäure, filtrirt und wäscht bis zur Entfernung der Magnesia mit Wasser. Hierbei bleibt das Hippurylmethylindol als wenig gefärbte Masse zurück. Die Ausbeute an diesem Rohproduct beträgt etwa 70 pCt. der Theorie. Es wird zur Reinigung einmal aus heissem Eisessig umkrystallisirt; dabei nimmt es allerdings eine röthliche Färbung an, und es bleibt auch eine erhebliche Menge in der Mutterlauge. Will man ein ganz farbloses Product gewinnen, so krystallisirt man nochmals aus heissem Alkohol, wovon aber recht viel zur Lösung nöthig ist.

0,1071 g Sbst. (bei 105° getrocknet): 0,292 g CO_2, 0,0519 g H_2O. — 0,0956 g Sbst.: 7,8 ccm N (19°, 745 mm).

$C_{18}H_{16}N_2O_2$. Ber. C 73,97, H 5,48, N 9,59.
Gef. „ 74,36, „ 5,42, „ 9,22.

Im Capillarrohr rasch erhitzt, fängt die Substanz gegen 250° an, sich dunkel zu färben, und schmilzt dann gegen 269° (corr.) unter starker Zersetzung. Sie ist in Wasser unlöslich und wird auch von Aether, Essigester und Chloroform kaum aufgenommen. Selbst in Benzol und Toluol ist sie noch sehr schwer löslich, und auch von siedendem Alkohol braucht man recht erhebliche Mengen. Das beste Lösungsmittel ist Eisessig, von dem bei 100° ungefähr 30 Th. erforderlich sind. Sie krystallisirt daraus beim Erkalten in feinen, meist zu kugelartigen Aggregaten vereinigten Nädelchen. Aus heissem Alkohol fällt sie beim Abkühlen als sehr lockere, seidenglänzende Masse aus, die aus mikroskopisch feinen Nädelchen besteht.

Glycyl-α-methylindol, $NH_2CH_2CO \cdot C_9H_8N$.

5 g der Hippurylverbindung werden mit 75 g Eisessig, der bei 0° mit gasförmiger Salzsäure gesättigt ist, übergossen, wobei klare Lösung erfolgt. Diese Flüssigkeit wird dann im verschlossenen Rohr 2 Stunden auf 100° erhitzt, wobei sie eine dunkelbraune Farbe mit bläulicher Fluorescenz annimmt. Sie wird bei 15—20 mm Druck grösstentheils verdampft. Der Rückstand ist eine dunkelbraune, in der Kälte theilweise krystallisirende Masse. Man saugt die Krystalle ab und wäscht sie mit wenig kaltem Eisessig, wobei sie gelb werden.

Dieses Product ist ein Gemisch von salzsaurem Glycyl-methylindol und einem gelben, complicirten Körper, der, aus heissem Eisessig oder Alkohol umkrystallisirt, bei 190° (uncorr.) schmilzt, und dessen Zusammensetzung wir nicht festgestellt haben. Man laugt das Gemisch mit warmem Wasser aus und übersättigt das Filtrat nach dem Abkühlen mit Ammoniak; dabei fällt das Glycyl-methylindol in weissen Flocken aus, die aus mikroskopisch kleinen Nädelchen bestehen. Will man auf das gelbe Nebenproduct verzichten, so laugt man den beim Verdampfen des Eisessigs bleibenden Rückstand direct mit heissem Wasser aus, klärt mit Thierkohle und fällt das Filtrat mit Ammoniak. Das Glycyl-methylindol ist anfangs ganz farblos, färbt sich aber in Berührung mit der Luft, solange es feucht ist, rasch röthlich. Es wird abgesaugt, mit kaltem Wasser gewaschen und dann aus warmem Wasser umkrystallisirt. Im reinen Zustande ist es ganz farblos. Die Ausbeute beträgt 30—40 pCt. der Theorie.

0,1200 g Sbst. (im Vacuum über Schwefelsäure getrocknet): 0,3089 g CO_2, 0,0688 g H_2O. — 0,1118 g Sbst.: 14,8 ccm N (18°, 758 mm).

$C_{11}H_{12}N_2O$. Ber. C 70,21, H 6,38, N 14,90.
Gef. ,, 70,20, ,, 6,36, ,, 15,13.

Das analysirte Präparat schmolz beim raschen Erhitzen unter Zersetzung gegen 176° (corr.). In verdünnten, wässrigen Säuren, einschliesslich der Essigsäure, ist die Base leicht löslich. Im feuchten Zustande, besonders in Gegenwart von Ammoniak färbt sie sich an der Luft rasch roth und nimmt den Geruch von α-Methylindol an. Sie löst sich ziemlich leicht in warmem Wasser, ist aber schwer löslich in heissem Benzol und Toluol. Aus ersterem krystallisirt sie in farblosen, farrenkrautartig verzweigten Formen. Sie ist sehr empfindlich gegen Oxydationsmittel. Erwärmt man z. B. ihre wässrige Lösung mit Fehling'scher Flüssigkeit, so entsteht ein tief-dunkelblauer Niederschlag, aus dem man durch Lösen in Salzsäure und Fällen mit Natronlauge leicht Kupferoxydul isoliren kann.

115. Emil Fischer: Zur Geschichte der Diazohydrazide.

Berichte der Deutschen Chemischen Gesellschaft **43**, 3500 [1910].

(Eingegangen am 18. November 1910.)

Im Anschluß an die im vorletzten Heft dieser Berichte (**43**, 2904 [1910]) enthaltene Abhandlung der HHrn. O. Dimroth und G. de Montmollin „Zur Kenntnis der Diazohydrazide" halte ich es für angezeigt, darauf aufmerksam zu machen, daß der erste Vertreter dieser Klasse in völlige Vergessenheit geraten zu scheint. Es ist das Diazobenzoläthylhydrazid[1]), welches ich 1879, also 14 Jahre vor der Entdeckung des sog. Hippurylphenylbuzylens (Diazobenzol-hippurylhydrazids) durch Th. Curtius[2]) beschrieben habe.

Die Verbindung entsteht außerordentlich leicht aus Benzoldiazoniumchlorid und Äthylhydrazin in wäßriger Lösung und gleicht dem schon vorher von Baeyer und Jäger[3]) unter denselben Bedingungen mit Äthylamin erhaltenen Diazobenzol-äthylamid. Allerdings war es nicht möglich, die ölige und ziemlich zersetzliche Substanz in genügender Reinheit für die Analyse darzustellen. Aber ich habe sie durch mehrere Reaktionen unzweideutig als eine Verbindung von Diazobenzol mit der Hydrazinbase kennzeichnen können. Sie wird beim Erwärmen mit verdünnten Säuren in Stickstoff, Phenol und Äthylhydrazin gespalten. Beim Behandeln mit überschüssigem Brom liefert sie Diazobenzolperbromid, und durch Reduktion mit Zinkstaub und Essigsäure in alkoholischer Lösung wird sie in Phenylhydrazin und Äthylhydrazin gespalten. Ich habe deshalb kein Bedenken getragen, ihr die Formel $C_6H_5 \cdot N : N \cdot H_2N_2 \cdot C_2H_5$ zu geben.

Wie man sieht, ist darin die Frage offen gelassen, ob die Diazogruppe mit dem α- oder β-Stickstoffatom des Äthylhydrazins verkuppelt ist, so daß die Wahl zwischen den beiden Formeln:

$$C_6H_5 \cdot N = N - NH - NH \cdot C_2H_5$$
$$C_6H_5 \cdot N = N - N(C_2H_5) - NH_2$$

---

[1]) Liebigs Ann. d. Chem. **199**, 306 [1879]. (*S. 303.*)
[2]) Berichte d. D. Chem. Gesellsch. **26**, 1263 [1893].
[3]) Berichte d. D. Chem. Gesellsch. **8**, 148 [1875].

unentschieden blieb. Diese Vorsicht war durchaus gerechtfertigt, denn A. Wohl hat für das von ihm später entdeckte analoge Diazobenzolphenylhydrazid[1]) die a priori unwahrscheinlichere Formel:

$$C_6H_5 \cdot N = N - N(C_6H_5) - NH_2$$

als richtig erkannt.

Jedenfalls bilden das Diazobenzol-äthylhydrazid, für das ich ursprünglich den noch etwas kürzeren Namen Diazobenzol-äthylazid wählte, und die schon vorher von mir durch Oxydation der sekundären Hydrazine erhaltenen Tetrazone die ältesten Beispiele für die Existenzfähigkeit einer aus 4 Atomen bestehenden Stickstoffkette.

Das erstere ist leider nicht in die Sammelwerke aufgenommen worden. Es wird meines Wissens nur in dem vortrefflichen Lehrbuch von V. Meyer - Jacobson an richtiger Stelle (Band II, Teil I, S. 349) erwähnt. Meine Erwartung, daß es dadurch der Vergessenheit entrissen werden würde, hat sich aber nicht erfüllt, und darum habe ich es jetzt für nötig gehalten, auf seine Existenz hinzuweisen.

---

[1]) Berichte d. D. Chem. Gesellsch. **26**, 1587 [1893]; **33**, 2741 [1900].

Sachregister.

Die Para-, Ortho- und Metaverbindungen sind systematisch mit *p*-, *o*- und *m*-Verbindung abgekürzt, auch wo im Text der älteren Abhandlungen die betreffenden Worte noch ausgeschrieben sind.

Acetaldehyd-*p*-Bromphenylhydrazon 705.
Acetaldehyd-*p*-Jodphenylhydrazon 708.
Acetaldehyd und Phenylhydrazin 170, 465.
Acetaldehydphenylhydrazon 850.
Acetaldehydphenylhydrazon, *a*- und *β*-Verbindung 841, 844.
Acetdimethylphenylhydrazin 644.
Acetmethylphenylhydrazin 644.
Acetol, Osazon des 698.
Aceton-*p*-Bromphenylhydrazon 705.
Aceton-*p*-Jodphenylhydrazon 708.
Aceton-*a*-Naphthylhydrazin 532.
Aceton-*β*-Naphthylhydrazin 584.
Aceton-*p*-Tolylhydrazin 627.
Acetondinitrophenylhydrazon 767.
Acetonhydrazinbenzoesäure 578.
Acetonhydrazinbenzolsulfosäure 619.
Acetonmethylphenylhydrazin 568.
Acetonphenylhydrazin 428, 679.
Acetontribromphenylhydrazon 707.
Acetonylacetonmethylphenyldihydrazon 742.
Acetophenon und Phenylhydrazin 467.
Acetophenondimethylhydrazin 429.
Acetophenonhydrazonodiphenyl 836.
Acetophenonmethylphenylhydrazin 570.
Acetophenonphenylhydrazin 429.
Acetyl-*β*-Naphthylhydrazin 743.
Acetyl-Phenylhydrazin 172.
Acetylacetonmethylphenylhydrazon 741.
Acetylcampherylphenylhydrazin 809.
Acetylhydrazinodiphenyl 836.
Acetylmethylketol 670.
Acetylphenylcarbazinsäureester 805.

Acetylphenylhydrazin 827.
Acetylverbindung des Dibromphenylhydrazins 822, 824.
Acroleïn und Phenylhydrazin 603.
Äpfelsäurediphenylhydrazid 592.
Aethyl-Chinazol 424.
Aethyl-Chinazol-Carbonsäure 424.
Aethyl-Hydrazinhydrozimmtsäure 433.
Aethyl-*o*-Hydrazinhydrozimmtsäure, salzsaure 388, 434.
Aethyl-*o*-Hydrazinhydrozimmtsäure und Aethylhydrocarbazostyril 386, 388.
Aethyl-Hydrocarbostyril 431, 433.
Iz-2-Aethyl-Iz-3-Methylindazol 488.
Aethyl-*p*-Tolindol 520.
Aethyl-*p*-Tolindolcarbonsäure 520.
Aethyl-*p*-Tolylhydrazinbrenztraubensäure 520.
Aethylamidohydrocarbostyril 380.
Aethylchinazol 383, 385, 386, 476, 479.
Aethylchinazolcarbonsäure 381, 385, 479.
Aethylderivate der Amidozimmtsäure. 367. — des Phenylhydrazins 203, 316.
Aethyldimethyldihydrochinolin 651.
Aethylhydrazin 163. — aus Aethylphenylharnstoff 289. — Bildung aus Diäthylharnstoff 287. — Darstellung und Eigenschaften 290, 292. — und Diazobenzol 303. — Säureamide des 297. — und salpetrige Säure 302. — Sulfosäuren von 299.
Aethylhydrazinderivate 294.
Aethylhydrazinhydrozimmtsäure 365.
Aethylhydrazinsulfonsaures Kalium 299.
Aethylhydrazinzimmtsäure 496.

Aethylhydrocarbazostyril 387, 388.
Aethyliden-β-Naphtylhydrazin 585.
Aethylidenmethylketol 669.
Aethylidenphenylhydrazin 252, 679.
Aethylindazol 483.
Iz-2-Aethylindazol 483.
Aethylindol 455, 460, 543.
Aethylindolcarbonsäure 460, 480, 549.
Aethylisindazolessigsäure 496.
Aethylmethyldihydrochinolin 657, 659.
Aethylmethylindazol 488, 498.
Pr. 1^n-2-Aethylmethylindol 651, 658.
Aethylmethylisindazol 479.
Aethylmethylketol 648, 658.
Aethylphenylharnstoff, Aethylhydrazin-Gewinnung aus 289.
Aethylphenylhydrazin 161, 316.
Aethylphenylhydrazinglyoxal 513.
Aethylphenylhydrazinglyoxylsäure 511.
Aethylphenylhydrazinphenylglyoxylsäure 506, 508.
Aethylphenylnitrososemicarbazid 236.
Aethylphenylsemicarbazid 170, 234, 295.
Aethylphenylsemicarbazid, Nitrosoderivat des 171.
Aethylphenylsulfosemicarbazid 296.
Aethylpikrazid 298.
Aethylpseudo-p-Tolisatin 521.
Aethylpseudoisatin, Aethylindolcarbonsäure-Verwandlung in 461.
Aethylsemicarbazid 295.
Aldehyde, Einwirkung auf Indole 597.
Aldehyde und Phenylhydrazin 170, 251.
— Phenylhydrazin als Reagens auf 463.
Alkylhaloide-Einwirkung auf Dimethylhydrazin 340.
Alkyljodür und Methylphenylhydrazin 267.
Allylbromid und Phenylhydrazin 603.
Allylphenylhydrazin 609.
Amido-Pr-2-Phenylindol 686.
o-Amidoacetophenon 408, 412, 477.
m-Amidobenzylidenmethylketol 668.
Amidohydrocarbostyril 379.
Amidomethylketol 676.
Amidozimmtsäure und ihre Aethylderivate 367.
o-Amidozimmtsäure 368.
Anhydrid der Hydrazinbenzoesäure 435.
— der Orthohydrazinzimmtsäure 326.

Anhydrid der Phenylhydrazinlävulinsäure 564. — der Phenylhydrazonlävulinsäure 758.
Anisaldehyd und Phenylhydrazin 466.
Anisaldehyd-Phenylhydrazon 711.
Arabinosehydrazonodiphenyl 837.
Aurin 46. — Entstehung 95. — Konstitutionsformel von 94.
Azid statt Amid 166.
Azophenyläthyl 318, 841, 842.
Azophenylallyl 610.

Base $C_{22}H_{17}N_3$ 789.
Benzaldehydphenylhydrazon 852.
Benzalverbindung des Pr 2-α-Naphtylindols 813. — des Pr 2-Thiënylindol 812.
Benzilmethylphenylhydrazon 736.
Benzilmethylphenylosazon 737.
Benzilmonophenylhydrazin 594.
Benzilphenylhydrazin 524.
Benzoïnphenylhydrazin 523.
Benzophenon 145. — und Phenylhydrazin 468.
Benzophenonphenylhydrazin 523.
Benzoylacetonmethylphenylhydrazon 738.
Benzoylcarbinol, Osazon des 698.
Benzoylcarbinolphenylhydrazon 696.
Benzoylmethylketol 134.
Iz-2-Benzyl-3-Chlor-Indazol 862.
Benzyl-o-Hydrazinobenzoësäure-Anhydrid 861.
β-Benzyl-o-Hydrazinobenzoesäure 860.
Iz-2-Benzyl-Indazol 862.
Benzyliden-o-Hydrazinobenzoesäure 859.
Benzyliden-Pr-2-Phenylindol 686.
Benzylidenaceton und Phenylhydrazin 467.
Benzylidendiindazol 857.
Benzylidendiphenylhydrazin 282.
Benzylidendiskatol 637.
Benzylidenhydrazinbenzoesäure 582.
Benzylidenhydrazinbenzolsulfosäure 620.
Benzylidenhydrazinodiphenyl 836.
Benzylidenmethylindol 670.
Benzylidenmethylketol 666.
Benzylidenmethylphenylhydrazin 510.
Benzylidenphenylhydrazin 251, 679.

Benzylidenpiperylhydrazin 393.
Benzylidenverbindung des Dibromphenylhydrazins 823.
Benzylindol 514, 516.
Benzylindolcarbonsäure 515, 549.
Benzylphenylhydrazin 515.
Benzylphenylhydrazinbrenztraubensäure 515.
Pr 2, 3-Benzylphenylindol aus Dibenzylketon 717.
Benzylphenylnitrosamin 514.
Benzylpseudisatin 517.
Bis-Phenyl-Aethyltriazol und Bis-phenylpropyltriazol 833.
Bis-Phenyl-Methyltriazol 833.
Bis-Phenyl-Propyltriazol 833.
Bittermandelöl, Methylindol und Methylketol 637.
Bittermandelöl-Phenylhydrazin 465.
Bittermandelölgrün 103, 107. — Reduktion des 108.
Brenztraubensäure und Methylphenylhydrazin 454. — und Phenylhydrazin 469.
Brom-o-Diazotoluolperbromid 828.
Brom-a-Naphtylamin 831.
p-Brom-o-Toluidin 828.
Brom-p-Toluoldiazoimid 829.
p-Brom-o-Toluoldiazoimid 828.
Brom-p-Toluoldiazoperbromid 829.
Brom-p-Tolylhydrazin 829.
p-Brom-o-Tolylhydrazin 828.
Bromacetophenon, Einwirkung auf Phenylhydrazin 527.
Bromäthoxyphenylpyrazolin 606.
Bromaethyl und Phenylhydrazin 162, 230.
Bromäthylisindazolcarbonsäure 480.
Bromäthylisindazolessigsäure-Oxydation 499.
p-Bromanilin 444.
Bromderivat des Methylketols 815.
— des Pr 2-a-Naphtylindols 815.
— des Pr 2-Phenylindols 813. — des Pr 2-Thiënylindols 814.
p-Bromdiazobenzol 445.
Bromnaphtalindiazoimid 830.
Bromoxyphenylpyrazol 607.
p-Bromphenylhydrazin 448, 449, 705. 826. — salzsaures 450.
p · Bromphenylhydrazinsulfat 450.

p-Bromphenylhydrazinsulfonsäure 448.
Bromphenylsulfocarbizin 358.
Butyr-Aldehyd und Phenylhydrazin 465.

Campherylparatolylhydrazin 809.
Campherylphenylhydrazin 807.
Campherylphenylhydrazin-Derivate 807.
Carbazid 166.
Chinazole 422, 479.
Chinazolverbindungen 380, 385.
Chinolinderivate-Verwandlung aus Methylketol 601.
Chloral und Phenylhydrazin 430.
p · Chloranilin-Darstellung 451.
Chlorhydrat, p · Chlorphenylhydrazin-453.
Chlorindazol 855.
Chlorkohlensäureäther und Phenylhydrazin 778.
Chlorkohlensäureester, Phenylhydrazin-Einwirkung auf 803.
p · Chlornitrobenzol 451.
p · Chlorphenylhydrazin 452, 705.
p · Chlorphenylhydrazinsulfonsaures Natrium 452.
Cuminol und Phenylhydrazin 466.
Cuminol-Phenylhydrazon 709.
Cyangas und Phenylhydrazin 182, 254.
Cyanphenylhydrazin 833.
Cyanwasserstoff und Phenylhydrazin 776.

Derivate, Aethyl-, des Phenylhydrazins 316. — des Aethylhydrazins 294.
— des Campherylphenylhydrazins 808. — des Diphenylhydrazins und Methylphenylhydrazins 791. — des Pr 1ⁿ-Methylindols 719.— des Methylketols 639. — des Methylphenylhydrazins 643. — Nomenclatur (A. Baeyer) 483. — des Pr 3-Phenylindols 752.
Diacetylfluorescëin 7.
Diacetylphtaleïn-Orcin 20.
Diäthyl-o-Amidozimmtsäure 369, 423.
Diäthyldiphenyltetrazon 317.
Diäthylharnstoff, Aethylhydrazinbildung aus 287.

Diäthylhydrazin 191, 306. — Darstellung 197, 304. — Harnstoffderivate des 307. — Oxydation 199, 311. — und salpetrige Säure 202, 308.
Diäthylhydrazinharnstoff 195.
Diäthylphenylazoniumbromid 472.
Diäthylphenyltetrazon 204.
Diäthylsemicarbazid 288.
Diazo-p-Brombenzolamidobenzol 445.
Diazoäthan, Sulfonsäuren von 299.
Diazoäthansulfonsaure Salze 300.
Diazoamidobenzol 164.
Diazoamidoverbindungen, Hydrazin-Bildung aus 212.
Diazobenzol und Aethylhydrazin 303.
Diazobenzol-Amido-p-Brombenzol 447.
Diazobenzol und Methylphenylhydrazin 270. — und Phenylhydrazin 184, 224. — Verhalten gegen Benzoylchlorid 148.
Diazobenzoläthylazid 303.
Diazobenzoläthylhydrazid 867.
Diazobenzoldiäthylamid 164.
Diazobenzolimid 223.
Diazobenzolsaures Kali 210.
Diazohydrazide, Geschichte der 867.
Diazohydrocyanpararosanilin 77.
Diazohydrocyanrosanilin 80.
Diazokörper-Einwirkung auf Indole 599. —, Hydrazin-Umwandlung in 226.
Diazoleucanilinchlorid 36.
Diazoparabrombenzol, sulfonsaures 447.
Diazoparabrombenzol-Amidobenzol-Reduktion 446.
Diazoparabrombenzolimid 451.
Diazoparaleukanilin 73, 81.
Diazopararosanilin 72.
o-Diazophenolsulfonsäure 401.
p-Diazophenolsulfonsäure 402.
Diazorosanilin 80.
Diazosulfobenzolsäure 211.
Diazotoluolimid 173.
Diazoverbindung, Hydrocyanrosanilin-, Zersetzungsprodukte von 53.
Diazoverbindungen, Konstitution der 228
o-Diazozimmtsäure 372.
Dibenzoat, Phenylhydrazin- 247.
Dibenzoyl-β-Naphtylhydrazin 744.
Dibenzoylderivat des Phenylhydrazins 148.

Dibenzoylfluorescëin 8.
Dibenzoylmethylhydrazin 734.
Dibenzoylphenylhydrazin 149, 247.
Dibenzoyltolylhydrazin 150.
Dibenzylketon, Pr 2, 3-Benzylphenylindol aus 717.
Dibenzylketon und Methylbenzylketon 716.
Dibromäthylchinazolcarbonsäure 383.
Dibrombrenztraubensäure und Hydrazine 699.
Dibrombrenztraubensäure und β-Naphtylhydrazin 702.
Dibrombrenztraubensäure und o-Toluylendiamin 703.
Dibromindazol 482.
Dibrommethyloxindol 719, 720. — Reduktion 722.
Dibromorthonitroacetophenon 413.
Dibromphenylhydrazin 706.
m-Dibromphenylhydrazin 823.
o-Dibromphenylhydrazin 821.
Dibromphenylpyrazolin 605.
Dichlormethyloxindol 720.
Dichlororthonitroacetophenon 414.
Dichlorphtalëin-Phenol-Anhydrid 12. — Reduktion von 14.
Dicyanphenylhydrazin 255.
Dihydroäthyldimethylchinolin 647.
m-Dijodphenylhydrazin 708.
Dimethyl-Diphenyltetrazon 314.
Dimethyl-Hydrazin 330, 334.
Prl, 2, 3-Dimethyl-Indolcarbonsäure 571.
Pr 2-3-Dimethyl-β-Naphtindol 650, 664.
Dimethyl-Nitrosamin 331, 332.
Dimethylamin 333.
Dimethylbenzylhydrazin 342.
Dimethylcarbazinsäure 345.
β γ-Dimethylchinolin 784.
α γ-Dimethylchinolin-Reduktion 784.
Dimethyldihydro-β-Naphtochinolin 660.
Dimethyldihydrochinon 652, 779.
Dimethyldiphenylsulfocarbazid 796.
Dimethyldiphenyltetrazon 277.
Dimethylhydrazin 191.
Dimethylhydrazin, Alkylhaloide-Einwirkung auf 340.
Dimethylhydrazinsulfonsaures Kali 344.
Dimethylindazol 489.
Iz-1, 3-Dimethylindazol 498.

Sachregister.

Iz-2, 3-Dimethylindazol 489.
Dimethylindol 536, 537, 543.
B 3, *Pr* 2-Dimethylindol 627.
Pr 2, 3-Dimethylindol 552, 650, 779.
Prl^n, 2-Dimethylindol 546, 569.
Prl^n, 3-Dimethylindol 576.
Dimethylindolcarbonsäure 540, 549.
Dimethylindolcarbonsäureester aus Methylphenylhydrazinacetessigester 545.
Dimethylindolessigsäure 540, 549.
Prl^n, 2, 3-Dimethylindolessigsäure 573.
Dimethylphenylsemicarbazid 338.
Dimethylsulfocarbazinsäure 339.
Dimethyltetrahydrochinolin 649, 779.
Dimethyltetrahydrochinon 654.
Dinitrocampherylphenylhydrazin 808.
Diphendimethylindol 615.
Diphenmonomethylindol 617.
Diphenylacetaldehyd-Phenylhydrazon 710.
Diphenylcarbazid 801.
Diphenylcarbazid-Verwandlung in Diphenylcarbazon 800.
Diphenylcarbazon 801.
Diphenyldihydrazin 173, 175.
Diphenyldihydrazinsulfonsäure 173.
Diphenyldisemicarbazid 613.
Diphenylendiacetonhydrazin 614.
Diphenylendihydrazin 611.
Diphenylendihydrazinbrenztraubensäure 614.
Diphenylendinitrosohydrazin 614.
Diphenylhydrazin 279.
Diphenylhydrazin-Derivate 791.
Diphenylindol 537.
Pr 1^n, 2-Diphenylindol 623.
Pr 2, 3-Diphenylindol 556.
Diphenylmethylpyrazol 736.
Diphenylsulfocarbazid 240, 351.
Diphenylsulfocarbazinsäure 795.
Diphenylsulfocarbazon 348.
Diphenylsulfosemicarbazid 243.
Diphenylurazin 806.
Dipiperylsulfosemicarbazid 396.

Farbstoff-Derivate der Rosaniline 89.
Fluorescëin 3. — Phosphorpentachlorid-Einwirkung auf 11. — und Phtaleïn-Orcin 1. — Schwefelsäure-Einwirkung auf 9. — Strukturformel von 5.

Fluorescëin, Verhalten gegen verschiedene Reagentien 6. — Zersetzung durch Kali 17.
Fuchsin-Konstitution 136.
Furfurol und Phenylhydrazin 182, 465.
Furfuroldiphenylhydrazon 794.

Galaktosediphenylhydrazon 793.
Galaktosehydrazonodiphenyl 837.
Glucosediphenylhydrazon 792.
Glucosehydrazonodiphenyl 837.
Glycyl-*a*-Methylindol 865, 866.
Glyoxal und Phenylhydrazin 466, 467.
Glyoxalcarbonsäure 699.
Glyoxaldiphenylhydrazin 524.
Glyoxalmethylphenylosazon 738.
Glyoxal(phenyl)hydrazon 680.
Glyoxal(phenyl)osazon 680.
Glyoxylsäure und Phenylhydrazin 468.

Halogenalkyle und Piperylhydrazin 397.
Halogenderivate des *o*-Nitroacetophenons 413.
Harnstoff, Aethylphenyl-, Aethylhydrazin aus 289. — Diaethyl-, Aethylhydrazinbildung aus 287. — Nitrosoäthylphenyl- 289.
Harnstoffderivate des Diäthylhydrazins 307. — von Phenylhydrazin 170, 234.
Hippuryl-*a*-Methylindol 364, 365.
Hydrazin 427, 642. — Bildung aus Diazoamidoverbindungen 212. — und Dibrombrenztraubensäure 699. — des Hydromethylketols 639. — Konstitution 471. — Nitrosoäthylanilin-Reduktion zu 161. — Salze 336.
— Umwandlung in Diazokörper 186, 226. — der Zimmtsäure 476.
o-Hydrazinanisol 403.
Hydrazinbenzoebrenztraubensäure 579.
Hydrazinbenzoësäure 224, 359.
p-Hydrazinbenzoesäure 361.
m-Hydrazinbenzoesäure und Phenylsenfoel 583.
Hydrazinbenzoesäureanhydrid 324, 435.
o-Hydrazinbenzoesäureanhydrid 359.
Hydrazinbenzolsulfobrenztraubensäure 619.
Hydrazinbenzolsulfosäure 209.
p-Hydrazinbenzolsulfosäure 618.

Hydrazinbenzolsulfosäure und Phenylsenföl 620.
o-Hydrazinhydrozimmtsäure 378.
o-Hydrazinobenzoesäure, Phosphoroxychlorid-Einwirkung auf 854.
p-Hydrazinodiphenyl 835.
o-Hydrazinphenolsulfonsäure 402.
Hydrazinsulfonsaure Salze 150.
Hydrazinzimmtsäure 364, 366.
o-Hydrazinzimmtsäure 374.
o-Hydrazinzimmtsäure und Derivate 372.
Hydrazinzimmtsäureanhydrid 327, 328.
o-Hydrazinzimmtsäureanhydrid 375.
Hydrazon 679, 680.
— Konstitution 680.
Hydrazophenyläthyl 319.
Hydro-Pr 2-3-Dimethylindol 665.
Hydro-Pr 1ⁿ-Methylindol 640.
Hydro-Pr-2-Phenylindol 687.
Hydrochinolin, Indol-Verwandlung in 649. — sekundäres, aus Methylketol 656.
Hydrochlorat, Phenylhydrazin- 216.
Hydrocyanpararosanilin 77. — Triphenylacetonitril aus 138.
Hydrocyanrosanilin 33. — Diazoverbindungen, Zersetzungsprodukte von 53. — Konstitution 136.
Hydrocyanrosolsäure 81.
Hydrodiazobenzoesäure 224.
Hydrodimethyl-β-Naphtindol 664.
Hydroisopropylindol 714.
Hydromethyl-β-Naphtindol 590.
Hydromethylketol 639. — mit Phenylsenfoel 640.
a-Hydronaphtindol 634.
Hydroskatol 638. — und Phenylsenfoel 639.

Indazol 377, 476, 480, 483. — und Methylindazol 494.
Indazolessigsäure 477. — Darstellung und Eigenschaften 490, 491, 492.
Indigblau, o-Nitroacetophenon-Umwandlung in 415.
Indol 558, 560. — Aldehyd, Säureanhydrid und Diazokörpereinwirkung auf 597, 598, 599. — aus Metahydrazinbenzoesäure 577. — Methylderivate von 546. — Methylirung 600, 646, 779. — aus a-Naphtylhydrazin 629. — aus β-Naphtylhydrazin 584. — aus p-Tolylhydrazin 625, 628. — Verwandlung in Hydrochinoline 649.
Indolcarbonsäure 539, 549.
Pr 2-Indolcarbonsäure 560.
Indolcarbonsäureester 544.
Indolderivate-Synthese 454.
Indolcarbonsäure 549, 581.
Indoldicarbonsäuremonäthylester 580.
Jod und Phenylhydrazin 185, 258.
Jodäthyl und Diäthylhydrazin 309.
— und Phenylhydrazin 162.
Jodmethylat 655.
p-Jodphenylhydrazin 707.
Isatin und Phenylhydrazin 468.
Isindazol 477, 479, 483. — Verbindungen 495.
Pr 3-Isopropylindol aus Valeraldehydphenylhydrazon 713.

Kali, Fluorescëin-Zersetzung durch 17.
Kalium, äthylhydrazinsulfonsaures 299.
— diazobenzolsaures und phenylhydrazinsulfonsaures 210, 211. — dimethylhydrazinsulfonsaures 344. —
Ketone, Phenylhydrazin als Reagens auf 463.
Kohlenoxysulfid und Phenylhydrazin 778.
Kohlensäure und Phenylhydrazin 156.
Konstanten von Phenylhydrazin und Methylphenylhydrazin 595.

Leucorosolsäure 36.
Leukanilin 35. — Methylierung von 115. — Tolyldiphenylmethan aus 82, 143.
p-Leukanilin 73, 84. — Triphenylmethan-Ueberführung in 75. — Ueberführung in Triphenylmethan 73.
Leukobase aus Malachitgrün 109.

Malachitgrün 97, 102, 107, 117. — Leukobase aus 109.
Mannosediphenylhydrazon 793.
Mesityloxyd und Phenylhydrazin 603.
Metahydrazinbenzoesäure, Indole aus 577.
Metanitrobittermandelölgrün 113.
Methenylphenylazidin 776.
a-Methyl-β-Aminoaceto-indol 865.

Pr 2-Methyl-*a*-Naphtindol 634.
Pr 2-Methyl-*β*-Naphtindol 589, 635.
Pr 3-2-Methyl-*β*-Naphtindolessigsäure 663.
Methyl-*p*-Tolindol 519, 522.
Methyl-*o*-Tolindolcarbonsäure 521.
Methyl-*p*-Tolindolcarbonsäure 519.
Methyl-*p*-Tolylhydrazinbrenztraubensäure 518.
Methyläthylindol 536.
Pr 2, 3-Methyläthylindol 554.
Methylbenzylketon und Dibenzylketon 716.
Methylchlorindazol 857.
Methylderivate von Indol 546.
Methyldihydrochinolin 648.
Methyldioxindol 724.
Methyldiphenylsulfosemicarbazid 273.
Methylhydrazin 689, 729, 730.
Methylhydrazinbenzolsulfosäure 621.
Methylierung der Indole 600, 646, 779.
— des Methylketols 652.
Methylindazol 477, 485.
Iz-3-Methylindazol 485.
Methylindazol und Indazol 494. — Indazolessigsäure-Umwandlung in 493.
Methylindol 454, 457.
— und Bittermandelöl 637.
B 3-Methylindol 546, 626.
Pr 1ⁿ-Methylindol 673, 779. —, Skatol und Methylketol 636.
Pr 2-Methylindol 546. — (Methylketol) 550.
Pr 3-Methylindol (Skatol) 558.
*Prl*ⁿ-Methylindol 546.
Methylindolcarbonsäure 456, 544, 549.
B 1, *Pr* 2-Methylindolcarbonsäure 628.
B 3, *Pr* 2-Methylindolcarbonsäure 626.
Methylindolderivate 636.
Pr 1ⁿ-Methylindolderivate 719.
Methylindolessigsäure 539, 549, 566.
Pr 2, 3-Methylindolessigsäure 563.
Methylketol 536, 542, 550, 646, 650, 666. — -Aethylirung 657. — und Bittermandelöl 637. — Chinolinderivatverwandlung aus 601. — sekundäres Hydrochinon aus 656. — Methylierung 652. — und Phtalsäureanhydrid 672. —, Skatol und *Pr* 1ⁿ-Methylindol 636.
Methylketolazobenzol 675.

Methylketolderivate 639.
Methylnaphtindol *Pr* 2 549.
Methyloxindol 719, 723.
Pr 1-2-3-Methylphenylacetylindol 740.
Methylphenylamidodimethylpyrrol 742.
Methylphenylhydrazin und Alkyljodüre 267. — und Brenztraubensäure 454.
— Darstellung 262, 263, 595. — und Diazobenzol 270. — Oxydation 273.
Methylphenylhydrazinacetessigester 571. — und Dimethylindolcarbonsäureester 545.
Methylphenylhydrazinbrenztraubensäure 440, 544.
Methylphenylhydrazinderivate 271, 643, 791.
Methylphenylhydrazinlävulinsäureester 573.
Methylphenylhydrazinphenylglyoxylsäure 508.
Methylphenylindol 537, 693.
Pr 1ⁿ, 2-Methylphenylindol 695, 751.
Pr 1ⁿ-3-Methylphenylindol 751, 753.
— Verwandlung in *Pr* 1ⁿ-2-Methylphenylindol 754.
Pr 2, 3-Methylphenylindol aus Methylbenzylketon 716.
*Prl*ⁿ, 2-Methylphenylindol 570.
Methylphenylnitrosamin 268.
Methylphenylsemicarbazid 272.
Methylphenylsulfocarbizin 357.
Methylphenylsulfosemicarbazid 733.
Methylpikrazid 734.
Methylpseudo-o-Tolisatin 522.
Methylpseudoisatin 719, 721. — Methylindol-Verwandlung in 458.
Methylpseudoisatinoxim 722.
Methylpseudoisatinphenylhydrazon 721.
Methylpseudotolisatin 519.
Methylrosaline 90.
Methylsemicarbazid 733.
Methylviolett 98, 100, 110.
Monacetylphenylhydrazin 248.
Monacetylphtaleïn-Orcin 21.
Monoäthyl-*β*-Naphtylhydrazin 749.
Monoäthylhydrazin 192.
Monobenzoat, Phenylhydrazin- 245.
Monobenzoyl-*β*-Naphtylhydrazin 744.
Monobenzoylderivat des Diphenylhydrazins 178.

Monobenzoyldiphenylhydrazin 281.
Monobenzoylphenylhydrazin 245.
Monobenzoylpiperylhydrazin 393.
Monobromäthylchinazolcarbonsäure 382.
Monobromäthylisindazol 501.
Monobromäthylisindazolcarbonsäure 500.
Monobromindazol 482.
Monobromindazolcarbonsäure 494.
Monobromindazolessigsäure 493.
Monobrommethyloxindol 719, 723.
Monobromorthonitroacetophenon 413.
Monomethyldihydrochinolin 651, 656.
Monomethylindol 548.
Mononitrocampherylphenylhydrazin 808.

Naphtazin aus β-Naphtylsemicarbazid 746.
Naphtindol 549.
α-Naphtindol 632.
β-Naphtindol 584, 586.
α-Naphtindolcarbonsäure 631.
β-Naphtindolcarbonsäure 588.
Naphtindolcarbonsäure Pr 2 549.
α-Naphtindolcarbonsäureester 631.
Naphtylhydrazin 529.
α-Naphtylhydrazin 530.
β-Naphtylhydrazin 533, 584.
α-Naphtylhydrazin-Indole aus 629.
β-Naphtylhydrazin, Indole aus 584. —
 Einwirkung auf Dibrombrenztraubensäure 702.
α-Naphtylhydrazinbrenztraubensäure 532.
β-Naphtylhydrazinbrenztraubensäure 584, 585.
α-Naphtylhydrazinbrenztraubensäureaethylester 630.
β-Naphtylhydrazinlävulinsäure 662.
Pr 2-α-Naphtylindol 812.
α-Naphtylosazonglyoxalcarbonsäure 701.
β-Naphtylsemicarbazid 745. — Naphtazin aus 746.
Naphtylsulfocarbazinsaures Naphtylhydrazin 748.
Naphtylsulfocarbizin 747.
β-Naphtylsulfosemicarbazid 747.

Natrium, p·chlorphenylhydrazinsulfonsaures 452. — methylindazolsulfonsaures 478.
Nitrat, Phenylhydrazin- 217.
Nitroacetophenon, Ortho-, Meta-, Para-Verbindung 407, 410.
m-Nitroacetophenon 417.
o-Nitroacetophenon 410.
p-Nitroacetophenon 418.
o-Nitroacetophenon-Halogenderivate 413.
— Umwandlung in Indigblau 415.
Nitrobenzoylacetessigäther 407.
o-Nitrobenzoylaceton 416.
o-Nitrobenzoylaceton und Phenylhydrazin 417.
m-Nitrobenzylidenmethylketol 668.
Nitrobenzylidenphenylhydrazin, Ortho-, Meta- und Paraverbindung 525.
p-Nitrobittermandelölgrün 111, 115.
o-Nitromonochlorstyrol 414.
p-Nitrophenylhydrazonbrenztraubensäure 772.
p-Nitrophenylhydrazonlävulinsäure 769.
p-Nitrophenylhydrazinlävulinsäureäthylester 770.
p-Nitrophenylhydrazonlävulinsäureanhydrid 768.
Nitroso-Aethyl-Amidohydrozimmtsäure 432.
Nitroso-Aethyl-o-Amidozimmtsäure 423.
Nitroso-o-Aethylamidozimmtsäure 370.
Nitroso-o-Aethylamidohydrozimmtsäure 371.
Nitroso-Pr-2-Phenylindol 685.
Nitroso-Pr-3-Phenylindol 752.
Nitrosoäthylanilin-Reduktion zu Hydrazin 161.
Nitrosoäthylphenylharnstoff 289.
o-Nitrosobenzoesäure 849.
Nitrosoderivat des Aethylphenylsemicarbazids 171.
Nitrosodimethylindol 553.
Nitrosoindazolessigsäure 493.
Nitrosomethylharnstoff 729.
Nitrosomethylindazol 488.
Nitrosoparaphenylhydrazin 450.
Nitrosopiperidin 389.

Nitrosoverbindung des Pr 2-a-Naphtylindols 813. — des Pr 2-Thiënylindol 810.
Nomenclatur der Derivate (A. Baeyer) 483.

Oenanthol und Phenylhydrazin 429, 465.
Oenantholphenylhydrazon, Pr 3-Pentylindol aus 715.
Orcin, Diacetylphtaleïn- 20. — Monacetylphtaleïn- 21. — Pentabromphtaleïn- 24. — Phtaleïn- 18. — Phtalin 25. — Tetrabromphtaleïn- 23.
o-Diazobenzoesäureimid 323.
o-Diazozimmtsäure 327.
o-Hydrazinbenzoesäure 322.
o-Hydrazinzimmtsäure 326.
Osazon des Acetols 698. — des Benzoylcarbinols 698. — Konstitution 680.
Oxalamidoxim 774.
Oxalat, neutrales, und Phenylhydrazin 218.
Oxalsäuremonophenylhydrazidäthylester 593.
Oxalyldiäthylhydrazin 297.
Oxalyldiäthylnitrosohydrazin 297.
Oxalyldimethylhydrazin 735.
Oxalyldimethylnitrosohydrazin 735.
Oxalyldiphenylhydrazin 249.
Oxalyltetramethylhydrazin 343.
p·Oxybenzaldehyd und Phenylhydrazin 466.
m-Oxybenzaldehyd-Phenylhydrazon 710.
p-Oxybenzaldehyd-Phenylhydrazon 711.
Oxydation der Bromäthylisindazolessigsäure 499. — Diäthylhydrazin- 199, 311. — Diphenylhydrazin- 284. — Methylphenylhydrazin- 273. — Phenylhydrazin- 229. — Phenylhydrazin-, durch Quecksilberoxyd 320.
Oxyphenylpyrazol 607.

Pentabromphtaleïn-Orcin 24.
Pr 3-Pentylindol aus Oenantholphenylhydrazon 715.
Phenyl-β-Naphtindole 754.
Pr 2-Phenyl-β-Naphtindol 751, 756.
Pr 3-Phenyl-β-Naphtindol 751, 754.

Phenylacetaldehyd, Pr-2-Phenylindol aus 684.
Phenyläthylsemicarbazid 296.
Phenylamidoessigsäure 504.
Phenylazocarbonsäureester 804.
Phenylcarbazinsäure 244.
Phenylcarbazinsäureäthylester 803.
Phenylcarbazinsäuremethylester 805.
Phenylessigsäurephenylhydrazid 593.
Phenylfurfurazid 253.
Phenylglucosazoncarbonsäure 582.
Phenylglyoxalmethylphenylosazon 695.
Phenylglyoxylsäure und Phenylhydrazin 469.
Phenylhydrazidoessigsäure 511.
Phenylhydrazidophenylessigsäure 505.
Phenylhydrazin 163, 208. — und Acroleïn, Mesityloxyd und Allylbromid 603. — Aethylderivate des 203, 316. — und Aldehyde 251. — Aldehydwirkung auf 170. — Bromacetophenon-Einwirkung auf 527. — und Bromäthyl 230. — Bromaethyleinwirkung auf 168. — und Chloral 430. — Chlorkohlensäureester-Einwirkung auf 803. — und Cyangas 182, 254. — und Cyanwasserstoff 776. — Darstellung 213. — Darstellung und Salze 153, 154. — amidartige Derivate des 245. — und Diazobenzol 184, 224. — Dibenzoylderivat des 148. — Eigenschaften und Salze 215. — Einwirkung auf Kohlenoxysulfid, Chlorkohlensäureäther und Phosgengas 778. — Fluorid, neutrales und saures 817. — und Furfurol 182. — Harnstoffderivate von 170, 234. — und Jod 185, 258. — Jod- und Bromaetheinwirkung auf 162. — und Kohlensäure 156. — Konstanten 595. — -Konstitution 162, 218. — Nitrat 817. — und o-Nitrobenzoylaceton 417. — und Oenanthol 429. — Oxydation 229. — Oxydation durch Quecksilberoxyd 320. — Phosgen-Einwirkung auf 802. — Phosphat, sekundäres 817. — und Phosphorsäureanhydrid 818. — (als Reagens auf Ketone und Aldehyde) 463. — Reduktion 642. — und Säurechloride

155, 172. — salpetrige Säure-Einfluß auf 156, 164, 221. — und Schwefel 184, 257. — und Schwefelkohlenstoff 155, 165, 238. — und schweflige Säure 245. — und Thiophosgen 803. — Thiosulfat 816. — Verbindung des Acetylmethylketols 671.
Phenylhydrazinbrenztraubensäure 437, 544, 679.
Phenylhydrazinglyoxylsäure 510.
Phenylhydrazinlävulinsäure 439, 564.
Phenylhydrazinlävulinsäureäthylester 566.
Phenylhydrazinmesoxalsäure 512.
Phenylhydrazinphenylglyoxylsäure 502, 504.
Phenylhydrazinpropionsäure 439.
Phenylhydrazinsulfit 816.
Phenylhydrazinsulfonsaures Kali 211.
Phenylhydrazon aus Methylpseudoisatin 719.
Phenylhydrazondioxyweinsäure 680.
Phenylhydrazonlävulinsäure-Anhydrid 758.
Phenylindol 455, 537, 543.
Pr 1^n-Phenylindol 622.
Pr 2-Phenylindol 555, 683, 684, 692, 694, 695.
Pr 3-Phenylindol 691, 751.
Phenylindolcarbonsäure 461, 549.
Pr 3-Phenylindolderivate 752.
Pr 2-Phenylindoxyl 839.
Phenylmethyläthoxypyridazon 762.
Phenylmethylchlorpyridazon 762.
1-3-5-6-Phenylmethylchlorpyridazon 759.
Phenylmethylhydroxypyridazon 763.
Phenylmethylmonazol 736.
Phenylmethylpyrazol 759, 765, 766.
Phenylmethylpyrazolcarbonsäure 764.
Phenylmethylpyridazon 759, 760.
Phenylnitrosohydrazin 158, 222.
Phenylosazondioxyweinsäure 680.
Phenylosazonglyoxalcarbonsäure 699, 700.
Phenyloxyindol 847.
Phenylpseudoisatin 623.
Phenylpyrazolin 604.
Phenylsemicarbazid 237.
Phenylsemisulfocarbazinsäure 798.

Phenylsenföl und Hydrazinbenzolsulfosäure 620. — mit Hydromethylketol 640. — und Hydroskatol 639. — Verbindung mit m-Hydrazinbenzoesäure 583.
Phenylsulfocarbazinsäure 166, 239.
Phenylsulfocarbizin 355.
Phenylsulosemicarbazid 353, 354.
Phosgen-Einwirkung auf Phenylhydrazin 802.
Phosgengas und Phenylhydrazin 778.
Phosphoroxychlorid-Einwirkung auf o-Hydrazinobenzoesäure 854.
Phosphorpentachlorid und Fluorescëin 11.
Phosphorsäureanhydrid und Phenylhydrazin 818.
o-Phosphorsäuretriphenylhydrazid 818.
Phtalëin-Orcin 1, 18. — Orcin, Salzsäure-Verbindung mit 22. — Resorcin 3.
Phtalin-Orcin 25.
Phtalsäureanhydrid und Methylketol 672.
Phtalylmethylindol 673.
Phtalylphenylhydrazin 525.
Pikrat 107.
Pikrinsäure und Phenylhydrazin 217.
Piperonal-phenylhydrazon 711.
Piperylhydrazin 389, 390, 419. — und Halogenalkyle 397. — Oxydation 398. — und salpetrige Säure 397.
Piperylsemicarbazid 394.
Piperylsulfocarbazid 395.
Piperylsulfosemicarbazid 394.
Propylaldehyd und Phenylhydrazin 465.
Propylidenmethylphenylhydrazin 575.

Quecksilberoxyd, Phenylhydrazin-Oxydation durch 320.

Reduktion von Diazoparabrombenzolamidobenzol 446. — von Dichlorphtalëin-Phenol-Anhydrid- 14. — von $\alpha\,\gamma$-Dimethylchinolin und $\beta\,\gamma$-Dimethylchinolin 784. — von Phenylhydrazin 642. — von Phenylhydrazinphenylglyoxylsäure 504. — von Triäthylazoniumjodids 310.

Resorcendialdehyd-Diphenylhydrazin 712.
Resorcin, Phtalëin- 3.
β-Resorcylaldehyd-Phenylhydrazon 712.
Rosanilin 29, 39, 47, 49, 78, 84, 87, 125. — Farbstoffderivate des 89. — Bildungsweise des 87. — Konstitution des 83. — Name 71. — und Triphenylmethan 55. — Untersuchungen, historische Uebersicht des 55.
p-Rosanilin 50, 83, 84, 128. — Konstitution von 43. — Name 71. — Triphenylmethan-Ueberführung in 75.
Rosolsäuren 93, 96.

Säure, salpetrige, und Aethylhydrazin 302. — salpetrige, und Diäthylhydrazin 202, 308. — salpetrige, und Phenylhydrazin 156, 164, 221, 267. — salpetrige, und Piperylhydrazin 397. — schweflige, und Phenylhydrazin 245. — Tetraäthyltetrazon-Zersetzung durch 315.
Säureamide des Aethylhydrazins 297.
Säureanhydrid-Einwirkung auf Indole 597.
Säurechloride, Phenylhydrazin-Verhalten zu 155, 172.
Salicylaldehyd und Phenylhydrazin 466.
Salicylaldehyddiphenylhydrazon 794.
Salicylaldehydphenylhydrazon 852.
Salzsäure und Phtalëin-Orcin 22. — und Skatol 636.
Schleimsäurediphenylhydrazid 594.
Schwefel und Phenylhydrazin 184, 257.
Schwefelkohlenstoff und Phenylhydrazin 155, 165, 238.
Schwefelsäure und Fluorescëin 9.
Skatol 536, 537, 543, 558, 779. — Methylketon und $Pr\ 1^n$-Methylindol 636. — und Salzsäure 636.
Strukturformel von Fluorescëin 5.
Sulfat, p·chlorphenylhydrazin- 453. — Phenylhydrazin- 217.
Sulfocarbodiazon 352.
Sulfoharnstoff des Acetylhydrazinodiphenyl 836.
Sulfonsäure von Aethylhydrazin und Diazoäthan 299.

Tetraäthyltetrazon 201, 312. — Zersetzung durch Säuren 315.
Tetrabromphenylhydrazin 707.
Tetrabromphtalëin-Orcin 23.
Tetramethyldiamidotriphenylmethan 92, 97, 110.
Tetramethyltetrazon 346, 347.
Tetramethyltriamidotriphenylmethan 114.
Tetranitrofluorescëin 15.
Tetraphenyltetracarbazon 785.
Tetraphenyltetrazon 284.
Tetrazone 277.
Pr 2-Thiënylindol 810.
Thiophosgen und Phenylhydrazin 803.
m-Toluylaldehydphenylhydrazon 709.
o-Toluylendiamin-Einwirkung auf Dibrombrenztraubensäure 703.
Tolyldiphenylcarbinol 83.
Tolyldiphenylmethan aus Leukanilin 82. 143.
m-Tolyldiphenylmethan und Tolyldiphenylcarbinol 146. — und m-Tolyldiphenylketon 145.
p-Tolyldiphenylmethan 69.
o-Tolylhydrazin 362.
p-Tolylhydrazin 173. — Indole aus 625, 628.
o-Tolylhydrazinbrenztraubensäure 628.
p-Tolylhydrazincamphersäure 809.
p-Tolylosazonglyoxalcarbonsäure 701.
Triäthylazoniumjodid 309. — - Reduktion 310.
Triamidotriphenylcarbinol 50.
Triamidotriphenylmethylchlorid 136.
Tribromphenylhydrazin 706.
Trimethyldihydrochinolin 659, 779, 780, 781, 782.
$Pr\ 1^n$, 2, 3-Trimethylindol 574.
Trimethylphenylpyrazolin 604, 608.
Trimethyltetrahydrochinolin 781, 782.
Trinitrohydrazobenzol 250, 726.
Trinitrotriphenylcarbinol 64, 141.
Trinitrotriphenylmethan 63.
Trinitrotriphenylmethancarbinol 49.
Triphenylacetonitril 53, 67.
Triphenylacetonitril aus Hydrocyanpararosanilin 138.
Triphenylcarbinol 145.
Triphenylessigsäure 53, 68.

Triphenylmethan 53, 61. — Darstellung 130. — Oxydation 145. — Paraleukanilin-Ueberführung in 73. — und Rosanilin 55. — Ueberführung in Paraleukanilin und Pararosanilin 75.
Triphenylmethanchlorid 65. — Zersetzung durch Wärme 65. — Zersetzung durch Zinkäthyl 66.
Triphenylmethancyanid 53.
Triphenylmethanderivate 63.

Valeraldehyd und Phenylhydrazin 465.

Valeraldehydphenylhydrazin, Pr 3-Isopropylindol aus 713.

Weinsäurediphenylhydrazid 593.

Zimmtaldehyd und Phenylhydrazin 466.
Zimmtsäure-Hydrazine 476.
Zersetzung von Hydrocyanrosanilin-Diazoverbindungen 53. — von Triphenylmethanchlorid durch Wärme 65. — von Triphenylmethanchlorid durch Zinkäthyl 66.
Zinkäthyl, Triphenylmethanchlorid-Zersetzung durch 66.

Verlag von Julius Springer in Berlin W 9

Untersuchungen über Kohlenhydrate und Fermente I. (1884—1908.)
Von Emil Fischer. 1909. 22 Goldmark / 5.30 Dollar

Untersuchungen über Kohlenhydrate und Fermente II. (1908—1919.)
Von Emil Fischer. (Emil Fischer, Gesammelte Werke. Herausgegeben von M. Bergmann.) 1922.
19 Goldmark; gebunden 22 Goldmark / 4.55 Dollar; gebunden 5.25 Dollar

Untersuchungen über Aminosäuren, Polypeptide und Proteïne I.
(1890—1906.) Von Emil Fischer. 1906. Vergriffen

Untersuchungen über Aminosäuren, Polypeptide und Proteïne II.
(1907—1919.) Von Emil Fischer. (Emil Fischer, Gesammelte Werke. Herausgegeben von M. Bergmann.) 1923.
29 Goldmark; gebunden 32 Goldmark / 7 Dollar; gebunden 7.65 Dollar

Untersuchungen über Depside und Gerbstoffe. (1908—1919.) Von Emil Fischer. 1919.
21.80 Goldmark; gebunden 25 Goldmark / 5.20 Dollar; gebunden 6 Dollar

Organische Synthese und Biologie. Von Emil Fischer. Zweite, unveränderte Auflage. 1912. 1 Goldmark / 0.25 Dollar

Neuere Erfolge und Probleme der Chemie. Von Emil Fischer. 1911.
0.80 Goldmark / 0.20 Dollar

Untersuchungen in der Puringruppe. (1882—1906.) Von Emil Fischer. 1907.
15 Goldmark; gebunden 19 Goldmark / 3.60 Dollar; gebunden 4.55 Dollar

Untersuchungen aus verschiedenen Gebieten. Vorträge und Abhandlungen allgemeineren Inhalts von Emil Fischer. Herausgegeben von Professor Dr. Max Bergmann, Direktor am Kaiser Wilhelm-Institut für Lederforschung, Dresden. Erscheint im Frühjahr 1924

Aus meinem Leben. Von Emil Fischer. Mit drei Bildnissen. (Emil Fischer, Gesammelte Werke. Herausgegeben von M. Bergmann.) 1922.
Gebunden 9.50 Goldmark / Gebunden 2.30 Dollar
In Pappband 7.50 Goldmark / 1.80 Dollar

Verlag von Julius Springer in Berlin W 9

Beilsteins Handbuch der organischen Chemie. Vierte Auflage, die Literatur bis 1. Januar 1910 umfassend. Herausgegeben von der Deutschen Chemischen Gesellschaft. Bearbeitet von Bernhard Prager, Paul Jacobson †, Paul Schmidt und Dora Stern.

Erster Band: Leitsätze für die systematische Anordnung. — Acyclische Kohlenwasserstoffe, Oxy- und Oxo-Verbindungen. 1918.
Gebunden 42 Goldmark / Gebunden 12.50 Dollar

Zweiter Band: Acyclische Monocarbonsäuren und Polycarbonsäuren. 1920.
Gebunden 38 Goldmark / Gebunden 11.50 Dollar

Dritter Band: Acyclische Oxy-Carbonsäuren und Oxo-Carbonsäuren. 1921.
Gebunden 40 Goldmark / Gebunden 12 Dollar

Vierter Band: Acyclische Sulfinsäuren und Sulfonsäuren. Acyclische Amine, Hydroxylamine, Hydrazine und weitere Verbindungen mit Stickstoff-Funktionen. Acyclische C-Phosphor-, C-Arsen-, C-Antimon-, C-Wismut-, C-Silicium-Verbindungen und metallorganische Verbindungen. 1922.
Gebunden 31 Goldmark / Gebunden 9.50 Dollar

Fünfter Band: Cyclische Kohlenwasserstoffe. 1922.
Gebunden 33 Goldmark / Gebunden 10 Dollar

Sechster Band: Isocyclische Oxy-Verbindungen. 1923.
Gebunden 74 Goldmark / Gebunden 22.50 Dollar

Festschrift der Kaiser Wilhelm-Gesellschaft zur Förderung der Wissenschaften zu ihrem zehnjährigen Jubiläum dargebracht von ihren Instituten. Mit 19 Textabbildungen und einer Tafel. 1921.
12 Goldmark / 2.90 Dollar

Untersuchungen über die Assimilation der Kohlensäure. Aus dem Chemischen Laboratorium der Akademie der Wissenschaften in München. Sieben Abhandlungen von Richard Willstätter und Arthur Stoll. Mit 16 Textfiguren und einer Tafel. 1918.
20 Goldmark / 4.80 Dollar

Untersuchungen über die natürlichen und künstlichen Kautschukarten. Von Carl Dietrich Harries. Mit 9 Textfiguren. 1919.
14.50 Goldmark / 3.45 Dollar

Lehrbuch der organisch-chemischen Methodik. Von Dr. Hans Meyer, o. ö. Professor der Chemie an der Deutschen Universität zu Prag. In zwei Bänden.

Erster Band: Analyse und Konstitutions-Ermittlung organischer Verbindungen. Vierte, vermehrte und umgearbeitete Auflage. Mit 360 Figuren im Text. 1922.
56 Goldmark; gebunden 60 Goldmark / 13.35 Dollar; gebunden 14.30 Dollar

Die quantitative organische Mikroanalyse. Von Fritz Pregl, Dr. med. und Dr. phil. h. c., o. ö. Professor der medizinischen Chemie und Vorstand des Medizinisch-Chemischen Instituts an der Universität Graz, korrespondierendes Mitglied der Akademie der Wissenschaften in Wien. Zweite, durchgesehene und vermehrte Auflage. Mit 42 Textabbildungen. 1923.
Gebunden 12 Goldmark / Gebunden 2.90 Dollar

If you have any concerns about our products,
you can contact us on
ProductSafety@springernature.com

In case Publisher is established outside the EU,
the EU authorized representative is:
**Springer Nature Customer Service Center GmbH
Europaplatz 3, 69115 Heidelberg, Germany**

Printed by Libri Plureos GmbH
in Hamburg, Germany